도해

기계
용어
사전

기계용어편찬회

기계설계 · 제도 | 기계공작법 | 공작기계 | 기계재료
자동차 | 계측제어 | 전기 · 전자 기초 | 정보기술
품질관리 | 기계공학 주요 공식 | AutoCAD 및 FA 용어

 일진사

머 리 말

　과학기술의 진보와 더불어 우리나라 공업생산력이 세계 선진국이 주목하기에 이른 것은 매우 기쁜 일이라 하겠습니다. 하지만 우리나라는 공업자원이 부족하고 그 대부분을 수입에 의존할 뿐 아니라 많은 공업기술을 외국으로부터 도입하고 있는 현실을 생각할 때, 우리나라 과학기술의 수준을 높이고 각종 산업의 근간을 이루는 기계공업에 종사하는 분들 모두가 기계에 관한 기본지식과 기술을 충분히 몸에 익힐 필요가 절실하다고 생각합니다. 나아가 일반인들에게도 현대의 사회생활을 영위해 가는데 있어 과학기술적 지식 특히, 기계분야 관련지식에 관해서는 기초적 사항을 충분히 이해할 필요가 점점 늘어가고 있습니다.
　현재 국내에서 기계에 관한 용어사전이 다소 간행되어 있으나 내용적으로 수준이 높거나 시대에 뒤떨어진 용어나 쉽게 이해하기 어려운 부분이 많이 있음을 느낍니다. 기계에 관한 지식을 습득하는데 있어서는 용어를 정확히 이해할 뿐 아니라 그 관련성을 충분히 터득하지 않으면 지식이나 기술을 제대로 습득하기란 어렵습니다.
　그래서 특히 기계공업교육 분야의 일선에서 오래 종사해오신 분들의 도움으로 종래의 용어사전 형식과는 달리 가능한한 그림이나 도표를 많이 삽입해 누구나 쉽게 이해하도록 엮은 본서를 '**기계용어사전**'이라 명명하였습니다.
　따라서, 본서는 기계계통의 공업고등학생·전문대생·대학생은 물론 전기·공업 화학·건설 등의 기계관련 분야에 종사하는 분들에게도 넓게 활용할 수 있도록 세심한 배려를 하였습니다.
　용어는 중요성으로 보아 엄선하여 정선된 것만을 수록하고 또한 생산현장에서 사용되고 있는 중요한 살아있는 속어들도 수록하였습니다. 또한, 국제화 시대에 발맞춰 각 용어를 영어, 일본어와 비교

이해하도록 부록에 영어 — 우리나라 말, 일본어 — 영어로 인덱스하여 수록하였습니다. 용어의 통일은 매우 중요한 만큼 교육부 외래어 표기법에 의하여 준거하였으며 수록내용은 다음과 같습니다.

(1) 기계설계·제도 (2) 기계공작법·공작기계 (3) 기계재료
(4) 자동차 (5) 계측제어 (6) 전기전자기초 (7) 정보기술
(8) 품질관리 등

  우리가 의도한 바가 충분히 표현되지 못한 아쉬움도 있지만 그 동안의 경험을 살려서 펴낸, 노력의 결정인 이 책이 미력하나마 기계공학에 관심있는 모든 분들에게 도움이 된다면 얼마나 다행스러운 일입니까.

  끝으로, 3년여의 오랜 동안을 본서제작에 수고를 아끼지 않으신 일진사 편집부 여러분들의 헌신적인 노력과, 물심양면으로 도움을 주신 이정일 사장님께 충심으로 사의를 표합니다.

편찬책임위원   한 영 수 씀

♣ **편찬책임위원** : 한 영 수

♣ **편찬위원** (가·나·다 순)
- **기계가공분야** : 김 재 규 / 김 종 엽 / 박 종 우 / 유 원 일 / 최 종 만
- **기계설계·제도** : 김 덕 규 / 김 진 선 / 명 성 민 / 이 홍 구 / 최 호 선
- **기 계 재 료** : 김 암 수 / 박 병 우 / 송 철 수 / 최 봉 수
- **계 측 제 어** : 백 영 채 / 장 병 수
- **자　 동　 차** : 김 기 곤 / 김 보 영 / 김 봉 수 / 이 진 구
- **전 기 · 전 자** : 금 용 봉 / 조 성 수
- **정 보 기 술** : 이 치 호 / 하 종 국
- **품 질 관 리** : 김 동 우 / 이 필 재

♣ **교정위원** : 김 명 희 / 박 상 국

[일 러 두 기]

1. 구 성

　이 기계용어사전은 최신 기계용어를 수록하였고, 한글 표제어와 그 해설, 부록에 일본어 색인, 영어 색인으로 구성되었다.

2. 배 열

　한글 표제어는 한글 자모순으로, 일본어 색인은 일본어 50음순으로, 영어 색인은 알파벳순으로 배열하였다.

3. 외래어 표기

　외래어의 한글표기는 1987년 11월 17일 확정 고시된 교육부 외래어 표기법에 따라 통일했고, 학술용어로 이미 굳어진 외래어 및 관용어는 그대로 수록하였다.

4. 특 징

　① 용어마다 한자와 영어를 병기하여 독자의 이해를 높였다.
　② 그림과 도표를 가능한한 많이 수록, 시각적인 학습효과를 높였다.
　③ 견출어 옆에 [속]이 있는 것은 현장용어 또는 속어이다.
　④ ☞ 관련어와 그 페이지
　　＝ 동의어

찾아보기

韓英部

ㄱ	ㄴ	ㄷ	ㄹ	ㅁ	ㅂ	ㅅ
7	64	80	106	122	140	180
ㅇ	ㅈ	ㅊ	ㅋ	ㅌ	ㅍ	ㅎ
230	307	371	389	401	416	444

英韓部

A-a	B-b	C-c	D-d	E-e	F-f	G-g
465	467	468	472	474	475	477
H-h	I-i	J-j	K-k	L-l	M-m	N-n
478	480	481	481	482	483	485
O-o	P-p	Q-q	R-r	S-s	T-t	U-u
486	486	489	489	491	495	497
V-v	W-w	X-x	Y-y	Z-z		
498	498	499	499	499		

日英部

ア	カ	サ	タ	ナ	ハ	マ	ヤ	ラ	ワ
501	505	511	517	522	524	530	531	532	534
イ	キ	シ	チ	ニ	ヒ	ミ		リ	
502	506	511	518	522	525	530		533	
ウ	ク	ス	ツ	ヌ	フ	ム	ユ	ル	
503	508	514	519	523	527	531	531	533	
エ	ケ	セ	テ	ネ	ヘ	メ		レ	
503	508	515	519	523	528	531		533	
オ	コ	ソ	ト	ノ	ホ	モ	ヨ	ロ	
504	509	516	521	524	529	531	532	534	

차원과 단위
기계공학 주요공식

물 리	재료역학	기계요소
537	541	550
열역학	유체역학	기계공작
558	571	576

AutoCAD 및 FA 용어

ㄱ

가공 경화(加工硬化 : work hardening) 금속재료를 두드리거나 펼 때 결정 내에 변형이 생겨 재료의 경도나 인장 강도가 증가하고, 연신율이나 수축성이 감소해서 여리게 되는 현상.

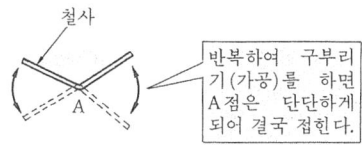

가공 모양의 기호(abbreviate symbols for machine working) 도면에 다듬질면의 가공 모양을 지시할 때에 이용되는 기호로 표면 기호에 포함되어 있지만, 불필요한 경우에 생략해도 좋다.

기호	의 미	설 명 도
=	가공에 의한 바이트의 궤적 방향이 기호를 기입한 도면의 투영면에 평행.	
⊥	가공에 의한 바이트의 궤적 방향이 기호를 기입한 도면의 투영면에 직각.	
×	가공에 의한 바이트의 궤적방향이 기호를 기입한 도면의 투영면에 경사지게 2 방향으로 교차.	
M	가공에 의한 바이트의 궤적이 여러 방향으로 교차 또는 무방향.	

가공 방법의 기호(abbreviate symbols for metal working process) 부품도 등에 가공방법을 지정할 때 이용하는 기호. 표면 기호 외에 다듬질 등을 기입한다.

▽ 가공방법의 기호 예

가공방법	기호	가공방법	기호
선반가공	L	연 삭	G
드릴가공	D	호 닝	GH
보 링	B	스크레이퍼	FS
밀링가공	M	랩다듬질	FL
평면가공	P	주 조	C

[주] 가공방법 및 기호는 KS 가공방법에 의해서 관용예를 나타낸다.

가공용 알루미늄 합금(wrought aluminum alloy) 알루미늄의 기계적 성질이나 내열성 등을 개선하기 위해 Mn, Mg, Si, Cu 등의 원소를 첨가한 것으로 판금가공·압연 등의 소성 가공용 재료로써 사용되는 Al합금.
[종류] 내식용·고력용·내열용 등.

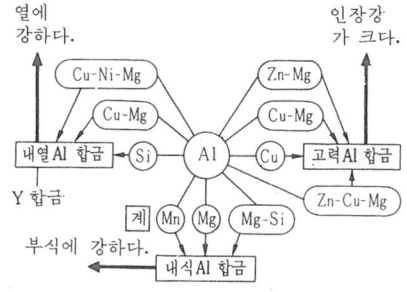

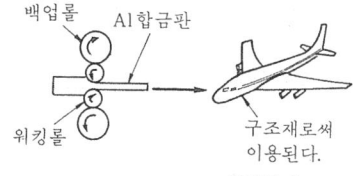

가는 나사(fine screw thread) 보통 나사에 비해 나사의 외경에 대한 피치가 작은 나사산 계열의 총칭. 진동이 심한 곳의 이완방지용으로 사용.

가단 주철(可鍛鑄鐵 : malleable cast iron) 백주철을 열처리하여 탈탄(脫炭)이나 시

멘타이트(cementite)의 흑연화를 행한 주철.

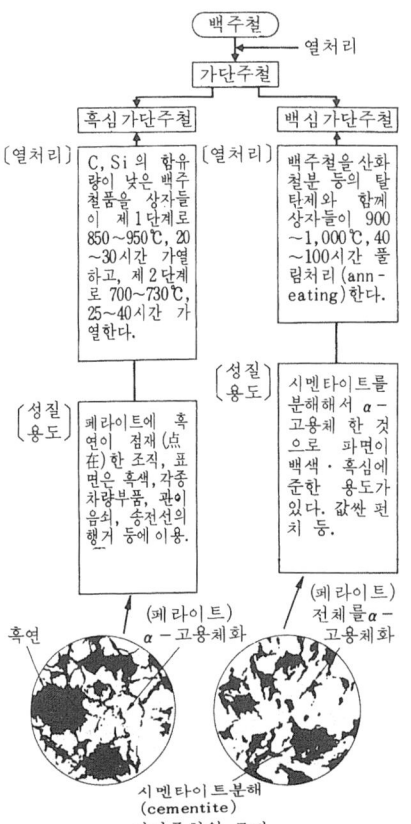

가단주철의 조직

가동[可動] **날개**(movable vane) 축류 수차, 축류 펌프에 있어서 부하·수량의 변화에 따라서 각도가 이에 적합하도록 변화하는 날개.

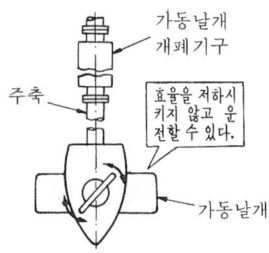

가동 날개형 회전 압축기(rotary compressor of movable vane) 가동 날개와 편심한 회전자로 기체를 압축하는 회전 압축기.

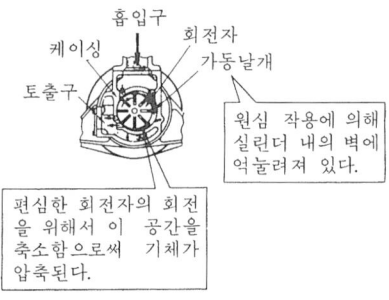

가동 분석(稼動分析 : analysis of operation) 기계와 작업자의 움직이는 상황을 알기 위해 실행하는 분석으로 표준작업시간, 주작업시간, 여유 시간 등을 조사하여 실시한다.

[분석표]

▽ 기계 가동 조사의 분류 기호표

	종 류	기호	내 용
작업	주 작 업	A	기계이송·자동이송
	준비작업	B	가공품 취급(장착, 떼어내기. 계측 등), 기계공구취급(정리·정돈 포함)
정지	부재에 의한 정지	C	타 작업에 종사(재료운반 등), 작업대기, 휴식(무작업). 결근·지각·조퇴 등
	고장에 의한 정지	D	

▽ 관측법의 일례

기계시간	1	2	3	4	5	6	7	8	9	10	A합계	가동률
8:30	A	A	A	B	C	A	A	B	A	A	7	70
9:30	A	C	A	B	A	A	B	A	C	A	6	60
10:30	B	B	B	A	A	B	A	A	A	B	5	50
11:30	A	C	A	A	A	B	B	B	A	A	6	60
13:30	A	B	A	A	B	B	A	A	A	A	7	70
14:30	B	A	B	B	A	A	A	B	C	A	5	50
15:30	A	A	C	C	B	A	A	B	A	A	6	60
A합계	5	3	4	3	4	4	6	4	4	5	42	—
가동률	71	43	57	43	57	57	86	57	57	71	—	60
기타율	B : 21회 31%				C : 7회 15%				D : 0회 0%			

가동 철편형 계기(可動鐵片形計器 : moving iron type instrument) 고정 코일 속에 철편을 넣고 코일에 측정 전류를 흐르게 하여 철편을 자화(磁化)하고, 철편에 움직이는 힘을 지침의 흔들림으로 나타내어 이것을 읽도록 한 계기.
[특징] ① 실효치를 지시한다. ② 과부하에 대한 내력이 크다.
[용도] 교류 계기, 배전반용에 적당하다.

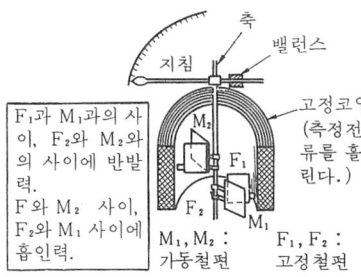

가동(可動) **코일형 계기**(moving-coil type instrument) 영구 자석에 의한 자계(磁界) 속에 가동 코일을 설치하고 이것에 측정하고자 하는 전류를 흐르게 하여 지침을 측정하는 계기.
[특징] ① 극성을 가지고 전류 방향으로 지침의 흔들리는 방향이 결정된다.
② 눈금이 등분눈금이다.
③ 감도가 좋다.
④ 직류 전용이다.

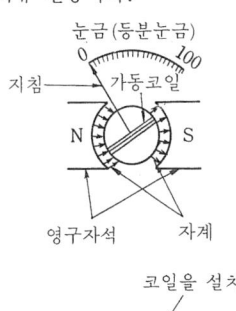

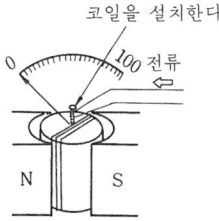

가로 변형(lateral strain) 재료에 수직 하중이 작용한 때, 축 방향으로 변형함과 동시에 발생하는 가로 방향의 변형.

가로 변형 : $\varepsilon = \dfrac{\delta}{d}$, 세로 변형 : $\dfrac{\lambda}{l}$

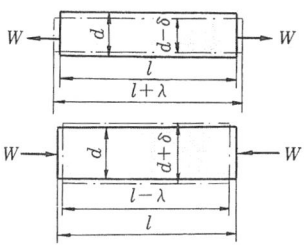

가로 이송(cross feed) 베드(bed)의 길이 방향에 직각인 방향의 이송(移送). 선반이나 플레이너의 경우에 사용하는 용어.

가변 저항형 진동계(可變抵抗形振動計 : electric resistance vibrometer) 판 스프링에 저항선 변형계의 게이지를 길게 장착하여 저항치의 변화로부터 추의 변위를 알고 진동가속도를 측정하는 진동계.
[측정범위] 진동수 : 0~200Hz, 진동 가속도 : 50g (g : 중력가속도)

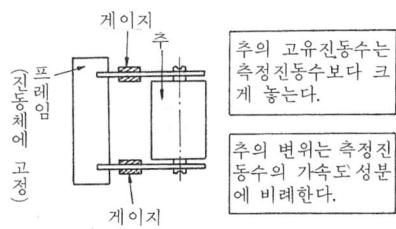

가상선(假像線 : imaginary line) ☞ 제도용선(p.350)

가속도(加速度 : acceleration) 단위 시간당 속도 변화의 비율.

v_0 : 초기속도 $v : \Delta t$초 후의 속도

가속도 $a = \dfrac{v - v_0}{\Delta t}$

가속 펌프(acceleration pump) 가속시에 실린더 속의 혼합기가 일시적으로 희박해지는 것을 막기 위해 기화기 내의 가속노즐(nozzle)로부터 적당량의 가솔린을 강제적으로 분출시키기 위한 펌프. ☞ 기화기(p.62).

가속 페달(accelerator pedal) 자동차용 기

관에서 회전속도를 올리기 위해 기화기의 혼합기체가 다량으로 실린더 내로 보내어지도록 기화기의 스로틀 밸브를 조작하는 조정 페달.

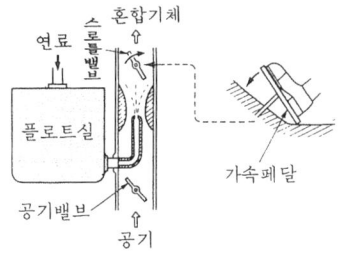

가솔린 기관(gasoline engine) 가솔린의 증기와 공기의 혼합기체를 실린더 내에서 연소시켜 그 폭발로 인한 팽창력에 의해 피스톤을 움직이고, 크랭크(crank)축을 회전시키는 내연 기관.
[용도] 각종 자동차나 오토바이에 사용되고 있다.

가솔린 분사 장치(gassoline injector) 내연 기관에서 최적의 시기에 최적의 가솔린량을 흡기밸브 직전에 분사하여 혼합기체를 만드는 장치. 최근에는 각종 센서로 얻은 정보를 컴퓨터로 분석하고 컴퓨터의 지령에 의하여 동작을 시키는 것이 많다.
컴퓨터의 지령에 의한 소요 혼합비의 연료공급이 용이하고 급속히 행해지기 때문에 뛰어난 운전 성능, 연료 소비성능을 얻을 수 있다.

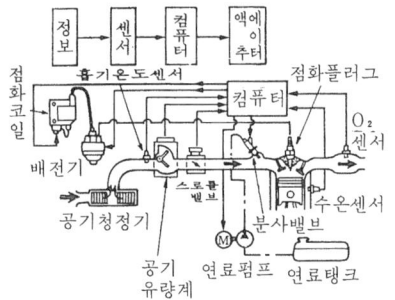

가스 기관(gas engine) 기체연료를 사용하는 내연 기관. 기체 연료는 천연가스·액화 석유가스 등이 사용된다.

가스 분석(gas analysis) 가스의 조성이나 성분 농도를 조사하는 일.

▽가스분석
─화학적 방법─┬ 흡수법
  (다성분 가스 └ 연소열법 등
  분석용)
─물리적 방법─┬ 열전도 법
  (주로 2성분 ├ 밀도법
  가스 분석용) └ 음향법 등

[예] 열전도율식 가스분석

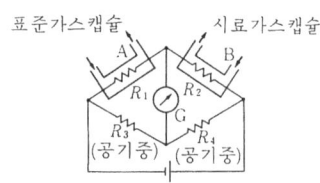

캡슐 B의 가스농도와 A의 농도가 다르면 R_2의 저항이 변하고 G(출력)의 지침이 흔들린다.

가스빼기 구멍(vent hole) 주조 작업에서 공기 및 수증기나 쇳물의 가스 따위를 뽑아내는 구멍.
☞ 주형(p. 358)

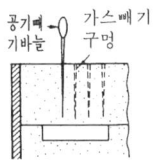

가스 용접(gas welding) 가스불꽃(flame)의 열로 행하는 용접 방법. 산소와 아세틸렌, 산소와 수소, 산소와 탄화가스 등의 혼합 가스에 의한 가스불꽃이 흔히 이용된다. ☞ 산소아세틸렌 용접(p.183)

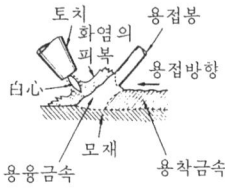

▽ 가스불꽃의 최고온도

혼합가스의 종류	최고온도(℃)
산소와 아세틸렌	3000~3500
산소와 수소	2300~2800
산소와 석탄 가스	1800~2000

가스 절단(gas cutting) 금속재료를 가스불꽃으로 가열하고, 금속과 산소의 급격한

화학 반응을 이용하여 행하는 절단.

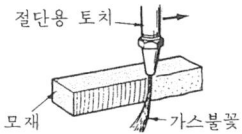

가스 정수(gas constant) 기체의 압력, 비용적과 온도의 상호 관계를 나타내는 상태식에 이용되는 비례 정수를 가스 정수(定數)라 하며 R로 나타낸다.

▽ 기체의 상태식

$pv = RT$

p : 압력 (kg/m²)
v : 비용적 (m³/kg)
R : 기체의 종류를 결정되는 비례 정수 (kg·m/kg·k)
T : 절대 온도 K

▽ R의 예 (단위 kg·m/kg·k)

기 체	R	기 체	R
헬 륨	211.9	질 소	30.26
아르곤	21.23	산 소	26.49
수 소	420.55	공 기	29.27

가스 침탄법(gas carburizing) 침탄제(浸炭劑)로써 메탄가스나 프로판 가스 등을 이용하여 강(鋼) 제품을 침탄하는 방법.
☞ 침탄법(p.388)
[특징] ①열효율이 좋다. ②연속적으로 침탄할 수 있다. ③일정한 탄소량을 가진 침탄층을 얻을 수 있다.

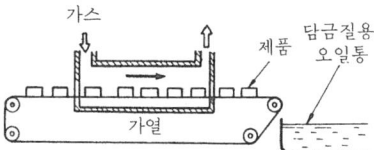

가스 터빈(gas turbine) 고온·고압의 연소가스에 의해 터빈을 구동하여 회전력을 얻는 원동기.

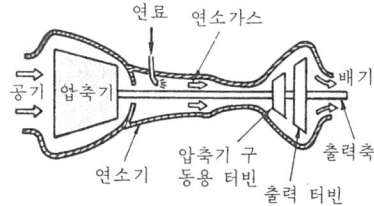

가스형 주조법(CO₂ process) 탄산가스(CO₂) 화학 반응에 의해 주형(鑄型)을 고화(固化)시켜 행하는 주조법(鑄造法).

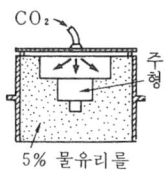

5% 물유리를 첨가한 주물사

가압수형 원자로(加壓水形原子爐 : pressurized water reactor) 경수로식 원자로의 일종으로, 저농축 우라늄의 산화물을 핵연료로 사용하고, 경수(輕水)를 감속재 및 냉각재로 사용하는 노(爐).

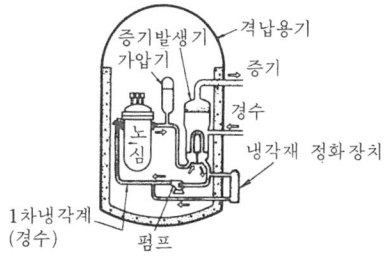

가열로(加熱爐 : heating furnace) 금속재료의 가열에 이용되는 밀폐식의 노(爐).
[종류] 사용 연료에 의해 중유로, 코크스(cokes)로, 제조로 등이 있다.

▽ 중유로의 예

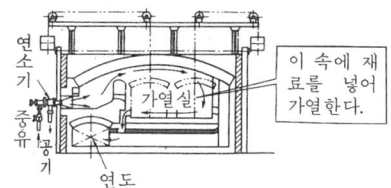

가열 절삭(加熱切削 : heating cut) 피삭재(被削材)를 가열하여 절삭 저항을 감소시키고 내열성이 있는 절삭공구에 의해 가공하는 방법.
[특징] 절삭 효율이 좋다.

▽ 탄소강의 가열온도와 절삭저항과의 관계

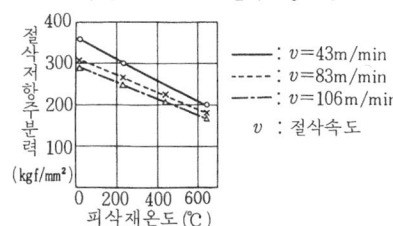

v : 절삭속도

가융 합금(可融合金 : fusible alloy) 융점이 낮은 금속(Sn, Bi, Pb, Cd 등)보다 더욱더 낮은 온도로 녹는 합금.
[예]

231.9	271.3	327.4	320.9	융점(℃)
7.3	9.8	11.4	8.7	비중
Sn%	Bi%	Pb%	Cd%	융점
18.75	50	31.25	–	뉴턴합금 95℃
22	50	28	–	로즈메탈 100℃
14	50	24	12	우드합금 71℃

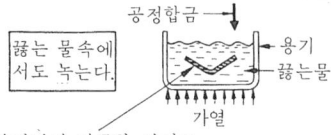

가이거 계수관(Geiger counter tube) 방사선의 강도를 측정하는 계기.

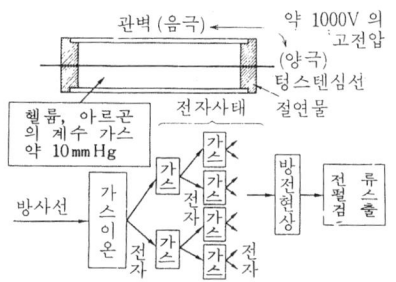

가이드 부시(guide bush) 플랜지 부시를 안내하기 위한 부시. ☞ 안내 (p.234) 지그 본체에 고정되어 있다. 보통은 플랜지가 없는 부시가 사용된다.

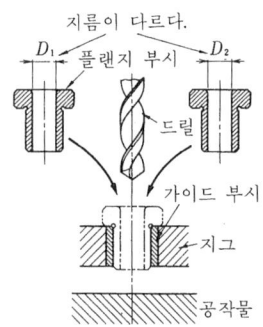

가이드 포스트(guide post) 프레스 가공에 있어서 펀치와 다이스를 정확하게 맞추기 위한 목적으로 만들어진 보조 기구.

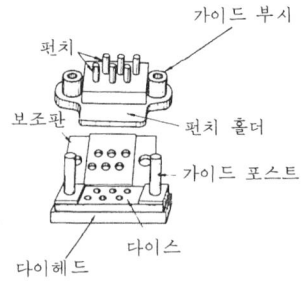

가죽 벨트(leather belt) 쇠가죽이나 물소 가죽을 무두질하여 만든 벨트. 동력 전달용의 평 벨트로서 널리 이용되고 있다.

각가속도(角加速度 : angular acceleration) 각속도가 변화할 때 단위 시간당 각속도의 변화량. 즉, 각속도를 시간으로 나눈 값.

$$\alpha = \frac{\omega - \omega_0}{\Delta t}$$

α : 각가속도(rad/s²)
ω : Δt(s) 후의 각속도(rad/s)
ω_0 : 처음의 각속도(rad/s)

각(角) **끌**(hollow chisel) 목재에 정사각형의 구멍을 뚫는 끌.

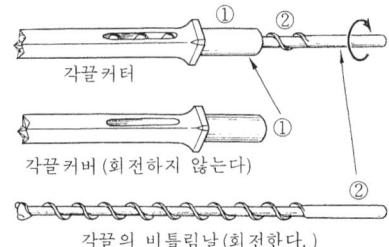

각(角) **나사**(square thread) 나사산의 단면의 형상이 정사각형 또는 이에 가까운 직사각형을 하고 있는 나사.

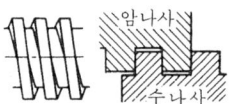

[용도] 사다리꼴 나사와 함께 주로 힘이나 운동용 나사로서 프레스(press)나 작은 잭(jack) 등에 이용된다.

각도 게이지(angle gauge) 각도측정의 검사 기준으로 사용하기도 하고, 정밀한 임의의 각도를 만들어 낼 때에도 이용되는 판 게이지.

1조가 85개 또는 49개로 되어 있으며, 2개의 판(板)게이지의 조합에 의하여 $10 \sim 350°$의 각도를 1´ 또는 5´ 간격으로 만들 수 있다.

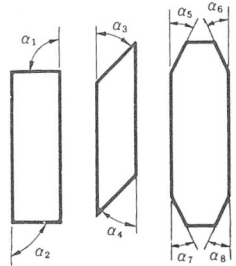

각도 정규(角度定規 : bevei protractor) 공작물의 각도 측정에 이용되는 측정기.

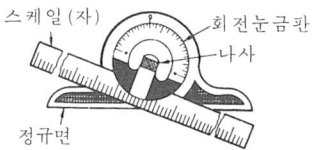

각 사다리(step ladder) 발판사다리 또는 접사다리라고도 하며, 2개의 사다리 위에 딛고 설 수 있는 판을 걸쳐 놓은 것.

각 속도(角速度 : angular velocity) 원운동을 하고 있는 물체가 단위시간에 회전하는 중심각의 크기.

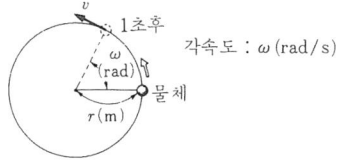

간극 게이지(thickness gauge) 각종의 두께를 가진 박판 게이지를 조합한 것. 틈새 게이지라고도 말하며, 틈새의 측정검사에 사용한다.

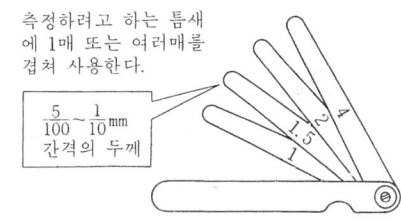

간접비(間接費 : indirect cost) 특정제품에만 필요한 비용(직접비)이 아니고, 기업 전체의 경영관리를 위해서 간접적으로 필요한 비용.
[예]

제조 원가 { 직접비
간접비 { 간접 재료비
간접 노무비
시설·설비의 원가 상각비
기업관리비

간접 전동(間接傳動 : indirect transmission) 원동절과 종동절 사이에 매개절(妹介節)을 이용하여 운동을 전달하는 방법.

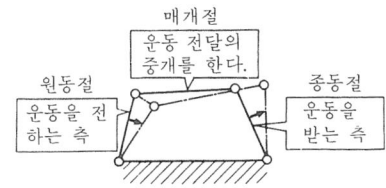

[매개절] 강체(剛體) 외에 벨트, 체인 같은 휘어진 것으로도 인장력을 받도록 하여 이용한다. 또, 유체도 이용할 수 있다.

간접 조명(間接照明 : indirect illumination) 조명 광원으로부터 나온 빛의 반사광에 의해, 피조면을 비추는 조명 방식.
☞ 조명 방식(p.353)
[특징] 조명효율은 좋지 않지만, 눈부심이 없다. 일반적으로 그림자가 거의 생기지 않는 것으로 피조명물의 형태가 분명하지 않다.

간접 측정(間接測定 : indirect measurement) 측정량과 일정한 관계가 있는 몇개의 양에 대해 직접 측정하고 그 값을 계산 또는 환산표에 의해 산출함으로써 측정치를 구하는 측정 방법. ☞직접 측정(p.367)

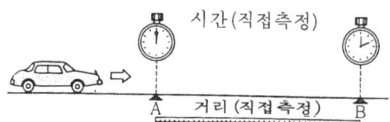

자동차 평균 속도 = $\dfrac{AB간의 거리}{AB간의 시간}$
(간접 측정)

간트식 도표(Gantt's chart) 생산과정에서 시간이 경과함에 따라 계획이 어떻게 실시되는가를 굵은선, 가는선, 점선 등으로 나타내는 도표. 공정이나 진도관리 등에 이용된다.

▽ 간트식 진도 관리도표

품명	품번	수량	1월	2월	3월	4월	5월
A	A-10	100					
B	B-15	450					
C	C-5	120					

┏ : 작업개시 예정, ┓ : 완성예정, ▽ : 조사시기
─ : 매월 작업진행 상황, ━ : 매달의 누계

간헐(間歇) 기어
: intermittent gear) 원동차가 일정속도로 회전하여도, 종동차가 간헐적으로 회전하는 기어.

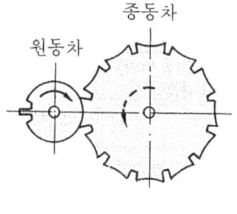

감가 상각비(減價償却費 : depreciation) 건물이나 기계 설비 등의 고정자산의 가격 감소를 보상하기 위한 비용. 원가계산의 경비 또는 간접비 속에 포함된다.
▽감가 상각의 방법

[시설·설비의 원가] [상각기간] [잔존가격]
[취득가격] [법정내용년수] [처분가격]
▽상각비의 계산 방식

・정액법 $D = \dfrac{A-B}{n}$
D : 매기의 감가상각비
・정률법 $x = 1 - n\dfrac{B}{A}$
x = 상각의 비율

감기 드럼(捲胴)
: winding drum) 윈치 등의 하역기계에 있어서 로프나 체인을 감아두는 원통형 또는 원뿔형의 드럼.

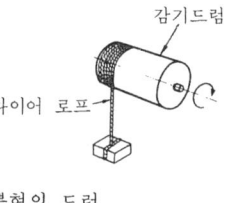

감도(感度 : sensitivity) 측정하려고 하는 양의 변화와 측정기의 지침이 가리키는 지시량 변화와의 관계.

다이얼 게이지의 감도는 1눈금에 대해 0.01mm.
1눈금 0.01mm

1눈금의 지시값이 작을수록 감도가 좋다. 눈금판을 크게, 지침도 길게 하면 감도는 좋게 된다.

감독자 교육(TWI : training within industry for supervisor) 감독자를 대상으로 한 교육 훈련. 일반적으로 감독자교육 훈련이라든가, 직장교육이라고 불리워지는 교육 활동이다. 그밖에 MTP가 있다.
[내용] 가르치는 기능, 개선하는 기능, 사람을 다루는 기능 등.

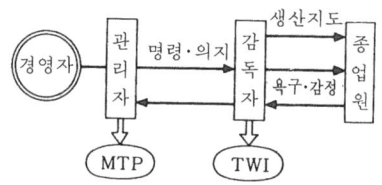

γ철(γ-iron) 910~1390℃ 사이에 존재하는, 결정모양이 면심 입방격자인 순철(純鐵). 탄소를 2.06%까지 고용한다.
☞오스테나이트(p.44)

감속재(減速材 : moderator) 고속 중성자

를 감속시켜, ^{235}U의 핵분열에 필요한 열중성자로 바꾸기 위해서 사용하는 물질. ☞고속 중성자(p.25), ☞열 중성자(p.262), ☞흑연 감속 가스 냉각로(p.459)

감속비	감속비大>감속비%	감속비
1200	중수·탄화베릴륨·흑연베릴륨·경수	62

감쇠 진동(減衰振動 : damped oscillation) 시간의 경과와 함께 진폭이 작게 되어 최후에는 멈추어 버리는 현상.

감아걸기 전동 장치(wrapping connector driving gear) 벨트, 로프체인 등과 같이 인장력만으로 저항할 수 있고 다른 힘에 대해서는 거의 저항력이 없으며, 자유로이 휘어질 수 있어 풀리에 감아서 연속적으로 전동할 수 있는 장치. ☞벨트 전동(p.156) ☞체인 전동(p.375) [용도] 2축간의 거리가 큰 경우의 전동에 사용된다.

감압(感壓) **밸브**(pressure reducing valve) 사용목적에 따라 적당한 압력으로 감압 조정을 하는 밸브.

▽ 공기압용 감압밸브

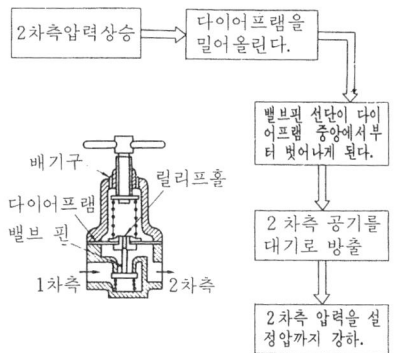

강(鋼 : steel) 탄소 0.035~1.7%를 함유하는 철의 총칭. 보통의 강을 탄소강, 다른 원소(Ni, Mn, Cr 등)가 첨가된 것을 특수강이라고 한다. ☞탄소강(p.403)

강관(鋼管 : steel pipe) 강제의 관을 말하며 이음매가 없는 것이나 전기 저항 용접 또는 아크 용접에 의해 만들어진다. [용도] 증기, 물, 유류, 가스, 공기 등의 배관이나 기계 부품, 구조물용에 널리 사용된다.

▽ 주된 강관의 재료 기호

수도용 아연도금강관	STPW
일반구조용 탄소강관	SPS
기계구조용 탄소강관	STM
배관용 탄소강관	SPP
압력배관용 탄소강관	SPPS
배관용 합금강관	SPA
배관용 스테인리스 강관	STSxT

강괴(鋼塊 : steel ingot) 정련된 용강을 주형에 주입하여 응고시킨 강재의 원재료를 말하며, 탈산의 정도에 따라 림드 강괴와 킬드 강괴로 구분된다.

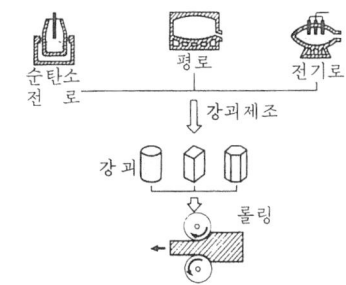

강성(剛性 : rigidity) 하중에 대한 변형 저항. 가로 탄성 계수(橫彈性係數)와 세로 탄성 계수(縱彈性係數)로 평가한다.
[종류] 비틀림 강도(☞ p.177). 굽힘강 도(☞ p.46) 등

강인강(强靱鋼 : high strength steel) 탄소

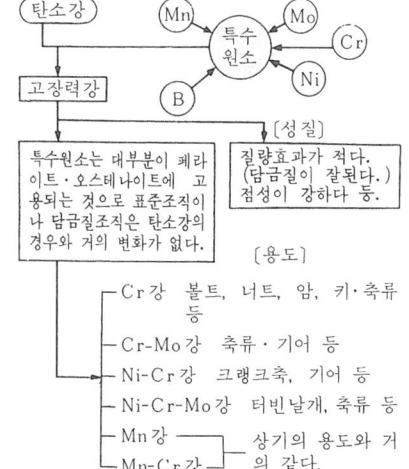

강의 질량 효과나 템퍼링에 의해 연화하기 쉬운 결점 등을 제거하기 위해 특수 원소를 첨가한 강. ☞ 질량 효과(p.369)

강인 주철(強靭鑄鐵 : high strength cast iron) 바탕을 펄라이트(pearlite)로 하고 흑연이 잘게 분포되도록 개선한, 인장강도가 30kg/㎟ 이상의 주철을 말한다.
 강인 주철은 두께에 따라 C, Si량을 조정하기도 하고, 강 부스러기를 넣어, C량을 감소시키기도 하며 1500℃ 정도까지 용해 온도를 올리기도 한다.
 [종류] 미하나이트(Meehanite)주철 (☞p.137). 구상 흑연 주철(☞p.45).

강제 순환식 수관(強制循環式水管) **보일러** (forced circulation boiler) 증기드럼으로부터 물을 펌프로 퍼올려, 이것을 수관에 강제적으로 송입하는 보일러. 대표적인 것에 라몬트 보일러가 있다.

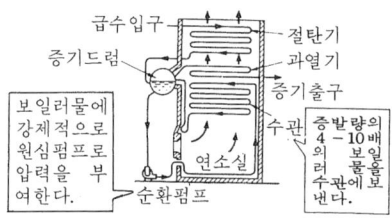

강제 윤활(強制潤滑 : forced lubrication) 베어링 면에 기어 펌프나 플런저 펌프 등으로 윤활유를 강제적으로 압송하는 방법.
 [용도] 고속 베어링에 이용된다.

강제 진동(強制振動 : forced vibration) 진동체에 주기적으로 외부로부터 힘이 작용할 때에 나타나는 진동으로써, 이 힘을 강제력이라고도 한다.

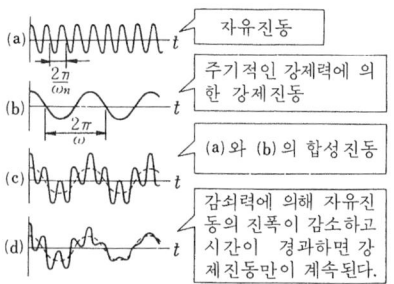

강제 통풍(強制通風 : forced draft) 송풍기를 이용하거나, 증기를 흡출시키기도 하여 통풍력을 부여하는 송풍 방식이다.

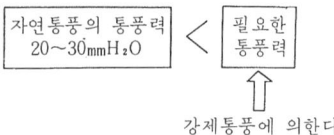

강철 벨트(steel belt) 두께 0.2~1.0mm의 얇은 강판으로 만들어진 벨트.
 [특징] 가볍고, 신축하지 않으며, 습기나 기름에는 강하지만, 걸었다가 해체할 때 매우 번거로우며 속도가 빠르고, 얇아 위험하다.

강판(鋼板 : steel plate) 저탄소강으로 만들어진 판재. 두께 3mm 미만의 강판을 박(薄)강판, 3mm 이상의 강판을 후(厚)강판이라고 한다. 강판의 크기는 두께 $(t) \times$ 폭 $(b) \times$ 길이 (l) 로 나타낸다.

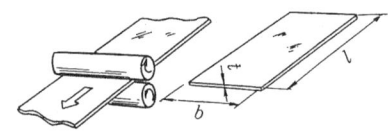

강화(強化)**플라스틱**(fiber glass reinforced plastics) 통상 FRP라고 불리워지고, 유리 섬유를 보강재로 한 열경화성 수지의 일종.

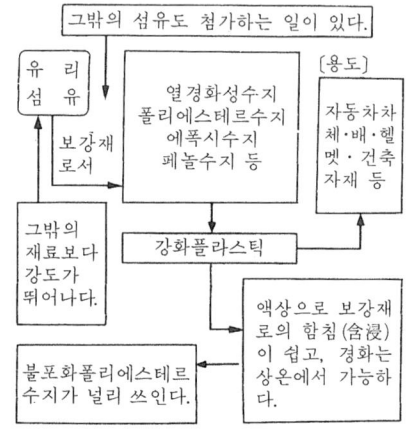

개구비(開口比 : opening ratio) 벤투리관의 횡단면적에 있어 가장 큰 단면적 A_1

에 대한 가장 작은 단면적 A_2(목 부분)의 비. ☞ 벤투리관(p. 155)

개구비 $m = \dfrac{A_2}{A_1}$

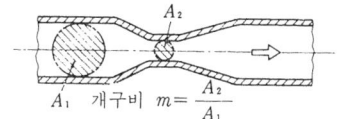

개구비 $m = \dfrac{A_2}{A_1}$

개방(開放) 사이클(open cycle) 가스 터빈에 있어서 일이 끝난 연소가스를 대기중에 방출하는 형식의 사이클. 내연기관 등이 이에 속한다.

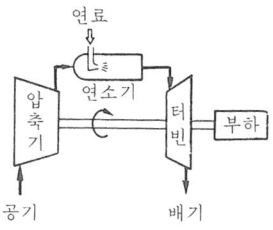

개방 주형(開放鑄型 : open sand molding) 상형(上型)이 대기압에 접하고 있는 주형. 대형의 주물을 만들 때에 이용된다. 바닥 주형이라고도 한다.

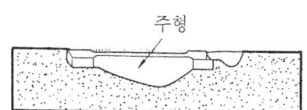

개별 생산(個別生産 : individual production) 제품을 하나씩 생산하는 방식. ☞ 수주 생산(p. 207)
[특징] ① 설계나 재료 등의 제품마다 다르다. ② 원가가 높다.
[개별생산이 행해지는 예] 선박·금형·특수 기계·특별 주문 수선 부품 등.

개스킷(gasket) 얇은 판상(板狀)의 패킹재(材)·플랜지관(flange pipe), 실린더 블록(cylinder block)이나 실린더 헤드(cylinder head) 등의 접합면에 수밀성과 기밀성을 유지하기 위해 끼워넣어 이용하는 것. ☞ 패킹(packing, p. 418)

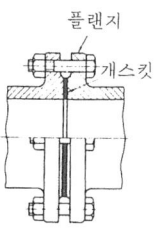

개인 오차(個人誤差 : personal error) 측정자의 습관에 의하여 생기는 오차. ☞ 계통적 오차(p. 24)

개회로(開回路 : open circuit) 신호의 경로가 일방통행으로, 신호가 원래대로 되돌아오지 않는 회로. ☞ 폐회로(p. 427)

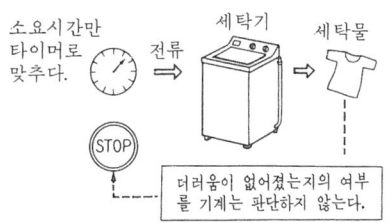

개회로 제어(開回路制御 : open loop control) 개회로를 사용한 제어 방식으로써 시퀀스 제어라고 한다. ☞ 폐회로 제어 (p. 427)

제어 대상이 어떠한 동작을 했는가 하는 신호는 수치제어 장치에 되돌아오지 않는다. 피드백(feed back) 회로가 없다.
[예] NC공작기계

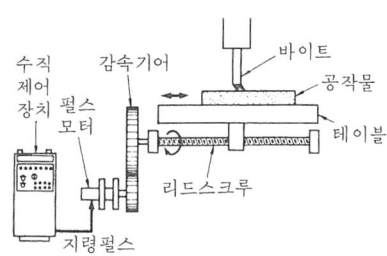

갱 슬리터(gang slitter) 절단기의 일종. 금속판의 절단에 있어서, 폭이 넓은 판재를 요구하는 폭으로 연속적으로 절단하는 기계.

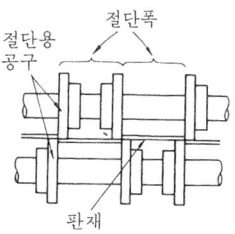

거친날 밀링 커터(coarse tooth cutter) 중절삭용 플레인 밀링 커터(p.439). 일반 절삭용 커터보다 날수가 적고 비틀림각이 25~45° 정도이다.

거친 절삭용 바이트(roughing tool) 원통외주를 절삭하기 위한 바이트의 일종. 황삭(荒削) 바이트.

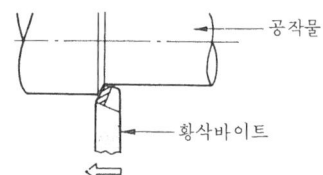

건 드릴(gun drill) 절삭날이 1매 또는 2매의 스트레이트 홈을 가진 드릴. 주로 깊이가 깊은 구멍 가공시에 사용된다. [예] 금형의 냉각수 구멍 가공

건습구 습도계(乾濕球濕度計 : psychrometer) 건구 온도계와 습구 온도계의 지시차(指示差)로부터 실험식에 의해 상대 습도를 구하는 습도계.

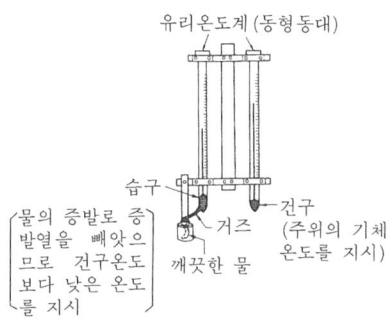

건식(乾式) **가스미터**(dry gas meter) 가정용 가스 계량기. 가스를 사용하면 4개의 방이 막판(膜板)에 의해서 번갈아 팽창·수축하여 크랭크 기구가 연동하여 유량을 알 수 있다.

그림의 상태는
Ⓐ : 배기끝   Ⓑ : 흡기끝
Ⓒ : 배기중   Ⓓ : 흡기중
을 나타낸다. 다음에 크랭크가 반회전하고 미끄럼 밸브가 오른쪽으로 이동해
Ⓐ : 흡기시작 Ⓑ : 배기시작
Ⓒ : 배기끝   Ⓓ : 흡기끝
으로 된다.

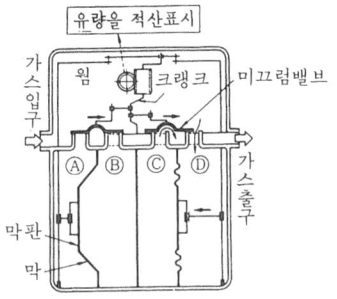

건식 래핑(dry lapping) ☞ 래핑(p.109)

건전지(乾電池 : dry cell) ☞ 1차 전지(p.304)

건조도(乾燥度 : degree of dryness) 포화액을 뜨겁게 했을 때 차차로 증기의 비율이 많아지는 정도. 건조도를 x라고 하면
  포화액에서는 $x=0$
  건조포화 증기에서는 $x=1$

건조[사]형(乾燥[砂]型 : dry sand mold) 주조 작업에서 건조형 모래를 사용해 주형을 만든 후, 건조로에 넣어 건조시켜 수분을 제거한 주형.
  ☞ 주형(p.358), ☞ 생사주형(p.189)
  [특징] 건조형을 이용하면 만들어진 주물의 표면이 매끄럽게 된다.

건조포화 증기(乾燥飽和蒸氣 : dry saturated steam) 축축한 증기가 전부 증발하고 난 뒤의 포화 증기. 즉, 건조도(乾操度) 1에 해당하는 포화 증기를 말한다. ☞ 포화 온도(p.427)

걸치기 이두께(displacement over a given number of teeth) 인벌류트 기어에 있어서, 디스크마이크로미터에 의해 규정수의 이를 걸쳐서 측정한 이두께를 말하며, 이의 균일도를 관리하는 데 널리 사용된다.

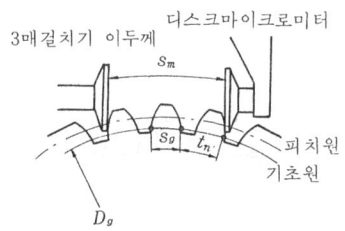

걸치기 잇수를 z_m, 법선 피치를 t_n, 기

초원 이두께를 s_g라고 하면 걸치기 이두께 s_m은 다음식으로 나타낸다.
$$s_m = s_g + t_n(z_m - 1)$$
$$z_m = \frac{a \cdot z}{180} + 0.5$$

검도(檢圖 : check of drawing) 제도에서 제도자나 사도자(寫圖者)에 의해 그려진 도면이 정확한가, 또는 기재 사항에 오기(誤記)나 탈락의 유무를 검사하는 작업.

검류계(檢流計 : galvanometer) 미약한 전압이나 전류를 검출하는 계기.
[전류계와 다른 점] ① 감도가 극히 높다. ② 눈금이 전류(또는 전압)눈금으로 되어 있지 않다.
▽ 전자식 검류계

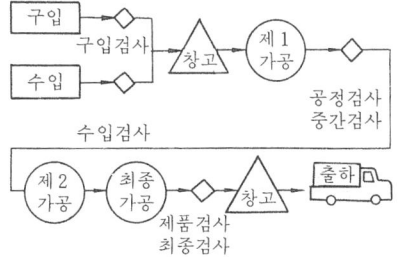

검사(檢査 : inspection) 품질을 어떠한 방법으로 측정하고 그 결과를 판정 기준과 비교하여 품질의 양·불량 또는 로트의 합격·불합격의 판정을 내리는 일.
▽ 제조공정에 의한 검사의 분류 예

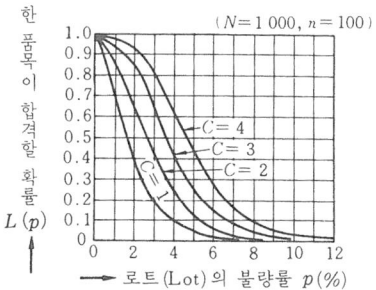

검사 특성 곡선(檢査特性曲線 : operating characteristic curve) 샘플링 검사에 있어서 로트의 불량률과 합격할 확률과의 관계를 나타내는 곡선.
[예] 로트 수 $N=1000$, 시료 n의 크기를 일정($=100$)하게 하고, 합격판정 갯수 C를 $1, 2, 3, 4$로 대신할 경우의 곡선

검파(檢波 : detection) 피변조파(被變調波)로부터 신호파를 잡아내는 일.
▽ 검파회로의 예 (직선검파회로)

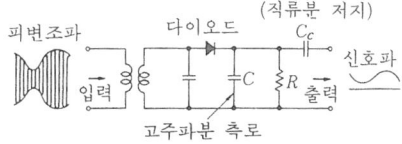

게이지 압력(gauge pressure) 대기압의 기준을 영(0)으로 하여 이것보다 높은 압력을 정(正), 낮은 압력을 부(負)로써 나타내는 압력. ☞ 절대압력 (p.338)
게이지압력＝절대 압력－대기 압력

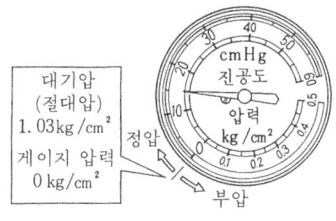

일반적으로 공업에서는 게이지 압력을 사용한다.

격자 정수(格子定數 : lattice constant) 결정구조를 나타낼 때, 단위 조직의 형태와 그 변의 길이를 사용하는데 그 변의 길이, 즉 원자간 중심거리를 말한다.
☞ 체심 입방 격자(p.374)

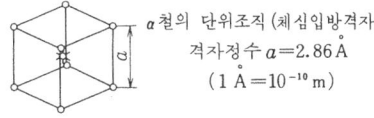

a철의 단위조직(체심입방격자)
격자정수 $a = 2.86 Å$
($1 Å = 10^{-10} m$)

결정격자(結晶格子 : crystal lattice) 금속 결정의 규칙 바른 원자의 배열 방법. 결정체를 구성하고 있는 원자는 공간 안에 규칙적으로 배열되어 있으며, 이들 점을 연결하여 얻어지는 3차원의 망목(網目)을 결정 격자라 한다.

▽ 결정 격자의 예

	체심입방격자	면심입방격자	조밀육방격자
결정 구조			
금속 의예	크롬· 텅스텐	동·니켈· 알루미늄	아연· 마그네슘

▽ 결합제의 종류

종류	비트리- 파이드	실리 케이트	탄성숫돌		
			셀락	러버	레지 노이드
기호	V	S	E	R	B
주요 성분	장석· 가용성 점토	규산 나트륨	셀락 천연 수지	고무 · 유황	페놀 수지

결정립(結晶粒 : crystal grain) 금속이나 합금은 많은 결정의 집합체로 그 나름대로 결정 조직을 얻는데 그 하나하나의 망목상(網目狀)으로 둘러싸인 부분을 결정립이라고 한다.

▽ 순철의 현미경 조직

결정립계(結晶粒界 : grain boundary) 결정립과 결정립과의 경계. ☞ 결정립
　결정립계에는 불순물이 포함되어 있기 때문에, 에칭(etching)했을 때 부식하기 쉽다.

결정 조직(結晶組織 : crystalline structure) 결정립이 모여 있는 모습. 또는 그것을 나타낸 것.

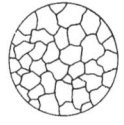

결함 구멍(blow hole) 용착 금속 중에 가스에 의해 생긴 구멍. 주물에서는 공기구멍을 말하며 가스배출(vent)이 좋지 않으면 발생한다. ☞ 피트(pit, p.443)

결합도(結合度 : grade) 연삭 숫돌에서 입자가 결합제로 결합되어 있는 강약의 정도를 말하며, 숫돌의 경도라고도 한다. 숫돌 입자 자체의 경도와는 관계가 없다.

▽ 결합도 기호

기 호	E, F, G	H, I, J, K	L, M, N, O	P, Q, R, S	T, U, V, W, X, Y, Z
호 칭	극연	연	중	경	극경

결합제(結合劑 : bond) 숫돌 입자를 결합하여 숫돌을 형성하는 재료. 결합제의 종류에 따라 숫돌차가 분류된다.

겹치기 이음(lap joint) 용접하려고 하는 두 모재의 일부를 겹쳐, 모재의 표면과 단면에서 필릿(fillet) 용접을 하는 이음. 용접 이음(p.276)

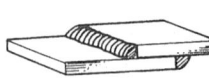

겹치기 저항 용접(lap welding) 저항 용접의 일종으로써 금속의 박판재(薄板材)를 겹쳐 맞붙인 상태에서 용접하는 것.
　☞ 저항 용접(p.317)
　[종류] ☞점 용접(p.341), ☞심(seam)용접(p.229), ☞프로젝션(projection)용접(p.435)

경강(硬鋼 : hard steel) 탄소를 약 0.3% ~0.6% 정도 포함한 강.
　[성질] 연강에 비해 강하고 담금질·템퍼링(tempering)의 효과가 있다.

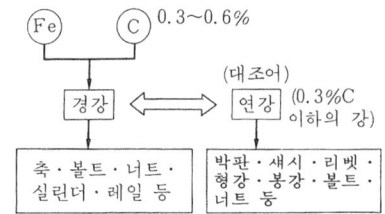

경계윤활(境界潤滑 : boundary lubrication) 베어링부에서 유막(油膜)이 극히 얇아지고, 축과 베어링면이 직접 접촉할 것 같은 상태의 윤활. 불완전 윤활이라고도 한다.

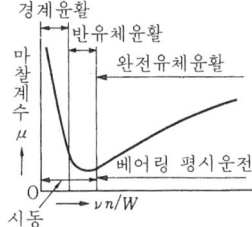

: 점성계수, n : 회전속도 W : 베어링 하중

경년 변화(經年變化 : secular change) 재료의 성질이 시간의 경과와 함께 서서히 변화하는 일. 보통 경도의 변화와 형태 및 치수의 변화에 대해서 말한다. 정밀기기는 경년 변화에 의해 정도(精度)가 떨어지는 일이 있다.

경랍(硬鑞 : hard solder) 강도를 필요로 하는 납땜에 이용하는 합금. 황동랍·은랍 등이 있다.

▽ 황동랍

성 분	납땜온도(℃)	용 도
Cu 32~36% 아연 64~68%	820~870	동합금 등
Cu 46~50% Ni 9~11% 아연 39~45%	935~980	철합금 등

경비(經費 : expense) 제조원가에 포함되는 비중 중 재료비·노무비 외의 비용.
[예] 전기·가스·수도 요금, 감가상각비, 보험료, 공과금, 그밖의 잡비 등.

경사계(傾斜計 : inclinometer) 수준기(水準器)와 원주 눈금과를 조합한 각도 측정기.

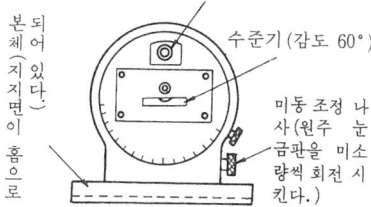

측미경(내부에 있는 유리제 눈금 원판을 1 눈금까지 읽어들인다.)
수준기(감도 60°)
미동 조정 나사(원주 눈금판을 미소량씩 회전 시킨다.)
본 되 체 어 (지 있 지 다 면 .) 이 홈으로

중앙부 수준기의 기포가 중앙에 정지하도록 미동조정 나사를 조작하여 원주눈금을 읽고 측미경으로 최소 눈금을 읽는다.

경사관식 압력계(傾斜管式壓力計 : inclined-tube manometer) U자관 압력계와 같은 원리에 의해 미소한 압력차를 측정하는 계기. ☞ U자관 압력계(p.292)

$p_1 - p_2 = \gamma h$
γ : 액체의 비중량
$l = \dfrac{h}{\sin\theta}$
배율 : $\dfrac{1}{\sin\theta}$ (<10)

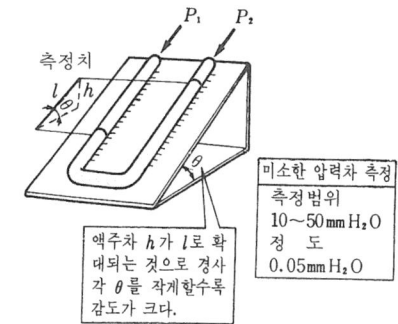

측정치

미소한 압력차 측정
측정범위
10~50mmH_2O
정 도
0.05mmH_2O

액주차 h가 l로 확대되는 것으로 경사각 θ를 작게할수록 감도가 크다.

경사면(輕斜面 : inclined plane) 작은 힘으로 물건을 끌어 올리기 위해 이용하는, 수평면과 어떤 각도를 갖는 평면.

▽ 마찰이 없는 경사면

힘 $F = P = W\sin\theta = W\dfrac{h}{l}$

작업 $Fl = Wh$

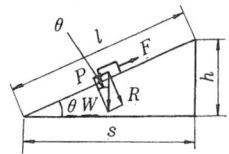

▽ 마찰이 있는 경사면

힘 $F = P + f = W\sin\theta + \mu W\cos\theta$
$= W\dfrac{\sin(\phi+\theta)}{\cos\phi}$

$\mu = \tan\phi$

작업 $Fl = Wh + \mu Ws$

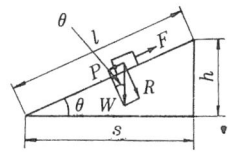

경사판(傾斜板) **캠**(swash plate cam) 회전축에 비스듬히 평면판을 장착한 캠(cam).

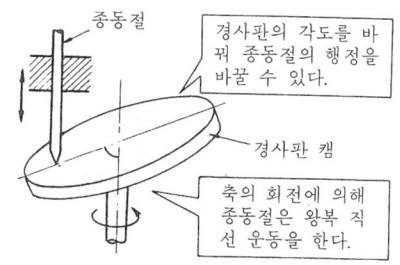

종동절

경사판의 각도를 바꿔 종동절의 행정을 바꿀 수 있다.

경사판 캠

축의 회전에 의해 종동절은 왕복 직선 운동을 한다.

경수(輕水 : light water) 원자로(原子爐) 관계에서 사용하는 용어로, 중수(重水, heavy water)에 대해서 보통의 물을 경수라고 한다. 경수로(輕水爐)에 있어서, 감속재 및 냉각재로써 사용된다. ☞ 경수로(p.22)

경수로(輕水爐 : light water reactor) 노의 심부를 냉각하는 재료(동작유체)로써 경수를 사용한 원자로.
[종류]
경수로 ┬ 가압수형 원자로(☞ p.11)
       └ 비등수형 원자로(☞ p.174)

경질(硬質)**고무**(hard rubber) 천연고무에 30% 이상의 유황을 첨가해 장시간 가열하여 만든 경화(硬化) 고무.
[성질] 전기 절연성, 내수성이 우수하다. 화학 약품에 대한 저항성이 크다.

경합금(輕合金 : light alloy) 알루미늄 합금·마그네슘 합금·티탄 합금 등과 같은 비중이 작은 합금의 총칭. 예컨대, 두랄루민·일렉트럼 등.

계기 등급(計器等級 : grade of meter) 보증되어 있는 계기의 정확성으로부터 계기를 분류한 것.
▽ 전류계·전압계의 등급

등급별	허용차	용 도
0.2급	±0.2%	부표준기 등
0.5급	±0.5%	정밀 측정용
1.0급	±1.0%	소형 정밀용 계기, 대형 배전반용 계기
1.5급	±1.5%	정확함을 별로 중시하지 않는 공업용 계기
2.5급	±2.5%	정확함을 중시하지 않는 소형 계기

계기 오차(計器誤差 : instrumental error) 동일 상태를 계기와 표준 계기로 측정할 때 각 계기의 눈금의 차. ☞ 계통적 오차(p.24)
$$\varDelta I = I' - I$$
I : 상태 I일 때 계기 오차
I' : 계기 눈금
I : 표준 계기의 눈금

계기용 변성기(計器用變成器 : instrument transformer) 계기의 측정 범위를 확대하기 위한 특수 변압기. 계기용 변압기와 계기용 변류기(變流器)가 있다.

▽ 계기용 변압기　▽ 계기용 변류기

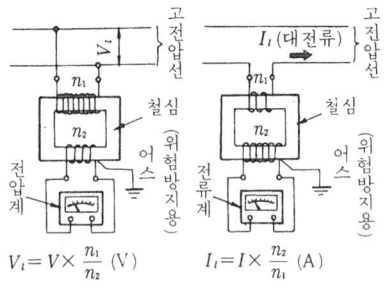

$V_l = V \times \dfrac{n_1}{n_2}$ (V)　　$I_l = I \times \dfrac{n_2}{n_1}$ (A)

V_l : 측정하는 고전압　I_l : 측정하는 대전류
V : 전압계의 지시　　　I : 전류계의 지시

계량 샘플링 검사(sampling inspection by variables) ☞ 샘플링 검사(p.189)

계량치(計量値 : variable value) 연속량으로써 측정할 수 있는 품질 특성의 값.
[예] 길이·무게·인장강도·온도·전압·전류 등.

계산기 제어(計算機制御 : computer control) 전자 계산기의 고도의 정보처리 능력을 이용한 자동 제어.

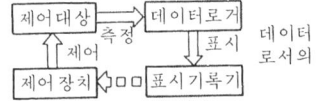

데이터 로거로서의 응용

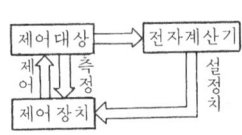

전자계산기를 사용하여 조절계의 설정치를 자동적으로 변경해 최적제어를 한다.

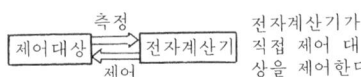

전자계산기가 직접 제어 대상을 제어한다.

계산자(計算尺 : slide rule) 고정자와 미끄럼자의 여러가지 특성을 가진 대수 눈금을 설치해 놓고, 고정자에 대해 중앙의 미끄럼자를 밀리게 하여 계산을 하는 기구(器具).

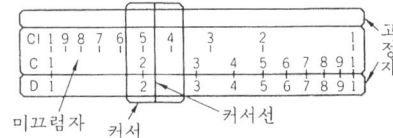

▽ 원리
① $a \times b$
$$\log_{10} ab = \log_{10} a + \log_{10} b$$

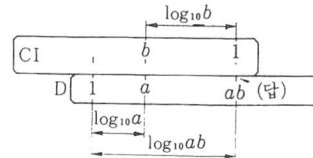

② $a \div b$
$$\log_{10} \frac{a}{b} = \log_{10} a - \log_{10} b$$

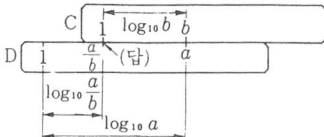

계수 눈금(counter scale) 볼트·너트 등의 작은 부품의 수량을 직접 계량하는 저울.
[계량의 예]
① 계량 접시 ⓐ에 전 부품을 놓는다.
② 접시 ⓑ(대저울의 증가추에 해당)에 같은 부품을 3개 놓는다.
③ 접시 ⓒ(대저울의 이송추에 상당)에 같은 부품을 1개 놓고, 균형이 잡힐 때까지 오른쪽으로 이동(눈금 25)한다.
④ ⓐ의 부품 수
$$100 \times 3 + 1 \times 25 = 325 개$$

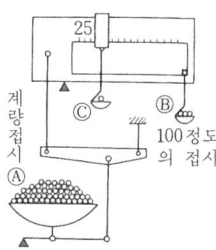

계수 샘플링 검사(sampling inspection by attributes) 샘플링 검사에 있어서 채취한 시료 속의 불량품의 갯수 또는 결점수를 조사하여 합격·불합격을 결정하는 검사 방법.

계수형 계기(計數形計器 : digital meter) 측정량을 숫자(디지털량)로 표시하는 계기. ☞ A-D 변환(p.247)

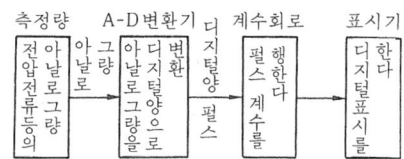

계장(計裝 : instrumentation) 공장 등에서 운전 관리를 행하기 위하여 측정 장치·제어 장치 등을 장비하는 일. 계장에 적당한 계기 설정, 관리 방식, 계장 계획도의 작성, 보조 동력원의 설계, 배선·배관 등을 포함한다.
▽ 계장 계통도의 예

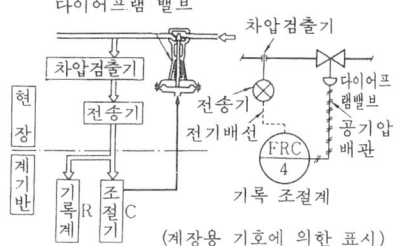

(계장용 기호에 의한 표시)

계장도(計裝圖 : instrumentation drawing) 계측 및 제어 장치의 형식·기능의 경과, 계측 제어 요소의 관련 등을 나타내기 위해서 기호로 나타낸 그림.
▽ 계장도의 예(항온조의 온도·수준 제어)

계장용 기호(計裝用記號 : instrumentation symbol) 도면·문서 등에 계장에 대해서 도시하는 경우에 사용하는 기호. 문자 기호·개별 번호 및 그림 기호가 있다.
▽ 계장용 기호의 예

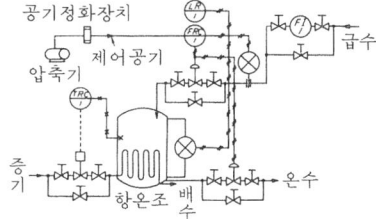

계측(計測 : instrumentation) 물리적인 상태를 양적으로 받아들이기도 하고, 제어하기 위해서 방법·장치·측정 및 그것에 기초를 둔 처치를 생각하고 실시하는 일.

계측기(計測器 : measuring instruments & apparatus) 양의 크기나 물리적 상태를 지시 또는 기록하는 기구.
▽ 계측기의 구성

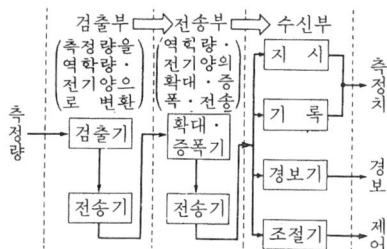

계통(系統) **샘플링**(systematic sampling) 샘플링 검사에 있어서 모집단으로부터 시간 또는 거리적으로 일정한 간격으로 시료를 뽑아내는 방법.

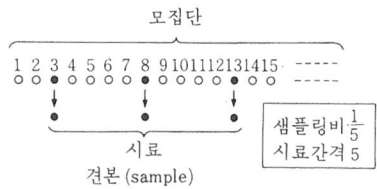

계통적 오차(系統的誤差 : systematic error) 발생 원인을 알고 있는 오차.
① 이론 오차 : 이론적으로 보정할 수 있는 오차. [예] 열팽창·실온 등에 의한 오차.
② 계기오차 : 사용하는 계기에 원인이 있어 생기는 오차. 그 계기보다 오차가 작은 표준 계기에 의해 보정할 수 있다. [예] 눈금이 같지 않음, 기어의 피치 오차
③ 개인오차 : 측정자의 과실로 생기는 오차. [예] 눈대중으로 눈금을 읽을 때, 높은 눈금 또는 낮은 눈금을 읽는 습관에 의한 오차

고급 주철(高級鑄鐵 : high grade cast iron) ☞ 강인 주철(p.16)

고력(高力) **알루미늄 합금**(high tensile aluminum alloy) 열처리를 행하여 강도를 높인 알루미늄 합금.
[성질] 시효 경화에 따라 경도나 강도가 증가한다. ☞ 시효 경화(p.226)
[종류] ① Al-Cu계 합금 ② Al-Cu-Mg계 합금(두랄루민이라고 불리워진다.) ③ Al-Zn-Mg계 합금.

고로(高爐 : blast furnace) ☞ 용광로 (p.275)

고무 벨트(rubber belt) 면포나 삼베 등에 고무를 겹쳐 집어 넣어 이것을 여러장 합쳐서 압축가류(加硫)시켜 만든 벨트.
[특징] 열이나 기름에 약하지만, 폭이 넓고 긴 것이 가능하고, 가죽 벨트보다 약간 값이 싸다.
[종류] 전동용 평 벨트, 운반용 컨베이어 벨트, V벨트 등이 있다.
▽ 고무벨트의 단면

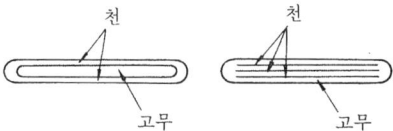

고무 완충기[緩衝器] (rubber buffer) 고무를 이용해 운동 에너지를 흡수하고, 기계적인 충격을 완화하는 장치.
▽ 압축형 고무 완충기

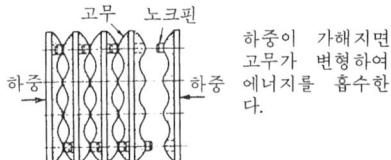

고발열량(高發熱量 : higher calorific power) 연료 속에 포함된 수분과 연료 속의 수소가 연소하여 발생하는 수증기가 모두 물(액체)이 된다고 가정했을 때의 발열량.

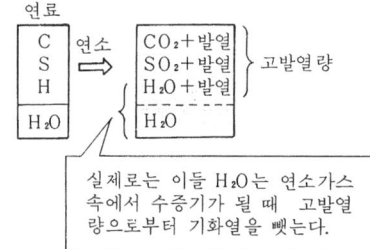

고발열량 H_h(kcal/kg)
$$H_h = H_l + 600(9h+w)$$
$$= 8100c + 34000\left(h - \frac{o}{8}\right) + 2200s$$

h, w, c, o, s : 연료 1kg 중에 포함된 수소, 물, 탄소, 산소, 유황의 양(kg)

저발열량 H_l (kcal/kg)
$$H_l = 8100c + 28600\left(h - \frac{o}{8}\right) + 2200s$$
$$-600w\ (\text{kcal}/\text{kg})$$

고상선(固相線 : solidus line) 합금의 상태도 중, 모든 배합 합금의 응고 완료 온도를 이은 선. ☞액상선(p.241)

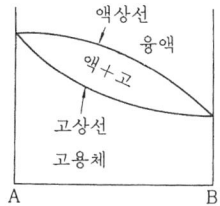

고속도 공구강(高速度工具鋼 : high speed steel) 절삭 공구용의 합금강. 속칭 고속도강.
[종류] ① 18-4-1형(W 18%, Cr 4%, V 1%) ② 텅스텐계+코발트 ③ 몰리브덴계(인성이 좋다.)
[열처리] 담금질 온도 1300℃, 유냉 또는 공중 방랭.
[특징] ① 고온 경도가 크다. ② 열전도율이 작다.

고속 절삭(高速切削 : high speed cutting) 초경합금, 세라믹·서멧(cermet) 등에 대해 만들어진 공구를 이용해 공작물을 고속도로 절삭하는 방법. ☞세라믹(p.193)

고속 중성자(高速中性子 : fast neutron) 우라늄 235(^{235}U)의 분열에 의해 발생하는 중성자. 광속의 1/10 정도의 에너지를 가지고 있다. ☞중성자(p.360)

고스트 라인(ghost line) 강 속의 인 등이 석출한 부분. 주조·압연에 나쁜 영향을 준다.

고온 경도(高溫硬度 : hot hardness) 절삭 공구 재료의 필요 조건인 절삭열(고온)에 견딜 수 있는 경도의 정도.

▽ 공구 재료의 고온 경도

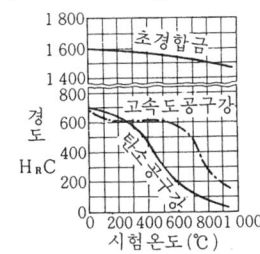

고온계(高溫計 : pyrometer) 가열로 속이나 용융 금속의 온도 등 고온을 측정하는 온도계.
광고온계 (p.39)
방사 고온계 (p.145)
열전 온도계 (p.261)

고용체(固溶體 : solid solution) 모체 금속에 합금 원소를 용입하여 응고한 후에도 완전히 녹아 하나의 덩어리가 되어 있는 합금의 상태.

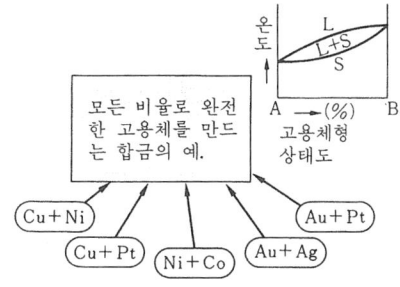

고유 진동(固有振動 : natural vibration) ☞자유 진동(p.311)

고유 진동수(固有振動數 : natural frequency) ☞자유 진동(p.311)

고장력강(高張力鋼 : high strength steel) 인장 강도 50kg/㎟ 이상으로 용접성·절삭성·인성 등이 우수한 구조용강의 통칭.
주로 판재로서 차량·선박·압력 용기·교량·산업 기계 등에 이용된다. 소량의 합금 원소를 첨가한 것이 있다.
일반적으로 인장 강도 60kg/㎟ 이하의 것은 압연한 상태 또는 풀림해서 사용한다. 인장 강도가 그 이상의 것은 담금질, 뜨임을 하여 사용한다.

고장력 저합금강(高張力低合金鋼 : high

tensile steel) 고항복점강(高降伏點鋼)이
라고도 하며 인장 강도, 항복점이 높은
강.

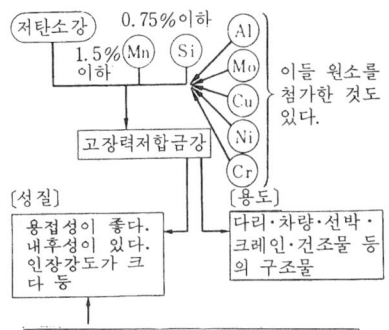

고정(固定)나사(set screw) 나사의 선단을
이용해 기계부품 사이의 상대적인 움직임
을 멈추는 나사. 나사부의 회전 방지에
사용하는 일도 있다.
[예]

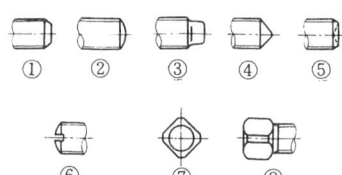

고정(固定)날개(fixed vane) ① 터빈에 있
어서 유체의 압력 에너지를 속도 에너지
로 변환한 것. ☞노즐(p.76), ☞회전날
개(p.455)

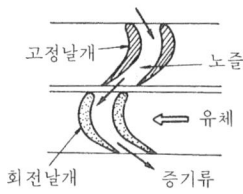

② 축류 수차 및 축류 펌프의 임펠러에
있어서, 임펠러 보스에 대해 날개의 장착
각도가 변하지 않고 고정되어 있는 것.
☞가동 날개(p.8)

고정단(固定端 : fixed end) 보(beam)나
기둥(column)의 지점(支點)이 회전이나
이동할 수 없도록 고정되어 있는 끝단.

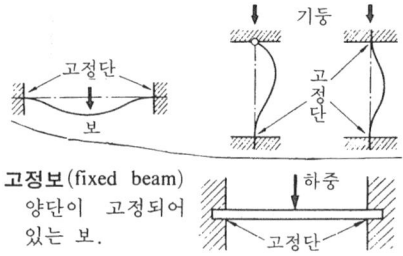

고정보(fixed beam)
양단이 고정되어
있는 보.

고정 부시(fixed bush) 구멍뚫기 지그에
있어서, 지그 본체에 압입해 고정된 드릴
의 안내를 하는 부시. 부시란 일반적으로
구멍 내면에 끼워박는 두께가 얇은 원통
을 말한다. ☞지그(p.363)

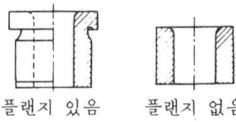

플랜지가 있는 것과, 플랜지가 없는 것
이 있고, 빼내지 않을 경우에 사용한다.

고정자(固定子 : stator) 전동기·발전기 등
의 회전하지 않는 부분. 즉, 권선(捲線)
을 지지하는 철심과 철심을 부착하는 프
레임(frame)으로 이루어져 있다.

고정 장치(固定裝置 : fixture) 공작물을 가
공 하기 위하여 적당한 위치에, 정확하게 고
정시키는 보조 공구.

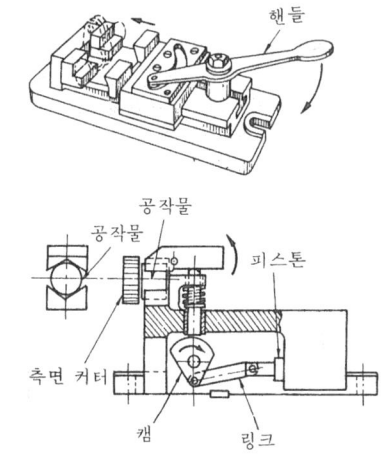

고정 진동 방지구(固定振動防止具 : cen-

ter rest) 선 ▽ 롤러붙이 진동방지구
반(旋盤) 등 고정진동방지구
의 베드에 고
정하고 긴 공
작물의 중간
을 지지해서
진동을 막는
공구(工具).

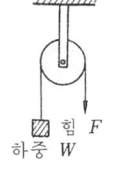
긴 공작물

고정 풀리(fixed pulley)
위치가 움직이지 않
는 도르래. ☞풀리
(p. 433)
힘의 방향을 바꾸는
데 이용한다.
$W = F$

힘 F
하중 W

고주파 담금질(induction hardening) 고주
파 전류를 이용하여 표면만 가열하여 담
금질하는 조작.

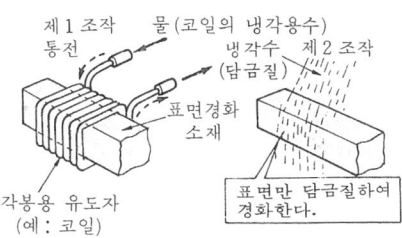
제 1 조작 통전 / 물(코일의 냉각용수)
냉각수 제 2 조작 (담금질)
표면경화 소재
각봉용 유도자 (예 : 코일)
표면만 담금질하여 경화한다.

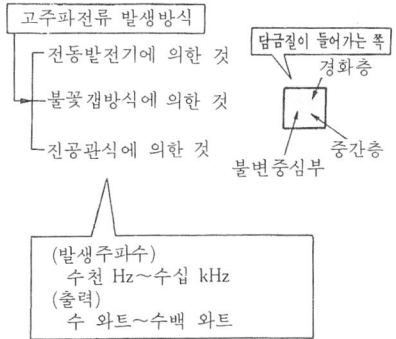
고주파전류 발생방식
― 전동발전기에 의한 것
― 불꽃 갭방식에 의한 것
― 진공관식에 의한 것
담금질이 들어가는 쪽
경화층
중간층
불변중심부
(발생주파수)
수천 Hz~수십 kHz
(출력)
수 와트~수백 와트

고주파유도 전기로(高周波誘導電氣爐 : high
frequency induction furnace) 금속을 넣
은 도가니 주위에 코일을 감고 고주파 전
류($350 \sim 2000 Hz$)를 흐르게 하여 변압기
2차 코일의 역할로 금속에 유도 전류를
발생시켜, 그 저항열로서 융해하는 노
[용도] 합금강이나 고급인 고속도 공구
강・내열강의 제조에 사용된다.

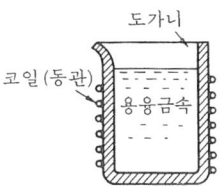
도가니
코일(동관)
용융금속

고차 대우(高次對偶 : higher pair) 2개의
기계 요소가 선 또는 점에서 접촉하고 있
는 대우(對偶). 면(面) 없는 대우

외륜
강구
내륜
기어의 치면 접촉 구름베어링

[특징] 접촉 면적이 작기 때문에 면압력
이 크게 된다.

고체 연료(固體燃料 : solid fuel) 기체 연
료나 액체 연료의 상대어로써 석탄, 코크
스 등이 고체 연료에 속한다.
[결점] 저장 장소가 필요하고, 취급에 인
건비가 많이 든다.

고체 침탄법(固體浸炭法 : solid caburizing)
강의 표면에 활성의 탄소를 확산해 탄소
량이 많은 표면층을 얻는 표면 경화법.
▽ 침탄의 원리

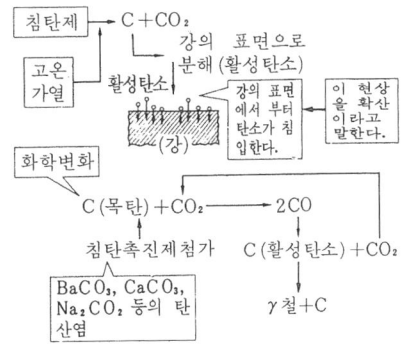
침탄제 → $C + CO_2$
고온 가열 → 분해 (활성 탄소)
활성탄소 → 강의 표면
강의 표면으로부터 탄소가 침입한다.
이 현상을 확산 이라고 말한다.
화학변화
C (목탄) $+ CO_2$ → $2CO$
침탄촉진제첨가 C (활성 탄소) $+ CO_2$
$BaCO_3$, $CaCO_3$, Na_2CO_3 등의 탄산염
γ 철 $+ C$

고치(高齒 : full depth (gear) tooth) 높은
이. 기어에서 특수 치형(齒形)의 일종으
로 기어의 이 높이가 표준 평기어의 이
높이 보다 높은 것. ☞병치 (p. 160)

고탄소강(高炭素鋼 : high carbon steel) 탄소 함유량이 0.6% 이상인 강. ☞탄소공구강(p. 403)

곡률 반경(曲率半徑 : radious of curvature) 곡선의 일부에 접하는 원의 반경.

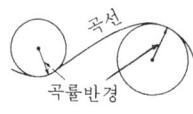

골조(骨組 : framework, skeleton) 건축물에서 형강이나 목재 등의 봉(棒) 형상 재료를 결합해 조립한 구조물. 그 대표적인 것에 트러스(truss)가 있다.
▽ 트러스의 예

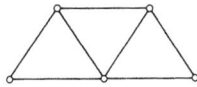 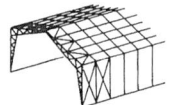

골조 목형(骨組木形 : skeleton pattern) 대형 주물에서 주조 갯수가 적을 경우 목형 제작의 공수와 재료를 절약하기 위해 골조만으로 만든 목형.
[예]

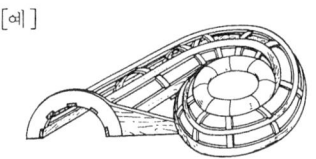

공구강(工具鋼 : tool steel) 바이트나 각종 공구에 사용되는 강.
[성질]
① 내마모성이 있다.
② 단단하다.
[종류]
탄소 공구강, 합금공구강, 고속도공구강

공구 관리(工具管理 : tools control) 생산에 필요한 공구류를 선정하여 이것을 능률적으로 사용할 수 있도록 하기 위한 계획과 실시.
[공구 관리의 일] ① 공구의 표준화(☞ p. 29) ② 공구의 정리 ③ 공구의 집중 연삭(☞p. 29)

공구 수명(工具壽命 : life of cutting tool) 공구가 공작물을 깎기 시작하고 나서, 정상적인 절삭을 할 수 없게 될 때까지의 시간. 공구수명 T와 절삭 속도 v 사이에는 다음의 관계가 있다.
$$vT^n = c$$
n : 공작물, 공구의 재질에 의한 정수 $(1/10 \sim 1/5)$.
c : 정수(공구 수명을 1시간으로 한 때의 절삭 속도에 대응하는 값)
[공구수명의 판정]

▽ 고속도공구강공구   ▽ 초경합금공구

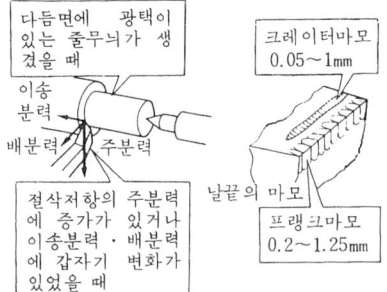

▽ 공구관리의 일

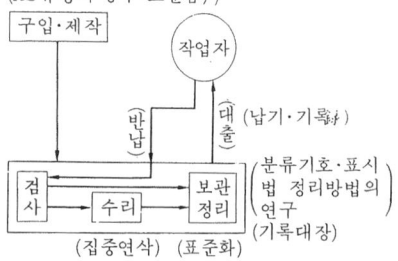

공구 연삭기(工具硏削機 : tool grinding machine) 각종 절삭용 공구(bite)를 연삭하는 기계.
[연삭하는 절삭용 공구에 따른 종류] 드릴 연삭기, 초경 공구 연삭기, 만능 공구 연삭기(☞p. 28)
▽ 드릴 연삭기

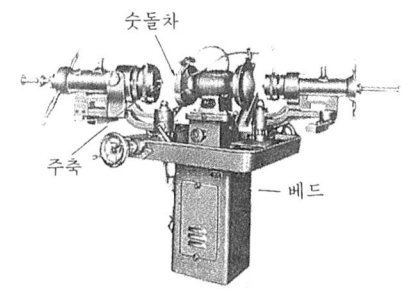

공구의 집중 연삭[集中硏削](concentrated grinding of tools) 작업 시간의 표준화를 위해서 전문 작업자가 공구 연삭을 전용의 연삭기에 의해 연삭하는 방식. 공구를 대량으로 사용하는 공장에 적합하다.
▽ 집중 연삭의 이점

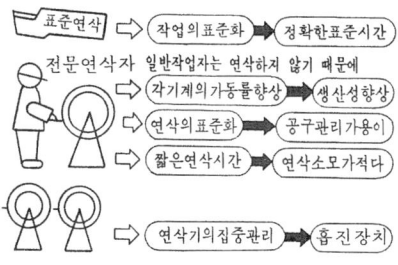

공구의 표준화[標準化](standardization of tools) 유사 공구를 표준화하여 정리 통합하는 일.
[통합 방법] ① KS 규격에 의하여 통합한다. ② 시장에 나와 있는 표준품에 통합한다.
[표준화에 따른 이점] ① 비용의 경감 ② 대출 일손의 성력화 ③ 이용효율의 향상 ④ 공구 취급 기능의 간소화 ⑤ 조달이 용이.

공구 현미경(工具顯微鏡 : tool maker's microscope) 나사, 총형 게이지, 절삭 공구 등을 현미경의 시야로 관측하면서, 그것들의 형태·치수를 측정하는 장치.

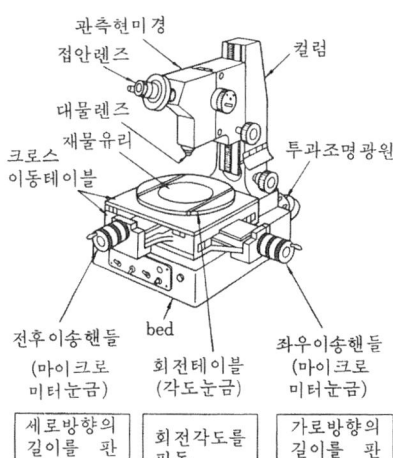

공기 담금질(air quenching) Cr강 등을, 노(爐)에서 가열한 후 공기중에 방랭하여 담금질하는 것. 자경성(自硬性)이라고도 한다.

공기 마이크로미터(air micrometer) 길이의 변화를 공기의 유량이나 압력의 변화로 변환하고, 그것들의 양으로부터 치수를 구하는 비교 측정기.
▽ 원리

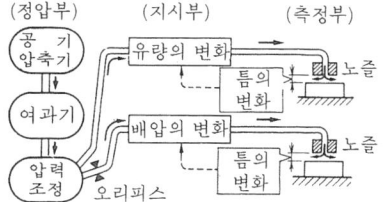

▽ 유량 지시형

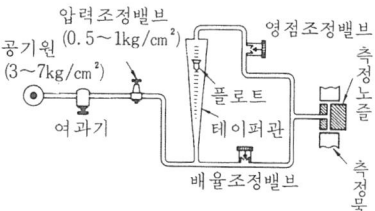

▽ 차압지시계

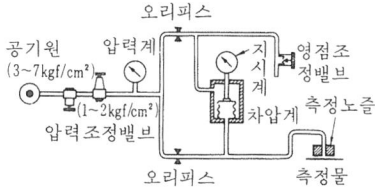

▽ 측정 노즐예

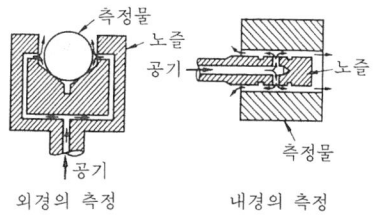

공기 베어링(air bearing) 축과 베어링 과의 사이에 압축 공기를 불어 넣어 이 공기막(空氣膜)의 압력으로 축하중을 지

지하는 형식의 베어링.

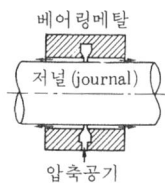

공기 브레이크(air brake) 압축공기의 압력에 의해 조작하는 브레이크.
▽ 공기브레이크 계통도(자동차용)

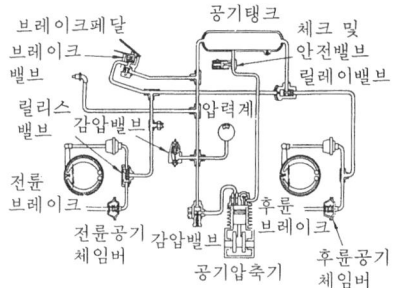

[용도] 대형 자동차의 브레이크에 사용된다.

공기 스프링(pneumatic spring) 공기의 압축성을 이용한 스프링.
[특징] 대형 자동차나 철도 차량 등에 사용되며, 고유 진동수는 하중에 관계 없이 거의 일정하게 유지할 수 있는 것으로 승차감을 좋게 할 수 있다.
▽ 벨로스식 공기

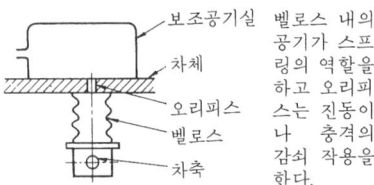

공기실식 연소실(空氣室式燃燒室 : air-call type combustion chamber) 압축 행정 중에 공기실에 밀어 넣은 공기가 피스톤의 하강과 함께 연소실의 혼입연료와 잘 혼합되어 연소시키는 방식의 연소실.

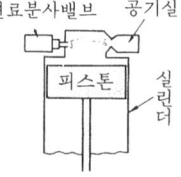

[특징] 연소 최고 온도가 낮고, 작동이 조용하다. 고속 기관에는 적합하지 않다.

공기압 모터(pneumatic motor) 압축 공기의 에너지를 회전력으로 변환하는 기기 중 비교적 출력이 작은 것.
[종류]

공기압 모터 ─┬─ 베인형 모터
　　　　　　├─ 피스톤형 모터
　　　　　　├─ 기어형 모터
　　　　　　├─ 공기 터빈
　　　　　　└─ 요동 모터

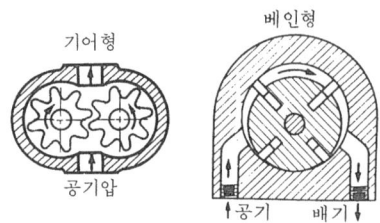

공기압 실린더(pneumatic cylinder) 압축 공기가 내포한 에너지를 기계적인 왕복직선 운동으로 변환하는 장치.
▽ 플런저형(램형)　　▽ 피스톤형

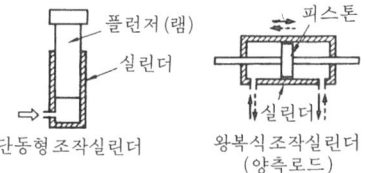

공기압 제어 장치(空氣壓制御裝置 :

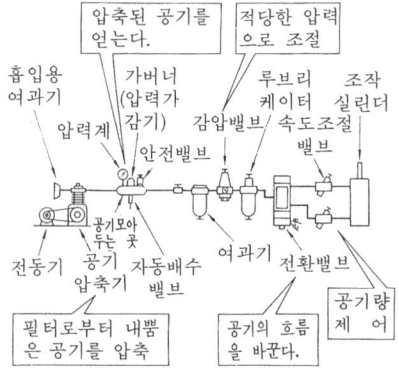

penumatic control system) 공기압을 목적에 따라서 제어하고, 여러 종류의 공기 압축기를 조작하는 장치.

공기 압축기(空氣壓縮機 : air compressor)
☞압축기 (p. 239)

공기 예열기(空氣豫熱氣 : air preheater) 보일러에 있어서 연소용 공기를 연소가스로 예열하는 열교환기. ☞절탄기(p. 340)

공기 조화(空氣調和 : air conditioning) 실내의 온습도·기류·박테리아·먼지·냄새·유해 가스 등의 조건을 실내의 사람이나 물품에 대해 최적의 환경으로 유지하는 일.

공기 조화 장치(空氣調和裝置 : air conditioner) 공기 조화의 목적을 위해서 사용되는 장치. 난방·냉방·온습도 조절·건조·냉각·유해가스 제거·분진 등의 각 장치의 총칭.

공기 청정기(空氣淸淨器 : air cleaner) 공기를 섬유질의 층이나 액체를 통하게 하여 티끌과 먼지를 제거하는 장치.
▽ 자동차용

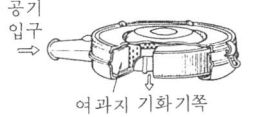 

여과지 기화기쪽　　여과지

여과면적을 넓게하기 위해 주름을 많이 만들어 접어넣는다.

공랭(空冷 : air cooling) 내연 기관이나 공기 압축기 등에 있어서 실린더 부분을 냉각하기 위해서 실린더 및 두부에 냉각 핀(fin)을 설치, 공기의 흐름에 의해 냉각하는 방법.

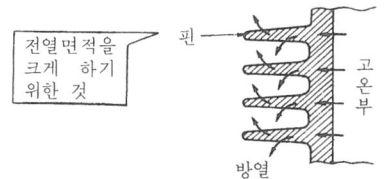

공랭 핀(air cooling fin) ☞공랭(p.31)

공석(共析 : eutectoid) 고용체를 서냉할 때 일정 온도에서 동시에 다른 2종 또는 그 이상의 고체를 석출하는 현상.
[공석 변태] 공석을 일으키는 변태.

[예] 강의 공석

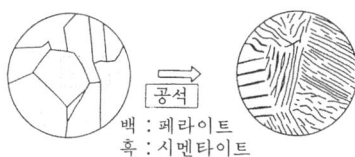

백 : 페라이트
흑 : 시멘타이트
오스테나이트　　펄라이트

공석강(共析鋼 : eutectoid steel) 약 0.8%의 탄소를 함유하는 탄소강.
오스테나이트 영역으로부터 서냉하면, 약 723℃로 페라이트(α고용체)와 시멘타이트(Fe_3C)를 동시에 석출하는 공석 반응을 일으킨다. 페라이트와 시멘타이트가 층상(層狀)으로 함께 존재하기 때문에, 이 조직을 펄라이트라고 한다.
▽ Fe-C계 상태도의 일부

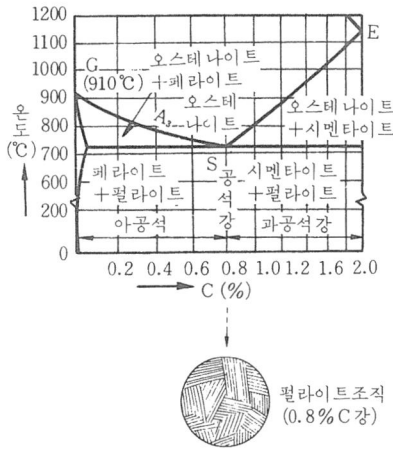

공수(工數 : units of working time) 작업량이나 작업능력을 나타내는 용어. 작업자공수 또는 연장 시간수로 나타낸다. ☞인공 (p. 301)

공수 계획(工數計劃 : working time planning) 작업하기에 필요한 공수(工數)로부터 소요 인원수나 기계 대수를 산정해 이것과 현재 보유하는 능력(작업자와 기계)과의 조정을 꾀하는 일. ☞작업 여력표(p. 312) ☞기계 부하표(p. 53)

공업 도안(工業圖案 : industrial design) 양산(量産)을 전제로 하여 공업 제품의 형태·색채·촉감 등의 의장을 생각하는 것.

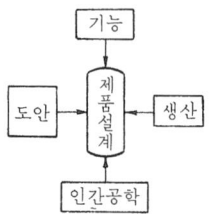

공업용 로봇(industrial robot) 사람을 대신해서 공업 생산용의 동작을 행하는 로봇.
[현재 만들어져 있는 로봇] 재료·부품·공구 등을 운반하기도 하고, 기계에 장착하기도 하는 단순 작업을 행하는 것.

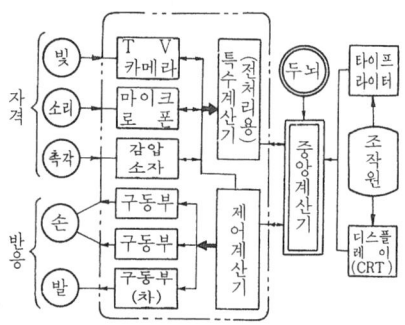

[장래의 로봇] 다수의 로봇에 의한 수공업 작업을 가능하게 할 수 있는 것. 복수 개의 로봇을 1대의 전자 계산기로 집중적으로 제어 하는 것 등이 가능하게 된다.
▽ 지능로봇의 정보처리 시스템의 예

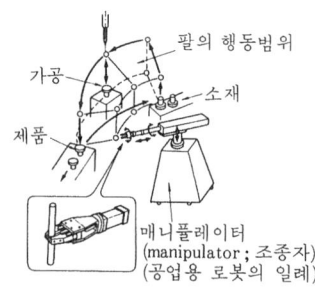

매니퓰레이터
(manipulator ; 조종자)
(공업용 로봇의 일례)

공업(工業) **일**(technical work) 기관 등 동력을 발생하는 기계 장치가 행하는 일.
공업 일 $AL_t = G(h_1 - h_2)$
A : 일의 열당량 G : 정상 상태의 유량.
h_1 : 입구의 엔탈피 h_2 : 출구의 엔탈피

g : 중력 가속도 Q : 외부로 방사되는 열량.
▽ 증기터빈의 예

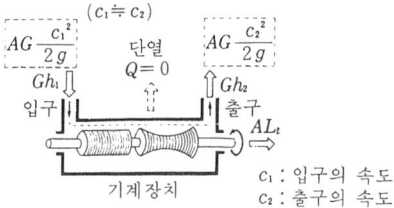

c_1 : 입구의 속도
c_2 : 출구의 속도

공작 기계의 기호(machine tools symbol)
공작 기계의 명칭을 나타내는 기호.
▽ 공작기계기호의 예

기호	명 칭	기호	명 칭
L	보 통 선 반	DR	레이디얼드릴링머신
LT	터 릿 선 반	DU	직립드릴링머신
LF	정 면 선 반	ZCN	센 터 링 머 신
GSR	평 면 연 삭 기	TCH	호 빙 머 신
GTL	공 구 연 삭 기	P	플 레 이 너
GU	만 능 연 삭 기	SH	세 이 퍼
MH	수 평 밀 링 머 신	SL	슬 로 터
MU	만 능 밀 링 머 신	SW	메 탈 소 잉 머 신
MV	수 직 밀 링 머 신		

공장 관리(工場管理 : factory management)
공장에 있어서 생산이 효과적으로 원활하게 행해지도록 하기 위한 공장 운영의 관리.
▽ 공장 관리의 구성도

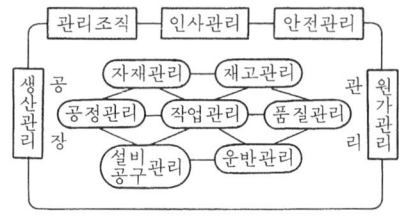

공장 입지(工場立地 : plant location) 생산을 경제적으로 행하는 데 가장 적절한 공장의 부지.
▽ 공장입지의 제조건(입지조건)

자연적입지요인	경제적입지요인	사회적입지요인
부지 상태	지가	지역사회의 안정도
환경조건	노동력 확보	문화후생시설
기후·풍토	판매시장	국토계획
동력원·수원	운송비	도시계획
원재료 공급	원재료 공급	

공정(共晶 : eutectic) 2종 이상의 합금 원소가 용융 상태로는 균일하게 서로 융합하지만, 이것을 서냉하면 용액이 일정 온도에서 동시에 2종 이상의 결정체로 변화하여 생긴 미세한 결정입자의 혼합물.
[공정반응] 공정을 일으키는 반응.
[공정점] 공정을 일으키는 온도. 공정 온도라고도 한다.
▽ 카드뮴(Cd)과 비스무트(Bi)의 공정예

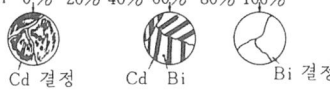

공정(工程 : production process, process)
① 부품을 가공할 때의 작업의 순서·단계.
[예]

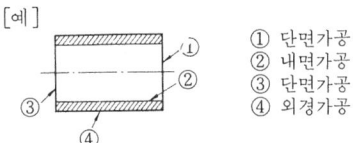

① 단면가공
② 내면가공
③ 단면가공
④ 외경가공

② 공장생산에서의 제조과정.
▽ 기어의 제작 공정

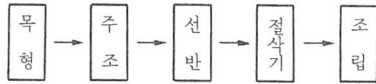

공정 계획(工程計劃 : process planning)

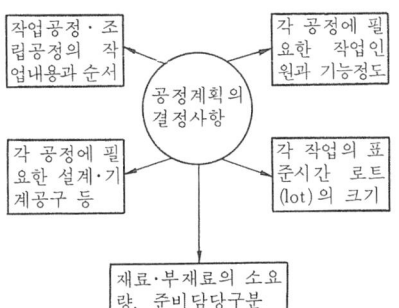

제조에 가장 적합한 작업 순서와 방법을 결정하는 일.

공정관리(工程管理 : process management) 원재료가 투입되어 완성품이 될 때까지의 가공·조립·검사 등의 제공정 및 순서·일정을 관리하는 일.

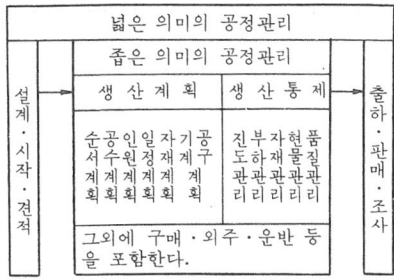

공정 도시 기호(工程圖示記號 : process chart symbols) 공정분석을 행하는 경우에 분석하기 쉽고 그 결과를 보기 쉽게 하기 위해서 사용하는 기호.

공정 분석(工程分析 : process analysis) 재료가 가공되어 제품으로 될 때까지의 과정을 가공·운반·정체(停滯)·검사 4개의 상태로 나누어서 그것들이 제작 과정에서 어떻게 연속하고 있는지를 조사하는 작업.
　공정 분석을 행하는 데는 공정 도시 기호를 이용하여 공정 분석표에 정리한다.

▽ 공정 도시 기호

요소 공정	기호의 약칭	기호	의　　미
가공	가공	○	원료·재료·부품 또는 제품의 형상, 성질의 변화를 부여한 과정을 나타낸다.
운반	운반	○ (가공 직경의 1/2 ~1/3 로 한다)	원료·재료·부품 또는 제품의 위치에 변화를 주는 과정을 나타낸다. 기호 ○대신에 ⇨를 이용해도 좋다. 단, 이 기호는 운반 방향을 의미하지 않는다.
정	저장	▽	원료·재료·부품 또는 제품을 계획에 의한 저장을 하고 있는 과정을 나타낸다.
체	체류	D	원료·재료·부품 또는 제품이 계획에 반하여 체류하고 있는 상태를 나타낸다.

검 사	수량 검사	□	원료·재료·부품 또는제품의 양 또는 갯수를 측정해서 그 결과를 기준으로 비교하고 차이를 아는 과정을 나타낸다.
	품질 검사	◇	원료·재료·부품 또는 제품의 품질특성을 시험하고 그 결과를 기준으로 비교하고 로트의 합격·불합격, 제품의 양·부를 판정하는 과정을 나타낸다.

▽ 공정도의 예

운반차에
적재   절삭 현장바닥 절삭
○─○─▽─○─□─▽
창고선반에   운반차에
적재   적재

보조그림기호	흐름도	│	요소 공정의 순서 관계를 나타낸다. 순서 관계를 이해하기 어려울 때는 흐름선의 끝부 또는 중간부에 화살표를 해서 그 방향을 명시한다. 흐름선의 교차부분을 □□로 표시한다.
	구분	～	공정 계열에 있어 관리상의 구분을 나타낸다.
	생략	＝	공정 계열 일부의 생략을 나타낸다.

공정도
작업명 : 축의 열처리 선삭

작업NO	제작개수	거리	시간(h)	공작계열작 ○○△□□◇	업자	공사내용, 기계기구, 장소
1	100					창고에 쌓여져 있다.
2		3m×20/60m				선반에서 포크리프터에 쌓는다
3		20m				포크리프트
4			3			바닥에 놓는다
5		23m				포크리프터로 A공장으로
6			2			열처리

공정 연구(工程硏究 : process study) 재료에서부터 제품을 만드는 과정까지, 물건의 움직임을 공정 단위로 분석하여 그 공정 내용을 조사하고 각 공정의 연결이 합리적인가, 어떤가를 조사·연구하는 일. ☞ 공정 분석(p.33), ☞ 동작 연구(p.98) 공정연구는 표준작업방법을 합리적으로 결정하기 위해 동작 연구·시간 연구와 함께 행한다.

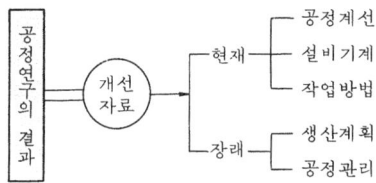

공정 통제(工程統制 : process Control) 공정 계획과 일정 계획에 기초를 두고, 예정 시간 내에 예정 수량의 제품을 생산하기 위해서 행하는 관리.

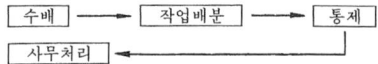

공정표(工程表 : process sheet) 순서 계획을 표로 한 것. 순서표라고도 말하고, 그 표에는 표준 순서·표준 시간 등이 나타나 있다.

▽ 공정표

약도			도면번호		품	명
200 φ28			AK 761		킹	핀
			재료·재질	로트(Lot)	적	요
			φ30×205 S 40 C	70		

공정번호	지시번호	작업내용	사용기계	지그	공구	게이지	표준시간(분)	인원수	직장
1	703	선삭	선반1·2	진동방지		한계	2.55	2	기계
2	704	홈절삭	수직밀링	M-1	엔드밀	판	1.01	1	기계
3	724	연삭	센터리스		WA 100P	한계	1.15	1	연삭
4	811	열처리	진공열처리로	H-3		쇼어	65 로트	1	열처리

공정 합금(共晶合金 : eutectic alloy) 공정을 생기게 하는 합금. ☞ 공정.

공정 흐름도(flow chart) 공정 분석표를 기초로 하여 제품이 이동하는 경로를 공장의 평면도(기계 배치도)위에 기입한 그림.

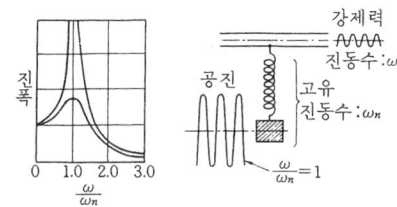

덕턴스 L, 정전 용량 C, 주파수 f 사이에 특정한 관계가 성립할 때, 회로에 큰 전류가 흐르는 현상.

공차(公差 : tolerance) 최대 허용 치수와 최소 허용 치수의 차. 치수 공차의 약자.
☞ 치수 공차 (p. 385)

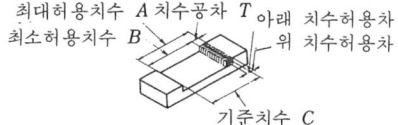

공중선(空中線 : antenna) =안테나. 전파를 공중에 발사하기도 하고, 또 전달되어 온 전파를 수신기에 받아들이는 장치.
▽ 송신용

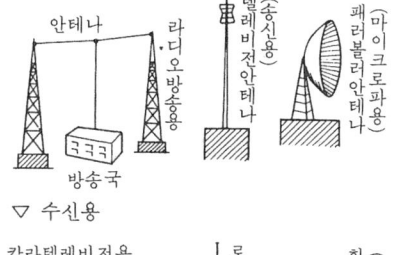

▽ 수신용

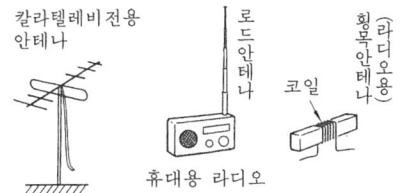

공진 현상(共振現象 : resonance phenomena)
① 기계의 공진 : 진동체의 고유진동수에 같은 진동수의 강제력을 가했을 때 약간의 힘으로 대단히 큰 진동을 일으키는 현상.
② 전기의 공진 : 교류 회로에 있어서 인

공칭 응력(公稱應力 : nominal stress) 응력 변형 선도 (p. 295)

공칭 응력 변형도(nominal stress strain diagram) ☞ 응력 변형 선도 (p. 295)

공해(公害 : public nuisance) 사업 활동 등에 동반해 생기는 상당히 광범위하게 걸친 대기오염·수질 오염·토양 오염·소음 진동·지반 침하 및 악취 등에 의해 사람의 건강이나 생활환경에 피해가 생기는 일.

과공석강(過共析鋼 : hyper-eutectoid steel) 탄소강에 있어서 0.8% C 이상에서 초석 시멘타이트(cementite)와 펄라이트(pearlite)로 이루어진 강. ☞ 아공석강 (p. 230)

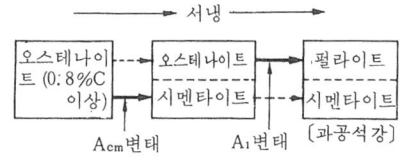

과급(過給 : supercharging) 대형 디젤 기관 등에 있어 특별한 압축기에 의해 공기를 실린더 안으로 밀어넣는 일. 흡입된 공기량이 많으면, 많은 연료를 연소시키게 되고 출력은 증가한다.

과급기(過給機 : supercharger) 과급에 이용하는 압축기. ☞ 과급

[과급기의 구동방법] 기관의 축으로부터 동력을 얻는 기계의 구동과 기관의 배기를 이용하는 배기 터보 구동의 2가지 방법이 있다. 배기 터보 과급기는 아직 상당한 압력을 받은 채 실린더로부터 방출되는 배기를 터빈으로 끌어들이고, 그 회전력에 의해 압축기를 구동하는 것이다.

▽ 배기 터보 과급기

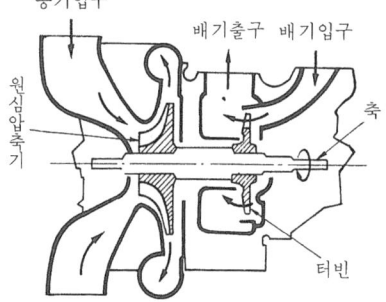

과부하(過負荷 : overload) 기계에 허용되어진 이상의 하중(荷重). 예정한 이상의 하중이 가해진 상태 또는 그 하중.

과실 오차(過失誤差 : careless mistake) 눈금의 잘못 읽음, 기록의 오기(誤記) 등 부주의에 의한 오차.

과열기(過熱器 : super heat) 보일러에 있어서 포화 증기를 더욱 더 고온으로 뜨겁게 하여 과열 증기를 만들기 위한 기기(機器). 본체는 증기를 통과하는 다수의 과열관에 의해 구성되어 있다.

과열도(過熱度 : degree of superheat) 과열 증기의 온도와 그 포화 온도와의 차 ☞ 포화 온도.(p.427)

과열 증기(過熱蒸氣 : superheated steam) 건포화(乾飽和)증기를 포화압력 그대로 더욱더 가열해 포화 온도 이상으로 한 증기. ☞ 포화 증기(p.428) ☞ 포화 온도 (p.427)

과잉 공기(過剩空氣 : excess air) 이론 공기량보다 여분의 공기. ☞ 이론 공기량 (p.297)

　실제의 연소에서는 연료속의 가연물질과 공기가 충분하게 혼합·접촉하지 않기 때문에 양호한 연소 효율을 얻기 위해서 필요한 공기이다.

[과잉 공기 계수] 연료의 단위량당 실제 필요한 공기량과 이론 공기량과의 비. 공기비라고도 말한다.

　화격자 연소 장치의 경우 1.4~1.8
　버너의 연소 장치의 경우 1.2~1.8

과잉 공기 비(過剩空氣比 : excess air ratio) =과잉 공기 계수. ☞ 과잉 공기 (p.36)

과 포 화(過飽和 : supersaturation) 물체의 상태에서 어느 정도의 양이 포화 상태 이상으로 증가한 상태.

[예] ① 증기의 과포화 : 증기가 어떤 온도에서 포화 증기압 이상의 압력을 가진 상태. ☞포화 증기(p.428)
② 탄소강의 A_3 변태에 있어서 $α$ 철의 탄소 함유량의 변화 과정.

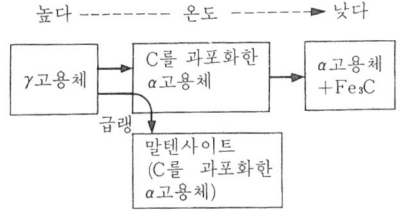

관(管 : pipe) 주로 액체·기체 등의 운송에 사용하는 원형 또는 다각형의 긴 중공체(中空體).

[종류] 금속관·염화 비닐관·콘크리트관 등.

관내(管內) **오리피스**(pipe orifice) 관 속을 흐르는 유체의 유량을 측정하기 위한 차압 유량계. 적은 유량을 비교적 정확하게 측정할 수 있다.

　　유량 $Q = cA\sqrt{2gh}$
　c : 유량계수　　g : 중력 가속도

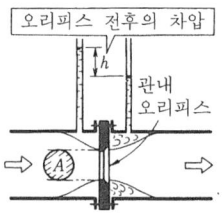

관내 유속(管內流速)**의 기준**(standard of

flow velocity inline) 관 속을 충만되게 흐르는 유체의 평균 유속의 설계상의 기준. 평균 유속이 클수록 관 내경은 작게 되지만, 관로의 저항이 증가해 에너지 손실이 크게 되는 것으로 대략 다음 표와 같은 기준으로 설계한다.

유체	용도	평균유속(m/s)
물	상수도	0.5~2
물	소방용 호스	6~10
물	저수두 와류 펌프의 흡입·토출관	1~2
물	고수두 원심펌프의 흡입·토출관	2~4
공기	소형가스·석유기관의 흡입관	15~20
공기	대형가스·석유기관의 흡입관	20~25

관로 저항(管路抵抗 : resistance of line) 유체가 관속을 흐를 때 마찰에 의한 저항 및 관로의 형상에 의한 저항.

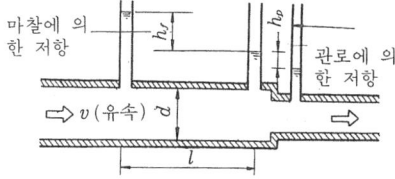

[마찰에 의한 저항]

손실수두 $h_f = \lambda \dfrac{l}{d} \cdot \dfrac{v^2}{2g}$

λ : 마찰계수　d : 관의 내경
l : 관로의 길이　g : 중력가속도

[관로의 형태에 의한 저항]

손실 수두 $h_p = \zeta \dfrac{v^2}{2g}$

ζ : 손실계수

관류(貫流) **보일러**(once-through boiler) 증기 드럼(drum)이 불필요하고 관만으로 되어 고압 증기의 발생에 적합한 보일러. 특히 초임계압(超臨界壓) 보일러인 경우 유리하다. 강제(强制) 관류 보일러라고도 말한다. ☞ 벤슨 보일러(p.155). ☞ 술저 보일러(p.212)

관리(管理 : control) 대상으로 하는 사실과 현상의 계획을 세우고 계획대로 실시하여, 항상 정상 상태가 되도록 적절한 조치를 취하는 일.

관리도(管理圖 : control chart) 생산 공정이 안정된 상태에 있는지의 여부를 조사하기 위해 또는 공정을 안정한 상태로 유지하기 위해 사용하는 그림.
▽관리도의 종류

종 류	사용되는 통계량
$\bar{x} - R$ 관리도	평균치와 범위
p 관리도	불량률
pn 관리도	불량개수
c 관리도	결점수
u 관리도	단위당 결점수

관리 조직(管理組織 : management organization) 기업 활동 등을 관리하기 위한 조직.
[보조 조직] 위원회 조직, 고문 등의 제도
[관리 조직의 예] ① 라인 조직 ② 라인 스태프 조직. ③ 기능 조직 ④ 사업부 조직

관리 한계(管理限界 : control limit) 품질관리도에 있어서 생산 로트(lot)의 시료(試料)가 규격치에 드는가, 들지 않는가의 한계를 표시하는 값. 상부관리 한계(UCL)와 하부 관리 한계(LCL)가 있다.
[관리 한계를 구하는 법]

구 분	x관리도	R관리도
상부 관리 한계	$\bar{x} + A_2\bar{R}$	$D_4\bar{R}$
하부 관리 한계	$\bar{x} - A_2\bar{R}$	$D_3\bar{R}$

$\bar{x}$: 예를 들면, 시료 n=5, 20조의 총평균치
$\bar{R}$: 각조마다의 범위의 평균치

▽ $\bar{x} - R$관리도의 계수

시료크기 n	A_2	D_2	D_4
2	1.88	-	3.27
3	1.02	-	2.57
4	0.73	-	2.28
5	0.58	-	2.11
6	0.48	-	2.00
7	0.42	0.08	1.92
8	0.37	0.14	1.86
9	0.34	0.18	1.82
10	0.31	0.12	1.78

관성(慣性 : inertia) 물체가 환경의 변화나 외력(外力)의 작용을 받지 않는 한, 정지 또는 운동 상태를 언제까지든지 지속하려는 성질.

관성력(慣性力 : inertia force) 관성에 의한 힘.

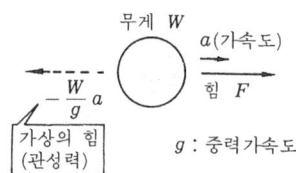

관성(慣性) 모멘트(moment of inertia)
물체의 형상, 질량의 분포 상태, 회전축의 위치에 의해 결정되고, 물체가 회전하기 쉬움을 나타내는 양(量).
관성 모멘트는
$$J = \frac{w_1 r_1^2}{g} + \frac{w_2 r_2^2}{g} + \cdots$$
물체의 중량
$W = w_1 + w_2 \cdots$
운동 에너지 $K = \frac{J\omega^2}{2}$
회전반경 $k = \sqrt{\frac{gJ}{W}}$

$J = \frac{W}{g} \cdot \frac{a^2}{12}$

$k^2 = \frac{a^2}{12}$

$J = \frac{W}{g} \cdot \frac{r^2}{2}$

$k^2 = \frac{r^2}{2}$

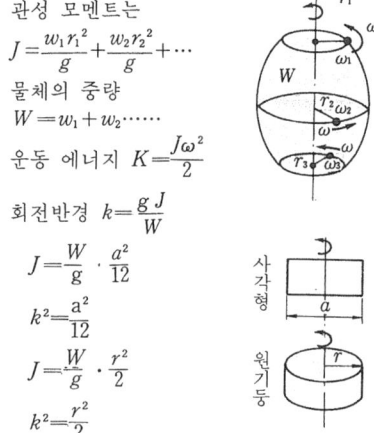

관성의 법칙(law of inertia) ☞운동의 제1법칙(p.278)

관용(管用) 나사(pipe thread)
주로 배관용으로 규정된 삼각나사. 테이퍼 나사와 평행 나사가 있고, 내밀성(耐密性)을 갖게 할 수 있다. 피치를 작게 하고, 나사산을 낮게 하고 있다. 나사의 호칭 치수는 관의 호칭 치수와 일치시키고 있다.

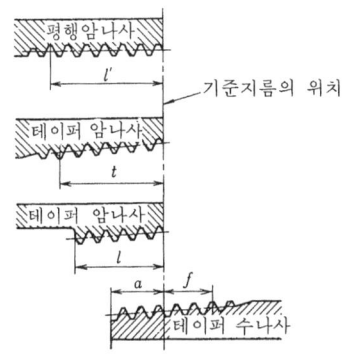

관용 나사 이음(screwed type pipe fitting)
파이프 끝에 나사를 깎아 결합하는 관 이음. 파이프 지름이 작고 내압도 낮은 경우에 이용된다.
관로의 방향을 바꾸기도 하고, 2방향이나 3방향으로 나누기 위한 것도 있다.

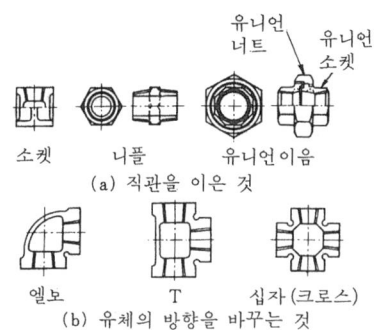

관용(管用) 테이퍼 나사(pipe taper thread)
☞관용 나사

관용 평행 나사(pipe parallel thread) ☞관용 나사

관의 호칭 치수(nominal size of pipe)
관의 크기를 나타내는 방법. 관의 내경에 가까운 치수로 나타내고, 미터계의 A와 인치계의 B가 있다.

[예] 배관용 탄소강강관의 호칭법과 치수

관의 호칭명		외 경	두 께
A	B	(mm)	(mm)
6	⅛	10.5	2.0
8	¼	13.8	2.3
10	⅜	17.3	2.3
15	½	21.7	2.8
20	¾	27.2	2.8
25	1	34.0	3.2
32	1¼	42.7	3.5
40	1½	48.6	3.5
50	2	60.5	3.8
65	2½	76.3	4.2
80	3	89.1	4.2
90	3½	101.6	4.2

관(管) 이음(pipe joint)
관의 접속에 사용하는 조인트.
[종류] 플랜지(flange)이음(☞p.437), 관용나사형 이음(☞p.38), 신축이음(☞p.

226), 소켓이음(☞p.199)

관통(貫通) 드라이버(screw driver) 관통형 나사 돌리개. 나사 돌리개의 본체가 잡는 부분을 관통한 것.

관통(貫通) 볼트(through bolt) 가장 일반적으로 사용되고 있는 볼트. 볼트 머리가 없다. ☞볼트(p.162)

관통이송연삭(貫通移送硏削 : through feed grinding) 센터리스(centerless) 연삭에 있어서 공작물을 안내판에 따라 양 숫돌차의 사이에 넣어 반대측에 보내는 연삭방식. 연속적인 작업을 할 수 있어서 생산능률이 매우 높다.

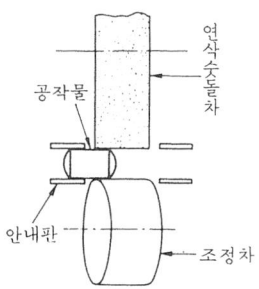

광고온계(光高溫計 : optical pyrometer) 측온체(고온)와 필라멘트를 적색 필터를 통해 관측하여 측온체로부터 빛의 강도와 필라멘트의 빛의 강도가 일치하도록 전류를 가감해 그때의 전류값으로부터 온도를 구하는 계기.

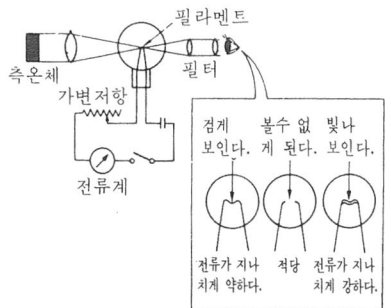

광도(光度 : luminous intensity) 빛의 강도를 나타내는 정도. 단위 칸델라(cd).

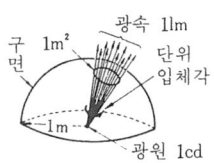

광원(光源)이 있는 방향의 광도는 그 방향에 있어서 단위 입체각당의 광속(光速)을 말한다.

[루멘(lumen)] 광속의 단위기호(lm). 1 lm은 1cd의 광원으로부터 단위 입체각 내에 방사되는 광속.

광(光)레버(optical lever) 길이의 미소한 변화를 광선의 진동으로 바꿔 확대하는 장치.

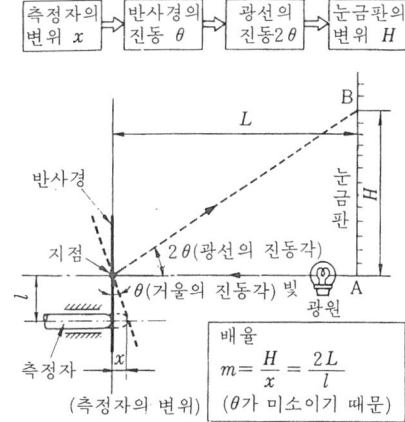

광명단(光明丹 : minium, red lead) 일종의 사삼산화연(四三酸化鉛). 연단·적연이라고도 말한다. 납 또는 산화연을 공기 속에서 400℃ 이상으로 가열하여 만든 붉은빛의 가루. 붉은 안료, 납유리의 제조, 녹슬지 않게 하는 도료 등으로 쓰인다.

또한 공작물의 凹凸을 끼워맞춤 작업시 조사용으로 사용된다. 분자식 Pb_3O_4. ☞끼워맞춤 작업(p.63)

광명단 맞춤 작업(Pb_3O_4 fitting) 맞춤 작업에서 기준면(끼워맞춤 정반)에 광명단을 칠하고 이것에 공작물의 다듬질면을 닿게 해서 광명단액의 부착에 의해서 높은 부분을 찾아내는 것. ☞끼워맞춤 작업(p.63)

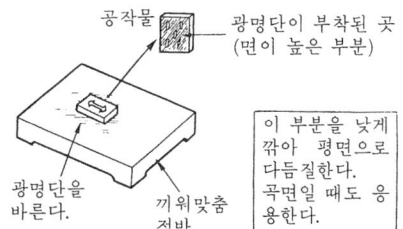

광속(光速 : luminous flux) ☞조도(p.353)
광유(鑛油 : mineral oil) 절삭유의 일종

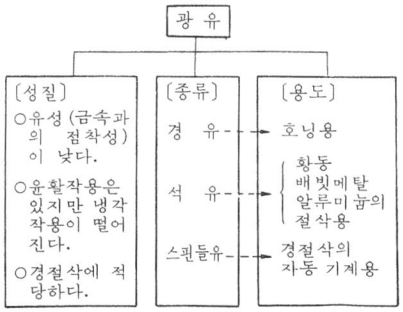

광전고온계(光電高溫計 : photoelectric pyrometer) 물체로부터의 방사중 가시광선 또는 자외선·적외선의 일부인 파장의 휘도(輝度)를 관측하여 온도를 감지하는 고온계.

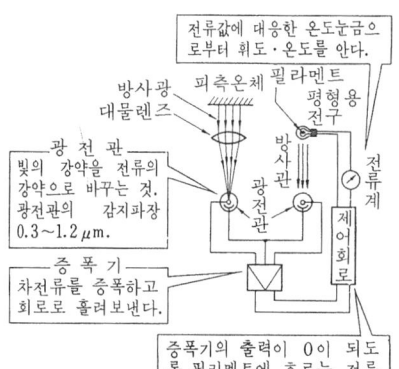

흑체 이외의 물체에는 방사율에 의한 온도보정이 필요.
측정온도범위 700~2,000℃

광전관(光電管 : photoelectric tube) 빛이 음극에 닿으면 광전자를 방출하고 그 전자가 양극에 모아지도록 만든 진공관. 사진전송, 문의 자동개폐, 경보기 등에 이용. 광전자에 의해서 흐르는 전류를 광전류라고 말한다.

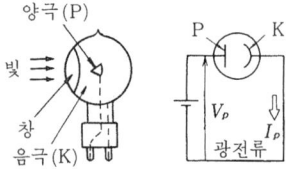

광전관 노점계(光電管露點計 : photoelectric dew point hygrometer) 측정가스 속에 있어서 금속거울의 온도를 자동적으로 가스의 이슬점(露點)으로 유지하고, 그때의 온도를 재어 이슬점을 구하는 계기.
[특징] 저온도의 측정에 적당하다.

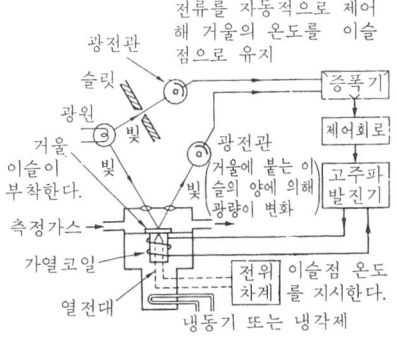

(거울을 이슬점 이하의 온도로 냉각하려 한다.)

광전 변환(光電變換 : photoelectric conversion) 광전 효과를 이용하여 변위를 전류의 변화로 변환 하는 방식. 광량(光量)을 전류로 변환하는 데 광전관을 사용한다.

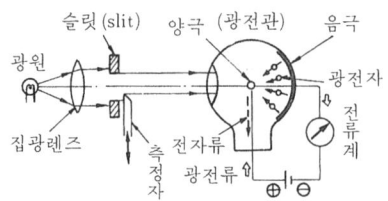

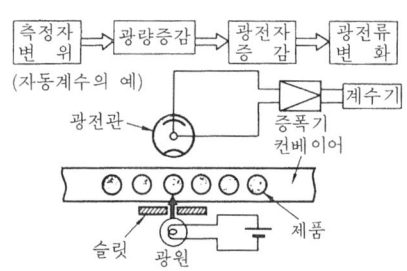

광전(光電) **스위치** (optical-electric switch) 빛의 변화를 일으키는 물체가 있다면 금속 뿐아니라 고체·액체·기체 모든 것이 가능한 검출기. 산업용 로봇이나 자동화

기기의 제어용 센서로서 이용된다.
[발광소자와 수광소자의 조합]
① 투과형 : 발광기(發光器)와 수광기(受光器)는 별도이고 그 사이에 물체가 가리면 검출 신호를 낸다.
② 반사형 : 발광기와 수광기는 일체 물체로부터의 반사광을 검출하여 신호를 낸다.
발광 소자 : 백열 전구·적외선 발광 다이오드 등
수광 소자 : 실리콘 광전자·핫트랜지스터 (hot transister) 등
▽ 정제(錠劑)충전계수제어의 응용

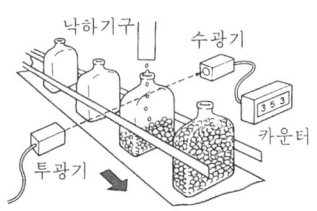

광전자(光電子 : photoelectrion) ☞광전 효과

광전지(光電池 : photoelectric cell) 어떤 종류의 반도체에 빛을 닿게 하면 기전력이 발생하는 것을 이용한 전지.
[응용예] 레이저광전지 실리콘 태양전지

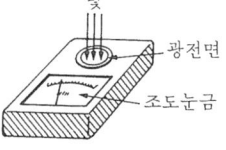

광전 효과(光電效果 : photoelectric effect) 어떤 파장의 빛을 금속에 비추면 그 면에서 전자가 방출되는 현상. ☞광전 변환 방출된 전자를 광전이라고 말하고, 광전 효과에 의해 방출된 전자량은 입사 광량에 거의 비례한다.

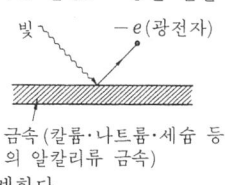

광 절단법(光切斷法 : optical-cut method) 측정면에 빛의 띠를 투사해 빛의 띠와 측정면과의 교선(交線)에 의해 생기는 단면곡선을 현미경으로 확대하여 표면 거칠기를 측정하는 방법.

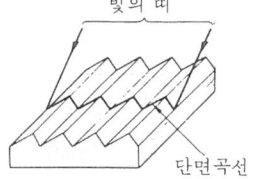

광체결(廣締結 : expanding connecting) 관을 판 등에 연결할 때 관의 끝을 넓혀 연결하는 방법.
[특징] 관의 소성 변형을 이용한 것으로서, 보일러판이나 복수기(復水器)의 강판에 관을 체결하는 데 사용된다.

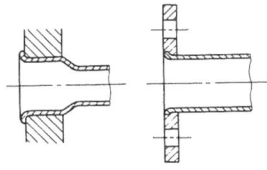

광탄성 실험(光彈性實驗 : photoelastic experiment) 플라스틱 등의 투명한 등방성(等方性)이 있는 탄성체에 하중을 가해 응력 변형을 생기게 하면 복굴절성을 띠는데, 이것에 편광을 통하게 하면 주름 모양이 나타나며, 이것을 관찰하여 응력의 크기, 방향 및 변형의 분포 상태를 조사하는 실험.

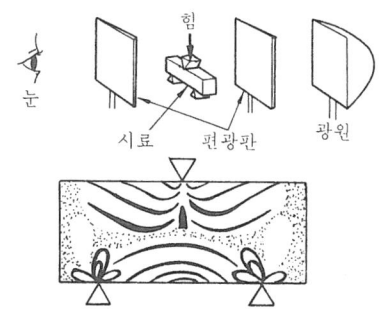

광통신(光通信 : optical communication) 신호를 전기신호로 바꾸어 전송하는 전기 통신에 비해 빛으로 바꾸어 전송하는 방법. 광통신에는 레이저광을 이용한 공간 전반 방식의 통신과 광섬유(optical fiber)를 이용한 통신 방식이 있다.
[레이저광] 코히어런스(상위와 일치한)파로 기체 레이저, 고체레이저, 반도체 레이저 등을 광원으로 하고 있다.

▽ 광케이블 전송 단국

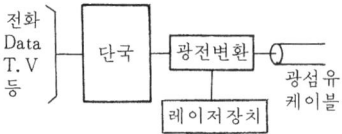

광파 간섭(光波干涉 : interference of light wave) 동일 광원으로부터의 빛이 광학장치(프리즘) 등에 의해 분해되어 재차 합성될 때, 광로차(光路差)가 다르기 때문에 명암이 주름(무늬) 모양으로 나타나는 현상.
빛이 렌즈의 밑면에서 반사할 때에는 광파의 파장이 λ/2만큼 벗어난다.

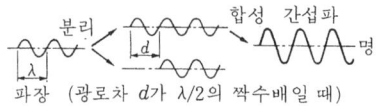

(광로차 d가 $\lambda/2$의 짝수배일 때)

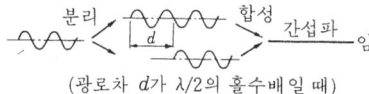

(광로차 d가 $\lambda/2$의 홀수배일 때)

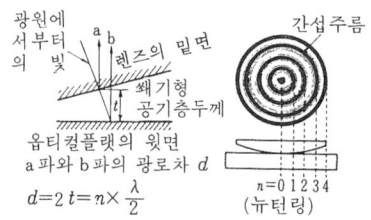

$d = 2\,t = n \times \dfrac{\lambda}{2}$ (뉴턴링)

광파 기준(光波基準)**길이**(wavelength

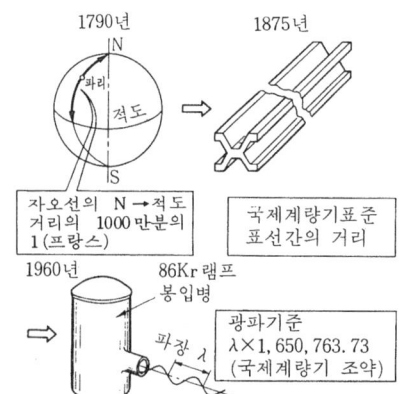

standard) 1m의 길이를 광파(光波)에 의해 규정한 기준. ⁸⁶Kr의 광파의 진공중 파장의 1,650,763.73배를 1m로 하고 있다.

광(光)파이버(optical fiber) 아주 가는 유리섬유 중에 빛(레이저)을 가두어 이것을 전송하는 섬유.
[구조] 코어로 불려지는 굴절률이 높은 방적사(섬유) 주위에 클래드(clad)라 불리어 지는 굴절률이 낮은 재료로 피복한다.

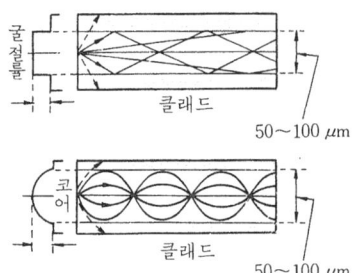

[용도] 전기 통신의 신호 전송용 등으로 이용되고 있다.
▽ 광파이버 전송방식

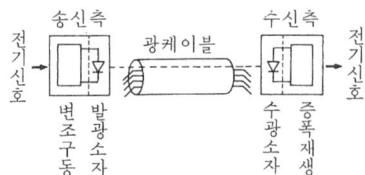

광학적(光學的) **펄스 스케일**(optical pulse scale) 같은 간격의 선격자(線格子)를 가진 이동 눈금의 직선 변위를 광전소자(光電素子)로 계수(計數)로 표시하는 측정기.

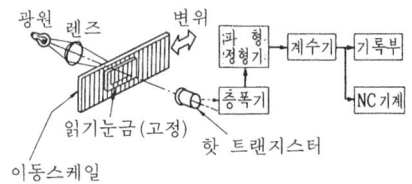

교류(交流 : alternating current) 방향 또는 방향과 크기가 주기적으로 변화하는 전압 또는 전류. 기호 AC

[교류의 파형] 교류의 시간에 대한 변화를 표시한 것. 거의 정현곡선(正弦曲線)이다.

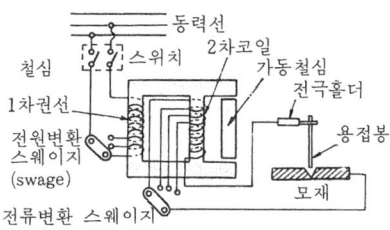
△ 교류전류의 예

교류 아크 용접(alternating current arc welding) 교류 전류를 아크 전원으로 하여 교류 아크 용접기를 사용하여 용접하는 용접법. ☞직류 아크 용접 (p.365)
극성이 교대로 변해 양극의 발열량이 같기 때문에, 모재는 어느쪽의 극에 연결해도 좋다.

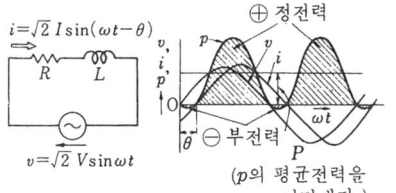

교류 전력(交流電力: alternating current power) 교류 회로의 전력 즉, 교류 회로의 단위시간당의 에너지. 단위기호 W (와트)
교류 회로의 전력 $P = VI\cos\theta$
V : 전압 I : 전류
θ : V와 I간의 위상차

$i=\sqrt{2}\,I\sin(\omega t-\theta)$

$v=\sqrt{2}\,V\sin\omega t$

(p의 평균전력을 나타낸다.)

[피상 전력] VI를 피상 전력이라고 말한다. 단위기호 VA(볼트 암페어)
[역률] $\cos\theta$를 역률이라고 한다.

교번 하중(交番荷重: alternate load) 반복 하중 중, 크기 뿐만 아니라 방향도 변하는 하중.
[예] ① 인장과 압축이 교대로 작용하는 경우. ② 굽힘 또는 비틀림이 교대로 작용하는 경우.
회전하는 차축에는 360°모든 방향에서 굽힘의 교번 하중이 작용한다.

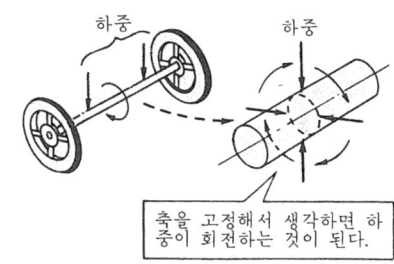
축을 고정해서 생각하면 하중이 회전하는 것이 된다.

교정기(矯正機: roller leveler) 재료의 구부러짐을 편평하게 수정하는 기계.

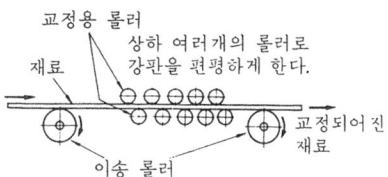

구름 마찰(rolling friction) 물체가 다른 물체의 면 위를 회전하는 경우, 접촉면에 운동을 방해하는 힘이 생기는 현상.
구름 마찰력은 미끄럼 마찰력보다 훨씬 적다. 롤러가 회전할 때 롤러의 회전을 방해하는 모멘트 M_f는,
$M_f = \rho R' = f_r$
$f_r : \rho \dfrac{R'}{r}$
f_r : 마찰력
r : 롤러의 반경
R' : 직압력 R의 반력
ρ : 구름마찰계수

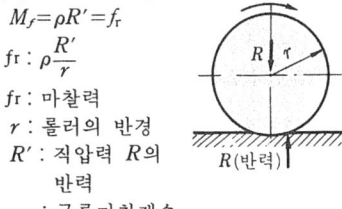

구름 베어링(rolling bearing) 외륜과 내륜 사이에 볼과 롤러를 넣어 회전 접촉을 시켜서, 마찰을 경감한 베어링.
구름 베어링은 전동체(볼, 롤러)의 형태, 궤도륜, 하중의 방향 등에 따라 많은 종류로 나뉜다.

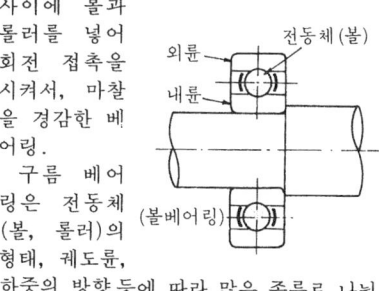

· 전동체에 ┌ 볼 베어링(☞p.162)
  의한 분류 └ 롤러 베어링(☞p.115)

구름 베어링 호칭 번호(designation of rolling bearing) 구름 베어링 형식과 주요치수를 나타내는 법.
[예] 호칭번호 : 6026 P6

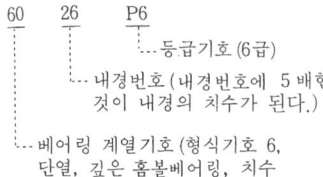

구름 접촉(rolling contact) 어떤 물체의 운동이 다른 물체에 직접 접촉하여 전해질 때, 그 접점 사이에 미끄러짐이 없는 접촉.
▽ 구름접촉의 조건

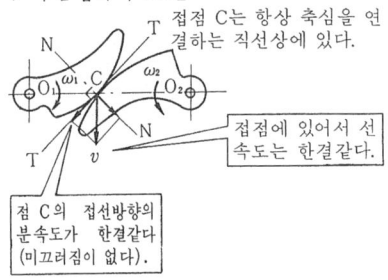

$v = \omega_1 \overline{O_2 C} = \omega_2 \overline{O_2 C}$

각속도비 $i = \dfrac{\omega_2}{\omega_1} = \dfrac{\overline{O_1 C}}{\overline{O_2 C}}$

▽ 각속도비가 일정할 때

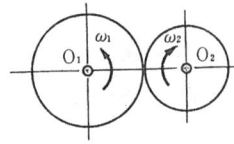

두개의 물체는 원판 접촉으로 된다.
[예] 원통 마찰차 전동

$\dfrac{\omega_2}{\omega_1} = \dfrac{\overline{O_1 C}}{\overline{O_2 C}} =$ 일정

구매 계획(購買計劃 : consumers plan) 생산에 필요한 재료·부품·소모품 등의 자재를 구입하기 위한 계획
　재료의 보유량을 결정하고 생산 계획의 실시에 충분한 양을 확보하며, 품절이나 과잉 재고가 되지 않도록 한다.

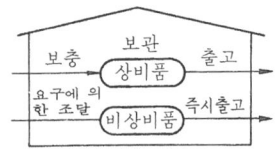

구멍 기준 끼워맞춤(hole basis system of fit) ☞ 끼워맞춤(p.63)

구멍용 한계 게이지(plug limit guage) ☞ 한계 게이지(p.445)

구면 대우(球面對偶 : spherical pair) 구면으로 접촉하는 미끄럼 대우. 임의의 방향으로 회전할 수 있다.

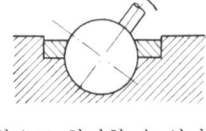

구면 운동 기구(球面運動機構 : spheric mechanism) 링크(link) 위의 각 점이, 구면 위를 이동하는 것처럼 되어 있는 기구.

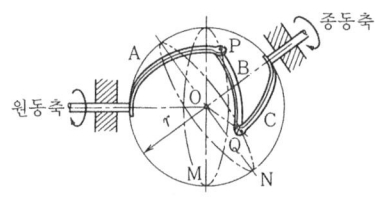

　원동축의 회전에 의해 암 A는 O를 중심으로 하는 반경 r의 구면위를 운동하고, 핀 P는 M의 원주상을 회전한다. P의 운동에 의해서 암 B의 핀 Q는 N의 원주위를 회전해서 암 C를 구면 운동시켜, 종동축을 회전시킨다.

구면(球面) **캠** (spherical cam) 회전하는 구면을 이용하는 캠. 원동절(球)의 회전에 의해 구면위의 홈의 점 A는

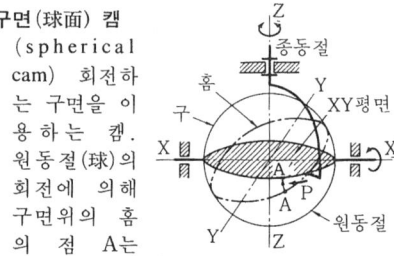

A′로 이동한다. 그것에 동반하여 홈에 의해 구속되어 있는 종동절의 핀 P도 A′로 이동한다. 이같은 운동의 연속에 의해 종동절은 왕복 운동을 한다.

구배(勾配 : grade, gradient, slope) 물품의 기준면에 대한 경사. 기계 제도에서의 구배는 원칙적으로 가장자리에 기입한다.

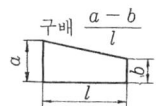 

구배는 그림처럼 $\frac{a-b}{l}$로 나타내지만, 보통 $a-b$를 1로 환산하여 표시한다. 철도선로나 도로의 구배는 도면의 거리 l에 대한 높이 h의 비율로 나타낸다.

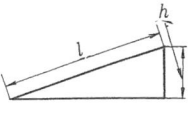

구배 키(taper key) 묻힘 키의 일종으로 윗면에 $\frac{1}{100}$의 구배를 붙인 키.

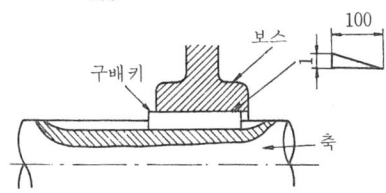

구상 흑연 주철(球狀黑鉛鑄鐵 : nodular graphite cast iron) 주조한 채로 흑연이 구상(球狀)으로 되어 있는 주철. 주조할 때, 용탕에 마그네슘, 칼슘 등을 첨가하고 조직 속의 흑연을 구상화한 것으로(접종이라고 말한다) 보통 주철에 비해 강력하고 점성이 강하다.

▽ 펄라이트 조직   ▽ 구상화 조직

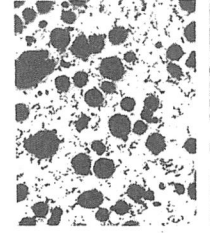 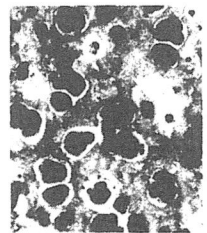

구속(拘束) **체인**(closed chain) 하나의 링크를 고정하고 다른 한개의 링크를 운동시킬 때, 남은 링크가 일정한 운동을 하는 체인.

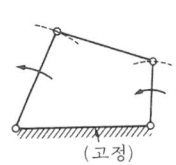 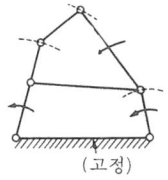
(고정)　　　　　(고정)

구심 가속도(求心加速度 : centripetal acceleration) 구심력에 의하여 생기는 회전 중심으로 향한 가속도.

$$a = \frac{v^2}{r} = r\omega^2$$

a : 구심 가속도
v : 속도
r : 반경
ω : 각속도

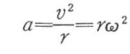

구심력(求心力 : centripetal force) 물체를 원운동시키기 위하여 필요한 원의 중심으로 향하는 힘.

$$F = \frac{W}{g} \cdot \frac{v^2}{r} = \frac{W}{g} r\omega^2$$

F : 구심력
W : 물체의 중량
g : 중력가속도
v : 속도
r : 반경
ω : 각속도

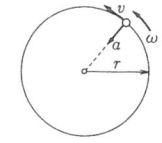

구조물(構造物 : structure) 철탑·다리·건축물·차체·선체 등처럼 봉재·형재·판재 등을 상대적으로 움직이지 않도록 하나로 조립한 것.

구조용 탄소강(構造用炭素鋼 : carbon steel for structural use) C 0.6% 이하의 강을 압연한 채로 혹은 담금질·뜨임하여 구조용으로 사용할 수 있는 탄소강.
[종류] 일반구조용 압연강재(☞ p.303), 기계구조용 탄소강 강재(☞ p.52), 보일러용 압연강재, 용접구조용 압연강재.

국부 조명(局部照明 : local illumination) ☞ 조명 방식(p.353)

국부 투영도(局部投影圖 : local view) 필요한 부분만을 그린 도면. 부분 투영도라고도 말한다.
[예]

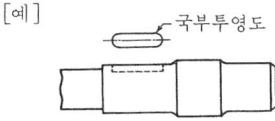

국제 미터 표준기(international standard meter) 1875년 이후, 파리의 국제 도량형국에서 종래 미터의 정의로 사용되어진 구 표준기.

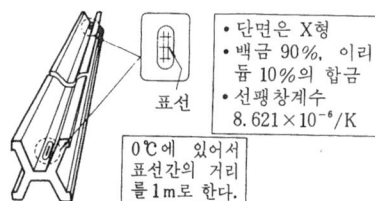

- 단면은 X형
- 백금 90%, 이리듐 10%의 합금
- 선팽창계수 $8.621 \times 10^{-6}/K$

0℃에 있어서 표선간의 거리를 1m로 한다.

국제 실용 온도 눈금(International practical temperature scale) 11개의 정의 정점(定義定點)을 기초로 하여, 만들어진 온도 눈금. ☞ 정의 정점(p.347)

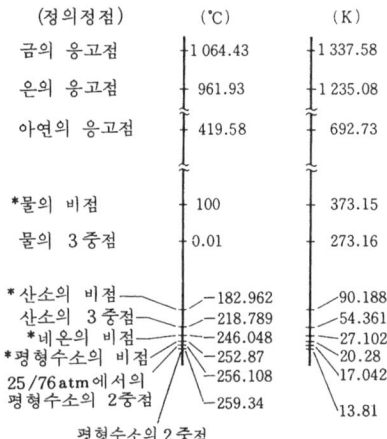

(정의정점)	(℃)	(K)
금의 응고점	1 064.43	1 337.58
은의 응고점	961.93	1 235.08
아연의 응고점	419.58	692.73
*물의 비점	100	373.15
물의 3중점	0.01	273.16
*산소의 비점	−182.962	90.188
산소의 3중점	−218.789	54.361
*네온의 비점	−246.048	27.102
*평형수소의 비점	−252.87	20.28
25/76 atm에서의	−256.108	17.042
평형수소의 2중점	−259.34	13.81

평형수소의 2중점
(*는 표준기압 101325 N/m²에서의 평형상태)

표준온도계 (정의정점에서 교정)
↑ 광고온계로 눈금결정을 한다.
1 064.43℃ } 백금-백금로듐의 열전온도계로 눈금결정을 한다.
630.74℃ } 백금저항온도계로 눈금을 결정한다.
13.81K

국제 킬로그램 표준기 (international prototype kilogram) 질량 1kg의 표준기.
백금 90%, 이리듐 10%의 합금제(1879년)

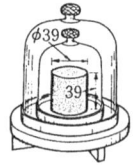

국제 표준 나사(international standard thread) =ISO 나사 (p.232)

굽힘(bending) 봉재 또는 판재의 부재(部材)를 구부리는(곡률을 변화시키는) 작용.

굽힘 가공(bending work) 소재(素材)에 굽힘 변형을 주는 것을 목적으로 한 가공.

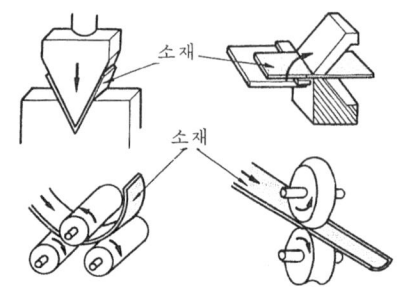

굽힘 강도(flexural rigidity) 굽힘 하중에 대한 변형저항. 보의 최대 휨 δ_{max}는 일반적으로 다음식으로 나타낸다.

$$\delta_{max} = \beta \frac{Wl^3}{EI}$$

β : 보의 조건에 대한 정수
W : 굽힘 하중
l : 보의 길이
E : 세로 탄성 계수
I : 단면 2차 모멘트

[예]

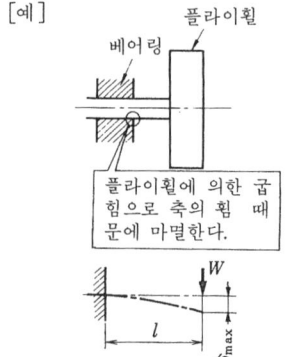

플라이휠에 의한 굽힘으로 축의 휨 때문에 마멸한다.

축의 휨을 작게 하려면 EI의 값이 클수록 좋다. 축의 굽힘 강도를 나타내는 것에 EI를 사용한다.

굽힘 롤(bending roll) 롤러 사이에 재료를 통하게 하여 필요한 곡률로 구부리는 기계

[종류] 판·관·봉 재용의 각 종류가 있다.

굽힘 모멘트(bending moment) 물체의 어느 한 점에 대해서 물체를 굽히려고 하는 작용. 힘 모멘트.

보의 임의의 단면 양측의 힘의 모멘트는 크기가 같고 방향이 반대로, 보에 굽힘작용을 주는 것으로 굽힘 모멘트라고 한다.

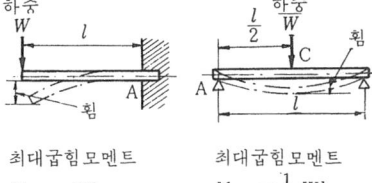

최대굽힘모멘트
$M_{max} = Wl$
(점 A에 작용한다.)

최대굽힘모멘트
$M_{max} = \frac{1}{4} Wl$
(점 C에 작용한다.)

굽힘 모멘트도(bending moment diagram) 보(beam)의 하중이 가해진 때의 힘의 모멘트를 보의 전 길이에 걸쳐서 나타낸 그림.

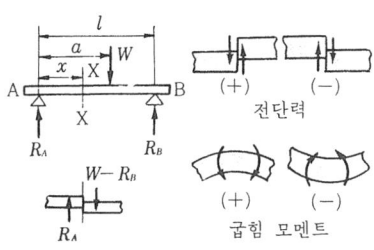

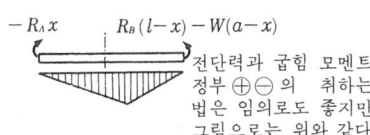

굽힘 모멘트도
$M_{max} = \dfrac{W(l-a)a}{l}$

굽힘 시험(bending test) 시험편을 규정된 내측반경으로 규정된 굽힘 각도가 될 때까지 구부린 부분의 표면에 생기는 균열 등의 결함을 조사하는 시험.

[시험편의 굽힘법] 가압 굽힘법과 감기 굽힘법이 있다.

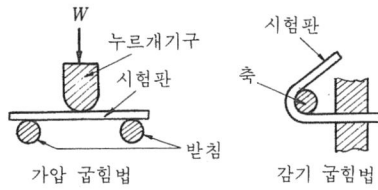

가압 굽힘법   감기 굽힘법

굽힘 응력(bending stress) 보 등이 굽힘작용을 받을 때 보의 내부에 생기는 인장과 압축 응력(應力)의 총칭. ☞굽힘 모멘트(p. 47), ☞단면 계수(p. 85), ☞단면 2차 모멘트(p. 86)

○ 중립면(I′, J′, K′, L′를 포함한 면)… 신축이 없는 면
○ 중립축(I′L′, J′K′)…중립면이 단면과 교차하는 직선(단면의 중심을 통과)
○ 굽힘 응력 σ_b… 보통, 보의 상하 표면에 생기는 최대 응력을 말한다.

$$\sigma_b = \frac{M}{Z}$$

M : 굽힘 모멘트
Z : 단면 계수

▽ 단면이 일정한 진직보의 경우

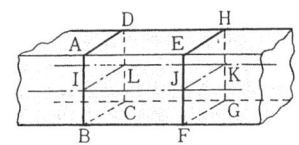

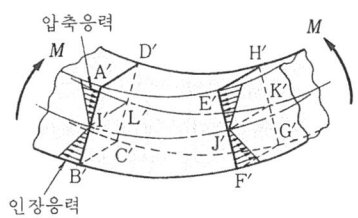

▽ 단면이 일정치 않은 진직보의 경우

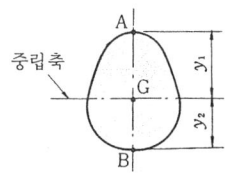

점 A, B의 굽힘 응력의 크기는 다르다.

$$\sigma_1 = \frac{M}{Z_1} \quad Z_1 = \frac{I}{y_1}$$

$$\sigma_2 = \frac{M}{Z_2} \quad Z_2 = \frac{I}{y_2}$$

I : 단면 2차 모멘트

굽힘 저항 모멘트(bending resistant moment) 보에 굽힘 모멘트가 작용할 때, 재료 내부에 생기는 굽힘 응력에 의해 크기가 같고, 역방향으로 일어나는 모멘트. ☞ 굽힘 모멘트(p.47), ☞ 굽힘응력(p.47)

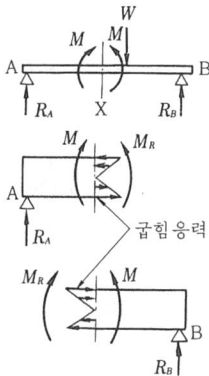

M_R : 굽힘저항 모멘트

규격 한계(規格限界 : specification limit) 제품의 품질에 대해서 합격과 불합격의 경계를 정하는 값.
[예] 제품 규격이 직경 10.5mm의 강구로, 측정치가 10.45mm로부터 10.54mm까지가 합격품일 경우, 이 규격한계는 10.45~10.54mm이다.

규소강(silicon steel) Si(규소)를 5%까지 포함한 Fe-Si합금. 0.35~0.70mm의 압연판은 전기 재료로써 변압기 · 회전 기기의 철심으로 이용된다.

균일 강도의 보(beam of uniform strength)

폭·두께가 일정한 보 굽힘응력은 위험단면에서 최대

두께가 일정한 균일 강도의 보

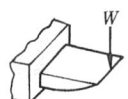
폭이 일정한 균일 강도의 보.

한결같은 응력이 생기도록 단면의 크기를 변화시킨 보.
보가 전 길이에 걸쳐 같은 단면이면, 위험 단면 이외에서는 지나치게 강해, 재료가 헛되게 사용되는 것이 된다.

균질(均質 : homogeneity) 물체의 어느 곳을 취해도 물리적으로나 화학적으로도 같은 상태인 것.
☞ 편석(偏析)(p.423)

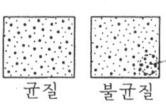
균질 불균질

금속 재료로서는 합금 원소의 분포에 불균질이 없을 것.

균형 시험기(balancing machine) 회전체의 균형을 취하기 위한 시험기.
[종류] ☞ 정적 평형 시험기(p.348)
☞ 동적 균형 시험기(p.99).

그루브(groove) 용접에 있어서 접합하는 2개의 모재(母材) 사이에 만든 용접 홈.

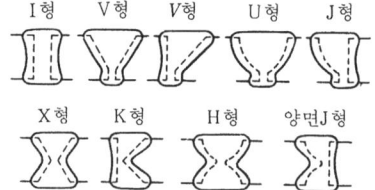

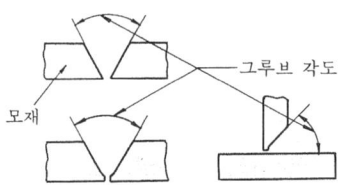

그루브 각도(groove angle) 접합할 두 모재 사이에 설치한 홈의 각도. 개선(開先) 각도라고도 한다.

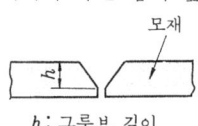
그루브 각도
모재

그루브 깊이(groove depth) 용접하는 두개의 모재 사이에 두는 홈의 깊이.

h : 그루브 깊이

그룹 관리 시스템(group control system) 수치 제어 공작 기계의 그룹을 중심으로 가공·운반·검사 등의 기능을 결합한 생산라인을 편성하고, 전체를 전자 계산기에 의해 총합적으로 관리하는 방식.

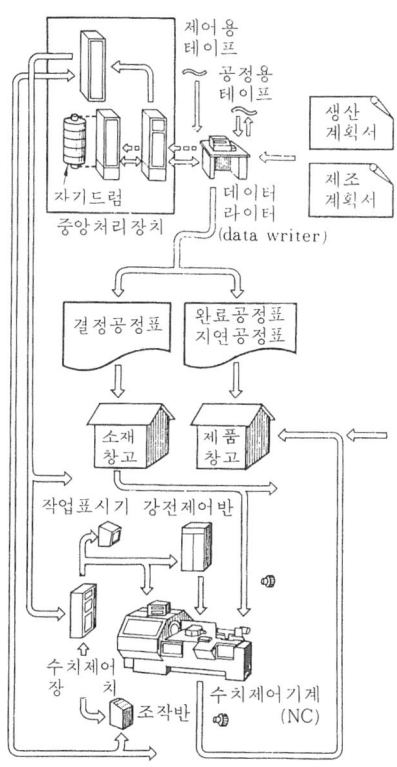

그룹 시스템 도면(group system drawing) 한장의 제도용지에 2종 이상을 그리는 제도 양식. 간단한 물체로 부품의 수가 적을 경우나, 부품을 항상 대조하고 싶은 경우에는 편리하다.

그리스(grease) 석유와 금속비누류를 혼합해 만든 윤활제.
[특징] ①상온에서 반고체 상태, ②고온에서 액체.
[종류] 컵 그리스, 인조 섬유 그리스, 흑연 그리스.
[용도] 고하중의 베어링, 전달 기어 주유. 가 곤란한 마찰부 등.

그리스 컵(grease cup) 베어링부에 그리스를 공급하기 위하여 그리스를 채워 두는 용기.

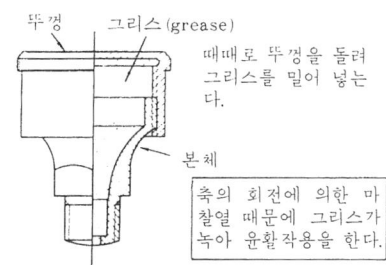

때때로 뚜껑을 돌려 그리스를 밀어 넣는다.

축의 회전에 의한 마찰열 때문에 그리스가 녹아 윤활작용을 한다.

극단면 계수(極斷面係數 : polar modulus of section) 조임 받는 둥근 봉 등에 있어서 축심에 관한 단면 2차 극(極) 모멘트를 반지름으로 나눈 값.
[예]

단 면	I_p	Z_p
	$\dfrac{\pi d^4}{32}$	$\dfrac{\pi d^3}{16}$
	$\dfrac{\pi(d_2^4-d_1^4)}{32}$	$\dfrac{\pi(d_2^3-d_1^3)}{16}$

극단면 계수 $Z_p = \dfrac{I_p}{r}$

I_p : 단면 2차극 모멘트
r : 반지름

극압유(極壓油 : extreme pressure oil) 광유나 혼성류(광유에 동식물유나 에스테르유 등을 섞은 것)에 첨가제를 가한 것.
[용도] 고속 절삭용이나 중절삭용의 절삭유제·윤활제로 적당하다.
[첨가제] 유황·염소·인·납 등

극한 강도(極限强度 : ultimate strength)
☞인장 강도(p.302)

근사 직선 운동 기구(近似直線運動機構 : quasi-linear motion mechanism) 직선 형상의 가이드를 사용하지 않고, 어떤 점에 근사적인 직선 운동을 시키는 기구.
[용도] 수평 인입 크레인(level luffing crane) 등에 사용된다.

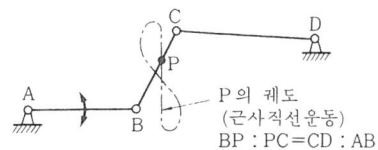

P의 궤도
(근사직선운동)
BP : PC = CD : AB

근접(近接) **스위치**(proximity switch) 목적이 되는 물체가 일정한 거리까지 근접

했을 때 출력 신호를 내는 검출기. 산업용 로봇이나 자동화 기기의 제어용 센서에 이용된다.

▽ 종류

종류	검출물체	동작 원리	특징
고주파 발진형	금속	고주파 발진회로의 발진코일의 임피던스 변화에서 발진을 정지시켜서 검출한다	①소형 ②응답성 양호 ③저가격
유동 브리지형(차동변압기)	금속 (자성체)	브리지회로의 한 변의 임피던스가 변화함으로써 평형을 깨는 출력을 발생한다.	자성체만 반응
자기형(리드 스위치)	자성체	자석의 흡인력에 의해서 리드스위치를 구동한다	①전원 불필요 ②저가격
정전용량형	모든 물체	전극간에 들어있는 물질의 유전율에 의해서 용량이 변화한다.	레벨 검출에 적합하다.

글랜드 패킹(gland packing) 축의 운동 부분으로부터 유채가 새는 것을 방지하기 위해, 패킹 박스와 축 사이에 사용하는 패킹. ☞ 패킹 (p.418)
석면·인조섬유·마·가죽 등이 이용된다.

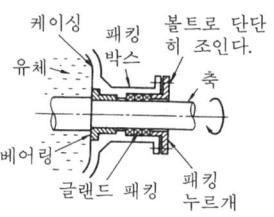

글레이징(glazing) 숫돌 입자의 날끝이 마찰해도 숫돌 입자가 탈락하지 않는 현상.
[원인] 숫돌 입자의 결합도가 지나치게 강하던가 원주 속도가 클 때에 생긴다.

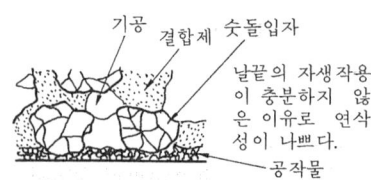

글로 램프(glow lamp) 형광등을 점등하는 데 사용하는 램프. ☞ 형광등(p.450) 자동적으로 전류를 단속시킨다.
[작동] 전압을 가하면, 고정 전극과 바이메탈(bimetal) 사이에 글로 방전(glow discharge)이 생겨 바이메탈

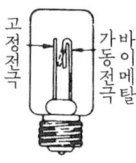

이 가열되고 변형하여 고정 전극과 밀착한다. 양전극이 밀착하면 방전이 그치며, 바이메탈의 온도가 내려가고 양전극이 떨어져, 그 순간에 회로의 전류가 끊어진다.

글로브 밸브(globe valve) 스톱 밸브의 일종으로 외형이 구형(球形)인 밸브.
[장점] 밸브의 개폐를 빠르게 할 수 있고, 밸브 본체와 밸브 시트의 조합도 쉽다.
[단점] 밸브 내에서는 흐르는 방향이 바뀌는 외에 밸브가 전부 열려도 밸브 본체가 유체 중에 있기 때문에 유체의 에너지 손실이 크다.

▽ 청동제 글로브 밸브

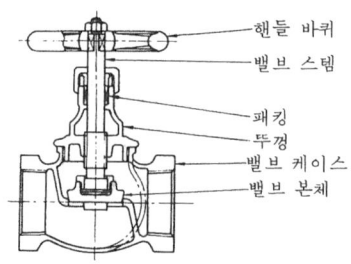

굵기형(sweeping mold) 가늘고 길며, 단면이 일정한 주형(사형)의 제작에 사용하는 목형(木型).

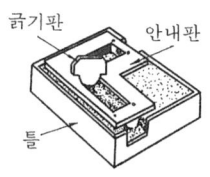

금(金 : gold) 원소 기호 Au, 비중 19.3. 황색의 귀금속. 부드럽고 전연성이 커서, 금박으로 자주 사용한다. 또, 은이나 구리와 합금하여 사용하는 일이 많다.

금강사(金鋼砂 : emery) 대단히 단단한 천연 강구(鋼球)의 분말이나 인조 카보런덤, 알런덤 등의 분말의 총칭.

[용도]

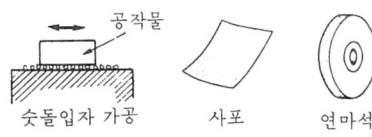

금긋기(marking-off) 금긋기 바늘·직각정규·스크레이퍼·컴퍼스 등을 이용하여 공작물의 다듬질 여유, 구멍의 위치, 환봉의 중심 위치 등을 표시하거나 원이나 직선을 긋는 작업. ☞ 서피스게이지(p. 191), ☞ V블록(p.172)

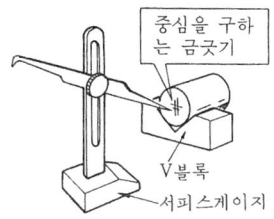

금긋기 정반(marking-off plate) 공작물에 금긋기를 할 때 기준면으로 이용하는 정반.
[일반 금긋기용]
주철제.
[정밀 금긋기용]
주철제, 석제

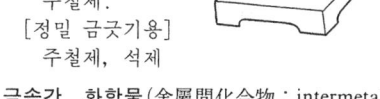

금속간 화합물(金屬間化合物 : intermetallic compound) 모재 금속과 합금원소가 화학적으로 결합하여 생긴 것.
[성질] 딱딱하고 깨지기 쉽다. 전기 저항이 크다.
[예] Fe_3C, $CuAl_2$, Mg_2Si, WC

금속관 공사(金屬管工事 : metallic conduit work) ☞ 옥내 배선 공사(p.269)

금속 아크 용접(metal arc welding) 모재와 거의 같은 재질의 금속 용접봉을 전극으로 사용하는 아크 용접.

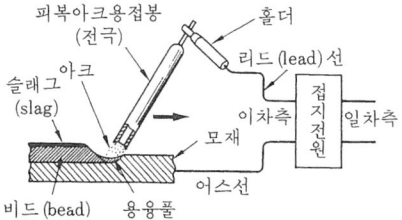

금속 용사(金屬熔射 : metal spraying) 용융한 금속을 고압 공기로 미세한 분무 상태로 하여 금속의 표면에 분사·밀착시켜 피막을 만드는 것. 메탈리콘(metalicon)이라고도 한다. 금속 이외의 물체에도 이용할 수 있다.

금속 현미경(金屬顯微鏡 : metallographical microscope) 금속 조직을 관찰하기 위한 현미경. 금속은 광선이 통과할 수 없는 것으로 광선을 시료면에 맞추고 반사시켜 조직을 보도록 되어 있다.

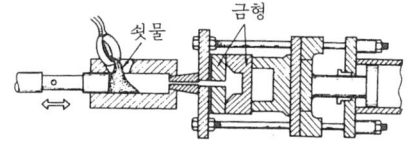

금형(金型 : metal mold) 금속으로 만든 주형 및 원형. ☞다이 캐스트 금형(p. 82)

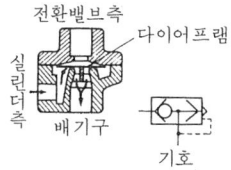

급속 귀환 운동 기구(急速歸還運動機構 : quick return motion mechanism) 왕복 운동에 있어서, 가는 행정에서는 늦게, 돌아오는 행정에서는 빠르게 되도록 만들어진 기구.

급속 배기(急速排氣) **밸브**(quick exhaust valve) 공기압 실린더의 동작을 빠르게 하고 싶을 때 사용하는 밸브. 실린더 출구로부터 되돌아 온 공기를 변환 밸브(cut-out valve)를 통하지 않고 대기 중에 방출한다.
되돌려지는 공기압에 의해서 다이어프램이 눌려 열려져 배기된다.

급수 가열기(給水加熱器 : feed water heater) 보일러의 급수를 가열하는 열교환기. 일반적으로 터빈의 팽창 과정 도중에서 뽑아낸 증기를 열원으로 이용하는 데 이것을 추기(抽氣) 급수 가열기라고 한다.

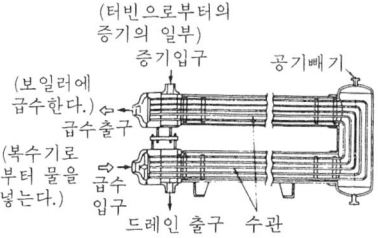

기계(機械 : machine) 저항력이 있는 물체의 조합으로부터 구성되며, 외부로부터 에너지를 공급받으면, 각부는 일정한 상대 운동을 하여 유효한 일을 하는 것.
[종류] ① 작업 기계(공작 기계, 산업 기계 등)
② 원동기(내연 기관, 전동기 등)
▽ 기계의 구성

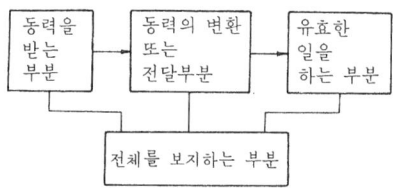

▽ 자동차의 예

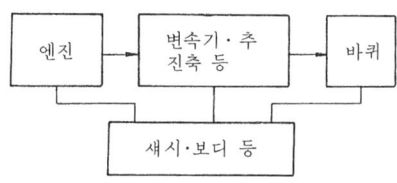

기계 관리(機械管理 : machinery control) 공장의 설비 기계의 선택·구입·보전·경신 등의 설비 계획과 실무.

기계관리의 내용 ─ 설비이력서 작성
─ 예방 보전의 계획과 실시
─ 기계의 검사와 수리
─ 설비 경신의 계획과 실시

[목적] 품질 향상, 납기 엄수, 가격의 유지 또는 절감.

기계 구조용 탄소강(機械構造用炭素鋼 : carbon steel for machine structure use) 킬드강으로부터 제조한다. 0.6% 이하의 탄소를 포함하고 압연된 상태 그대로 또는 담금질·탬퍼링을 하여 기계의 중요한 부품에 사용되는 강재(鋼材). SM재라고도 한다.

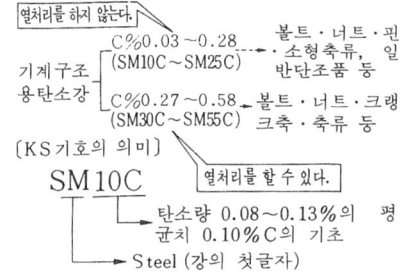

기계 래핑(machine lapping) 전용 래핑머신을 이용해 행하는 랩다듬질. ☞래핑(p.109)
그 작업은 평면·원통·원뿔·구·기어 등으로 나눌 수 있다.

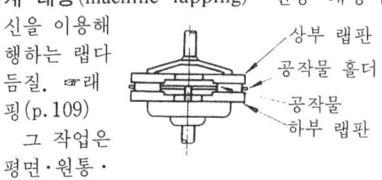

기계 바이스(machine vice) 기계 가공에 있어서 공작 기계의 테이블에 설치, 공작물을 끼워 고정하는 기구.

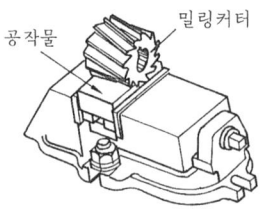

기계 배치도(機械配置圖 : machine layout)
▽ 기계배치도의 예

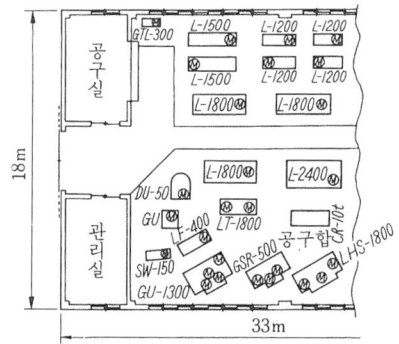

drawing) 공장 내에 있어서의 각 기계나 설비의 배치를 나타내는 도면. 기계의 설치 위치를 정확하게 표시할 필요가 있는 경우에 요구되는 치수를 기입한다.

기계 부하표(機械負荷表 : machine excess chart) 기계의 가동 상태로부터 기계의 부하 상태를 아는 표.
[예]

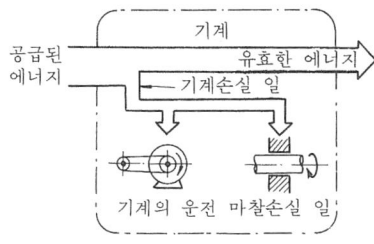

가는선 : 매 주에 할당된 기계의 작업량
굵은선 : 합계
z : 작업 예정 없음
좌단의 숫자 : 1주일간의 동시간

기계 손실(機械損失) **일**(mechanical loss) 기계를 운전할 때에 잃게 되는 일. ☞기계 효율(p.54)

기계어(機械語 : machine language) 전자 계산기(컴퓨터)가 직접 해독하여 실행할 수 있는 명령어로 컴퓨터가 직접 이해할 수 있는 언어.
　컴퓨터는 제각기 고유의 명령 형식을 가지고 있어 숫자·문자·기호 등으로 표현된 부호의 조합에 의하여 여러 가지 명령을 이해하고 연산을 실행한다. 이를 위한 언어가 기계어이다. 포트란(FORTRAN), 코볼(COBOL) 등의 인간과 대화가 가능한 고급언어로 만든 프로그램은 어셈블 컴파일이 되어 최종적으로 기계어로 번역되는 컴퓨터에 입력된다.

기계(機械) **에너지**(mechanical energy) 역학적인 양에 의해 결정되는 운동 에너지·위치 에너지·탄성 에너지 등의 총칭.

기계 요소(機械要素 : machine element) 기계를 구성하는 부분을 분해할 때 최소 단위의 부품.
[예] 볼트·너트·키·축·베어링·기어 등.
▽ 커넥팅로드의 예

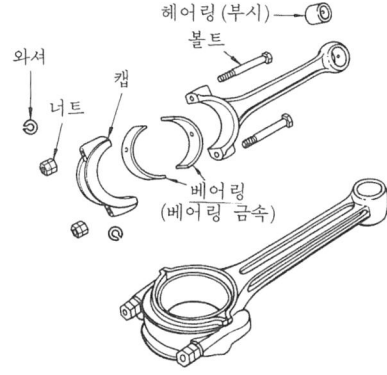

기계의 검사(inspection of machine) 설비 기계의 보전을 도모하기 위해, 일상 점검 외에 정기적으로 행하는 검사.
[주된 검사 항목] 기계의 체결부·마찰부·주유부·베어링·전기 계통의 절연 등.

기계 자동화(機械自動化 : mechanical automation) 공작 기계의 자동화와 운반 장치의 기계화·자동화를 유기적으로 결합한 자동 생산 장치. ☞트랜스퍼 머신(p. 413). ☞플렉시블(flexible) 생산 시스템(p. 439)

기계적 계수식 회전 속도계(機械的計數式回轉速度計) 시계와 계수 계기를 이용한 회전 속도계. ☞해슬러(Hasler) 회전 속도계(p. 447)
[용도] 일정시간의 회전수를 측정하거나, 일정 회전수에 필요로 하는 시간을 측정하는 것.

기계적 진동계(機械的振動計 : mechanical vibrometer) 진동계 내의 추(부동점)와,

측정하려고 하는 진동체와의 상대 변위를 레버(lever)에 의해 확대 기록하는 진동계. ☞ 수동식 진동계(p.204), 진동계(p.368)
[특징] 전원이 불필요하고, 취급이 간단하다.

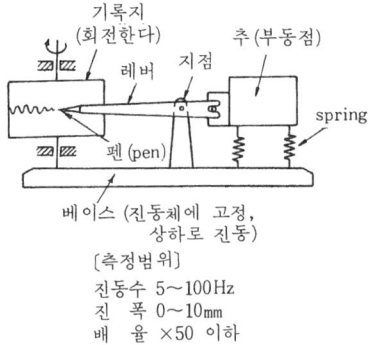

[측정범위]
진동수 5~100Hz
진 폭 0~10mm
배 율 ×50 이하

기계 탭(machine tap) 드릴링 머신·태핑 머신에 사용하는 암나사를 내는 공구.

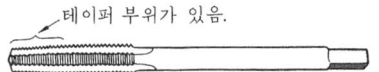

기계(機械) 활톱(hacksawing machine) 쇠톱을 프레임에 장착하고 동력에 의해 활톱을 앞뒤로 왕복 운동을 시켜 금속을 절단하는 기계.

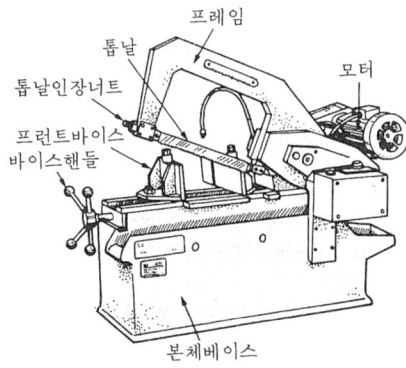

기계 효율(機械效率 : mechanical efficiency) 기계에 부여한 에너지 중 유효한 일이 되는 비율.
기계 효율 η_m은
$$\eta_m = \frac{L_e}{L_t} \times 100 (\%)$$
$$L_e = L_t - L_f$$

L_t : 기계에 부여한 에너지
L_e : 기계가 행한 유효한 일
L_f : 기계 손실일

기공(氣孔 : blow hole) 주물 속에 생기는 기포(氣泡)의 총칭.
[원인] 응고할 때에 발생한 가스가 외부로 배출되지 않는 경우에 생긴다.
[대책] ① 주형의 가스 빼기를 잘한다.
② 충분한 라이저(riser)를 설치한다.

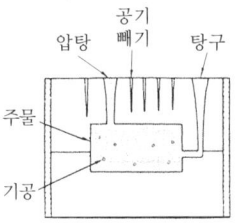

기관실(機關室 : engine room) 배·건물 등에서 원동기가 설치되어 있는 방.

기구(器具 : instrument) 기기(機器). 인간이 가진 기능을 확대하기 위해서 보조적으로 사용되는 것. 일을 행하지 않는 점이 기계와 다르지만, 꽤 복잡한 운동 기구를 가진 것이 있어 현재로서는 기계와 혼용된다.
[예] 사진 기기·측정 기기·의료 기기 등
[기계와 혼용되어 있는 예] 전화기·수신기 등

기구(機構 : mechanism) 기계 운동의 전달이나 변화만을 고려할 때에 일정한 상대 운동을 하는 부분의 조합.
[예] 발로 밟는 재봉틀의 발판과 그 기구.

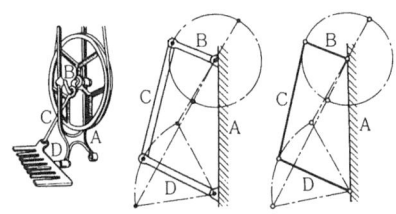

기능 설계(機能設計 : functional design) 제품의 성능을 생각하여 필요한 크기·형태 등을 설계하는 일. 기능 설계가 된 것은 기업화하기 위해 생산면으로부터 다시 검토되어진다. 이것을 생산 설계라고 하

지만, 양자는 명확히 구별되지 않는 경우도 있다. ☞생산 설계(p.189)
▽ 일반적 설계순서의 예

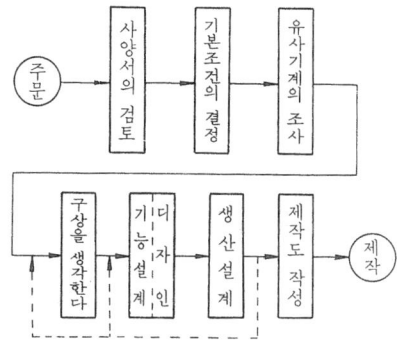

기능 조직(機能組織 : functional organization) 상하의 명령 전달과, 각 계열과의 사이에 횡적 연결이 잘 되도록 하여, 능률 향상을 목적으로 한 관리 조직.

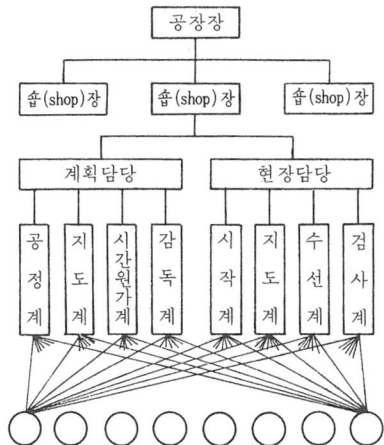

[장점] ① 기능공 양성이 쉽다. ② 작업에 대한 전문적 지도가 정확하다.
[단점] 지휘·명령이 복잡하게 되어 통일성을 깨기 쉽다.

기둥(長柱 : column) 곧은 부재(部材)로 축 방향의 압축 하중이 가해질 때, 하중에 의해 굽힘이 생기는 듯한 기둥. 압축 하중에 의해 단순한 압축 변형만 생기는 기둥을 단주(短柱)라고 한다.

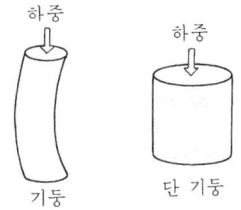

기록 계기(記錄計器 : recording instrument) 측정치의 시간적 변화를 자동적으로 기록하는 계기.
[예] 가동 코일형 자동식 기록계기

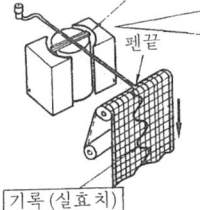

계기의 동작 원리는 가동 코일형 계기와 같다. 펜끝의 마찰이 있기 때문에 구동 회전력을 크게 하고 있다.

직동식 이외에 간헐적으로 기록하는 타점식(打點式)도 있다.

기름 구멍(oil hole) 공작 기계의 미끄럼 면이나 베어링 등에 설치되어 있으며 주유(注油)하기 위한 구멍이다.

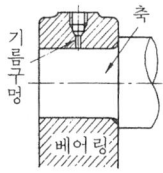

기름 담금질(oil quenching) 탄소강이나 합금강의 담금질 방법의 일종으로 기름을 담금질액으로 사용하고 있다. ☞담금질(p.89)
▽ 탄소강의 경우

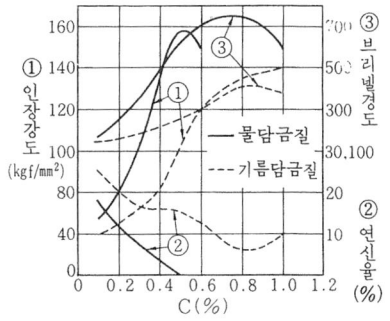

[성질] 물담금질보다 냉각 속도가 늦고 담금질 효과는 크지 않지만 크랙이나 담금질 변형이 생기는 경우가 적다.

기소(機素 : element) 기계 요소. 기계 중에서 2개의 부분이 접촉하여 상대 운동을 할 때 그 각각의 부분. 대우를 구성하는 요소. ☞대우(p.91)

[예]

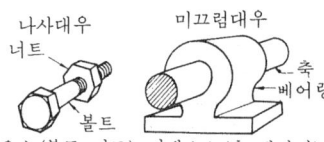

기계요소(볼트·너트) 기계요소(축·베어링)

기술사(技術士 : consultant engineer) 국가 기술 검정시험에서 소정의 자격을 취득한 공인 과학 기술의 최고 상담역. 기계·금속·화공·전기·전자·통신·조선·항공·토목·건축·섬유·광업·정보처리·에너지·국토개발·해양·안전관리·생산관리·산업응용·환경관리·교통 등 21개 분야, 104 종목의 종류가 있다.

[기술사시험] ① 연 1 회 실시된다.
② 필기시험·경력심사·면접시험으로 이루어진다.

기어(toothed wheel, gears) 한쌍의 원통과 원뿔에 이를 만들어 서로 맞물려 운동을 전달하는 기계 요소.

한쌍의 기어에서 잇수가 많은 쪽을 큰 기어, 잇수가 작은 쪽을 작은 기어라고 말하고 각각을 기어, 피니언이라고 부르기도 한다.

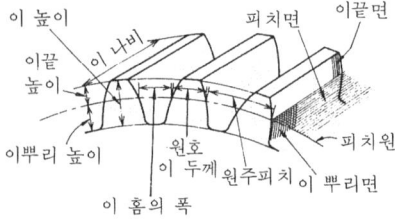

기어 가공(gear cutting) 각종의 커터를 사용해 기어의 이를 깎아내는 작업.

총형 커터를 사용해 밀링머신·셰이퍼 등으로 행하는 기어 절삭으로, 규정의 깊이만큼 이 하나씩을 깎는다. 잇수는 분할대로 계산한다. 같은 모듈이라도 잇수에 따른 이 홈의 형상이 다르기 때문에 총형 커터는 형상을 바꾸지 않으면 안된다.

▽ 창성법에 의한 기어절삭법

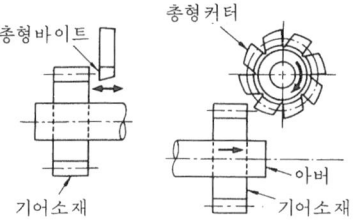

어떤 범위의 잇수에서는, 같은 바이트를 사용하도록 하며 인벌류트 커터에서는 번호에 따라 결정되고 있다.

▽ 래크커터에 의한 기어절삭법

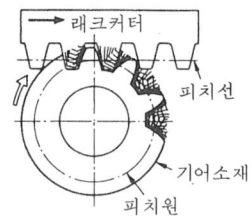

▽ 피니언 커터에 의한 기어절삭법

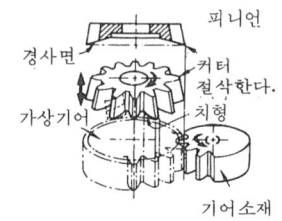

기어 감속 장치[減速裝置](reduction gear) 기어를 이용하여 회전 속도를 감소시키기 위해 이용하는 장치.

감속비 $i = \dfrac{n_2}{n_1}$

$= \dfrac{z_A}{z_B} \cdot \dfrac{z_C}{z_D}$

n_1, n_2 : 회전속도
z_A, z_B, z_C, z_D : 잇수

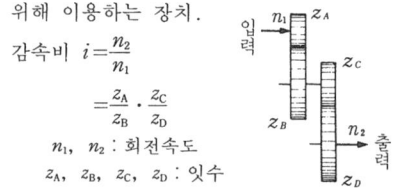

기어 그리스(gear grease) 그리스의 일종으로써 광유에 20~30%의 석회 비누를 첨

가한 것. 주로 고하중의 기어의 윤활에 사용한다.

기어 박스(gear box) 기계에서 변속 기어 장치나 기어 교환 장치를 넣는 박스.

기어비(gear ratio) 서로 맞물리는 기어에 있어서, 큰 기어의 잇수를 작은 기어의 잇수로 나눈 값.

$$\text{잇수비} = \frac{z_B}{z_A} = \frac{n_A}{n_B}$$

z_A : 작은 기어의 잇수
z_B : 큰 기어의 잇수
n_A : 작은 기어의 회전수
n_B : 큰 기어의 회전수

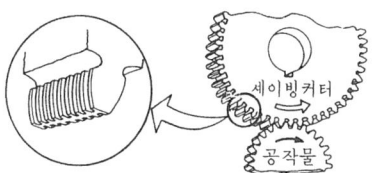

기어 셰이빙 머신(gear tooth shaving machine) 절삭된 기어를 작은 압력으로 가볍게 절삭하여 치면(齒面)을 매끌매끌하게 다듬질함과 동시에 치형·편심 등의 오차를 수정하는 기어 다듬질 머신.

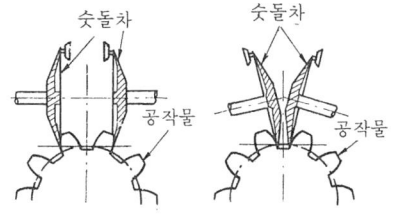

세이빙 커터의 정도(精度)가 좋고, 절삭 조건이 적당하면 기어 가공 머신을 이용하는 경우보다도 가공 시간이 짧고, 뿐만 아니라 연삭에도 뒤떨어지지 않는 가공 정도를 얻을 수 있다.

기어 시험기[試驗機](gear tester) 맞물림 기어의 중심거리·편심·치형·피치·이두께·소음 등을 측정할 때에 사용하는 시험기의 총칭. ☞기어 측정(p.58).

각 측정 목적에 따라 시험기가 다르다. 치형 측정기와 물림률 측정기가 있다.

기어 연삭기[硏削機](gear grinder) 기어 절삭 작업에서 만든 기어를 담금질 한 후 더욱 더 정도를 높이기 위해 연삭 다듬질하는 전용의 공작 기계.

보통 2매 숫돌차에 의한 기어의 연삭 (창성법)이 행해진다.

기어열(gear train) 회전을 전달하기 위하여 몇 개의 기어를 차례로 조합해 소요의 속도비나 회전 방향을 얻는 장치.

기어열의 속도비 i

$$= \frac{\text{최후 기어의 회전속도}}{\text{최초 기어의 회전속도}}$$
$$= \frac{\text{구동기어의 잇수합}}{\text{피동기어의 기어 잇수합}}$$

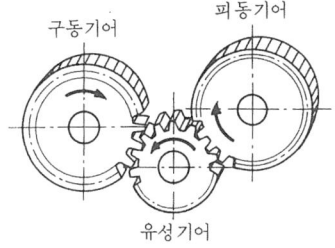

기어의 종류(kinds of gear) 기어는 2축의 상태나 용도 등에 의해 그림처럼 나눌 수 있다.

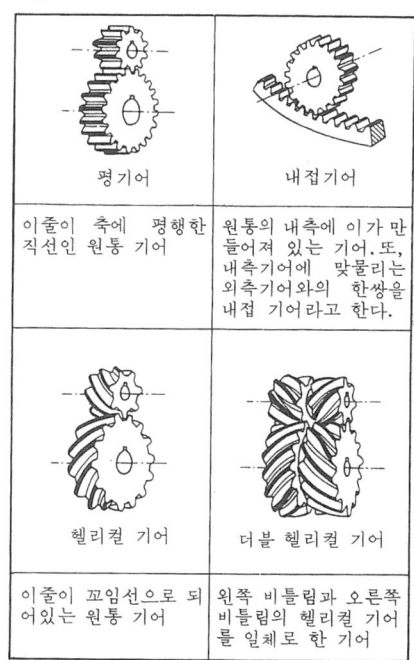

평기어	내접기어
이줄이 축에 평행한 직선인 원통 기어	원통의 내측에 이가 만들어져 있는 기어. 또, 내측기어에 맞물리는 외측기어와의 한쌍을 내접 기어라고 한다.
헬리컬 기어	더블 헬리컬 기어
이줄이 꼬임선으로 되어있는 원통 기어	왼쪽 비틀림과 오른쪽 비틀림의 헬리컬 기어를 일체로 한 기어

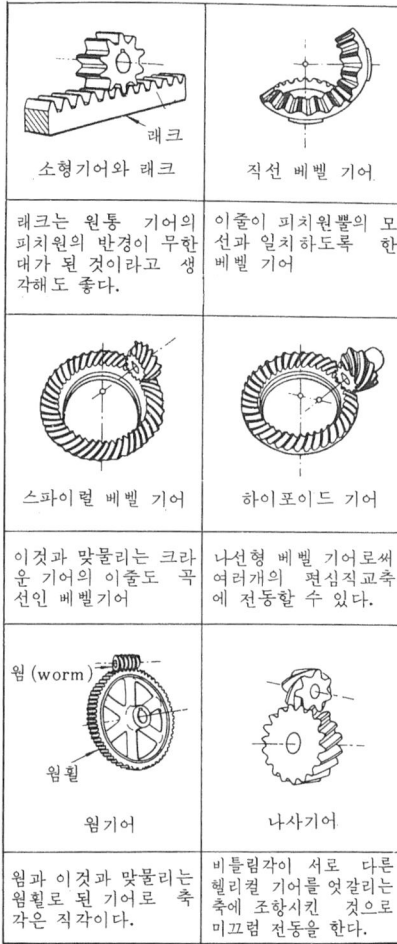

기어 제도[製圖](gear drawing) 기어 제작을 위하여 항목표와 그림에 의한 부품도. 치형은 특별히 필요치 않는 한 목형 제작 등의 경우를 제외하고는 그리지 않고 스케치법을 사용한다.

▽ 평기어의 제도 예

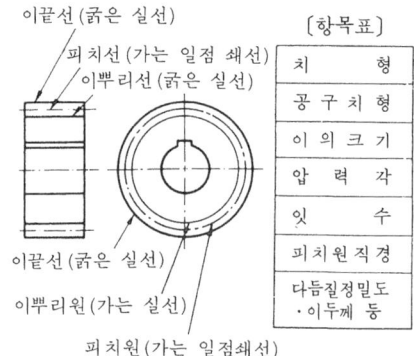

기어 측정(gear testing) 기어의 치형·피치·이두께·편심량 등을 측정 [기어 시험기에 의한 측정]

▽ 법선피치 측정

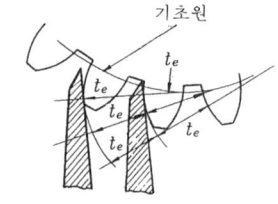

t_e : 법선 피치

기어 전조[轉造](gear form rolling) 기어 소재에 전조 공구로 압력을 가하면서 회전해서 소성 가공(塑性加工)에 의해 기어를 만드는 방법.
　일종의 창성법으로 칩을 내지 않고 양자(兩者)를 여러 번 회전하는 가운데 소정의 기어를 만들어 낼 수 있다. 각종의 잇수의 제작이 가능하면 양산(量産)도 할 수 있다.

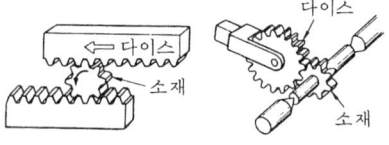

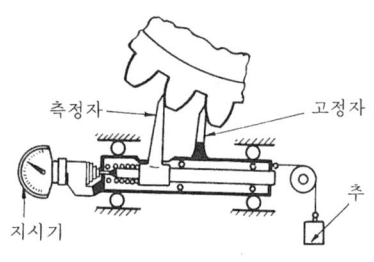

기어를 회전하여 3회 측정한 값의 평균값을 측정값으로 한다.

▽ 원주피치 측정

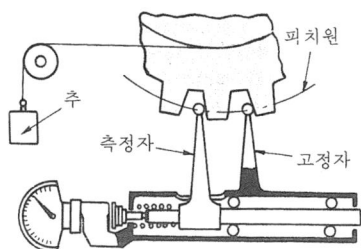

측정압을 얻기 위해 기어에 추를 걸어 측정자가 피치원상에서 접촉하도록 한다.

▽ 이 두께 측정

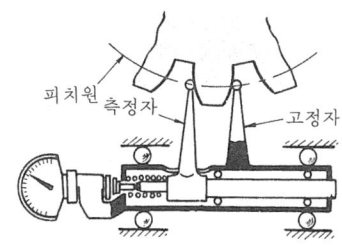

기어는 자유로이 회전이 가능하도록 측정장치를 고정한다.

▽ 기어의 편심측정 피치원

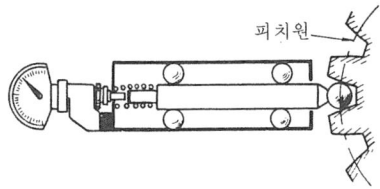

이 홈의 대부분이 피치원상에서 좌우 치면에 접촉하는 크기의 볼을 사용해 측정한다.

기어 커팅 머신(gear cutting machine) 창성법으로 평기어, 헬리컬 기어, 베벨기어 등의 치형을 깎아내는 공작 기계. ☞기어 가공(p.56)
　[종류] 기어 호빙 머신(☞p.60). 펠로즈(Fellow's)식 기어 셰이퍼(☞ p.422), 마그(Maag)식 기어 커터(☞ p.122); 베벨 기어 커팅 머신(☞p.153).

기어 펌프(gear pump) 밀폐된 케이싱 내에서 서로 맞물려 회전하는 기어에 의하여 펌프 작용을 하는 유압 펌프.
　[종류]
　▽ 외접 기어 펌프

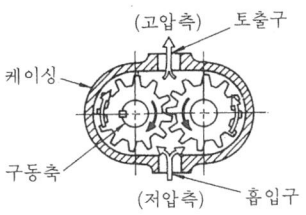

　▽ 내접 기어 펌프

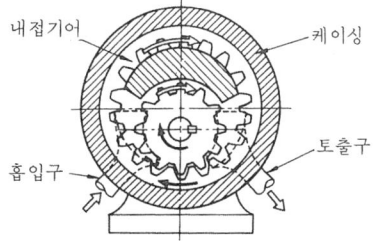

　▽ 트로코이드 펌프

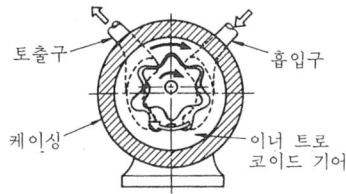

기어 풀러(gear puller) 풀리, 기어, 구름 베어링 등을 축으로부터 빼낼 때 사용하는 공구.
　풀리빼기라고도 한다.

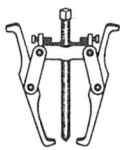

기어형 축이음(geared type shaft coupling) 양 축단(軸端)에 외접 기어가 붙은 내부 케이싱을 끼워 넣어, 이것에 같은 매수의 내접 기어를 가진 외부 케이싱을 맞물려 양 축을 연결하는 축 이음.

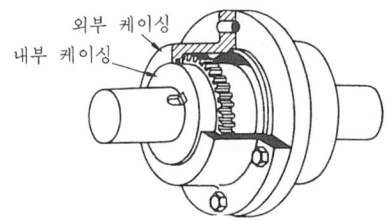

기어 호브(gear hob) 이 줄에 직각인 단면이 기준 래크 모양을 한 나사 모양의 원통형 기어 절삭공구.

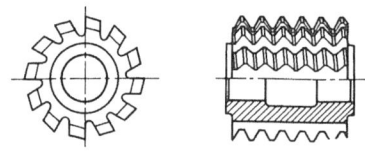

기억 회로(記憶回路 : memorial circuit) 신호를 보지해 두는 회로.

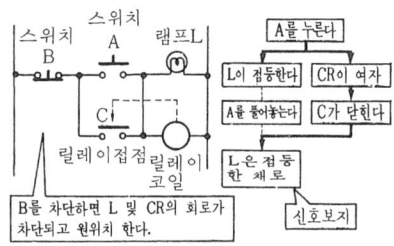

기업(企業 : enterprise) 영리 또는 공공의 복지를 위한 일 등 특정한 목적을 갖는 경영체.

기업 경영(企業經營 : administration of enterprise) 영리를 목적으로 필요한 자금을 조달하고, 인적 요소와 물적 요소를 결합하여 이것을 경제적으로 운용하는 생산·판매 활동.

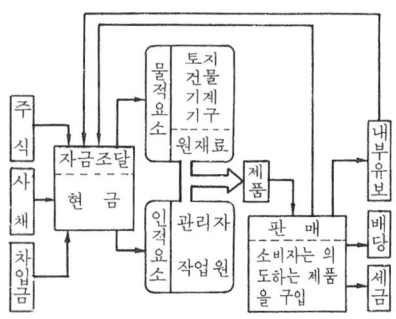

기업 조직의 원리(principle of enterprise) 종업원의 기업 목적을 달성하기 위한 관리 조직의 원칙. ☞관리 조직(p.37)
[원리의 내용] ① 명령 통일
② 책임과 권한의 명확화
③ 위임(일상 반복해서 행하는 직무는 하위자에게 맡긴다.)
④ 통제 한계(감독의 범위)
⑤ 분업(작업을 몇 개의 전문분야로 나눈다.)
⑥ 협업(같은 종류 또는 비슷한 작업을 모아, 하나의 부문으로 한다.)
⑦ 조정(직무의 상호 조정, 총합 조정 등)

기자력(起磁力 : magnetomotive force) 자속을 생기게 하는 기능. 코일의 기자력은 코일의 감김수 n과 코일을 흐르는 전류 I의 곱 nI로 나타낸다.
[예] 감김수 $n=12$
$I=2A$의 기자력은 $12 \times 2 = 24A$

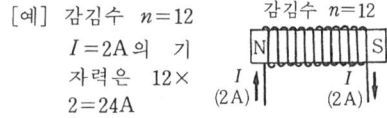

기전력(起電力 : electromotive force) 전압을 계속 보존하면서 외부에 전류를 공급할 수 있는 기능. 단위 기호는 V(볼트).
[예]

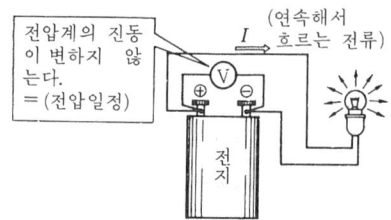

기준 강도(基準强度 : basic strength) 설계시에 허용 응력을 설정하기 위해 선택한다. 사용 조건에 적당한 재료의 강도.
▽ 기준 강도 선정 예

사용 조건		기 준 강 도
상온·정하중	연성 재료	항복점·내력
	전성 재료	극한 강도
고온·정하중		클리프 한도
반복 하중		피로 한도
좌굴		좌굴 강도

기준 게이지(reference standard) 공작용 게이지와 검사용 게이지를 조사하기 위해

서 사용하는 게이지.

기준 래크(basic rack) 기준 피치선에 따라서 측정한 두께가, 피치의 1/2이 되는 특정 이를 가진 래크.

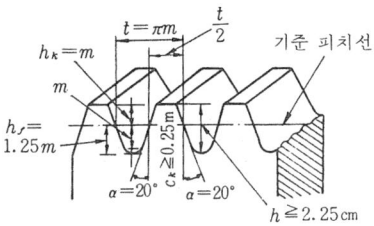

KS에서는 압력각 20°의 기준 래크 치수를 규정하고, 표준 평기어의 기준으로 삼고 있다. ☞표준 스퍼 기어 (p.432)

기준 블록(basic block) 절삭 공구의 위치 결정에 사용되는 블록.

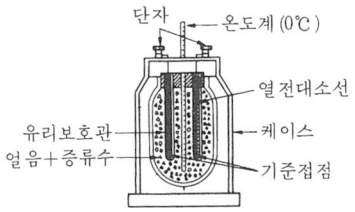

기준 접점(基準接點 : reference junction) 열전대의 2접점 중 기준 온도, 예를 들면 빙점에 유지되어 있는 접점.

▽ 빙점식기준 접점 장치

[빙점식 기준 접점 장치] 표준 열전대의 눈금 결정, 정도가 높은 측정에 사용
[그밖에 기준 접점 장치] ① 수냉식 : 지하수에 의해 기준 접점을 냉각(공장용)
② 지중 매몰식 : 길이 3~5m의 강관에 기준 접점을 넣어 지중에 매몰(공장용)
③ 항온기식 : 바이메탈(bimetal)식 항온기에 의해 일정 온도로 유지한 항온조에 기준 접점을 설치(공장용)

기준 증발량(基準蒸發量 : basic evaporation) = 환산(換算) 증발량(p.454)

기준 피치원(standard pitch circle) 기어의 잇수를 정할 때의 기준이 되는 원.

$\pi D = zt$
D : 기준 피치원 직경
Z : 잇수
t : 기준 원주 피치

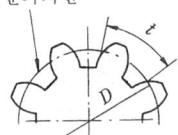

기체 연료(氣體燃料 : gaseous fuel) 보통의 상태에서 기체인 재료의 연료.
[예] 도시가스·프로판가스·천연가스.
[특징] 관으로 운송할 수 있으며 간단하게 착화하고 연기가 나오지 않으며, 취급이 쉬운 것이 장점이지만 가스누출을 알기 어렵고, 폭발하기 쉬우며, 중독되는 등의 결점이 있다.

기체 온도계(氣體溫度計 : gas thermometer) 감온통·도관·부르동관의 모든 것에 불활성 가스를 봉입하고, 그 가스의 압력이 절대 온도에 비례하는 성질을 이용한 온도계. ☞액체 충만 압력식 온도계(p.242)
「가스의 종류와 사용 온도」
① 질소 $-125 \sim 550°C$
② 헬륨 $-270 \sim 125°C$

기초도(基礎圖 : foundation drawing) 기계·장치·구조물 등을 설치하는 기초를 만들기 위한 그림.

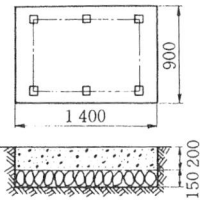

(단위 : mm)

기초 볼트(foundation bolt) 기계류를 설치할 때에 사용하는 볼트. 묻힌 부분은 빠지기 어려운 형상으로 되어 있다.
☞앵커 볼트(anchor bolt)(p.243)

기초 블록(foundation block) 전용 공작 기계의 유닛 베드, 지그 베드, 컬럼 베드 및 이것들에 연결하는 보조 베드 등을 포함하는 것.

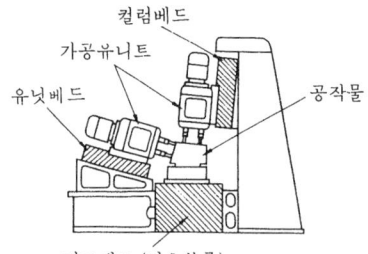

기초원(基礎圓 : base circle) ① 판캠의 회전축을 중심으로 해서 중심으로부터 캠의 윤곽까지, 가장 가까운 거리를 반경으로 하는 원.
② 인벌류트 기어에 있어서, 인벌류트 곡선의 기초가 되는 원.
③ 사이클로이드 기어의 피치원.

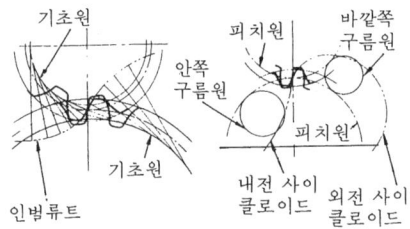

(a) 인벌류트 치형   (b) 사이클로이드 치형

기하학적 형상 공차(幾何學的形狀公差 : geometrical tolerance) 대상물의 형상・자세・위치의 편차 및 런아웃(총칭해서 기하학적 편차)의 허용값.
↓로 지시된 평면은 기준 평면(데이텀 면) A에 평행으로 또한 지시선의 화살표 방향으로 0.1mm만큼 떨어진 2개의 평면 사이에 있지 않으면 안된다는 것을 나타내고 있다.

▽ 기하학적 공차의 종류와 기호

적용하는 형체	공차의 종류		기호
단독 형체	형상 공차	진직도 공차	—
		평면도 공차	▱
		진원도 공차	○
		원통도 공차	⌭
단독 형체 및 관련 형체		선의 윤곽도 공차	⌒
		면의 윤곽도 공차	⌓
관련형체	자세 공차	평행도 공차	∥
		직각도 공차	⊥
		경사도 공차	∠
	위치 공차	위치도 공차	⌖
		동축도 공차 또는 동심도 공차	◎
		대칭도 공차	⌯
	흔들림	원주 흔들림 공차	↗
		온 흔들림 공차	↗↗

▽ 기하학적 공차를 도면에 지시할 때의 예

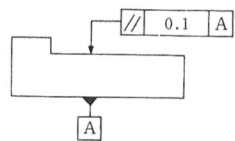

기화기(氣化器 : carburetor) 불꽃 점화기관에 있어서, 가솔린이나 석유 등의 액체연료를 기화(氣化)하고 공기와의 혼합기를 만드는 장치.

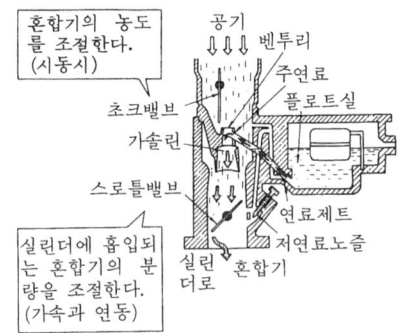

흡입 행정에서 실린더 내에 흡입된 공기는 벤투리를 지날 때, 유로가 좁혀져 있기 때문에 속도를 증가시키고 정압(靜壓)은 내려간다. 이 때문에 대기압이 작용하고 있는 플로트실과의 사이에 압력차가 생기는 것으로, 연료 제트에서 유량을 규제한 가솔린이 노즐로부터 흡출되어져 공기와 혼합해 분무상태로 된다.

길이의 기준(standard of length) 빛이 1/299792458S의 시간에 진공 중에 전달하는 행정의 길이를 1m로 하는 기준. 1984년 국제 도량형 총회에서 의결되었다.

깊이 게이지(depth gauge) 홈이나 구멍의 깊이 등을 재는 측정기.

[종류] 버니어 캘리퍼스식과 마이크로미터식이 있다.

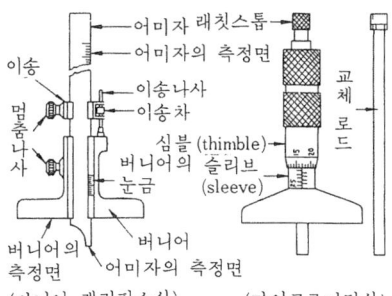

(버니어 캘리퍼스식)   (마이크로미터식)

끌(chisel) 공작물의 면을 깎아 내는 작업이나, 재료의 절단 등에 이용하는 공구. 치즐. 정. 탄소 공구강으로 만든다.
▽ 손다듬질용

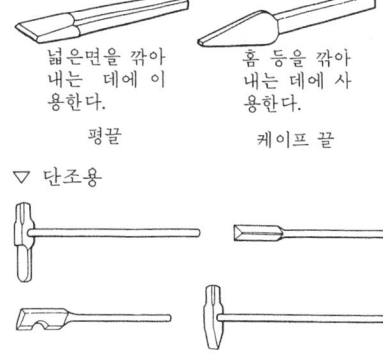

평끌   케이프 끌

▽ 단조용

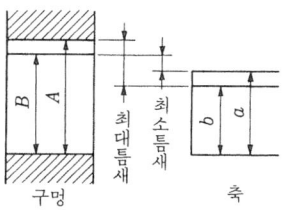

끼워맞춤(fits) 구멍과 축이 서로 적당한 틈새나 죔새를 가지고 끼워맞추어지는 관계.
[종류] 헐거운 끼워맞춤 : 항상 틈새가 생기는 끼워맞춤.

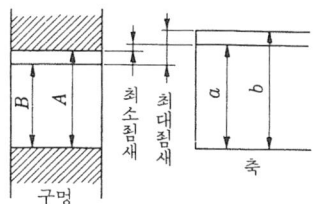

A : 구멍의 최대허용치수　a : 축의 최대허용치수
B : 구멍의 최소허용치수　b : 축의 최소허용치수

억지끼워맞춤 : 항상 죔새가 생기는 끼워맞춤

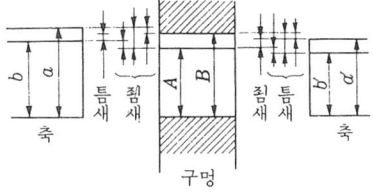

중간끼워맞춤 : 틈새가 생기기도 하고, 죔새가 생기기도 하는 끼워맞춤. 이같은 끼워맞춤의 부품에서는 용도에 따라 선택 조합을 한다.

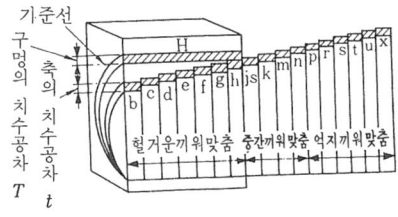

[끼워맞춤의 방식]
구멍기준 끼워맞춤 : 축과 구멍의 끼워맞춤에 있어서 구멍의 치수를 기준으로 하여 축의 공차(公差)를 정하는 방식

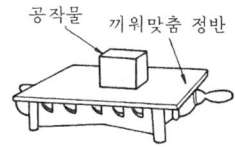

축기준 끼워맞춤 : 축의 치수를 기준으로 하여 구멍의 공차를 정하는 방식.

끼워맞춤 작업(fitting) 기준면에 광명단 등을 칠하고, 이것에 가공한 면을 끼워맞춰 가공면의 높은 부분을 깎아내(줄·스크레이퍼) 편평한 면으로 다듬질하는 작업. 소형은 끼워맞춤 정반에 광명단 등을 칠하고, 가공면을 이 위에서 끼워맞춘다. (가공면에 광명단 등을 칠하고, 정반에 끼워맞추는 경우도 있다)

ㄴ

나무 나사(wood thread) 목재에 사용하는데 적당한 나사산을 가진 나사. 머리부는 ㊀, ㊉홈이 있다.

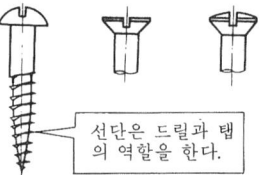
둥근머리 나무나사 접시머리 나무나사 둥근접시머리나무나사

선단은 드릴과 탭의 역할을 한다.

나비형 밸브(butterfly valve) 관내의 원판형상의 밸브 본체를 돌려 관로의 유량을 조절하는 밸브. 스로틀 밸브(교축 밸브)

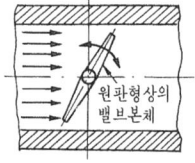
원판형상의 밸브본체

[특징] 전부 열렸을 때는 밸브 본체에 의한 저항은 적지만, 전부 닫혔을 때는 완전한 누설을 방지할 수 없는 결점이 있다.

나사(screw) 원통 또는 원뿔의 표면에 코일 형상으로 홈을 절삭한 것. 단면에 일

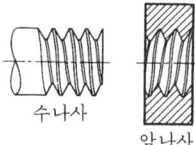
수나사 암나사

▽ 나사산의 각부 명칭

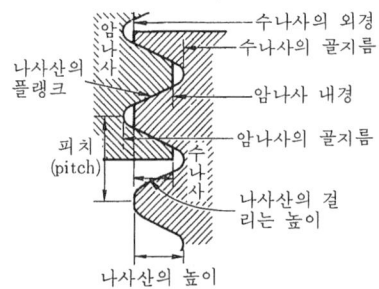
나사산의 플랭크
암
나
사
피치(pitch)
수나사의 외경
수나사의 골지름
암나사 내경
암나사의 골지름
나사산의 걸리는 높이
나사산의 높이

정한 돌기를 나사산이라고 말하고, 나사산을 가지는 것을 총칭하기도 한다.
　나사산에는 수나사와 암나사가 있어 서로 조합되어 나사 대우를 형성해 상대 운동을 한다. 나사의 크기는 나사의 외경으로 말한다.
　[종류] ☞삼각나사(p.184), ☞각나사(p.12), ☞사다리꼴나사(p.180), ☞톱니나사(p.411), ☞둥근나사(p.100) ☞볼나사(p.162)

나사 골지름(core diameter of thread) ☞ 나사(p.64)

나사 기어(screw gear) 피치면에 나사 형상으로 이를 깎은 원통기어. 평행이 아니고, 교차하지 않는 2축의 전동용 기어이지만, 마모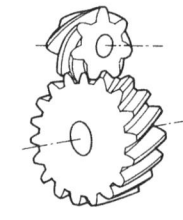
가 심하고 큰 힘의 전동에는 부적당하다.

나사내기(tapping) 환봉에 수나사를, 환봉 구멍에 암나사를 절삭하는 작업.
　수나사를 손작업으로 절삭하려면 나사 절삭 다이스를 다이홀더로 돌려 행한다.
▽ 다이스 홀더(dies holder)

　암나사를 손작업으로 절삭하려면 탭이 사용된다. 탭은 3개가 1조로 되어 있어, 황삭으로부터 다듬질까지 3개를 순서대로 사용해 행한다.

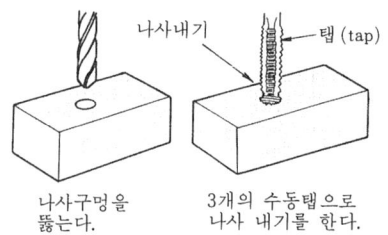
나사내기 탭(tap)
나사구멍을 뚫는다. 3개의 수동탭으로 나사 내기를 한다.

암나사의 나사내기를 기계 작업으로 행하려면 드릴링 머신으로 머신 탭을 이용해 나사를 절삭한다. ☞탭(p.404)

나사내기의 원리(screw cutting principle) 선반에 의해서 나사 깎기를 행할 때의 선반의 조작법.

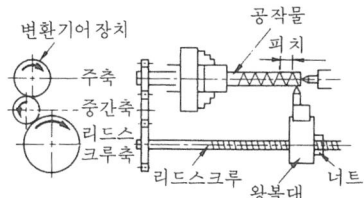

[조작] ① 주축측과 리드 스크루측의 변환 기어의 회전비를 계산에 의해 구하여 소요잇수의 기어를 조합시킨다.
② 주축으로부터 리드 스크루에 회전을 전달한다.
③ 공작물이 1회전하는 사이에 절삭나사의 1피치 만큼 바이트를 이동시킨다.

나사 대우[對偶](screw pair) 나사 표면을 접촉면으로 하는 대우(짝), 두개의 기계 요소는 축선의 회전에 상대적 회전 운동을 함과 동시에 축선 방향으로도 상대적 직선 운동을 한다.

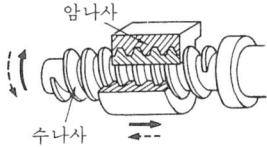

위 그림 처럼, 나사 대우는 미끄럼 대우와 회전 대우가 총합된 것이다.

나사 마이크로미터(thread micrometer) 나사의 유효지름을 측정하는 마이크로미터.

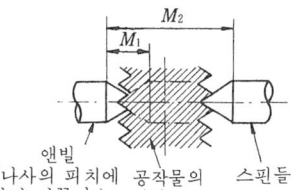

(나사의 피치에 공작물의 스핀들 따라 바꾼다.) 나사

나사의 유효지름 $d_2 = M_2 - M_1$
M_1; 앤빌과 스핀들이 맞추어졌을 때의 마이크로미터의 읽음값.
M_2; 나사를 끼운 때의 마이크로미터의 읽음값.

나사 밀링 커터(thread milling cutter) 나사 밀링 머신에 의해 나사절삭을 할 때 사용하는 커터.

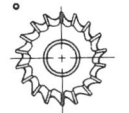

1산 나사 밀링 커터 (정밀한 나사내기에 사용한다.)
다산 나사 밀링 커터(양산할 때 사용한다.)

나사 브레이크(screw brake) 나사의 체결력을 브레이크에 이용한 자동 하중 브레이크. 수동 윈치(winch) 등으로 하중이 가해진 때, 감아내리기의 속도조절이나 일시정지가 쉽다.

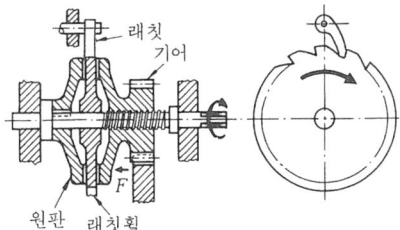

나사는 왼 나사이기 때문에 화살표의 방향으로 축을 돌리며 원판으로 래칫휠을 눌러 붙이는 동시에 기어가 회전해 드럼을 회전시킨다.

래칫휠이 회전중일 때는 래칫은 걸리지 않지만 래칫휠을 멈추면 래칫에 걸쳐 역회전하지 않고 브레이크가 걸린 상태가 된다.

나사산(screw thread) ☞나사 (p.64)

나사 압축기(screw compressor) 기체를 나사부의 공간에 압입하고 압축하여 압력을 높이는 장치.

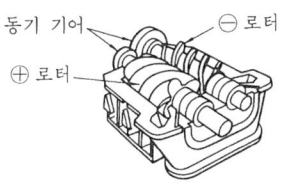

[특징] ① 나사부 및 기관내에서 윤활유를 사용하지 않는 것으로 청정한 압축

공기를 얻을 수 있다.
② 고속 회전하며, 소형·경량이다.
나사 연삭기(thread grinder) 선반가공이나 밀링 가공한 나사 또는 열처리한 나사를 연삭하는 기계. 나사 게이지 등 정밀한 나사의 가공에 적당하다.

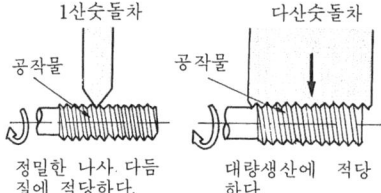

정밀한 나사 다듬질에 적당하다. 대량생산에 적당하다.

나사의 끼워맞춤 길이(length of thread engagement) 수나사와 암나사가 서로 접촉하는 부분의 축선 방향의 길이.
나사산에 생기는 접촉면 압력이나 전단 응력 등에 의해서 결정된다.

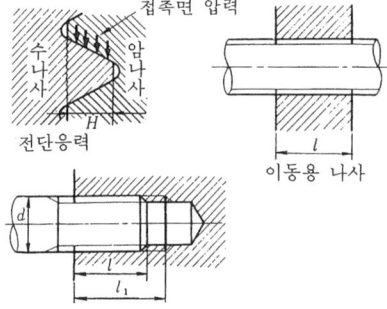

구멍의 재질	l	l_1(mm)
연강·주강·청동	d	
주 철	1.3d	$l_1 = l + (2\sim10)$
경합금	1.8d	

[면압력으로부터의 계산식]
$$l = \frac{Wp}{\pi d_2 Hq}$$
l : 끼워 맞춤 길이(mm)
W : 나사산에 가하는 하중(kg)
d_2 : 평균 지름(mm)
H : 나사산에 걸리는 높이(mm)
q : 허용접촉 면압력(kg/mm²)
▽허용접촉 면압력 q (kg/mm²)

수나사	암나사	체결용	이동용
연강	연강·청동	3	1
경강	경강·청동	4	1.3
경강	주철	1.5	0.5

나사의 부품 등급(class of screw) 볼트·너트의 품질의 수준이나 나사의 등급에 의해서 정해지는 부품의 등급.
▽나사의 등급예

부품 등급	공차의 수준		나사의 등급	
	축부 및 저면의 정도	그 밖의 형체의 정도	수나사	암나사 (너트)
A	정(精)	정	6g	6H
B	정	조	6g	6H
C	조(粗)	조	8g	7H

나사의 외경(external diameter of thread) ☞나사 (p.64)
나사의 유효지름(pitch diameter of thread) 나사 홈의 폭이 나사산의 폭과 같게 되는 가상 원통(또는 원뿔)의 지름.

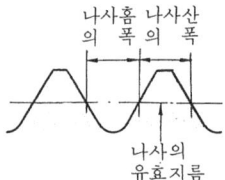

나사홈 나사산
의 폭 의 폭

나사의 유효지름

나사의 측정(measurement of screw) 나사의 외경, 유효지름, 골지름, 피치, 나사산의 각도의 측정 ☞나사의 유효지름(p.66) ☞삼침법(p.185) ☞나사 마이크로미터 (p.65)
[측정용 기기] 공구 현미경, 만능 측장기 등.
[피치의 측정] : 공구 현미경에 의한 경우
① 현미경시야의 한 줄 세선(細線)에 나사산의 플랭크(flank ; 측면) ab를 맞춘다.
② 테이블을 나사의 축방향으로 옮겨 세선을 플랭크 cd에 맞춘다.

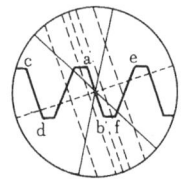

(현미경의 시야)

③ 이때 테이블 이송량 p가 피치가 된다.
[각도의 측정] 윗 그림에서 처럼 세선에 ab의 플랭크를 맞출 때, 각도 눈금을 읽는다. 형판 접안경에 의해서도 측정할 수 있다.
[유효지름의 측정] 공구 현미경에 의한

경우
① 현미경시야 한 줄의 세선을 나사산의 측면 ab에 맞춘다.
② 테이블을 나사축선에 직각 방향으로 옮겨, 세선을 나사산의 대칭의 측면에 맞춘다.
③ 이때 테이블의 이송량 d_2가 유효지름이 된다.

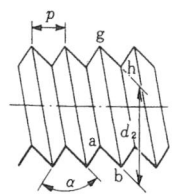

나사의 표현 방법(designation of screw) 나사를 표현하는 내용. 나사의 호칭, 나사의 등급, 나사산의 감김방향, 나사산의 줄 수로 구성되어 다음 순서로 나타낸다.
☞나사의 호칭 (p.67) ☞나사의 등급 (p.66)
[예]

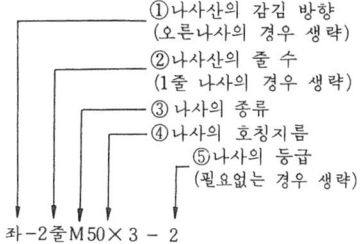

좌-2줄M50×3 - 2
좌 2줄 미터 보통나사(M50×3)2급

나사의 헐거움 방지(locking of nut) 볼트나 너트는 진동 등으로 헐거워지는 일이 있어 그것을 방지하는 것.

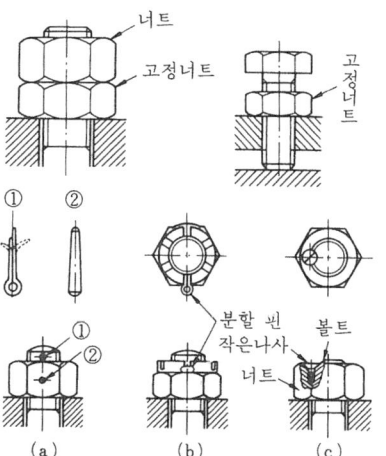

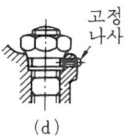
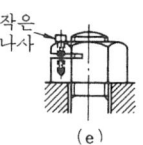
(d)   (e)

[방법] 이붙이 와셔, 스프링 와셔 등의 와셔에 의한 방법이나 고정 너트, 핀, 작은나사, 고정나사 등에 의한 방법이 있다.

나사의 호칭(normal designation of screw) 나사의 표현 방법의 하나로, 나사의 종류를 나타내는 기호와 나사의 직경을 나타내는 숫자 및 피치 또는 25.4mm에 대해서의 나사산의 수로 구성된다.

[종류]
(1) 미터나사
① 피치를 밀리미터로 나타낸 나사

나사의 종류	수나사의 외경	×	피 치
[예] M	50	×	3

② 피치를 산수로 나타낸 나사

나사의 종류	수나사의 외경	산	산 수
[예] TW	20	산	6

(2) 유니파이 나사

수나사의 외경 (숫자 또는 번호)	—	산수	나사의 종류
[예] $\frac{1}{2}$	—	13	UNC

▽나사의 종류와 호칭

종 류		호칭기호	호칭법
미터 보통나사		M	M5×0.8
미터 가는나사			M5×0.5
유니파이 보통나사		UNC	5/8-24UNC
유니파이 가는나사		UNF	5/8-24UNF
30°사다리꼴나사		TM	TM18
29°사다리꼴나사		TW	TW20
관용 테이퍼 나사	테이퍼나사	PT	PT1/4
	평행암나사	PS	PS1/4
관용	평행나사	PF	PF1/2

나사의 효율[效率](efficiency of screw) 나사의 유효한 일과, 나사를 돌리는 데 필

요한 일과의 비.
나사의 유효한 일 $Wl = W\pi d_2 \tan\beta$
나사를 도리는 데 필요한 일
$F\pi d_2 = W\pi d_2 \tan(\phi+\beta)$

- 각 나사의 효율 $\eta = \dfrac{\tan\beta}{\tan(\phi+\beta)}$
- 나사가 저절로 풀리지 않는 조건 $\phi \geqq \beta$
- 3각나사에서는 각나사보다 마찰이 크기 때문에 효율은 각나사보다 낮다.

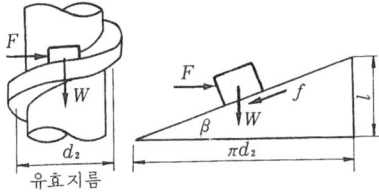

l : 리드, ϕ : 마찰각, β : 리드각

나사 제도[製圖](screw drawing) 나사 및 나사 부품의 도시 방법 또는 그림으로 기입하는 나사의 표기법에 대한 제도 규격.
[나사의 도시] 수나사·암나사의 도시 또는 그 끼워맞춤은 다음과 같다.
▽ 수나사

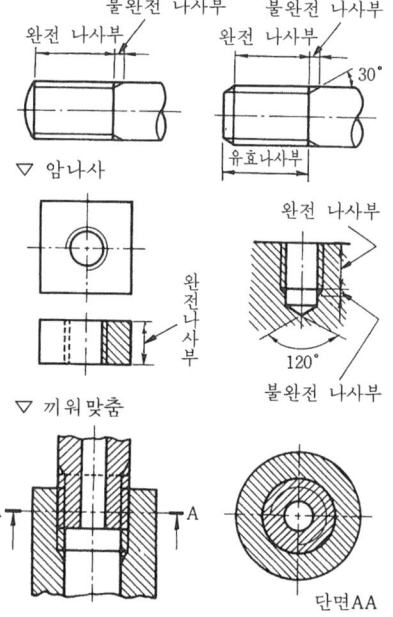

[나사의 표기법] 나사의 치수, 다듬질 정도 등의 도시는 다음과 같이 한다. ☞
나사의 표현 방법(p.67)

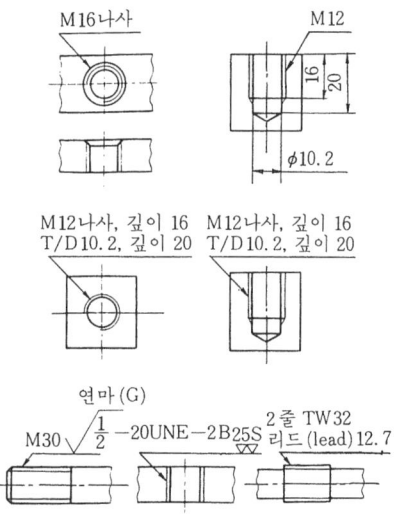

나사 펌프(screw pump) 수나사를 회전시켜 나사홈에 불어넣은 기체를 토출하는 방식의 펌프. 2개 또는 3개의 수나사를 맞물린 것이 유압펌프로써 사용된다.

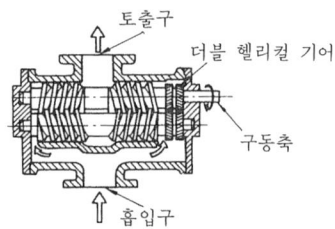

나사 프레스(screw press) 리드가 큰 나사에 의해 슬라이드 시키는 프레스. 스크루 프레스라고도 한다.

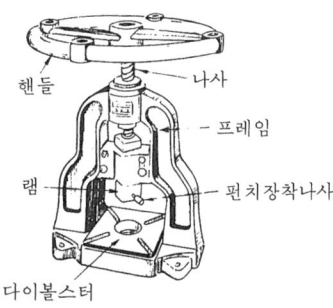

나선(螺旋 : helix) 원통의 표면에 직각 삼각형을 감아붙인 때 삼각형의 빗변이 원통 표면에 그리는 곡선. 나사·헬리컬 기어·웜(worm)등의 기본이 된다. 나사곡선.

나선각(螺旋角 : helix angle) ① 원통에 감은 코일과 원통의 모선이 이루는 각.
[용도] 헬리컬 기어의 이의 비틀림을 나타내는 데 사용한다.
비틀림각을 β라 하면

$$\cos\beta = \frac{zm_n}{d}$$

z = 잇수
m_n : 이 직각 모듈
D : 피치원 직경

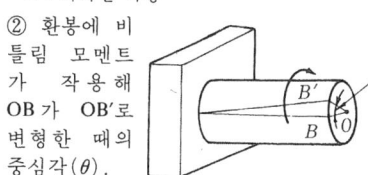

② 환봉에 비틀림 모멘트가 작용해 OB가 OB'로 변형한 때의 중심각(θ).

나선형(螺旋形)**스프링**(spiral spring) =스파이럴 스프링 ☞(p.218)

나이프 스위치(knife switch) ☞ 스위치(p.213)

나이프 에지(knife edge) 단면·형상이 삼각형인 칼날모양의 예리한 받침쇠를 말하며 평면또는 오목면을 검사하는데 사용한다.

나일론(nylon) ☞폴리아미드 수지 (p.428)

나트륨 램프(sodium vaper lamp) 나트륨 증기 중의 방전으로부터 나오는 빛을 이용한 램프.

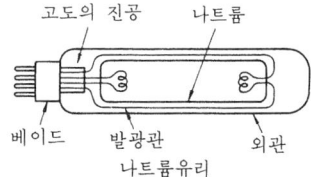

[성질] 효율은 높지만 D선(황색)의 단색광으로, 일반 조명 광원으로는 적당하지 않다. 도로 조명에 이용된다.

낙차(落差 : head) 수력 발전소에 있어서 상수면과 하수면의 수직 거리.

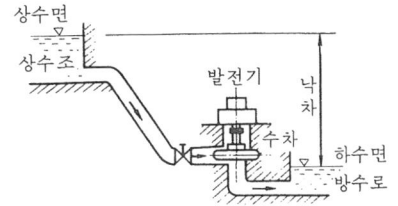

낙체의 운동(motion of falling body) 중력을 받고 있는 물체를 진공 중에서 초속 0으로 떨어뜨린 때의 운동.
낙하속도 $v = gt$
낙하거리 $h = \frac{1}{2}gt^2$
g = 중력가속도 (=9.8 m/s²)

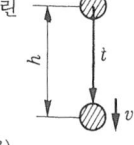

난류(亂流 : turbulent flow) 유체의 분자운동이 불규칙하고 혼란한 흐름. ☞층류 (p.384) ☞레이놀즈수 (p.111)
레이놀즈의 실험에서는 난류 : $R_e > 2320$

NAND 회로[回路] (NAND circuit) 2개 이상의 입력 단자(端子)와 1개의 출력 단자가 있어 적어도 1개의 입력 단자에 입력 "1"이 가해졌을 때 출력단자에 "1"이 나타나고 또한 어느 쪽의 입력 단자도 "0"일 때에는 출력단자에 "1"이, 역으로 어느 쪽의 입력 단자도 "1"일 때에는 출력단자에 "0"이 나타나도록 한 전기 회로.
NAND는 NOT AND의 약자.

A	B	C
0	0	1
0	1	1
1	0	1
1	1	0

날개(blade, vane, wing) 펌프·수차·증기 터빈·가스 터빈 등에 있어서 고속 유

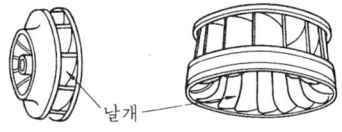

펌프의 임펠러   수차의 임펠러

체로부터 동력을 끌어내는(펌프는 그 반대) 부분.

날끝각(tool angle) 절삭 공구에 있어서 절삭날에 수직인 단면에서 잰 경사면과 여유면이 이루는 각.
　절삭 효율과 깊은 관계가 있고, 공작물의 재질, 절삭공구의 재질, 작업의 종류 등에 의해 적절하게 결정한다.

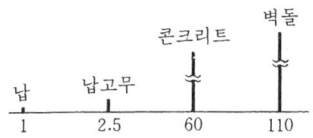

납(lead) X선의 차폐력, 내식성이 뛰어나고 짙은 청백색을 띤 금속. 기호(Pb).
▽ X선 차폐의 비교(동일 조건)

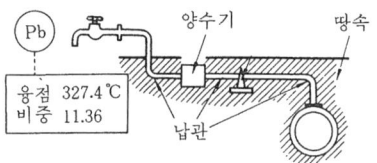

[용도 예] 수도용 연관

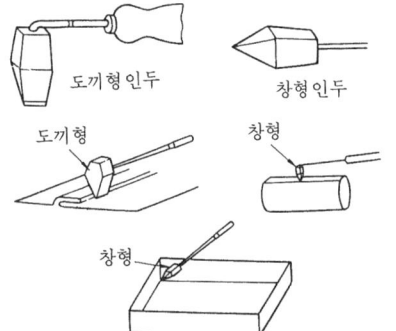

융점 327.4℃
비중 11.36

[성질] 가공이 용이
내식성 양호
안전한 피막
충격에 강함.

납땜(soldering) 납을 사용하여 모재를 용융시키지 않고 결합하는 방법.
☞연납(p.253)　☞땜납(p.105)

납땜 페이스트(soldering paste) 접합하는 부분의 산화막을 방지하고 산화 불순물을 유리시켜 효과적으로 납땜에 사용하는 도포체.

납 축전지(lead storage battery) ☞축전지(p.382)

납형(蠟型: wax pattern) 정밀주물을 특수한 주형으로 만드는 경우로 만든 원형. 왁스 주형법.

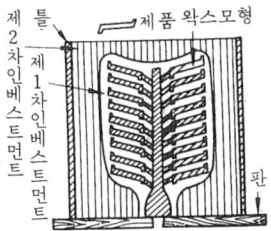

인베스먼트법 중 모형재료에 왁스를 사용한 방법을 로스트왁스(lost wax) 법이라 한다. 이 경우의 형을 왁스형이라 한다.

내경(內徑) **캘리퍼스**(inside calipers) 공작물의 내경이나 이에 유사한 형상의 내측 간격을 두 다리의 끝을 벌려 잰 후 그 벌린 끝을 스케일에 맞추어 측정하는데 사용하는 공구.

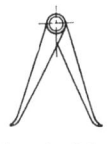

내구 한도(耐久限度: endurance limit) = 피로 한도(p.440)

내력(耐力: proof stress, yield strength) 항복점(降伏點)이 명확하게 나타나지 않은 재료(Cu, Al) 등에 있어서 항복점 대신에 이용하는 응력값.

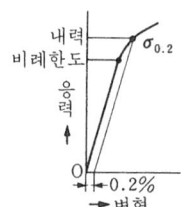

재료시험에 있어서 보통 0.2% 또는 0.1%의 영구변형이 생길때의 응력(應力)을 내력(耐力)이라 하고 $\sigma_{0.2}$ 처럼 나타낸다.

내력(內力: internal force) 물체에 외력이 작용할 때, 물체 내부에 생기는 반작용의 힘. 전응력(全應力)이라고도 한다.

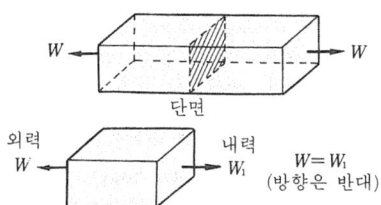

내륜(內輪: inner race) 회전축과 같이 회전하는 볼 베어링의 안쪽바퀴. ☞볼 베어링(p.162)

내면 연삭(內面硏削: internal grinding) 공작물의 원통 내면을 숫돌차로 연삭하는 다듬질 가공.
[종류]

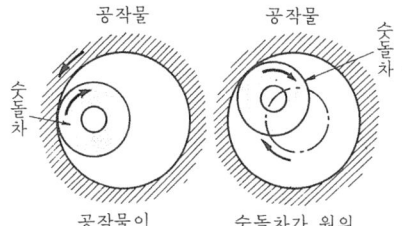

내면 연삭기(內面硏削機: internal grinder) 공작물의 원통내면을 연삭하는 공작기계. 크기는 진동·연삭할 수 있는 구멍지름의 범위 및 테이블 또는 숫돌대의 최대 왕복거리로 나타낸다.

내부 마찰(內部摩擦: internal friction) 운동하는 물체의 분자 상호간에 생기는 마찰. 유체의 경우는 점성(粘性)으로써 나타내고, 고체의 경우는 결정입자(結晶粒子)간에 생기는 마찰로서 나타낸다.

내부(內部) **에너지**(internal energy) 물질을 구성하는 분자의 운동 상태와 분자의 집합상태에 따라 나타나는 것으로, 온도·압력 등의 물질의 상태에 따라 결정되는 에너지.

▽ 분자의 운동상태의 변화(기체의 경우)

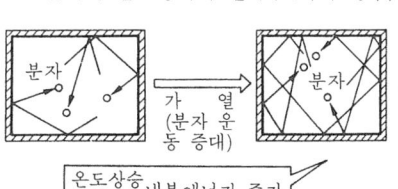

▽ 분자의 집합상태의 변화

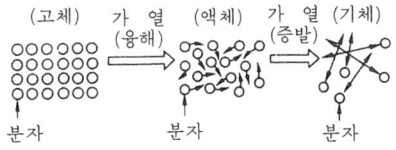

내부일(internal work) 증기터빈에 있어서 주변일로부터 내부 손실을 뺀 것. ☞주변일(p.355)

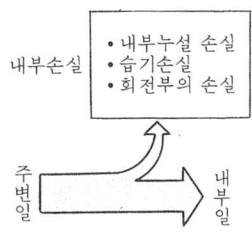

내식강(內蝕鋼: anticorrosion steel) 부식에 대한 저항이 큰 합금강. ☞스테인리스강(p.215)

내압(內壓: internal pressure) 밀폐된 용기속의 기체 또는 액체의 압력. 외압(外壓)에 대한 상대적인 말이다.

내연 기관(內燃機關: internal combustion engine) 연소실 가솔린이나 속에서 중유 같은 연료를 연소시켜 열을 발생하게 하여 그 고온 가스의 에너지를 기계일로 바꾸는 열 기관.

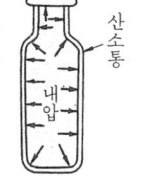

[종류]
내연기관 ┬ 가스 기관(☞p.10)
├ 가솔린 기관(☞p.10)
├ 디젤 기관(☞p.104)
├ 열구 기관(☞p.259)
├ 석유 기관(☞p.191)
└ 가스 터빈(☞p.11)

내열강(耐熱鋼: heat resisting steel) 고온에서 좀처럼 산화되지 않고 경도와 강도가 뛰어난 합금강.
[종류] Cr강, Ni-Cr강, Si강 등

내용년수(耐用年數: years of endurance) 설비 등이 유효하게 경제적으로 사용할 수 있다고 추정되는 연수(年數). 감가상각의 기초가 된다.

내치(內齒)기어 :
(internal gear)
원통의 안쪽에 이를 절삭한 기어. 이것과 물린 작은 기어와 한조로 해서 내치기어라 하기도 한다. 이때 2축의 회전은 같은 방향이다. [특징] 외측 물림에 비해서 작은 장소에서 비교적 큰 속도비가 얻어진다.

내측 브레이크(internal brake) 브레이크 블록을 브레이크 드럼의 내측에 접촉시키는 형식의 블록 브레이크. 브레이크 힘의 비율로 소형이 되기 때문에 자동차 바퀴용 브레이크에 널리 사용된다.

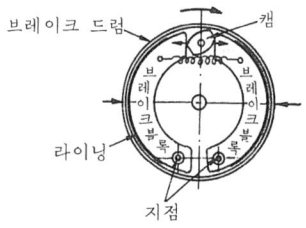

내측 스크라이버(inner scriber) 금긋기 바늘의 한쪽이 작고 90°구부러져 있는 것.

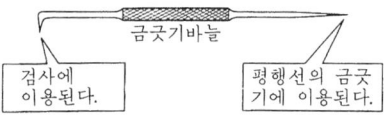

내향반경류(內向反徑流) 터빈(radial inward flow turbine) 노즐로부터의 연소가스 흐름이 반경 방향 내측으로 되어 있는 가스 터빈. 30~300PS 정도의 소형 터빈에 사용되고 있다.

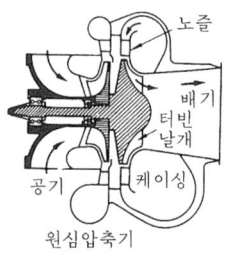

내화도(耐火度 : refractoriness) 고온에서 벽돌이나 점토가 산화나 연화, 변질하기 어려운 성질을 표시하는 정도. 보통 제게르 콘 번호(SK)로 표시한다.

제게르 콘(Seger cone)(p.350)
예를 들면, SK 26번은 1580°C의 내화도를 갖는다. 내화도는 온도 뿐만 아니라 가열시간, 열원의 용량 등에도 관계한다. SK 26번 이상의 것을 내화물이라 한다.

내화물(耐火物 : refractory body) 내화벽돌, 내화 모르타르 등 고열작업에 사용되는 노(爐)의 라이닝(lining)이나 조인팅(jointing)의 재료.

냉가압실식(冷加壓室式) 다이캐스팅 머신 (cold chamber type diecasting machine) 주조기와 다른 노에서 용해한 쇳물을 사용하는 다이캐스팅 머신.
[특징] 저온도에서 유동성이 나쁜 풀같은 합금을, 높은 압력으로 금형에 압입하는 것으로 동합금 같은 융점이 높은 합금에 적당하다. 금형의 장착이나 주입에 액압(물 또는 기름)을 사용한다.

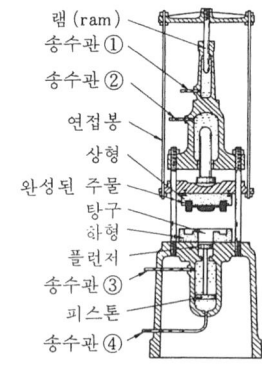

냉각 곡선(冷却曲線 : cooling curve) 금속
▽ 냉각곡선(순금속 경우의 예)

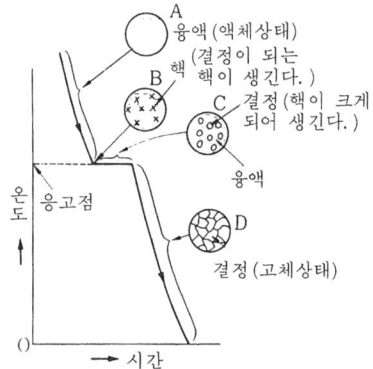

을 용융 상태로부터 서서히 냉각하여, 온도와 시간과의 관계를 그래프로 나타낸 것. 금속의 열분석에 이용한다.

냉각쇠(chilles) 냉금. 주조 작업에 있어서 두께가 같지 않은 주물의 경우에 쇳물의 응고 속도를 조정하여 두께가 얇은 부분과 동시에 응고시키도록 하기 위해서 두꺼운 부분에 붙이는 금속조각.

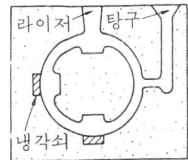 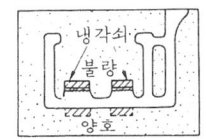

냉각식 노점계(冷却式露點計 : cooling dew point hygrometer) 금속 거울을 시료 기체 중에 두고 거울의 온도를 내려, 거울 표면에 맺힌 이슬 또는 서리로 온도를 재어 노점을 아는 계기.
[종류] ① 육안 판정식 노점계(거울면에 이슬 또는 서리가 맺힐 때를 육안으로 판정한다).
② 광전관 노점계(특히, 저온도의 측정에 적당하다. ☞p.40)
▽ 육안 판정식 노점계의 예

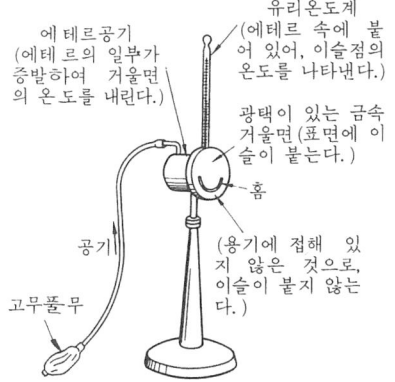

냉각재(冷却材 : coolant) 원자로 내에서 발생한 열을 노 밖으로 운반하여 노심부(爐心部)를 냉각하는 동작 유체(動作流體). ☞원자로 (p.282)
[종류] 경수·중수·흑연·베릴륨

냉각 핀(cooling fin) 공랭식 내연기관에 있어서, 냉각 면적을 넓히기 위해 실린더나 실린더 헤드의 외주에 설치한 핀.

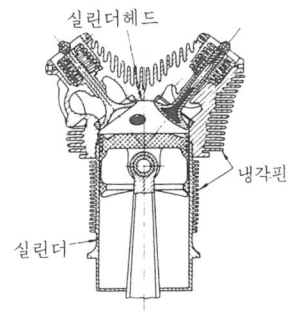

냉간 가공(冷間加工 : cold working) 금속 재료를 재결정 온도 이하로 가공하는 것. 이것에 의해 재료는 경화한다. ☞냉간 압연 (p.73), ☞냉간 단조

냉간 단조(冷間鍛造 : cold forging) 금형을 사용하여 소재의 성질을 개선하면서 상온에서 형 만들기를 하는 단조.
[특징] 거의 절삭할 필요가 없이 제품화할 수 있는 가공법으로 경제적이다.
[가공법] 압출가공 (☞p.240), 업세팅 가공 (☞p.246)

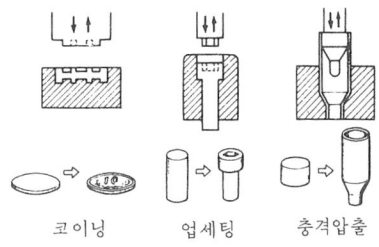

코이닝   업세팅   충격압출

냉간 압연(冷間壓延 : cold rolling) 재결정 온도 이하로 회전하는 2개의 롤 사이에 재료를 통과시켜 성형(成形)하는 가공법. 열간 압연된 박판의 표면 요철이나 주름 등을 교정하기도 하고(압하율이 작은) 다듬질 압연을 하기도(압하율이 큰) 한다.

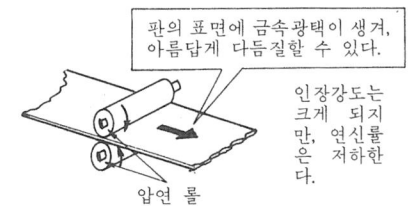

냉난방 장치(冷暖房裝置 : heating and cooling devices) 하나의 장치로 여름은 냉방, 겨울은 온방을 할 수 있는 기기.

▽ 냉방의 경우

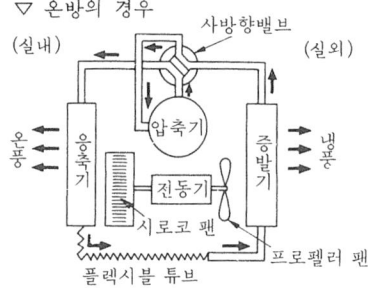

▽ 온방의 경우

외기를 냉각하여 그것에 필요한 열량을 실내에 방열해 온방에 사용할 수 있는 냉동기이다.

냉동(冷凍 : refrigeration) 냉동기로 저장물을 동결시켜 저장하는 방법.

냉동기(冷凍機 : refrigerating machine) 증발하기 쉬운 유체(냉매)로 액체에서 기체, 기체에서 액체의 상태 변화를 연속적으로 행하게 하여 그것이 기화할 때에, 주위로부터 흡열하는 것을 이용하여 용기 내를 냉각하는 기계 장치.

▽ 왕복압축식 냉동장치의 구성

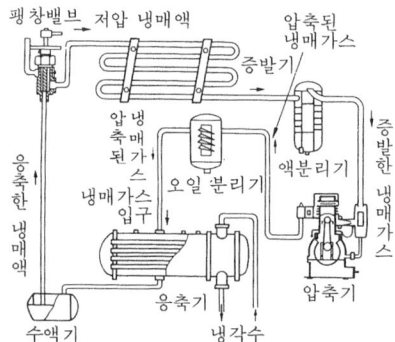

냉동 사이클(refrigerating cycle) 냉동장치에 봉입된 냉매에 팽창(흡열), 압축(방

열)의 상태 변화를 연속적으로 반복시켜 냉동 작용을 행하는 사이클.

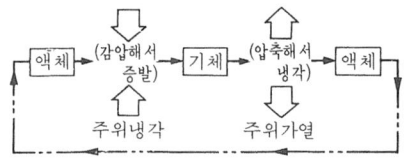

냉동톤(refrigerating ton) 0℃의 물 1톤을 24시간에 0℃의 얼음으로 할 수 있는 냉동 능력.

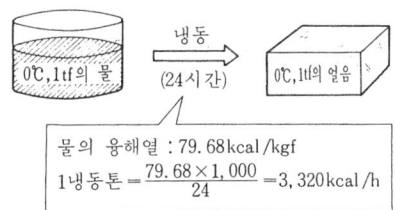

물의 융해열 : 79.68 kcal/kgf

$$1냉동톤 = \frac{79.68 \times 1,000}{24} = 3,320 \text{kcal/h}$$

냉매(冷媒 : refrigerant) 냉매 사이클을 행하는 동작 유체.

▽냉매의 특성 비교(예)

분류	암모니아	R12
화학식	NTI₃	CCl₂F₂
분사량	17.03	120.92
760mmHg에서 포함온도(℃)	-33.5	-29.8
응고점	-77.9	-155
임계온도	132.4	112.0
임계압	115.2	41.96
포화압력 (kg/cm²) -30℃	1.2190	1.0245
포화압력 (kg/cm²) -15℃	2.410	1.863
포화압력 (kg/cm²) 30℃	11.995	7.592
냉동효과(kcal/m³) -15℃증발, 25℃응축	529	319

(주) R은 냉매, 특히 불소(F)가 들어 있는 냉매에 붙어 나타나는 가호이고, F가 들어 있는 냉매를 프론(Fron)이라고 하고, R12를 프론 12라 부른다.

냉장(冷藏 : cold storage) 물체를 동결하지 않을 정도의 온도로 저장하는 방법. 그 장치를 냉장고라고 한다.

냉접점(冷接點 : cold junction) 열전대에 있어서 2종의 다른 금속선으로 만들어진 폐회로의 양 접점 중의 기준 접점. 0℃ 또는 20℃ 기준 온도로 유지하는 경우가 많다.

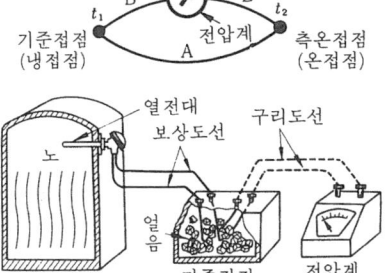
기준접점 전압계 측온접점
(냉접점) (온접점)

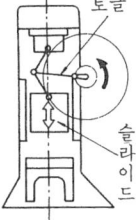
열전온도계에 의한 측정
(밀리볼트계를 사용하는 경우)

너클 프레스(knuckle press) 토글(toggle) 기구에 있어서, 슬라이드로 일정 행정을 주도록 한 프레스 기계. 토글(toggle) 프레스라고도 한다. ☞토글 장치 (p.410)
[특징] 슬라이드(slide) 행정의 최하점 가까이에서는 같은 상태의 크랭크 프레스에 비해 가압력을 크게 할 수 있다.

너트(nut) 주로 구멍에 암나사를 가지고 볼트와 함께 체결용으로 사용하는 부품의 총칭. 외형은 육각형이 보통이지만, 사각형·원형 외에 사용 목적에 따른 것이 있다.

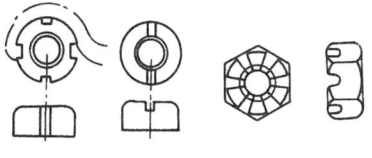
(a) 둥근 너트   (b) 홈붙이 너트

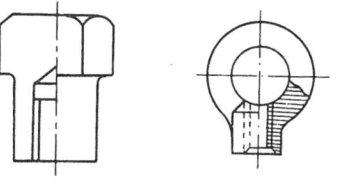
(c) 슬리브 너트   (d) 아이 너트

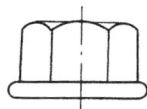
(e) 플랜지 너트

(f) 나비 너트

널링(knurling) 공구·계기류의 손잡이 부분이 미끄럽지 않도록 우툴두툴한 자국을 내는 가공 방법.

널링 툴(knurling tool) 선반 작업에 있어 공작물에 널링 메시를 낼 때 사용하는 공구.
[종류] 여러가지 메시가 있고 1개 홀더 (holder) 또는 2개 홀더가 있다.

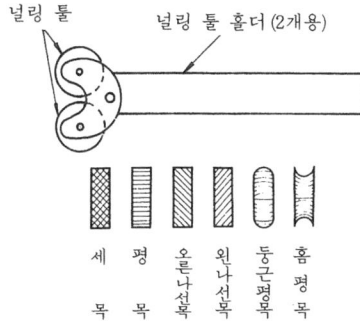
널링 툴   널링 툴 홀더(2개용)

세목   평목   오른나선목   왼나선목   둥근평목   홈평목

네온 관 램프(neon tube lamp) 유리관 속에 네온 등의 가스를 넣은(수mmHg) 방전관. 빛의 색은 봉입 가스의 종류에 의한다.
▽ 네온관등

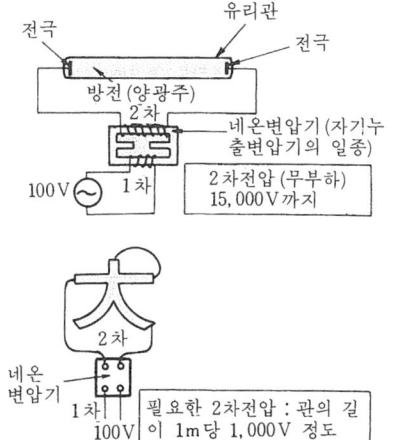

필요한 2차전압 : 관의 길이 1m당 1,000V 정도

봉입 가스의 종류	네온	헬륨	아르곤	수은	질소
빛의 색	황적	적황	청자	청록	황

[**네온 램프**] 유리관속에 전극을 가깝게 접근해 넣고 전극간의 방전을 이용한 것. 소비 전력감소

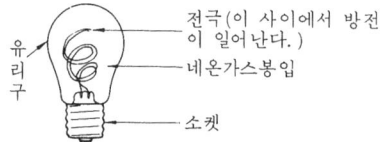

노냉(爐冷 : furnace cooling) 금속 재료의 열처리법의 하나로써 가열을 중지한 노 속에서, 노의 냉각과 함께 재료를 서서히 냉각하는 조작을 말한다. 어닐링이나 노멀라이징을 할 때 행해진다.

노동 3법(勞動三法 : labour laws) 근로기준법, 노동조합법, 노동쟁의 조정법의 3개의 법률. 건전한 노사 관계를 유지하기 위하여 국가에서 정한 기본적인 법률.

명 칭	내 용
근 로 기준법	노동시간·주휴·연차유급휴가·취업최저 연령의 제한 등 근로조건의 최저기준을 정함으로써 근로자의 기본적 생활을 보장.
노 동 조합법	노조의 설립요건, 부당노동행위, 노동협약, 노동위원회, 조합비의 운영, 임원의 임기와 결격사유, 노사문제에 대한 제3자의 개입금지 등, 노조활동에 있어서 외부개입을 금지하고 근로자의 복지향상을 목적으로 하는 법률.
노동쟁의 조정법	헌법에 의거하여 근로자의 단체쟁의 자유권을 보장하고, 노동쟁의를 공정히 조정하여 산업평화가 유지되도록 함을 목적으로 하는 법률.

노멀라이징(normalizing) 단조품이나 구조
▽ 탄소강인 경우의 예

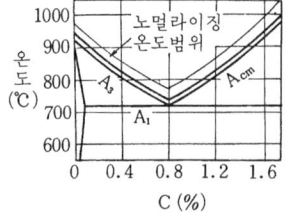

일정한 오스테나이트 조직으로 하고 나서, 공기중에서 방랭한다.

품의 내부 응력 제거. 조대화(粗大化)한 결정입자의 미세화(표준화) 등의 목적으로 행하는 열처리. 불림이라고도 한다.

노점(露店 : dew point) 일정 압력의 상태에서 기체를 냉각할 때, 포함되어 있는 수증기가 포화 상태로 되고, 이슬을 맺기 시작할 때의 온도.

노즐(nozzle) ① 단면적이 변화하는 원통 구멍으로 유체의 압력에너지를 속도에너지로 변화하는 것이다.

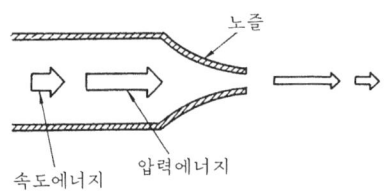

[예]

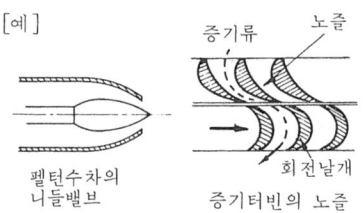

펠턴수차의 니들밸브 증기터빈의 노즐

② 차압계량기의 일종이다.

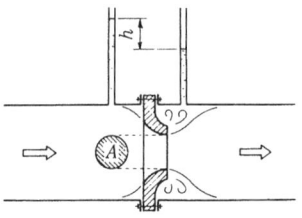

유량 $Q = CA\sqrt{2gh}$ (m³/s)
C : 유량 계수
A : 출구면적
g : 중력 가속도

노치(notch) ① 유량 측정에 사용되는 가

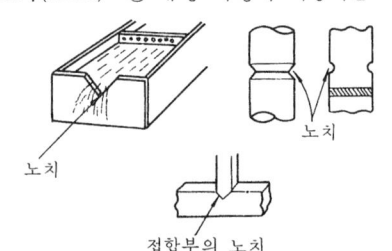

림판의 일부를 잘라낸 유수로 단면의 부분.
② 재료에 국부적으로 만든 요철부. 노치라고도 한다.
③ 부재의 접합을 위해 잘라낸 부분.
④ 삼각흔적 또는 작은 홈집을 말하며, 결집이나 결함이 있는 부분을 가리킨다.
▽ 충격시험편의 노치

노크(knock) 가솔린 기관에 있어서 운전 중에 실린더벽을 해머로 두드리는 듯한 소음을 발생하여 운전이 난조가 되는 현상. ☞안티노크(antiknock)성(p.326) ☞옥탄(octane)가(p.270)
[노크의 방지] ① 화염전파속도를 높인다. ② 연소말기 미연소가스의 온도를 내린다.

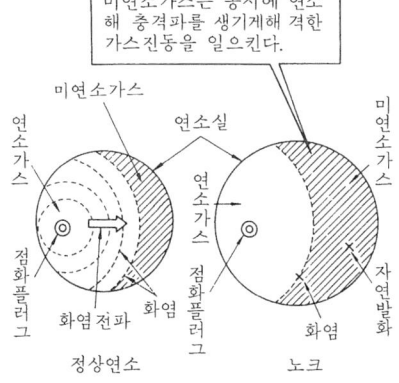

미연소가스는 동시에 연소해 충격파를 생기게해 격한 가스진동을 일으킨다.

미연소가스
연소실
연소가스
점화플러그
화염전파 화염
정상연소

미연소가스
연소가스
점화플러그
자연발화
화염
노크

노크 핀(knock pin) 2개의 부품을 조립할 때 그 관계 위치를 정확하게 유지하기 위해 양 부품을 짜맞추어 박아넣는 테이퍼 핀을 말한다.

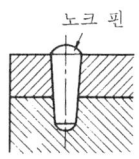

노크 핀

노통(爐筒 : flue) 외부가 보일러 물에 접하고, 내부가 연소실로 되어 있는 보일러 동체 안에 설치된 원통.
노통 보일러(flue tube boiler) 노통만으로 구성되어 있는 원통 보일러. ☞코니시 보일러(p.393) ☞랭커서 보일러(p.110)
[특징] 전열 면적 주위에 보일러 본체는 크고 효율은 좋지 않지만 취급이 간단하다.
노통연관(爐筒煙管) 보일러(flue tube smoke tube boiler) 노통과 연관을 함께 구비한 원통 보일러. 연관을 노통 주위에 설치한 것이 가장 많이 사용되고 있다.

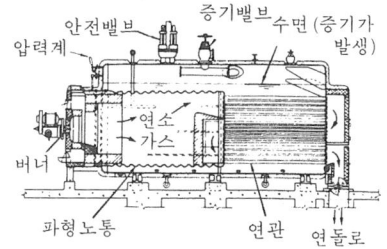

증기밸브 수면(증기가 발생)
안전밸브
압력계
연소가스
버너
파형노통 연관 연돌로

노하우(know-how) 기업의 독자적인 지식·기술 요령·능력 등을 가리킨다.
녹(rust) 금속 표면에 생성하는 수산화물(水酸化物) 또는 산화물.
녹방지 도료(corrosion preventive paint) 내수성·내식성이 좋은 방식 도료.
바탕용 { 연단 도료
         연분 도료
외장용 { 산화철·알루미늄분·크롬산
         납·흑연 등의 안료를 포함한 것.
논리 회로(論理回路 : logical circuit) 논리 연산을 전기적(電氣的)으로 행하는 회로.

OR회로
(논리합회로) 입력측 $\begin{smallmatrix}a\\b\end{smallmatrix}$ ⊃— c 출력측
입력측의 어느쪽인가(a나 b) 또는 양방에서 1이 들어오면 출력측 c에서 1이 나온다.

AND회로
(논리곱회로) 입력측 $\begin{smallmatrix}a\\b\end{smallmatrix}$ ⊃— c 출력측
입력측 두개의 단자(a와 b)에에 1이 들어오지 않으면 출력측에 1이 나오지 않는다.

NOT회로
(부정회로) 입력측 a ⊃o— c 출력측
입력측에 1이 들어오면 출력측에 0가, 입력측에 0가 들어오면 출력측에 1이 나온다.

[논리 연산] 2진법(0과 1의 2종의 기호만으로, 모든 계산을 행하는 방법)에 의한 연산.

[NOR 회로] OR 회로와 NOT 회로를 조합한 회로
[NAND 회로] AND 회로의 출력을 뒤집어서 내는 회로.
논리곱 회로=AND 회로 (p.250)
논리합 회로=OR 회로 (p.266)
논리 부정 회로=NOT회로 (p.250)

농축(濃縮) 우라늄(enriched uranium) 우라늄 235(^{235}U)의 동위체 존재비가 천연의 것보다 높은 우라늄. 천연 우라늄은 235의 우라늄 농도 0.7%로, 이것으로는 원자로의 연쇄 반응을 유지할 수 없기 때문에, 우라늄 속의 235의 농도를 인위적으로 높인 것을 사용한다. 이것을 농축 우라늄이라고 한다. ^{235}U의 양은 1%에서 90% 이상의 고농축의 것까지 여러 가지가 있다. ☞연쇄 반응(p.257), ☞핵 연료 (p.448)

눈대중(eye measure) 자나 저울을 사용하지 않고, 눈으로 보는 것만으로 대략의 치수나 중량을 재는 일.

뉴코멘 기관(Newcomen's engine) 1712년 영국의 뉴코멘이 만든 최초의 실용적인 증기 기관. 광산의 양수용(揚水用)으로써 사용되었다.

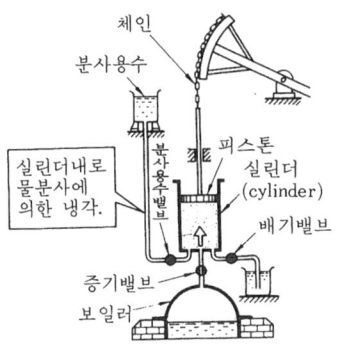

능률급 지급(payment by result) 종업원에 대한 임금 지불 방법의 일종 종업원이 생산한 제품의 수량에 대해 임금을 결정한다.
[특징] 생산 능률이 오르고 작업 방법의 연구를 하지만 일이 번잡하게 되기도 하고, 수입이 고르지 못한 결점이 있다.

니들 밸브(needle valve) 펠턴 수차(水車)의 노즐에 있어서 니들의 추진에 의해 유량을 조절하는 밸브.

▽ 펠턴 수차의 니들 밸브에 의한 유량의 조절

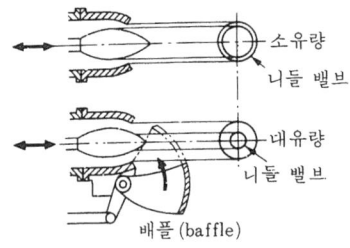

니스(vanish) 피막을 만들기 위하여 고체를 용제로 녹인 도료. 도장 후의 건조막은 투명 또는 반투명. 와니스.
[종류] 유성 니스, 래커 등.

니켈(nickel) 은백색을 띠고 있으며, 철(Fe), 코발트(Co)와 함께 강자성체의 금속. 강인하고 내식성이 풍부하다. 각종 합금의 성분으로 많이 이용된다.

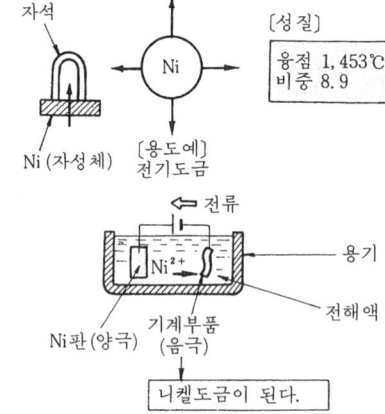

니켈 크롬강(nickel-chrome steel) 니켈

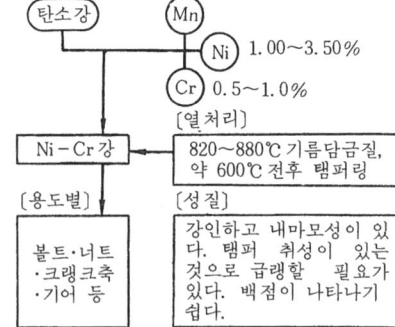

(Ni)을 첨가에 점성을 강하게 하고, 크롬(Cr)을 첨가해 담금질성을 향상시킨 합금강.

니켈 크롬계 합금(nickel-chrome alloy) 니켈(Ni)에 크롬(Cr)을 첨가한 합금의 총칭.
[대표 예] 니켈(Ni) 60~90%, 크롬(Cr) 30~10%, 철(Fe) 0~25%의 합금을 니크롬이라고 한다.

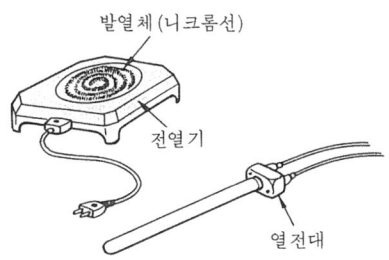

발열체(니크롬선)
전열기
열전대

열전대에 사용하고 있는 크로멜, 아르멜의 성분은 다음과 같다.

크로멜	아르멜
Ni89%, Cr9.8%, Fe1%, Mn0.2%	Ni94%, Al2%, Si1%, Fe0.5%, Mn2.5%

니켈 합금(nickel alloy) 니켈(Ni)에 구리(Cu), 크롬(Cr), 몰리브덴(Mo), 철(Fe) 등을 첨가해 성질을 개선한 합금.

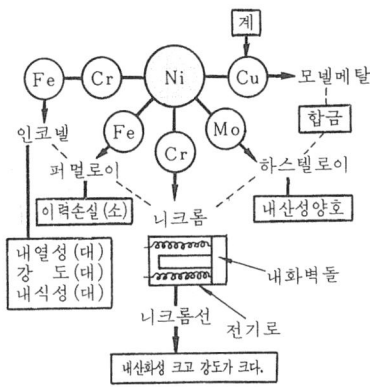

니크롬(nichrome) ☞니켈 크롬계 합금(p. 79)

니퍼(nipper) 동선(銅線) 등의 절단 공구.
[종류] 보통 니퍼와 강력 니퍼가 있으며, 후자는 철사류도 절단할 수 있다.

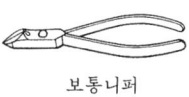

보통니퍼

니플(nipple) 관 이음의 일종이며 양단에 수나사를 갖는 관 형태의 이음. 직관의 접속에 이용한다.

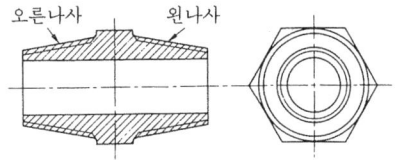

오른나사   왼나사

니하드(nihard) Ni-Cr칠주물(chilled castings)의 특허명. 강인하고 강도가 높고 가공이 가능하다. 내마모, 내열, 내식성도 크다. 용도는 피스톤, 실린더, 실린더 라이너, 클러치 등에 사용된다.

닉드 티스(nicked teeth) 평면절삭용 밀링커터의 일종.

닙(nip) 겹판 스프링에 있어서 하중이 없을 때 인접하는 스프링판 사이의 틈새를 말한다.

ㄷ

다듬질기호(finish marks) 부품도에 표면 거칠기를 표시하는 기호. 다듬질면에 사용하는 삼각 기호(▽)와, 가공하지 않은 면에 사용하는 파형 기호(~)도 있다.

다듬질기호	표면조도의 구분치		
	R_{max}	R_z	R_a
▽▽▽▽	0.8-S	0.8Z	0.2a
▽▽▽	6.3-S	6.3Z	1.6a
▽▽	25-S	25Z	6.3a
▽	100-S	100Z	25a
~	특별히 규정은 없다.		

표면 거칠기 및 가공 방법을 지정할 때는 그 약호를 다듬질 기호에 부기한다.
▽ 도시 예

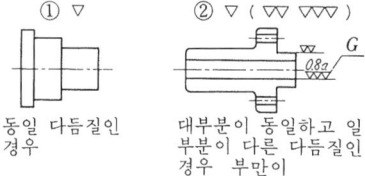

① ▽ 동일 다듬질인 경우
② ▽ (▽▽ ▽▽▽) 대부분이 동일하고 일부분이 다른 다듬질인 경우 부만이

다듬질 바이트(finishing tool) 황삭 가공한 공작면을 다듬질 가공할 때에 이용하는 바이트. 선단이 에지(edge)형으로 되어 있어 절삭면을 가볍게 깎아 마무리한다.

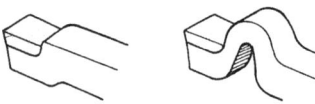

다듬질 여유(finishing allowance) 주조품·단조품이나 압연재료의 면을 기계 가공으로 다듬질하기 위해서, 가공면에 다듬질 치수보다 어느 정도 크게 한 여유 치수. 절삭 여유.

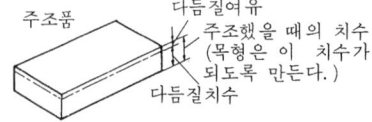

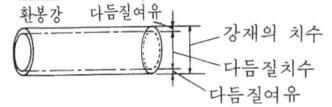

다듬질치수에 다듬질여유를 2배 계산에 넣고, 강재의 치수를 결정한다.

다듬질 탭(bottoming tap) 손으로 돌리는 탭 중에서 다듬질에 사용되는 3번탭.

다리 길이(脚長 : leg length) 용접 이음의 루트로부터 필릿 용접의 직각변까지의 거리.

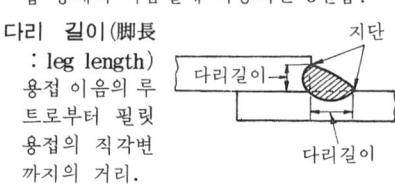

다(多) 사이클 자동화 공작 기계(multiple cycle automatic machine tool) 하나의 공작물의 가공이 완료되면 다음 소재를 자동적으로 공급하여 연속해 가공할 수 있도록 한 공작 기계. 주로 필요에 맞게 자체 연구·제작하여 사용한다.
소재는 신호에 의해 1개씩 장착장치에서 기계로 공급된다.
▽ 블록선도

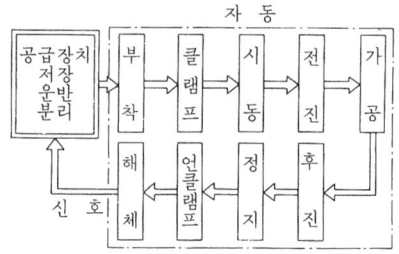

다(多) 스테이션 다 사이클 머신(multiple stationary multiple cycle machine) 다스테이션 머신에 의해 공작물의 부착, 제거에서부터 반송가공을 자동적으로 반복하여 정지하는 일없이 부품을 제작하는 전용 공작 기계.
☞ 트랜스퍼 머신(p.413)
☞ 다이얼 머신(p.82)

다(多) 스테이션 머신(multiple stationary

machine) 1대의 기계에서 공작물의 처음 공정 가공이 끝나면, 자동적으로 다음 공정으로 보내고, 2공정 이상의 가공을 연속적으로 행해 소정의 전 가공을 완료하는 전용 공작 기계.
[종류] ① 1개의 부품 가공이 완료될 때마다 정지하는 것.
② 반송·가공을 자동적으로 반복해 정지하는 일이 없는 것. 이것을 특히 다 스테이션 다 사이클 머신이라 한다.

다이내믹 댐퍼(dynamic damper) 용수철을 이용하여, 진동의 감쇠, 진폭의 감소 등을 위해 사용하는 장치. 강제 진동을 받는 진동체 A에 진동체 B(다이내믹 댐퍼)를 실으면 B는 외력(外力)에 의한 강제 진동을 흡수해 진동하고 A는 진동하지 않게 된다. ☞강제 진동(p.16)

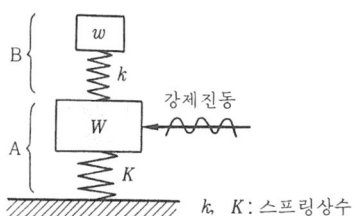

k, K : 스프링상수

다이 세트(die set) 판금으로부터 같은 형상·치수의 제품을 펀칭할 때에 사용하는 트리밍 다이로써 펀치와 다이가 정확하게 설치되도록 한 다이.

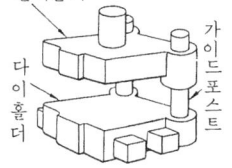

다이스(die) 환봉에 수나사를 절삭하는 공구.
[종류] 단체 다이스(solid die) (☞p. 89), 분할다이스, 심은날 다이스 (inserted chaser die) (p.229)

다이 스톡(die stock) 다이스 중앙부에 끼우고 수나사를 절삭하는 데 사용하는 핸들을 말한다.

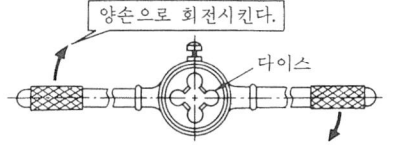

다이아몬드(diamond) 탄소의 동소체의 하나로 대단히 단단한 광석.
[용도] 공업용으로서 고속 질삭용의 바이트, 단단한 시험기용 압자, 숫돌의 드레서 등.

다이어프램(diaphragm) 엷은 막(薄膜)을 말한다.
탄성체로 엷은 막을 만들어, 그 변위를 계측이나 기기의 조작 등에 이용한다.

다이어프램 밸브(diaphragm valve) 공기압의 신호를 받아, 밸브의 열림을 조작하는 밸브.

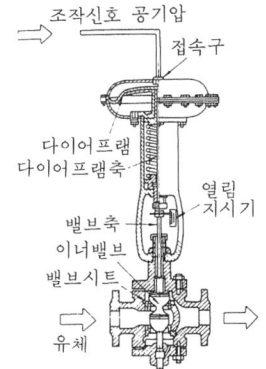

조작 신호 공기압과 다이어프램의 유효면적과의 곱에 상당하는 힘과 용수철의 반력이 평행한 위치를 유지하는 것으로 다이어프램에 가하는 공기압과 밸브축의 변위는 비례한다. 공기압은 0.2~1.0 kg/cm²

다이어프램 압력계[壓力計](diaphragm manometer) 다이어프램의 상하면에 작용하는 압력의 차이에 의한 변위를 확대 지시하는 압력계.
▽압력계에 사용되는 다이어프램 예

형상	평형 원판·파형 원판	
재 질	금 속	비금속
측정범위	10mmH₂O~ 2kg/cm²	1~2000H₂O

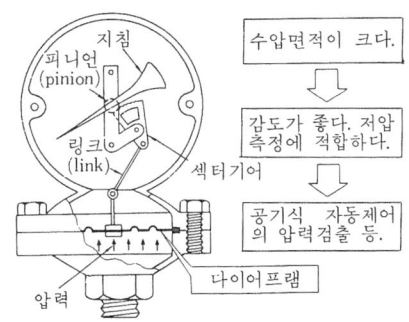

수압면적이 크다.
⇩
감도가 좋다. 저압 측정에 적합하다.
⇩
공기식 자동제어의 압력검출 등.

다이어프램 펌프(diaphragm pump) 다이어프램을 사용한 펌프.
[용도] 내연 기관의 연료 펌프 등.
▽ 가솔린기관의 예

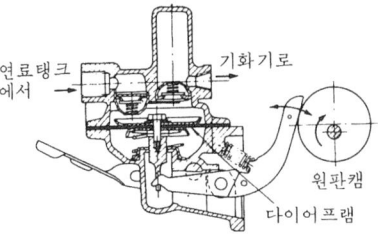

다이얼 게이지(dial gauge) 측정자의 움직임을 기어, 지레를 이용하여 지침의 회전으로 확대 지시하는 측정기.
▽ 보통형

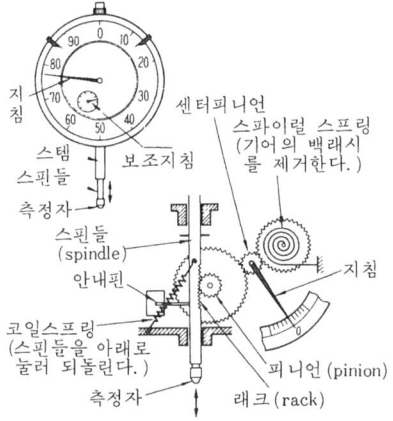

▽ 레버식

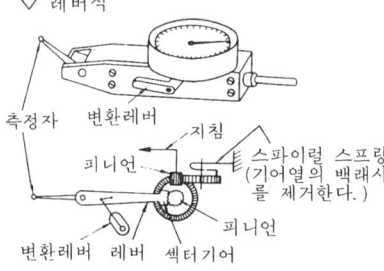

[예] 측정범위 5 mm, 10 mm
    최소눈금 0.01 mm, 0.001 mm

다이얼 머신(dial machine) 원주상에 배치된 가공 유닛(unit)이 중앙의 분할원 테이블 위에 설치된 공작물을 연속적으로 가공하는 공작 기계.

☞다 스테이션 머신(p.80)

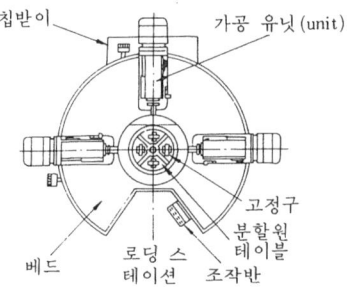

다이오드(diode) 하나의 반도체 단결정 속에 하나의 접합면을 경계로 P형과 N형의 영역을 갖는 반도체 소자.
[성질] 그림(a)처럼 전극 a, b 사이에 전압을 가하면 정공(正孔)과 전자의 이동으로 전류가 흐르고 (순방향이라 한다) 그림(b)와 같은 전압을 가하면 지속 전류는 흐를 수 없다(역방향이라 한다).
[용도] 교류의 정류와 검파에 사용.

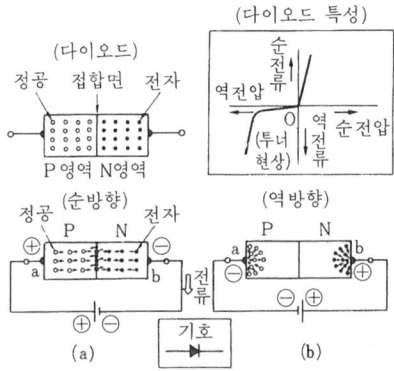

다이캐스트(die casting) ☞다이캐스트주조법(p.83)

다이캐스트 금형(die casting mold) 다이캐스트 주조에 사용되는 금형.

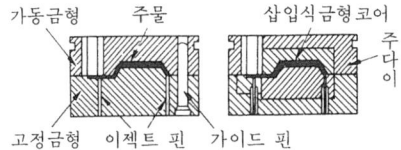

(a) 입체식 금형
 • 제작이 용이하다
 • 수리가 어렵다
 • 가격이 싸다

(b) 삽입코어금형
 • 정도가 높다
 • 수리가 용이하다
 • 가격이 비싸다

다이캐스트용 아연 합금(zinc alloy for die casting) 다이캐스트 주물에 이용하는 Zn-Al-Cu계 합금.

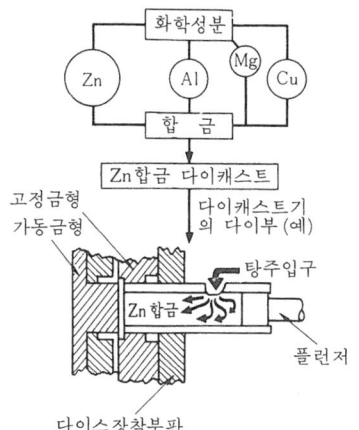

[장점] ① 품질·가격이 안정되어 있다.
② 기계적·물리적 성질이 좋다.
③ 금형의 수명이 길고, 주조 속도가 빠르다.
④ 내식성·가공성이 좋다.

다이캐스트 주조법(die casting) 정밀하게 만들어진 금형을 사용하여 용해 금속에 압력을 가해서 주조하는 방법. 비교적 융점이 낮은 금속(알루미늄 합금, 아연 합금) 등의 정밀 주조에 이용된다.

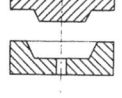 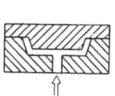

다이캐스트　주물주입　주물제품
　　　　　(단시간에 주입)

[특징]① 대량 생산에 적당하다.
②치수 정도가 높다.
③ 얇은 두께의 것을 만들 수 있다.
④ 가공비를 절약할 수 있다.
[용도] 카메라, 가전 제품, 자동차 부품

다이캐스팅 머신(die casting machine) 다이캐스트 주조에 사용하는 기계.
[종류] 가압실의 형식에 따라 다음의 2개가 있다.
　열가압실식 다이캐스팅 머신
　(☞ p.258)
　내가압실식 다이캐스팅 머신
　(☞ p.72)

다이 헤드(die head) 나사내기 작업에 이용되는 자동식 개폐(開閉) 다이.
[특징] 나사를 내는 것이 끝남과 동시에, 자동적으로 체이서(chaser)가 열려 일반 다이를 사용하는 나사내기 작업처럼 역회전을 하여 다이를 떼어 낼 필요가 없다.

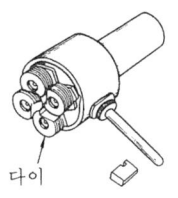

[용도] 주로 터릿 선반(turret lathe)용

다이(die)**형** 프레스 작업과 다이캐스트 머신에 사용하는 상하 1조의 금형.

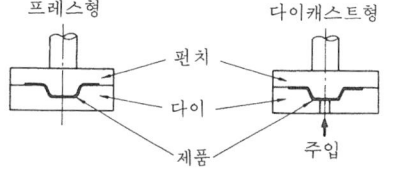

다익(多翼) **팬**(multiblade fan) 소형으로 큰 풍량(風量)을 얻을 수 있는 송풍기.
[용도] 건물·선박 등의 환기나 소형 보일러의 통풍용.
풍 압: 150㎜ Aq 정도.
효 율: 45~60%

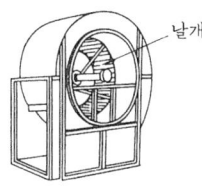

다줄 나사(multiple thread screw) 2개 이상의 나사산을 갖는 나사. 나선의 줄 수에 따라 2줄 나사, 3줄 나사로 분류된다. 줄수가 많을수록 리드각은 크게 된다.
$l = np$
$\tan\beta = \dfrac{np}{\pi d}$
l : 리드
p : 피치
n : 줄수
β : 리드각　　다줄나사 나선

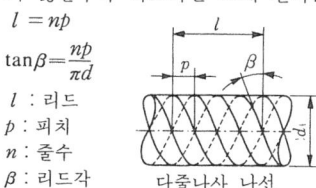

다중 통신(多重通信 : multiplex system communication) ☞ 반송 전화 (p.144)

다지기봉(rammer) 주형 제작 때 모래를 내리눌러 단단하게 하는 봉.

다축(多軸) **드릴링 머신**(multiple spindle drlling machine) 구멍뚫기 작업을 능률적으로 하기 위해 수개의 스핀들을 갖는 드릴링 머신. 하나의 공작물에 한번에 많은 구멍뚫기를 할 수 있도록 되어 있고, 스핀들의 위치는 구멍뚫기 위치에 따라 변할 수 있다.

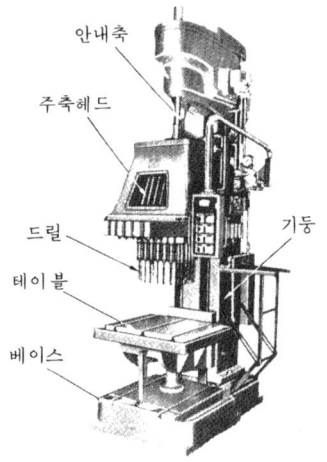

다축 헤드 드릴링 머신(multihead drilling machine) 하나의 주축 헤드(head)에 여러개의 드릴 유닛을 설치한 드릴링 머신. [특징] 하나의 공작물에 지름이 다른 구멍 뚫기 또는· 나사세우기 등을 할 경우 각 주축에 각각 다른 바이트를 설치하여 계속해서 가공할 수 있어 능률적이다.

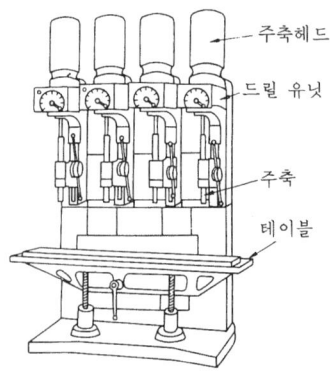

다층 용접(多層熔接 : multi-layer welding) 용접작업에 있어 비드(bead)를 몇 층 겹치는 용접.

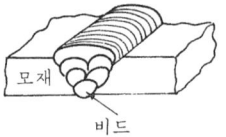

다판 클러치(multiple disc clutch) 2개 이상의 접촉면을 갖는 원판 클러치. 원판의 수를 늘리면 접촉면적이 넓게 되어 마찰이 증대하므로 큰 회전력을 전달할 수 있다. ☞클러치(p.399)

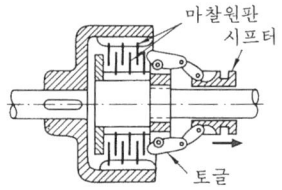

시프터(shifter)를 누르면 마찰 원판이 접촉해 클러치가 움직인다.

단결정(單結晶 : single crystal) 하나의 결정에서 생기는 결정립(結晶粒).보통 금속은 많은 결정립으로 이루어진 다결정체이다. 순철의 표면을 연마하여 부식 후 현미경으로 보면, 그림처럼 결정이 나타난다.

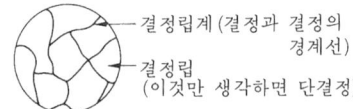

단관식(單管式) **마노미터**(mono‑tube manometer) U자관 한쪽의 액주(液柱) 높이로부터 압력차를 측정하는 압력계.

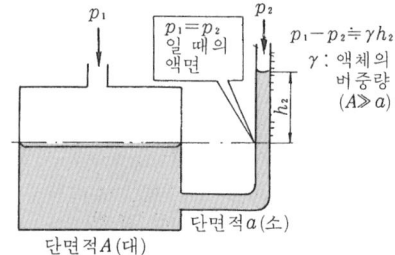

[측정 범위] 10~2500mmH_2O
[정도] 0.1mmH_2O

단도기(端度器 : end standard) 2단면 사이의 거리에 의해 길이의 기준을 표시하는

2차 표준기. 장기간 사용하면 단면이 마모하여 기준성을 잃게 된다.

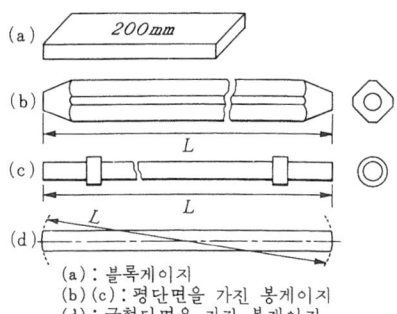

(a) : 블록게이지
(b)(c) : 평단면을 가진 봉게이지
(d) : 구형단면을 가진 봉게이지

단독(單獨)척(independent chuck) 선반용 척(chuck)의 일종.
[특징] 척의 조(jaw)를 각각 단독으로 조정할 수 있고, 불규칙한 형상의 공작물을 설치하는 데 적당하다.

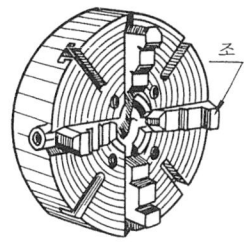

단말 계수(端末係數 : modulus of end) 오일러의 기둥 공식 중에서 단말조건을 나타내는 계수로, n으로 나타낸다.
자유단 $n=\frac{1}{4}$ 양단 회전단 $n=1$
회전단고정단 $n=2$ 양단 고정단 $n=4$
☞오일러식 (p. 266)

단면 계수(斷面係數 : modulus of section) 어떤 단면형의 중립축에 관한 단면 2차 모멘트 I를 중립축에서부터 가장자리까지의 거리로 나눈 값. ☞단면 2차 모멘트 (p. 86)   ☞굽힘 응력 (p. 47)

$Z_1=\dfrac{I}{y_1}$ Z_1, Z_2 : 단면 계수

$Z_2=\dfrac{I}{y_2}$ G : 중심

재료의 굽힘 강도는 단면 계수 Z에 관계한다.

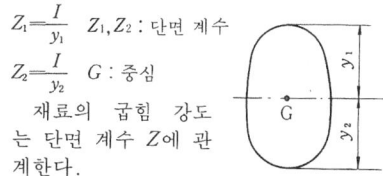

단면(端面)**깎기**(end cutting) 공작물의 단면을 깎는 작업. 짧은 재료인 경우에는 척으로 재료를 물리고 바이트에 의해 단면을 다듬질한다. 긴 재료인 경우에는 센터로 지지하지만, 이때 돌기가 남기 때문에 데드센터를 사용하든가 모따기형 센터구멍을 사용한다.

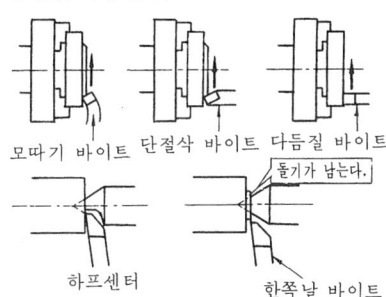

단면 도시(斷面圖示 : sectional delineation) 물체의 내부형상 등을 명시하기 위해 물체를 절단했다고 가정하고, 그 단면을 도시하는 일. 단면을 나타낸 그림을 단면도라고 한다.

▽ 단면도시의 예

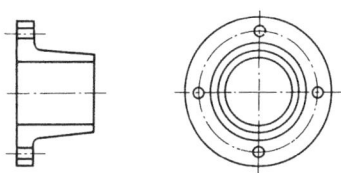

기본적인 단면도시 (전단면도)
(기본 중심선에서 절단한다.)

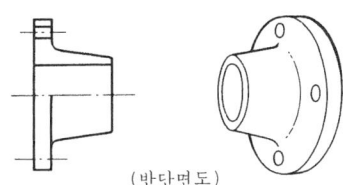

(반단면도)

단면 수축(斷面收縮 : contraction of area) 인장 시험에 있어서 시험편의 원래의 단면적 A와 절단한 후의 최소 단면적 A_1의 차를, 원래의 단면적으로 나눈값을 %로 나타낸 것.

단면수축률 $\phi=\dfrac{A-A_1}{A}\times 100(\%)$

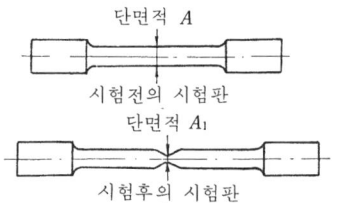

① contraction : 유체가 밸브·콕, 가는 다른 구멍 등의 좁은 통로를 통과할 때, 마찰이나 흐름의 흐트러짐 때문에 압력이 내려가는 현상.
② throttling : 내연 기관이나 증기 터빈 등에서 부하에 따라 혼합기와 증기의 양을 스로틀 밸브(throttle valve)를 이용하여 조정하는 일.
③ drawing : ☞드로잉 (p. 101)

단면 2차 극(極) 모멘트(polar moment of inertia of area) 어떤 단면형의 1점(극)에 관한 단면 2차 모멘트.

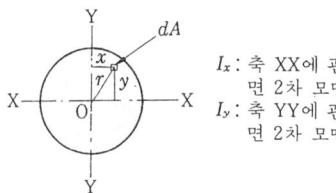

I_x : 축 XX에 관한 단면 2차 모멘트
I_y : 축 YY에 관한 단면 2차 모멘트

단면 2차 극 모멘트 I_p는
$$I_p = \int r^2 dA = \int x^2 dA + \int y^2 dA$$
$$= I_x + I_y$$
I_p는 재료의 비틀림에 관하여 중요한 의미를 갖는다.

단면 2차 모멘트(second moment of area) 어떤 단면(면적 A)이 미소면적 dA를 취해 어떤 축 XX와의 거리를 y로 할 때 전단면적 A에 대해서의 $y^2 dA$의 총화.

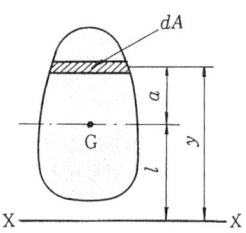

축 XX의 단면 2차 모멘트를 I_x라고 하면,
$$I_x = \Sigma y^2 dA$$

도심 G를 통과하는 단면 2차 모멘트를 I라고 하면
$$I = \Sigma a^2 dA$$
축 XX로부터 중심까지의 거리를 l이라 하면
$$I_x = I + Al^2$$
단면 2차 모멘트의 값은 축을 취하는 법에 따라 다르다.
[예]

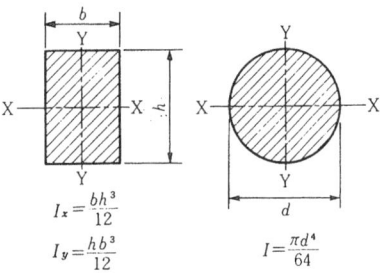

$$I_x = \frac{bh^3}{12}$$
$$I_y = \frac{hb^3}{12}$$
$$I = \frac{\pi d^4}{64}$$

단면 2차 반경(斷面二次半徑 : radius of gyration of area) 단면의 중심을 통과하는 축에 관계하는 단면 2차 모멘트를 I, 단면적을 A로 할 때,
$$I = Ak^2 \quad k = \sqrt{I/A}$$
로 나타내는 k를 말한다. ☞단면 2차 모멘트
단면 2차 반경의 값은 축을 취하는 방법에 따라 다르다.

단(單)사이클 자동화 공작기계(single-cycle automatic machine tool) 작업자가 시동한 다음에 가공이 완료해서 절삭공구가 최초의 위치로 돌아와 정지할 때 까지를 자동적으로 행하는 기계. 1사이클 자동화 공작기계.

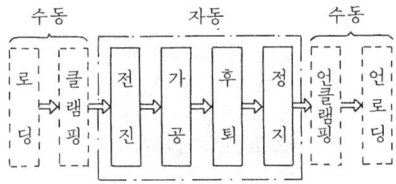

자동화된 공장에서는 가공중 작업자가 필요없기 때문에 1인이 2대 이상의 조작을 할 수 있다.
[예]단능 선반, 수치 제어식(NC) 선반.

단상 유도 전동기(單相誘導電動機 : single-phase induction motor) 단상 교류로 운

전하는 유도 전동기. 동기 속도·미끄럼
은 삼상 유도 전동기와 같다.
[특징] 효율이 낮다.
[용도] 소형으로 0.5kW 이하에 사용한
다.

단속기(斷續器 : contact braker) 가솔린 기
관의 배전기 구성 부분.

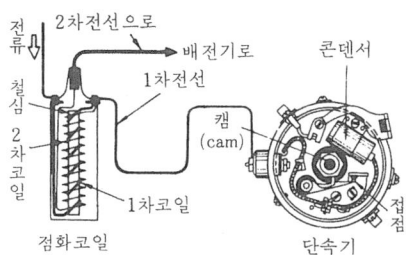

當 단 속 기 에 | 當캠의 회전에 의해
의해 1차측의 | 접점(接點)을 개폐
전류가 끊기 | 하여 1차 전류를 단
면, 2차 측에 | 속시킨다.
10.000V 이 상
의 고전압이
생긴다.

단(單)스테이션 기계(single stationary
machine) 공작물을 1개소에 고정하고
한쪽 방향 또는 여러 방향으로부터 가공
유닛이 전진해서 한 공정의 가공만을 행
하는 가장 간단한 공작기계. ☞전용 공
작기계(p.329)

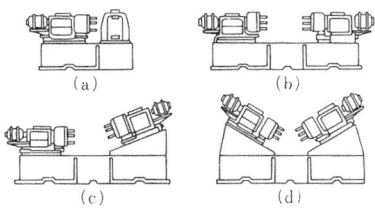

(a)는 1방향, (b)~(d)는 2방향으로부터
가공유닛이 전진하는 2방향형

단식 분할법(simple indexing) 밀링머신으
로 기어 등을 가공할 때, 직접 계산으로는
산출해낼 수 없는 수(잇수)를 크랭크와
분할판을 이용하여 산출해 내는 방법.
n을 크랭크의 회전수라 하면,

$$n = \frac{40}{N} = \frac{x}{H}$$

N : 분할수
40 : 웜 기어의 잇수비
H : 분할판상의 구멍수
x : 크랭크를 구멍수 H에 대해서
x구멍 만큼 돌린다.

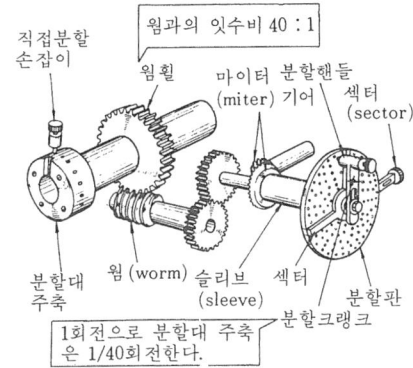

[예] $N : 36$

$$n = \frac{40}{36} = 1\frac{4}{36} = 1\frac{2}{18}$$

$H=18$의 구멍열을 선택하여 크랭크 1
회전과 2 구멍을 돌린다.

단식블록 브레이크(single block brake) 마
찰 브레이크의 일종으로, 브레이크블록이
하나인 블록 브레이크. ☞블록 브레이
크 (p.173)

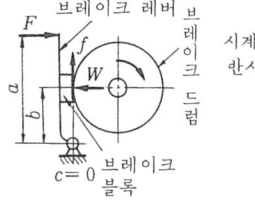

시계방향 및
반시계방향회전

$$F = \frac{fb}{\mu a}$$

μ : 마찰계수

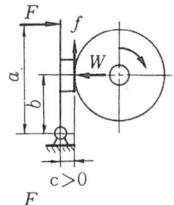

시계방향회전
$$F = \frac{f(b+\mu c)}{\mu a}$$
반시계방향회전
$$F = \frac{f(b-\mu c)}{\mu a}$$

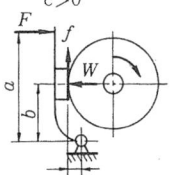

시계방향회전
$$F = \frac{f(b-\mu c)}{\mu a}$$
반시계방향회전
$$F = \frac{f(b+\mu c)}{\mu a}$$

단식 터빈(simple turbine) 1열의 노즐과 1

렬의 베인(vane)으로 구성되어 있는 터빈.
▽ 원리도

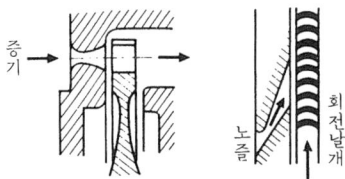

500마력 이하의 소형 터빈용

단열 변화(斷熱變化 : adiabatic change) 외부와 열의 출입이 없는 상태에서 이루어지는 기체의 상태 변화.
가솔린 기관 디젤 기관의 압축·팽창 행정이나 증기 터빈, 가스 터빈의 노즐에 있어서 기체의 팽창은 순식간에 이루어지므로 그동안 열의 전달이 없다고 가정할 때 단열 변화라고 본다.
[상태식] $p_1v_1^k = p_2v_2^k = pv^k =$ 일정
k : 단열 지수
p : 가스 압력
v : 가스의 비용적
[내부 에너지와 일]
$q = (u_2 - u_1) + Al = 0$
$= u_1 - u_2 = Al$
l : 외부에 하는 일
A : 일의 열당량
u : 내부에너지
q : 공급 또는 방출 열량

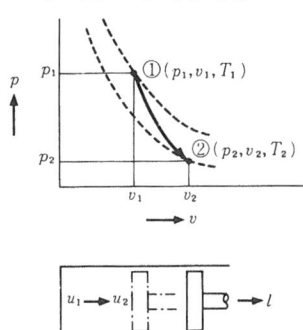

단열 압축(斷熱壓縮 : adiabatic compression) 열의 전달이 없는 상태에서의 기체의 압축. ☞ 단열변화
가솔린 기관과 디젤 기관의 압축 행정은 순식간에 행하여지는 것으로, 그 사이의 열의 전달은 없는 것이라고 가정하고, 단열 압축이라고 생각한다.

내부에너지 u_1
일 Al
A : 일의 열당량
l : 압축일
$u_2 = u_1 + Al$ $q=0$ q : 공급 또는 방출열량

단열 열낙차(斷熱熱落差 : adiabatic heat drop) 단열 변화 즉, 엔트로피가 일정하고 유체가 팽창할 때 그 전후의 엔탈피의 차. ☞ 몰리에르(Mollier) 선도(p. 133)

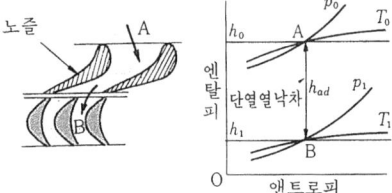

증기 터빈의 단열 열낙차는, 노즐의 입구와 출구의 기체상태(압력 p, 온도 T)를 알면 몰리에르 선도로부터 구할 수 있다.

단열 지수(斷熱指數 : adiabatic exponent) 기체의 단열 변화의 상태식에 이용되는 지수. ☞ 단열 변화(斷熱變化)

단접(鍛接 : forge welding) 가열한 두개의 금속의 접촉부를 두드리든가, 압력을 가해 접합하는 방법.

경사이음   버트이음

랩이음   V형이음

단접관(鍛接管 : welded pipe) 띠 강을 단접에 적당한 온도(약 1300°C)로 가열하여 다이(die)를 통해 압접해 만든 관.

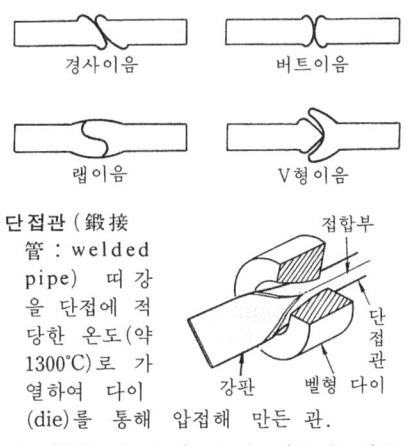

단조(鍛造 : forging) 소성 가공의 일종.

가열하여 유연하게 된 금속을 소성변형시
켜 성형하는 가공법. ☞형 단조(p.450)
☞롤(roll) 단조(p.115) ☞업세팅(p.
245)
▽ 자유단조의 예

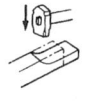 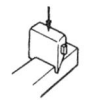

(a) 펴기 (b) 업세팅 (c) 전단 (d) 넓히기

 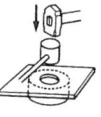 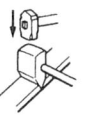

(e) 벤딩 (f) 펀칭 (g) 절단

단조로(smith hearth) 소형(小形)의 재료를
가열하는 단조용의 개방형 가열로.

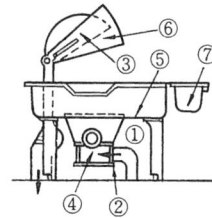

① 송풍관   ② 댐퍼
③ 흡입구   ④ 바람집합실
⑤ 화격자   ⑥ 덮개
⑦ 공구 냉각수조 탱크

단조 플랜지 이음 축단(軸端)으로부터 플
랜지(flange)를 단조에 의해 두드려서 축
과 일체로 해서 양축의 플랜지를 체결 볼
트로 고정하는 축이음. 굵은 축에 이용.

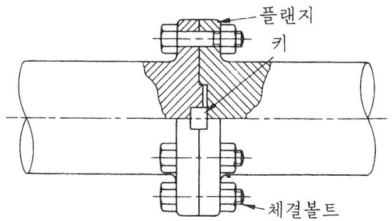

단주형 플레이너(單柱形平削機: open sided
planer) 베드의 한쪽에 칼럼(column)을
세워, 폭이 넓은 공작물의 절삭을 할 수
있도록 한 평삭기(플레이너). ☞플레이너
(p.439)

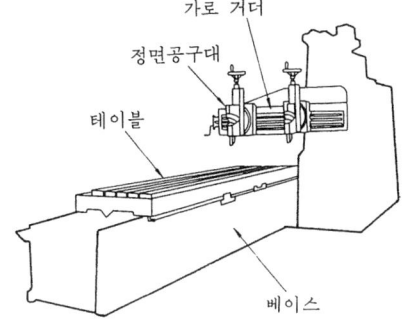

단진동(單振動: simple harmonic motion)
코일 스프링에 추를 달아 진동시킬 때의
추의 진동.

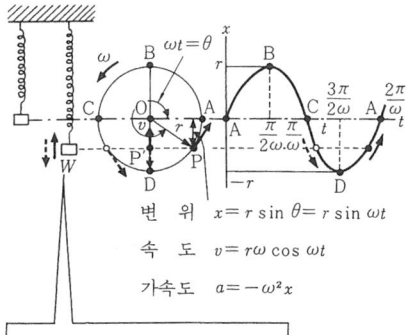

변 위 $x = r \sin \theta = r \sin \omega t$
속 도 $v = r\omega \cos \omega t$
가속도 $a = -\omega^2 x$

코일스프링의 추의 진동은 변경
r의 원주상을 등속원운동 하는
점 P의 BD상에서의 투영점 P′
의 왕복운동과 같다.

단체(單體) **다이**(solid die)
둥근형·각형·6각형이 있
고 조정부분이 없어 정도
가 높지 않은 수나사 내
기에 적합한 공구이다.
둥근 고정 다이

단파(短波: short wave) ☞전파(p.335)

담금질(quenching) 재료를 변태점 온도로
가열한 후 급랭하여 경화시키는 열처리.
▽강의 탄소량과 담금질 경도의 관계

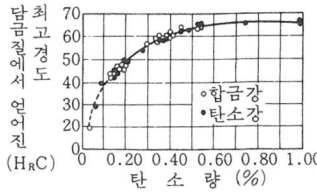

탄소강의 경우, 오스테나이트 조직으로부

터 급랭하면, 중간 조직인 단단한 마텐자이트 조직을 얻을 수 있다. 알루미늄 합금의 경우 용체화 처리라고 부른다. 담금질 후의 시효 경화에 의해 단단하고 강하게 된다. ☞마텐자이트 변태(p.125), 시효 경화(p.226)

담금질 균열(quenching crack) 강을 담금질 할 때 생기는 균열. 물로 급랭할 때 열응력과 조직의 불균일에 의해 생기기 쉽다.

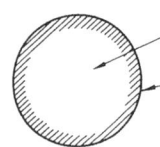

강재가 클 때는 펄라이트가 되고, 작을 때는 오스테나이트가 남는다.
— 표층부가 마텐자이트

비체적 오스테나이트＞마텐자이트
(표면이 수축)
(담금질 직후에 균열한다)
펄라이트＞마텐자이트
(내부가 팽창)
(담금질 후 수시간 이상 지나 균열이 생긴다)

담금질액[液](quenching liquid) 담금질을 할 때 가열한 재료를 급랭하기 위해 사용하는 냉각제.

냉각제	냉각능력 (18℃ 물을 100으로 한 지수)	효 과
물(18℃) 물(0℃)	100 106	효과는 크지만 담금질 균열을 생기게 하는 일이 있다.
기계유	20	담금질 균열이 발생하지 않기 때문에 잘 이용된다.
공 기	3~8	재료에 따라서는 공랭으로 담금질 효과를 생기게 한다.

대규모 집적회로(大規模集積回路 : large scale intergrated circuit) 하나의 기판에 많은 회로 소자나 기본 회로를 수용한 대규모적인 집적 회로.

대기 오염(大氣汚染 : air pollution) 대기가 공장, 화력발전소, 쓰레기 소각장, 자동차 등에서 배출되는 가스 때문에 생활의 안전과 건강이 위협 받을 만큼 오염되는 일.

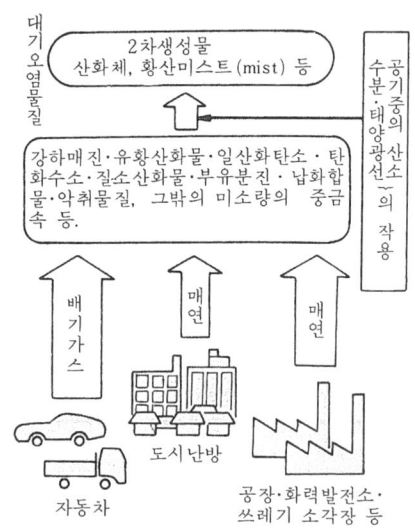

대기 오염 방지(大氣汚染防止 : air pollution prevention) 대기 오염의 원인이 되는 매연, 배기가스를 규제하는 것.

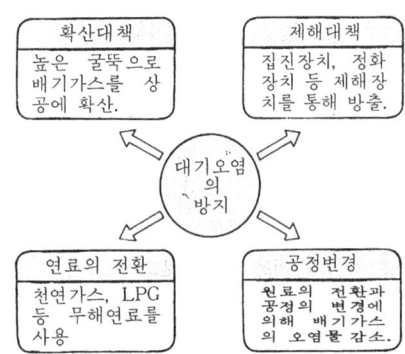

대량 생산(大量生産 : mass production) 동종의 제품을 대량으로 생산하는 것. 수주 생산에서 예측 생산으로, 다종(多種)생산에서 소종(少種)생산으로 이동할 때에 취해지는 생산 방식.

대류(對流 : convection) 유체중에 온도차가 생기면, 밀도에도 차가 생겨 순환 운

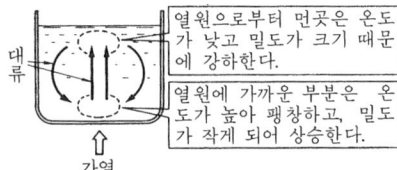

동이 일어나 이 운동과 함께 열이 이동하는 현상.

대시보드(dash board) 증기 터빈의 각 스테이지를 막는 판. 노즐이 조립되어 있다.

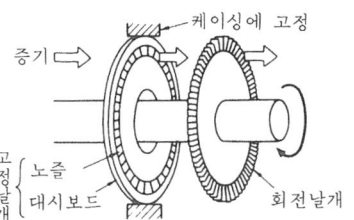

대우(對偶 : pair) 기계의 각부 중 접촉해서 상대 운동을 하는 2개의 부분. 기계에 사용되는 대우는 구속된 상대 운동을 하는 일이 필요하다.
[상대 운동의 방법에 의한 분류]
① 면 대우 (☞ p. 130)
② 미끄럼 대우 (☞ p. 135)
③ 회전 대우 (☞ p. 455)
④ 나사 대우 (☞ p. 65)
⑤ 구면 대우 (☞ p. 44)
⑥ 고차 대우 (☞ p. 27)

대일정 계획(大日程計劃 : long scheduling) 일정 계획 중 생산이 장기 일정의 계획.
☞ 일정 계획 (p. 304)
[용도] 대일정 계획은 판매, 생산, 재무(자금조절)면으로부터 검토해 만들어진 경영 계획을 제조 부분에 지시하는 데 이용된다.
▽ 수주 생산의 대일정 계획

기일 업무	3월 10 20	4월 10 20	5월 10 20	6월 10 20	7월 10 20
설계제도					
지그·공구 수배					
구매·외주					
부품주조					
부품가공					
조 립					
시 운 전					

대장장이(smith) 자유단조 작업 때 단조집게로 공작물을 물어, 단조 조수(앞멧군 ; 타격을 행하는 사람)에게 작업을 지시하는 사람.

대저울(platform scale) 계량 물체를 대위의 어디에 두어도 오차가 없도록 연구된 칭량이 큰 대표적인 저울.

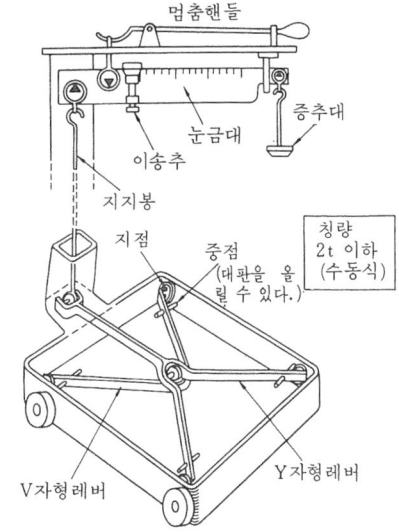

대전체(帶電體 : electrified body) 정⊕ 또는 부⊖의 전하(電荷)를 갖고 있는 물체.
☞ 정전 유도 (p. 349)

대패(plane) 목공구의 일종.

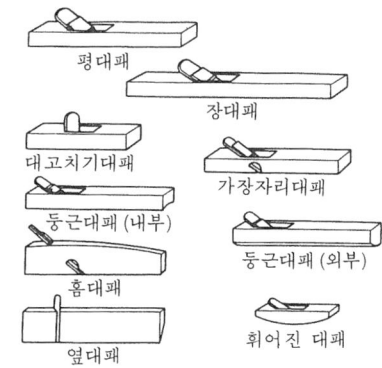

대패 기계(planing and molding machine)

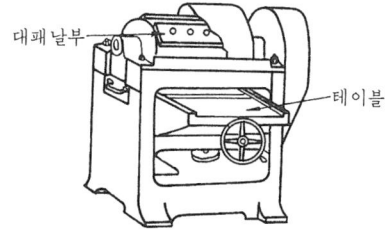

회전축에 대패날을 붙여, 이것을 고속도로 회전시켜 목재를 깎는 기계.

대(大)해머(sledge hammer) 메. 단조(鍛造)에서 강한 타격을 필요로 할 때 사용되는 해머.

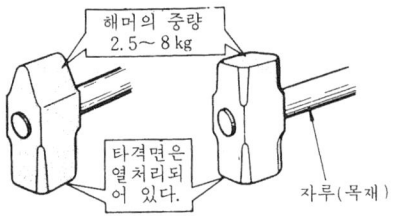

댐식 수력 발전소(dam type power plant) ☞ 수력 발전소 (p. 205)

댐퍼(damper) 진동을 감쇠시키기도 하고 진폭을 감소시키기도 하는 장치.
[종류] 다이내믹 댐퍼(☞ p.81), 유압 댐퍼(☞ p.290), 마찰 댐퍼(☞ p.123) 등

더미(dummy) ① 그 자체는 계측하지 않지만 그림자의 역할을 띤 것.
② 실험용 인체 모형.
▽ 저항선변형계에 의한 측정 예

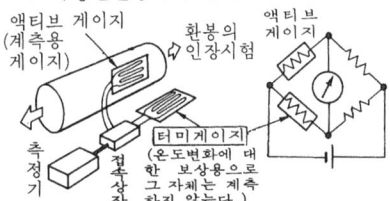

더브테일 커터 (dovetail cutter) 더브테일 홈을 절삭하기 위한 커터. 날의 형상이 더브테일 홈의 단면과 같게 되어 있다.

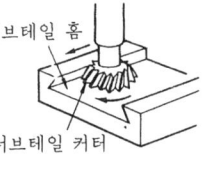

더브테일 홈(dovetail groove) 기계의 미끄럼 대우를 하고 있는 곳에 사용되며 비둘기의 꼬리모양을 한 홈.

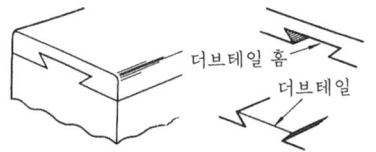

더블레버 기구(double lever mechanism) 4절 회전 기구에 있어서, 상대하는 2개의 링크가 왕복 각 운동을 하는 기구.

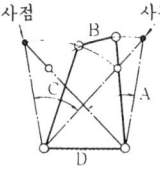

그림은 4절 회전 기구에서 최단의 링크의 대변을 고정한 때의 기구

더블 슬라이더 크랭크 기구(double slider crank mechanism) 2개의 슬라이더를 갖고 있는 슬라이더 크랭크 기구. ☞ 슬라이더 크랭크 기구(p.221)

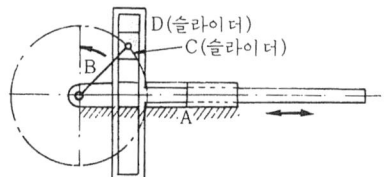

링크 A를 고정하고 링크 B(크랭크)를 회전시키면, 슬라이더 C가 슬라이더 D의 홈 속을 상하 운동하고, 슬라이더 D는 링크 A와 미끄럼 대우해서 좌우 왕복 운동을 한다.

더블 크랭크 기구(double crank mechanism) 4절 회전 기구에 있어서 2개의 상대하는 링크가 회전 운동을 하는 기구.

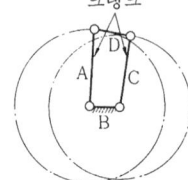

그림은 4절 회전 기구에서 링크를 고정한 때의 기구로, 물갈퀴차나 공기 기계 등에 응용되고 있다.

더블 헬리컬 기어(double helical gear) 경사진 치형을 대칭으로 한 2개의 헬리컬 기어를 조합시킨 형태의 기어.
[특징] 추력이 없어 속도비가 커도 원활한 운전을 할 수 있다.
[용도] 감속 장치에 이용된다.

덕트(duct) 공기나 그밖의 유체가 흐르는 통로.

덧붙임〔용접〕(reinforcement for weld) 그 루브 또는 모따기 용접에서 치수 이상으로 표면에서 솟아오른 용착 금속.

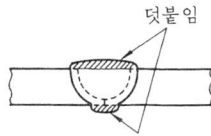

덮개판(butt strap) 리벳 이음 중 맞댄 2장의 판의 한 쪽 또는 양쪽에 리벳으로 체결하는 보조판.

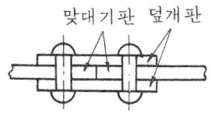

덮개판 이음(strapped joint) 모재 표면과 덮개판의 한쪽면 또는 양면에 필릿 (fillet) 용접하는 이음. ☞용접 이음 (p.276)

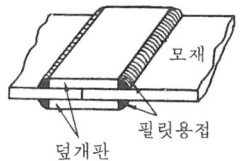

데드 센터(dead center) 선반의 심압대(心押臺)나 원통 연삭기의 센터. ☞센터 (p.195)

데드 포인트(dead point) 사점(死點). 레버 크랭크 기구에 있어서 레버를 원동절로 하고 크랭크를 종동절로 했을 때 레버의 행정 끝에서 크랭크와 커넥팅로드가 일직선이 되는 크랭크의 위치.

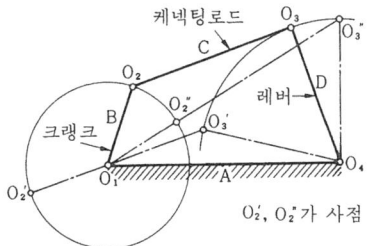

크랭크가 O_2', O_2''의 위치에 왔을 때, 4개의 링크는 △O_1O_3' O_4, △O_1 O_3'' O_4를 형성한다. 링크가 삼각형을 형성하면 고정한 것으로 되어 레버에 아무리 큰 힘을 가해도 크랭크를 돌릴 수 없게 된다.

데시벨(decibel) 전압이나 전력의 감쇠나 이득(gain) 및 음(音)의 강도를 나타내는 값. 음의 강도는 음압에서 상대적으로 표시한다. 기호 dB. ☞이득 (p.297)

[음압 표시] 인간의 최소 가능 음압을 $P_0 = 0.0002 dyn/cm^2$라고 정하고, 음압 $P(dyn/cm^2)$의 음의 강도(强度)를 $20 \log_{10} P_0 (dB)$라 한다.

[음압] 음파에 의해 기압이 변화할 때의 변화분의 압력.
음압 $0.02 dyn/cm^2 →$ 음의 강도 40dB.
음의 강도를 나타내는 데시벨 값과 감각으로 취할 수 있는 음의 크기와는 비례하지 않는다(동일 데시벨 값이라도, 주파수에 따라 음으로써의 감각의 크기가 다르다).

데이터 로거(data logger) 데이터 처리장치의 일종. 인간이 계기를 보면서 데이터를 기록하던 것을 전자 계산기로 자동적으로 행하는 장치.

데이터 처리 장치〔處理裝置〕(data processing system) 공업용 자료 처리 장치의 분류와 기능은 다음과 같다.

▽ 스캐너(scanner)의 기본 구성

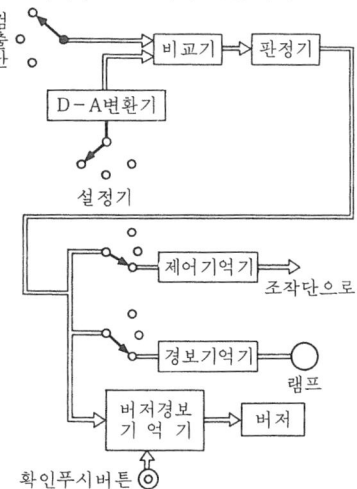

[스캐너] 감시·경보 제어.
[자료처리장치] 감시·경보·연산·기록
[프로세스 컴퓨터] 자료 처리 장치의 기능 외에 적응 제어·프로세스의 해석

등도 할 수 있다.

데이터 통신(data communication) 컴퓨터의 정보처리 장치와 떨어진 곳에 있는 단말장치(입력 장치 등)를 온라인으로 연결, 정보처리를 하는 통신 시스템.
[예 1] 각 공장, 영업소에 있는 단말기와 본사에 있는 컴퓨터를 온라인으로 이용한다. 데이터 전송로는 전화 회선을 이용한다.

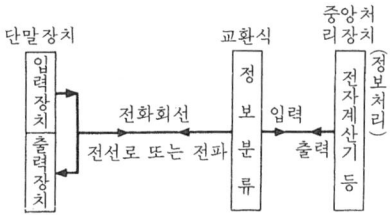

[예 2] 기업이 행하는 데이터 통신의 예

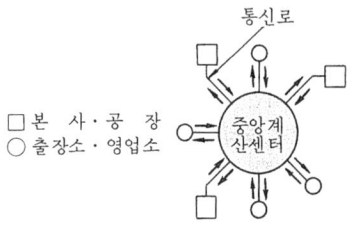

덴드라이트(dendrite) 용융금속이 응고할 때 작은 핵을 중심으로 하여 금속이 규칙적으로 퇴적되어 수지상(樹枝狀)의 골격을 형성한 결정(結晶).
① 냉각속도가 빠르면 동시에 발생하는 가지가 많고 성장하는 결정립은 작다.
② 입자의 성장은 다른 수지상 결정과 만날 때까지 성장하고 수지상의 틈이 최후에 응고한다.
③ 결정립의 경계나 최후에 응고한 부분은 결정의 처음과는 성분이 다르거나 불순물이 혼재되어 있기 때문에 결정립의 경계는 부식하기 쉽다.

델타 결선(delta connection) 3각 결선(三角結線)이라 부르며 크기가 같고 위상이 120°씩 다른 3개의 전원을 그림과 같이 결선하여 3상 전원을 만들거나 3상 부하로 하는 방법.

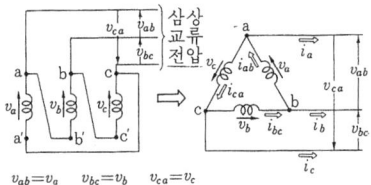

$v_{ab} = v_a \quad v_{bc} = v_b \quad v_{ca} = v_c$

▽ 삼각 결선 전류 벡터도

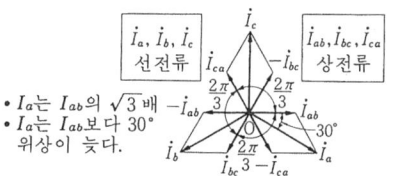

- I_a는 I_{ab}의 $\sqrt{3}$배
- I_a는 I_{ab}보다 30° 위상이 늦다.

도가니(crucible) 용해시킨 금속을 넣는 용기. 크기는 번호로 나타내고, 청동 1kg을 용해할 수 있는 용기를 1번 도가니라 한다.
[예] 50번 도가니…용량 50kg
[일반적인 조성]
  흑연 50%
  점토 30~40%
  내열재 10%

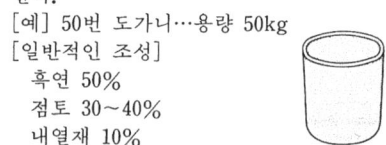

도가니로(crucible furnace) 도가니를 사용하여 금속을 융해하는 노(爐). 동합금·경합금·합금강 등의 융해에 사용한다.

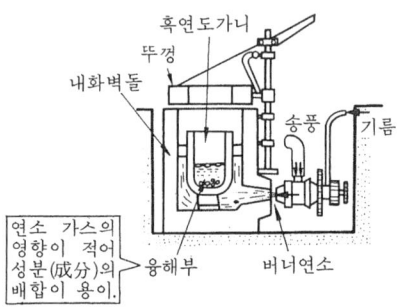

도금(plating) 금속재료의 표면에 다른 금속의 얇은 층을 부착시키는 일.

도너(donor) ☞ N 형 반도체 (p.251)

도료(塗料 : coating material) 기계·장치 등의 표면 처리공정에 있어서 도장(塗裝)

을 위해 사용되는 재료.

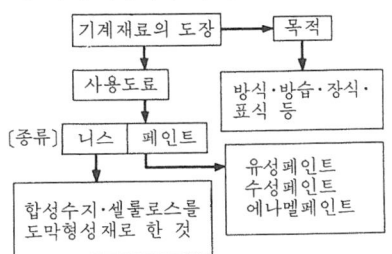

도르래(wheel and axle) 대소 2개의 원통 상의 휠을 같은 축에 고정한 간단한 기계.
작은 힘으로 무거운 것을 감아올릴 때에 사용한다.

$F = \dfrac{d}{D} W$ (마찰은 없는 것으로 한다.)

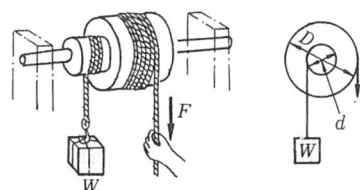

도면 목록(圖面目錄 : drawing list) 도면의 작성년월일·도면번호·도명 등을 기재한 도면의 일람표.
▽도면 목록의 예

연	월	일	도면번호	도 명	폐 도		
					연	월	일	이유
90	4	10	2310000	선반조립도				
90	4	10	2310100	주축대부분조립도				
90	4	10	2310101	프레임				
90	4	10	2310102	주축				
90	4	10	2310103	베어링				

도면 번호(圖面番號 : drawing number) 도면 1장마다 붙이는 번호.
[번호붙이는 방법] 제품의 종류·형식·조립도·부분조립도·부품도·도면의 크기 등을 번호로 나타낸다.

도면의 종류(kind of drawing) 도면의 용도, 내용에 의한 분류.
[용도에 의한 분류] 계획도·제작도·주문도·견적도 등.
[내용에 의한 분류] 조립도·부품도·공정도·배관도·계통도·기초도 등

도면의 크기(sizes of drawing) 도면의 크기는 도형의 크기나 수량 등으로 정하지만, 기계제도에는 A열 사이즈 제도용지를 사용한다. 도형의 크기에 따라서는 연장사이즈를 사용하기도 한다.
▽ 용지의 크기와 윤곽

A열사이즈		연장사이즈		c (최소) (접지않은 경우) d=c	접는 경우의 d (최소)
호칭방법	치수 a×b	호칭방법	치수 a×b		
—	—	A0×2	1189×1682	20	25
A0	841×1189	A1×3	841×1783		
A1	594× 841	A2×3	594×1261		
		A2×4	594×1682		
A2	420× 594	A3×3	420× 891		
		A3×4	420×1189		
A3	297× 420	A4×3	297× 630	10	
		A4×4	297× 841		
		A4×5	297×1051		
A4	210× 297	—	—		

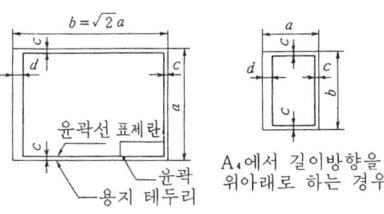

도수관(導水管 : penstock) 수력 발전소에 있어서 상수조에서부터 수차(水車)까지 물을 끄는 고압 수관.

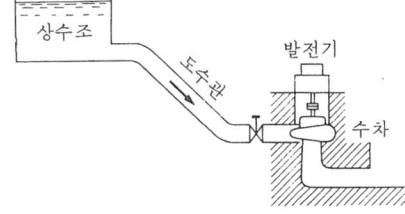

도시 출력(圖示出力 : indicated work) 내연기관에 있어서 인디케이터(indicator) 선도로부터 구해지는 유효하게 이용할 수 있는 출력.
　도시출력 = (빗금 부분의 면적) − (펌프 손실)

　도시출력 $N_i = \dfrac{p_{mi} v_s z}{102 \times 100} \cdot \dfrac{na}{60}$

　p_{mi} : 도시평균 유효압력 (kg/cm²)
　v_s : 행정 용적 (cm³)
　z : 실린더 수

n_a : 매분의 폭발횟수
$\begin{pmatrix} 4 \text{ 사이클기관 } a=1/2 \\ 2 \text{ 사이클기관 } a=1 \end{pmatrix}$
n : 회전속도

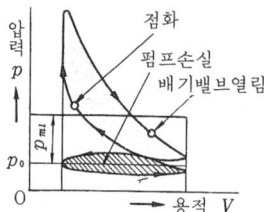

도시평균 유효 압력(圖示平均有效壓力 : indicated mean effective pressure) 인디케이터(indicator)선도에 있어서 도시출력을 1변이 행정에 대응하는 장방형의 면적으로 옮겨 놓았을 때, 그 높이 p_{mi}에 해당하는 것. ☞도시 출력 (p.95)

도식 해법(圖式解法 : graphical analysis) 수식 계산을 이용하지 않고, 작도에 의해 필요한 값을 구하는 해법.

도심(圖心 : center of fingure) 평면도형의 중심 및 두께가 일정하고 균질한 물체의 중심.

[예]

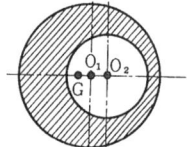

O_1 : 큰원의 도심
O_2 : 작은원의 도심
G : 해칭부분의 도심

도체(導體 : conductor) 전기가 통하기 쉬운 물질.
[예] 금속, 산・염류의 수용액 등.

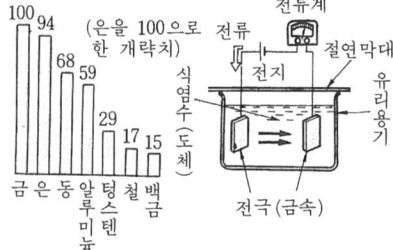

도형(塗型 : facing) 용해 금속이, 주물사(鑄物砂)가 타 붙는 것을 방지하고, 주물

표면을 매끈하게 하기 위해 주형의 표면에 내화성의 물질을 칠하는 것. ☞도형재 (p.96)

도형재(塗型材 : facings) 도형에 이용하는 내화도가 뛰어난 피막재(被膜材).
[종류] 규사・흑연 가루 등.

돌리개(dog) ① 가공물을 고정하고 면판과 더불어 센터작업에도 사용한다. ② 껌쇠(carriet)

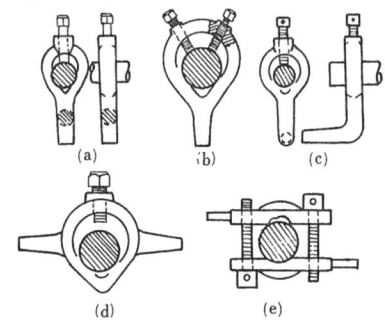

돌리개(dog) 공작물의 끝부분을 멈춤나사로 조여 양 센터로 공작물을 지지하고 회전판에 의해 주축의 회전을 공작물에 부여하기 위한 공구. ☞회전판 (p.457) 캐리어(carrier) 라고도 한다.

돗수 분포표(度數分布表 : frequency distribution table) 품질 특성치의 분포 상태를 표로 한 것. 다음 표는 어떤 작업자가 만든 90개의 환봉의 지름을 측정하여 작성한 돗수 분포표의 예이다. ☞히스토그램 (p.461)

조 번호	직경 구간 (mm)	구간 중심 x (mm)	돗 수 점 수	돗수 f
1	25.005~25.055	25.03	/	1
2	25.055~25.105	25.08	////	4
3	25.105~25.155	25.13	卌 ////	9
4	25.155~25.205	25.18	卌 卌 ////	14
5	25.205~25.255	25.23	卌 卌 卌 卌 //	22
6	25.255~25.305	25.28	卌 卌 卌 ////	19
7	25.305~25.355	25.33	卌 卌	10
8	25.355~25.405	25.38	卌	5
9	25.405~25.455	25.43	卌 /	6
	합 계		—	90

동(銅 : copper) 구리. 동광석을 용선로에서 제련하여 조동(粗銅)을 만들기도 하고, 더우기 반사로나 전해 정련에 의해 순도가 높은 동을 얻는다.
[특징] 열·전기의 양도체로 공기중의 부식에 견딘다. 전연성이 풍부하고, 가공이 쉽다.

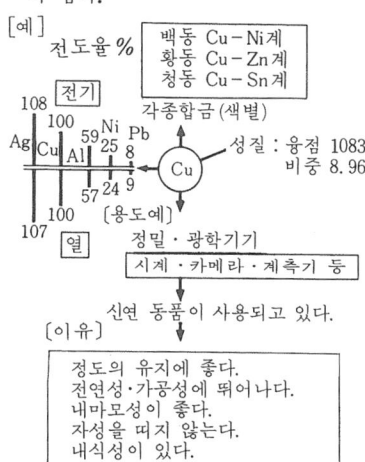

동결 선반(freezing rack) 냉매의 증발관 또는 브라인 관으로 만든 선반. 식품을 이 위에 얹어 동결시킨다.

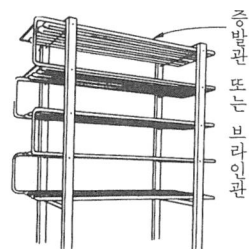

동기 발전기(同期發電機 : synchronous generator) 회전속도(rpm)에 의해 발생 교류의 주파수가 결정되는 발전기.

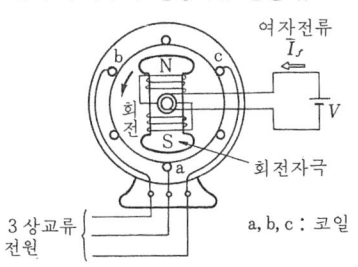

주파수를 $f(H_z)$, 회전속도를 n_s(rpm)

이라 하면
$$f = n_s \times \frac{p}{120}(H_z)$$
p : 극수
[용도] 수력·화력·원자력 등의 발전소용 발전기.

동기 속도(同期速度 : synchronous speed)
☞ 회전자계 (p.456)

동기 전동기(同期電動機 : synchronous motor) 교류 전동기의 일종. 일정 주파수 하에서는 부하와는 상관없이 일정한 속도로 회전하는 정속도 전동기.
[특성] ① 동기 속도 n_s로 돌린다.
$$n_s = \frac{120f}{p} \text{(rpm)}$$
f : 주파수 p : 극수

② 역률 조정을 할 수 있다.
[용도] 대출력용 전동기(역률이 조정되기 때문)·정속 전동기(동기 속도로 돈다)로써 이용된다.

동력(動力 : power) 단위 시간에 이루어지는 일의 비율. 일률 또는 공률이라고도 한다.
어떤 물체에 힘 F(kg)가 작용하여 t초간에 거리 S(m)만큼 움직인 때의 동력 P는
$$P = \frac{FS}{t} = F\frac{S}{t} = Fv$$
동력은 힘×속도로 나타내는 것이 가능하다.

[동력의 단위]
　1W = 1 J/s
　1kW = 101.97kg·m/s ≒ 102kg·m/s
　1kg·m/s = 9.80665W
　1PS = 75kg·m/s = 735.5W

동력로(動力爐 : power reactor) 발전용 등 실용적으로 이용되고 있는 원자로. 연구용의 원자로와 구별하는 경우에 부르는 이름이다. ☞ 원자로 (p.282)

▽ 가압수형 원자로

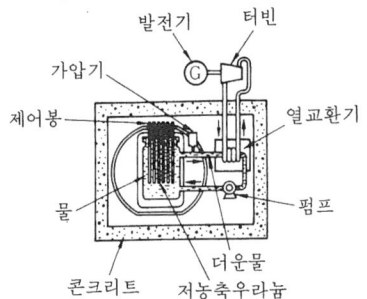

동력(動力) **척**(power chuck) 동력에 의한 공작물의 고정 장치.
[종류] 유압 척(☞ p.291), 공기압 척, 전자 척(☞ p.334)

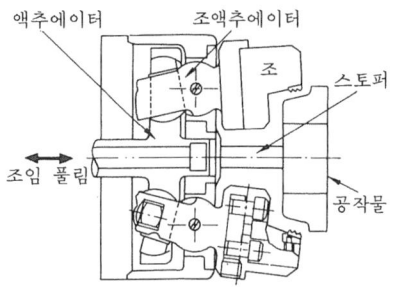

동마찰(動摩擦 : dynamical friction) 물체가 다른 물체에 미끄럼 접촉하면서 운동할 때 접촉면에 운동을 방해하는 힘이 작용하는 현상. 이 힘 f 를 동마찰력이라 하며 정(靜)마찰력보다 작다.

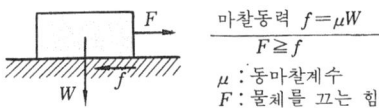

마찰동력 $f = \mu W$
$F \geq f$
μ : 동마찰계수
F : 물체를 끄는 힘

동압(動壓 : dynamic pressure) 압력 p, 유속 v 로 유동하는 유체가 막혀진 때에 증가하는 압력. ☞ 정압(p.346), ☞ 피토관(Pitot tube)(p.442)

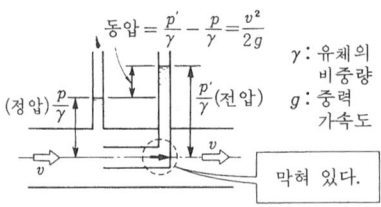

동압 $= \dfrac{p'}{\gamma} - \dfrac{p}{\gamma} = \dfrac{v^2}{2g}$

(정압) $\dfrac{p}{\gamma}$ $\dfrac{p'}{\gamma}$ (전압)

γ : 유체의 비중량
g : 중력 가속도

동작 분석(動作分析 : motion analysis) 표

준 작업 방법을 구하기 위해서, 작업중에 일어나는 모든 동작을 세밀하게 조사·분석하는 일.
[종류] 작업 요소 분석 (☞ p.312)
    THIRBLIG 분석 (☞ p.275)
    필름분석
    PTS 법 (☞ p.443)

동작 분석법(WF 法 : work factor method) 작업에 관계가 있는 몸의 각 부위마다, 움직이게 하는 거리, 취급 중량의 조정을 위해서 그것에 따른 동작시간의 표준치를 정한 표를 사용하여 동작분석을 하는 방법. PTS 법의 하나.
☞ PTS 법 (p.443)

▽ WF 시간표(팔의 동작 시간 표준표)

(단위 1/10000분)

움직이는 거리 (mm)	작 업 난 이 도				
	0	1	2	3	4
0~37	18	26	34	40	46
38~63	20	29	37	44	50
64~88	22	32	41	50	57
89~113	26	38	48	58	66
114~139	29	43	55	65	75
140~164	32	47	60	72	83
165~190	35	51	65	78	90

▽ 중량에 의한 난이도 분류표

중량 (kg)		작 업 난 이 도				
		0	1	2	3	4
	남자	0.9072 까지	3.175 까지	5.897 까지	9.072 까지	이상
	여자	0.4536 까지	1.588	2.949	4.536	이하

동작시간 측정법(動作時間測定法 : motion checking method) ☞ MTM 법 (p.252)

동작 연구(動作研究 : motion study) 작업 동작을 분석하고, 그 중에서 불필요한 동작을 제거하고 필요한 동작을 개선해서 최선의 작업 방법 즉, 표준작업 방법을 정하기 위한 연구. ☞ 동작 분석 (p.98)

▽ 동작연구의 순서

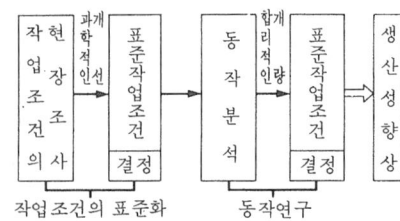

작업조건의 표준화   동작연구

작업 연구의 대표적인 방법의 하나로 시간 연구와 함께 행한다.

동작 유체(動作流體 : working fluid) 열기관·터빈·냉동기 등에서 열의 수수(授受)를 행하는 유체.

동적균형 시험기(動的均衡試驗機 : dynamic balancing machine) 동적 불균형을 포함하는 회전체의 균형을 측정하는 장치.

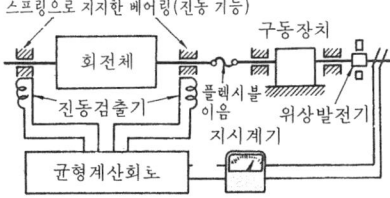

불균형이 있는 위치(각도)의 측정은 구동 장치에 소형의 위상 발전기를 설치하여 발생하는 출력과 베어링으로부터 발생하는 진동 출력과를 전력계의 고정 코일과 가동 코일에 가해서 발전기의 출력과 진동 출력의 위상을 비교한다(적산법). 불균형의 크기 측정은 크기에 비례해서 베어링이 진동하기 때문에 진동 변위를 전기적으로 검출해서 행한다.

동적 불균형(動的不均衡 : dynamic unbalance) ☞불균형 (p. 167)

동점성 계수(動粘性係數 : coefficient of kinematic viscosity) 유체의 점성계수를 그 유체의 질량 밀도로 나눈 값.

$$\nu = \frac{\mu}{\rho}$$

ν : 동점성 계수
μ : 점성 계수
ρ : 질량 밀도(비질량)

동조(同調 : tuning) 공진회로(共振回路)에서 L 또는 C를 변화시켜 특정의 주파수로 공진을 일으키게 하는 일.

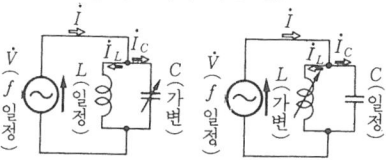

동조하는 C의 값 $C = \frac{1}{\omega^2 L}$
동조하는 L의 값 $L = \frac{1}{\omega^2 C}$

[동조회로] 동조를 이용하여 희망하는 주파수의 신호를 뽑아내는 회로.

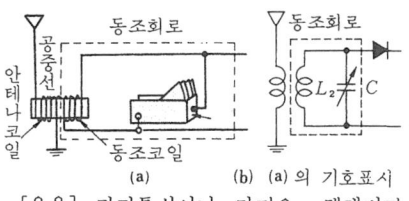

[응용] 전기통신이나 라디오, 텔레비전 등

동하중(動荷重 : dynamic load) 동적으로 작용하는 하중. ☞하중 (p. 444)

두꺼운 원통(thick cylinder) 내경에 비하여 외경이 크고 내압을 받았을 때 반경 방향의 원주 방향의 응력(후프응력)이 일정하다고 보는 원통. 두께 t가 내경의 1/10 이상인 원통. ☞후프(Hoop) 응력 (p. 458), ☞얇은 원통 (p. 244)

$$\sigma_r = \frac{p r_1^2 (r_2^2 + r_1^2)}{r^2 (r_2^2 - r_1^2)}$$

σ_r : 중심에서 r까지의 후프응력
p : 내압
r_1 : 내벽의 반경
r_2 : 내벽의 반경, r : 임의의 반경
σ_1 : 최대후프응력 $\left(= \frac{p(r_2^2 + r_1^2)}{r_2^2 - r_1^2} \right)$

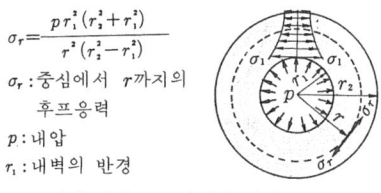

두랄루민(duralumin) Al-Cu-Mg 계의 합금으로, 인장 강도가 크고 시효 경화성 합금의 대표적인 알루미늄 합금.

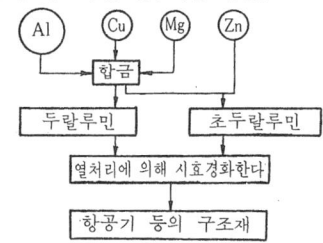

둔각 베벨 기어(angular bevel gears) 직교하지 않는 2축에 이용하는 베벨 기어. ☞직선 베벨 기어(straight bevel gear) (p. 365)

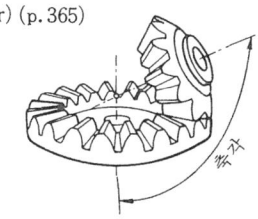

둥근 나사(round thread) 나사산의 단면이 원호형상인 나사.
[용도] 먼지가 많은 곳에서 사용한다. 또, 전구의 소켓 나사에 사용된다.

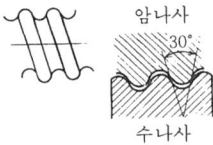

둥근 다이(round die) 손 작업으로 수나사를 절삭하는 공구. ☞다이(p.81)
담금질에 의한 변형 때문에 정도(精度)를 그다지 높게 할 수 없다.

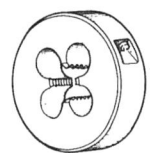

둥근 다이스 핸들(round dies handle) 다이를 고정하여 수나사를 낼 때에 사용하는 공구.

둥근 분할(分割) 다이(round split die) 둥근 다이의 일부가 분할이 되어 있어 다이 손잡이에 설치하여 죄면, 그 내경이 조정될 수 있도록 되어 있는 다이.

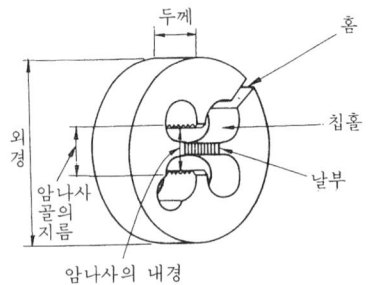

둥근 톱(circular saw) 목공용의 둥근 톱 기계에 설치하는 원판상의 톱.

둥근 톱 기계(circular sawing machine) 둥근 톱을 고속으로 회전하여 목재를 자르는 기계.

▽ 테이블경사 둥근톱 기계

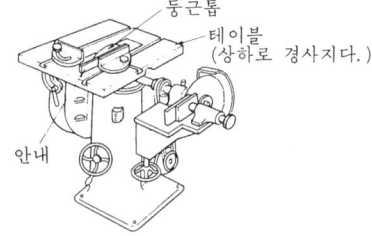

드라발 터빈(de Laval's turbine) 1열의 노즐과 1열의 임펠러로 되어 있는 충동식 터빈.
1883년 스웨덴의 드라발(de Laval)에 의해 발명되었다. ☞충동 터빈(p.383)
▽ 증기의 압력과 속도의 변화

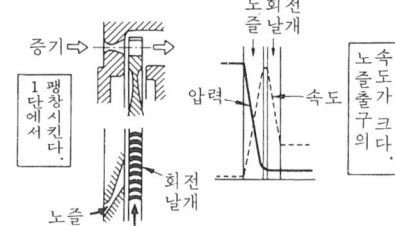

드라이버(driver) 작은 나사나 나무 나사 등을 조이기도 하고, 떼어내기도 하는 것에 이용하는 공구. 나사돌리기라고도 한다.
[종류] 드라이버는 보통형과 관통형으로 나눌 수 있고, 그밖에 나사 머리의 홈이 ⊕인가, ⊖인가에 의해 ⊕ 드라이버, ⊖ 드라이버로 나눈다.

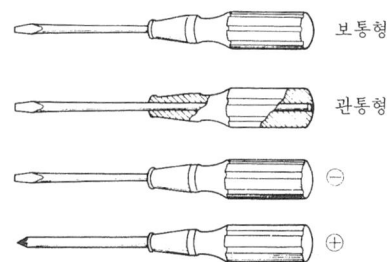

드레서(dresser) 숫돌의 표면에 글레이징(grazing), 로딩(loading), 마모 현상이 생길 때 숫돌차의 날을 세우기 위해 사용하는 공구.

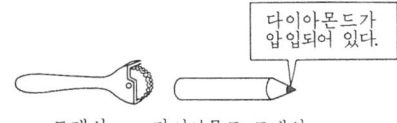

드레싱(dressing) 글레이징이나 로딩이 생긴 때. 드레서를 사용하여 숫돌차 표면의 숫돌 입자를 제거하고 새로운 숫돌 입자를 내는 작업.

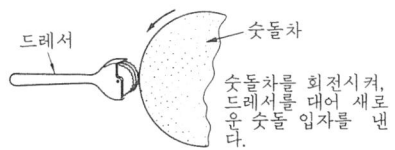

드레인(drain) 증기를 사용하는 기계나 장치 내에서 증기가 응결해 생긴 물.
이것을 배출하는 데 이용하는 관·밸브·콕을 각각 드레인관, 드레인 밸브, 드레인 콕이라고 한다.

드로잉(drawing) 편평한 블랭크(판금)로부터 바닥이 붙은 이음매가 없는 용기 모양의 것을 성형하는 공작법.
[종류] 형 드로잉법, 스피닝법, 손가공에 의한 드로잉 등.
[형 드로잉법] 프레스(press)에 설치한 금형에 의해 행한다. 지름과 비교해서 바닥이 깊은 용기는 1회로 드로잉 할 수 없는 것으로, 몇 회에 나누어 드로잉한다. 이것을 재드로잉이라 한다.

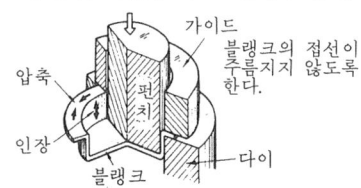

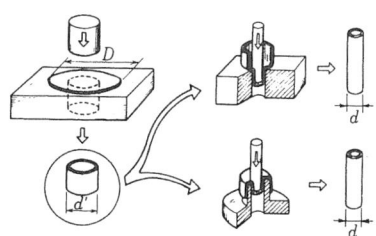

[스피닝법] 블랭크를 형(型)과 함께 회전시키면서, 안내 봉이나 롤러로 형

에 눌러대며 성형한다.

[손가공에 의한 드로잉] 판금을 형틀 위에서 두드려 어떤 방향으로 퍼서 다른 방향으로 주름지게 하여 형에 잘 융합되도록 변형해서 드로잉한다.

드로잉 다운(drawing down) 단조작업 중 재료를 각형과 환형 등으로 늘리는 작업.

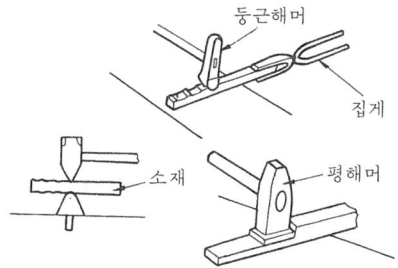

드로잉 다이(drawing die) 드로잉 가공을 할 때에 사용하는 형(型).
상하 1조(펀치와 다이)로 이루어졌다.

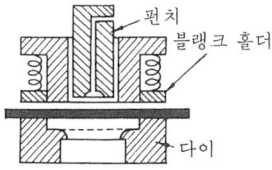

드로잉률(drawing coefficient) 얇은 강판 등을 드로잉(drawing) 가공할 때의 드로잉 가공도.

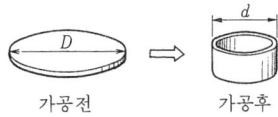

$$드로잉률 = \frac{d}{D} \times 100(\%)$$

드로잉 벤치(drawing bench) 인발대(引拔臺)에 의해 봉(棒)이나 관(管)의 인발에

사용하는 기계
▽ 인발대

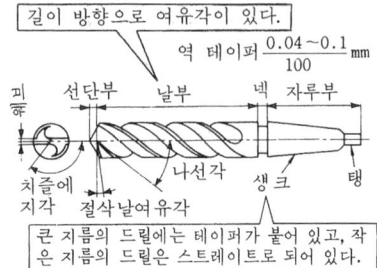

▽ 단식 신선기(單式伸線機)

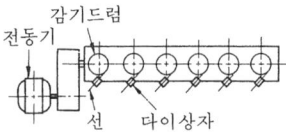

드롭(drop) 재료를 절단하는 단조용 공구. 환봉재 드롭과 평재 드롭 등이 있다.

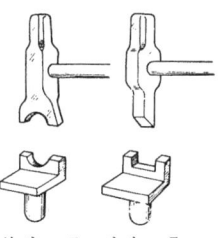

환봉재 드롭   평재 드롭

드롭 해머(drop hammer) 경강제(硬鋼製) 해머를 적당한 높이에서 낙하시켜, 그 낙하 에너지를 이용하는 단조 기계.

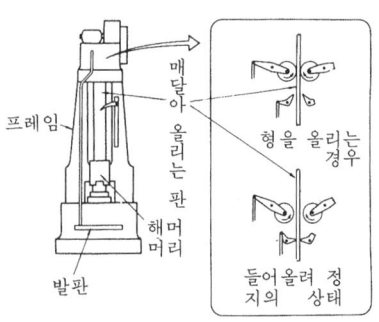

드릴(twist drill) 구멍뚫기에 사용하는 절삭공구. 2개의 나선 홈에 의해 2개의 절삭날을 갖는 본체와 자루(섕크)로 이루어진다. 나선 홈은 칩을 배출하는 목적을 띤다.

길이 방향으로 여유각이 있다.
역 테이퍼 $\dfrac{0.04 \sim 0.1}{100}$ mm

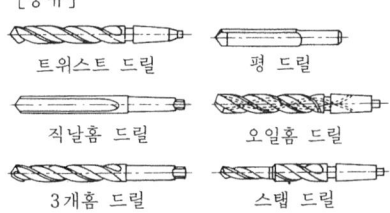

큰 지름의 드릴에는 테이퍼가 붙어 있고, 작은 지름의 드릴은 스트레이트로 되어 있다.

[종류]
트위스트 드릴   평 드릴
직날홈 드릴   오일홈 드릴
3개홈 드릴   스탭 드릴

드릴링 머신(drilling machine) 주로 드릴을 사용하여 각종 공작물의 구멍뚫기 가공을 실시하는 공작기계. 드릴은 주축과 함께 회전하여 축방향으로 보내진다.
[종류]
　탁상 드릴링 머신 (☞p.401)
　직립 드릴링 머신 (☞p.365)
　레이디얼 드릴링 머신 (☞p.111)
　다축 드릴링 머신 (☞p.84)
▽ 드릴링 머신에서 행해지는 작업

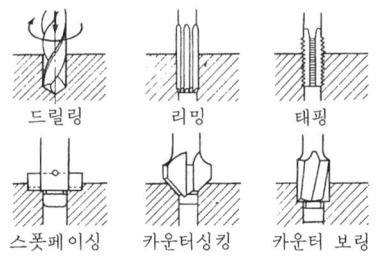

드릴링   리밍   태핑
스폿페이싱   카운터싱킹   카운터 보링

드릴 소켓(drill socket) 작은 지름의 드릴을 드릴링 머신의 주축에 설치하는 공구.

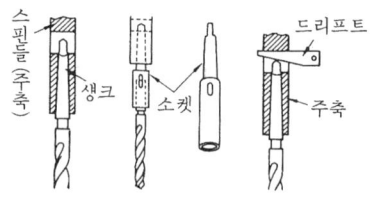

주축에는 홈이 있어 드릴을 뽑는 경우 드리프트를 넣어 빼낸다.

드릴 슬리브(drill sleeve) 드릴링 머신 주축의 테이퍼 구멍의 지름보다도, 드릴 자루의 테이퍼 지름이 작을 때에 드릴을 주축에 장치하기 위한 공구.

테이퍼는 모스(Morse) 테이퍼이고 번호로 표시한다.
[예] 드릴 슬리브 자루의 표시
　　　NO1 × NO2
　　(테이퍼 내면)(테이퍼 외면)

드릴 안내 부시 (drill bushing). 구멍뚫기 지그에 있어서, 정확한 절입 위치에 드릴을 정확하게 안내하는 부시.
[종류] 가이드 부시 (☞p.12), 삽입 부시 (☞p.186), 고정 부시 (☞p.26)

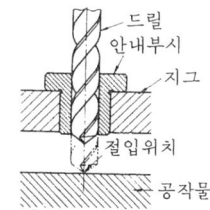

드릴 척(drill chuck) 탁상 드릴링 머신의 주축에 드릴을 장착한 공구.
핸들을 돌리면 원통이 돌고, 원통과 맞물려 있는 조(jaw)가 개폐해서 드릴을 조인다.

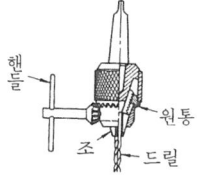

등각 투영법(等角投影法 : isometric drawing) 육면체를 투영할 때, 3축의 선분이 각각 120°C로 이루어져 윤곽이 정육각형이 되는 투영을 등각투영이라 한다. 이 경우, 좌표축상의 길이는 실제 길이보다 짧게 되지만, 이것을 실제 길이로 묘사한 것을 등각도라 한다.

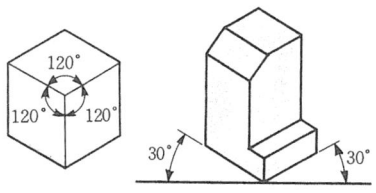

하나의 투영도로 입체를 나타낼 수 있는 것으로 설명도(說明圖) 등에 이용된다.

등속도 운동(等速度運動 : uniform motion) 속도가 일정한 운동. 등속도 운동을 하는 물체는 외력이 작용하지 않는 한 등속도 운동을 계속한다.

등속원 운동(等速圓運動 : uniform circular motion) 원주상을 일정 속도로 작용하는 운동.
원주상의 어느 점에서도 속도 v의 크기는 일정하고 방향은 항상 접선의 방향이다.
가속도 a의 크기는 일정하고 방향은 항상 원의 중심을 향한다.

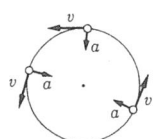

등온 변화(等溫變化 : isothermal change) 일정 온도 T 아래에서의 기체의 압력 P나 비체적 v 등의 상태 변화.

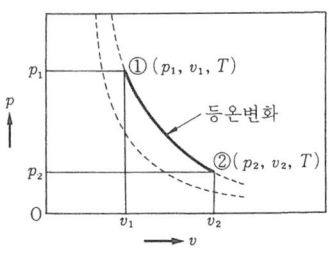

보일 샤를의 법칙 $pv=RT$ 이고 온도 T가 일정하기 때문에 $pv=$일정하게 되고, pv 선도는 윗그림처럼 된다.

디덴덤(deddendum) 기어의 이의 높이 중 피치원으로부터 이뿌리면까지의 길이. 피치원 반경과 이뿌리원 반경의 차. 표준 스퍼 기어 (☞p.432)

디스크 브레이크(disc brake) =원판 브레이크 (p.284)

디스크 샌더(disc sander) 원판 형상의 금강 사포를 붙인 휠 또는 얇은 연마석을 회전시켜 공작물의 연마 등에 사용하는 전동(電動) 공구.

D-A 변환기(digital-analog converter) 디지털량을 아날로그량으로 변환하는 장치. 컴퓨터로 계산처리하여 나온 디지털량을 전기적인 아날로그량으로 바꾸는 장치이다.

디젤 기관(Diesel engine) 실린더 속으로 공기만을 흡입하고 그것을 고압축해서, 압축열에 의해 고온이 된 공기 속에 연료를 분사시켜 자연 발화에 의해 점화, 폭발시켜 운전하는 기관. ☞정압 사이클 (p.347)

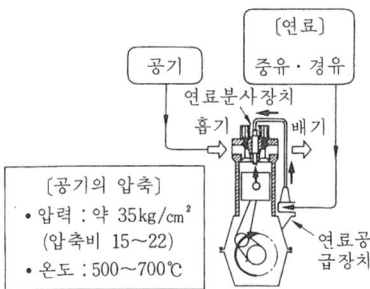

디젤 노크(Diesel knock) 디젤기관에 있어서 분사된 연료가 점화 지연기간 중에 축적되어, 그것이 한꺼번에 연소하기 위해 일어나는 현상.
☞착화지연기간 (p.372)
[디젤 노크의 방지책]
① 점화되기 쉬운 연료를 이용한다.
② 공기의 압축 압력을 높여 분사시간과 무화의 상태를 좋게 하여, 점화지연시간을 짧게 한다.
③ 냉각수의 온도를 높게 하고, 연소실의 온도를 높인다.
④ 연소실내의 기류의 혼란을 증가시킨다.

디젤 사이클(Diesel cycle) ☞정압 사이클 (p.347)

디지털 계기(digital meter) ☞계수형 계기 (p.23)

디지털 방식(digital indication) 연속적인 양을 불연속적인 단계로 구획해서 그 단계를 단위로 하여 몇 개 포함시킬 수 있는가(분리량)로 표시하는 방법. ☞아날로그 방식 (p.230)

디지털 신호(digital signal) 주산이나 계산기처럼 수량을 연속적이 아니고 단계적으로 숫자로 표시하는 신호.

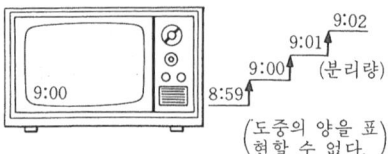

디지털 전자 계산기(digital computer) 출력(처리결과)이 숫자 등의 디지털양이든가 문자 등으로 표시하는 전자 계산기.
▽ 구성

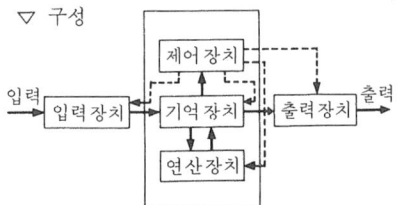

[동작] ① 프로그램을 입력 장치에 넣는다.
② 프로그램은 기억 장치에 보존한다.
③ 계산에 필요한 자료를 입력장치에 넣는다.
④ 수치도 기억 장치에 보존된다.
⑤ 제어 장치의 스타트 버튼을 누르면, 제어 장치가 동작하고, 연산 장치를 구동하여 연산이 행해진다.
⑥ 제어 장치에 의해 출력 장치가 구동되어 출력이 뽑아내진다.
[연산] 입력의 수치나 정보는 모두 2진수로 변환되어, 연산은 2진법으로 행해진다.
[2진법] 수를 0과 1만을 조합시킨 숫자로 나타낸다.

디지털 제어(digital control) 제어 지령이 순간 파동처럼 단속적(斷續的)인 신호로써 주어지는 제어. 수치 제어라고도 한다. ☞수치 제어 (p.210)

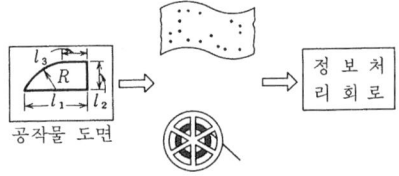

치 수
이송속도 } →수치정보→지령 펄스 예

디퓨저(diffuser) 유체가 가진 운동에너지를 압력에너지로 유효하게 변환시키기 위해서 단면적을 차츰 넓게 한 유량의 통로.

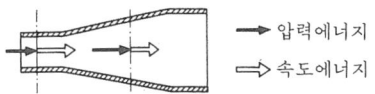

디플렉터(deflector) 펠턴 수차의 니들 밸브(needle valve) 앞에 있고, 니들 밸브 조작 때 분류(噴流)를 버킷으로부터 젖혀지게 하는 판. 펠턴 수차의 속도 조정을 할 때 갑자기 밸브를 닫으면 수격 작용을 일으키기 때문에 분류의 일부를 구부려 버킷에 닿지 않도록 한다.

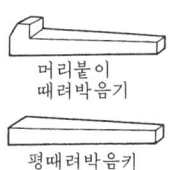

때려박음 키(driving key) 기어 등의 보스와 축을 소정의 위치에 놓고 키홈에 때려박아 체결하는 키. 키의 윗면은 1/100의 구배를 가지며 머리가 있는 것과 없는 것 두 가지가 있다.

땜납(solder) Sn 25~95%, 나머지 Pb의 납땜용 합금. Sn 40~50%의 것이 가장 많이 이용된다.

공정 온도(共晶溫度)가 182°C 이고 융점이 낮은 것으로 납땜은 쉽지만, 부드러워서 강도가 부족하다.

통조림이나 식품류의 캔 납땜에는 납의 독성 때문에, Sn 95% 이상의 것을 사용한다.

띠강(帶鋼: band steel) 폭에 대해서 길이가 매우 긴 띠 형상의 압연 강판. 전로(電爐)에서 제강된 탄소량 0.12% 이하의 림드(rimmed)강으로 만들어지고 박판은 폭 19~25mm, 두께 0.6mm, 후판은 폭 300mm, 두께 5~6mm 사이의 치수가 있다. ☞림드 강괴(p.120)

띠톱 기계(band sawing machine) 띠형상의 톱을 회전시켜서 목재 또는 금속을 절단하는 기계.

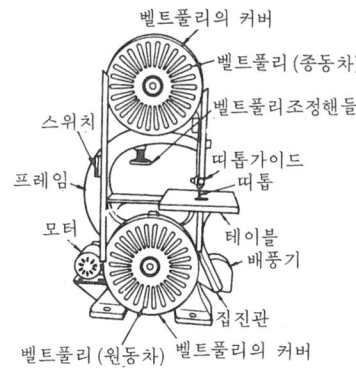

[종류] ① 횡형…비교적 두꺼운 재료의 절단도 할 수 있다.

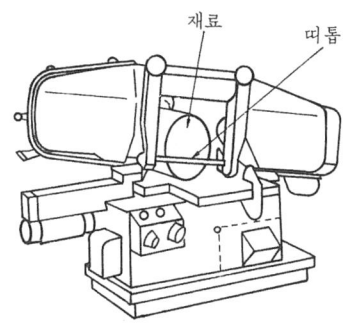

② 입형…폭이 좁은 띠톱을 이용해 판재를 여러가지 형태로 잘라낸다.

띠톱날 연삭기(band saw sharpener) 회전하는 숫돌바퀴에 의해 띠톱의 치형(齒形)을 다듬질 하거나 톱날을 세우는 연삭기로서 띠톱의 이송및 숫돌바퀴의 오르내림 운동은 자동적으로 이루어진다.

ㄹ

라디오 플라이어(radio pliers) 철사·전선 등의 절단이나 세공에 사용하는 공구. 플라이어 보다 좁은 장소의 세공 등에 적당하다.
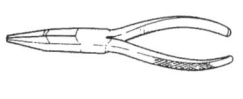

라몽 보일러(La Mont boiler) 순환 펌프로 수관 내의 보일러 수를 강제적으로 순환시키는 보일러. 수관내의 수량을 일정하게 유지하기 위해, 각 수관의 입구에 라몽 노즐을 설치한 것.
[용도] 선박용 및 고압증기 발생용 보일러.

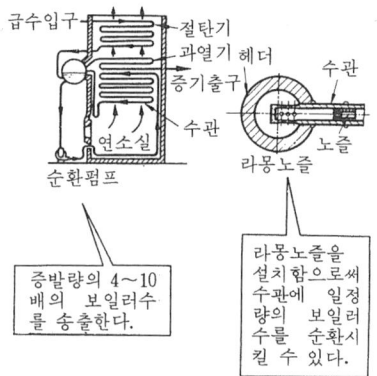

라미의 정리[定理](Lami's theory) 한 점에 작용하는 3힘이 균형일 때의 관계를 표시하는 정리.
3힘 F_1, F_2, F_3 가 균형을 이루고 있을 때,

$$\frac{F_1}{\sin\alpha_1} = \frac{F_2}{\sin\alpha_2} = \frac{F_3}{\sin\alpha_3}$$

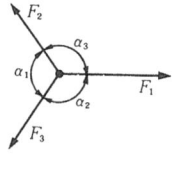

라스프컷 줄(rasp-cut file) 삼각형의 날끝을 가진 펀치로 날을 하나하나 파서 날을 부각시킨 거친눈의 줄. 나무·가죽 등의
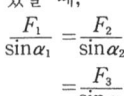
황삭에 주로 이용된다.

라우탈(lautal) Al-Cu-Si계의 주물용 합금.

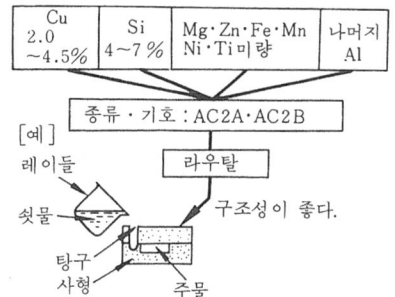

라운딩(rounding) 공작물의 모서리 또는 구석을 둥근 형상으로 한다.
R 가공할 것, R을 줄것 등으로 표시한다.

라이닝(lining) 본체의 표면 또는 안쪽에 본체와 다른 재료를 목적에 따라 붙이는 일.
[예] 용선로의 내측…내화 벽돌.
미끄럼 베어링…화이트 메탈 등.
브레이크 블록… 석면 등.

라이브 센터(live center) 선반의 주축에 끼워넣어 사용하는 센터. ☞ 센터(p.195)

라이저(riser) 주형에 쇳물을 흘렸을 때 주

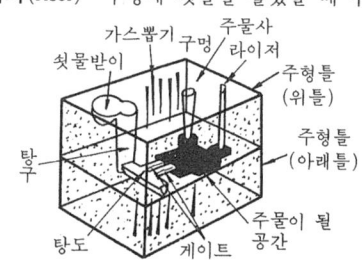

형내의 공기를 외부에 방출하거나 주형내에 발생하는 가스나 슬러그·모래 등을 흘려내리며, 쇳물의 흐름 상태를 보는 부분(구멍). ☞ 압탕(p.240)

라인 스태프 조직(line and staff organization) 명령 전달과 통제 기능에 대해서는 라인조직의 이점을 이용하고, 관리자의 결점을 보완하기 위해서는 스태프 조직을 도입한 조직. 스태프는 기획·조사·조정·감사·통제·조언·서비스 등의 작업을 분담하여 관리자를 보조하지만 라인의 종업원에게 명령할 권한은 없다.

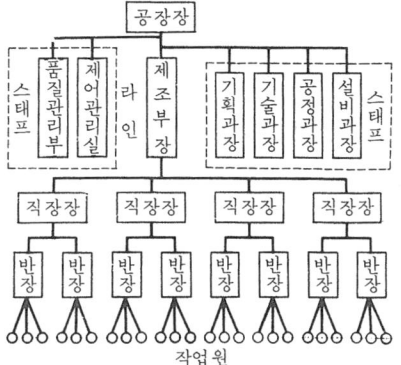

라인 조직(line organization) 기업의 관리 조직의 하나로, 직선식 조직. 각 종업원은 자기가 속한 명령 계통에서 바로 위의 한 사람으로부터 명령을 받을 뿐이며, 다른 명령 계통의 상위자로부터는 지휘·명령을 받지 않는다.
[단점] 횡적 연락이나 협조가 곤란.

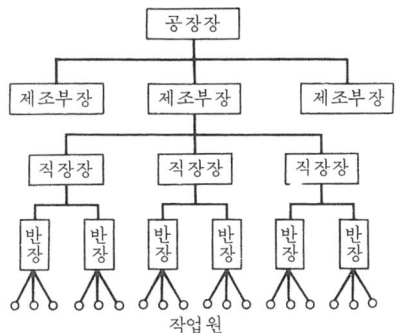

라토 터빈(Rateau turbine) 다수의 단을 설치, 증기에너지를 몇 단으로 나누어 일로 바꾸는 압력복식 터빈. 프랑스인 라토에 의하여 발명된 것에서 유래되었지만, 취리히(스위스)도 원리적으로 완전히 같은 것을 발명했기 때문에 취리히 터빈이라고도 한다. 대출력에 적당하여 대형 터빈으로써 널리 사용된다.

▽ 증기의 압력과 속도의 변화

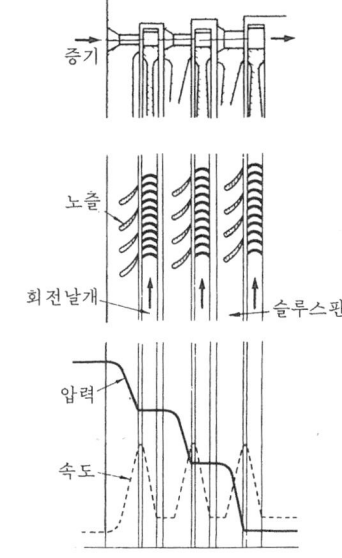

래버린스 패킹(labyrinth packing) 증기터빈의 증기누출 방지 장치에 사용되는 패킹. 베어링부에 좁은 틈새와 넓은 부분을 교차로 설치하여 증기 등의 압력을 서서히 저하시켜 누출을 방지한다.

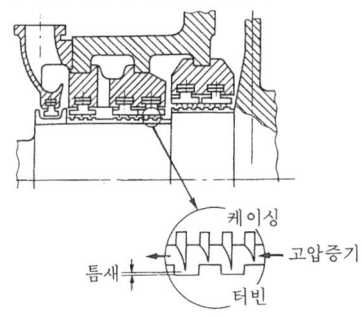

래칫(ratchet) =래칫 휠(p.108)

래칫 스톱(ratchet stop) 마이크로미터에 있어서, 측정압을 일정하게 하기 위해 설치된 것. 래칫 스톱을 돌려 스핀들을 진행시키고 스핀들이 측정물에 접촉한 때, 그 접촉압이 어떤 일정한 값에 달하면 용수철의 수축으로 포크가 끌려 들어가 래칫이 공회전해 스핀들을 멈춘다.

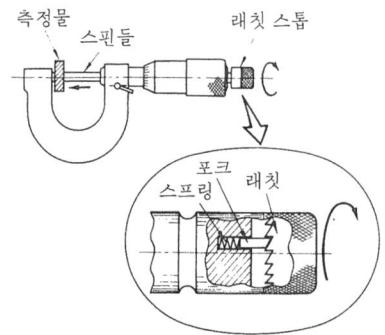

ㄹ

래칫 장치(ratchet gearing) 래칫과 래칫 휠로 이루어 진 전동 장치. 래칫의 왕복 운 동에 의해 래칫 휠 이 간헐적(間歇的) 으로 회전한다.

래칫 핸들(ratchet handle) 소켓렌치용 핸 들. 손잡이의 머리는 각(角) 드라이버붙 이 래칫 휠과 포크(fork) 등으로 구성되 는 래칫 기구를 갖고, 스토퍼(stopper) 의해 반대 방향으로는 공회전을 하는 핸 들.
　소켓렌치용 소켓과 조합하여 볼트 등을 조이기도 하고 풀기도 하는 공구이다.

래칫 휠(ratchet wheel) 휠의 주위에 특별 한 형태의 이를 갖고 이것에 스토퍼를 물 려, 축의 역회전을 막기도 하고, 간헐적 으로 축을 회전시키기도 하는 톱니바퀴.

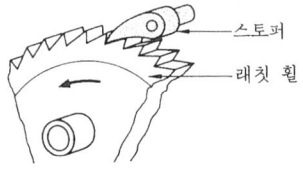

래크(rack) 원통형 기어의 피치원 직경을 무한대로 한 상태, 즉 피치원이 피치선이 된 곧은 막대기에 톱니를 절삭한 것.
　[용도] 피니언 과 맞물려 회 전운동을 직 선운동으로 또는, 직선운

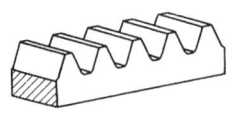

동을 회전운동으로 변환하는 데 사용한 다. ☞ 피니언 (p.440)

래크 커터(rack type cutters) 창성 기어 가공법에서 이용되는 래크형의 커터.
　[용도] 마그(Maag)식 기어 절삭 공구에 이용한다.

γ : 경사각
ε : 전면 여유각
β : 측면 여유각
단면 AA
α : 압력각
α′: 여유를 위 한 측면간 의 반각

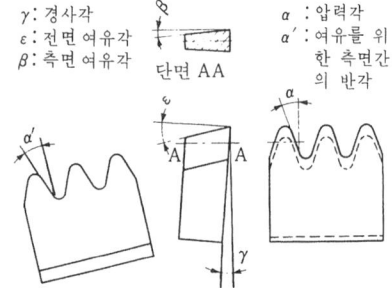

래핑 머신(lapping machine) 상하 2장의 랩판 사이에 공작물을 워크 홀더로 지지 하여 랩 다듬질을 행하는 공작 기계.

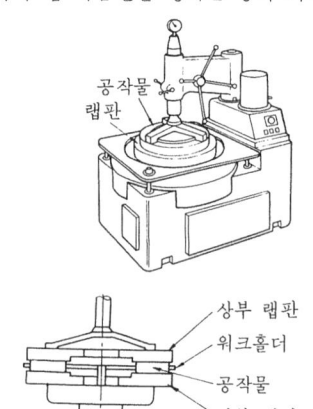

래핑 바(rapping bar) 주형으로부터 목형을 뽑을 때에 사용하는 공구.
형(型)을 뽑아낼 때 또는 들어올릴 때 사 용하는 봉(棒)이다.

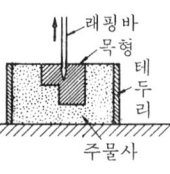

랜덤 샘플링(random sampling) 자료의 편 차를 없애기 위해 될 수 있는 한 임의로 시료를 채취해 내는 일. 시료가 치우치게 취해지지 않도록 무작위(랜덤)로 하기 때 문에, 랜덤 주사위나 난수표를 사용한다.

랜덤 주사위(random number die) 랜덤 샘플링을 행하기 위한 주사위로 정 20면체의 각 면에 0~9의 10개의 수를 2회 나누어 할당시킨 것. 각 면이 나올 확률이 완전히 같게 만들어져 있다.

램(ram) ① 수압기나 유압 잭에서 실린더 내를 왕복하는 지름이 큰 원기둥. ② 공작 기계의 안내면을 왕복 운동하는 부분. 절삭 공구가 장착되고 급속귀환운동을 한다.

▽ 유압잭   ▽ 셰이퍼

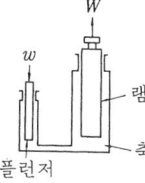 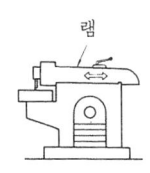

RAM(random access memory) 프로그램이나 데이터를 읽어내고, 적어 넣는 양쪽이 가능한 메모리로서 전원을 끊으면 기억된 내용이 소멸한다.
[종류]
 ○ 정적 RAM : 플립 플롭(flip-flop)을 기억 요소로 한 것으로 통전하고 있는 사이에는 기억 내용은 지워지지 않는다.
 ○ 동적 RAM : 콘덴서를 기억 요소로 한 것으로 콘덴서의 전하(電荷)는 0, 1을 기억한다. 전하가 누설되기 때문에 천분의 수초에 기억 내용을 읽어내고, 다시 적어 넣는 것을 하지 않으면 안된다.

램압(ram pressure) 비행중 기관의 공기흡입구에 동압(動壓)으로 공기가 밀려들어 올 때의 공기의 압력. ☞ 램 제트 기관.

램 제트 기관(ram-jet engine) 램압으로 압축된 공기 속에 연료를 분사하여 연소시켜, 연소 가스를 직접 분출하는 제트기관.

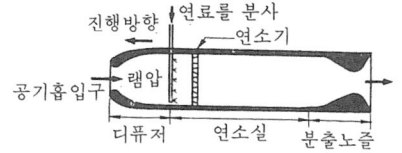

랩(lap) 랩 다듬질을 할 때 사용하는 공구. 공작물의 형상에 따라 여러 종류가 있다. 습식법의 랩에는 홈을 설치하고 있다.
[재료] 공작물보다 부드러운 것이 좋고, 보통 주철·동합금이 자주 사용된다. 랩의 형상이 공작물에 전이(轉移)하는 것으로, 변형되기 쉬운 것은 좋지 않다.

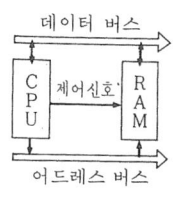

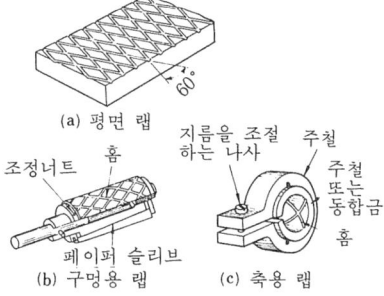

랩 경화(lap hardening) 건식법 랩 다듬질에 있어서, 공작물 표면이 랩과의 마찰열에 의해 국부적으로 고온이 되어, 극히 얇은 표면층이 템퍼링되는 현상.

랩 다듬질(lapping) 주철·동합금 등으로 만들어진 랩과 공작물 사이에 랩제를 넣고 압력을 가해서 문질러, 치수 정도가 좋은 정밀한 다듬질 면을 얻는 공작법. ☞ 랩
[랩제] 탄화규소·용융알루미나·산화크롬·산화철 등의 분말.
[랩액] 경유·스핀들유 등.
[습식법] 랩제와 랩액을 같은 양으로 섞어 랩 표면에 칠한다. 랩제는 회전하면서 공작물의 표면을 조금씩 깎는다.

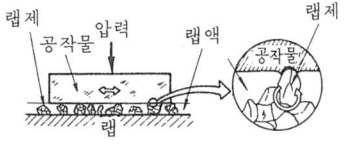

[건식법] 랩제와 랩액을 랩면에 바르고 문질러 여분의 것을 닦아낸다. 랩제는 공

작물에 대해 미끄럼운동을 한다. 다듬질 면은 경면(鏡面) 다듬질이 된다. 습식법 다음에 행한다.

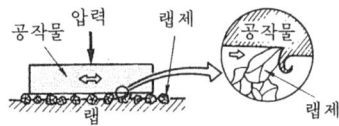

랭커셔 보일러(Lancashire boiler) 노통(爐筒)이 2개 설치된 노통 보일러. ☞ 노통 보일러 (p.77)

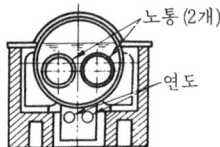

전열면적 50~100m² 공장용 보일러

랭킨 사이클(Rankine cycle) 보일러·증기 터빈·복수기·급수 펌프에 의해 구성되며 발생 증기에 의해, 터빈에서 일을 한 후, 배출 증기를 복수기(復水器)에서 복수시켜 펌프로 되돌리는 사이클.

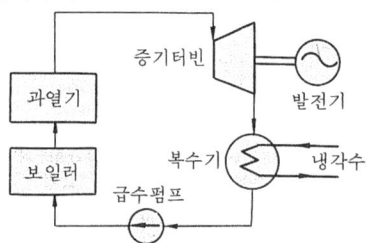

랭킨의 공식(Rankine's formula) 기둥의 좌굴강도(座屈強度)의 계산식. 비교적 짧은 기둥의 경우에 사용된다. 세장비(細長比)로 적용범위를 결정한다.

$$\sigma = \frac{\sigma_c}{1+\frac{a}{n}(\frac{l}{k})^2}$$

σ : 좌굴강도　σ_c : 압축강도
a : 실험 정수　n : 단말계수
$\frac{l}{k}$: 세장비 (☞ p.194)
k : 최소단면 2차 반경

재료 정수	주철	연강	경강	목재
σ_c (kg/㎟)	56	34	49	5
a	1/1600	1/7500	1/5000	1/750
세장비 범위	<80	<90	<85	<60

[주] 적용 범위 밖일 때는 오일러의 공식 (☞ p.266)

을 사용한다.

러너(runner) 수차의 임펠러(날개차). ☞ 임펠러 (p.305). 흐르는 물의 에너지를 기계에너지로 변환한다.

레그 바이스(leg vise) 다리가 달린 바이스라고도 말하며, 작업대에 세로 방향으로 설치한 대형의 바이스.
깎아내기 작업 등 심한 힘을 가하는 데 적당하다.

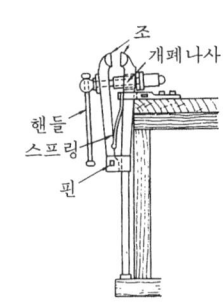

레데부라이트(ledeburite) 주철에 있어서 오스테나이트와 시멘타이트의 공정 조직(共晶組織). 일반적으로 상온에서는 불안정하고, 시멘타이트(Fe_3C)는 흑연과 금속으로 분해한다.

▽ Fe-C계 상태도

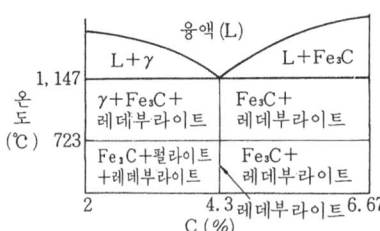

레드우드 점도계[粘度計](Redwood viscometer) ☞ 점도계 (p.341)

레버(lever) 지지점을 중심으로 하여 왕복 각 운동을 하는 링크.
▽ 중량물을 끌어올리기 위해 사용하는 레버

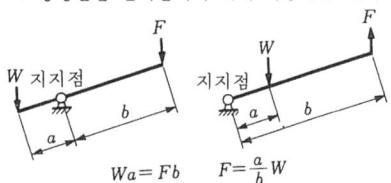

$Wa = Fb$　　$F = \frac{a}{b}W$

▽ 링크 장치의 레버

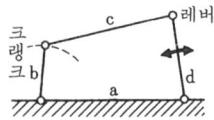

크랭크 b를 회전시키면 레버 d는 왕복 각운동을 한다.

레버 관계(lever relation) 레버의 양단에 힘이 작용하여 균형이 잡혀 있을 때, 2개의 힘의 크기와 지지점으로부터 힘의 작용점까지의 거리와의 관계.

$$\frac{W}{F}=\frac{b}{a}$$

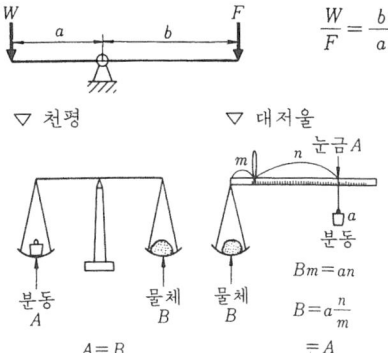

[합금 평형상태도에서의 레버 관계] 전율(全率) 고용체형 상태도 조성을 나타내는 방법.

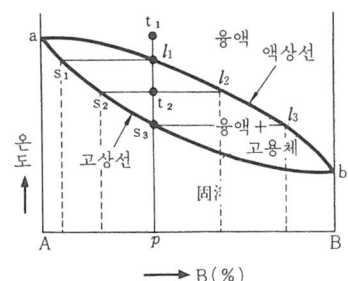

p의 조성$=\dfrac{B의 \text{ 성분}}{A의 \text{ 성분}}=\dfrac{p}{100-p}$

○ t_1의 융액을 서냉한 경우
① l_1에서 s_1의 처음 조성품(고용체)이 정출한다.
② t_2에서 조성 s_2의 고용체와 l_2의 조성의 융액으로 된다.
③ 융액이 없어지고 고용체의 조성 $s_3=p$로 된다.
$$\frac{고용체의 \text{ 중량}}{융액의 \text{ 중량}}=\frac{l_2 t_2}{s_2 t_2}$$

레버 크랭크 기구[機構](lever crank mechanism) 4절 회전 연쇄에 있어서, 링크 A

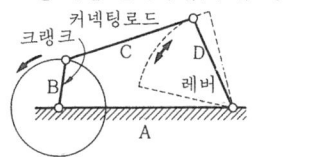

를 고정한 때 링크 B를 회전시키면 링크 D가 왕복 각 운동을 하는 기구(機構).

레벨(level) ☞ 수준기 (p.207)

레이놀즈수(Reynolds number) 유체의 흐름이 층류(層流)인가 난류(亂流)인가를 결정하는 무차원수(無次元數).

$$Re=\frac{\rho VL}{\mu}$$

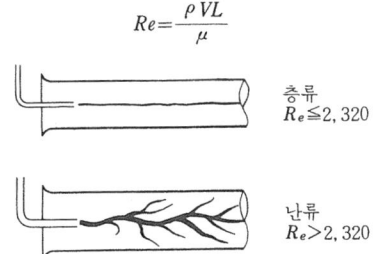

층류 $R_e \leq 2,320$
난류 $R_e > 2,320$

레이더(radar) radio detection and ranging의 머리글자. 전파(마이크로파)를 목표물에 대고, 그 반사파로부터 목표물의 방향과 거리를 측정하는 장치.

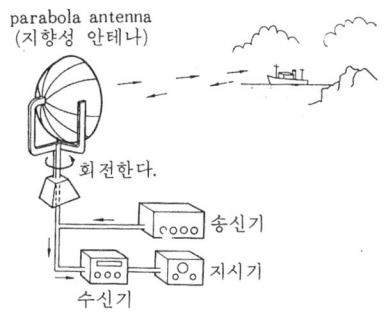

레이들(ladle) 융해로로부터 나온 융해 금속(쇳물)을 받아, 운반하기도 하고 주형에 주입하기도 할 때 사용하는 용기.

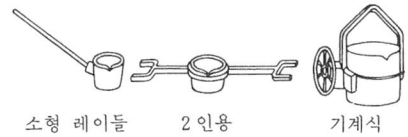

소형 레이들   2인용   기계식

레이디얼 드릴링 머신(radial drilling machine) 수직의 기둥을 중심으로 선회할 수 있는 암(arm) 위를 주축헤드가 수평으로 이동하는 구조의 드릴링 머신. 공작물이 대형 중량물일 때 공작물을 베드 위에 두고, 주축을 구멍뚫기의 위치까지 이동하여 작업을 한다.

레이디얼 베어링(radial bearing) 미끄럼 베어링이나 구름 베어링에 있어서, 회전축에 수직으로 가해지는 하중을 지지하는 베어링.

▽ 레이디얼 베어링 미끄럼   ▽ 레이디얼 볼 베어링

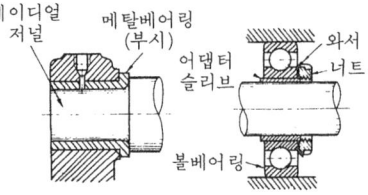

레이디얼 팬(radial fan) 레이디얼 송풍기로 이용되고 방사상의 암(arm)에 설치한 판상(板狀)의 날개.
[특징] 구조상 날개의 세기가 크고, 날개의 교환·수리가 쉽다.

레이아웃(layout) =설비 배치. 가장 능률적·경제적으로 작업할 수 있고, 또한 작업자가 안전하고 만족하도록 기계·설비의 배치를 하는 일. 생산 활동에는 사람과 물건의 이동을 동반하지만 다음 사항에 주의하여 배치한다.

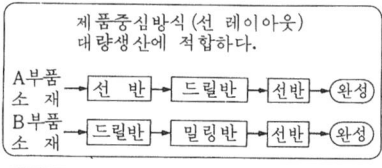

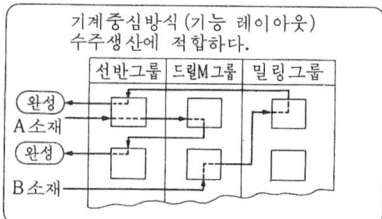

① 이동거리를 최단으로 한다.
② 재료를 생산과정에 따라 원활하게 보낸다.
③ 다른 경로와 뒤섞이지 않도록 한다.
④ 공간을 유효하게 사용한다.
⑤ 안전하게 작업할 수 있도록 한다.

레이저 가공(laser beam machining) 레이저라 불리어지는 특수한 빛을 가진 에너지를 열에너지로 변환시켜 공작물을 국부적으로 가열하여 미세한 가공을 행하는 방법. ☞ 레이저 광선 (p.112)

▽ 레이저 가공의 원리도

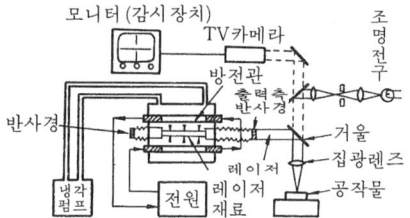

방전관으로부터 나온 빛은 레이저 재료에 집적되고 레이저 재료가 증폭기의 역할을 하며 반사경에 의해서 출력의 일부가 입력측에 되돌아오고 출력이 증대되어 레이저로 된다. 이 레이저를 집광렌즈에 의해 한 점으로 모아 공작물에 비춘다. 레이저 가공은 레이저에 의해서 공작물을 국부적으로 가열해서 용융시키거나 발광시키는 것이 가능하다.
공작물에 접촉하지 않는 가공이기 때문에 시계의 베어링 구멍 등과 같은 정밀한 가공이나 다이아몬드·세라믹류 등의 비금속 재료의 정밀한 구멍내기나 절단 등에 이용된다.

레이저 광선(laser) 여기상태(勵起狀態)의 원자에 에너지를 주어 유도방사해서 얻을 수 있는 빛. laser는 light amplification by the stimulated emission of radiation(유도 방출에 의한 빛의 증폭)의 머리글자.

▽ 레이저광선의 특질과 그 응용 분야

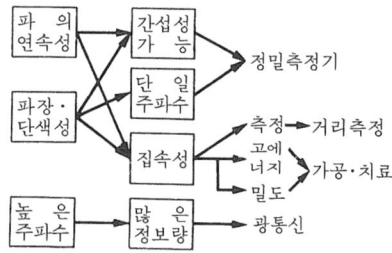

레이팅(rating) 표준시간을 결정할 목적으로 어떤 작업을 하는 데 필요한 정미(正

味) 작업 시간을 알기 위하여 시간 관측을 하는데, 그 작업자의 작업 속도에 대해서 행한 관측자의 평가(評價).
▽ 레이팅 값의 결정 방법

작 업 자	작업의 신속성	레이팅 값
A(보통의 노력)	보통의 빠르기	100%
B	보통보다 20%빠르게	120%

레지노이드 숫돌차(resinoid bond grinding wheel) 페놀수지 또는 열경화성 수지를 결합제로 하여 만든 연마석.
[특징] 탄성이 풍부하고, 주로 절단용 등으로 사용한다.

레지스터(register) ① 컴퓨터의 CPU나 I/O포트 등의 내부에서 1비트(bit)나 수비트의 짧은 정보를 일시적으로 축적해 두고 그 내용이 언제든지 이용할 수 있게 되어 있는 것.
② 기 억 기 (記憶器).
처리 전의 명령이나, 데이터 또는 처리 후의 데이터를 출력할 때 까지 일시적으로 보존해 두는 장치.

[테이프 레코더] 녹음하면 몇 번이라도 재생할 수 있고, 새롭게 녹음하면 앞의 녹음은 지워진다.

렘(rem) 방사선의 생물체에 주는 효과로 부터 평가한, 흡수선량을 표시하는 단위. 사람에 따라 다르지만, 거의 25rem의 방사선을 주면 혈액에 변화가 일어나고 방사선량이 증가하면 증상도 분명하게 나타난다.

로드셀(load cell) 저항선 변형 게이지를 이용한 하중 측정기.

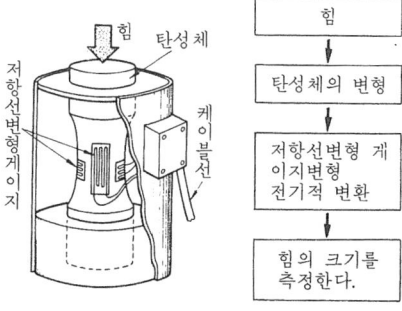

로딩(loading) 숫돌 입자(粒子)의 표면에 칩(chip)이 막히는 현상.
[원인] 숫돌 입자의 결합도가 크든가, 속도가 낮을 때에 생긴다.

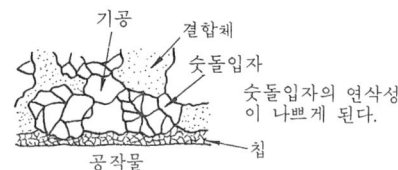

로딩 시스템(loading system) 재료나 부품을 작업 위치로 자동적으로 장착 시키는 장치.
공작물은 저장소에서 낙하하여 이스케이프먼트 (일정 시간마다 새들을 전진시키도록 되어 있다)의 작용에 의해서 새들로 척(chuck)에 물려지게 된다.
▽ 이스케이프먼트를 이용한 로딩 장치

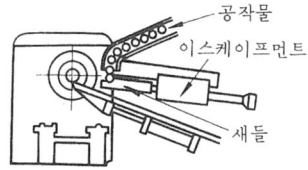

로버벌의 기구[機構](Roberval's [parallel] motion] mechanism) 크랭크가 어떤 각도 만큼 왕복 각 운동을 하는 평행 운동 기구이다. 오른쪽 접시가 상하로 운동하는 거리는 왼쪽 접시가 상하로 운동하는 거리와 같다.

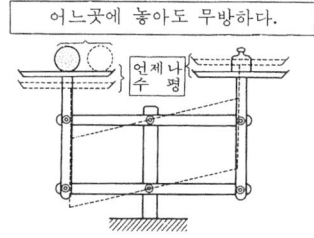

로스트 왁스 주조법[鑄造法](lost wax casting process) 왁스를 모형으로서 그 주위에 주형재료를 가득채워 가열하고 왁스를 흘려넣어 조형하는 주조법.
=인베스트먼트 주조법 (p.302)
주조 제작비는 비싸지만 복잡한 형상의 것이나 치수 정도가 높은 주물을 얻을 수 있다.

[예] 내열합금의 가스 터빈의 날개
▽ 주조 공정의 개략

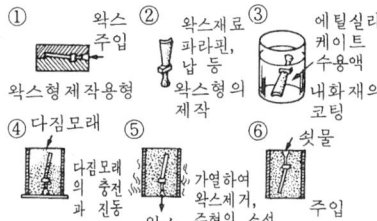

로켓 엔진(rocket engine) 제트 기관과 같이 반동력을 이용해서 물체를 추진시키는 기관. 연소에 필요한 산소 및 연료를 가지고 가기 때문에 공기가 없는 우주 비행이 가능하다. 인공 위성의 발사나 우주선 등의 분사 추진 기관으로 이용되고 있다.

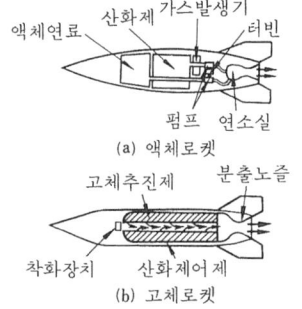

로크웰 경도시험(rockwell hardness test) 압자를 일정 하중으로 시료면에 압입을 가해 압자의 선단이 들어간 깊이로 재료의 경도를 아는 시험.

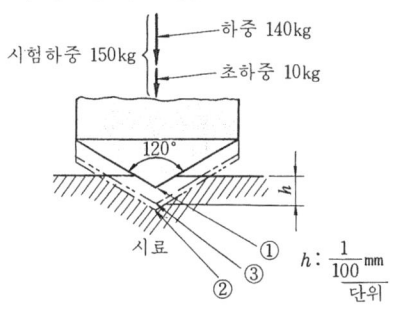

[C스케일의 경우] ① 초하중을 건다.
다이얼 게이지의 지침을 0으로 맞춘다.
② 시험 하중을 건다.
③ 하중을 제거하고, 초하중으로 한다.

(탄성으로 움푹 파여 조금은 원위치로 된다) : 다이얼 게이지의 지시를 읽는다.

$H_{RC}=100-500h$

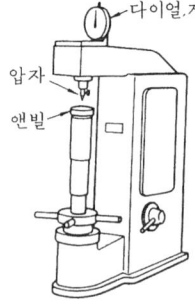

시험시 지시계의 눈금은 다이얼 게이지에 의해서 지시되고, 읽음값이 경도의 수치가 된다.

로터리 스풀 밸브(rotary spool valve) 유압기기의 기름의 흐름을 바꾸는 변환 밸브의 일종.
[용도] 주로 저압·중압용으로 이용된다.

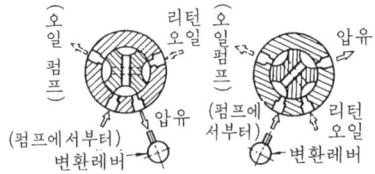

로터리 인코더(rotary encorder) 원판에 의한 광학적 펄스 스케일. 광학적 펄스 스케일의 이동 스케일을 원판으로 바꾸어 놓은 것.
☞ 리니어 인코더 (p.116)

로터리 전단기(rotary shear) 회전하는 1쌍의 커터에 의해서 곡선 및 직선 절단을 하는 전단기(剪斷機).
▽ 압연기에서 나온 얇은 강판의 양측면을 연속적으로 절단하는 로터리 전단의 예.

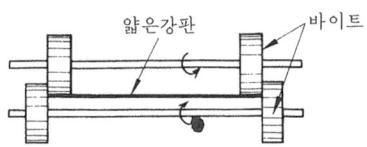

로터리 커터(rotary cutter) 소형 드릴링 머신·전기드릴 등에 장착해서 공작물의 형 조각, 기어 등의 모따기 작업에 사용하는 바이트류.

로터미터(rotameter) =부자형(浮子形) 면적 유량계 (p.165)

로트 생산(lot production) 동일 부품 또는 제품을 적당한 수량씩으로 일괄하여 제작하는 생산 방식.

롤 단조(roll forging) 짧고 단면적이 큰 소재를, 길고 좁은 단면의 형상으로 롤(roll)을 이용해서 행하는 단조(鍛造). 차륜이나 커넥팅 로드 등의 예비 성형에 이용된다.

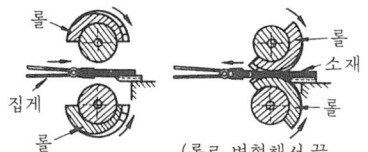

롤러 다듬질(surface rolling) 공작물의 표면에 롤러를 압착하여 평활한 다듬질면을 얻는 가공법.

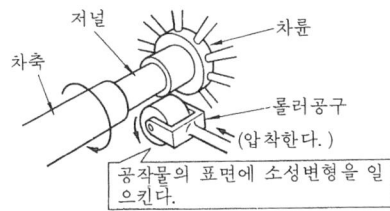

롤러 베어링(roller bearing) 전동체로 롤러를 이용한 구름 베어링.
[종류] 원통 롤러 베어링, 원뿔 롤러 베어링.
[용도] 중하중의 베어링.

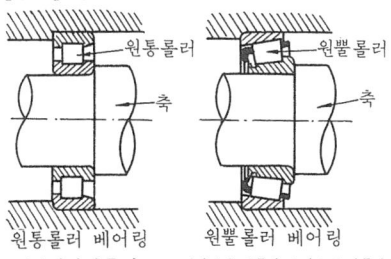

롤러 체인(roller chain) 강판으로 만든 롤러 링크와 핀 링크를 서로 핀으로 연결한 체인.
[특징] 체인 전동에 이용되고, 롤러가 자유로이 회전하기 때문에 마찰이 적다.
☞ 체인 전동 (p.375)

롤러 컨베이어(roller conveyor) 여러 개의 롤러를 좁은 간격으로 나열하여 설치한 후 그 위에 물체를 올려 운반하는 기계
[종류] 중력식과 동력식이 있다.
　중력식…대량 생산 공장, 창고 등
　동력식…롤러 자체가 자동으로 회전되고 롤러 지름은 중력식보다 크다.
[용도] 압연 공장
▽ 중력식 롤러 컨베이어

롬(ROM : read only memory) 읽어내기 전용 메모리로서 전원을 차단하여도 기억 내용은 지워지지 않는다. 모니터·컴파일러·인터프리터 등이 격납되어 있다.
[종류]
○ masked ROM (M-ROM) 제조 시에 기억 내용을 써넣는 ROM으로 변경할 수 없다.

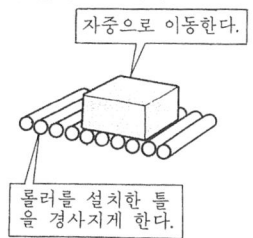

○ programmable ROM(P-ROM) 사용시에 프로그램을 써 넣거나 변경할 수 있는 ROM.

루이스 계산식(Lewis' formula) 기어 이의 강도를 굽힘 강도로부터 계산할 때에 사용하는 식. 이를 균일분포하중의 외팔보라고 생각하고, 이 끝에 작용선 방향의

힘을 한결같이 받는 것으로 간주하고 계산한다. 이 끝에 가하는 힘 F_n을, 이의 중심선에 직각한 힘 F_1과 중심선상의 힘 F_2로 나누어, 이의 압력각을 α, F_n과 F_1과 이루는 각을 β라 하면
이를 구부리려고 하는 힘 F_1은 기어의 회전력 F와 거의 같다.

$$F_1 = F_n \cos\beta = F_n \cos\alpha = F \ (\alpha \fallingdotseq \beta)$$

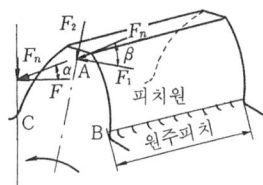

$$F = f_v f_w \sigma_0 \, t \, b y$$

F : 기어의 회전력(피치원의 접선 방향)
f_v : 속도계수(기어의 다듬질 상태나 속도 등에 의해 정해진다.)
f_w : 하중 계수(기어에 가하는 하중의 상태에 의해서 정해진다)
σ_0 : 허용 굽힘 응력
t : 원주 피치 b : 이폭
y : 치형 계수(치형, 잇수 등에 의해 정해진다)

루츠 송풍기(roots blower) 2개의 회전자가 서로 접촉하면서 돌고 회전자와 케이싱과의 사이에 밀폐된 공기를 돌려 보내는 송풍기(送風機).

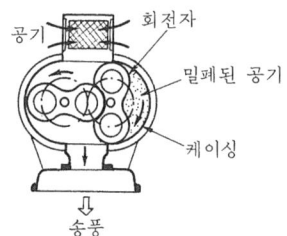

루트(root) ① 용접부의 단면에 있어서 용접부의 밑면과 모재면이 교차하는 점.
② 맞대기 용접 이음에 있어서, 부재(部材)간의 가장 근접한 부분.

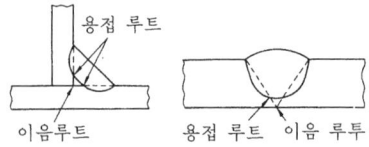

③ 필릿 용접 이음에 있어서, 2개의 모재의 표면에 교차하는 선.
②,③은 함께 이음 루트(root of joint)라고 한다.

루트 간격(root opening) 용접 이음에 있어서 2개의 부재(部材) 사이에 설치한 그루브의 밑부분의 간격.

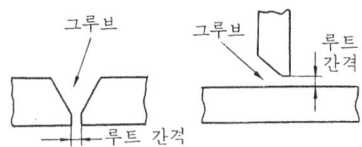

루트 면(root face) 용접 이음에 있어서 그루브의 밑부분의 올라온 면(面).

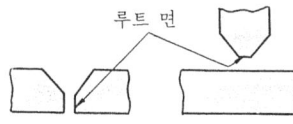

루트 반경(root radius) 용접 이음에 있어서 T형・U형 및 H형의 그루브의 밑부분의 반경.

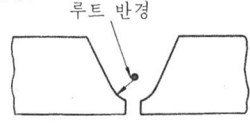

리니어 인코더(linear encoder) 광학적 펄스 스케일을 말하며, 고정된 격자 줄무늬를 판독하고, 스케일과 변위로부터 이동하는 이동 스케일로 구성되어 있다. 스케일의 변위에 의해서 생기는 빛의 명암 신호를 핫 트랜지스터(hot transistor)에 의하여 디지털 계측을 하기 때문에 주로 공작 기계나 계측기의 테이블 위치 결정 등에 이용된다.

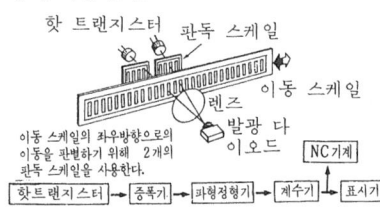

리듀싱 밀(reducing mill) 강관의 외경을 균일하게 하는 기계.

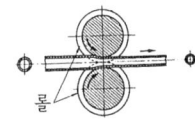

리듀싱 조인트(reducing joint) 이경관(異徑管) 조인트. 지름이 다른 2개의 관을 접속하는데 사용되는 관 이음.

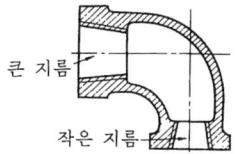

리드(lead) 코일상의 한 점이 그 선에 따라서 1회전 할 때, 축방향으로 진행한 거리.

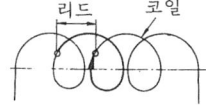

[나사의 리드] 나사 1회전했을 때, 나사가 진행한 거리.
○ 한줄 나사…1피치
○ 다줄 나사…피치×줄수

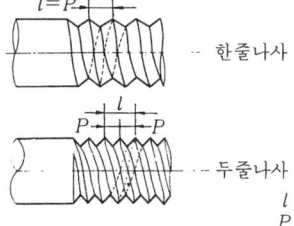

l : 리드
P : 피치

[기어의 리드] 헬리컬 기어·웜 등에서도 잇줄의 1회전에 대한 진행을 리드라 한다.

리드각(lead angle) 나사산의 나선과 나사축에 직각인 평면이 이루는 각(角). 리드각이 작을수록 리드가 작고, 또 힘의 전달 효율이 낮다. 따라서 리드각은 힘이나 운동의 전달용 나사는 크게 하고, 체결용 나사는 작게 한다.

$$\tan\beta = \frac{l}{\pi d}$$

d : 나사의 평균지름

리드 스크루(lead screw) 선반에서 나사를 낼 때 왕복대를 확실히 이송하기 위하여 사용하는 나사봉. 나사내기나 공작물의 위치 결정의 기초가 된다. 정도가 높은 나사이다. 나사산형에는 사다리꼴 나사가 많이 사용되고 있다.

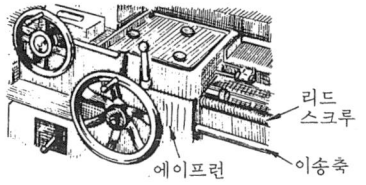

리머(reamer) 미리 드릴 등으로 뚫려진 구멍의 내면을 정밀하게 다듬질하기 위해 사용하는 절삭 공구.
▽ 2단 모따기

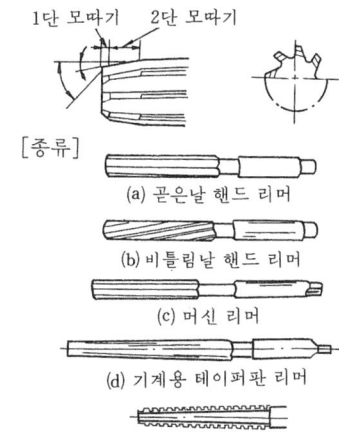

[종류]
(a) 곧은날 핸드 리머
(b) 비틀림날 핸드 리머
(c) 머신 리머
(d) 기계용 테이퍼핀 리머
(e) 테이퍼 리머 (거친 다듬질용)

리머 볼트(reamer bolt) 볼트와 볼트 구멍에 틈새를 만들지 않을 때 사용하는 볼트.
[예]

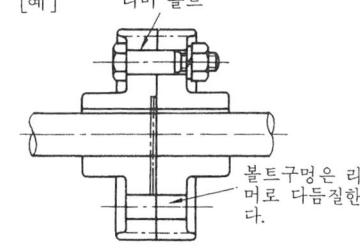

볼트구멍은 리머로 다듬질한다.

리머 탭(reamer tap) 공작물의 탭드릴 직경을 리머로 다듬질해서 탭내기를 하는, 리머와 탭이 일체로 된 절삭공구.
[용도] 정도(精度)가 좋은 나사내기를 할

때에 사용한다.

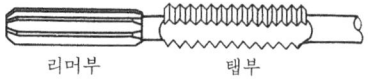
리머부 탭부

리밋 스위치(limit switch) 기계적 접촉에 의해 접점(接點)을 개폐하는 소형의 스위치.

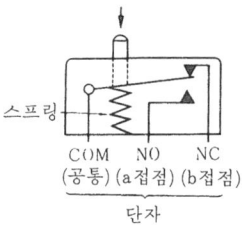

리밍(reaming)
리머 가공(加工). 리머를 사용하여 구멍의 내면을 정밀 다듬질 하는 작업. 리머 다듬질이라고도 한다.

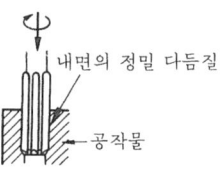

리벳(rivet) 금속판이나 형재(形材) 등을 겹쳐 맞추어 리벳 구멍에 끼워 넣어, 이것들을 체결하는 기계 요소.

리벳의 기호(記號) 구조물 등의 도면(圖面)에 있어서, 다수의 리벳을 그릴 필요가 있을 때, 리벳의 종류나 타입(打入) 방향을 표시하는 데 사용하는 기호.

▽ 리벳기호의 예

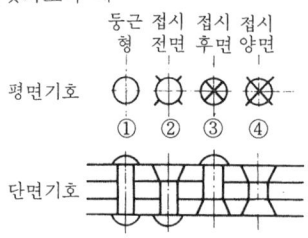

리벳 이음(rivet joint) 리벳을 사용하여 금속의 판이나 형강(形鋼)을 체결하는 이음. 보일러·탱크·구조물의 이음으로써 사용된다.
　작은 지름 리벳은 가열하지 않고, 냉간에서 가공한다. 또 지름이 작은 것은 손작업으로 리벳 체결하는 일도 있지만, 보통은 기계를 이용하여 리벳 체결한다.

▽ 리벳 이음의 가공순서

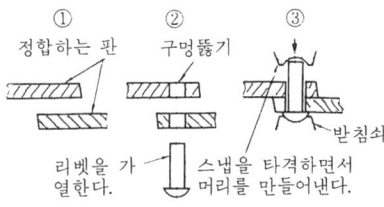

[종류]

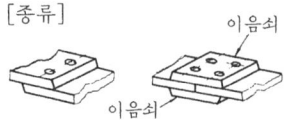

겹치기이음　맞대기이음(이음쇠가 한 쪽만 있는 것도 있다.)

▽ 리벳렬수

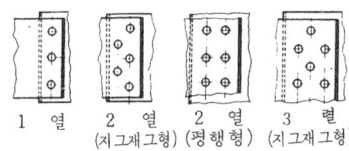

1 열　2 열　2 열　3 렬
　　(지그재그형)(평행형)(지그재그형)

리벳이음의 강도(strength of rivet joint)
리벳 이음이 인장 하중을 받을 때의 1피치당의 파괴 하중에 대한 강도.

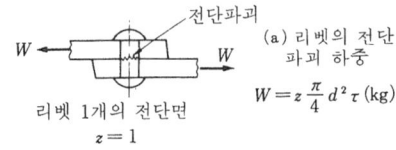

(a) 리벳의 전단 파괴 하중

$$W = z \frac{\pi}{4} d^2 \tau \text{ (kg)}$$

리벳 1개의 전단면
$z = 1$

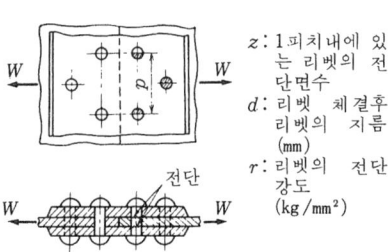

z : 1피치내에 있는 리벳의 전단면수
d : 리벳 체결후 리벳의 지름 (mm)
r : 리벳의 전단 강도 (kg/mm^2)

1피치내에 있는 리벳수 2개
1개의 리벳 전단 면수 2
1피치내에 있는 리벳의 전단 면수
$z = 2 \times 2 = 4$

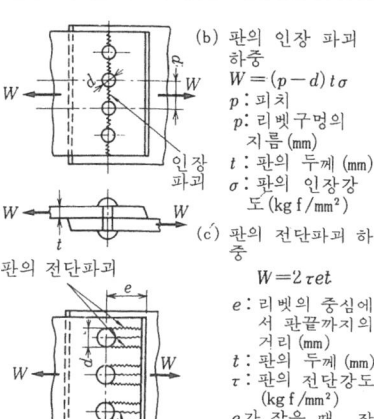

(b) 판의 인장 파괴 하중
$W = (p-d)t\sigma$
p : 피치
p : 리벳구멍의 지름 (mm)
t : 판의 두께 (mm)
σ : 판의 인장강도 (kgf/mm²)

(c) 판의 전단파괴 하중
$W = 2\tau et$
e : 리벳의 중심에서 판끝까지의 거리 (mm)
t : 판의 두께 (mm)
τ : 판의 전단강도 (kgf/mm²)
e가 작을 때, 잘라지기도 하고 전단으로 파괴되기도 하는 것으로, $e \geqq 1.5d$

리벳 이음의 효율[效率](efficiency of rivet joint) 리벳 이음의 판의 효율과 리벳의 효율을 비교해서 작은 쪽의 효율. ☞ 리벳 이음의 강도.

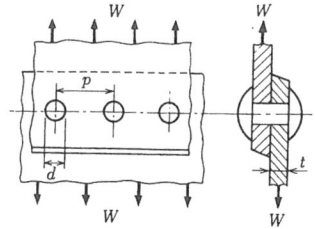

[판의 효율] 리벳 구멍을 뚫은 판의 인장 파괴 강도와, 구멍을 뚫지 않은 판의 인장 파괴 강도와의 비.
$$\eta_1 = \frac{t(p-d)\sigma}{tp\sigma} = \frac{p-d}{p} = 1 - \frac{d}{p}$$
σ : 판의 인장 강도

[리벳의 효율 η_2] 리벳의 전단 파괴 강도와 구멍을 뚫지 않은 판의 인장 파괴 강도와의 비.
$$\eta_2 = \frac{z\pi d^2 \tau}{4pt\sigma}$$
z : 1 피치간의 리벳의 전단면의 수
τ : 리벳의 전단 강도

리브(rib) 기계 부품에 있어서, 판상(板狀)이나 두께가 얇은 부분을 보강하기 위해 붙이는 골격.

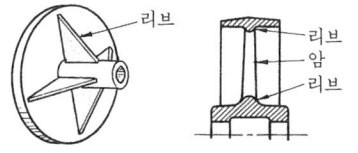

리액터(reactor) 코일이 가진 리액턴스를 이용하여 전류 제한 등에 사용하는 장치
[구조] 코일 속에 철심을 넣어 리액턴스를 크게 한 것이 많다.
[종류] 철심형, 에어캠형이 있다.

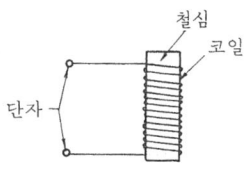

리액턴스(reactance) 인덕턴스 L이나 정전 용량 C가 갖는 교류의 흐름을 방해하는 작용(교류 저항). 단위는 옴(Ω).
① 인덕턴스 L에 의한 리액턴스
$X_L = \omega L$ (유도 리액턴스)

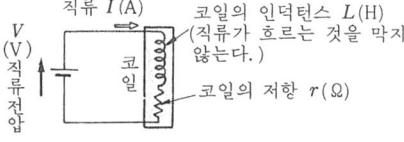

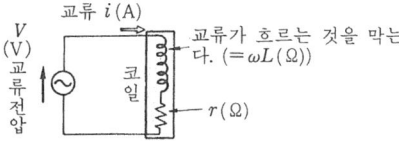

② 정전 용량 C에 대한 리액턴스
$X_C = 1/\omega C$ (용량 리액턴스)

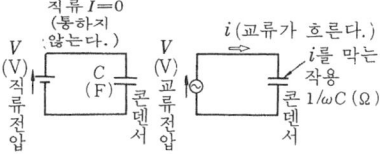

림(rim) 기어·풀리 등의 회전체에 있어서, 외주(外周)의 링 형상을 한 얇은 두께의 부분. 윤주(輪周)라고도 한다.
[예]

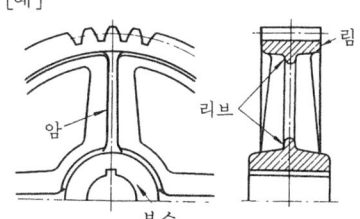

림드 강괴(rimmed ingot) 용강(熔鋼)을 페로망간(ferromanganese) 등으로 가볍게 탈산한 강괴(鋼塊).

기포

탈산이 불충분하기 때문에 용강 속에서 거꾸로 CO 가스가 발생하여 이것이 잔류해서 기포가 생긴다.

림드강괴의 단면

기포는 분괴압연, 단조에 의해 압착되어, 떨어져 버리는 부분이 없어 경제적이다.

[용도] 봉·판·관재(管材) 등 일반구조용 강괴로써 사용된다.

링 기어(ring gear) 보스(boss)도 암(arm)도 없는 원판상(圓板狀)의 기어.
[예] 자동차의 감속기어

차동기어 감속기어

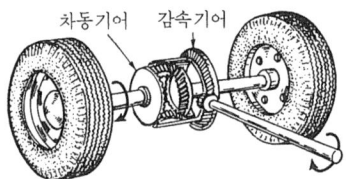

링 스프링(ring spring) 외륜은 내측에 내륜은 외측에 테이퍼가 있는 마찰면을 가진 링 형상 스프링을 포갠 압축된 스프링.
[특징] 하중이 변하면 내외륜의 변형과, 접촉면의 마찰에 의해서 작은 변형으로 큰 에너지를 흡수한다.

내륜 외륜

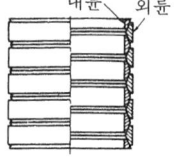

[용도] 차량 등에 이용되고 있다.

링식(式) 균형 차압계(ring manometer) 링의 회전각에 의해 차압(差壓)을 측정하는 계기(計器).

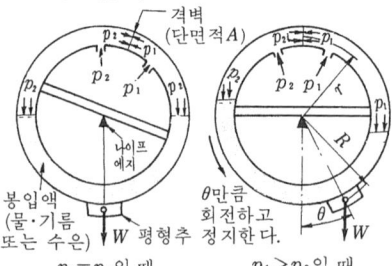

봉입액
(물·기름
또는 수은) W 평형추 θ만큼 회전하고 정지한다.

$p_1 = p_2$ 일 때 $p_1 > p_2$ 일 때

[링이 θ 만큼 회전한 때의 균형관계]
$$(p_1 - p_2)Ar = WR\sin\theta$$
$$p_1 - p_2 = \frac{WR}{Ar}\sin\theta$$

W, R, A, r은 계기에 의한 정수이기 때문에 $p_1 - p_2$는 $\sin\theta$에 비례한다.
[측정 범위]
봉입액 물 또는 기름인 경우:
20～250 (mmAq)
수은인 경우: 500～2500 (mmAq)

링잉(wringing) 2개의 고정도(高精度)로 다듬질된 블록게이지의 평면과 평면을 겹쳐 미끄러지게 하여 강하게 밀착해 떨어지기 어렵게 하는 것.

블록게이지

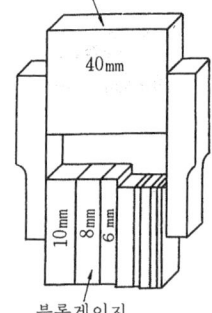

호칭 치수 40mm인 1개의 블록게이지와, 호칭 치수의 합이 40mm가 되는 8개의 블록게이지를 조합시켜, 게이지의 양단면에 공통의 2개의 평면이 밀착하는 것을 나타낸다.

블록게이지

여러개의 블록 게이지를 조합시켜, 소정의 호칭 치수로 할 때 링잉을 행한다. 이것을 떨어지게 하기 위해서는 반드시 미끄러 뜨려 떼어놓아야 하고 절대로 무리하게 떼어놓아서는 안된다.

링크 바(link bar) 서로 연결할 수 있는 구조로 되어 있는 막장의 천장 지지용 금속 빔(beam)을 말한다.
[막장] 광산의 갱도 끝에 있는 채굴장.

링크 벨트(link belt) 가죽제, 강철제의 2종류가 있다. 가죽제는 고속용으로는 부적합하고 강철제는 강판의 표면에 가죽을 붙인 것으로 급유할 필요가 없고 24m/s 이상의 고속에도 사용할 수 있다.

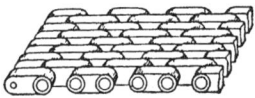

링크 장치(link work) 링크의 조합에 의해 만들어진 장치. 링크 장치의 운동을

조사하기 위해서는 링크를 직선으로 도시(圖示)한다.
▽ 링크의 조합예

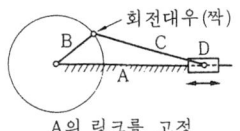
A의 링크를 고정

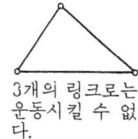
3개의 링크로는 운동시킬 수 없다.

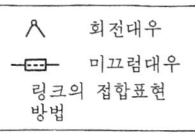
링크의 접합표현 방법

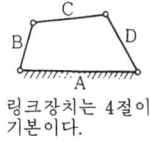
링크장치는 4절이 기본이다.

링크 지그(link jig) 링크 장치를 이용한 공작물의 체결용 기기.

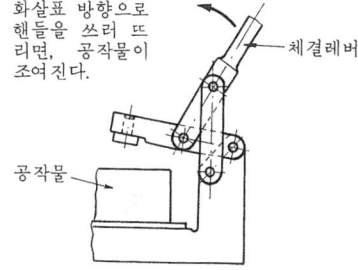

링크 체인(link chain) 스프로킷 휠(sprocket wheel)에 걸어서 동력전달에 사용하는 체인을 말한다.

마그 기어 커터(Maag gear cutter) 래크에 상당하는 바이트와 피니언에 상당하는 기어 소재에 서로 맞물리는 운동을 주어, 치형을 만들어 내는 기어 절삭기의 일종. [특징] 바이트(래크 커터)는 절삭 행정에서는 공구대에 밀착하고, 귀환 행정에서는 기어 소재로부터 이탈된다. 래크는 호브나 피니언 커터보다 제작이 용이하고 정도가 높은 기어 가공을 할 수 있다.

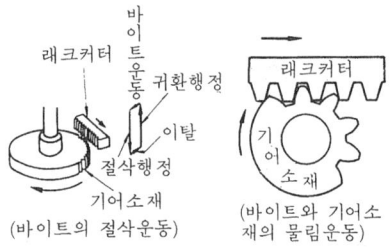

마그네슘 합금(magnesium alloy) 알루미늄(Al)보다 가벼운 마그네슘(Mg)을 주성분으로 하고 각종 원소를 첨가, 기계적 강도를 갖게 함으로써 피삭성(被削性)을 좋게 한 경합금. 주조용과 단조용이 있다.

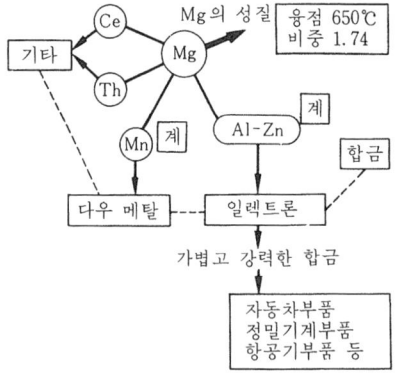

마그네토 점화[點火](magneto-electric ignition) 고압 전기 점화의 한 방법. 전지 점화 방식의 전지 대신에 영구 자석을 사용한 소형 발전기를 전원으로 한다.

마그네틱 블로(magnetic blow) 용접할 때 아크가 전류의 자기 작용(磁氣作用)에 의해 한쪽으로 쏠리는 현상. 직류의 경우에 현저하다. 아크 블로(arc blow)라고도 한다.

마스터 ROM(M-ROM) 제조시에 기억 내용을 적어 넣어버리는 ROM.

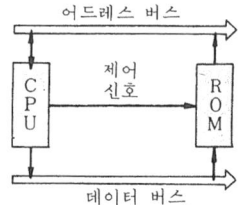

마이너스 나사(minus screw) 플러스 나사(+자 홈 나사)의 상대나사. 머리부에 드라이버 홈을 갖는 나사.

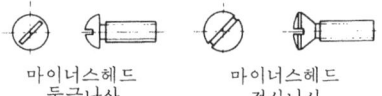

마이크로미터(micrometer) 나사의 이송량

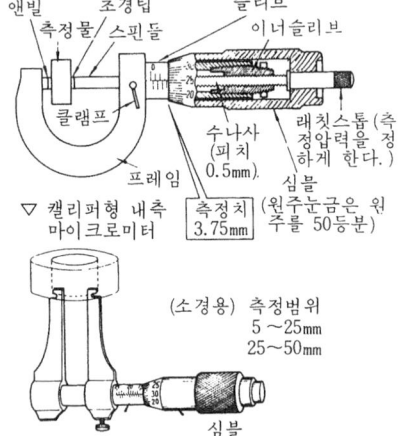

▽ 단체형 내측 마이크로미터

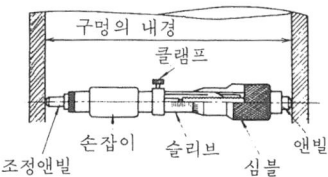

이 회전각(피치)에 비례하고 있는 것을 응용한 길이의 정밀 측정기.

마이크로미터 헤드(micrometer head) 외측 마이크로미터의 프레임과 앤빌을 제외한 구조의 것.
[용도] 여러 종류의 측정기에 설치해 미소의 변위를 측정하는 데 사용한다.

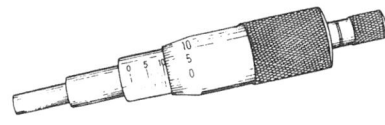

마이크로 사진(micro-photograph) 도면・서류 등을 마이크로필름에 축소・촬영한 것. 도면의 관리에 유효한 방법으로 사용된다.

마이크로웨이브(microwave) ☞ 전파(p. 335)

마이크로 프로세서(microprocessor) 마이크로 컴퓨터용의 CPU(중앙 처리 장치). 1개의 LSI에 들어 있다. ☞ CPU(p.225)
[종류]   8 bit CPU
　　i8080, i8085　Intel사
　　Z80　　　　　Zilog사
　　6800, 6809　　Motorola사

마찰(摩擦 : friction) 물체가 접촉하면서 상대운동을 할 때 접촉면에 상대운동 방향과 역방향의 힘(마찰력)이 작용하는 현상. ☞ 마찰력(p.123)
[종류]
　　　　　┌미끄럼 마찰┌정마찰(☞p.345)
　마찰 ┤　　(☞p.135) └동마찰(☞p.98)
　　　　　└구름 마찰(☞p.43)

마찰각(摩擦角 : friction angle) 수평한 평면상에 물체를 놓고 이 평면의 경사를 서서히 크게 하여 물체가 미끄러져 내려가기 시작할 때의 경사면의 경사각.

▽ 물체가 미끄러져 내려가기 시작할 때의 힘의 관계

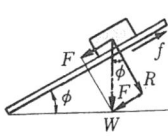

ϕ : 마찰각
W : 물체 중량
R : 경사면을 수직으로 누르는 힘
F : 물체를 미끄러져 내리게 하는 힘
μ : 마찰 계수　f : 마찰력

$$f = \mu R \quad \mu = \frac{F}{R} = \tan\phi$$

(마찰계수와 마찰각과의 관계)

마찰 계수(摩擦係數 : coefficient of friction) 두 물체가 접촉하는 접촉면의 마찰력과 이 양쪽에 있는 양면 사이의 직각 압력과의 비율. 정마찰 계수와 동마찰 계수가 있다. ☞ 마찰력(p.123)

마찰 댐퍼(friction damper) 마찰에 의해 진동을 감쇠시키는 장치. 축에 보스(boss)가 고정되어 이것에 마찰재를 사이에 두고 2개의 풀리가 자유롭게 회전할 수 있도록 설치되어 있다. 축의 각 속도가 일정하면 풀리는 축과 함께 회전하지만, 축에 비틀림 진동이 일어나면 축과 풀리 사이에 엇갈림이 생겨 그때의 마찰력에 의해 진동을 감쇠시킨다.

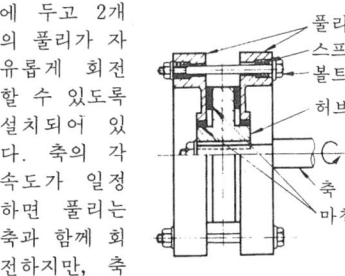

마찰 동력계(摩擦動力計 : friction dynamometer) 마찰에 의하여 원동축을 제동하고 그 제동력으로 회전력을 측정하는 동력계. ☞프로니(prony) 동력계(p.434)

마찰력(摩擦力 : frictional force) 물체가 다른 물체에 접촉하면서 운동을 시작하려고 할 때, 혹은 운동하고 있을 때, 접촉면에 생기는 운동을 방해하는 힘. ☞ 미끄럼 마찰(p.135).

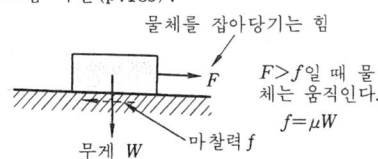

물체를 잡아당기는 힘
$F > f$일 때 물체는 움직인다.
$f = \mu W$
무게 W　마찰력 f

마찰력 f는 접촉면을 수직으로 누르는 힘 W에 비례하고, 그때의 비례정수 μ를 마찰 계수라고 한다.
정마찰력 : 정지하고 있는 물체에 작용하는 마찰력.
최대 정마찰력 : 움직이기 시작하려고 할 때의 마찰력.
동마찰력 : 움직이고 있을 때에 작용하는 마찰력.

마찰 브레이크(friction brake) 회전 에너지를 마찰열과 변환하여 제동하는 브레이크.

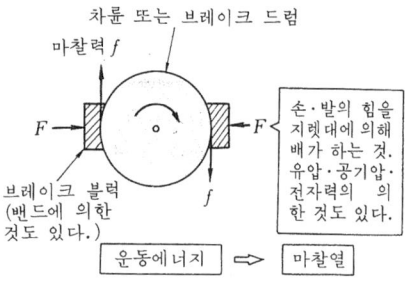

[종류]

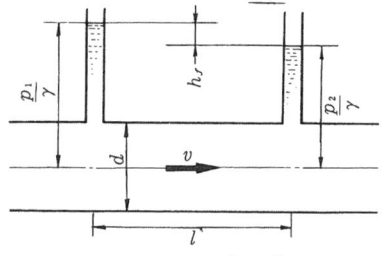

마찰 손실 수두(摩擦損失水頭 : friction loss of head) 물이 관로를 꽉 차서 흐를 때, 물과 관로와의 마찰에 의해 생기는 에너지의 손실을 수두로 나타낸 것.

마찰 손실 수두 $h_f = \lambda \cdot \dfrac{l}{d} \cdot \dfrac{v^2}{2g}$ (m)
  λ : 관의 마찰 계수
  d : 관의 내경 (m)
  l : 관의 길이 (m)
  v : 평균 유속 (m/s)
  g : 중력 가속도 (m/s²)

λ는 벽면의 조도·재질에 따라 다르지만 많이 사용되는 강관에서는 실용상 $\lambda = 0.03$을 사용한다.

마찰 압접(摩擦壓接 : friction welding) 모재의 한쪽 방향을 회전시키면서 접촉 가압하여 그 접촉부에 생기는 마찰열에 의해 접합하는 압접법.

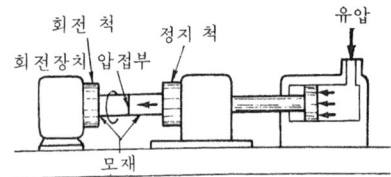

마찰 완충기(摩擦緩衝器 : friction buffer) 마찰력을 이용하여 충격 에너지를 흡수하는 장치. ☞ 링 스프링 (p.120)
▽ 철도차량의 연결기용 마찰 완충기의 예
이너 스프링에 하중이 가해지면 스프링은 압축되고 이너 스프링 마찰면과 아웃 스프링 마찰면이 접촉해 양면간의 마찰로 에너지를 흡수한다.

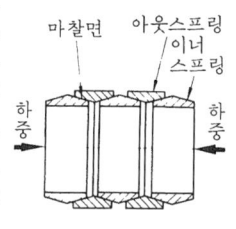

마찰차(摩擦車 : friction wheel) 접촉면의 마찰력에 의하여 동력을 전달하는 바퀴. 구름 접촉 (p.44)
▽ 원통 마찰차

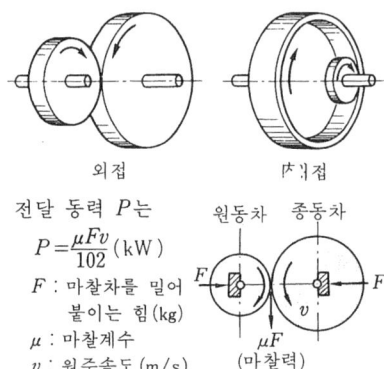

전달 동력 P는
$P = \dfrac{\mu F v}{102}$ (kW)
  F : 마찰차를 밀어 붙이는 힘 (kg)
  μ : 마찰계수
  v : 원주속도 (m/s)

마찰 클러치(friction clutch) 원동축과 종동축에 설치된 부품 사이에 마찰력을 작용시켜 2축의 전동을 단속(斷續)하는 클러치. ☞원판 클러치 (p.284), ☞원뿔

클러치 (p. 281)

마찰 펌프 (friction pump) 회전펌프의 일종으로 고속회전하는 임펠러와 유체(물)와의 마찰에 의하여 양수(揚水)하는 펌프.

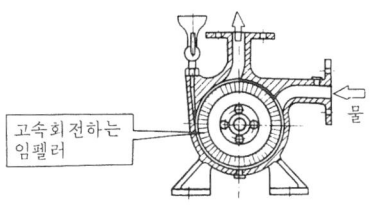

마찰 프레스 (friction press) 마찰차에 설치한 나사기구와 풀리에 의해 슬라이드를 올리고 내리는 프레스.

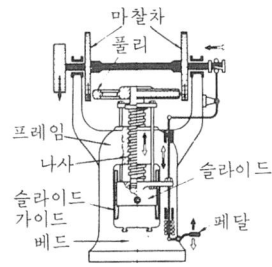

슬라이드가 하강함에 따라 속도는 빠르게 된다.

마퀜칭 (marquenching) 오스테나이트 상태까지 가열한 강을 항온변태 곡선의 코 PP′ 이하의 온도까지 급랭하여 재료의 온도가 일정하게 되고부터 천천히 M_s 점과 M_f 점을 통과시키는 담금질을 한 후 템퍼링을 하는 열처리.
담금질 균열·변형이 적기 때문에, 복잡한 부품의 열처리에 적당하다.
[예] 특수강, 게이지강, 베어링강

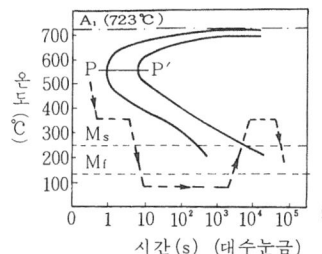

마텐스 인장계 (Martens' extensometer) 인장 시험에 있어서, 시험편의 변형을 광(光)레버(lever)를 이용해 측정하는 인장 시험 장치.

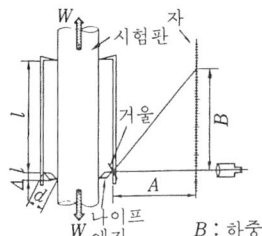

l : 시험편 기준길이
Δl : 하중이 가해진 때 l 의 변형
A : 거울과 자의 거리
B : 하중이 가해지지 않을 때와 가해진 때의 망원경의 눈금의 차
d : 나이프에지의 대각선 길이

$$\Delta l = \frac{Bd}{2A}$$

마텐자이트 (martensite) 오스테나이트 영역으로부터 급랭한 때 탄소(C)를 과포화 상태로 고용한 α철의 조직.
[성질] 대단히 단단하다.
▽ 공석강(약 0.8%C 강)의 냉각속도와 조직

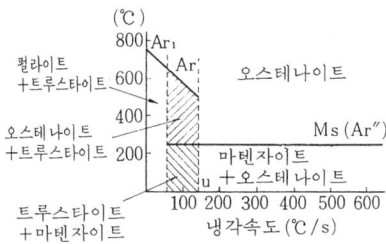

마텐자이트 변태[變態] (martensite transformation) 탄소강을 A_3 변태점 이상으로 가열해 급랭한 때에 마텐자이트 생성물이 형성되어지는 상태의 변화.

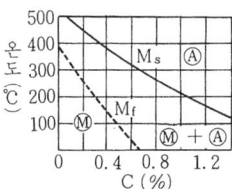

Ⓐ 오스테나이트 Ⓜ 마텐자이트
M_s : 마텐자이트 변태가 일어나기 시작하는 온도
M_f : 마텐자이트 변태가 끝나는 온도

마템퍼(martempering) 오스테나이트 상태까지 가열한 강을 항온변태 곡선에서 M_s점과 M_f점 사이에서 항온 변태를 완료시켜 상온까지 급랭시킨 열처리.
[특징] 마텐자이트(martensite)와 베이나이트(bainite)의 혼합된 조직을 얻을 수 있다. 담금질 균열 및 변형 방지에 매우 유효하다.

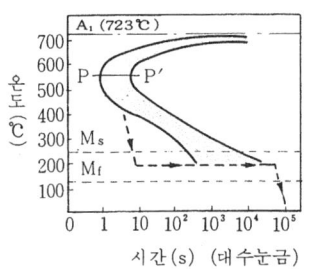

시간(s) (대수눈금)

마하 수(Mach number) 물체의 속도와 음속(音速)과의 비.

만능 공구연삭기(萬能工具硏削機 : universal tool and cutter grinder) 각종의 커터, 호브, 리머 등의 절삭 공구의 날을 연삭하는 만능 연삭기.

만능 밀링 머신(universal milling machine) 새들 위에 선회대가 있고, 이것에 테이블 받침이 적합하게 있어 테이블을 수평면 내에서 소정의 각도로 선회할 수 있는 구조를 가진 수평 밀링 머신. ☞ 수평 밀링 머신(p.210)
분할대나 비틀림 절삭 구동 장치를 사용하여 헬리컬 기어, 드릴의 나선 홈 등의 가공을 할 수 있다.

만능 연삭기(萬能硏削機 : universal grinder) 작업 내용을 많게 하기 위해서 숫돌대 및 주축대가 수직축의 주위에 선회할 수 있도록 하고, 그 위에 내면 연삭 장치가 설치되도록 한 구조의 원통 연삭기. ☞ 원통 연삭기(p.283)

만능 재료 시험기(萬能材料試驗機 : universal testing machine) 금속 재료의 기계적 강도를 조사하는 시험기이며 인장 시험, 압축 시험, 벤딩 시험 등을 할 수 있다.
시험편의 부하장치와 하중의 계량 장치로 구성되어 있다. 하중을 가하기 위해서 유압·나사·레버 등을 사용하지만 유압식의 것이 많다.

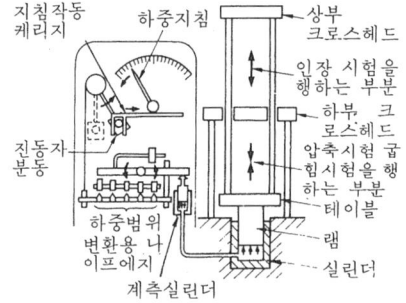

말라카이트 그린(malachite green) 가공상 필요한 선긋기가 확실히 되도록 공작면에 칠하는 염기성 도료. 작업이 끝났을 때 잘 제거하지 않으면 도장 후 이 도료 부분이 변색할 우려가 있다.

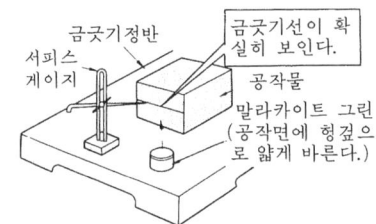

망간강(manganese steel) 연강에 1.6% 정도의 망간(Mn)을 첨가한 강(저망간강) 또는 11~14%의 망간(Mn)과 0.9~1.35% 탄소(C)를 함유한 강(고망간 강)의 총칭. 보통 저망간 강을 말한다.
[특징·용도] ① 저망간강 ; 기계적 성

질·전연성이 탄소강보다 뛰어나다. 구조용.
② 고망간강 : 담금질을 하면 내마모성이 극히 크다. 절삭 가공이 곤란하기 때문에 주로써 사용한다. 광산 토목 기계용.

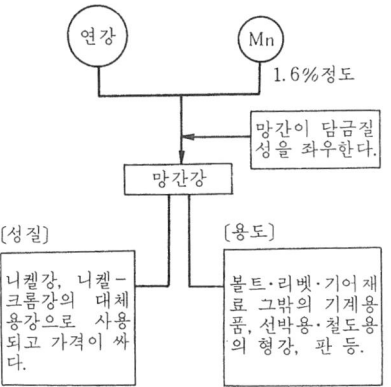

망간 청동(manganese bronze) 황동에 4% 정도의 망간(Mn)을 첨가한 합금.
[성질] 극히 강력하다(고력 황동이라고도 한다). 내식성·내수성이 크다.
[가공성] 열간 가공, 구조가 용이.
[용도] 선박·광산기계·터빈 등에 사용.

망간 크롬강(Mn-Cr steel) 망간에 크롬을 첨가하여 담금질성을 향상시킨 강(鋼).

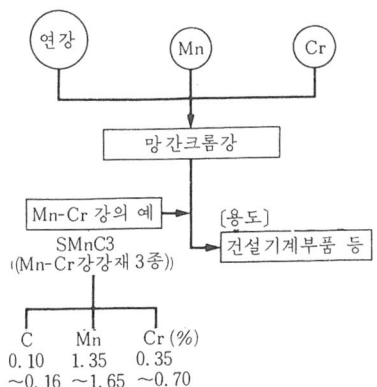

맞대기 심용접(butt seam welding) 맞대기 저항 용접의 일종. 관 이음의 접합에 사용되어 이 관을 전봉관(電縫管)이라고 한다. ☞ 전봉관(p.326)

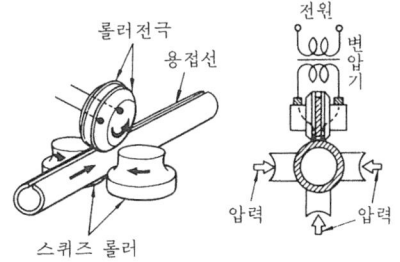

맞대기 이음(butt joint) 2개의 모재의 단면이 맞대어 지도록 접합하는 이음.

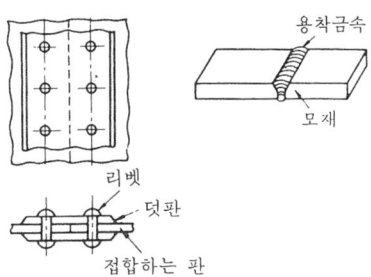

맞대기 저항 용접[抵抗熔接](butt resistance welding) 선이나 봉 등의 단면을 맞대어서 접합하는 저항 용접.
[종류]
업셋(upset) 맞대기 용접(☞ p.246)
플래시(flash) 용접(☞ p.437)
맞대기 심(butt seam) 용접(☞ p.127)

맞물림 겹치기 이음(joggled lap joint) 겹치기 이음의 한쪽 모재에 단(段)을 붙여, 양 모재면이 거의 동일평면이 되도록 한 겹치기 이음. 단(段) 붙임 겹치기 이음이라고도 한다.

맞물림 길이(length of action) 인벌류트 기어의 맞물림에 있어서, 양기어의 이끝원이 작용선을 잘라낸 길이(그림의 S_1 S_2 길이).

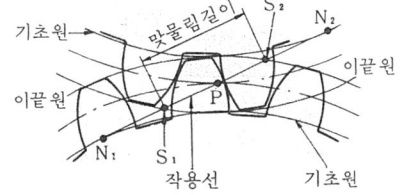

한개의 기어는 S_1부터 S_2까지 맞물림을 계속하고, 접점은 이 위를 이동한다.

맞춤못(dowel) 두 개로 나뉘어진 목형(木型)에서 정확하게 겹치게 맞추기 위해서 한쪽 목형의 움푹한 곳에 끼워 맞춘 다른 쪽의 맞춘면에 마련한 작은 돌기.

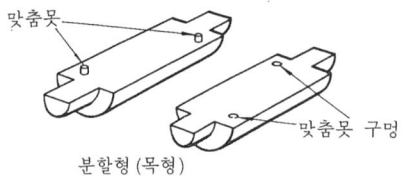

매개절(媒介節 : intermediate connector) 원동절과 종동절의 사이에서 운동 전달의 매체 역할을 하는 것.

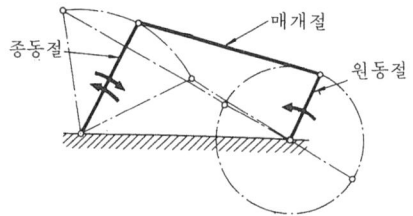

매니스먼 플러그 밀 방식(Mannesman plug mill process) 이음매없는 강관 제작 방법의 일종. 구멍뚫기 압연과 다듬질 압연과의 공정으로 이루어진다.
이음매 없는 관의 제조법에는 스티펠법(Stifel process), 에르하르트법(Ehrhardt process) 등이 있다.

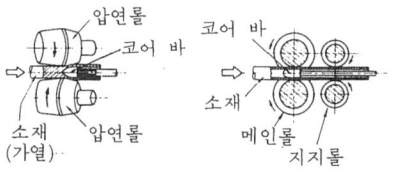

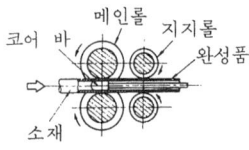

매치 플레이트(match plate) 주조에 있어서 수량이 많은 주물을 만들 때 사용하는 원형(原型)의 일종. 정반(定盤)에 상형과 하형으로 분할형을 만든다. 소형 제품의 대량 생산에 적합하다.

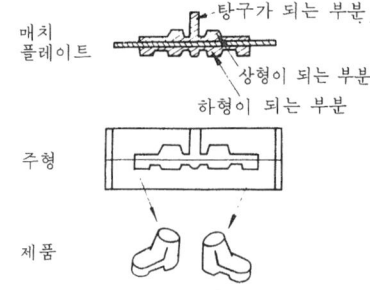

매크로 시험(macroscopic examination) 금속 조직을 육안 또는 낮은 배율의 현미경으로 관찰하는 시험. 관찰한 금속 조직을 매크로 조직이라고 한다.
[목적] ①주괴의 편석 ②미세한 기포·부스러기·불순물 개재의 검출 ③조대 결정(粗大結晶) 발달상황 등의 검사
▽ 방법

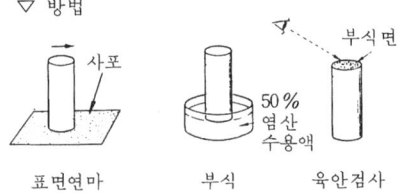

매크로 조직(macro structure) ☞ 매크로 시험(p.128).

맥동 전류(脈動電流 : pulsating current) 시간에 대한 방향은 변화하지 않고, 크기만 주기적으로 변화하는 전류.

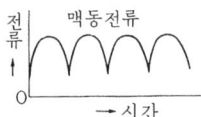

[비교] ①교류…시간에 대해 크기나 방향이 변화하는 전류.

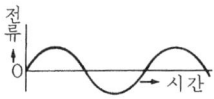

②직류…시간에 대해 크기도 방향도 변화하지 않는 전류.

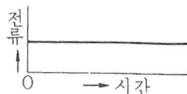

맥라우드 진공계[眞空度](McLeod gauge) 10^{-5}mmHg 정도의 진공도(眞空度)를 측정할 수 있는 계기. 그림(a)와 같이 수은구를 내려서 저압 기체의 측정압 P를 가한다. 다음으로 그림(b)와 같이 수은구를 위 방향으로 이동하여 일정 체적의 유리 용기 내에 압력 P의 기체를 봉입한다. 이때 유리 분기관과 유리 용기의 수은면의 높이차 h를 읽어서 진공압을 구한다. 정도(精度)는 1% 정도로서 진공계의 검정에 이용된다.

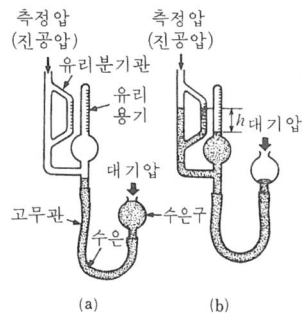

맨드릴(mandrel) 구멍이 있는 공작물을 가공하거나 측정할 때 공작물의 구멍에 끼워 회전축에 축심(軸心)을 일치시키기 위한 심봉(心棒).

머드(mud) 점토를 물에 용해한 것.
[용도] 주형의 땜질, 코어형 주물사, 건조형 주형의 점결재로 사용한다.

머시닝 센터(machining center) 공작물을

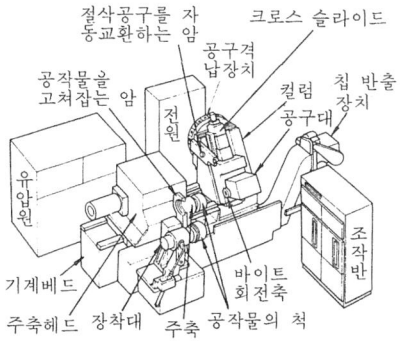

한번 설치한 것만으로 각 공정에 필요한 공구의 교환을 자동적으로 행하면서 가공하는 수치제어(NC) 공작기계. ☞ 자동공구 교환 장치(ATC, p.309), ☞ 수치제어(p.210)

머플로(muffle furnace) 가열한 재료가 산화하는 것을 막기 위해 보호용기(머플) 내에서 가열하는 구조로 되어 있는 노(爐). 소형의 열처리에 사용되는 일이 많다.

메거(magger) ☞ 절연저항계(p.196)

메니스커스(meniscus) 원통 내의 액체의 표면이 모세관 현상에 의해 생기는 凹 또는 凸 면. ☞ 모세관 현상(p.132)

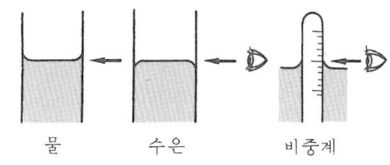

메디안(madian) 시료로부터 얻은 측정값을 크기 순으로 늘어놓아, 정확히 그 중앙에 해당하는 하나의 값(홀수의 경우), 또는 중앙 두개의 산술평균(짝수의 경우).

메시(mesh) 그물눈의 크기. 보통 1인치(25.4mm) 길이 사이에 있는 체눈의 수로 나타낸다.
[용도] 숫돌 입자나 주물사 등의 입도를 나타내는데 사용한다.

메타크릴 수지[樹脂](methacryl resin) 투
▽ 유리와 비교한 성질·용도 예

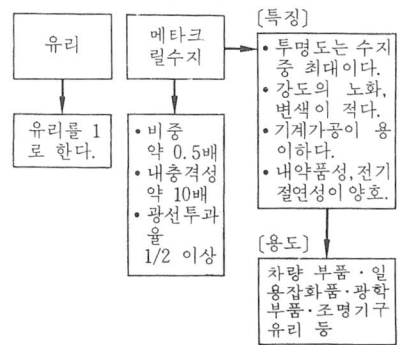

명도가 높고, 내후성(耐候性)이 뛰어나며 점성이 강하고 가공이 용이한 열가소성 (熱加塑性) 수지의 일종.

메탈리콘(metallicon) ☞ 금속 용사(p.51)

메탈 슬리팅 소
(metal slitting saw) 주로 절단·홈깎기 등에 사용하는 수평 밀링 커터의 바이트. 절삭날에는 보통날(주강용)과 황삭날(경합금·중절삭용)이 있다.

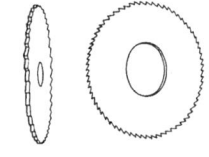

메터센터(metacenter) 부력(浮力)의 작용선과 부동체(浮動體)의 수직 중심선과의 교점. 부동체 중심(重心)으로부터 메터센터까지를 메터센터의 높이라고 한다.
메터센터의 높이
{ + 안정
  ○ 중립
  − 불안정
G : 부동체 중심
C : 부력 중심
M : 메터센터

멜라민 수지(melamine resin) 무색 투명하고, 착색성이 좋으며, 단단하고 내열성이 뛰어난 열경화성 수지의 일종.

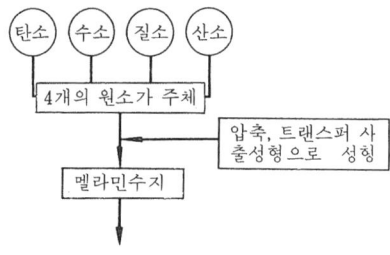

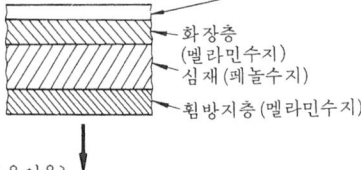

[사용이유]
색조·모양을 아름답게 표현할 수 있다.
표면의 경도가 충분하고 난연성, 내수성, 내약품성이 모두 양호하다.

면 대우(面對偶 : lower pair) 2개의 기계 요소가 면으로 접촉하고 있는 대우.
☞ 미끄럼 대우(p.135), ☞ 회전 대우(p.455), ☞ 나사 대우(p.65), ☞ 구면 대우(p.44)

면심 입방 격자(面心立方格子 : face-centered cubic lattice) 원자가 정육면체의 각 정점과 각면의 중심에 배열해 있는 결정 격자.
[특징] 이 결정의 금속은 전연성은 좋지만, 강도는 그다지 크지 않다.
[면심 입방 격자의 금속]
동·니켈·알루미늄 등.

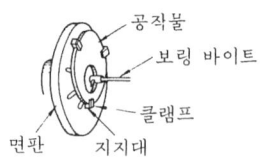

면적 유량계(面積流量計 : area flow meter) 관로의 유량을 측정하는 유량계의 일종.
☞ 부자형 면적 유량계(p.165)
[용도] 유량이 적은 경우나, 유체의 점도가 높은 경우에 사용된다.

면판(面板 : face plate) 선반의 주축에 설치해 양 센터 사이나 척(chuck)으로는 설치하기 어려운 불규칙한 공작물을 설치하는 경우에 사용하는 선반 부속품의 공구.
▽ 면판에 의한 장착의 예

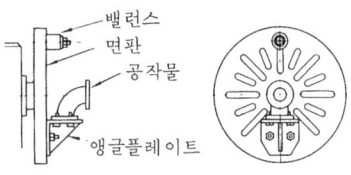

명판(銘板 : name plate) 기계나 장치류 등에 대해서 중요한 사항을 기록한 금속판을 말한다. 기계나 장치의 보기 쉬운 곳에 설치한다.

모넬 메탈(Monel metal) 내열성·내식성이 양호하고 인장 강도가 큰 니켈 크롬계 합금.

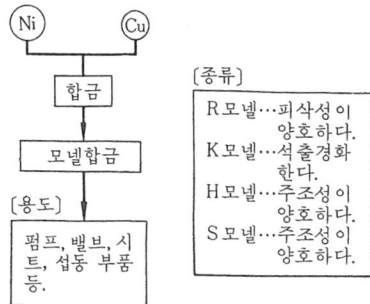

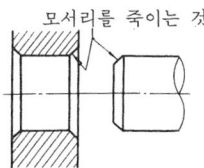

모따기(chamfering) 공작물의 날카로운 모서리 또는 구석을 비스듬하게 깎는 것.

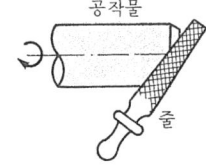

모뎀(modem) 모듈레이터(modulator) 변조기와 디모듈레이터(demodulator) 복조기를 조합한 복합어. 컴퓨터와 단말기와의 사이를 전화 회선을 이용하여 데이터 교환을 할 때 컴퓨터와 전화 회선과의 사이에서 신호의 변조·복조를 하는 장치.

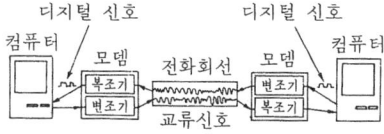

전화 회선은 음성 신호(교류 신호) 밖에 이송되지 않는다. 그러나 컴퓨터 내부에서 처리되는 신호는 0이나 1의 디지털 신호(직류 신호)이다. 거기에서 송신하는 쪽은 디지털 신호를 변조기에 걸어서 1은 98Hz·1650Hz에, 0은 1180Hz·1850Hz의 교류 신호로 바꾸어서 전화 회선으로 송신한다. 수신하는 쪽은 반대로 교류 신호를 복조기에 걸어 0이나 1의 디지털 신호로 바꾸어서 컴퓨터로 처리한다.

모듈(module) 기어의 이의 크기를 나타내는 값.

$$모듈(m) = \frac{피치원\ 직경(D)}{잇수(Z)}$$

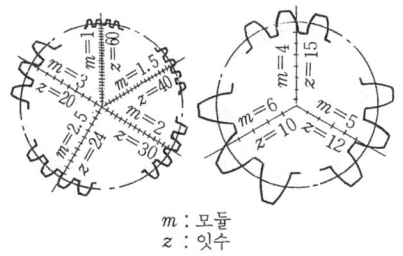

m : 모듈
z : 잇수

모르타르(mortar) 시멘트와 모래와를 물로 개어서 섞은 것.

▽ 배합 예

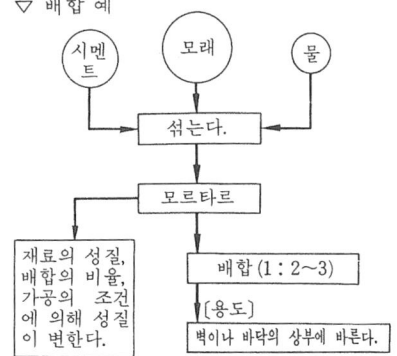

모방[模倣] **밀링 머신**(copy milling machine) 형판(型板) 또는 모형(模型)을 모방하여 이것과 같은 형상으로 공작물을 깎아내고 모방 절삭 장치를 가진 밀링. 특수한 형상의 부품을 대량 생산할 때에 사용된다.

모방 선반(模倣旋盤 : copying lathe) 모방 장치를 갖춘 선반. ☞ 모방 제어(p.131) [특징] 자동 선반에 의해 공작의 작업 준비 등의 비절삭 시간이 짧아 소량생산의 가공에도 적당하다.

모방 제어(copying control) 제어 지령이 모형 등의 형으로 만들어져 있고, 스타일러스(觸針)가 이것을 감지하면서 모형의 형상에 따라 내는 신호에 의해 절삭 운동을 연속적으로 제어하는 방식. ☞ 유압

서보 기구(p. 291)
[예] 모방선반

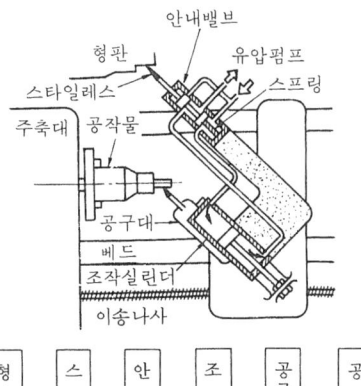

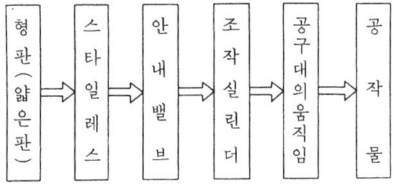

모서리 이음(edge joint) 2개 이상의 모재가 거의 평행으로 겹쳐 있는 모재 끝 가장자리 단면간의 이음. ☞ 용접 이음 (p. 276). =끝이음

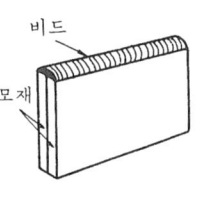

모서리 이음(corner joint) 용접하려고 하는 2개의 모재를 직각(L자형)으로 유지하고 모서리를 접합하는 이음. ☞ 용접이음(p.276)

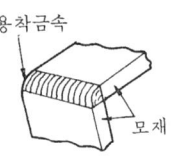

모세관 현상(毛細管現象 : capillarity) 지름이 작은 가는 관을 액체 속에 세웠을 때 액체의 종류에 의해서 관 속을 액체가 상승 또는 하강하는 현상. ☞ 메니스커스 (p. 129)

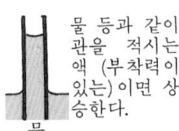
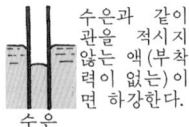

모재(母材 : base metal) 용접 또는 절단된 금속 소재(素材).

모집단(母集團 : population) 조사나 검사의 대상이 되는 집단 전체를 말한다.

모집단과 시료[試料]의 관계(relation of population and sample) 그림처럼 일부 제품(시료)을 제조공정(모집단)으로부터 샘플링하여 이것을 측정함으로써 얻어낸 자료에 의해, 시료로부터 모집단(제조공정) 전체의 상태를 간접적으로 추측한다. 자료를 얻는데 경제적, 시간적으로 절약할 수 있다.

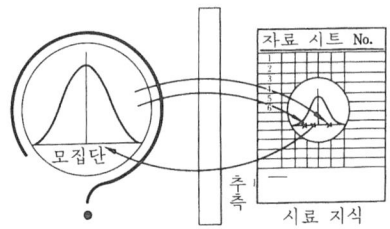

모형 시험(模型試驗 : model test) 기계를 새로 제작할 때 같은 작용을 하는 닮은 형태의 작은 기계를 만들어 기구나 성능 등을 조사하는 시험.

목공용 밀링 머신(wood milling machine) 회전하는 주축에 목공 커터 또는 간단한 드럼을 설치해, 공작물(목재)에 주로 성형 절삭을 실시하는 목공 기계.
▽ 목공수직 밀링머신

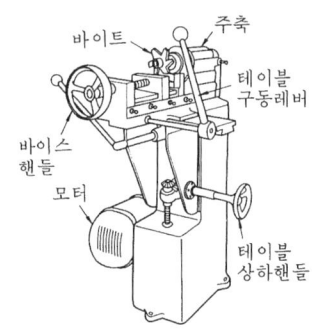

목공 선반(木工旋盤 : wood lathe) 각종의 공작물(목재)을 회전시키고, 주로 바이트 또는 회전 커터에 의해서 선삭 가공을 하는 목공 기계.

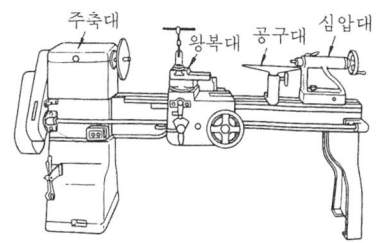

목공용 송곳(wood working gimlet) 목재에 구멍뚫기를 할 때에 사용하는 손회전 송곳의 일종.

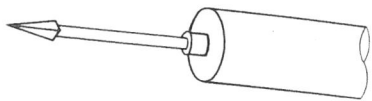

목부(throat) 노즐의 단면적이 작게 되는 부분. ☞노즐(p.76)

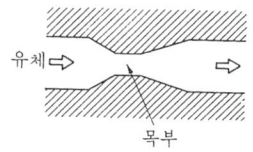

목형(木型: wooden pattern) 주형을 만들기 위해서 목재로 만들어진 원형. 주형을 만드는 방법에 의해 단체형, 분할형 등이 있다.☞ 원형(p.284), 단체형 분할형
☞ 분할형(split pattern) (p.167)

몰리에르 선도[線圖](Mollier chart) 엔탈피 h를 종축에 엔트로피 s를 횡축으로

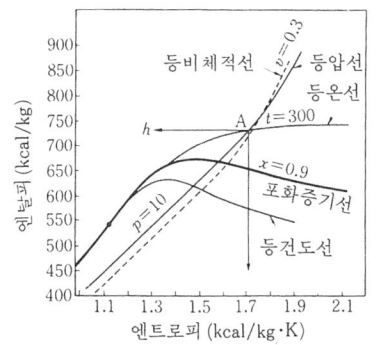

취해, 증기의 상태(압력 p, 비용적 v, 온도 t, 건도 x 및 h, s)를 나타낸 선도.＝$h-s$선도. 증기의 상태(t, p, v, x, h, s) 중 2개의 상태를 알면, 몰리에르 선도로부터 다른 상태를 알 수 있다.
[그림의 A점의 증기 상태]
 $t=300℃$, $p=10$kg/cm²
 $v=0.2632$m³/kg, $h=729.1$kcal/kg
 $s=1.7041$kcal/kg・K 의 과열 증기.

몽키 렌치(Lobster adjustable wrench) 조(jaw)의 열림을 자유롭게 바꿀 수 있어, 볼트의 머리, 너트 등을 돌리기 위한 공구.

무기 분사(無氣噴射: airless injection) 디젤 기관의 실린더 속으로 연료를 분사해 무화시키는 방법의 일종. 연료에 직접 고압을 가하여, 노즐로부터 분사시키는 방법이다.

무단 변속 장치(無段變速裝置: positive infinitely variable speed chain) 정속(定速)으로 회전하는 입력축에 대해 일정한 범위내에서, 출력축의 회전을 자유롭고 확실하게 조정할 수 있는 장치

무부하 운동(無負荷運動: no-load running) 기관이나 터빈 등을 부하를 걸지 않고 운전하는 일.

무아레 간섭(moiré fringe) 미세한 등간격의 평행선을 그은 평행 평면도(회절 격자)를 약간 경사지게 해서 2매 중첩했을 때 격자선에 직각 방향으로 생기는 거친 가로 줄무늬).

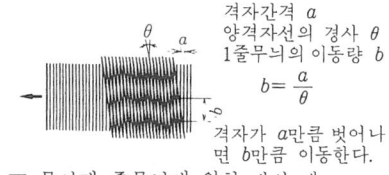

격자간격 a
양격자선의 경사 $θ$
1줄무늬의 이동량 b
$b=\dfrac{a}{θ}$
격자가 a만큼 벗어나면 b만큼 이동한다.
▽ 무아레 줄무늬에 의한 계산 예

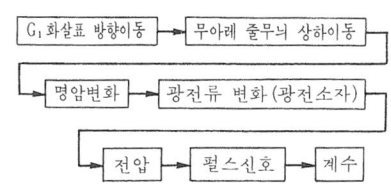

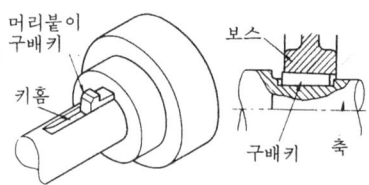

무연탄(無煙炭 : anthracite) 석탄 중에서 질이 최상인 것. 흑색이고 광택이 있다.
[발열량] 9500kcal/kg
[고정 탄소] 85~93%
[휘발분] 8~18%

무접점 제어회로(無接點制御回路 : controlling circuit of nonpoint contact) 트랜지스터, 다이오드나 사이리스터(thyristor) 등의 반도체가 접점없이 릴레이와 같도록 전류(신호)의 ON·OFF가 가능한 것을 이용하여 이들의 반도체 소자에 근접 스위치·광전 스위치·초음파 스위치 등을 조합시켜 만든 제어회로.
[무접점릴레이의 동작] 스위치를 누르면 트랜지스터에 베이스전류가 흐름과 동시에 콜렉터 전류가 흐르기 때문에 가동부나 접점이 아니어도 램프는 점등된다. 스위치로 전자릴레이가 작동되는 순간 접점이 닫히고 램프가 점등하는 것과 같이 동작을 한다.

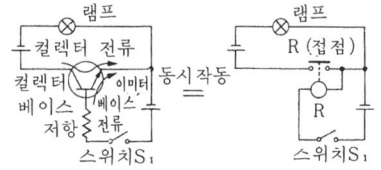

무화(霧化 : automization) 액체를 미립자화 하는 것.

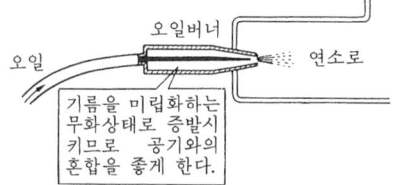

묻힘 키(sunk key) 축과 보스의 양쪽에 키홈을 만들어, 그 틈에 넣어서 보스를 축에 고정하는 것으로 가장 널리 이용하는 키.
[종류] ☞ 평행 키(p.426), ☞ 구배 키 (p.45)

물담금질(water quenching) 냉각액으로 물을 이용하는 담금질.
[성질] 냉각속도가 빠르지만 담금질 균열을 일으키는 일이 있다. ☞ 담금질(p.89)

물림 률(action ratio) 기어의 맞물림에 있어서, 접촉호의 길이를 원주피치(pitch)로 나눈 값.
이 값이 큰 만큼 회전이 순조롭고, 보통 1.2~2.5이다.

물림 클러치(claw clutch) 서로 맞물리는 조(jaw)를 가진 플랜지(flange)의 한쪽을 원동축으로 고정하고, 다른 방향은 축방향으로 이동할 수 있도록 한 클러치.

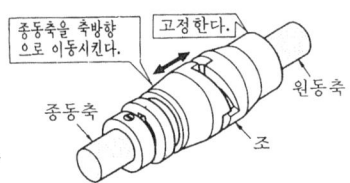

미그 용접(metallic inert-gas arc welding)

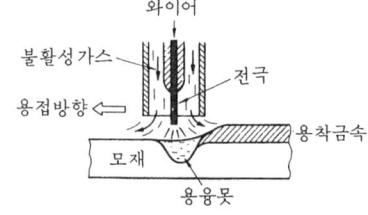

불활성 가스 아크 용접에 있어서, 전극에 모재와 거의 동종의 금속선(wire)을 사용하는 용접. ☞ 불활성가스 아크용접 (p.168). 머리 문자를 조합시켜 MIG 용접이라 한다.

미끄럼(slip) 기어나 풀리 처럼 접촉 운동을 하고 있는 경우, 어느 시간내의 대응하는 부분의 접촉 길이의 차. ☞ 미끄럼 접촉, ☞ 미끄럼 대우.

미끄럼 대우[對偶](sliding pair) 짝을 이루는 두 물체가 서로 미끄럼 운동을 하는 것을 말한다.

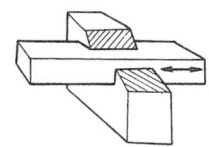

미끄럼률[率](specific sliding) 기어의 잇면이 미끄럼 접촉을 하여 운동을 전달할 때 잇면의 미끄럼 비율.
양쪽 잇면 Ⓐ Ⓑ 가 점 C에서 접해, 그 후 점 D와 E가 접한다라고 한다.
Ⓐ의 미끄럼률
$$S_1 = \frac{dl_1 - dl_2}{dl_1}$$
Ⓑ의 미끄럼률
$$S_2 = \frac{dl_1 - dl_2}{dl_2}$$

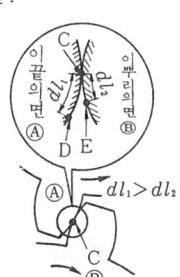

미끄럼 링(slip ring) 전동기 또는 발전기의 회전자에 외부로부터 전류를 흘리기 위해서 회전자 축에 부착하는 접촉자.

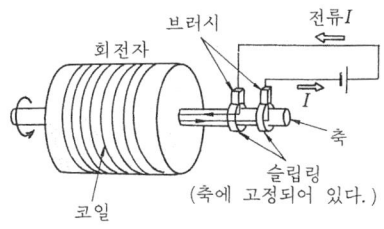

미끄럼 마찰[摩擦](sliding friction) 물체가 다른 물체에 접촉하여 미끄럼 운동을 시작하려고 할 때, 또는 미끄럼 운동을 하고 있을 때 접촉면에 운동을 방해하려고 하는 힘이 생기는 현상.

$f = \mu R$
f : 마찰력
R : 접촉면에 수직한 힘
μ : 정마찰 계수

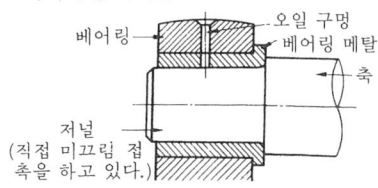

미끄럼 베어링(sliding bearing) 베어링면과 저널(journal)이 면접촉하고 있는 베어링. 플레인 베어링이라고도 한다.
[종류] 축에 가해지는 하중의 방향에 따라 레이디얼(radial) 베어링과 스러스트(thrust) 베어링이 있다.
▽ 레이디얼 베어링

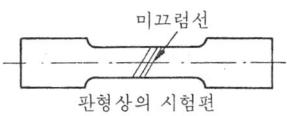

미끄럼 선(slip line) 연강의 시험편에 있어서 인장 시험을 행한 때 항복점에 달하면, 원자간의 결합력이 비교적 약한 곳에 미끄럼이 생겨, 하중 방향과 약 45°의 방향에 나타나는 선(線). 류더스선(Lüder's line)이라고도 한다.

미끄럼 접촉[接觸](sliding contact) 원동절과 종동절이 접촉면의 접점에서 서로 미끄러지면서 운동이 전달되도록 하는 접촉의 상태.

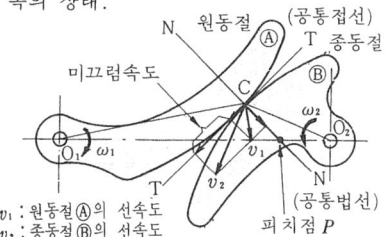

v_1 : 원동절 Ⓐ의 선속도
v_2 : 종동절 Ⓑ의 선속도

[미끄럼 접촉의 조건] ① v_1, v_2의 NN 방향의 분속도는 같다. ② v_1, v_2의 TT 방향의 분속도는 다르고, 그 차가 미끄럼 속도이다.

각속도비 $i = \dfrac{\omega_2}{\omega_1} = \dfrac{\overline{O_1 P}}{\overline{O_2 P}}$

접점에 있어서 공통법선과 중심 연결선의 지점은 중심연결선을 각속도비의 역비로 내분 또는 외분한다.

[각속도비가 일정한 때]
$\dfrac{\overline{O_1 P}}{\overline{O_2 P}}$ = (일정)하기 때문에, 피치(pitch)점 P의 궤도는 원(피치원)을 그린다.

미끄럼 키(feather key) 보스(boss)가 축방향으로도 미끄럼 운동을 할 수 있는 키.

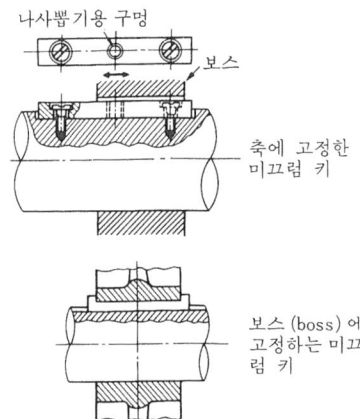

축에 고정한 미끄럼 키

보스(boss)에 고정하는 미끄럼 키

미니미터(minimeter) 레버를 확대 기구로 이용한 길이 측정기.

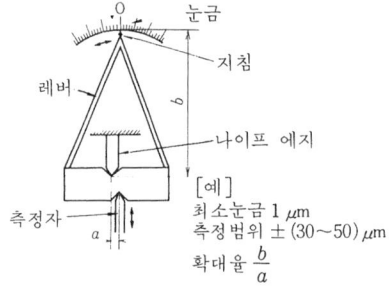

[예]
최소눈금 1 μm
측정범위 ±(30~50) μm
확대율 $\dfrac{b}{a}$

미분탄 연소장치(微粉炭燃燒裝置 : pulverized coal firing equipment) 보일러에 있어서 석탄을 미분기로 미분하여 예열된 공기와 함께 송풍기로 버너에 보내져 연소 시키는 장치.
[특징] 화격자 연소장치에 비교하면 연료가 공기와 잘 혼합하므로 양호한 연소 상태를 얻어 저질탄도 이용할 수 있다.
☞ 화격자 연소장치(p.453).

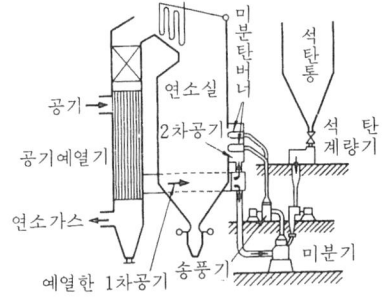

미분회로(微分回路 : differentiation circuit) 방형파(方形波) 펄스 입력에 대해 뾰족한 파형의 펄스를 발생하는 회로.
[이 회로가 미분회로가 되는 조건] CR 직렬 회로일 때 정수 RC가 $RC < \tau$일 것.

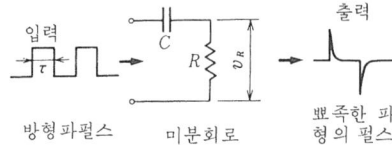

방형파펄스   미분회로   뾰족한 파형의 펄스

미크로케이터(mikrokator) 비틀린 얇은 조각을 확대기구로 이용한 길이 측정기.

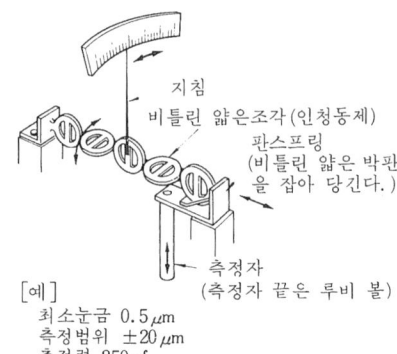

[예]
최소눈금 0.5 μm
측정범위 ±20 μm
측정력 250 gf

미터기어(miter gear) 직각으로 교차하는 2축에 사용하는 같은 잇수의 한쌍의 베벨기어. =마이터 게이지

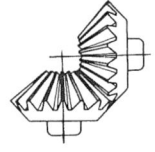

미터 나사(metric thread) 나사의 외경이나 피치 등이 mm로 나타나고, 나사산의 각도가 60°인 삼각나사. K.S에서는 미터 보통나사와 미터 가는나사가 있다.

▽ 미터 보통나사의 기준 나사산형

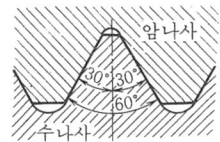

미터아웃 회로[回路](meter-out circuit) 유압 회로에 있어서 속도 제어의 기본 회로의 일종. 실린더로부터 유출하는 유량을 직접 제어한다.

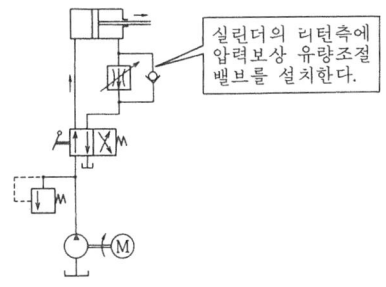

미터인 회로(meter-in circuit) 유압 회로에 있어서, 속도 제어의 기본 회로의 일종. 실린더로 유입하는 유량을 직접 제어한다.

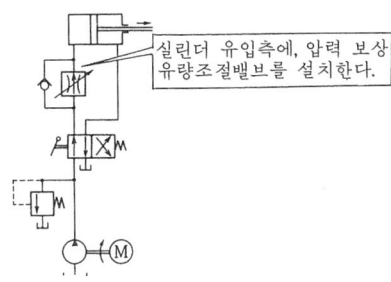

미하나이트 주철[鑄鐵](Meehanite cast iron) 주물용 선철에 강 부스러기를 가한 쇳물과 규소철 등을 접종(接種)하여 미세 흑연을 균일하게 분포시킨 펄라이트 층의 주철

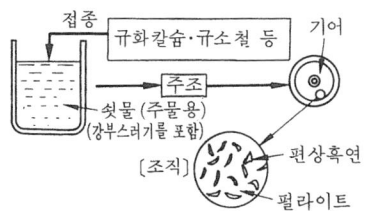

[성질] 강도·변형 모두 보통 주철보다 뛰어나다.

밀도(密度 : density) 단위 체적당의 질량.

밀러(miller) 주로 밀링가공절삭에 사용하는 공작기계. =milling machine

밀링 머신(milling machine) 다수의 절삭날을 가진 커터를 회전시켜 테이블 위에 설치한 공작물을 좌우·상하·전후로 이동하면서 절삭 가공하는 공작기계.
 [니(knee)형] 니 위에 새들을 얹고 그 위에 테이블을 얹는 형식. 니를 상하 이동시킨다. ☞ 만능 밀링 머신(p.126), ☞ 수평 밀링 머신(p.210)
 [평삭형] 평삭기의 공구대가, 밀링 커터를 회전시키는 장치로 되어 있다.
 ☞ 필라노밀리어 (p.437)

밀링 장치[裝置](milling attachment) 밀링커터를 체결하고 이것을 회전시켜 밀링 절삭을 하는 장치.

밀링 절삭(milling) 밀링 머신으로 회전하는 커터(cutter)를 이용해 공작물을 절삭하는 작업.
 [종류] ① 평면 커터의 절삭(상향 깎기, 하향 깎기) ② 정면 커터 절삭.

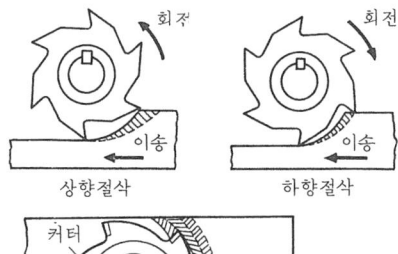

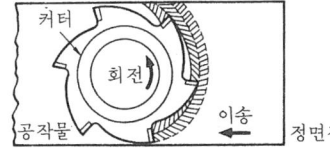

[상향 절삭 특징] 하향 절삭과 반대이다.
[하향 절삭의 특징] ① 공작물을 절삭력으로 눌러 붙이기 때문에 공작물의 설치가 간단하다.
② 커터의 마모가 적다.
③ 동력의 소비는 상향 절삭보다 적다.
④ 칩이 절삭날을 방해하기 때문에 공작물이 커터에 먹혀 들어가기 쉽다.
⑤ 이송기구에 백래시가 있으면 덜컥거리기 쉽다(백래시 제거 장치가 필요).

⑥ 공작 기계의 강성이 필요하다.
밀링 커터(milling cutter) 밀링 머신에 사용되는 절삭 공구.
[종류]

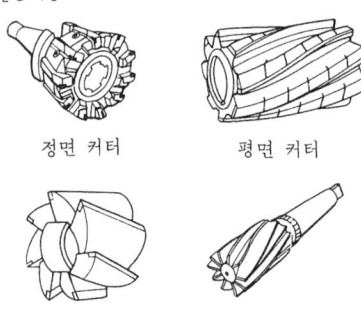

정면 커터 　　평면 커터

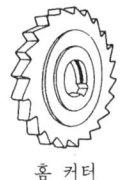 

셸 엔드 밀 　　엔드밀(섕크 장착)

▽ 날끝 각부의 명칭

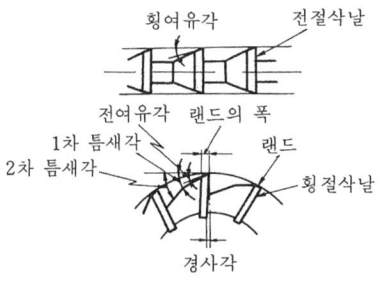

[특징] 원통·원뿔의 외주나 단면에 다수의 절삭날을 갖는 절삭 공구이다. 커터 1회전으로 하나의 날이 마모되는 양은 적고 단속절삭이기 때문에 바이트에 비해 공구의 수명이 길고 정도가 좋은 절삭을 할 수 있다.

밀봉가스(sealed gas) TIG용접·MIG 용접·탄산가스 아크 용접에 있어서 산화하기 쉬운 용융 금속을, 주위의 공기로부터 차단하기 위한 가스. ☞ 불활성 가스 아크 용접(p.168) ☞ 탄산가스 아크 용접(p.401)
[종류]

밀봉가스 ─┬─ 불활성 가스…아르곤, 헬륨
　　　　　└─ 탄산가스

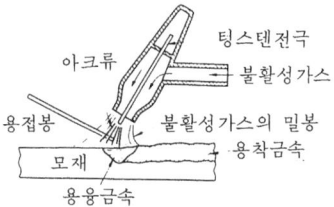

밀봉 장치(密封裝置 : seal) 증기·압축공기 등의 기체, 물·기름 등의 액체, 시멘트 같은 분체 및 진동 그 밖에 누출장치, 또는 이물(異物)의 침입 방지에 사용되는 장치.
　운동 부분의 실… 패킹(☞ p.418)
　고정 부분의 실…개스킷(☞ p.17)
밀폐 사이클(closed cycle) 증기나 공기 등의 동작유체를 몇 회 반복해 사용하는 사이클. ☞ 밀폐 사이클 가스 터빈

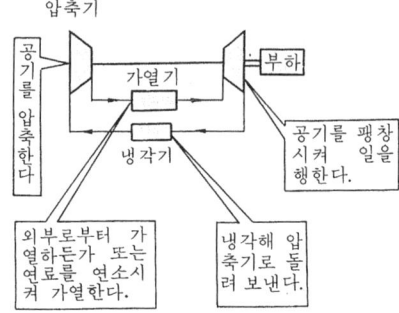

밀폐 사이클 가스 터빈(closed cycle gas turbine) 밀폐 사이클을 행하게 하는 가스 터빈.
[성질] ① 피스톤 기관에 비해 소형으로 대유량의 동작유체를 처리할 수 있는 것으로 대출력을 낼 수 있다.
② 수십만 kW 이상의 출력인 것에 유리하다. ③ 피스톤 기관에 비해 많은 기기로 구성되어 있어 전체의 구성을 잘

묶을 필요가 있다.

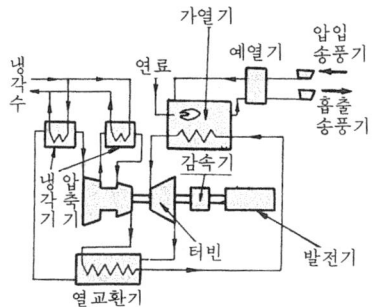

밀폐 인화시험(密閉引火試驗 : cloth test) 인화점 시험의 한 방법. 밀폐된 기름통에 기름을 일정량 붓고 이것을 가열하여 불꽃을 접근시켜 인화의 가부를 조사하는 방식으로, 인화점이 낮은 기름을 시험하는 경우에 사용된다.

밀폐 임펠러(closed impeller) 전후면 모두 원판으로 둘러싸인 펌프의 날개차.

밀폐형 추진축(密閉形推進軸 : enclosed propeller shaft) 굵은 강관(鋼管)에 넣어서 밖에서 보기에는 보이지 않는 추진축.

바나듐(vanadium) 원소 기호 V, 비중 6.1, 융점 1900℃, 공기 중에서 안정된 단단한 금속.
[특징] 강에 소량을 가하면 결정립을 가늘게 하여 강도를 늘린다.

바닥 주형(floor mold) 형틀을 사용하지 않고, 주물공장의 바닥에 만든 주형.

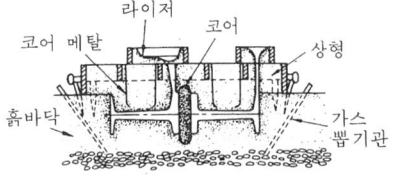

바우 기호법[記號法](Bow's notation) 작용점이 다른 많은 힘을 합성할 때, 장소와 힘의 관계를 기호로 나타내고 그 합력(合力)을 작도(作圖)로 구하는 방법.

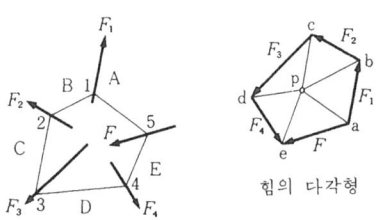

힘의 다각형

[힘의 다각형] 좌측 그림의 작용점이 서로 다른 힘 F_1, F_2, F_3, F_4를 위의 그림처럼 그려 정점 a, b, c, e로 하면, a와 e를 연결한 다각형 벡터 ae가 합력 F가 된다.

[계(系)의 다각형] 힘의 다각형에서 임의의 점 P를 취하여 각 정점과 연결한다. 좌측 그림의 F_1에 점 1을 취하고 공간 B에 Pb에 평행하도록 12를 긋고, 같은 모양으로 23, 34를 긋고 공간 A, E에도 15, 45를 그어 점 5를 구하여 생긴 12345의 다각형. 점 5가 합력 F의 작용선의 위치.

바이메탈(bimetal) 팽창 계수가 다른 2종류의 금속 박판을 압착한 금속 제품. 온도의 상승에 비례하여 완곡 변형을 생기게 한다.
[구성 재료]
　100℃ 이하　황동과 34% Ni강
　200℃ 이하　황동과 인바(invar)
　250℃ 부근　모넬메탈(Monel metal)과 36~42% 니켈(Ni)강.
[용도] 서모스탯(☞p.190), 바이메탈 온도계

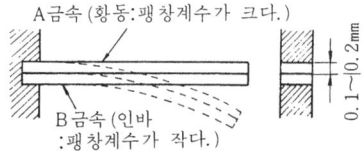

바이메탈 온도계(bimetal thermometer) 온도의 변화에 의해 생기는 바이메탈의 각 변위를 이용한 온도계.

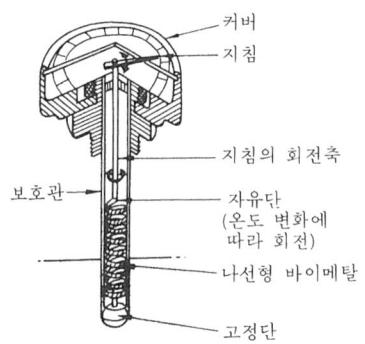

[온도계용의 바이메탈]
　나선형 - 액체 온도 측정용
　태엽형 - 기체 온도 측정용
　원호형 - 기체 온도 기록용

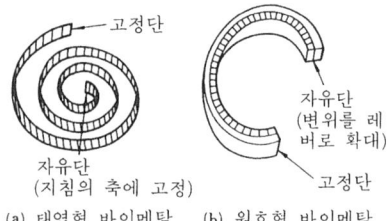

(a) 태엽형 바이메탈　　(b) 원호형 바이메탈

바이스(vice) 공작물을 물리는 공구. 작업대에 설치해 공작물을 잡고 고정해서 손다듬질·조립 작업 등을 할 때에 사용하는 것.
[종류] 상자 바이스, 레그 바이스 등이 있다.

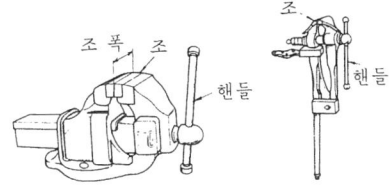

상자 바이스   레그 바이스

바이트(byte) 8비트(bit), 즉 8개 자리가 하나의 그룹으로 이루어진 정보 단위. ☞ 비트(bit) (p.177).
대부분 마이크로 프로세서는 8비트(bit)로 문자나 숫자·기호를 나타내고 메모리(memory)도 8비트(bit)를 기본으로 구성되어 있다. 8비트를 하나로 합친 것을 1바이트(bite)라 하고 정보의 단위로 사용하고 있다.

$2^8 = 256$
(256개)

00000000
00000001
．．．．．．．．．．
11111110
11111111

[종이테이프의 예]

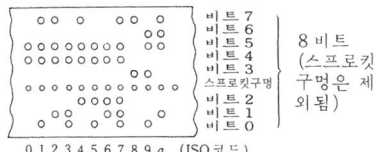

0 1 2 3 4 5 6 7 8 9 a (ISO코드)

바이트(cutting tool) 선반, 셰이퍼, 슬로터(slotter) 등에서 이용된다. 섕크 끝에 절삭날을 갖는 절삭 공구.
▽ 각 부의 명칭

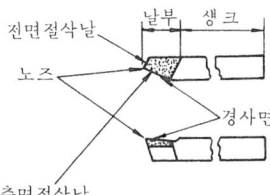

섕크 : 절삭날을 설치하는 롤러

▽ 날부의 형상과 용도에 의한 종류

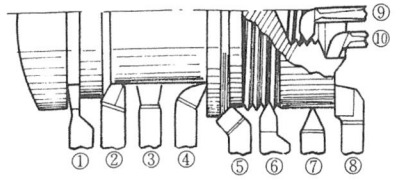

① 절단 바이트 ② 모따기 바이트 ③ 평삭 바이트 ④ 경사 바이트 ⑤ 단면절삭 바이트 ⑥ 수나사 바이트 ⑦ 정면 절삭 ⑧ 측면절삭 바이트 ⑨ 암나사 바이트 ⑩ 보링 바이트

[날끝각] 바이트나 공작물의 재질·절삭의 상태 등으로 각도의 크기를 적절하게 결정한다.

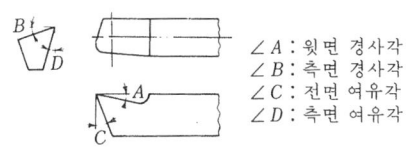

∠A : 윗면 경사각
∠B : 측면 경사각
∠C : 전면 여유각
∠D : 측면 여유각

경사각은 칩의 흐름을 좋게 한다. 경사각이 크면 절삭성은 좋게 되지만 날끝은 약하게 된다. 여유각은 날끝과 공작물의 마찰을 방지하기 위해서 둔다.

박강판(薄鋼板 : sheet steel) 두께 3mm 미만의 압연된 강판. ☞강판 (p.16).

박스 스패너(box spanner) 움푹 들어간 구멍속이나 보통의 스패너를 사용할 수 없는 곳에 있는 볼트나 너트를 돌리는데 사용한다. 박스형의 스패너.
[종류] 그림 (a) 같은 형의 각종 치수의 것을 스패너 손잡이로 돌리는 형식과, 그림 (b)와 같은 일체형이 있다.

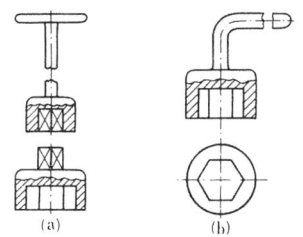

박스형 정반[定盤](box type surface plate) 상자를 엎어 놓은 것 같은 형의 정반. 마무리 공정에서 사용하는 주물로 된 대형 정반을 말한다.

반경강(半硬鋼 : semi-hard steel) 경강과 연강의 중간적 성질을 띠고 있어서 기계

구조용으로 이용된다.

반경류[半徑流] **터빈**(radial flow turbine) 고정날개 없이 하나 걸러 반대 방향으로 회전하는 회전날개만으로 되어 있는 겹회전식 터빈. 서로 다음 날개의 가이드 베인 역할을 하면서 증기의 반동력으로 회전한다.

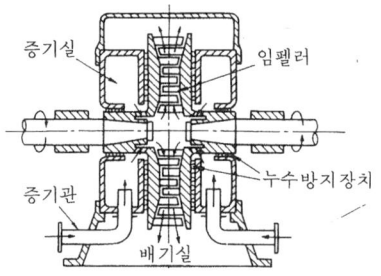

반달 키(woodruff key) 반원판형의 키.
[용도] 축 옆의 키 홈의 가공은 간단하지만 키 홈이 깊게 되는 것으로 그다지 큰 힘이 걸리지 않는 테이퍼 축에 핸들 등을 설치하는 데 사용된다.

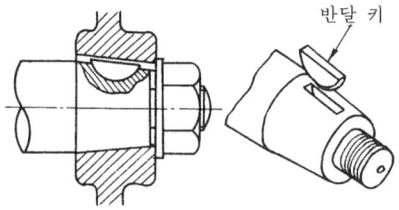

반달 키홈 밀링 커터(woodruff key seat cutter) 축에 반달 키 홈을 가공하는 데 이용하는 밀링 커터. ☞ 반달 키

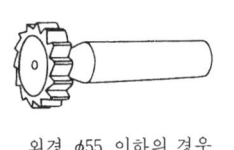 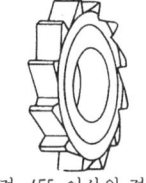

외경 $\phi 55$ 이하의 경우
외경 $\phi 55$ 이상의 경우

반도체[半導體 : semi-conductor) 저항률이 도체와 절연체와의 중간에 있고, 전류 전달이 자유 전자나 정공(hole)에 의해 이루어지는 물질.
[종류] 실리콘·게르마늄 등
 게르마늄, 실리콘 등의 순도가 높은 결정(結晶)은 근접해 만나는 원자가 전자를 공유하는 공유 결합을 하고 있다. 이것에 3가(價) 혹은 5가의 원소를 소량 가하면, 자유 전자·정공(正孔)이 생겨 이것이 도전성을 높인다.

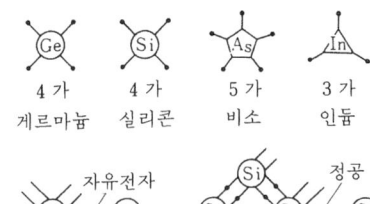

4가	4가	5가	3가
게르마늄	실리콘	비소	인듐

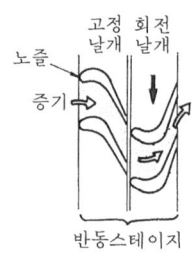

N형 반도체   P형 반도체

반동단(反動段 : reaction stage) 반동 터빈에 있어서 고정날개와 회전날개의 한 조.
[원리] 증기의 압력 강하가 노즐 (고정날개)과 회전날개와의 양쪽에서 행해지고, 날개는 고속

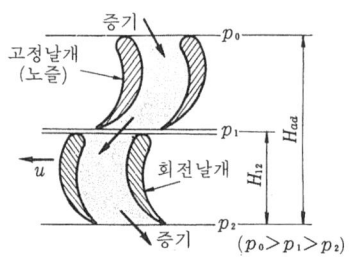

반동스테이지

증기류의 방향 변화에 따른 힘과, 날개 내의 증기속도 증가에 따른 반동력의 양쪽 방향으로 움직이게 된다.

반동도(反動度 : degree of reaction) 반동 터빈의 하나의 스테이지에서 그 스테이지의 단열 열낙차와 회전날개 내의 단열 열낙차와의 비. ☞ 단열 열낙차 (p.88)

반동도 $= \dfrac{H_{12}}{H_{ad}}$

H_{12} : 회전날개 내의 단열식낙차
H_{ad} : 스테이지에 있어서 단열열낙차

반동 수차(反動水車 : reaction water turbine) 물의 위치 에너지를 압력과 속도 에너지로 변환하여 이용하는 수차.
[종류] 프란시스 수차(☞ p.434), 프로펠러 수차 (☞ p.435)

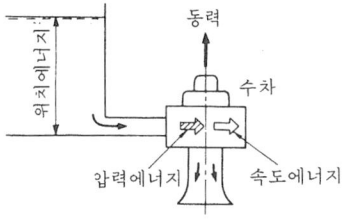

반동[反動] **터빈**(reaction turbine) 증기 터빈에 있어서 고정날개와 회전날개를 압력 강하시켜 증기의 속도를 증가시키는 형식의 터빈.
[종류] 축류 터빈 (☞ p.381), 반경류 터빈 (☞ p.142)

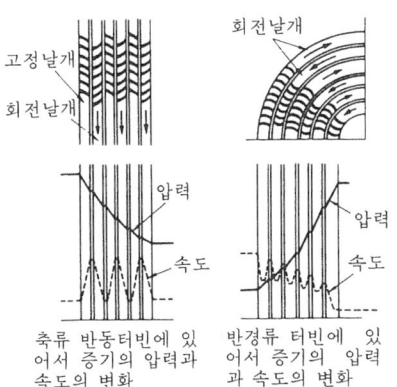

축류 반동터빈에 있어서 증기의 압력과 속도의 변화

반경류 터빈에 있어서 증기의 압력과 속도의 변화

반력(反力 : reaction force) 보(beam)에 하중이 작용할 때 지지점에 생기는 힘. 반력의 크기는 힘의 균형 조건식으로부터 구한다.

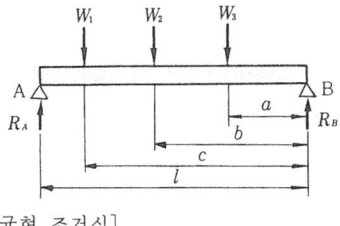

[균형 조건식]
$\Sigma F = 0$

F : 보에 작용하는 힘
힘의 모멘트 $\Sigma M = 0$
M : 어떤 점에 대해서의 힘의 모멘트
[힘의 대수화]
$W_1 + W_2 + W_3 - R_A - R_B = 0$ ············(1)
(점 B에 대해서의 힘의 모멘트)
$R_A l - (W_1 c + W_2 b + W_3 a) = 0$ ········(2)
$R_A = \dfrac{W_1 c + W_2 b + W_3 a}{l}$
$R_B = \dfrac{W_1(l-c) + W_2(l-b) + w_3(l-a)}{l}$
또는
$R_B = W_1 + W_2 + W_3 - R_A$

반발 계수(反撥係數 : coefficient of restitution) 2개의 물체가 충돌 후 서로 멀어지는 상대 속도(분리 속도)와 충돌 전에 서로 가까와지는 상대 속도(근접 속도)를 나눈 값으로 충돌 전·후 속도의 반발률의 비이다.

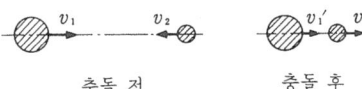

충돌 전   충돌 후

반발 계수 = $\dfrac{\text{근접 속도}}{\text{분리 속도}} = \dfrac{v_1 - v_2}{v_2' - v_1'}$

반발 계수는 양 물체의 무게·속도에 관계없이 재질에 의하여 결정된다.

반복 하중(反復荷重 : repeated load) 연속하여 반복 작용하는 동하중(動荷重). ☞ 교번 하중 (p.43)
보통은 일방향의 하중이 거의 일정한 크기로 반복 작용하는 것이 많다.

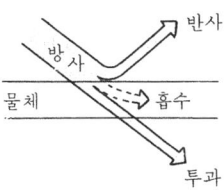

반사율(反射率 : reflection factor) 물체에 빛이나 열을 방사하면 일부는 흡수되고, 다른 일부는 반사되며 나머지 일부는 투과된다. 이때의 반사되는 비율을 말한다. ☞ 방사 (p.145)

반사율 = $\dfrac{\text{반사량}}{\text{방사량}}$

반송 전화(搬送電話 : carrier-current telephony) 음성 전류를 반송파에 실어 전송하여 수신측에서 음성 전류를 끄집어 내는 방식의 전화.

[다중 통신] 주파수가 다른 다수의 반송파에 각각 다른 음성 전류를 실어, 이것을 하나의 전선로로 전송하여 수신측에서 주파수별로 분리시켜 수신하면, 하나의 전선로로 동시에 다수의 통신을 전달할 수 있다.

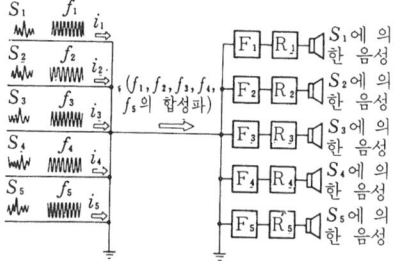

f_1, f_2, f_3, f_4, f_5 : 반송파의 주파수
$F_1 : f_1$ 만을 통과하는 필터
⋮
$F_5 : f_5$ 만을 통과하는 필터
R_1 : 수화기
⋮
R_5 : 수화기

[반송 전신] 다중 반송 전화의 음성 전류 대신에 전신 부호 전류를 사용한 다중 전신 방식.

반자동 공작기계(半自動工作機械 : semi-automatic machine) ☞ 1 사이클 자동화 공작기계(p.86)

반전(反轉 : roll over) 주형 제작에 있어서 주입한 주형으로부터 모형을 떼어내거나 그후 상·하 틀을 맞추기 위해 상형 및 하형을 뒤집는 작업.

[방법] ① 손동작에 의한 것. ② 천평으로 달아내린 상태로 행하는 것. ③ 조형기에 구비한 반전기구로 행하는 것.

발광[發光] 다이오드(light emitting diode) 순방향(順方向)의 전류를 통하면 pn접합면에서 발광하는 다이오드.

[성질] 발광하는 빛은 반도체의 재료나 밴드폭에 의하여 변하고 빛의 색은 적·녹·황 등으로 변하며, 레이저광을 내는 것도 있다.

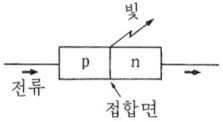

[용도] 전광 변환 즉, 전기를 빛으로 변환하는 데 이용된다.

발전식 회전 속도계(發電式回轉速度計 : generator tachometer) 회전축에 발전기를 연결해, 발생 전압에 의해 회전 속도를 지시시키는 계기.

[원리] 발전기의 발생 전압이 회전축의 회전 속도에 비례하기 때문에 발생 전압의 크기로부터 속도를 알 수 있다.

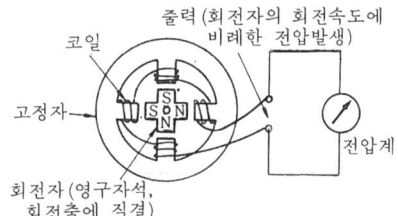

발진 회로(發振回路 : oscillation circuit) 외부로부터 가해진 신호에 의하지 않고, 전원으로부터의 전력으로 지속되는 전기 진동(교류 전압 또는 전류)을 발생시키는 회로.

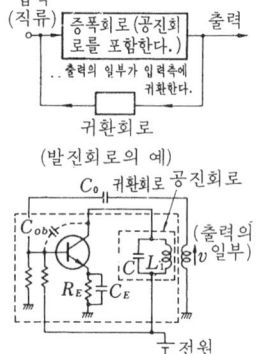

[발진 원리] ① 전원을 넣으면 공진회로에 공진 주파수의 진동이 발생한다.
② 이 일부가 입력측에 귀환한다(증폭기 입력이 된다).
③ 이 입력이 증폭되어 출력측에 나타난다.
④ 출력의 일부가 또 입력측에 귀환한다.
⑤ 이 같은 작용을 반복해 지속적인 일정주파수의 출력을 얻을 수 있다.

[발진기] 발진회로를 이용해 교류신호를 발생시키는 것.

발판 프레스(foot press) 발의 밟는 힘에 의해서 램을 상하로 이동시키는 프레스. 얇은 강판이나 황동판 등 소형의 부품을 펀칭하는데 용이한 기계.

발화 온도(發火溫度 : ignition temperature) 공기 또는 산소 중에서 물질의 온도를 일정 이상으로 높여, 외부로부터의 점화없이 연소하기 시작할 때의 최저 온도이며, 발화점·착화점이라고도 한다.

방사(放射 : radiation) 열이 고온 물체로부터 전자파로 변하여 공간을 진행하면서 저온물체에 이르면 열로 되돌아가는 전열현상. ☞ 방사도(p.145)
물체에 열이 방사되어 닿게 되면, 일부는 흡수되고 다른 일부는 반사된다.

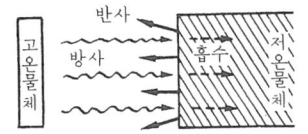

방사 고온계(放射高溫計 : radiation pyrometer) 고온 물체가 발하는 방사에너지를 수열판(受熱板)에 닿게 하여 그 온도 상승에 의하여 생기는 열기전력을 측정함으로써 온도를 알 수 있는 고온계.

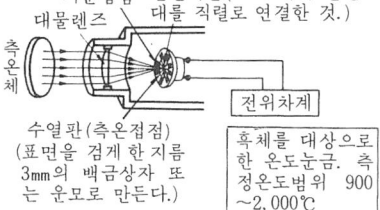

방사능 표지(放射能標識 : symbol of radio-isotope) 법정 방사능 관리 표지.

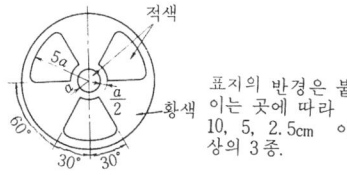

표지의 반경은 붙이는 곳에 따라 10, 5, 2.5cm 이상의 3종.

방사도(放射度 : emissive power) 물체가 단위 면적으로부터 단위 시간에 내는 방사 열량. 물체의 온도와 표면의 상태에 의해 결정된다. 방사를 전부 흡수하는 이상적인 면을 흑체면이라고 하고, 방사도는 가장 크다. 온도 $T(K)$가 일정할 때, 흑체면의 방사도를 E_b(kcal/m²h)라고 하면, 스테판·볼츠만의 법칙에서

$$E_b = 4.88 \times \left(\frac{T}{100}\right)^4 \text{(kcal/m}^2\text{h)}$$

같은 온도인 물체의 방사도를 E(kcal/m²h)라 하면,

$$E = \varepsilon E_b = \alpha E_b \text{(kcal/m}^2\text{h)}$$

ε : 물체의 방사율, α : 물체의 흡수율, $\varepsilon = \alpha$
☞ 방사(p.145), ☞ 방사율(p.146)

방사 보일러(radiation boiler) 수냉관이 방사율을 흡수하여, 증발 작용의 거의 전부를 맡아 보일러 본체의 전열면은 방사 전열면만으로 되어 있는 보일러.

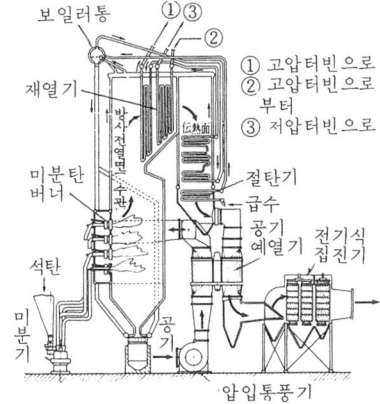

방사선 두께 게이지(radiation thickness gauge) 방사선의 재료에 따른 투과 흡수나 후방 산란(散亂)의 크기를 측정하여, 재료의 두께를 재는 장치.

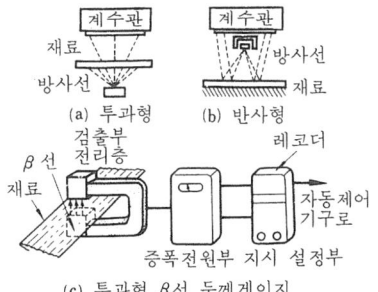

방사선의 피폭[被爆] **허용량**(maximum permissible dose) 방사선의 유전적 효과로부터 방사선을 받는 개인의 단기간 및 일생의 피폭 선량(線量)의 규제 총량.
☞ 렘(rem) (p.113)

연 령	최대 허용 연 선량
19	5 rem
20	5~10 rem
21	5~12 rem

최대 허용 집적 선량을 D(rem), N을 연(年)으로 나타낸 연령은,
$$D = 5(N-18)$$

방사선 탐상법(放射線探傷法 : radiation inspection) X선, γ선, β선 등의 방사선을 사용하여 재료내부의 결함을 발견하는 방법.

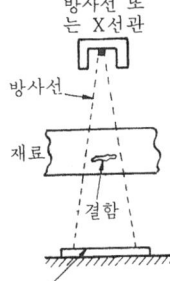

[결함부의 측정]

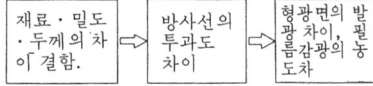

방사(放射) **에너지**(radiant energy) 열에너지가 전자파의 형태로 전달되는 에너지.
[종류] 적외선·가시광선·자외선 등.

방사율(放射率 : emissivity) 같은 온도인 물체의 방사도와, 흑체면의 방사도의 비.
☞ 방사도(p.145), ☞ 방사(p.145)
▽ 각종면의 방사율 ε의 예

물 질	온도(℃)	방사율 ε
알루미늄 (윤내기한 면)	227~580	0.039~0.057
알루미늄 (산화한 면)	200~378	0.11~0.19
알루미늄 (보통 면)	상온	0.04~0.06
강 (윤내기한 면)	100	0.052
강 (산화한면)	22	0.72
탄 소	250~510	0.98
벽 돌	상 온	0.93
도장면 (흑색 또는 백색락카)	상온	0.80~0.95
유 리	260~540	0.85~0.95

방송위성(放送衛星 : broadcasting satellite) 방송국의 송신 설비에 상당하는 기기를 갖고 지구로부터 송신되어 오는 전파를 지상의 각 가정에서 수신할 수 있도록 증폭하여 재송신하는 정지(靜止)위성.

방전 가공(放電加工 : electrospark machining) 등유 등의 절연성이 있는 가공액 중에서, 가공 전극과 공작물과의 사이에 단속적(斷續的)으로 방전시켜, 가공 전극과 같은 단면의 형상을 공작물에 전사, 가공하는 방법.
▽ 원리

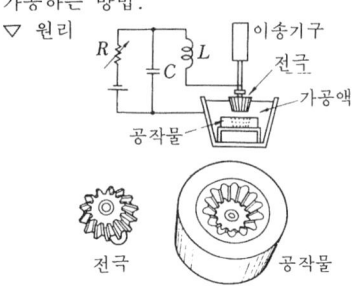

방전관(放電管 : discharge tube) ☞ 전자관 (p.331)

방진재(防振材 : vibroisolating materials)
▽ 방진고무의 예

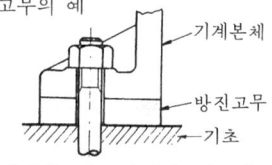

기계를 설치할 때, 기계의 기초와 기계 사이에 넣어 진동을 방지하기 위한 재료. 고무, 코르크, 목재, 금속 스프링 등이

사용된다.

방향 제어(方向制御) 밸브(directional control valve) 유체의 회로에서 흐름의 방향을 제어하는 밸브.
[종류] ① 역류 방지 밸브(check valve) 유체의 흐름을 일정방향으로 한정함으로써 역방향의 흐름을 저지할 목적으로 사용된다.
② 전환(轉換)밸브 : 유체의 유로(流路)를 바꿀 목적으로 사용된다.

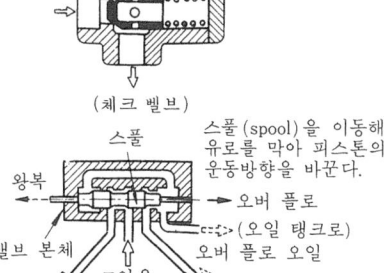

(체크 밸브)

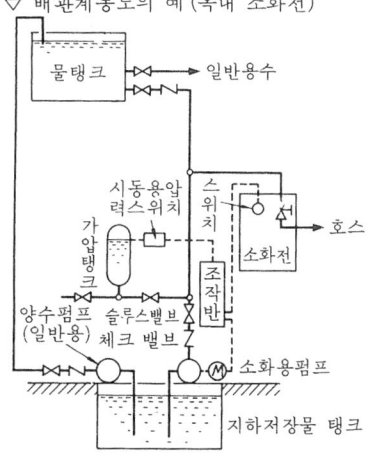

(전환 밸브)

배관도(配管圖 : piping diagram) 관의 배치와 배관에 필요한 사항이 표시된 도면. 배관도는 배관 도시 기호를 사용해 도시한다.
▽ 배관계통도의 예 (옥내 소화전)

배관 도시 기호(配管圖示記號 : graphical symbols for piping) 배관 및 그 부속품을 도시하는 경우에 사용하는 기호.
▽ 배관 도시 기호의 예

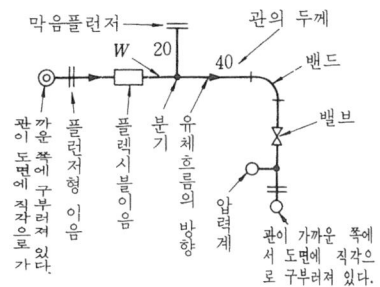

배광 곡선(配光曲線 : light distribution curve) 광원으로부터 나오는 빛의 분포를 나타낸 곡선.

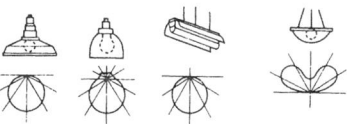

(a) 금속제 반사갓 (b) 유리갓 (c) 형광램프용 반사갓 (d) 불투명 반사갓

배기(排氣 : exhaust gas, exhaust air) 내연기관, 증기기관, 터빈 등에서 팽창 행정을 거쳐 배출되는 가스 또는 증기.

배기가스 정화 장치[淨化裝置](exhaust gas cleaning device) 내연기관의 배기가스를 정화하는 장치.

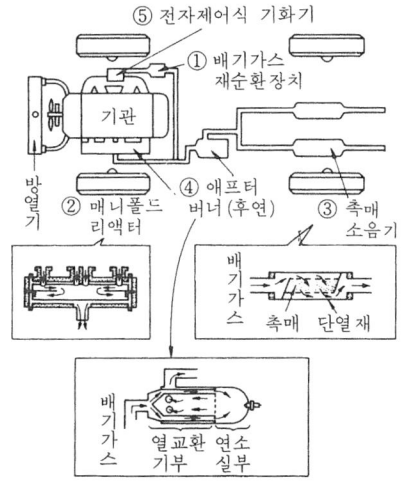

① 배기가스 재순환 장치…NO₂대책

② 매니폴드 리액터…CO, HC대책
③ 촉매 소음기…CO, HC 및 NO_2대책
④ 애프터 버너…CO, HC 대책
⑤ 전자 제어 방식 기화기…CO, HC대책

배기관(排氣管 : exhaust pipe) 내연기관이나 증기기관으로부터의 배기를 외부로 이끄는 관.

배기량(排氣量 : displacement) 내연기관의 피스톤이 1행정하여 배기가스를 배제하는 실린더의 용적. 행정 용적이라고도 한다. 다(多)실린더 기관에서는 전 실린더 배기량의 합계를 말한다.
　배기량은 출력을 표준으로 하는 일이 있으며, 자동차용 기관에서는 1000cc당 30PS 전후가 보통이다.

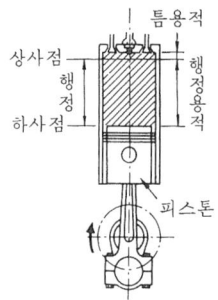

배기 매니폴드(exhaust manifold) 다실린더 기관에 있어서, 각 실린더의 배기관을 전부 또는 몇개씩 묶어 효율적으로 배기시키는 관. 배기 집합관, 배기 다기관이라고도 한다.

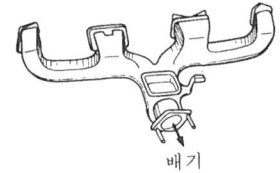

배기 밸브(exhaust valve) 내연기관 또는 증기기관의 실린더로부터 배기를 내보내기 위하여 사용하는 밸브.

배기 행정(排氣行程 : exhaust stroke) ☞ 4 사이클 기관 (p.181)

배빗 메탈(Babbitt metal) 주석-안티몬-구리(Sn-Sb-Cu)계의 베어링용 합금. 주석(Sn)을 바탕으로 한 화이트 메탈.

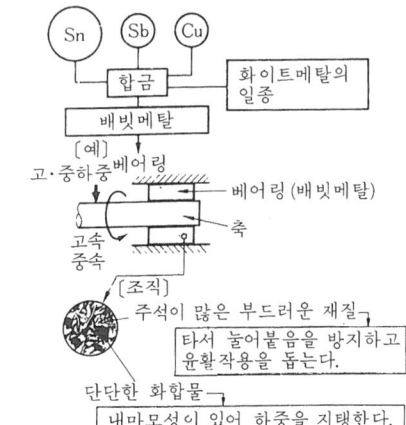

배압(背壓 : back pressure) 증기기관, 내연기관, 터빈 등의 출구측 유체의 압력.

배압 터빈(back pressure turbine) 터빈으로 동력을 발생시킨 후 그 배기를 작업용으로 사용하도록 한 터빈.
〔특징〕작업용 증기만을 발생시키는 경우에 비하여 약간의 연료 소비량의 증가로 열량을 유효하게 이용할 수 있다.

배[背]**원뿔**(back cone) 베벨 기어의 크기를 한정하는 원뿔면. 피치원뿔과 직각으로 교차한다.

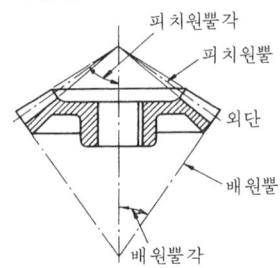

배율기(倍率器 : multiplier) 전압계의 측정범위를 확대하기 위해서 계기의 내부 회로에 직렬로 접속하는 저항기.

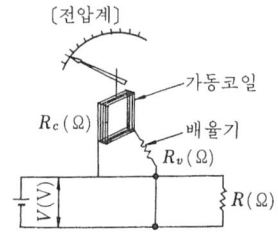

배율기의 배율 $= 1 + \dfrac{R_v}{R_c}$

R_c에 대해 R_v를 크게 하면, 배율 즉 측정 범위의 확대율은 커지게 된다.

배전(配電 : distribution) 배전용 변전소에서 전력을 수용가로 분배하는 일.

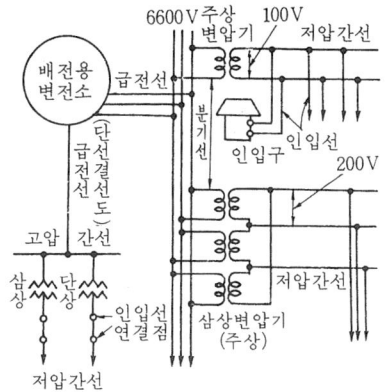

배전기(配電器 : distributor) 점화 코일에 발생한 고전력을, 점화 순서에 따라 각 점화 플러그에 배전하는 기기.

단속기, 점화 촉진 장치, 배전부로 구성되어 있다.

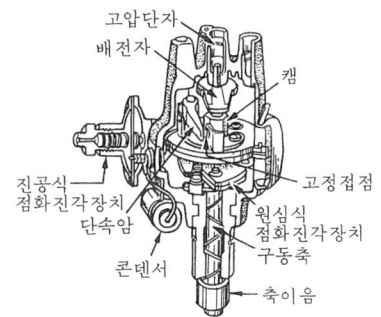

백금(白金 : platinum) 은백색으로 결정 격자는 면심 입방 격자의 금속. 기호 Pt.
[성질] 공기·온도에 대해서 안정하고, 고온에서도 변화하지 않는다. 융점 1769℃, 비중 21.45.
[용도] 열전대, 도가니, 촉매, 장식품 등.

백동(白銅 : cupronickel) 구리·니켈(Cu·Ni)계 합금으로 니켈(Ni)량이 많아짐에 따라 백색이 되고, 내식성·고온 강도가 큰 동합금.

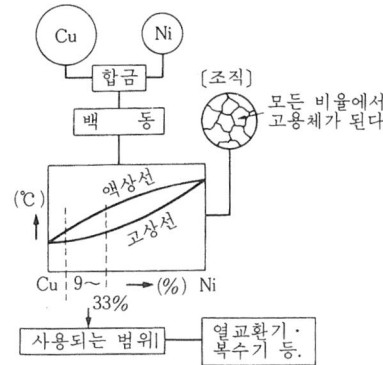

백래시(back lash) 기어의 회전을 원활하게 하기 위해 맞물린 이와 이 사이에 두는 틈새.

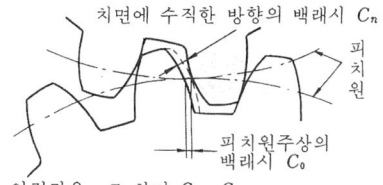

압력각을 α로 하면 $C_n = C_0 \cos \alpha$

백사진(白寫眞 : positive print) 양화 감광지에 복사한 도면. 원도의 선이나 문자 등이 자·청·흑·갈색 등으로 나타나고 그외는 백지로 된다.

백선철(白銑鐵 : white pig iron) 선철에서 파단면이 하얀 것. 탄소(C)나 규소(Si)가 적은 선철을 비교적 빨리 냉각할 때에 생기기 쉽다. 탄소(C)가 시멘타이트의 형으로 되어 있어 흑연화 하고 있지 않은 것으로 파단면이 하얗게 보인다.

백심 가단 주철(白心可鍛鑄鐵 : white heart malleable cast iron) 백주철을 산화철

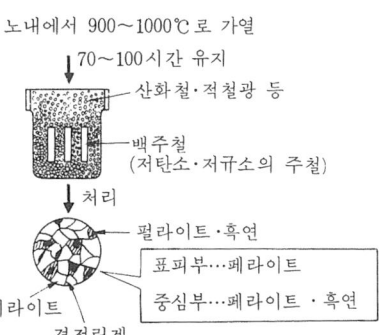

등으로 둘러싸게 하여, 장시간 가열 유지
하여 표면층의 시멘타이트를 흑연화함과
동시에 탈산시키고 페라이트로 변화시켜
인성을 증가한 주철.
[용도] 자동차 부품 등.

백주철(白鑄鐵 : white cast iron) 주철 중
파단면이 백색을 띠고 있으며 탄소(C)가
시멘타이트로써 존재하는 주철.
[특징] 단단하고 취성이 있어 절삭 가공
은 곤란하다.

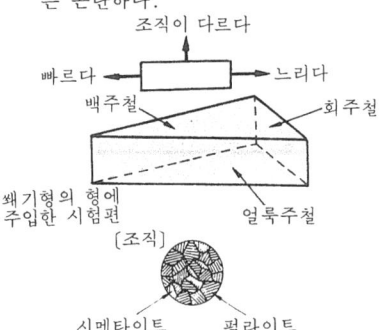

밴드브레이크(band brake) 마찰 브레이크
의 일종으로 브레이크 드럼에 브레이크
밴드를 감아 브레이크 밴드의 장력으로
제동시키는 브레이크.
　브레이크 밴드는 스틸밴드로 접촉면에
목편·석면·가죽 등을 사용하는 것이 많
다.

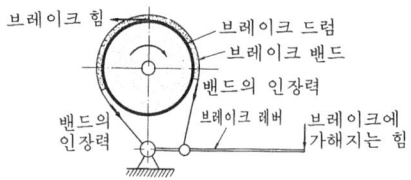

밸브(valve) 관내 유체의 흐름을 막기도
하고 유량이나 압력을 조절하기도 하는
것.
　[밸브의 종류와 용도]
　스톱밸브 : 유체의 흐름을 안전하게 막
　는 밸브.
　슬루스밸브 : 압력이 높은 유로 차단용
　의 밸브.
　나비형 밸브 : 관로의 열림을 조절하는
　밸브.
　역류 방지 밸브 : 유체를 한 방향으로만
　흐르게 해, 역류를 방지하는 밸브. 체

크 밸브라고도 한다.
　이스케프밸브 : 관내의 유압이 규정 이
　상이 되면 자동적으로 작동하여 유체를
　밖으로 흘리기도 하고 원래대로 되돌리
　기도 하는 밸브.
　콕 : 저압으로 작은 지름의 관로 개폐용
　의 밸브.

밸브 장치(valve gear) 4사이클 기관의
흡·배기 밸브를 크랭크축 2회전에 대하
여 1회씩 개폐하는 장치.

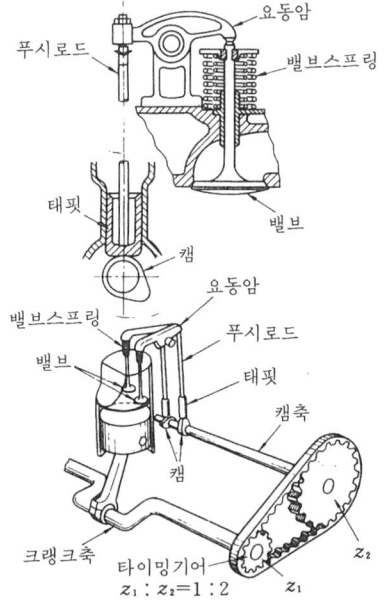

밸브의 오버랩(overlap of valve) 흡기 밸
브와 배기 밸브가 동시에 열려 있는 시
간. 보통 크랭크 각도로 나타낸다.

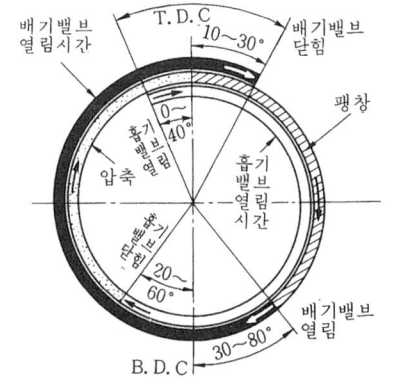

밸브 포지셔너(valve positioner) 다이어프램(diaphragm) 밸브를 정확하게 제어하기 위한 장치.

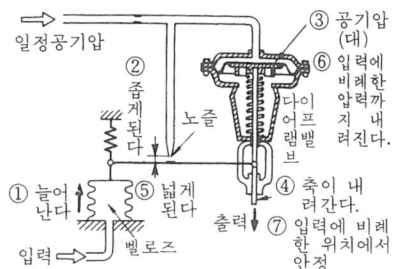

밸브 간극(valve clearance) 내연기관의 밸브 장치에 있어서, 태핏과 밸브봉과의 틈새, 또는 로커 암과 밸브 스탬과의 틈새. 내연기관의 운동 중 밸브 기구가 열로 팽창해도 밸브가 완전하게 작용하도록 설치한다.

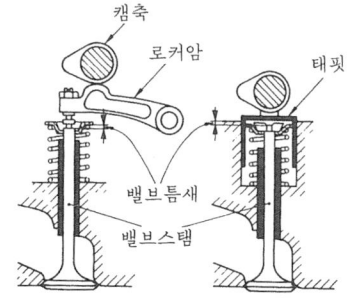

버(burr) 공작물을 절단하거나, 줄질할 때 가공면에 생기는 칩(chip)의 잔재를 말한다.

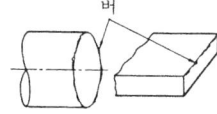

버너(burner) 미분탄 가스·액체연료를 연소시키는 장치. ☞오일 버너(p.267) [종류] 미분탄 버너, 오일 버너 등.

버너 연소장치(burner combustor) 미분탄·액체 및 기체연료를 연소실의 버너에 의해 불어 넣어 연소시키는 장치. ☞미분탄 연소장치(p.136)

버니싱 다듬질(burnishing) 원통의 내면에 볼형이나 주판알형의 공구를 압입해, 매끌매끌한 다듬질면으로 만드는 가공법.

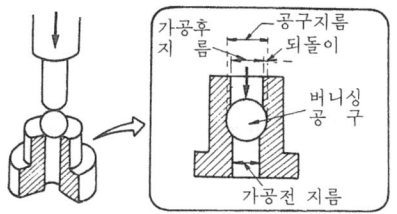

버니어 캘리퍼스(vernier calipers) 어미자의 측정면과 버니어를 가진 슬라이드(아들자)의 측정면과의 사이에서 제품의 외경이나 내경을 측정하는 측정기.

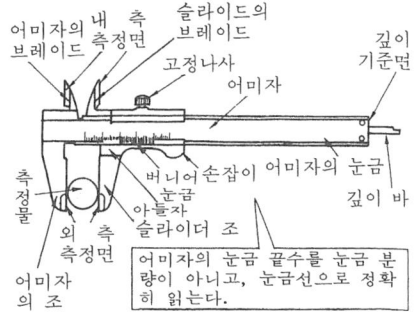

버링 리머(burring reamer) 파이프를 파이프 커터 등으로 절단했을 때 관 안쪽에 생기는 버(burr)를 제거하기 위한 리머.
▽ 버링 리머

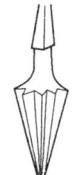

버스(bus) 컴퓨터 내에서 데이터(data)신호, 어드레스(address)신호, 제어신호를 보내기 위한 신호선이 모여진 것으로 각각을 데이터 버스, 어드레스 버스, 제어 버스라고 한다.

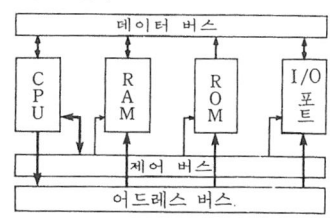

버스는 복수(複數)의 신호를 병렬로 내보내기 위해서 그에 대응하는 줄수의 신호선으로 이루어진다. 길을 달리는 버스가 많은 사람을 태우고 달리듯이, 복수의 신호를 일괄하여 내보내는 신호선의 모임이기 때문에 버스라 한다.

버킷(bucket) 펠턴수차에 있어서 분출수를 받아 수차를 회전시키는 부분. 중앙에 물의 저항이 있다.

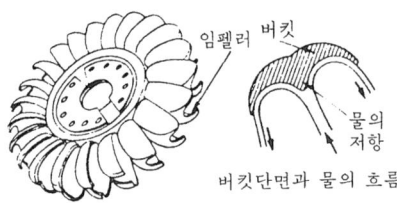

버킷단면과 물의 흐름

버프(buff) 원형의 천이나 가죽을 봉합시켜서 펠트나 종이를 접착제로 원판 형상으로 단단하게 하고 연마재를 도포하여 공작물의 표면을 윤내기 하는 데 사용하는 것. 천·가죽의 것을 맵, 펠트나 종이의 것을 버프라고 한다.

버프 다듬질(buffing) 버프의 원주에 연마재를 부착하여, 금속의 표면을 매끈매끈하게 닦는 작업.

버핑 머신(buffing machine) 연마재를 도포한 버프 휠(wheel)을 회전시켜 공작물을 가볍게 눌러붙여 그 표면을 닦는 기계.

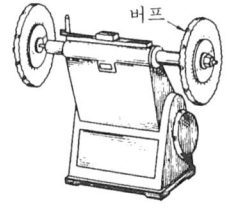

벌류트 스프링(volute spring) 원뿔 코일 스프링의 일종. 사각형 단면의 강판을 원뿔 형상으로 감은 압축 스프링.
 [특징] 공간 용적의 비율로 큰 에너지를 흡수할 수 있으며, 또 판과 판 사이의 마찰을 이용하여, 진동을 감쇠시킬 수 있는 것으로 완충용의 스프링으로써 이용된다.

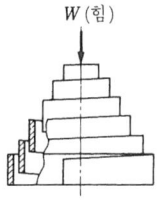

벌류트 펌프(volute pump) 임펠러 외주에 안내날개가 없이 직접 와류실로 통하고 있는 원심 펌프. 가장 흔히 사용되는 펌프이다. ☞원심펌프(p.282), ☞안내날개(p.234)

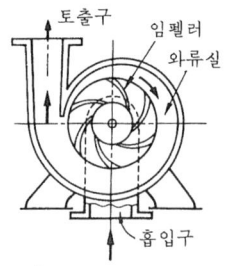

벌징(bulging) 판금가공에 있어서 원통형의 소재를 부풀게 하는 가공 방법.

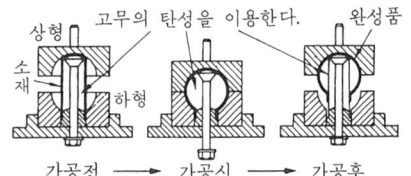

가공전 ── 가공시 ── 가공후

범용 공작 기계(凡用工作機械 : general purpose machine) 특정 부품을 전문으로 가공하는 전용 공작 기계에 대하여 1대로 여러 가지 가공을 할 수 있는 공작기계. ☞선반(p.192), 밀링 머신(p.137)

법선(法線) **피치**(normal pitch) 인벌류트(involute)기어에 있어서, 치형간의 공통수선(작용선)에 따라 측정한 피치. 기초원의 원주를 잇수로 나눈 값과 같다.

베벨 기어(bevel gear) 서로 교차하는 두 축 사이에서 운동을 전할 때 이용하는 원추형의 기어.

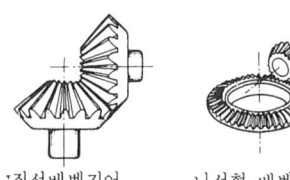

직선베벨기어   나선형 베벨기어

[종류] 기어선의 상태에 따라 직선 베벨기어, 스파이럴 베벨기어, 나선형 베벨기어 등이 있다.

베벨 기어 절삭기[切削機](bevel gear cutting machine) 베벨 기어를 가공하는 절삭기. 직선 베벨 기어의 다듬질에는 글리슨(Gleason)식 기어 절삭기가 많이 사용된다.

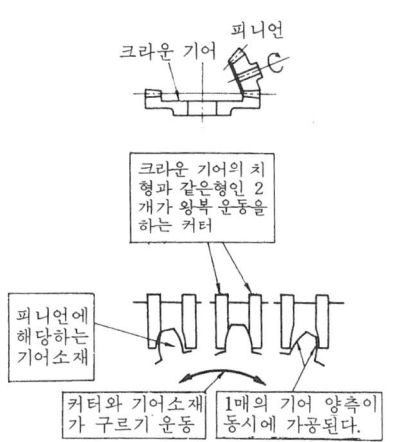

베르누이의 정리(Bernoulli's theorem) 「관로에서의 에너지손실이 없다고 하면, 에너지 보존의 법칙으로부터 관로의 어느 단면에 있어서도 전수두(全水頭)는 일정하다.」라고 하는 법칙.

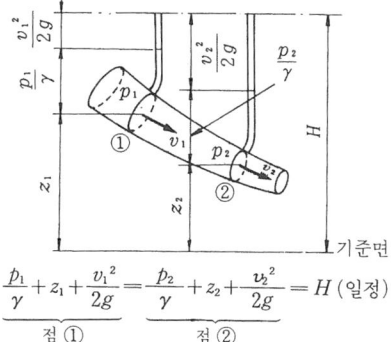

$$\frac{p_1}{\gamma}+z_1+\frac{v_1^2}{2g}=\frac{p_2}{\gamma}+z_2+\frac{v_2^2}{2g}=H(일정)$$
점 ①   점 ②

H : 전수두 (☞ p.327) z : 위치수두 (☞ p.286)
g : 중력 가속도
$\frac{P}{\gamma}$: 압력수두 $\frac{v^2}{2g}$: 속도수두 (☞ p.201)

베릴륨 청동(beryllium bronze) 구리(Cu)에 베릴륨(Be)을 1.6~2.0% 첨가한 동합금.
[특징] 담금질 후 시효 경화시키면 기계적 성질은 합금강에 뒤떨어지지 않으며 내식성도 뛰어나다.
[용도] 판 스프링, 기어, 베어링 등.

베벨 기어 각부의 명칭

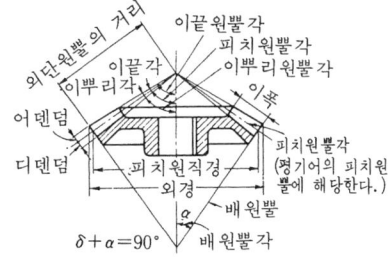

베셀 점[點](Bessel point) 선도기(線度器: 표준자 등)를 2점에서 지지하는 경우, 눈금 사이 거리의 오차가 최소가 되는 지지점의 위치.

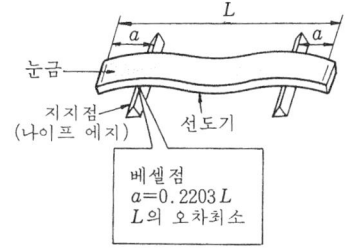

베 어 링(bearing) 회전 축을 지지하고 축에 작용하는 하중을 받아서 축을 매끄럽게 회전시키는 기계 요소.
[종류]
○ 축과 베어링의 접촉방법에 의한 분류
  미끄럼 베어링 (☞ p.135)
  롤러 베어링 (☞ p.115)
○ 하중의 방향에 의한 분류
  레이디얼 베어링 (☞ p.112)
  스러스트 베어링 (☞ p.213)

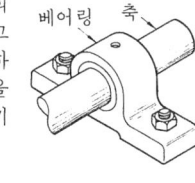

베어링 간극(clearance of bearing) 베어링과 저널 사이의 틈새.
레이디얼 베어링의 안지름과, 저널 지름과의 차이. 그 값은 베어링압력·회전속도·기름의 점도 등에 의해 변한다.

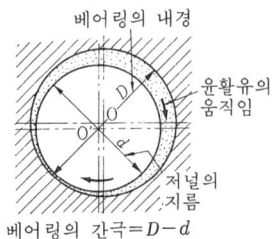

베어링의 간극 $= D-d$

베어링강(bearing steel) 회전 베어링의 재료로 이용하는 합금강.

불순물이 적고, 결정립(結晶粒)이 미세하며 미립자의 구상(球狀) 탄화물이 균일하게 분포한 고탄소 저크롬강이 사용된다.

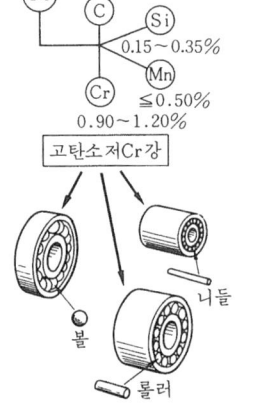

베어링메탈(bearing metal) 미끄럼 베어링에 있어서 축과의 접촉면에 사용하는 부품. 마모했을 때는 바꾼다.

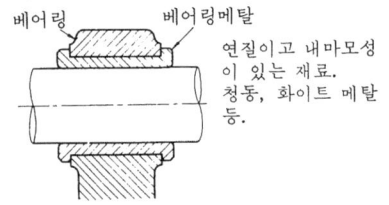

베어링 압력(bearing pressure) 베어링에 가해지는 하중을 그것을 지지하는 면적으로 나눈 값

$$p = \frac{W}{d\,l}$$

p : 베어링 압력
w : 하중
d : 저널 지름
l : 저널 길이

베어링용 합금(alloys for bearing) 미끄럼 베어링용 재료로써 베어링 성능이 극히 뛰어난 합금.

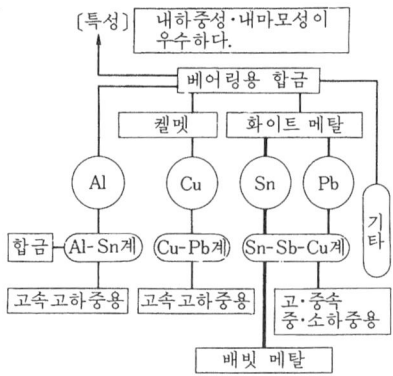

베이나이트(bainite) 강을 담금질 온도에서 500°~350°C까지 급랭하여, 그 온도에서 항온 변태 되었을 때 얻어지는 조직.
☞항온 변태(p.447)
[현미경 조직] 새의 깃털 또는 바늘 모양.
[성질] 딱딱하고 인성이 강하지만, 부식되기 쉽다.
[용도] 스프링 재료

베이스 플레이트(base plate) 지그 기반(基盤). 기계의 베드에 상당하고, 지그(jig)나 그 밖의 요소를 적절한 위치에 조립하는 기초가 되는 것. ☞지그(p.363)

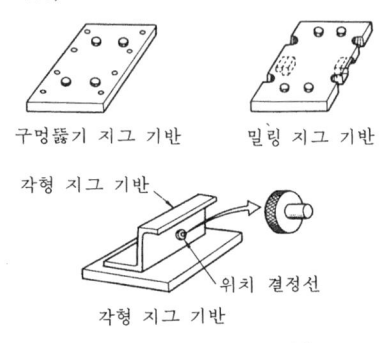

베이식(BASIC) Beginner's All purpose Symbolic Instruction Code의 약자. 퍼스널 컴퓨터의 표준적인 언어.

1960년대 미국 다트머즈대학의 켐니, 커츠 두 교수가 개발했다. 영어에 가까운 표현으로 프로그램 작성이 가능하고 초심

자용의 언어이다. 하지만 베이식 언어는 기종에 따라서 다소 차이가 있고 호환성이 충분하지 않다.

베이클라이트(bakelite) 석탄산·포르말린을 원료로 하는 합성수지. 섬유질의 것을 혼합하기도 하고 종이 등을 넣기도 하며, 가압·가열하여 성형한다: 내식성·절연성이 있다.

베인 펌프(vane pump) 캠 링과 로터에 설치된 베인에 의해 만들어진 공간의 용적변화에 의해, 펌프작용을 행하는 유압펌프. 베인은 원심력과 베인 홈의 밑으로부터 토출 유압이 가해져 캠 링에 달라붙게 된다.
▽ 작동원리

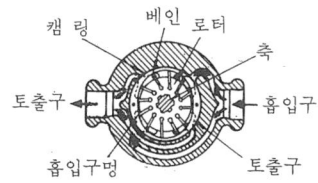

벡터(vector) 크기·방향을 갖는 양.
[예] 힘·속도

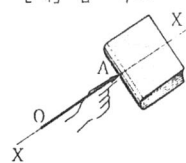

작용점 O로부터 힘의 크기에 비례한 길이의 선분 OA를 힘의 방향으로 긋고 그 선단에 방향을 나타내는 화살표를 붙인다.
OA를 연장한 직선 XX'가 작용선이다.

벤슨 보일러(Benson boiler) 펌프로 압입된 물이 순차적으로 가열되어, 과열증기로 송출되는 형식의 보일러. 보일러통을 필요로 하지 않는 관류 보일러의 일종.

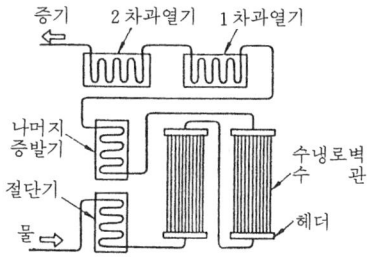

[특징·용도] 무게가 가볍고 구조가 간단하며 가격이 싼 고압 보일러로써 널리 사용된다.

벤투리 계[計](Venturi meter) 유체의 유량을 벤투리관을 이용해 측정하는 차압유량계.

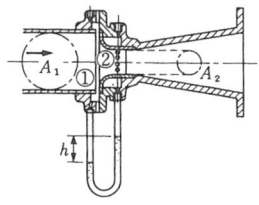

$$Q_a = c\frac{A_2}{\sqrt{1-m^2}}\sqrt{2gh} \quad m = \frac{A_2}{A_1}$$

Q_a : 측정으로 구한 유량
c : 유량계수 ((0.96~0.99))
차압의 측정에 사용한 유체의 비중이 s이고 그때의 압력차를 h'라고 하면, h (물기둥)는 다음과 같다.
$$h = (s-1)h'$$

벤투리관[管](Venturi tube) 관로의 도중에 유로의 단면적이 작은 목부(throat)를 설치한 관.
그림의 2점간의 압력차를 측정하여 유량을 구할 수 있다.
☞ 벤투리 미터 (p. 150)

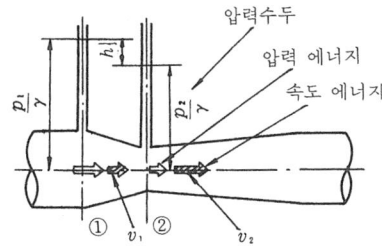

$$Q = A_2 v_2 = \frac{A_2}{\sqrt{1-m^2}}\sqrt{2gh}$$

$m = \frac{A_2}{A_1}$ (개구비)

A_1 : 점 ①의 단면적
A_2 : 점 ②의 단면적
g : 중력 가속도
h : 차압을 수주로 나타낸 것

벨로스(bellows) 유연성·밀봉성 등을 필요로 하는 경우에 사용되는 유연한 산형(山形)의 연속 단면의 두께가 얇은 관.
일방향에 힘이 가해져도 그 변형을 흡수하여 다른쪽에 전달하지 않는다. 인 청동제의 것이 많다.

[용도] 팽창 이음, 진동방지 이음, 계류 등.

벨로스 압력계(bellows manometer) 벨로스의 신축에 의해 압력을 측정하는 계기.
　직접적인 압력의 측정보다도 공기압 전달 방식의 수신 계기용이 많다.
[측정 범위] $10\text{mmH}_2\text{O} \sim 10\text{kg/cm}^2$

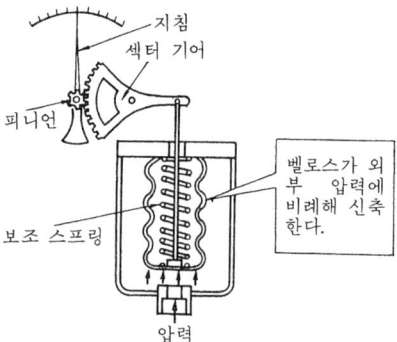

벨트 샌더(belt sander) 이음매 없는 벨트식 연마포(硏磨布)를 회전시켜 공작물의 표면을 연마하는 데 사용하는 기계나 전동 공구. 벨트 연마기(硏磨機).

벨트 이음(belt joint) 긴 벨트를 환상(環狀)으로 하기 위한 이음. 이음의 강도와

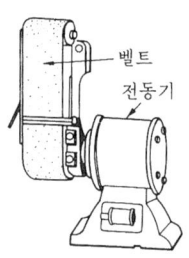

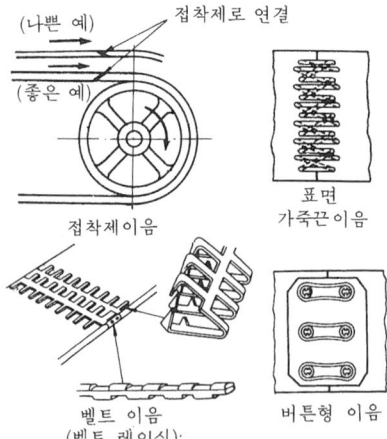

이음이 없을 때의 강도와의 비를 이음 효율이라 하고, 접착제 이음으로는 80% 이상, 그외는 30~65%이다.

벨트 전동[傳動](belt transmission [drive]) 벨트를 매체로 해 2개의 회전축 사이에 동력 전달을 하는 것.
　벨트의 미끄럼이 있기 때문에 속도비가 정확하지는 않지만, 축간거리가 2~10m의 동력전달에 이용된다. 벨트에는 가죽벨트, 고무벨트 등이 있고, 벨트의 단면 형상에 따라 평벨트, V벨트 등으로 나눌 수 있다.

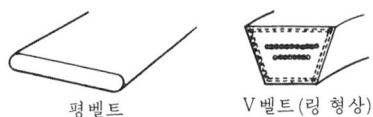

평벨트　　　　V벨트 (링 형상)

벨트 접촉각(angle of contact) 걸기 전동 장치의 벨트가 풀리에 접촉하고 있는 부분의 중심각.
　벨트 전동의 경우, 접촉각을 크게 하는데 따라 미끄럼 손실을 적게 할 수 있다.
▽ 바로걸기 경우

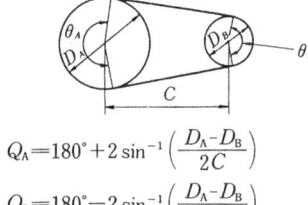

$$Q_A = 180° + 2\sin^{-1}\left(\frac{D_A - D_B}{2C}\right)$$
$$Q_B = 180° - 2\sin^{-1}\left(\frac{D_A - D_B}{2C}\right)$$

▽ 엇걸기 경우

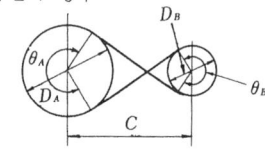

$$Q_A = Q_B = 180° + 2\sin^{-1}\left(\frac{D_A + D_B}{2C}\right)$$

벨트 컨베이어(belt conveyor) 유동 작업에 이용되는 부품이나 제품을 벨트 위에 올려 자동적으로 운반하는 장치.

벨트 컨베이어 저울(belt conveyor scale) 운반장치(컨베이어)로 운반되고 있는, 물건의 중량을 운반 중에 연속적으로 적산 계량하는 저울.

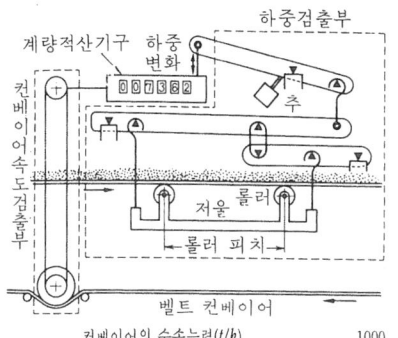

$$칭량(kg) = \frac{컨베이어의\ 수송능력(t/h)}{벨트속도(m/min)} \times 롤러피치(m) \times \frac{1000}{60}$$

벨트 풀리(belt pulley) 벨트 전동에 있어서 벨트를 거는 풀리. 주철제가 많고 고속용으로써 강판이나 경합금제의 것도 있다. ☞ V벨트 풀리(p.172)

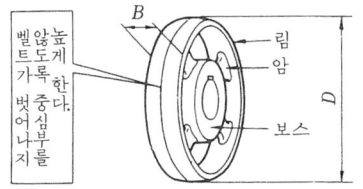

D: 호칭지름(mm) B: 호칭폭(mm)

변속기(變速機: speed change gear) =변속장치

변속 기어장치(transmission) 원동축과 종동축 사이에 여러 조의 기어를 이용, 그 것들의 조합을 바꿔 변속하는 장치.

▽ 자동차의 변속기의 예

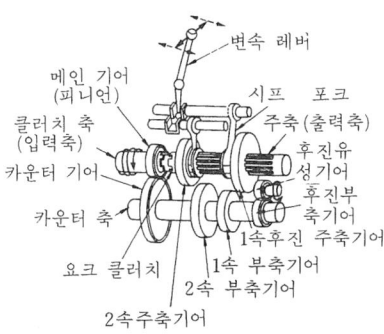

▽ 선반의 기어식 구동장치

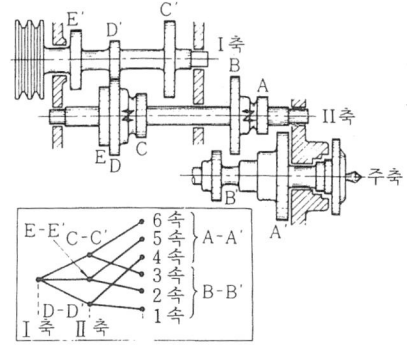

변속 마찰차 장치(變速摩擦車裝置: speed change friction gear) 종동축의 회전 속도를 바꾸기 위해 사용하는 마찰차 장치. ☞ 마찰차(p.124)

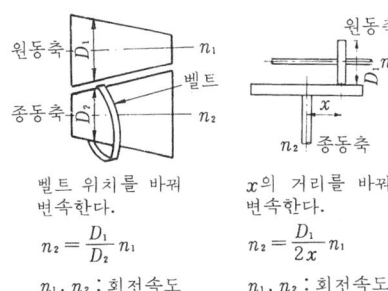

벨트 위치를 바꿔 변속한다.
$n_2 = \dfrac{D_1}{D_2} n_1$
n_1, n_2: 회전속도

x의 거리를 바꿔 변속한다.
$n_2 = \dfrac{D_1}{2x} n_1$
n_1, n_2: 회전속도

변속 벨트 풀리 장치(variable speed belting) 지름이 다른 벨트 풀리를 나열해서 일체로 한 2개의 단차(段車)를 각각 원동축과 종동축에 방향을 바꿔 설치해 벨트로 전동하는 변속 장치.

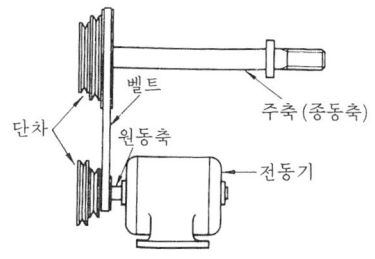

변속 장치(變速裝置: variable speed gear) 속도를 변화하기 위한 기계나 장치. 속도를 변화하는 것에 여러단계로 나누는 것과, 무단계(無段階)의 것이 있다.
유체 변속기(☞유체 커플링(p.293)…

무단계
변속마찰차 장치 (☞ p.157) ···무단계
변속 기어 장치···여러 단계
변속 벨트 풀리 장치···여러 단계

변압기(變壓器 : transformer) 상호 유도 작용을 이용하여, 교류 전압을 변환하는 장치.

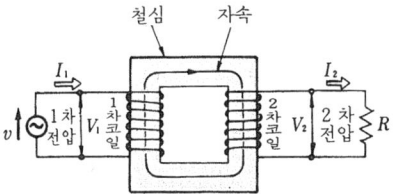

변압비=1차 전압과 2차 전압의 비.
$$=\frac{V_1}{V_2}$$
권수비=1차 권수와 2차 권수의 비.
$$=\frac{V_1}{V_2}=\frac{n_1}{n_2}$$
전류비=1차 전류와 2차 전류의 비.
$$=\frac{I_1}{I_2}=\frac{n_2}{n_1}$$
1차···전원측 2차···부하측

변압기의 극성[極性](polarity of transformer) 변압기의 각 코일에 생기는 전압의 각 순간의 방향이 동일한 것을 동극성(同極性), 다른 것을 이극성(異極性)이라 한다. 단자에는 U, V(1차단자), u, v(2차단자)의 기호를 붙인다. U와 u, V와 v는 동일 극성.

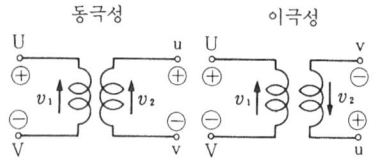

변위(變位 : displacement) 물체가 어떤 위치에서 다른 위치로 이동한 양. 크기와 방향, 면을 갖는 벡터이다.
A에서 B까지 곡선상을 이동 할때, 이 변위를 벡터 d로 나타낸다.

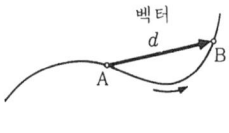

변위선도(變位線圖 : displacement diagram) 캠의 회전각과 종동절의 변위와의 관계를 표시한 선도.
▽ 변위선도의 예

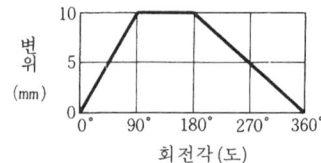

이 변위 선도에서는
0~90°···10mm등속도로 상승
90~180°···정지
180~360°···19mm 등속도로 하강

변전소(變電所 : substation) 전력용 전압의 크기를 변환하는 시설.
[주설비] 변압기·개폐기·보호설비 등

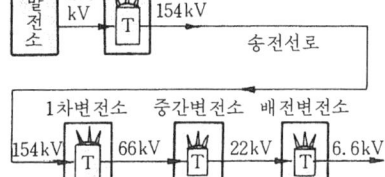

변조(變調 : modulation) 주파수가 높은 일정 진폭의 반송파(搬送波)를 주파수가 낮은 신호파에 따라, 그 진폭·주파수 또는 위상 등을 변화시키는 것.
[변조 방식] 진폭 변조·주파수 변조 위상 변조.

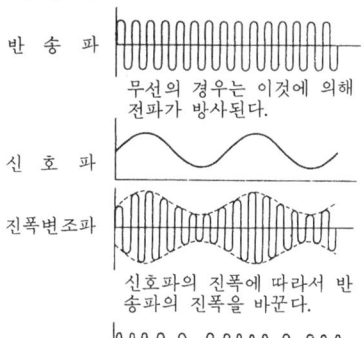

변태(變態 : transformation) 물질이 압력이나 온도에 의해 상태를 변화하는 현상.
 금속이나 합금에서는 고체의 상태에서 온도에 의해 결정 구조를 변화하는 일이 있는데, 이 경우도 변태라고 한다.
 금속원소의 경우는 동소 변태(同素變態)라고 한다. 순철이나 철합금에서는 어떤 온도에서 강자성체(强磁性體)로부터 상자성체(常磁性體)로 바뀐다.

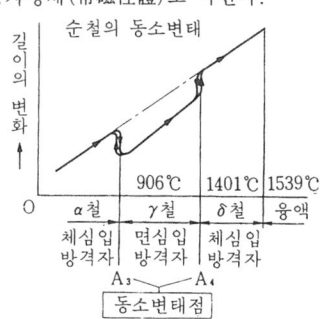

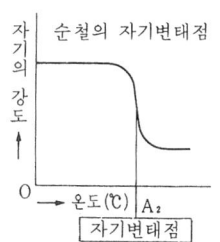

변태점(變態點 : transformation point) 변태가 일어나는 온도. ☞변태

변형(變形 : strain) 재료에 하중이 가해져, 응력이 발생함과 동시에 생기는 변형, 또는 이 변형량의 원래의 길이에 대한 비율. 이것을 변형도라 하고, 전자와 나누어 말하는 일도 있다.

$$\text{변형} = \frac{\text{변형량}}{\text{원래의 길이}} = \frac{\Delta l}{l}$$

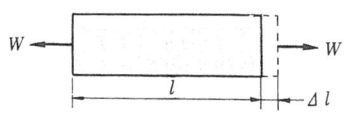

변형 게이지 strain gauge) =저항선 변형계 (p.317)

변형계(變形計 : Strain meter) 하중을 받는 상태에 있는 기계의 부분이나 구조물의 변형량을 측정하는 계기.
 ☞저항선 변형계 (p.317)

변형 에너지(strain energy) =탄성에너지 (p.402)

변환(變換 : conversion) 측정량을 계측에 편리하도록, 다른 양으로 바꾸는 것.
 [예] 길이의 변위⇒전기량의 변화
  온도 변화⇒수은주의 변화
  측정량을 한번 어떤 양으로 변환(1차 변환)하고 나서, 다른 양으로 변환(2차 변환)하는 경우도 있다.

변환 기어(change gear) 여러가지 속도비가 얻어질 수 있도록, 기어열의 기어축에 장착하기도 하고, 떼어낼 수도 있도록 한 기어.
 [예] 보통 선반의 변속기

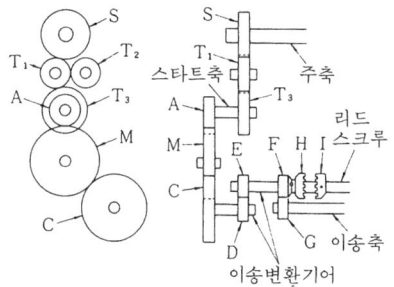

A, C : 변속기어   F, G : 이송기어
M : 유성기어   S : 주축의 기어
T_1, T_2, T_3 : 텀블러 기어(역전용 기어)
H, I : 클러치(clutch)
D, E : 이송 변환 기어 상자의 기어
리드스크루를 회전시킬 때, H를 I의 방향으로 밀면 F는 오른쪽으로 미끄러지고 G와의 맞물림이 벗어난다.

병렬 공진(並列共振 : parallel resonance) 인덕턴스(L)과 정전 용량 C의 병렬 교류 회로에 있어서, $\omega L = 1/\omega C$가 되고, 병렬회로에 유입하는 전류가 0이 되는 상태.

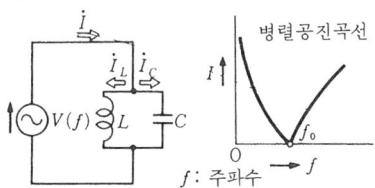

i_L과 i_C는 위상이 180° 다르기 때문에(방향이 반대) $I = I_L - I_C$로 된다.
$\omega L = \dfrac{1}{\omega C}$일 때는 $I_L = I_C$로 되기 때문에

$I=0$이 된다.
공진 주파수 f_0도 직렬 공진의 경우와 같이, $F°=\dfrac{1}{2\pi\sqrt{LC}}$이 된다.

병치(並齒: full depth gear tooth) 표준평기어의 이.
  m : 모듈
  어덴덤 $h_k=m$
  디덴덤
    $h_f\geqq 1.25m$
  원호 이두께
    $=\dfrac{\pi m}{2}$

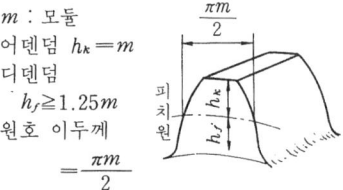

보간기(補間器: interpolator) 수치제어(NC) 기계에 있어서, 복잡한 곡선의 근사가공(近似加工)을 할 때 사용하는 기기.

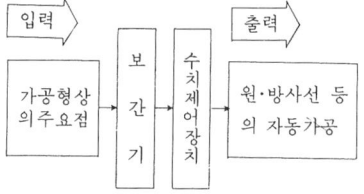

보링(boring) 공작물의 구멍 내면을 보링 바이트를 이용하여 정확한 치수로 가공하는 것.

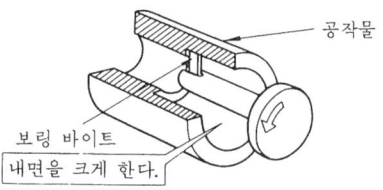

보링 머신(boring machine) 이미 뚫어져 있는 구멍을 필요 치수로 깎아 넓히기도 하고, 정밀하게 다듬질을 하기 위한 공작기계.
[종류]
수평 보링 머신 ─ 테이블형 / 바닥형 / 평삭형
정밀 보링 머신 ─ 수직형 / 수평형
지그 보링 머신 ─ 문 형 / 직립형

보상 도선(補償導線: compensating lead wire) 열전대 끝과 기준 접점간을 연결하기 위해서 사용되는 도선.
열전대 소선(熱電對素線)의 대용으로써 사용.

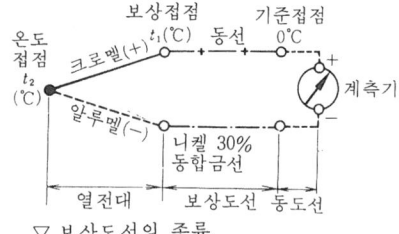

▽ 보상도선의 종류

열전대 전류		PR	CA	IC	CC
재질(예)	+각	동	동	열전대 소선과 같음.	열전대 소선과 같음.
	−각	니켈2%와 동	니켈30%와 동		
보상도선	일반용	0~100℃미만	±3	±3	±3	±3
	허용 100℃		±3	±3	±3	±3
	차(℃) 내열용 150℃		±5	±5	±5	±5
	피복 전기 저항 (Ω/m)	0.07	0.5	0.5	0.5
	피복 일반용	흑	청	황	다
	색 내열용	흑	청	황	다
비고	(1) 모두 50℃~150℃ 부근에서 사용 열전대와 유사한 열기전력 특성을 갖는다. (2) 일반용…90℃의 온도에서 견디어 침수해도 절연이 저하하지 않는 것 내열용…150℃의 온도에서 절연이 저하하지 않는 것				

PR …백금로듐(RH)—백금
CA …크로멜—알루멜
IC …철—콘스탄탄
CC …동—콘스탄탄

보스(boss) 기어·벨트 풀리등과 같은 회전체에서 축이 끼워지는 부분.

보일러(boiler) 증기를 발생시키기 위한 장치. 본체·연소장치·보조 장치 등에 따라 많은 형식과 종류가 있다.

종 류	전열면 환산증발률 (kg/m²h)	보일러 효율(%)
노통 보일러	15~30	55~70
연관 보일러	15~25	60~75
노통연관 보일러	20~30	65~80
직립 보일러	15~20	45~55
수관 보일러	25~60 55~150	70~80 85~90

보일러 본체(boiler proper) 연료의 연소에 의해 생긴 열을 받아 물을 가열·증발시키는 부분. ☞실린더 보일러(p.283), ☞연관보일러(p.253)
　원통형의 보일러 통 또는 그것과 수관이나 연관 등을 조합시킨 압력용기를 말한다.

보일러 통(boiler drum) 보일러 본체 중에서 물 및 증기를 보유하는 드럼.

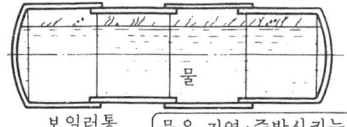

보일러통 / 물을 가열·증발시키는 보일러의 압력용기(원통형)

보일러 효율(efficiency of boiler) 보일러에 공급된 연료의 연소에 의해 발생하는 열량 중, 유효하게 증기 발생에 이용되는 열량의 비율.

$$n = \frac{G(h_2 - h_1)}{G_f H_l} \times 100\%$$

η : 보일러 효율
G : 매시 실제 증발량 (kcal/h)
h_2 : 발생 증기의 엔탈피 (kcal/kg)
h_1 : 급수 엔탈피 (kcal/kg)
G_f : 매시 연료 소비량 (kcal/h)
H_l : 연료의 저발열량 (kcal/kg)

보일샤를의 법칙(Boyle-Charl's law) 「일정량의 기체의 압력과 체적과의 곱은 절대온도에 비례한다.」라고 하는 법칙.

$$pV = GRT$$

p : 기체의 압력 (kg/m²)
V : 기체의 체적 (m³)
G : 기체의 중량 (kg)
R : 가스 정수 (kg·m/kg·K)
T : 절대온도 (K)

보조 투상도(補助投相圖 : auxiliary projection drawing) 경사면의 실물 형상을 표시할 필요가 있을 때, 그 경사면에 대응하는 위치에 필요 부분만 그린 도면.

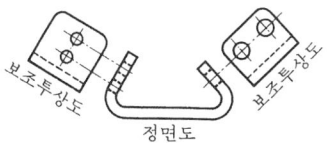

정면도

보크사이트(bauxite) 산화 알루미늄(Al_2O_3)을 주체로 하는 광물. 알루미늄 제련이나 내화재료 등의 원료가 된다.

보통 나사(coarse screw thread) 직경과 피치의 조합이 일반적이고 가장 널리 사용되는 삼각나사.

보호안경(goggles) 용접중에 발생하는 유해한 광선이나 스파크로부터 눈을 보호하기 위해 필터 유리를 사용한 안경.

복동[複動]척(combination chuck) 단동척과 연동 척의 양쪽을 겸한 것.
　각각의 조(jaw)를 단독으로 움직일 수 있고, 또 와류홈의 장치로 모든 조를 동시에 움직일 수 있다.
　☞단독 척(p.85) ☞연동 척(p.253)

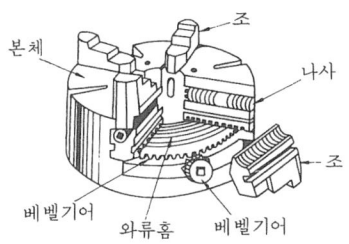

본체 / 조 / 나사 / 조 / 베벨기어 / 와류홈 / 베벨기어

복사 도면(複寫圖面 : copy drawing) 원도를 복사기에 의해 복사한 그림 또는 도면.
[종류] 청사진·백사진 등.

복수기(復水器 : condenser) 증기를 냉각해서 이것을 물로 되돌리는 기기(機器).

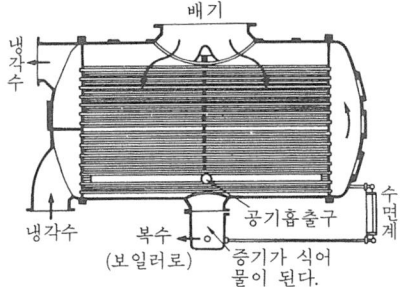

배기 / 냉각수 / 수면계 / 냉각수 / 복수(보일러로) / 공기흡출구 / 증기가 식어 물이 된다.

복수[復水]터빈(condensing turbine) 증기 터빈의 배기를 대기 중에 방출하지 않고 복수기로 복수시켜 보일러에 되돌아 가도록 한 터빈. ☞랭킨 사이클(p.110)
[특징] 랭킨 사이클을 사용한 증기 터빈으로 증기를 저압까지 팽창시킬 수 있는 것으로 열 에너지를 유효하게 이용할 수 있어 화력 발전이나 선박용의 대형 터빈에 사용된다.

복식 블록 브레이크(double block brake)

브레이크 블록을 브레이크 드럼의 양쪽에 사용해 힘의 균형을 취하는 마찰 브레이크. 브레이크 드럼의 내측에 브레이크 블록을 작용시키는 내측 브레이크는 자동차에 사용된다. ☞ 내측 브레이크 (p.72)

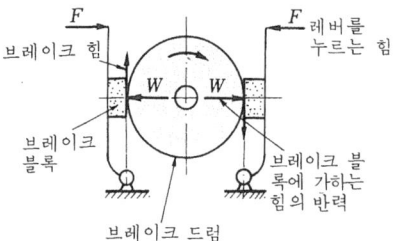

복합 재료(複合材料 : composite materials) 물리적 또는 화학적 방법에 의하여 2종류 이상의 소재를 혼합시키거나 또는 2개 이상의 상(相)을 생성시켜 얻어진 재료.
[특징] 가볍고 강하며, 비강도(강도/비중)가 우수하다.
[주요 복합재료] 플라스틱계·금속계·고무계·목재계·세라믹계.

복합형 브로치(compound type brotch) 브로치의 날 중 최후의 다듬질날의 몇 개를 둥글게 해 버니싱(burnishing) 다듬질을 실시하도록 한 것. ☞ 버니싱 다듬질(p.151)

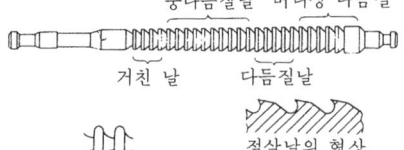

브로치 가공과 버니싱 다듬질을 1개의 브로치로 행할 수 있도록 한 브로치.

본 오프(born off) 숫돌 입자의 날끝이 조금 마모한 상태에서 숫돌 입자가 빨리 탈락하는 현상. 숫돌 입자의 결합도가 낮은 경우에 생기고 비경제적이다.

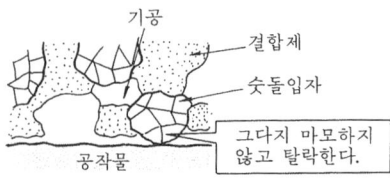

볼나사(ball thread) 수나사와 암나사의 홈을 서로 맞붙여 나선형의 홈에 강구를 넣은 나사.
[특징] 마찰이 작고 효율이 높다.
[용도] 공작기계의 수치제어에 의한 위치 결정이나, 자동차용 스티어링 기어 등 운동용 나사로써 사용된다.

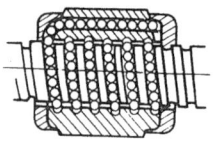

볼록 커터(convex cutter) 반원형의 홈을 가공하는 데 이용하는 밀링 커터.

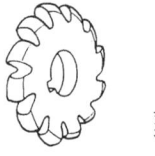
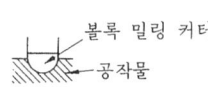

볼 베어링(ball bearing) 전동체(轉動體)에 볼을 이용한 회전 베어링. ☞ 구름 베어링 (p.43)

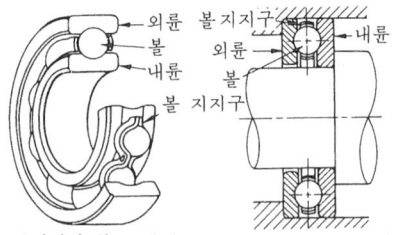

레이디얼 볼 베어링   스러스트 볼 베어링

볼트(bolt) 너트 또는 나사구멍에 돌려 넣어 기계 부품 등을 체결할 때에 사용하는 기계 요소.
▽ 볼트 각부의 명칭

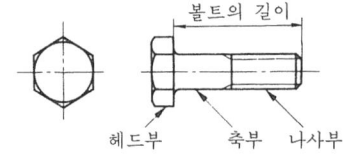

▽ 볼트의 형상

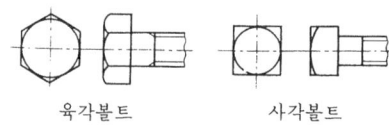

육각볼트   사각볼트

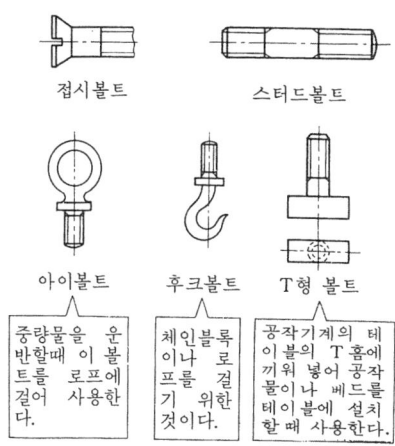

▽ 체결볼트의 종류

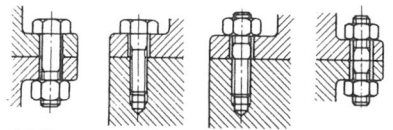

볼트(volt) 전압, 전위차, 기전력의 크기를 나타내는 단위기호 V. ☞전압 (p.327)

볼트 구멍(bolt hole) 볼트나 작은나사 등을 끼우기 위해 원래의 구멍지름보다 크게 뚫는 구멍. 볼트 구멍의 지름은 KS로 규정되어 있고 홈의 크기에 따라 1~4급으로 구분되고 있다.

▽ 볼트구멍의 형상

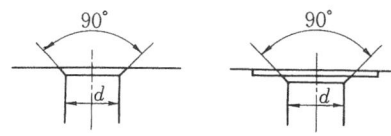

볼트 암페어(volt-ampere) 교류회로의 피상전력(皮相電力)의 크기를 표시한 단위. 기호 VA. ☞교류전력 (p.43)

볼 피니싱(ball finishing) 원통의 내면에 강구를 압입하여 구멍을 다듬질하는 방법. ☞버니싱 다듬질 (p.151)

봄베(Bombe) 압축된 가스를 충전하는 철강제 용기.
[종류] 산소 봄베, 아세틸렌 봄베 등.

봉강(棒鋼 : bar steel) 단면 형상이 원형·각형·육각형 등의 막대 모양의 압연강재. 각종 구조용 강재로써 이용된다.

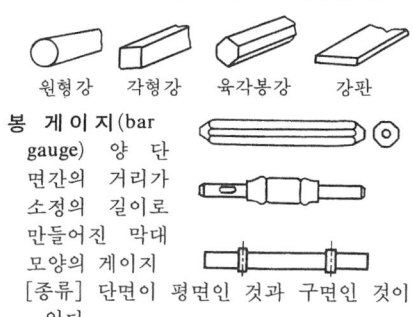

봉 게이지(bar gauge) 양 단면간의 거리가 소정의 길이로 만들어진 막대 모양의 게이지
[종류] 단면이 평면인 것과 구면인 것이 있다.

부동액(不凍液 : antifreezing solution) 내연기관의 냉각용으로서 물에 염류를 혼합하여 물의 비등점은 높게, 응고점은 낮게 한 수용액(水溶液).

염류로서는 에틸렌 글리콜을 널리 이용하고 냉각액은 비등점이 높을 수록 대기와의 온도차를 크게 취하기 때문에 냉각기는 소형으로도 가능하다. 응고점이 낮으면, 한냉시 동결의 걱정이 없다.

부등각(不等角) **밀링 커터**(unequal double angle milling cutter) 기준면에 대하여 부등각인 2면을 동시에 가공하는 경우에 사용되는 밀링 커터.

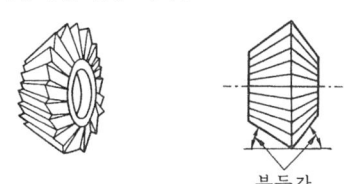

부력(浮力 : buoyancy) 유체 중의 어떤 물체에 대하여 수직 상향으로 작용하는 힘. 이 힘은 물체에 의해 배제된 유체의 같은 체적의 중량과 같다.

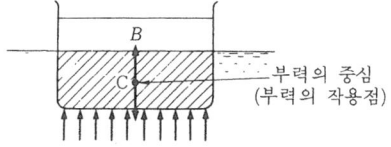

부력 $B = \gamma V$ (kg)
γ : 유체의 비중량
V : 물체에 의해 배제된 유체의 체적(m³)

부르동 관[管](Bourdon tube) 탄성을 이용한 압력계로 사용되는 관. 단면이 타원 또는 편평한 관을 링크 형상으로 구부려,

한쪽의 끝을 밀폐해 밑부분의 고정단으로부터 관내에 압력을 작용시키면 관의 단면은 원형에 가깝고, 링크의 곡률 반경이 크게 되어 자유단이 변위한다. 이 변위가 압력의 크기에 비례한다. ☞ 부르동관 압력계

[재질] 저압용 : 인청동, 황동
고압용 : 강, 합금강

부르동 관 압력계(Bourdon tube pressure gauge) 부르동관 자유단의 압력이 변화함에 따라 반경이 변화하고 그 변위로 부터 압력을 측정하는 대표적인 탄성 압력계.

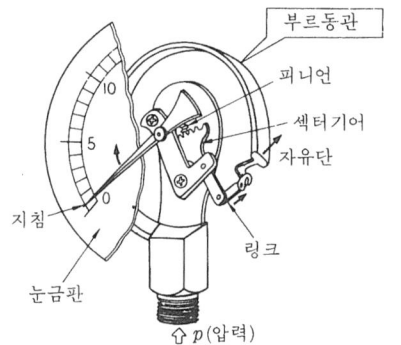

[측정 범위] 0.5~4000kg/cm²

부문별 원가 계산(部門別原價計算 : section costing) ☞ 원가계산 (p. 280)

부분 투상도(部分投像圖 : partial view) 투상도의 일부를 나타낸 그림.

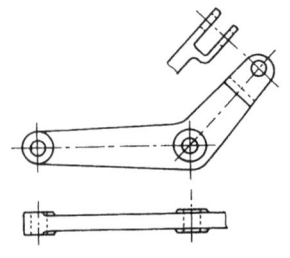

부시(bush) 원통형(圓筒形)의 간단한 베어링 메탈. 청동제의 것이 많이 사용된다.

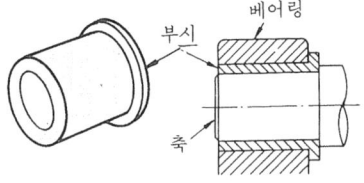

부시 부착판(bush fitting plate) 구멍뚫기 지그로 드릴부시를 설치하는 강판. 절삭 공구의 위치 결정이나 안내 및 칩의 제거를 위해서 공작물과 부시와의 간격을 유지할 때 사용한다.

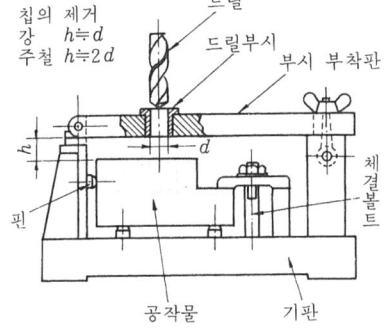

부식(腐食 : corrosion) 재료가 그 표면으로부터 화학적 작용에 의하여 변질하는 것.
[종류] 물, 바닷물, 수증기, 산·알칼리 등에 의한 부식이 있다.

부압(負壓 : negative pressure) 대기압 이하로부터 절대압 0까지의 압력.

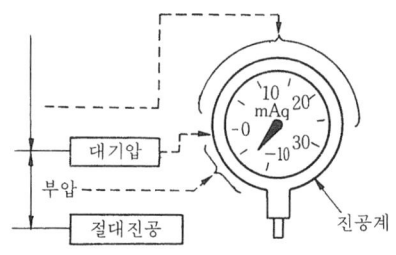

부자식 액면계(浮子式液面計 : float type liquid level gauge) 액면에 부자를 뜨게 하여, 그 수직 방향의 변위로부터 액면을 측정하는 계기.

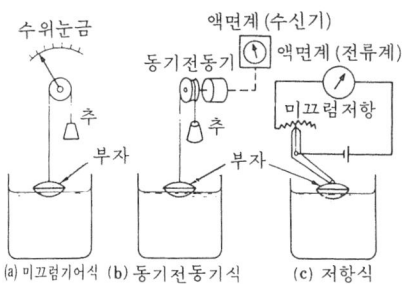

(a) 미끄럼기어식 (b) 동기전동기식 (c) 저항식

부자형 면적 유량계(浮子形面積流量計: float type area flow meter) 면적 유량계의 대표적인 것. 로터미터라고도 한다. [특징] 구조가 간단하고 용도가 넓다.

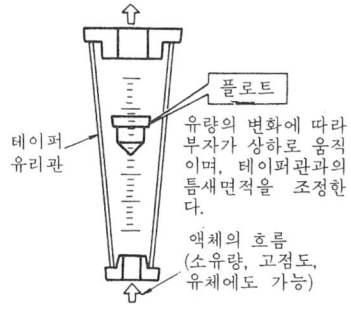

부재(部材: member) 골조 구조물의 구조재(構造材)로 단면형태는 굽힘과 좌굴(座屈) 강도에 영향이 큰 것으로, 철골 구조에서는 최소단면으로 최대 단면 2차 모멘트의 것을 선택한다. ☞ 형강 (p.450)

부품란(部品欄: parts panel) 도면의 일부에 설치하여, 부품의 명칭・재료・공작법・수량 등을 기입하는 난.

부하 관리(excess control) 작업자나 설비 기계의 능력과 작업량(부하)을 조정하여 기다리는 시간을 없애고, 동시에 진도의 적정화를 재는 업무. 제조계획이 지연된 경우에 하루하루의 부하 분석표에 의해 작업의 배분을 바꾸기도 하고, 인원을 이동시켜 작업이 용이하게 한다.
　부하관리에는 작업 부하표나 기계 부하표 등을 사용한다.

부호 변환기(符號變換器: encoder) 종이, 테이프 등의 전송장치로 사용하고 있는 입력재료를 전자계산기 속에서 사용하는 코드로 변환하는 기기.

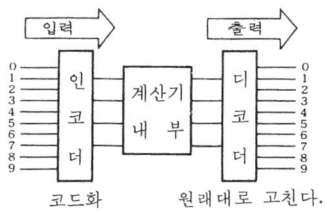

분괴 압연(分塊壓延: cogging) 강괴의 주조조직을 파괴하여 균질(均質)하게 하고, 각종 강재를 만들기 위해 중간재료를 만드는 작업.

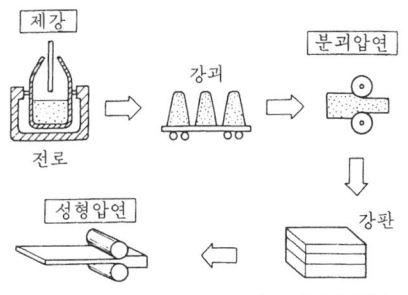

분기관(分岐管: branch pipe) 지관(枝管). 하나의 관을 도중에서 나누어 분기한 형태의 관.

분동(分銅: weight) 국제 킬로그램 기준기를 기초로 하여 질량 측정의 기준이 되는 추

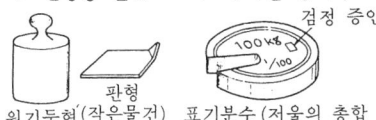

분력(分力: component of a force) 하나의 힘을 두개의 힘으로 나눈 때의 각각의 힘. ☞ 힘의 분배 (p.461)

분류기(分流器: shunt) 전류계 등의 측정 범위를 확대하기 위해서, 계기의 내부회로에 병렬로 접촉하는 저항기.

분리사(分離砂: parting sand) 주형을 만드는 경우 하형 표면의 모래가 상형 모래에 묻지 않도록 뿌리는 모래. 점토가 섞이지 않은 하천의 굵은 모

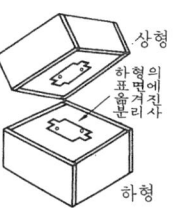

래가 이용된다.

분말 압연법(粉末壓延法 : power rolling) 금속 분말을 압연 롤에 공급하여 판 형상의 압분체를 만들고 이것을 소결·압연·어닐링해서 박판으로 하는 방법. 판재는 미세 조직으로 강도가 떨어지고 이방성(異方性)이 적다.

▽ 분말압연장치의 약도

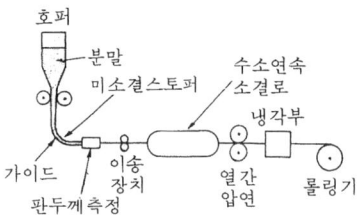

분말 야금(粉末冶金 : powder metallurgy) 금속을 분말로 하여 이것을 성형 가압하고 소결하는 금속 제품의 제조법.
☞ 소결 합금 (p. 197), ☞ 초경 합금 (p. 376)
☞ 오일리스 베어링 (p. 266)
[성질] 용융하기 어려운 것이나, 잘 혼합되지 않는 것을 일체로 해 만들 수 있다.

분무 가공(噴霧加工 : spraying work) 공작물의 표면에 연마재(abrasive)를 압축공기·압력액·원심력 등으로 내뿜어, 표면의 클리닝 또는 다듬질을 행하는 가공법.
☞ 숏 피닝 (p. 203),
☞ 액체 호닝 (p. 242)
☞ 샌드 블라스트 (p. 188)
[abrasive] 모래·연마제·강구입자·강부스러기.

분사관식 서보 기구(噴射管式servo機構 : jet pipe type servo-mechanism) 분사관과 조작 실린더를 사용한 서보 기구.

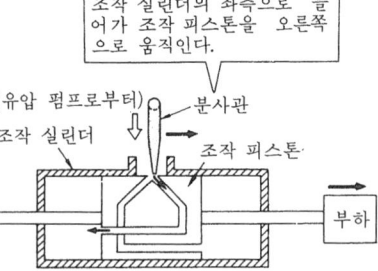

분산(分散 : variance) 시료의 각 값과 평균 값과의 차의 2배를 평균으로 한 값으로 평균값의 벗어난 정도를 나타내는 척도.
☞ 표준 편차 (p. 432)

분포 하중(分布荷重 : distributed load) 물체의 전면 또는 어떤 부분에 넓게 작용하는 하중.
[종류] 등분포 하중과 부등분포 하중

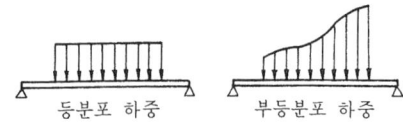

분할대(分割臺 : index head) 밀링 머신의 테이블에 장착하여, 공작물의 원주(圓周)를 분할하거나 비틀림 홈을 가공하는 데 이용하는 장치.

공작물은 분할대의 주축과 심압대의 양 센터에 지지되어 가공한다. 차동 분할대와 단식 분할대가 있다.

차동 분할대의 구조는 주축에 장착된 잇수 40의 웜기어와 1줄 웜축이 물려서 핸들을 1회전하면 주축은 1/40회전한다. 분할판은 3매가 있고, 교환이 가능하다. 주축의 앞부분에는 직접분할용 원판이 장착되어 있고 구멍수는 24이다. 주축은 선회대에 의해서 경사시키는 것이 가능하다.

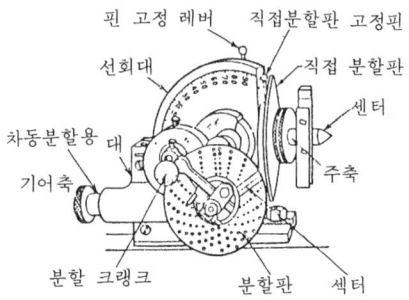

▽ 분할판의 구멍수

종류	분할판		구멍 수
브라운	No.1		15, 16, 17, 18, 19, 20
	No.2		21, 23, 27, 29, 31, 33
샤프형	No.3		37, 39, 41, 43, 47, 49
신시내티형	표 면		24, 25, 28, 30, 34, 37, 38, 39, 41, 42, 43
	이 면		46, 47, 49, 51, 53, 54, 57, 58, 59, 62, 66,
밀워키형	표 면		100, 96, 92, 84, 72, 66, 60
	이 면		98, 88, 78, 76, 68, 58, 54

분할 목형(分割木型 : split pattern) 두 개가 분할되도록 만든 목형. 주형 제작이나 코어 등의 제작이 용이하도록 하기 위해서 만든 목형.

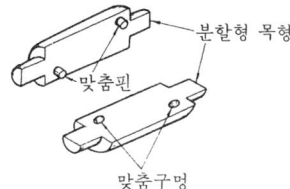

분할법(分割法 : indexing) 분할대를 이용해서 공작물의 원주를 임의의 수로 등분 할하는 방법.
[종류] ☞ 직접 분할법(p.367), 단식 분할법(p.87), 차동 분할법(p.371)

분할 삽입식 패킹(insert type packing) L형이나 U형으로 나누어 삽입시켜서 사용하는 가죽제의 패킹.
[용도] 유체의 누유방지 등에 사용한다.

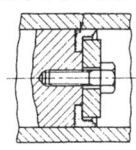 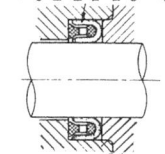

분할 작업(分割作業 : indexing operation) 밀링 머신 작업에 있어서 분할대를 이용해서, 공작물의 원주를 어떤 수로 등분할 하여 기어, 드릴 등의 비틀림, 홈, 절삭 등을 하는 작업.

분할 핀(split pin) 너트의 풀림 방지나 축에 고정한 바퀴가 빠지지 않도록 방지하기 위한 핀. 구멍에 끼운 다음 선단을 구부려 놓는다.

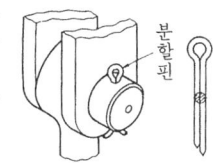

불균형(不均衡 : unbalance) 회전체의 불균형 중량과 회전체 축심으로부터 편심거리와의 곱.
[정적(靜的) 불균형] 반경에 비해 폭이 좁은 숫돌차 등이 이에 해당한다. 회전하면 $\dfrac{w}{g}r\omega^2$의 원심력을 발생해 진동의 원인이 된다. 정적 불균형의 크기는 wr, 정적균형 시험기로 균형을 잡는 다. g는 중력가속도.

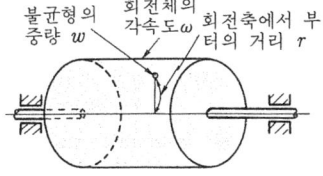

[동적(動的) 불균형] 회전체에 2개의 크기가 같은 정적 불균형이 회전축을 포함하는 동일 면상의 반대쪽에 있는 경우, 정적 균형 시험에서는 균형이 맞아 회전하면, $\dfrac{w}{g}r\omega^2 l$ 의 우력(偶力)이 발생하고 진동을 일으킨다. 동적 균형 시험기로 균형을 취한다.

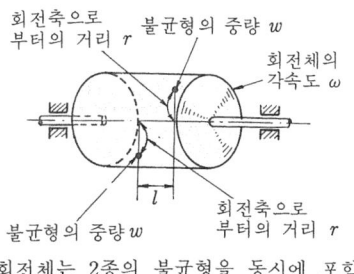

회전체는 2종의 불균형을 동시에 포함하는 것이 보통이다.

불꽃 시험(spark test) 연삭기를 사용하여 주로 강재(鋼材)의 탄소량을 추정하는 시험.

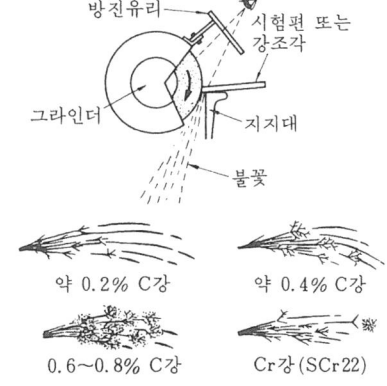

표준 불꽃과 추정하려고 하는 강재의 불꽃을 비교하여 판정한다.

불꽃 점화 기관(spark ignition engine) 실린더 속에 연료와 공기의 혼합기를 불어

넣어 압축하고 전기 불꽃에 의해 점화하는 기관.
[종류]

불꽃 점화기관 { 가스 기관(☞p.10)
가솔린 기관(☞p.10)
석유 기관(☞p.191)

불변 강(不變鋼 : invariable steel) 온도에 의한 성질의 변화가 극히 작은 강의 총칭.

선팽창계수에 대해서… 예 인바(invar)
(Ni 35~36%)

탄성계수에 대해서… 예 엘린바
(Ni : 36%, Cr 12%)

불소 수지(弗素樹脂 : fluorine resin) 내열성·내약품성 등이 뛰어나다. 열가소성 (熱可塑性) 수지의 일종.

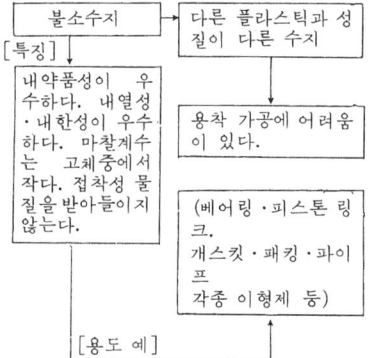

불완전 나사부(incomplete thread) 환봉이나 둥근 구멍에 나사내기를 할 때, 나사가 끝나는 곳에 생기는 불완전 나사산을 갖는 부분.

불완전 윤활(不完全潤滑 : imperfect lubrication) 윤활유막이 얇아, 축과 베어링이 직접 접촉을 일으킬 듯한 상태의 윤활. 축이 회전을 시작해 윤활이 완전하게 행해질 때까지의 상태.

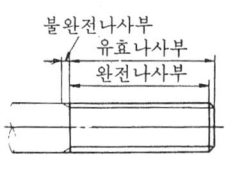

불활성가스 아크 용접(inert gas shielded arc welding) 아르곤(Ar), 헬륨(He) 등의 불활성 가스 중에서 행하는 용접.
아크열에 의해서 녹은 용융 금속은 공기중의 산소 이외의 것과 결합해서 불순물을 만들기 쉽기 때문에 불활성 가스에 대하여 이것을 차단시킴으로써 양질의 용접이 행해진다.
[종류] MIG용접(☞ p.134), TIG용접 (☞p.415)

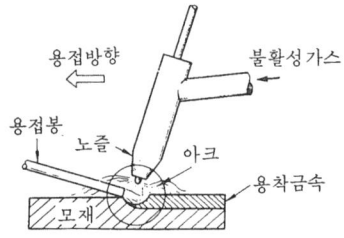

브라운 관(Braun tube) 형광면에 전자 빔에 의한 스폿(光點)에 의해 측정 파형이나 텔레비전의 영상을 그리게 하는 특수한 진공관.
[전자 빔] 세선상(細線狀)으로 된 고속 전자류.
[전자 빔의 편심] 전자 빔의 진행 방향을 변화시키는 것. 전자 편향과 정전 편향이 있다.
[전자총] 음극으로부터 나온 전자를 가속시키고, 이것을 집중시켜 전자빔으로 하는 부분.
▽ 오실로스코프용

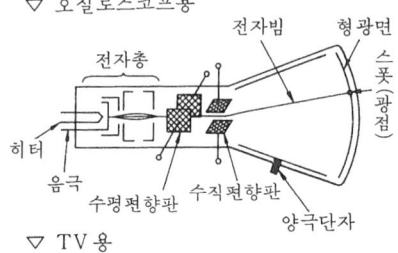

▽ TV용

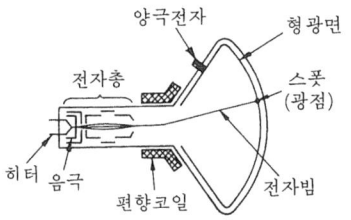

브라인(brine) 간접적인 냉동 작용을 하는 중간 물질로, 염화 칼슘·염화 나트륨·염화 마그네슘 등의 수용액을 말한다. 브

라인이 냉각기에서 상태변화(액체 기체)를 하지 않고, 열의 흡수 전달을 행하여 냉동작용을 한다.
▽ 간접식 냉동

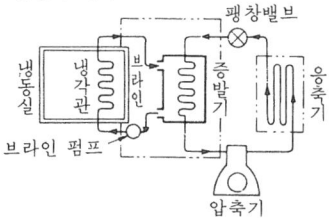

브래킷(bracket) 벽이나 기둥 등으로부터 돌출시켜, 축 등을 지지할 목적으로 사용하는 것.

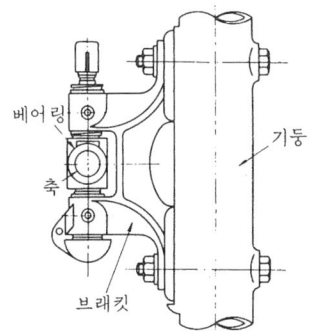

브러시(brush) 전동기나 발전기 등에 있어서 회전자와 정지하고 있는 부분(고정자 등)을 접속하는 경우의 접촉자의 역할을 하는 도체.
[브러시] 일반적으로 탄소 브러시, 혹연 브러시 등이 사용된다.

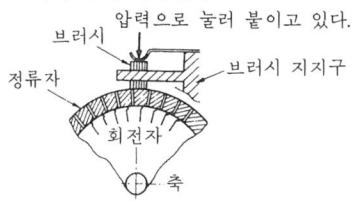

브레이징(brazing) 모재(母材) 사이에 용융된 납을 흘려 넣어 모재를 용융하지 않고 결합하는 방법.
[종류] 융점이 450℃보다 높은 경납 브레이징과 이것보다 낮은 연납 브레이징이 있다.

브레이징 합금(brazed alloy) 금속이나 합금의 접합 작업에 사용되는 합금.
[특징] ①모재를 녹이지 않고 접합 할 수 있다. ②접합부의 강도가 크고, 이종금속의 접합도 가능하다.

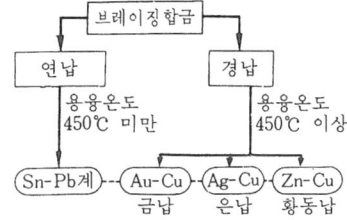

[예] 연납

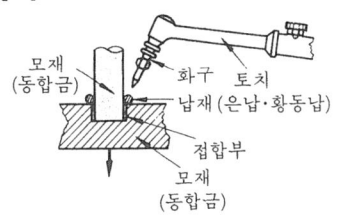

브레이크(brake) 차륜이나 스핀들 등의 기계 운동 부분의 속도를 감속 또는 정지시키기 위해서, 운동 부분이 갖는 운동 에너지를 흡수하는 장치. ☞ 블록 브레이크(p.173), ☞ 밴드 브레이크(p.150)

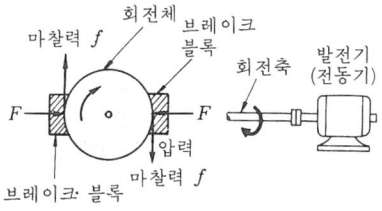

브레이크 드럼(brake drum) 마찰 브레이크에 있어서, 회전축에 설치된 원통차. 이 주위에 제동체, 즉 브레이크 블록 또는 브레이크 밴드를 눌러 붙여 생기는 마찰력에 의해 제동이 행해진다. ☞블록 브레이크(p.173), ☞밴드 브레이크(p.150)

브레이크 라이닝(brake lining) 마찰 브레이크에서는 브레이크 블록이 마모하기 때문에 교환을 필요로 하는 것으로, 제어체의 표면에 석면 등의 박판을 붙이는 것.

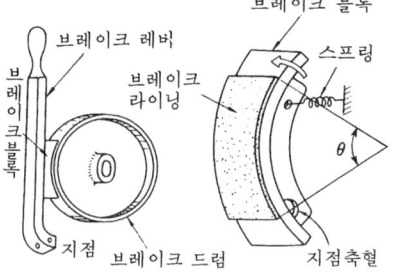
▽ 내측 브레이크의 브레이크 블록

주철제가 많이 사용되어 마찰력을 증가시키기 때문에 라이닝을 하는 것도 있다.

브레이크율[率](brake percentage) 차량용 브레이크의 브레이크 블록을 눌러 붙이는 힘 F와, 브레이크 차륜에 가해지는 하중 W와의 비.

$$브레이크율 = \frac{F}{W}$$

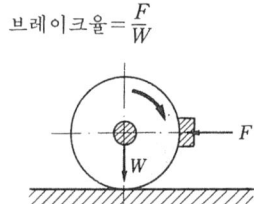

브레이크 회전력(braking torque) 회전체를 제동할 때의 회전축에 대한 브레이크 힘의 모멘트.
브레이크 토크

$$T_b = \frac{fD}{2} = \frac{\mu PD}{2}$$

μ : 마찰계수

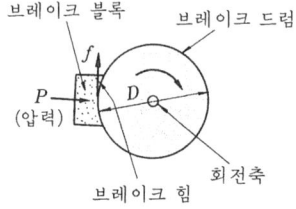

브레이크 효율(brake efficiency) 브레이크에 가하는 실제의 제동력과 이론상의 제동력과의 비.

브레이튼 사이클(Brayton cycle) 정압 연소를 행하는 가스터빈의 기본 사이클. 동작 유체를 공기로 하고 손실은 없다고 가정하며 압축·팽창은 단열변화, 수열(受熱)과 방열(放熱)은 정압변화 아래에서

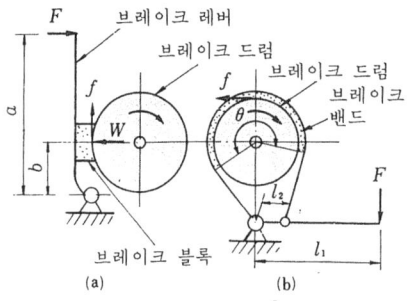

브레이크 배율[倍率](brake leverage) 브레이크 조작을 위해서 작동시키는 힘을 레버 등으로 확대해 브레이크 드럼에 작동시키는 경우의 확대율.

그림 (a)는 $\frac{a}{b}$, 그림 (b)는 $\frac{l_1}{l_2}$이 된다.

브레이크 밴드(brake band) 브레이크 드럼의 주위에 감아 붙이는 띠모양의 끈.
☞ 밴드 브레이크 (p.150)

드럼을 레버 장치로 밴드가 죄어 생기는 마찰력으로 제동한다. 브레이크 밴드에서는 강판이 사용되고, 접촉면에는 석면 직물을 내장으로 하던가 또는 나무조각을 설치한다.

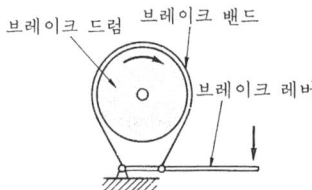

브레이크 블록(brake block) 블록 브레이크에 있어서 브레이크 드럼의 한쪽 또는 양쪽에 배치되어 드럼을 조여 마찰력을 생기게 함으로써 회전축을 제동하는 제동체. ☞ 블록 브레이크(p.173), ☞내측 브레이크(p.72), ☞ 브레이크 라이닝(p.169)

행해지는 이상적인 사이클이다.

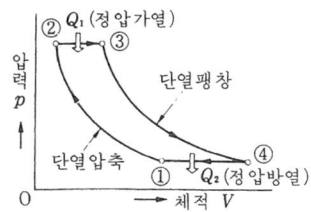

점 ①, ②, ③, ④의 온도를 T_1, T_2, T_3, T_4 라 하면
$Q_1 = c_P G(T_3 - T_2)$, $Q_2 = c_P G(T_4 - T_1)$
c_P : 정압비열 G : 용적 V의 기체 중량

브레인 스토밍(brain storming) 집단에 의한 아이디어를 창출하는 토론 방법의 하나로 집단에 의한 착상은, 연상작용과 경쟁 의식에 의한 자극작용이 상대적으로 작용하는 것으로, 보다 많은 아이디어를 얻을 수 있다.

브로치(broach) 봉상(棒狀)의 본체 둘레에 많은 바이트를 축에 따라 치수 순으로 배열한 절삭 공구. 공작물의 특수한 형상의 구멍 내면, 또는 축 외면을 브로치가 축방향으로 절삭 운동을 해서, 1회에 소정의 형상으로 절삭해 다듬질한다.
▽ 브로치 형상

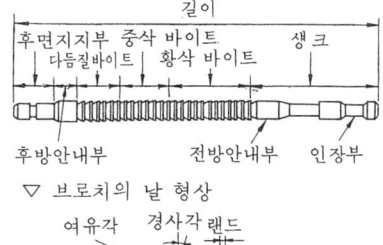

▽ 브로치의 날 형상

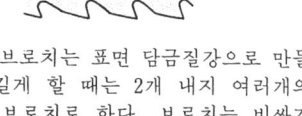

[특징] 브로치는 표면 담금질강으로 만들고, 길게 할 때는 2개 내지 여러개의 조립 브로치로 한다. 브로치는 비싸기 때문에, 대량 생산의 경우에 사용된다.

브로칭 머신(broaching machine) 각종의 브로치를 사용하여 공작물의 표면 또는 구멍의 내면에 여러가지 형태의 절삭가공을 실시하는 공작기계. 호환성을 요하는 부품의 양산(量産)에 적당하다. ☞브로치

[종류]
내측 브로칭 머신(내면 가공용)
표면 브로칭 머신(표면 가공용)
브로치 축방향…수직형, 수평형
절삭 방향
{ 인발식 브로치 절삭…수직형, 수평형
{ 압입식 브로치 절삭…수직형
구동방식
{ 유압 구동…널리 이용되고 있다.
{ 나사구동

▽ 인발식 브로치 절삭

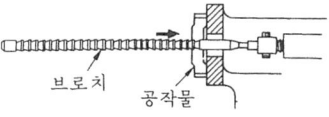

▽ 압입식 브로치 절삭

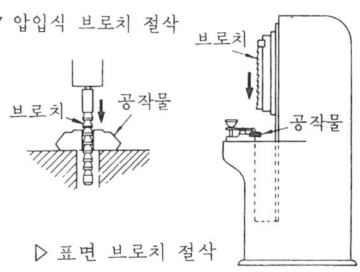

▷ 표면 브로치 절삭

브리넬 경도(Brinell hardness) 강구 압자(鋼球壓子)로 시료 표면에 정하중을 가하여 하중을 제거한 후에 남는 압입 자국의 표면적으로 하중을 나눈 값.

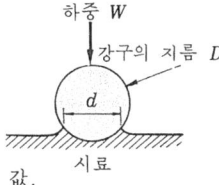

브리넬 경도 $H_B = \dfrac{2W}{\pi D(D - \sqrt{D^2 - d^2})}$ (kg/mm²)

▽ 지름 10mm의 강구를 이용한 경우의 하중

재 료	하 중(kg)
철 강	3 000
알루미늄합금	1 000
연질 금속	500

브리넬 경도의 표시는 무명수로 H_B의 기호를 이용한다.
[예] $H_B(10/3000/30)280$ 부하시간 하중 압자 지름

브리넬 경도[硬度] 시험기(Brinell hardness testing machine) 금속 재료의 브리넬 경도를 측정하는 시험기(試驗機).

부하의 형식에 따라 유압형과 레버형이 있는데 일반적으로 유압형이 널리 이용되고 있다. 압자에 의한 자국의 지름을 측정용의 현미경으로 재, 하중과 지름의 값에 의해 브리넬 경도를 찾아 내는 표가 작성되어 있다. 규정된 하중을 가하는 시간은 30초로 되어 있다. 압입 자국이 크기 때문에 보통 소재의 경도 시험에 사용된다.

▽ 유압형

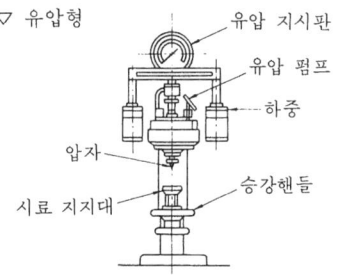

V결선(V結線 : V connection) 삼상 교류(三相交流)를 V자형으로 결선한 것.

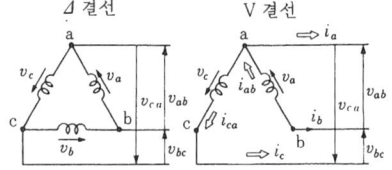

○ 선간 전압(線間電壓) 불변
○ (선 전류의 크기) = (상 전류의 크기)

V벨트(V-belt) 고무벨트의 일종으로 단면이 V형인 동력 전달용 벨트. ☞ V벨트 전동 .
단면의 크기에 따라서 다음과 같은 종류가 있다.

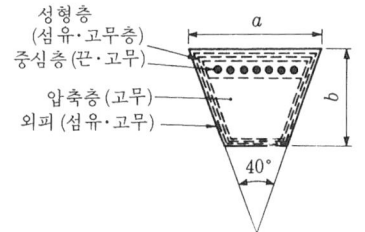

형별	M	A	B	C	D	E
a	10.0	12.5	16.5	22.0	31.5	38.0
b	5.5	9.0	11.0	14.0	19.0	25.5

V벨트 전동(V-belt drive) V벨트를 V벨트 풀리에 감아 걸어 행하는 전동. V벨트는 평행걸기로 1개 또는 여러개를 걸어 사용한다.
[특징] 쐐기 작용과 벨트의 융합으로 벨트와 홈의 측면과의 마찰이 크고 평벨트에 비해 전달능력이 크다. 그 축의 중심거리가 짧고 속도비가 클 때에 미끄럼이 작아 조용하게 전동할 수 있다.

▽ V벨트전동에 의한 변속장치

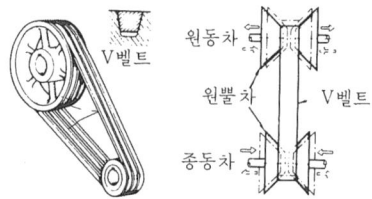

V벨트 풀리(V-belt pulley) V벨트 전동용의 벨트 풀리. ☞ V벨트 전동
주철제가 많지만, 강판이나 경합금제의 것도 있다.

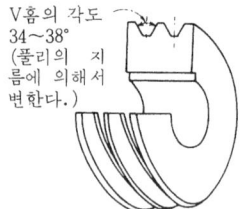

V블록(V-block) V형의 홈을 가진 주철제 또는 강제(鋼製)의 다이.
환봉의 금긋기나 중심내기에 사용한다.

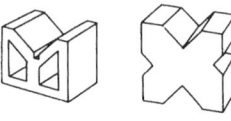

V패킹(V-packing) 합성고무・합성수지 등으로 만든 V형 단면으로 링(ring) 형상으로 된 패킹.

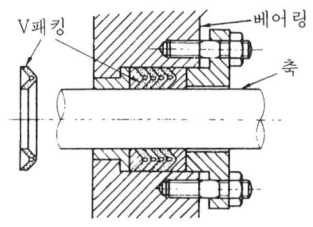

취부에 의해 변형되어 밀봉작용(密封作用)을 하며 축이 왕복운동을 하는 장소에 이용한다.

블랙 볼트(black bolt) 흑피(黑皮) 볼트. 압연해 축부(軸部)가 흑피인 그대로의 볼트. 축부의 형상, 치수가 정확하지 않으므로 관통 구멍용 볼트로 사용한다.

블랭크(blank) 판금 가공(板金加工)에 있어서, 가공 전의 절단된 소재(素材).

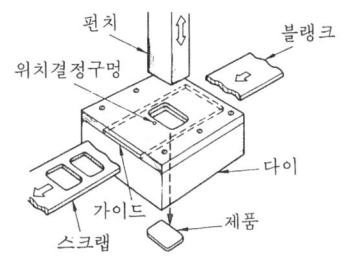

블랭킹(blanking) 판재에서 목적으로 하는 형상의 제품을 펀치 가공하는 작업.

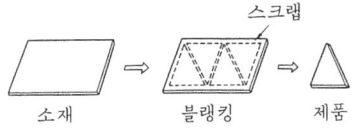

블로홀(blowhole) 주물에 수분이 많거나 가스뽑기가 불충분한 경우, 주물 속에 생기는 기포.

블록 게이지(block gauge) 길이를 두개의 평행 평면의 거리로 규정한 단도기(端度器). 길이가 다른 많은 블록을 조합시킴으로써 길이의 실용기준으로 이용된다.

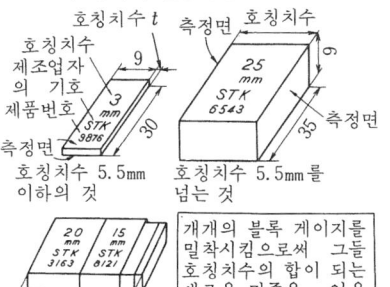

블록 브레이크(block brake) 마찰 브레이크로 브레이크 드럼에 브레이크 블록을 밀어 넣어 제동하는 장치. 브레이크 중 가장 간단한 장치로 차량용 브레이크에 사용된다.
[종류] 단식 블록 브레이크 (☞ p.87)
복식 블록 브레이크 (☞ p.161), 내측 블록 브레이크 (☞ p.72)
단식 블록 브레이크의 브레이크 힘 f 는

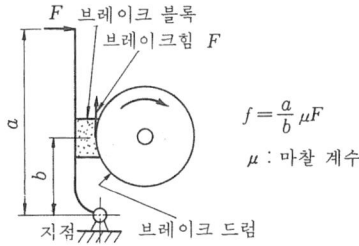

$$f = \frac{a}{b}\mu F$$

μ : 마찰 계수

블록 선도(block diagram) 자동 제어계 등에 있어서, 각 요소의 작동과 그 사이의 신호의 전달방법을 나타낸 선도(線圖).

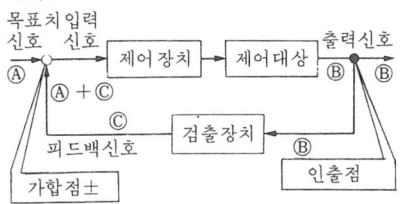

블루잉(bluing) 제강의 스프링을 성형 후 연욕(鉛浴) 중에서 약 300℃로 가열하는 것.
[특징] 국부적인 가공 변형을 제거하여, 탄성을 늘리고 사용 중의 온도 상승에 의해 무르게 되는 것을 방지한다.

블리드 오프 회로(bleed-off circuit) 유압 회로(油壓回路)에 있어서 속도 제어인 기본 회로의 일종.
실린더로 유입하는 측에 실린더와 병렬로 유량조절밸브를 설치한 것이 특징.

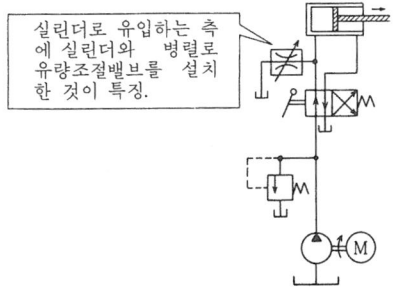

실린더로의 유입 유량(油量)을 바이패스(bypass)로 제어한다.

비가스 아크 용접(nongas arc welding) 실드(shield) 가스를 사용하지 않는 용접법으로 진공중의 질소가 용착 금속에 악영향을 미치는 것을 제거하기 위하여 플럭스 혼용 와이어를 이용한다. ☞ 플럭스들이 와이어 (p.438)

비교 측정(比較測定 : comparative measurement) 어떤 양을 측정하는 경우 그 측정량과 동종류의 표준량과를 비교하는 측정법.

▽ 비교 측정의 예

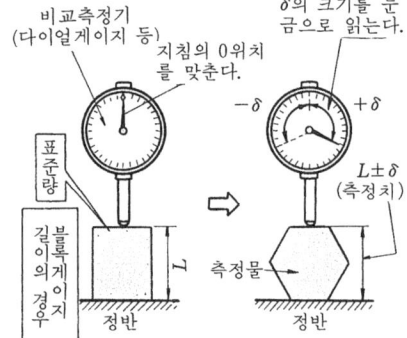

비금속관(非金屬管 : non-metallic pipe) 고무, 합성 수지 등으로 만들어진 관.
[특징] 고무관은 자유롭게 구부러지기 쉽고, 강한 포(베)에 고무를 결합하면, 고압에도 견딜 수 있다. 합성수지관은 배관 공사가 쉽고 내식성이 있는 것으로, 고온·고압 이외의 관로에 많이 사용된다.

비드(bead) 모재와 용가재(溶加材)가 용해하여 생긴 용착 금속의 파형(波形).
☞ 언더컷(p.14), ☞ 오버랩(p.45)

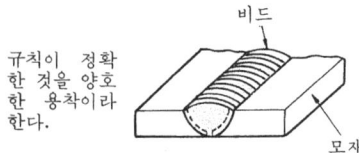

규칙이 정확한 것을 양호한 용착이라 한다.

비등수형 원자로(沸騰水形原子爐 : boiling water reactor) 경수로(輕水爐)의 일종으로 노심내에서 냉각재인 경수를 비등시켜 증기를 직접 발생시키는 구조로 되어 있는 원자로. ☞경수로(p.22)

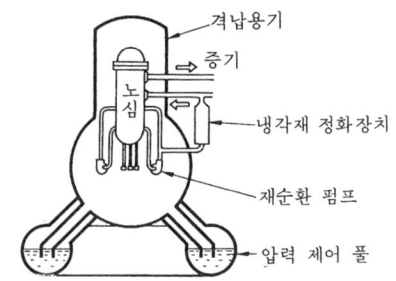

비디오 테이프 리코더(video tape recorder) VTR. 영상이나 음성을 자기테이프에 자기적(磁氣的)으로 기록하고 이 자기 기록으로부터 원래의 영상과 음성을 동시에 재현하는 장치

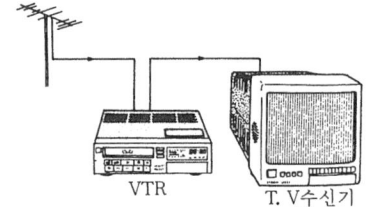

[종류] 기록 방식에는 VHS방식·베타방식 등이 있다.

비디오텍스(videotex) 이용자가 통신회로를 이용해서 정보센터로부터 정보신호를 수신하고 이것을 T.V 수신기나 퍼스널 컴퓨터 등에 화상이나 문자 정보로서 받아들이는 시스템. ☞ CAPTAIN system (p.391)

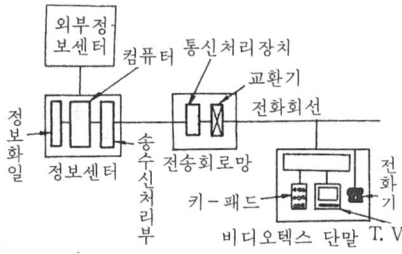

비딩(beading) 판금 가공에 있어서, 판의

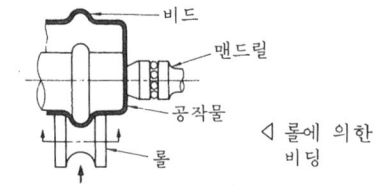

◁ 롤에 의한 비딩

보강과 장식 목적으로 판의 일부에 돌기를 붙이는 가공.

비례동작(比例動作：proportional action) 자동제어계에서, 제어동작 신호에 비례한 조작 신호를 내는 제어동작. P 동작이라고도 한다.

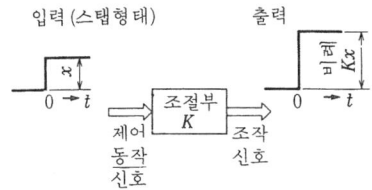

비례적분동작(比例積分動作：proportional and integral action) 자동제어에 있어서 조절부에서 비례동작과 적분동작을 맞추어 행하는 동작. PI동작이라고도 한다.

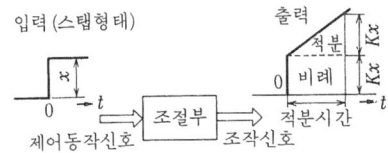

비례-적분-미분동작(比例-積分-微分動作：proportional integral and derivative action) 비례·적분·미분의 3동작 성분을 포함하고 있는 제어 동작. PID동작이라고도 한다.

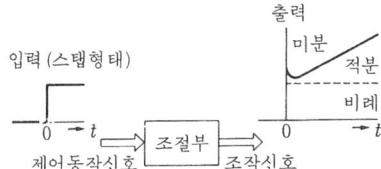

비례 제어 기구(比例制御機構：proportional control mechanism) 2개 이상의 양(量) 사이에 어떤 비례 관계를 유지시키는 제어 기구. ☞ 유압 서보 기구(p. 291)

비례 한도(比例限度：proportional limit) 응력 변형률 선도에 있어서, 응력과 변형이 비례 관계에 있는 응력의 최대한도.
☞ 응력 변형 선도(p. 295)

비산 윤활(飛散潤滑：splash lubrication) 커넥팅 로드의 끝 부분 혹은 크랭크 축의 일부가 유면(油面)에 접촉하여 윤활유를 실린더에 비산하는 윤활법.

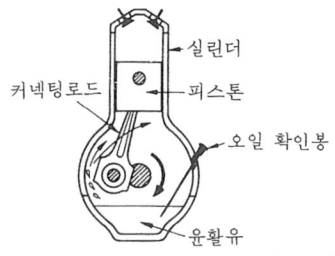

유면이 내려가면 윤활할 수 없는 것으로 유리 게이지·오일 확인봉 등으로 유면을 체크한다.

비선형 복원력(非線形復原力：nonlinear restoring force) 물체가 진동하고 있는 것은 정역학적(靜力學的) 평형위치로 복귀하려는 힘, 즉 복원력(復原力)이 물체에 작용하고 있기 때문이며, 그 복원력은 물체의 위치함수로 표시된다. 물체의 변위(變位)에 비례하는 복원력을 훅(Hook)의 법칙에 따른 복원력, 또는 선형(線形) 복원력이라고 하고, 그렇지 않는 복원력을 비선형(非線形) 복원력이라 한다.

비속도(比速度：specific speed) 펌프의 형식·구조·성능을 일정한 표준으로 고쳐 비교 검사하는 경우에 사용되는 것으로 펌프의 크기에 관계없이 임펠러(impeller)의 형상을 나타내는 값.

$$비속도\ n_s = \frac{nQ^{1/2}}{H^{3/4}}$$

n : 회전속도, Q : 토출량, H : 전양정
어떤 펌프와 기하학적으로 닮은 다른 하나의 펌프를 생각할 때 이 펌프를 $H=1\text{m}$, $Q=1\text{m}^3/\text{min}$으로 운전할 때의 회전속도.

▽ n_s에 대한 임펠러의 형상 변화

임펠러의 형상					
n_s (rpm)	100 150	350	550	800 1100	1500
양정 (m)	30 20	12	10	8 5	3
종별	고양정 펌프 와류	중양정 펌프 와류	저양정 펌프 와류	사류 펌프	축류 펌프

비스무트(Bismuth) 기호 Bi, 비중 9.8, 융점 271.3℃, 납(Pb)과 성질이 비슷한 금속. 납(Pb), 주석(Sn), 카드뮴(Cd) 등과 같은 가용합금을 만든다. ☞가용 합금 (p.12)

비열(比熱: specific heat) 단위 질량의 물질의 온도를 1℃ 올리는 데 필요한 열량. ☞정압비열(p.347), ☞정적 비열(p.347) 물질의 종류에 따라 각각 다르다.

비열비(比熱比) 정압 비열 C_p와 정적 비열 C_v와의 비.

$$비열비\ k = \frac{C_p}{C_v}$$

BOD(biochemical oxygen demand) 오염물 질이 미생물에 의해 무기화(無機化) 또는 가스화하는 데 필요한 산소량. 하천이나 바다 오염의 정도를 나타내는 수치로, ppm 으로 표시하며 생물 화학적 산소 요구량이라고도 한다.
　　수도의 기준: 1~2ppm
　　일반 하천의 오염 한계: 5ppm
　　악취의 발생: 10ppm

비율 제어(比率制御: ratio control) 목표치가 다른 것과 일정 관계를 갖고 변화하는 경우의 제어.

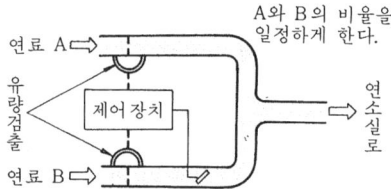

b 접점(b 接點: b connective point) 푸시버튼을 누를 때만 회로를 여는 접점. NC 접점이라고도 한다.

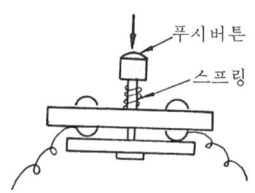

비정상류(非定常流: unsteady flow) 어떤 장소에서의 유체 흐름의 상태(압력·속도·방향)가 시간적으로 변하는 흐름. 수격 작용 등.

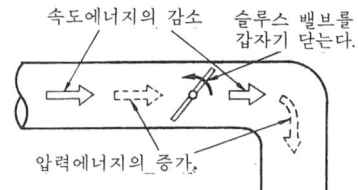

비중량(比重量: specific weight) 물체(고체·액체·기체)의 단위 체적당의 중량 (kg/m³)
[예] 물의 비중량: 1기압, 4℃ 일 때의 비중량　$\gamma \fallingdotseq 100kg/m^3$
공기의 비중량: 0℃ 760mmHg 의 건조한 공기의 비중량
$$\gamma = 1.293 kg/m^3$$

비철금속(非鐵金屬: nonferrous metal) 알루미늄·동·니켈·납 등 철강 이외의 금속의 총칭.

비체적(比體積: specifie volume) 물질의 단위 중량당의 체적.

비커스 경도 시험(Vickers hardness test) 사각뿔형상의 다이아몬드 압입자를 일정 하중으로 시험편에 눌러 붙여 경도를 측정하는 시험.
비커스 경도
$$H_v = \frac{하중}{압입자자국의\ 표면적}$$
$$= 1.854\ \frac{P}{d^2} (kg/mm^2)$$
P: 하중(측정물에 따라 크기를 선택(kg))
d: 2개의 대각선 길이의 평균치(mm)

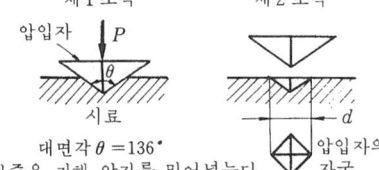

대면각 $\theta = 136°$
하중을 가해 압자를 밀어넣는다.

H_v는 무명수로 나타내고, 하중을 H_v (100) 처럼 부기한다.

비커스 경도 시험기(Vickers hardness tester) 비커스 경도를 측정하는 시험기 (試驗機). 다이아몬드 압자에 가하는 하중은 1~120 kg 으로 되어 있다.
하중의 가압·유지·제거는 자동적으로 행하여진다.

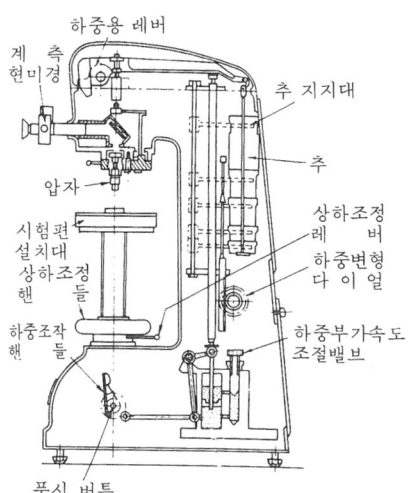

[예] 지정석 예약상황을 나타내는 정보

신호				
2진수	00	01	10	11
보통차	공석있음	공석있음	공석없음	공석없음
급행차	공석있음	공석없음	공석있음	공석없음

③ n비트(bit) : 2진수 n항 즉 2^n개의 상태를 구별하여 나타내는 정보량.

비트리파이드 숫돌차(vitrified grinding wheel) 자기질(磁氣質)의 결합제를 사용해 고온에서 구워 단단하게 한 숫돌차.
[특징] 조직이 균일하고, 광범위한 연삭에 적당하다.

비틀림(torsion) 하중이 봉의 축선(軸線)을 중심으로 짝힘으로 작용하는 현상.

비틀림 강도[剛度](torsional rigidity) 비틀림 하중에 대한 변형 저항. 단위 길이당의 봉을 단위 각도 만큼 비튼다.
[예] 환봉의 비틀림 강도 $G\pi d^4/32$
    G ; 횡탄성 계수 d ; 환봉의 지름

비틀림 모멘트(twisting moment) ① 축을 비틀려고 하는 모멘트. 토크(torque)라고도 한다.

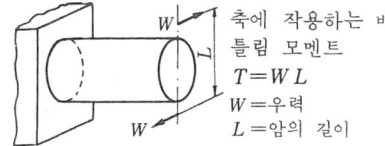

축에 작용하는 비틀림 모멘트
$T=WL$
$W=$우력
$L=$암의 길이

②기어나 풀리 등에서 축에 작용하는 비틀림 모멘트

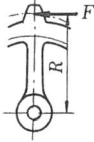

기어축의 회전력
$T=FR$
F : 이에 작용하는 피치원 상의 힘
R : 피치원의 반경

비틀림 모멘트(torsion spring) 비틀림을 받아서 탄성변형(彈性變形)하는 봉(棒) 상태의 스프링.

비틀림 시험기(torsion tester) 금속재료의 비틀림 시험에 사용하는 기계.

비틀림 응력[應力](torsional stress) 축 등에 비틀림 모멘트가 작용할 때 재료 내부

비콘(beacon) 발신국으로부터 발신된 전파를 선박이나 항공기가 방향 탐지기로 수신하여 방향을 탐지하고 현재의 위치를 알아내는 무선(無線) 방식.

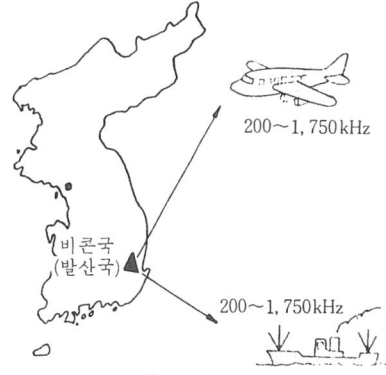

비트(bit) 2진 숫자(binary digit)의 약칭으로 컴퓨터가 정보를 기억하는 최소 단위(最小單位).
① 1비트(bit) : 2진수 1항(0, 1) 즉 2개의 상태를 구별해서 나타내는 정보량.
[예] 기계의 가동 상태를 나타내는 정보

 가동중 "1"    정지중 "0"

② 2비트(bit) : 2진수 2항(00, 01, 10, 11) 즉 4개의 상태를 구별해서 나타내는 정보량

에 생기는 전단 응력. 바(bar)는 비틀림 모멘트를 받으면 전단 변형 γ가 나타나고 전단 응력 τ가 생긴다.

$$\gamma = \tan \phi = \frac{\gamma\theta}{l}$$

$$\tau = \gamma G = \frac{\gamma\theta}{l} G$$

G : 횡탄성 계수

비틀림 응력을 τ, 비틀림 모멘트를 T, 극단면 계수를 Z_p로 하면 다음식으로 나타낸다. $\tau = T/Z_p$ $T = \tau Z_p$

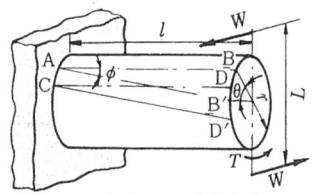

θ : 비틀림각, ϕ : 전단응력
τ (최대전단응력)

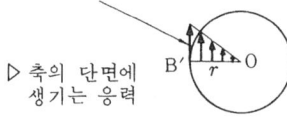

▷ 축의 단면에 생기는 응력

원형 단면이외의 경우는 비틀려지면 횡단면이 변형하여, 발생한 응력분포는 복잡하게 된다.

비틀림 저항(抵抗) 모멘트(torsional resisting moment) 축에 비틀림 모멘트가 작용할 때, 재료 내부의 비틀림 응력에 의하여 생긴 비틀림 모멘트와 크기가 같도록 역방향으로 작용하는 모멘트.

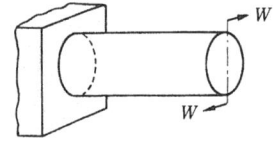

T : 비틀림 모멘트
T_R : 비틀림 저항모멘트

비틀림 절삭[切削](twist cutting) 드릴의 비틀림 홈, 헬리컬 기어의 이홈. 커터의 비틀림 날 등을 가공하는 작업.
만능밀링 머신작업의 일종으로, 테이블을 비틀림각 만큼 선회하여 테이블의 이송에 대해 공작물에 일정한 회전을 주어 가공한다.

비파괴 검사(非破壞檢査 : non-destructive inspection) 재료를 파괴하는 일이 없이 재료 내부의 상처나 결함을 발견해내는 검사법.
[종류] 자기 탐상법(☞ p.308)
　　　　형광 탐상법(☞ p.450)
　　　　초음파 탐상법(☞ p.377)
　　　　X선 탐상법(☞ p.249)
　　　　방사선 탐상법(☞ p.146)

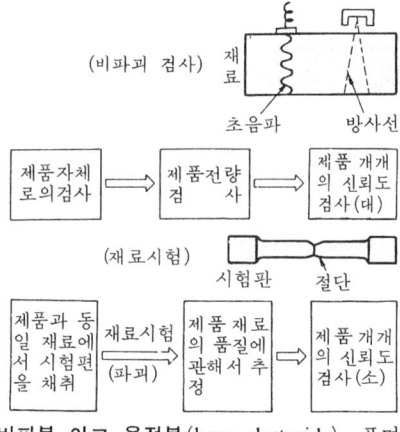

비피복 아크 용접봉(bare electroide) 표면에 용제를 도포, 또는 피복하지 않은 그대로의 용접봉.
[용도] 저탄소강의 아크봉이 강 용접에 자주 이용된다.
[특징] 피복 용접봉보다 뒤떨어지고 보관 중에 녹슬기 쉽다.

비한정 연쇄(非限定連鎖 : unconstrained chain) 연쇄중에서 하나의 링크를 고정하고, 다른 하나의 링크를 운동시킬 때, 나머지 링크의 운동이 일정하게 되지 않

는 것. ☞연쇄(p. 468)
▽ 5절의 연쇄

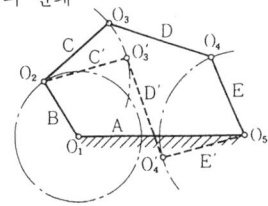

링크 A…고정
링크 B…O_1을 중심으로 회전운동을 준
다.
링크 B의 하나의 위치에 대해, 나머지 링크 C, D, E 는 C', D', E'처럼 여러 가지 위치를 취하므로 이들 링크의 운동은 구속할 수 없다.

빌릿(billet) 강재(鋼材)를 만드는 경우의 반제품(半製品)의 일종.

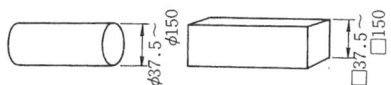

빌트업 에지(built-up edge) 절삭할 때 날끝(bit)에 칩(chip)의 미립자가 계속해서 부착되어 날끝을 둘러싸고 날끝의 일부와 같은 상태에서 절삭이 행해질 때의 날끝의 부착물. 빌트업 에지는 발생·성장·분열·탈락을 반복한다.

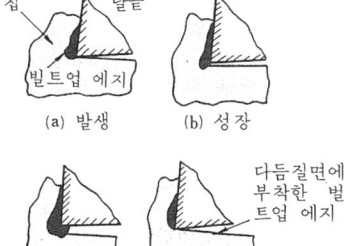

(a) 발생   (b) 성장
(c) 분열   (d) 탈락
다듬질면에 부착한 빌트업 에지

점성이 강한 공작물을 비교적 빠른 속도로 절삭할 때에 생기기 쉽다. 마찰열과 압력에 의해 경화하기 때문에 바이트(bite)와 같은 역할을 한다. 가공면은 거칠게 되고, 절입을 깊게 한다.
[빌트업 에지의 방지] 경사각을 크게 하고 절삭 속도를 빠르게 한다.

빔(beam) 보라고도 하며 하중에 의해 굽힘 작용을 받는 원형의 부재.

▽ 빔의 구성

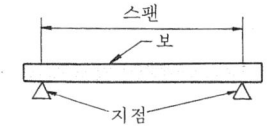
스팬
보
지점

▽ 빔의 구성

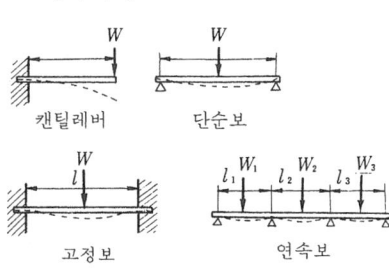

캔틸레버   단순보
고정보   연속보

빼기 구배(draft taper) 빼기여유, 빼기의 쉬움. 목형을 모래로부터 뽑아내기 쉽게 하기 위해 만든 구배.
대개 구배는 $\frac{1}{100} \sim \frac{3}{100}$ 정도이다.

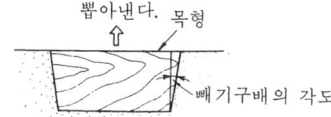

뽑아낸다. 목형
빼기구배의 각도

충돌의 충격 가속도의 측정이 가능.

ㅅ

사개(rabbet) 은촉 홈. 판의 끝을 따라 돌기를 만들어 다른 판의 홈에 끼워 넣는 이음매.

사다리꼴 나사(trapezoidal thread) 나사산의 단면이 사다리꼴인 나사.
[특징] 사다리꼴 나사는 삼각나사보다 효율이 좋다.
[용도] 공작기계의 이송나사나 힘과 운동의 전달용.

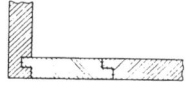

사류 수차(斜流水車 : diagonal water-turbine) 임펠러에 대한 물의 움직임이 프랜시스 터빈(Francis turbine)과 프로펠러 터빈(propeller water turbine)의 중간 형식인 수차. ☞ 프랜시스 터빈(p. 434), ☞ 프로펠러 수차(p. 435)

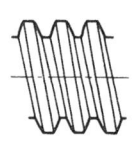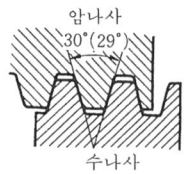

사류 펌프(diagonal flow pump) 원심 펌프와 축류 펌프의 중간 특성을 가진 펌프. ☞ 원심 펌프(p. 282), ☞ 축류 펌프(p. 382), ☞ 비속도(p. 175)

사바테 사이클(Sabathé cycle) 고속 디젤 기관의 기본 사이클. 정압 사이클과 정적 사이클이 복합된 것이다. ☞ 정압 사이클(p. 347), ☞ 정적 사이클(p. 347)

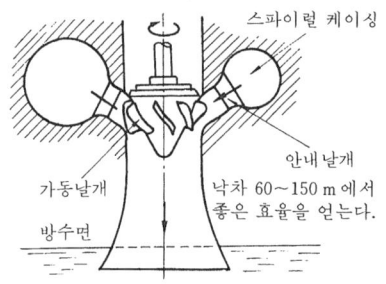

사변형(四邊形 : quadrilateral) 한 평면 위에 주어진 4개의 점으로 이루어진 다각형.

사상(砂床 : sand bottom) 큐폴러(cupola) 바닥의 모래로 만들어진 쇳물 괴는 곳. 용융작업 후 뒷처리하기가 용이하다.

사상부식(絲狀腐蝕 : filiform corrosion) 에나멜이나 래커 등 유기물 피복에서의 금속 표면 위에 벌레가 기어간 자국 같은 거의 직선적으로 방향 없이 뻗어난 홈 모양의 부식을 말한다.
사상 부식만으로는 부재(部材)를 열화(熱化)하거나 파손시키는 일이 드물지만 표면의 외관을 나쁘게 하므로 상품가치를 떨어뜨린다.

사양서(仕樣書 : specification) 제품에 요구되는 사항을 모아 서면화한 것. 사양은 설계의 조건이 된다.
[사양서의 항목]
소요동력, 소요출력, 성능, 구조, 작동방식, 형상, 치수, 무게, 부속품, 설치면적 등.

사업부 조직(事業部組織 : section system organization) 공장마다 이종(異種)의 제품을 생산하고 있는 기업에 있어서, 경영활동을 각 제품마다 단위별로 나누어 독립채산을 하는 제도.
사업부를 나누는 방법은 제품별 외에 지역별 혹은 시장별 등이 있고, 사업부의

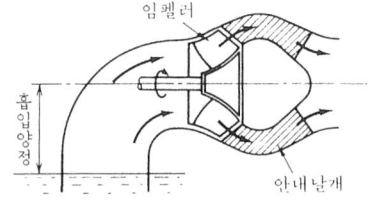

적임자에게는 생산으로부터 판매까지 일관된 권한과 책임을 부여한다.

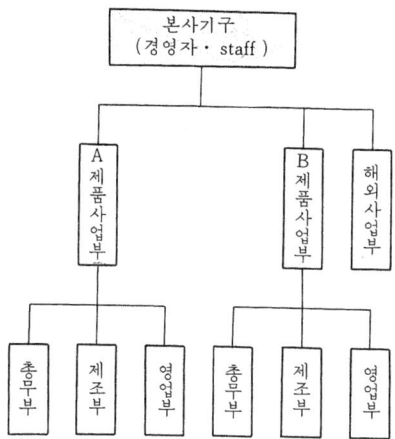

사용 응력(使用應力 : working stress) 기계나 구조물이 실제로 사용되고 있을 때 부재(部材)에 생기는 응력.

사이드 밀링 커터(side milling cutter) 외주 및 측면에 절삭날이 있어 홈깎기, 단깎기 등에 이용하는 커터. 날에는 보통 경절삭용과 중절삭용이 있다.

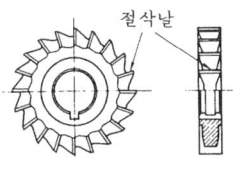

사이리스터(thyristor) P형과 N형을 번갈아 배치한 4개의 영역을 가진 단결합(單結合)의 반도체 소자. 전류를 제어하는 기능을 가진 반도체 소자로써 일반적으로 SCR을 말한다.
[동작특성] 그림의 회로에서는 V_A가 어떤 값 이상이 될 때까지는 I_A(순전류)는 흐르지 않는다(스위치가 꺼져 있는 상태). 이 상태에서 S를 닫고 G에 I_G를 흘리면 I_A가 흐를 수 있게 된다(스위치가 켜져 있는 상태). 따라서, I_G에 의해 I_A를 ON/OFF 할 수 있다.
[용도] 전류의 ON/OFF의 제어.

▽ 구성

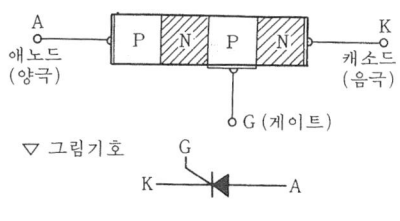

▽ 그림기호

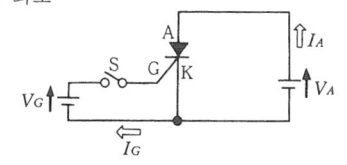

사이클(cycle) ① 열기관·압축기·냉동기 등에서 행하여지는 주기적(周期的)인 상태 변화의 순환.

▽ 피스톤 기관의 예

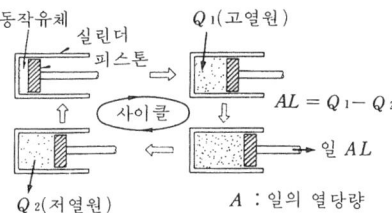

$AL = Q_1 - Q_2$
일 AL
A : 일의 열당량

② 교류에 있어서, 파형(波形)이 완전히 변화하여, 처음의 상태가 될 때까지를 1사이클(또는 주파)이라 한다.

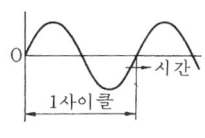

4 사이클 기관(four(stroke) cycle engine)

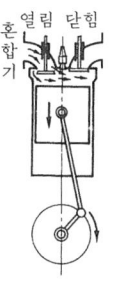 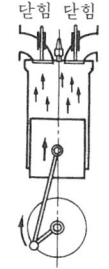

① 흡기행정
피스톤이 최상단에서 최하단까지 하강함에 따라, 혼합기 또는 공기가 실린더 내로 흡입된다.

② 압축행정
흡기밸브가 닫혀 피스톤이 상승함에 따라, 흡입된 혼합기 또는 공기가 압축된다. 디젤기관에서는 이때 연료를 고압으로 분사한다.

피스톤이 2회 왕복하는 사이에 흡기에서 배기까지의 1사이클을 행하여 동력을 발생하는 기관. 가솔린 기관과 디젤 기관이 있다.

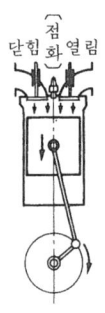
③ 팽창행정
혼합기 연소에 의해 즉 고온, 고압의 연소가스가 되어 피스톤을 눌러내린다.

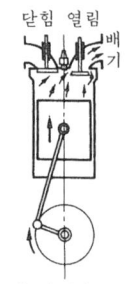
④ 배기행정
배기밸브가 열려 피스톤이 상승하여 연소가스를 실린더 밖으로 배출해 처음의 상태로 되돌아간다.

사이클로이드 치형(cycloid tooth) 사이클로이드 곡선을 이용해 만든 치형(齒形).
[특징] 마찰에 강하고, 제작 정도가 높지만 가공상 어려운 점이 있어, 정밀 계기 등에만 사용되고 있다.

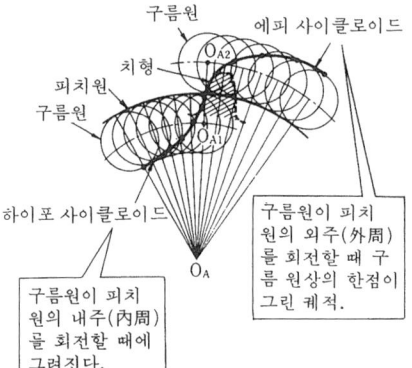

사인 바(sine bar) 각도의 측정에 삼각법을 이용하는 측정구.
2개의 원통은 같은 지름, 원통의 2축은 평행하고, 2축을 포함하는 평면은 윗면과 평행한다.

$$\sin\phi = \frac{H-h}{L}$$

L: 보통 100mm 또는 200mm

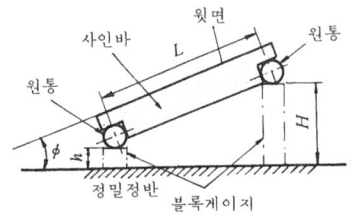

사절 회전 기구(四節回轉機構: quadric crank mechanism) 4개의 링크(節)를 회전 대우(對偶)로 링 형상으로 조합시킨 기구.
A, B, C, D의 4절 중 고정하는 링크를 슬라이더로 바꿈으로서 여러가지 기구가 생길 수 있다.
[종류]
레버 크랭크 기구(☞ p.111), 더블 레버 기구(☞ p.92), 더블 크랭크 기구(☞ p.92), 왕복 슬라이더 크랭크 기구(☞ p.274), 요동 슬라이더 크랭크 기구(☞ p.274)

사진 전송(寫眞電送: phototelegraphy) 텔레비전과 같은 모습으로 화면을 주사하고, 수신측에서 현상하여 상을 재현하는 송신법. ☞ 팩시밀리(facsimile)(p.419)
* 화소(畫素): TV화면을 구성하고 있는 미소한 면적의 명암을 가진 점.
* 주사(走査): 화면을 일정한 순서와 방법으로 화소로 분해하여 전기신호로 바꾸거나 합성하여 원래의 화면을 재현하는 것.

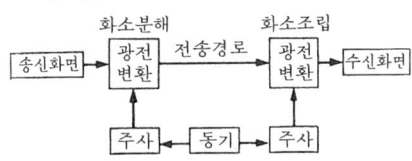

사출 성형법(射出成形法: injection molding)
[플라스틱] 호퍼에서 공급된 성형재료는 가열 실린더에서 혼합시켜 가면서 실린더 선단의 스크루로 이송하고 그 과정에서 재료는 균일한 가소화(可塑化) 상태로 된다. 스크루 선단부에 일정량의 재료가 축적되면 스크루가 정지하고 형

(型) 체결 장치로 밀폐된 금형내에 용융된 재료가 사출 실린더에 의해서 고압으로 사출된다.

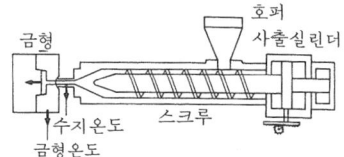
플라스틱의 사출성형

재　료	사출시 수지온도	금형 온도
열가소성 수지	175°~320℃	30°~120℃
열경화성 수지	100°~120℃	160°~190℃

[금속] 금속의 분말과 수지 바인더의 혼합물을 사출성형하고 이것을 가열해서 바인더를 제거한 후 체결하는 방법. 원료의 분말은 그 지름이 1~15μm 로 이루어져 있는 것이나 바인더의 종류 선택, 원료 분말의 혼합비가 중요하며 복잡한 형상의 제품이 가능하다.

사투영(斜投影 : oblique projection) 화면에 대해 일정 각도를 갖는 경사의 광선을 물체에 비추어 그 형상을 화면상에 투영하는 것을 말한다. 이 사투영에 의하여 평면상에 그려진 그림을 사투영도라고 한다.

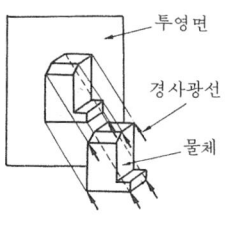

사포(砂布 : emery cloth) 연마용 재료의 분말을 접착시킨 포(布), 공작물을 연마하는 데 사용한다.

사형(砂型 : sand mold) 주물사로 만든 주형. 주형·주강 등의 주물은 대부분 사형을 사용하여 만든다. ☞주물사 (p.355)
[종류] 생형(☞ p.189), 건조형(☞ p.18).

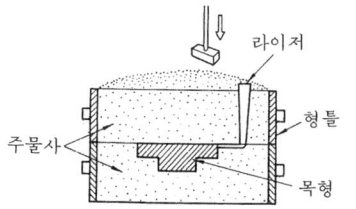

사형 주조법(砂型鑄造法 : sand mold casting) 주형 상자 조형법 등의 사형을 이용하는 주조법.
▽ 주형상자 조형법에 의한 주조.

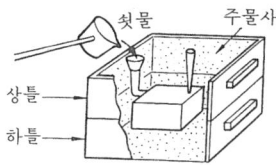

산(酸) **세척법**(acid pickling) 금속제품의 스케일이나 두꺼운 녹층을 제거하기 위해 장시간 산 수용액에 담가 세정하는 일.

산소 수소 용접(酸素水素熔接 : oxyhydrogen welding) 압축된 산소와 수소의 혼합 가스의 연소열을 이용하여 금속을 용접·절단하는 작업. ☞ 가스 용접(p.10)

산소 아세틸렌 용접(oxyacetylene welding) 산소와 아세틸렌이 화합할 때 발생하는 혼합가스의 연소열을 이용하여 행하는 용접.
▽ 가스 용접 장치

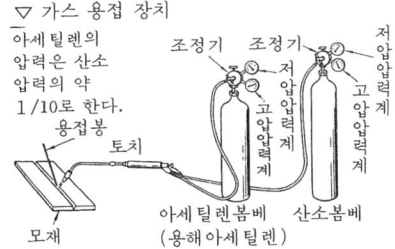
아세틸렌의 압력은 산소 압력의 약 1/10로 한다.

▽ 산소 아세틸렌 가스불꽃

백심 선단 부근의 온도는 3000 ~ 3500℃에 달한다.

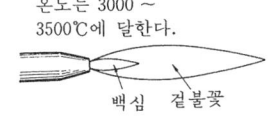

산업용 로봇(industrial robot) 생체 운동부의 기능에 유사한 유연한 동작기능을 갖고 또한 지적 기능을 갖춘 것으로 인간의 요구에 따라서 동작하는 것을 로봇이라 한다. 주로 공장 등에서 생산성 향상이나 노동력 절감을 위하여 산업용 로봇을 사용한다.
[입력 정보·교시에 의한 분류] ① 매뉴

얼매니풀레이터(manual manipulator)
② 고정 시퀀스 로봇 ③ 가변 시퀀스 로
봇 ④ 플레이 백 로봇 ⑤ 수치 제어 로봇
⑥ 지능 로봇

[산업용 로봇의 구성]

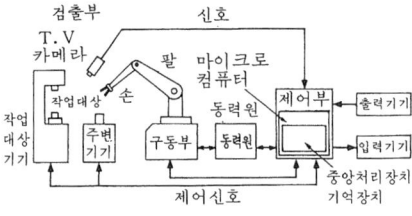

[동작에 의한 분류]

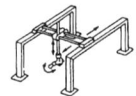 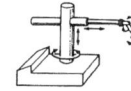

① 직각좌표 로봇트
  작업의 정도가 높다.
  제어가 쉽다.

② 원통작업 로봇트
  · 작업의 영역이 넓다.
  · 수평면에서는 좌표변
    환 자세제어가 필요하
    다.

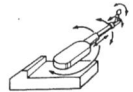 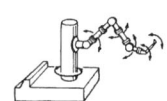

③ 극좌표 로봇트
  · 작업의 영역, 자세가
    넓다.
  · 3차원에서의 좌표변
    환 자세제어가 필요하
    다.

④ 다관절 로봇트
  · 복잡한 작업을 할 수
    있다.
  · 제어가 복잡하다.

산업 폐기물(産業廢棄物 : industrial waste)
제품을 생산하는 과정에서 폐기되는 불필
요한 물질. 폐유·폐플라스틱·분진 등.

산화염(酸化炎) ☞ 용접 불꽃(p.276)

산화체(酸化體 : oxidants) 대기중에 포함
되어 있는 오존, 알데히드, PAN(peroxy
acetyl nitrate) 등 광화학 스모그의 원
인이 되는 강(强)산화성 물질.
눈이나 목에 자극을 주고 고무에 금이
가게 하며, 풀이나 나뭇잎 등을 시들게
한다.

▽ 광화학 스모그 발생의 구조

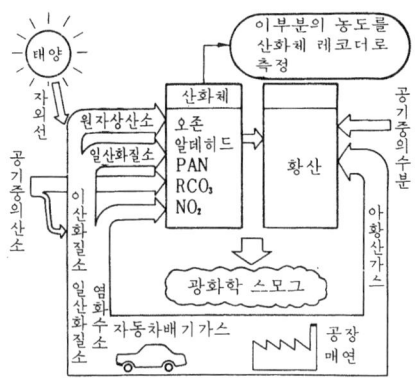

삼각나사(triangular thread) 나사산의 단
면이 삼각형 나사의 총칭. 주로 체결부의
나사에 이용하고, 미터나사·유니파이나
사 등이 있다. ☞ 미터나사(p.136), ☞
유니파이나사(p.288)
나사산의 꼭
지점을 편평
하게, 골 부
분을 둥글게
한다. 나사산
의 각도는 60°
외에 55°로 한
것도 있다.

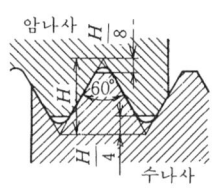

삼극관(三極管 : triode) 2극관의 음극과
양극 사이에 격자 형태의 전극을 넣은 진
공관.
[성질] 양극전압(KP간의 전압)을 바꾸거
나 격자 전압(KG간의 전압)을 바꾸어
도 양극 전류 I_P가 변화한다. 다만, 격
자 전압을 변화시키는 쪽이 I_P가 크게
변한다(증폭에 이용된다).
[용도] 증폭·발진·검파 등.

▽ 구조

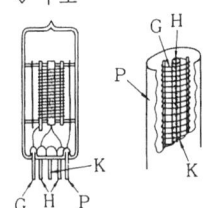

P : 양극
K : 음극
G : 제어격자
H : 히터

▽ 원리

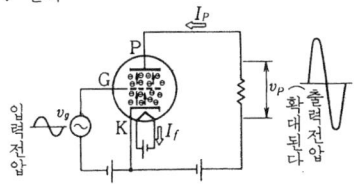

삼상 교류(三相交流 : three-phase AC) 전압 및 주기가 같고 위상이 $2\pi/3(120°)$씩 다른 3개의 교류 전압에 의해 발생하는 전류.

[표현법]
$i_1 = \sqrt{2}I\sin\omega t$, $i_2 = \sqrt{2}I\sin(\omega t - \frac{2\pi}{3})$
$i_3 = \sqrt{2}I\sin(\omega t - \frac{4\pi}{3})$

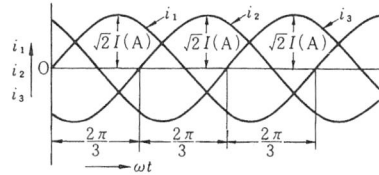

삼상 전력계(三相電力計 : three-phase wattmeter) ☞ 전력계(p.324)

3σ(시그마) 한계(three sigma limits) 타점한 통계량($\bar{x}$)의 평균($\bar{x}$)을 중심으로 그 상하에 각각의 통계량을 표준편차의 3배 폭으로 기입한 관리 한계.

상하 3σ간의 면적은 정규 분포 곡선 내의 전면적의 99.7%가 되기 때문에 관리도에 의한 품질관리는 3σ선으로

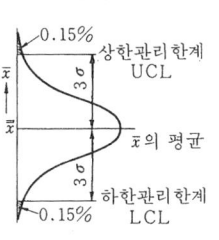

부터 밖으로 나온 것은 관리규격에서 벗어난 것으로 판정한다.
☞ 정규분포(p.344)

삼원 합금(三元合金 : ternary alloy) 3종의 기본 원소로 이루어져 있는 합금. ☞ 합금(p.446)

삼중점(三重點 : triple point) 하나의 성분으로 된 상태도에서 기체·액체·고체의 삼상이 공동으로 존재하는 점.

▽ 물의 계상태도

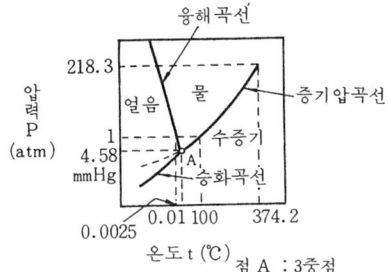

점 A : 3중점

3차원 측정기(三次元測定機 : three demension coordinate measuring machine) 측정기의 좌표방향을 X축, 전후방향을 Y축, 상하방향을 Z축으로 하여 공작물의 치수·형상을 측정하는 기기.

프로브(probe)를 측정면에 접촉시키면 1점의 정보가 3축 동시에 측정되고 마이크로컴퓨터 등에 접속해서 고정도로 혹은 신속히 데이터처리가 되어 기억을 할 수 있다. 측정점이 많고 복잡한 형상의 물체는 더욱 효과가 있고 종래에는 측정하기가 극히 곤란하였던 자유곡면 등의 측정이 용이해졌다.

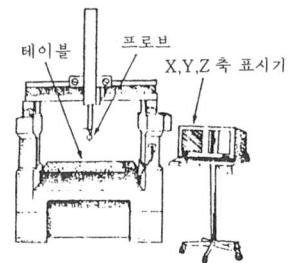

삼침법(三針法 : three wire system) 지름이 같은 3개의 와이어를 이용하여 나사의 유효지름을 측정하는 방법.
▽ 3침법에 의한 유효지름 측정

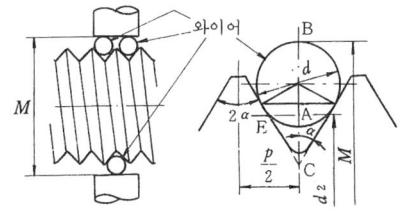

유효지름 $d_2 = M - d\left(1 + \dfrac{1}{\sin\alpha}\right) + \dfrac{1}{2}p\cot\alpha$

M : 3개의 와이어 양쪽을 물고 측정한 거리
d : 와이어의 지름
(와이어의 지름 d는 유효지름 측정시 나사산에 닿도록 $\dfrac{p}{2\cos\alpha}$로 하는것이 좋다.)
α : 나사산 각도의 1/2
p : 피치

삽입(插入) 부시(spigot bush) 구멍뚫기 지그(jig)로 안내 부시에 끼워넣어 이용하는 부시. ☞가이드 부시(p.12), ☞지그(p.363)
부시가 가공날과의 접촉에 의하여 마모한 때에는 바꿀 수 있다.

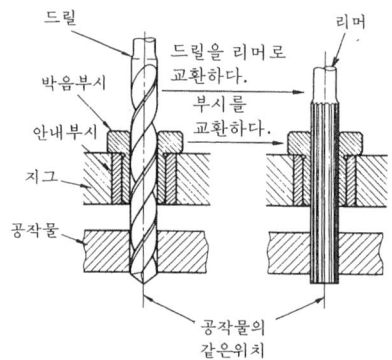

상(相 : phase) 물질의 성질을 물리적, 화학적으로 생각한 때의 상태. 물질이 기체·액체·고체인 때는 각각 기상·액상·고상이라고 한다.

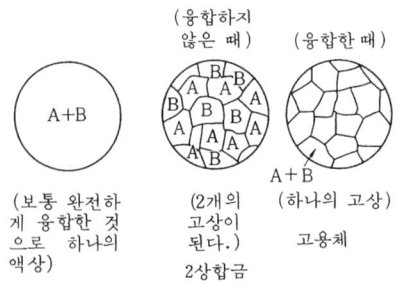

상관체(相貫體 : intersecting bodies) 두 개의 입체가 교차하여 생긴 것. 교차한 곳에 나타나는 선을 상관선이라 한다.

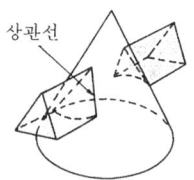

상당 굽힘 모멘트(equivalent bending moment) 축에 굽힘 모멘트 M과 비틀림 모멘트 T가 동시에 작용할 때, 이것과 같은 효과를 가졌다고 생각할 수 있는 굽힘 모멘트. ☞ 굽힘 모멘트(p.47), ☞ 비틀림 모멘트(p.177)
상당굽힘 모멘트 M_e는,
$M_e = (M + \sqrt{M^2 + T^2})/2$

상당 비틀림 모멘트(equivalent twisting moment) 축에 굽힘 모멘트 M과 비틀림 모멘트 T가 동시에 작용 할 때, 이것과 같은 효과를 갖는다고 생각할 수 있는 비틀림 모멘트. ☞ 비틀림 모멘트(p.177). ☞ 굽힘 모멘트(p.47)
상당 비틀림 모멘트 T_e는,
$T_e = \sqrt{M^2 + T^2}$

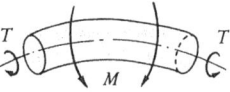

상당 증발량(相當蒸發量 : equivalent evaporation) = 환산 증발량(p.454)

상당 평기어(相當平齒車 : equivalent spur gear) 헬리컬기어나 베벨기어에 있어서 기어 절삭이나 이의 강도를 생각하기 쉬운 기준으로 한 가상의 평기어.
[헬리컬 기어의 상당 평기어] 이 방향에 직각인 단면의 피치(pitch)원은 타원이 되고, 이 타원의 곡률반경을 피치원 반경으로 하는 평기어.
타원의 곡률 반지름 R은,
$R = \dfrac{a^2}{b} = \dfrac{D}{2\cos^2\beta} = \dfrac{z}{\cos^3\beta} \cdot \dfrac{m_n}{2}$
z : 헬리컬 기어의 잇수
m_n : 모듈
β : 비틀림 각 z_v를 상당평기어 잇수라 하면,
$z_v = \dfrac{z}{\cos^3\beta}$
[베벨기어의 상당평기어] 배원뿔의 원뿔

거리를 피치원을 반경으로 하는 평기어. z를 베벨기어의 잇수, z_v를 상당평기어 잇수로 하면, $z_v = \dfrac{z}{\cos \delta}$

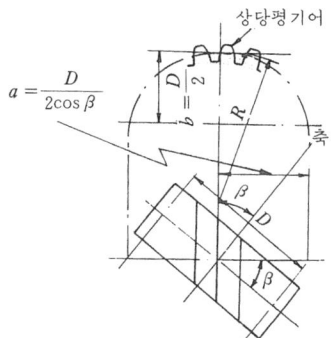

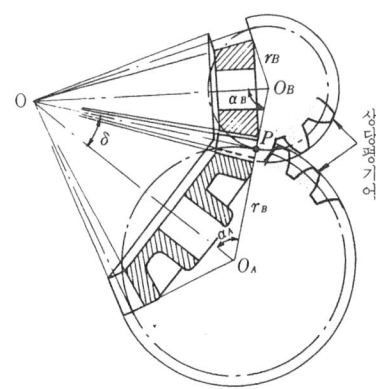

δ : 피치 원뿔각
α_A, α_B : 배원뿔각
r_A, r_B : 피치원 반지름

상당 평기어 잇수(相當平齒車齒數) 헬리컬 기어나 직선 베벨기어를 밀링으로 기어 가공할 때, 인벌류트 커터를 선택하기도 하고, 기어가공시의 잇수를 나누기도 할 때의 잇수. ☞ 상당 평기어(p.186)

상대속도(相對速度 : relative velocity) ☞ 상대 운동

상대습도(相對濕度 : relative humidity) 일정한 체적의 기체중에 포함된 실제의 수증기량과, 그때의 온도에서 포함해 얻는 최대 수증기량(포화수증기량)과의 백분율.

수증기량은 보통 증기압으로 나타낸다.

상대온도 = $\dfrac{\text{실제의 수증기압}}{\text{같은 온도에 있어서의 포화수증기압}} \times 100 (\%)$

상대온도는 단순히 습도 또는 관계습도 라고도 한다.

상대 운동(相對運動 : relative motion) 두 개의 물체가 운동하고 있는 경우 하나의 물체를 기준으로 했을 때 상대 물체의 운동. 같은 방향에 물체 A, B가 각각 속도 v_A, v_B로 운동하는 경우, A에서 B를 보면, $v_B - v_A$를 상대 속도라 한다.

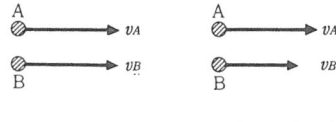

$v_A = v_B$일 때 B는 정지하고 있는 것처럼 보인다.

$v_A > v_B$일 때 B가 역방향으로 $v_B - v_A$의 상대속도로 운동하고 있는 것처럼 보인다.

상사점(上死點 : top dead center) 왕복기관에 있어서 피스톤이 실린더의 최상부(最上部)에 있을 때의 위치.

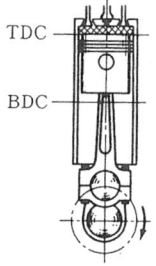

상전류(相電流 : phase current) ☞ 델타 결선(p.94)

상전압(相電壓 : phase voltage) ☞ 성형 결선(p.193)

상태도(狀態圖 : constitutional dliagram) 물질의 상태를 나타내는 온도·압력·용적·엔탈피·엔트로피 등의 상관 관계를 도시한 것. 평형 상태도를 간단히 상태도 라고도 한다. ☞ Mollier 선도(p.133), ☞ Pv 선도(p.441), ☞ 평형 상태도(p.426)

상태식(狀態式 : equation of state) 기체 상태량의 상호 관계를 나타낸 식. ☞ Boyle-Charl의 법칙(p.161)

$$pV = GRT$$

또는 $pv = RT \ (v = \dfrac{V}{G})$

G : 기체의 중량　　V : 기체의 체적
v : 기체의 비체적　T : 절대온도
p : 기체의 압력　　R : 가스상수

상호 유도(相互誘導 : mutual induction) 하나의 코일에 흐르는 전류가 변화하면, 근접해 있는 다른 코일에 기전력(起電力)이 생기는 현상. v_M은 I_1의 시간적 변화 $\Delta I_1 / \Delta t$에 비례한다.

$$v_M = M \dfrac{\Delta I_1}{\Delta t}$$

비례상수 M을 상호 유도라고 말하고, 그 단위는 헨리(H)로 나타낸다.
1H=1초간에 1A의 전류 변화로 1V의 기전력이 생기는 크기.

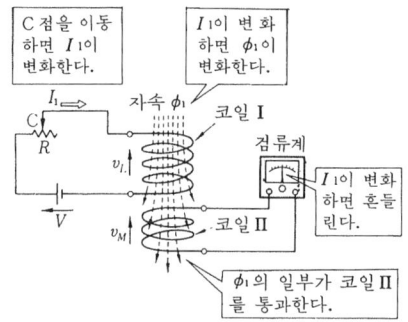

상호 유도계수(相互誘導係數 : mutual inductance) ☞ 상호 유도

새들(saddle) 공작기계에 있어서 테이블·공구대·이송 변환 기구 등을 갖추어 안내면을 따라서 이동시키는 부분.

▽ 선반의 예

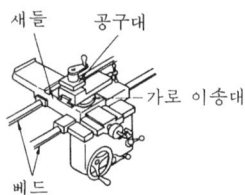

색상(色相 : hue) 적·청 등 색의 배열을 나타내는 그림. 이것을 다시 각각 10등분 하여 색상을 나타낸다.

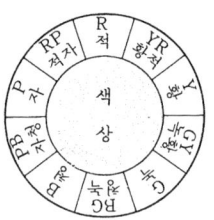

색채 관리(色彩管理 : colour conditioning) =색채 조절. colour con이라고도 한다.

색채 조절(色彩調節 : colour conditioning) 색채 관리·색채 조화·색채 효과라고도 말하며, 색채가 인간에게 미치는 생리적·심리적인 효과를 이용하여 공장·사무소·주택 건축 등에서 쾌적하고 능률적인 환경을 만들어 내는 기술.
[예]

생활 환경	안 전
눈이 피곤하지 않다. (녹색, 청색) 따뜻하다.-주홍색 등	의식적으로 적절한 처치를 취한다. (적색.황색 등)

샌드 블라스트(sand blast) 주물에 모래를 세차게 뿜어 표면의 모래를 떨어뜨리는 일. 모래뿜기라고도 한다.

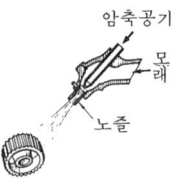

샌드 슬링거(sand slinger) 대형의 주형을 만들 때 회전하는 임펠러로 주물사를 비산시켜 형담기를 하는 조형(造型) 기계.

샌드 시프터(sand shifter) 주물사를 회전 screen으로 걸러 내기도 하고, 불순물을 제거하기도 하는 기계.

샘플링(sampling) 발취검사 때 시료를 채취하는 작업. 시료는 로트(lot) 전체를 대표하며, 치우침이 없는 방법으로 하지 않으면 정확한 판정을 할 수 없다. 따라서, 주관이 들어가지 않은 랜덤 샘플링으로 한다.
　　로트(lot) : 같은 제품이 일정 간격을 두고 반복 제조되는 경우, 1회마다의 생산 제품의 조(組).
[종류] 랜덤 샘플링(☞ p.108), 층별 샘

플링(☞ p.385), 집합 샘플링, 계통 샘플링(☞ p.24)

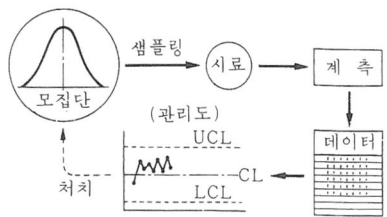

샘플링 검사(抜取檢査 : sampling inspection) 로트로부터 시료를 채취, 이것을 시험하여 그 결과를 판정기준과 비교하여 그 로트의 합격여부를 판정하는 검사방법.
[종류]
샘플링 검사 ─ 계량 샘플링 검사(검사 판정 기준이 계량치에 있는 것)
        ─ 계수 샘플링 검사(검사 판정 기준이 계수치에 있는 것)

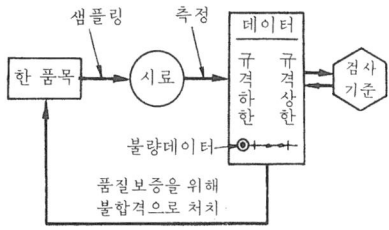

생사(生砂 : greensand) 수분을 함유한 주형(鑄型) 제작용의 천연 모래. 산사(山砂)인 경우에는 보통 8~15% 정도.
생사 주형(生砂鑄型 : greensand mold) 생사로 만든 주형(鑄型). ☞ 주형(p.358)
생산 계획(生産計劃 : production planning)

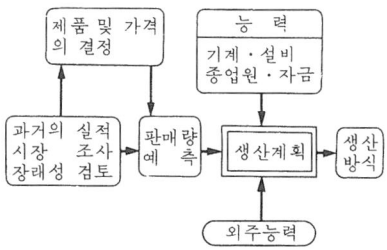

어느 정도의 제품을 어떠한 방식으로, 어느 정도의 기간에 생산하는가를 구체적으

로 계획하는 것.
최근에는 Q.C.D.위주의 생산관리가 되고 있다.
※ Q.C.D. : Quality(품질), Cost(가격), Delivery(납기)
생산 방식(生産方式 : production method) 생산 계획을 실시하는 방법.
생산 방식의 분류 ─ 예측 생산 ─ 로트 생산
                              ─ 연속 생산
              ─ 수주 생산 ─ 개별 생산

생산 보전(生産保全 : production maintenance) 생산현장에서 좋은 것을 보다 값싸게 만들기 위해서 가장 합리적인 보전을 실시하고, 고장이나 트러블을 피하기 위한 근대적인 설비관리의 기법.

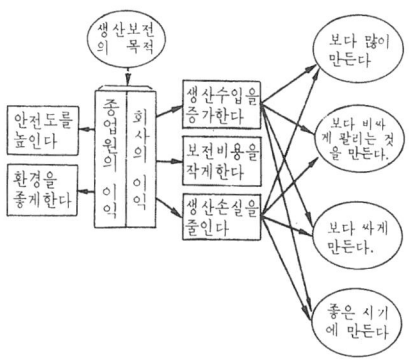

생산 설계(生産設計 : production design) 제품 기능면의 설계가 끝나고, 생산으로 옮기는 경우, 원가면이나 제작상의 입장에서부터 구체적으로 설계하는 것.
▽ 일반적인 생산설계 순서의 예

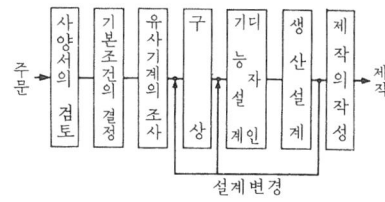

생산성(生産性 : productivity) 노동력·기계설비·원재료 등이 생산에 공헌하는 정도이며, 나타내는 척도로는 설비능률과 작업자능률이 있다.
생주물(生鑄物 : as cast) 기계가공을 하지

않은 흑피가 있는 순수한 주물을 말한다.
샤프 에지 오리피스(sharp-edged orifice)
칼날 오리피스. 박판에 뚫은 유량 측정용 유출 구멍. ☞ 오리피스(p.264)
섕크(shank) 절삭 공구의 자루.

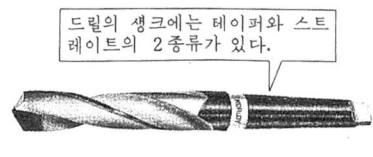

드릴의 섕크에는 테이퍼와 스트레이트의 2종류가 있다.

서멧(cermet) 내열성이 훌륭한 절삭 공구용 소결합금의 일종.
[원료] 탄화티탄의 분말(내열성이 뛰어난 금속 화합물), Ni-Mo 합금의 분말(달라 붙는 성질이 강한 합금).
[성질] ① 900℃ 이상에서 사용 가능. ② 초경합금과 세라믹의 중간적 성질.

서모스탯(thermostat) 항온기(恒溫器). 자동으로 온도를 일정하게 유지하도록 동작하는 온도조절 장치.
[용도] 가정용 전기 기구의 자동스위치, 열계전기 등.

▽ 전기 다리미의 온도 조절장치

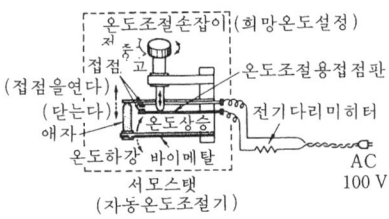

서미스터(thermistor) 반도체의 일종으로 전기 저항이 온도의 상승에 따라, 현저하게 감소하는 회로용 소자(素子)임.
니켈(Ni), 코발트(Co), 망간(Mn), 철(Fe), 구리(Cu) 등의 산화물을 소결해 만든 것. 도체와 절연물의 중간의 저항을 갖는다.

▽ 서미스터의 형상

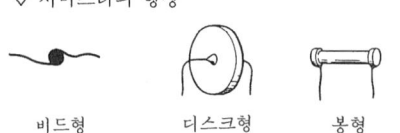

비드형   디스크형   봉형

▽ 서미스터의 특성(부의온도계수)

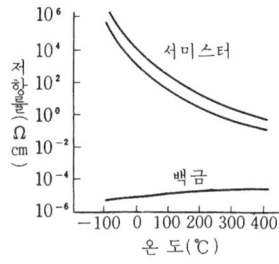

[용도] 온도의 측정, 제어, 계측기의 온도 보상.

서보 기구(servo-mechanism) 물체의 위치·방위·자세 등을 제어량으로 하는 자동 제어계의 총칭.
[종류] 유압 서보 기구(☞ p.291), 전기식 서보 기구(☞ p.321)
[예] 모방 제어(☞ p.131), 위치 결정 제어(☞ p.286)

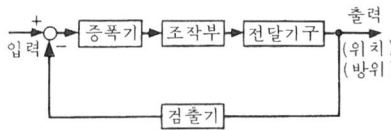

서보 모터(servo-motor) 서보 기구에 있어서, 조작부가 구동하는 에너지원이 되는 것.
[종류]
전기식 ─┬─ 교류 서보 모터
        ├─ 직류 서보 모터
        ├─ 전자 클러치
        └─ 펄스 모터
유압식 ─┬─ 직동형 유압 모터
        └─ 회전형 유압 모터

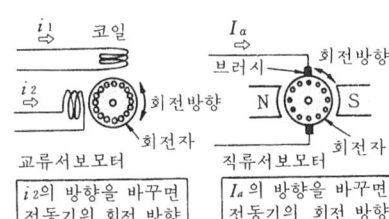

교류서보모터   직류서보모터

i_2의 방향을 바꾸면 전동기의 회전 방향이 반전

I_a의 방향을 바꾸면 전동기의 회전 방향이 반전

서브머지드 아크 용접(submerged arc welding) 모재의 표면에 분말 용제(플럭스: flux)를 놓고, 분말 용제 속에서 행하는 자동 아크 용접. 분말 용제 속에서 용접을 할 수 있으므로 외기에 닿지 않고, 고온을 얻어 용접속도가 크다.

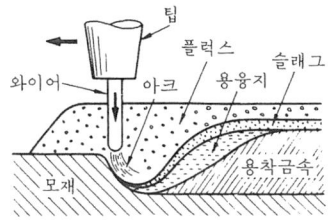

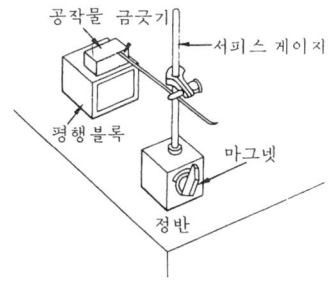

서브 제로 처리(subzero treatment) 고탄소강과 합금강을 담금질할 때 잔류 오스테나이트(austenite)를 완전하게 마텐자이트(martensite)로 변화시키기 위해서 드라이 아이스와 액체 질소 등의 저온욕(약 $-80℃$)에 담그는 열처리. 심랭처리(sub zero cooling)라고도 한다.

그림에 있어서 0.8% C의 강은 M_f'의 온도($0℃$ 이하)까지 내리지 않으면 마텐자이트 변태가 종료하지 않는다.

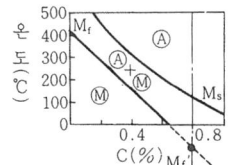

서징(surging) 펌프, 송풍기, 압축기 등에서 운전중 유량을 교축할 때(규정의 토출량보다 적게 한다), 유량·압력 및 회전속도가 주기적으로 변동하여 기기에 진동을 일으키는 현상. 운전 불량이 되는 일이 있다.

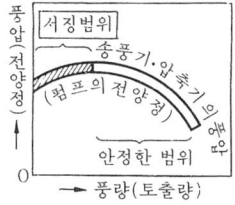

서피스 게이지(surface gauge) 정반 위에서 금긋기, 중심내기 등에 이용하는 금긋기 공구.

석면(石綿 : asbestos) 부드러운 섬유질의 광물로 사문석·각섬석 따위가 분해하여 섬유질로 변한 것. 규산마그네슘, 칼슘을 주성분으로 한다.
[성질·용도] 회색·백색으로 내열성이 풍부하고 열전도율이 작아 내열재·보온재로 사용된다.
[석면 패킹] 온수관·증기관 등의 패킹에 이용된다.

석유 기관(石油機關 : kerosene engine) 연료로 등유 또는 경유를 사용하는 내연기관. 가솔린 기관에 비해 연료비가 싸고, 취급이 간단하다.
[용도] 소형의 것은 농공용으로서 자동 경운기, 탈곡기 등에 널리 사용되고 있다.

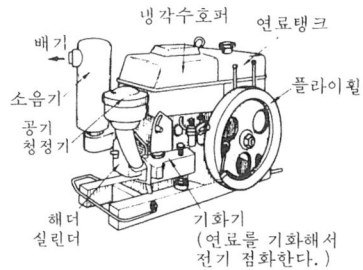

석정반(granite plate) 화강암의 정반(定盤)을 말한다.

석출 경화(析出硬化 : precipitation hardening) 적당한 온도에서 급랭한 합금이 포화 상태 이상으로 고용하고 있는 합금원소를 시간의 경과나 온도의 영향으로 서서히 석출해 단단하게 되는 현상. 두랄루민(duralumin)의 시효 경화는 석출 경화에 의한다.

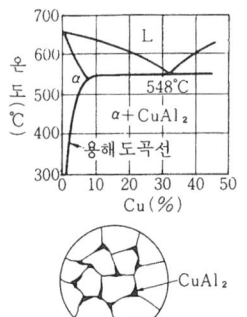

α : Cu를 고용한 Al.

α를 서냉하면, $CuAl_2$를 석출한다. 급랭하면, Cu를 과포화한 상태로 상온으로 되기 때문에 시간의 경과와 함께 결정입자간에 미세한 $CuAl_2$가 석출해 단단하게 된다.

선간 전압(線間電壓 : line voltage) ☞ 성형 결선(p.193)

선도기(線度器 : line standard) 표면에 새겨진 표선간의 거리에서 길이의 기준을 나타낸 2차 표준기.

▽ 선도기 중 정도가 좋은 표준자

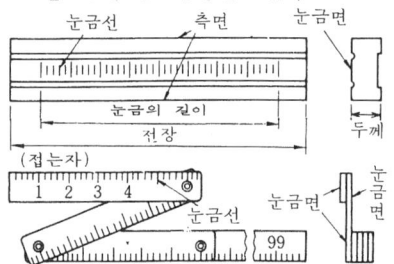

선 도 일(diagram work) =주변 일(p. 355)

선 도 효율(線圖效率 : diagram efficiency) =주변 효율(p. 356)

선박용 보일러(marine boiler) 선박 동력용 보일러. 연관 보일러, 수관 보일러 등이 이용된다. ☞ 보일러(p.160)

선반(旋盤 : lathe) 공작물에 회전을 주어 외주 단면 등을 가공하는 공작기계.
 [가공법의 종류] 외경절삭·면 절삭·테이퍼 절삭·보링(boring)·나사절삭·절단·널링(knurling) 등.
 [선반의 주요부]
 ·주축대(head stock):공작물을 지지하고, 그것에 회전을 준다.
 ·왕복대(carriage):선반 최상부에 있는 공구대에 바이트를 설치하여 전·후, 좌·우로 이동시킨다.
 ·심압대(tail stock):공작물의 끝부를 지지한다.
 ·이송 변속 장치:일련의 기어 장치에 의해 왕복대를 자동 이송시키기 위해 이송봉과 수나사에 필요한 회전을 준다.
 ·베드(bed):주축대, 왕복대, 심압대를 지지하여 왕복대와 심압대가 이동할 때 안내를 한다.

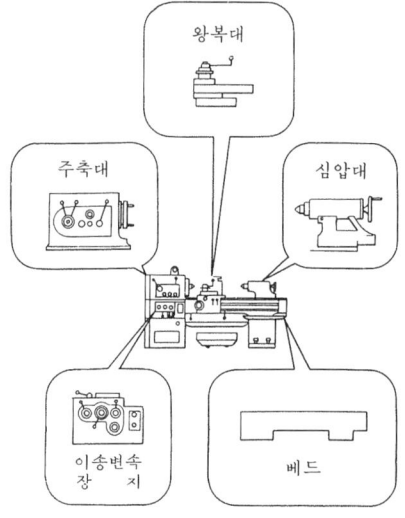

선전류(線電流 : line current) ☞ 델타 결선(delta 結線) (p.94)

선 철(銑鐵 : pig iron) 용광로에서 철광석을 융해, 환원하여 얻을 수 있는 4% 정도의 탄소를 포함한 철.
 [용도에 따른 분류] 제강용 선철·주물용 선철.

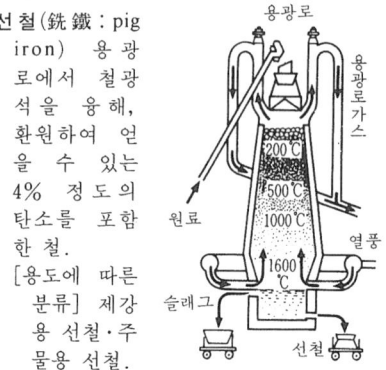

 [파단면의 색에 따른 분류] 백선(탄소량이 적다)·회색선(탄소량이 많다)·중간선(백선과 회색선의 중간).

설계(設計 : design) 기계·기구·장치 등을 생산할 때, 사용목적에 만족하도록 기구, 구조, 각 부의 재료, 형상, 크기, 그 밖에 제작에 관한 일체의 것을 계획하고 결정하는 것.

설치도(設置圖 : setting drawing) 기계·장치 등을 기초 위에 설치하는 관계를 나타내는 도면. 기계의 크기·이동 범위·기초로 놓을 부분 등의 치수를 기입한다. 설치도와 기초도는 동일 도면에 정리하여 그린 것도 있다. ☞ 기초도(p.61)

설치 볼트(holding down bolt) ☞ 앵커 볼트(p.243)

섬유 그리스(fiber grease) 그리스의 일종. 광유에 20~30%의 소다비누를 가한 것. ☞ 그리스(p.49)
[성질] 비교적 고온에 잘 견디지만 물에 접촉하면 녹는다.

섬유 벨트(textile belt) 목면, 모, 실크, 마(삼베) 등을 정해진 폭으로 짜 만든 벨트. 포를 겹쳐 꿰매어 맞춘 것이다. 고속에서도 진동이 적지만 가장자리가 닳아서 떨어지면 약해진다.

성력화(省力化 : elimination of labor) 생산성의 향상을 목표로 하여 생산공정에서 가공의 능률화나 공정간의 공작물 운반의 능률화를 도모하기 위해서 될 수 있는 한 작업을 기계화하고, 사람의 손을 필요로 하는 작업을 생략하는 것. ☞ 적응 제어 (p.318), ☞ 그룹 관리 시스템(p.48)
▽ 성력화의 장래

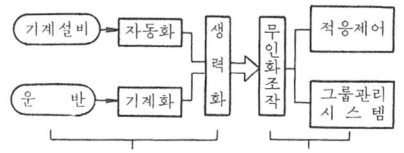

개개의 성력화에서 공장 전체의 성력화로!

성형 결선(星形結線 : star connection) 삼상교류의 각 상의 한 단을 한 곳에 접속하여 다른 단으로부터 3개의 선을 꺼낸 것. Y결선이라고도 한다.

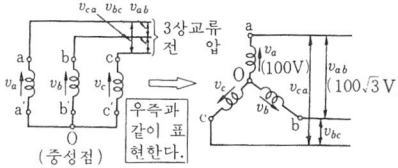

v_a, v_b, v_c 는 상전압, v_{ab}, v_{bc}, v_{ca} 은 선간전압

성형 기어 절삭법(formed tool system) 기어의 이 홈과 같은 형태의 바이트로 이를 하나씩 절삭하는 방법.

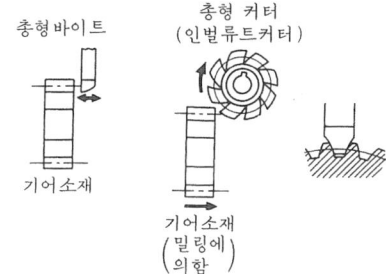

세그먼트 숫돌(grinding segment wheel) 원호상(圓弧狀)의 숫돌을 수개의 링형으로 배열한 숫돌차.

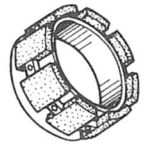

세라믹(ceramic) 도자기 전체를 말하지만 공구 재료로서의 용도가 있고, Al_2O_3를 주성분으로 결합제를 이용, 소결하여 만들어진 것.
[성질] 내열성은 1500℃ 전후에서 열전도율이 낮다. 내마모성이 풍부하지만 취성이 있다.

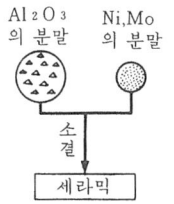

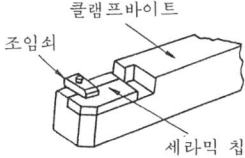

세라믹 숫돌차(ceramic grinding wheel) 유기질의 결합제로 만든 숫돌차.
[용도] 강성이 있는 것으로, 절단용의 숫돌차에 이용한다.

세레이션(serration) 스플라인(spline)의 잇수를 많게 하고, 그 치형을 삼각형의 나산산 형상으로 한 것. 스플라인 치형을 인벌류트(involute)로 한 것을 인벌류트 세레이션(involute serration)이라 한다.

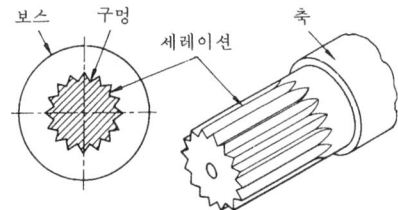

세로 변형(縱變形 : longitudinal strain) 재료에 수직 하중이 작용한 때에 생기는 축 방향의 변형.
[종류] 인장 변형, 압축 변형

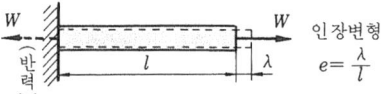

세미그래픽 패널 방식(semigraphic panel system) 계기장치에 있어서 소형계기를 빽빽하게 늘어 세워 그 윗부분에 flow sheets를 작게 그린 배열 방법.

▽ 세미그래픽 패널방식의 계기실

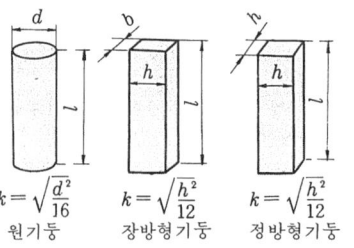

세장비(細長比 : slenderness ratio) 장주(기둥)에 있어서, 횡단면의 최소단면인 2차반경 k와 기둥의 길이 l과의 비 l/k.
좌굴 강도의 계산식을 선택하려면 이 세장비가 그 지표가 된다.

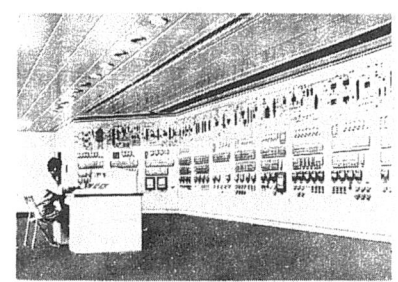

세탄가(cetane number) 디젤기관의 착화성을 정량적(定量的)으로 나타내는 데 이용되는 수치. 이 값이 큰 연료일수록 디젤노크(Diesel knock)를 일으키기 어렵다.

▽ 세탄가의 결정방법

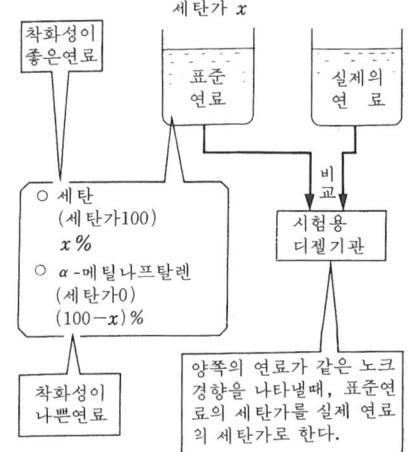

세트 해머(set hammer) 재료 위에 대고 그 위에서 해머로 두드려 성형하는 단조 공구.

평해머 　　 각해머 　　 둥근해머

세팅 다운(setting down) 단(段) 붙임. 소재의 일부에 단을 붙여 단조할 때에, 단의 부분을 움푹 들어가게 하는 작업. 또, 그때에 사용하는 공구.

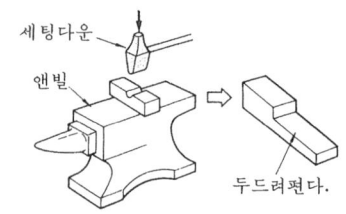

섹셔널 보일러(sectional boiler) 수관이 직관식인 자연 순환식 수관 보일러. 1열의 수관을 2개의 헤더로 조합한 섹션(section)이 다수 나열되어 있기 때문에 섹션의 수를 바꿈에 따라 용량이 다른 보일러를 만들 수 있다. 조합(組合) 보일러.
[특징]
① 수관속을 청소하기 쉽다.
② 수관의 열팽창을 흡수하기 어렵다.

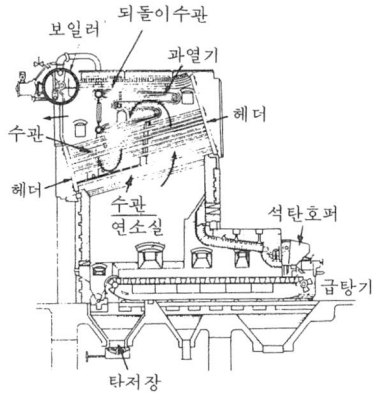

섹터 기어(sector gear) 평 기어의 원주 일부를 사용한 부채 모양의 기어. 간헐 운동 등에 이용된다.
[예] 유압계, 속도계.

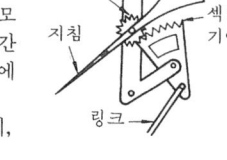

센서(sensor) 주로 물리량에 관한 외부로부터의 정보를 검출하고 신호를 가하여 전기량으로 출력하는 장치로서 인간의 5가지 감각에 상당하는 동작을 한다. 자동제어를 포함 기계·장치의 제어를 정확히 행하기 위하여 센서의 유효한 활용이 필요하다.
검출대상으로는 빛, 방사선, (초)음파, 전기, 자기, 기계적 변위, 압력, 속도, 온도, 습도, 화학성분, 농도 등이 있다.

센터(center) 선반작업에 있어서 주축대와 심압대 사이에 공작물을 끼워 지지하는 공구.
[종류] 주축에 끼워지는 회전 센터와 심압대에 삽입되는 고정 센터가 있다.

[회전 센터(주축용)] 주축과 동시에 회전하므로 센터부에는 마찰이 적다.

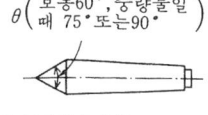

[데트센터(심압축용)]

▽ 하프센터

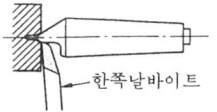

▽ 회전센터

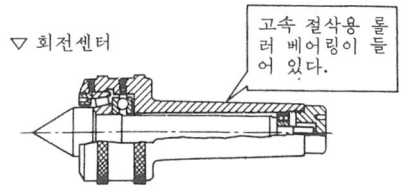

고속 절삭용 롤러 베어링이 들어 있다.

센터 게이지(center gauge) 나사 절삭 작업에 있어서 바이트의 선단각이나, 공작물의 장착각도를 조정하기 위한 게이지.

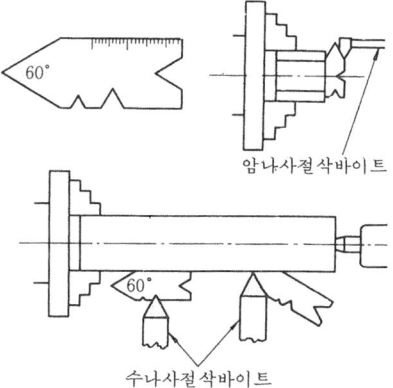

암나사절삭바이트

수나사절삭바이트

센터 구멍(center hole) 선반 가공시 공작물의 끝을 센터로 지지하기 위한 구멍.

▽ 치수예

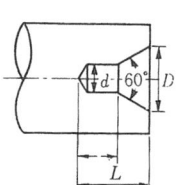

호칭 d	D	l_1	L (최대)
1	2.12	0.97	1.9
2	4.25	1.95	3.3
2.5	5.3	2.42	4.1
4	8.5	3.9	6.2
10	21.2	9.7	14.2

센터 구멍은 센터링 머신을 사용하여 센터 드릴로 가공한다.

센터 드릴(center drill) 공작물을 지지하는 센터구멍을 뚫기 위한 드릴.

▽ 치수예

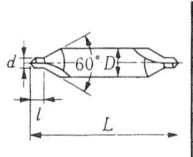

d	D	L	l
1.0	4	31.5	1.5
2.0	5.0	40	3.0
2.5	6.3	45	3.8
4.0	10.0	56	6.0
10.0	25.0	100	14.2

센터레스 연삭기(centerless grinding machine) 센터를 사용하지 않고, 연삭용 숫돌차 외에 공작물에 회전과 이송을 주는 조정 숫돌바퀴를 사용하여, 가늘고 긴 환봉을 연삭하는 공작 기계.
공작물의 이송은 숫돌차의 추와 중심에 대해서 조정숫돌바퀴의 중심을 조금 기울여 공작물을 회전시키면서 조금씩 축방향으로 움직이도록 한다.

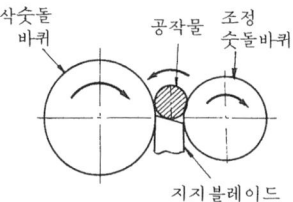

센터링(centering) 금긋기 블록(scri-bing block)이나 센터 스퀘어를 사용하여 환봉 등의 단면 중심을 구하는 것.

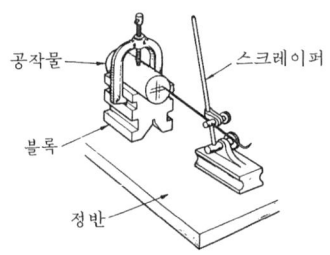

센터링 머신(centering machine) 공작물의 센터 구멍을 센터 드릴로 절삭하여 구멍을 뚫는 전용의 공작 기계.

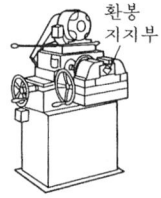

센터 스퀘어(center square) 환봉 등의 단면 중심을 구할 때 사용하는 스퀘어.

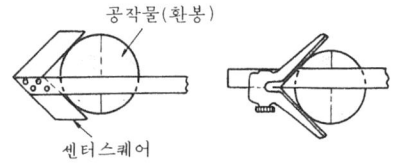

센터 작업(作業) 선반에 있어 양 센터를 이용하여 공작물을 지지하면서 절삭하는 작업. 적당한 크기의 돌리개(dog)를 선택, 재료의 한 끝에 설치하여 주축에 회전판과 센터, 심압대에 센터를 설치, 양 센터로 지지하여 주로 원형 절삭을 한다. 가늘고 소재가 긴 봉재를 절삭하는 경우는 진동 방지구를 사용한다. ☞ 진동 방지구(p. 368)

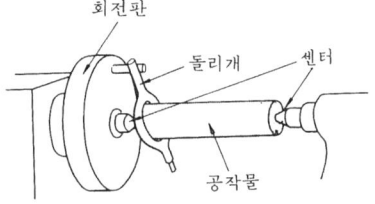

센터 펀치(center punch) 구멍뚫기 위치를 금긋기 할 때 구멍의 중심에 표시하는 데 사용하는 철제공구. 센터링 펀치 또는 펀치라고도 말한다.

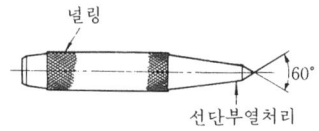

▽ 구멍의 금긋기

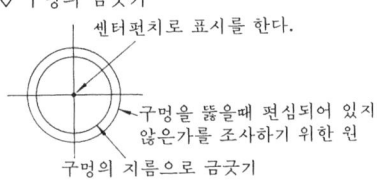

셀러 커플링(Seller's cone coupling) 원뿔 형상의 접촉면으로 조합된 주철제의 외부 원통 1개와 내부 원통 2개를 볼트로 축에 조여 붙여 사용하는 축이음.

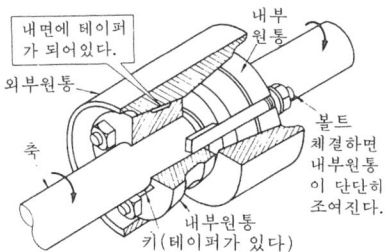

세이빙(gear shaving) 완료된 기어를 더욱 더 정도가 높은 기어로 가공하는 방법. 황삭이 된 기어를 작은 압력으로 기어면으로부터 소량의 가공 여유를 제거한다. 기어형의 세이빙 커터를 이용하여 공작물과 정확하게 맞물리어 가공한다.

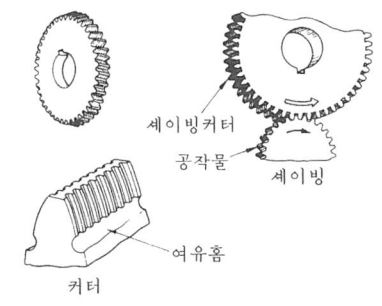

세이퍼(shaper) 부속 공작물의 홈 깎기나 평삭 가공에 사용하는 공작기계. 커터를 장치한 램(ram)은 전·후로 운동하고, 공작물을 장치한 테이블은 상·하, 좌·우로 이동할 수 있다.

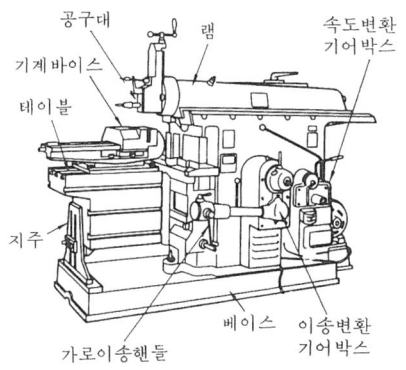

셸 몰드법(shell mold process) 정밀 주조법의 일종. 열경화성 합성수지를 배합한 규사. 레진 샌드(resin sand)를 주형재로서 사용하고, 이것을 가열하여 조개껍데기 모양으로 경화시켜 주형을 만든다. [특징] 정도가 좋은 균일한 주조가 가능

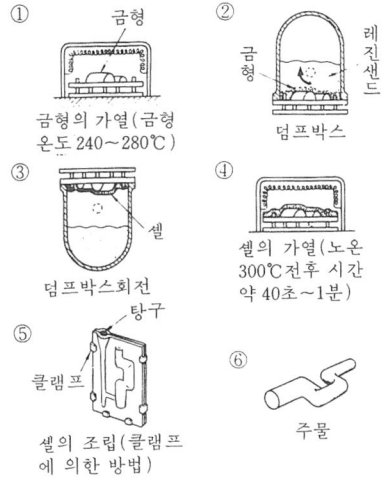

① 금형의 가열(금형 온도 240~280℃)
② 덤프박스
③ 덤프박스회전 셸
④ 셸의 가열(노온 300℃전후 시간 약 40초~1분)
⑤ 클램프 탕구 셸의 조립(클램프에 의한 방법)
⑥ 주물

셸 엔드 밀(shell end mill) 직경이 큰 엔드 밀. 날 부만 따로 만들어 자루에 끼워 이용한다. ☞ 엔드 밀(p.251). 날 형상에는 곧은날과 비틀림날이 있다.

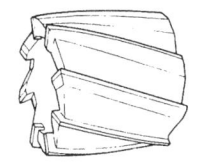

소결 합금(燒結合金 : sintered alloy) 금속의 분말을 압축 성형한 후, 고온에서 소결시킨 합금.

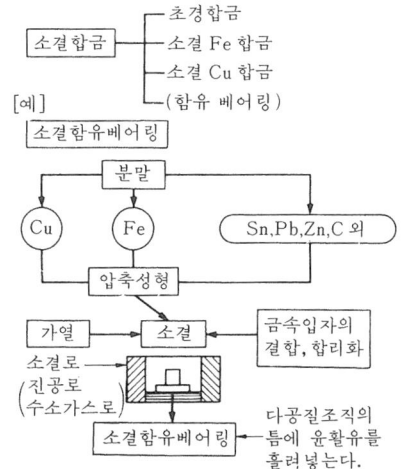

소기(掃氣 : scavenging) 2사이클 기관에서

피스톤의 상승 행정
의 도중에 배기구(排
氣口)와 소기구(掃氣
口)가 열려 실린더
속으로 새로운 공기
가 억지로 들어가게
함으로써 연소 가스
를 외부로 밀어내는
작용. 2사이클 기관
의 특유한 작용이다.
☞ 크랭크실 소기(p.397)

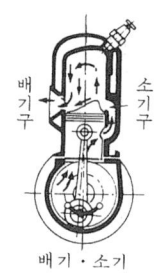
배기·소기

소기[掃氣] 펌프(scavenging pump) 2사이클 기관의 소기를 행하기 위한 펌프. 대형 기관에서는 루츠(roots) 송풍기나 배기 터빈에 의해 구동되는 터보(turbo) 송풍기 등이 이용된다.
☞ 루츠 송풍기(p.116)
☞ 터보 송풍기(p.405)

소단부(小端部 : small end) 커넥팅 로드(연접봉)의 피스톤 핀쪽의 끝단.

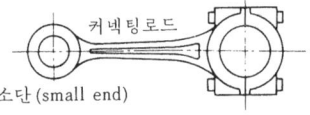
소단(small end)

소르바이트(sorbite) 담금질의 냉각 속도가 트루스타이트(troostite) 때보다 늦을 때에 생기는 조직.

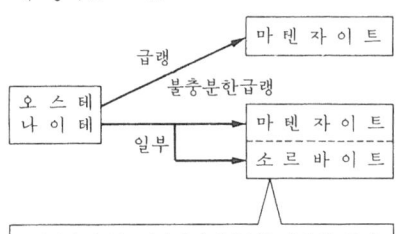

○ (페라이트)+(시멘타이트)의 미세한 조직
○ 더욱 미세한 조직을 트루스타이트라고 한다.

소성(塑性 : plasticity) 재료에 하중을 가하면 변형이 생기지만, 하중을 제거한 후에도 완전하게 변형 전의 상태로 되돌아가지 않고 변형이 남아 있는 성질. 이 변형을 소성 변형이라 하고, 영구 변형이라고도 한다.
[소성 변형의 원인] 원자간에 결정(結晶)에 의한 미끄럼에서 기인된다고 생각되고 있다.

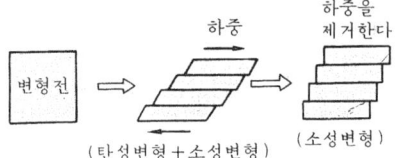
(탄성변형+소성변형)   (소성변형)

소성 가공(塑性加工 : plastic working) 금속의 소성을 이용한 가공 방법. ☞ 소성 변형.
[종류] 재료를 가열하여 가공하는 열간 가공과 상온인 채로 가공하는 냉간 가공이 있다. ☞ 열간 가공(p.258), ☞ 냉간 가공(p.73)

▽ 소성 가공으로 만들어진 것

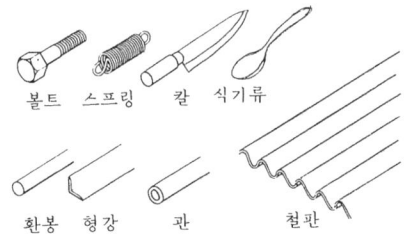
볼트   스프링   칼   식기류
환봉   형강   관   철판

소음(騷音 : noise) 많은 사람으로부터 불쾌하다고 느껴지는 소리. 소음의 정도는 폰(phon)으로 나타낸다.

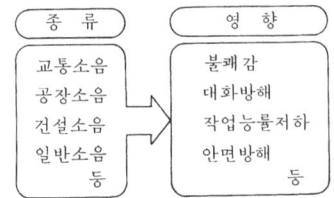

종류	영향
교통소음 공장소음 건설소음 일반소음 등	불쾌감 대화방해 작업능률저하 안면방해 등

소음계(騷音計 : noise level meter) 정상적인 청력을 가진 사람이 소음의 정도를 판정하는 것과 같은 기능을 갖게 한 지시계기.

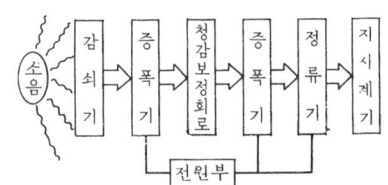

사람귀의 특성(음의 크기를 느끼는 법)을 갖게하여 미터를 지시시킨다.

소음 규제법(騷音規制法 : noise control law's) 조업중의 공장 및 건설 공사 현장 등에서 발생하는 소음의 규제와 자동차의 진행중에 발생하는 경음의 허용한도를 정한 법률.
[공장소음의 규제대상] 저소음 기종의 채용, 잡음, 흡음장치, 소음기의 연구등을 강구한다.

▽ 공장소음의 규제기준

구분	구역 시간	주거전용 지 역	주 택 지 역	상업·준 공업지역	공 업 지 역
주간	8시~18시	45~50	50~60	60~65	65~70
조석	6시~8시 18시~23시	40~45	45~50	55~65	60~70
야간	23시~6시	40~45	40~50	50~55	55~65

소음기(消音器 : muffler) 가솔린 기관이나 디젤기관의 배기음을 작게 하기 위한 기기. 배기 가스의 통로를 굴곡시켜, 배기의 급격한 팽창을 피하면서 배출되도록 하고 있다.

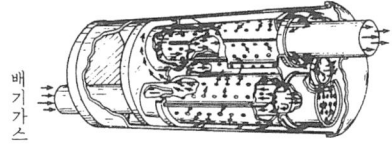

소일정 계획(小日程計劃 : short scheduling) 각 직장에 있어서 구체적으로 작업을 진행하기 위한 일정 계획. 현장 관리자가 이용한다. 중일정 계획에 의해 작업을 진행하는 중에 트러블이나 목표의 차이가 일어났을 때, 그때마다 일정을 수정하기 위한 것.

소켓(socket) ① 나사 박음식 관이음의 일종으로 2개의 관을 연결하는 이음매.
② 드릴을 끼워 넣어 드릴링 머신에 장치하는 공구.

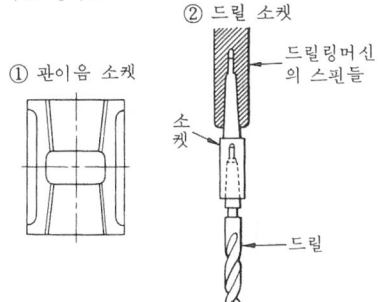

③ 전구·형광등을 전선이나 코드에 접속하기 위한 기구.

소켓 렌치(socket wrench) 볼트나 너트를 조이기도 하고, 풀기도 할 때에 이용하는 공구. 소켓 렌치용 소켓과 그 소켓을 돌리는 핸들류[이음 등]로 구성되어 있다.

▽ 소켓렌치용 소켓

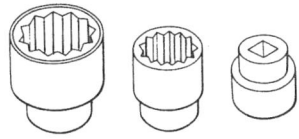

▽ 핸들

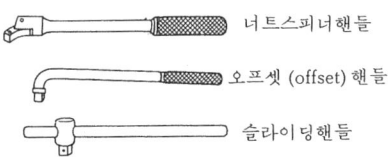

소켓 이음(socket and spigot joint) 관에 소켓 형태의 이음을 만들어 결합하는 이음.
[용도] 상수도·하수도·도시가스 등의 지하 매설관. 이음 부분에 패킹을 압입해서 납 등을 흘려넣어 밀봉한다.

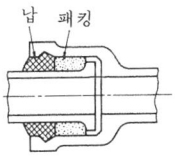

소프트웨어(software) 전자계산기의 사용에 관한 사항을 총괄하는 분야. 하드웨어의 대상어로써 이용된다.
[소프트웨어의 주분야] ① 주어진 문제에 대해서 프로그램을 작성한다. ② 프로그램을 넣어서 읽게 한다. ③ 전자 계산기를 동작시킨다. ④ 출력으로 결과를 뽑아낸다.
[보충] 컴퓨터 하드웨어(hard ware) 이외의 이용기술 전부를 말하지만 보통은

프로그램을 말한다.

소형 나사 잭
(small screw jack) 공작물을 지지하거나 수평이나 수직으로 조정하기 위하여 사용하는 공구.

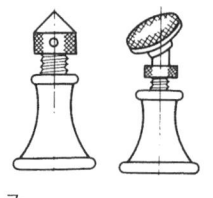

소형 큐폴라(mini cupola) 용해능력이 500~2000[kg]로 분해할 수 있는 간단한 소형 융해로(融解爐). ☞ 용선로(p.275)

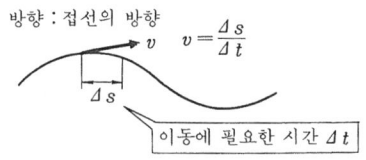

속도(速度 : velocity) 물체가 이동할 때의 변위와 시간과의 비. 크기와 방향을 갖는 벡터(vector)량이다.

방향 : 접선의 방향

$$v = \frac{\Delta s}{\Delta t}$$

이동에 필요한 시간 Δt

속도 강하율(速度降下率 : velocity drop ratio) ☞ 속도열(p.201)

속도 계수(速度係數 : coefficient of velocity) 실제의 유속과 이론적인 유속과의 비.

속도 복식[速度複式] 터빈(velocity compound turbine) 드라발(De Laval) 터빈을 개량한 것으로 1열의 노즐(nozzle)과 2열 또는 그 이상의 회전 날개로 되어 있는 터빈.

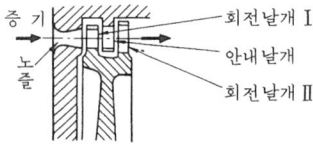

최초의 회전 날개 Ⅰ로 일을 한 증기를 고정된 안내 날개에 의해 방향을 바꿔서 다음의 회전날개 Ⅱ에 들어가도록 한 것. 대표적인 것으로 커티스 터빈이 있다. 다른 형식의 터빈과 조합시켜 고압부에 널리 사용되고 있다.

속도비(速度比 : velocity ratio) ① 레버의 2개의 힘점이 움직이는 속도의 비.

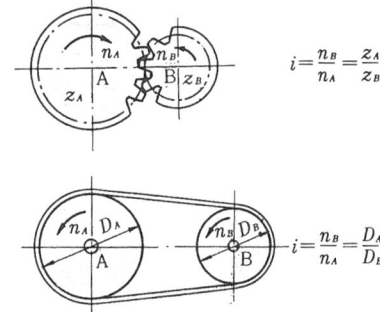

$$\frac{v_A}{v_B} = \frac{OA}{OB} = \frac{h_A}{h_B} = \frac{F_B}{F_A}$$

② 전도장치에 있어 2개의 회전축의 회전속도비.

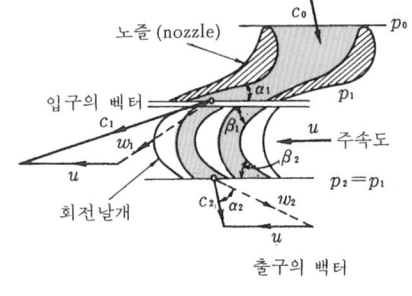

$$i = \frac{n_B}{n_A} = \frac{z_A}{z_B}$$

$$i = \frac{n_B}{n_A} = \frac{D_A}{D_B}$$

속도 선도(速度線圖 : velocity diagram) 유체가 회전하는 임펠러 속을 흐를 때 유체와 임펠러 속도의 관계를 벡터(vector)로 나타낸 그림.

▽ 증기터빈의 속도 선도

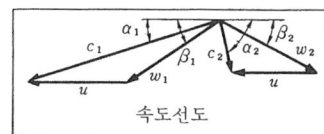

증기 1kg당의 운동량

$$\begin{cases} \text{베인 입구} = \dfrac{c_1 \cos\alpha_1}{g} \\ \text{베인 출구} = \dfrac{c_2 \cos\alpha_2}{g} \end{cases}$$

c_1: 노즐출구 증기의 절대속도
c_2: 베인 출구 증기의 절대속도
w_1: 노즐 출구각 α_1과 베인의 주속도 u로부터 결정되는 상대속도
w_2: 베인 출구각 β_2의 방향에 유출하는 상대속도

▽ 원심펌프의 속도선도

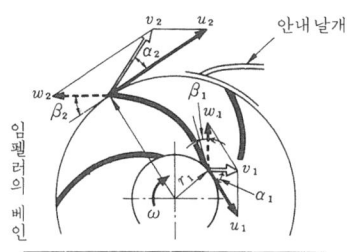

	임펠러 입구	임펠러 출구
주 속 도	u_1	u_2
상대속도	w_1	w_2
절대속도	v_1	v_2

속도 수두(速度水頭 : velocity head) 흐르고 있는 물 1kg이 갖는 속도 에너지. 물 1kg당 속도에너지는,

$$e_v = \frac{E_v}{W} = \frac{Wv^2}{2gW} = \frac{v^2}{2g} \text{(m)}$$

E_v: 물의 속도 에너지
v: 유속
g: 중력 가속도

속도열(速度列 : speed train) 공작기계의 주회전 속도는 최소 회전속도와 최대 회전속도 사이에서 단계적으로 변환이 행해지는데, 그 속도의 배열을 말한다.
 최적 절삭속도를 준 경우 각 회전 속도에 대해 하나씩의 공작물 지름이 결정된다. 다른 지름의 것의 절삭속도를 최적 절삭 속도에 가깝게 되도록 하면 그림의 굵은 선처럼 된다. 이 굵은 선의 톱니 형상의 절삭속도 선도를 톱니 형상 선도라고 한다. 선도에서 동일 회전 속도에 있

어서 속도강하의 비율을 속도 강하율이라 한다.

속도 강하율 $A = \dfrac{v_1 - v_2}{v_1}$

등비수열적 속도열에서 속도 강하율은 일정하고 공비(公比)가 된다.
[종류] 속도열은 등차수열적, 등비수열적, 조화수열적 등이 있다. 일반적으로는 등비수열적으로 되어 있다.

최소 회전 속도 $n_{min} = \dfrac{1000 v_{min}}{\pi d_{max}}$

최대 회전 속도 $n_{max} = \dfrac{1000 v_{max}}{\pi d_{min}}$

　　v: 절삭속도(m/min)
　　d: 공작물 지름(mm)

$n_{max} = 750$rpm $n_{min} = 17$rpm을 등비수열적으로 12단계로 나누어 회전속도・절삭속도・공작물 지름의 관계를 도시한 것이 아래 그림이다.

▽ 등비수열적 속도열

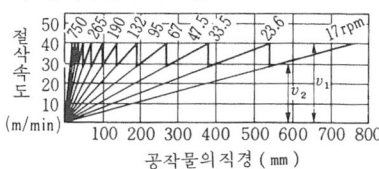

속도 조절 밸브(speed controller) 공기량을 조절하여 공기압 실린더 등의 속도를 조정하는 밸브.

▽ 구조

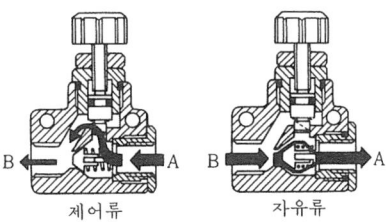

제어류　　　　　자유류

| A 포트로부터 공기가 흐르면 교축 밸브의 개방 정도에 따라 유량이 조정되어, B 포트로 흐른다. | B 포트로부터 공기가 흐르면 밸브의 개방 정도에 관계없이 A 포트로 흐른다. |

손다듬질(hand finishing) 정・줄・스크레이퍼 등의 손공구를 사용하여 부품을 다듬질하는 작업. 손공구로는 한가한 가공

기기나 간단한 소형 공작 기계 등을 포함시키기도 한다.

손실 수두(損失水頭 : loss of head) 펌프의 배관 계통에 있어서 관로의 형상, 관벽과의 마찰에 의해 생기는 손실을 수두로 나타낸 것.

솔루션형 수용성 절삭유제[水溶性切削油劑] (solution water fluids) 무기염류(아초산나트륨, 크롬산 나트륨 등) 및 유기아민을 주체로 하는 절삭유제.
[성질] 비금속을 부식시키기 쉽다.
[용도] 철강류의 연삭, 수용성 방청유로 사용한다.
[사용법] 50~100배로 엷게 한다.

솔류블형 수용성 절삭유제[水溶性切削油劑] (soluble water fluids) 에멀션형보다 유분(油分)을 적게 하고 유화제(乳化劑)를 많이 한 수용성 절삭유제.
[성질] 안정성·윤활성·방청성이 좋다.
[용도] 고열이 나는 구멍뚫기 가공, 마무리 연삭용 등.
[사용법] 절삭 ; 20~50배로 엷게 한다. 연삭 ; 50~100배로 엷게 한다.

송전(送電 : power transmission) 대전력을 고전압으로 장거리 송전하는 것.

송풍구(送風口 : tuyere) 큐폴러·용광로·단조로 등의 바람 구멍. ☞ 용선로 (p.275).

송풍기(送風機 : blower) 공기나 기체에 압력을 가해 내보내는 기계.
[종류] 루츠(roots) 송풍기 (☞ p.116), 원심 송풍기(☞ p.281), 터보 송풍기 (☞ p.405)
[압축기와 송풍기의 구별] 송풍기 1[kg/cm²] 미만, 압축기 1[kg/cm²] 이상
[송풍기의 종류] 팬 0.1[kg/cm²] 미만, 블로어 0.1[kg/cm²] 이상

쇠톱(hack saw) 손으로 금속 재료를 자르는 톱.

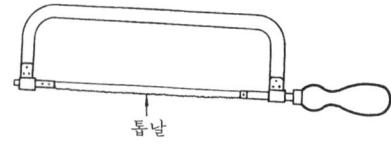

쇳물(湯 : molten metal) 용해 금속을 말함. 열처리에서 사용하는 용융한 염류도 탕(湯)이라고 한다. 용탕(熔湯).

쇼어 경도 시험(Shore hardness test) 금속 재료의 경도를 조사하는 시험법의 일종으로 측정하려고 하는 시료면에 일정 높이에서, 일정 무게의 추를 떨어뜨려 그 추의 튀어 오르는 높이로 시료의 경도를 아는 시험.

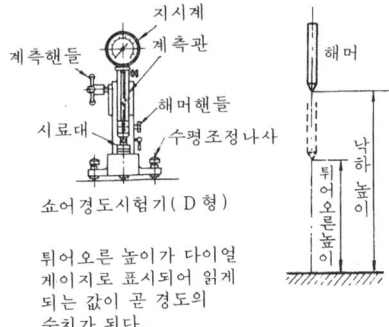

쇼어경도시험기(D형)

튀어오른 높이가 다이얼 게이지로 표시되어 읽게 되는 값이 곧 경도의 수치가 된다.

쇼크 업서버(shock absorber) 충격을 흡수하는 장치. 완충 장치(緩衝裝置)를 말함. ☞ 완충기 (p.273)

[예] 유압 댐퍼(damper)

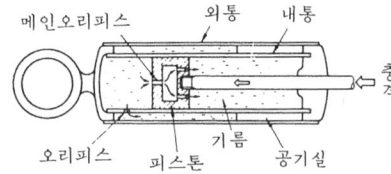

충격력을 오리피스(orifice)로 흡수한다.

숏 블라스트(shot blast) 금속 제품에 생긴 녹을 압축공기 또는 그 밖의 방법으로 강입자(鋼粒子) 숏(shot ; 모가 없는 입자)을 세차게 부딪쳐서, 제거하고 청정하게 하는 것.

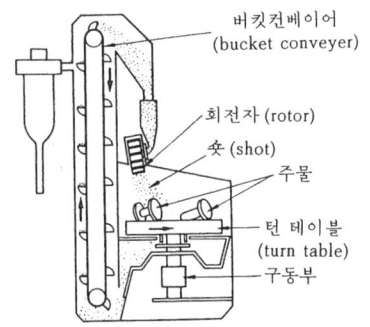

숏 피닝(shot peening) 숏이라는 강제(鋼製)의 작은 입자를 공작물의 표면에 고속으로 부딪치게 하여 경화층을 얻는 가공법.
[특징] 가공 경화에 의해 내마모성이 얻어지며 코일 스프링과 판스프링 등의 가공에 사용된다.

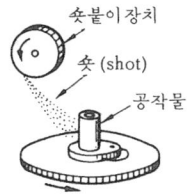

수격 작용(水擊作用 : water hammering) 관로 내의 물의 운동상태를 갑자기 변화시킴에 따라 생기는 물의 급격한 압력 변화의 현상. 급격한 압력변화가 관 속에 바로 전달되기 때문에 진동과 충격음을 내고, 심할 때는 고장의 원인이 된다.

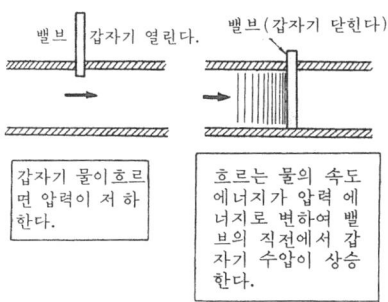

수관(水管 : water tube) 수관 보일러에 사용하는 관. 관 속을 물이 통과하여 외부로부터 가열에 의해 증기를 발생한다.
☞ 수관 보일러.

수관 보일러(water tube boiler) 보일러의 증발 전열면(蒸發傳熱面)을 다수의 작은 지름(30~100)으로 된 수관으로 형성하여 관 속의 물을 관 밖에서 가열하여 고압 증기를 발생시키는 대용량의 보일러.

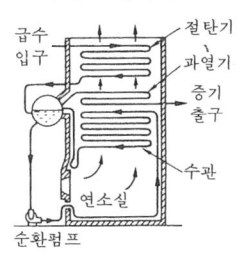

수나사(external thread) 원통 바깥 표면에 나사산이 절삭되어 있는 나사.

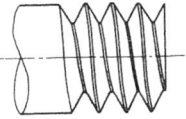

수냉 기관(水冷機關 : water cooled engine) 실린더나 실린더 헤드(cylinder head) 등의 주위에 물 재킷(jacket)을 설치하여 방열기의 물을 순환시켜 냉각하는 내연기관. 수냉 엔진. 항공기용 및 소형기관 이외에는 거의 수냉식이다.

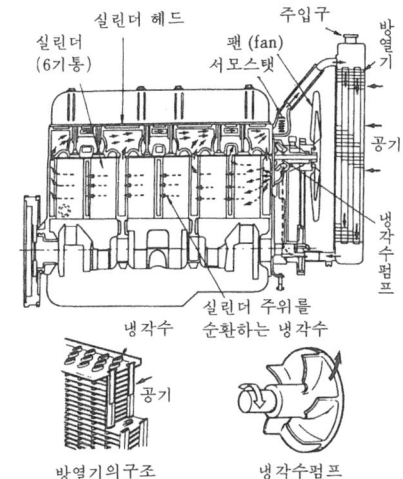

수냉 노벽(水冷爐壁 : water tube wall) 보일러의 노벽이나 노바닥 등에 수관을 배치하고, 보일러 물을 순환시켜 냉각하는 벽.
[장점] 노벽을 보호함과 동시에 방사열을 유효하게 흡수하여 증발량을 증가시킨다.

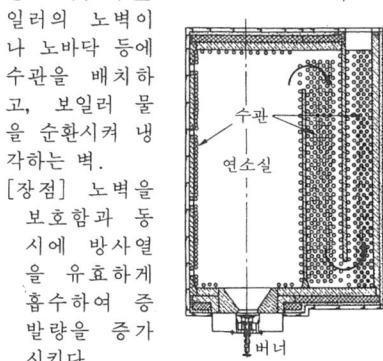

수동 공기 공구(手動空氣工具 : hand pneumatic tool) 공작물을 수작업으로 가공할 때, 압축 공기의 압력으로 작동하는 공구의 총칭.

[종류] 에어 드라이버·임팩트 렌치·에어 탭드릴·에어 그라인더·공기 드릴·리베팅 해머 등.

수동 동력 공구(手動動力工具: hand power tool) 동력원으로서 전력 또는 압축공기를 이용하여 주절삭운동만을 동력화하여 이송과 위치 결정 운동을 직접 손으로 조절해서 행하는 수공구.

수동력(水動力: hydraulic power) ① 수차가 이론적으로 발생하여 얻는 동력.
유효낙차를 $H[m]$, 유량을 $Q[m^3/s]$라 하면,

$$수동력\ L = \frac{\gamma HQ}{102}\ [kW] = \frac{\gamma HQ}{75}\ [PS]$$

γ : 물의 비중량 $[kg/m^3]$
② 펌프를 움직이기 위한 이론적인 동력. 전양정을 $H[m]$, 양수량을 $Q[m^3/s]$라 하면,

$$수동력 = \frac{\gamma HQ}{102}\ [kW] = \frac{\gamma HQ}{75}\ [PS]$$

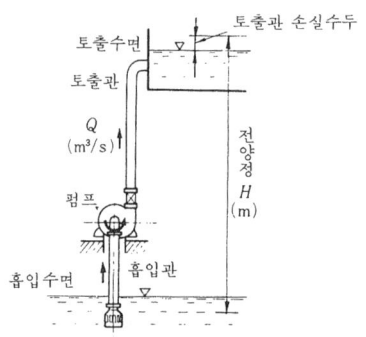

수동식 진동계(手動式振動計: hand vibrometer) 계기를 손으로 지지하여 접촉자를 직접 진동체에 대고 측정자를 부동점으로 보고 측정하는 기계적 진동계.
[측정 범위]
　진동수 10~100Hz
　진폭 0.1~4mm
　배율 ×50 이하
[특징] 전원 불필요, 취급 간단, 현장용(자동차 엔진 등).

수동 윈치(hand winch) 손으로 핸들을 돌려 드럼에 와이어 로프(wire rope)를 감아 중량물을 달아올리거나 이동시키는데 사용하는 감아올리는 기계.

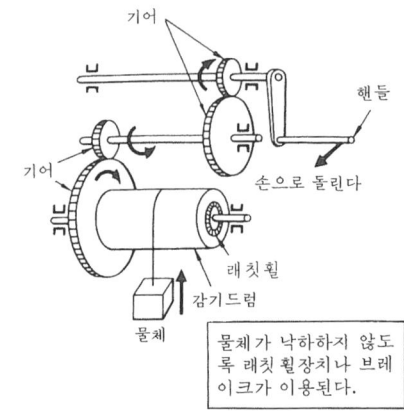

물체가 낙하하지 않도록 래칫휠장치나 브레이크가 이용된다.

수동 전동 공구(手動電動工具: hand electric tool) 공작물을 수작업으로 가공할 때에 사용하는 전동 공구.
[종류] 전기 드릴·전동 해머·전기 탭드릴·전기 드라이버·전기 스크레이퍼·전기 그라인더·전기 샌더·전기 시어 등.

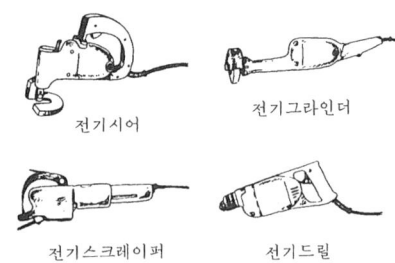

수두(水頭: water head) 물 1kg이 갖는 에너지를 수주(水柱)의 높이로 나타낸 것.
☞ 정압(靜壓)(p.346)

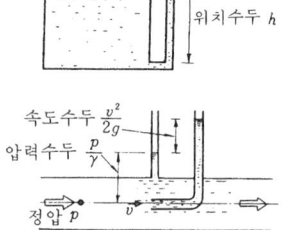

수력(水力: hydraulic power) 물이 위치·압력·속도 등을 바꾸는 것에 의하여 다르게 주어지는 에너지.

수력 기계(水力機械 : hydraulic machinery) 물의 에너지를 변환하는 기계. 각종 펌프류, 수압 기계 등이 이에 속한다.
[종류] 수차(☞ p.209), 펌프(☞ p.420)

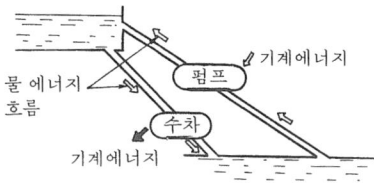

수력 발전소(水力發電所 : hydraulic power station) 수력(높은 곳에 있는 물이 갖는 에너지)을 이용하여 발전하는 곳.
[종류] 수로식·댐식·양수식 등.

▽ 수로식 발전소

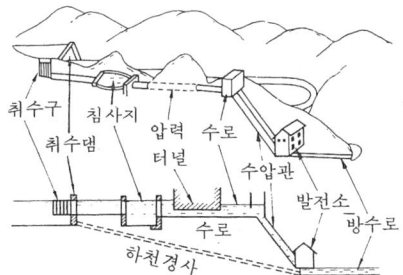

▽ 댐식 발전소

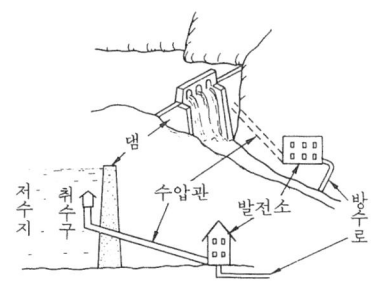

[양수식 발전소의 수력 시설]

저수지⇄압력 터널⇄저장탱크⇄
⇄수축관─┬─수차→방수로→방수구─┐
        └─펌프←취수로←취수구←댐

수력 터빈의 효율(efficiency of water turbine) 수차(水車)에서 발생하는 실제 출력과 이론 출력의 비.

효율 $\eta_t = \dfrac{L}{L_t}$ (70~94%)

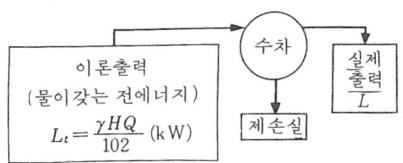

이론출력
(물이갖는 전에너지)
$L_t = \dfrac{\gamma H Q}{102}$ (kW)

수렴 노즐(convergent nozzle) 증기 터빈에 있어서, 공기의 출구 압력이 임계 압력보다 클 때에 사용하는 선단이 좁은 노즐. 노즐 출입구의 압력차가 별로 크지 않을 경우에 사용된다. ☞ 확대노즐(p.454), ☞ 임계압력(p.305)

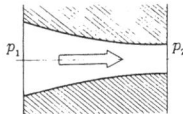

$p_2 \geqq p_c$
p_2 : 출구압력
p_c : 임계압력

수면계(水面計 : water gauge) 보일러통 또는 드럼 내부 등의 수면을 외부에 나타내는 계기. 고온·고압에 견디는 경질의 유리관으로 되어 있다.

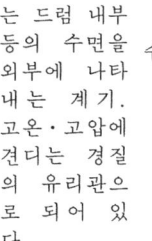
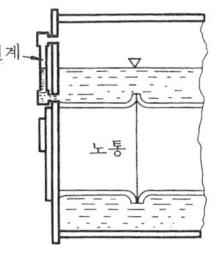

수밀(水密 : water tight) 물이 기계나 장치의 어떤 부분에서 다른 부분으로 새지 않도록 되어 있는 상태.

수배 번호(手配番號 : arrangement number) 부품의 정체(停滯)를 제거하기 위하여 완성일의 며칠 전부터 작업에 착수하는가를 나타내는 번호(일수)

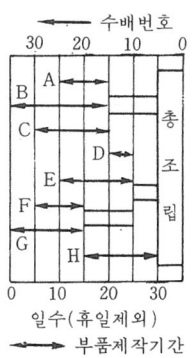

수배 번호로부터 각 부품의 제작 또는 조립·총조립의 착수 기일을 알 수 있다.

수성 도료(水性塗料 : distemper) 안료의 용제에 아교·고무·비누 등을 혼합한 수용성 도료.
[성질] 광택이 없고, 내수성이 빈약하다.

수압(水壓 : hydranlic pressure) 물 속에 있는 물체의 표면에 작용하는 압력. 수면에서 같은 깊이에 있는 물체의 표면에는 어디라도 같은 압력이 작용한다.
수압 $p = \gamma h$
γ : 물의 비중량
h : 물의 깊이

수압관(水壓管 : penstock) 저수지의 물을 끄는 상수조(上水槽)로부터 발전소의 수차(水車)에 송수하기 위한 고압 수관. ☞ 수력 발전소(p.205).

수압 시험(水壓試驗 : hydraulic test) 관(管)·압력 실린더·보일러 통 등과 같이, 압력을 받는 부분에 압력을 가하여 재료의 양·부, 이음 부분의 누수나 변형 상태 등을 조사하는 시험.

수압 프레스(hydraulic press) 수압 펌프에서 보내진 고수압(高水壓)을 수압 램(ram)에 작용시켜 소재(素材)를 단조, 성형하는 기계. 액압 프레스.

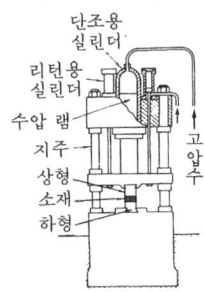

수용성 절삭유제(水溶性切削油劑 : soluble cutting fluid) 물로 30~70배 정도 묽게 하여 사용하는 절삭유제.
[성질] 냉각작용과 윤활작용, 세정작용이 뛰어나다.
[종류] emulsion형 [KS]W1종
solution형(☞ p.202) [KS] W3종

수율(收率 : yield) 원료에 대한 제품의 비율(중량), 또는 생산에 대한 합격품 수량의 비율. 백분율로 나타낸다.

수은(水銀 : mercury) 원소 기호 Hg, 비중 13.6, 상온에서 액체인 단 하나의 금속.
[성질] 다른 금속과 합금을 만들기 쉽고, 그 합금을 총칭하여 아말감(amalgam)이라 한다.
[용도] 온도계·기압계·수은등·정류계(整流計) 등에 사용된다.

수은등(水銀燈 : mercury arc lamp) 수은 증기 속에서 아크를 방전시킬 때에 생기는 빛을 이용한 램프.
[종류] 저압 수은등, 고압 수은등

▽ 저압 수은등

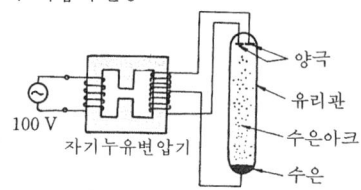

(효율이 낮고, 살균 등에 이용)

▽ 고압 수은등

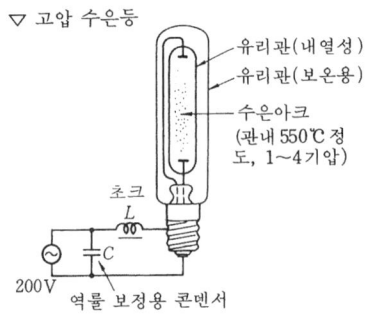

전구보다 효율이 높다. 빛의 붉은기가 부족하다. 실외조명광원에 적당하다.

수은 압력계(水銀壓力計 : mercury manometer) 수은을 이용한 액주(液柱) 압력계. 수은 마노미터. ☞ 액주 압력계(p.241) 물을 사용한 것에 비하여 액

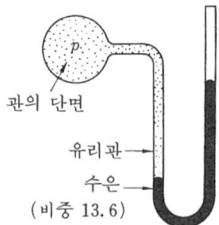

(비중 13.6)

주의 높이가 1/13.6이 되는 것으로 비교적 높은 압력의 측정에 사용된다.

수은 온도계(水銀溫度計 : mercury thermometer) 유리관에 수은을 봉입한 온도계.
[사용 범위] −35∼360℃

수정 발진기(水晶發振器 : crystal oscillator) 수정 진동자을 발진회로의 일부에 넣은 발진기.
[용도] 무선 송수신기·전기 시계 등 주파수의 정확도가 필요한 영역에 널리 이용된다.

▽ 수정발전회로예

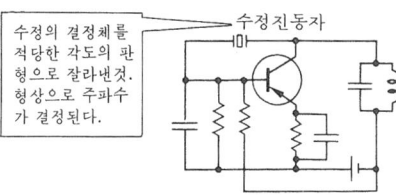

발진주파수의 안정성이 극히 높다. 발진주파수는 수정진동자의 고유진동의 주파수로 정한다.

수정 시계(水晶時計 : crystal clock) 수정 발진기에서 발생하는 일정 주파수의 교류 전압에 의하여 동기 전동기를 구동하여, 초신호(秒信號)를 표시하는 시계.
[정도(精度)]
일차(日差) $1/2 \sim 1 \times 10^{-3}$초

수정발진회로	주파수는 온도·압력 등의 외부 영향에 대해서 안정하다.
분주회로	
증폭회로	주파수를 수분의 1씩 몇 개 스탭으로 내린다.
지시·표시기구	동기전동기를 구동해서 지침을 회전 시킴 또는 계수 방전관 등에서 시간 신호로서 표시한다.

수정 진동자(水晶振動子 : quartz vibrator) 수정의 결정(結晶)으로부터 박판을 잘라내어 전극을 붙인 것으로 안정된 주파수의 교류 전압을 발생하는 소자(素子).

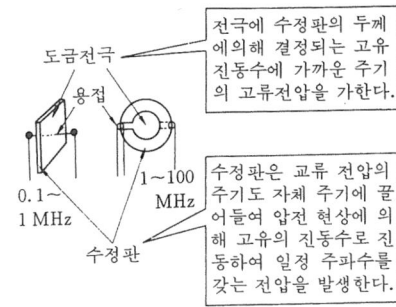

전극에 수정판의 두께에 의해 결정되는 고유 진동수에 가까운 주기의 고류전압을 가한다.

수정판은 교류 전압의 주기도 자체 주기에 끌어들여 압전 현상에 의해 고유의 진동수로 진동하여 일정 주파수를 갖는 전압을 발생한다.

수주 생산(受注生産 : order production) 소비자로부터 주문을 받아 행하는 생산 방식.
[예] 특수 기계 장치·금형 등의 생산.

수준기(水準器 : level) 일정한 곡률 반경을 가진 유리관 속에, 에틸 또는 알콜 등을 봉입하여, 약간의 기포(氣泡)를 남긴 구조의 각도 측정기.

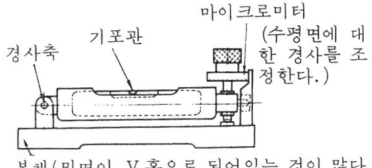

본체(밑면이 V 홈으로 되어있는 것이 많다.)

기포관의 구조

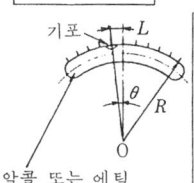

액체표면은 수평이 되려 하므로 기포는 관 내의 곡률면에 따라 이동하여 최고 위치에서 정지한다.
R : 기포관의 곡률반경
θ : 기포관의 경사각(초)
$$L ≒ \frac{R\theta}{206000}$$

수중[水中] 모터 펌프(submergible moter

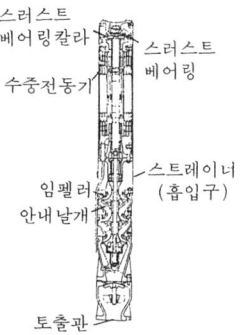

pump) 수직축의 원심펌프. 하나의 케이싱 내에 펌프와 수중 전동기를 일체로 조합한 것. 수중 전동기(水中電動機)의 제작이 실현됨으로써 가능해진 것이다.

수직 밀링 머신 (vertical milling machine) 주축(主軸)이 수직으로 설치되어 있는 밀링 머신. 주로 정면 커터, 엔드밀 등 외주 및 단면에 날을 갖는 커터를 사용하여, 공작물을 가공하는 공작기계.

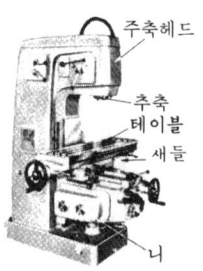

수직 보일러(vertical boiler) 보일러 본체의 동체가 수직으로 되어있는 연관(煙管) 보일러.
[특징] ① 설치 면적이 좁아 편리하다. ② 소형의 이동용에 적당하다.

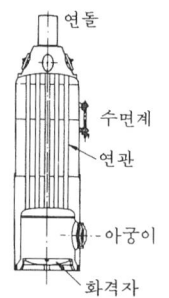

수직(보링)선반(boring and turning mill, vertical lathe) 공작물은 수평면 내에서 회전하는 테이블 위에 설치하고, 터릿(turret)은 크로스레일 또는 컬럼 위를 운동하여 가공하는 선반.
[용도] 큰 지름으로, 지름에 비해 폭이 좁고 무거운 공작물의 절삭에 적당하다.

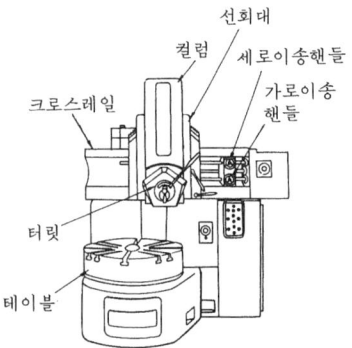

수직 응력(垂直應力 : normal stress) 재료 단면에 수직인 방향으로 생기는 응력.
[예]

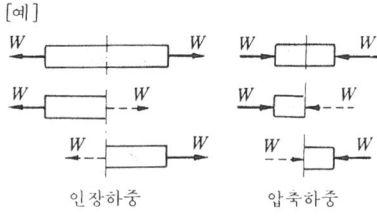

인장응력   압축응력

$$\sigma_t = \frac{W}{A} \qquad \sigma_c = \frac{W}{A}$$

수직 하중(垂直荷重 : normal load) 물체의 표면, 혹은 단면에 수직으로 작용하는 하중 또는 상용 부하(常用負荷).
[예]

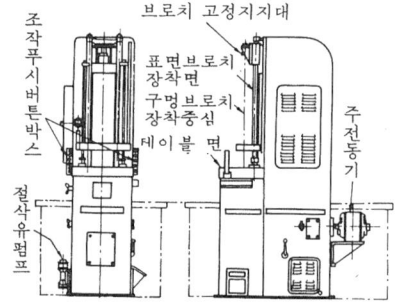

인장하중   압축하중

수직형 브로칭 머신(vertical broaching machine) 공작물의 형상이나 표면의 형상을 브로치를 사용하여 가공하는 수직형 머신.
[특징] 공작물의 설치가 편리하고 브로치 절삭에 무리가 적어 정확하게 가공할 수 있다. 기계의 설치는 기초 공사를 튼튼하게 하지 않으면 안된다. 작은 부품의 대량 생산에 적합하다.

수질 오염(水質汚染 : water pollution) 공

공용수 지역의 수질이 광공업 폐수, 하수, 농약 등에 의해 더럽혀지고 혼탁해지는 것.

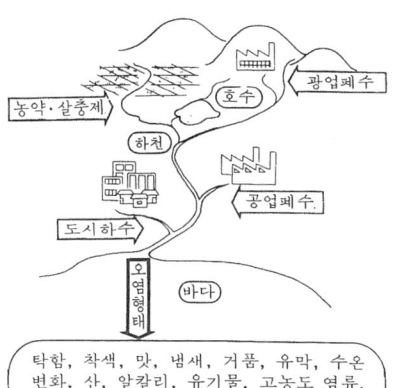

수질 오염 방지(水質汚染防止) 수질 오염된 물에서 부유물과 중금속·기름 등을 중화·산화·환원하는 화학적 처리와 분리·응집·침전·여과하는 물리적 처리를 적절하게 구성하여 위생·환경을 위한 대책을 강구하는 것.
▽ 공장폐수의 처리장치

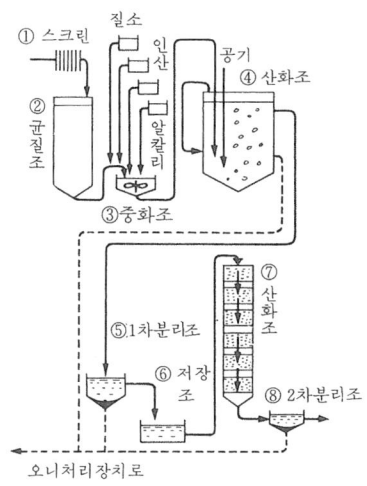

수차(水車 : water turbine) 물 에너지를 유용한 기계 에너지로 바꾸는 회전 기계. 수력(水力) 터빈. 주로 수력 발전에 이용된다.

[종류]
충동 수차 — 펠턴 수차 (☞ p.422)
반동 수차 { 프랜시스 수차 (☞p.434)
           프로펠러 수차 (☞p.435)

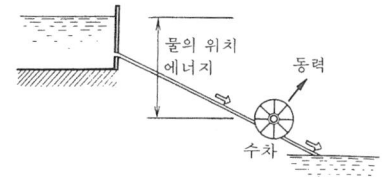

수축 기공(收縮氣孔 : shrinkage cavity) 주조 작업에서 주형에 쇳물을 주입한 후, 쇳물의 응고에 동반하는 수축에 의하여 주물의 표면에 생기는 기공. 주물의 내부가 수축에 의하여 구멍이 생기는 것이지만, 기포에 의한 구멍과 구별하기도 한다.

수축(收縮) **끼워맞춤**(shrinkage fit) 축과 구멍 등의 끼워맞춤에 있어서 축 지름이 구멍 지름보다 클 때 구멍쪽을 가열하여 팽창시켜 축에 끼워맞춤하는 것. 상온에서 냉각한 때 구멍이 축을 강하게 죄는 끼워맞춤이다.

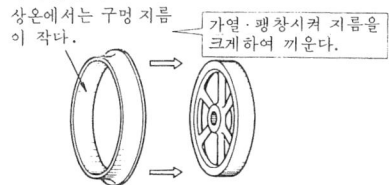

수축률(收縮率 : contraction percentage) 인장 시험에 있어서 시험편의 원단면적 A와 파단 후 파단면의 단면적 A'와의 차를 원래의 단면적으로 나눈 값을 %로 나타낸 것.

$$수축률 = \frac{A - A'}{A}$$

전성(展性)의 표준이 된다.

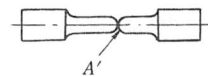

수축 여유(收縮餘裕 : shrinkage allowance) 용해한 금속은 냉각 응고할 때 수축하는 것으로 그 수축량을 예상해서 목형을 만드는데 이때의 목형 치수와 제품 치수와의 차를 말한다. ☞ 주물자(p. 355)

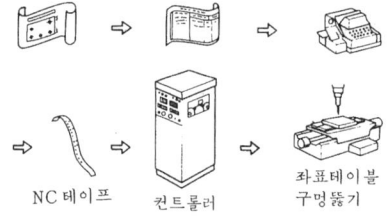

수치 제어(數値制御 : numerical control)
NC. 공작물에 대한 공구의 이동량을 부호화된 수치 정보로 기록하여, 그것을 NC테이프 등에 의해 제어 장치에 부여함으로써 공작 기계를 제어하는 방법
[제어 방식] 개회로 제어(☞p.17) 폐회로 제어(☞p.427)
[제어의 종류] 위치결정제어(☞p.286), 직선제어, 윤곽제어(☞p.294)
[수치제어 공작기계] NC선반, NC밀링 머신, NC 드릴링 머신, 머신 센터등, NC방전가공기, NC펀치프레스.
▽ 공작물의 도면에서 가공까지 과정

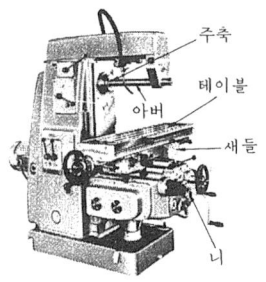

수평 밀링 머신(horizontal milling machine) 주축이 수평이고 주로 평 커터, 측면 커터, 메탈소(metal saw) 등 원통 외주에 절삭날을 갖는 커터를 사용하여 공작물을 가공하는 공작기계

수평 보링 머신(horizontal boring machine) 주축이 수평인 보링 머신. 수평인 보링 바에 설치한 보링 바이스를 회전하여 테이블 위의 공작물 구멍에 보링 가공을 한다. 정면 절삭, 외면 절삭 등 밀링 가공도 할 수 있다. 이송은 테이블에서 준다.

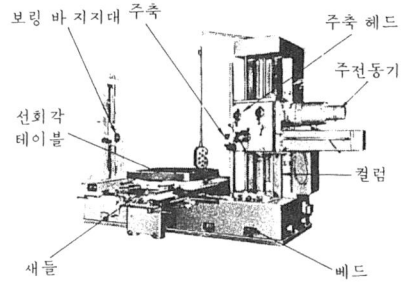

수평 브로칭 머신(horizontal broaching machine) 공작물의 구멍 형상이나 표면의 형상을 브로치를 사용하여 가공하는 수평형 기계.
[특징] 세팅 면적이 크고 가공시 브로치가 구부러지기 쉬운 결점이 있지만, 브로치 가공 조작 및 기계 검사가 쉽다.

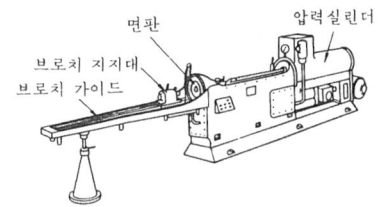

순간 중심(瞬間中心 : instantaneous center) 물체의 임의의 평면 운동은 순간적인 회전 운동의 연속으로 간주되는데 이 순간적인 회전 운동의 회전 중심을 말한다.
물체가 평면 운동을 하고 A가 A'로, B가 B'로 이동한 때 AA', BB'의 수직이등분선의 교점 O를 중심으로 하여 회전 운동을 했다고 간주할 수 있다.

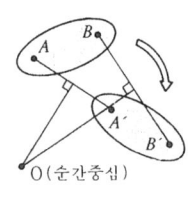

순서표(順序表 : route sheet) 순서 계획을 표로 한 것.＝공정표(p.34)

순철(純鐵 : pure iron) 화학적으로는 불순물(不純物)을 전혀 포함하지 않은 순수한

철(Fe). 공업적으로는 매우 순도가 높은 철을 가리킨다.
▽ 성 분

종 별	C	Si	Mn	P	S	Cu
전해철	0.008	0.000	0.006	0.005	0.000	0.010
카보닐철	0.01	0.02	0.02	0.01	0.007	—
암코철	0.015	0.015	0.07	0.015	0.02	—

숫돌(grinding stone) 연삭 및 연마용 재료. 천연산 숫돌과 인조 숫돌이 있다.
[용도] 대패, 면도날 등을 세울 때에 다듬질용으로 이용되고 있다.

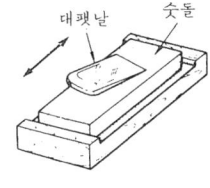

숫돌바퀴(grinding wheel) 숫돌차. 숫돌입자를 단단한 물질의 결합제로 결합하여 용도에 따라 여러가지 형태로 만든 숫돌.
연삭기의 숫돌바퀴축에 설치하여 연삭작업에 이용한다. 공작물의 재료·연삭방식 등에 따라 숫돌 입자·입도·결합도·결합제·조직·치수·형상이 적당한 것을 선정한다.

▽ 숫돌바퀴차의 형상

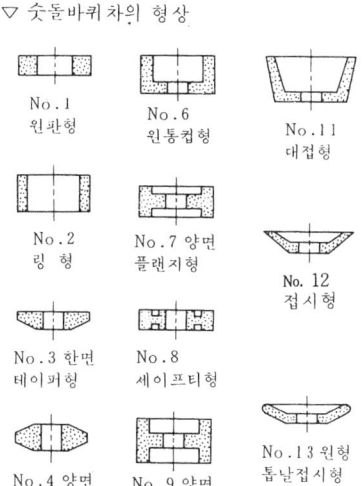

숫돌바퀴 표시(grinding wheel indication) 숫돌바퀴의 성능 등을 정해진 순서에 따라 부호로 표시하는 일.
[표시 항목] ① 종류 ② 입도 ③ 결합도 ④ 조직 ⑤ 결합제
⑥ 숫돌 형상과 연삭면 형상
⑦ 치수(외경×두께×구멍지름)
⑧ 회전시험주속도 및 사용주속도 범위
⑨ 제조자명 또는 그 약호
⑩ 제조번호 및 제조년월일 또는 그 약호
[표시 예]

```
WA  ·  46  ·  K  ·  m  ·  V
(숫돌  (입도)(결합도)(조직)(결합제)
 입자)
 1호    ·   D    ·205×16×19.05
(형상)  (연삭면    ·1700~2000m/min
        형상)
(회전시험주온도)    (사용주온도범위)

○○○ KK·제○○○호·   ○○○○
(제조자명)    (제조번호)    (제조연월일)
```

숫돌 요소(要素) 숫돌차(車)를 구성하는 숫돌입자·결합제·기공을 말한다.
· 숫돌 입자 : 날끝에 상당하는 것.
· 결합제 : 숫돌 입자와 숫돌 입자를 유지하는 것
· 기공 : 숫돌입자와 결합제와의 틈

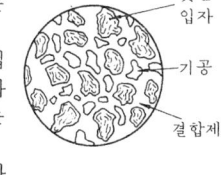

[숫돌차의 선택 요소] ① 숫돌입자(☞p. 211), ② 입도(☞p.306), ③결합도(☞p. 20), ④ 조직(☞p.354), ⑤ 결합제(☞p.20).

숫돌 입자(abrasive grain) 숫돌을 구성하는 입자로 공작물보다 딱딱하고 절삭날에 상응하는 것.

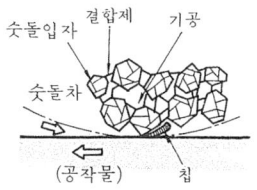

[성분] ・천연 : 다이아몬드
・인조

용융 알루미나질 { 백색 용융 알루미나질 WA
갈색 용융 알루미나질 A

탄화 규소질 { 녹색 탄화 규소질 GC
탄화 규소질 C

숫돌 절단기[切斷機](grinding cutter) 얇은 숫돌차를 회전시켜 재료를 절단하는 기계.

숫돌차

슈퍼 피니싱(super finishing) 정밀 다듬질. 공작물의 표면에 눈이 고운 숫돌을 가벼운 압력으로 누르고, 숫돌에 진폭이 작은 진동을 주면서 공작물을 회전시켜 그 표면을 마무리하는 가공법(극히 정도 (精度)가 높은 가공을 할 수 있다.)
[특징] ① 숫돌의 진동에 의해 숫돌 입자가 정부(⊕, ⊖)의 힘을 받아, 숫돌입자의 자생 작용이 좋다.
② 숫돌에 가하는 압력이 작기 때문에 발열이 적다.
③ 다듬질면은 방향성이 없어 가공 변질층이 적다.
④ 단시간으로 좋은 가공을 할 수 있다.
[가공 예] 원통 외면, 구멍의 내면, 평면 등.

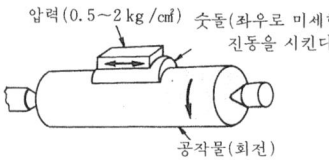
압력(0.5~2 kg/cm²) 숫돌(좌우로 미세한 진동을 시킨다)
공작물(회전)

슈퍼 피니싱 유닛(super finishing unit) 정밀 다듬질 유닛. 선반이나 호닝 머신 등에 설치하여 슈퍼 피니싱을 행하는 장치.

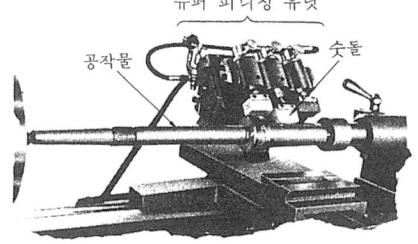
슈퍼 피니싱 유닛
공작물   숫돌

슈퍼 헤테로다인 수신기(superheterodyne receiver) 수신 전파와 국부 발진(局部發振) 주파수로부터 중간 주파수를 만들어 이것을 증폭・검파하여 음성으로 변환하는 방식의 수신기(受信機).
[성질] 이 수신기는 강도, 선택도가 높으나 슈퍼노이즈라는 특유의 잡음이 있다. 현재 사용되고 있는 라디오 수신기는 거의 이 형식이다.

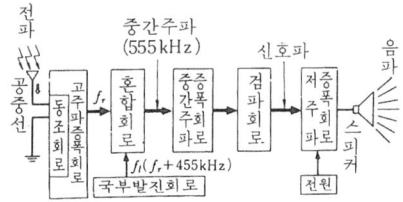
전파 중간주파(555kHz) 신호파 음파
공중선 고주파증폭회로 혼합회로 중간주파증폭회로 검파회로 저주파증폭회로 스피커
동조회로 f_1 $f_1(f_r+455\text{kHz})$ 전원
국부발진회로

슐저 보일러(Sulzer boiler) 긴 과열기의 말단에 기수분리기를 설치하여 증기와 물을 분리시키고, 분리한 물을 과열기 밖으로 나가도록 한 관류(貫流) 보일러. ☞ 관류 보일러 (p. 37)

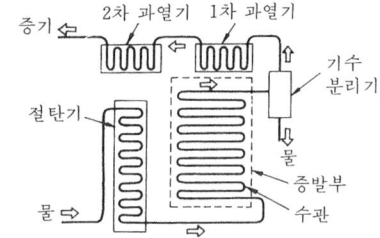
증기 2차 과열기 1차 과열기 기수분리기
절탄기 물 증발부
물 수관

스냅(snap) 재료의 윗면을 쟁반 모양으로 하기도 하고, 볼트의 머리나 너트의 면을 따는 데 사용되는 손가공용 단조 공구 및 리벳 체결용 공구의 일종.

안쪽이 구면이다.

스냅 게이지(snap gauge) 커다란 공작물의 외경 측정에 사용되는 한계 게이지.

통과측 정지측

스냅 링(snap ring) 축 또는 구멍에 설치한 틈에 삽입하여 상대의 보스 또는 축 등의 부품이 빠져 나가지 않도록 사용하는 스프링 작용을 갖는 체결 부품. 고리 모양의 스프링으로 축용과 구멍용이 있다.

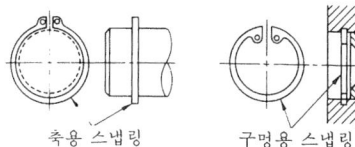

축용 스냅링　　구멍용 스냅링

스냅 주형 틀(snap flask) 주형(鑄型)을 제작할 때에 사용하는 형틀의 일종. 주형을 만들고 나서 틀을 제거할 수 있도록 되어 있다.

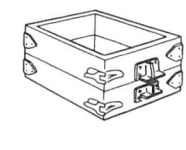

스러스트 베어링(thrust bearing) 하중이 축 방향으로 작용하는 베어링.
[종류]
 • 스러스트 볼(thrust ball) 베어링
 • 스러스트 칼라(thrust collar) 베어링
 • 풋스텝(footstep) 베어링 등

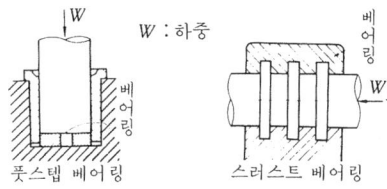

풋스텝 베어링　　스러스트 베어링

스러스트 볼 베어링(thrust ball bearing) 회전축 방향에 작용하는 추력을 지지하기 위하여 사용하는 볼 베어링(ball bearing).

스러스트 볼 베어링은 추력만을 받는 것으로 반드시 레이디얼 볼 베어링과 병행하여 사용한다. 단식은 한쪽 방향의 추력을 받을 때 사용하고, 추력의 방향이 변하는 경우에는 복식을 사용한다.
시트에는 평면 시트 또는 구면 시트가 있고 구면 시트는 축을 자동 조정할 수 있다.

스러스트 칼라 베어링(thrust collar bearing) 축의 도중에 설치한 칼라(collar)가 베어링 메탈의 틈 벽에서 추력을 지지하는 베어링. ☞ 스러스트 베어링.

스머징(smudging) 도면 작성에 있어서 단면 표시법의 일종. ☞ 해칭(hatching) (p.448)
　단면의 윤곽을 따라서 주변부위를 색연필 등을 이용하여 연한 색으로 색칠한다.

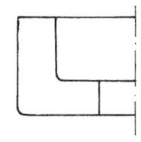

스위치(switch)　개폐기(開閉器). 전기회로를 개폐하기 위한 기구.

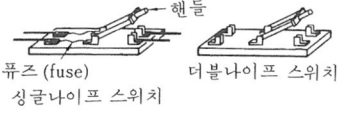
싱글나이프 스위치　　더블나이프 스위치
퓨즈(fuse)

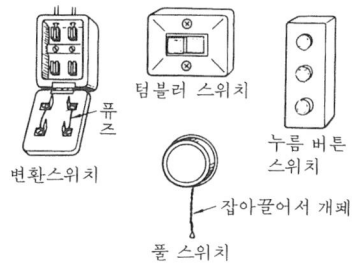
변환스위치　　텀블러 스위치　　누름 버튼 스위치
　　　　　　　　　　　　잡아끌어서 개폐
　　　　　풀 스위치

스윙(swing) 선반에서 가공할 수 있는 공작물의 최대 지름.
　베드면으로부터 주축 중심까지 거리의 2배. 선반의 크기를 나타내는 척도로 사용한다.

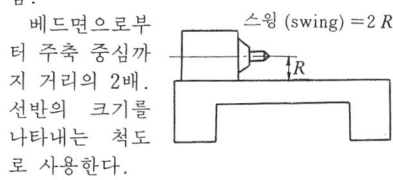
스윙(swing)=2R

스칼라(scalar) 크기만을 갖는 양(量). ☞ 벡터(vector) (p.155)
[예] 길이·면적·시간 등 또 물체의 운동에 있어서 속도는 단위 시간당에 이동한 거리로 나타내는데, 이것도 스칼라 양이다.

스캐너(scanner) 주사 안테나를 말한다. 레이더용 안테나는 전자폰과 반사판으로 구성되어 있으며, 일반적으로 안테나와 회전기구를 포함해서 스캐너라 한다.
　반사판은 풍압에 견디고 또한 무게를 가볍게 하기 위하여 그물 모양으로 만든 것이 많다. ☞ 데이터 처리 장치(p.93)

스케일(scale) ① 계측에 있어서는 강 또는 스테인리스 강의 판에 눈금을 새긴 자(강철자).

② 보일러에 있어서는 급수 중에 함유된 염류가 보일러 내에 석출하여 보일러 통이나 수관의 내면에 붙은 딱딱한 콘크리트 모양의 부착물.
③ 금속에 있어서는 금속을 노내에서 가열한 때 표면에 생기는 두꺼운 산화물. 주로 단조·압연 등을 할 때에 생긴다.

스케일 스탠드(scale stand) 스케일을 세워 이용할 때의 보조 공구.

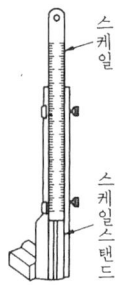

스케치(sketch) 현장에서 기계·부품 등의 현물을 보고 제도기를 사용하지 않고 스케치도를 작성하는 작업. 스케치에 의해 그려진 그림을 스케치도라 하고 스케치도는 보통 프리 핸드(free hand)로 연필로

▽ 프린트법

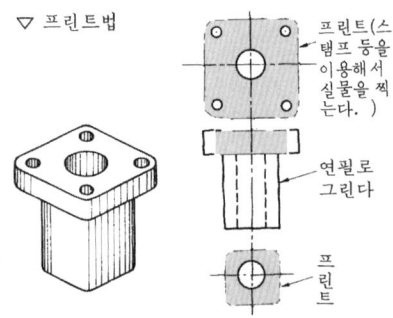

▽ 모방법

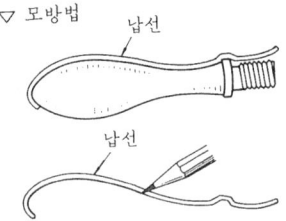

그린다. 견취도(見取圖).
[용도] 스케치는 설계의 참고로 하기도 하고 스케치도로부터 제작도를 작성하기 위해서 행해진다.
[그리는 법] 스케치도는 프린트법이나 모방법 등을 이용하면, 빠르고 정확하게 형상을 그릴 수 있다.

스케치도(sketch drawing) ☞ 스케치 (p.214)

스코치 요크(scotch yoke) 더블 슬라이더 크랭크 기구(double-slider crank chain)의 일종. 회전 운동을 왕복 운동으로, 또는 왕복 운동을 회전 운동으로 변환한다.

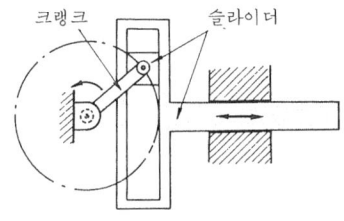

스큐 기어(skew gear) 교차하지 않고 또한 평행하지도 않는 교차축간의 운동을 전달하는 기어.
[종류] 나사 기어·하이포이드 기어·웜 기어(☞ p.284)

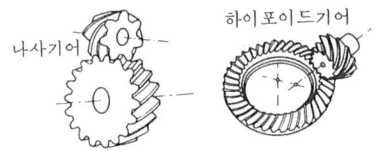

스크라이버(scriber) 공작물에 금긋기나 중

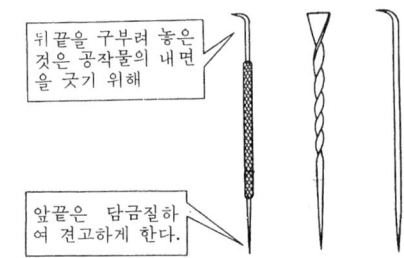

심 구멍내기를 하기 위하여 사용하는 공구. 금긋기 바늘.

스크레이퍼(scraper) 기계 다듬질·줄 다듬질을 한 면을, 더욱 정밀한 면으로 다듬질하기 위해 사용하는 손공구.

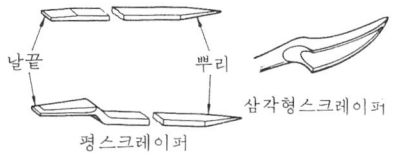

스크레이핑(scraping) 스크레이퍼를 사용하여 끼워맞춤면을 정밀하게 다듬질하는 작업.

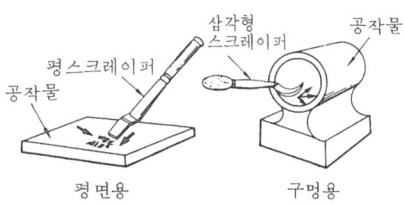

스크롤 척(scroll chuck) 선반용 척의 일종. 3개의 조(jaw)가 나선형 홈에 맞물리게 하여 공작물을 꽉 조인다. 공작물의 중심내기를 하지 않아도 좋으며, 연동 척이라고도 한다.
[용도] 환봉이나 육각형의 공작물 등을 무는 데 적합하다.

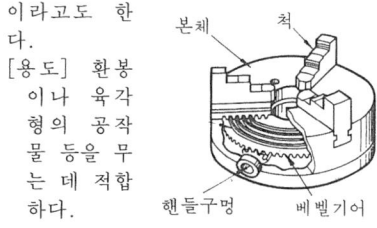

스타일러스(stylus) 표면 측정기나 모방 절삭 공작 기계에 있어서 다듬질의 단면 곡선이나 모형(模型)의 윤곽을 트레이스(trace)하는 바늘. 촉침(觸針) 또는 트레이서(tracer)라고도 한다.

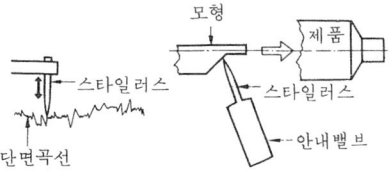

스탬핑(stamping) 소성 가공에 있어서, 상하의 형(型)으로 재료를 눌러서 요철(凹凸)을 만드는 가공법.
재료의 한면만 요철을 만드는 것과, 양면에 만드는 것으로 엠보싱(embossing)과 코이닝(coining)이 있다.

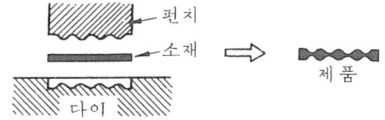

스터드 볼트(stud bolt) ☞ 볼트(p.162)

스터드 용접(stud welding) 지름 10mm 이하의 강제(鋼製) 스터드(stud)와 같은 짧은 봉을 평면 모재상에 수직으로 용접하는 방법. 볼트나 환봉 등의 선단과 모재 사이에 아크를 발생시켜 가압하여 행한다.

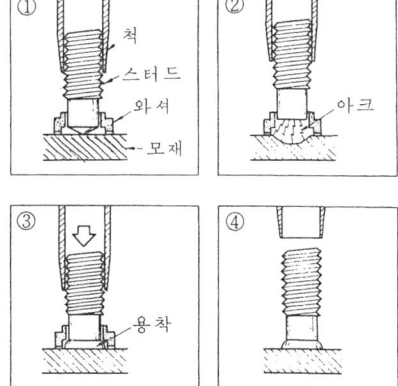

스테이지(stage) 단(段). ① 와류 펌프나 회전식 압축기에서의 임펠러의 수.
② 증기 터빈에서는 임펠러 1조를 말한다. 또 단락(段落)이라고도 한다.

스테인리스강(stainless steel) 일반적으로 Cr 12% 이상의 Fe-Cr 합금(Ni을 첨가한 합금). 내식강이라고도 한다.

계 통	구성 예	특 징	용 도
페라이트계	16~18Cr C<0.12 (SUS430)	응력·부식 크랙을 일으키지 않는다. 내식성이 좋다.	건축내장 주방용품 자동차 부품

		담금질성이 양호. 수중에 서 내식성 불 충분.	밸브·축·기계 부품 바이트 류
마텐자이트계	12~13Cr 0.1C (SUS410)		
오스테나이트계	18Cr-8Ni (SUS304)	내식성·가공성·용접성 양호. 응력·부식·크랙이 있음.	건축·식품 제조·자동차 부품·차량
페라이트+ 오스테나이트	25Cr-5Ni 2Mo-0.03C (SUS329J1)	인장 강도가 각계로 부터 크다. 내식성·내용접성이 양호.	건축·식품 제조·자동차 부품·차량
석출경화형	각계의 것에 석출경화원소 Al, Cu, Mo Nb, Ti 17Cr-4Ni-4 Cu-0.25Nb (SUS630)	내식성의 유지. 석출경화에 의한 경도의 향상.	기어·축·펌프의 라이너·밸브

※ ( )는 J1S규격임

스테핑 모터(stepping motor) 스텝(step) 상태의 펄스(pulse)에 순서를 부여함으로써 주어진 펄스 수에 비례한 각도 만큼 회전하는 모터. 펄스 모터라고도 한다.
[구동원리] 1상 여자방식의 경우

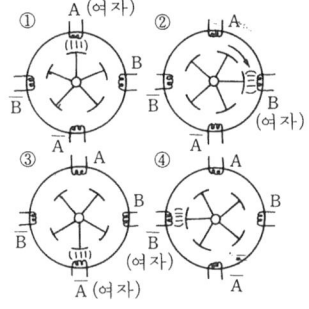

이 예에서는 1펄스를 가함으로 18°를 회전하고 있지만 실제 모터는 1펄스당 1.8°, 0.9°로 정확하게 회전한다.

스탭	A	B	$\overline{A}$	$\overline{B}$
①	1	0	0	0
②	0	1	0	0
③	0	0	1	0
④	0	0	0	1

스텔라이트(stellite) Co, Cr, W, C 등의 합금강으로 주조 후 담금질에 의해 딱딱하게 석출·경화한 합금강의 상품명.
[특징] ① 고속도 공구강으로 고속 절삭이 가능. ② 수명이 길다. ③ 내식성·내마모성이 좋다.
[용도] 절삭 공구 재료, 다이(die) 재료, 화학 공업 재료 등.

스텝 기어(stepped gear) 평 기어를 축에 직각으로 같은 잇폭으로 분할하여 조금씩 비키어 놓은 상태의 기어.
[특징] 맞물림이 매끄럽고, 원활한 동력 전달을 할 수 있다. 이 스텝을 무한히 연결해 가면 헬리컬 기어(helical gear)가 된다. ☞ 헬리컬 기어(p.449)

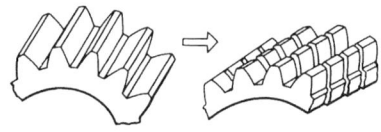

스토커(stoker) 급탄기(給炭機). 석탄 보일러에 있어서 석탄을 기계적으로 화격자(火格子) 위로 공급하는 장치. 석탄이송장치와 화격자 장치의 조합.
[종류]
살포식 스토커(spreader stocker)
하입 스토커(underfeed stocker)
이동 스토커(traveling stocker)
마틴 스토커(martin stocker)
▽ 이동스토커

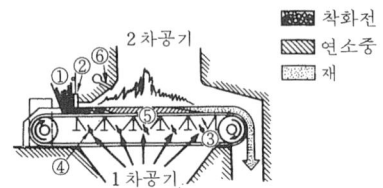

① 로퍼 ② 탄층두께조절도어 ③ 이동화격자
④ 댐퍼 ⑤ 바람상자 ⑥ 2차공기 흡입구

스토퍼(stopper) ① 핀이나 블록 등과 같은 공작물의 위치 결정에 이용되는 부품.
② 레이들(laddle) 밑바닥의 노즐 개폐 장치 또는 쇳물 고임에 만들어진 출탕 마개.

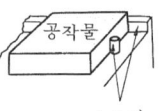

스톡 레이아웃(stock layout) 소재(素材)

를 경제적으로 잘라내는 판금 작업.
[예]

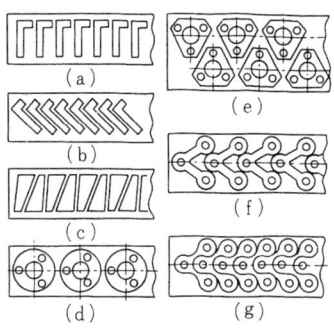

스톱 밸브(stop valve) 밸브 시트에 밀착할 수 있는 밸브 본체를 나사 봉에 설치하여, 이것에 핸들을 설치하고 밸브 본체의 상·하 움직임이 가능하도록 해서 유체의 흐름을 완전하게 개폐하도록 한 밸브.
글로브 밸브와 앵글 밸브가 있다.

스트라이킹 패턴(striking pattern) 주조에서 주형 제작에 사용되는 판상(板狀)의 목형. 주물이 회전 단면(차륜·벨트풀리 등)인 경우에 사용된다.

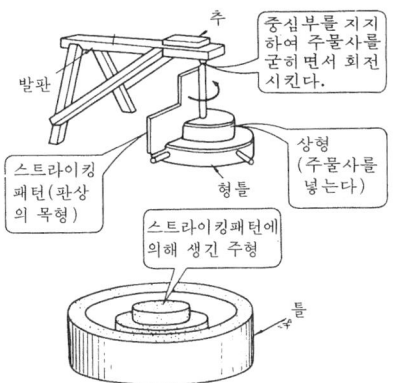

스트레이트 섕크(straight shank) 드릴 또는 리머(reamer)·엔드밀(end mill) 등의 자루로, 자루 부분에 테이퍼(taper)가 붙지 않은 곧은 원통형의 것.

스트로보스코프(strobo scope) ① 반복 현상(물체의 회전과 진동)을 일정 위치에 온 순간만 보도록 한 장치.
② 섬광 전구의 일종.
▽ 섬광전구에 의한 회전속도의 측정

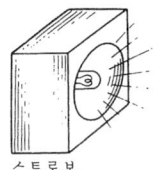

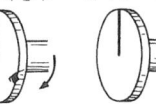
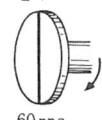

이것을 회전체에 장착하여 방전관의 간헐조명을 쪼인다.

$$f = \frac{M}{k} n$$

M : 도형의 변의 수
n : 회전 속도(rps)
f : 방전관의 점멸수 (회/초)

▽ 스트로보(섬광전구) 표준도

$k = 1, 2, 3 \cdots$ 및 $1/2, 1/3 \cdots$ 일 때 도형은 정지한 것처럼 보인다.

스트로보스코프 회전 속도계(stro boscope tachometer) 스트로보스코프를 이용해서 회전체가 정지해 있는 것처럼 보일 때 조명의 점멸수로부터 회전속도를 재는 회전 속도계(回轉速度計). 회전체와의 비접촉 측정 가능.

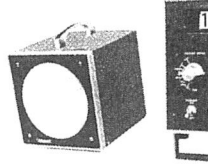

스트로보스코프 회전 속도계는 광원으로서 물체를 선명하게 정지시키고 광원의 빛나고 있는 시간이 짧은 방전관을 이용한다. 이 방전관에 가해지는 전압의 주파수를 바꾸는 회로를 사용하여 점멸수를

바꾸고 있다.

스파이럴 베벨 기어(spiral bevel gear) 톱니줄이 직선이고, 정점(頂點)에 향하고 있지않은 베벨 기어.
[특징] 고속으로 원활한 전동을 할 수 있다. 직선 베벨 기어에 비해 물림률이 크고 진동이나 소음이 작다.

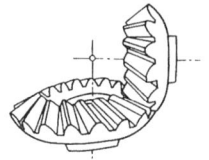

스파이럴 스프링(spiral spring) 단면이 일정한 가늘고 긴 띠모양의 강을 한 평면상에 코일 형상으로 감은 스프링. 나선형 스프링. 태엽.
[종류] 시계의 태엽처럼 각각의 감은 면이 서로 접촉하지 않는 것과 동력 태엽처럼 각각의 면이 접촉하는 것이 있다.
스프링에 토크 M이 가해졌을 때 각 변위 ϕ는 스프링 길이를 l, 재료의 종탄성계수를 E, 단면 2차 모멘트를 I라 하면

$$\phi = \frac{Ml}{EI}$$

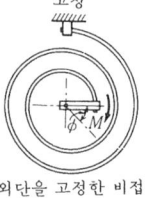
외단을 고정한 비접촉형 스파이럴 스프링

스파이럴 케이싱(spiral casing) 수차·펌프·송풍기의 임펠러 주위에 있는 와류형(渦流形) 모양의 케이싱.
스파이럴 케이싱의 단면적은 토출구(수차는 그 반대)에 가까와짐에 따라 조금씩 증대한다.

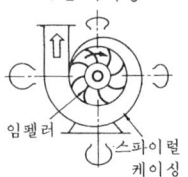
▽ 원심펌프의 스파이럴 케이싱
임펠러
스파이럴 케이싱

스패너(spanner) 너트 또는 볼트 머리를 돌리는 데 사용하는 강제 또는 가단 주철제의 공구.
▽ 스패너의 주된 종류

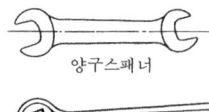
양구스패너

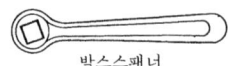
박스스패너

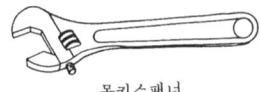
몽키스패너

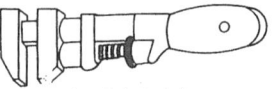
잉글리시 스패너

스패터(spatter) 아크용접·가스 용접중에 비산하는 슬래그 및 금속 입자.

스패터 손실(spatter loss) 용접에 있어서 스패터에 의한 금속의 손실(損失). 즉, 용접에서 용접봉의 소비량과 용착한 양과의 중량의 차를 말한다.

스팬(span) 두 지점(支點)간의 거리.

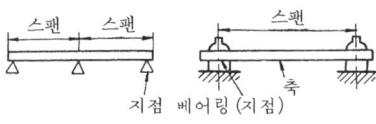
지점 베어링(지점) 축

스포크(spoke) 차륜의 일부로 림(rim)과 보스(boss)를 연결하는 봉상(棒狀)의 부분. 자전거 살.

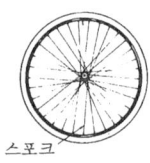
스포크

스폿 페이싱(spot facing) 볼트 머리나 너트가 접촉하는 부분만을 평평하게 다듬질 하는 작업.

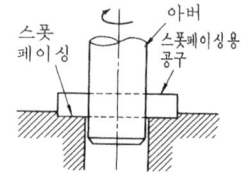
스폿 페이싱
아버
스폿페이싱용 공구

흑피의 부분은 너트와 볼트의 조임을 확실하게 하기 위해 스폿페이싱을 하는 것이 좋다.

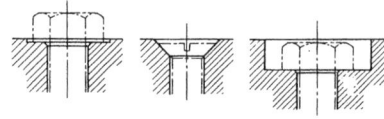
스폿페이싱   접시스폿페이싱   깊이스폿페이싱

스프로킷(sprocket wheel) =chain sprocket(p.375). 체인을 걸어서 전동하는 톱니 또는 발톱이 달린 바퀴.

스프로킷 휠 커터(sprocket wheel cutter)

체인 스프로킷을 밀링 머신으로 만들 때에 사용하는 밀링 커터. ☞ 체인 스프로킷 (p.375)
밀링 커터는 2종류의 형태가 있다.

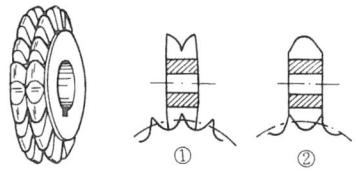

스프링(spring) 물체의 탄성, 또는 변형에 의한 에너지의 축적 등을 이용하는 것을 주목적으로 하는 기계 요소.
[재질]
　금속 스프링 : 스프링강·인청동 등
　비금속 스프링 : 고무·합성수지 등
　유체 스프링 : 공기·오일 등
[종류]

▽ 원통형 압축 코일스프링　　▽ 토션 바

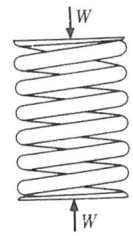
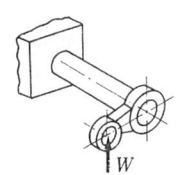

(하중 W는 항상 수직 방향으로 가해진다.)

▽ 겹판 스프링

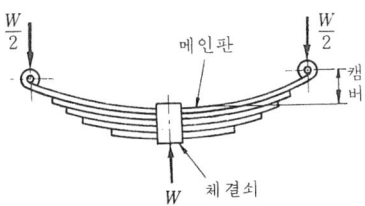

[용도 예]
　하중과 변형을 이용한 스프링 : 안전 스프링, 스프링 저울
　에너지를 축적해 두고 이용하는 스프링 : 시계의 스프링
　진동·충격을 완화하는 스프링 : 차대·새시
　힘을 주는 스프링 : 스프링 시트
스프링강(spring steel) 탄소공구강에 Si, Mn, Cr, V, B 등을 가해 소요의 스프링성을 부여한 강(鋼).
[예] PWRxxAB, SUP×M, SPS 등

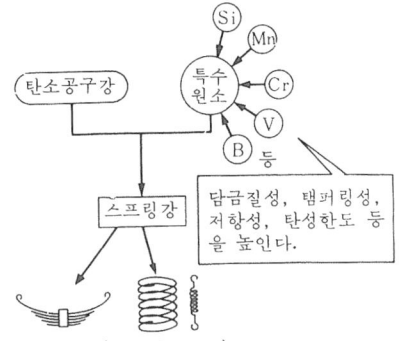

겹판 스프링　　코일 스프링

스프링 바이트(goose necked tool) 절삭날의 앞 경사면이 밑면의 높이와 일치하거나, 그 이하가 되도록 섕크를 거위목 (goose necked)처럼 구부린 바이트. = spring tool.

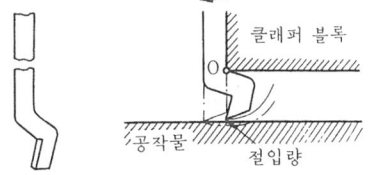

스프링 바이트는 지점을 중심으로 하고, 날끝은 원을 그리며 공작물에 절입되지 않지만 보통의 바이트는 공작물에 절입된다.

스프링 백(spring back) 소성(塑性) 재료에서 굽힘 가공 후 하중을 제거하면 소재가 갖는 탄성에 의해 가공시의 변형이 어느 정도 되돌아오는 현상.

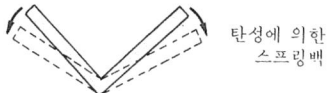

탄성에 의한 스프링백

▽ 스프링백의 예방 예

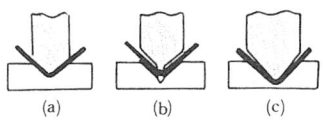

(a) 다이(dies) 측에도 둥근모양을 붙인 것.
(b) 펀치(punch)의 선단을 돌출시킨 것.
(c) 펀치(punch)의 각도를 작게 한 것.

스프링 저울[spring balancer](with stabilized pan) 스프링의 탄성변형을 이용한 지시 저울.
정도(精度)가 조금 덜하지만 이용도가 높다.

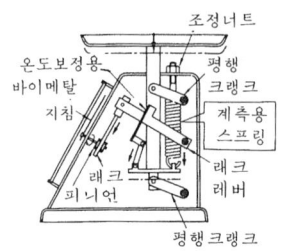

스프링 정수[定數](spring constant) 스프링이 하중 W(kg)를 받아 δ(mm)의 변형이 생기게 될 때 그 비 k(kg/mm)의 값.
비틀림 스프링에서는 비틀림 모멘트 T(kg·mm)와 비틀림각 θ(rad)의 비 k_t(kg·mm/rad)의 값.
하중 W(kg)를 받아 δ(mm)의 변형이 생기게 될 때, 스프링 정수 $k=\dfrac{W}{\delta}$(kg/mm),
비틀림 모멘트 T(kg·mm) 때문에 비틀림각이 θ(rad)의 변형이 생기게 될 때, 비틀림 스프링 정수 $k_t=\dfrac{T}{\theta}$(kg·mm/rad)

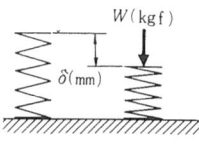

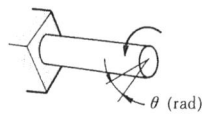

스프링 제도[製圖](spring drawing) 스프링의 제도(製圖)는 일반적으로 약도를 이용하고 필요사항은 관리 항목표에 기입한다.

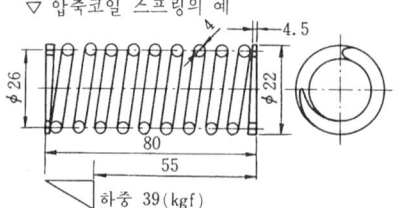

▽ 코일중앙부 생략도 예

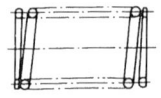

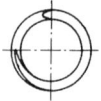

▽ 형상만의 생략도 예

스프링 지수[指數]
(spring index)
코일 스프링 소선(素線)의 지름을 d, 코일의 평균 지름을 D라 하면 D/d의 값.
보통 4~10으로 취한다.

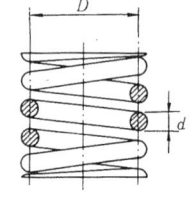

스플라인(spline) 축으로부터 직접 여러 줄의 키(key)를 절삭하여, 축과 보스(boss)가 슬립 운동을 할 수 있도록 한 것.
[용도] 큰 동력 전달용.
[종류] 각형 스플라인과 인벌류트 스플라인(involute spline)이 있다.
스플라인의 줄수는 6, 8, 10이 보통이다.

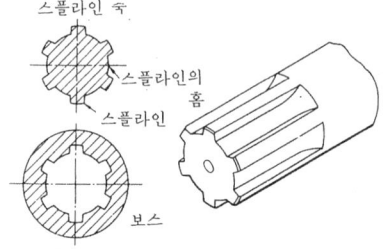

스플라인 호브(spline hob) 호빙 머신으로 스플라인 축을 가공할 때에 사용하는 절삭 공구. 구조는 호브(hob)와 같고, 바이트 형태가 스플라인 축의 홈 형상을 하고 있다. ☞ 호브(hob) (p.451)

스피닝 가공(spinning) 블랭크(blank)를 형틀과 함께 회전시켜 주걱 봉을 사용하여 형을 만드는 가공.
원형(原型)에는 금형(金型) 외에 떡갈 나무·상수리 나무·벚꽃 나무 등의 목형이 이용된다.

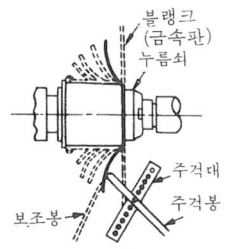

스피닝 선반(spinning lathe) 공작물을 장착하여 회전하는 주축대만의 선반(旋盤). 로구로 선반이라 한다.
공구는 각종 수공구를 이용한다.

스피드 링(speed ring) 프랜시스 수차의 와류실(渦流室)의 내측에 지지날개로 지지된 주철 또는 주강제 고리. 케이싱(casing)의 보강과 지지날개로 물의 흐름을 조정하는 역할을 한다.

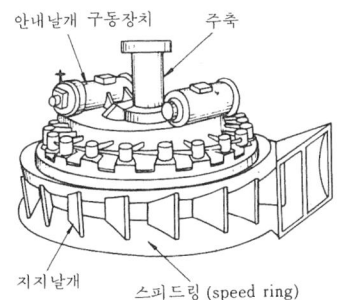

스핀들(spindle) 선반·드릴링 머신 등의 공작기계의 기계 부품의 하나로서 축단(軸端)이 공작물 또는 절삭 공구의 장착에 사용되는 회전축. 주축(主軸)이라고도 한다.

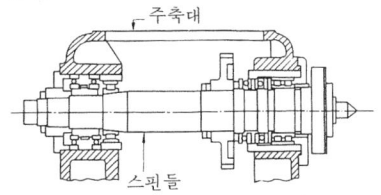

스핀들유(spindle oil) 중유를 증류하여 최초로 분류한 유분(油分)으로 점도(粘度)가 작은 윤활유.
[용도] 경하중·고속 베어링에 사용한다.

슬라이더(slider) 홈이나 봉 등으로 된 안내면과 미끄럼 대우(對偶)가 되어 기구(機構)의 일부를 형성하는 링크(link).

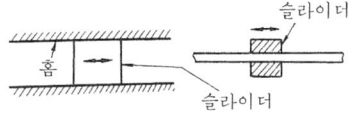

슬라이더 스풀 밸브(slide spool valve) 방향 제어 밸브의 일종.
[용도] 유압 장치에 있어서 주로 고압유의 유로(流路)를 새로 바꾸는 데 사용된다.

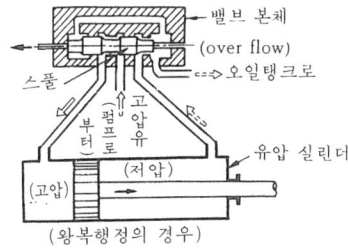

슬라이더 저항기[抵抗器](slide rheostat) 전기 회로에 접속해서 전기 저항을 연속적으로 가감하는 장치.
미끄럼 접촉자의 이동에 따라 저항선의 1바퀴씩 저항 변화가 나타나지만 저항 변화가 계단 현상으로 되기 때문에 절연체의 면에 탄소분을 빈틈없이 도포해 저항 변화를 일정하게 한 것이 있다.

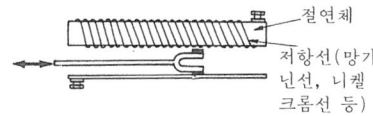

슬라이더 크랭크 기구[機構](slider crank mechanism) 4절 회전 기구에 있어서, 하나의 링크(link)가 슬라이더(slider)로 된 기구.

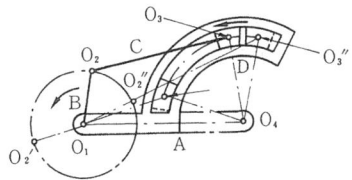

링크(link) D를 슬라이더로 할 때 그림에서는 레버 크랭크 기구와 같은 운동을 한다.

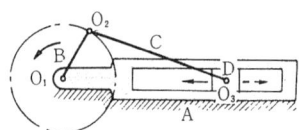

슬라이더의 움직이는 홈을 직선형으로 할 때, 슬라이더는 왕복운동을 한다.
[종류]
왕복 슬라이더 크랭크 기구(☞ p.274)
요동 슬라이더 크랭크 기구(☞ p.274)
회전 슬라이더 크랭크 기구(☞ p.456)
고정 슬라이더 크랭크

슬라이드 밸브(slide valve) 증기실 내부를 왕복하여 실린더(cylinder)의 흡기구와 배기구를 개폐하고 증기의 공급과 배출을 행하는 밸브. 미끄럼 밸브.

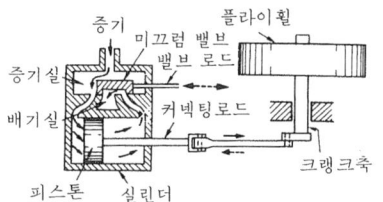

슬래그(slag) ① 피복제에 의해 용착 부분에 생기는 비금속 물질. ② 융해된 금속의 표면에 뜨는 산화물. 쇠의 녹이라고도 한다.

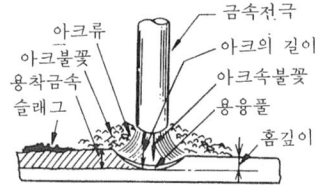

슬래그 해머(slag hammer) 용접 후 슬래그를 제거하기 위하여 사용하는 해머. 치핑 해머(chipping hammer)라고도 한다.

슬로팅 머신(slotting machine) 상하로 이동하는 절삭 공구대에 바이트를 장착하고 키 홈 등을 주로 가공하는 공작기계.

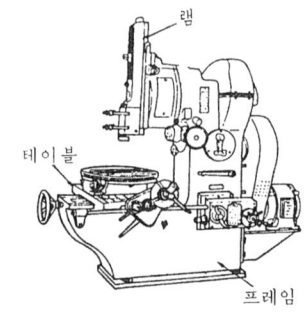

슬루스 밸브(sluice valve) 밸브 본체가 흐름에 직각으로 놓여 있어 밸브 시트에 대해 미끄럼 운동을 하면서 개폐하는 형식의 밸브.
[용도] 고압의 유로 차단기

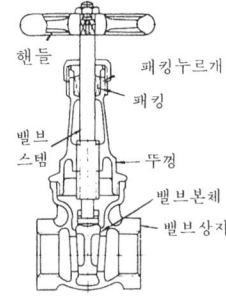

슬리브(sleeve) ① 축 등의 외주에 끼워 넣어 사용하는 가늘고 긴 원통형의 부품.

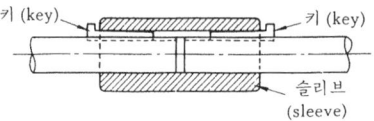

② 지름이 작은 드릴(drill)을 장착하는 공구.

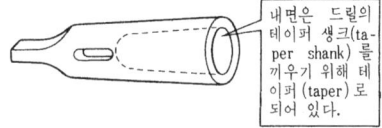

슬리브 커플링(sleeve coupling) 주철제의 통 속에 양 축단을 끼워 넣어 키를 이용하여 고정하는 간단한 축이음.
슬리브(sleeve) 축이음이라고도 한다.

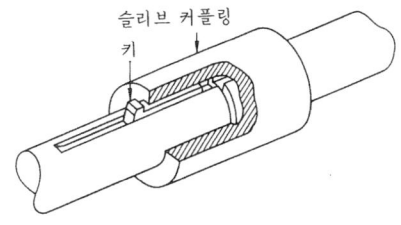

습도(濕度 : wetness) 습증기 속에 포함되어 있는 수분의 비율을 나타내는 수치. 습증기 1(kg) 중 x(kg)가 증기이고, $(1-x)$(kg)가 물일 때, $1-x$를 습도, x를 건조도라 한다.

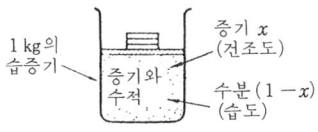

습식 가스 미터(wet gas meter) 임펠러의 회전수로부터 가스량을 재는 용적 유량계(容積流量計).

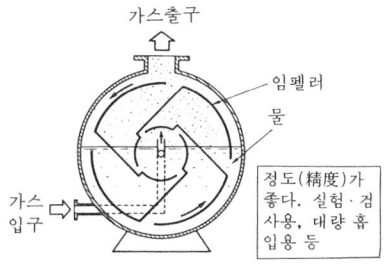

습증기(濕蒸氣 : wet steam) 포화수와 포화 증기가 공존하고 있는 상태의 증기. ☞ 포화수(p.427), ☞ 포화 증기(p.428)

시각(視覺) **게이지**(visual gauge) 평행 박편(薄片)과 투영(投影)에 의한 확대기구를 조합시킨 측정기.

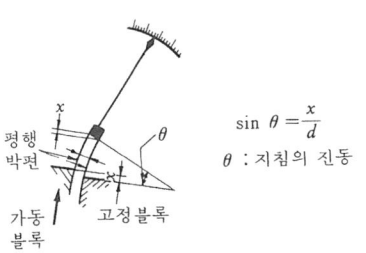

$$\sin \theta = \frac{x}{d}$$
θ : 지침의 진동

시간 관측(時間觀測 : time observation) 작업의 표준 시간을 결정하기 위하여, 요소 작업마다 스톱 워치(stop watch)에 의해 작업 시간을 측정하는 일.

시간 연구(時間研究 : time study) 작업의 표준 시간을 결정하기 위한 연구. 작업 연구의 대표적인 방법 중 하나이다. 표준 시간은 표준 작업 방법에 의한 표준 시간이기 때문에 작업 조건과 작업 방법을 표준화시키고 나서 작업 측정을 하고 작업을 위해서 필요한 시간을 조사한다. ☞ 시간 관측(p.223)

▽ 표준시간을 결정하는 순서

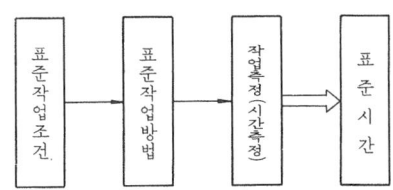

시계식 회전계(時計式回轉計 : chronometer) 운반할 수 있는 정확한 시계를 말한다. 주로 천문계측, 항해계측, 각종의 실험에 이용된다. 태엽시계의 기구를 고급화 하여 정도(精度)를 높게 한다. 정도가 좋은 것은 일차(日差) ±0.1초이다.

C관리도(C管理圖 : C control chart) 일정 단위 중에 나타나는 결점수 C를 관리하기 위하여 사용하는 관리도(管理圖).

관리중심 $\overline{C} = \frac{\Sigma C}{k}$ c : 결점수 k : 자료수

관리한계 $\overline{C} \pm 3\sqrt{\overline{C}}$

UCL, LCL은 정수(整數)밖에 취할 수 없기 때문에, UCL은 $\bar{C}+3\sqrt{\bar{C}}$ 이상의 최소의 정수. LCL은 $\bar{C}$ 이하의 최대 정수로 한다. [예] 직물 1필중의 흠집의 수, 냉장고 도장면의 흠집수 등의 관리.

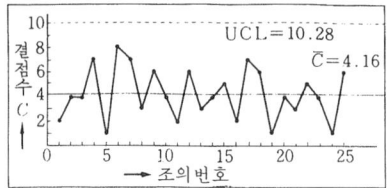

시닝(web thinning) 구멍을 뚫을 때 절삭저항의 추력(스러스트)을 작게 하기 위해서 그림과 같이 치즐 에지를 원호상으로 갈아내는 것.

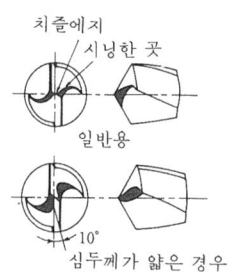

시로코 팬(sirocco fan) 사하라 사막의 강한 계절풍 이름으로부터 전래된 명칭의 송풍기. 덕트(duct)를 조합하여 환기나 공기조절에 널리 사용된다. ☞ 다익 송풍기(p. 83)

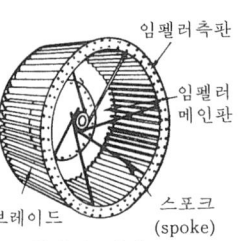

시멘타이트(cementite) 강(鋼) 속에서 생성되는 금속간 화합물인 탄화철(Fe₃C).

시멘테이션(cementation) 철강 표면에 Si, Cr, Al 등을 분말 상태로 부착시켜 고온도로 가열·확산함으로써 내부까지 침투시켜 내식성의 합금피막(合金被膜)을 만드는 방법.
[종류] ① 실리코나이징(siliconizing) : Zn의 피막을 만드는 열처리로 고체 분말법과 가스법이 있다.

② 크로마이징(chromizing) : Cr의 피막을 만드는 방법. 내식·내 마모성이 좋다.
③ 칼로라이징(calorizing) : Al의 피막을 만드는 방법. 고온·산화에 견딘다. 내 스케일성을 증가시킨다.

시멘트(cement) 물을 가하여 섞으면 딱딱하게 경화하는 무기질 분말의 총칭.

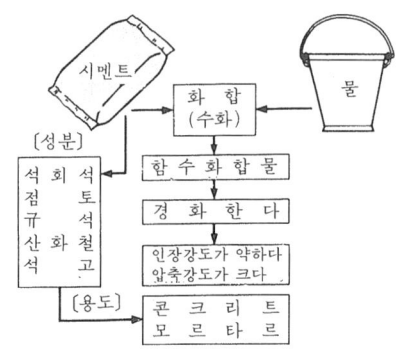

시분할(時分割) **시스템**(time shearing system) 컴퓨터 처리 시간을 복수의 실행 프로그램으로 할당하여 1대의 컴퓨터를 다수의 이용자가 각각 전용하고 있는 것처럼 사용할 수 있는 방법의 시스템. TSS라고도 하며, 이 방법은 대용량으로 처리 시간이 빠른 컴퓨터에 이용된다.

시어(shear) 전단(剪斷) 작용으로 판재(板材)를 절단할 때의 윗날과 아랫날을 말한다. ☞ 전단기(p.323)

CAI(computer asisted instruction) 컴퓨터를 이용한 교육 시스템. 컴퓨터와 대화해 가면서 프로그램 학습을 하는 개별 수업으로 개인의 학습단계에 따라 프로그램이 개발되어 있다.

CATV(cable television) 동축 케이블 또는 광케이블을 이용해서 T.V 영상을 전송하는 시스템. 원격지나 난시청 지역에 재송신하기 위한 공동 T.V. 수신시설 이외에도 자주 방송이나 쌍방향 통신 서비스를 할 수 있다.

CNC 공작기계(computerized numerically controlled machine tool) 소형 컴퓨터를 내장한 NC공작기계. ☞ NC공작기계(p. 250). 가공형상·가공조건·가공동작 등의 데이터를 컴퓨터에 의해 자동 프로그래밍을 하여 NC데이터로 변환시키고 펄스 신호화 된 상태로 보유하고 필요에 따라서 공작기계를 가동한다.

CPU (central processing unit) 컴퓨터의 중앙연산 처리장치. 컴퓨터의 본체가 되는 부분으로 연산회로·제어회로·레지스터 (저항부)부로 이루어지고 컴퓨터 전체를 컨트롤하거나 데이터의 계산이나 대소의 비교 등을 한다. ☞ 버스(p. 151)

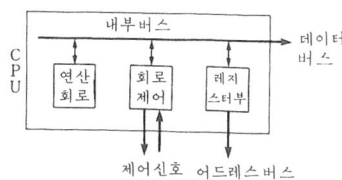

시저(seizure) 축과 베어링, 기어의 잇면 등의 미끄럼면이 마찰력 때문에 녹아 붙는 현상. 녹아 붙음.

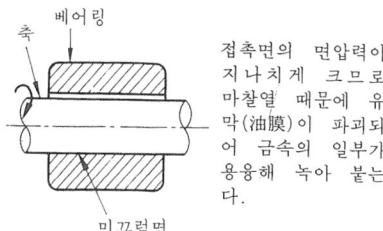

시정수(時定數 : time constant) 예를 들면 물리량이 시간에 대해 지수관수적으로 변화하여 정상치에 달하는 경우, 양이 정상치의 62.3%에 달할 때까지의 시간을 말한다.

[예]

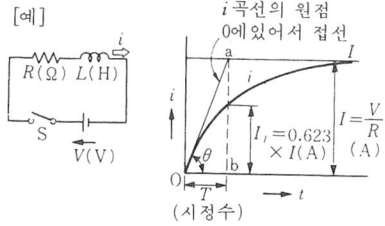

시즈닝(seasoning) ① 주물에 있어서 냉각할 때 내부 변형이 있으면 영구변형의 우려가 있기 때문에 주조 후 방치하여 내부의 변형을 방지하는 일. 자연시즈닝은 수개월이 걸리지만 인공시즈닝은 약 50℃에서 수시간만 가열하면 좋다.

② 게이지 강 등에서 담금질을 위해서 생긴 잔류응력(殘留應力)을 없애기 위한 열처리. 담금질 후 200℃ 이하에서 장시간 가열한다.
③ 목재를 건조시키는 것.

시즌 크랙(season crack) 냉간 가공을 행한 황동의 관·봉 등이 사용중 또는 저장 중에 축 방향으로 균열이 생기는 현상.
[대책] 7 : 3 황동…200°~300℃에서 저온 어닐링, 6 : 4 황동…170°~200℃에서 저온 어닐링

cgs 절대 단위[絶對單位](cgs absolute unit) ☞ 절대 단위(p. 337)

시차(視差 : parallax) 계기의 눈금판 위를 움직이는 지침의 위치에 따라 측정치를 구하는 경우 눈의 위치에 의해 생기는 오차.

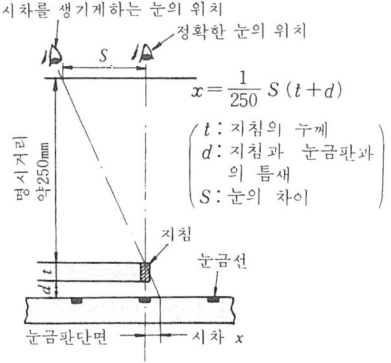

$$x = \frac{1}{250} S(t+d)$$

t : 지침의 두께
d : 지침과 눈금판과의 틈새
S : 눈의 차이

▽ 시차의 방지법

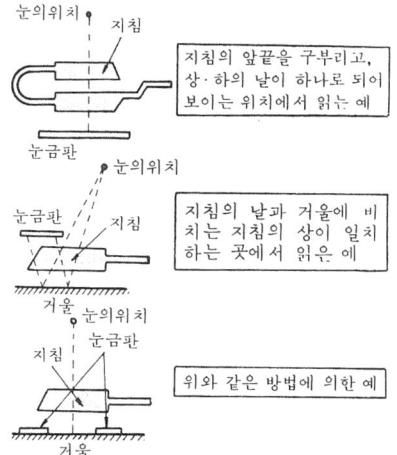

시퀀스 제어(sequential control) 미리 정해진 순서에 따라서 제어의 각 단계를 순차적으로 진행해 나가는 제어(制御).

▽ 전자동 세탁기

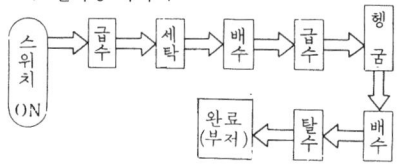

C 클램프(C clamp) 강판 등을 2매 이상 겹쳐 단단히 조여 구멍을 뚫기도 하고, 용접시 모재와 모재를 고정할 때 사용하는 체결용 공구.

시험편(試驗片 : test piece) 만능 재료 시험기, 충격 시험기, 경도 시험기 등에 사용되는 것으로 재료와 동일한 소재로 만든 시험용 작은 조각.
 KS에서는 1~12호 시험편의 12종이 규정되어 있고, 각각 형상·치수·용도가 정해져 있다.
[예 1] 인장시험에 사용되는 4호 시험편
(KS B 0801)

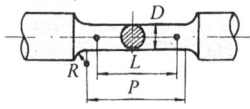

표점거리 $L = 50mm$ 지름 $D = 14mm$
평행부길이 $P = $약$60mm$
모서리 반경 $R = 15mm$이상

[예 2] 충격 시험편

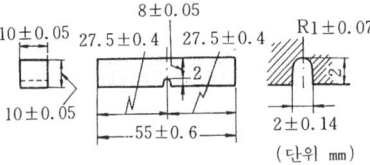

(단위 mm)

시효 경화(時效硬化 : age hardening) A금속과 B금속을 완전 고용상태로 한 후, 상온까지 급랭하면 그 합금은 과포화 상태가 된다. 그것을 상온 내지 적당한 온도로 방치하면 시간의 경과와 함께 그 합금의 경도, 인장강도, 탄성한도, 전기저항 등이 현저하게 높아지는 현상을 말한다. 이 현상은 Al-Cu, Al-Ag, Al-Mg, Cu-Be계 합금으로 확인된다.

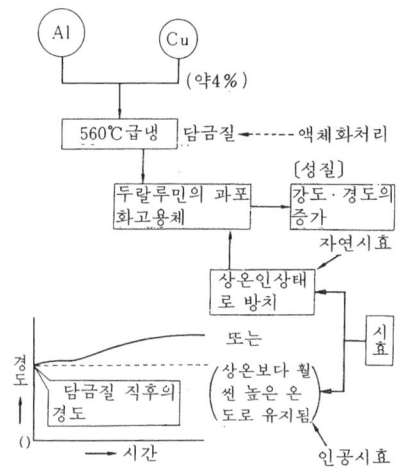

식물유(植物油 : vegetable oil) 절삭유제의 일종. 유채기름, 콩기름, 피마자기름 등을 사용한다.

신뢰성(信賴性 : reliability) 기기 또는 부품이 어떤 일정 시간에 정해진 성능을 갖는 확률.
 복잡한 부품으로 이루어진 것을 설계하는 데는 각 부품의 신뢰성을 높이지 않고서는 조립된 부품의 신뢰성을 보장할 수가 없다.

신뢰성의 요소	① 고장의 문제 ② 사용자의 문제 ③ 부하와 환경 ④ 보수와 그 방법 ⑤ 예비품과 수리 ⑥ 신뢰성의 설계 ⑦ 인간 공학

신축 이음(伸縮 : expansion joint) 긴 관로

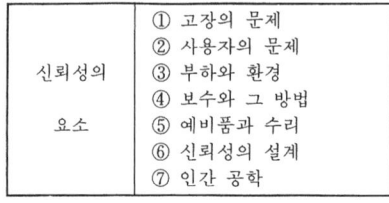

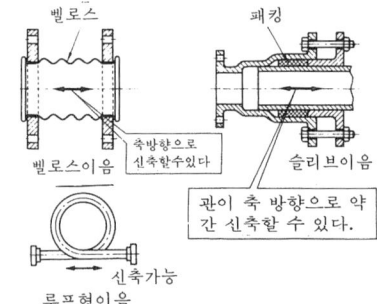

를 사용할 때 온도 변화에 의한 관의 신축과 배관 공사 때의 관 중심 맞추기에 무리가 없도록 하기 위해 사용하는 이음.
[종류] 벨로스형 이음, 슬리브형 이음, 루프형 이음 등.

신틸레이션 계수기(scintillation counter) 방사선량 측정 장치의 일종이다. 방사선을 조사하면 섬광을 내는 물질이 있는데 이것을 신틸레이터라고 하고, 신틸레이터에서 나온 빛을 광전자 증폭관을 사용해서 전압 펄스로 변환하여 계수(計數)하는 계기(計器).

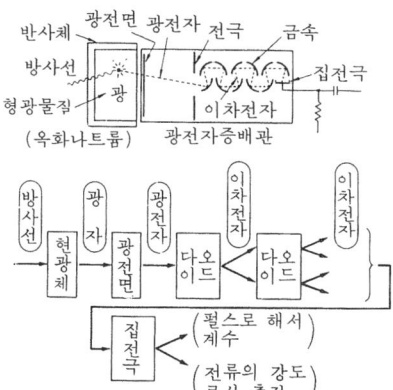

실루민(silumin) 주조용 알루미늄 경합금의 일종.
[성질] ① 기계적 성질이 좋다. ② 주조성이 떨어나다. ③ 절삭성이 나쁘다.

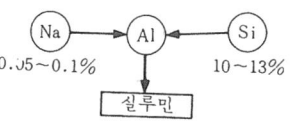

실리케이트 숫돌바퀴(silicate wheel) 물유리를 주체로 하는 결합제로 만든 숫돌바퀴.

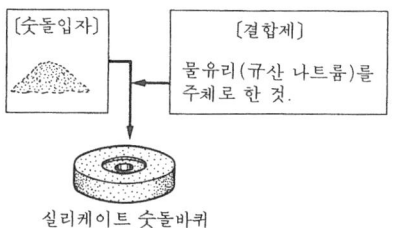

[용도] 갈라짐이 생기기 쉬운 재료나 연삭에 의한 발열을 피해야 하는 작업에 사용한다.

실린더(cylinder) 증기기관이나 내연기관에 있어서 피스톤이 기밀(氣密)을 유지하며, 원활하게 왕복운동을 할 수 있도록 정밀 다듬질한 원통.

▽ 내연기관의 예

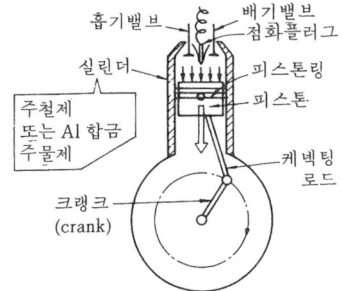

실린더 게이지(cylinder gauge) 2점 접촉식에 의한 지침 측미계를 이용한 내경 측정기.

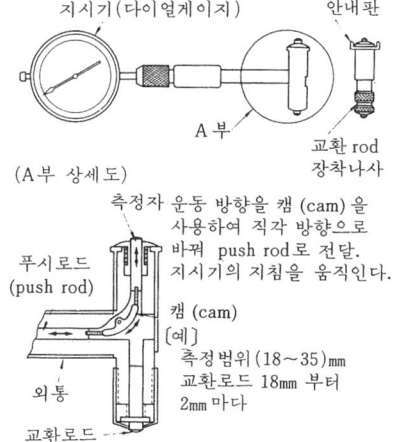

[예]
측정범위 (18~35)mm
교환로드 18mm 부터 2mm 마다

실린더 라이너(cylinder liner) 내마모성이 좋은 미끄럼면을 목적으로 실린더 내벽이

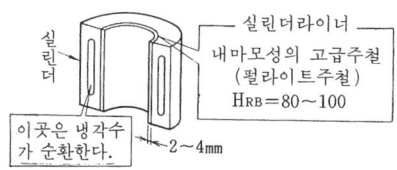

실린더라이너
내마모성의 고급주철
(필라이트주철)
HRB=80~100

마모되었을 때 쉽게 교체할 수 있도록 하기 위해 실린더 내벽에 압입한 얇은 두께의 원통.

실린더 블록(cylinder block) 내연기관 본체의 부품. 몇개의 실린더를 모아 그 외측(外側)에 물 재킷(jacket)을 설치하고 크랭크(crank)실과 일체로 주조한 것.

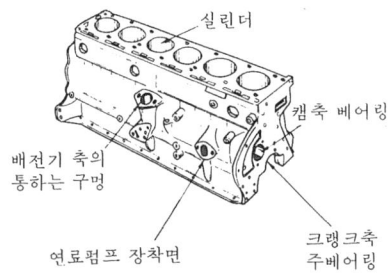

실린더 전용적(total volume of cylinder) 가솔린 기관이나 디젤 기관에 있어서 틈 용적과 행정 용적과의 합.

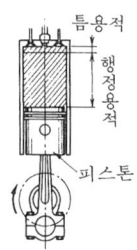

실린더 헤드(cylinder head) 실린더의 헤드부에 덮어 씌우는 것으로 실린더, 피스톤과 함께 연소실을 구성하는 부품. 기밀성과 수밀성을 유지하기 위하여 개스킷을 끼워서 실린더 블록(cylindr block)에 장착한다.

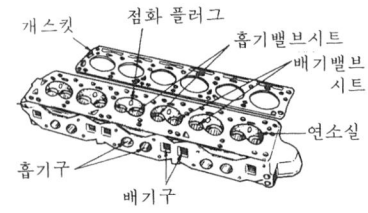

실양정(實揚程 : gross pump head) 흡입 수면으로부터 토출 수면까지의 높이.

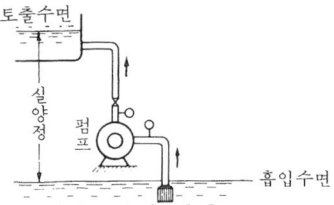

실용 신안법(實用新案法 : utility model) 물품의 형태·구조 또는 조합에 관한 고안을 보호하고, 이용하는 것을 목적으로 하여 제정된 법률. 정해진 조건을 갖춘 고안은 실용 신안으로 등록되어 출원 공고일로부터 10년간 제조, 판매 등의 독점권이 주어진다.

실제 목두께(actual throat) 필릿(fillet) 용접의 단면 루트로부터 표면까지의 최단거리.

실진 청동[靑銅](silzin bronze) Cu-Zn 합금의 일종.
[성질] 내해수성·내마모성·내식성이 좋다.
[용도] 선박용 부품 등.
· 인장강도 30~34kg/㎟
· 연신율 20~22%

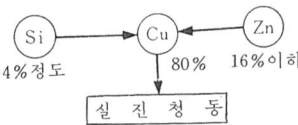

실험 계획법(實驗計劃法 : design of experiments) 몇개의 요인을 하나의 실험에 넣어 다변수 실험으로 묶어 그 결과로부터 각각 그 요인의 효과를 판정하는 방법.
[예] 작업자의 숙련도와 기계 기능의 상관성을 조사하는 실험 등.

실효치(實效値 : effective value) 교류의 크기를 나타내는 값으로, 동일 저항으로 흐른 경우 교류와 동일 줄(joule) 열을 발생하는 직류의 값.

심(shim) 일종의 끼움쇠를 말한다. 엷은 판(동판, 철판, 종이, 기타)으로 만들어 베어링 메탈의 사이에 넣어 축과 베어링의 틈 조정을 한다.

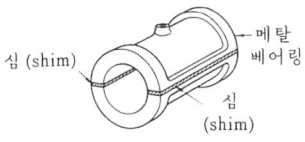

심압대(心押臺 : tail stock)   ☞ 선반(p. 192)

심 용접(seam welding) 겹치기 저항 용접의 일종으로 롤러 전극(roller electrode)을 이용해, 통전 및 가압하여 연속적으로 박판을 접합하는 용접. ☞ 겹치기 저항 용접(p.20)

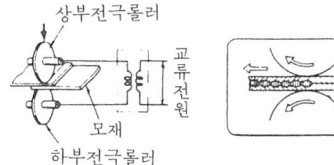

심은날 다이스(inserted chaser die) 파이프 등의 큰지름 나사내기에 사용하는 다이스.

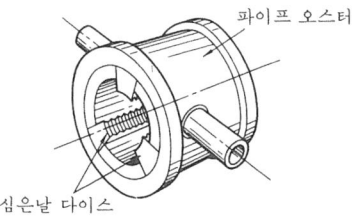

심은날 밀링 커터 (inserted tooth cutter) 경강이나 합금강으로 만든 본체에 바이트를 심어 만든 밀링 커터.

십자 드라이버(plus driver) 십(+)자 머리 나사 [플러스(+)나사]용의 나사 드라이버.

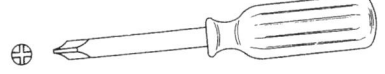

십점평균(十點平均) **거칠기**(ten point average roughness) 표면거칠기를 나타내는

방법의 일종으로 단면곡선으로부터 기준 길이 L을 취해서 그 부분의 평균선에 평행으로 단면곡선을 횡으로 자르지 않은 직선으로 높은쪽부터 3번째까지의 산봉우리와, 깊은쪽에서 3번째까지의 계곡 사이의 간격을 측정하여 평균의 차이를 나타낸 것. 기호 R_z.

$$R_z = \frac{R_1 + R_2 + R_3 + R_4 + R_5}{5} - \frac{R_6 + R_7 + R_8 + R_9 + R_{10}}{5}$$

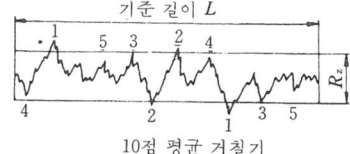

10점 평균 거칠기

16진수(hexadecimal number) 2진수로 나타내는 4자리의 숫자는 0000에서 1111까지의 16 방법이 있다. 이것을 아래표와 같이 0에서 9까지의 숫자와 A에서 F까지의 영어문자에 대응시켜서 표현한 것을 16진수라 한다. 16진수는 4비트의 정보를 처리하는 데 편리하다.

▽ 10진수·2진수·16진수의 대응

10진수	2진수	16진수	10진수	2진수	16진수
0	0000	0	8	1000	8
1	0001	1	9	1001	9
2	0010	2	10	1010	A
3	0011	3	11	1011	B
4	0100	4	12	1100	C
5	0101	5	13	1101	D
6	0110	6	14	1110	E
7	0111	7	15	1111	F

싱크로스코프(synchroscope) 브라운관 오실로스코프의 일종으로서 트리거 오실로스코프 또는 펄스용 오실로스코프라고도 부른다. 순간적 현상이나 불규칙한 주기(周期)의 파형, 과도 현상의 측정이 용이하다. 또 파형의 일부가 확대 가능하고 전압 주파수의 질량 측정이 가능하다. ☞ 오실로스코프(p.266)

쌍주식(雙柱式) **플레이너**(double housing planer) 베드의 양쪽에 기둥을 세워 상부를 크로스 레일로 고정하여 강력 절삭할 수 있는 구조로 되어 있는 플레이너.

아공석강(亞共析鋼 : hypo-eutectoid steel) 탄소강에 있어서 C 0.8% 이하에서 초석 페라이트＋펄라이트로 되는 강.

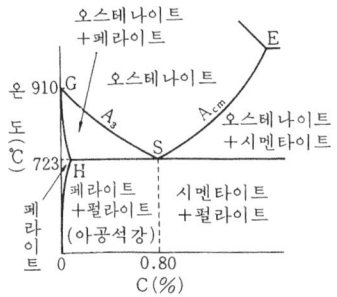

아날로그식(analogue system) 연속적인 양을 그 크기에 비례하는 같은 연속량의 변위의 크기(물리량)로 표시하는 방법.

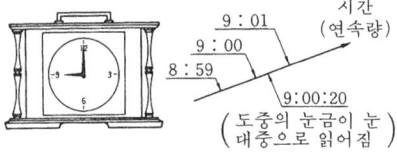

아날로그 신호(analogue signal) 아날로그량(연속량)으로 나타내는 신호.
[예] 온도 변화에 의한 아날로그 신호

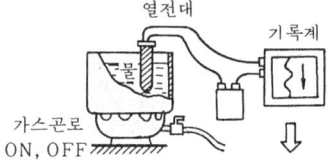

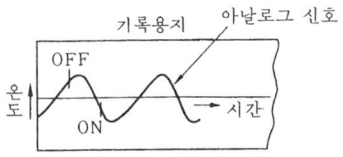

아날로그 전자계산기(analogue computer) 답을 구하는 시스템(장치)과 비슷한 전기 회로를 구성하고 그 전기회로의 특성에서 시스템의 답을, 전압 또는 전류파형 등으로써 구하는 전자계산기(電子計算機).
[주요 구성요소] 연산부, 연산기 접속반, 계수기반, 제어반, 답표시장치, 전원부 등
[응용편] 공업기술상의 문제를 미분방정식으로 나타내고 이것을 해석한다. [시뮬레이터(simulator)에 이용]

아날로그 제어(analogue control) 제어를 지령할 때에 사용되는 신호가 연속적으로 변화하는 제어 방식. ☞프로세스제어(p. 435)
[예] 중유로(重油爐)의 온도제어.

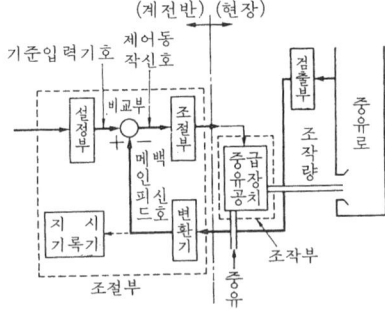

아네로이드 기압계(aneroid barometer) 공기주머니식 압력계로 압력에 의해 공기주머니의 변위를 확대 지시함으로써 압력을 측정하는 기압계(氣壓計).
아네로이드란 액체를 이용하지 않는다는 것 즉, non-liquid를 의미한다.
☞캡슐식 압력계(capsular manometer) (p.391)

아담슨 조인트(Adamson joint) 원통 보일러 노통 등을 연결하는 신축이음의 일종.

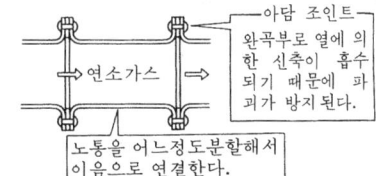

아들자(副尺 : vernier) 길이나 각도 등의 측정기에 있어서, 어미자의 눈금을 정확하게 읽기 위한 아들자. 아들자의 눈금은 어미자의 $(n-1)$눈금을 n등분하고 있다.

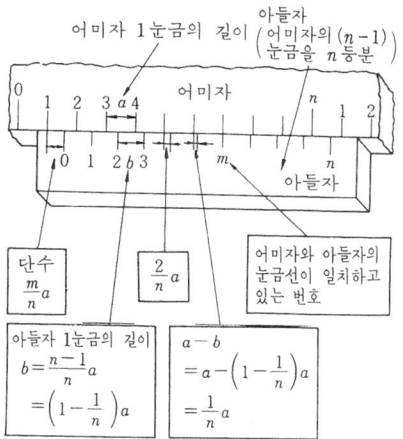

▽ 버니어의 읽는법의 예

어미자 1눈의 단위	n	m	$m/n \times a$	단수의 이음
$a = 1$ mm	10	6	$6/10 \times 1$	0.6 mm
$a = 1$ mm	20	3	$3/20 \times 1$	015 mm
$a = 1° = 60'$	10	7	$7/10 \times 60$	42′

아버(arbor) 공작기계에서 절삭공구나 공
▽ 절삭공구 부착용

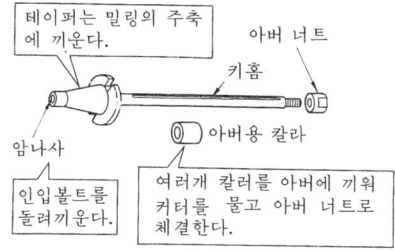

▽ 공작물 부착용

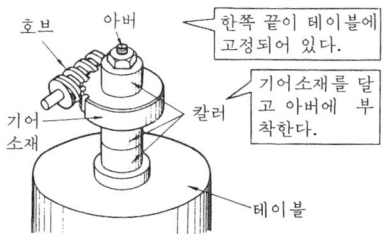

작물을 부착하는 축(軸).

아베의 원리(Abbe's principle) 「측정기에서 표준자의 눈금면과 측정물을 동일직선상에 배열한 구조로 하면 측정오차가 적다.」라고 하는 원리.
독일인 아베(E. Abbe : 1893)가 제창한 이론이다.

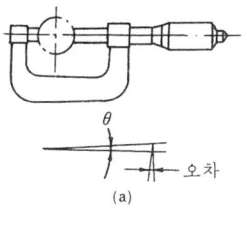

(a)

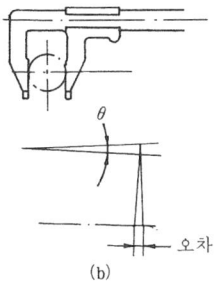

(b)

아세톤(acetone) CH_3COCH_3, 무색의 휘발성 액체. ☞용해 아세틸렌 (p.277)
[성질] 에테르와 유사한 냄새를 가지며, 마취작용이 있고 아셀틸렌과 잘 용해한다. 15℃ 15기압에서 $1l$의 아세톤은 $384l$의 아세틸렌을 용해한다.

아세틸렌(acetylene) 카바이드(carbide)에 물을 작용시켜 발생하는 가스. ☞용해 아세틸렌 (p.277)
$$CaC_2 + 2H_2O = C_2H_2 + Ca(OH)_2$$
카바이드   물   아세틸렌
[성질] 순수한 것은 무색, 무취이지만 보통은 불순물 때문에 취기를 발한다. 공기와의 혼합물은 폭발하기 쉽고, 취급에 주의하여야 한다.
[응용] 산소와 혼합해서 연소하면 고온을 내기 때문에 가스 용접, 가스 절단 등에 이용된다.

아세틸렌 가스 발생기(acetylene gas generator) 카바이드에 물을 작용시켜서 아세틸렌을 발생하는 기구(器具)
가스 용접, 가스 절단에 사용한다.

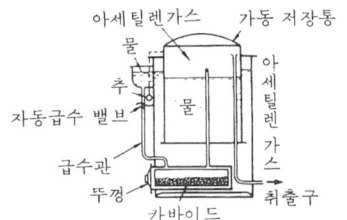

아연(亞鉛 : zinc) 용융점이 낮고 부드러운 은백색의 금속. 단체(單體) 또는 합금성분으로서 널리 사용되고 있다.

[예]

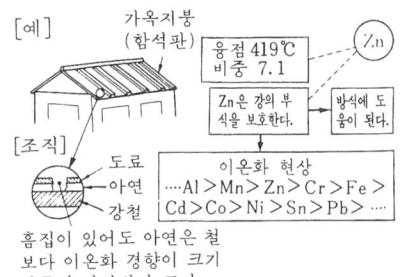

흠집이 있어도 아연은 철보다 이온화 경향이 크기 때문에 방식성이 크다.

아연도금 강판(galvanized sheet iron) 얇은 강판에 용융한 아연을 도금한 평강판 또는 파형 강판. 함석판이라고도 한다.
[성질] 내식성이 좋다.
[용도] 지붕이나 벽판 등

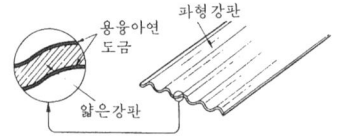

아이볼트(eye bolt) 기계나 전동기를 달아 올리기 위해 매다는 링을 붙인 볼트. 리프팅 볼트(lifting bolt) 또는 링붙이 볼트라고 한다.

IC(integrated circuit) 집적 회로(集積回路). 전자회로의 회로소자를 모아서 접속하는 대신에 회로와는 달리 얇은 막의 소자와 배선을 일체로 해서 미소한 기판내에 형성하는 회로. 회로사진의 실제크기는 2mm × 2mm 두께 t=0. 2mm, 이 속에는

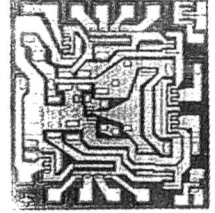

트랜지스터 15개와 저항 13개가 들어 있다.

ISO(International Standardization Organization) 국제 표준화 기구(國際標準化機構)의 약칭. 표준화에 대한 대표적인 국제기관이다.

ISO 나사(ISO screw threads) 국제표준화 기구에서 국제적으로 협정된 나사. 우리 나라에서도 널리 채용되고 있다.

I/O 포트(Input-Output port) 컴퓨터 내의 CPU와 외부 장치(키보드·프린터·CRT 디스플레이·제어 장치) 등과의 사이에 정보를 입출력할 때에 사용되는 접속부.
 CPU가 하나의 명령을 실행하는 시간은 일순간(μs 단위, $1\mu s = 10^{-6} sec$)이기 때문에 그 시간에 맞추어 외부 장치가 작동한다는 것은 어려우므로 레지스터(저항기)에 일시 정보를 기억시켜놓고 양자가 알맞은 타이밍에 정보를 내도록 하는 장치이다. ☞ CPU (p.225)

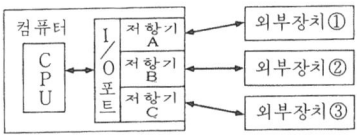

IT 기본공차(IT基本公差 : fundamental tolerance) ISO에서 규정된 공차계열. ☞ 치수공차 (p.385)
500mm 이하의 치수를 13구분으로 나누고 각 구분에 대해서 IT 01, IT 0, IT 1… IT16의 18등급의 치수공차 계열을 정하고 다음과 같이 적용한다.
① IT 01(01급)~IT 4(4급)
  주로 게이지류의 치수 공차
▽ 플러그 게이지 IT4(4급)

 공차범위 3~20 μm

② IT 5(5급)~IT 10(10급)
  주로 끼워 맞춤 부분의 치수 공차
▽ 볼 베어링 IT5(5급)

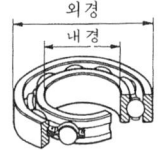 공차범위 4~27 μm

③ IT 11(11급)~IT 16(16급)
주로 끼워맞춤이 필요없는 부분의 치수 공차
▽ 보링 바 IT 12(12급)

공차범위 0.1~0.63mm

I.T.V(industrial television) 산업의 복잡화·자동화와 함께 필요한 감시·제어를 영상으로 행하는 장치. 폐회로 텔레비전이라고도 한다.

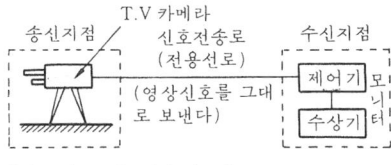

[신호전송로] 전용의 선로로 동축(同軸) 케이블 등을 사용한다.
[수상기] 특정 영상의 수상이기 때문에 튜너, 영상 중간 주파 등은 필요 없고 구조가 간단하다.
[응용] 공업용, 업무용, 교육용, 교통감시용 등

아크(arc) 이온 농도가 높고 고열(高熱)과 강한 빛을 동반하는 방전 전류(放電電流). ☞아크 방전 (p.233)

아크 길이(arc·length) 아크 양단 사이의 거리.

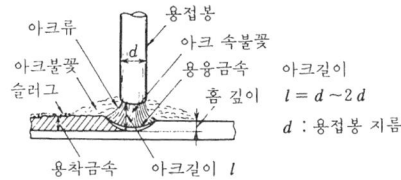

$l = d \sim 2d$
d : 용접봉 지름

아크로(arc furnace) 열원(열에너지)으로 해서 아크열을 이용하는 전기로(電氣爐).
[예] 간접 아크로
 탄소 전극간의 아크열로 광석을 가열해서 융해한다. 주로 동합금·경합금용

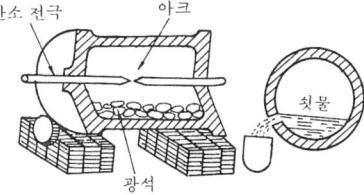

아크릴 섬유(acrylic fibre) 에틸렌과 시안화수소를 화합시켜서 이루어진 아크릴로니트릴(acrylonitrile)을 중합시켜서 만든 섬유.
▽ 아크릴 섬유

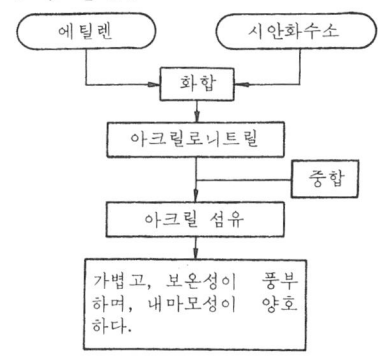

가볍고, 보온성이 풍부하며, 내마모성이 양호하다.

아크 방전(arc discharge) 전극간에 발생되는 방전으로 이온농도(전자와 이온의 농도)가 극히 높고 고열과 강한 빛을 동반하는 방전(放電).
 아크 방전에서 소비되는 에너지는 빛이 되는 것 이외는 대부분이 열로 변환된다.

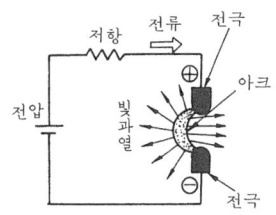

[응용] ① 아크로 ② 아크 용접
 ③ 아크 등

아크 용접(arc welding) 아크열을 이용하여 행하는 용접.
[종류] ① 전극에 의한 분류
 ·탄소 아크 용접
 ·금속 아크 용접 (p.51)
 ·서브머지드 아크 용접 (p.190)
 ·불활성 가스 아크 용접 (p.168)
 ·탄산가스 아크 용접 (p.401)
 ·스터드 용접
 ② 전류에 의한 분류
 ·직류 아크 용접 (p.365)
 ·교류 아크 용접 (p.43)

아크 용접 용구(arc welding tool)

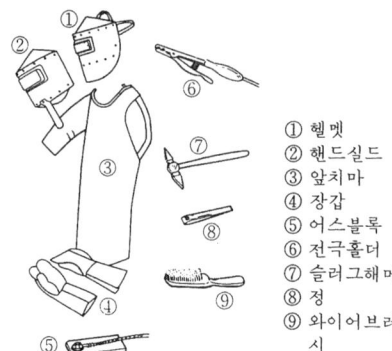

① 헬멧
② 핸드실드
③ 앞치마
④ 장갑
⑤ 어스블록
⑥ 전극홀더
⑦ 슬러그해머
⑧ 정
⑨ 와이어브러시

아크 전압(arc voltage) 아크 양단 사이에 가해지는 전압.

아크 절단(arc cutting) 아크열에 의해 금속을 녹여서 행하는 절단. ☞가스 절단 (p.10)

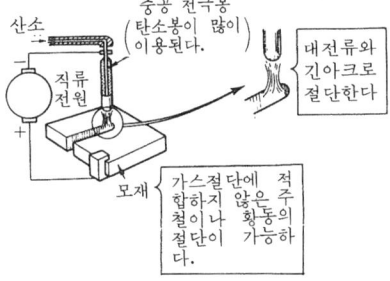

안내(案內 : guide) ① 절삭공구를 부시 (bush)를 이용해서 정확한 위치에 가지고 가는 것. ☞지그(p.363), 가이드 부시(p.12)
② 기계부품을 미끄럼 대우(對偶)를 이용하여 일정방향으로 정확하게 운동시키는 것.

안내 날개(guide vane) 펌프나 수차(水車)의 임펠러의 외주부에 있고, 수류(水流)의 방향을 안내하는 임펠러.

▽ 터빈 펌프

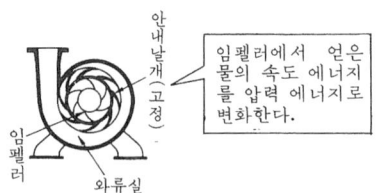

▽ 수차

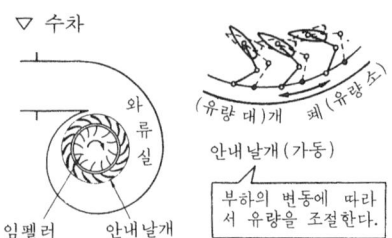

안전계수(安全係數 : safety factor) =안전율 (p.235)

안전관리(安全管理 : safety control) 직장에서의 노동재해나 공장주변의 공해에 대하여 그 재해 방지 대책을 세우고 안전을 확보하기 위한 기획과 그 실시.
[노동 재해] 공장에 있어 재해에는 상해, 질병 등의 인적 재해와 시설의 재해에 의한 물적 재해가 있다.

인 적 원 인	물 적 원 인
① 체력이나 성질에 적절하지 않은 일	① 설비나 기계의 정비불량 특히 안전장치 미비
② 피로(원인으로서는 작업의 과중, 작업 환경 불량, 수면부족, 사생활의 불규칙 등)	② 계단통로 등의 설계·시공·보수 등의 불완전
③ 기능·경험·지식의 부족	③ 위험이 있는 개구부. 충돌의 염려가 있는 돌출부 등의 보호불충분
④ 부주의(그 원인으로서는 성격·생활 태도 등)	④ 채광·조명 기타 작업 환경의 부적절
⑤ 명령의 불이행 또는 위반(예를들면 복장·보호구 등 정해진 것을 지키지 않음)	⑤ 정리 정돈의 불량, 기계·설비 등의 과밀배치
⑥ 작업방법의 부적당 이상의 제원인 중에 제일 많은 것이 부주의이다.	⑥ 보호구(보호안경·장갑·안전화) 등의 부족

안전관리조직(安全管理組織 : safety control

[예]

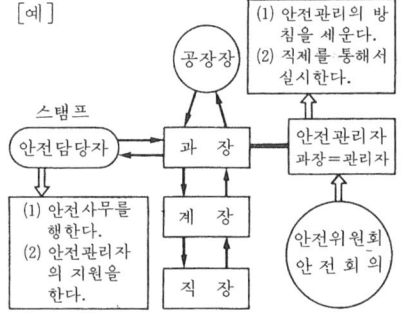

(1) 안전관리의 방침을 세운다.
(2) 직제를 통해서 실시한다.

(1) 안전사무를 행한다.
(2) 안전관리자의 지원을 한다.

organization) 공장 또는 작업상의 안전을 확보하기 위한 조직.

안전교육(安全敎育 : safety education) 재해를 방지하거나 작업의 안전을 지키기 위한 교육.
▽ 안전교육의 내용

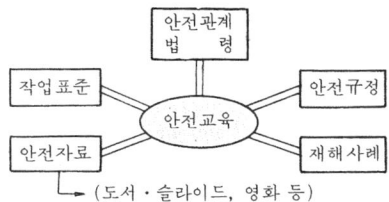

안전 밸브(safety valve) 보일러나 유압회로에서 내압의 압력이 설정압력 이상으로 되었을 때 자동적으로 그 유체를 누출시켜 압력을 설정압력까지 낮추는 밸브.
▽ 스프링 안전밸브 ▽ 레버 안전밸브

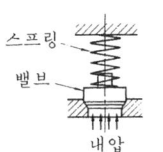 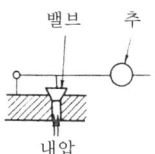

내압이 높아지게 되면 스프링 작용에 의해 밸브가 올라가 유체가 밖으로 흐른다. 스프링의 높이를 바꾸어서 밸브에 가하는 힘을 바꾼다.

내압이 높게 되면 레버의 추로 체결되어 있는 밸브가 작동하여 내부의 유체가 밖으로 흐른다. 추의 위치를 이동해서 밸브에 가하는 힘을 바꾼다.

안전색채(安全色彩)**의 표시** (expression of safety color) 색별로 나타내는 안전에 관한 표시.
[예] 적색…방화, 정지, 금지
황색…주의
청색…경계
백색…통로, 정리

안전율(安全率 : safety factor) 안전계수라고 해도 좋으며, 재료의 기준강도로부터 허용응력을 구하기 위한 계수(係數).

안전율 = 기준강도 / 허용응력

[안전율 선정의 제요소]
① 하중·응력의 성질
② 재료의 성질과 신뢰도
③ 하중면적의 정확도
④ 응력계산의 정확도
⑤ 응력집중의 영향
⑥ 사용시의 상황
⑦ 공작의 양부(良否)
⑧ 수명

안전표지(安全標識 : safety signplate) 각종 사업장에서 안전확보를 위해 이용하는 표지. KS에서 규정한 도형·색채로 만들어 직관적으로 위험에 대한 주의를 환기시켜 안전사고를 방지하기 위해 고안되어 있다.

안티노크성(antiknock quality) 노크를 일으키기 어려운 성질. ☞노크 (p.77)

안티노크제(antiknock dope) 가솔린의 안티노크성을 향상시키기 위하여(옥탄가를 높이기 위하여) 가솔린에 첨가하는 노크 (knock) 방지제(劑).
[예] 4에틸납.

R 게이지(radius gauge) 면의 R(둥근 정도)를 측정하는 게이지. 반지름 게이지.
[종류] 외측용과 내측용 2가지가 있다.

알루마이트(alumite) 알루미늄의 내식성(耐食性)과 경도를 높이기 위한 알루미늄 표면에, 전해(電解)에 의해서 치밀한 산화피막을 만드는 방법 또는 제품명.
내식성·절연성이 매우 우수하며 염색도 가능하다. 가전용품 등에 널리 이용된다.

알루멜 크로멜(alumel-chromel) 크로멜은 Ni에 Cr을 첨가한 합금이고, 알루멜은 Ni에 Al을 첨가한 합금이며, 이들 2개의 선(線)을 열전대(熱電對)로 해서 1200℃ 이하의 온도측정에 이용된다.

알루미늄(aluminium) 보크사이트로부터 알루미나(Al_2O_3)를 만들고 이것을 전해해서 정련한 대표적인 경금속. 비중 2.69, 융점 658.8℃, 산, 알칼리, 바닷물에 대해 내식성이 뛰어나며, 양극 산화피막법(알루마이트법)으로 산화피막을 만들어 내식성을 부여한다.

[사용예] 트레일러의 대형 운반 용기(컨테이너)

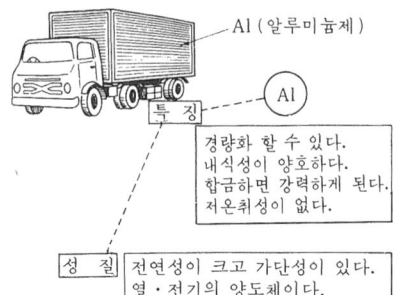

α철(α-iron) 상온에서 910°C 사이에 존재하는 결정형이 체심입방격자(體心立方格子)로 있는 순철(純鐵). 탄소를 거의 고용하지 않는다. ☞페라이트(p.421)

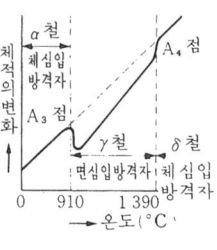

알칼리 축전지(alkaline battery) ☞축전지(p.382)

알클래드(alclad) 고(高)알루미늄 합금의 내식성을 높이기 위하여 순알루미늄이나 내식용 알루미늄 합금의 판을 압연에 의해서 압착시킨 합판.

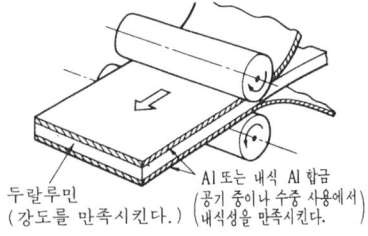

rpm(revolutions per minute) 매분당의 회전수. 일반적으로 회전수의 단위로 사용된다.

암(arm) 기어, 벨트, 핸들 등에 있어 보스(boss)와 림(rim)을 방사상으로 연결하고 있는 부분.

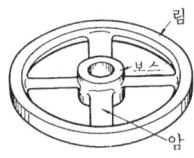

암나사(internal thread) ☞나사(p.64)

암페어(ampere) 전류의 실용단위로 기호는 [A]로 나타낸다. 옴의 법칙에 의하면 1Ω의 저항에 1V의 전압을 가했을 때 흐르는 전류를 1A라 한다.

압력(壓力 : pressure) 단위면적당 면을 수직으로 누르는 힘(kg/cm^2) ☞압력의 표시 방법(p.237). ☞절대압(p.338), ☞부압(p.164)

압력각(壓力角 : pressure angle) 기어 잇면의 한 점에서 그 반경선과 치형으로의 접선과 이루어지는 각. 보통은 피치점 압력각을 말한다. 피치점 압력각은 피치점을 통하는 작용선과 피치점에 있어 피치원의 접선과 이루는 각을 압력각이라 한다. 표준 인벌류트 치형의 압력각은 20°이다.

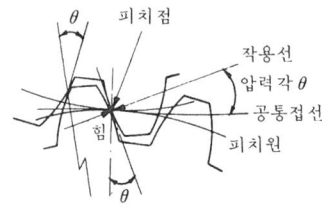

압력계(壓力計 : pressure gauge) 유체의 압력을 측정하는 계기.
[예1] 액주압력계

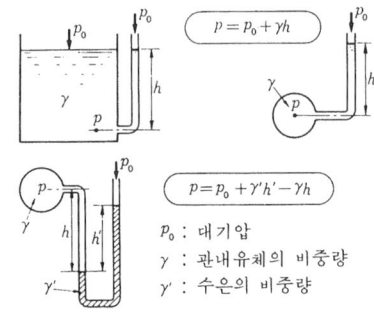

p_0 : 대기압
γ : 관내유체의 비중량
γ' : 수은의 비중량

[예2] 부르동관압력계

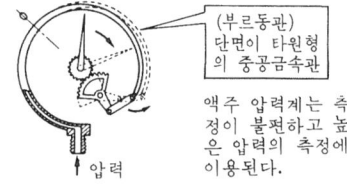

(부르동관) 단면이 타원형의 중공금속관

액주 압력계는 측정이 불편하고 높은 압력의 측정에 이용된다.

압력 끼워맞춤(force fit) 억지 끼워맞춤의 일종.

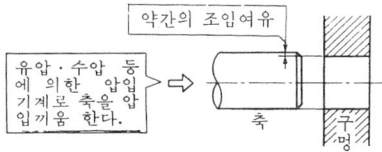

압력 링(pressure ring) 피스톤 링의 일종.
* ☞피스톤 링(p.441)

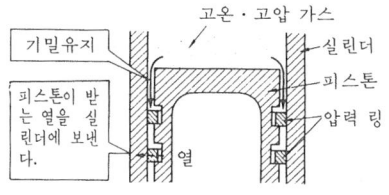

압력 복식터빈(pressure compound turbine) 1줄의 노즐과 1줄의 날개로 이루어진 단(段)을 여러개 직렬로 준비해 놓고 증기 에너지를 몇 단으로 나누어서 일로 바꾸는 터빈.

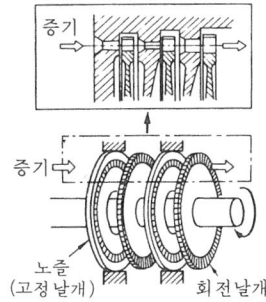

압력비(壓力比 : pressure ratio) 송풍기 또는 압축기에 있어서 토출시 공기압과 흡입 공기압과의 비

$$압력비 = \frac{토출시\ 공기압}{흡입\ 공기압}$$

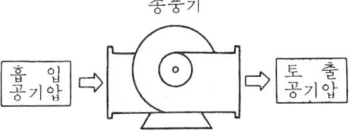

압력 수두(壓力水頭 : pressure head) =압력 에너지(p.237)

압력식 온도계(壓力式溫度計 : pressure thermometer) 액체·기체 등의 압력이 온도에 의해서 변하는 것을 이용한 온도계. 종류로는 액체 충만 압력식, 증기압식, 기체식 등이 있다.

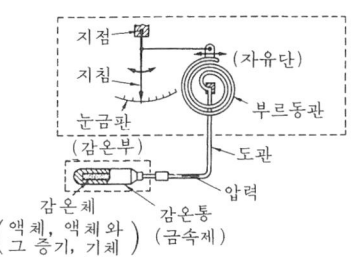

압력 액면계(壓力液面計 : pressure type liquid level gauge) 압력계를 이용해서 액면의 높이를 측정하는 계기. 밀폐용기는 사용되지 않는다.

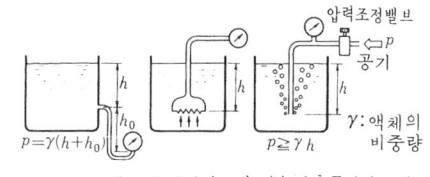

(a) 직접압력계로 측정한다.
(b) 다이어프램의 변형량으로부터 측정한다.
(c) 압축공기와 액면의 균형을 맞추어 차압으로부터 측정한다.

압력 에너지(pressure energy) 유체의 압력이 가지고 있는 에너지.

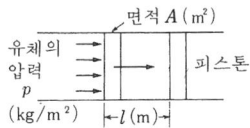

피스톤에 가하는 힘 pA(kg)
피스톤이 l(m) 움직였을 때의 일
$$pAl\ (\text{kg}\cdot\text{m})$$
유체의 중량 $W = \gamma Al$ (kg)
γ : 유체의 비중량
유체가 갖는 압력 에너지
$$pAl = p\frac{W}{\gamma}\ (\text{kg}\cdot\text{m})$$

유체 1kg이 갖는 압력 에너지 $\frac{P}{\gamma}(m)$를 압력 수두라 한다.

압력의 표시방법(pressure expression)

[압력 단위]
1kg/cm²
=0.7356mHg
=0.980655bar
1 atm(기압)
=0.760mHg
=10.33257m Aq
=1.01325 bar
=1.03328kg/cm²
1bar=10⁵N/m²=1.0972kg/cm²
1Pa=1N/m²

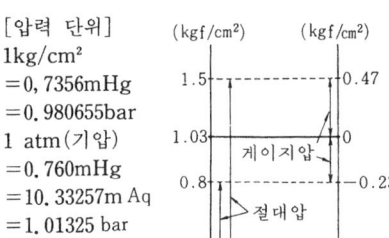

압력제어(壓力制御) **밸브**(pressure control-valve) 유압·공기압 회로에 이용되는 압력을 제어하는 밸브. 종류로는 릴리프 밸브, 감압 밸브, 안전 밸브 등이 있다.

압력 터빈(pressure turbine) ☞반동 터빈 (p.143)

압상력(壓上力) 주형에 쇳물을 흘려 넣으면 그 압력에 의해 상형이 밀어 올려지는 힘.

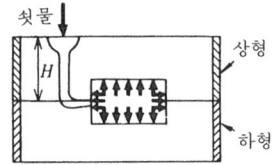

압상력 = $\dfrac{\rho H A}{1000} - W$ (kg)

ρ : 쇳물의 비중량(g/cm³)
H : 탕구의 높이(cm)
A : 쇳물 형상에 대한 투영면적(cm²)
W : 상형의 중량(kg)

주입 때는 주형위에 압상력의 강도이상의 추를 얹어두든가, 상형과 하형을 볼트 등으로 조인다.

압연 가공(壓延加工 : rolling) 금속의 소성을 이용해서 고온 또는 상온에서 소재를 회전하는 2개의 롤(roll) 사이에 통과시켜 판재(板材)나 형재(形材)로 성형하는 작업. ☞압연 roll
▽ 판재압연의 예

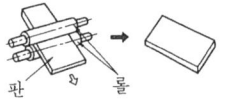

▽ 형재압연의 예

압연기(壓延機 : rolling mill) 회전하는 2개의 롤 사이에 소재를 넣고 압연 가공해서 소요의 형상으로 하는 기계.

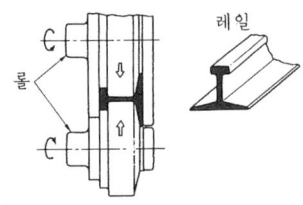

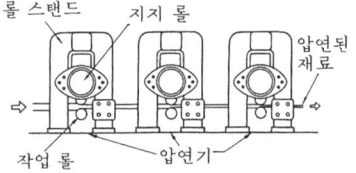

압연 롤(rolling roll) 압연기에서 소재를 압연하기 위한 롤.

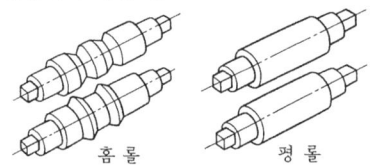

홈 롤   평 롤

압입 양정(押入揚程 : forced head) 펌프 흡입 양정의 이론상의 한계 10.33m(물의 경우) 이상으로 양수하는 경우 대기압 이상의 압력을 흡수면에 가했을 때의 양정.

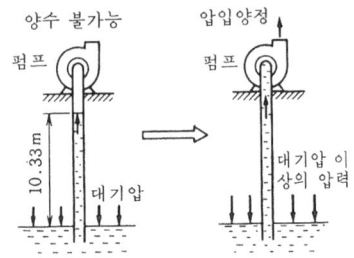

압자(壓子 : penetrator) 경도시험에서 정하중(靜荷重)으로 시험편의 표면에 압입해서 표면에 자국을 만드는 것. 압자의 선

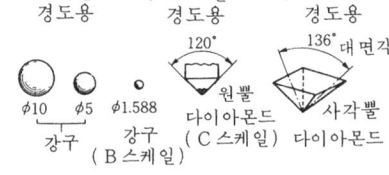

단에는 담금질된 강구(鋼球) 또는 다이아 몬드가 이용되고 있다.

압전기(壓電氣 : peiezo electricity) 어떤 종류의 결정체(結晶體)에 압력을 가했을 때 발생하는 전기. 피에조 전기. 세로 효과가 될지 가로효과가 될지는 판의 절단 방법(결정축에 대한 단면을 취하는 법)에 의한다.
[응용] 수정 발진기, 초음파 발생기, 마이크로폰 등에 이용.

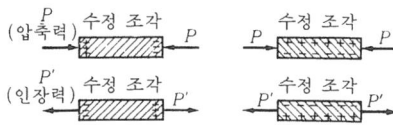

압전형 진동계(壓電形振動計 : piezoelectric vibrometer) 압전체(티탄산 베릴륨 등)에 발생하는 전기량으로부터 추(錘)의 변위(變位)를 알고 진동 가속도를 측정하는 진동계.
[측정 범위] 진동 수 : 3~70, 000Hz
진동가속도 : 4×10^4 g [m/sec²]
g : 중력 가속도
[특 징] 폭발, 충돌의 충격 가속도의 측정이 가능.
[이용도] 자동차가 가속할 때의 가속도 크기, 제동을 걸었을 때 감속도의 크기를 측정한다.

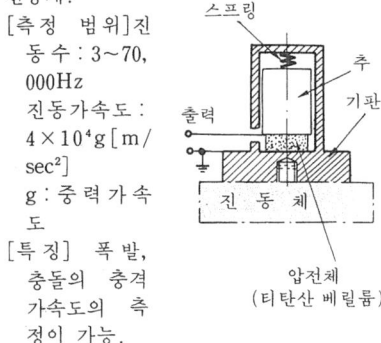

압접(壓接 : pressure welding) 금속을 가열해서 접합부에 기계적 압력을 가하여 붙이는 접합. ☞단접(p.88), ☞폭발 압접 (p.428)

압축 강도(壓縮强度 : compressive strength) 재료의 압축 시험에서 시험편이 압축 파괴될 때까지의 최대 하중을 시험 전의 시험편 단면적으로 나눈 값. 주철 같은 취성(脆性)재료에서는 압축 강도는 구해지지만 연성(延性)재료에서는 압축 파괴되지 않기 때문에 엄밀히 구할 수 없다. 또한 시험편이 가늘고 긴 경우는 압축에 의해서 좌굴(座屈)을 일으킨다.

압축기(壓縮氣 : compressor) 공기 또는 그 밖의 기체를 압축해서 압력을 높이는 기계.

[종류] 터보식 $\begin{cases} 축류 압축기 (p.381) \\ 원심 압축기 (p.281) \end{cases}$

용적식 $\begin{cases} 회전 압축기 (p.456) \\ 왕복 압축기 (p.274) \end{cases}$

압축 변형(壓縮變形 : compressive strain) 압축 작용에 의한 변형. ☞가로 변형(p.9)

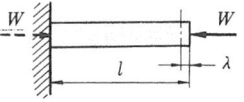

압축 변형 $\varepsilon = \dfrac{\lambda}{l}$
l : 압축하기 전의 길이
λ : 줄어든 길이

압축비(壓縮比 : compression ratio) 내연기관에서 실린더 용적과 틈새 용적과의 비.

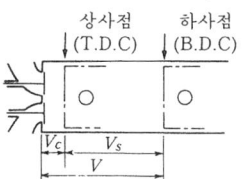

압축비 $= \dfrac{V_C + V_S}{V_C}$
V_S : 행정용적
V_C : 틈새용적
V : 실린더용적
가솔린기관의 압축비 7.5~10
디젤기관의 압축비 12~20

압축 시험(壓縮試驗 : compress test) 주로 연한 재료의 시험편을 파괴할 때까지 압축해서 그 강도를 조사하는 실험(압축력에 대한 재료의 저항력인 항압력(抗壓力)을 실험하는 것).

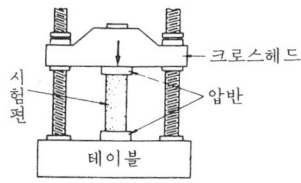

만능재료 시험기 또는 내압 시험기로 압반(壓盤) 사이에 시험편을 놓고 압반에 하중을 가해서 시험한다. 주철·콘크리트·모르타르 등은 주로 압축강도를 조사한다.

압축 응력(壓縮應力 : compressive stress) 재료에 압축 하중을 가했을 때 생기는 응력.

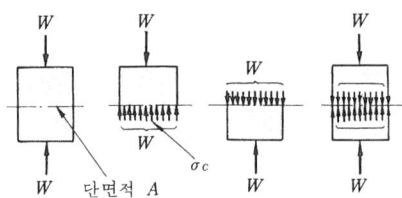

$$압축\ 응력\ \sigma_C = \frac{W}{A}(kg/mm^2)$$

W : 압축 하중(kg) A : 단면적(mm²)

압축 점화 기관(壓縮點火機關 : compression ignition engine) =디젤 기관(p.104)

압축 하중(壓縮荷重 : compressive load) 물체의 표면에 있어서 외부에서 내부로 향하여 면과 수직으로 누르듯이 작용하는 하중. 압축 하중 W 에 대해서 물체에 이것과 같은 크기의 반력(反力) W' 가 작용한다.

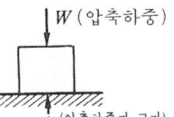

압축 행정(壓縮行程 : compression stroke) ☞4사이클 기관(p.181)

압출가공(押出加工 : extrusion) 고온으로 가열한 재료를 컨테이너에 넣고 램에 강한 압력을 가하여 다이형(型)으로부터 압출해서 성형하는 가공.

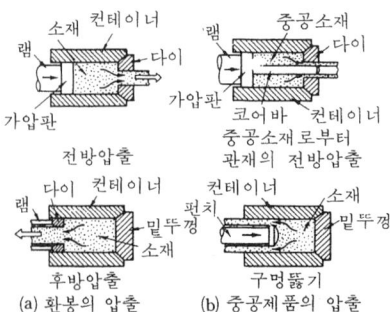

압탕(押湯 : dead head, feeder head) 라이저(riser). 주조에서 주입한 쇳물의 압력을 증가하기 위해서 쇳물을 가득 채우는 빈 곳. 응고할 때 쇳물의 수축분을 압탕의 쇳물로 보급한다. 압탕의 중량으로 쇳물의 압력을 가하고 파괴나 기공의 발생을 방지하거나 가스를 추출한다. 탕구(湯口)의 반대쪽이나 벽두께 부분에 설치한다. 소형의 주물에서는 탕구로 압탕(라이저)을 대신하고 따로 설치하지 않는다.

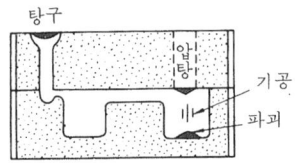

압하량(壓下量 : rolling reduction) 압연(壓延)가공에서 소재를 압축해서 두께를 얇게 할 때 압연 전과 압연 후의 두께차. 소재의 재질에 따라 1회 압하량은 다르다.

압하율(壓下率 : reduction ratio) 압연의 가공도.

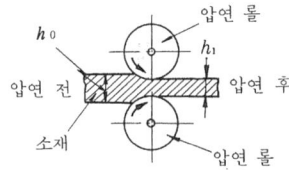

$$압하율 = \frac{h_0 - h_1}{h_0} \times 100(\%)$$

압하량 = $h_0 - h_1$
h_0 : 압하 전의 판 두께
h_1 : 압하 후의 판 두께

앞메군 해머(striker's hammer) 앞메군이 사용하는 망치. 오해머라고도 말한다.
[종류] 머리의 한쪽만을 이용한 것을 편두메라고 하고, 머리의 양끝을 이용한 것을 양두메라고 한다.

편두메　　　　　　양두메

앞면 여유각
(front clearance) 절삭 공구에 있어서, 바이트선단 상부로부터 밑면에 그은 수선과 여유면이 이루는 각.
바이트가 절삭을 할 때, 공작물과의 사이에 간섭을 일으키지 않도록 여유를 설치한다.

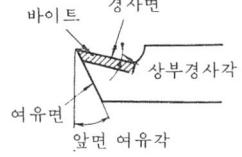

애자(碍子 : insulator) 송전(送電)·배전(配電)이나 실내 배선 등에 있어, 전선을 지지물(철탑·전주 등)에 장치하는 데 이용하는 절연용 기구.

▽ 현수애자(송전선용)

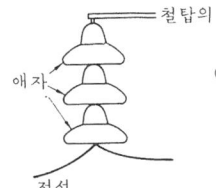

① 애자의 갯수는 송전전압의 크기에 의한다.

▽ 핀애자(고압·저압배전선용)

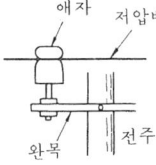

② 애자는 주로 절연에 자기(磁器)를 이용한다.

애크미 나사(Acme thread) 나사산의 각도가 29°인 사다리꼴 나사.
$h = 0.5p + 0.01 (\text{in})$
(h : 나사높이, p : 피치)

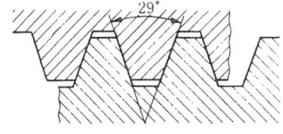

(나사산의 강도가 크고 이동 전달용)

애프터 버닝(after burning) 내연 기관에 있어 연료의 일부가 팽창 행정의 끝부분까지 연소를 계속하는 현상.

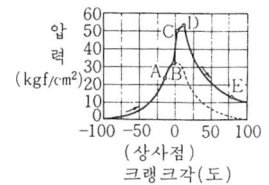

A : 연료분사의 시작
B : 착화
B~C : 압력 급상승
C~D : 연료 분사계속
D : 분사종료
D~E : 미연소 연료가 연소를 계속한다.

액상선(液相線 : liquidus curve) 합금의 상태도 가운데 전체의 배합합금의 응고 개시 온도를 연결한다.

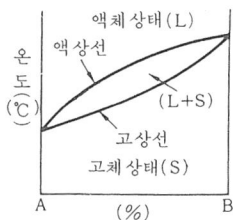

액정(液晶 : liquid crystal) 유기화합물의 액체로 결정(結晶)과 같은 이방성(異方性)을 나타내는 것을 말한다. 이것에 전계(전압)를 가하면 뿌옇게 되는 성질이 있다.

[응용예] 아주 미소한 전력으로 숫자 등의 표시가 가능하기 때문에 계기의 계수표시 등에 널리 이용되고 있다.

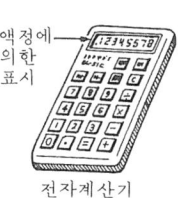

액정에 의한 표시

전자계산기

액주 압력계(液柱壓力計 : manometer) 관 또는 용기 내의 유체의 압력을 그와 접속한 가는 가스관의 액주 높이로 측정하는 압력계. ☞압력계(p. 236)

액체 실링(liquid sealing) =액체 패킹(p. 242)

액체 연료(液體燃料 : liquid fuel) 원유 그 밖의 것으로부터 분류(分溜)된 액체의 연료.

[종류]

액체 연료 { 원유를 분류한 연료 { 가솔린 / 등유 / 경유 / 중유 }, 기타 연료 { 합성석유 / 혈암유 / 알콜 / 벤젠 } }

액체 추진제(液體推進劑 : liquid propellant) 액체의 로켓 추진제. 액체연료(에틸알콜 또는 등유)와 액체 산화제(액체탄소)로 이루어진다. 이것 외에는 어닐링(annealing)과 초산을 조합한 것이 있다.

액체충만 압력식 온도계(液體充滿壓力式溫度計 : liquid in steel thermometer) 감온통(感溫筒)·도관(導管)·부르동관의 전체에 액체를 가압·봉입하여 온도에 의한 액체 압력의 변화를 이용한 온도계.
[봉입액의 종류와 사용온도] 수은 30 ~500℃, 키실렌 40~400℃, 케로신 70~315℃

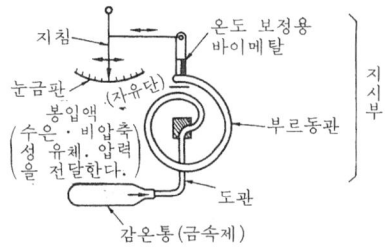

액체 침탄법(液體浸炭法 : liquid carburizing) 고온도에서 융해한 염류(鹽類)를 사용해서 침탄하는 방법. ☞침탄법(p. 388)

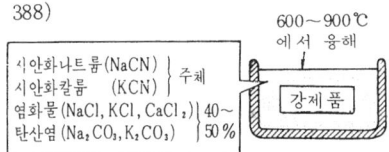

액체 패킹(liquid packing) 회전축과 케이싱 사이에 액체를 넣고 그 원심작용(遠心作用)에 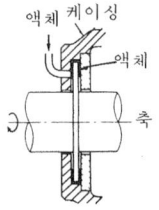 의해 기밀(氣密)을 유지하는 방법.
[용도] 고속 회전축

액체 호닝(liquid honing) 연마재와 가공액을 압축공기에 의해서 노즐로부터 공작물의 표면에 세차게 뿜어 다듬질하는 방법.

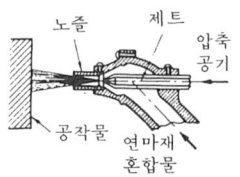

액추에이터(actuator) 기름이 갖고 있는 유압(油壓)에너지를 기계적 일로 변환하는 장치.

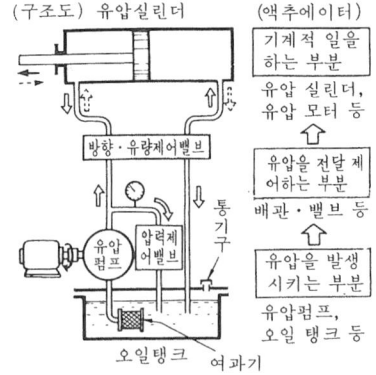

액화 석유가스(LPG : liquefied petroleum gas) 가솔린을 제조할 때, 부산물로서 생긴 프로판(C_3H_8)·부탄(C_4H_{10})을 주성분으로 하는 가스를 압축하고 액화한 것.

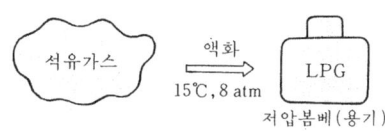

앤빌(anvil) ① 단조 기계에서 가열한 소재를 올려 놓는 주강제 성형대.
② 측정 기기에서 측정물을 올리는 대. 외측 마이크로미터에서는 측정물을 스핀들에 물리도록 하기 위하여 프레임에 설치되어 있는 부분.
③ 대장간 작업을 할 때 가열한 재료를 올리는 대. 모루를 말한다.

▽ 로크웰 경도 시험기

▽ 모루(앤빌)

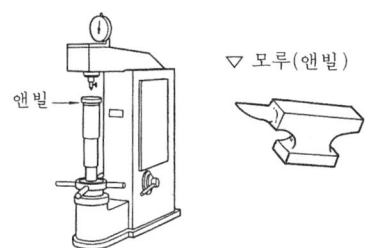

앵귤러 커터(angular cutter) 각(角) 밀링 커터.
[종류] 한 쪽에만 경사진 날을 가진 것(편각 커터)과 양측에 경사진날을 가진 것(양각 커터)이 있다. 그 밖에 여러가지 각도의 것이 있다.
[용도] 경사면이나 더브테일홈 깎기 또는 리머나 커터의 날을 깎아 낼 때에 사용한다.

편각커터   양각커터

앵글 강(angle steel) L형강(形鋼). 철골 구조물이나 여러가지 장치류에 사용되는 구조용 강으로, 단면이 L형으로 되어 있다.

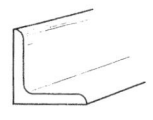 

등변 앵글 강   부등변 앵글 강

앵글 밸브(angle valve) 스톱 밸브의 일종으로 유체의 흐름을 직각으로 바꾸는 밸브.
[예] 청동제 앵글 밸브

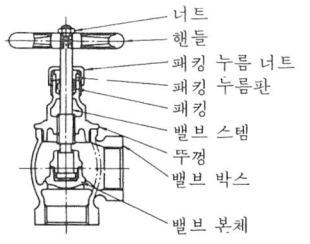

밸브가 전부 열려도 밸브 본체가 유체 속에 있기 때문에 유체의 에너지 손실이 많지만 밸브의 개폐가 신속하고, 밸브 본체와 밸브 시트와의 밀착이 용이하다.

앵글 커터(angle cutter) 좁은 틈새의 홈, V홈 등의 직선 홈의 가공 및 나선홈의 가공에 이용되는 커터.
[종류] 편각 커터·등각 커터·부등각 커터 등.

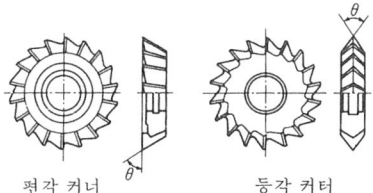

편각 커너   등각 커터

앵글 플레이트(angle plate) 밀링이나 드릴링 머신 등에서 공작물을 볼트 등으로 홈에 고정시켜 놓고 이용하는 주철제 공구(工具). 일명 가로정반이라 한다.

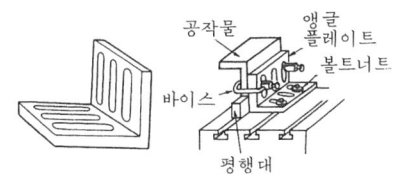

앵커 볼트(anchor bolt) 닻과 같이 생긴 것으로, 기계류를 콘크리트 바닥이나 그 밖의 기초에 고정시키기 위하여 사용하는 볼트. 기초 볼트의 일종이다.

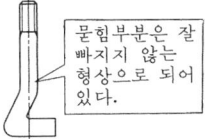

묻힘부분은 잘 빠지지 않는 형상으로 되어 있다.

앵커 이스케이프먼트(anchor escapement) 회전력이 가해진 래칫 휠(ratchet wheel)을 앵커 형상의 진동자의 진동에 의해 1치(齒)씩 간헐적으로 회전시키는 기구.
[응용] 시계

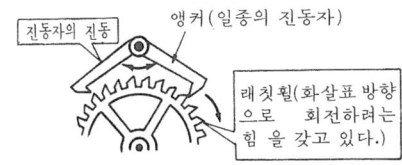

얇은 원통(thin cylinder) 원통이 내압(內壓)을 받았을 때 원통 단면에 생기는 원주방향의 응력(후프응력)이 벽의 내면에서 외면으로 전달되어 일정하다고 보는 얇은 벽(두께가 내경의 5% 내외)의 원통.

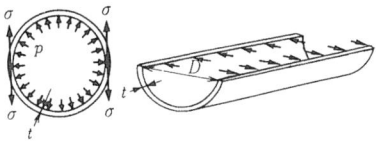

$t \leqq 0.05D$

원주방향의 응력 $\sigma = \dfrac{Dp}{2t}$

σ : 후프 응력 D : 원통의 내경
t : 원통의 벽두께 P : 내압

양구(兩口) 스패너(double ended spanner) 볼트나 너트를 조이기도 하고, 풀기도 하는 양쪽에 물림입이 달린 스패너.

양면(兩面) 그루브(double groove) 용접 이음에 있어서 접합하는 두 모재(母材)간의 양면에 가공한 그루브. ☞ 그루브 (p.48)

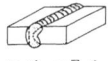   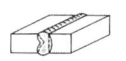
K형 그루브   양면 J형 그루브

   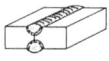
X형 그루브   H형 그루브

양면 모따기 밀링 커터(double corner-rounding cutter) 2개의 공작물 모서리를 동시에 둥글게 가공하여 모따기를 하는데 사용된다. 밀링 머신 커터, 한면 모따기 밀링 커터도 있다.

   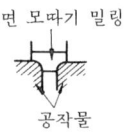
양면 모따기 밀링
공작물

양수 발전소(揚水發電所: pumping-up power plant) ☞ 수력 발전소 (p.205)

양은(洋銀: nickel silver) Ni 8.5~19.5%, Zn 5.5~31.5%를 함유한 동합금.

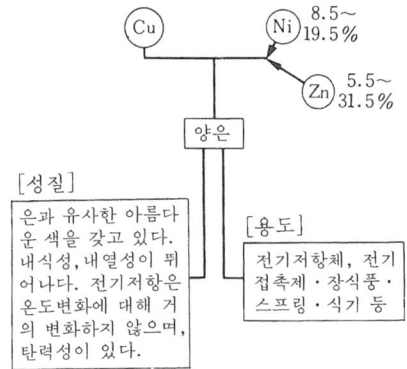

[성질]
은과 유사한 아름다운 색을 갖고 있다. 내식성, 내열성이 뛰어나다. 전기저항은 온도변화에 대해 거의 변화하지 않으며, 탄력성이 있다.

[용도]
전기저항체, 전기접촉제・장식품・스프링・식기 등

어댑터(adapter) ① 수직 밀링 머신 등의 공작 기계에 이용되는 절삭공구의 장착구.

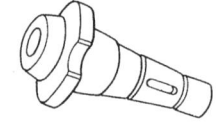

엔드밀 등 생크 붙이 커터를 주축에 장착한다.

② 축의 도중 임의의 위치에 사용되는 롤러 축 베어링의 장착구.

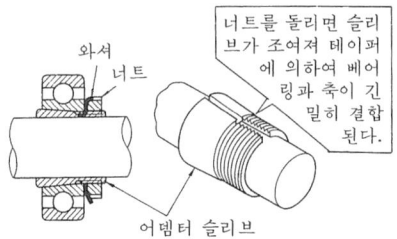

너트를 돌리면 슬리브가 조여져 테이퍼에 의하여 베어링과 축이 긴밀히 결합된다.

와셔
너트
어댑터 슬리브

어셈블러(assembler) 어셈블리(assembly) 언어로 적혀진 프로그램을 기계어로 변환하는 번역 프로그램. 이 변환 작업을 어셈블(assemble)이라 한다. ☞ 어셈블리 언어 (p.245)

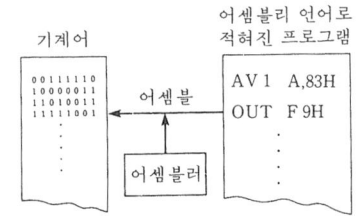

기계어   어셈블리 언어로 적혀진 프로그램
어셈블
어셈블러

어셈블리 언어(assembly language) 기호어(記號語)라고도 한다. 프로그램 언어 중 원래 기계어에 가까운 언어. 원칙으로는 이 언어 하나의 명령은 기계어 하나의 명령에 해당한다. 시스템 프로그램 같은 복잡한 프로그램에는 이 언어가 사용되는 경우가 많다.
[예] LA⋯A5, AAA
　　 SA⋯A5, BBB

어큐뮬레이터(accumulator) ① 유압장치에 있어서 유압펌프로부터 고압의 기름을 저장해 놓는 장치.
[사용목적과 용도]
・유압에너지 축적용
・고장・정전 등의 긴급 유압원
・맥동・충격압력의 흡수용
・유체의 수송, 압력의 전달

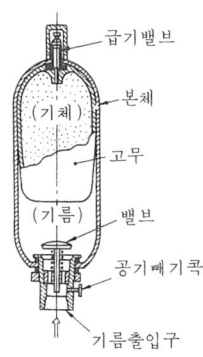

② 증기 어큐뮬레이터(accumulator) : 저부하(低負荷)또는 변동부하일 때에 보일러의 스팀을 저장하고 피크부하나 응급시의 필요에 따라서 이용하기 위한 것.

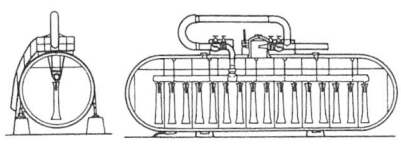

억지 끼워 맞춤(interference fit) ☞끼워맞춤 (p.63)

언더컷(under cut) ① 용접시에 모재(母材)가 패어지고 용착금속이 채워지지 않으며 홈이 되어 남아 있는 부분. ☞비드(p.174), ☞오버랩(p.265)
② 래크(rack) 공구 및 호브(hob)로 기어절삭시 잇수가 적으면 이의 간섭(干涉)이 일어나 이 뿌리를 깎아먹는 현상.

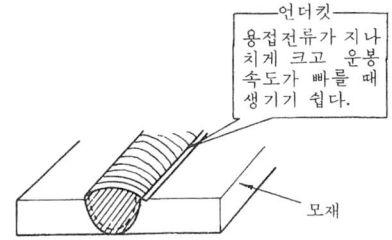

언로더(unloader) 석탄・광석 등을 배에서 육지로 옮기기 위해서 버킷 등을 갖추고 기내에 호퍼・피더・컨베이어・슈트 등을 장비한 전용 크레인(기중기). 교량형 크레인식과 인입형 크레인식이 많다.

▽ 교량형 크레인식 언로더

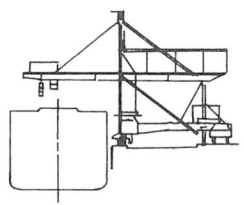

▽ 인입형 크레인식 언로더

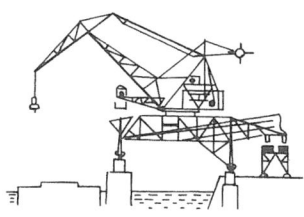

얼런덤(alundum) 알루미나가 많이 함유된 원광(原鑛)을 전기로 만든 연마재(硏磨材)의 상품명.
[용도] 연마재, 내화재료 ☞용융 알루미나(p.275)

얼룩 주철(mottled cast iron) 회주철(灰鑄鐵)과 백주철(白鑄鐵)의 중간 조직인 주철.

업세팅(up setting) 단조(鍛造)에 있어서 소재를 축 방향으로 압축하여, 길이를 짧게, 단면을 크게 하는 작업.

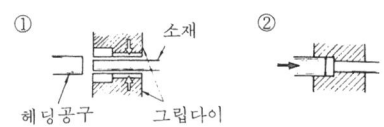

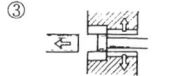   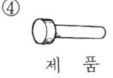
　　　　　　　　　　　제 품

업세팅(up setting) 할 수 있는 제품예

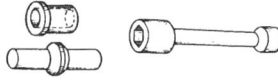

업셋 맞대기 용접(upset butt welding) 맞대기 저항 용접의 일종. 2개의 모재 단면을 맞대고 전류를 흘렸을 때 발생하는 줄(Joule)열과 양 모재에 가하는 압력에 의해서 접합하는 용접. ☞맞대기 저항 용접(p.127), ☞플래시 용접(p.437).

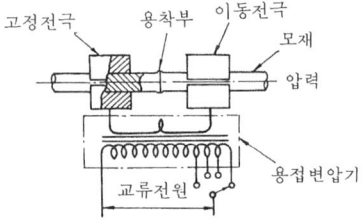

엇갈림 날줄 (double-cut file) 날이 교차된 줄. 겹날 줄이라고도 한다.

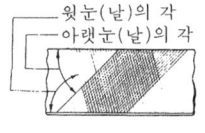

에나멜선(enameled wire) 동선(銅線)에 니스를 도포한 전기 기기용의 코일.
[성질] 절연성(絕緣性)·내열성(耐熱性)·내유성(耐油性)이 좋다.

에너지(energy) 일을 할 수 있는 능력. 일
▽ 에너지의 변환 예

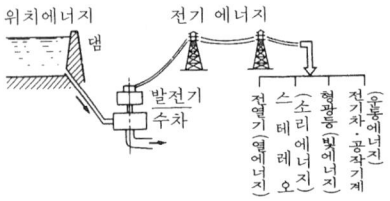

의 양으로 표시된다. 에너지에는 여러가지 종류가 있으나 이것들은 본질적으로 같기 때문에 하나의 형태에서 다른 형태로 바꿀 수 있다.

에너지 보존의 법칙(low of conservation of energy) 「에너지는 그 형태를 어떻게 바꾸어도 외부와의 사이에 에너지 변환이 없으면 그 총합은 일정하고 변환이 있으면 그 변환량 만큼 증감한다.」는 법칙. 줄(Joule)에 의해 확립되었다.

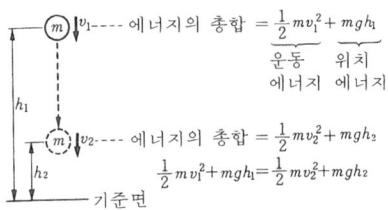

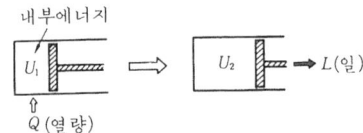

$$Q + U_1 = U_2 + AL \quad \therefore Q = U_2 - U_1 + AL$$
A : 일의 열당량

에머리 버프(emery buff) 헝겊 버프에 에머리분(粉)을 접착한 버프. ☞버핑(p.152)

SI(international system of unit) 국제 도량형 총회에서 채용 권고된 단위.
＝국제단위계(國際單位系).
▽ 국제단위계 SI

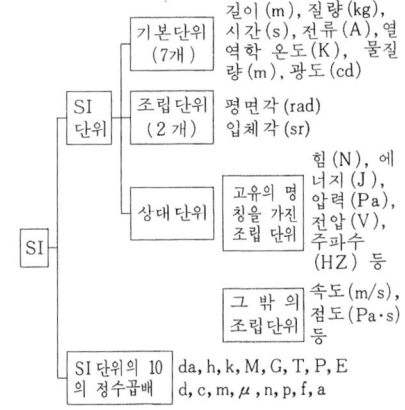

S-N 선도(S-N diagram) ☞피로한도(p. 440)

SS(suspended solid) 수중에 떠 있는 물질양의 기준치.
[예] 하수도 600mg/l, 제조업 300mg/l

에스케이프 밸브(escape valve) 관로나 압력용기의 압력이 규정 이상이 된 때, 자동적으로 작동하여 유체를 밖으로 유출시키거나, 되돌리는 역할을 하는 밸브.

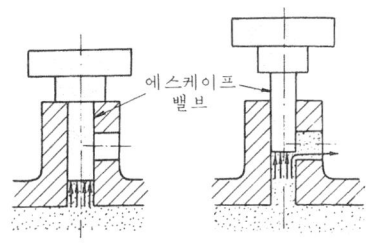

에어(air) 압축공기를 말함.

에어리 포인트(airy point) 에어리 점(點). 양 단면이 평행한 단도기(端度器)를 2점에서 지지하는 경우 양 단면이 수직으로 되는 지점의 위치.

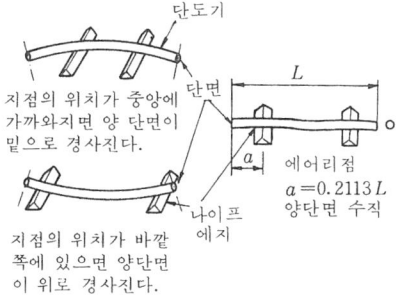

에어척(air chuck) 공기(空氣)척. 압축공기를 이용하여 척(chuck)의 조(jaw)를 개폐하고, 공작물을 장착 및 제거하는 공구.

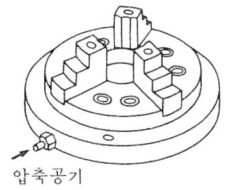

에어 해머(air hammer) 공기 해머. 압축공기를 이용하여 피스톤과 일체로 되어 있는 망치를 상하로 움직여 가열한 재료를 단조(鍛造)하는 기계.

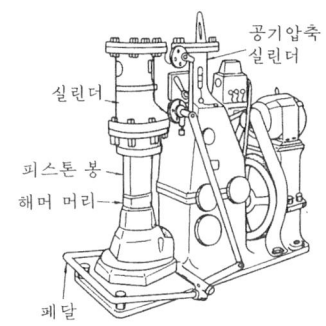

A-D 변환(A-D conversion) 어떤 아날로그량(量)을 전압의 크기(아날로그량)로 나타내고 이것을 펄스의 갯수(디지털량)로 변환하는 것.
▽ 계수방식의 기본회로

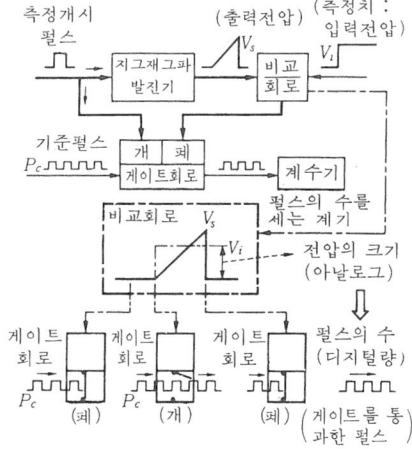

A-D 변환기(analog-digital converter) 전기적인 아날로그량을 디지털량으로 변환하는 장치. ☞A-D 변환(p.247)
전류·전압의 값, 온도·압력·유량 등의 값을 컴퓨터로 출력하려 할 때에 이용된다. 컴퓨터로 연산할 때에는 모든 값을 수치로 변환해 놓을 필요가 있기 때문에 이 장치가 이용된다.

AM 방송(amplitude modulation broadcasting) 송출하는 신호를 진폭 변조

방식에 의해서 반송파(전파)에 실려 행하는 방송. 보통 라디오 방송에 이용되고 있다.

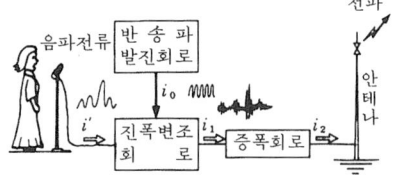

a 접점(a connective point) 푸시 버튼을 눌렀을 때만이 회로를 닫는 접점. NO 접점이라고도 한다.

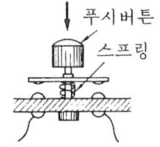

A_0 변태(A_0 transformation) 강 중의 시멘타이트가 행하는 자기변태(磁氣變態)를 말한다. ☞자기변태(p.307)

A_1 변태(A_1 transformation) Fe-C계 상태도에 있어서 오스테나이트에서 페라이트와 시멘타이트를 동시에 석출하는 현상. ☞A_3변태
공석변태(共析變態)라고도 한다.

A_2 변태(A_2 transformation) 순철(α철)이나 α고용체에 생기는 자기 변태.

A_3 변태(A_3 transformation) 순철의 냉각 과정에서 γ철(면심입방격자)이 δ철(체심입방격자)로 변태하는 현상.
탄소 함유량의 증가에 의해 변태 온도는 저하한다. 순철의 A_3변태온도=910℃

A_4 변태(A_4 transformation) 순철의 가열 과정에서 γ철(면심입방격자)이 δ철(체심입방격자)로 변태하는 현상. A_4변태점=1390℃

A_{cm} 변태(A_{cm} transformation) Fe-C 평형

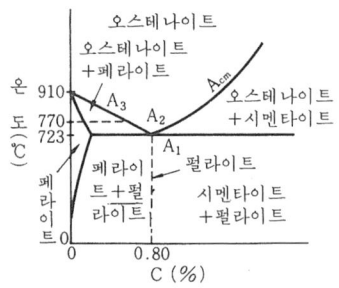

상태도에서 오스테나이트(γ고용체)로부터 시멘타이트(Fe_3C)가 석출하는 현상.

H 밴드(hardenability band) 조미니(Jominy) 시험에서 Jominy 곡선의 상한과 하한의 범위를 갖는 밴드 형상의 곡선. ☞Jominy 테스트 (p.353)
같은 규격의 강에도 조성이나 결정립의 크기가 다르기 때문에 측정값의 편차가 있어서 폭이 생긴다. 강의 담금질성을 나타내는데 사용된다.

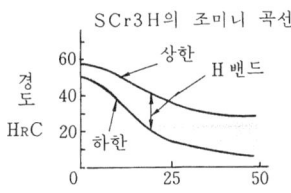

HA(home automation) Home Automation의 약자로, 가정일의 능률화, 성력화 (省力化), 생활환경의 보전, 경비나 재해 보장, 지역과의 정보교환 등을 행하기 위한 정보 시스템.

h-s 선도(h-s diagram) 엔탈피-엔트로피 선도(線圖)를 말한다.
☞몰리에르(Mollier)선도(p.133)

에칭(etching) 금속현미경으로 금속재료의 조직을 조사할 때 그 재료의 연마면을 부식시켜 요철(凹凸)을 만드는 것.
▽ 부식액 (에칭 시약)의 예

재료	명 칭	성질·용도
철	초산알콜 용액	펄라이트, 페라이트의 결정립계를 명확히 나타낸다.
강	피크린산 알콜용액	에칭작용은 늦다. 미세한 조직이 나타남
비철금속용	염화제이철용액	동·황동·청동용
	가성소다 용액	알루미늄과 그 합금용

FA(factory automation) 공장에서 수주(受注)한 제품을 생산계획부터 부품의 가공·조립, 제품의 출하(出荷)까지의 각종 공정에 관한 각종 정보를 확실히 파악하여 생산 시스템 전체의 효율적인 관리와

제어를 행하는 것. 컴퓨터가 기계·장치 및 생산 시스템을 운영하기 위한 큰 힘이 된다. FA를 즉

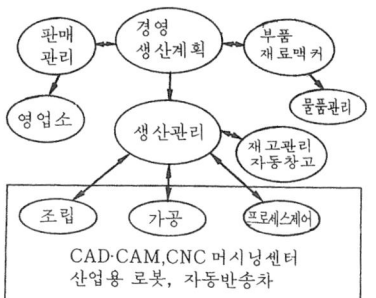

① 메커니컬 오토메이션(mechanical automation) 기계공업을 주로 한 것.
② 프로세스 오토메이션(process automation) (장치 공업을 주로 한 것)으로 구별하기도 한다.

FM 방송(frequency modulation broadcasting) 초단파를 사용한 주파수 변조(變調)방식에 의하여 행하는 방송. FM 방송은 AM 방송에 비해서 잡음이 적고 음질(音質)이 좋은 방송을 할 수 있다.

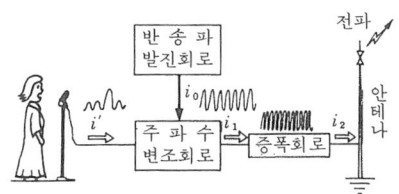

에폭시 수지(epoxide resin) 가열하면 가소

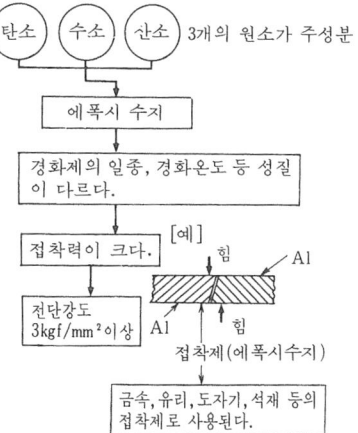

성(可塑性)을 갖고 강도가 큰 내열성의 합성수지(合成樹脂)의 일종.

에피사이클로이드(epicycloid) 외전(外轉) 사이클로이드. 주어진 피치원에 대하여 구름원이 피치원의 바깥쪽으로 구를 때 구름원 위의 한 점이 그리는 곡선을 말하며, 구름원이 피치원 안쪽을 구를 때는 하이포사이클로이드(hypocycloid) 곡선이 된다.

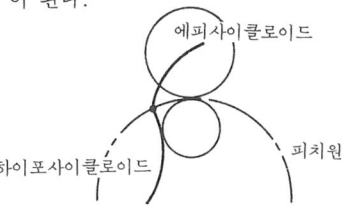

X선 탐상법(X線探傷法: X-Ray defect inspection) 물체에 X선을 쬐어서 재료 내부의 결함을 검사하는 방법.
  X선과 같은 방사선에는 물체를 투과하는 능력이 있고 이 투과하는 비율(투과율)은

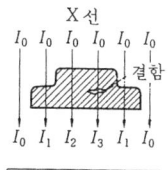

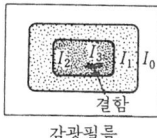

물질의 종류, 밀도, 두께에 따라 다르다. 이 성질을 이용해서 X선으로 촬영한 필름의 감광(感光) 농도차로부터 결함부의 두께나 위치를 알 수 있다.

$\bar{x}$-R 관리도(管理圖: $\bar{x}$-R control chart) 품질관리의 한 수법으로, 평균치의 변화를 관리하는 $\bar{x}$ 관리도(管理圖)와 편차의 변화를 관리하는 R 관리도를 조합한 것.

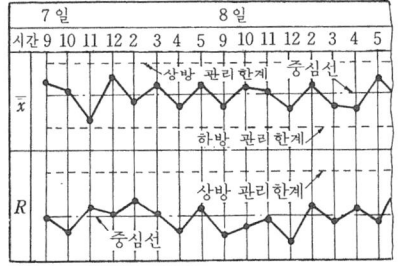

축지름이나 담금질 경도 등 생산공정에

서 관리할 특성을 일정 기간 마다 관리도에 기입해서 관리 상태를 파악하고, 관리 한계를 벗어난 때는 비정상으로 판단해서 조처한다.

XY 기록계(XY recoder) 서로 관련되는 2개의 양(量)을 X축, Y축으로 하고 상호 관계를 자동적으로 기록하는 기록계(記錄計).
 ○ 암(arm)은 X축 방향의 양에 의해 좌우로 움직인다.
 ○ 팬홀더는 Y축 방향의 양에 의해서 상하로 움직인다.

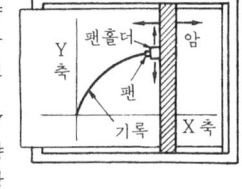

X-Y 플로터(X-Y plotter) 컴퓨터 처리의 결과를 도형이나 그래프로 나타내어 표시하는 장치. 플롯하기 위한 펜과 용지로 구성되며 펜이 X축(수평) 방향, 용지가 Y축(수직)방향으로 이동하여 도형이나 그래프를 그리는 것도 있다.

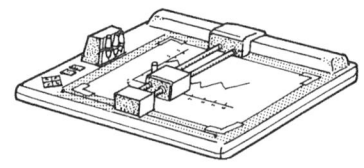

AND 회로(AND circuit) 2개 이상의 입력단자(入力端子)와 한 개의 출력단자를 갖고 전체의 입력단자에 입력 "1"이 가해졌을 때만이 출력단자에 "1"이 나타나는 회로(回路).

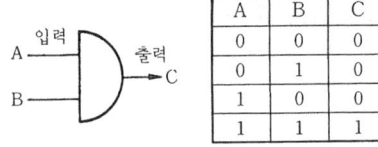

A	B	C
0	0	0
0	1	0
1	0	0
1	1	1

NC(numerical control) =수치제어(p.210)

NC 공작 기계(numerical control machine) 수치제어 장치를 결합한 자동화 공작 기계(工作機械).

▽ 구동계의 제어방법

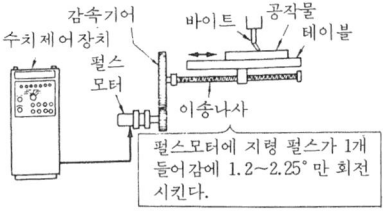

(a) 개회로방식

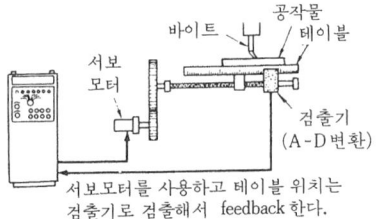

(b) 폐회로방식

NC 접점(normally closed connective point) =b접점(p.176)

NO 접점(nomally opened connective point) =a접점(p.248)

NOR 회로(NOR circuit) 2개의 입력신호의 어느 것인가가 나타내지면, 출력신호가 나타나지 않게 되는 회로(NOT-OR 회로).
[예]

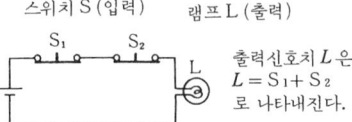

스위치 S_1, S_2의 어느 쪽이든가를 누르면 램프는 커진다.

NOT 회로(NOT circuit) 컴퓨터 내부에 설치된 회로의 하나. 입력측에서 전류가 흐르면 출력측의 전류는 흐르지 않는다. 반대로 입력측의 전류가 흐르지 않게 되면 출력측의 전류가 흐르도록 되어 있는 전기회로(電氣回路).

A	C
0	1
1	0

NPN형 트랜지스터(NPN type transister) 2개의 n형 반도체(半導體) 사이에 매우 얇은 P형 반도체를 끼워서 샌드위치와 같은 구조로 한 것이다. ☞트랜지스터 (p.413)

N형 반도체(N type semiconductor) 4가의 진성반도체(眞性半導體) 중에 5가 원소의 원자(불순물)를 미량 혼입한 과잉전자를 갖는 반도체.

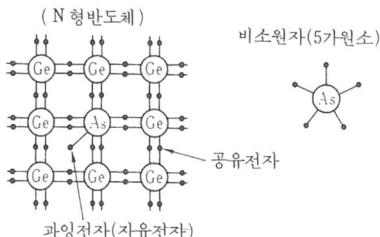

[성질] 결정(結晶) 속의 자유전자 때문에 도전율이 크게 된다(저항률이 감소한다).
[도너] 진성 반도체 속에 미량 혼합해서 N형 반도체(半導體)로 한 불순물을 도너(donor)라 한다.
[불순물 반도체] 진성 반도체 속에 미량의 불순물(5가 또는 3가)을 포함한 반도체를 불순물 반도체라 한다. (N형 반도체, P형 반도체)

엔드 밀(end mill) 원기둥 및 밑면에 바이트(날)가 있고 홈 절삭, 측면 절삭 등에 사용되는 밀링 머신의 커터.
[형상] ① 스트레이트 섕크 ② 테이퍼 섕크
[절삭날] ① 2매 날 ② 3매 날 ③ 4매 날
[절삭날의 나선] ① 곧은 날 ② 왼쪽 비틀린 날 ③ 오른쪽 비틀린 날

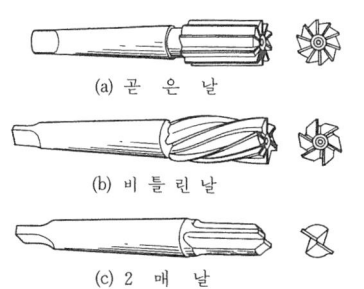

(a) 곧은 날
(b) 비틀린 날
(c) 2매 날

엔드 캠(end cam) 입체 캠의 일종. 회전체 표면에 캠 홈을 설치하는 대신 중공 원통(中空圓筒)의 단면을 캠 곡선으로 한 캠

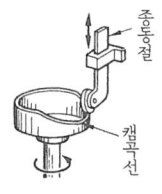

엔탈피(enthalpy) 증기·가스 등 동작유체의(動作流體)의 상태량의 하나로 내부에너지와 외부에 일을 하는 능력과의 합.
$h = u + Apv$
h : 엔탈피 (kcal/kg)
u : 내부에너지 (kcal/kg)
p : 압력 (kg/m²)
v : 비체적 (m³/kg)
A : 일의 열당량 $\frac{1}{427}$(kcal/kg·m)

엔트로피(entropy) 물체의 상태를 나타내는 양(量)의 하나로서 열의 이동과 함께 유효하게 이용할 수 있는 에너지의 감소 정도, 또는 무효(無效) 에너지의 증가 정도를 나타낸다.

엘보(elbow) 관로(管路)의 방향을 바꾸기 위하여 사용하는 나사 박음식 관 이음의 일종.

관로의 방향을 90°바꾼다.

엘피지(LPG : liquefied petroleum gas) 액화 석유가스 (☞ p.242)

L 헤드형 연소실(side valve type combustion chamber) 가솔린 기관에 있어서 실린더의 측면에 흡기(吸氣) 밸브, 배기(排氣) 밸브가 있는 연소실(燃燒室).
[특징] 전열면적(傳熱面積)이 큰 것으로 열손실이 크고, 구조상으로 압축비를 크게 할 수 없다.

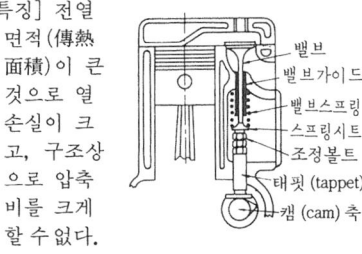

밸브
밸브가이드
밸브스프링
스프링시트
조정볼트
태핏 (tappet)
캠 (cam) 축

엠보싱(embossing) 스탬핑(stamping) 가공

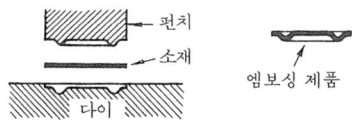

펀치
소재
엠보싱 제품
다이

의 일종으로 상·하형(型) 사이에 소재를 넣고 눌러 붙여 판에 요철(凹凸)을 만드는 작업.

MA(mechanical automation) 메커니컬 오토메이션의 약자.

MC(machining center) 머시닝 센터의 약자. ☞ 머시닝 센터(p.129)

MK 강(MK steel) Fe에 Co, Ni, Al, Cu, Ti를 첨가하여 주조후에 담금질, 뜨임을 하고 그때 석출경화에 의해서 보자력(保磁力)을 향상시키는 자석강(磁石鋼).

MKS 절대단위(MKS絕對單位 : MKS absolute unit) 길이의 단위는 m, 질량의 단위는 kg, 시간 단위는 s(초)를 취하고 이들을 기본 단위로 하여 유도되는 유도단위 전체. ☞ 절대단위(絕對單位)(p.337)

MTM 법(methods time measurement) 동작 시간의 표준치를 정한 표를 사용해서 동작 분석을 하는 방식. PTS법의 일종 (p.443)
[동작의 표준 시간 결정] 기본 동작·동작 거리·동작 조건에서부터 결정한다.

MTP 법(management training program) 부장, 과장 등 관리자에 대한 훈련 계획. [계획 내용] 일이나 직책에 관한 지식, 건전한 업무 운영, 과학적·합리적 경영, 부하 육성 등.

여과(濾過 : filtration) 고체 입자를 포함한 액체를 여과지(濾過紙)·여과포(濾過布)·모래 등 다공질(多孔質) 물체에 통과시켜 고체 입자를 제거하는 방법.

여과기(濾過器 : filter) 펌프로 원액(原液)을 이송해서 여과를 하는 기기.

여유각(餘裕角 : angle of relief) 바이트와 공작물과의 상대 운동 방향과 바이트 측면이 이루는 각.

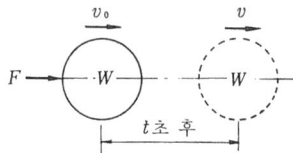

바이트로 절삭하거나 드릴링에서 사용하는 날 끝의 등이 곧 작물에 닿지 않도록 틈을 내준다.

여유 시간(餘裕時間 : time allowance) ☞ 여유율

여유율(餘裕率 : excess rate) 여유 시간의 정미 작업 시간(정상 시간)에 대한 비율. 여유 시간은 작업 종류나 작업 진행 방법 등으로 달라지지만 보통은 공장에서 다년간의 경험으로 결정된다.

▽ 여유시간의 종류

종류	내용	여유율(%)
작업여유	공구의 교환, 주유·청소 등.	3~5
피로여유	손작업·기계작업의 피로를 회복한다. 중노동 작업 중간노동 작업 경노동 작업	30 20 10
생리여유	물먹기, 땀닦기, 용변 등	2~5
직장여유	조례, 회의, 재료대기, 크레인 대기 등	3~5

역률(力率 : power-factor) ☞ 교류 전류 (p.43)

역적(力積 : impulse) 힘 F와 그 작용 시간 t와의 곱 Ft. 역적은 운동량의 변화와 같다.

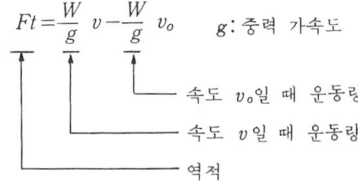

속도 v_0로 움직이고 있는 무게 W의 물체에 힘 F가 작용한 때, t초 후의 속도가 v로 된 때의 역적은

$$Ft = \frac{W}{g}v - \frac{W}{g}v_0 \quad g: 중력\ 가속도$$

- 속도 v_0일 때 운동량
- 속도 v일 때 운동량
- 역적

역학적(力學的) **에너지**(mechanical energy) =기계 에너지(p.53)

연강(軟鋼:mild steel) 탄소 함유량이 약 0.3% 이하인 강. ☞ 경강(p.20)

연관(煙管:fire tube) 연관 보일러에 있어 연소가스의 통로가 되는 관. 지름 65~100mm의 강관(鋼管)을 사용한다. ☞ 연관 보일러

연관(煙管) **보일러**(fire tube boiler) 보일러 통에 다수의 연관을 설치한 보일러.

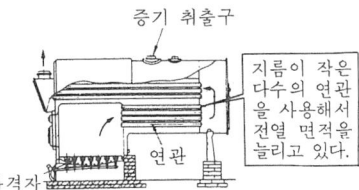

보일러 효율 : 60~70% 연관 외경 : 75~100mm 사용 압력 : 10kg/cm² 이하
전열 면적 : 10~160cm²
전열면 증발률 : 15~25kg/m²h

연납(soft solder) 용융 온도 450℃ 이하의 납. 땜납은 그 대표적인 예이다. ☞ 땜납 (p.105)

연도(煙道:flue) 보일러에서 연소가스가 보일러 본체에서 연돌로 통하는 부분.
중형 이상의 보일러에서는 연도에 절탄기(節炭器)·공기예열기를 설치해서 열효율을 개선하고 있다.
☞ 절탄기(p.340) ☞ 공기 예열기(p.31)

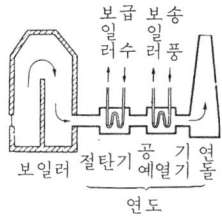

연동(連動) **척**(scroll chuck) 1곳의 핸들 구멍을 회전시키는 데 따라 동시에 3개의 조(jaw)를 같은 양 만큼 이동시킬 수 있는 척(chuck). 스크롤 척이라고도 한다.
핸들 구멍을 회전시키면, 베벨 기어가 돌아가고 스크롤에 꼭 끼어 있는 조의 홈이 슬라이더로 하여 동시에 3개의 조가 개폐한다.

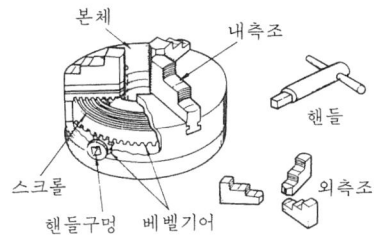

연료(燃料:fuel) 연소함으로써 열을 발생시키는 물질. 주성분은 탄소와 수소이고, 그 산화열을 이용한다.
[종류와 특징] ①고체 연료 : 석탄, 코크스, 목탄 등
○ 착화, 화력 조절이 어렵다.
○ 회분이 나온다.
○ 저장이 간단하다.
② 기체 연료 : 도시가스, 발생로 가스, 천연가스 등
○ 착화, 화력 조절이 쉽다.
○ 회분이 나오지 않는다.
○ 저장하기가 어렵다.
③ 액체 연료 ; 석유, 알콜, 액체 천연가스 등.
고체 연료와 기체 연료의 중간적인 존재.

연료 가스(fuel gas) 천연 가스, 코크스 가스, 석탄 가스 등 가스체 연료를 말한다.
[주성분] 메탄·부탄·프로판·수소·일산화탄소 등.

연료 공급 펌프(fuel feed pump) 연료 탱크로부터 연료 분사 펌프 또는 기화기에 연료를 공급하기 위한 펌프. ☞ 연료 분사 장치. 연료 펌프라고도 한다.

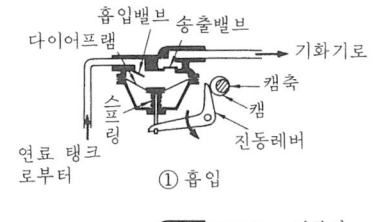

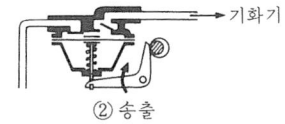

크랭크축의 회전을 캠축에 전하고, 진동레버를 요동하여 다이어프램을 상하로 움직여 연료의 흡입과 송출을 한다.

연료 분사 밸브(fuel injection valve) 디젤 기관에 있어서 분사 펌프에서 이송된 고압의 연료를 실린더 내에 분사 무화시키기 위한 밸브. 연료 압력이 니들 밸브에 작용해서 그 힘이 스프링의 힘을 상회하면 밸브가 열려 연료를 분사하며, 연료의 압력이 내려가면 스프링의 힘으로 밸브가 닫힌다.

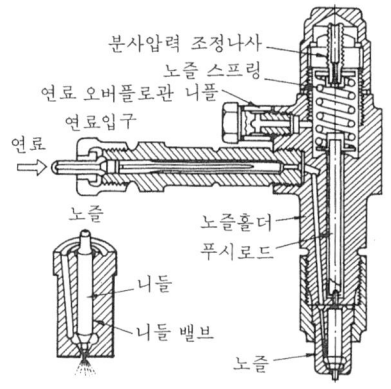

연료 분사 장치(燃料噴射裝置: fuel injection device) 디젤 기관에 있어서 실린더 내에 연료를 분사시키기 위한 일련의 장치.
[구성] 연료 탱크→연료공급 펌프→연료 여과기→연료 분사 펌프→연료 분사 밸브→노즐

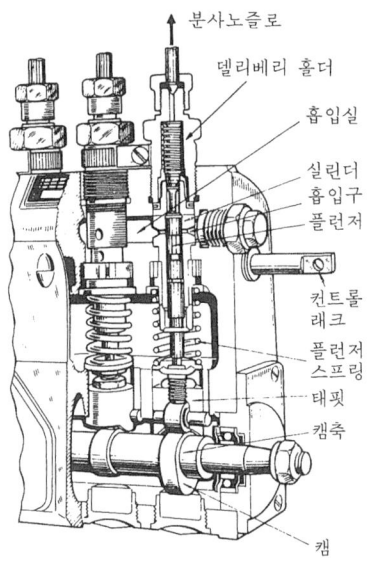

기관에 있어서 연료를 분사 순서에 따라 각 실린더의 연료 분사 밸브에 압송하는 장치. 보통 플런저 펌프가 이용되어 각 실린더마다 1개씩 설치한다.

▽ 로봇 보시형(PE pump)

▽ 보시형의 동작 원리

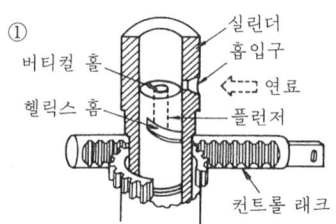

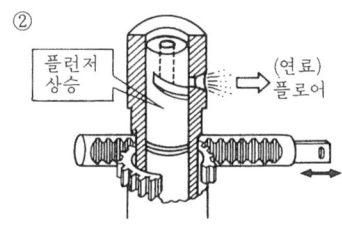

플런저는 캠과 스프링으로 구동한다. 그림 ①의 위치에서 연료는 실린더 정상부에 가득 차고, 플런저의 상승에 의해 압송된다. 그림 ②에서 연료는 플런저의 중심구멍으로부터 경사홈을 통해 흡입구

연료 분사 펌프(fuel injection pump) 디젤

로 되돌아가 압력이 내려가고 분사가 끝난다.

연료 소비량(燃料消費量 : fuel consumption) 내연 기관·가스 터빈·보일러 등이 일정 기간에 소비한 연료의 양.

연료 소비율(燃料消費率 : specific fuel consumption) 내연기관의 연료 소비 성능을 나타낸다. 축 출력 1kW(또는 PS)당 1시간에 소비하는 연료의 양으로 나타낸다.

$$f_e = \frac{B \times 10^3 \times 3600}{N_e} \text{(G/kW·h 또는 g/PS·h)}$$

N_e : 축 출력(kW 또는 PS)
B : 연료의 소비량(kg/s)

연료 전지(燃料電池 : fuel cell) 연료가 갖는 화학 에너지를 직접 전기 에너지로 변환하는 전지.

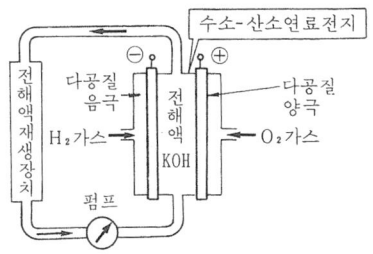

연료 탱크(fuel tank) 연료를 넣어 두는 탱크.

연료 펌프(fuel pump) =연료 공급 펌프 (p.253)

연마석(rubber bond grinding wheel) 천연 또는 인조(人造) 고무를 결합제로 한 연마석.
[용도] 탄성이 커서 유리·플라스틱·경질 합금 등의 연삭이나 절단에 사용한다.

연마재(硏磨材 : abrasives) 금속의 표면을 깎기도 하고 매끈매끈하게 하기 위해서 사용하는 단단하고 가는 분말. 종이·형겊면에 고착시켜 이용하는 일이 많다.
[종류] ①천연 : 금강사·석영·규조토 등
②인조 : 탄화 규소·산화 알루미늄·산화철·산화 크롬 등.

연삭 가공(硏削加工 : grinding) 고속 회전하는 숫돌차에 의해 공작물의 표면을 깎는 가공법.

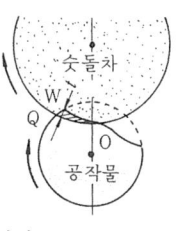

점 O에 있는 숫돌립이 숫돌차의 회전에 의해서 점 Q로 옮겨질 때, 공작물도 회전하여 W로 이동한다. 이때 숫돌립은 공작물 OWQ 부분을 연삭한다.
OWQ의 최대 두께 t가 클수록 연삭저항은 증가한다.

연삭 균열(硏削龜裂 : grinding crack) 담금질한 강의 연삭시 다듬질면에 나타나는 그물 모양의 균열.
[원인] 연삭열에 의한 열 변형.
[현상] 육안으로는 보통 볼 수 없지만 정도가 심할 때는 벗겨져 떨어진다.
[방지법] 부드러운 숫돌차를 이용하여 연삭량을 작게 하고, 이송을 크게 해서 연삭액으로 충분히 냉각한다.

연삭기(硏削機 : grinding machine) 숫돌차를 고속 회전시켜 공작물이나 공구 등을 연삭하는 기계.
[공작물 연삭용]
　원통 연삭기(☞ p.283)
　내면 연삭기(☞ p.71)
　평면 연삭기(☞ p.424)
　만능 연삭기(☞ p.126)
　센터레스 연삭기(외경용)(☞ p.196)
　센터레스 연삭기(내면용)
　나사 연삭기(☞ p.66)
　기어 연삭기(☞ p.57)
[공구 연삭용]
　공구 연삭기(☞ p.28)
　드릴 연삭기
　초경 공구 연삭기
　만능 공구 연삭기(☞ p.126)

연삭 여유(grinding allowance) 공작물이 요구하는 형태·치수 및 표면거칠기에 경제적으로 연삭 다듬질을 할 수 있도록 연삭가공에 있어서 공작물에 남겨둔 여유 두께의 치수.

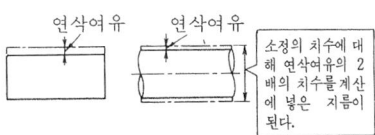

▽ 정밀연삭의 경우

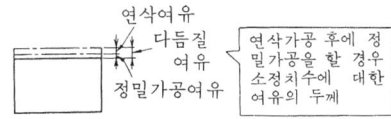

연삭 저항(硏削抵抗 : grinding force) 연삭 시에 숫돌립에 가하는 저항. 연삭 저항은 다음 조건으로 변화한다. ① 연삭절입 깊이 ② 접촉호의 대소 ③ 숫돌차·공작물의 주속도 ④ 이송속도 ⑤ 연삭기의 정도와 강성.
　연삭 저항은 숫돌차의 접선 방향의 주분력, 반경 방향의 배분력과 축방향의 이송 분력으로 합성된다.

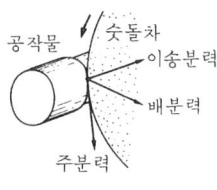

연삭 템퍼링(grinding tempering) 담금질한 강을 연삭 다듬질할 때, 연삭 열에 의해 템퍼링이 되는 것. 표면에 템퍼링의 색이 생긴다. 연삭액을 충분히 주어 발열을 막는다. 연삭뜨임

연성(延性 : ductility) 금속 재료가 탄성한도 이상의 인장력(引張力)에 의해서 파괴되는 것이 아니라 늘어나 소성변형(塑性變形)을 하는 성질.
　일반적으로 부드러운 금속 재료일수록 연성이 크고 동일의 재료에서는 고온으로 갈수록 연성이 크게 된다. 연성을 표현하는 방법으로서는 인장 시험의 신율(伸率)이 사용되고 있다.

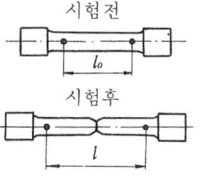

신율 $\delta = \dfrac{l - l_o}{l_o} \times 100\,(\%)$

연성계(連成計 : compound [pressure] gauge) 대기압 이상의 압력과 대기압 이하의 압력(진공)을 측정할 수 있는 압력계

▽ 부르동관식

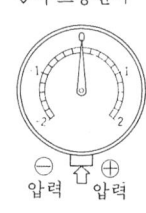

연소기(燃燒器 : combustor) 가스 터빈이나 제트 기관에 있어서 수십 기압으로 압축된 공기의 고속기류 중에 무화(霧化)한 연료를 분사하여 연속적으로 연소시켜 고온 가스를 만드는 장치. ☞ 가스 터빈(p.11), ☞ 제트 기관(p.352)
　[종류] 형태에 따라 통형 연소기(p.412) 환상(環狀) 연소기 등이 있다.

연소 생성물(燃燒生成物 : products of combustion) 연료가 연소하여 발생한 가스 속에 존재하는 수증기·질소 산화물·아황산 가스·탄산 가스 등의 물질을 말한다. 연소 생성물은 대기 오염의 원인도 된다.

연소실(燃燒室 : combustion chamber) 가솔린 기관, 디젤 기관에 있어서 실린더 헤드 또는 실린더 상부에 위치하고 연료를 폭발·연소시키는 공간. 연소실의 형태는 연료의 연소 상태에 크게 영향을 주어, 기관의 성능을 좌우한다.

▽ 가솔린기관 연소실

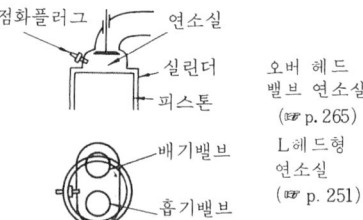

▽ 디젤기관

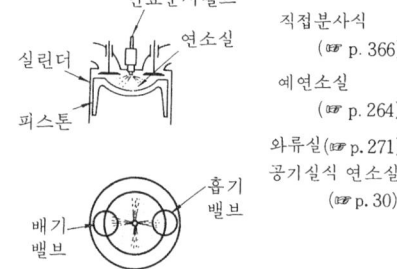

연소실 열발생률(燃燒室熱發生率 : heat generating rate of combustion chamber) 연소실의 단위 체적·단위 시간당의 발생 열량.

$$\rho = \frac{G_f H_L}{V}$$

ρ : 연소실 열발생률(kcal/m³h)
V : 연소실 용적(m³)
G_f : 연료 1시간당의 연소량(kg/h)
H_L : 연료의 저발열량(kcal/kg)

연소실 용적(燃燒室容積 : volume of combustion chamber) 피스톤이 임의의 위치에 있을 때 연소실의 용적.

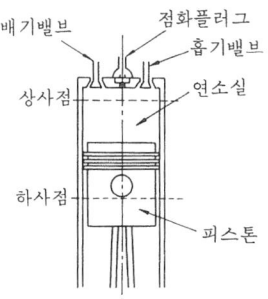

연소 온도(燃燒溫度 : combustion temperature) 연료에 공기(또는 산소)를 공급할 때 연소하여 생기는 온도.

연소 효율(燃燒效率 : combustion efficiency) 연소에 의해 실제로 발생한 열량과 기관에 공급된 연료가 완전 연소하여 발생할 수 있는 열량(저발열량)과의 비. ☞ 저 발열량 (p.315)

$$\text{연소 효율 } \eta = \frac{H}{H_L}$$

H : 연료의 단위 중량당 실제의 발생열량 (kcal/kg 또는 kcal/Nm³)
H_L : 연료의 저발열량(kcal/kg 또는 kcal/N m³)
Nm³는 압력 760mmHg, 온도 0℃의 표준 상태에 있어서 체적(m³)을 나타낸다.

연속 보(continuous beam) 2개 이상의 지점에서 지지되는 보. ☞ 빔 (p.179)

연속 생산(連續生産 : continuous production) 동일 종류의 제품을 대량 생산하는 경우에 사용하는 방식. 유동 작업이나 오토메이션은 연속 생산의 대표적인 방법으로 원재료가 장치 내를 이동하는 동안 점차로 제품화 된다.

연속의 법칙(principle of continuity) 「관 속를 가득 차게 흐르고 있는 정상류(定常流)에서는 모든 단면을 통과하는 중량 유량은 일정하다.」라고 하는 법칙.

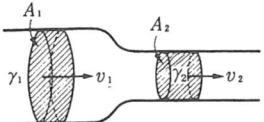

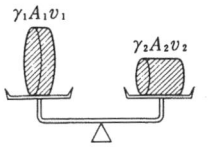

$Q = \gamma_1 A_1 V_1 = \gamma_2 \cdot A_2 \cdot V_2 = $ 일정
비압축성 유체이면 체적 유량도 일정.
$\gamma_1 = \gamma_2$
$Q = A_1 V_1 = A_2 V_2 = $ 일정
A : 관 단면의 면적
γ : 유체의 비중량
v : 유속

연쇄(連鎖 : chain) 몇 개의 링크를 순서대로 연결하여 폐쇄형으로 한 것.
[종류] 하나의 링크를 고정한 때, 다른 링크가 일정 운동 밖에 할 수 없는 구속 연쇄와 자유롭게 운동할 수 있는 불구속 연쇄가 있다.

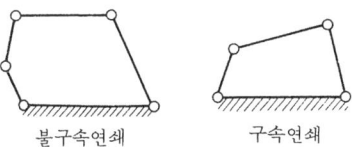

불구속연쇄   구속연쇄

연쇄 반응(連鎖反應 : chain reaction) 핵연료(우라늄 235나 플루토늄 239)에 중성자(中性子)가 닿으면, 원자핵은 2개의 파편으로 나누어져 수개의 중성자를 방출하며, 이 중성자가 다른 원자핵에 닿아 이것을 분열시키는 것처럼 차차로 핵분열이 진행되는 현상.

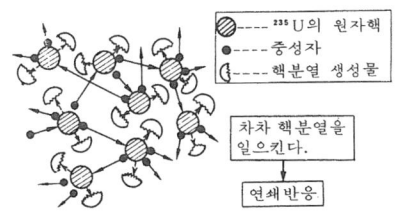

연수(軟水 : soft water) 경수(硬水)의 반대어. 용해하고 있는 염류가 적은 물.

연신율(延伸率 : elongation) 인장 시험에 있어서 시험편이 늘어난 비율을 퍼센트로 나타낸 수치.

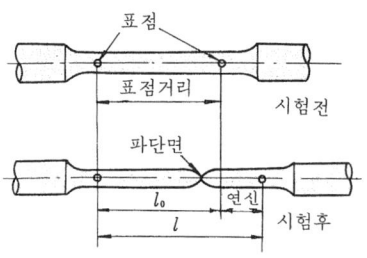

연신율 δ는 다음 식으로 계산된다.

$$\delta = \frac{l - l_0}{l_0} \times 100\%$$

연욕(鉛浴 : lead bath) 납을 용해하여 용기에 넣어 일정 온도에서 금속재료의 열처리에 사용하는 것.

연화(軟化 : softening) 가공 경화한 재료를 가열하여 재결정보다 연화시켜 원래의 상태로 하는 열처리. ☞ 재결정(再結晶)(p.314)

열 가압실식 다이캐스팅 머신(hot chamber type diecasting machine) 재료를 용융하여 압력을 가해 주조하는 다이캐스팅 머신.
[특징] 가압실이 쇳물 속에 있어 쇳물의 유동성을 좋게 하기 위해서 용융 온도보다 높게 가열하고, 비교적 낮은 압력으로 금형에 쇳물을 사출한다. 주입이 완료되면 쇳물은 자동적으로 되돌아간다.
[용도] 비교적 융점이 낮은 아연합금·납합금의 다이캐스트 주조에 사용한다.

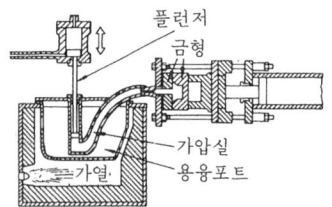

열간 가공(熱間加工 : hot working) 재결정 온도 이상에서 하는 소성가공. 열간가공으로는 가공 경화가 일어나지 않는 것으로 연속하여 가공을 할 수 있고, 조밀하고 균질한 조직이 되어 안정된 재질을 얻을 수 있다. 냉간가공에 비해 치수는 부정확 하다. ☞ 재결정(p.314), 가공 경화(p.7), ☞ 냉간가공(p.73)

▽ 열간가공의 표준 온도예

재료 온도℃	보통강	고력강	두랄루민	황동 (7:3)	황동 (6:4)
가열 온도	1200	1250	550	850	750
다듬질 온도	800	800	400	700	500

열간 압연재(熱間壓延材 : hot rolled steel) 금속의 재결정 온도 이상으로 압연 성형된 재료. ☞ 재결정(p.314), ☞ 열간가공(p.258)

열 경화성 수지(熱硬化性樹脂 : thermo setting resin) 가열에 의해 가소성을 갖게 하여 가압·성형 후는 영구히 경화하여 재가열 해도 연화하지 않는 합성수지.

▽ 압축 성형에 의한 방법

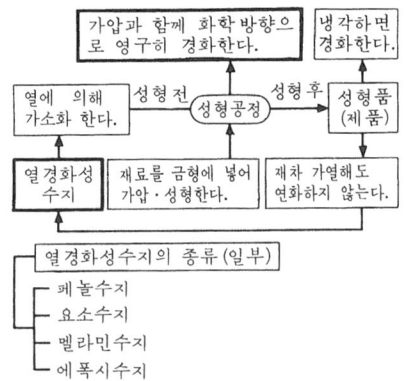

열관류(熱貫流 : overall heat transmission) 공업상의 전열에 있어서 고체벽을 막아 양측의 유체간에 열을 전달하는 현상.

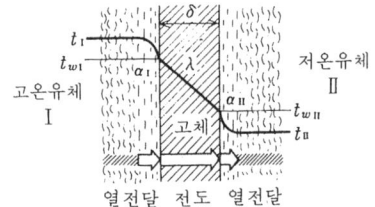

열전달 전도 열전달

그림에 있어서, 고온 유체 I 에서 저온 유체 II에 단위시간·단위 면적당 전달하는 열량 $q(\text{kcal/m}^2\text{h})$는 온도분포가 시간

에 따라 변화하지 않는 것이라고 하면,
$q = \alpha_1(t_1 - t_{w1}) = \frac{\lambda}{\delta}(t_{w1} - t_{wI}) = \alpha_{II}(t_{wII} - t_{II})$

α : 열전달률(kcal/m²h℃)
λ : 열전도율(kcal/m²h℃)
또는 $q = K(t_1 - t_{II})$
$\frac{1}{k} = \frac{1}{\alpha_1} + \frac{\delta}{\lambda} + \frac{1}{\alpha_{II}}$
k : 열관류율(kcal/m²h℃)

열관류율(熱貫流率 : coefficient of overall heat transmission) ☞ 열관류(熱貫流)

열 교환기(熱交換器 : heat exchanger) 고온의 유체로부터 저온의 유체로 열을 전달하는 가열·냉각을 목적으로 하는 장치.

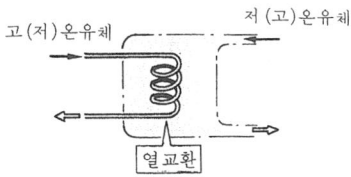

열구 기관(熱球機關 : hot bulb engine) 열구라고 불려지는 구형 연소실을 계속 버너로 가열하여 적열 상태로 해 두고, 거기에 연료를 분사하여 연소시키는 점화기관.
[특징] 구조가 간단해서 연료의 품질이 좋지 않은 중유도 사용할 수 있고, 취급이 용이하다.

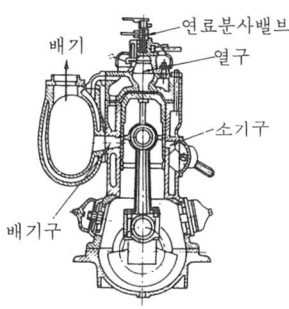

열기관(熱機關 : heat engine) 기체를 가열 팽창시켜 그 체적 증가 혹은 속도 증가를 기계일로 변화시켜 동력을 발생하는 기계. ☞ 내연 기관(p.71), ☞증기 기관(p.361), ☞증기 터빈(p.362) ☞ 가스 터빈(p.11)

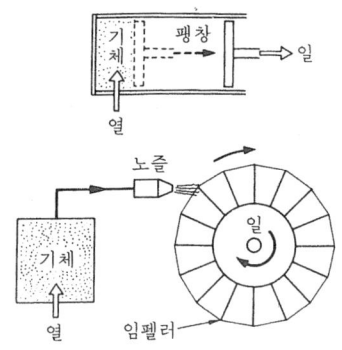

열 기전력(熱起電力 : thermoelectromotive force) ☞ 열전대(p.261)

열단형 칩(tear type chip) 주철처럼 취성이 있는 재료를 절삭할 때에 생기는 칩.
공작물의 날끝이 접촉되는 부분으로부터 균열이 생겨 계속해서 어떤 면에 따라 전단을 일으켜 절분이 붙어 있지 않고 잡아 뽑히는 것처럼 되어 나오는 것이다. 다듬질면에 흠집의 흔적이 남는다.

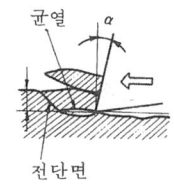

열당량(熱當量 : thermal equivalent) 어떤 에너지를 열로 환산할 때의 열량. ☞열역학 제1법칙(p.260)

열량계(熱量計 : calorimeter) 입력측과 출력측의 온도 차 및 유량으로부터 열량을 측정하는 냉·난방 등의 열관리용 계기.
▽ 원리

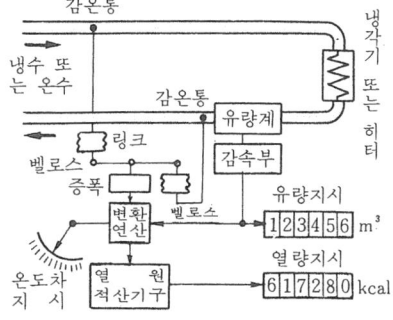

열분석(熱分析 : thermal analysis) 금속을

가열, 또는 냉각할 때 생기는 상태 변화를 시간의 경과와 함께 관측하는 실험.

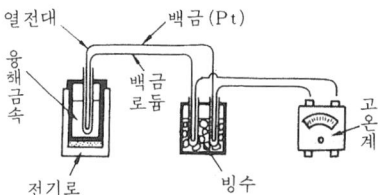

노(爐) 속의 금속을 용해하면 가열은 그치고, 용해 금속의 온도를 5~10초마다 고온계(高溫計)를 읽어 기록한다.

열분석은 가열의 경우, 가열 속도 등에 따라 불완전하기 때문에 보통은 냉각의 경우에만 한다.

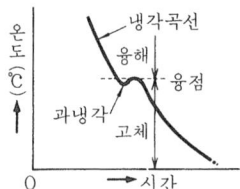

열분석곡선(냉각의 경우)

열 에너지(heat energy) 연료의 연소 등에 의하여 생긴 열이 갖는 에너지.

열역학(熱力學)의 제1법칙(the first law of thermodynamics) 「열과 일은 모두 에너지의 일정한 형태이고, 일을 열로 바꾸는 것이다. 또한, 반대도 가능하다」라고 하는 법칙. ☞ 일의 열당량(p.304), ☞ 열의 일당량(p.260)

[예]

열에너지　　$L = JQ$　　운동에너지

$$\boxed{\text{열량} \atop Q(\text{kcal})} \xrightleftharpoons[\text{(일의 열당량)}]{\substack{J = 427\text{kgf}\cdot\text{m/kcal} \\ \text{(열의 일당량)}}} \boxed{\text{일} \atop L(\text{kgf}\cdot\text{m})}$$

$$A = \frac{1}{427} \text{kcal/kgf}\cdot\text{m}$$

$$Q = AL$$

열역학의 제2법칙(the second law of thermodynamics) 「열은 고온의 물체로부터 저온의 물체로 이동하지만, 그 자체로는 저온의 물체로부터 고온의 물체로 이동하지 않는다.」라고 하는 법칙.

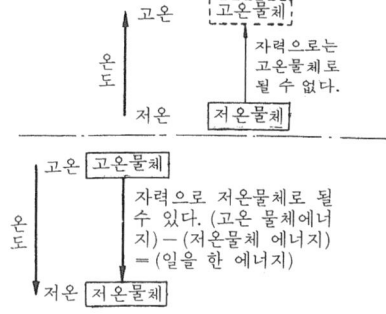

열용량(熱容量: heat capacity) 물체의 온도를 1℃ 올리는 데 필요한 열량.

열응력(熱應力: thermal stress) 재료가 고정되어 있고 온도가 변화한 경우 재료의 늘어남 또는 수축을 저지하기 때문에 생기는 응력.

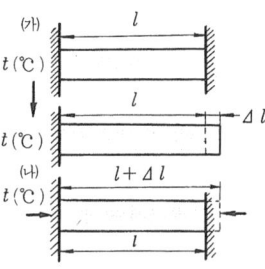

$\varDelta l : t' - t$의 온도차 때문에 늘어나는 길이. 재료가 고정되어 있으면 길이 $l + \varDelta l$의 재료를 길이 l로 압축했을 때와 같은 응력이 생긴다.

　열응력 $\delta = E\alpha(t'-t)$ (kgf/㎟)
　E : 재료의 종탄성 계수
　α : 재료의 선 팽창 계수
　t : 처음 온도(℃)
　t' : 나중 온도(℃)

열(熱)의 일당량(mechanical equivalent of heat) 열량을 일로 환산할 때에 사용하는 정수(定數).

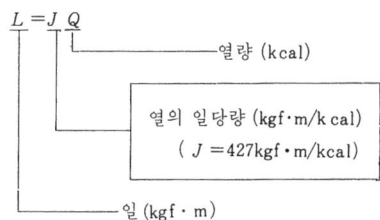

열전달(熱傳達 : heat transfer) 고체와 유체 사이에서 열이 전달되는 현상 중 전도(傳導)와 대류(對流)를 말한다. ☞ 전도(p.323), ☞ 대류(p.90), ☞ 방사(p.145)
방사(放射)는 열전달에는 포함되지 않는다.

열 전 달 률(熱傳達率 : heat transfer rate) 열 전달에 있어서 단위 시간·단위 면적당에 전달되는 열량 $q(kcal/m^2h)$는 고체의 표면온도 $t_w(℃)$와 고체로부터 떨어진 유체의 온도 $t(℃)$와의 온도차에 비례하지만 이 경우의 비례 정수를 말한다. ☞ 열전달(p.261)

$$q = \alpha(t_w - t)$$
α : 열전달률($kcal/m^2h℃$)

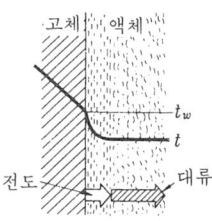

열전대(熱電對 : thermocouple) 2개의 금속으로 폐회로를 만들어 접점간의 온도차에 의해 기전력(起電力)을 발생시키는 장치.
[열기전력] 접점간의 온도차에 의해 생기는 기전력.
[열전류] 열기전력에 의해 흐르는 전류.

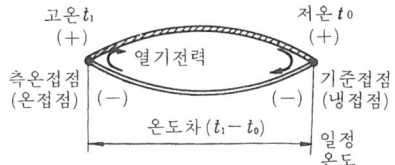

금 속	상용사용 온도(℃)	과열사용 온도(℃)
(+) (−) 백금로듐-백금 크로멜-알루멜 철-콘스탄탄 동-콘스탄탄	1400 650~1000 400~600 200~300	1600 850~1200 500~800 250~350

열전도(熱傳導 : heat conduction) 열이 분자운동의 형태로 물체 내부를 전달하여 가는 현상.
전도에 의해 전달되는 열량 $Q(kcal)$는
$$Q = \lambda S \frac{t_1 - t_2}{\delta} \tau$$
δ : 물체의 두께(m)
S : 전열면적(m^2)
t_1, t_2 : 양면의 온도(℃)
τ : 시간(h)
λ : 열전도율($kcal/mh℃$)

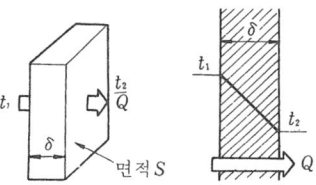

열전도율(heat conductivity) 전도 열량을 구할 때에 사용하는 상수. 물질에 따라 결정된다. ☞ 전도(p.323)

열전도율식(熱傳導率式) **가스 분석계**(thermal conductivity gas analyzer) 혼합가스의 열전도율이 성분 가스의 열전도율과 조성으로 일정한 값을 취하는 성질을 이용하여 가스 농도를 구하는 분석계.

백금선		
측정가스의 열 전 도 율	열선의 온 도	열 선 의 전기저항
큰 때 적은때	낮다 높다	작다 크다

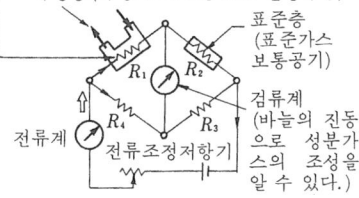

연도가스중의 탄산가스의 분석. 일반적으로 열전도율이 다른 2성분계로 이용.

열전류(熱電流 : thermoelectric current) ☞ 열전대(熱電對)

열전 온도계(熱電溫度計 : thermoelectric thermometer) 열전대의 한쪽 방향 접점

을 측온부(測溫部)에 두어 생기는 열기전력으로 온도를 측정하는 온도계.
[측정온도의 범위] −200~1600℃

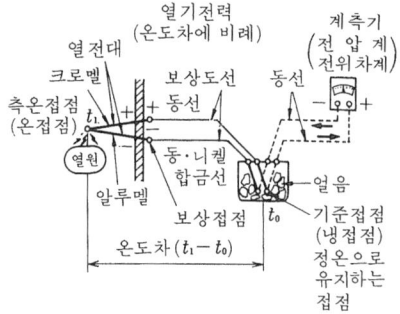

열전자(熱電子 : thermion) 금속을 가열했을 때 그 표면으로부터 방출되는 전자.
금속에 열에너지를 주면 자유 전자의 운동이 활발하게 되어 결국 그 운동에너지가 어떤 값 이상이 되면 금속 표면으로부터 밖으로 튀어나오려고 한다. 이것이 열전자이고 열전자가 방출되는 현상을 열전자 방출이라 한다.

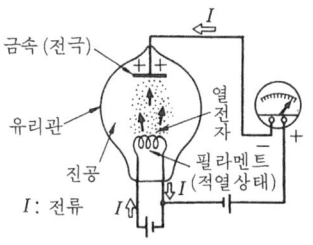

[응용 예] 각종 전자관의 음극에서의 열전자의 방출.

열전형 계기(熱電形計器 : thermoelectric type instrument) 열선(熱線)에 측정 전류를 흘려 이것에 의한 온도 상승을 열전대로 기전력으로 환산하여, 이것을 가동 코일형 계기로 측정하는 계기

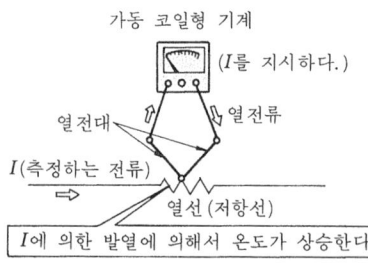

[특성] 주파수 특성이 우수하다. 직교(直交) 양용.
[용도] 고주파용 계기에 최적.

열정산(熱精算 : heat balance) 연료의 발열량 중 어느 정도가 유효하게 이용되고 어떤 열손실을 일으키고 있는가를 조사하기 위한 열량의 계산. 이것을 도시한 것이 열평형도이다.
[용도] 열출입의 상태나 개선의 모든 점 등을 알 수 있다.
▽ 보일러의 열정산도의 예

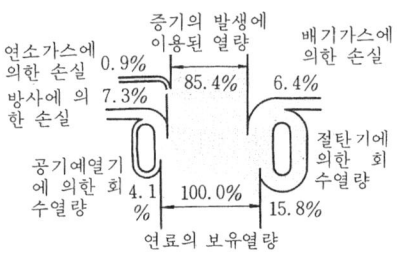

▽ 내연기관의 열정산도의 예

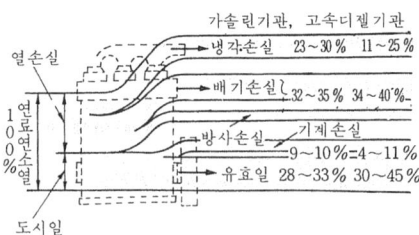

열중성자(熱中性子 : thermal neutron) 주위의 매질(媒質)과 열평형에 있던가, 혹은 거의 열평형에 가까운 상태에 있는 중성자.
☞ 감속재 (p.14)
☞ 고속 중성자 (p.25)
상온에 있어서 평균 에너지 0.025eV
평균 속도 2.2×10^3 m/s.

열처리(熱處理 : heat treatment) 금속을 어떤 온도로 가열하여 냉각 속도에 따라 어떤 목적의 성질이나 금속 조직으로 개선하는 조작.
강(鋼)의 각종 열처리의 온도 영역을 간략하게 상태도로 표시하면 아래 그림과 같다.

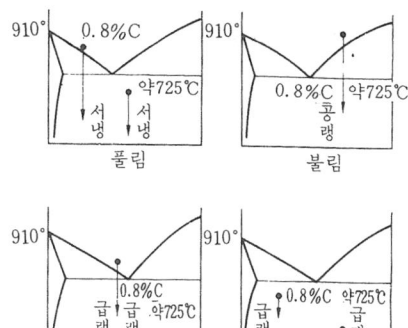

열펌프(heat pump) 기계장치 자체는 냉동기와 같아서 저온의 열원(물이나 공기 등)으로부터 열을 흡수하여 고온의 열원(방의 난방 등)에 열을 주는 장치. ☞냉동기(p.74)

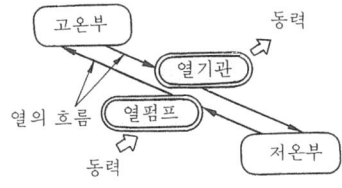

▽ 펌프에 대한 옥내난방

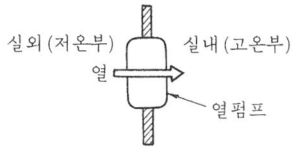

염욕(鹽浴 : salt bath) 강표면의 산화나 탈탄(脫炭)방지를 위한 열처리법의 일종. 염화나트륨·염화바륨 등의 염류를 용융하고 그 중에 강을 가열하여 담금질한다. 뜨임에는 탄산나트륨 등 저융점 염류의 혼합물을 이용한다.

염화 리튬 노점계(lithium chloride dew point hygrometer) 염화(鹽化)리튬의 포

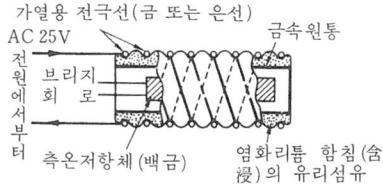

화수용액의 증기압이 대기중의 수증기압과 평형을 이룰 때의 온도에서 노점(露點 ; 이슬점)을 구하는 계기.

(염화리튬 중의 수증기압)	<	(대기 중의 수증기압)	염화리튬층의 수분흡수	도전성 증대	온도 상승
(염화리튬 중의 수증기압)	>	(대기 중의 수증기압)	염화리튬층의 수분발산	도전성 감소	온도 하강

영 계수(Young's modulus) 종탄성 계수 (縱彈性係數) 또는 영률이라고도 한다.
☞탄성계수(p.401)

영구 변형(永久變形 : permanent set) 재료에 하중을 가해서 생기는 변형 후에 하중을 제거해도 원래대로 되지 않고 남는 변형을 영구 변형이라 한다.

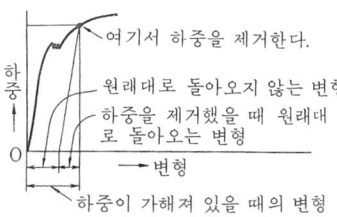

영국 스패너(English spanner) 볼트·너트 등을 체결하거나 분해하는데 사용되는 공구.

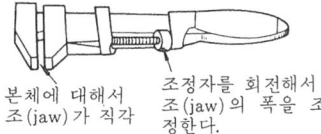

영위법(零位法 : zero method) 조정할 수 있는 같은 종류의 분동(分銅)무게와 측정
[예] 천칭에 의한 계량

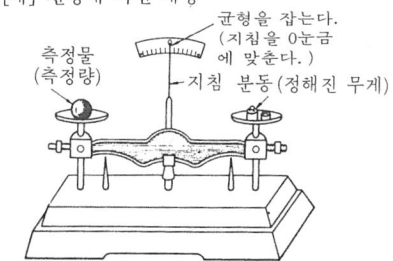

량을 조화시켜 분동 무게로부터 측정량을 아는 측정법.
[상접시 천칭] 정도(精度)가 좋다.
[그밖의 측정기] 자동 평형기·공기마이크로미터·광고온계·전위차계 등.

예방 보전(豫防保全 : preventive maintenance) 일상정비 외에 정기적인 검사를 실시하여 정비·수리 등을 하여 고장을 방지하는 일.
▽ 예방 보전의 효과

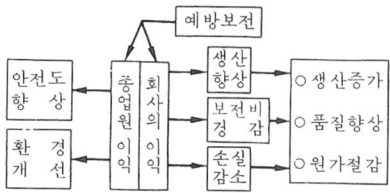

예산 통제(豫算統制 : budgetary control) 경영활동의 전반에 걸쳐서 미리 면밀한 예산을 편성하여 그 지시대로 행해지고 있는가 어떤가를 확인하고 필요에 따라 지도·조정하는 일. 예산 대로 집행할 수 없는 경우의 통제 방법으로서는 예산차이 분석이나 경영 비교 등이 있다.
[예산차이 분석(豫算差異分析)] 예산과 실적(實績)의 차를 구하여 차가 생긴 원인·장소·책임자 등을 명확하게 분석한다.
[경영 비교(경영 분석)] 결산재무의 제표(諸表)에서 얻어진 수치를 다른 기간 혹은 같은 업종의 다른 기업의 것과 비교한다.

예연소실(豫燃燒室 : precombustion chamber) 디젤(Diesel) 기관의 연소실 형식의 일종. 전체 연소실 용적의 30% 정도의 작은 방(chamber)을 별도로 설치한 것. 주연소실과 작은 구멍으로 연결하고 이 속에 연료를 분사하여 일부의 연료를 연소시키고 이것에 동반하는 온도와 압력의 상승을 이용하여 연소가스와 함께 미연소의 연료를 주연소실에 분출시켜. 공기와 잘 혼합하면서 남은 연료의 대부분을 연소시킨다.

예측 생산(豫測生産 : stock production) 수주생산(受注生産)이 아니고 수요를 예측하여 생산하는 방식. 표준화된 제품의 생산에 적당하다.
[제품예] 자동차, 텔레비전, 재봉틀, 가정기구 등.

오구(烏口 : bow pen) 먹을 넣어 검은 선을 그릴 때 이용하는 제도 용구.

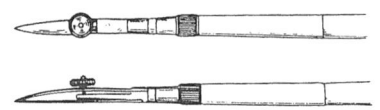

오른나사(right hand thread) 나사짝으로 수나사를 우회전시킬 때 앞으로 나아가는 나사산 및 이같은 나사산을 갖는 부품(部品). 일반적으로 사용되는 나사는 오른나사이다.

오른나사의 법칙(right handed screw rule) ☞ 전류의 자기 작용 (p.325)

오리피스(orifice) 수조의 벽 또는 흐름을 막는 관에 구멍을 뚫어 유체를 유출시키는 구멍.
[용도] 주로 유량측정에 사용되는 외에 유체의 흐름을 교축시킴으로써 충격을 흡수시킨다.
쇼크 업소버(shock absorber) 등에 사용한다. ☞ 관내 오리피스(p.36)

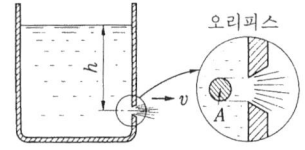

유출 속도 $v = \sqrt{2gh}$, 유량 $Q = Av$
h : 수면에서 오리피스까지의 깊이
A : 오리피스의 단면적
g : 중력가속도

O 링(O-ring) 합성고무·합성수지 등으로 만들어진 단면이 원형인 링.
[용도] 밀봉부의 홈에 끼워서 기밀성·수밀성을 유지하기 위해 사용된다.

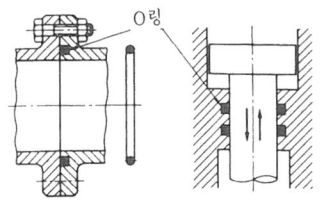

오목형(形) 커터(concave cutter) 반원형의 요(凹)부 등을 깎아내는데 사용되는 총형 밀링 커터의 일종.

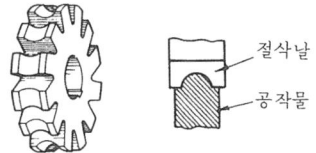

오버랩(overlap) 용접시에 용융 금속이 모재(母材)와 융합하지 못하고 표면에 덮쳐진 상태. 용접 전류가 약하거나 용접속도가 너무 느릴 때 발생한다. 이음 표면의 노치 상태를 만들게 되어 응력집중이 되고 균열이 일어나기 쉽다.

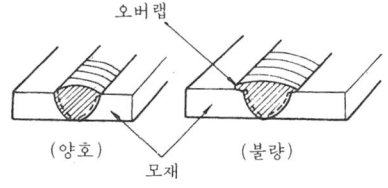

오버헤드 밸브 연소실(overhead valve combustion chamber) 가솔린 기관에 있어서, 실린더 헤드에 흡·배기 밸브가 있는 연소실. 자동차용 기관에 널이 이용된다.

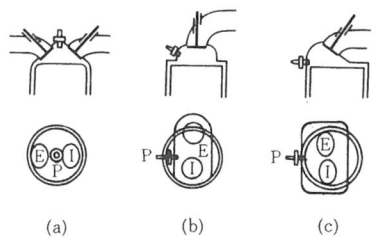

P : 점화플러그, I : 흡기밸브, E : 배기밸브

[특징] ① 밸브 면적이 크게 되고 흡입 효율이 좋다.

② 전열 면적이 작고 열손실이 적다.
③ 혼합기류에 적당한 혼란을 일으켜 화염 전파속도를 증가시킴으로써 노크(knock)를 방지한다.

오소테스트(orthotest) 측정자의 움직임을 레버와 기어로 확대해서 지침의 진동으로부터 변위를 읽는 측미계(測微計).
[측정범위] ±0.05±0.1mm
[정도] 0.2μm.

오스테나이트(austenite) γ철에 탄소를 고용한 γ고용체의 조직. 결정 구조는 면심입방 격자이다. 탄소강을 가열해서 A_3점 또는 A_{cm}점 이상에서 급랭하면 상온에서도 볼 수 있다. 마텐자이트보다 경도는 낮지만 인성이 크다.

▽ Fe·C 평형 상태도의 일부

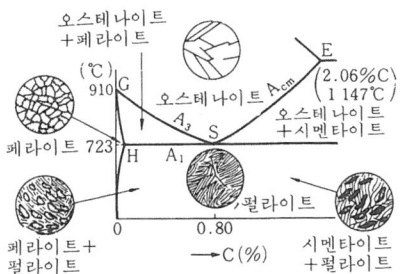

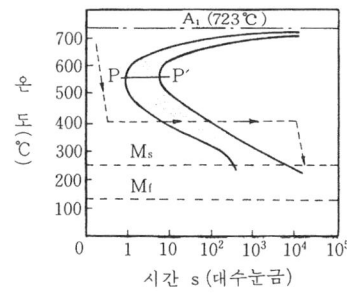

오스템퍼(austemper) 항온 변태 곡선의 코 PP'와 M_s점 사이의 온도에서 항온 변태를 완료한 후에 상온까지 냉각하는 열처리.

[특징] 강한 베이나이트(bainite) 조직이

얻어지며, 템퍼링의 필요가 없고 크랙이나 변형이 생기지 않는다.

오스포밍(ausforming) 강을 오스테나이트 상태로 가열하고 항온 변태 곡선의 코 PP'의 밑의 온도까지 급랭하고 M_s점에 달할 때까지의 사이에 압연 등의 가공으로 담금질하는 열처리.
[특징] 가공과 열처리를 동시에 하는 방법으로 조직은 조밀한 마텐자이트로 되고 기계적 성질은 좋다.

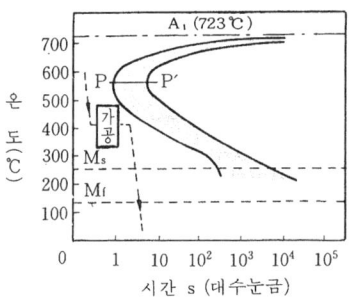

오실로그래프(oscillograph) 전류나 전압의 파형(波形) 또는 순간적인 현상 등을 관측 또는 자동적으로 기록하는 장치.
[종류] 전자 오실로그래프(☞p.332) 펜 오실로그래프(☞p.422), 음극선 오실로 그래프

오실로스코프(oscilloscope) 브라운관을 이용해서 전류나 전압의 변화를 형광면상에 그리는 장치.
[원리] 관측파 전압과 시간축 전압으로 전자 빔을 편향시켜서 파형을 그린다.

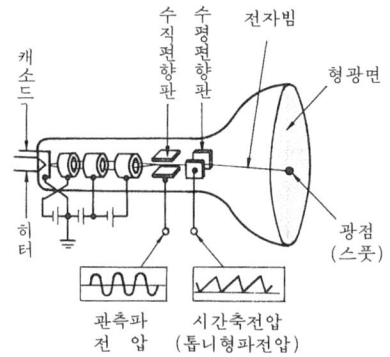

OR회로(OR circuit) 2개 이상의 입력단자와 1개의 출력 단자가 있어 적어도 1개의 입력 단자에 입력 "1"이 가해졌을 때 출력 단자에 "1"이 나타나도록 한 전기회로.

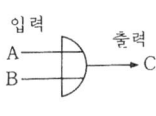

A	B	C
0	0	0
0	1	1
1	0	1
1	1	1

OA(office automation) office automation의 약자. 회사 경영을 명확히 하고 업무의 능률화·성력화(省力化)를 위해서 본사와 지사 등을 고도의 통신 회선 등으로 연결하여 음성·데이터·문서·도면·화상 등의 다양한 정보 교환을 원활히 하기 위한 정보 시스템.

오일러의 식(Euler's formula) 비교적 긴 기둥의 좌굴강도(座屈强度)를 표시하는 식. ☞랭킨식(p.110), ☞좌굴(p.354), ☞단면 2차 반경(p.86)

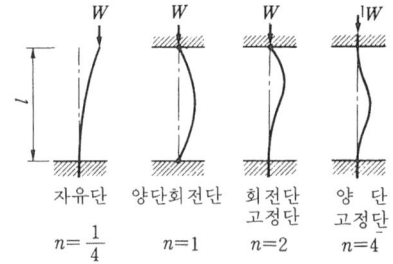

좌굴강도 $\sigma = \dfrac{n\pi^2 E}{(l/k)^2}$

E : 종탄성계수 n : 단말계수
k : 최소당면 2차반경 l/k : 세장비

오일러식은 세장비(細長比) l/k 가 다음 표의 값보다 클 때에 한해서 사용된다. 이 값보다 작을 때에는 랭킨식을 사용한다.

재질	주철	연강	경강	목재
l/k	>70	>102	>95	>85

오일리스베어링(oilless bearing) 소결 금속 등의 다공질(多孔質) 재료를 성형한 것에 윤활유를 깊이 스며 들게 한 금속. 무급유(無給油)베어링, 함유(含油)베어링이라고도 말한다.

오일 필터 **267**

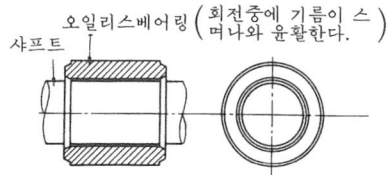

오일 링(oil ring) ① 베어링 : 횡형의 미끄럼 베어링의 윤활에 사용되는 금속제의 링. 축과 함께 회전해서 오일을 상부로 운반한다.

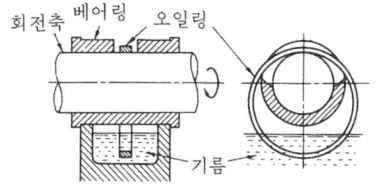

② 피스톤 링 : 피스톤 링 중에 오일 스크레이핑 링을 오일 링이라 한다. ☞오일 스크레이핑 링(p.267)

오일 링 베어링(oil ring bearing) 오일 링을 갖춘 베어링. ☞오일 링(p.267)

오일 버너(oil burner) 중유·경유 등을 공기 또는 증기와 혼합 분무하여 연소시키는 장치.

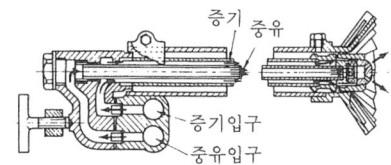

오일 브레이크(oil brake) ☞유압 브레이크(p.290), 액추에이터(p.242)

오일 셰일(oil shale) 석유·석탄의 산지에서 나오는 암석으로 혈암유(頁岩油)의 원료.
  성분은 석탄과 비슷하지만 휘발분과 회분이 많고 이것을 건류(乾留)해서 혈암유가 얻어진다. 즉, 정제하면 가솔린·석유가 얻어진다.

오일 스크레이핑 링(oil scraping ring) 실린더에 부착한 윤활유를 긁어모아 크랭크실로 되돌려 보내는 작용을 하는 피스톤 링.

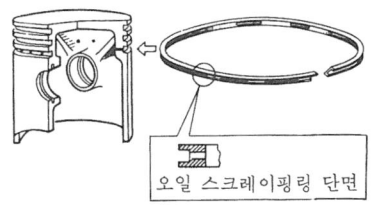

오일 스톤(oil stone) 기름 숫돌. 바이트나 대팻날의 끝을 손작업으로 연마할 때 기름을 쳐가면서 사용하는 경질 숫돌.

오일 실(oil seal) 합성 고무나 금속 링 스프링 등을 조합한 링 형상의 밀봉(密封) 장치. 외부로부터 먼지가 들어가지 않도록 하며, 동시에 윤활유가 새지 않도록 한다.

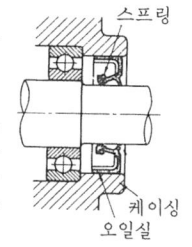

오일 컵(oil cup) 베어링의 주유에 이용되는 기름 통. 윤활유를 조금씩 자동적으로 낙하시켜서 주유한다.

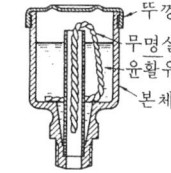

오일 코어(oil core) 내화성(耐火性)이 높은 규석에 기름을 혼합한 것으로 만든 코어. ☞코어(p.393)
[특징] 강도가 크고 통기성(通氣性)이 좋다.

오일 팬(oil pan) ① 절삭가공에 사용한 절삭유제(切削油劑)나 베어링에서 유출한 기름을 받는 용기.
② 자동차 엔진 밑부분 윤활 기름통.

오일 펌프(oil pump) 기름에 압력을 가하거나 기름을 송출하기 위하여 사용되는 펌프. ☞기어 펌프(p.59), 플런저 펌프(p.438)

오일 필터(oil filter) 액체 연료나 윤활유 속의 먼지 등을 제거하기 위한 여과 장치.

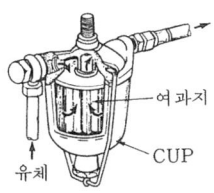

오일 홈(oil groove) 윤활유가 베어링 전면에 닿도록 베어링의 내면에 설치된 홈.

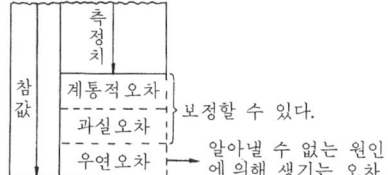

오 차(誤差 : error) 측정값과 참값과의 차.
오차=(측정값)-(참값)
▽ 오차의 종류

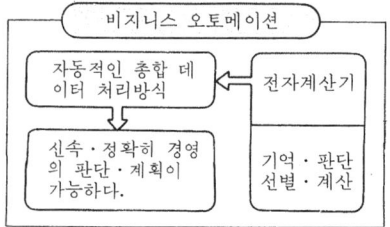

오차율(誤差率 : measuring efficiency) 참값에 대한 오차의 비율.
오차율=오차/참값
오차율의 절대치가 작을수록 측정의 정도(精度)가 좋다.

오토메이션(automation) 생산의 작업공정을 자동적으로 진행해 가는 방식.
[오토메이션의 형식]
① 메커니컬 오토메이션
② 프로세스 오토메이션
③ 비지니스 오토메이션

오토사이클(Otto cycle) 단열(斷熱)변화와 등적(等積)변화로부터 이루어지는 가솔린 기관의 이론적 사이클. 정적(定積)사이클이라고도 부른다.

$$\begin{cases} \text{열효율} \\ \eta_{tho} = 1 - \dfrac{1}{\varepsilon^{k-1}} \\ k : \text{비열비} \\ \varepsilon : \text{압축비} \end{cases}$$

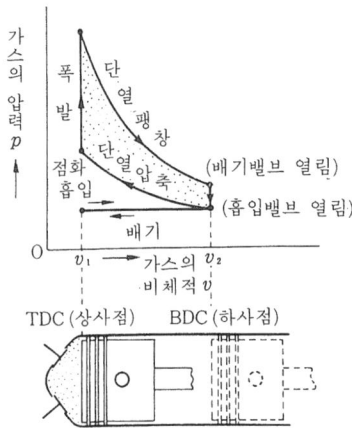

오토콜리미터(autocollimeter) 정반(定盤)이나 안내면 등 평면의 진직도(眞直度)·직각도 및 단면 게이지의 평행도 등을 측정하는 계기.
▽ 오토콜리미터의 구조

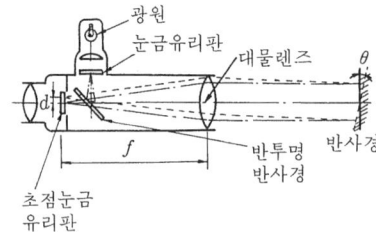

▽ 오토콜리미터의 시야

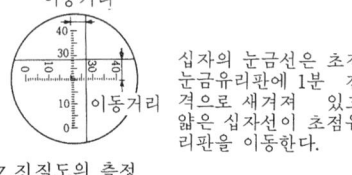

십자의 눈금선은 초점눈금유리판에 1분 간격으로 새겨져 있고 얇은 십자선이 초점유리판을 이동한다.

▽ 진직도의 측정

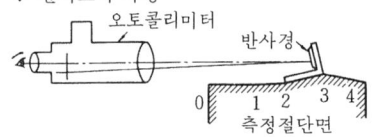

O₂ 센서(oxygen sensor) 자동차 배기관의 장착, 배기가스 중 O_2의 농도를 검지하고 그 신호를 연료 분사계에 되돌려서 기관의 흡입 공기량을 적정하게 하는 계기. 지르코늄 세라믹 반도체의 양면에 백금

을 피복한 것으로 지르코늄 소자와 양면에 산소의 농도차가 있으면 기전력을 발생한다. 또한 온도가 높게 되면 백금의 촉매작용에 의하여 공기와 연료의 이론 혼합비를 경계로 하여 기전력이 급변하는 특성이 있다.

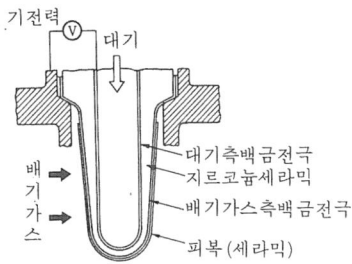

▽ 기전력과 혼합비와의 관계

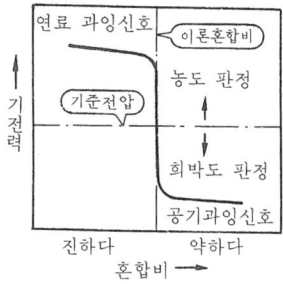

오퍼레이션 리서치(operation research) 경영에 필요한 정보를 전자계산기로 처리하고 이것을 경영의 의지결정(意志決定) 자료로 하는 기법(技法).

오퍼레이팅 시스템(operating system)

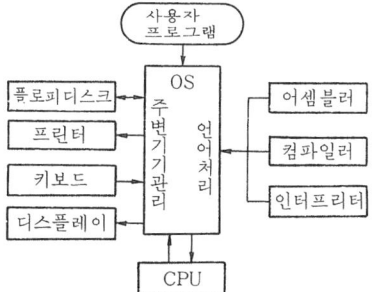

CPU(중앙처리장치)와 인간과의 사이에 주변장치의 관리나 언어처리(고급언어를 기계어로 번역)를 하고 컴퓨터를 효율 좋고 사용하기 쉬운 환경을 만들어내기 위한 소프트웨어. OS라고도 한다.

오프셋 렌치(offset wrench) 볼트·너트를 조이는 공구의 일종.

오프셋 링크(offset link) 롤러 체인을 링 형상으로 연결할 때 링크수가 홀수인 경우 그 연결눈에 사용하는 링크. 링크수가 홀수인 경우는 같은 형상의 링을 연결하는 것이기 때문에 어느쪽이든 끝의 링을 오프셋 링으로 바꾸어야 한다.

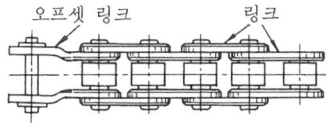

오픈 벨트(open belting) 벨트 전동으로 원동축과 종동축이 평행일 때 2축을 같은 방향으로 회전시키는 벨트의 감기 방식. 그림과 같이 걸 때에는 원동차에 속하는 쪽을 밑으로 해서 인장측으로 한다.

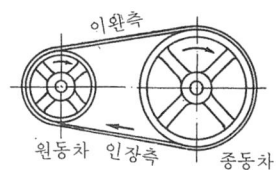

옥내 배선공사(屋內配線工事: interior wiring) 전선을 옥내에 배선하고 전등·콘센트·스위치·전력계 등을 설치하는 공사.
▽ 공사(전선의 가설방법)의 종류

① 애자공사

② 케이블공사

③ 합성수지관공사

④ 금속관공사

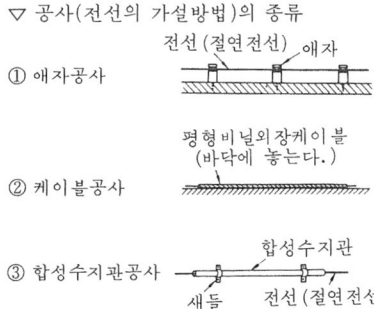

⑤ 플로어덕트공사

⑥ 금속덕트공사

옥내 배선도(屋內配線圖 : diagram of interior wiring) 가옥이나 건축물내부(옥내)의 각 개소에 전기를 끄는 전선로를 표시한 그림.

▽ 옥내배선도의 예

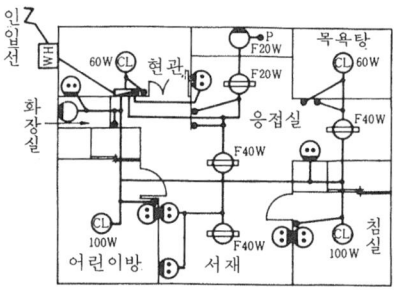

▽ 옥내배선용도기호의 예(KS)

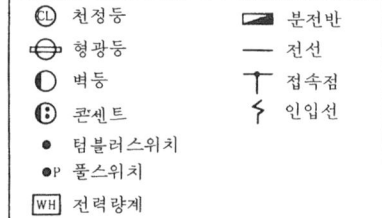

옥탄가[價](octane number) =octane value 가솔린이 안티노크성을 나타내는 수치.

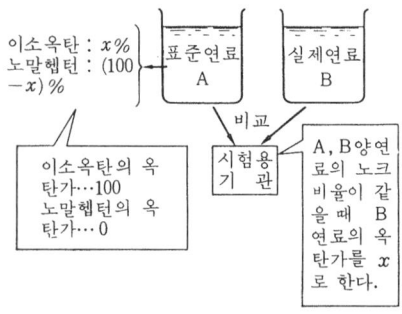

온도 구배(溫度勾配 : temperature gradient) 물체 내부를 열전도 할 때 평행한 양면의 온도가 각각 일정하고 물체 내부가 일정하다면 물체 내부의 온도 분포는 직선이 된다. 이 직선의 구배를 온도 구배라 한다.

온도구배= $\dfrac{t_1 - t_2}{\delta}$

온라인(online) 멀리 떨어진 장소에서부터 통신회선을 이용하여 신호를 전송하고 피제어체(被制御體)를 제어하는 등 정보처리를 행하는 형태.

온오프 제어(on-off control) 제어하는 조작량이 on 또는 off 2개 밖에 없는 제어(制御).

▽ 전기다리미의 온도 감지조절 장치

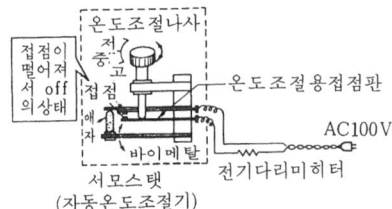

옴의 법칙(Ohm's law) 「도체에 흐르는 전류의 크기 I는 가한 전압 V에 비례하고 도체의 저항 R에 반비례한다」라고 하는 법칙. $I = V/R$

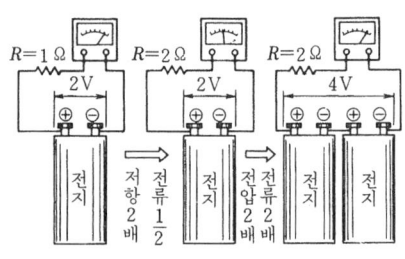

옵티미터(optimeter) 광학적(光學的)방법

으로 측정물의 치수를 확대해서 이것과 기준 게이지를 비교하여 길이를 측정하는 기구.

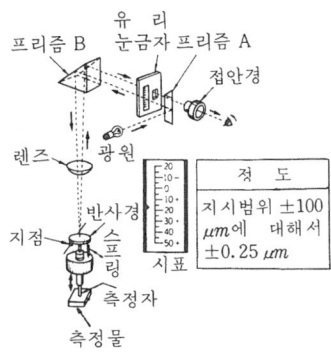

[사용방법] 프리즘 A, B는 약한 빛이 측정자(測定子)의 미소한 움직임으로 기울어지는 반사경에 의해서 반사되고 눈금자에 0지표보다 벗어난 상(像)을 맺는다. 이 차를 읽는다.

옵티컬 플랫(optical flat) 수정(水晶) 또는 광학 유리로서 만들어진 정확한 평행 평면 정반으로 평행도를 측정하는 측정구(測定具).
[사용법] 이것을 측정면에 포개어 나트륨 같은 단색광(單色光)을 비추어 간섭 줄무늬를 만든다.

▽ 판정의 예

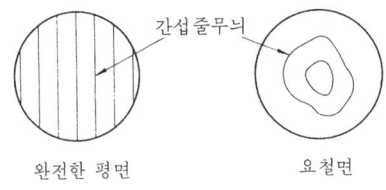

완전한 평면   요철면

▽ 면의 구분법

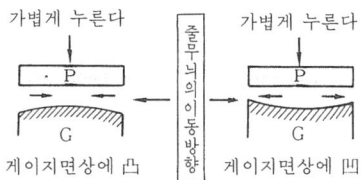

P: 옵티컬플랫 G: 게이지면

와류실(渦流室 : vortex chamber) 원심 펌프에서 임펠러와 나선형 방 사이에 있는 공간. 임펠러에서 나온 물의 운동을 압력에너지로 바꾼다.

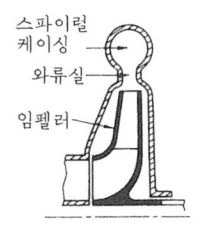

와셔(washer) 작은나사, 볼트, 너트 등의 자리와 체결부와의 사이에 넣는 부품.
  볼트 구멍이 지나치게 크거나, 체결부와의 표면이 평탄하지 않을 때 체결 효과를 좋게 하기 위하여 사용된다. 또 너트의 헐거움 방지로서 이용된다.

▽ 평와셔

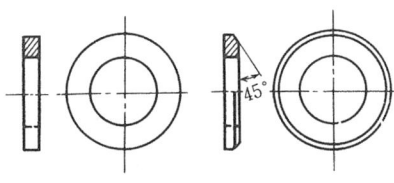

▽ 스프링 와셔

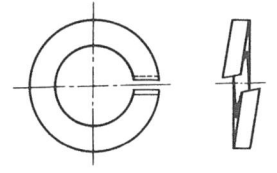

▽ 이붙이 와셔

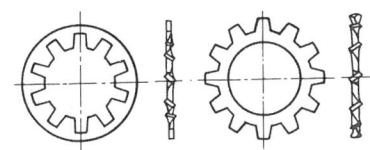

와셔붙이 너트(washer based nut) 너트의 바닥면을 넓게 하여 원형의 테를 만든 너트로, 볼트 구멍이 클 때나 접촉 압력이 커서 바람직하지 않을 경우에 사용되는 와셔 겸용의 너트. ☞너트 (p.75)

와이어 게이지(wire gauge) 와이어(철사)나 가는 드릴 등의 지름을 재는 데 사용하는 게이지.
  원판 주위에 따라 와이어 게이지의

치수를 갖는 게이지로 만들어진 것. 와이어의 지름이 번호로 표시된 것으로 번호를 조사하면 된다.

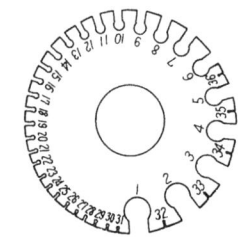

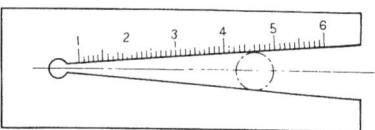

쐐기형의 홈에 가느다란 드릴 등을 끼워 넣어 접정의 위치를 눈금으로 측정하는 것.

와이어 드로잉(wire drawing) 지름이 가는 봉재(棒材)의 인발가공(引拔加工).

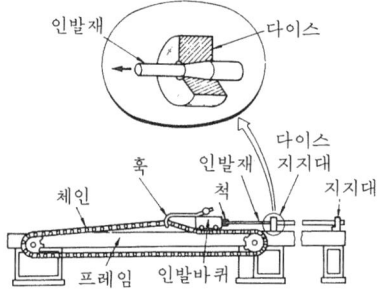

와이어 로프(wire rope) 몇개의 철사를 고아서 만든 작은 밧줄(strand) 6가닥을 마(麻)로프를 심으로 하여 꼬아서 만든 것.
[용도] 크레인·삭도(索道) 등

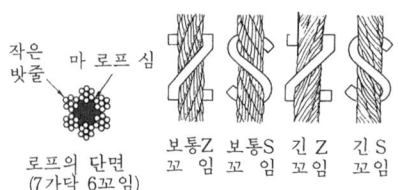

와이어 방전가공(wire cut electrical discharge machining) 가는 와이어를 전극으로 이용하여 이 와이어가 늘어짐이 없는 상태로 감아가면서 와이어와 공작물 사이에 방전시켜 가공하는 방법. 와이어는 보통 0.05~0.25mm 정도의 동선 또는 황동선을 이용한다.

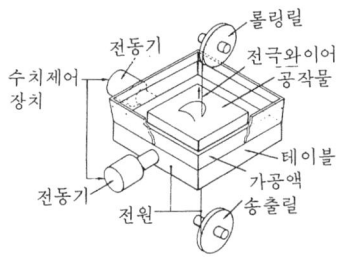

프레스 등의 블랭킹형, 압출다이, 성형용의 금형제작에 이용된다. ☞방전 가공 (p.146)

와이어 스트레인 게이지(wire strain gauge) 가느다란 저항선에 가해지는 변형에 의해 전기저항이 변화하는 것을 이용한 측정용 소자(素子).

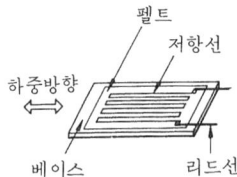

[저항선] 어드밴스(Ni 45%, Cu 55%)·콘스탄탄, 지름 0.02~0.025mm, 저항값 120Ω, 게이지 계수 2.0, 베이스는 종이·베이클라이트(bakelite) 등.
 저항선의 길이를 l, 그때의 저항값를 R이라 하고 인장·압축에 의해 증가한 길이가 Δl일 때의 R의 변화를 ΔR이라 하면,

$$\frac{\Delta R}{R} = K \frac{\Delta l}{l}$$

K : 게이지 계수

[게이지에 의한 종류] ① 페이퍼 게이지 (paper gauge) : 베이스에 화지를 이용하여 니트로 셀룰로스 수지를 함침시킨다.
② 베이클라이트(bakelite) 게이지 : 베이스에 베이클라이트 함침지(含浸紙)를 이용한다.
③ 폴리에스테르(polyester) 게이지 : 베

이스에 폴리에스테르 함침지를 이용한다.
▽ 게이지 종류

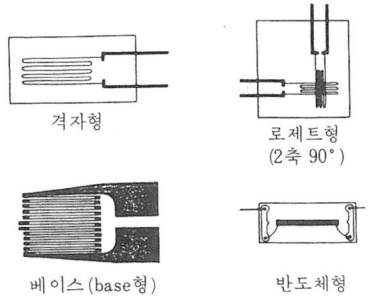

격자형

로제트형
(2축 90°)

베이스(base형)

반도체형

Y형 렌치(Y type wrench) 볼트·너트 등의 체결 공구.

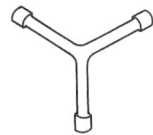

와전류(渦電流 : eddy current) 맴돌이 전류. 도체 내부에 생기는 기전력에 의해 도체 내부에 소용돌이 모양으로 흐르는 전류. 이 전류에 의한 손실을 와전류손이라 하며 자성체의 온도를 상승시킨다.
[예 1] 도체가 움직이는 경우

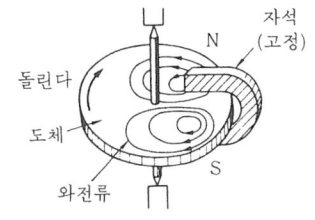

[예 2] 자속이 변화하는 경우

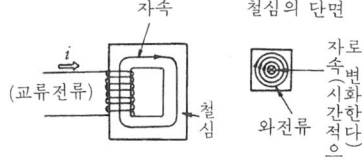

완전 나사부(complete thread) 환봉이나 둥근 구멍에 나사내기를 할 때, 완전한 나사산이 만들어져 있는 부분.

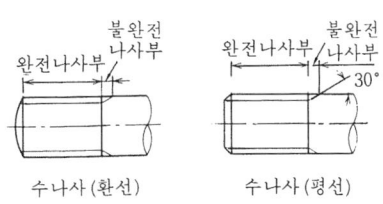

수나사(환선)　　수나사(평선)

완전 방사체(完全放射體 : full radiation)
☞ 흑체(p.459)

완전 어닐링 (complete annealing) 완전 풀림. 가공 경화한 재료를 연화(軟化)시킬 뿐만 아니라 가공의 영향으로 생긴 섬유조직 등을 완전히 해소하기 위해, 오스테나이트 온도까지 가열하여 서냉하는 열처리.

완전 연소(完全燃燒 : complete combustion) 연료 중의 C, H, S 등이 모두 산소와 결합하여 CO_2, H_2O, SO_2 등이 되어 가연물(可燃物)이 완전히 없어지는 연소.
☞ 고발열량(p.24)

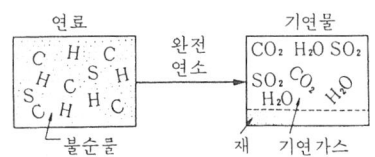

완전 윤활(完全潤滑 : complete lubrication)
☞ 유체 윤활(p.292)

완충기(緩衝器 : shock absorber, bumper) 용수철·고무·유체 등을 이용하여 운동에너지를 흡수하고 기계적인 충격을 완화하는 장치
[종류]

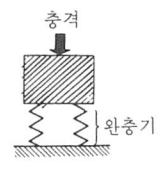

완충기 ─┬─ 고무완충기
　　　　　(☞ p.24)
　　　　├─ 용수철 완충기 ─┬─ 금속 용수철
　　　　│　　　　　　　　　└─ 공기 용수철
　　　　└─ 마찰완충기
　　　　　(☞ p.124)

완화 곡선(緩和曲線 : easement curve) 캠(cam) 변위 선도에 있어서 갑자기 변화

하는 부분이나 불연속 변화를 하는 부분에 곡선 형상을 만들어 급격한 변화를 피하기 위해 사용하는 곡선.

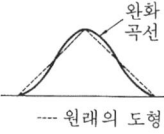

왕복 기관(往復機關 : reciprocating engine) 증기 기관이나 내연 기관 같은 실린더 내를 피스톤이 왕복 운동하는 기관. ☞증기 기관(p.361), ☞내연기관(p.71)

왕복대(往復臺 : carriage) 공작 기계에서 절삭 공구를 장착해서 베드 위를 왕복하는 장치. 특히 선반의 베드 위를 왕복하는 장치를 말하는 경우가 많다.
[선반의 왕복대]

왕복 슬라이더 크랭크 기구(recipro cating block slider crank mechanism) 회전 운동을 왕복 직선 운동으로 또는 그 반대로 변환하는 링크 기구의 일종. 피스톤 크랭크 기구라 한다.

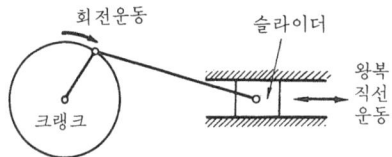

왕복 압축기(往復壓縮機 : reciprocating

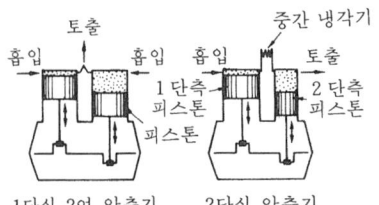

compressor) 실린더 내에 있는 피스톤에 왕복 운동을 주고, 이것에 의해 실린더 내에 흡입된 기체를 압축 토출하는 기계.

왕복 압축식 냉동기(往復壓縮式冷凍機 : reciprocating compressor type refrigerating machine) 왕복 압축기를 이용한 냉동기. ☞냉동기(p.74)

외주 생산(外注生産 : order production) 외부(자기 회사 외)에 위탁하여 제품이나 부품 등을 생산하는 일.
[외주의 이용목적]
자사(自社)에 없는 설비나 기술을 이용, 돌발적·계절적인 사업 증가에 대한 처치 등.

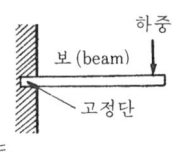

외측 캘리퍼스(outside calipers) 공작물의 외경이나 두께를 2개의 다리끝을 벌려 공작물의 외경이나 두께와 일치시킨 후 그 크기를 스케일(자)로 측정하는 데 이용하는 공구.

외팔보(cantilever) 보(beam)의 한쪽 끝만 고정되어 있는 보.

외형선(外形線 : visible outline) 제도(製圖)에 있어서 눈에 보이는 물체 부분의 형상을 나타내는 선. ☞제도용 선(p.350) 0.8~0.3mm 범위의 굵기의 선으로 그린다.

왼나사(left-hand screw) 나사 대우에서 수나사를 좌회전 시킬 때 앞으로 전진하는 나사산 및 이와 같은 나사산을 갖는 나사 부품.

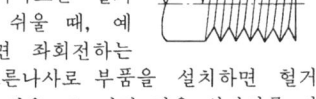

오른나사로는 헐거워지기 쉬울 때, 예를 들면 좌회전하는 축에 오른나사로 부품을 설치하면 헐거워지기 쉬우므로 이런 경우 왼나사를 사용한다.

요동(搖動) **슬라이더 크랭크 기구**(swinging block slider crank mechanism) 크랭크와 슬라이더로 왕복 각운동(角運動)을 시키는 기구. ☞급속 귀환 기구(p.51)

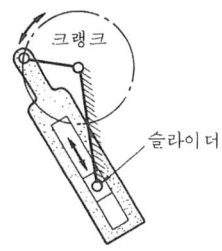

요소 동작(要素動作 : therblig) 어떤 공정 중의 작업 내용을 몇개의 단계로 나누기 좋은 작업, 즉 요소작업으로 나누어 그것을 더욱더 상세하게 분석한 18종류의 기본적인 동작. 이것은 F, B. Gilbreth의 연구에 의한 것으로 작업의 개선, 최저 작업의 발견을 위한 작업 연구에 쓰인다.

▽ 요소 동작 기호

명 칭	기 호	명 칭
찾는다.	◐ Sh	눈으로 물건을 찾는 법 (눈과 손발로 찾는 법)
선택한다.	→ St	선택한 것을 지시한 형
쥔다.	∩ G	물건을 쥐는형(손가락으로 누르는 것을 포함하는 일도있다)
빈것 운반	⌣ TE	빈접시의 형
운반한다.	⌢ TL	접시에 물건을 얹는 형
유 지	⌂ H	자석으로 물건을 붙인 형(물건을 움직이지 않고 유지하는일)
손을 멘다.	⌒ RL	접시를 거꾸로 한 일
위치를 고친다	9 P	
주의한다.	◊ PP	볼링에서 판을 세운 형 (준비하는 일)
조사한다.	○ I	렌즈형
조립한다.	♯ A	물건을 조합시킨 형
제거한다.	♯ DA	
사용한다.	U U	Use의 U의 형(목적으로 한 동작을 의미한다)
피할 수 없는 지연	⌒ UD	발이 걸려 넘어진 형
피할 수 있는 지연	⌣ AD	자는 형
생각한다.	℞ Pn	생각하고 있는 형
쉰다.	℞ R	의자에 앉아있는 형
발견한다.	◉ F	눈으로 물건을 찾아낸 형

요소 동작 분석(therblig analysis) 요소 작업을 다시 한번 요소 동작으로 분석하는 일. Gilbreth가 동작을 17의 기본적인 형으로 나누어, 서블리그 기호로 표시했다.

▽ 요소 동작 기호의 예

명 칭	기 호	명 칭	기 호
찾는다.	◐Sh	준비한다.	◊ PP
선택한다.	→St	조사한다.	○ I
쥔다.	∩ G	조립한다.	♯ A
운반한다.	⌣TE	푼다.	♯ DA
운전한다.	⌢TL	사용한다.	U U
유 지	⌂ H	피할수없는지연	⌒UD
손을 멘다.	⌒RL	피할 수 있는 지연	⌣AD
위치를 정한다.	9 P	생각한다.	℞ Pn
		쉰다.	℞ R

요크 캠(yoke cam) 종동절이 사각형의 틀을 하고 그 속에서 원동절이 접촉하면서 회전운동을 하는 일종의 구동(驅動) 캠.

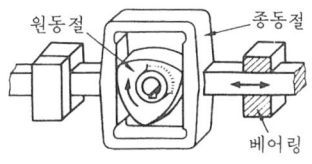

용광로(熔鑛爐 : blast furnace) 광석으로부터 금속을 제련하는 노(爐). 선철(銑鐵)을 제련하는 용광로를 고로(高爐)라고 한다.

용선로(熔銑爐 : cupola) 주철을 용해하는 대표적인 노(爐). 강제 원통의 내벽에 내화 벽돌을 붙여(lining) 이 속에 원료를 넣어 융해한다. ☞lining(p.106), ☞용해로(p.294), ☞소형 큐폴라(p.200)

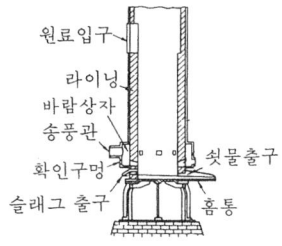

용융 속도(熔融速度 : melting rate) 금속 전극(電極)의 용접봉이 단위 시간에 녹는 속도. 용접 전류에 거의 비례한다.

용융 알루미나(fused alumina) 알루미나(Al_2O_3)를 아크로(arc爐)로 용융하여 결정시킨 것. 인조 금강사라고도 부른다.

[성질] 극히 단단한 것으로 분말하여 연마재로써 연마포·숫돌 등에 이용된다.
▽ 용융 알루미나를 사용한 숫돌

구 분	순도가 낮은 것	순도가 높은 것
숫돌입 자명칭	A	WA
성 질	점성이 강하고 담갈색	백색으로 취성이 있다.

용융지(熔融池 : molton pool) 용접 중 용융한 모재 부분이 연못처럼 괴어 있는 부분.

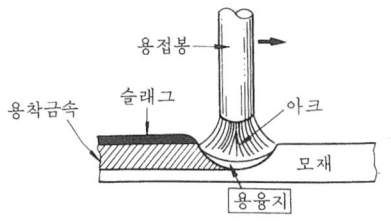

용입(熔入 : penetration) 용접에 있어서 모재(母材)가 용해된 용융지의 가장 깊은 곳과 모재의 표면과의 거리.

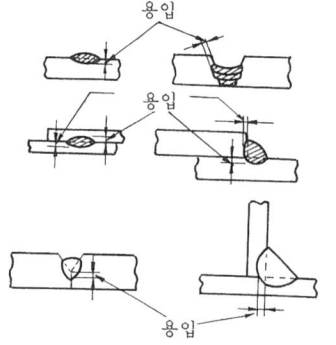

용접 기호(熔接記號 : welding symbol) 용접의 방법과 종류를 도시(圖示)하기 위한 규격으로 결정된 기호. 기본 기호와 용접부의 표면 상태나 다듬질 방법 등을 나타내는 보조기호를 설명선으로 조합시켜 용접 이음을 도시한다.

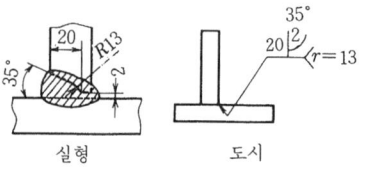

실형　　　도시

용접봉(熔接棒 : welding rod) 선(線) 또는 봉(棒) 상태의 용가재(熔加材). 나봉(裸棒)과 피복봉(被覆棒)이 있다. ☞피복 아크 용접봉(p.440)

용접불꽃(熔接炎 : welding flame) 가스 용접에 적당한 가스 불꽃.
▽ 그림의 순서대로 조절해서 표준 불꽃을 사용한다.

① 탄화불꽃-C_2H_2만으로 점화했을 때　　③ 중성불꽃(표준) C_2H_2와 O_2가 1 : 1일 때

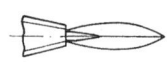

② 환원불꽃-C_2H_2가 O_2보다 클 때　　④ 산화불꽃-O_2가 C_2H_2보다 클 때

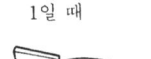

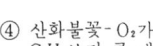

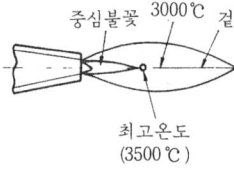

중심불꽃 3000℃　겉불꽃
최고온도 (3500℃)
표준불꽃의 형은 그림과 같고 백심(白心) 끝의 온도는 3000~3500℃에 달한다.

용접 속도(熔接速度 : welded speed) 단위 시간에 용접된 길이.
[예] 피복 아크 용접의 경우
피복봉 4mm, 용접전류 150A일 때 용접 속도는 m/분 100~200mm.

용접 이음(welded joint) 용접에 의해 접합된 이음.
▽ 용접이음의 기본형식

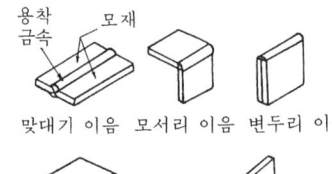

맞대기 이음　모서리 이음　변두리 이음

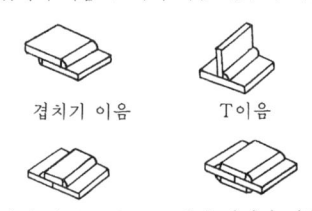

겹치기 이음　　　　T이음

한면 덮개판 이음　양면 덮개판 이음

용접 자세(熔接姿勢 : welding position)
용접 작업자가 용접할 때의 용접부를 대하는 자세.
▽ 위보기 자세 (flat)

▽ 수평보기 자세 (horizontal)

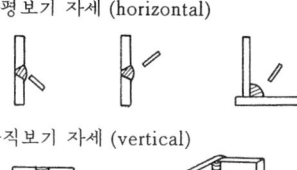

▽ 수직보기 자세 (vertical)

▽ 아래보기 자세 (overhead)

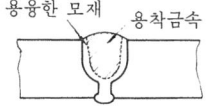

용접 전류(熔接電流 : welding current) 용접에 필요한 열을 주기 위해 흐르는 전류. 모재의 판두께, 용접의 형식, 층수, 루트 간격, 용접봉의 지름 등에 의해서 전류의 크기가 정해진다.

용접 토치(welding torch) =토치(p.411)

용착 금속(熔着金屬 : deposited metal) 용접 조작에 의하여 용가재(熔加材)로부터 모재에 용착한 금속.
▽ 아크용접의 경우

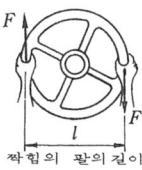

용착 금속시험편(熔着金屬試驗片 : deposited metal test specimen) 시험할 부분이 모두 용착 금속으로 된 시험편.

용체화 처리(溶體化處理 : solution treatment) 고용체 열처리. 동 알루미늄 합금 등에 있어서 합금원소를 고용체(固溶體)로 용해하는 온도 이상으로 가열하여 충분한 시간 동안 유지하고 급랭하여 과포화 고용체로 만들어 합금원소의 석출을 지지하는 조작. ☞시효 경화(p.226)

용해(溶解) **아세틸렌**(dissolved acetylene) 봄베 속의 다공성(多孔性)물질에 흡수된 아세톤에 고압으로 용해시킨 아세틸렌.
[특징] 발생 아세틸렌처럼 폭발할 위험이 없고 발생기가 필요없어 운반하기 쉽다.

우드 메탈(wood's metal) Bi-Pb-Sn-Cd 계의 가용 합금(可融合金)으로 융점이 71℃이다.
[용도] 고압・고온 장치의 안전 벨트 등.

우레아 수지(要素樹脂 : urea resin) 무색 투명으로 착색성이 좋고, 경도・내열성이 뛰어난 열경화성 수지의 일종.
($H_2 NOCNH_2$).

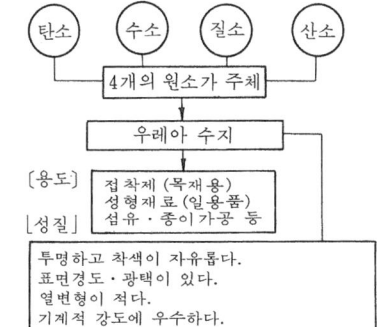

우력(偶力 : couple) 짝힘. 크기가 같고, 서로 방향이 반대인 평행한 한 쌍의 힘.
우력의 모멘트 M은,
$M = Fl$

우연 오차(偶然誤差 : accidental error) 계통적 오차 등을 보정(補正)하여도 여전히 남는 원인을 찾아내기 어려운 오차.
[원인] 운동 부분의 마찰, 끼워맞춤 변화, 측정 환경(진동・실온・기압・조명

등)의 변화 등.
[대응] 측정을 반복하여 통계적으로 처리한다.

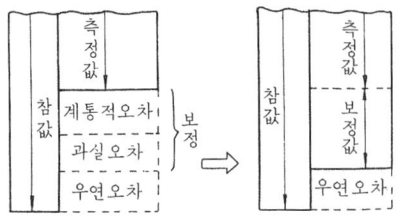

측정치에 편차를 가지게 되므로 완전하게 없앨 수는 없다.

운동량(運動量 : momentum) 물체의 질량 m 과 그 속도 v 와의 곱 mv 를 말한다. 속도 v 와 같은 방향을 벡터량이라 한다.
☞운동량 보존의 법칙
(p.278)
　운동하고 있는 물체를 정지시킬 때 물체의 질량 m 이 클수록 또는 속도 v 가 클수록 멈추기 어렵다. 그렇기 때문에 운동량은 운동의 과격 정도를 나타내는 양으로 간주된다.

운동량 보존의 법칙(law of conservation of motion) 「물체 사이에 외력이 작용하지 않고 서로의 힘이 미치기만 할 때에는 각 물체의 운동량의 총합은 일정하다」라고 하는 법칙.

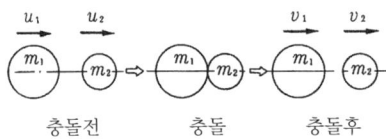

(충돌전의 운동량의 총합)＝(충돌후의 운동량의 총합)
$m_1 u_1 + m_2 u_2 = m_1 v_1 + m_2 v_2$
m_1, m_2 : 질량
u_1, u_2, v_1, v_2 : 속도

운동 방정식(運動方程式 : equation of motion)　☞운동의 제 2 법칙

운동(運動) 에너지(kinetic energy) 물체가 운동하고 있기 때문에 가지는 에너지. 질량 m 의 물체가 속도 v 로 운동하고 있을 때의 운동 에너지 E_k는 다음 식으로 나타난다.

$$m = \frac{W}{g}$$
g : 중력가속도
$$E_k = \frac{1}{2} \cdot \frac{W}{g} v^2$$

중량 W

운동의 제 1 법칙(first law of motion) 「물체에 외부로부터의 힘이 작용하지 않으면 그 운동 상태는 변하지 않는다」라고 하는 법칙. 관성의 법칙이라 말하며, 이 경우 물체는 정지하고 있거나 등속도 운동을 하고 있다.

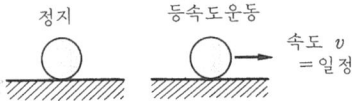

운동의 제 2 법칙(scond law of motion) 「물체에 외부로부터의 힘이 작용하면 물체에는 힘의 방향, 힘의 크기에 비례하는 가속도가 생긴다」라고 하는 법칙.
이 법칙에서
$F \propto a$
비례상수를 m 이라 하면
$F = ma \cdots (1)$
m 은 그 물체의 관성의 대소를 나타내며, 질량이라 한다.
중력 가속도를 g 라 하면 $mg = W$ 이며, W 를 그 물체의 중량이라 한다.
$$m = \frac{W}{g} \cdots (2) \quad F = \frac{W}{g} a \cdots (3)$$
식 (1), (3)을 운동 방정식이라 한다.

운동의 제3법칙(third law of motion) 「작용이 있으면 반작용이 있다」고 하는 법칙. 어떤 물체가 다른 물체에 힘을 움직이게 할 때 동시에 다른 물체로부터 역방향의 같은 크기의 힘을 받는다. 작용 반작용의 법칙이라 한다.

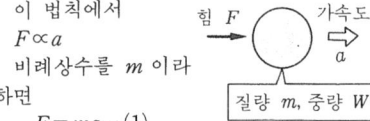

F_A : A 에 의해서 B 에 작용하는 힘 (작용)
F_B : B 에 의해서 A 에 작용하는 힘 (반작용)
F_A 와 F_B 의 크기는 같고, 방향은 반대이다.

운모분(雲母分 : mica powder) 도형재(塗型材)의 일종.

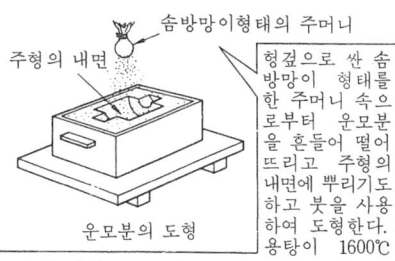

이상의 것에 사용하면 좋다. 주물의 표면을 매끈하게 하고 주물사가 눌어 붙는 것을 방지한다.

운반 경로(運搬經路 : transporting course) 재료나 부품이 출고하고나서 제품으로 되어 출하 될 때까지의 이동 경로(移動經路).

[조건] ① 짧은 거리일 것
② 통행이 편리할 것
③ 단순한 형태일 것

[예]

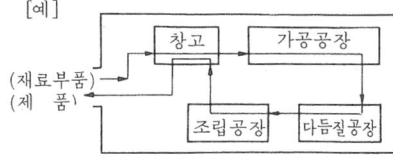

운반 계획(運搬計劃 : material's handling plan) 생산 공장의 일정 계획에서 운반 설비를 사용하여 운반 작업을 원활히 수행하기 위한 계획.

[운반 계획의 목적]
① 운반 설비를 경제적으로 이용하여 일을 최대로 한다.
② 운반 설비의 배치로 필요한 비용·시간·거리 등을 최소로 한다.

운반 관리(運搬管理 : materials handling) 공장 안팎의 재료·부품·제품 등의 운반을 효과적으로 안전하게 하기 위한 계획과 그 실시.

[운반관리의 내용]
① 운반 계획의 입안과 결정
② 운반 경로의 계획과 실시
③ 운반용 설비의 계획과 실시
④ 운반 통로(공장 외)의 결정
⑤ 운반 실시의 관리

운반 분석표(運搬分析表 : transporting analysis table) 운반을 개선하기 위한 목적으로 운반의 실태를 조사 분석하기 위한 표.

[중요한 조사 분석 항목]
① 운반 경로 약도   ② 운반 품목
③ 운반 구간   ④ 운반 거리
⑤ 운반 시간   ⑥ 1개의 중량
⑦ 운반 횟수   ⑧ 통로 조건
⑨ 적치 장소

운반 설비(運搬設備 : transporting equipment) 재료·부품·제품 등을 운반하기 위한 기계나 보조구(補助具).
[수동 운반 기계] 이동차·헨드 리프터.
[동력 운반 기계] 포크 리프터·천정 크레인
[컨베이어] 벨트 컨베이어, 컨베이어 엘리베이터, 스파이럴 컨베이어

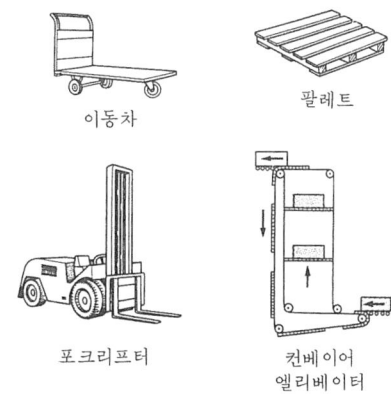

운반 통로(運搬通路 : transporting passage) 재료·부품 등을 운반하기 위한 통로. 전망이 좋은 직선로로 구배가 작을수록 좋다.

워드 프로세서(word processor) 컴퓨터에 의한 문서 작성 장치. 약어로서 워 프로라고도 한다. 입력한 문자나 숫자를 디스플레이에 표시하고 수정·삭제·삽입 등을 용이하게 할 수 있다. 또 문서를 플로피 디스크에 기억하거나 프린터로 복사하는 것이 가능하다.

원가(原價 : prime cost) 제품의 생산·판매로 인해 생기는 비용.
[종류] 제조원가(공장원가)·총원가

▽ 총원가(제조원가에 일반관리비와 판매비를 더한 비용)

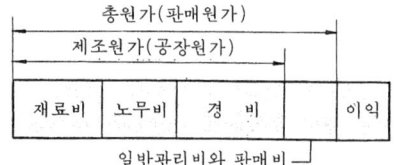

원가의 3요소 ─┬─ 재료비 (☞p.314)
　　　　　　├─ 노무비
　　　　　　└─ 경 비 (☞p.21)
　　　　　　　＝공장원가

원가 계산(原價計算 : cost accounting) 제품 1개의 제조 또는 제조로부터 판매까지 필요로 하는 비용의 계산.
[용도]
① 판매 가격의 결정 자료
② 재무 자료
③ 생산 능률의 개선, 원가 절감의 자료
④ 경영 관리상의 자료
[종류]
① 개별원가 계산
② 부문별 원가 계산
③ 총합 원가 계산

▽ 개별원가 계산에 있어서 원가구성

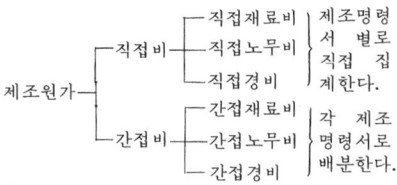

▽ 부문별 원가계산에 있어서 부문의 내용

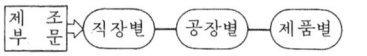

[총합원가계산을 구하는 법]
　제품 1단위당의 원가
　$= \dfrac{1원가계산기간의 원가총액}{1원가계산기간의 생산수량}$

원가 관리(原價管理 : cost control) 원가에 의한 경영관리 활동의 계획과 통제. 요구되는 품질의 제품을 경제적으로 생산하는 것을 목적으로 한다.
[원가관리의 순서]
　　표준직접재료비＝표준단가×표준소비량
　　표준직접노무비＝표준임금률×표준작업시간
　　표준 간접비＝부문별로 일정기간의 예정액으로부터 산출
　　⇩ (합계, 과학적, 통계적 조사에서)
① 표준원가를 설정한다.
② 표준원가를 전달한다. ⇨제조 각 부문의 관리자에게
③ 생산 활동을 지도한다. ⇨실적이 표준원가에 맞도록 노력한다.
④ 원가계산을 한다. ⇨실적 원가를 정확히 계산해 구한다.
⑤ 표준 원가와 실적 원가 차이의 원인을 분석·검토한다.
⑥ 적절한 개선조치를 행한다. ⇨이후의 경영 관리 계획의 참고로 한다.

원가의 3요소(three elements of cost) 재료비·노무비·경비를 말한다. ☞원가(p.279), ☞노무비, ☞재료비(p.314), ☞경비(p.21)

원도(元圖 : original drawing) 원도(原圖 ; 트레이스 도면) 작성의 기초가 되는 도면. 연필로 그어서 최초로 그려진 도면.

원도(原圖 : traced drawing) 원도(元圖)가 연필 또는 먹으로 트레이싱지 등에 그려진 도면. 복사의 원지(原紙)가 되는 것.

원동기(原動機 : prime mover) 수력, 연료, 원자력, 태양열 등의 자연계에 있는 에너지를 기계 에너지(동력)로 변환하는 장치.
[종류] 수차(水車)·증기 터빈·내연 기관 등.

원동절(原動節 : driver) 기구(機構)에 있어서 운동을 전달하는 부분. ☞간접 전동(p.13), ☞직접 전동(p.367)

원뿔 곡선(cone sections) 원뿔을 평면(꼭

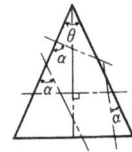

$α>θ$ 타 원
$α=θ$ 포물선
$α<θ$ 쌍곡선
축에 수직 원

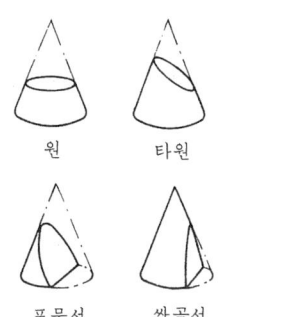

원 　 타원

포물선 　 쌍곡선

지점을 통하는 경우 제외)에서 절단했을 때 이루어지는 곡선의 총칭.

원뿔 캠(conical cam) 원뿔의 표면에 홈을 가진 캠.
　원뿔의 회전에 의해서 종동절에 주기적인 왕복 운동을 부여한다.

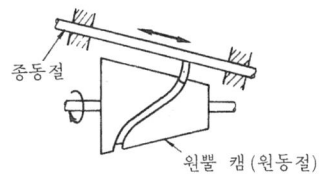

원뿔 캠(원동절)

원뿔 클러치(cone friction clutch) 접촉면이 원뿔형인 마찰 클러치.

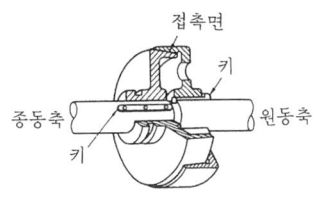

원심력(遠心力: centrifugal force) 원운동을 하고 있는 물체의 동적(動的) 균형을 고려할 때 중심을 향하는 힘과 균형을 이루고 있다고 생각되는 관성력(慣性力)으로, 구심력과는 방향이 반대이며, 크기는 같다. ☞구심력(p.45)

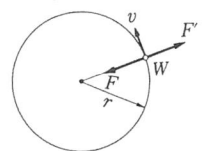

$$F = \frac{Wv^2}{gr} \quad F' = -F$$

F' : 원심력　　　r : 반경
F : 구심력　　　W : 중량
v : 원주속도　　g : 중력가속도

원심력식 회전 속도계(遠心力式回轉速度計: centrifugal force tachometer) 추의 원심력과 균형을 이룬 링크 기구의 변위에 의해서 회전 속도를 표시하는 계기.

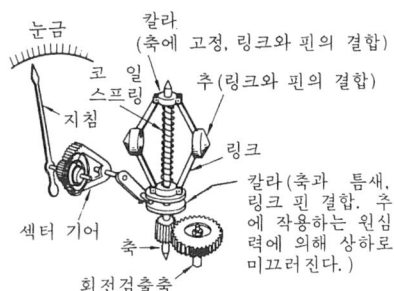

원심 송풍기(遠心送風機: centrifugal blower) 케이싱 내에 둔 임펠러를 회전시켜 기체의 원심력을 부여함으로써 기체를 압송하는 기계.
[예] 터보송풍기

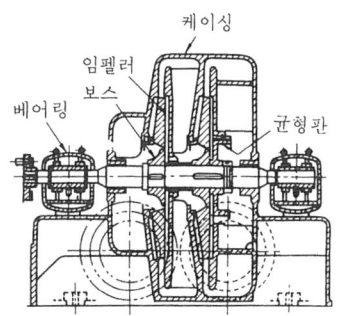

원심 압축기(遠心壓縮機: centrifugal compressor) 회전하는 임펠러에 의해서 기체에 원심력을 주고 그것을 이용하여 압축 작용을 하는 기계.

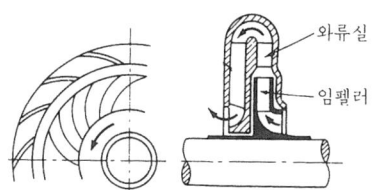

임펠러 입구에서 화살표 방향으로 흘러들인 기체는 정압(靜壓)과 동압(動壓)을 증가하고 와류실(渦流室)을 통과하는 사이에 동압의 대부분이 정압으로 바뀌어진다. 와류실을 나온 기체는 흐름 방향을 조정하고 충돌없이 다음의 임펠러에 흘려 보내지도록 되어 있다.

원심 주조기(遠心鑄造機 : centrifugal casting machine) 원심력을 이용하여 치밀한 조직의 원통 형상의 주물(鑄物)을 만드는 기계. ☞원심 주조법(p.282)

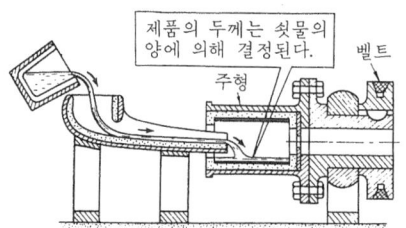

원심 주조법(遠心鑄造法 : centrifugal casting) 회전하고 있는 중공(中空) 원통형 주형에 쇳물을 주입하고 그 원심력에 의해 중공 주물(관·실린더 라이너 등)을 제작하는 주조법. ☞원심 주조기(p.282)
[특징]
① 코어가 필요없다.
② 가스빼기가 좋다.
③ 치밀한 주물이 얻어진다.

원심 펌프(centrifugal pump) 임펠러의 회전에 의한 원심력으로 물에 압력 에너지를 부여하여 퍼올리는 펌프. 일명 와류(渦流) 펌프라고도 한다.
[종류]
　안내날개의 유무에 의해
　· 벌류트 펌프 (☞p.152)
　· 터빈 펌프 (☞p.406)
　흡입구의 형상에 의해
　· 한쪽 흡입식 펌프
　· 양쪽 흡입식 펌프
[용도] 작은 유량, 고양정(高揚程)용

원운동(圓運動 : circular motion) 하나의 원주상에서 구속되는 운동.

시간 t에서 점 A로부터 점 B에 이동했을 때,
　각속도 $\omega = \dfrac{\theta}{t}$
　회전속도 N일 때,
　　$\omega = \dfrac{2\pi N}{60}$
　$\overset{\frown}{AB} = r\theta$
　$v = \dfrac{\overset{\frown}{AB}}{t} = \dfrac{r\theta}{t} r\omega$

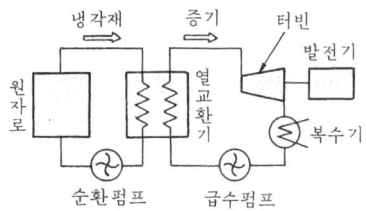

원자력 발전소(原子力發電所 : nuclear power plant) 원자력(핵분열)에 의한 발열을 이용하여 증기를 발생시키고 이것에 의해 터빈을 돌리고 발전기를 운전하여 발전하는 시설.

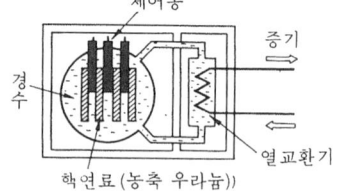
▽ 원자로(가압수형)

원자로(原子爐 : nuclear reactor) 핵 연료를 사용하여 제어 가능한 상태로 핵 분열의 연쇄 반응을 일으켜 이 반응열로 거대한 에너지를 이용하는 노(爐). ☞핵 연료(p.448), ☞연쇄 반응(p.257), ☞제어봉(p.351), ☞감속재(p.14)
　^{239}U의 핵 연료 1g 당 23000kWh의 에너지를 얻을 수 있다.
[목적에 의한 분류]
① 연구로
② 동력로

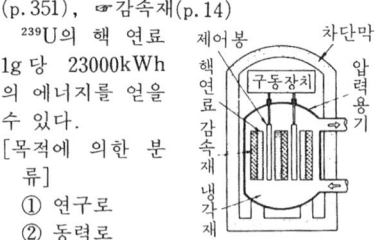

원자 수소 용접(原子水素熔接 : atomic hydrogen welding) 수소 기류 속에서,

2개의 텅스텐 전극 사이에 아크를 발생시켜 수소의 반응열을 이용하여 용접하는 방법

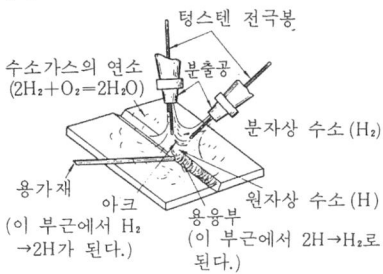

원주 속도(圓周速度 : circum ferential velocity) 원운동을 하고 있는 물체의 원주에 따른 속도

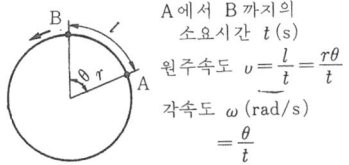

원주(圓周) **피치**(circular pitch) 기어의 피치원상에서 한개 이의 치면(齒面)에서 다음 이에 대응하는 단면까지의 원호 길이.

원주 피치 = 피치원주/잇수 = $\frac{\pi D}{z}$ = $\pi \cdot m$(mm)

D : 피치원 직경(mm)
z : 잇수
m : 모듈(mm)

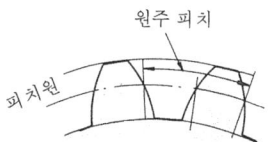

원 진동수(圓振動數 : circular frequency) 진동 속도를 나타내는 양.

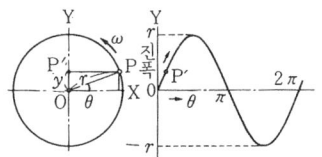

점 P : 점 O를 중심으로 각속도 ω로 등속 원운동을 하는 점

점 P' : 점 P의 Y축상에서의 투영점
θ : 점 P가 t초간에 회전하는 회전각

점 P'는 $y = r\sin\theta = r\sin\omega t$로 표시되고 단진동을 한다. 이때의 ω를 원진동수라고 한다. ☞ 단진동(p.89)
$\omega = 2\pi f$ f : 진동수

원통 보일러(cylindrical boiler) 보일러 본체가 지름이 큰 원통형 용기로 된 보일러. 내부는 조립된 연관·노통·연소실 등으로 구성되어 있고 저압 보일러로서 소용량의 경우에 사용된다.
[종류]
노통 보일러(☞ p.77)
연관 보일러(☞ p.253)
노통 연관 보일러(☞ p.77)
수직 보일러(☞ p.208)

원통 연삭(圓筒硏削 : cylinderical grinding) 심봉(心棒)이나 축 등의 원통 외주를 연삭 다듬질하는 방법. 연삭 방법에는 테이블 왕복식(travelling table type)과 플랜지 컷식(flange cut method)이 있다.

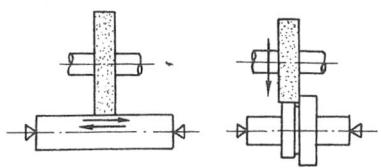

| 긴 공작물을 축방향으로 왕복 운동시켜 연삭한다. 좋은 다듬질면을 얻을 수 있다. 연삭능률은 플랜지 연삭보다 못하다. | 숫돌폭을 공작물의 폭보다 넓게 해서 가공면을 동시에 연삭한다. 연삭능률은 좋지만 다듬질 정도는 테이블 왕복식보다 못하다. |

원통 연삭기(圓筒硏削機 : cylindrical grinder) 공작물의 원통 외주를 연삭하는

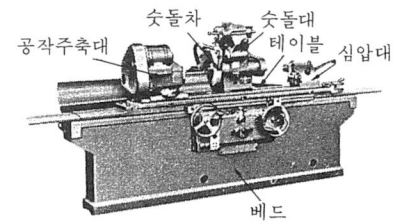

연삭기. 공작물을 테이블 위의 양 센터에서 지지하고 연삭한다.

원통 캠(cylindrical cam) 원통의 표면에 홈을 가진 캠. 입체 캠의 일종.

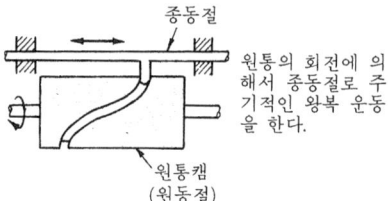

원판 브레이크(disc brake) 회전축에 설치된 원판을 제동 패드(pad)로 물려 제동하는 마찰 브레이크.
[용도] 자동차·항공기 등 고속도용의 제동에 사용된다.
[특징] ① 노출부가 많아 방열이 좋고 연속 사용에 견딘다.
② 좌우 양바퀴의 제동이 안정되어 쏠림 현상이 없다.

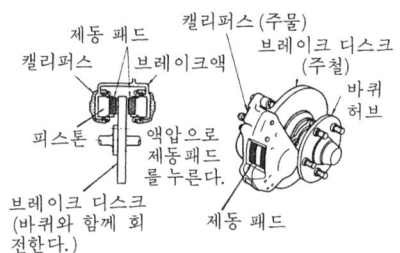

원판 캠(disc cam) 편심(偏心) 원판을 원동절로 하고 원판의 회전에 의해서 종동절에 주기적인 왕복 운동을 주는 캠.

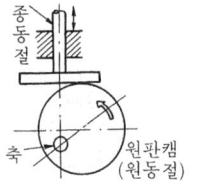

원판 클러치(disc clutch) 동심(同心) 상에

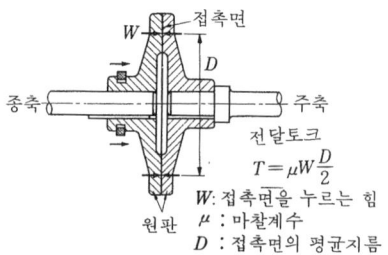

$T = \mu W \dfrac{D}{2}$

W: 접촉면을 누르는 힘
μ: 마찰계수
D: 접촉면의 평균지름

있는 주축 끝과 종축 끝에 설치한 원판을 눌러 붙여서 그 접촉면의 마찰력으로 동력을 전달하는 클러치.

원형(原型: pattern) 주형을 만들기 위해 기본이 되는 형틀. ☞목형(p.133), ☞금형(p.51)

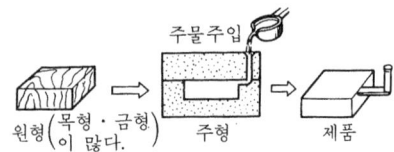

원형강(圓形鋼: round steel) 단면이 원형인 봉상(棒狀)의 강재.

원호(圓弧) **이두께**(circular thickness of teeth) 기어에서 피치원상의 원호를 따라서 잰 이의 두께를 말한다. 이 원호에 맞서는 현의 길이를 현의 이두께라 한다.

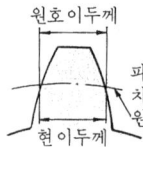

원호(圓弧) **캠**(circular arc cam) 윤곽 곡선이 원호의 조합으로 이루는 캠.
▷기초원과 선단원을 원호로 접속한 캠.

웜(worm) 한 줄 또는 그 이상의 잇수를 가진 나사 모양의 기어. 웜 휠과 맞물려서 사용되고 있지만 마찰이 크기 때문에 가벼운 재질로 만들어진다.

▽원통형 웜 기어   ▽장구형 웜 기어

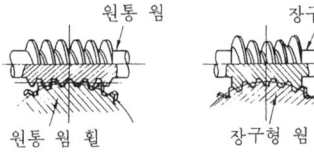

웜 기어(worm gear) 상호간에 직각으로

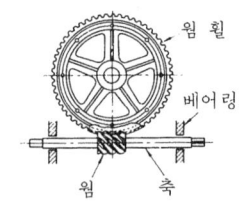

감속 장치로서 속도비를 1/100로 할 수 있다.

교차하지 않는 2축간에 큰 감속비의 회전을 전동하는 데 사용되는 기어 장치.
  나사형 웜과 이것에 맞물려지는 웜 휠로 이루어지고, 보통 웜을 원동차로 하여 감속 장치에 사용한다.

웜 휠(worm wheel) 웜 기어라고도 하며, 웜의 원주 일부에 맞물리는 듯한 이를 가진 기어. 웜 휠은 마찰이 크기 때문에 보통 청동주물이 사용되고 호빙 머신 또는 밀링 머신에 의해서 가공된다.

웨버(weber) MKS 유리 단위계에 있어서 자속 및 자극의 세기를 나타내는 단위이며, 기호는 [Wb]이다.
  서로 같은 2개의 자극을 진공 상태에서 1[m] 떼어 놓았을 때 양 자극간에 작용하는 자력이 6.33×10^4N인 경우 자극의 세기를 1[Wb]라 한다.

웨브(web) ① 드릴홈의 간격. 두께는 지름의 12~15%로 날끝이 받는 저항력을 지지한다.

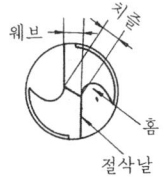

드릴의 선단

② 형강의 중앙부.

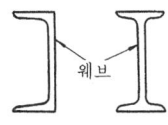

홈형강   I형강

위보기 용접(overhead position welding) 밑에서 위보기 자세로 행하는 용접. ☞ 용접자세(p.277). 양호한 용접을 얻기 어렵다. 부호로는 [OH]

위빙(weaving) 넓은 폭의 비드를 만들 목적으로 용접봉을 용접 방향에 대해서 좌우로 움직여 가면서 용접하는 운봉법.
  [결점] 운봉이 나쁘면 용착 금속이 같지 않게 되거나 오버랩(overlap)이나 언더컷(undercut) 등의 결점이 생기기 쉽다.

(a)
(b)
(c)

위상(位相 : phase) 전기적 또는 기계적인 회전에 있어 어떤 임의의 기점(起點)에 대한 상대적인 위치.

위상 변조(位相變調 : phase modulation) 신호파의 진폭에 따라 반송파(搬送波)의 위상을 변화시키는 변조 방식을 말하며 PM이라 약칭한다. 주파수 변조파로 변환해서 사용한다. ☞ 변조 (p.158)

위상차(位相差 : phase difference) 동일 주파수 2개의 정현파 교류(正弦波交流)의 파형 간격을 각도로 나타난 것. i_1과 i_2의 위상차
$i_1 = \sqrt{2}\, I_1 \sin \omega t$
$i_2 = \sqrt{2}\, I_2 \sin (\omega t - \varphi)$

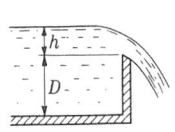

위어(weir) 수로의 도중에서 흐름을 막아 이것을 넘치게 하여 물을 낙하시켜 유량을 측정하는 장치.

▽ 직각 3각 위어

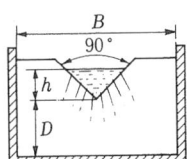

유량 $Q = kh^{\frac{5}{2}}$ (m³/min)
$k = 81.2 + 0.24/h + (8.4 + 12/\sqrt{D})(h/B - 0.09)^2$
[적용범위] $B = 0.5 \sim 1.2$m, $D = 0.1 \sim 0.75$m,
$h = 0.07 \sim 0.26$m $\leq B/3$

▽ 4각 위어

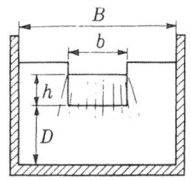

유량 $Q = kbh^{3/2}$ (m³/min)
$k = 107.1 + 0.177/h + 14.2\, h/D$
$- 25.7\sqrt{(B-b)h/BD} + 20.4\sqrt{B/D}$

[적용범위] $B=0.5\sim6.3\text{m}$
$b=0.15\sim5\text{m}$
$D=0.15\sim3.5\text{m}$
$bD/B^2\geq0.06$
$h=0.03\sim0.45\sqrt{b}(\text{m})$

위치 결정(位置決定 : locating) 공작물의 가공 위치나 절삭 공구의 안내(案內)를 지그(jig)나 표준 블록 등으로 정확히 결정하는 것.
[공작물의 위치 결정] 공작물의 기준 면을 지그의 위치 결정면에 대해 위치 결정을 한다.

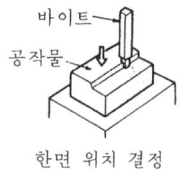
한면 위치 결정

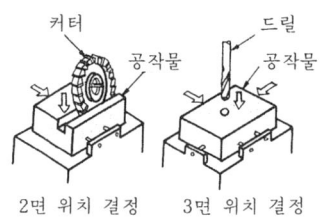
2면 위치 결정 3면 위치 결정

[절삭 공구의 위치 결정] 절삭 공구를 교환할 때 기준 블록·위치 결정 게이지·핀 등을 사용해서 공구를 정확한 위치로 안내한다.

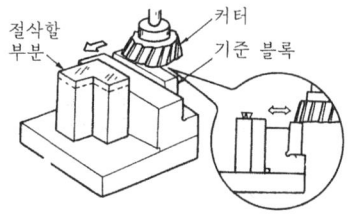

위치 결정 V 블록(locating V block) 원통형의 공작물을 위치 결정하는데 사용하는 V블록.

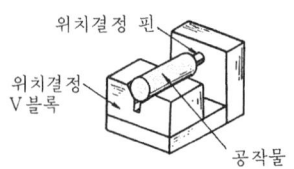

위치 결정 원뿔(locating cone) 환봉이나 둥근 구멍의 한쪽 끝을 원뿔체로 대어서

위치 결정하는 지지대.

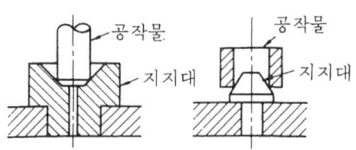

위치 결정 제어(positioning control) 공구의 이동에 있어서 공구의 이동 경로에는 관계없이 공구의 멈춤 위치(가공 위치)만을 결정하는 제어. NC공작 기계에 이용한다.

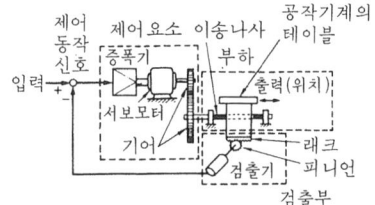
(a) 공작기계테이블 위치결정제어

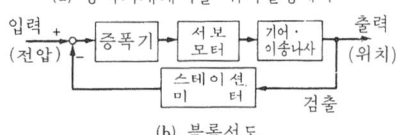
(b) 블록선도

점 A에서 점 F까지 순서대로 자동적으로 가공하는 경우 각점에 있어 절삭 공구의 위치를 순서에 따라 정확히 결정한다.

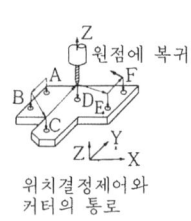
위치결정제어와 커터의 통로

위치 결정 핀(locating pin) 위치 결정에 이용되는 핀(pin)

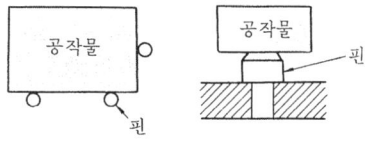

위치 수두(位置水頭 : potential head) 물 1 kg이 갖는 위치 에너지의 크기.

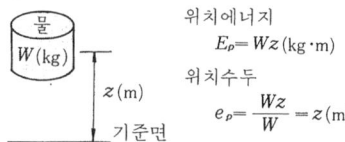

위치에너지
$E_p=Wz(\text{kg}\cdot\text{m})$

위치수두
$e_p=\dfrac{Wz}{W}=z(\text{m})$

위치 에너지(potential energy) 물체가 위치를 변화시킴으로써 외부에 대해서 일이 될 때 물체가 그 위치에서 갖는 에너지.

[예1] 중력에 의한 위치에너지

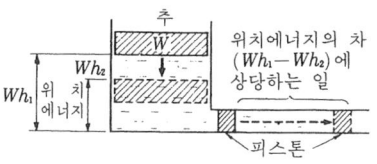

[예2] 탄성에 의한 위치에너지

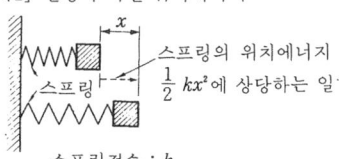

스프링정수 : k

위험 단면(危險斷面 : dangerous section) 보에 있어서 최대 굽힘 모멘트가 생기는 단면. 보의 파괴는 이 단면으로부터 일어난다.

[예] 단면계수 Z=일정한 경우
최대굽힘 모멘트
$M_{max} = Wl$
최대굽힘 응력
$\sigma_{max} = \dfrac{M_{max}}{Z}$
$= \dfrac{Wl}{Z}$

위험 속도(危險速度 : critical speed) 회전축의 굽힘 고유 진동수와 일치하는 축의 회전 각속도. 회전축의 중심이 편심되어 있으면 원심력에 의하여 축의 휘어짐이 무한대가 되어 위험하다.

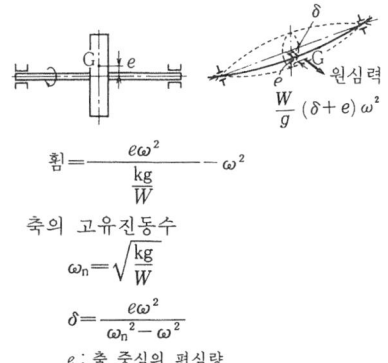

원심력 $\dfrac{W}{g}(\delta+e)\omega^2$

휨 $=\dfrac{e\omega^2}{\dfrac{kg}{W}} - \omega^2$

축의 고유진동수
$\omega_n = \sqrt{\dfrac{kg}{W}}$

$\delta = \dfrac{e\omega^2}{\omega_n^2 - \omega^2}$

e : 축 중심의 편심량
ω : 축의 회전각속도

k : 축의 스프링상수
W : 축의 중량
g : 중력가속도
$\omega = \omega_n$ 일 때 δ 는 무한대로 된다.

위험 진동수(危險振動數 : critical frequency) =위험 속도

위험 하중(危險荷重 : critical load) 기둥에 좌굴(座屈)을 일으키게 하는 최소의 하중. 좌굴 하중이라고도 한다.

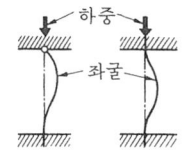

U관리도(U chart) 에나멜 선의 핀홀(pin hole)이나 길고 가는 판재의 홈 등의 결점을 관리할 때처럼, 구조대상의 시료 길이나 면적이 일정하지 않은 경우에 사용하는 관리도(管理圖)

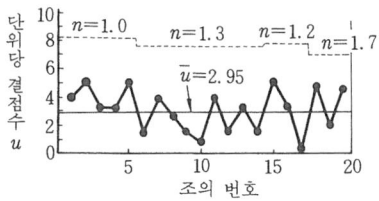

관리중심
$u = \dfrac{\Sigma c}{\Sigma n}$
Σc : 결점수의 총합
Σn : 시료크기의 총합

상한관리 한계
$UCL = u + 3\sqrt{\dfrac{u}{n}}$
n : 시료의 크기
LCL이 ⊖가 되는 경우는 생각하지 않아도 좋다.

유극(遊隙 : play, clearance) 헐거움. 기계부품에 있어 서로 끼워 맞춤이나 물림 관계가 있는 부품간의 틈새.

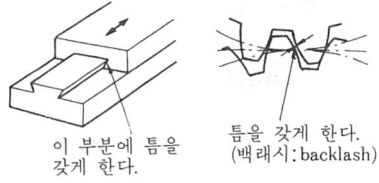

이 부분에 틈을 갖게 한다.
틈을 갖게 한다.
(백래시 : backlash)

유니버설 소켓(universal socket) ☞소켓 렌치(p.199)

유니언 멜트(union melt) =아크 용접(p.233)

유니언 이음(union joint) 나사형 관 이음의 일종.
[특징] 너트를 푸는 것으로만 제거할 수 있는 것으로 편리하다.

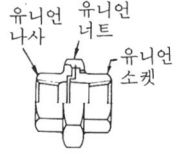
유니언이음F형

유니파이 나사(unified screw thread) 미국·영국·캐나다 3국이 협정하여 만든 ABC나사를 기초로, ISO가 규정한 인치계(系) 나사.

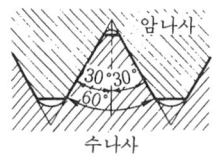

나사의 피치를 25.4mm(1인치)에 대해서 산수로 나타내고, 나사산의 각도가 60°인 삼각나사. KS에서는 유니파이 보통 나사(KS B 0203)와 유니파이 가는 나사(KS B 0206)를 규정하고 있다. ABC 나사라고도 한다.

유도 전동기(誘導電動機 : induction motor) 고정자(固定子)에 교류 전압을 가하여 전자 유도로써 회전자(回轉子)에 전류를 흘려 회전력을 생기게 하는 교류 전동기.
[원리] 삼상 코일(三相 coil)을 감은 고정자에 삼상 교류를 흘리면 회전 자계(磁界)가 생기고 이것에 의해 회전자 도체에 기전력이 생김으로써 전류가 흘러 회전자를 회전시킨다.
[동기속도 n_s(회전자계의 회전하는 속도)]

$$n_s = \frac{120f}{p} \text{ (rpm)} \quad p : \text{자극수}$$

▽ 3상유도 전동기

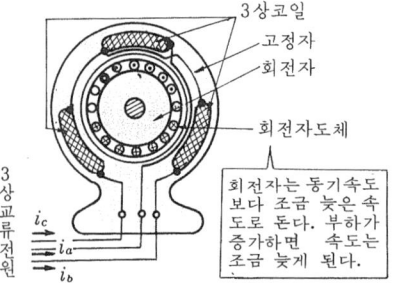

[미끄럼 s] 동기속도 n_s에 대한, 동기속도 n_s와 실제의 회전 속도 n과의 차의 비율. %로 나타낸다.

$$s = \frac{n_s - n}{n_s} \times 100\%$$

s의 실제의 크기 1~5% 정도

유동(流動) **작업**(assembly line operation) 생산 현장에서 공정의 재구성, 기계·설비의 배치를 연구하고 제작중인 물건의 정체를 될 수 있는 한 적게 하여 가공 공정을 연속적으로 원활하게 진행하는 작업 상태.
FMS(flexible manufacturing system)는 다품종 소량생산의 유동 작업이다.

유동작업 방식 (컨베이어 시스템 / 택트 시스템 ☞ p.404)

▽ 주물공장의 유동작업

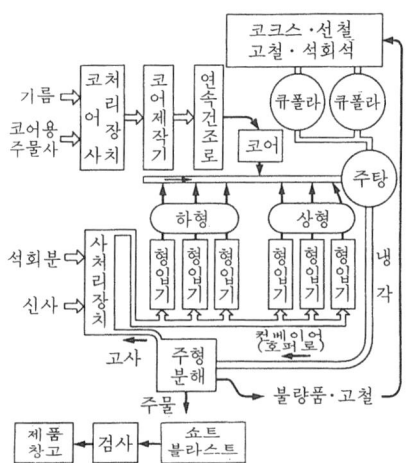

유동형(流動形) **칩**(flow type chip) 바이트의 경사면에 따라 흐르듯이 연속적으로 발생하는 칩.
[특징] 절삭 저항의 크기가 변하지 않고 진동을 동반하지 않는 것으로 양호한 치수 정도를 얻을 수 있어 다듬질면은 깨끗하다. 바이트도 충격에 의한 결손을 일으키는 일 없이 양호한 절삭 상태라고 할 수 있다.

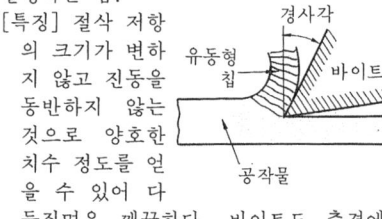

유량 계수(流量係數 : coefficient of discharge) 차압 유량계가 고유로 갖는 계수. ☞차압 유량계 (p. 372)

유량 제어 밸브(flow control valve) 유압 회로에 있어서 유량을 제어하는 밸브.

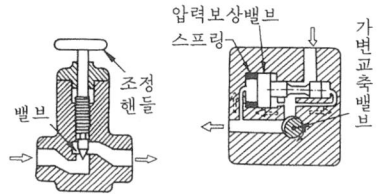

유리관 액면계(glass tube liquid level gauge) 연통관(連通管)을 이용한 액면계(液面計).
[특징] 구조가 간단하고 정도(精度)가 좋다.

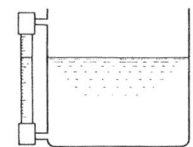

유리 온도계(glass thermometer) 온도 변화에 의한 액체의 팽창 비율을 유리관 내의 액주(液柱) 높이로 지시하는 온도계.

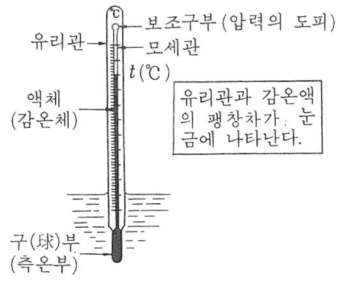

[감온액의 종류와 사용 범위]
① 수은 $-35\sim360℃$ (보통)
② 케로신(kerosene) $-100\sim100℃$
③ 톨루엔(toluene) $-70\sim100℃$
④ 펜탄(pentane) $-200\sim20℃$

유리 탄소(遊離炭素 : free carbon) 주형에 포함되는 흑연. ☞흑연 (p. 459)

유막(油膜 : oil film) 베어링과 저널 사이에 생기는 윤활유의 얇은 막.
[성질] 고체와 고체 간의 직접 접촉을 방지하여 마찰을 줄인다.

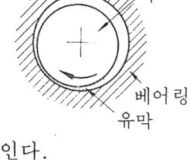

유사 시계(hairspring balance clock) 스프링 복원력(復元力)으로 하는 태엽을 조속기(調速器)로 사용한 시계.
진동자 시계와 달리 어떤 자세로도 사용이 가능하다.
[정도(일차)] 1분~5초

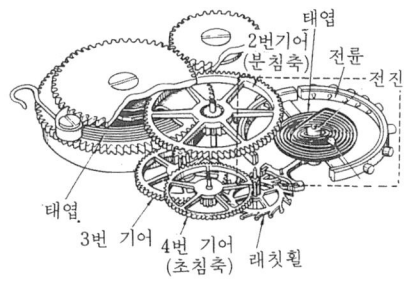

유선(流線 : streamline) 유체의 흐름에 따라 가상한 선. 유선상의 임의의 점에 그은 접선은 그 점에 있어서 유체 속도의 방향과 일치한다.

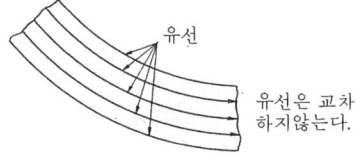

유성 기어(idle gear) 기어 전동 장치에서 원동축과 종동축 사이에 설치되어 원동축과 종동축의 중간에 물려지는 기어.
○ 원동축과 종동축을 같은 방향으로 회전시킨다.
○ 속도비에 영향을 주지 않는다.
○ 원동축과 종동축의 중심거리가 클 때 이용한다.

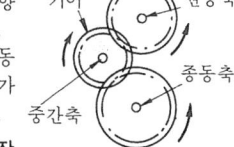

유성(遊星) 기어 장치(planetary gears) 서로 맞물리는 한쌍

의 기어로 2개의 기어가 각각 회전함과 동시에 한쪽의 기어가 다른쪽 기어의 축을 중심으로 하여 공전하는 기어 장치.

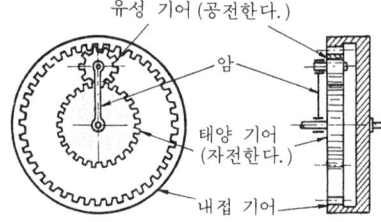

유압·공기압용(油壓空氣壓用) **도면기호** (graphical symbol for fluid power-diagrams) 유압·공기압에 의한 제어용 유체관련기기(機器) 및 장치 기능을 도시하기 위하여 사용하는 기호.

유압 기구(油壓機構 : hydraulic mechanism) 유압 펌프로 가압한 오일을 유압 밸브로 제어하고 액추에이터를 움직여 각종 운동을 시키는 장치.

▽ 공작기계 테이블 구동기구의 예

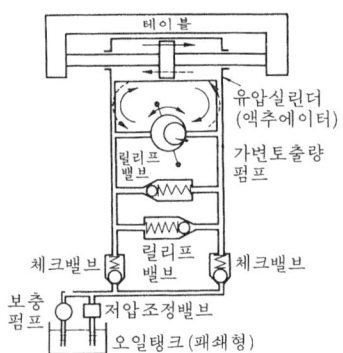

유압(油壓) **댐퍼**(hydraulic damper) 유체의 점성 저항이나 난류 저항을 이용하여 진동을 감쇠시키기도 하고 충격을 완화시키기도 하는 장치. 충격력에 의해 피스톤이 눌려지면 피스톤 하부의 기름이 주오리피

▽ 유압댐퍼의 예

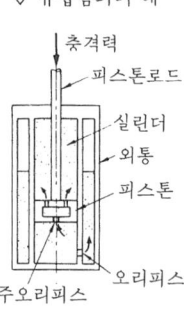

스 및 오리피스를 통과해 다른 쪽으로 흘러 나온다. 이때의 유체 저항에 의하여 충격을 완화한다.

유압(油壓) **모터**(oil hydraulic motor) 유압 회로에 사용되고 유압 에너지에 의해 연속 회전 운동을 시켜 기계 작업을 하는 기기(機器).
[특징] 유압 펌프와 구조가 거의 같고 그 작동이 반대로 되어 있다.
▽ 기어모터

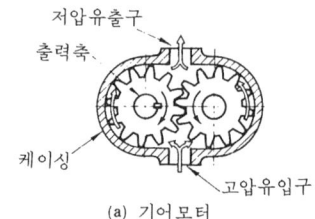

(a) 기어모터

▽ 베인모터(로터부)

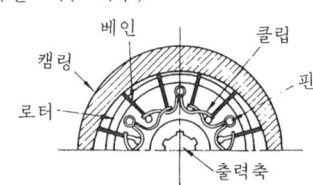

유압(油壓) **밸브**(hydraulic valve) 유압 장치에 있어서 기름의 압력·유량·흐름 방향을 제어하는 밸브.

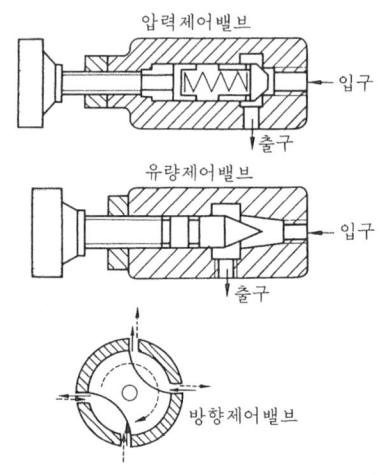

유압 브레이크(oil brake) 유압으로 조작하는 브레이크. ☞브레이크(p.169)

[용도] 자동차용 브레이크

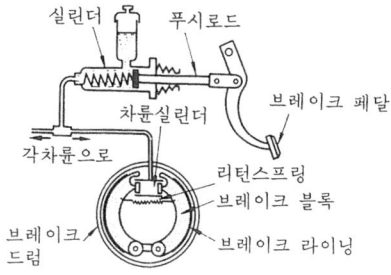

유압 서보 기구(hydraulic servo mechanism) 기계적 위치를 제어량으로 하는 유압을 사용한 폐회로의 제어 기구. ☞폐회로 (p.427)

입력은 위치의 변화로 하되, 이것에 출력을 추종시키기 위해서 유압을 사용하여 추치 제어(variable value control)한다. ☞추치제어(p.380)

▽ 안내밸브식 유압 서보기구

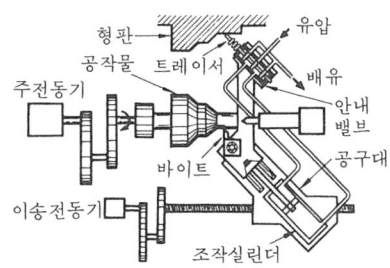

유압 실린더(oil hydraulic cylinder) 유압에 의해 피스톤 또는 플런저(plunger)를 왕복 직선 운동시켜 기계적인 일을 행하게 하는 장치.

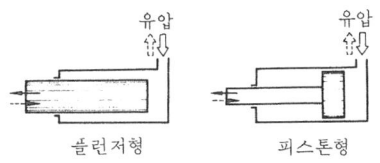

플런저형   피스톤형

유압(油壓) **잭**(hydraulic jack) 유압을 이용하여 중량물을 들어 올리는 기계.

$$W = \frac{D^2}{d^2} w$$

w : 플런저에 가해지는 힘
W : 중량물을 들어올리는 힘
d : 플런저의 지름 D : 램의 지름

작은 힘 w로 큰 힘 W를 얻을 수 있다.

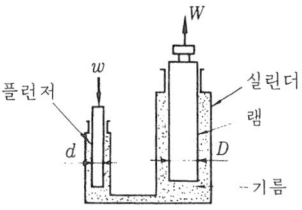

유압 척(hydraulic chuck) 유압을 이용해 척의 조(jaw)를 개폐하여 공작물을 설치하는 공구.

유압 펌프(oil hydraulic pump) 유압을 발생시키는 기기.
[종류]

유압 펌프 ─┬─ 기어 펌프(☞p.59)
           ├─ 베인 펌프(☞p.155)
           ├─ 플런저 펌프(☞p.438)
           └─ 나사 펌프(☞p.68)

유압 회로도(油壓回路圖 : oil pressure circuit diagram) 유압 장치에 있어서 기름의 흐름이나 기기의 동작을 설명하기 위하여 사용되는 그림.

유압 기기의 외관 약도나 단면도 등이 사용되는 일도 있지만 주로 유압 기기의 기호와 그것들을 연결하는 선으로 구성된 것이 많다.
[종류] 그림식 회로도, 단면 회로도, 기호 회로도, 조합 회로도 등

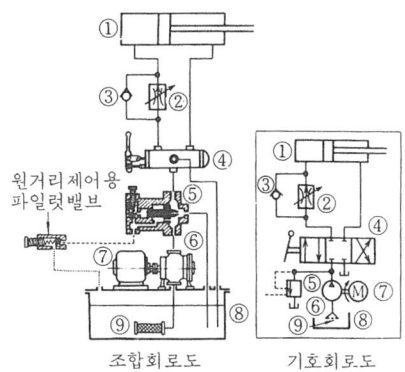

조합회로도   기호회로도

① 유압실린더 ④ 슬루스밸브 ⑦ 모터
② 유량조절밸브 ⑤ 릴리프밸브 ⑧ 오일탱크
③ 역류방지밸브 ⑥ 유압펌프   ⑨ 여과기

유욕(油浴 : oil bath) 용기속의 기름을 사용하여 금속을 열처리하는 방법. 250℃ 까지의 뜨임(tempering)용에 적당하다.

U 자관 압력계(U字管壓力計 : U tube manometer) 액주식의 압력계로 압력차를 측정하는 계기 (計器).
$p_1 - p_2 = \gamma h$
γ : 액체의 비중량
[측정 범위]
  $10 \sim 2500 \text{mmH}_2\text{O}$
[정도] $0.1 \text{mmH}_2\text{O}$

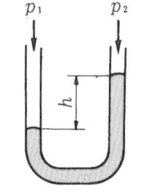

유전체(誘電體 : dielectric) 절연물(絶緣物)을 전계(電界) 중에 두면 그 표면에 전하(電荷)가 나타나는데 이같은 상태의 절연물을 유전체라고 한다.

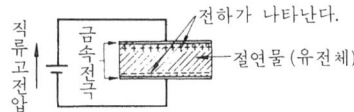

[비유전율] 같은 전극간에 같은 전압을 가해도 전극간의 유전체의 종류에 따라 나타나는 전하의 양이 다르다.

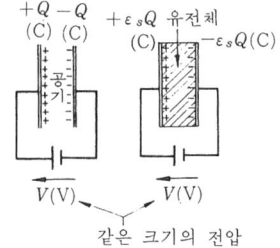

같은 크기의 전압

비유전율 $= \dfrac{\varepsilon_s Q}{Q} = \varepsilon_s$

[ε_s의 예] 종이 $2 \sim 2.6$, 대리석 8.3, 유황 $3.6 \sim 4.2$, 물 81

유제 절삭유(乳劑切削油 : emulsion cutting oil) 광물성유에 유화제(乳化劑)를 첨가한 수용성 절삭유. 물과의 혼합비는 $20 \sim 40$배.
[특징]
① 물에 희석하면 백색이 된다.
② 비교적 값이 싸다.
③ 윤활성이 좋다.

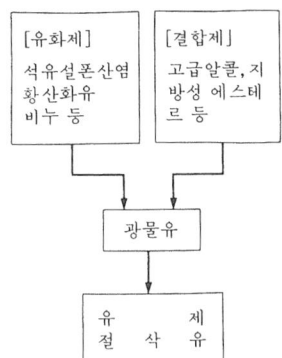

유체 마찰(流體摩擦 : fluid friction) ① 베어링과 저널 사이의 윤활유의 유막이 끊기는 일 없이 저널이 베어링으로부터 완전하게 떠서 움직이고 있는 상태. 유체윤활 (p.292)
② 유체가 고체 표면에 따라 운동할 때, 점성 때문에 생기는 저항.

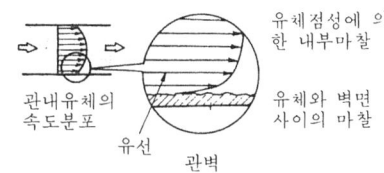

관벽에 가까와질수록 유체의 점성 때문에 속도가 줄어든다.

유체 윤활(流體潤滑 : fluid lubrication) 회전하고 있는 축이 윤활유에의해 베어링면

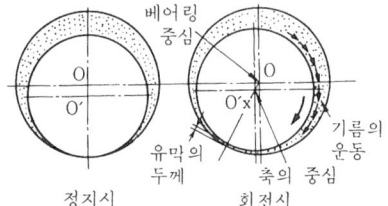

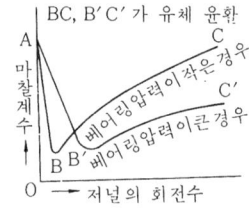

으로부터 완전하게 떠 있는 상태의 윤활. 완전 윤활이라고도 한다.

유체(流體) 이음(fluid coupling) 원동축쪽의 임펠러(펌프 임펠러)와 종동축쪽의 임펠러(터빈 임펠러)와를 조합시켜, 기름 등의 유체를 매개체로 하여 동력을 전달하는 축 이음.

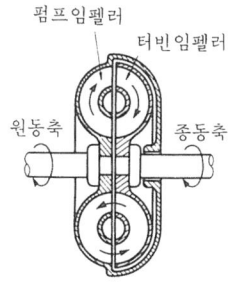

[특징] 원동축과 종동축의 회전력은 자동적으로 변속이 행해져, 진동이나 충격이 유체에 흡수되어 효율이 좋고 고속 회전에 적당하다.

유체(流體) 토크 컨버터(hydraulic torque converter) 유체 이음의 양 임펠러 사이에 고정 안내 날개를 설치한 것.
유체 토크 컨버터는 유체 커플링처럼 동력의 중개를 할 뿐만 아니라, 종동축쪽의 부하 토크가 바뀌면 자동적으로 거의 동력이 일정(토크×각속도=일정)한 채로 종동축쪽의 회전 속도를 변화시킨다.

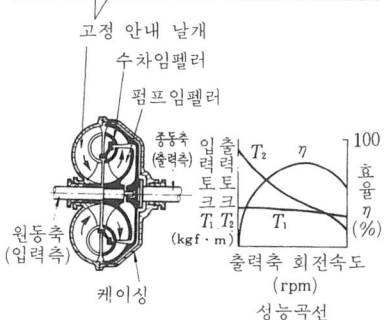

유한 회사(有限會社 : limited company) 주식 회사를 간소화한 기업 형태. 사원은 인간 관계가 밀접한 사람만으로 조직. ☞ 기업(p.60). 사원의 수는 50명 이하.

유화유(乳化油 : emulsified oil) 광물유에 비눗물 등을 첨가하여 만든 절삭유제.
[성질] 냉각 작용이 비교적 크고, 윤활성도 뛰어나다.

유황(硫黃 : sulfur) 제3주기 Ⅵ족에 속하는 원소. 화학 기호는 S.
[성질] 상온에서는 황색의 고체로 물에 용해되지 않는다. 공기 중에서 파란 불꽃을 내면서 연소하고 이산화 유황으로 된다. $S + O_2 \to SO_2$

유효 권선수(有效捲線數 : number of active coils) 코일 스프링에 있어서 스프링 정수의 계산에 사용하는 코일.
압축 코일 스프링으로 양끝부가 인접 코일과 접촉하고 있는 경우 총코일수 N 이 큰 것은 유효 코일 수.
$$n = N - (1.5 \sim 2)$$

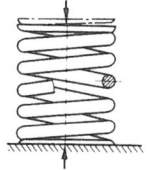

유효 낙차(有效落差 : available head) 자연 낙차로부터 도수관(導水管) 등에 의한 제반 손실을 뺀, 수차(水車)가 실제로 이용할 수 있는 낙차.

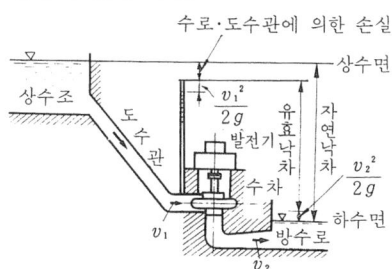

수로·도수관에 의한 손실

유효 동력(有效動力 : effective power) 실제로 외부에 낼 수 있는 단위 시간당의 작업
▽ 증기터빈의 예

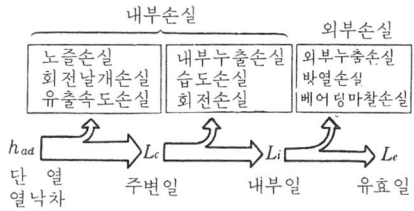

유효 동력 $N_e = \dfrac{G_s L_e}{102}(kW)$

G_s : 증기 공급량(kg/s)
L_e : 유효일(kg m/kg)

유효 숫자(有效數字 : significant figures) 측정 결과 등을 나타내는 숫자 중에서, 자릿수를 나타내는 것만의 "0"을 제외한 의미의 숫자.
측정값 l_1=12.50m, 12.495 ≦ l_1 < 12.505
　　　　유효숫자 4자릿수
측정값 l_2=0.0125m
　　　　유효숫자 3자릿수
측정값 l_3=12500 μm
　　　　유효숫자 5자릿수
측정값 l_5=1.25×10⁴ μm
　　　　유효숫자 3자릿수

육각 볼트(hexagen headed bolt) 머리 모양이 6각형으로 된 볼트. 가장 보편적으로 사용된다.

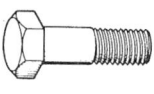

육용(陸用) **보일러**(land boiler) 선박용 보일러에 대해서 육상에서 사용하는 보일러. ☞보일러(p.160). 강철제 보일러 발전소 등의 최대형으로부터 화학 공장 등의 생산용·난방용 등 그 종류가 많다.

윤곽 제어(輪廓制御 : contouring control) 커터의 이동 중에 통로의 제어에 의해 어떤 형상을 가공하는 수치 제어. 연속 통로 제어라고도 한다.

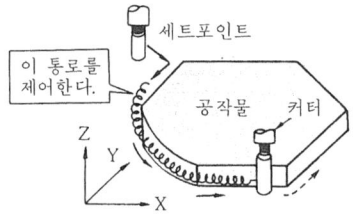

윤활법(潤滑法 : lubricating method) 베어링에 윤활유를 주유하는 방법.
[슬라이딩 베어링의 윤활법의 종류]
① 손주유
② 적하 윤활(☞오일 컵(p.267))
③ 링 윤활(☞오일 링(p.267))
④ 원심 윤활
⑤ 비말 윤활
⑥ 중력 윤활
⑦ 강제 윤활(☞p.16)
⑧ 그리스 윤활(☞그리스(p.49))
[회전 베어링 윤활법의 종류] 위의 ①~⑧ 외에 유욕 윤활·분무 윤활이 있다.

윤활제(潤滑劑 : lubricant) 베어링부의 윤활에 이용되는 유제(油劑).
[종류] 광물성유·지방성유·그리스(p.49). 고체 윤활제(흑연 또는 2황화 몰리브덴) 등.

융점(融點 : fusing point) 금속의 상태가 1기압 하에서 고체에서 액체로 변화하는 온도. 불순물 등의 함유량에 의해 변화한다.

융점과 응고점은 같은 온도이지만, 가열의 경우 가열 속도에 따라 조금 높게 되는 일이 있기 때문에 보통 서냉해서 응고점을 측정한다.

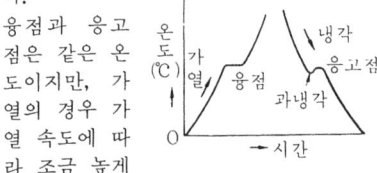

융접(融接 : fusion welding) 2개의 금속을 접촉시켜 그 부분을 용융 상태로 해서 힘을 가하지 않고 접합하는 용접.
[종류] 아크 용접(☞p.233)
　　　가스 용접(☞p.10)

융해로(融解爐 : melting furnace) 주물용 금속을 융해하는 노(爐).

융해로의 종류	주물의 종류
용선로(☞p.275)	주철
도가니로(☞p.94)	비철합금·합금주철 등
아크로(☞p.233)	주강·고급주철 등
유도전기로	주강·합금주물 등

은(銀 : silver) 원소기호 Ag, 비중 10.5, 공기 중에서는 산화하지 않지만, 황화물을 만들기 쉬운 귀금속. 금속 중 열·전기를 가장 잘 전달한다. 공업적으로 은납, 베어링 합금의 재료로 사용된다.

은납(silver solder) Ag 34~73%와 Cu,

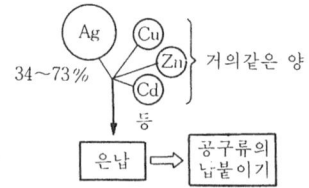

Zn, Cd 등으로 구성된 은의 합금 납. 경랍의 일종.

은사(銀砂 : silica sand) 규사 자체이다.
[종류] 천연사와 인조사가 있다.

은선(隱線 : hidden outline) 음선(陰線).
제도(製圖)에서 물체의 보이지 않는 부분의 형상을 나타내는 데 사용하는 선.
☞ 제도용선(p. 350)

음향 커플러(acoustic coupler) 컴퓨터용 단말기기와 전화기를 연결, 통신 회선을 이용하여 데이터를 음(소리)으로 변환시켜 전송하는 장치. 이 장치를 전화기의 송수화기에 끼워넣으면 전기 신호를 음으로 바꾸어서 송신 또는 음을 전기 신호로 바꾸어서 수신할 수 있다.

응력(應力 : stress) 물체에 하중이 작용할 때 물체 내부에 생기는 저항력.

▽ 인장하중의 경우

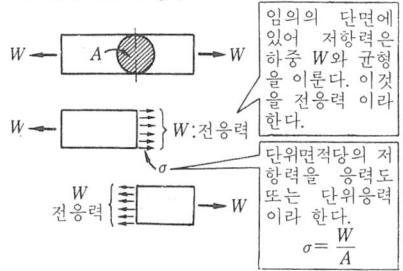

응력 변형 선도(應力變形線圖 : stress-strain diagram) 인장 시험에서 얻어지는 하중 변형(신연) 그림에서 응력과 변형을 구해서 그린 그림.

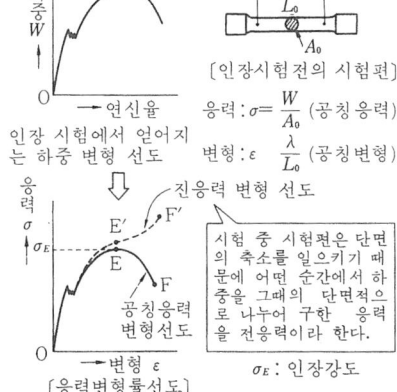

응력 집중(應力集中 : stress concentration) 노치(notch)나 구멍 등이 있어 단면 형상이 급격히 변화되는 재료에 하중을 가했을 때 그 부분의 응력이 국부적으로 크게 되는 현상. ☞ 광탄성 실험(p. 41)

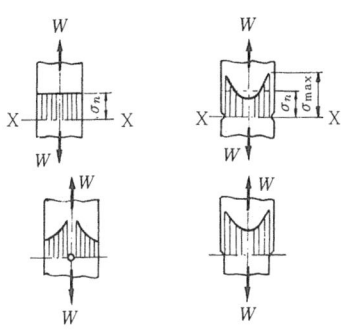

형상 계수 $= \dfrac{\sigma_{max}}{\sigma_n}$

[응력 집중 계수] 응력 집중의 정도를 나타내는 것. 응력 집중의 상황을 조사하는 데는 광탄성(光彈性) 실험이 행해진다.

의장법(意匠法 : design act) 공업 제품 등의 의장의 전용권을 인정하는 법.
[법의 목적] 공업 제품 등에 관한 의장의 고안을 장려하고 보호함.
[유효 기간] 등록한 날로부터 8년

이구(二球) **핸들**(two ball lever) 양 끝에 각각 구(球)가 붙은 핸들.

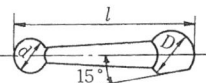

이경(異輕) **소켓**(reducing socket) 지름의 크기가 서로 다른관의 접속에 사용하는 소켓.

이경(異輕) **엘보**(reducing elbow) 지름이 서로 다른 관을 접속하는 엘보.

2극관(二極管 : diode tube) 열전자를 방출하는 음극과 전자를 흡수하는 양극 2개의 전극을 갖는 진공관.
[특성] 관속에는 양극에서 음극의 방향으로 전류가 흐른다. (반대 방향에는 전류가 흐르지 않는다.)
[용도] 정류(교류를 직류로 바꾼다.)

▽ 원리

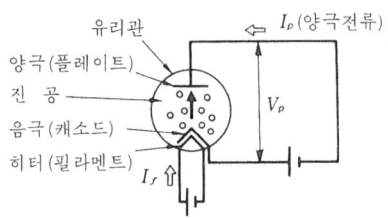

▽ 구조

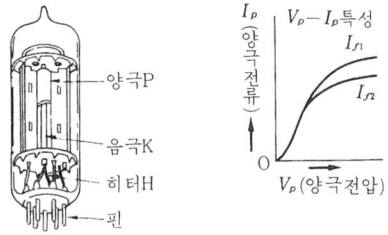

이 끝(齒先 : addendum) 피치원에서부터 위쪽의 이의 높이. ☞ 이끝면.

이끝면(face of tooth) 기어의 피치면으로부터 이끝의 선단면까지의 치형(齒形)의 면.

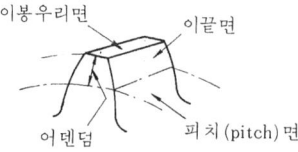

이끝원(齒先圓 : addendum circle) 기어의 이끝을 연결한 원. 이 원의 지름을 기어의 외경이라고 한다.

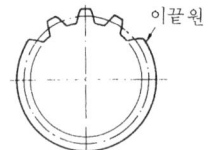

이끝 틈새(tip clearance) 정극(頂隙). 서로 맞물고 있는 기어 중에서 한쪽 기어의 이끝과 상대 기어의 이뿌리와의 틈새. 기호 CK

이동 방진구(移動防振具 : follower rest) 선반 작업에서 가늘고 긴 공작물을 절삭할 때 공작물이 늘어져 진동하지 않도록 하는 지지대. 왕복대의 새들에 장착되어 사용한다. =이동 진동 방진구

이동 하중(移動荷重 : moving load) 물체 위를 이동해서 작용하는 하중.
[예] 철교를 열차가 통과할 때 철교가 받는 하중

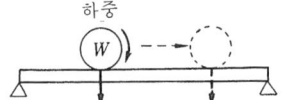

이두께(tooth thickness) 피치원상의 이의 두께.
[종류] 원호(圓弧) 이두께와 현(弦) 이두께가 있다.

이두께 마이크로미터(gear tooth micrometer) 걸치기 이두께를 측정할 때에 사용하는 마이크로미터. ☞ 걸치기 이두께(p. 18)

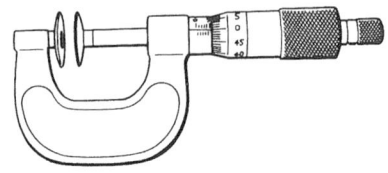

이두께 버니어 캘리퍼스(gear tooth vernier calipers) 기어 이의 현 이두께를 측정하는 기구. 이의 높이용 버니어 캘리퍼스를 어덴덤 h_j에 맞춰 측정면을 이끝에 대고, 이두께용 버니어 캘리퍼스로 이를 물려 현 이두께 s_j를 측정한다.
　표준 평기어의 경우
$$h_j = \frac{D_h - D_o}{2} + \frac{D_o}{2}\left(1 - \cos\frac{90°}{Z}\right)$$
　h_j : 이두께 버니어 캘리퍼스의 어덴덤
　D_h : 이끝원 지름
　D_o : 피치원 지름

$$s_j = D_0 \sin \frac{90°}{Z}$$

s_j : 현 이두께 z : 잇수

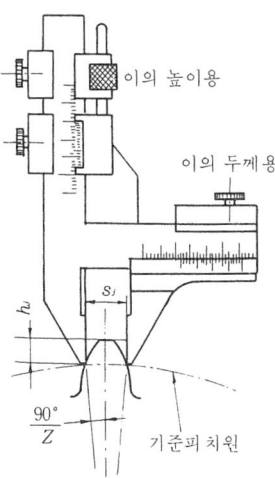

이두께 측정(gear tooth measurement) 기어의 이 홈이 소정의 치수대로 마무리되어 있는가 어떤가를 조사하는 방법.
[측정방법의 종류] 오버핀 법 외에 현 이두께, 걸치기 이두께를 측정하는 방법이 있다.
[오버핀 법] 그림처럼 이 홈에 구슬 또는 핀을 삽입하여 외측 치수 또는 내측 치수를 측정하고, 계산치와의 차로부터 판단하다. 현 이두께·걸치기 이두께의 측정보다 정도(精度)가 높다. ☞ 이두께 마이크로미터, ☞ 이두께 버니어 캘리퍼스, ☞ 걸치기 이두께(p.18)

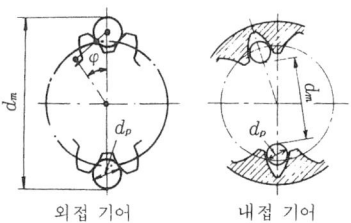

이득(利得 : gain) 증폭기·수신기·안테나

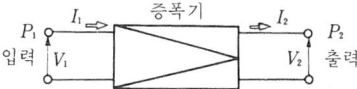

등에서 출력량의 입력량에 대한 증폭도를 데시벨[dB] 단위로 나타낸 것.

전압 이득 $G_v = 20 \log_{10} | A_v |$
$\qquad = 20 \log_{10} \left(\dfrac{V_{20}}{V_1} \right)$ (dB)

전류 이득 $G_t = 20 \log_{10} | A_t |$
$\qquad = 20 \log_{10} \left(\dfrac{I_2}{I_1} \right)$ (dB)

$G_p = 10 \log_{10} | A_p |$
$\qquad = 10 \log_{10} \left(\dfrac{P_2}{I_1} \right)$ (dB)

A_v, A_t, A_p : 증폭도

이론 공기량(理論空氣量 : theoretical air) 연료가 완전하게 연소하기 위하여 이론상 필요한 공기량.
[예]

연료의 종류	이론 공기량
무 연 탄	8.0~9.0Nm³/kg
중 유	10.0~11.5Nm³/kg
석 탄 가 스	4.0~5.5Nm³/Nm³
고 로 가 스	0.7Nm³/Nm³

주) Nm³는 압력 760mmHg, 온도 0°C의 표준상태에 있어서의 체적(m³)을 나타낸다.

이론 양정(理論揚程 : theoretical head) 소용돌이 펌프의 임펠러가 회전하고 있을 때에 갖고 있는 에너지가 펌프 내의 손실이나 관로에서의 손실을 생각하지 않고 모두 물에 줄 수 있다고 한 때의 펌프의 양정.

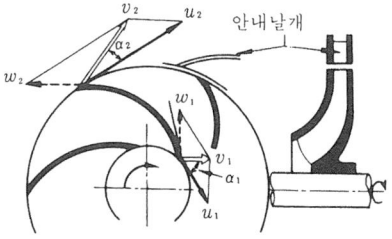

이론 양정
$$H_{th} = \frac{1}{g} (u_2 v_2 \cos\alpha_2 - u_1 v_1 \cos\alpha_1) \text{ (m)}$$
H_{th}가 $\alpha_1 = 90°$ 일 때 최대로 된다.

v_1, v_2 : 임펠러 입구와 출구의 절대 속도 (m/s)
u_1, u_2 : 임펠러 입구와 출구의 주속도 (m/s)

a_1, a_2 : 임펠러 입구와 출구의 u_1,
v_1 및 v_2, u_2가 이루는 각
w_1, w_2 : 임펠러 입구와 출구의 상
대 속도(m/s)
g : 중력 가속도

이론 오차(理論誤差 : theoretical error) ☞ 계통적 오차(p.24)

이론 출력(理論出力 : theoretical output) 수차(水車)가 이론상 발생한다고 생각되는 동력. 수마력(水馬力)이라고도 한다.
$$L_t = \frac{\gamma QH}{102} = 9.8QH \text{ (kW)}$$
L_t : 이론 출력
$\gamma = 1000$ kg/m²
Q : 유량(m³/s)
H : 유효 낙차(m)
1kW=102kg·m/s

이론 혼합비(理論混合比 : theoretical mixture ratio) 공기와 가솔린의 혼합기(混合氣)가 완전 연소하기 위한 이론상의 혼합비.

혼합기 (중량)		
1	14.8	
가솔린	공 기	
산소		기타
23.2%		76.8%
완전연소		

2면 위치 결정(二面位置決定 : double locating) 공작물의 기준면이 2면인 경우의 고정 방법. ☞위치 결정(p.286)

이미터(emitter) 트랜지스터에서 캐리어(電子 또는 正孔)를 주입하는 부분. ☞트랜지스터(p.413)

이방성(異方性 : anisotropy) 재료의 성질이 방향에 따라 다른 것. 재료를 압연·인발·압출 등으로 소성가공했을 때 결정립(結晶粒)이 한 방향으로 늘어져 섬유형상의 조직으로 되고 재료의 방향에 따

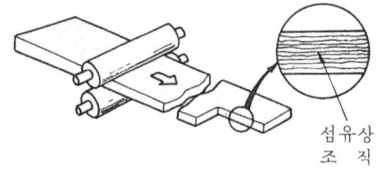

라서 기계적 성질·물리적 성질이 다르게 된다.

2번(二番)**탭**(second hand tap) 수동 탭으로 나사를 낼 때, 일번 탭의 다음으로 사용하는 탭. ☞1번 탭(p.304). 날부의 길이가 일번 탭보다 짧다.

이 봉우리면(tooth crest) 기어에 있어서 이끝을 제한하는 면.

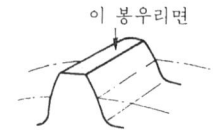

이 뿌리면(flank of tooth) 기어의 피치면으로부터 치저면(齒底面)까지의 치형의 면.

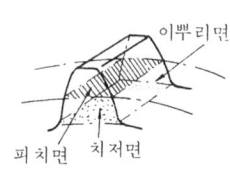

2사이클 기관(two cycle engine) 내연 기관에서 실린더 내 피스톤 크랭크 1회전에 대해서 2행정을 행하고, 피스톤의 2행정으로 1사이클을 행하는 기관.

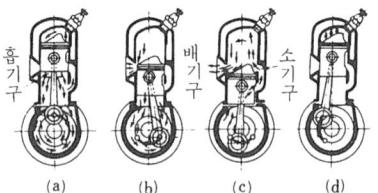

(a) 하강행정 C→D→E 폭발·흡기
(b) 하강행정 E→A→B 배기·크랭크실 압축
(c) 상승행정 E→A→B 배기·소기
(d) 상승행정 B→C 압축

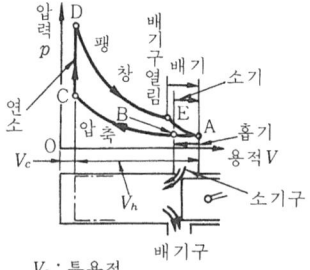

V_c : 틈용적
V_h : 행정용적

이상 기체(理想氣體 : ideal gas, perfect gas) 보일 샤를의 법칙(Boyle-Charle's law)에 따라 상태 변화한다라고 가정한

기체. ☞보일 샤를의 법칙(p.161)
이상 기체는 실존하지 않지만, 예를 들면 수소·산소 등을 저온·고압의 경우 이외에는 근사적으로 이상 기체라고 생각해도 좋다.

이송(移送 : feed) 절삭 작업을 계속하기 위하여 절삭공구 또는 공작물을 이동시키는 거리. 보통 1회전 또는 1왕복당 진행한 거리를 mm로 나타낸다.

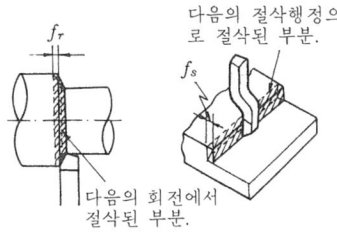

(a) 둥근절삭   (b) 형절삭

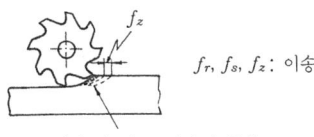

f_r, f_s, f_z : 이송

(c) 커터절삭

이송 운동(移送運動 : feed motion) 공작 기계에서 공작물의 미가공 부분을 절삭하기 위해서 절삭 공구 또는 공작물을 이동시키는 운동. 이 운동은 주절삭 운동에 직각 방향으로 주절삭 운동이 회전 운동일 때는 연속적이고, 직선 운동일 때는 간헐적이다. 속도는 비교적 늦다.

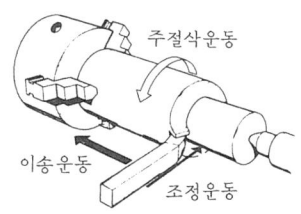

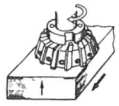 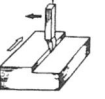
(a) 커터절삭   (b) 평삭

그림	주절삭 운동 ⇒	이 송 운 동 →	조 정 운 동 →
(a)	공 구 (회전)	공작물	공작물
(b)	공작물 (직선)	공 구	공 구

이송 유닛(feed unit) 절삭 공구 또는 공작물에 이송 운동을 주는 장치. 유압 이송 유닛이 많이 사용되고 있다.
▽ 유압이송 유닛

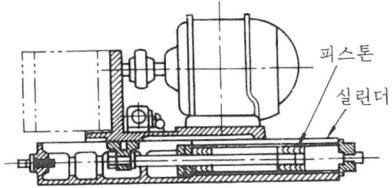

유압을 유압 실린더에 넣고 피스톤의 동작에 의해 이송을 준다.

이송 장치(移送裝置 : feed gear) 공작 기계에서 절삭 공구에 이송을 주기 위한 이송축·구동축·이송 변환 장치 등의 총칭.

[예] 선반의 이송장치

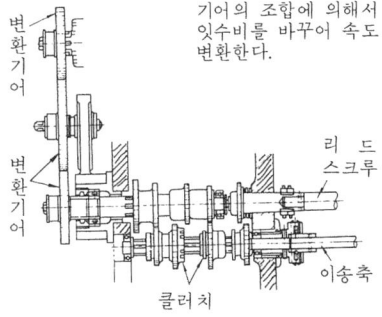

이스케이프(escape) 기계 다듬질에서 가공이 곤란한 장소 등을 움푹파서 다듬질을 피하는 것.

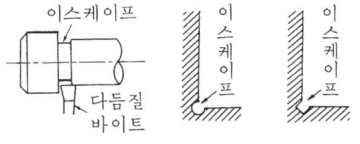

이스케이프먼트(escapement) 래칫 휠에

(latchet wheel)에 정지 작용과 이송 작용의 기능을 부여함으로써 규칙적인 간벌 운동을 하는 기구(機構). =앵커 이스케이프먼트(p. 243)

이원 합금(二元合金 : binary alloy) 2개의 원소로 이루어진 합금. (☞합금 p. 446)

이의 간섭(齒干涉 : interference of tooth) 인벌류트 기어에 있어서 잇수가 적을 때나 잇수비가 클 때에 한쪽의 이끝이 상대의 이뿌리에 닿아서 회전할 수 없게 되는 현상을 말한다.

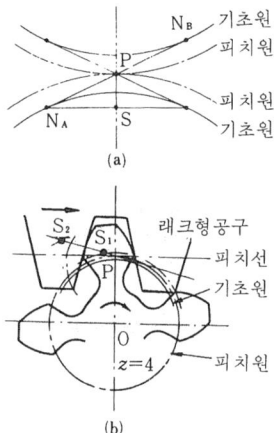

인벌류트 기어에서 기어로서 정상인 맞물림이 행해지는 것은 그림 (a)에서 작용선이 양 기초원에 접하는 점 N_A, N_B의 범위이고, 기초원 내에는 인벌류트 치형은 존재하고 있지 않기 때문에, 큰 기어의 이 끝원이 $N_A N_B$와 그 연장상에서 돌 때는 큰기어 이끝은 상대의 이뿌리에 닿아 간섭을 일으킨다. 래크형 공구 또는 호브로 기어 가공을 하는 경우 SN_A의 위치가 공구 절입의 한계이다. 만약 이 한계를 넘어 공구를 내부에 절입시키면 그림 (b)처럼 이 뿌리를 깊이 먹는다. 이것을 이의 언더컷이라고 한다.

래크형 공구에 의한 표준 기어의 기어 가공의 경우 언더컷을 일으키지 않는 한계의 잇수 z 는 공구 압력각을 a_c라 하면
$$z = 2/\sin^2 a_c$$

이중 칭량법(二重秤量法 : method of double weighting) 측정물과 분동(分銅)을 서로 좌우의 접시에 교환하여 2회 측정,

측정물의 질량을 구하는 방법.
$$측정물의 \ 질량 = \sqrt{M_1 M_2} ≒ \frac{M_1 + M_2}{2}$$
M_1, M_2 : 분동의 질량

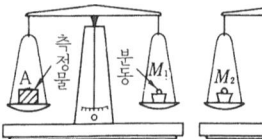

2진법(二進法 : binary system) ☞디지털 전자 계산기(p. 104)

2진수(二進數 : binary number) 2를 기수로 하여 0과 1의 2종류 숫자로 나타내는 수. 두 값의 신호(0 또는 1)는 컴퓨터 내 정보의 최소단위(1 bit)로서 취급되고 2진수가 기본으로 된다.

[예] 2진수의 1011(일공일일로 읽는다)과 10진수의 관계
$1011_{(2)}$
$= \boxed{1} \times 2^3 + \boxed{0} \times 2^2 + \boxed{1} \times 2^1 + \boxed{1} \times 2^0$
$= 1 \times 8 + 0 \times 4 + 1 \times 2 + 1 \times 1$
$= 8 + 2 + 1 = 11_{(10)}$

2차원 절삭(二次元切削 : two dimension cutting) 하나의 직선 절삭날을 가진 바이트를 그 절삭날과 직각 방향으로 움직여 절삭했을 때 유출하는 칩(chip)이 가로방향으로 완전히 변형하지 않고 절삭폭과 같이 사각형 단면이 되는 듯한 절삭.

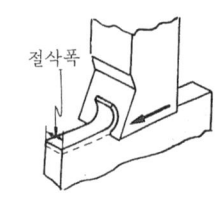

2차 전자(二次電子 : secondary electron) 고속의 전자(또는 이온)가 고체와 충돌한 때 입사 전자로부터 에너지를 얻어 고체 밖으로 튀어나오는 전자.
[응용] 광전자 증폭, 촬상관(텔레비전 카메라용) 등

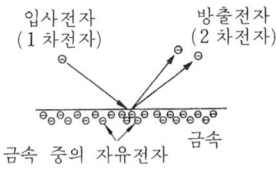

2차 전지(二次電氣 : secondary battery) ☞ 축전지(p.382)

이폭(齒幅 : face width) 기어의 축 평면내의 이의 길이. 이폭이 다른 한 짝의 기어에서는 좁은쪽의 것을 유효 이폭이라 한다. 베벨 기어에서는 피치원뿔의 모선(母線)에 따라 측정한 이의 길이를 이폭으로 한다.

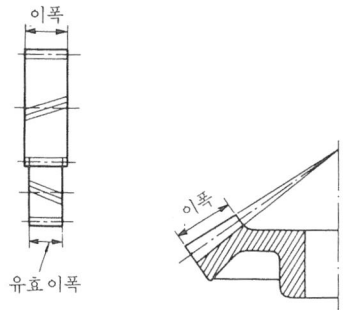

익형(翼形)팬(air foil fan) 베인의 단면에 항공기의 날개형을 이용한 원심 송풍기.
[특징] 유체의 에너지 변환이 능률적으로 행해지고 베인의 강도도 크다.
[회전 속도]
　800rpm 정도
[풍압]
　50~3000mmAq 정도
[효율]
　75~85%

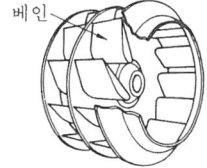

인공(人工 : man power a day) 작업자 1인의 1일분 작업량의 단위. 공수(工數)의 단위로 사용된다.

인바(invar) 니켈(Ni) 36%, 철(Fe) 64%의 합금.
[성질] 내식성(耐食性)이 우수하고, 열팽창 계수가 작아서 계기용 재료로서 널리 이용되고 있다.

인발가공(引拔加工 : drawing) 선재(線材)나 파이프 등을 만들 때, 다이를 통해 뽑아 필요한 형상으로 하는 가공. 열간(熱間)이나 냉간(冷間) 어느 것도 행해진다.

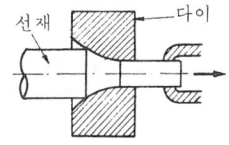

인버스 캠 (inverse cam) 역(逆) 캠. 보통 캠은 원동절이지만, 캠이 종동절로서 작동하는 캠.

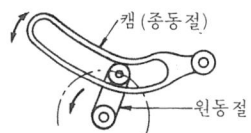

인벌류트(involute) 원통에 감은 실을 늘어지지 않도록 당겨가면서 풀어갈 때 실끝이 그리는 곡선.

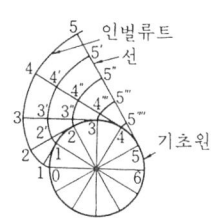

치형 곡선(齒形曲線)으로서 널리 사용되고 있다.

인벌류트 치형(involute tooth) 치형 곡선으로서 인벌류트를 사용한 치형.
[특징] ① 이의 강도가 크다 ② 정도가 높은 기어 가공이 가능하다. ③ 호환성(互換性)이 좋다. ④ 한쌍의 기어의 중심 거리에 오차가 있어도 물림에 영향에 적다

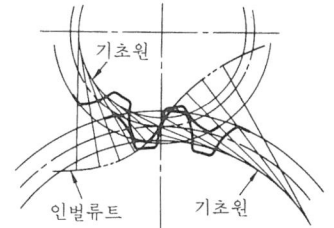

인벌류트 커터(involute cutter) 날의 측면이 인벌류트로 되어 있는 커터.

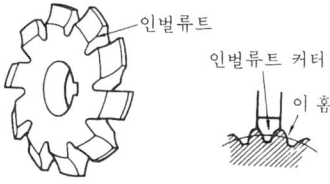

밀링 머신에서 분할대를 이용해서 인벌류트 기어를 절삭한다. 같은 모듈도 잇수에 의해서 이(齒)홈의 형태가 바뀌기 때

문에 잇수를 1~8번까지 구분하고, 잇수에 의해서 커터 번호를 선정한다.

인베스트먼트 주조법(investment casting) 정밀 주조법(精密鑄造法)의 일종. 납 등의 융점이 낮은 것으로 원형(原型)을 만들고 이 주위를 인베스트먼트(내화성이 있는 주형재)로 피복한 후 원형을 융해·유출시킨 주형을 사용한 주조법.

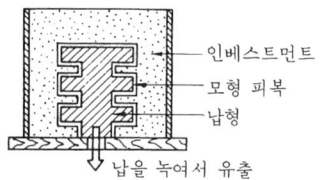

[특징] 주물은 치수 정도가 높고, 주물 표면이 좋다. 복잡한 형상의 주물, 기계 가공이 곤란한 합금 등의 주조에 적합하다.

인서트 바이트 (insert bite) 고속도 공구강·초경합금의 팁(tip)을 바이트 홀더(shank)에 장착한 바이트.

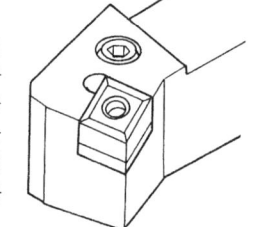

인성(靭性 : toughness) 소성 변형에 대한 저항력이나 파괴될 때까지의 변형량에 의해 비교되는 성질. 인성이 크기 위해서는 재료의 극한 강도와 연성(延性)이 함께 크지 않으면 안된다.

인장 강도(引張強度 : tensile strength) 재료의 인장 시험에 있어서 시험편이 파단할 때까지의 최대 인장 하중(W_{max})을, 시험 전 시험편의 단면적(A_0)으로 나눈 값(σ_t). 극한 강도라고도 불리고 재료의 강도 기준의 하나.

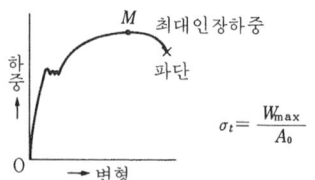

$$\sigma_t = \frac{W_{max}}{A_0}$$

인장 변형(引張變形 : tensile strain) ☞ 세로 변형(p.194)

인장 시험(引張試驗 : tension test) 규정된 시험편에 인장 하중을 가하여 재료의 인장 강도 및 신축 등을 측정하는 시험.

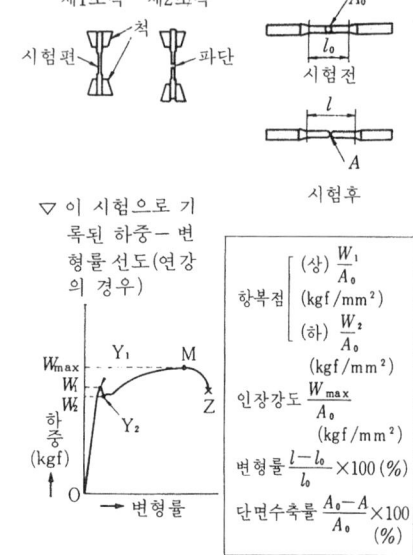

이 시험으로 기록된 하중-변형률 선도(연강의 경우)

항복점 $\begin{cases} (상) \dfrac{W_1}{A_0} \\ (kgf/mm^2) \\ (하) \dfrac{W_2}{A_0} \\ (kgf/mm^2) \end{cases}$

인장강도 $\dfrac{W_{max}}{A_0}$ (kgf/mm²)

변형률 $\dfrac{l - l_0}{l_0} \times 100$ (%)

단면수축률 $\dfrac{A_0 - A}{A_0} \times 100$ (%)

인장 응력(引張應力 : tensile stress) 재료에 인장 하중이 가해진 때 생기는 응력.

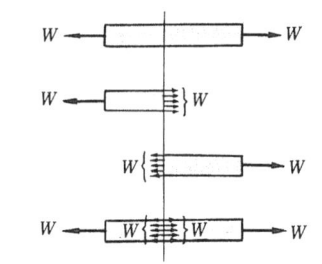

인장 응력
$$\sigma_t = \frac{W}{A} (kg/mm^2)$$
W : 인장하중(kg)
A : 단면적(mm²)

인장차(引張車 : tension pulley) 인장 풀리. 축간의 거리가 짧은 경우나 속도비가 특히 큰 경우의 벨트 전동에 있어서 벨

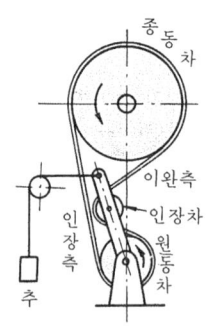

트의 감아걸기 중심각을 크게 하기위하여, 추나 용수철로 벨트의 일부를 압착하는 풀리(바퀴). 벨트의 미끄럼이나 벗겨짐(벨트가 가죽처럼 흔들리면서 이동하는것)을 방지한다.

인장 하중(引張荷重 : tensile load) 축선(軸線) 방향으로 물체를 잡아 늘려지도록 작용하는 하중.

인청동(燐靑銅 : phosphor bronze) 인을 탈산제로 사용하여 소량 잔류시킨 청동.

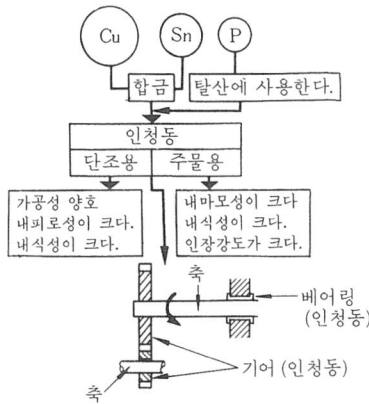

[용도예] 기어·베어링

인터페이스(interface) 정보 신호를 접수하기 위하여 접속하는 2개 이상의 장치 사이에서 그 접속의 경계에 해당하는 가상적인 면. 실제로는 컴퓨터 시스템 각 장치의 속도·시간의 조절 또는 독립으로 작동을 시키는 등 시스템을 효율적으로 운용하는 장치·회로 등을 가리킨다.

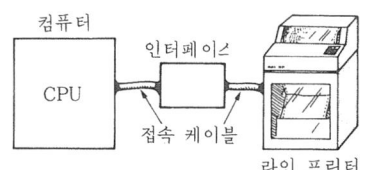

인터프리터(interpreter) 프로그램 언어 (BASIC 등)로 적혀진 프로그램을 기계어로 변환한 프로그램. 인터프리터는 프로그램 하나를 읽어들임으로써 기계어로 변환하고 실행하는 것을 반복한다. ☞ 프로그래밍 언어(p.434), ☞ 컴파일러(p.392), ☞ 어셈블러(p.244)

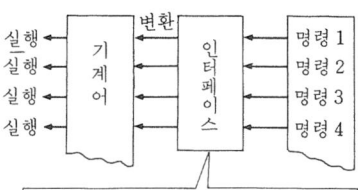

인터프리터의 변환방법을 통역의 역할로 예를 들면 컴파일러(compiler)는 프로그램을 전부 변환하여 실행하기 때문에 번역의 역할에 해당된다.

인텔리전트 빌딩(intelligent building) 데이터 통신이나 전화 회의 등의 다양한 통신 서비스 및 정보화에 대응하여 방재(防災)·방범(防犯)을 포함한 종합적인 관리 제어 기능을 가진 고층의 사무실 건물.

일(work) 물체에 힘이 작용해서 힘의 방향으로 변위(變位)를 생기게 했을 때 그 힘과 변위의 곱.

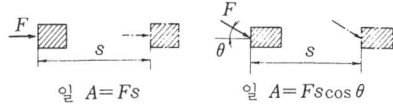

일 $A = Fs$ 일 $A = Fs\cos\theta$

일렉트로 슬래그 용접(electro-slag welding) 용융(溶融) 슬래그 속을 흐르는 전류에 의한 저항열을 이용해서 와이어와 모재를 용융해서 용접하는 방법.

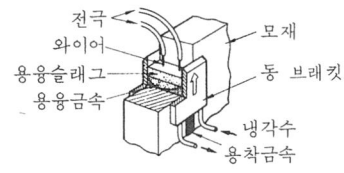

일면 위치 결정(一面位置決定 : single locating) ☞ 위치 결정(p.286)

일반 구조용 압연 강재(一般構造用壓延鋼材 : rolled steel for general structure) 림드강을 압연한 강재. ☞ 림드 강괴(p.120). 재료 기호로 SS를 사용하는 데 SS재라고도 한다.

[종류] 강판·띠강·평강·봉강 및 형강

[용도] 건축·교량·선박·차량·기타 구조물

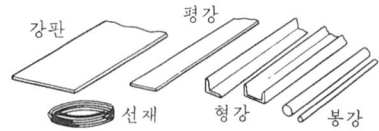

일번 탭(first hand tap) 손으로 회전하는 탭 중에서 가장 먼저 사용하는 탭.
선단의 테이퍼부를 길게 해서 공작물의 구멍에 잘 삽입이 되도록 되어 있기 때문에 탭을 내기 쉽지만 그대로는 불완전하다.

선단이 9산 정도 테이퍼로 되어 있다.

일소 단조형(一燒鍛造型 : one heat forging die) 하나의 단조용 형(型)에 여러 개의 형이 조각되어 있고 소재를 한번 가열하면 순차적 성형을 하여 마무리되는 금형. 작업 시간의 단축과 재료의 절약에 효과적이다.

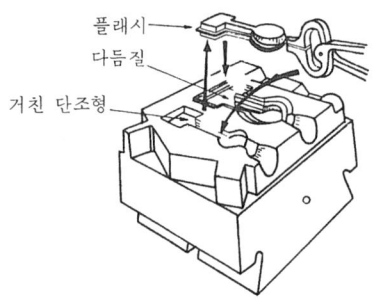

일의 열당량[熱當量](thermal equivalent of work) 일을 열량으로 환산할 때 이용되는 정수로 양(量)기호는 A. ☞ 열의 일당량 (p.260)

$$A = \frac{1}{427} \text{kcal/kg m}$$

$$\underset{\text{열량(kcal)}}{Q} = \underset{\text{일의 열당량}}{A} \times \underset{\text{일량}}{L}$$
$$\text{(kcal/kg·m)} \quad \text{(kg/m)}$$

일의 원리(princple of work) 「기계에 마찰 등의 손실이 없으면 주어진 일 또는 에너지와 행해진 일은 같다」라고 하는 법칙. 바꾸어 말하면 아무리 교묘한 기구나 기계라도 주어진 에너지보다 큰 일은 할 수 없다.
▽ 마찰이 없는 경사면

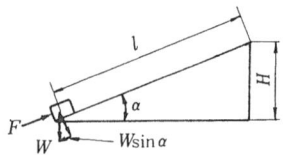

주어진 일 $Fl = Wl\sin\alpha$
행해진 일 $WH = Wl\sin\alpha$
주어진 일 = 행해진 일

일정 계획(日程計劃 : scheduling) 생산 계획에서 결정된 기일을 목표로 하여 소요 재료의 입수, 작업원, 설비의 확보를 고려해 순서표 등에 기초를 두어 결정하는 작업 일정. 일정 계획은 제조·구매·영업 등 필요 부문에 배포된다.
[종류]
기간별 {대일정 계획(☞p.91)
중일정계획(☞p.361)
소일정계획(☞p.199)
목적별 {제품별 일정계획
공정별 일정계획
기계별 일정계획
직장별 일정계획

일정표(日程表 : schedule chart) 일정 계획을 도표화 한 것.
[종류] 대일정표·중일정표·소일정표 등
▽ NC 공작기계 조립 일정표

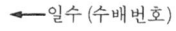

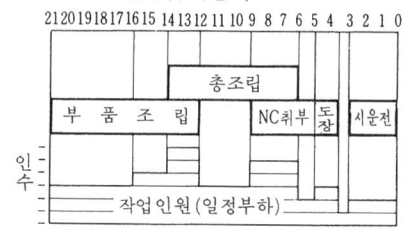

(주) 수배번호는 작업 착수일로 표시한다.

1차 전지(一次電池 : primary cell) 한번 방전해 버리면 충전해서 재사용 할 수 없는 전지
[수은 전지] 방전 전압의 변화가 적고 보존성이 좋다. 소형으로 장시간 사용한다.

전지명	전압(V)
다 니 엘 전 지	1.06~1.09
망 간 건 전 지	1.5
수 은 전 지	1.3
표 준 전 지	1.018
르 클 랑 셰 전 지	약 1.5

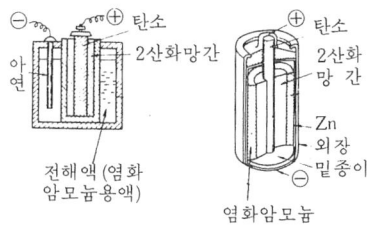

▽ 르클랑셰 전지   ▽ 망간 건전지

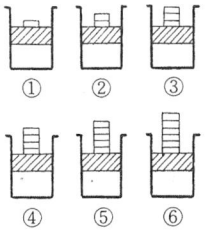

일체 주조(一體鑄造 : monoblock casting) 하나의 주물부품을 분할하지 않고 한 덩어리로 주조하는 것. 단체 주조(單體鑄造)라고도 한다.

일품 일엽 방식(一品一葉方式 : individual drawing system) 한장의 제도용지에 한 물품만을 그리는 제도 양식. 공정 계획이나 현장 작업, 원가 계산 등에 쓸모가 있으며 도면 관리에 편리하다.

임계 속도(臨界速度 : critical speed, critical belocity) 층류(層流)가 난류(亂流)로 변하는 한계 속도. ☞ 레이놀즈수 (p.111)

임계 압력(臨界壓力 : critical pressure) 증기의 임계점 압력. ☞ 임계점. 물의 임계압력 225.56kg/cm²(절대 압력)

임계 온도(臨界溫度 : critical temperature) 증기의 임계점 온도. ☞ 임계점. 물의 온도 374.15°C

임계점(臨界點 : critical point) 물의 비체적(比體積)이 증기의 비체적과 같게 되어 가열해도 증발의 현상을 수반하지 않고 연속적으로 액체로부터 증기로 변하는 점 (K 점). 그림에 있어서 ① ② ③ ④와 압력을 증가시키면서 각각 정압 가열하면 압축수(壓縮水)는 포화수선(飽和水線)에서 증발을 시작하여 비체적을 늘려 포화증기선을 넘으면 과열증기가 된다. ⑤에서는 정압 가열하면 임계점에서 압축수가 과열 증기로 바뀐다.

임금 체계(賃金體系 : wages constitution) 각자의 노동자에게 지불되는 임금의 기준이 되는 체계. 〔보기〕

기본임금	기 본 급	연령·능력·작업조건·근속년수에 따른다.
	장 려 급	장려급제도
	가 족 수 당	부양가족의 생활비 보조
	지 역 수 당	근무지 수당·벽지 수당 등
기준외임금	초 과 근 무 급	시간외·휴일 출근 등의 임금.
	특 수 근 무 급	위험 작업·심야작업 등의 임금.
상 여		일정시간에 대해서의 기업의 성적에 공헌한 보상.

임금 형태(賃金形態 : wages form) 임금을 계산할 때의 기준 방법.
〔종류〕정액급 제도와 장려금 제도가 있다.
〔정액급 제도의 이점〕임금 계산이 간단. 작업이 주의깊고 신중함. 과로가 되지 않는 점 등.
〔장려금 제도〕작업 능률이 오른다. 작업 개선의 연구를 한다. 적은 감독자로 일이 완료된다.

임팩트 렌치(impact wrench) 압축 공기에 의해서 볼트·너트 등을 체결하는 공구.

[용도] 자동차의 정비, 기계의 조립 등에 사용된다.

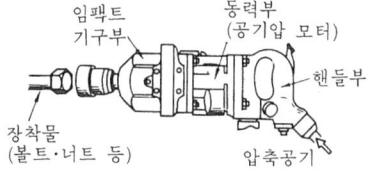

임펠러(impeller) 러너(runner). 증기터빈이나 반동수차(反動水車)에 있어서 증기 또는 물의 에너지를 회전하는 바퀴. 또는 센트리퓨걸 펌프의 주요부. 곡면으로 된 날개를 여러개 단 바퀴.

임펠러 유량계(vane-wheel flow meter) 육체의 유입 속도를 임펠러의 회전으로 바꾸고 적산하여 유량을 재는 계기.

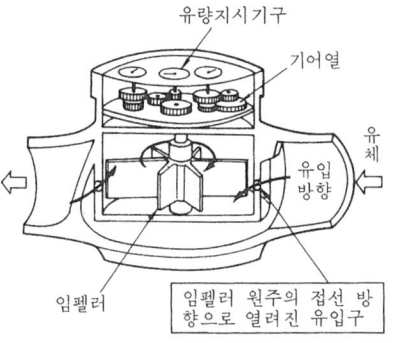

[특징] 구조가 간단, 내구성도 풍부, 정도·감도는 조금 뒤떨어진다.
[용도] 가정용 수도미터 등.

임피던스(impedance) 전기 회로에 교류가 흐를 때의 교류 저항으로 Z 로 나타낸다. 단위는 Ω(옴)
[예] RLC 직렬 회로의 임피던스

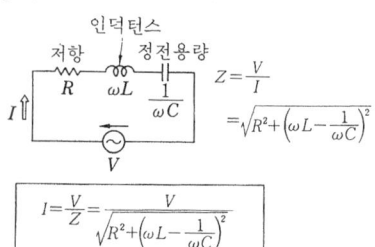

$$Z = \frac{V}{I} = \sqrt{R^2 + \left(\omega L - \frac{1}{\omega C}\right)^2}$$

$$I = \frac{V}{Z} = \frac{V}{\sqrt{R^2 + \left(\omega L - \frac{1}{\omega C}\right)^2}}$$

Z 의 크기는 R, L, C 와 $\omega (= 2\pi f, f$

는 전원의 주파수)의 크기로 결정된다.

입도(粒度 : grain size) 숫돌 입자의 크기를 나타내는 숫자로 10~800번까지 있다.
☞ 메시(p.129)

입도 (번)	10, 12, 14, 16, 20, 24	30, 36, 46, 54, 60	70, 80 90, 100, 120, 150, 180, 220	240, 280, 320, 400, 500, 600, 700, 800
호칭	거친눈	중간눈	가는눈	극히 가는 눈

입자간 부식(粒子間腐蝕 : intercrystalline corrosion) 오스테나이트계 스테인리스강을 450~850℃ 로 뜨임(tempering)하면 크롬 탄화물의 결정립계로 석출해 결정 입자간에 변형이 생겨 내식성이 줄어서 부식하는 현상.

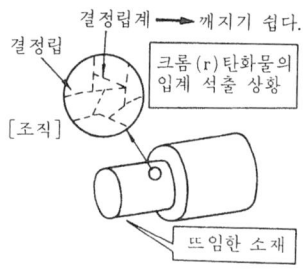

입체(立體)**캠**(solid cam) 회전체의 표면에 홈을 붙인 캠.
☞ 원통 캠(p.284)
☞ 원뿔 캠(p.281)
☞ 구면 캠(p.44)

ㅈ

자가용 변전소(自家用變電所 : private transformer substation) 전력 이용자가 전력 사용 장소에 직접 설치하는 변전소(실).

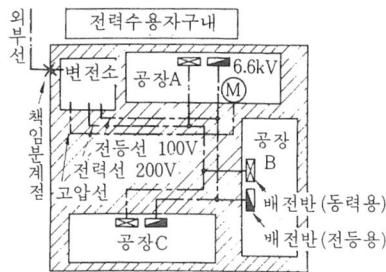

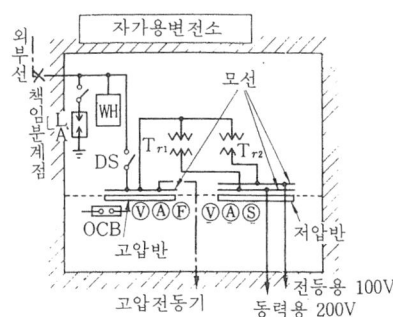

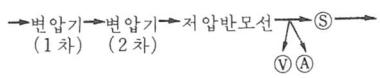

Ⓥ : 전압계　Ⓐ : 전류계　WH : 전력량계
Ⓕ : 퓨즈　　Ⓢ : 스위치
PT : 계기용 변압기
CT : 계기용 변류기
T_{r1}, T_{r2} : 변압기

자경성(自硬性 : self-hardening) 공기 담금질(air quenching) (p.29)

자계(磁界 : magnetic field) 자력(자극에 작용하는 힘)이 미치는 범위.
[자계의 강도] 미터당의 암페어(A/m)
[자계의 방향] 정자극에 작용하는 자력의 방향.

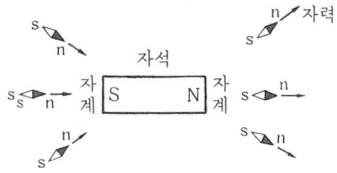

자극(磁極 : magnetic pole) 자석의 양단부에서 자성(磁性)이 강하게 나타나는 부분. ☞ 자석(p.310).

자기 누설 변압기(磁氣漏泄變壓器 : leakage transformer) 누설자속(1차·2차 양 코일을 공통으로 통과하지 않는 자속)이 많게 되도록 한 변압기.
[용도] 용접기·네온 변압기 등.

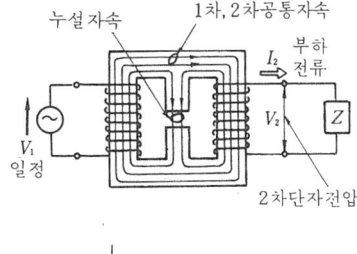

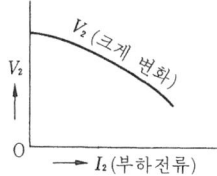

자기 변태(磁氣變態 : magnetic transformation) 자성이 어떤 온도에서 급격히 변화하는 일. 자기 변태는 결정 격자(結晶格子)의 변화를 동반하지 않는다.

순철(α철)은 770℃로 강자성체로부터 상
자성체로 변하는 자기변태가 행해지며, 이것
을 A₂변태라고 한다.
▽ 순철의 자기분석 곡선

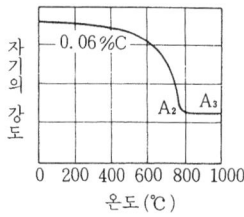

강은 아래그림의 A₀에서 보이는 것처럼
210℃ 정도에서 Fe₃C(시멘타이트)가 자기
변태를 행하므로 이 변태를 A₀변태라고도 한
다.
▽ 강의 자기분석 곡선

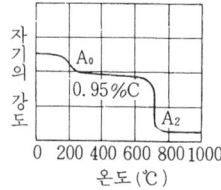

자기 분리기(磁器分離器 : magnetic sepa-
rator) 전자석을 이용하여 주물사 중의
철편이나 못 등의 자성을 띤 이물질을 제
거하는 기계.

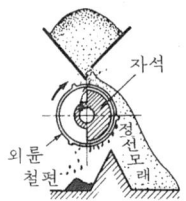

자기 유도(磁氣誘導 : magnetic induction)
☞ 자성체(p.310)
자기 유도(自己誘導 : self induction) 코일

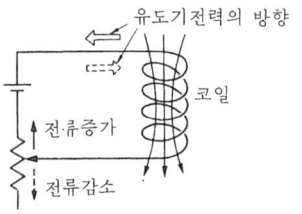

에 흐르는 전류가 변화하면 코일에 기전
력(起電力)이 생기는 현상.
[헨리(Henry)] 자기유도의 크기 단위.
기호 H.
1H=1초간에 1A의 전류 변화에 의해
서 1V의 기전력이 생기게 하는 크기.

자기 차폐(磁氣遮蔽 : magnetic shielding)
특정한 곳에 자계의 영향이 없도록 하는
것.

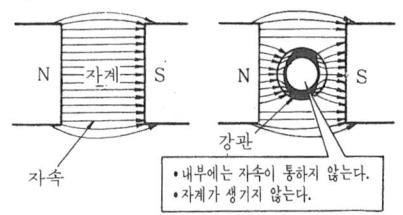

[예] 물체를 강판(강자성체)으로 싸면 물
체는 외부 자계의 영향을 받지 않는다.
자기 탐상법(磁氣探傷法 : magnetic defet
inspection) 탐상하려고 하는 재료를 자
화해 철분을 뿌리면 홈이 있는 부분에 집
중하여 철분이 부착되는 것을 이용한 탐
상법.

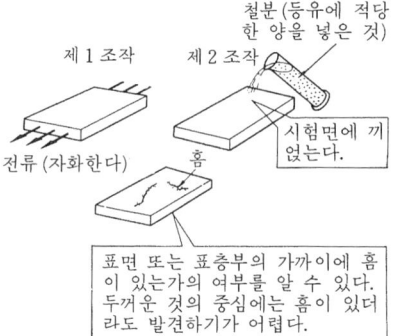

자동 가스 절단
(automatic
gas cutting)
가스 절단 토
치를 전동기
가 붙은 크레
인 또는, 기
계에 설치하
여 일정한 방
향으로 이동하면서 자동적으로 행하는 절
단.

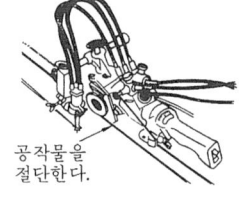

자동 공구 교환 장치(自動工具交換裝置 : automatic tool changer) 수치 제어 공작 기계에서 절삭 공구를 자동적으로 교환하는 장치. ATC라고 약칭한다.

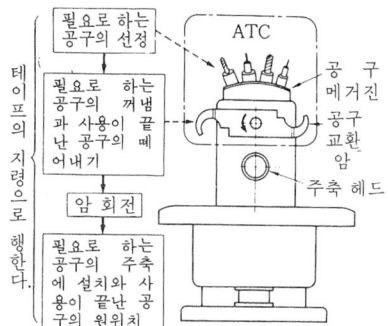

자동 선반(自動旋盤 : automatic lathe) 보통 선반을 자동적으로 움직이게 하여, 대량 생산에 적합하도록 만들어진 선반.
[종류] 터릿 선반(turret lathe)을 자동화한 단축(單軸) 자동 선반과, 주축이 4축 또는 6축이고, 각 주축에서 공작물을 각각의 바이트가 동시 가공하는 다축 자동 선반이 있다.
▽ 6축 자동선반의 예

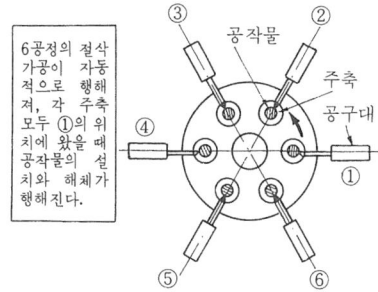

자동 아크 용접(automatic arc welding)
▽ 서브머지드 아크용접의 예

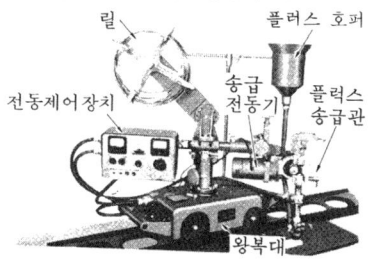

플럭스 혹은 실드 가스 및 와이어를 자동적으로 공급하는 장치와, 용접기 자체가 레일 위를 스스로 이동하는 장치를 가진 용접기로, 대형 강판 등을 접합하는 용접 방식.

자동 제도 기계(自動制度機械 : automatic drafting machine) 전자 계산기를 이용하여, 자동적으로 정밀한 도면을 작성하는 기계. 헤드(head)에 펜을 장치하여 x, y 두축 방향으로 지령대로 이동하면서 도면을 그린다.
▽ 자동제도의 원리

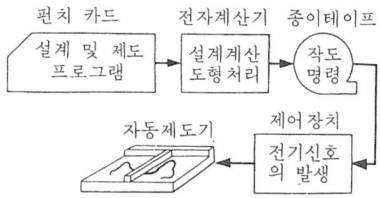

▽ 자동제도 기계의 작동원리

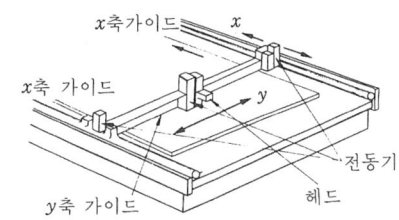

자동 제어(自動制御 : automatic control) 기계나 장치의 운전과 고정 등을 제어 장치에 의해 자동적으로 하는 일.
▽ 수동조작과의 비교

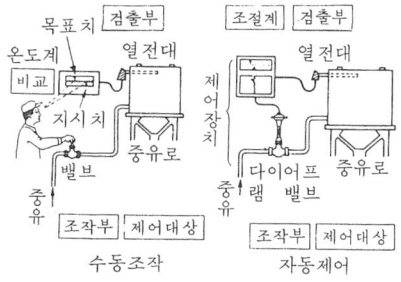

[종류]
· 시퀀스(sequential) 제어 (☞ p.226)
· 피드백(feed back) 제어 (☞ p.440)
· 프로세스(process) 제어 (☞ p.435)

자동 중심 조정[自動中心調整] 베어링(self aligning bearing) 외륜(外輪)의 궤도면이 베어링 중심을 중심으로 한 구면(球面)으로 되어 있어, 내륜이 볼 또는 롤러를 끼워서 외륜에 대해 경사지게 하여 자동적으로 축의 중심과 일치할 수 있는 베어링.

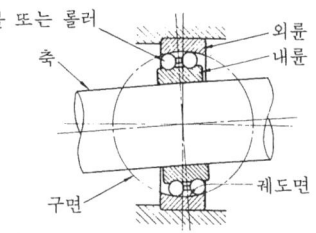

자동 치수 장치(automatic sizing mechanism) 공작물이 규정 치수로 가공되면, 기계의 운동을 자동적으로 정지시키는 장치.
▽ 게이지에 의한 치수장치

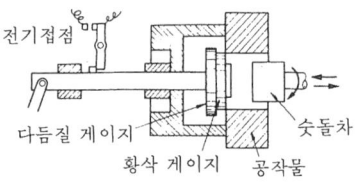

자력선(磁力線: magnetic line of force) 자계(磁界)의 상태(강도나 방향)를 나타낸 선(線).
[나타내는 방법] 선의 밀도로 강도를, 선의 방향(접선 방향)으로 방향을 나타낸다.

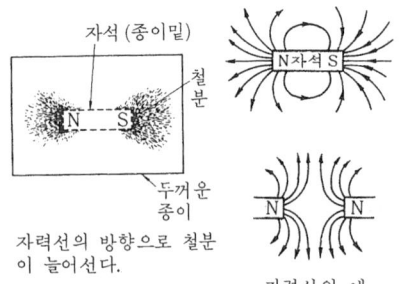

자본 구성(資本構成: composition of capital) 기업이 생산 활동을 영위하기 위한 자본금의 내역(內譯).

자기 자본 비율 = 자기 자본 / 총자본

총자본	자기자본	주식의 발행 이익금의 내부유보
	타인자본	사채의 발행 금융기관으로부터 차입 외상매입금·지불어음

자석(磁石: magnet) 자성(철편을 잡아당기는 성질)을 가지고, 매달면 남북의 방향을 가리키는 물체.

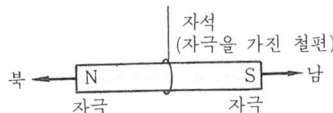

(자극의 부분이 자성이 강하다.)

[영구자석] 항시 자석이 되어 있다.
[전자석] 코일에 전류를 흘리면, 철편이 자석이 된다. 전자석의 강도는 전류의 크기로 알 수 있다.

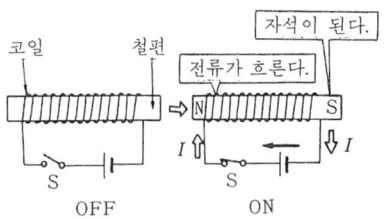

[웨버(Weaber)] 자극 강도의 단위로 기호는 Wb.

자성체(磁性體: magnetic substance) 자계 속에 들어 가면 자화(磁化)하는(자성을 갖는) 물체.
[강자성체] 극히 강하게 자화된 자성체. 철·니켈·코발트 등.
[자기 유도] 자성체가 자화되는 현상.

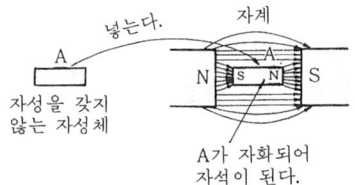

자속(磁束: magnetic flux) 단위 강도(1 Wb)의 자극으로부터 1개의 자기적인 선

이 나올(들어 갈) 경우의 자계를 나타낸 것. 단위 웨버(Wb)
 자속 밀도에서 자계의 강도를, 자속의 방향으로 자계의 방향을 나타낸다. 1Wb의 자속=$\frac{10^7}{4\pi}$개의 자력선(磁力線). ☞ 자력선(p.310)

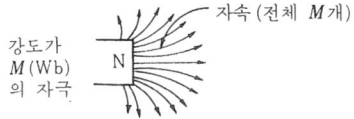

자속 밀도(磁束密度: magnetic flux density) ☞ 자속.

자연 낙차(自然落差: natural head) 댐의 수면으로부터 방수로(防水路) 수면까지의 높이.

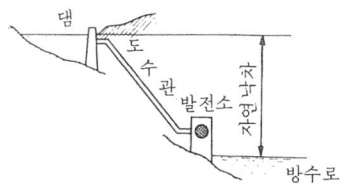

자연 통풍(自然通風: natural draft) 굴뚝이나 배기통의 흡인력에 의한 통풍.

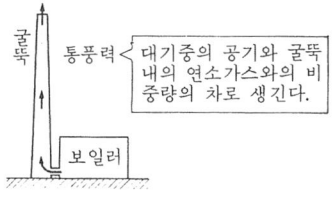

자유 전자(自由電子: free electron) ☞ 전자(p.330)

자유 진동(自由振動: free vibration) 외부에서 주기적(周期的)인 힘을 가하지 않아도, 고유의 주기와 진동수로 진동을 계속하는 현상.
 이 진동수를 고유 진동수라고 한다. 스프링 정수 k의 스프링에 무게 W의 추를 붙여 진동시키면, 진동수 $f=\frac{1}{2\pi}\sqrt{\frac{kg}{W}}$

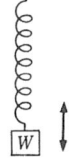

으로 자유 진동을 한다. (공기 저항 등을 고려하지 않을 경우) g : 중력가속도

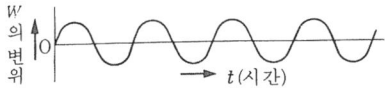

자재 관리(資材管理: materials control) 생산에 필요한 재료·소모품 등, 수많은 자재를 구입·보관·공급하기 위한 계획과 실시.

자재 관리의 일 $\begin{cases} 구매\ 계획(☞\ p.44) \\ 창고(재고)\ 관리(☞\ p. \\ \quad 372) \end{cases}$

[예]

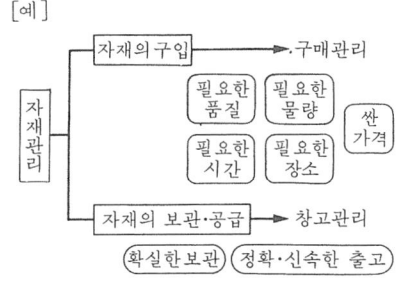

자재(自在) **이음**(universal coupling) 2축이 어떤 각도를 가지고 회전하는 경우에 사용되는 축이음.

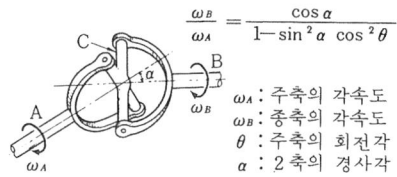

$\frac{\omega_B}{\omega_A}=\frac{\cos\alpha}{1-\sin^2\alpha\cos^2\theta}$

ω_A : 주축의 각속도
ω_B : 종축의 각속도
θ : 주축의 회전각
α : 2축의 경사각

▽ 자재이음의 사용법

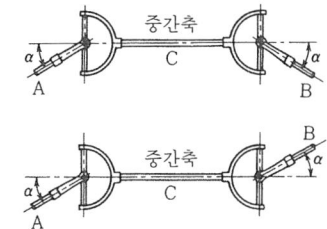

연결된 2축의 위치 관계에 구속되지 않고 회전이 전달된다.
 2축의 각속도비는 2축의 경사각에 의하여 변화한다. 보통 경사각은 30° 이하로

사용된다. 2축의 각속도비를 변화시키지 않기 위해서는 그림처럼 중간 축을 이용하고, 자재 이음을 2조 사용하여, 각각의 경사각을 같게 한다.

작업 여력표(作業餘力表 : work excess chart) 직장마다 작업 여력(餘力)을 월별로 조사하여 작업 인구의 조정을 행하기 위한 표.
▽ 직장 작업 여력표

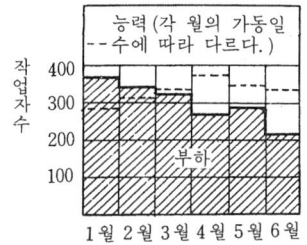

그림에서는 1월, 2월은 다소의 잔업이 필요. 4월 이후는 꽤 여력이 있다.

작업 연구(作業研究 : time and motion study) 작업을 분석·검토하고 각각의 작업을 정확하고 능률적으로 또한 안전하게 진행하는 방법이나, 작업에 필요한 적정한 시간을 결정하기 위하여 행하는 조사·연구.
[작업 연구의 내용]
  동작 연구(☞ p. 98)
  시간 연구(☞ p. 223)
  공정 연구(☞ p. 34)
▽ 작업연구의 목적

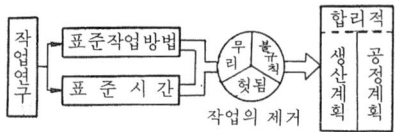

작업 요소 분석(作業要素分析 : operation analysis) 어떤 공정에서 작업자의 작업 내용을 몇 가지의 단계로 나누어 분석하는 작업, 즉 작업 요소별로 나누어 그 동작을 분석하는 방법. 동작 분석의 한 방법이다.

작업요소분석표

작업명 : 크랭크축 절삭　　　　　시간단위 : 0.01분

요 소 작 업		관 측 시 간				평균	분류	개 선 착 안
		1	2	3	4			
1. 부품을 지그에 장착	개	6	7	6	7	6.5	L	부품의 놓을 장소를 생각한다.
	통	6	71	33	99			
2. 지그에 장착	개	21	15	24	19	19.5	L	위치 결정이 귀찮다.
	통	27	86	57	118			
3. 자동절삭	개	408	408	408	408	408	M	가공 속도를 높인다.
	통	435	94	65	26			
4. 지그를 푼다	개	10	14	11	12	11.8	L	핸들 위치가 나쁘다.
	통	45	108	76	38			
5. 부품달기	개	6	9	7	7	7.3	T	슈트가 높다.
	통	51	17	83	45			
6. 지그청소	개	13	10	9	12	11	W	
	통	64	27	92	57			
7.	개							
	통							
	개							
	통							
		M	E	F	I	T	W	계
요 소 수		1	3			1	1	6
비　　율		88%	8%			2%	2%	100%

M : 기계시간　　　E : 장착제거　　　F : 헛걸음
I : 작업대기　　　T : 운반　　　　　W : 작업

작업 진척표(job progress table) 작업의 진척 상태를 나타내는 도표.
[예] Gantt's식 작업 진척표(☞ Gantt's 식 도표 p.14)

작업 진척표   년 월

품명	도번	수량	1월 10 20	2월 10 20	3월 10 20	4월 10 20	5월 10 20	6월 10 20
베드	B-101	5	⌐1 2 3	4 5⌐				
컬럼	B-102	5		⌐1 2 3	4 5⌐수리			
테이블	B-114	5				⌐1 2 3	4 5⌐	

⌐ : 재료의 출고예정일
⌐ : 완성예정일
숫자 : 공정번호로 착수 예정일의 위치에 기입한다.
굵은선 : 작업의 완료를 나타내고 이 선밑의 문자는 작업지연의 이유를 나타낸다.

작용선(作用線 : line of action) ① 맞물고 있는 기어 치면(齒面)의 접촉점에 세운 2개의 공통 법선(法線). 인벌류트 평기어에서는 접촉점의 궤적과 겹친다(양 기초원의 공통 접선).

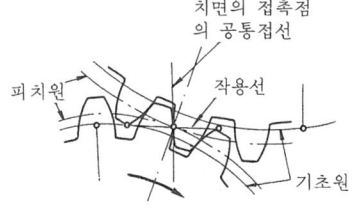

② 힘이 물체의 어떤 점에 작용할 때 그 점을 통과하여 힘의 방향으로 그은 직선.

작용점을 작용선상에서 이동하여도 힘의 효과에는 변화가 없다.

작은 나사(machine screw) 비교적 축 지름이 작은 머리가 있는 나사.

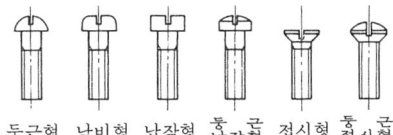

 일자홈   십자홈

잔류(殘留) **오스테나이트**(remained austenite) 강의 담금질에 있어서, M_f점 (마텐자이트 상태가 종료하는 온도)이 실온 이하일 때, 마텐자이트로 변화가 되지 않고 남아 있는 오스테나이트.
 그림에 있어서 0.8%C의 강은 0℃에서 M_f점에 도달하지 않고, 마텐자이트 상태가 종료하지 않는다. 이 경우의 잔류 오스테나이트의 비율은 $\dfrac{a}{a+b}$이다.

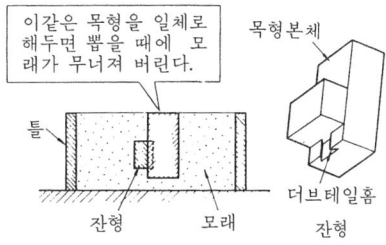

Ⓐ : austenite Ⓜ : martensite

잔류 오스테나이트는 장시간 사이에 차차로 마텐자이트로 변화하고, 치수 변형을 일으키기도 하므로 서브제로의 처리를 필요로 한다. ☞ 서브제로 처리(p.191)

잔형(殘型 : loose piece) 본형(本型)의 일부로 본체와는 더브테일홈에 의하여 조립되어 모래로부터 목형(木型)을 뽑을 때, 먼저 본체를 뽑고 그것은 모래 속에 남겨두고 뒤로부터 꺼내는 부분.

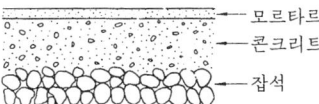

잠열(潛熱 : latent heat) 포화 액체를 포화 증기로 하는 데 필요한 에너지.

잡석(雜石 : rubble) 잡석은 화강암을 쪼갠 것으로 기초 공사에 사용된다.

장착용 공구(裝着用工具 : fix tool) 플레이너 등으로 절삭할 때, 공작물의 설치에 이용하는 도구.

[예]

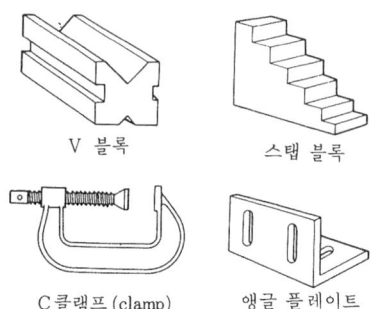

V 블록   스텝 블록

C 클램프 (clamp)   앵글 플레이트

재결정(再結晶 : recrystallization) 가공 경화한 재료를 어떤 온도 이상에서 일정 시간 가열하면, 가공 경화의 영향이 해소되고 새로운 결정립(結晶粒)의 집합이 일어나는 현상.

▽ 가열온도와 기계적 성질의 변화

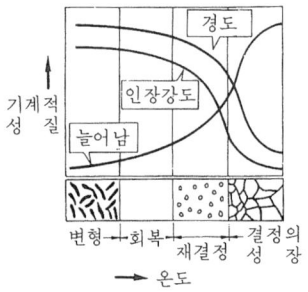

[주된 금속의 재결정 온도]

니 켈	600℃
철	450℃
동	200℃
알루미늄	150℃
아 연	상 온

재고·조사(在庫調査 : stocktaking) 자재(資材)나 재고품에 대해서 기록상의 재고량과 실제의 재고량과의 확인. 보통은 결산기 말에 실시한다.

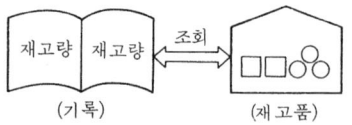

○ 자재의 출납·보관은 적정한가?
○ 사장품(死藏品)·불량품은 없는가?
○ 장부 가격과 현품 평가 가격의 차이는 어떤가?

재료 계획(材料計劃 : material planning) 생산 계획에 맞게 필요로 하는 종류의 재료를, 필요 시기에 필요 수량을 조달하기 위한 계획.

▽ 재료계획의 순서

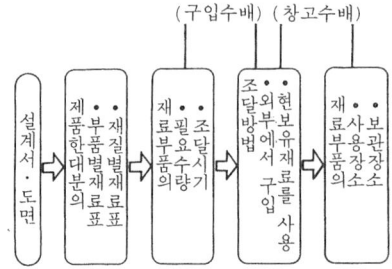

재료 기호(材料記號 : material symbol) 재료의 종별 등을 나타내는 기호. 재료 기호는 원칙적으로 다음 3개의 부분으로 구성되어 있다.

[예]   S S 41

① 최초의 부분 ─────
   재질을 나타낸다. [예] S : 강
② 중간 부분 ─────
   제품명·규격명·형상별 종류 또는 용도를 나타낸다.
   [예] S : 일반 구조용 압연재
③ 최후 부분 ─────
   종별 번호, 최저 인장 강도, 탄소 함유량 등을 나타낸다. 또 말미에 하이픈을 붙여 경화, 연화, 열처리 상황, 형상, 제조 방법 등을 표시하는 기호를 첨가하는 일이 있다.
   [예] 41 : 인장강도 41kg/mm² 이상.

재료비(材料費 : material expense) 제품의 재료, 구입 부품·소모품·소모공구 등의 비용. 원가의 3요소의 하나.

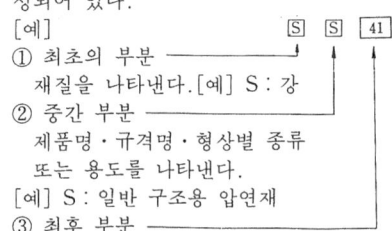

재료표(材料表 : material chart) 필요로 하는 재료에 대해서 그 재질·형태·치수·

수량, 그밖에 필요한 사항을 기입한 표.
재생 사이클(regenerative cycle) 증기 터빈 안에서 팽창 중인 증기의 일부를 취하여, 그것에 의해 보일러에 공급하는 물을 가열하고, 열효율을 개선하는 사이클.

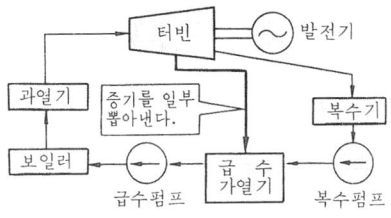

재생 터빈(regenerative turbine) 재생 사이클을 행하는 터빈. ☞ 재생 사이클
재열기(再熱器 : reheater) 재열 재생 터빈에 있어서, 팽창 도중에서 습도가 증가한 증기를 보일러의 연소가스 또는 과열 증기로 재가열하기 위한 장치. ☞ 재열 재생 사이클
재열 재생 사이클(reheating regenerafive cycle) 재생 사이클에서 팽창 도중의 증기를 재가열하기 위해 재열기를 첨가한 사이클.

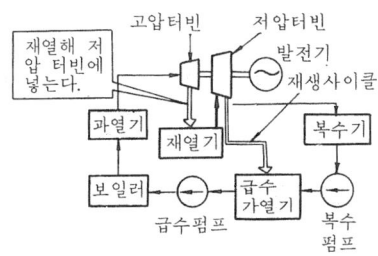

최근의 대용량 증기 동력 플랜트에는 거의 이 사이클이 이용되고 있다.
재열 재생 터빈(reheating regenerative
▽ 계통도

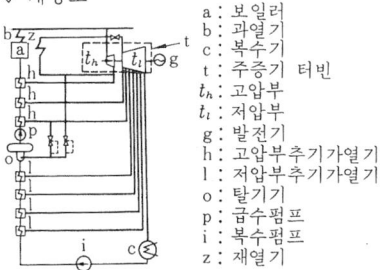

a : 보일러
b : 과열기
c : 복수기
t : 주증기 터빈
t_h : 고압부
t_l : 저압부
g : 발전기
h : 고압부추기가열기
l : 저압부추기가열기
o : 탈기기
p : 급수펌프
i : 복수펌프
z : 재열기

turbine) 재열 재생 사이클을 행하는 터빈.
잭(jack) 공작물이나 구조물을 들어 올리는 데 사용하는 기구.
[종류]
나사 잭·수압(水壓) 잭 등이 가장 널리 사용되고 있다.

저널(journal) 베어링에 의해 둘러싸인 축의 일부분.
[종류] 축에 가해지는 하중의 방향에 따라, 레이디얼 저널(radial journal)과, 스러스트 저널(thrust journal)이 있다.

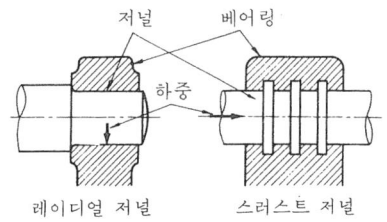

저발열량(低發熱量 : low calorific power) 진발열량(眞發熱量)이라고도 말하고, 실제 연료의 발열량의 계산에는 이것을 이용한다. ☞ 고발열량(p.24)

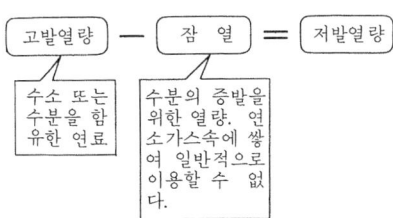

저속(低速) **노즐**(low speed nozzle) 혼합기(混合氣)를 기화기로부터 실린더 안으로 보내는 때 저속·경부하(輕負荷)의 운전시에 사용되는 노즐. ☞ 기화기(p.62)
저압 주조법(低壓鑄造法 : low pressure casting) 다이 캐스팅(die casting)이 고압인데 대하여 1기압 이하의 압력을 쇳물

에 가하여 주입하는 주조 방법.
 쇳물을 아래로부터 밀어 올려 금형 내에 충만시켜 일정시간 가압한다. 주형의 쇳물이 응고되고, 탕구(湯口) 부분이 아직 쇳물의 상태일 때에 가압을 멈춘다.

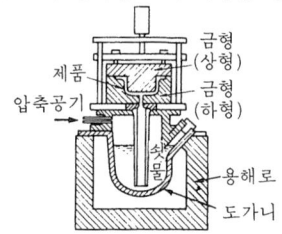

[특징] 주름이 없고, 치밀한 주물 즉, 슬래그(slag)의 혼입이 없고, 아름다운 주물이 된다.

저온 용접(低溫熔接 : low temperature welding) 모재와 동일 계통으로, 공정 합금(共晶合金)의 용접봉을 이용한 용접.
 공정 합금은 그 계통의 합금에서 가장 융점(融點)이 낮기 때문에 저온으로 용접할 수 있다. 아크 용접이나 가스용접에서 행하여지고, 용접부의 변질이 적다.

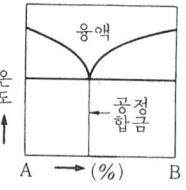

저온 절삭(低溫切削 : cold machining) 공작물 및 공구에 액체 탄산가스 등을 내뿜어 날끝을 낮은 온도로 유지하면서 절삭하는 방법. 절삭 저항이 큰 스테인리스강 등, 절삭열에 의해 뜨겁게 된 곳을 급랭하면, 표면이 경화하여 공구의 마모가 많아지므로 이와같은 때는 바이트의 날끝만을 냉각하는 방법도 있다.

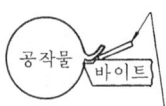
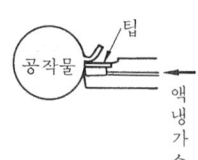

액체 CO₂를 분사
노즐 구경
 0.225~0.375mm
토출량
 2.25~10kg/h
(a) 날끝만을 냉각하는 방법
(b) 저온절삭의 냉각법

저온 취성(低溫脆性 : cold shortness) 탄소강 등에 있어서 저온(상온 부근 또는 그 이하)이 되면 충격치가 현저하게 저하되고 무르게 되는 현상.
 특히 저탄소강과 P를 함유한 강에서는 생기기 쉽다. 니켈을 첨가함으로써 개선할 수 있다.

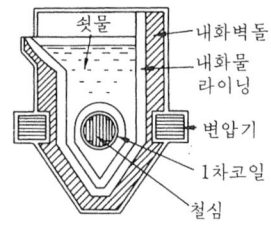

저주파 유도전기로(低周波誘導電氣爐 : low frequency induction furnace) 50~60Hz의 전류를 사용한 유도 전기로. 쇳물을 2차측으로 하여 저항열로 용해한다.

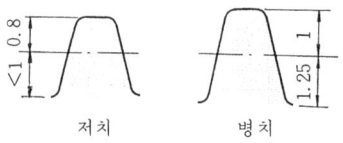

[특징]
① 노 밑에서부터 가열된 것으로, 기화하기 쉬운 성분의 손실이 적다.
② 과열에 의한 손실이 적다.
③ 온도 조절을 하기 쉽다.
[용도] 동합금의 용해에 널리 이용된다.

저치(低齒 : stub tooth) 기어에 있어서 표준 치수 비율의 이(병치)보다 낮게 만들어진 이.
 [특징] 병치보다 이의 굽힘 강도가 크고, 이의 간섭한계 치수가 적다. 보통 사용되는 치수 비율은 모듈(m) 기준이고 어덴덤 $0.8m$, 디덴덤 $>1m$, 총 이높이 $>1.8m$, 압력각 20°

저탄소강(低炭素鋼 : low-carbon steel) 탄소 함유량이 0.12~0.20%의 강. 강도보

다 가공성을 중요시하고 일반 구조용에 적당하다.

저항(抵抗 : resistance) 전류가 흐르는 것을 막는 작용. 단위는 옴(Ω)
　1Ω=1V의 전압을 가한 때, 1A의 전류가 흐르는 도체의 저항.
　[도체의 형태와 저항] 저항 R은 길이 l에 비례하고, 단면적 S에 반비례한다.

$$R = \rho \frac{l}{S} \quad (\rho : 저항률)$$

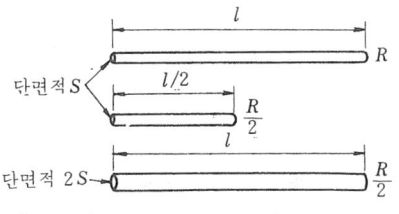

[저항률] 도체(導體) $1m^3$의 정육면체가 마주보는 면 A, B 사이의 저항.

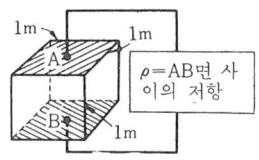

저항률(抵抗率 : specific resistance) ☞ 저항(p.317)

저항 모멘트(resisting moment) 재료에 힘 또는 짝힘 모멘트가 작용할 때, 이것에 저항하여 반대 방향으로 작용하는 모멘트. ☞ 굽힘 저항 모멘트(p.48) ☞ 비틀림 저항 모멘트(p.178)

저항선 변형계(wire resistance strain-meter) 스트레인(strain) 게이지를 측정소자로 한 변형계. ☞ load cell (p.113)
▽ 측정법

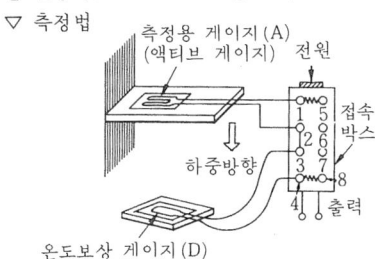

더미 게이지 : 저항선의 온도에 의한 오차를 적게 한다.

측정에 즈음하여 ②~⑤ 사이의 전위차가 "0"이 되도록 각 저항을 조정한다. 변형에 따른 R_1의 변화에 의해 ②~⑤ 사이에 전위차가 생기고, 이것으로 ②~⑤ 사이에 흐르는 미소 전류를 G에서 검출하여 변형을 측정한다

▽ 휘트스톤 브리지

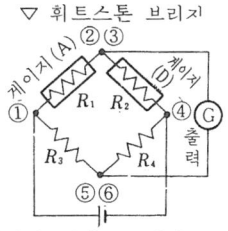

[계기의 종류]

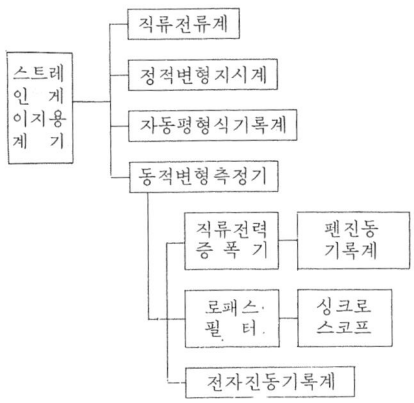

저항 용접(抵抗熔接 : resistance welding) 모재의 접합부에 대전류를 흘려 발생하는 저항열에 의해 접합부를 반용융 상태로 하고 이것에 압력을 가하여 접합하는 용접.
[종류]

겹치기　　┌ 점 용접(☞p.341)
저항 용접 ├ 프로젝션 용접(☞p.435)
　　　　　└ 심 용접(☞p.229)

맞대기　　┌ 업셋 맞대기 용접(☞p.246)
저항 용접 ├ 플래시 용접(☞p.437)
　　　　　└ 맞대기 심 용접(☞p.127)

적분회로(積分回路 : integrating circuit) 입력으로 방형 파형(方形波形) 펄스를 넣으면 출력에 톱니 파형의 펄스를 생성하는 회로를 말한다.

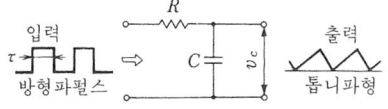

[이 회로가 적분회로가 되는 조건] CR

직렬 회로일 때, 정수 RC≫τ일 것
적열 취성(赤熱脆性 : red shortness) 유황을 많이 포함한 강(鋼)이 적열 상태(약 900℃)에서 취성되는 현상.

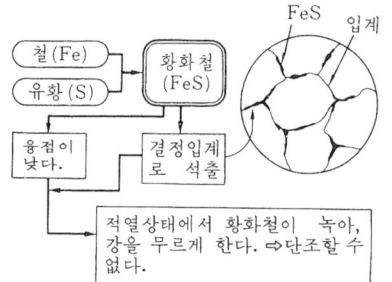

적외선 건조(赤外線乾燥 : infrared ray drying) 고온 물체에서 방사된 적외선을, 피건조물에 주어 건조하는 방법. 적외선 방사용에는 적외선 전구가 많이 이용된다.

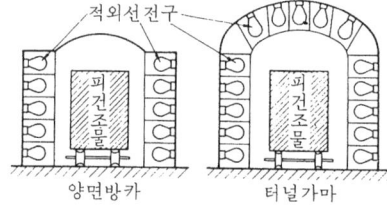

[특징]
① 효율이 좋고 표면 가열을 할 수 있다.
② 건조가 간단하다.
③ 온도 조절이 용이하다.
④ 설비비가 적게 든다.
⑤ 이동식으로 할 수 있다.
[적외선 전구] 필라멘트의 온도를 백열 전구보다 낮게 하여 적외선을 많이 내도록 하고 있다.

적응 제어(適應制御 : adaptive control) 소형 전자 계산기에 의해 가장 좋은 제어를 행하며 자동적으로 가공을 진행하는 방식. 최적 제어라고도 한다.
절삭 공구가 공작물에 접촉하지 않을 때에는 자동적으로 최고속으로 위치 결정까지 보내져서, 공작물에 접촉되면 자동적으로 최적 상태로 되돌아와 항상 공작물의 상태에 따라 자동적으로 대처할 수 있다.

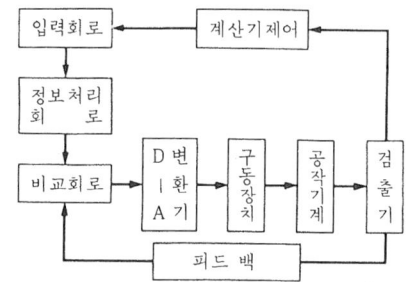

적하 주유(適下注油 : drop lubrication) 윤활유를 한 방울씩 떨어뜨려 주유하는 방법의 총칭. 오일컵(oil cup)이 이용된다.
☞ 오일 컵(p.267)

전개도(展開圖 : development drawing) 물품 등의 표면을 한 평면으로 전개한 그림. 판금에 있어서 각종 용기 등을 제작하는 그림에 사용된다.

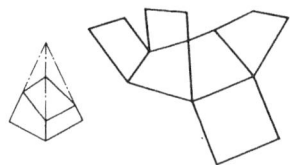

전격 방지 장치(電擊防止裝置 : voltage reducing device) 아크 용접에 있어서, 아크가 나지 않을 때에는 용접기의 2차 무부하 전압을 낮추어 전격을 방지하는 장치.

전계(電界 : electric field) 전하(電荷)를 두면 이것에 정전력(靜電力)이 작용하는 장소. 전계에는 방향과 강도가 있다. 전장(電場)이라고도 한다.

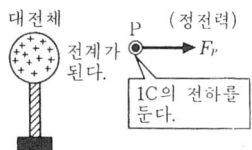

[예] 대전체 가까이에는 전계로 된다.
[강도] 1 C의 단위 정전하(正電荷)에 1 N의 정전력이 작용한다. 전계를 단위의 강도라 하고, 그 기호는 V/m.
[방향] 정전하에 작용하는 정전력의 방향

전계 효과(電界 效果) **트랜지스터**(field effect transistor) P형 반도체의 N형 반도체 2개의 영역을 갖는 단결정(單結晶)으로, 전압(게이트 전압)으로 전류(드레인 전류)를 제어하는 형식의 반도체 소자. 기호는 EFT로 표시된다.

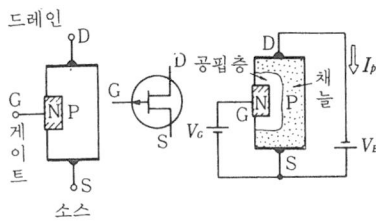

(구성)　(도시기호)　(동작원리)

[동작] V_G의 게이트 전압의 크기에 따라 공핍층(空乏層)의 범위가 변하고, D, S 간의 저항이 변화하여 I_p가 변화한다. 즉 V_G에 의하여 I_p가 제어된다.

전구(電球 : electric lamp) 필라멘트를 넣은 유리구를 진공으로 하여 불활성가스를 봉입하고 전류를 통하게 하여 필라멘트를 고온으로 하여 온도 방사로 발광시킨 것.

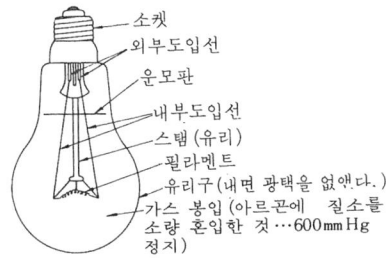

[종류] ① 일반 조명용 전구 ② 특수전구 (투광기용 전구·영사용 전구·사진 전구·자동차용 전구·적외선 전구 등).

전극(電極 : electrode) 진공 또는 기체 중에 전계를 만들기 위하여 또는 전해액, 반도체 중에 전류를 통하게 하기 위하여 설치된 도체(導體). 음극 ⊖와 양극 ⊕가 있다.

전극(電極) **팁**(electrode tip) 점용접에 있어서 모재를 사이에 끼워 통전함과 동시에 가압 작용을 하는 봉상(棒狀)의 전

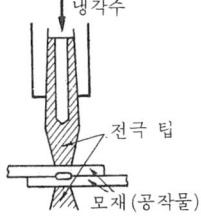

극. ☞점 용접(p.341)

전극(電極) **홀더**(electrode holder) 아크 용접에 있어서 용접봉을 지지하여 전류를 통하게 하는 지지구(支持具).

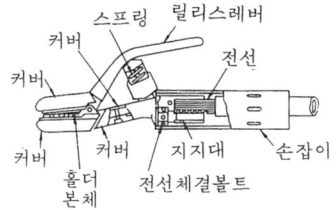

전기 공작물(電氣工作物) 발전소로부터 송전·배전이나 전력을 사용하는 장소까지의 시설·설비.

▽ 전기 공작물의 구분

① 전기 사업용

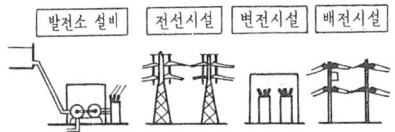

② 자가용

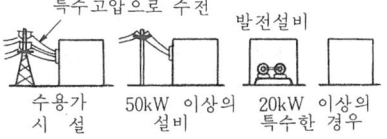

③ 일반용

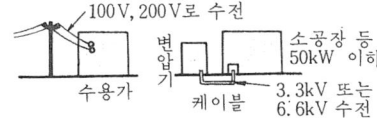

전기 그라인더(electric grinder) 손작업용의 소형 그라인더. 전동(電動) 그라인더라고도 한다.

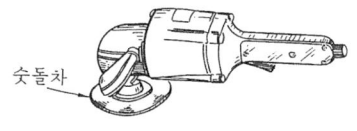

전기 동력계(電氣動力計 : electric dynamometer) 원동기의 동력을 발전기

를 회전시킴으로써 전기적으로 측정하는 장치.
[종류] ① 동력을 전기로 바꿔, 전류와 전압으로부터 전력을 측정하여 동력을 구한다.
② 동력을 전기로 바꾸면 케이싱도 회전자와 함께 돌려고 하기 때문에, 이것을 돌지 않도록 저울로 제어하고, 그 회전력으로 동력을 측정한다.

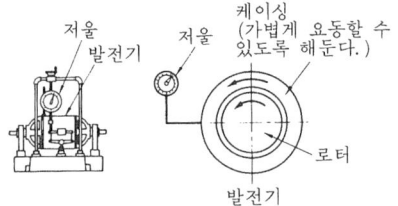

전기 드릴(electric drill) 손으로 잡고 사용하는 소형 구멍뚫기용 드릴. 전동 드릴이라고도 한다.

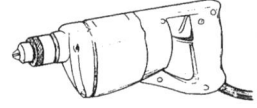

전기력선(電氣力線 : line of electric force) 전계의 상태(각 점의 전계의 강도와 방향)를 선(線)으로 나타낸 것.
[예] 전하 주위의 전기력선의 예

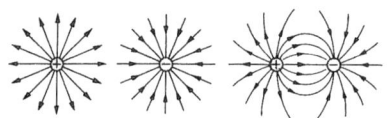

[전계의 표시법] 방향은 전기력선의 방향으로 크기는 전기력선의 밀도로 나타낸다.

전기로(電氣爐 : electric furnace) 전기를 열원으로 하며 금속을 용해하는 노.
☞ 아크로 (p.233)
[종류]

종류		비고
아크로	직접 아크로	흑연 전극과 쇳물 간의 아크 발생
	간접 아크로	흑연 전극간의 아크로 발생
유 도 전기로	고주파유도전기로	1000~10000Hz
	저주파유도전기로	50Hz 또는 60Hz

전기 마이크로미터(electric micrometer) 기계적인 미소 변위를 전기적인 양으로 변환시켜서 이것을 확대·증폭하여 지시하는 길이 측정기.
▽ 인덕턴스 변환식

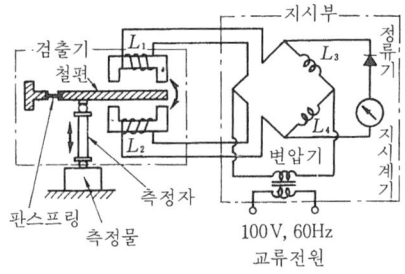

유도코일 l_1, l_2, l_3, l_4로 브리지 회로를 구성한다.

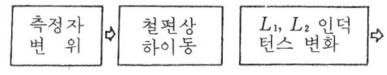

▽ 자동변압기식

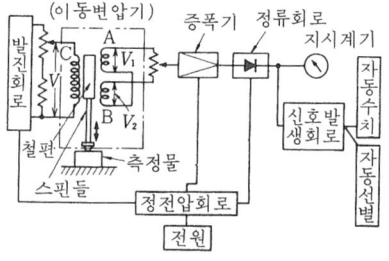

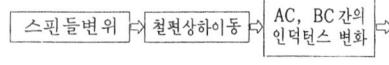

전기 브레이크(electric brake) 기계 운전에 사용하고 있는 전동기에, 회전과 역방향의 회전력을 발생시켜 제동을 거는 장치.
역방향의 회전력을 발생시키기 위해서는 전동기를 필요에 따라 발전기로 바꾸기도 하고, 전선의 접속을 바꾸기도 한다.

전기 사업법(電氣事業法) 전기 사업(전력 공급 사업)의 건전한 발달과 전기 사용자의 이익을 지키고 전기에 대한 안전을 확보하는 것을 목적으로 한 전기 관계의 기본 법률.
1973년 2월 8일 법률 제2509호로 공포되었다.
[내용] ① 전기 사업법의 허가 ② 전기사업자의 전기 공급 의무 ③ 전기 요금 규칙 ④ 전기의 질(전압, 주파수)의 유지 ⑤ 전기 시설의 보안 규제 ⑥ 주임 기술자의 선임의무.

전기식 서보 기구(electric servo mechanism) 자동 제어계에서 조작부에 전기식 서보 모터를 이용한 서보 기구.

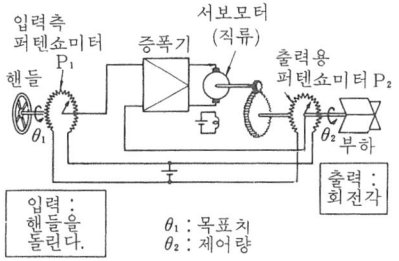

전기용 도면 기호(電氣用圖面記號: graphical symbol for electrical apparatus) 전기 회로의 접속 관계를 나타내는 도면에 사용하는 도면 기호.

명 칭	도면기호	명 칭	도면기호
반도체의 분 기		정 류 기 (일반)	
단 자	(1) (2)	교류전원 (일반)	
접 지		발 전 기	G
		전 동 기	M
저항또는 저 항 기		개 폐 기 (일반)	(1) (2)
전자코일 또는인덕 턴스	(1) (2)	광 전 관	
전지또는 직류전원 (일반)		정전 용 량 또는 콘덴서	

전기용품 단속법(電氣用品團束法) 전기 사용의 안전을 확보하기 위하여 전기용품의 제조·판매 및 사용을 규제한 법률.
[대상이 되는 전기용품] 일반 전기, 공작물, 부품, 소형의 전기기기
[분류]
○갑종 전기 제품…위험도가 높은 것. 전선·전선관. 배선기구·전열 기구 등
○을종 전기제품…위험도가 낮은 것. 전기 악기·백열 전구·전자식 탁상 계산기 등
[규제 내용] 형상·구조·규격 등.

전기-유압 펄스 모터(electrohydraulic pulse motor) 전기 펄스 모터와 유압 서브계를 일체로 조합시킨 전동기. ☞ 전기 펄스 모터(p.322)
[예] NC공작기계의 정확한 위치결정용

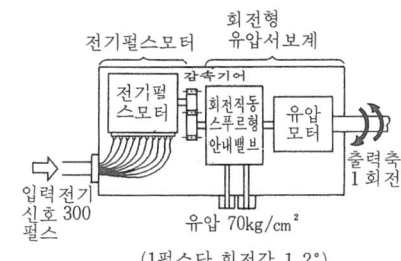

(1펄스당 회전각 1.2°)

전기 저항 변환(電氣抵抗變換: resistance conversion) 측정량(강도·변위·온도 등)을 전기 저항으로 변환하는 변환 방식.
▽ 저항선의 변형에 의한 저항치의 변화

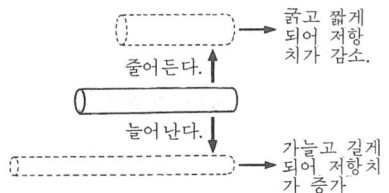

저항선 길이를 l, 단면적을 A, 저항률을 ρ로 하면 저항선의 저항 R은

$$R = \rho \frac{l}{A}$$

▽ 저항체의 온도와 저항변화

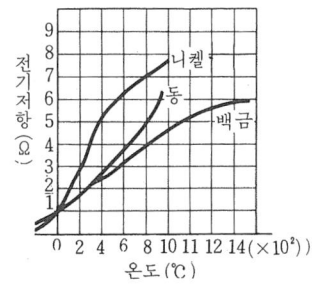

전기 접점 재료(電氣接點材料 : electrical contact materials) 전기 접점에 사용하는 재료로서 전도성(電導性)이 좋고, 아크에 의한 이전이나 소비, 접촉저항이 적으며, 내마모성, 내용착성, 내분위기성의 성질이 있다.

전기 주조법(電氣鑄造法 : electroforming) 전주(電鑄). 전기도금과 같은 조작으로 금속염(金屬鹽) 용액의 전기분해에 의해 모형(母型) 위에 금속을 필요한 두께 만큼 입힌 다음 이것을 모형에서 벗겨내면 도형과 요철(凹凸)이 반대인 전주품(電鑄品)이 만들어진다. 이 반대로 된 형(型)으로 다시 같은 조작을 반복하면 모형과 같은 전조품을 만들 수 있다.
레코드 판의 형, 플라스틱 금형 등에 널리 쓰인다.

전기 집진 장치(電氣集塵裝置 : electric dust collect system) 연도 가스 속의 재와 먼지(灰塵)에 전하를 주어, 이것을 직류 고압으로 흡수하여 회진을 제거하는 장치.

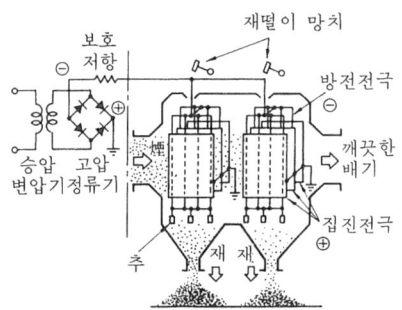

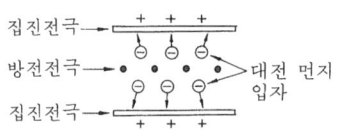

전기 펄스 모터(electric pulse motor) 일반 전동기와 달리 입력된 전기 펄스(pulse)의 수에 따라 정해진 회전각만 정확하게 도는 전동기(電動機).
[예]

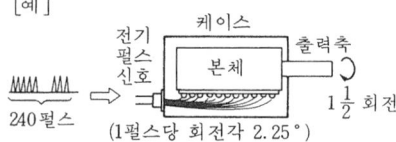

[펄스(pulse)] 순간적으로 흘러서 곧 없어져 버리는 전류.

전기 회로(電氣回路 : electric circuit) 전류가 순환하는 통로. 단순히 회로라고도 한다.
[예] 전지에 전선으로 전구를 접속한 전기 회로.

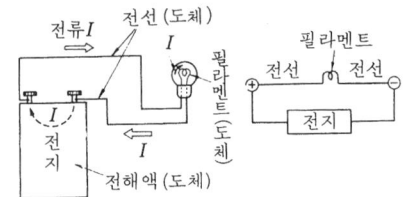

전단(剪斷 : shear) 재료 내부의 어떤 면에 따라 그 면에서 나누어진 양 부분을 미끄러져 움직이게 하는 듯한 작용.

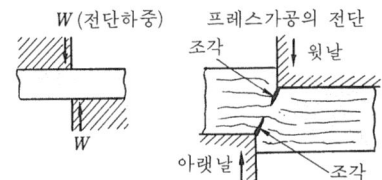

전단 가공(剪斷加工 : shearing) 재료를 절단하는 작업. 블랭킹, 구멍뚫기 작업도 포함된다. ☞ 전단기(p.323)
▽ 형에 의한 전단

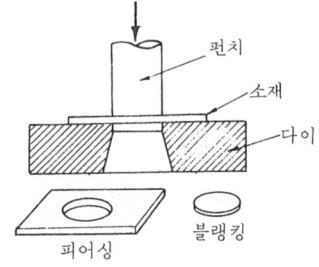

전단각(剪斷角 : shear angle) 전단 공구에 있어서, 작은 힘으로 절단할 수 있도록 아랫날에 대해서 윗날을 경사지게 하는 각도. ☞ 전단 변형(p.323)

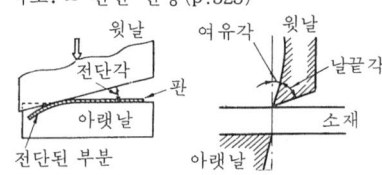

날끝각 70~90°, 여유각 2~3°, 전단각 12° 이하.
전단기(剪斷機 : shear) 재료를 절단하는 전용 기계. ☞ 전단(p.322), ☞ 전단각(p.322)

▽ 직선 전단기

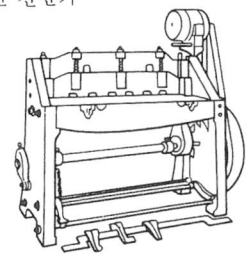

[종류]
① 직선 전단기(판금을 직선 형상으로 전단한다.)
② 롤러 시어(판금을 곡선 형상으로 전단한다.)
③ 갱 슬리터(gang slitter ; 넓은 쪽의 판으로부터 폭이 좁은 판을 절단한다.)

전단력 선도(剪斷力線圖 : shearing force diagram(S.F.D)) 빔(beam)에 하중이 작용할 때, 각 단면의 전단력을 빔의 전 길이에 걸쳐 표시한 그림.

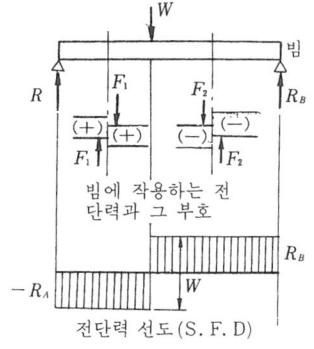

전단력 선도(S.F.D)

전단 변형(shearing strain) 전단 작용에 의하여 미끄럼 변형이 생긴 때의 변형.
전단 변형 γ 는
$$\gamma = \frac{\lambda}{l} = \tan\phi = \phi$$
ϕ 를 전단각이라 한다.

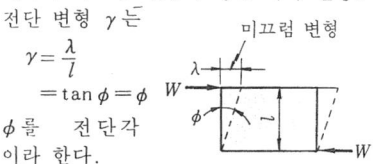

전단 응력(剪斷應力 : shearing stress) 재료에 전단 하중이 가해졌을 때에 생기는 응력.
전단 응력 $\tau = \dfrac{W}{A}$
W : 전단 하중
A : 단면적

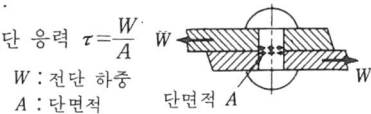

전단 탄성 계수(剪斷彈性係數 : shearing modulus) 가로 탄성 계수(橫彈性係數)로 강성률(剛性率)이라고도 한다. ☞ 탄성 계수(p.401)

전단 하중(剪斷荷重 : shearing load) 물체 내의 근접한 평행 2면에 크기가 같고 방향이 반대로 작용하는 하중.
이 하중이 작용하면, 2면은 서로 미끄럼을 일으킨다. 전단력(剪斷力)이라고도 한다.

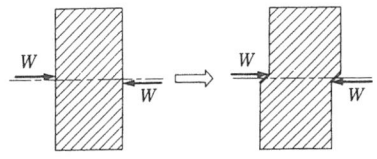

전단형(剪斷形) 칩(shear type chip) 유동형 절삭에 있어서, 미끄럼면에 간격이 조금 크게 된 상태에서 발생하는 칩의 형태.

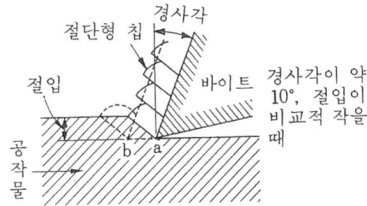

절삭 저항은 파단이 생긴 직후에 있어서는 대단히 작지만, 바이트가 a에서 b로 나아감에 따라 증대하고 b에서 파단을 일으켜 급감한다. 이 절삭 저항의 변화가 진동을 일으키는 원인이 되고, 마무리면을 나쁘게 하며, 게다가 조건이 나쁘면 진동을 일으키게 한다.

전도(傳導 : conduction) 열이 분자 운동의 형태로 물체 내부로 전해져 가는 현상. ☞ 대류(p.90), ☞ 방사(p.145), ☞ 열전도(p.261), ☞ 열 전도율(p.261)
고체 내부의 전열은 거의 아래와 같다.
$$Q = \lambda S \frac{t_1 - t_2}{\delta} \tau$$

Q : 열전도량
λ : 열전도율
S : 물체의 면적
t_1, t_2 : 양면의 온도
δ : 물체의 두께
τ : 시간

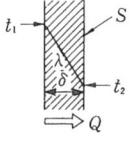

전동 발전기(電動發電機 : motor generator) 전동기로 운전하는 발전기.
[예] 3상유도 전동 직류 분권 발전기

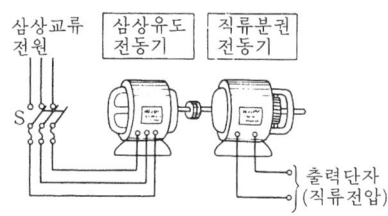

전동 장치(傳動裝置 : transmission gear) 원동기와 작업 기계 또는 작업 부분의 중간에 있어, 동력 전달의 중개를 하는 장치.
[예] 기어 전동 장치·감아 걸기 전동 장치 등.

전동축(傳動軸 : transmission shaft) 동력의 전달을 목표로 하는 축. 주로 비틀림 작용을 받는다.

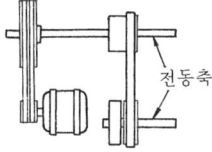

전력(電力 : electric power) 전기의 단위 시간당의 일량, 즉 전기의 일률. 단위 와트(W).
1W=(1J/s의 전력)=(1V의 전압에서 1A의 전류가 흐를 때의 전력)
(전자가 외부에 공급하는 전력)
=(회로에 소비 하는 전력 P)
$P = VI$

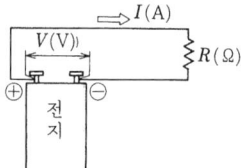

전력계(電力計 : wattmeter) 전력을 측정하는 계기.
[예] ① 전류력계형 전력계

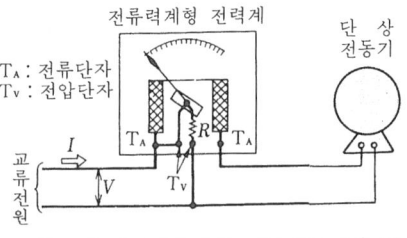

② 3상 전력계(1개의 전력계로 3상 전력을 측정하는 전력계)

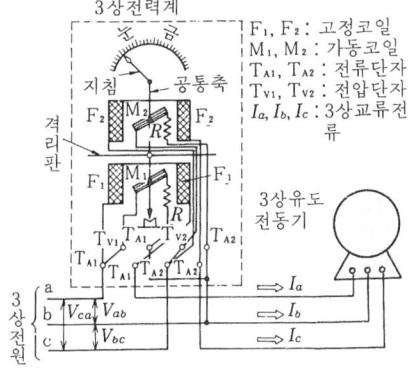

전력량(電力量 : electric energy) 어떤 시간 내에 소비 또는 공급된 전기 에너지의 양. 단위 와트 초(Ws), 킬로와트 시(kWh).
 1Ws=1W의 전력을 1초간 사용한 때의 전력량.
 1kWh=1kW의 전력을 1시간 사용한 때의 전력량.
[예]
① 2W 의 꼬마전구를 1분간 점등한 때의 전력량은,
2×60=120Ws

② 0.5kW 의 전력을 소비하는 단상 전동기를 연속 8시간 사용한 때의 전력량은,
0.5×8 =4kWh

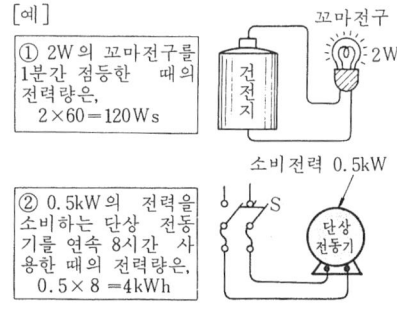

전력량계(電力量計 : watt-hour meter) 전

력량을 지시하는 계기. 알루미늄 원판이 전력에 비례한 속도로 회전하여 어떤 시간 내의 회전수가, 그 시간 내의 전력량을 나타낸다. 계량 장치로 회전수(전력량)를 표시한다.
[예] 유도형 전력량계

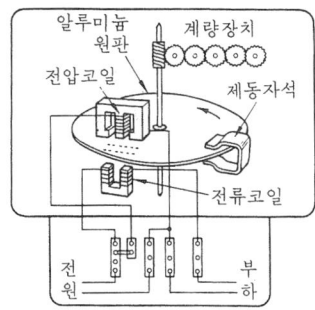

전로(轉爐 : convertor) 제강용 노의 일종으로 노 본체를 회전하여 용강(溶鋼)을 흘려 내는 것으로, 이 이름이 생겼다.
[특징] 제강 시간이 짧아 연료를 필요로 하지 않는다.
[저취법(底吹法)] 용선(溶銑)을 노 입구에 넣고 노 밑으로부터 고압 공기를 보낸다.
열원 : 용선 중의 규소·망간·인의 산화열
· 베세머법(Bessemer)…산성. 주로 인의 산화열.
· 토머스 법…염기성. 탄소도 산화해서 제거된다.
[상취법(上吹法)] 용선을 노 입구에 넣고 산소를 불어 넣는다. 질소는 평로의 경우보다 줄어 낮은 인, 낮은 질소의 양질의 강을 얻을 수 있고, 제강 시간이 30~40분으로 현재는 거의 이 방법이다.

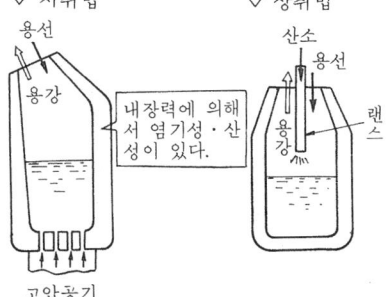

전류(電流 : electric current) 전기(전하) 흐름의 이동. 단위 암페어(A)
1A=1초간에 1C의 전하가 이동하는 전류.

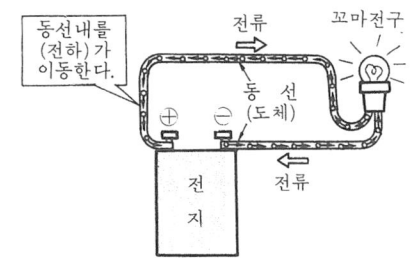

전류계(電流計 : ammeter) 전류의 크기를 재는 계기.
[측정법] 측정 전류가 흐르고 있는 회로에 직렬로 접속한다.
[종류] 직류용·교류용·직교 양용·고주파용

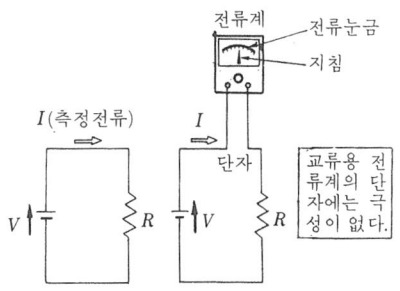

전류력계형 계기(電流力計形計器 : electrodynamometer type instrument) 고정 코일 속에 자동 코일을 배치하여 양 코일에 측정 전류를 흘리는 계기.

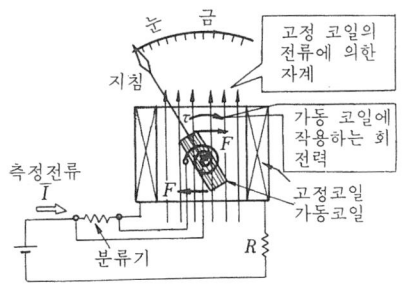

[특성] 실효치 지시, 교·직류 양용
[용도] 전압계·전류계·전력계

전류의 자기작용(磁氣作用) 전류가 흐르면

그 주위에 자계가 생기는 현상.
[자계의 강도] 전류 I의 크기에 비례한다.
[자계 방향] 오른 나사의 법칙에 따른다.

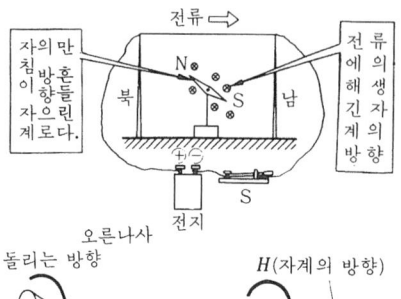

전류 제한기(電流制限器 : breaker) 결정되어진 크기 이상의 전류가 흐르면, 회로가 자동적으로 닫히는 일종의 개폐기. 브레이커라고도 한다.

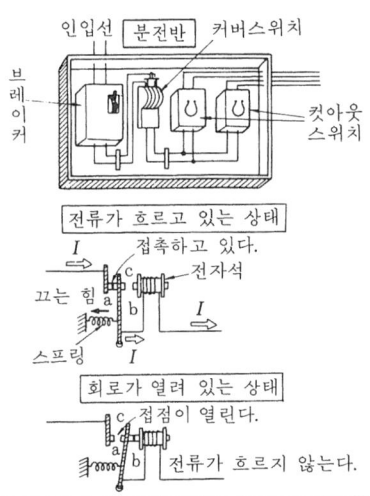

전륜 구동(前輪驅動 : front drive) 자동차의 전륜에 동력을 전하여 구동하는 방법. 동력을 전륜에 전하여 구동하면 자동차를 앞방향에서 끄는 것 같은 형태로 되고 가로 방향의 안정성이 향상된다. 또 조향

방향으로 구동력이 작용하기 때문에 전륜의 미끄럼이 없고 동력의 이용 효율이 높게 된다.

전리(電離 : ionization) 분자 또는 원자가 에너지를 받아, ⊕ ⊖의 이온으로 나누어지는 일. 또, 물질이 물에 용해할 때 분자의 일부가 이온으로 분리되는 일. ☞ 전해(p.336)

전리층(電離層 : ionosphere) ☞ 전파 전달(p.335)

전봉관(電縫管 : electric welded tube) 띠강을 롤로 성형한 후 이음매를 롤로 강하게 눌러 붙이면서 저항 용접하여 만든 관.

전선(電線 : electric wire) 전류를 통과하도록 하기 위하여 선상(線狀)으로 한 도체. 도체에는 동이나 알루미늄을 많이 이용한다.
[종류] 나선(裸線), 절연 전선, 단선(單線), 끈선, 케이블

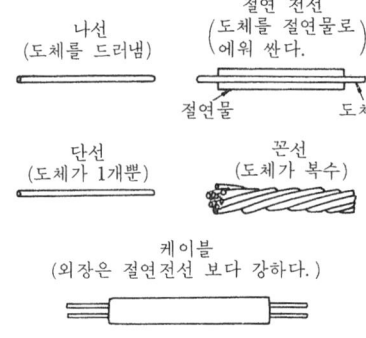

▽ 절연전선의 예

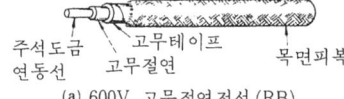
(a) 600V 고무절연전선(RB)

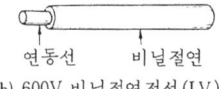
(b) 600V 비닐절연전선(IV)

전성(展性 : malleability) 금속에 압력을 가하였을 때 박판처럼 넓게 펴지는 성질.
☞ 드로잉(drawing : p.101)

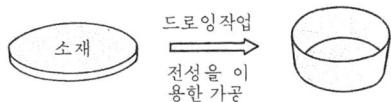

전수두(全水頭 : total head) 관 속의 유체가 정상류(定常流)인 때의 압력 수두·속도 수두·위치 수두의 합이고, 물 1kg이 갖는 전 에너지. 하나의 흐름 속에서는 전수두는 항상 일정하다.

전수두 $H = \dfrac{p}{\gamma} + \dfrac{v^2}{2g} + z$

$\dfrac{p}{\gamma}$: 압력수두　　z : 위치수두

$\dfrac{v^2}{2g}$: 속도 수두　v : 유속

g : 중력 가속도

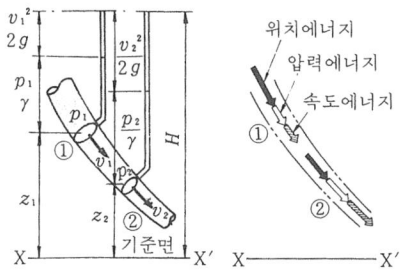

전신(電信 : telegraph) 문자·숫자·기호 등을 부호로 나타내고, 이것을 전기 신호로 전달하는 통신 방식.
[종류] 유선 전신, 무선 전신
[부호의 예] 모스 부호 : 짧은 점과 긴점 (짧은 점의 3배)을 조합한 부호

모스 부호의 일부

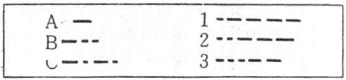

• 인쇄전신 부호 : 인쇄전신에 사용하는 부호로 테이프 구멍의 위치도 나타낸다.

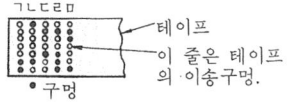

▽ 수동이송 전신

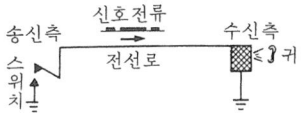

▽ 인쇄전신

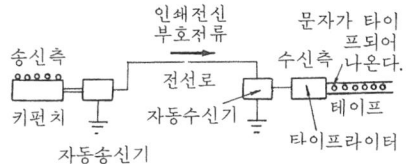

전압(電壓 : voltage) 도체 속에 전류를 흘리는 전기적인 압력. 단위는 볼트(V)

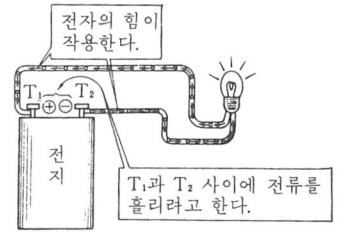

전압(全壓 : total pressure) 유동하는 유체의 정압(靜壓)과 동압(動壓)의 합.
정압(p.346), ☞ 동압(p.98), ☞ 피토(Pitot)관(p.442)

$\dfrac{p}{\gamma} = \dfrac{p'}{\gamma} + \dfrac{v^2}{2g}$

p : 전압
p' : 정압
v : 유속
γ : 비중량
g : 중력 가속도

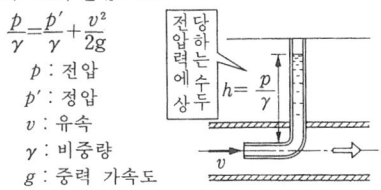

전압 강하(電壓降下 : voltage drop) 전류가 도체를 흐를 때 도체의 전기 저항에 의해 전위차(電位差)가 생기는 현상.

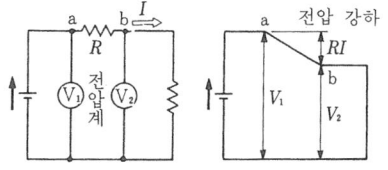

$R(\Omega)$의 저항에 $I(A)$의 전류가 흐를 때의 전압 강하는 RI (V).

전압계(電壓計 : voltmeter) 전압을 재는

계기

[측정법] 단자(端子)를 측정 전압의 양단에 연결한다

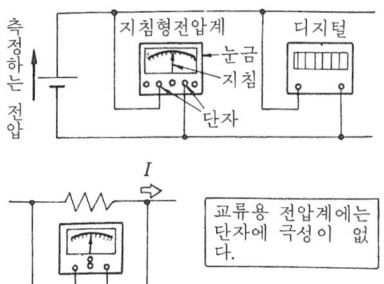

[종류] ① 직류용・교류용・교직류용・고주파용.
② 지침형・계수형(디지털)

전압 구분(電壓區分: voltage section) 전압의 크기에 따른 구분. 저압・고압・특별 고압이 있다.

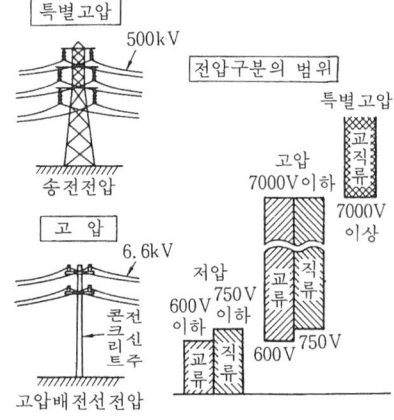

전압력(全壓力: total pressure) 물체의 표면에 작용하고 있는 전체의 압력. 피스톤에 작용하는 전압력 P 는

$P = pA = W$
 p: 단위 면적당의 압력
 A: 압력을 받는 피스톤의 표면적

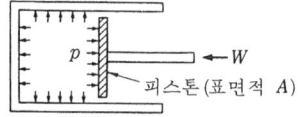

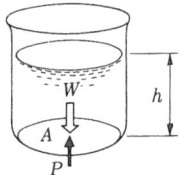

물 탱크의 밑면에 작용하는 전압력 P 는 $P = W = rAh$
W: 물의 중량
γ: 물의 비중량

전압 변동률(電壓變動率: voltage regulation) 변압기(발전기도 같다.)의 정격 부하(定格負荷) 때와, 이것을 무부하로 한 때의 단자 전압의 변화 비율을 퍼센트(%)로 나타낸다.

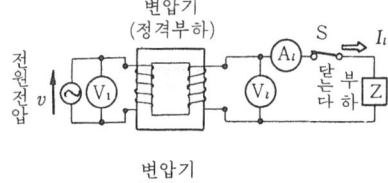

S: 스위치 V_0: 정격 2차전압
A_l: 정격전류 V_l: 정격 1차전압

전압 변동률 $= \dfrac{V_l - V_0}{V_l} \times 100\%$

[정격 부하] 정격 2차 단자전압으로 정격 전류가 흐르고 있는 상태.

전양정(全揚程: total head) 펌프가 실제로 물에 가하지 않으면 안되는 수두(水頭).

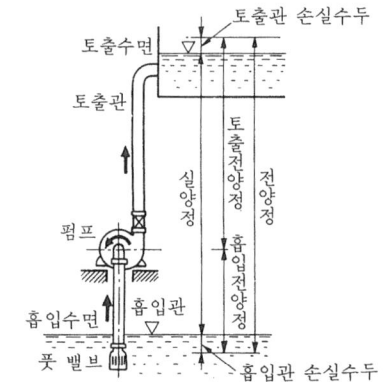

전연성(展延性: malleability and ductility) 전성과 연성을 총괄한 용어로, 소성 가공

을 하기 쉬운 성질. ☞ 전성(p.327), ☞ 연성(p.256)

전열(電熱 : electric heating) 전기 에너지를 변환하여 얻어진 열 에너지.
[종류] 저항 발열·아크 발열·유도 가열 등.
[특징] 다른 열원에 비하여 위생적이며 조절이 자유로와서 원거리 제어도 쉽다.

전열면(傳熱面 : heating surface) 보일러 및 그 밖의 열교환기에 있어서, 열을 전달하는 면.
▽ 입형수관 보일러

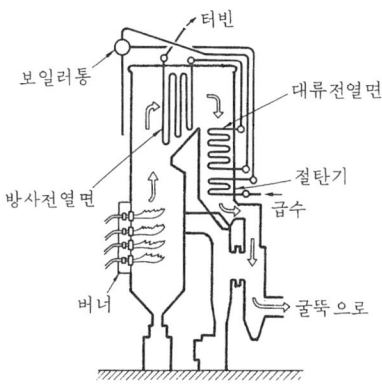

전열면은 열교환기의 용량을 결정하는 주된 요소이다. 보일러에서는 접촉 전열면과 방열 전열면이 있다.

전열면 부하율(傳熱面負荷率) =전열면 환산 증발률

전열면 열부하(傳熱面熱負荷 : heat absorption rate of heating surface) 보일러 본체와 전열면의 성능을 나타내는 것. ☞ 전열면 (p.328)

전열면 열부하 $C = \dfrac{G(h_x - h_e)}{A}$

G : 실제의 증발량
A : 보일러 본체의 전열 면적
h_x : 발생 포화 증기의 엔탈피
h_e : 보일러 본체 입구의 급수의 엔탈피

전열면 환산 증발률(傳熱面換算蒸發率 : rate of evaporation of heating surface) 보일러의 증발 성능을 나타내는 것의 하나로써, 보일러 본체의 단위 전열 면적당 단위 시간에 발생하는 증기량.☞ 전열면 (p.329) 증발률·전열면 부하율이라고도 말한다.
전열면 환산증발률

$\varepsilon = \dfrac{G_e}{A} = \dfrac{G(h_x - h_e)}{539 A}$

G_e : 환산 증발량
A : 보일러 본체의 전열 면적
G : 보일러의 매시 증발량
h_x : 발생 포화 증기의 엔탈피
h_e : 보일러 본체 입구의 급수의 엔탈피

전용 공작 기기(專用工作機器 : special purpose machine tool) 기계 부품을 대량 생산할 경우에 부품의 형상·치수에 따라, 절삭 속도·이송 절삭 등 모두 일정값으로 하여 특정의 움직임을 하도록 한 공작 기계.
☞ 단 스테이션 기계 (p.87)
☞ 다 스테이션 기계 (p.80)

전위(電位 : electric potential) ☞ 전위차.

전위(轉位 : profile shift) 인볼류트 치형에 있어서, 기준 래크(rack)형 공구의 기준 피치(pitch)선을 기어의 기준 피치원에 접하는 위치로부터 후퇴 또는 전진시키는 일.
후퇴시키는 전위를 정(+)의 전위, 이것과 반대의 전위를 부(-)의 전위라 한다. 전위시켜도 기초원은 변하지 않기 때문에 인벌류트는 불변한다.

전위(轉位 : dislocation) 결정체(結晶體)내에서 생기고 있는 원자 배열의 흐트러짐이나 외력에 의하여 생기는 결정면의 미끄럼으로 예상되는 원자 배열의 이동.
▽ 원자배열의 이동에 의한 미끄럼

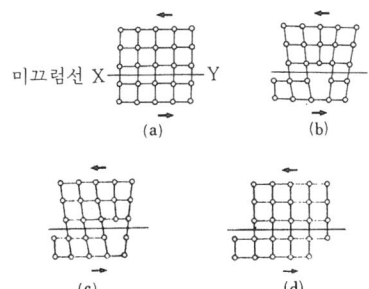

전위 계수(轉位係數 : addendum modification coefficient) 전위 기어의 전위량을

기준 모듈(module) m을 이용해 나타낼 때의 배율. ☞전위(p.329) ☞전위기어

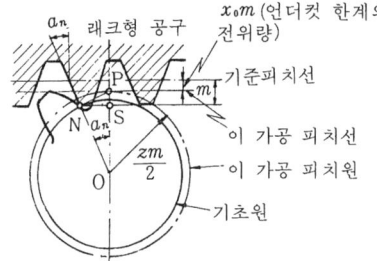

전위량=xm
x : 전위계수
언더컷을 일으키지 않는 한계의 전위량을 $x_0 m$이라 하면
$$x_0 = 1 - \frac{z}{2}\sin^2 \alpha_n$$
z : 잇수
α_n : 공구 압력각
따라서, 언더컷을 일으키지 않기 위해서는 전위 계수를 x_0 이상으로 하면 좋다.

전위(轉位) 기어(profile shifted gears) 기준래크형의 커터를 전위시켜 이를 절삭하여 만든 기어로서 잇수가 적은 기어의 강도를 증가시킨다. ☞전위(p.329)
[특징] ① 이의 언더컷 현상을 막는다.
② 이의 강도를 증가시킨다.
③ 중심거리를 어떤 범위 내에서 자유롭게 선택할 수 있다.

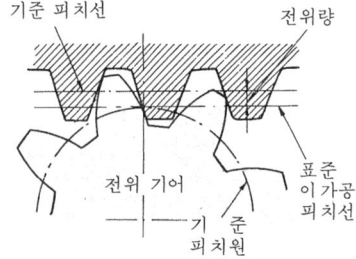

전위차(電位差 : potential difference) 2점간의 전위의 차이. 단위는 볼트(V). V(V)의 전위차가 어떤 2점간을 도체로 연결하면 이것에 V(V)의 전압이 작용하여 전류가 흐른다.

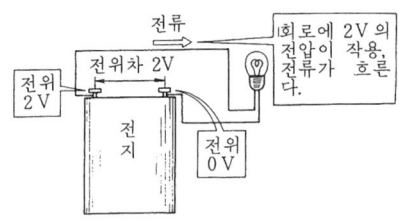

전자(電子 : electron) 부(負)의 전하($-e$)를 갖는 미립자(微粒子).
$-e = -1.602 \times 10^{-19}$C
전자의 질량=9.109×10^{-31}kg
▽ 원자 중의 전자

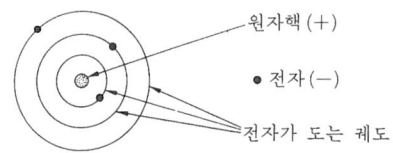

원자핵이 갖는 ⊕의 전기량과, 전자가 갖는 ⊖의 총전기량은 같다.
[자유 전자] 도체 등을 형성하는 원자 계열 속에서 원자가 가진 전자의 일부가 특정 전자의 궤도로부터 이탈하여 원자 사이를 자유롭게 이동하고 있는 전자.
[이온] 정상의 원자 또는 분자는 중성이지만, 이것에 전자가 부착되면, 전체적으로 음(⊖)전기가 많게 되어 이것을 음이온이라고 한다. 또 원자로부터 전자의 일부가 나오면 양(⊕)전기가 많아지고, 이것을 양이온이라 한다.

전자 계산기(電子計算機 : electronic computer) 전자 회로를 응용해서 수치 계산·정보 처리·수학 해석 등을 자동적으로 행하게 하는 장치의 총칭. ☞디지털 전자 계산기(p.104), ☞아날로그 계산기(p.230)
[종류]
・디지털 전자 계산기…출력이 숫자 등의 디지털의 양 또는 문자 등으로 표시되는 계산기.
・아날로그 전자 계산기…출력이 그래프 등의 아날로그의 양으로 표시되는 계산기.

전자 계수식 회전 속도계(電子係數式回轉速度計 : electronic counter tachometer) 전자 회로에 의한 계수기와 수정 발진기(水晶發電機)를 조합시킨 회전 속도계.

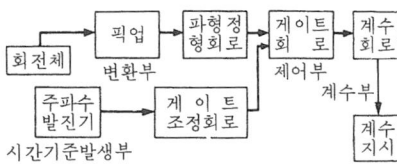

시간기준 발생부는 수정발진으로 일정시간(예를들면 1초)마다, 신호를 발생한다.

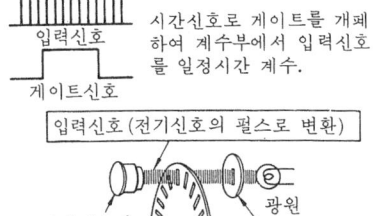

전자 계전기(電子繼電器 : electromagnetic relay) 전자력에 의해서 전기 접점을 개폐하는 기구.

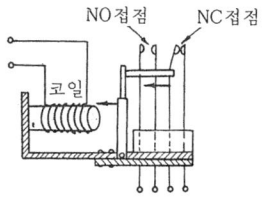

전자관(電子管 : electron tube) 진공 용기(또는 진공으로 한 후에 용기에 가스를 넣는다) 속에 여러 개의 전극(電極)을 두고, 하나의 전극(음극)에서부터 전자를 방사시켜 다른 전극에 의한 전계 또는 자계의 작용에 의하여 이것을 제어하고 관 내에 전자류(電子流) 또는 방전을 발생시키는 장치.
[종류]
· 진공관…관내를 고도의 진공으로 유지, 관 내의 전류는 전자류에 의한다(2극관·3극관·브라운관 등).
· 방전관…진공 용기에 소정의 종류의 기체나 금속 증기를 필요한 압력으로 봉입하고, 관 내에 진공 방전이나 아크 방전을 발생시키는 것. (전자의 예로 네온관 등, 후자의 예로 수은 증기 정류관(整流管) 등이 있다.)

전자동 기계(全自動機械 : full automatic machine) 재료의 공급, 장치, 가공, 제거 등 공정 중의 전 조작을 모두 자동화한 공작 기계.
▽ 자동 선반

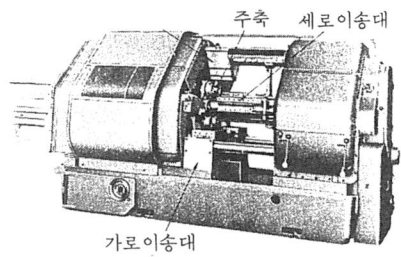

전자 렌즈(electron lens) 광학 렌즈가 빛을 집중 또는 발산시키도록 자계 또는 전계에 의해 전자 빔(beam)을 집속(集束) 또는 발산시키는 장치.
[응용예] 브라운관의 전자 빔, 전자 현미경
▽ 정전형 원통렌즈

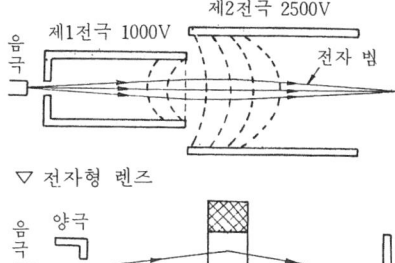

▽ 전자형 렌즈

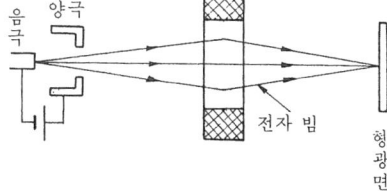

전자력(電磁力 : electromagnetic force) 자계층에 전류가 흐를 때, 전류에 작용하는 힘.
[예] 자계 중에 코일을 달아, 이것에 전

류를 흘리면 코일에 전자력 F가 작용한다.

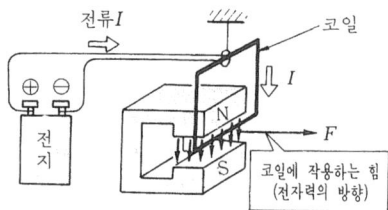

[전자력의 크기] 자계의 강도(자속의 밀도 B), 전류의 크기 I, 도체의 길이 l(자계와 직각 방향)의 곱에 비례한다.
$$F = BIl$$

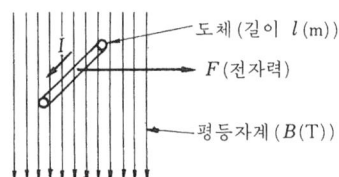

[전자력의 방향]
플레밍의 왼손 법칙에 따른다.

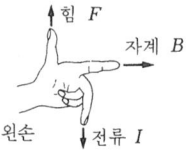

전자 밸브(solenoid controlled valve) 유량을 제어하는 온 오프(on-off) 동작의 밸브.
　전자 코일 속의 가동 철심(可動鐵心)이 여자 전류(勵磁電流)에 따라 붙기도 하고 떨어지기도 하는데 이것에 의하여 철심에 연결된 밸브 본체를 개폐한다.

전자(電磁) **브레이크**(electromagnetic brake) 브레이크를 거는 힘에 전자력의 서보 기구를 사용하고 브레이크 드럼에 브레이크 블록을 설치하여 제동하는 것.

전자 빔 용접(electron beam welding) 고진공(高眞空)중에서($10^{-4} \sim 10^{-6}$mmHg)고속의 전자 빔을 대고, 그 충격 발열을 이용하여 행하는 용접.

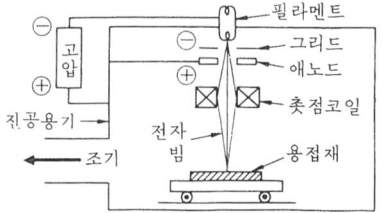

[특성]·고순도의 용접·용접부의 기계적 야금성이 양호.
·고융점 재료로서 용접 용이·응용 범위가 넓다.
·에너지 밀도가 크다.
·용접 면적이 작아 집중할 수 있다.

전자식 자동 평형 온도계(電子式自動平衡溫度計: electronic automatic-balancing thermometer) 영위법(零位法)에 의한 측정으로, 전위차계 회로 혹은 브리지(bridge) 회로에 자동 평형 기구를 조합한 온도계.
▽ 전위차계 방식

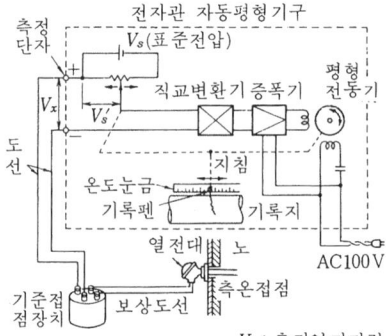

V_x: 측정열기전력

[종류] ① 전자식 자동 평형 열전온도계 (전위차계 방식).
② 전자식 자동 평형 저항온도계(브리지 방식).

전자 오실로그래프(electromagnetic oscillograph) 빛의 빔(beam)을 전류에 의하여 진동시켜 파형(波形)을 관측하기도 하고, 기록지 위에 파형을 그리기도 하는 장치. 주파수는 2,000Hz 정도까지 사용이 가능하다.

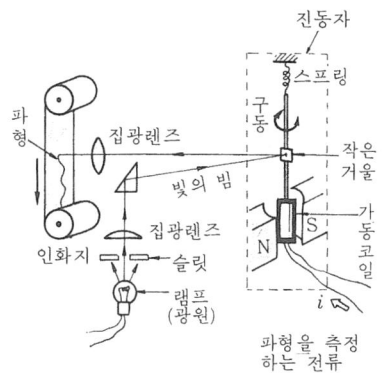

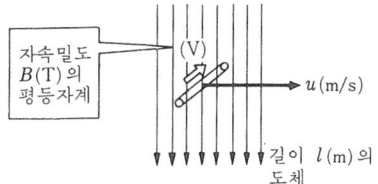

[기전력의 방향]
플레밍의 오른손 법칙에 따른다.

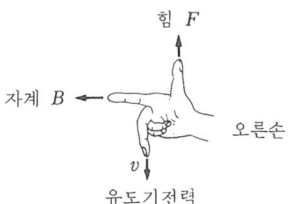

전자 유도(電磁誘導 : electromagnetic induction) ① 코일 속을 통과하는 자속(磁束)이 변하면, 코일에 기전력이 생기는 현상.

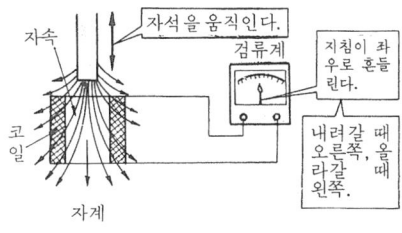

자석을 상·하로 움직이면 코일을 통과하는 자속의 변화로 전자 유도에 의해 기전력이 생긴다.
[기전력의 크기] 자속의 시간적 변화 $\Delta\phi / \Delta t$에 비례한다.
$$V = k\frac{\Delta\phi}{\Delta t}$$
② 도체가 자속을 끊었을 때, 도체에 기전력이 생기는 현상.
[예] 코일을 진동시키면 코일이 자속을 끊어 기전력이 생긴다.

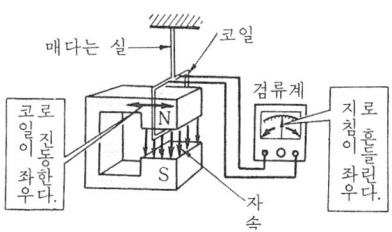

[기전력의 크기] 그림의 경우 $v = Blu$

전자 유량계(電磁流量計 : electromagnetic flow meter) 지름이 큰 수도 본관의 유량 측정으로부터, 혈관 중의 미소 유량 측정까지 광범위하게 사용할 수 있는 유량계.
[원리] 자계 속을 유체가 흐르면 평균 유속에 비례한 기전력이 자계와 직각 방향으로 발생한다. 따라서 관의 내경이 일정한 경우에는 한쌍의 전극으로부터 검출하는 출력 전압은 유량에 비례한다.
$$E = BDv$$
E : 출력 전압(V)
B : 자속 밀도(Wb/m²)
D : 측정관의 내경(m)
v : 평균 유속(m/s)

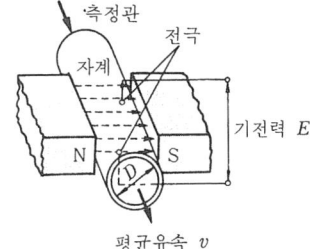

전자 전압계(電子電壓計 : electronic voltmeter) 반도체나 진공관을 이용하여, 교류를 직류로 변환시켜 측정하는 전압계.
[특징] 입력 임피던스가 크고 주파수 특성이 뛰어나다.

334 전자 척

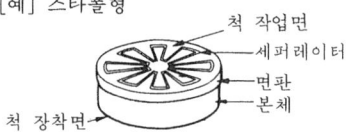
검파증폭형(수천 MHz까지 측정가능)

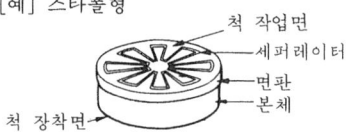
증폭정류형(수 mmV까지 측정가능)

전자 척(electromagnetic chuck) 전자석의 흡인력을 응용하여, 주강 재료의 공작물을 밀착 유지하는 장착 기구.
[종류] 선반용·연삭기용 등
[예] 스타폴형

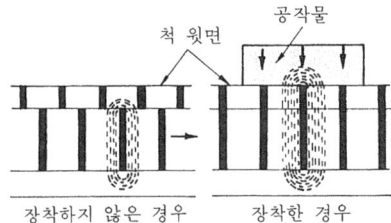

척 윗면의 흡착력은 $7 \sim 10 \text{kg/cm}^2$. 장시간 연속 사용하면 발열하기 때문에 절삭유를 준다.
▽ 장착할 때 자극을 이탈시키는 전자 척

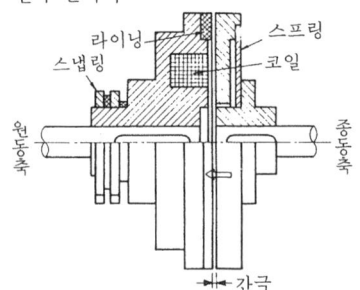

전자 클러치(electromagnetic clutch) 전자 작용을 이용한 클러치.
▽ 전자 클러치

전자파(電磁波 : electromagnetic wave) 전계와 자계로 서로 수직인 면 안에서 진동하면서, 일체가 되어 광속도로 사방으로 전파되어 가는 파형.
전자파의 전파속도 = 광속 $c = 3 \times 10^8$ m/s

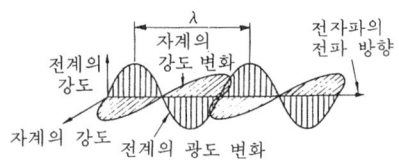

전자파의 파장 $\lambda = \dfrac{c}{f} = \dfrac{3 \times 10^4}{f}$ (m)

f : 진동수
[전자파에 속하는 것] 라디오 전파, 마이크로파, 적외선, 가시광선, 자외선, X선, γ선 등

전자 편향(電磁偏向 : electromagnetic deflection) 전자 빔이 자계 속을 통과할 때 진행 방향을 바꾸는 작용.

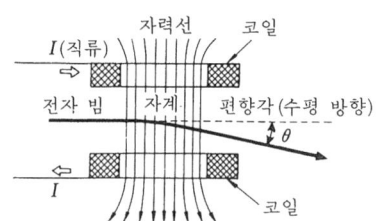

전자 빔은 일종의 전류이기 때문에, 이것이 자계 속을 통과할 때는 플레밍(Fleming)의 왼손 법칙에 따른 방향의 전자력이 생기기 때문에 진행 방향이 변한다.
[응용] 텔레비전용 브라운관의 편향 코일.

전자 현미경(電子顯微鏡 : electron micro-

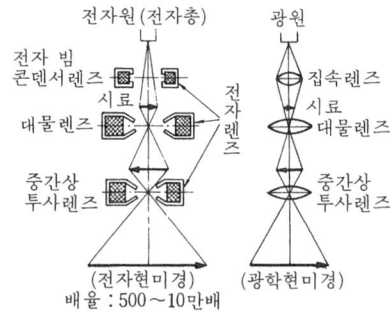

배율 : 500 ~ 10만배

scope) 빛 대신에 전자를 사용한 현미경으로 전계 또는 자계의 전자 렌즈에 의하여 확대된 상(像)을 만드는 장치.

전자형 진동계(電磁型振動計 : electromagnetic vibrometer) 진동을 영구 자석과 가동 코일의 상대 운동으로 변환시켜, 발생하는 전압을 측정하여 진동량을 구하는 진동계.
[측정 범위] 진폭 0~100μm, 진동수 5~1000Hz
[검출기] 소형·경량·고감도.

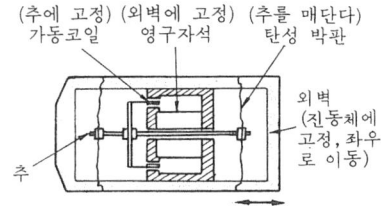

전조(轉造 : rolling) 냉간(冷間) 또는 열간 가공에 의해 소재(素材)를 회전시키면서, 형(型 : dies)으로 압력을 가하여 성형하는 가공법.
[특징] 칩을 내지 않고, 조밀하며 강도가 큰 제품을 얻을 수 있으며 생산 능률이 좋다.

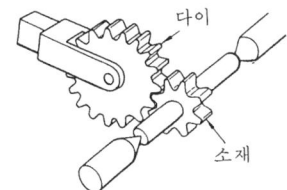

(a) 피니온형 다이에 의한 기어의 전조

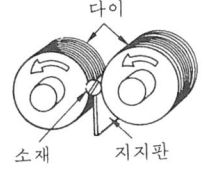

(b) 원형 다이에 의한 나사의 전조

전조기(轉造機 : rolling machine) 전조 가공을 행하는 기계. ☞전조

전진 용접(前進熔接 : forward welding) 용접봉을 토치 화염 앞에서 진행시키는 용접 방법. ☞후진 용접(p.458)

전파(電波 : radio wave) 전자파의 일종으로 3kHz~3000GHz의 주파수를 가진 것.

전파의 파장 $\lambda = \dfrac{3 \times 10^8}{f}$(m)

f : 주파수

[전파의 분류] 전파는 주파수에 따라 분류한다.

주파수 (Hz)	3k	30k	300k	3M
호 칭	VLF	LF		MF
관용어	장파		중파	
주용도	고정무선국·항법무선		방송무선·선박무선	

	3M	30M	300M	3G	30G	3000G
	HF	VHF	UHF	SHF	EHF	
	단파	초단파	극초단파	마이크로파		
방송무선 아마추어 무선	텔레비전 방송·FM방송·레이더·다중통신·우주통신					

전파 전달(電波傳達 : radio wave propagation) 전파가 공기 또는 진공 중을 광속(光速)과 같은 속도로 전파하는 일. 전파하는 방법은 파장에 따라 다르다.

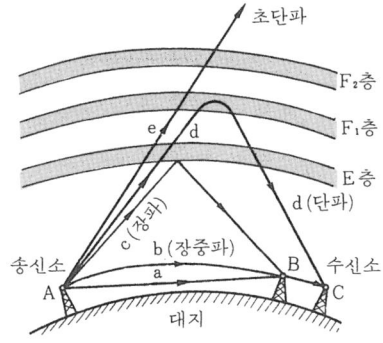

[전리층] 상공의 대기가 태양빛으로 전리되어 이것에 의한 전자나 이온을 많이 포함한 대기층. E, F_1, F_2층 등이 있다. 지표위 수십 km로부터 수백 km인 곳에 있다.
a : 직접파(직진하여 목표점에 도착한다.)
b : 지표파(지표에 따라 진행하는 전파)
c, d : 반사파(전리층에서 반사하여 지표에 도달하는 전파)
e : 상공파(전리층을 벗어나 상공으로 나가는 전파)

전하(電荷 : charge) 정($\oplus$) 또는 부($\ominus$)의 전기를 일종의 양으로써 취급하는 것. 단위는 쿨롱(C).
1C=1F의 정전 용량에 1V의 전압을 가한 때에 나타나는 전하.

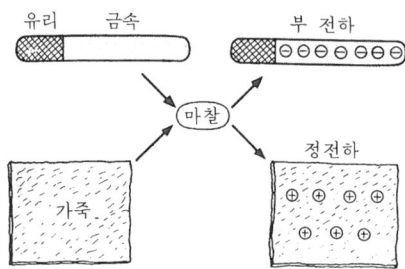

전해(電解 : electrolysis) 전해질의 용액에 전류를 통과시키면 화학 변화를 일으켜, 물질이 분해하는 일. 전기 분해라고도 한다.
[예] 식염수(전해액의 일종)의 전해

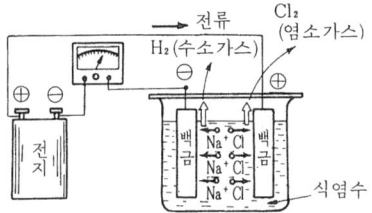

음극에서의 변화
$Na^+ + \ominus = Na$
$2Na + 2H_2O = 2NaOH + H_2$

[전해질] 수용액 중에 양이온과 음이온으로 나누어지는 것.
(유황 $H_2SO_4 \rightleftarrows 2H^+ + SO_4^{2-}$)

전해 가공(電解加工 : electrolytic machining) 전해를 응용한 가공법.
염화 나트륨 수용액 등의 전해액 중에서 단면을 가공 형상으로 만든 공구를 음극으로 하고, 공작물을 양극으로 하여 통전하면 공작물이 공구의 표면 형상 대로 용해되어 가공된다.
[응용] 형 조각 가공, 트리밍형 가공 등

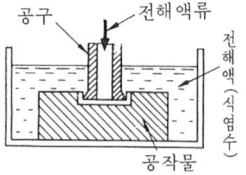

전해 연마(電解研磨 : electrolytic grinding) 금속을 결합재로 한 다이아몬드 숫돌을 음극으로 하고, 공작물을 양극으로 하여 전해액을 흘리면서 연마하는 가공법.
[특징] 초경 합금 등 단단한 재질의 것을 연마하는 것에 효과적이다. 숫돌의 마모가 적고, 연삭열이 발생하지 않는다.

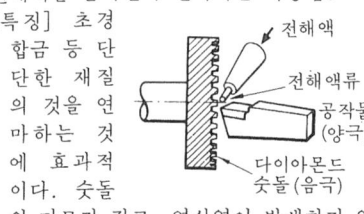

전해질(電解質 : electrolyte) ☞전해

전해철(電解鐵 : electrolytic iron) 강을 황산철의 수용액 중에서 만든 철. 공업적으로 다른 방법으로 만든 철보다 순도가 높아, Fe 99.99% 이상, C 0.008% 정도로 공업상 순철로 취급된다.

전해 폴리싱(electroytic polishing) 전해연마(電解研磨). 전해 가공의 일종으로, 전기 도금과 반대로 공작물을 양극으로 전해하여 광택있는 표면으로 하는 가공법.

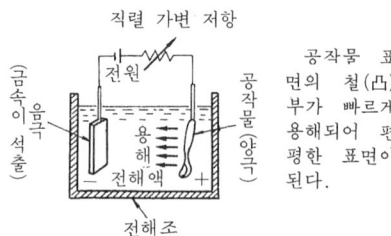

전화(電話 : telephone) 음성을 전기 신호
▽ 유선전화

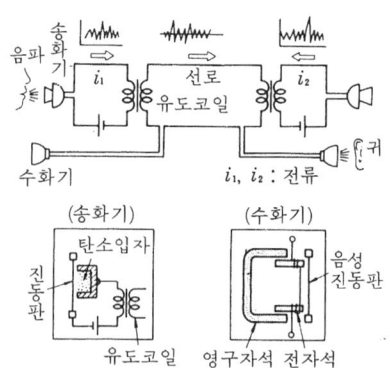

i_1, i_2 : 전류

로 변환해서 전송하고 이것으로부터 음성을 재생하여 통화하는 방식.
[종류] 전송에 전선로를 이용하는 유선전화와 전파를 이용하는 무선 전화가 있다.
[전화기의 종류] ①자석식(각 송화기마다 전원을 설치한다. 현재는 거의 사용하지 않는다.)
② 공전식(각 송화기의 전원에 공통 전원을 이용하는 것)

전화교환기(電話交換機 : telephone ex-change) 다수의 전화기로부터 통신 선로(通信線路)를 받아서 희망하는 전화기 상호간을 접속하기 위한 장치.

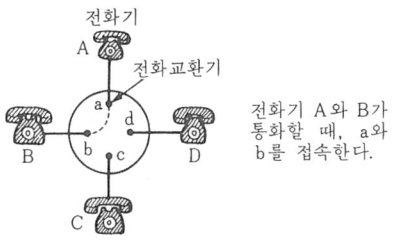

전화기 A와 B가 통화할 때, a와 b를 접속한다.

[분류] ① 수동 교환기(교환수가 사람손으로 교환 작업을 한다.)
②자동 교환기(기계 또는 회로 동작으로 자동적으로 교환 작업을 한다.)
[자동 교환기의 종류] ① 스텝 바이 스텝 방식 교환기
②크로스 바 (crossbar)식 교환기를 이용하는 교환기. 가장 많이 이용되고 있다.
③전자 교환기(가장 진보한 교환기)

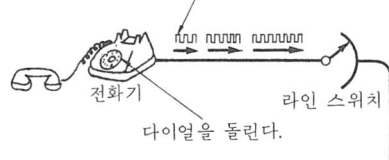

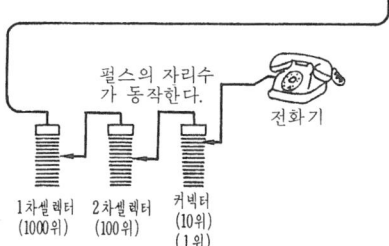

절단용(切斷用) **바이트**(cutting-off tool) 공작물을 절단할 때나, 원주에 따라 홈을 깎을 때에 사용하는 바이트. ☞절단 작업 날끝부터 섕크 쪽으로 향해 폭(幅)을 좁게 하여 여유각을 주고 있다.

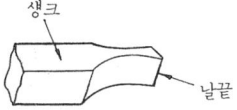

절단 작업(切斷作業 : cutting-off) 절단 바이트에 의해 환봉이나 관(管) 등을, 축의 중심에 대해 직각으로 절단하는 선반 작업. ☞절단용 바이트

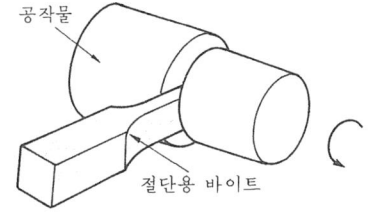

절단 토치(cutting torch) 강(鋼)을 가스 절단할 때에 사용하는 토치(torch).
[예]

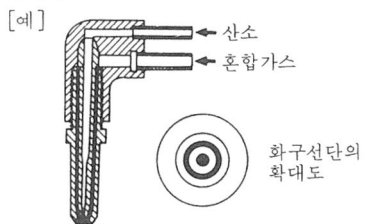

절단 플라이어 (side cutting pliers) 동선·철사 등의 절단, 철사나 간단한 판금등의 세공에 사용하는 공구.

절대 단위(絶對單位 : absolute unit) 길이·질량·시간의 단위에 m 또는 cm, kg 또는 g 및 s를 써서, 이것들을 기본 단위로 하여 짜여진 단위계(系).
[종류] CGS 절대 단위…cm, g, s
       MKS 절대 단위…m, kg, s

절대 습도(絶對濕度 : absolute humidity) 기체의 단위 체적 중에 포함되어 있는 수증기의 질량. 보통 단위는 g/m³.

공업상 건조공기 1kg 중에 포함된 수증기의 질량을 그램 단위로 나타낸 것을 절대 습도라고 하는 경우가 많다.

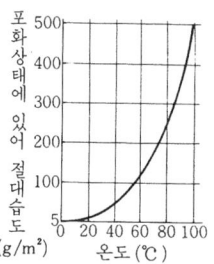

절대 압력(絶對壓力 : absolute pressure) 절대 진공을 기준으로 하여 측정한 압력.
절대압=게이지압+대기압

절대치 방식(絶對値方式 : absolute system) NC기계에 의한 위치 결정 제어 방식으로 절대치 방식이라고도 한다.
고정한 기준 원점(좌표 $x=0$, $y=0$)을 갖고 점의 좌표치를 이 원점으로부터 취하여 위치 결정하는 방식.

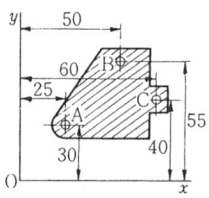

절삭 가공(切削加工 : machining of materials) 칩(chip)을 내면서 재료를 가공하는 방법.
[종류] ① 절삭 공구를 이용한 방법
② 연삭 숫돌을 이용한 방법
③ 숫돌 입자를 이용한 방법 등.

절삭 공구대(切削工具臺 : tool post) 공작기계에서 절삭공구를 지지하고 고정하는 부분. ☞선반 (p.192)

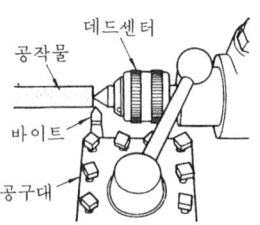

절삭 기구(切削機構 : cutting mechanism) 재료가 절삭될 때, 재료로부터 칩을 깎아내는 기구. 절삭 기구를 설명하는 일은 재료의 절삭성, 절삭공구의 재질·형상·가공법 등을 개선하기 위해 중요한 일이다.
공구의 앞쪽의 있는 재료의 일부는 눌려져, 큰 힘을 받아 소성변형을 일으켜 전

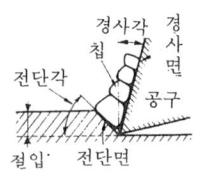

단면으로 미끄럼을 일으키고, 공작물로부터 분리하여 칩(chip)이 된다.

절삭 깊이(depth of cut) 바이트(bite)가 가공면에서 깎아낸 깊이. 가공면과 직각 방향으로 측정할 수 있다. 단위는 mm.

절삭(切削)**날**(cutting edge) 절삭 공구에 있어서, 날 끝의 형을 만드는 경사면과 여유면과의 교차선.

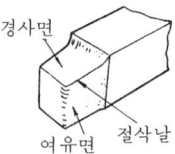

절삭 면적(切削面積 : cutting area) 절삭 작업중에 공작물이 연속해 깎여져 가는 부분의 단면적. 절삭 면적과 절삭 속도를 크게 할수록 절삭량은 증대하고 절삭 능률은 오른다.
▽ 바이트에 의한 절삭의 경우

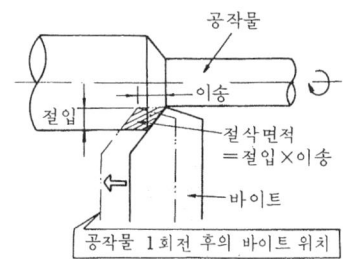

절삭 소요 동력(切削所要動力 : cutting power) 절삭에 필요한 동력.
절삭 소요 동력 H(kW)는,
$$H=\frac{Pv}{60\times 102\eta}$$
P : 절삭저항의 주분력(kgf)
v : 절삭속도(m/min)

절삭 저항- **339**

η : 공작기계의 기계적효율(%)

절삭 속도(切削速度 : cutting speed) 절삭 공구의 바이트와 공작물과의 상대 운동의 속도.

① 회전운동의 경우
$$v = \frac{\pi dn}{1000} \text{ (m/min)}$$
d : 공작물의 지름
n : 공작물 또는 절삭 공구의 회전 속도(rpm)

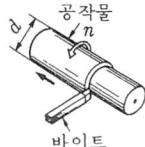

② 직선운동의 경우
$$v = \frac{nL}{1000\,a}$$
L : 절삭공구의 행정 길이(mm)
n : 절삭공구의 1분 간의 왕복 횟수
a : 한번의 왕복에 대한 절삭 행정 시간의 비

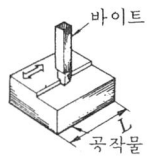

절삭 운동(切削運動 : cutting motion) 공작물을 절삭할 때의 공작물과 절삭 공구와의 상대 운동. 주절삭 운동·이송 운동·조정운동의 3개의 조합으로부터 이루어진다.

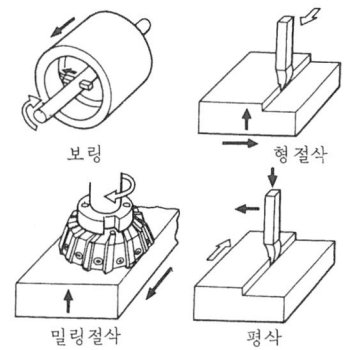

[주절삭 운동] 공구의 선단이 공작물을 깎기 위한 공구, 또는 공작물의 운동. 회전 운동 또는 직선 운동을 한다.
[이송 운동] 공작물의 새로운 부분을 깎는 위치에 공작물 또는 공구를 이동시키는 운동. 주절삭 운동에 직각 방향의 운동.
[조정 운동] 공작물을 깎는 분량의 조정 운동. 주절삭 운동 또는 이송 운동에 직각 방향의 운동.

절삭유제(切削油劑 : cutting fluid) 공작물을 절삭할 때에 사용하는 유제.
[종류] 수용성 절삭유제(☞ p.206), 불수용성 절삭유제
[작용] 윤활 작용 : 마찰열의 발생을 적게 한다.
냉각 작용 : 절삭열을 냉각해서 고온에 의한 공구의 연화를 방지한다.
청정 작용 : 칩을 씻어 흘린다.

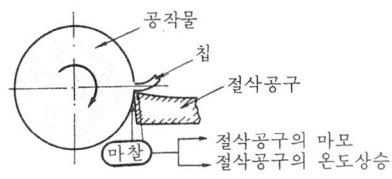

절삭 저항(切削抵抗 : cutting resistance) 절삭 중에 바이트에 가하는 힘. 서로 직각의 세 방향에 작용하는 주분력·이송분력·배분력이 있다.

주분력…가장 큰 저항
배분력…주분력의 30~60% 바이트의 형상·설치각에 의해 변화한다.
이송분력…경사각의 크기에 의해 ⊕ 또는 ⊖로 된다.

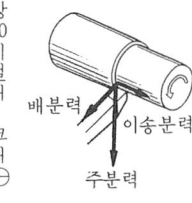

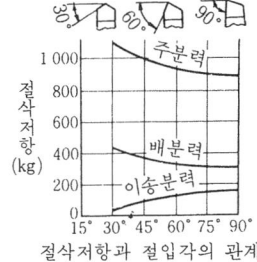

절삭저항과 절입각의 관계

절삭 저항 측정 장치(切削抵抗測定裝置 :

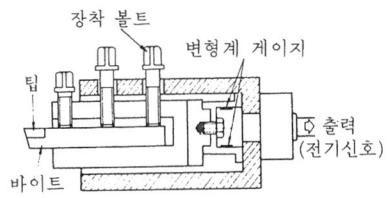

cutting resistance measuring apparatus) 저항선 변형계에 의하여 바이트에 가하는 절삭력의 크기를 측정하는 장치.

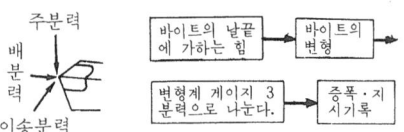

절삭 효율(切削效率 : cutting efficiency) 공작 기계의 절삭 능력을 나타낸 것으로, 동력 1kW 당 단위 시간에 있어서 절삭용량을 나타낸다.

$$절삭효율 = \frac{qv}{N}(cm^3/kW/min)$$

q : 칩의 면적(mm²)
v : 절삭속도(m/min)
N : 절삭일(kW)

절연 내력(絕緣耐力 : dielectric strength) 절연물이 절연 파괴를 일으키지 않고, 견딜 수 있는 최대의 전압(電壓). ☞절연파괴(p.340)

절연물(絕緣物 : insulator) 전기를 거의 통과시키지 않는 물질. 부도체(不導體)라고도 한다.

[예] 기체…공기·질소·아르곤 등
액체…광유·합성유·식물유 등
고체…운모·수정·목재·종이·고무·유리·자기·염화비닐·합성고무 등

절연 저항(絕緣抵抗 : insulation resistance) 절연물이 갖고 있는 전기 저항.

$$절연\ 저항\ R = \frac{V}{I} \times 10^{-6}(MΩ)$$

절연 저항계(絕緣抵抗計 : insulation resistance tester) 전기 기기나 배선 등의 검사를 하기 위하여 그 절연 저항을 측정하는 계기(計器). 메거(Megger)라고도 하며 손희전식과 전지식이 있다.

▽ 전동기 코일의 절연저항 측정

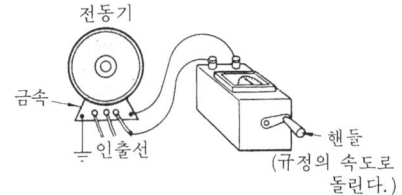

▽ 콘덴서의 절연 저항 측정

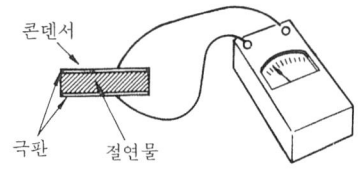

절연 저항계의 전압에는 100V, 250V, 500V, 1000V, 2000V의 것이 있는데 측정물에 의하여 사용 전압이 결정되고 있다.

절연 전선(絕緣電線 : insulated wire) ☞전선(p.326)

절연 파괴(絕緣破壞 : dielectric breakdown) 절연물이 높은 전압에 견딜 수 없게 되어, 절연성(絕緣性)을 잃는 것.

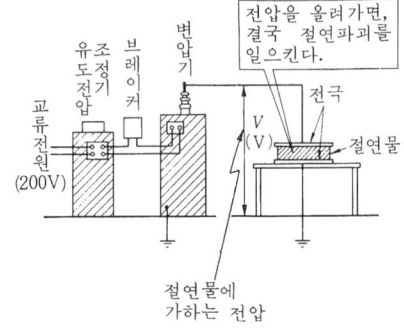

절탄기(節炭器 : economizer) 보일러 연소 가스의 열을 이용, 급수를 가열하여 보일러의 효율을 좋게 하기 위한 열교환기(熱交換器).

점화 장치 **341**

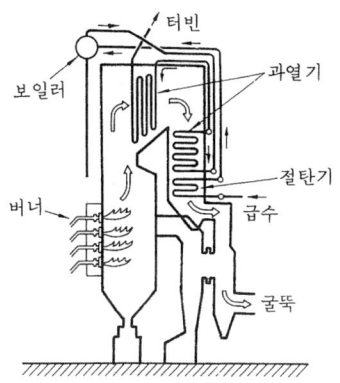

점도(粘度 : viscosity) ☞ 점성 계수
[단위] 흐름과 직각 방향으로 1cm 떨어진 2개의 층에 1cm/s의 속도 구배가 있어, 1cm²당 1dyn의 힘이 작용할 때, 이 유체의 점도를 1프와즈라고 하고, 기호는 P를 사용한다.
$1P = 1dyn \cdot s/cm^2 = 0.1Ns/cm^2$
$1kg \cdot s/m^2 = 98.0665P$

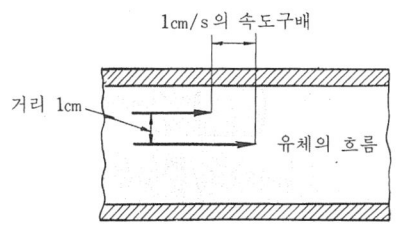

점도계(粘度計 : visicosimiter) 유체의 점도를 측정하는 계기. 공업용 점도계는 비교적 짧고 가는 관을 통하여 일정 체적의 측정 유체를 유출시켜 그 소요 시간을 측정해서 점도를 구한다.
[레드우드식 점도계]
측정 유체의 양 50cc
소요시간 레드우드 초
점도 η과 소요시간 T
와의 관계

$$\frac{\eta}{\rho} = AT - \frac{B}{T}$$

ρ : 유체의 비중량
A, B : 점도계의 정수

점성(粘性 : viscosity) 유체가 흐르고 있을 때, 유체 내의 각 부분 사이, 또는 유체와 고체 사이에서 분자 간의 잡아당기는 힘에 의해 서로 운동을 막으려고 하는 힘이 작용하는 성질. ☞점성 계수

점성 계수(粘性係數 : coefficient of viscoity) 유체의 점성(粘性)의 대소(大小)를 나타내는 값. 동일 유체에서는 온도에 따라 변화한다.

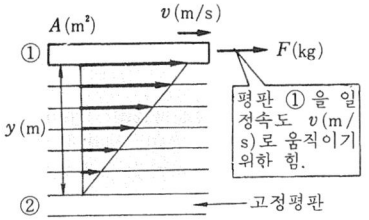

$F = \eta A \dfrac{v}{y}$ (kg)

η : 비례정수(점성계수 또는 점도라 한다)
A : ①의 유체에 접하는 면적
[기체의 경우] 점성 계수는 작고, 온도와 함께 증가하며 압력에는 거의 관계하지 않는다.
[액체의 경우] 점성 계수는 크고, 온도와 함께 감소하며 압력과 함께 증가한다.

점 용접(點熔接 : spot welding) 겹치기 저항 용접의 일종으로 겹쳐 맞댄 2장의 모재(母材)를 전극(電極) 사이에 끼워, 가압 및 통전을 해서 접합부를 국부적으로 가열하여 저항열로 반용융 상태로 만들어 접합하는 용접 방법.

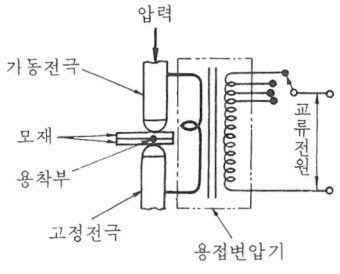

점화 장치(點火裝置 : ignition device) 가솔린기관에 있어서 실린더 내의 혼합기에 점화시키기 위한 장치. ☞점화코일. ☞점화 플러그, ☞배전기 (p.149)
전지(電池) 점화 방식이 많이 이용된다.

▽ 전지점화 장치

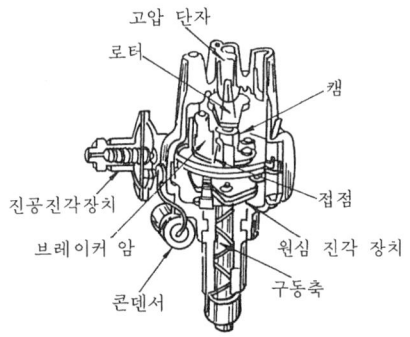

점화 진각 장치(點火進角裝置: ignition advancer) 엔진의 운전 상태에 따라서 점화에 따라서 점화시기를 자동적으로 조절하는 장치. 원심 진각 장치와 진공 진각 장치가 있고 각각 배전기의 캠(cam), 브레이커 암(breaker arm)에 직결되어 있다.

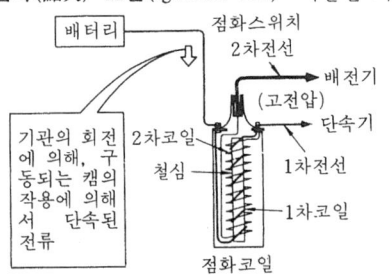

▽원심 진각장치(遠心進角裝置) 엔진의 회전이 빠르게 되었을 때 원심추의 작용으로 캠은 점화시기를 빠르게 하는 방향으로 회전한다.

▽진공 진각장치(眞空進角裝置) 엔진이 경부하일 때는 기화기 내의 기압이 작게 되어 다이어프램의 동작에 의하여 브레이커 암은 점화 시기를 빠르게 하는 방향으로 동작한다.

점화(點火) **코일**(ignition coil) 가솔린 기관의 점화 장치에 있어서 고전압을 발생시키는 장치.

점화(點火) **플러그**(ignition plug) 가솔린 기관의 연소실 상부에 설치하고 점화 코일에서 발생한 고전압의 전류를 배전기로부터 받아, 불꽃 틈새에 불꽃을 방전하여 혼합기에 점화시키는 부품.

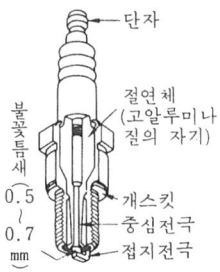

접근량(approach distance) 측정자로 측정물을 조일 때 측정압에 의한 탄성 변형 때문에, 실제치수보다도 작게 측정되는 양(量).

▽ 평면과 구

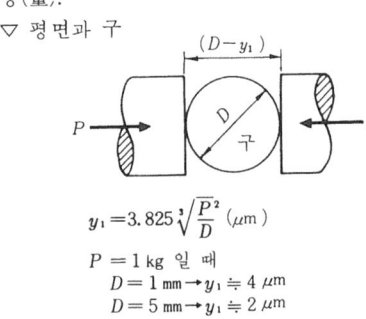

$$y_1 = 3.825 \sqrt[3]{\frac{P^2}{D}} \, (\mu m)$$

$P = 1$ kg 일 때
$D = 1$ mm → $y_1 ≒ 4 \, \mu m$
$D = 5$ mm → $y_1 ≒ 2 \, \mu m$

▽ 평면과 원통

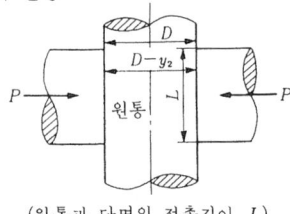

(원통과 단면의 접촉길이 L)

$$y_2 = 0.923 \frac{P}{L} \cdot \sqrt[3]{\frac{1}{D}} \, (\mu m)$$

$\frac{P}{L} = 0.2$ kg/mm 일 때
$D = 1$ mm → $y_2 ≒ 0.2 \, \mu m$
$D = 5$ mm → $y_2 ≒ 0.1 \, \mu m$

접근호(arc of approach) ☞ 물림률(p. 134)

접선 응력(接線應力 : tangential stress) = 전단응력 (p.323)

접선(接線) 캠(tangent cam) 윤곽 곡선이 원호와 직선으로 되어 있는 판 캠(板 cam). 가공하기 쉬우므로 널리 쓰여진다.

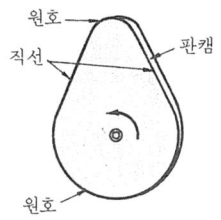

접선(接線) 키(tangent key) 서로 반대 방향의 구배를 갖는 2개가 한 짝으로 된 키. 키 홈을 축의 접선 방향으로 만들어, 키를 보스(boss)의 양측에서 박아 넣어 사용하는 큰 힘이 사용되는 전달용의 키.

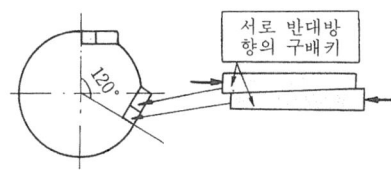

접선 하중(接線荷重 : tangential load) = 전단 하중 (p.323)

접속기(接續器 : connecter) 옥내배선과 이동 전선 및 이동 전선 서로를 접속하는 것에 사용하는 기구(器具).

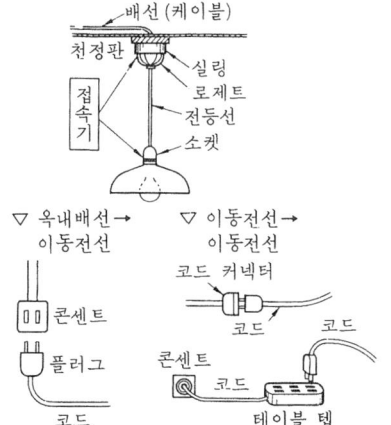

접시형 구멍내기 공구[工具](counter sinking tool) 드릴 작업 중에서 카운터 싱킹을 할 때에 사용하는 공구.

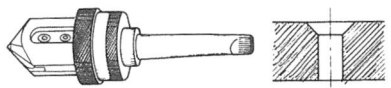

접지(接地 : earth) 전선로(電線路)의 일부에서 설치한 전기 기기 외장(外裝)의 금속 부분과 땅 사이를 도선으로 연결하는 것.

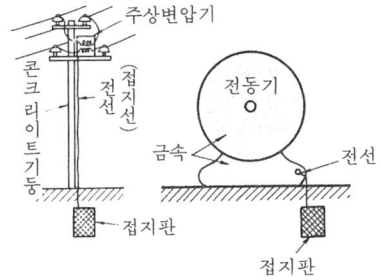

[접지 저항] 접지선을 통해 전류가 땅에 흘러갈 때의 저항.

접지 저항계(接地抵抗計 : earth tester) 접지 저항을 측정하는 계기.

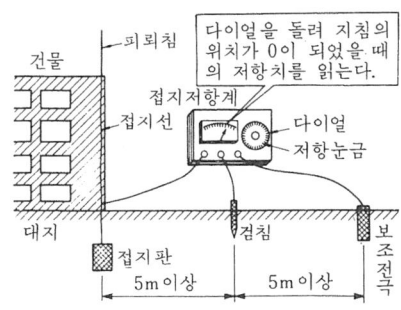

접착제(接着劑 : adhesive material) 금속·목재 등의 접착에 사용되는 재료.

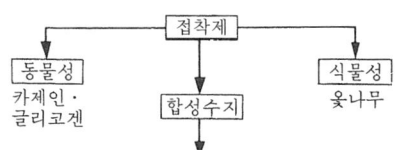

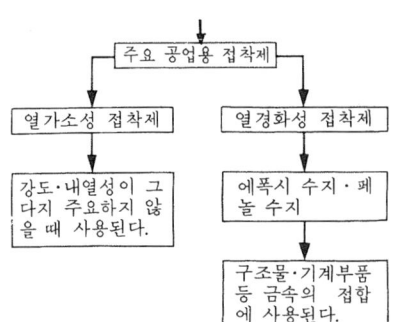

접촉(touch) 대우를 이루는 면의 접촉 상태.
「접면을 취한다」,「접면을 붙인다」라고 하는 것은 접촉면의 요철(凹凸)을 없애고 정확히 접촉시키는 것.

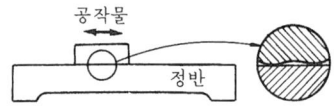

[예] 기계의 슬라이딩면, 슬라이딩 베어링과 축, 기어의 치면(齒面) 등

접촉 오차(接觸誤差 : contact error) 측정물의 형태에 대해서, 형상의 부적합이나, 측정물의 지지 불량에 의하여 생기는 오차.

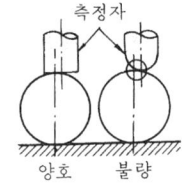
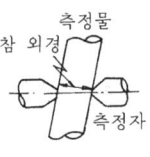

접촉호(接觸弧 : arc of contact) 기어가 맞물리기 시작하고부터 끝날 때까지의 기어의 회전각에 대한 기어의 피치(pitch) 원상의 원호(圓弧).

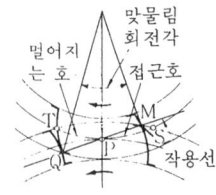

접촉호＝접근호
＋멀어지는 호
ST＝SP＋PT

정격(定格 : rating) 그 기기(機器)에 대해서 지정된 사용 조건 또는 사용 한도. 정격은 명판(銘板)에 기재한다.
▽ 변압기기의 예

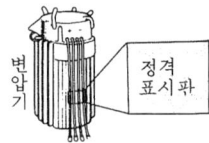

[예] 정격 전압·정격 전류·정격 주파수·정격 출력 등.

정격 수명(定格壽命 : rating life) 회전 베어링을 같은 조건으로 회전할 때, 그 중의 90%의 베어링이 재료의 손상을 일으키지 않고 회전할 수 있는 총회전수(일정 회전속도에서는 시간).

정격 하중(定格荷重 : load [rated]) 회전 베어링을 사용할 때의 조건을 정하는 하중.
[동적 정격 하중] 정격 수명을 주는 방향 및 크기가 일정한 하중. 임의의 일정 회전 속도일 때는 정격 수명 500시간을 기준으로 한다.
[기본 동적 정격 하중] 회전 베어링을 운전시킬 때, 정격 수명이 100만 회전이 될 듯한 동적(動的) 정격 하중.
[기본 정적 정격 하중] 회전 응력이 생기고 있는 접촉부의 전동체와 궤도륜의 영구 변형의 합이 전동체 지름의 0.001 배가 될 듯한 방향 및 크기가 일정한 정하중(靜荷重).

정규 분포(正規分布 : normal distribution) 품질 특성치를 조사하는 데 있어서 측정치를 무수히 많게 하고, 단계(段階) 수를 많게 했을 때 좌우 대칭의 히스토그램에 나타나는 측정치의 분포 상태.

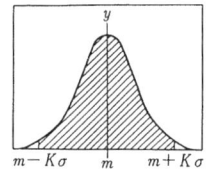

K의 값을 결정하면 사선부분의 면적이 결정된다.
$m±σ$로 한 경우 63.8%
$m±2σ$로 한 경우 95.5%
$m±3σ$로 한 경우 99.7%

이 곡선을 정규 분포 곡선이라고 하고, 근사치로서 다음 식으로 나타낸다.

$$y=\frac{1}{\sqrt{2\pi}\sigma}e^{-\frac{(x-m)^2}{2\sigma^2}}$$

m : 모평균
σ : 모표준편차

정도(精度 : accuracy) 측정기를 최적의 상태로 사용하여, 측정 범위의 임의의 위치에서 빈도가 가장 많이 생기는 측정오차의 최대치.
  블록 게이지(block gauge)로 교정한다. ⊕ ⊖측의 최대 오차가 다른 때는 ⊕, ⊖측의 오차의 절대치가 같게 되도록 조정한다.

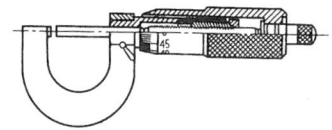

⊕측의 오차의 최대치 : $+0.01$mm
⊖측의 오차의 최대치 : -0.01mm
이 마이크로미터의 정도는 ± 0.01mm

정류(整流 : rectification) 교류를 직류로 변환하는 것.
▽ 다이오드를 사용한 정류회로의 예

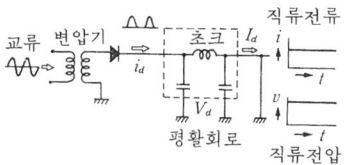

[평활 회로] 정류 회로의 출력 등처럼 직류에 포함되는 맥동(脈動)을 제거하기 위한 회로.

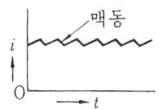

정류자(整流子) **전동기**(commutator motor) 정류자를 통해서 회전자에 전류를 흐르게 하는 교류 전동기. 분권형(分捲形)과 직권형(直捲形)이 있다.

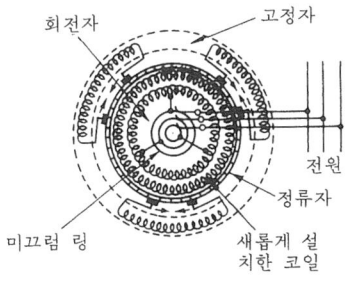

정마찰(靜摩擦 : statical friction) 평면상에 정지하고 있는 물체를 외력 F를 가하여 미끄러지게 하려고 할 때, 접촉면에 반대 방향의 힘 f가 작용하여 저항하는 현상.

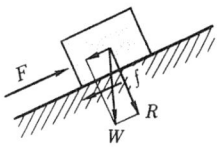

$$f = \mu R$$

[정마찰력 f] 정마찰에 의한 힘. 크기는 접촉면에 수직한 힘 R에 비례한다.
[정마찰 계수 μ] 양 접촉면의 상태에 따라 결정한다.
[최대 마찰력] 물체가 미끄러지기 시작할 때의 정마찰력.

정면도(正面圖 : front view) 물체를 정면에서 본 그림. 기계 제도에서는, 물체의 형상과 기능을 가장 명료하게 나타내는 면을 정면도로 선택한다. 정면도는 주투상도(主投像圖)라고도 하고, 반드시 그리는 것이며, 측면도·평면도 등은 필요에 따라 그리는 것으로, 이들의 보조용의 투상도라고 한다.
▽ 3각법의 예

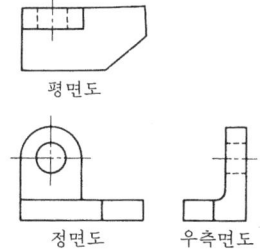

정면선반(正面旋盤 : face lathe) 기어나 플라이 휠(fly wheel) 등에서 지름이 큰 공작물을 절삭하는 데 이용되는 선반.

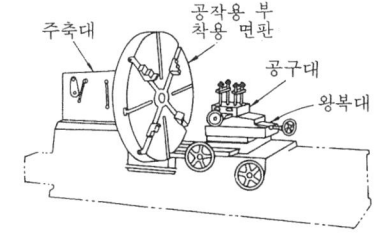

정면(正面)커터(face cutter) 공작물의 평면을 깎는 데 사용하는 수직 밀링 머신의 바이트. 최근은 초경 합금의 발달과 함께 직날식, 클램프(clamp)식의 것이 많다.

정미 열효율(正味熱效率 : net thermal efficiency) 열기관에 있어서, 유효하게 이용할 수 있는 에너지와 공급된 전에너지와의 비.

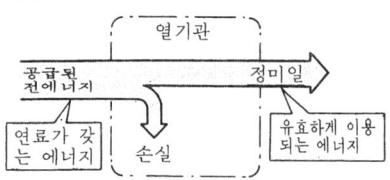

$$정미\ 열효율 = \frac{N_e A}{BH_l}$$

B : 연료 소비량
A : 일의 열당량
H_l : 연료의 저발열량
N_e : 축 출력

정미 출력(正味出力 : net horsepower) 원동기에 있어서 이론상 발생한다고 생각되는 출력에 대하여 마찰 손실 그 밖의 에너지 손실을 뺀 실제의 출력.
▽ 수차의 경우

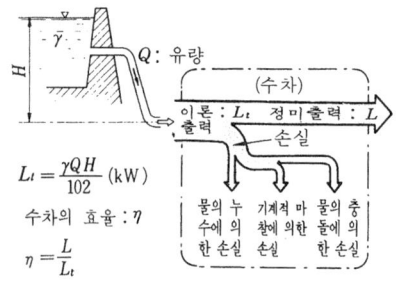

$$L_t = \frac{\gamma Q H}{102}\ (kW)$$

수차의 효율 : η

$$\eta = \frac{L}{L_t}$$

정미 평균 유효 압력(正味平均有效壓力 : brake mean effective pressure) 피스톤 기관에 있어서, 축 출력(出力)에 대한 평균 유효 압력. ☞평균 유효압(p.424)

$$P_{me} = \eta_m P_{mi}$$

$$\eta_m = \frac{N_e}{N_i}$$

P_{me} : 정미평균 유효압력
P_{mi} : 도시평균 유효 압력
η_m : 기계 효율

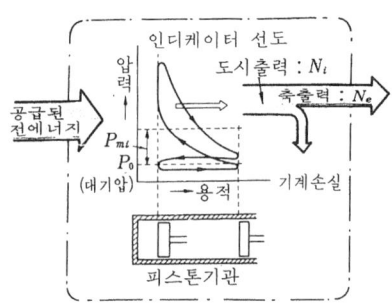

정밀 주조법(精密鑄造法 : precision casting) 정도(精度)와 균일성이 높은 주물을 만드는 주조법.
[특징] 절삭 가공을 하는 부분을 적게 할 수 있다.
[종류]
· 셸 몰드법(shell mold process) (☞ p. 197)
· 인베스트먼트 주조법(investment casting) (☞ p. 302) 등

정반(定盤 : surface plate) 금긋기·조립·측정 등에 이용하는 표면을 평탄하게 다듬질한 주철제의 평면대.

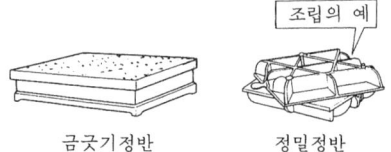

금긋기정반   정밀정반

정상류(定常流 : steady flow) 흐름의 상태가 시간적으로 변화하지 않는 흐름.

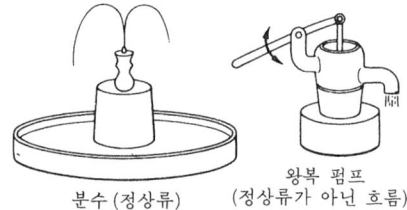

분수 (정상류)   왕복 펌프 (정상류가 아닌 흐름)

정압(靜壓 : static pressure) 유체가 흐르고 있는 상태에 있어서 유체 내부의 단위 면

적당에 작용하는 수직력(垂直力).

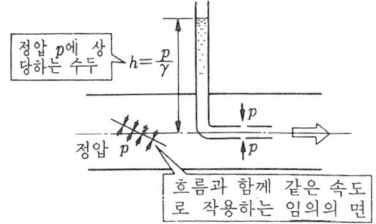

정압 변화(定壓變化 : constant pressure change) 일정한 압력하에서의 기체의 상태 변화.

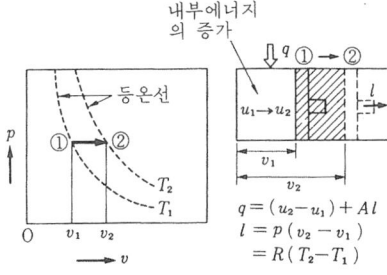

정압 비열(定壓比熱 : specific heat at constant pressure) 일정한 압력하에서 중량 1kg의 기체 온도를 1K높이는 데 필요한 열량. 단위는 kcal/kg·K
완전 가스의 경우, 정압 비열을 c_p, 정적 비열을 c_v로 하면, 다음 관계가 있다.
$c_p - c_v = AR$ $c_p > c_v$
A : 일의 열당량 R : 가스정수

정압 사이클(constant pressure cycle) 일정한 압력 상태에서 연소를 지속시키는 열기관의 사이클. 디젤 기관의 기본 사이클. 디젤 사이클이라고도 한다.

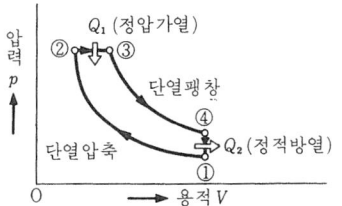

점 ①,②,③,④의 온도를 T_1, T_2, T_3, T_4 라 하고 G를 용적 V의 기체 중량이라 하면
$Q_1 = C_p G(T_3 - T_2)$ c_p : 정압비열
$Q_2 = C_v G(T_4 - T_1)$ c_v : 정적비열
$\therefore$ 열효율 $\eta_{thd} = \dfrac{Q_1 - Q_2}{Q_1}$
$= 1 - \dfrac{c_v}{c_p} \cdot \dfrac{T_4 - T_1}{T_3 - T_2}$

정의 정점(定義定點 : defining fixed points) 국제 실용 온도. 눈금의 기준으로 이용되는 온도 11로 다시 나타내기 쉬운 물질의 평형점(平衡點)의 온도를 이용한다. ☞국제 실용 온도 눈금 (p.46)

정적 변화(定積變化 : isovolumetric change) 일정 체적하에서의 기체의 상태 변화.

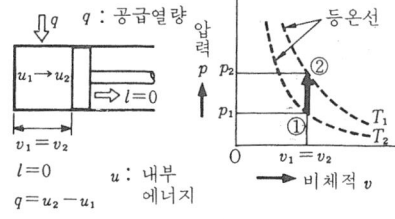

정적 불균형(靜的不均衡 : static unbalance) ☞불균형(p.167)

정적 비열(定積比熱 : specific heat at constant volume) 기체 1kg를 체적이 일정한 상태에서, 온도 1℃ 만큼 높이는 데 필요한 열량. 단위는 kcal/kg·℃ ☞정압 비열 (p.347)

정적 사이클(constant volume combustion cycle) 체적이 일정한 상태에서 연소를 행하게 하는 열기관의 사이클. 가솔

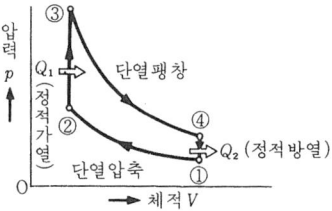

린 기관의 사이클을 오토 사이클이라고도 한다. ☞오토 사이클 (p.268)
점 ①,②,③,④의 온도를 T_1, T_2, T_3, T_4로 하고 G를 체적 V의 기체 중량으로 하면
$Q_1 = c_v G(T_3 - T_2)$ c_v : 정적 비열
$Q_2 = c_v G(T_4 - T_1)$

∴ 열효율 $\eta_{tho} = \dfrac{Q_1 - Q_2}{Q_1}$

$= 1 - \dfrac{T_4 - T_1}{T_3 - T_2}$

$= 1 - \dfrac{1}{\left(\dfrac{V_1}{V_2}\right)^{k-1}}$

k : 비열비

정적 평형 시험기(靜的平衡試驗機 : static balancing machine) 회전체의 정적 불균형을 측정하여, 균형을 잡기 위한 시험기.

▽ 전동식 정적 평형 시험기

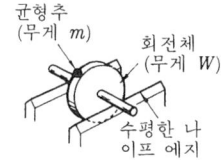

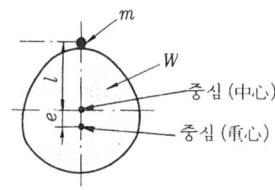

정적(靜的)불균형 부분이 바로 아래 위치에서 정지한 때, 반대측에 균형추를 달아 임의의 위치에서 정지하는 균형추의 무게와 위치를 찾아낸다.
$We = ml$

정전 도장(靜電塗裝 : electrostatic coating) 도료를 분무 상태로 하여 전하를 부여하고 도장물(塗裝物)에 고전압을 가함으로써 도료를 흡착 도장하는 방법. 방전 전극(放電電極)에서 코로나 방전이 일어나, 이것에 의해 방출된 전자가 도료에 부착하여 도료가 ⊖에 대전(對電)하고, 이 때문에 도료가 ⊕전위로 되어있는 도장물에 흡착한다.

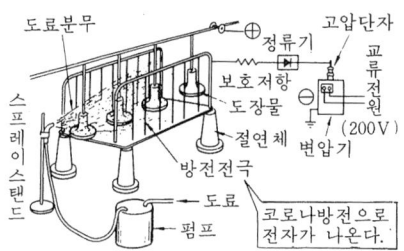

정전력(靜電力 : electrostatic force) 정지한 상태에 있는 전하(電荷) 사이에 작용하는 힘. 전하 사이에 작용하는 힘은 쿨롱의 법칙에 의한다.
[쿨롱의 법칙] 두 개의 전하 Q_1, Q_2 사이에 작용하는 정전력 F는, Q_1과 Q_2의 곱에 비례하고 Q_1과 Q_2의 거리 r의 제곱에 반비례한다.

$F = 9 \times 10^9 \times \dfrac{Q_1 Q_2}{r^2}$ (진공 상태)

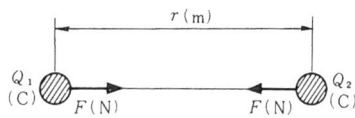

정전 용량(靜電容量 : electrostatic capacity) 절연되어 있는 물체에 전하(電荷) Q를 줄 때, 물체가 갖는 전위(電位) V와의 비. 정전 용량 기호 C, 단위 패럿(F), 1F는 1C의 전하로 1V의 전위(또는 전위차)가 생기는 크기.

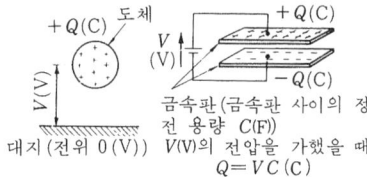

정전 용량 변환(靜電容量變換 : electrostatic capacity conversion) 기계적 변위에 의하여 콘덴서의 전극을 움직여 정전 용량을 변화시키는 방식.

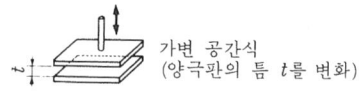

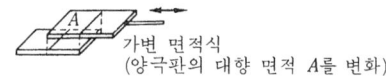

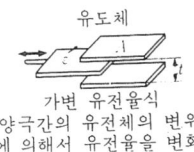

가변 유전율식
(양극간의 유전체의 변위에 의해서 유전율을 변화)

양극의 대향 면적 A(m), 양극간의 틈 t(m), 유전율 ε(F/m), 정전 용량 C(F)
$$C = \frac{\varepsilon A}{t}$$

정전 유도(靜電誘導 : electrostatic induction) 도체를 대전체에 가까이 하면, 도체에 전하가 나타나는 현상. 정전 유도로 나타나는 ⊕, ⊖의 전하량(電荷量)은 같다.

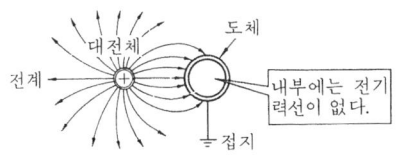

정전 차폐(靜電遮蔽 : electrostatic shielding) 정전 실드라고도 하며, 접지(接地)된 금속에 의해 대전체를 완전히 둘러싸서 외부 정전계(靜電界)에 의한 정전 유도를 차단하는 것.

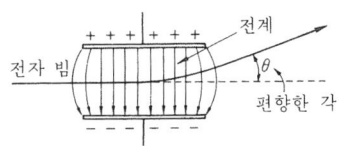

[응용예] 측정기의 외부에 대한 외부 전계의 영향을 없애기 위하여 금속 박막(薄膜)으로 싼다.

정전 편향(靜電偏向 : electrostatic deflection) 전자 빔(電子流)이 전계 중에서 진행 방향을 바꾸는 작용.

전자가 전계 중에서 전계와 반대 방향의 정전력을 받아 진행 방향이 바뀐다.
[응용예] 브라운관의 수평 또는 수직 편향판(偏向板).

정전형 계기(靜電形計器 : electrostatic type instrument) 전극간에 생기는 전하의 정전력을 이용하여 전압을 측정하는 계기.
① F와 M 사이에 전압을 가진다.

② F와 M사이에 흡입력이 생겨 M이 작용한다.
③ M이 작용하면 영구 자석이 움직여, 지침이 흔들린다.

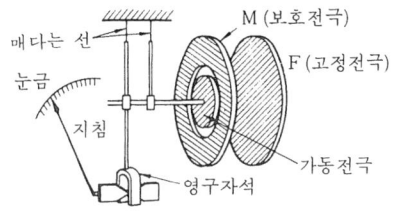

[특성] 교·직류 양용
[용도] 고전압 측정용 전압계

정치 제어(定値制御 : fixed command control) 제어량을 어떤 일정한 목표치로 유지하는 제어.
설정위치(희망하는 값(목표치)에 둔다.)

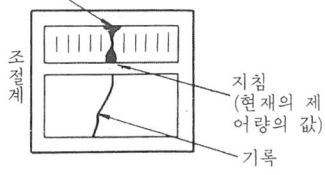

정투상(正投像 : orthographic projection) 양면에 직교하는 광선을 물체에 대고, 그 형태를 비춰 내는 투상법. 정투상에 의해 그린 그림을 정투상도라 한다. 제1각법과 제3각법이 있고, 기계 제도는 제3각법에 의한다.

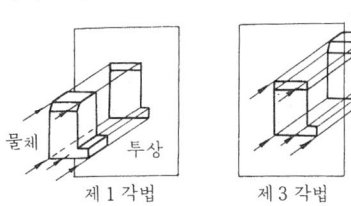

정하중(靜荷重 : static load) ① 시간적으로나 공간(장소)적으로도 변화없이 정지한 하중.

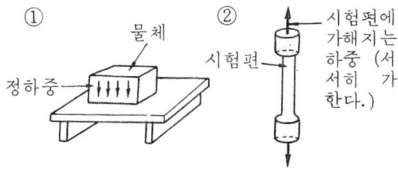

② 극히 서서히 가해지는 하중. 사하중(死荷重)이라고도 한다.

정현파(正弦波 : sine wave) 파형(波形)이 정현 곡선상의 파형.

▽ 정현파 교류 전류의 예

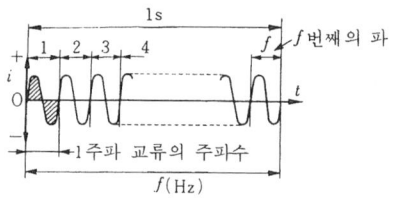

정확도(正確度 : accuracy) 정밀도. 측정값의 평균값을 구할 때, 참값으로부터의 오차가 적은 정도.

제게르 콘(Seger cone) 내화도(耐火度)와 노내 온도를 측정하기 위하여, 각종 내화도(제게르번호 SK)를 갖는 재료로 만들어져 있는 높이 5cm 정도의 가늘고 긴 삼각뿔, 또는 원뿔형의 것.

[내화도의 측정] 제게르 콘과 같은 형태의 피측정물을 만들어, 기준되는 각종 제게르 콘과 함께 노내에서 가열하여 연화·만곡되는 정도로부터 제게르 번호를 측정한다.

▽ 노내 온도의 측정

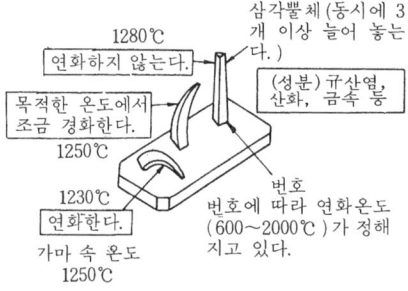

제네바 기어(Geneva drive) 간헐 기어 일종.

[용도] 투영기나 인쇄기 등에 이용된다.

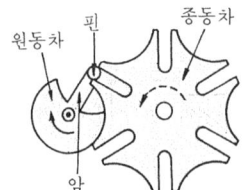

제도기(製圖器 : drawing instrument) 제도를 그리기 위한 기구의 총칭. 컴퍼스·디바이더(divider)·오구 등을 말한다.

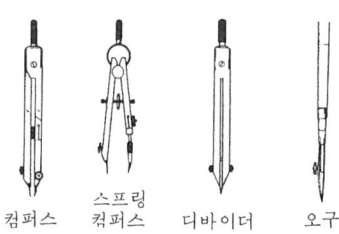

제도 기계(製圖機械 : drafting machine) T자, 삼각자, 자, 분도기 등의 기능을 겸비해 제도 작업을 능률화한 것. 풀리(pulley)형과 평행 이동형이 있고, 직교한 스케일은 제도판상의 어느 위치에서도 자유로이 움직일 수 있다.

▽ 평행이동

▽ 손잡이 부분의 예

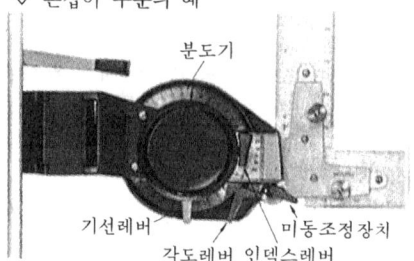

제도용 선(製圖用線 : drawing line) 제도

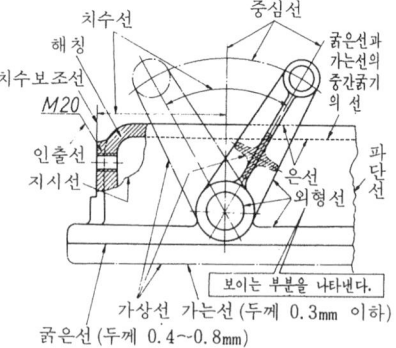

에 사용되는 선. KS에서는 선의 종류와 용도를 규정하고 있다.

제안 제도(提案制度 : proposal system) 종업원으로부터 제안을 모집하여, 이것에 대한 보상을 하고 생산 방법 등을 개선하는 제도.
[특징] 이 제도는 종업원의 아이디어나 독창성을 개발하고 개성을 발휘시키는 기회를 주어, 의견을 자유롭게 경영자에게 제안하여, 경영에 참가하고 있다고 하는 공동체 의식을 갖게 한다.

제 1 각법(第一角法 : first angle projection method) 물품 등을 제 1 각에 두고 투영면에 정투영하는 제도 방식.

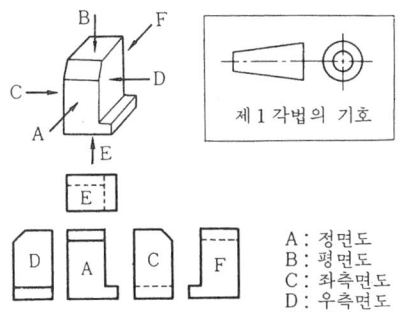

A : 정면도
B : 평면도
C : 좌측면도
D : 우측면도
E : 저면도
F : 배면도

기계 제도는 제 2 각법에 의해 그리는 것이 보통이고 제 1 각법은 필요한 경우에만 사용한다. 그때에는 도면에 1 각법이라고 기입하던가 또는 그 기호를 기입한다.

제 3 각법(第三角法 : third angle projection method) 물체를 제 3 각법에 있어서 투영면에 정투영하는 제도 방식.

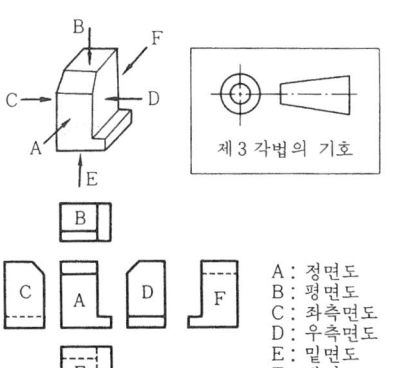

A : 정면도
B : 평면도
C : 좌측면도
D : 우측면도
E : 밑면도
F : 배면도

기계 제도는 제 3 각법에 의해 그리는 것이 보통이고, 필요한 경우에는 도면에 3 각법이라고 기입하던가 또는 그 기호를 기입한다.

제어 동작(制御動作 : control action) 자동 제어에 있어서, 조절부(調節部)의 출력 신호로 조작부를 조작하는 동작.
[종류] 2 위치 동작·비례 동작·미분 동작·적분 동작 등.

제어봉(制御棒 : control rod) 원자로 내에 있어서, 위치를 변화시키는 것으로 노 속의 연쇄 반응을 제어하는 막대. ☞ 원자로 (p.282), ☞ 연쇄 반응 (p.257)

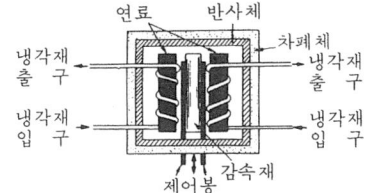

연료와 감속재로 구성된 노심(爐心)에, 열중성자를 흡수하기 쉬운 재료(금속 하프늄(hafmium), 카드뮴 등)로 만든 제어봉을 밖으로부터 왕복 운동시켜 연쇄 반응을 일으키는 쪽을 가감해서 노(爐)의 운전을 제어한다.

제조 삼각도(製造三角圖 : manufacturing graph) 계획에 대한 일의 진행 상태를 예정선에 대응하여 기록한 도표.
대량 생산 방식의 생산 진도 관리에 적합하다.
[예]

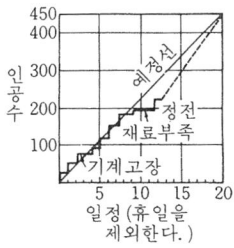

제조 원가(製造原價 : manufacturing cost) 제품의 제조·판매에 관해 발생한 비용 중 제품의 제조에 필요한 비용. =공장 원가.

▽제조원가의 구성

제조원가(공장원가)				
재료비	노무비	경 비		이익
		일반관리비와 판매비		
판매가격				

제트기관(jet engine) 연소 가스를 분출시켜, 그 반동력을 이용해 추진력을 얻는 원동기. 일반적으로 전방으로부터 공기를 빨아들여, 후방으로 연소 가스를 분출하는 추진식의 것을 말한다.
[종류]
제트엔진 ─┬─ 터보제트 엔진(p. 405)
         ├─ 터보프롭 엔진(p. 406)
         ├─ 램제트 엔진(p. 109)
         └─ 펄스 제트 엔진(p. 420)

▽ 터보제트 기관

제트 펌프(jet pump) 분류에 의하여 유체를 빨아 올려 송출하는 펌프. 보통 물 또는 증기를 분출해 양수(揚水)를 행하지만, 펌프의 효율이 낮은 것이 결점이다.
▽ 원리

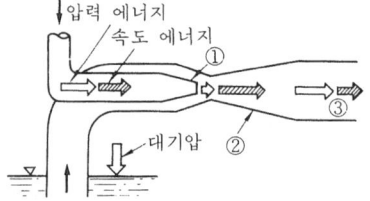

노즐 ①에서의 고압수 또는 압축 공기의 고속 분출에 의해, ②부근은 지극히 저압이 되어, 물은 하부 수면으로부터 빨아 올려진다. 이 물은 분출 유체와 함께 ②의 확대관에서 에너지로 변환되어 고압이 되며 토출구 ③으로부터 양수된다.

제품 설계(製品設計 : products design) 신제품을 만들기 위해서 형상·치수·재료 등을 결정하여 도면으로 나타낸 것.

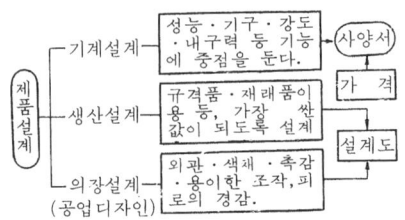

조각기(彫刻機 : engraving machine) 팬터그래프(pantograph)를 이용하여, 가이드 펜으로 형판(모델)을 따라 그리면, 스핀들(커터)이 형판의 크기를 축소 또는 확대한 닮은꼴의 운동을 하여 조각하는 기계. 주로 문자나 선 등의 조각에 이용한다.

조기 점화(早期點火 : advanced ignition) 불꽃 점화 기관에서는 혼합기가 연소하여 압력이 상승하기까지 어느 정도 시간이 걸리기 때문에, 상사점(上死點)보다 조금 앞쪽에서 점화하는 것.
회전 속도의 증가, 하중의 증가와 함께 빠르게 한다.

조기 점화(早期點火 : preignition) 내연 기관에 있어서, 점화 플러그·배기 밸브 등의 고온 부분이 점화원(點火源)이 되어, 정규의 점화 시간보다 먼저 혼합기가 발화하여 연소하는 현상.

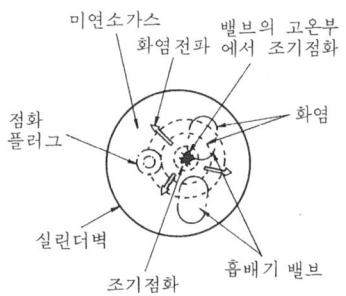

운전의 부조(不調)를 일으키고, 심할 때는 피스톤을 소손시킨다.

조도(照度 : illumination) 조명된 면에 빛이 닿는 정도. 단위 면적당의 광속(光束). 단위 기호 lx(룩스)

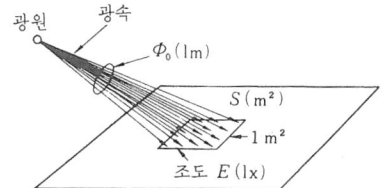

$S(m^2)$면에 광속 $\Phi(lm)$가 닿는 경우 면의 평균 조도 E는,
$$E = \frac{\Phi}{S} \quad (lx)$$

조립도(組立圖 : assembly drawing) 기계류의 조립 상태를 나타내고, 각 부품의 조립 관계의 위치나 관련 치수가 표시되어 있는 도면.

조립품(組立品 : assembly parts) 2개 이상의 부품을 조립한 부품. 대량 생산에서는 조립 부품을 이용하면 능률이 좋아진다.

조명 방식(照明方式 : illuminating system) 광원(光源)으로부터 나오는 빛을 피조면(被照面)에 비추는 방법.

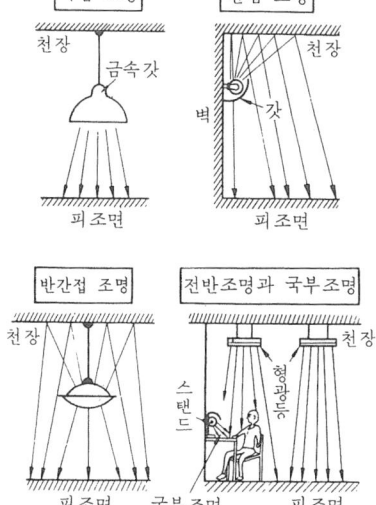

조미니 커브(Jominy curve) 담금질법에 있어서, 담금질 끝면에서부터의 거리와 경도의 관계를 구할 때의 곡선(曲線).

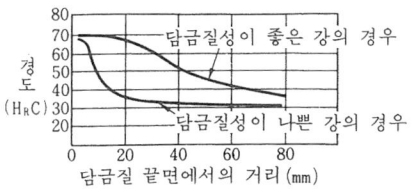

조미니 테스트(jominy test) 조미니 시험 장치를 이용하여 강 등의 담금질성을 측정하는 시험 방법. 조미니 시험편은 담금질 온도로 가열한다.

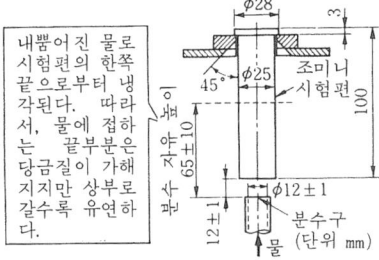

조밀 육방 격자(粗密六方格子 : close packed hexagonal lattice) 정육각 기둥의 각 꼭지점과 윗면·아랫면의 중심, 그것에 하나 걸러 정삼각 기둥의 중심에 원자가 배열한 결정 격자.
아연(Zn), 마그네슘(Mg), 코발트(Co) 등이 이 격자이다. 이 격자의 금속은 전연성, 점성 강도가 조금 뒤떨어진다.

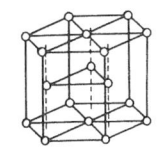

조속기(調速機 : governor) 원심 작용과 스프링 작용을 이용하여 원동기의 회전수를 하중 여하에 관계없이, 항상 일정하게 유지하도록 하는 기기(機器).
▽ 원심추의 예

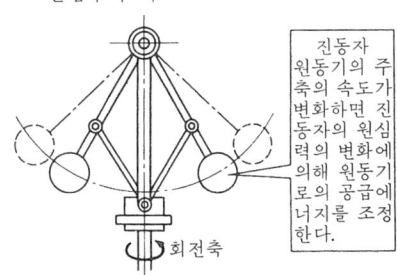

▽ 조속기 동작의 예

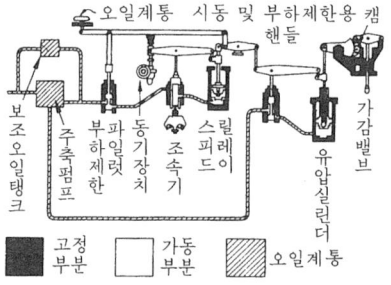

회전속도 상승 a′ob′의 위치
배압밸브를 구동→서보모터→유량조절 조작축(폐)
회전속도 강하 a″ob″의 위치
배압밸브를 구동→서보모터→유량조절 조작축(개)

조속 장치(調速裝置 : speed governor) 원동기의 회전 속도를 일정하게 유지하기 위하여 부하의 변동에 따른 회전 속도의 변화를 검출해서 동력원인 증기·물·연료 등의 공급량을 가감하는 장치.

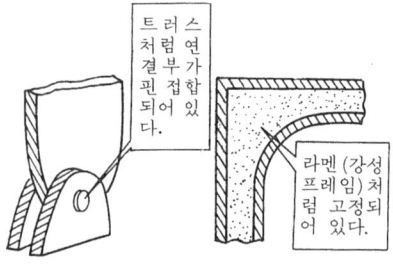

조업도(操業度) 조업률(操業率). 공장의 생산 설비를 이용하는 비율. 완전하게 이용한 경우(완전 조업)의 생산량에 대한 비율(%)로 나타낸다.

조인트(joint) 골조 구조물에 있어서 부재와 부재를 접합하는 점.

힌지 조인트 (hinged joint)　리지드 조인트 (rigid joint)

조절 밸브(contraol valve) ☞ 방향 제어 밸브 (p. 147)

조정(調整) **밸브**(regulating valve) 펌프의 양수량을 가감하기 위해 사용하는 밸브. ☞ 슬루스(sluice) 밸브(p. 222)

조정(調整) **심**(adjusting shim) 공작 기계의 미끄러운 면을 조절하는 쐐기형의 판.

조직(組織 : structure) 연마석 숫돌 입자 배열의 메시(mesh) 표시.

호 칭	거 침	보 통	조 밀
KS 기호	W	M	C

조형용 공구(造形用工具 : molding tool) 사형 주조법(砂型鑄造法)에 있어서, 주형을 만들기 위해 이용하는 각종 공구.

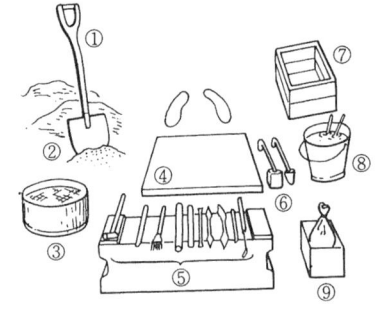

① 소형삽　⑥ 다지기봉(棒)
② 주물사　⑦ 형틀
③ 체　⑧ 양동이
④ 정반　⑨ 운모가루(雲母粉)
⑤ 공구류

좌굴(座屈 : buckling) 가늘고 긴 부재(긴 기둥)의 방향에 압축 하중이 가해진 때, 재료의 탄성 한도 이하의 하중으로도 기둥이 구부러짐을 일으키는 현상.
변형이 진행되고, 부재(部材)는 결국 파괴된다.
긴 기둥이나 봉재(棒材)에 편심 하중이 작동한 때 일어나기 쉽다.

좌굴 하중(座屈荷重 : buckling load) 좌굴을 일으킬 때의 하중. 좌굴 하중은 재료의 세장비(l/k) 및 단말(端末) 조건(단말 계수 n)에 의해 변한다. 좌굴 하중을 구하려면, 보통 오일러식, 랭킨식 등을 이용한다.
☞ 오일러식(p.266), ☞ 랭킨식(p.110)

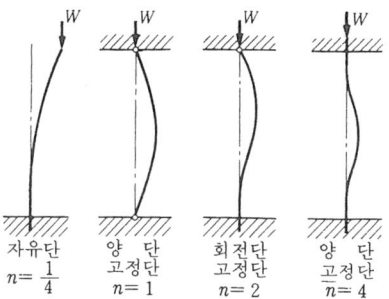

자유단 $n=\frac{1}{4}$ / 양 단 고정단 $n=1$ / 회전단 고정단 $n=2$ / 양 단 고정단 $n=4$

종동절(從動節 : follower) 기구(機構)에서 운동이 전달되는 부분.
☞ 간접 전동 (p.13)
☞ 직접 전동 (p.367)

[예] 캠 기구의 경우

종탄성 계수(縱彈性係數 : modulus of longitudinal elasticity) ☞ 탄성 계수(p.401)

주강(鑄鋼 : cast steal) 주조용의 강. 주강

탄소강 주강
Fe — C (0.08~0.30%)
Mn — Si (0.3~0.5%)
(0.3~0.6%) 주 조 [용도]
→ 토목·광산기계부품, 철도차량·조선용부품 등.
합금강 주강
탄소강 주강
Ni Cr Mo V 첨가원소
→ 주조용 합금강 주강품
→ 스테인리스강 주강품
→ 내열강 주강품
→ 고망간강 주강품 등

품은 모양이 복잡하고 담금질을 할 수 없는 경우가 많기 때문에, 풀림에 의해 조작을 개선해 사용한다.

주기(周期 : period) 어떤 현상이, 시간적으로 일정한 간격을 두고 반복되는 경우의 시간 간격. 이 경우 주기는 $\frac{1}{3}$초 또는 0.33초로 나타낸다.

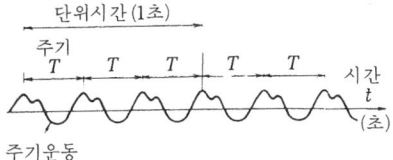

주기운동

주물(鑄物 : castings) 금속을 융해하고 이 것을 주형에 주입하여 제품으로 한 것.
☞ 주조 (p.357)

주물사(鑄物砂 : molding sand) 주형을 만들기 위한 모래. 산이나 강의 모래가 이용되고 성형성·통기성·내화성·복용성(復用性) 등을 고려하여 선정한다.

주물용 알루미늄 합금(Aluminium alloys for casting) 알루미늄에 특수 원소(Cu, Si, Mg, Ni 등)를 첨가해서 주조성 및 기계적 성질 등을 개선한 주물용 합금(合金).
[특징] ① 가볍다 ② 내식성이 좋다 ③ 경년(經年) 변화가 적다 ④ 주조성이 좋다

주물(鑄物)**자**(shrinkage rule) 용융된 금속은 응고할 때 수축하기 때문에, 그 길이를 예측한 치수로 눈금을 매긴 자. ☞ 수축 여유 (p.209)
[용도] 목형 제작이나 목형 검사에 사용된다.

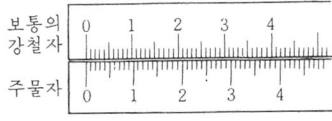

주변(周邊) **일**(circumferential work) 증기 터빈의 역할의 하나로서 증기 1kg이 날개(blade)에 주는 일. 선도(線圖)일이라고도 한다.
하나의 시스템으로 이용할 수 있는 증기 에너지에서 노즐(nozzle)과 회전 날개 내의 손실 및 유출 속도의 손실을 뺀 것

이며, 다음 식으로 나타낸다.
$$L_c = \frac{u}{g}(c_1 \cos\alpha_1 + c_2 \cos\alpha_2)$$
u : 임펠러의 주속도
c_1 : 임펠러 입구의 증기 속도
c_2 : 임펠러 출구의 증기 속도

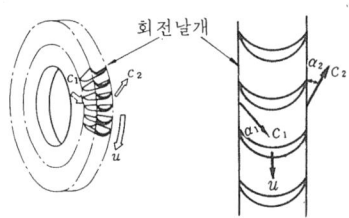

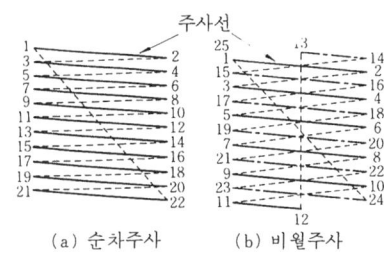

(a) 순차주사   (b) 비월주사

주석(朱錫 : tin) 변태점이 낮고(13.2℃), 은백색으로 전연성(展延性)·내식성이 있는 금속. 도금이나 동합금, 베어링용 합금의 재료로 흔히 쓰여진다.
▽ 용도 예

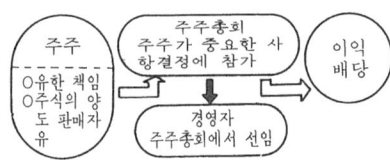

주변 효율(周邊效率 : circumferential efficiency) 증기 터빈의 한 단계로 증기 에너지가 어느 만큼 유효하게 일을 교환할 수 있는가를 나타내는 것. 선도 효율이라고도 한다. 주변 일과 이 단계에서 이용할 수 있는 증기 에너지와의 비이며,
$$\eta_c = \frac{Al_c}{h_{ad}}$$
으로 나타내진다.
$$A = \frac{1}{427} \text{kcal/kg} \cdot \text{m}$$

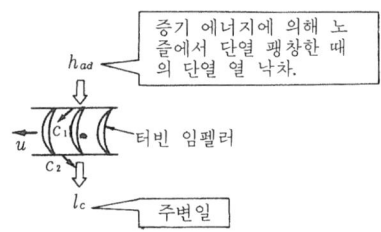

u : 임펠러의 주속도
c_1 : 임펠러입구 증기속도
c_2 : 임펠러출구 증기속도

주사(走査 : scanning) 텔레비전의 영상 신호를 만들기도 하고, 또는 수신기로 영상 신호를 영상에 재현기도 하는 경우에 전자 빔(beam)에 의해 생기는 광점(光點)이 그림 (a), 또는 그림 (b)처럼 상(像) 위를 1-2…10…22…처럼 이동하는 것.
한국 텔레비전의 주사선수(走査線數)는 525개이고, 주사 방식은 비월(飛越) 주사를 채용하고 있다. 주사선의 농담(濃淡)에 따라 영상이 그려지기 시작한다.

주식 회사(株式會社 : company limited by shares) 출자자인 주주는 자본금의 단위인 주식의 보유액 만큼의 유한책임을 가지고, 주식의 양도를 자유롭게 할 수 있는 기업 형태. ☞ 기업(p.60)

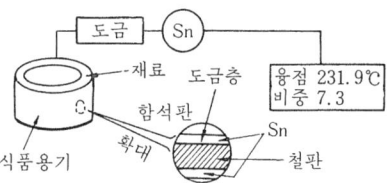

소규모 회사에서는 정관(定款)에 의해, 주식의 양도를 제한할 수 있다.

주유기(注油器 : lubricator) ① 공기에 운

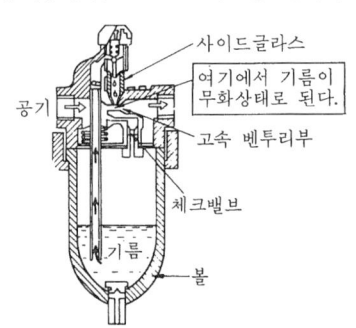

활성이 없기 때문에 분무기의 원리로 기름을 무화(霧化) 상태로 하여 공기의 흐름에 얹어 공기압 회로 내로 보내는 장치.
② 윤활유를 플런저 펌프로 기계 각부의 상대 운동을 하는 부분에 보내는 장치.

주유기(注油器 : hand lubricator) 기계 취급자가 기름 구멍 등에 손으로 주유할 때에 사용하는 용기(用器). 기름통과 주유관으로 이루어져 있다.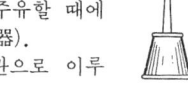

주입 온도(注入溫度 : casting temperature) 주형에 주입하는 융해 금속의 온도.
▽ 주입온도의 예

재질	주입온도(°C)	재질	주입온도(°C)
주철	1300~1400	황동	950~1050
주강	1450~1550	알루미늄 합금	650~720
청동	1100~1200		

주조(鑄造 : casting) 금속을 가열하여 용해시킨 다음 이것을 주형에 주입하여 제품을 만드는 작업. ☞주물(鑄物). (p. 355)

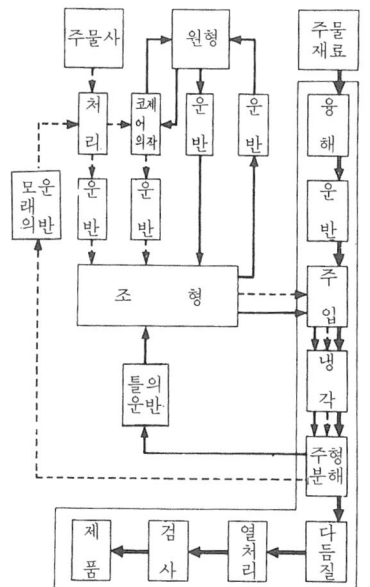

주조(鑄造)에는 주철·주강·동합금·경합금이 이용되고 복잡한 형태의 제품을 만들 수 있다.

주조 국자(casting spoon) 주조에서 사용하는 소형의 국자. 쇳물푸기라고도 한다.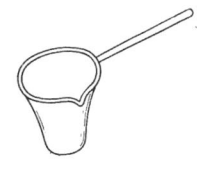

주조상자 주형법(鑄造箱子鑄型法 : flask molding) 주형을 만드는 데 형틀을 이용하는 방법.
[특징] 모래를 허물어 트리지 않고 주형을 들어 운반할 수 있고 쇳물의 압력에 대해서도 튼튼하다.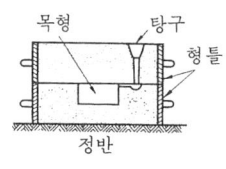

주조용 흙손(鑄造用 : lancet) 주형을 보수할 때에 사용하는 공구.
[예]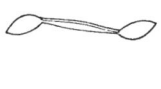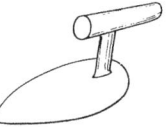

주조 핀(casting fin) 주물에 있어 주형의 파팅 라인이나 코어의 맞춤 부에 쇳물이 흘러나와 생긴 얇은 두께의 지느러미 같은 것 (burr).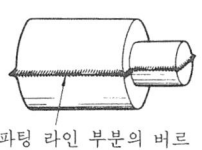

주철(鑄鐵 : cast iron) 2.06% 이상의 탄소를 함유한 철합금. 보통 이용되는 것은,

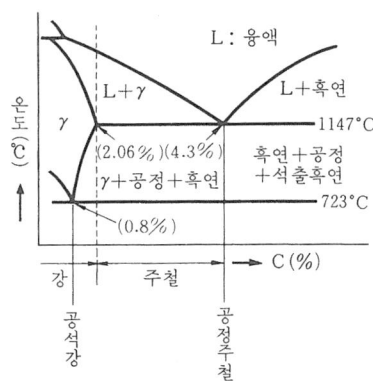

2.5~3.5% C에 Mn, Si, P, S 등을 함유한다. 일반적으로 연하고 인장 강도보다 압축 강도쪽이 크다. 유연한 것으로부터 대단히 딱딱한 것까지 그 종류가 많다.
[종류] 파면(破面)의 상태로부터…회주철
(☞p.457), 백주철(☞p.150), 얼룩주철(☞p.245)
흑연의 상태로부터…구상 흑연 주철
(☞p.45)
열처리에 의해, 강도와 점도를 높인 것
…흑심 가단 주철(☞p.458)

주철관(鑄鐵管 : cast iron pipe) 주철로 만들어진 유체를 보내는 관.
[특징] 내식성이 풍부하고 값이 싸다.
[용도] 수도·가스·배수 등의 매설용 관 등.
▽ 소켓을 설치하여 주철관을 접합하는 예

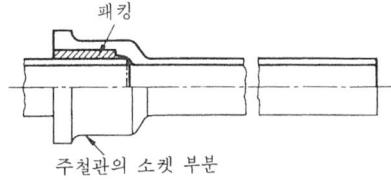

주철관의 소켓 부분

패킹(packing)은 마(麻) 등에 타르를 흘려넣어 단단하도록 가득 채우고 납, 시멘트 등을 사용하여 밀봉한다.

주축(主軸 : spindle) =스핀들 (p.221)
주축대(主軸臺 : head stock) ☞ 선반(p.192)
주투상도(主投像圖 : principal projection drawing) 사물의 형태·내용 등을 가장 잘 나타내고 있는 방향의 정투상으로 그려진 그림. 제작도의 기준이 되고, 기계 제도에서는 이것을 정면도로써 그려진다.

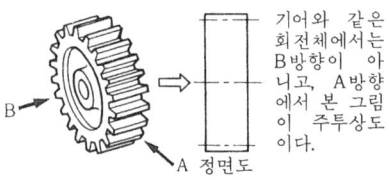

기어와 같은 회전체에서는 B방향이 아니고, A방향에서 본 그림이 주투상도이다.

주파수(周波數 : frequency) 교류가 단위 시간(1초간)에 반복되는 주파의 수. 수량 기호는 f로 나타낸다. 단위는 헤르쯔(Hz). ☞ 사이클(p.181) 사이클 또는 c/s로 나타내기도 한다.
[예] 주파수가 3Hz인 교류전류

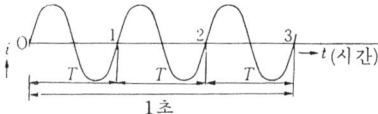

[주파와 주기] 그림의 0~1까지의 변화를 주파, 1주파의 변화를 하는 데 필요한 시간을 주기(T)라 한다.
[f와 T의 관계] $f = 1/T$

주파수계(周波數計 : frequency meter) 주파수를 측정하는 계기(計器).
[종류] 흡수형 주파수계·진동형 주파수계·헤테로 다인(hetero-dyne) 주파수계·디지털형 주파수계 등.

주형(鑄型 : mold) 용해 금속(쇳물)을 흘려 넣어 주물을 만드는 형(型).
[종류]
사형 ┌ 개방 주형(☞p.17)
    ├ 조립 주형
    └ 바닥 주형(☞p.140)
금형 [다이케스트(☞p.82)]
기타 [셸 몰드]
▽ 사형

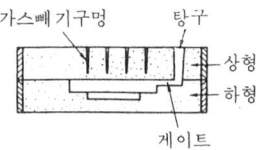

주형(鑄型 틀(molding box) 주형을 만들 때, 주물사의 주위를 둘러싸서 계속 유지토록 하는 목제·금속제의 틀.

줄(file) 표면에 많은 절삭날이 있는 공구. 평면·곡면 등의 손다듬질 작업에 사용.
▽ 각부의 명칭

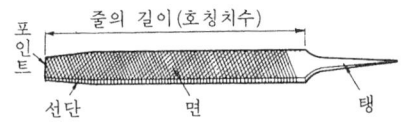

[종류]
(a) 줄눈에 의한 분류
① 홑눈줄

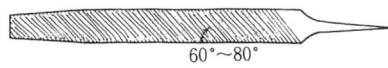

② 겹눈줄

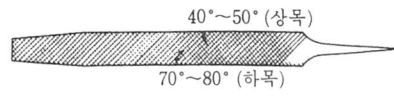

③ 라스프줄

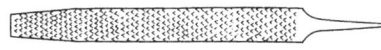

(b) 줄눈의 크기에 의한 분류
① 황목   ② 중목   ③ 세목   ④ 유목

(c) 단면형상에 의한 분류

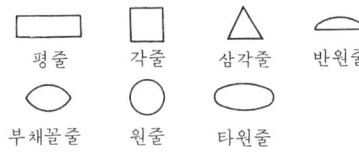

평줄   각줄   삼각줄   반원줄

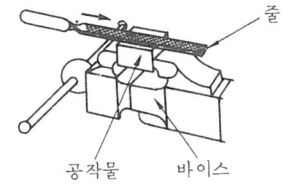

부채꼴줄   원줄   타원줄

줄 다듬질(filing) 줄을 사용하여 평면이나 곡면을 다듬질하는 작업.

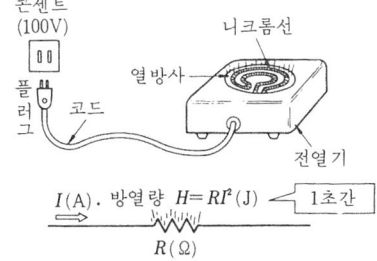

줄 열[熱](Joule heat) 저항에 전류가 흐를 때에 생기는 열.

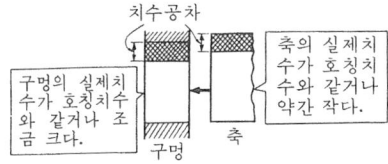

[줄의 법칙] 저항에 전류가 흐를 때에 생기는 열량은, 전류 크기의 제곱과 저항 크기의 곱에 비례한다.

줄의 법칙(Joule's law) ☞ 줄열(熱)

중간 끼워 맞춤(silding fit) 헐거운 끼워맞춤과 억지 끼워맞춤의 중간 형태로, 구멍과 축의 실제 치수에 따라 죔새가 생기거나 틈새가 생기기도 한다. 미끄럼 끼워 맞춤.

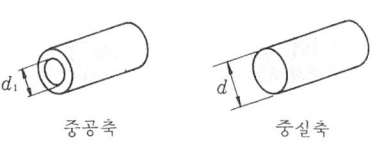

중공축(中空軸 : hollow shaft) 축의 자중(自重)을 가볍게 하기 위해 단면의 중심부에 구멍이 뚫려 있는 (中空) 축. 속을 비워도 중심축에 비해 강도는 그만큼 감소하지 않는다.

[굽힘을 받는 경우]
굽힘 모멘트 M
중공축에 생기는 굽힘 응력 σ_1
중실축에 생기는 굽힘 응력 $\Sigma\sigma$

$\dfrac{d_1}{d} = x$ 로 한다.

$M = \dfrac{\pi}{32} d^2 (1-x^4) \sigma_1$

$M = \dfrac{\pi}{32} d^2 \sigma$

$\therefore \dfrac{\sigma}{\sigma_1} = 1 - x^4$

$x = \dfrac{1}{2}$ 로 하면 중공축은 중량이 $\dfrac{1}{4}$ 감소하는 것으로, 강도는 $\dfrac{1}{16}$ 밖에 감소하지 않는다.

중량 계산(重量計算 : weight calculation) 제품의 중량 추정과 재료비의 견적 등을 위해서, 각 부품의 중량을 도면으로부터 계산하는 것.
부품 중량 = (재료의 비중량) × (도면에서 계산한 부품 체적)

중량 유량(重量流量 : weighting flow) 흐름 속에 가정한 임의의 단면을 단위 시간에 흐르는 유체의 중량.

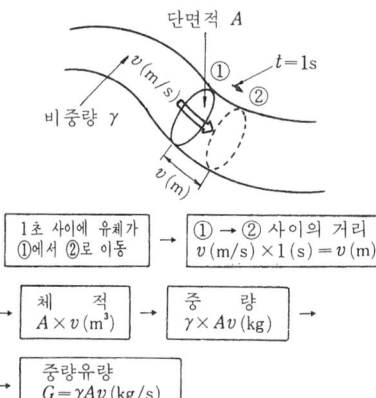

중력 가속도(重力加速度 : acceleration of gravity) 지구 중력에 의하여 지구상의 물체에 가해지는 가속도.
일반적으로 9.8m/s²로 하는 것이 많지만, 정확하게는 위도나 표고(標高)에 따라 달라진다.
국제표준치는 9.80665 m/s²

중력 단위(重力單位 : gravimetric unit) 길이·힘·시간의 단위로 미터(m), 중량 킬로그램(kgf), 초(s)를 기본단위로 하여 구성한 단위계.
공업상 널리 사용되고 있다. 1중량 킬로그램은 질량 1kgf 의 물체에 작용하는 중력, 즉 질량 1kg 인 물체의 무게이다.

중립면(中立面 : neutral surface) ☞ 굽힘 응력(應力) (p.47)

중립축(中立軸 : neutral axis) ☞ 굽힘 응력 (p.47)

중성자(中性子 : neutron) 소립자(素粒子)의 하나. 양자(陽子)와 함께 원자핵을 구성하는 핵자(核子)로 전기를 띠지 않는 입자.
투과력이 매우 커서 원자핵의 파괴에 이용된다. 뉴트론이라고도 한다.

△ 원자핵의 예

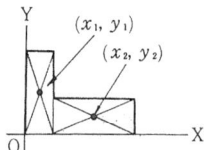

¹H
²H
⁴He

중심(重心 : center of gravity) 물체의 각부에 작용하는 평행력(平行力)의 합력(合力)이 평행력의 방향에 관계 없이 통과하는 점. 물체의 외부에서 볼 때는 물체의 전 질량이 중심으로 집중하고 있다고 생각해도 좋다.

△ 균일한 물질의 중심

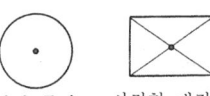 

원의 중심   사각형 대각선의 교점   3각형의 중선의 교점

[중심을 구하는 법] 조립한 형체의 중심은 다음 식으로 구할 수 있다. 여기에서, 전체 중심의 좌표를 $(\bar{x}, \bar{y})$로 한다.

$$\bar{x} = \frac{M_1 x_1 + M_2 x_2 + M_3 x_3 + \cdots}{M}$$

$$\bar{y} = \frac{M_1 y_1 + M_2 y_2 + M_3 y_3 + \cdots}{M}$$

M : 전체 질량
$M_1, M_2, \cdots$: 각부 질량

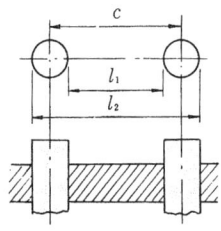

중심 거리(中心距離 : center distance) 구멍이나 축 등의 중심으로부터 중심까지의 거리. 기어나 벨트 풀리 등에서는 축간 거리, 자동차 등에서는 전차륜과 후차륜과의 중심 거리를 축거리(軸距離) 라고도 한다.

△ 구멍의 중심 거리 측정

구멍에 등경축(等徑軸)을 끼워넣어 l_1과 l_2를 측정한다.

$$c = \frac{l_1 + l_2}{2}$$

중심선 평균 거칠기(中心線平均粗度 : centerlineaverage height) 표면 거칠기 표현법의 일종.

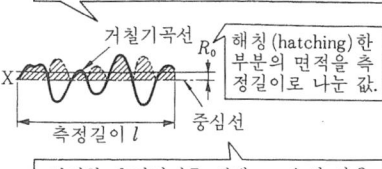

단면곡선으로부터 전기적으로 물결침이 나, 극히 가는 요철을 제거해 얻어진 것.

일정한 측정길이를 취해 그 속의 산을 깎아 골을 메워 고르게 한 선.

$$\text{중심 평균 거칠기}(R_a) = \frac{\text{일정한 측정길이를 취해 그 속의 산을 깎아 골을 메워 고르게 한 선.}}{\text{측정길이}}$$

[중심선 평균 거칠기의 읽는 법]
중심선 평균거칠기 —— μm

구분값 R_a	3 각기호
(0.013 a) 0.025 a 0.05 a 0.1 a 0.2 a	▽▽▽▽
0.4 a 0.8 a 1.6 a	▽▽▽
3.2 a 6.3 a	▽▽
12.5 a 25 a	▽

중유(重油 : heaby oil) 원유(原油)에서 휘발유·등유 및 경유를 분류 제거한 중질 (重質) 탄화수소로 디젤 기관·보일러, 그밖에 각종 노(爐)에 사용되는 액체 연료.
[종류] 갈색 내지 흑갈색의 점성이 있는 기름으로 1종(A 종류), 2종(B 종류), 3종(C 종류)으로 구별되고 있다.

중일정 계획(中日程計劃 : middle scheduling) 일정 계획 중 제품별·부품별의 월간 또는 보름간 등의 계획. 주로 중급 관리자용이다.
☞ 일정 계획(p.304)

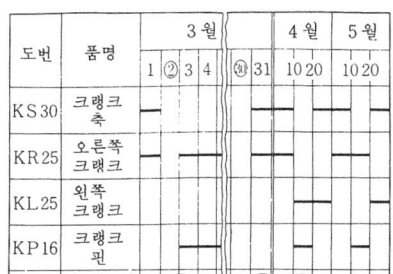

중파(中波 : medium wave) ☞ 전파(p. 335)

증기 기관(蒸氣機關 : steam engine) 증기 압력을 실린더 내에서 피스톤에 작용시켜 왕복 운동으로써, 피스톤·크랭크 기구에 의해 회전 운동을 하는 기관.

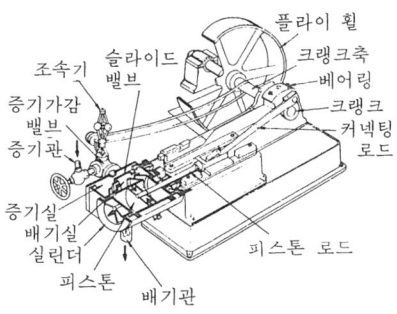

[용도] 현재에는 소형 선박, 기관차, 권양기(捲揚機) 등의 일부에 사용

증기 선도(蒸氣線度 : steam chart) 증기 엔탈피 h 와 엔트로피 s를 좌표로 하여 각 상태를 선도로 나타낸 것. ☞ 몰리에르(Mollier) 선도 (p.133)
$h-s$ 선도 혹은 몰리에르 선도라고 한다.

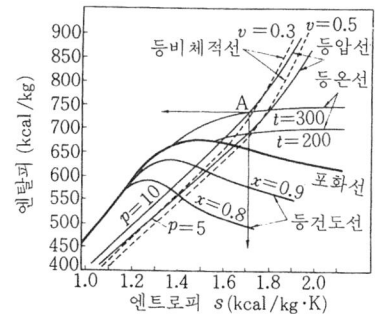

증기 소비율(蒸氣消費率: steam consumption) 증기 터빈의 출력 1kW 또는 1PS 당 1시간마다 소비하는 증기량. 터빈의 성능을 나타내는 데 사용된다.

$$W = \frac{3600 G_s}{N_e}$$

W : 증기 소비율
N_e : 터빈 출력 G_s : 증기량

증기 압력식 온도계(蒸氣壓力式溫度計: vapour pressure thermometer) 휘발성의 액체를 감온통(感溫筒)의 일부에 봉입하고, 온도의 변화에 대응하여, 액체의 포화 증기압이 변화하는 것을 이용하는 온도계.

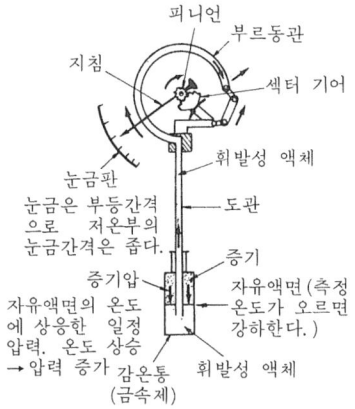

휘발성 액체와 사용온도
에틸 알콜 100~200℃
염화 메틸 -30~110℃
에틸 에테르 10~180℃ 등

증기 압축식 냉동기(蒸氣壓縮式冷凍機: steam compression refrigerating machine) 냉동 사이클 속에 압축 행정을 가지고, 냉매(冷媒)의 증발과 응축을 반복하는 냉동기.

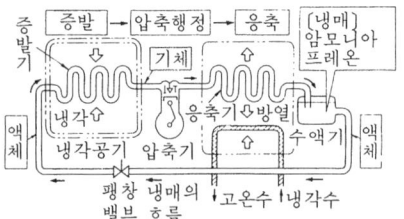

[종류] 터보식 · 회전식 · 왕복식 등.

증기 원동소(蒸氣原動所: steam power plant) 보일러 · 증기 터빈 및 그 밖의 장치를 구성하고, 증기의 열에너지를 이용하여 동력을 발생시키는 대형 설비.

▽ 화력 발전소

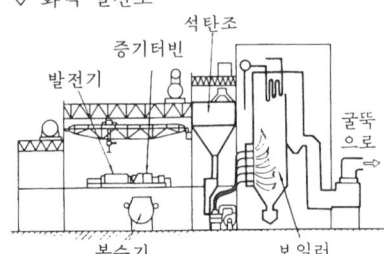

증기(蒸氣) **터빈**(steam turbine) 보일러에서 발생한 고압 증기를 노즐(nozzle)을 통해 고속의 증기분류(蒸氣噴流)로 만들어 이것을 회전 날개(blade)에 대고, 날개를 회전시켜 기계적 일을 발생시키는 기계.

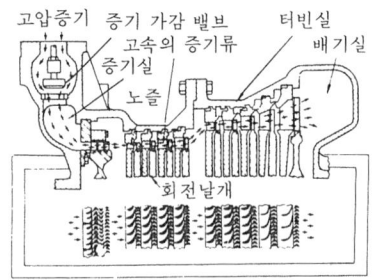

증기표(蒸氣表: steam tables) 증기의 상태량[압력 · 온도 · 비체적 · 엔탈피(enthalpy) · 엔트로피(entropy)]을 압력 혹은 온도를 기준으로 하여 나타낸 표.
[종류] 포화 증기표(온도 기준 · 압력 기준), 과열 증기표.

증기(蒸氣) **해머**(steam hammer) 해머 머

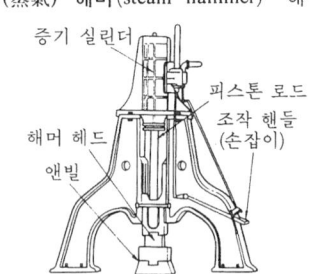

리를 증기에 의해 상승, 낙하시켜 공작물을 단조하는 기계.
크기는 1/4~10 t 정도의 것이 많으나 50 t 에 이르는 것도 있다.

증폭(增幅 : amplification) 전압·전류 등을 닮은 파형으로 그 크기(振幅)를 증대하는 작용. ☞ 증폭 회로

증폭 회로(增幅回路 : amplifier circuit) 전압·전류·전력 등의 미약한 압력을 보다 큰 출력으로 변환하는 회로.
▽ 전류의 증폭

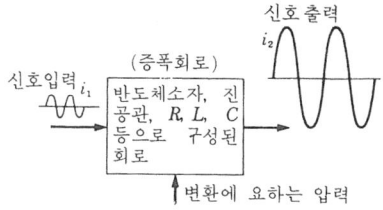

i_2는 i_1과 닮은꼴이고 그 진폭이 확대되고 있다. 이때 i_2와 i_1의 비를 증폭도라 한다.
[종류] 전류 증폭 회로, 전압 증폭 회로, 전력 증폭 회로, 직류 증폭 회로, 저주파 증폭 회로, 고주파 증폭 회로
[응용] 전자 회로의 기본이 되는 중요한 회로로 널리 사용되고 있다.

지그(jig) 공작물을 위치 결정 또는 고정하고 절삭 공구를 안내하여 가공 정도를 높임과 동시에 작업 능률을 향상시키기 위한 보조 공구.
▽ 구멍뚫기 지그의 예

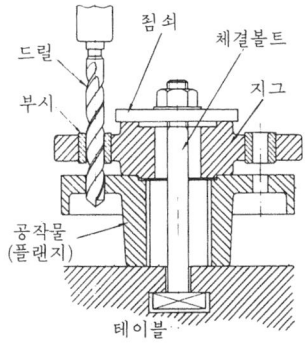

지그 보링 머신(jig boring machine) 주축이 수직축으로, 크로스 레일 위 주축헤드의 좌우 이동과 테이블의 전후 이동에 의하여, 공작물의 위치 결정을 할 수 있는 보링 머신.
▽ 문형 지그 보링 머신
주축과 테이블의 이동량은 광학적으로 μm 단위로 측정할 수 있고 정도(精度) 높은 보링 가공을 할 수 있다.

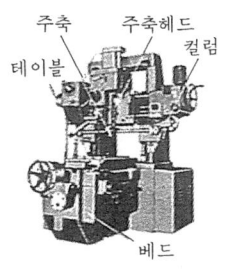

지름 피치(diametral pitch) 인치 방식의 기어 이의 크기를 나타내는 값.

$$지름\ 피치\ DP = \frac{잇수}{피치원\ 지름}$$
$$= \frac{Z}{D(in)}$$

GC 숫돌(GC grindstone) 탄화규소(SiC) 질의 인조 연삭제로 만든 숫돌. 주철·황동·경합금의 연삭에 이용된다.

지압계(指壓計 : indicator) 내연 기관 실린더 내의 압력처럼, 단시간에 변동하는 압력을 측정하는 계기.
▽ 저항선 변형계 지압계에 의한 측정 예

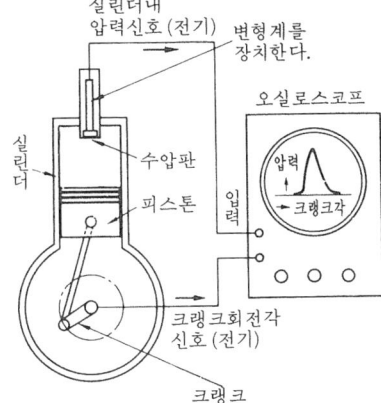

직각자(square) 공작물의 직각도·평행도의 검사 또는 금긋기에 이용하는 90°의 각을 가진 L 형의 자. 직각 정규(直角定規).

▽ 직각자에 의한 금긋기

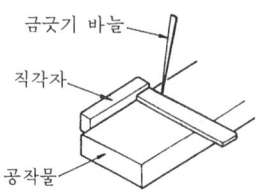

직동(直動) **캠**(translation cam) 원동절이 왕복 직선 운동을 하는 캠.

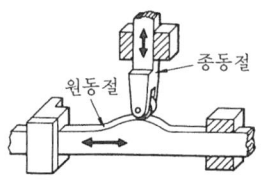

직렬 공진(直列共振 : series resonance) RLC 직렬 회로가 교류의 특정 주파수 f_0 에 대해 임피던스가 저항분 R 만으로 되는 현상.

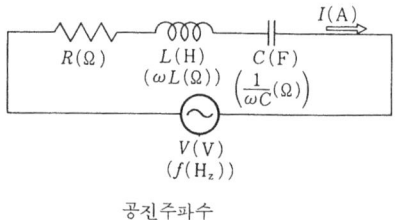

공진주파수
$f_0 = 1/2\pi\sqrt{LC}$
(a)

▽ 직렬공진곡선

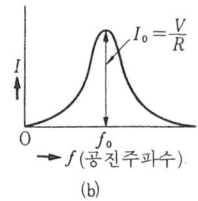

(b)

$I = \dfrac{V}{\sqrt{R^2 + \left(\omega L - \dfrac{1}{\omega C}\right)^2}}$

$\omega L = \dfrac{1}{\omega C}$ 일 때, $I = \dfrac{V}{R}$ 가 된다.

[직렬 공진이 일어나는 조건] $\omega L = \dfrac{1}{\omega C}$

일 때, 회로는 직렬 공진 상태가 된다. 그림 (a)의 RLC 직렬 회로에 있어서, R, L, C, V 를 일정하게 유지하여 교류의 주파수 f 를 변화시키면 I 는 그림 (b)처럼 변화하여 f_0 에서 $I_0 = \dfrac{V}{R}$ 최대가 된다. f_0 를 공진 주파수라 한다.

$f_0 = \dfrac{1}{2\pi\sqrt{LC}}$

직렬 접속(直列接續 : series connection) 2개 이상의 전기 저항을 일렬로 접속하여 하나의 저항으로 움직이게 하는 저항의 접속 방법.

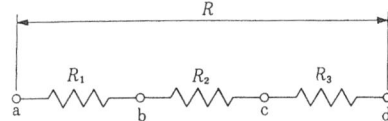

합성저항 $R = R_1 + R_2 + R_3$

직류(直流 : direct current) 시간의 경과에 따라 방향과 크기가 변화하지 않는, 전류 또는 전압. 기호 DC.

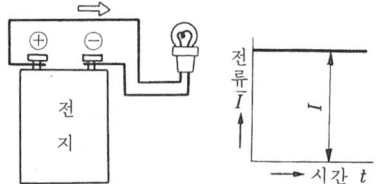

직류 발전기(直流發電機 : DC generator) 직류 전압을 발생하는 발전기.
[원리] 코일(도체)이 자속(磁束)을 끊어 생기는 기전력을 정류자(整流子)를 통해 밖으로 낸다.
[예] 타여자(他勵磁) 직류 발전기

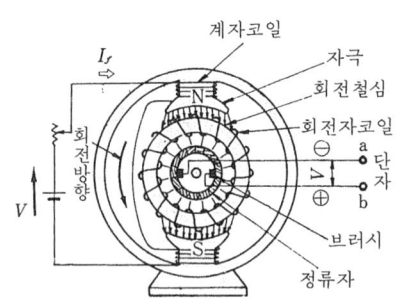

▽ 타여자 발전기의 기호

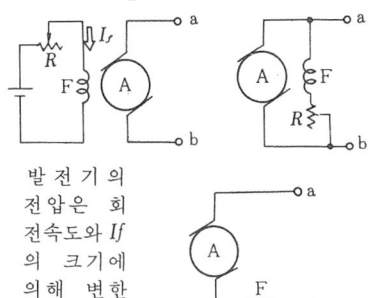

발전기의
전압은 회
전속도와 I_f
의 크기에
의해 변한
다.

직류(直流) 아크 용접(direct current arc welding) 직류 전원을 사용하여 행하는 아크 용접. 아크를 안정시켜 극성(極性)을 이용할 수 있다. 발전기형과 정류기형이 있다.

직류 전동기(直流電動機 : DC motor) 직류로 회전하는 전동기. 직류 발전기에 외부로부터 직류 전압을 가하면, 직류 전압기가 된다.
[종류] 직류 분권 전동기·직류 직권 전동기·직류 복권 전동기 등이 있다.

▽ 직류 분권 전동기

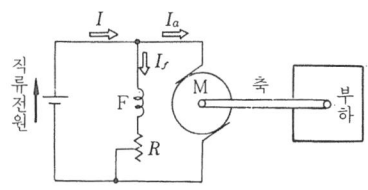

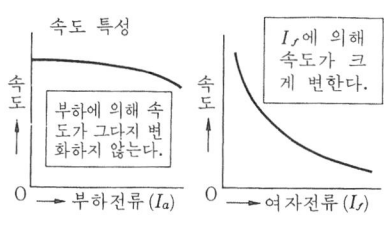

▽ 직류 직권 전동기

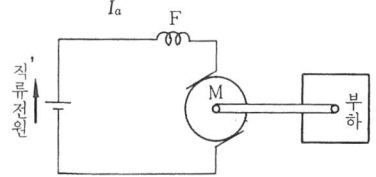

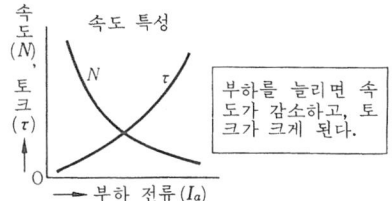

직립(直立) 드릴링 머신(upright drilling machine) 주축이 수직으로 되어 있는 입형(立形)의 드릴링 머신.
[용도] 비교적 소형 공작물의 구멍 뚫기, 탭(tap) 작업 등에 이용한다.

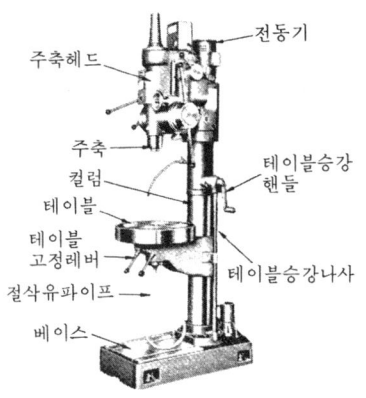

직병렬 접속(直並列接續 : series parallel connection) 3개 이상의 전기 저항을 직렬 접속과 병렬 접속을 조합시켜, 하나의 저항으로 작동시키는 저항 접속 방법.
[예]

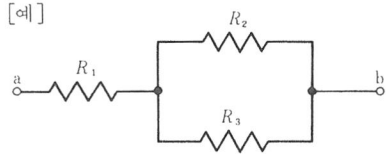

a, b 간의 합성저항

$$R = R_1 + \cfrac{1}{\cfrac{1}{R_2} + \cfrac{1}{R_3}}$$

직선 베벨 기어(straight bevel gear) 톱니 방향이 피치(pitch) 원주의 모선(母線)에 일치하는 베벨 기어(bevel gear).
　직교하는 2축에 사용하는 예가 많지만, 앵귤러 베벨 기어. 크라운 기어에도 사용한다.

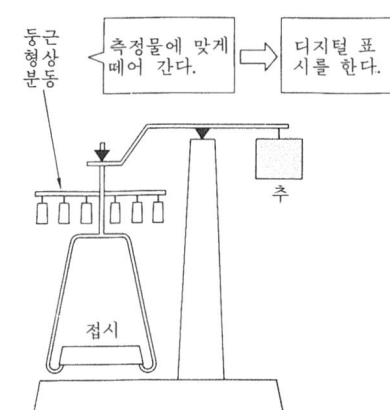

직선 베벨 기어

앵귤러 베벨 기어   크라운 기어

직선 운동 기구(直線運動機構: straight line motion mechanism) 기구 위의 1점 이 직선 운동을 하는 기구.
　B는 슬라이더 링크 a를 고정하고, d를 회전시키면 점 D는 AD 위를 직선 운동한다.
[예]

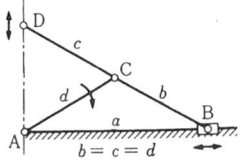

$b = c = d$

직선 자(直角定規: straight edge) 면 또는 변을 직각으로 가공하여 다듬질한 것으로써 곧은 직선의 금긋기에 사용하기도 하고, 평면도의 검사에도 사용한다.

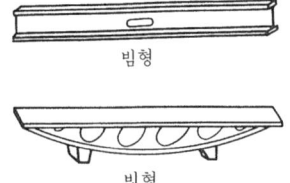

빔형

빗형

직시 천칭(直示天秤: direct-reading balance) 측정물의 무게가 직접 숫자로 표시되는 천칭.
　[특징] ① 항상 같은 하중이 작용, 감도(感度)가 일정한다. ② 취급이 간단하다.

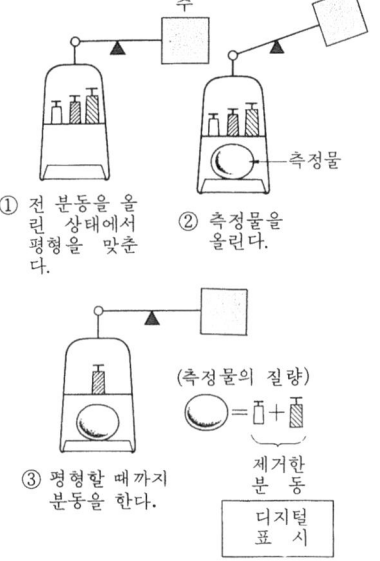

▽ 측정의 원리 (치환 칭량법의 일종)

① 전 분동을 올린 상태에서 평형을 맞춘다.
② 측정물을 올린다.
③ 평형할 때까지 분동을 한다.

직접 분사식(直接噴射式: direct injection type) 디젤 기관에 있어서, 실린더 헤드와 피스톤 헤드로 만들어진 단일 연소실 내에 직접 연료를 분사하는 방법.
　[용도] 이 형식은 대형·중형의 2사이클 디젤 기관에 널리 이용된다.
　☞ 연소실 (p.256)

연료분사 밸브

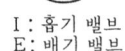
I: 흡기 밸브
E: 배기 밸브

직접 분할법(直接分割法 : direct indexing) 공작물의 원주를 분할하는 분할 방법의 일종.
　분할대 주축의 분할판만을 이용하여 분할한다.

직접비(直接費 : direct cost) 원가를 계산하기 위하여 분류한 항목의 하나. 특정 제품을 만들기 위해서만 발생하는 비용으로 그 소비액을 직접 계산할 수 있는 것.
▽직접비의 내역

제품원가 { 직접비 { 직접 재료비 / 직접 노무비 / 직접 경비 } / 간접비 }

직접(直接) **아크로**(direct electric arc furnace) 탄소 전극과 제품화되지 않은 금속 또는 쇳물 사이에 직접 아크를 발생시켜, 그 열로 기타 금속을 융해하는 전기로.

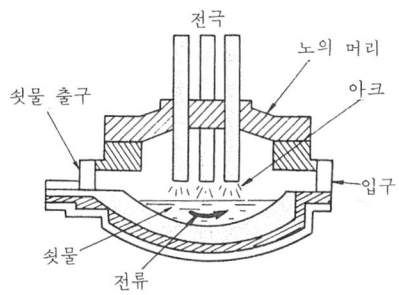

[특징] 고온을 얻을 수 있고 금속 조성의 변화가 적어 온도 조절도 쉽다.
[용도] 고급 주철·가단 주철·주강 등에 이용된다.

직접 압출법(直接押出法 : direct extrusion) 제품이 램(ram)의 진행과 같은 방향으로 나오는 압출 가공법.
▽ 직접 압출

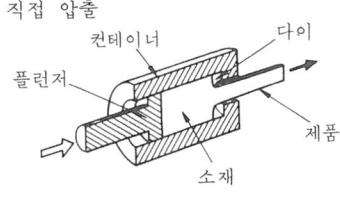

직접 전동(直接傳動 : direct transmission) 원동절과 종동절이 직접 접촉하여 운동을 전하는 방법.
　접촉 방법에 미끄럼 접촉과 회전 접촉이 있다. ☞미끄럼 접촉(p.135), ☞구름 접촉(p.44)

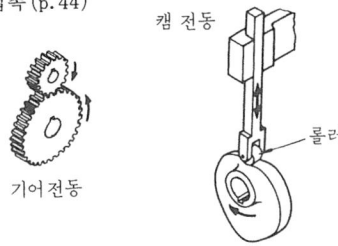

직접 조명(直接照明 : direct illumination) 광원으로부터 나온 빛에 의해 직접 피조면을 비추는 조명 방식. ☞조명 방식(p.353)
[특징] 조명 효율은 높지만, 강한 그림자가 생기고 광원이 직접 반사되어 심한 눈부심을 느끼는 결점이 있다.

직접 측정(直接測定 : direct measurement) 측정량을 직접 측정기로 재고, 측정값을 구하는 방법. ☞ 간접 측정(p.13)
[예] 마이크로미터에 의한 길이 측정.

직접 팽창식 냉동(直接膨脹式冷凍 : direct expansive refrigeration) 냉매(冷媒)가 증발기 속에 있어서, 직접 냉동 대상물로부터 열을 흡수하는 방식의 냉동법. ☞냉매(p.74)

직축(直軸 : straight shaft) 축의 중심선이 일직선으로 곧은 축.

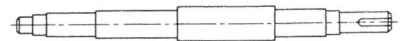

진공계(眞空計 : vacuum gauge) 대기압 이하의 기체의 압력을 측정하는 계측기의 총칭.

진 공 계	측정 원리	측정압력범위 (mmHg)
수은마노미터	압력을 직접	$10^{-1} \sim 10^3$
부르동관게이지	압력을 직접	$10^{-1} \sim 10^3$
Mcleod 계	압력을 직접	$10^{-4} \sim 10^{-1}$
석영사 진공계	기체의 점성	$10^{-4} \sim 10^{-1}$
Knudsen 진공계	기체의 운동량의 온도에 의한다.	$10^{-7} \sim 10^{-2}$

Pirani	기체의 열전도	$10^{-4} \sim 10^{2}$
Geissler	방전전류	$10^{-4} \sim 10^{-2}$
전리 진공계	기체의 전류	$10^{-10} \sim 10^{-3}$

진공관(眞空管 : vacuum tube) ☞ 전자관 (p. 331)

진동(振動 : vibration) 물체가 일정 시간 마다 같은 운동을 반복하는 현상.

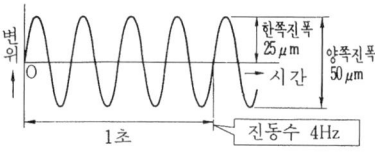

[기계의 진동 원인] ① 회전부의 불균형
② 내연기관의 폭발 충격력
③ 미끄럼 부분의 진동 여운
④ 기초나 설치 불량 등

진동계(振動計 : vibrometer) 진폭·진동수·진동 파형 등을 측정하는 계기.
[종류] ① 부동점을 내부에서 취하는 진동계 — 대부분의 진동계
② 부동점을 외부에서 취하는 진동계 — 수동식 진동계(☞ p. 204)
[확대방법] ① 레버에 의한 확대 — 기계적 진동계(☞ p. 53)
② 광레버에 의한 확대 — 광학적 진동계
③ 전기량으로 변환, 증폭기에 의한 확대 — 전기적 진동계
　　　　　전자형 진동계 (☞ p. 335)
　　　　　압전형 진동계 (☞ p. 239)
　　　　　가변저항형 진동계 (☞ p. 9)
　　　　　가변정압용량형 진동계

▽ 구조

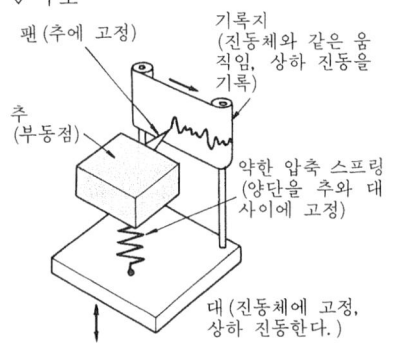

진동 방지(振動防止 : insulation of vibration) 진동의 발생원으로부터 진동이 다른 곳으로 전달되지 않도록, 완충기(緩衝器)나 댐퍼(damper)를 사용하여 절연하는 것.

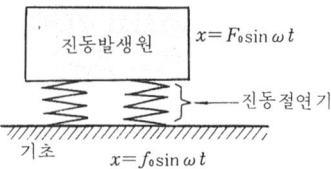

진동 발생원의 강제진동이 $x = f_0 \sin \omega t$ 로 완충기를 거쳐 기초에 전달된 진동을 $x = f_0 \sin \omega t$ 로 할 때, 전달률 $\tau = \dfrac{f_0}{F_0}$
τ 가 작으면 진동 방지의 효과가 크다.

진동 방지구(振動防止具 : center rest) 선반으로 가늘고 긴 재료를 절삭하는 경우에는, 자중(自重)이나 절삭력 때문에 재료가 구부러질 우려가 있는 것으로, 이것을 막기 위한 지지구.
[종류] 고정 진동 방지구 (☞ p. 26), 이동 진동 방지구 (☞ p. 296)

진동수(振動數 : frequency) 일정한 시간 간격을 두고, 같은 현상이 반복되는 진동의 주기(周期) 운동으로 단위 시간당의 진동 횟수.

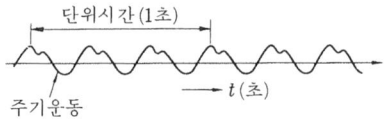

이 경우, 진동수는 3회/초, 3c/s, 3Hz 등으로 나타낸다.

진성 반도체(眞性半導體 : intrinsic semiconductor) 게르마늄(Ge)이나 실리콘(Si)의 결정(結晶)처럼 4개의 가전자(價電子)로 공유 결합하고 있는 반도체.
[구조] Ge 의 가전자는 공유 결합 전자로 된다. 극히, 일부의 공유 전자 공유로부터 떨어져 나와 자유 전자가 된다. 공유 전자가 빠진 부분은 전자 1개가 부족하게 되고, 이 부분을 정공(正孔)이라 한다.
[성질] 상온에서는 자유 전자나 정공의

수가 미소하기 때문에 저항률이 크다. 온도가 상승하면, 결합 단위를 벗어나는 전자가 증가하고, 자유 전자와 정공이 증가하여 저항률이 감소한다.
[캐리어] 반도체의 전도(電導)는 자유 전자와 정공에 의해 행해지기 때문에, 이 양자를 캐리어(carrier)라고 한다.

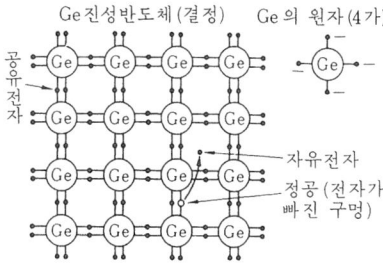
Ge진성반도체(결정)   Ge 의 원자(4가)

진자 시계(振子時計 : pendulum clock) 조속기(調速器)로써 흔들이 추(振子)를 사용한 시계.

[진자의 주기 T]

$$T = 2\pi\sqrt{\frac{l}{g}}$$

π : 원주율
g : 중력가속도
l : 진자의 지지점에서 중심까지의 거리

[진자 시계의 정도(日差)] 10초~1/500초

진폭(振幅 : amplitude) 단진동(單振動)에 있어서 중립의 위치로부터 상하방향으로의 최대의 변위량(變位量).

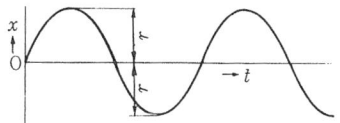

단진동이 $x = r\sin\omega t$ 로 나타낼 때, r을 진폭이라고 한다.

질량(質量 : mass) 물체를 구성하는 물질의 양(量). 역학에서는 물체에 생긴 가속도는 힘에 비례하고, 이 힘의 비례 정수를 질량이라 한다.

[중량] 물체에는 중력의 가속도에 의해 힘이 작용하는데 이것을 물체의 중량이라 한다. 그러나 동일한 질량의 물체라도 지구상의 물체의 위치에 따라 그 중량은 다르다.

질량 분석계(質量分析計 : mass spectrometer) 피측정 물질의 분자를 이온화하고, 그 질량의 차이를 이용하여 일정 질량의 이온을 분리하여 합성 가스의 성분을 분석하는 계기(計器)를 말한다.

질량수(質量數 : mass number) 산소 원자의 질량을 16으로 하고, 이 비율로 각 원자의 질량을 나타낸 것.

질량 효과(質量效果 : mass effect) 같은 성분의 강재(鋼材)를 같은 방법으로 담금질 할 때, 그 재료의 지름이나 두께의 차이에 따라 열처리 방법이 달라지는 일.

▽ 강재(0.45% C)의 지름에 따른 담금질 경도의 차이.

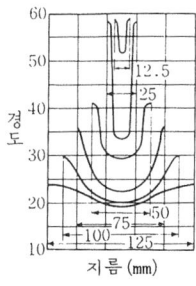

질량효과가 큰 강은 지름이 크게 되면 내부의 냉각 속도가 늦어져 담금질 경도가 작게 된다.

질화법(窒化法 : nitriding) 질화용 강의 표면층에 질소를 확산시켜, 표면층을 경화하는 방법.

▽ 질화로의 원리

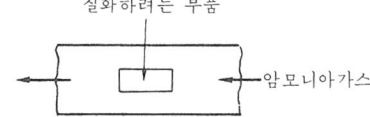

▽ 질화깊이와 경도와의 관계

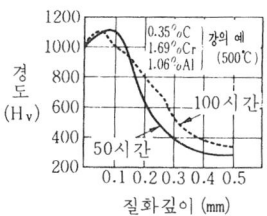

게이지 또는, 측정기의 측정면의 경화

등에 이용된다. 500~600℃, 50~100시간 가열하여, 계속해서 가스를 공급하면서 서냉시킨다. 치수 변화가 적고, 담금질을 할 필요가 없다.

질화용 강(窒化用鋼 : nitriding steel) 질화에 사용되는 합금강. 알루미늄(Al), 크롬(Cr), 몰리브덴(Mo) 등을 함유. 항공기관의 실린더, 캠축, 연료 밸브, 측정기의 앤빌 등에 이용된다. ☞ 질화법.

집중 관리 방식(集中管理方式 : centralized control system) 발전소의 감시 업무나, 생산 부문의 자동화 등의 관리에 이용되고 있다. 각 현장(現場)에 있어서 모든 정보가 컴퓨터 등을 사용하여 한 곳(제어실)에 모아, 그 제어실에서 공장의 전 공전을 집중적으로 관리하는 방식.

집중 하중(集中荷重 : concentrated load) 하중의 작용 면적이 좁고, 근사적으로 어떤 한 점에 집중하여 작용하고 있다고 간주하는 하중.

ㅊ

차단기(遮斷器 : breaker) 송·배전선 회로, 부하 상태의 회로를 열기 위한 개폐기. 소형으로 저압 소용량의 전류의 크기에 따라 자동적으로 차단하는 자동 차단기도 있다.

차동(差動)**기어 장치**(differential gear) 유성(遊星)기어 장치에 있어서, 서로 연동하면서 만나는 3개 이상의 기어 중 2개의 기어에 회전을 주면, 그것에 의해 나머지 기어의 회전수가 결정되는 기어 장치.
[전진의 경우] 구동축회전 → c(c′)회전 → E가 자전하지 않고 축의 주위를 공전. → A, B 등속 회전.
[커브의 경우] E가 공전하면서 회전→A 와 B는 다른 회전수.

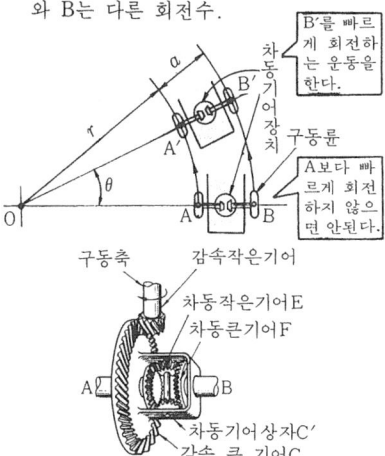

차동 변압기(差動變壓器 : differential transformer) 직선 변위를 전기량으로 변환하는 가동 철편형의 전자 유도 변환기(電磁誘導變換器).

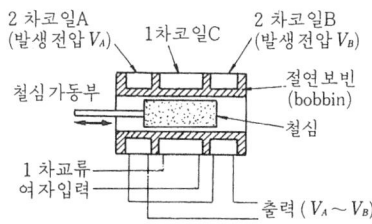

▽ 용도

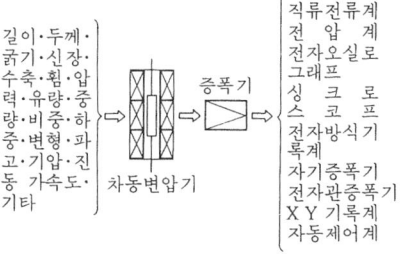

▽ 지시계기

{ 직류전류계
전 압 계
전자오실로
그래프
싱 크 로
스 코 프
전자방식기
록계
자기증폭기
전자관증폭기
X Y 기록계
자동제어계 }

차동 분할법(差動分割法 : differential indexing) 밀링으로 기어 등을 절삭할 때, 단식 분할법으로는 산출해 낼 수 없는 수를 산출해 내는 방법.

▽ 차동 분할 기구

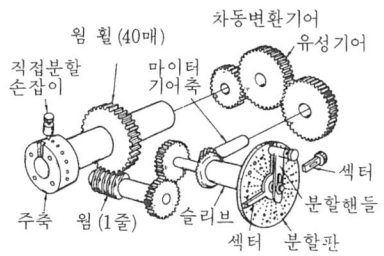

대체기어비 $i=40\dfrac{N'-N}{N'}$ (i가 되도록 대체기어를 선택한다.)
N : 분할수
N' : 단식 분할법으로 산출한 수(N에 가까운 수)
$i>0$ 일 때…유성기어 1개
$i<0$ 일 때…유성기어 2개
분할 핸들의 회전수 $n=40/N'$ (웜기어의 회전 비 : 1/40)

차압 액면계(差壓液面計 : differential pressure type liquid level gauge) 보일러 등 밀폐 탱크 내의 액면을 재는 계기.
$p_1=p_0+\gamma h_1$
$p_2=p_0+\gamma h_2$
차압 $p_2-p_1=\gamma(h_2-h_1)=\gamma h$
차압계로부터 h(보일러 내의 액면높이)

를 안다.

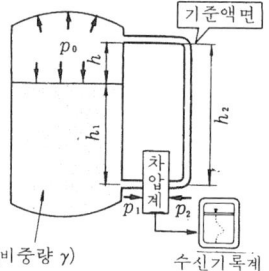

차압 유량계(差壓流量計 : differential pressure type flowmeter) 관로의 도중에 교축 기구를 설치하고, 그 전후의 압력차에 의하여 유량을 측정하는 계기.

[종류] 벤투리(venturi)계(☞p.155), 노즐(nozzle)(☞p.76), 관내 오리피스(pipe orifice)(☞p.36)

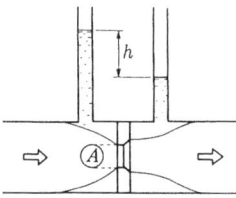

차축(差軸 : axle) 전동차 등의 차체의 중량을 받아, 이것을 차륜에 전하는 축. 주로 휨 하중을 받는다.

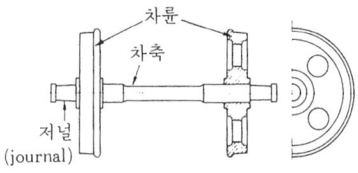

착화 지연 기간(着火遲延期間 : ingnition lag) 디젤 기관에 있어, 압축 후 연료의 분사가 시작되고부터 착화하기까지의 기간.

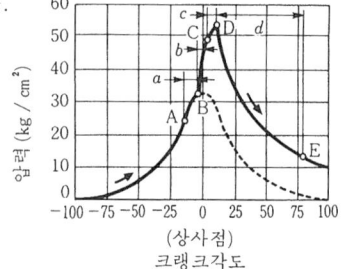

a: 착화지연기간 b: 폭발연소기간
c: 직접연소기간 d: 후연기간

점 A에서 연료 분사가 시작되어 분무 상태의 연료가 실린더 내의 압축공기로 뜨거워져 착화 온도에 접근하지만 아직 연소는 일어나지 않는다. 점 B까지 압축 행정이 계속되고 여기에서 착화되어 연료는 폭발적으로 연소한다.

창고 관리(倉庫管理 : stock control) 생산 현장의 요구에 언제라도 응할 수 있도록 자재(資材)를 안전하게 보관하고, 정확·신속하게 출고하기 위한 계획과 실시.
[창고 관리의 내용] 입고·출고, 재고조사(☞p.314), 상비량의 결정.

▽ 창고관리의 일

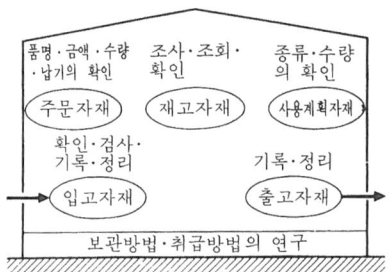

창성(創成) **기어 절삭기**(gear generating machine) 래크(rack) 절삭기 또는 피니언(pinion) 절삭기·호브(hob) 등을 이용하여 이(tooth)를 절삭하는 공작기계. ☞ 호빙 머신(p.451)

창성(創成) **기어 절삭법**(gear generating method) 인볼류트의 성질(기초원에 작용선이 구름 접촉하여 회전하면 그 작용선상의 1점이 그리는 궤적)을 이용하여, 기어 소재와 바이트에 상대 운동을 주어 기어 절삭을 행하는 방법.
▽ 래크 절삭기에 의한 예

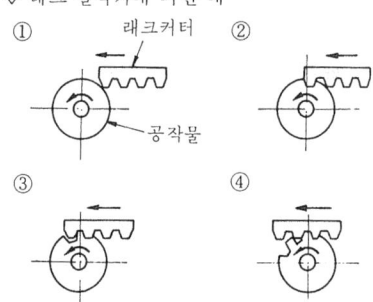

[종류] ① 호브(hob : 회전하는 바이트)를 이용하는 방법.
② 래크절삭기를 이용하는 방법.
③ 피니언절삭기를 이용하는 방법.
　작용선에 수직이 되도록 만들어진 래크 커터의 기어 소재를 맞물리게 하고, 상대 운동을 주어, 이 운동이 방해되는 부분을 깎아내면, 래크에 정확하게 맞물리는 인볼류트 기어가 가공된다.

처짐(deflection of beam) 보(beam)가 하중을 받아 탄성 변형을 한 때, 하중을 받기 전의 보(beam)의 축선(軸線)과 직각 방향의 변위량. 보의 최대 휨 δ_{max}는 다음 일반식으로 나타낼 수 있다. β의 값은 보의 조건에 의해 결정되는 정수이다.

$$\delta_{max} = \beta \frac{Wl^3}{EI}$$

E : 종탄성계수
I : 단면2차 모멘트

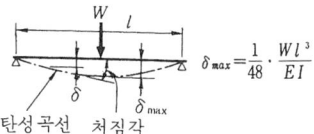

$$\delta_{max} = \frac{1}{48} \cdot \frac{Wl^3}{EI}$$

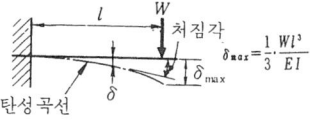

$$\delta_{max} = \frac{1}{3} \cdot \frac{Wl^3}{EI}$$

척(chuck) 공작물 장착용 공구. 선반용 보통 척의 경우는 주축의 선단에 설치하여 주로 조(jaw)로 공작물을 죄어 지지한다.
[종류] 단동 척, 연동 척, 복동 척, 전자 척, 유압 척 등.
[조(jaw)의 수] 3조 척, 4조 척.
▽ 3조 척

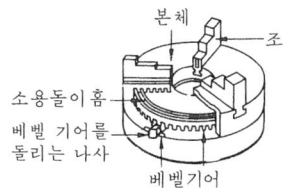

척도(尺度 : scale) 대상물을 그렸을 때 도형의 길이 A와 실제의 길이 B와의 비. A : B로 표시된다.

척도의 종류	적용의 우선순위	
	1	2
축 척	$1:10\times10^n$ $1:5\times10^n$ $1:2\times10^n$	$1:5\times10^n\sqrt{2}$ $1:6\times10^n$ $1:4\times10^n$ $1:2\times10^n\sqrt{2}$ $1:3\times10^n$ $1:2.5\times10^n$ $1:10^n\sqrt{2}$ $1:1.5\times10^n$
현 척	$1:1$	
배 척	$2\times10^n:1$ $5\times10^n:1$ $10\times10^n:1$	$10^n\sqrt{2}:1$ $2.5\times10^n\sqrt{2}:1$ $5\times10^n\sqrt{2}:1$

표중의 n은 0 및 양의 정수로 한다.

척 작업(chucking work) 척에 공작물을 설치하여 절삭하는 선반 작업.
4조 척을 사용할 때, 금긋기 블록을 이용하여 A, B 2곳에서 중심내기를 한다.
긴 재료의 경우는 심압대를 이동시켜 정지 센터로 지지한다.

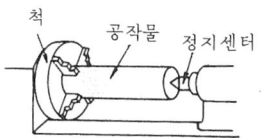

천연 가스(natural gas) 지하로부터 발생하는 가연성 가스의 총칭.
[특징] 메탄을 주로 하는 탄화 수소가 주성분으로 발열량이 높아 연료로서 사용되고 있다.(L.N.G)

천정 크레인(overhead travelling crane) 건물의 길이에 따라 벽에 설치한 2줄의 레일에 교량형 횡목을 걸쳐서 주행시키는 크레인. 그 횡목 위에 트롤리(대차)를 얹어 이동시키는 것으로 바닥면 어느 위치

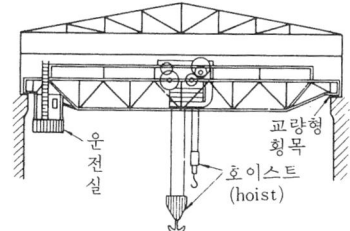

에 놓여져 있는 중량물이라도 달아올려 운반할 수 있다. 생산 공장·수리 공장의 작업용, 창고내 화물의 운반용, 발전소의 건설·수리용 등에 널리 사용되며 감아 올리는 하중은 1~2t으로 부터 500 t 이상의 것도 있다.

천칭(天秤: balance) 좌우의 팔의 길이가 같아 가장 측정물과 분동 등으로 균형을 맞추어서 그 질량을 재는 기기. 저울 중에는 가장 정도(精度)가 좋다.

질량	안전·정확하게 잴 수 있는 최대의 질량.
감도	천칭의 예민함. 중량의 증감으로 변화
감량	천칭이 느끼는 최소의 질량. 도표의 1눈금의 1/2만 변화시키는 크기.
정도	$5 \times 10^{-4} \sim 10^{-8}$

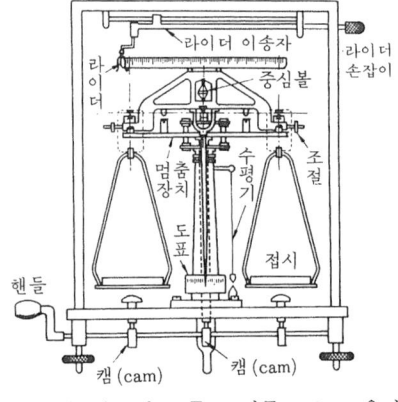

철(鐵: iron) 기호 Fe, 비중 7.87, 융점 1536°C, 강자성체(强磁性體)로 습기가 있으면 상온에서 녹슨다. 탄소와 합금한 강과 주철은 공업상 가장 중요한 합금이다.

철강 일관 작업(鐵鋼一貫作業) 제선(製銑)과 제강을 연속해서 행하는 작업.
선강(銑鋼) 일관 작업이라고도 한다.

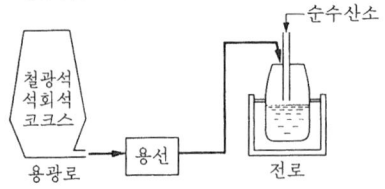

[특징] 제강은 선철을 원료로 하여 평로·전로·전기로 등에서 행해지지만 제선에 의하여 얻어진 용선을 원료로 하여 전로에서 행하면, 제강 시간이 짧고 열 경제적인 면에서 극히 유리하다.

청동(靑銅: bronze) Cu-Sn계의 동(銅)합금

[성질] 내식성이 풍부하고 강력하며, 주조성이 좋다.
[종류] 인청동(☞ p. 303)
　　　특수(Al) 청동
　　　백동(☞ p. 149)
　　　양은(☞ p. 244) 기타의 원소첨가
　　　각종 주물용
[실용 청동] 실용상으로 Cu-Sn 이원계는 거의 사용하지 않고, Zn, P, Pb 등을 첨가한 것이 보통이다. 10%Sn, 2% Zn의 동합금을 포금(砲金)이라고 하고, 주조성·기계적 성질이 좋다.
[용도] 일반 기계 부품·밸브·콕·기어 등

청사진(靑寫眞: blue print) 음화(陰畵) 감광지에 복사한 도면. 원도의 검은선이나 문자 등은 청사진에서는 하얗게 나타나고 그외는 청색으로 나타난다.

청열 취성(靑熱脆性: blue shortness) 탄소강을 가열하면, 200~300°C 부근에서 인장 강도나 경도가 상온에서의 값보다 크게 되어 변형이나 수축이 감소하여 여리게 되는 현상.
200~300°C의 범위 내에서 파란 산화피막이 표면에 형성되기 때문에 청열 취성이라고 불려진다.
▽ 탄소강(0.25%C, 노멀라이징)의 고온도에 있어 기계적 성질의 변화.

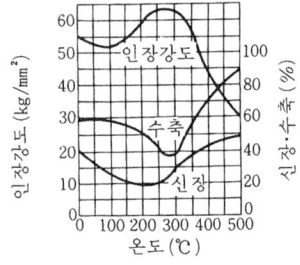

체심 입방 격자(體心立方格子: body centered cubic lattice) 원자가 정육면체의 각 꼭지점과, 대각선의 교점에 한개씩 배열하고 있는 결정격자(結晶格子).

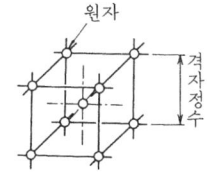

체이서(chaser) 나사를 절삭하는 공구의 일종으로 몇개의 나사산을 가진 바이트.
[종류] ① 선반용 체이서 : 빗형 바이트라고도 한다.

② 다이 헤드(die-head)용 체이서 : 4매 1조의 체이서를 다이헤드로 지지하여 나사를 낸다.

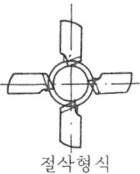

절삭형식

체인 블록(chain block) 스프로킷(sprocket)·기어·도르래 등을 조합하여 체인을 건 물건을 들어 올리는 장치. 차동 도르래의 원리를 이용하고 있다.

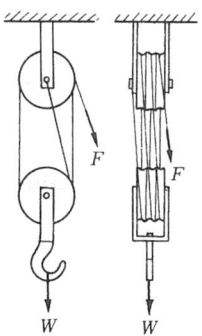

체인 스프로킷(chain sprocket) 체인 전동에 이용하는 기어.

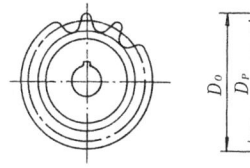
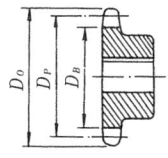

피치원 지름 $D_p = p \cdot \operatorname{cosec} \dfrac{180°}{z}$

외   경 $D_0 = p\left(0.6 + \cot \dfrac{180°}{z}\right)$

이끝원 지름 $D_B = D_p - D_r$
p : 체인 피치 z : 잇수
D_r : 롤러 외경

체인 전동(chain drive) 스프로킷 휠을 원동차와 종동차로 해서 체인을 걸어 행하는 전동.

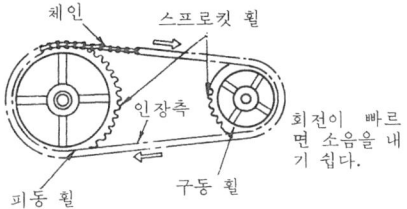

체임버 압력계(chamber manometer) ☞ 캡슐식 압력계 (p.391)

체적 유량(體積流量 : volume flux) 유로(流路)중에 생각한 하나의 단면을 단위 시간에 통과하는 유체의 체적.

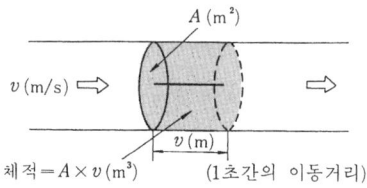

체적 $= A \times v (m^3)$ (1초간의 이동거리)

체적 유량 $= Av = \dfrac{G}{\gamma} (m^3/s)$

A : 단면적 v : 속도
G : 중량 유량 (☞ p.360)
γ : 비중량

체크 밸브(check valve) 역지(逆止) 밸브. 유체를 한 방향으로만 흘리고 역류를 방지하는 밸브.
▽ 배관용 체크 밸브

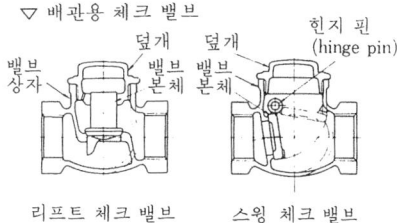

리프트 체크 밸브   스윙 체크 밸브

▽ 유압·공기압 장치용 체크 밸브

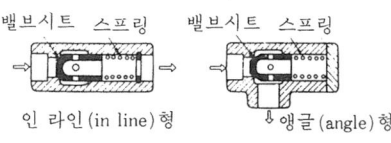

인 라인(in line)형   앵글(angle)형

초(秒 : second) 세슘 원자(^{133}Cs)가 흡수 또는 방출하는 전자파 주기(電磁波周期)의 9192631770배. 시간의 기본 단위.

시간을 재는 단위의 하나. 전자의 얻는 궤도는 결정되어 있고 전자는 밖으로부터 들어오는 전자파를 흡수하여 아래의 궤도로부터 위의 궤도로 뛰어오르기도 하고 또, 반대로 방출하여 위의 궤도로부터 아래의 궤도로 이동하기도 한다. 이 전자파의 주기가 일정하기 때문에 이것을 기초로 한다.

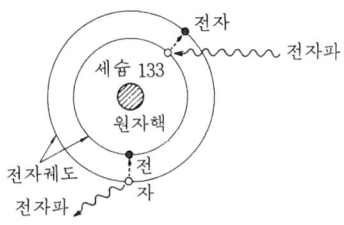

초경 합금(超硬合金 : cemented carbide alloy) 탄화(炭化)텅스텐(WC), 탄화티탄(TiC) 등의 매우 단단한 금속간 화합물의 분말과 결합제로써 코발트 등의 분말을 혼합한 것을 압축 성형하고 고압으로 가열하여 소결한 합금.

▽ WC-Co 계 초경 합금

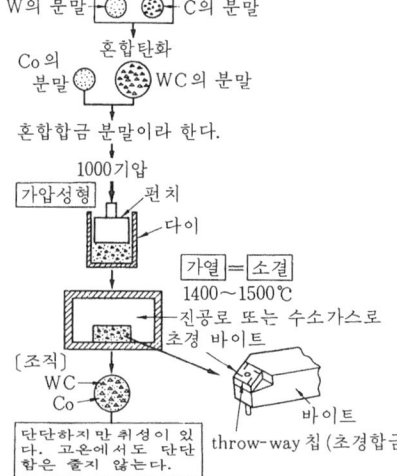

초고속 절삭(超高速切削 : super high speed cutting) 절삭 속도가 커지면 절삭 온도는 상승하지만, 절삭 속도가 어떤 한도(약 1000m/min)를 넘으면, 절삭 온도가 강하하는 현상이 나타나고, 그와 같은 상태에서 행해지는 초고속의 절삭.

[특징] 초고속이 되면 발열도 크게 되지만, 칩이 그 발열량을 많이 갖고 가므로, 반대로 절삭 온도가 강하해서 절삭이 가능하게 된다.

[이점] ① 가공시간이 짧게 되고, 절삭효율이 좋다.
② 절삭 저항이 감소하여, 절삭 동력이 적게 된다.
③ 표면 조성이 좋아 가공 정도가 좋다.

[필요 조건] ① 내열성이 있는 절삭 공구 재료.
② 고속 회전이 가능한 공작 기계(진동에 견디고, 강성을 가진 것)

▽ 절삭속도-절삭온도 선도

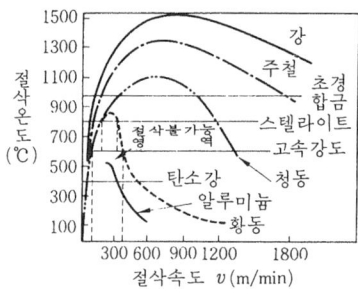

초단파(超短波 : ultra wave) ☞ 전파(p. 335)

초(超)**두랄루민**(super duralumin) 두랄루민의 Mg양을 증가한 합금. ☞ 두랄루민(p. 99)

두랄루민을 개량해 인장 강도를 50kg/mm² 이상으로 끌어올린 것이다.

초음속(超音速 : supersonic speed) 음속(音速)보다 빠른 속도.

초음파(超音波 : ultrasonic wave) 인간의 귀로는 소리로써 들을 수 없을 정도의 높은 진동수(주파수)의 음파.

[성질] ① 보통의 음에 비하여 파장이 짧고, 강도가 현저히 크다.
② 전파 운반 속도는 음속과 같다 (5~30MHz 정도의 주파수를 사용한다.)

[발생방법] 전기 진동을 이용하여 발생시킨다.

[응용예] 초음파 가공, 초음파 세척, 수

심의 측정 등 ☞초음파 가공

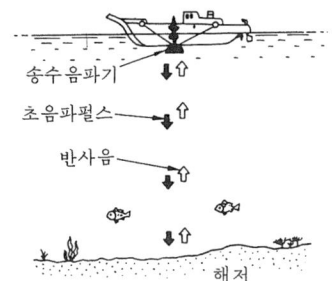

초음파 가공(超音波加工 : ultrasonic machining) 공구와 공작물 사이에, 숫돌립과 물 또는 기름의 혼합액을 넣고 공구에 초음파 진동을 주어 공작물의 구멍뚫기, 연삭, 절단 등을 행하는 가공법.
▽ 초음파 가공기의 구조예

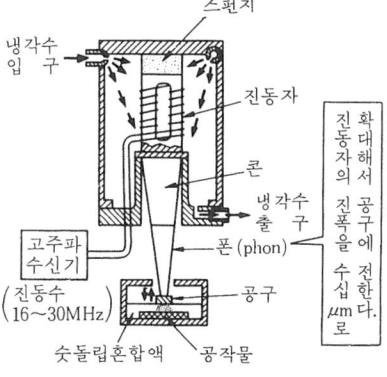

초음파(超音波) **스위치**(ultrasonic switch) 초음파를 이용하여 물체를 검지하는 스위치. 초음파를 발진하는 송신기(스피커)와 수신기(마이크로폰)로 이루어진다. 자동 제어계의 센서로서 이용된다.
[용도] ① 무인차의 충돌 방지 장치
② 호퍼내 분체면 위의 검출
③ 문의 자동개폐장치(자동문)

초음파 액면계(超音波液面計 : ultrasonic type liquid level gauge) 초음파를 발신하고 이것이 다시 반사되어 되돌아 올 때까지의 시간을 추정하며 액면 위치를 감지하는 계기.

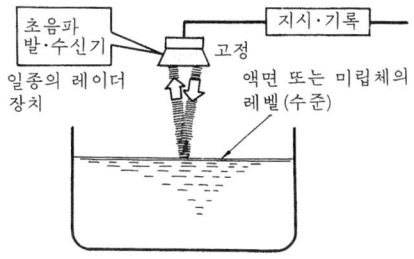

초음파 탐상법(超音波探傷法 : ultrasonic inspection) 초음파를 재료 내부에 방사하여 결함면과 저면(底面)에서의 반사파의 차이에 의해 내부 결함을 발견하는 비파괴 검사법.
▽ 펄스 반사법

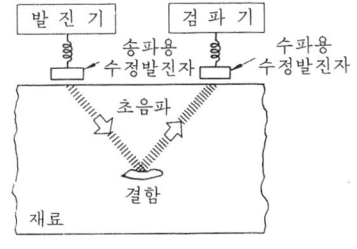

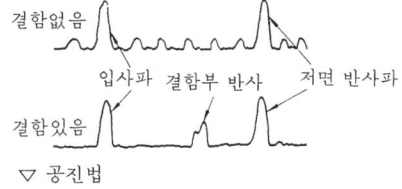

▽ 공진법

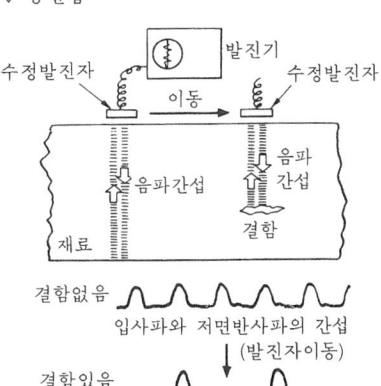

▽ 초음파 탐상기의 구조예

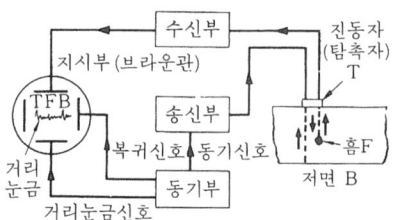

초크(choke) 리액턴스(유도 저항)를 이용하기 위해 철심(鐵心)을 가진 코일.

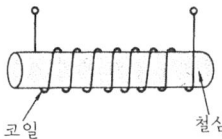

인덕턴스는 전류의 크기에 의해 변화한다(철심의 자기포화 때문).
리액턴스(유도 저항)는 주파수에 의하여 변한다.

촉매 컨버터(catalytic converter) 자동차 배기관의 도중에서 촉매에 의하여 배기중 유해한 CO, HC를 무해한 CO_2, H_2O로 산화시키거나 유해한 NO_x를 무해한 N_2, O_2로 환원시키는 장치

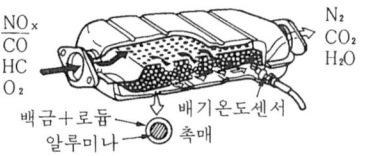

촉침법(觸針法 : stylus method) 촉침을 측정면상에 미압(微壓)으로 미끄러지게 하여, 표면의 요철(凹凸)에 의해 촉침이 상하 운동하는 것을 확대하여 표면 거칠기를 측정하는 방법.
[광 레버식 촉침법] 최대높이 R_{max}, 십점 평균 거칠기 측정에 이용된다.

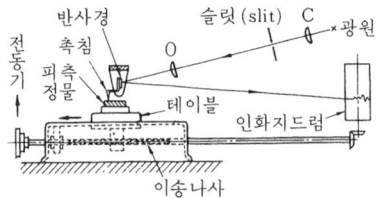

○전동기 회전→이송나사→피측정물미동

→인화지드럼 미회전
○촉침…선단은, 강·다이아몬드·사파이어로 반구 형상으로써 반경은 2~12.5 μm.
[전기식 촉침법] 중심선 평균 거칠기의 측정에 쓰여진다. ☞최대 높이(p.379) ☞십점 평균 거칠기(p.229) ☞중심선 평균 거칠기(p.361)

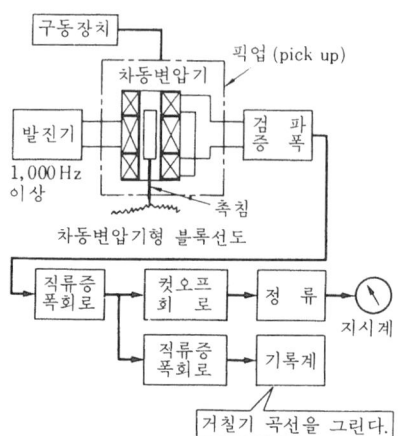

차동변압기형 블록선도

○픽업(pick up)…가동코일형·인덕턴스형
·차동변압기형·압전형
·저항선 변형계형

총발열량(總發熱量 : higher calorific value) =고발열량(p.24)

총원가(總原價 : total cost) ☞원가(p.279), 판매 원가라고도 한다.

총이의 높이(whole depth) 기어의 이에 있어서 이뿌리부터 이끝까지의 높이. ☞기어(p.56)
　보통 이의 총이높이 h는
　$h ≧ 2.25m$
　m : 모듈

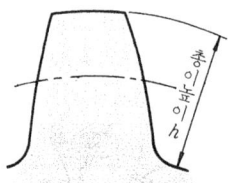

총합 계획표(總合計劃表 : general planning chart) 통제의 진도 관리에 이용하는 통제 도표의 일종. 총합 계획의 진도의 조정에 이용된다.

[예]

	5월	6월	7월
설 계			
공 정 계 획			
재 료 수 배			
외 주 수 배			
지그·공구준비			
제 작			
시 운 전			
출 하			

┠----┨ 예 정
┠──┨ 실 적

총합 원가 계산(總合原價計算 : process costing) ☞원가 계산 (p. 280)

총형 밀링 커터
(formed cutter) 불규칙한 형상이나 곡면 등을 밀링 절삭 가공으로 절삭할 때 사용하는 커터.
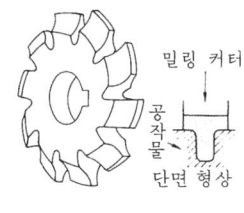
날끝이 마모된 때는 경사면을 연삭하는 형식과 앞면 여유면을 모방 연삭하는 형식이 있다.

총형(總形) **바이트**(forming tool) 복잡한 면(面)을 깎을 수 있도록 날끝의 형태가 가공 부분의 단면과 동일하게 만들어진 바이트.
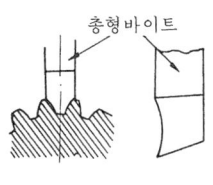

최대(最大) **높이**(maximum height) 표면 거칠기를 나타내는 방법의 일종. 단면 곡선에서부터 기준 길이를 발취하고 그 부분의 평균선에 평행한 두 직선으로 발취한 부분을 사이에 두었을 때 이 2직선의 간격을 단면 곡선의 종배율(縱倍率) 방향으로 측정한 길이.

▽ 최대 높이를 구하는 방법의 예
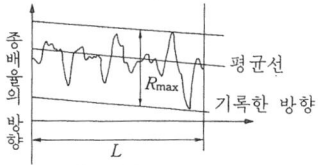
L : 기준길이
R_{max} : 기준길이 L에 대응하는 발취 부분의 최대 높이

최대 실체공차 방식(最大實體公差方式 : maximum material principle) 부품의 치수 공차와 기하학적 공차 사이의 상호 관계를 최대 실체 상태(외측 형체, 예를들면 축 등에서는 최대 허용치수·내측 형체, 구멍 등에 대해서는 최소 허용 공차를 가진 형체의 상태)를 주로하여 부여한 공차 방식.
주로 두 개의 형체를 조립하면 여러가지 형체에 대하여 치수 공차와 자세 공차 또는 위치 공차 사이에 상호 의존성을 고려하여 치수의 여유분을 자세 공차 또는 위치 공차에 부가할 수 있는 경우에 적용된다. 공차가 있는 형체에 최대 실체 공차를 적용하는 경우의 도시 방법은 공차 기입란의 공차값 다음에 Ⓜ의 부가 기호를 붙인다.
[최대 실체 공차의 적용예] 그림의 경우 동적(動的) 공차 신도는 아래 그림과 같이 되고 허용되는 직각도 공차는 축의 치수로부터 $\phi 0.4$까지 허용된다.

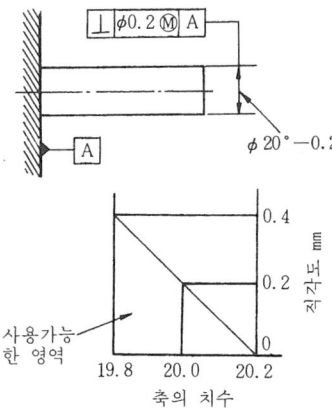

최소 단면(最小斷面) **2차 모멘트**(minimum second moment of area) 단면의 도심

(圖心)을 통과하는 축에 대해서 구한 단면 2차 모멘트 중 최소치의 것. ☞단면 2차 모멘트 (p. 86)

[예]

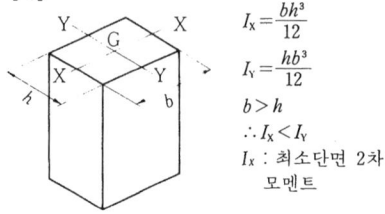

$I_X = \dfrac{bh^3}{12}$

$I_Y = \dfrac{hb^3}{12}$

$b > h$

$\therefore I_X < I_Y$

I_X : 최소단면 2차 모멘트

최소 단면 2차 반경(最小斷面二次半徑 : minimum radius of gyration) 단면의 도심을 통과하는 축에 대해서 단면 2차 반경의 최소치.

$k_{min} = \sqrt{\dfrac{I_{min}}{A}}$

k_{min} : 최소단면 2차반경
I_{min} : 최소단면 2차 모멘트
A : 단면적

[예]

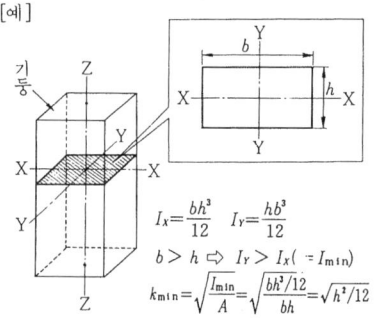

$I_X = \dfrac{bh^3}{12}$ $I_Y = \dfrac{hb^3}{12}$

$b > h \Rightarrow I_Y > I_X (= I_{min})$

$k_{min} = \sqrt{\dfrac{I_{min}}{A}} = \sqrt{\dfrac{bh^3/12}{bh}} = \sqrt{h^2/12}$

추기(抽氣) **터빈**(extraction turbine) 증기 터빈에 있어서 팽창 도중에 증기의 일부를 추출하고 작업용으로 이용하는 방식의 터빈.

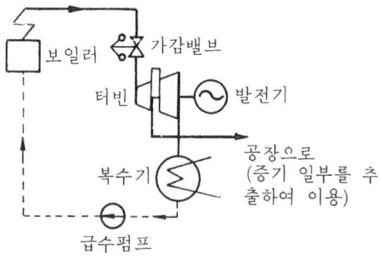

추력(推力 : thrust) 회전축과 회전체의 축방향에 작용하는 외력(外力). 축이 원활한 회전을 하기 위해서는 스러스트 베어링이나 기타 대책을 강구하여 추력을 방지한다.

▽ 임펠러의 추력

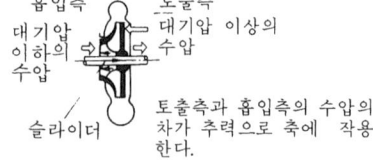

▽ 헬리컬 기어의 추력

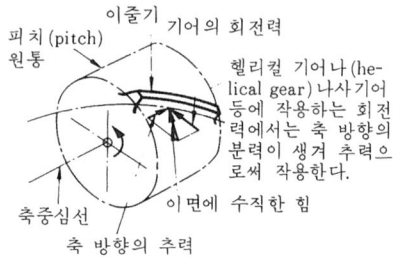

추진제(推進劑 : propellant) 로켓의 연료와 산화제를 말함.

▽ 액체 추진제

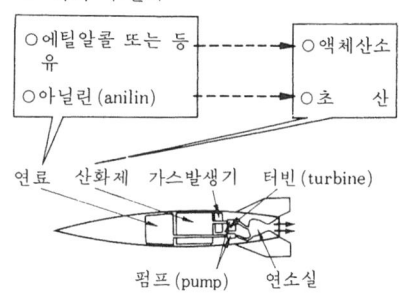

▽ 고체 추진제

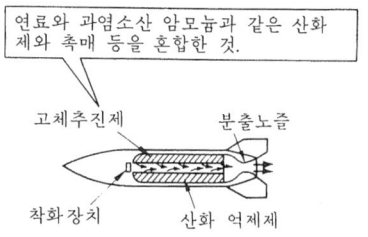

추치 제어(追値制御 : variable valve control) 목표치가 변화할 때, 그것에 제어량을 추종시키기 위한 제어.

[종류] 추종 제어
 프로그램 제어(☞p.434)
 비율 제어(☞p.176)

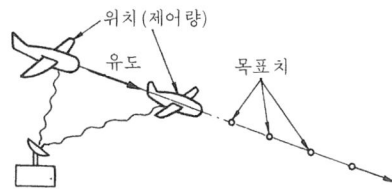

축(軸:shaft) 회전 운동에 의해서 동력 혹은 운동을 전하는 막대 모양의 기계 요소.

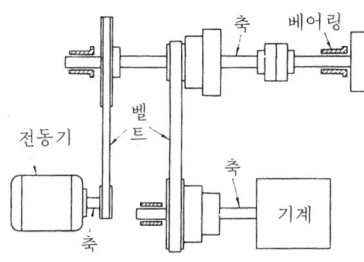

[종류]
작용에 의한 분류 { 차축(☞p.372)
 전동축(☞p.324)
 주축(☞p.358) }
형상에 의한 분류 { 직축(☞p.367)
 크랭크축(☞p.397)
 플렉시블축(☞p.439) }

축거리(軸距離: wheel base) 자동차 등의 차축 중심 간의 수평거리. 앞바퀴와 뒷바퀴와의 중심거리로 운전 성능이나 승차감에 중요한 역할을 차지하는 값이다.

축(軸)지름비(journal ratio) 저널 길이 l 과 지름 d 의 비.

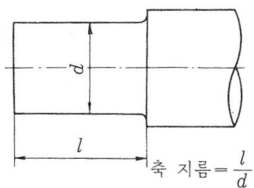

축 지름= $\dfrac{l}{d}$

[예] ① 자동차 기관 주축 베어링 0.8~1.8
 ② 공작 기계 주축 베어링 1.0~1.4

축 동력(軸動力: shaft horsepower) =축출력.

축류 송풍기(軸流送風機: axial blower) 선풍기 날개처럼 여러 장의 날개를 축의 반경 방향으로 설치해서 기체가 축 방향으로 흐르도록 한 송풍기.
[특징] 효율이 높고, 대풍량(大風量)에 적당하다.

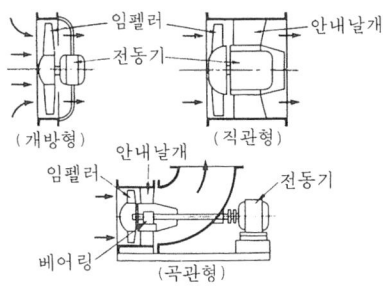

축류 수차(軸流水車: axial-flow water turbine) 일명 프로펠러 수차이며 임펠러에 대한 물의 흐름이 축 방향인 수차.
☞프로펠러 수차(p.435)

축류 압축기(軸流壓縮機: axial compressor) 고속 회전으로 높은 압력이나 큰 유량의 가스체를 취급하는 데 가장 적합하고, 대량의 기체를 압축하기 위해서 사용하는 기계.
▽ 다단(多段)축류 압축기

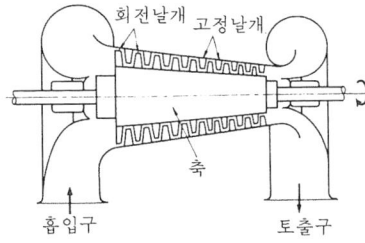

축류(軸流) 터빈(axial-flow turbine) 고정날개와 회전날개가 같이 설치되어 동일단면에 .고정 날개와 회전 날개가 사용되는 반동(反動) 터빈.
 고정날개 출구의 증기 속도와 임펠러의 원주 속도가 거의 같을 때 효율이 최대가 된다. 이 때문에 각 단(段)의 증기의 팽창은 적게되고, 많은 단(段)이 필

요하게 된다.

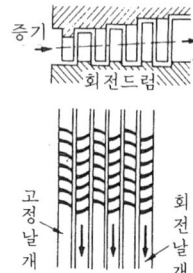

축류 펌프 (axial-flow pump) 임펠러에 대한 물의 흐름이 축 방향인 펌프.
[용도] 대용량, 저양정용.

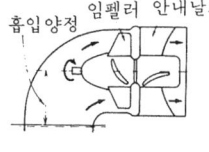

축(軸) 이음 (shaft coupling) 축과 축을 연결하는 데에 이용되는 기계 요소.

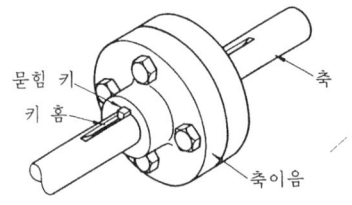

[종류]
고정 축이음
　슬리브 커플링 (☞ p.222)
　원뿔형 축 이음
　플랜지형 고정축이음 (☞ p.437)
　단조 플랜지 이음 (☞ p.89)
플랙시블 축이음
　플랜지형 플렉시블 커플링 (☞ p.437)
　기어형 축이음 (☞ p.59)
사제이음 (혹은 자재 이음) (☞ p.311)
클러치
　맞물림 클러치 (☞ p.134)
　원뿔 클러치 (☞ p.281)
　원판 클러치 (☞ p.284)

축의 강성[剛性] (rigidify of shaft) 축의 단위 길이에 대해서는 비틀림 저항의 정도. ☞비틀림 강도 (p.177)
　일반 전동축에서는 축 길이 1m에 대해서의 비틀림각 한도를 보통 1/4°로 한다.

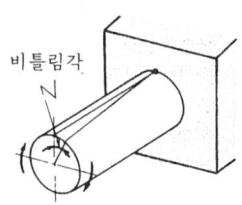

축의 위험 속도 (critical speed of shaft) 축이 어떤 회전 속도에서 굽힘 진동과 비틀림 진동에 의하여 갑자기 이상한 진동을 일으킬 때의 회전 속도.

축전지 (蓄電池 : storage battery) 모두 다 방전해버려도 충전하면 반복 사용할 수 있는 전지. 2차 전지라고도 한다.
[종류] 납 축전지, 알칼리 축전지
▽ 납 축전지의 구성

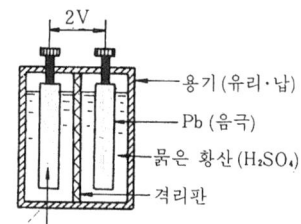

[알칼리 축전지] 견고해서 진동에 견디고 전해액이 금속을 침범하지 않는다.
[전지의 충전]
외부로부터 전압을 가해 전지에 전류를 흘러들여 보낸다.

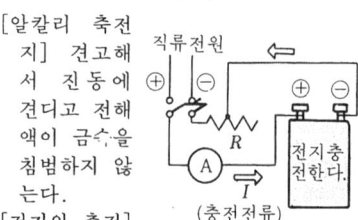

축 출력 (軸出力 : shaft horsepower) 원동기에 있어서, 실제로 동력으로서 이용할 수 있는 출력.

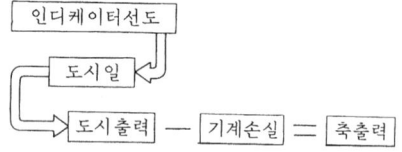

충격력 (衝擊力 : impulsive force) 타격·충

돌 등과 같은 작용 시간이 극히 짧은 힘. 이때 시간은 극히 짧으나 힘의 크기는 매우 크다.

충격 시험(衝擊試驗 : impact test) 재료의 인성(靱性)·취성(脆性)을 판정하기 위한 충격치를 측정하는 시험.

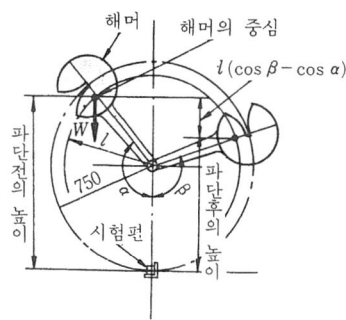

절단에 필요한 에너지 E는
$E = Wl(\cos\beta - \cos\alpha)$
α : 치켜 올림각 β : 진동 상승각
샤르피값 e는 $e = E/A$
A : 시험편 절입부의 시험전의 단면적

충격 압출법(衝擊押出法 : impact extrusion) 압출 가공법의 일종으로 크랭크 프레스(crank press) 등에 의해 힘을 충격적으로 가하여 제품을 밀어내는 냉간(冷間) 가공법.

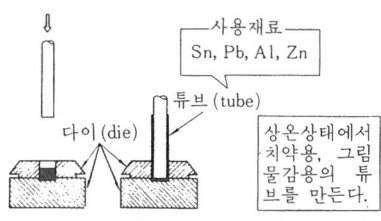

충격 하중(衝擊荷重 : impact load) 작용 시간이 극히 짧은 충격적인 하중. 정하중의 2배이다.

충동단(衝動段 : impulse stage) 고속 중기체의 충동력에 의하여 회전날개를 회전시키는 증기 터빈의 스테이지(stage).

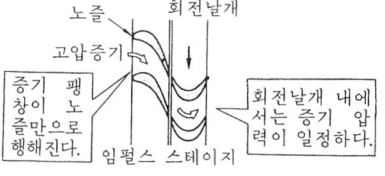

충동 수차(衝動水車 : impulse water turbine) 물의 위치에너지를 노즐에 의하여 전부 속도에너지로 바꾸어, 날개에 대고 그 충동력으로 임펠러를 회전시키는 수차. ☞펠턴 수차(p.422)

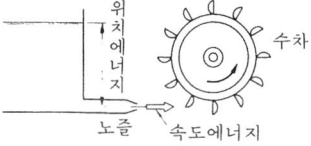

충동(衝動) **터빈**(impulse turbine) 충동단만으로 되어 있는 증기 터빈.
[종류] 단식 터빈(☞p.87) 속도 복식 터빈(☞p.200), 압력 복식 터빈(☞p.237)

취부 작업(取付作業) 선반 작업에 있어서, 공작물을 지지할 수 없을 때, 면판(面板)을 이용하여 공작물을 설치하는 작업.

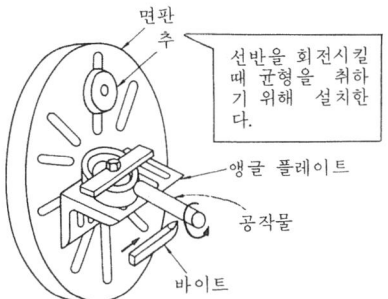

측면(側面) **바이트**(side tool) 직선상의 바이트(bite)가 왼쪽 또는 오른쪽의 한쪽에만 있고, 공작물의 단면이나 측면을 다듬질하는 데 이용하는 바이트.

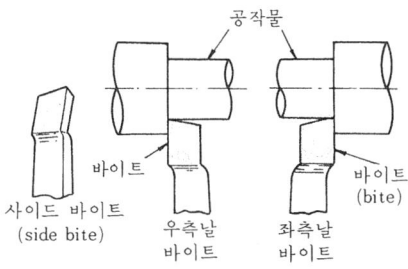

측미 현미경(micrometer, microscope) 마이크로미터와 현미경을 조합시킨 것으로 μm단위까지 읽을 수 있는 계측용 현미경(顯微鏡).

[읽는법] ① (A)눈금이 (B)눈금의 2와 3 사이에 있기 때문에 12.2~12.3mm
② 노브를 회전해 표선 (C)를 이동시켜, (A)눈금을 그 속에 넣은 때의 마이크로 눈금이 47에 있으면 측정값은 12.247mm.

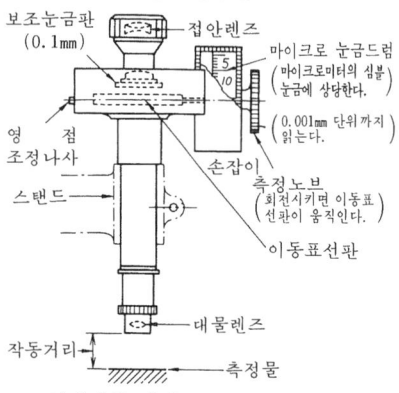

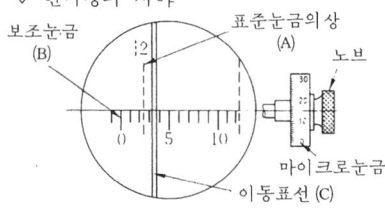

측온 저항체(測溫抵抗體: resistance thermometer bulb) 전기 저항이 온도에 따라 변화하는 성질을 이용한 온도 측정용의 저항체.
▽ 전기저항과 온도의 관계

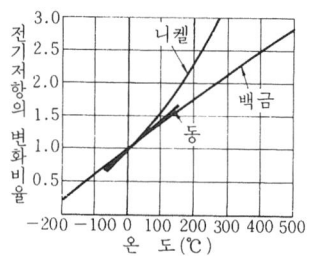

[사용 온도 범위] -200~500℃
[종류] 금속 측온 저항체, 반도체 혹은 저항체(서미스터).(☞ p.190)

측장기(測長機: measuring machine) 표준자와 측미 현미경(마이크로미터 부착현미경)에 의한 고정도(高精度)의 길이 측정기. ☞ 측미 현미경 (p.383)
[측정방법] ① 측정 앤빌(anvil)을 맞춘다. ☞ 표준자의 읽기(측미 현미경)
② 앤빌에 측정물을 지지☞ 표준자 읽기
③ ①과 ②의 읽음의 차=측정물 치수

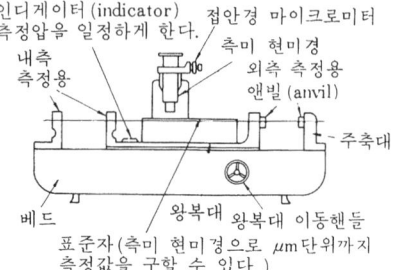

측정(測定: measurement) 측정물이 기준량의 몇 배인가를 수치로 나타내는 일.
측정값(測定値: measured value) 측정에 의해 얻어진 값. ☞ 유효숫자 (p.294)
측정력(測定力: measuring force) 측정기의 측정자를 측정물에 확실하게 접속시키는 힘. 측정압.
▽ 마이크로미터

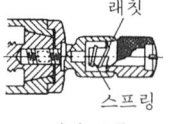

▽ 다이얼 게이지 ▽ 측장기

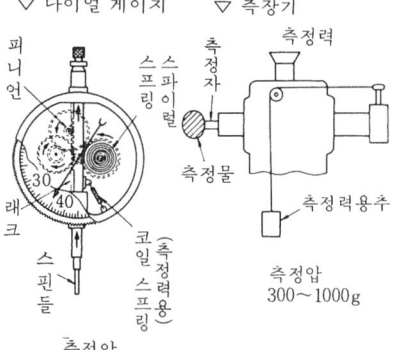

층류(層流: laminar flow) 유체 분자가 항상 규칙 바르게 일정한 선(線)을 이루고 흐르는 흐름. 레이놀즈 R_e가 2320이하의 흐름. ☞ 레이놀즈수 (p.111)

극히 가늘고 느린 물의 흐름 / 동점성 계수가 큰 유체의 흐름

층별(層別: stratification) 품질의 분산이나 불량 원인에 대해 이 원인이 기계·작업자·재료 등 각각의 자료를 요인별로 모아 몇 개의 층으로 나누어 해석하는 것.
[기계별 층별의 예] B의 기계로 만들어진 물품은 전부 규격내에 들어가는 것이고, A 및 C의 기계에서 만들어진 제품의 목표를 B에 맞춤으로써 불량률이 감소.

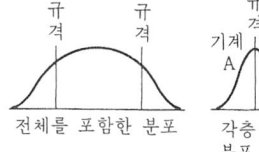

전체를 포함한 분포 / 각층(기계별)마다 분포

층별 샘플링(stratified sampling) 로트(lot)나 공정을 몇 개의 층으로 나누어 각층으로부터 임의로 시료를 취하는 방법. ☞층별.
▽ 기계별 층별의 예

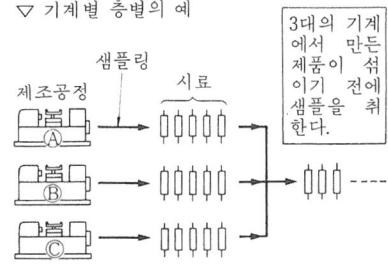

층상 급기(層狀給氣: stratified charge) 배기 중의 CO, CH, NOx의 생성을 줄이

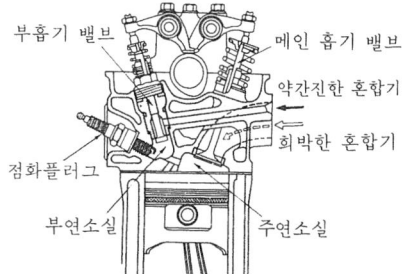

기 위하여 희박 혼합기를 공급하고 이것을 연소시키기 쉽게 하는 방식.
점화 플러그 부근의 부연소실에 희박 혼합기와 별도로 약간 진한 혼합기를 공급하고, 이것을 점화시켜 주연소실의 희박 혼합기를 확실히 연소시킨다.

치면 강도(齒面强度: strength of tooth surface) 기어의 치면에 가하는 압력의 한계. 물림 기어 치면의 접촉 압력이 크고 오래 사용하면 현저한 마모나 점식(點食)을 일으킬 수가 있다. 기어를 설계하는 경우는 이 압력의 한계 즉, 치면 강도도 고려하지 않으면 안된다. 치면 강도로부터 기어의 회전력 Fkg을 구하려면 다음 식이 이용된다.

$$F = f_v f_w k D_1 b \frac{2z_2}{z_1 + z_2}$$

f_V : 속도계수 f_W : 하중계수
D_1 : 작은기어 피치원 직경(mm)
b : 이폭(mm) z_1 : 작은기어의 잇수
z_2 : 큰기어의 잇수
k : 접촉응력계수(kg/㎟)
 (작은기어·큰기어의 재질과 이의 경도에 의하여 정해지는 정수)

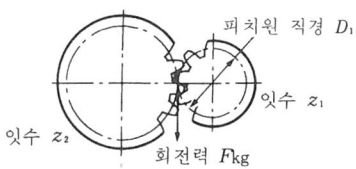

피치원 직경 D_1 / 잇수 z_1 / 잇수 z_2 / 회전력 Fkg

치수 공차[公差] (tolerance of dimension) 기계부품 등을 마무리할 때, 그 최대 허용 치수와 최소 허용 치수와의 차. ☞치수 허용차. 단순히 공차(公差)라고도 한다. 또, 최대 허용 치수와 최소 허용 치수를 합쳐 허용한계 치수라고 한다.

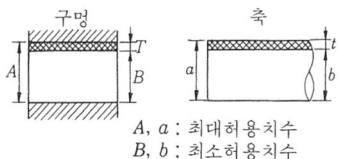

A, a : 최대허용치수
B, b : 최소허용치수
T, t : 치수공차

치수 공차 기호(symbol of dimensional tolerance) 공차 범위 등급의 기호. 공차 범위 등급은 치수의 허용 한계를 표시하기 때문에 공차 범위 위치의 기호에 공차 등급을 나타내는 숫자를 계속 표시한다.

[예] 구멍의 경우 H7
　　　　　　　├─ 공차등급
　　　　　　　└─ 공차 범위의 위치기호
　　　축의 경우 h 6
　　　　　　　├─ 공차 등급
　　　　　　　└─ 공차 범위의 위치기호

치수 기입(dimensioning) 도형에 치수를 기입하는 것.
① 기본적인 치수기입
　치수 보조선을 외형선으로부터 끄집어 내어 길이를 나타내려고 하는 변에 평행으로 그은 치수선의 양단에 화살표를 붙이고, 치수 숫자는 기입한다. 치수는 다듬질 치수 mm로 나타낸다. 치수는 보통 기준면에서의 길이로 나타낸다.

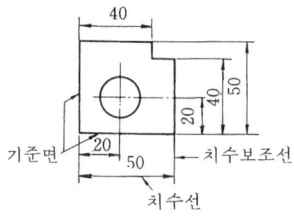

② 치수에 사용하는 기호치수 숫자앞에 붙인다.
③ 치수 보조기호
　치수 숫자에 부가해서 그 치수의 의미를 명확하게 하는 기호

기호	내 용	기호	내 용
φ	지 름	t	두 께
□	정사각형	p	피 치
R	반 지 름	구φ	구면의 지름
C	45°모따기	구R	구면의 반지름

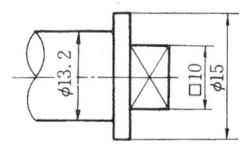

④ 구멍가공의 치수 기입
▽ 절삭공구의 크기로 나타내는 경우

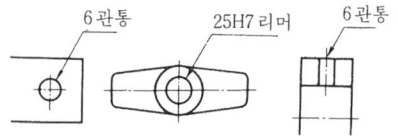

▽ 같은 크기의 공구로 여러개 가공하는 경우

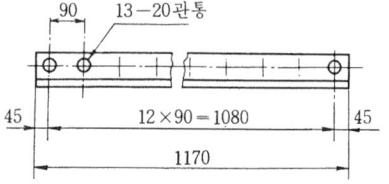

▽ 작업명으로 나타내는 경우

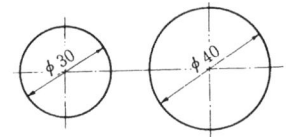

⑤ 각도의 치수 기입

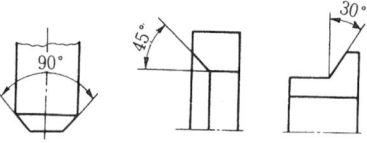

치수 보조선(extension line) ☞ 치수 기입 (p.386)

치수선(dimension line) ☞ 치수 기입(p.386)

치수의 보통 허용차[許容差] (general dimension tolerance) 도면 치수에서 기능상 특별한 정도(精度)가 요구되지 않는 치수에 대해서 일괄해서 지시된 치수허용차.

치수 허용차(allowance of dimension) 허용 한계 치수로부터 기준 치수를 뺀 값.

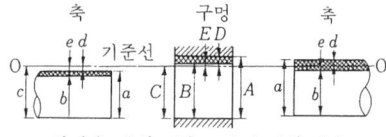

헐거운 끼위 맞춤　억지 끼위 맞춤

C, c : 기준치수　　A, a : 최대허용치수
B, b : 최소허용치수　　D, d : 위치수허용차
E, e : 아래치수허용차

위치수 허용차 = (최대 허용치수) − (기준치수)
아래치수 허용차 = (최소 허용치수) − (기준치수)
공차치수 = (위치수 허용차) − (아래치수허용차)

치저면(齒低面 : bottom land) 기어에서 이(齒)홈의 바닥면.

치즐 포인트(chisel point) 드릴 선단의 날. 치즐 에지(chisel edge)라고도 한다. 이 날은 공작물을 시닝(thinning)해서 선단 절삭날이 절삭할 수 있는 곳까지 압출하는 작용을 한다.

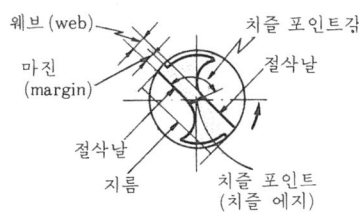

치핑(chipping) ① 해머와 강철끌을 이용해 공작물을 깎는 작업. ② 절삭공구의 날끝·선단의 일부가 미세한 파손을 일으키는 현상. 점성 강도가 적은

바이트가 충격력을 받기도 하고, 공작 기계의 진동 등으로 날끝에 가해지는 저항이 크게 변화할 때 일어난다.

치형 계수(齒形係數 : tooth profile factor) 기어의 맞물림에 있어서 회전력이 1개의 이끝에 일정하게 작용한다고 생각한 때, 이끝에 생기는 굽힘응력 σ_b는,

$$\sigma_b = \frac{F}{tby}$$

F : 피치원상에 작용하는 회전력
t : 원주 피치(pitch)
b : 이폭

로 나타내고, 이때의 y 의 값을 말한다. y는 압력각과 잇수에 관계한다.

치형 곡선(齒形曲線 : tooth profile curve) 기어 이(tooth) 접촉부의 곡선. 기어 이는 미끄럼 접촉을 하여 운동하는 것으로, 치형 곡선은 맞물린 2개의 이의 접점에 있어서 공통 법선이 정점(피치점)을 통과하는 곡선이 아니면 원활한 맞물림을 할 수 없다. 치형 곡선에는 인벌류트 치형과 사이클로이드 치형 등이 사용된다.

▽ 인벌루트(involute)치형에서 접점의 이동

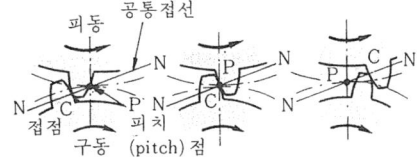

칠드(chill) 주철이 급랭에 의하여 경화되는 현상. 금형에 접촉한 부분이 칠드된다.

▽ 칠드 차륜의 주형

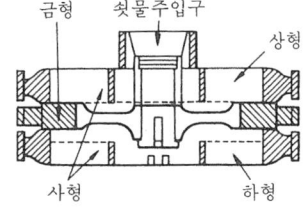

칠드 주물(chilled castings) 내마모성을 필요로 하는 표면에 금형을 이용해 급랭시켜 그 부분만을 아주 단단하게 한 주물(鑄物). 각종 압연 롤(roll)·차륜·브레이크 블록(brake block) 등은 이 방법으로 만들어진 것이 많다.

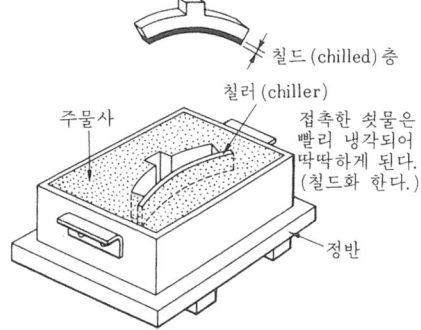

침입형 고용체(侵入形 固溶體 : interstitial solid solution) 모체 금속의 결정격자에 합금원소가 속으로 파고 들어갈때, 모체 금속 원자의 틈새에 합금원소의 원자가 끼어들어가서 생긴 고용체. 모체 금속 원자에 비하여 합금 원소 원자의 크기가 작은 경우에 일어난다.
[예] Fe-C계 합금

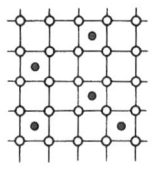

○ : 모체금속원자
● : 합금원소원자

침탄법(浸炭法 : carburization) 저탄소강으로 만든 제품의 표층부에 탄소를 투입시킨 후 담금질을 하여 표층부만을 경화하는 표면 경화법의 일종.

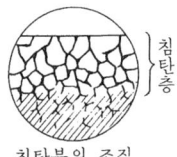

침탄부의 조직

[종류] 고체 침탄법(☞p.27), 가스 침탄법(☞p.11), 액체 침탄법(☞p.242)

침투 탐상법(浸透探傷法 : penetrate inspection) 육안으로는 알 수 없는 재료 표면의 홈·갈라짐 등의 결함을 침투액을 발라 검사하는 방법.

▽ 원리

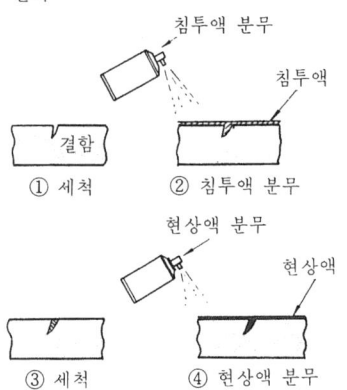

[종류] 형광 침투 탐상법. 염색 침투 탐상법 등.

칩(chip) 절삭 가공에 있어서, 바이트로 공작물에서 깎아낸 찌꺼기. 절삭분이라고도 한다. 공작면에 절입한 바이트의 가공면에 의하여 압축되어 전단(剪斷) 슬립(slip)을 일으키고 칩이 되어 나온다.
[칩의 종류] 유동형, 전단형, 균열형.

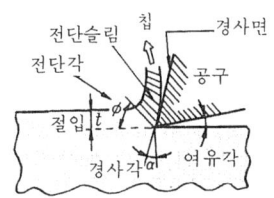

칩 브레이커(chip breaker) 절삭 가공에 있어서 긴 칩(chip)을 짧게 절단, 또는 스프링 형태로 감기게 하기 위해 바이트의 경사면에 홈이나 단(段)을 붙여, 칩의 절단이 쉽도록 한 부분.
브레이커(breaker)의 단폭이 넓으면 칩 브레이커 칩의 감김 형태가 나쁘게 되므로 절단도 적게 된다. 반대로 폭이 좁으면 날 끝을 파손시키는 일도 있다.

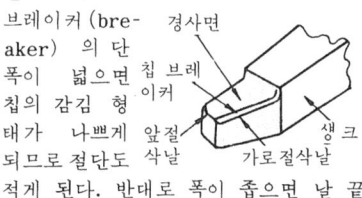

칭량(稱量 : capacity of scale) 계량기에 표시되는 최대의 질량.

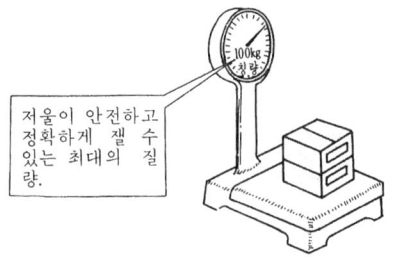

저울이 안전하고 정확하게 잴 수 있는 최대의 질량.

ㄱ

카르노 사이클(Carnot's cycle) 높고 낮은 두 열원(熱源)의 온도가 결정된 때, 그 사이에서 움직이는 사이클 중 가장 높은 열효율을 나타내는 사이클.
[카르노 사이클의 열효율]
$$\eta_c = 1 - \frac{Q_2}{Q_1} = 1 - \frac{T_2}{T_1}$$
T_1 : 고열원의 온도
T_2 : 저열원의 온도

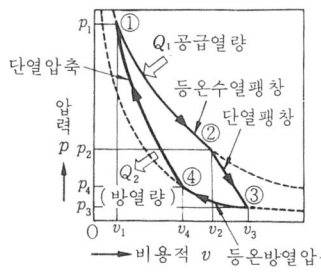

카르텔(Cartel) 과당 경쟁 등에 의한 불이익을 방지할 목적으로, 동종 기업 사이에서 맺어지는 연합 형태.
　카르텔은 소비자에게 불이익을 초래하는 경우가 많기 때문에 법규제가 가해지고 있다.
[예]

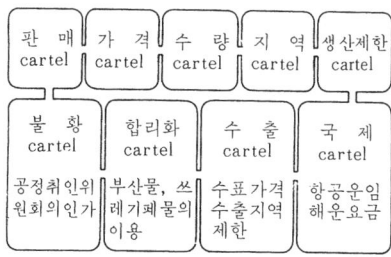

카바이드(carbide) 탄화칼슘의 속칭.
$$CaO + 3C \longrightarrow CaC_3 + CO$$
생석회　탄소　카바이드　일산화탄소
$$\downarrow$$
$$CaC_2 + 2H_2O \longrightarrow C_2H_2 + Ca(OH)_2$$
카바이드　물　아세틸렌

백색의 결정체로 물과 작용하여 아세틸렌을 발생시킨다.

카본 섬유(carbon fiber) 무기질의 불완전한 흑연 미결정질(微結晶質)의 집합체를 섬유상태로 한 것으로 비강도(比强度)・비강성(比剛性)이 높은 물질.
[예]

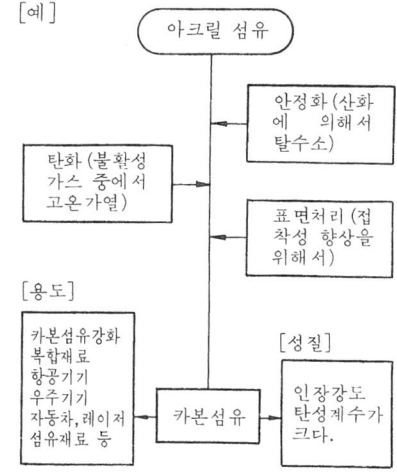

카운터 보링(counter boring) 작은 나사 또는 볼트의 머리를 공작물의 표면으로부터 묻히게 하기 위하여 깊게 자리내기를 하는 가공.

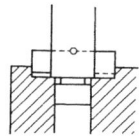

카운터 보링 바이트(machine screw counter bores tool) 드릴링 머신에 장착하여 사용하는 공구.

카플란 수차[水車](Kaplan turbin) 프로펠러 터빈(propeller water turine)의 일종으로 부하(負荷)의 변동에

따라서, 날개의 각도가 변하는 터빈.

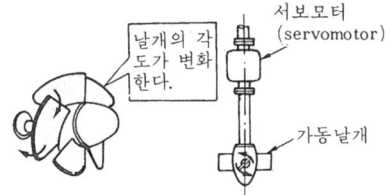

칼라 베어링(collar bearing) 축에 설치한 칼라에 의하여 축방향의 힘을 받는 베어링.

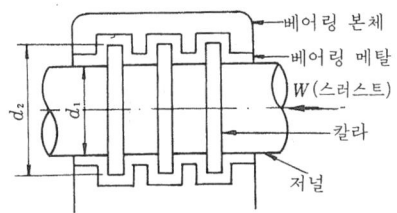

$$W = \frac{\pi}{4}(d_2{}^2 - d_1{}^2)zp$$

W : 스러스트 z : 칼라 수
p : 베어링 압력

칼라 저널(collar journal) 칼라 베어링에 이용하는 저널. ☞ 칼라 베어링(p.390)

캐드(CAD : computer aided design) 컴퓨터를 이용해서 각종의 설계 계산을 행하고 자동적으로 도면을 작성하는 시스템.
  단말 장치로서 CRT 디스플레이나 X-Y 플로터를 사용하고 설계자와 컴퓨터가 대화를 해가면서 설계를 할 수 있다.
☞ X-Y 플로터(p.250)

캐리어(carrier) = 돌리개(p.96)

캐비닛도(cabinet projection drawing) 사투상도(斜投像圖)의 일종으로 X 축은 수평측으로 45°경사지게 하여 실제길이의 1/2로 나타내고, Y 축, Z 축은 실제길이로 나타낸 투상도. ☞ 사투영(p.183)
▽ 한변의 길이 a 인 입방체 캐비닛

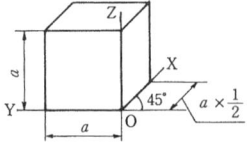

캐비테이션(cavitation) 물체의 표면에 따라 흐르는 액체의 유속이 크게 되는 부분에, 무수히 작은 기포가 발생하는 현상.
  수차나 펌프의 날개 등에 발생하고 소음·진동이나 날개 뒷면의 부식 등의 원인이 된다.

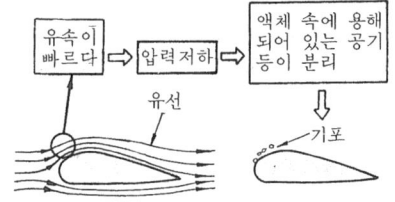

캐스케이드 펌프(cascade pump) 회전 펌프의 일종으로, 고속 회전하는 다수의 홈이 깎여져 있는 임펠러와 유체의 마찰에 의하여 물을 퍼올리는 펌프.

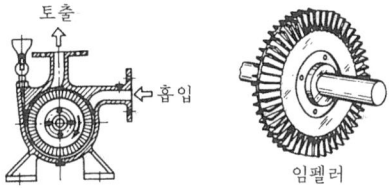

캘리퍼스(calipers) 외경·내경 등의 치수의 옮김이나 공작물의 측정에 사용하는 공구.
[종류] ① 외경 퍼스 : 폭·두께·환봉의 외경 등을 구할 때에 사용한다.
② 내경 퍼스 : 홈의 폭·구멍지름 등을 구할 때에 사용한다.
③ 한쪽 퍼스 : 환봉 등의 중심을 구할 때에 사용한다.

외경퍼스   내경퍼스   한쪽퍼스

캠(cam) 기계의 운동 부분에 복잡한 운동을 주기 위해서, 목적에 따른 윤곽선 또는 틈을 가진 원동절. 종동절에 직접 접속되어 복잡한 주기 운동을 전하는 기계요소이다.
[종류] 판캠(☞p.418), 원통 캠(☞p.284).

원판 캠(☞p.284), 경사판 캠(☞p.21), 엔드 캠(☞p.251), 직동 캠(☞p.364), 확동 캠(☞p.454), 구면 캠(☞p.44)

캠 기구[機構](cam mechanism) 특수한 형을 한 캠(원동절)을 운동시키고, 이것에 접속한 종동절에 복잡한 운동을 시키는 기구(機構).
☞캠

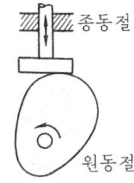

캠 선도[線圖](cam diagram) 캠의 회전각을 횡축에, 종동절의 변위를 종축에 두고 캠의 회전각과 그 변위의 관계를 나타낸 선도(線圖).

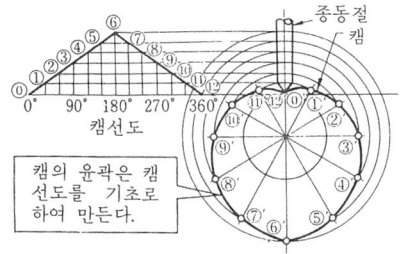

캡슐식 압력계(capsular manometer) 압력에 의한 캡슐의 변위를 확대·지시하여 압력을 측정하는 계기.
[용도] 기압계·고도계·보일러의 통풍계 등

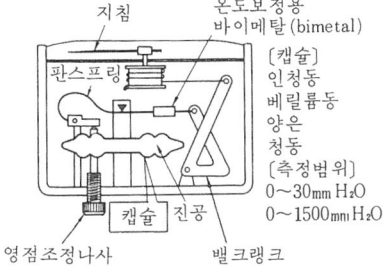

캡 정(cap chisel) 키 홈 등을 가공하는데 사용하며 날폭이 3~6mm의 정.

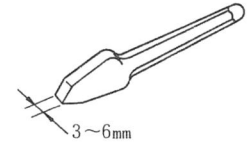

캡틴 시스템(CAPTAINS : character and pattern telephone access information network system) 문자·도형·정보의 네트워크(network) 시스템으로 비디오 텍스(videotex)라 한다. 가정의 TV 수상기를 각종의 데이터 베이스를 갖는 중앙센터와 전화 회선으로 연결한다. 다이얼과 키패드(keypad)에 의하여 필요한 정보를 검색해서 디스플레이에 문자나 도형을 표시한다. 또 쌍방향성을 이용하여 홈쇼핑(home shopping)이나 티켓 예약 등을 할 수 있다.

커넥팅 로드(connecting rod) 레버 크랭크 기구에 있어서, 크랭크와 레버(또는 슬라이더)를 연결하는 링크.

▽ 왕복기관의 커넥팅 로드

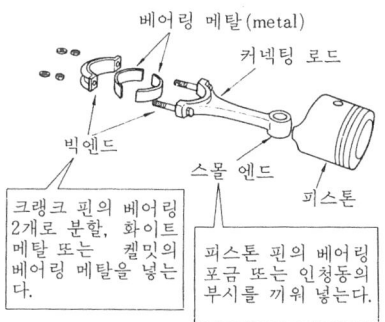

커티스 터빈(Curtis turbine) 속도 복식 터빈의 대표적인 것으로, 1896년 미국의 커티스에 의해 발명된 터빈. ☞속도 복식 터빈(p.200)

컨베이어(conveyor) 일정한 거리를 자동적·연속적으로 재료나 물품을 운반하는 기계장치. 공장 내에서 부품이나 재료의 운반, 반제품의 이동, 항만·광산 등에서 석탄·광석 화물의 운반, 건설 현장에서 모래 등의 운반에 널리 사용되고 있다.
[컨베이어의 예]

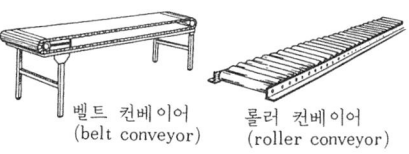
(belt conveyor) (roller conveyor)

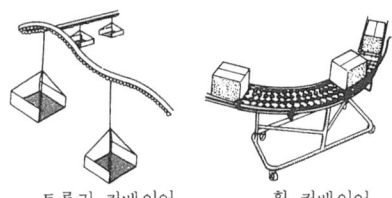

트롤리 컨베이어　　휠 컨베이어

공장에서는 운반 장치로서 뿐만 아니라 이동 작업대로 사용하며 대량 생산 방식의 기반이 되어 있다.

컨베이어 시스템(conveyor system) 재료나 반제품의 운반에 컨베이어 장치를 이용하는 합리적인 운반 체계. 그 특징은 다음과 같다.
① 흐름 작업 조직에 의한 작업의 시간적 규칙성
② 공정간의 거리의 단축, 작업시간의 규칙성
③ 노동능률의 증대 등

컬러 텔레비전(colour television) 보내는 영상의 색을 적·녹·청의 삼원색으로 분해하여, 각각의 색의 광도를 전기 신호로 변환시켜서 방송하고, 수신측에서는 각각의 신호를 삼색 수상관(三色受像管)에 가하여 각각의 색을 재현시킴으로써 삼색이 혼합되어 원래 영상의 색을 재현하는 영상기(映像機).

▽ 3색 수상관

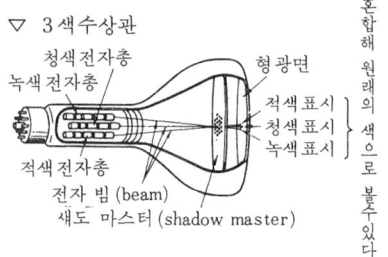

컬링(curling) 소성가공(塑性加工)에 있어

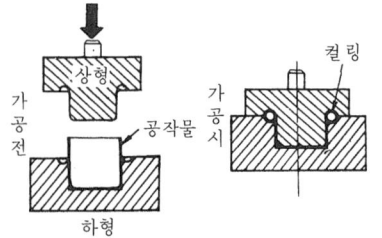

서, 판재로부터 원통 용기 등을 만들 때, 가장자리를 둥글게 굽히는 가공법.

컴파운드 다이(compound die) 펀치 가공에 있어서 공정을 나누지 않고 하나의 판재에서 전단 부분을 동시에 펀치할 때에 사용하는 프레스(press)형(型).
[특징] 능률적이고 정도가 좋은 제품을 얻을 수 있다.

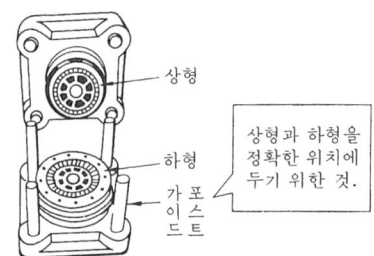

컴파일러(compiler) 포트란(FORTRAN), 코볼(COBOL) 등의 고급 언어로 적혀진 프로그램을 기계어로 일괄 변환한 후 편집 조작을 하여 실행 가능한 프로그램으로 전환시키는 프로그램.
각각의 프로그램 언어용에 각각의 컴파일러가 있다. ☞ 인터프리터(p.303)

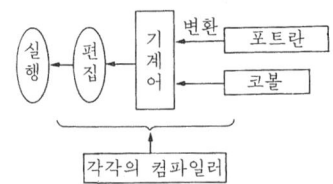

컴퍼스(compasses) 제도용과 기계용이 있고, 원을 그리거나 선분을 분할할 때에 사용하는 용구.

컷 아웃 스위치(cut-out switch) ☞ 스위치(p.213)

케이블(cable) 절연 전선의 일종으로 절연 내력과 기계적 강도를 크게 한 것.
☞ 전선(p.326)
[종류] 지하 송전·배전용, 통신용 등.

KS(Korean Industrial Standards) 한국 공업 규격의 약호. 공업 표준화를 위해 제정된 공업 규격을 보급·활용하여 제품의 품질 개선과 생산능률의 향상, 거래의 단순화와 공정화의 도모 및 소비자 보호를 위해 만들어진 제도.

[KS의 분류 및 번호] 각 부문별로 부문 기호 및 4급수의 번호를 붙여 예를 들면 KS B 0001번으로 부르도록 되어 있다.

기호	부 문	기호	부 문
A	기 본	G	일용품
B	기 계	H	식료품
C	전 기	K	섬 유
D	금 속	L	요 업
E	광 산	M	화 학
F	토 건		

[KS 마크] KS 마크 표시제도가 있어, KS 해당품에는 KS 마크 ⓚ를 붙인다.

켈밋(Kelmet) 납(Pb) 23~42%의 구리-납 (Cu-Pb)계의 베어링용 합금. 검은 부분은 Pb 이고, 흰 부분은 구리(Cu)이며 하중에 잘 견딘다.

▽ 켈밋의 조직

[성질] 열전도가 크기 때문에 사용중 온도가 상승하기 어렵다.
[용로] 항공기·자동차 기관의 축 베어링, 커넥팅 로드 베어링 등.

켈빈(K)**과 섭씨 도**(Kelvin and degree Celsius) 켈빈(기호 K)은 물의 삼중점 (三重點)의 열역학적 온도이며 1/273.16을 말하고, 섭씨 도(기호 C)는 켈빈으로 나타내는 수치보다 273.15만큼 작은 수치. ☞삼중점(p.185)

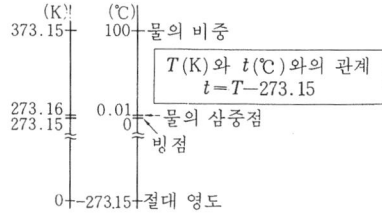

코니시 보일러(Cornish boiler) 노통(爐

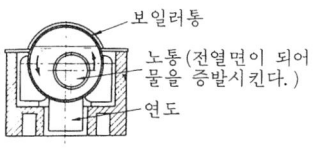

筒)이 1개인 노통 보일러. ☞노통 보일러 (p.77)

코드(cord) 저압의 전등선(전등을 매다는 전선)이나, 이동 전선으로 사용하는 절연 전선(絶緣電線). ☞전선(p.326)

코로나 방전[放電](corona discharge) 도체의 주위에 강한 불평등 전계(電界)가 생겼을 때 전계가 강한 부분에만 생기는 국부 방전 현상.

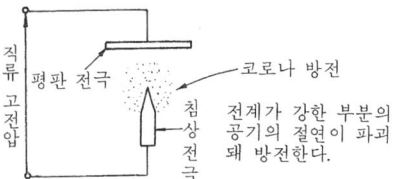

코르크(cork) 코르크 나무 표피하에서 채취하는 목전질(木栓質) 물질.
기체·액체를 투과시키지 않고 탄성이 풍부하고 저온성이 좋으며 압축성이 풍부하다. 개스킷 등 밀폐용 기자재에 이용된다.

코볼(COBOL : common business oriented language) 컴퓨터의 기계어를 알지 못해도 인간에게 이해하기 쉽게 처리순서에 의하여 프로그램이 작성되도록 개발된 사무처리용의 컴파일러 언어.
이 언어는 어느 컴퓨터에도 공통으로 사용되도록 설계되어 있고 영어에 가까운 형식(statement)으로 프로그램이 적히지 도록 설계되어 있다.

코어(core) 중공(中空) 원통의 주물을 만들 때 메인형과는 별도로 이용하는 구멍의 부분에 상당하는 주형(鑄型).

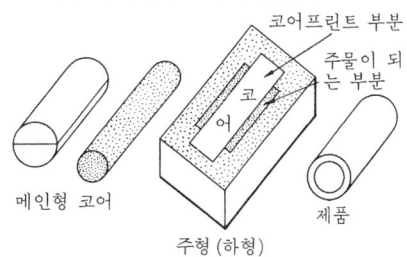

코어 받침쇠(chaplet) 주형 내에서 코어가 쇳물의 압력에 의하여 벗어나지 않도록 지지하는 작은 철편.

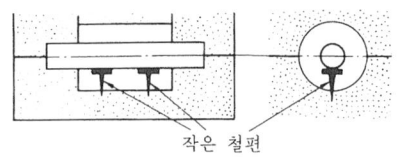

코어 상자(core box) 코어를 만들기 위해 사용하는 목형 또는 금형 원형.

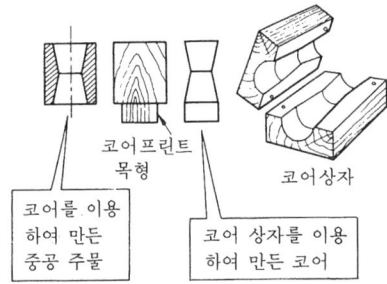

코어 프린트(core print) 코어를 주형에 끼워 넣기 위한 목형의 돌기 부분. ☞코어 (p. 300)

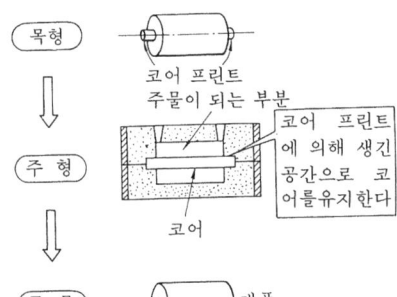

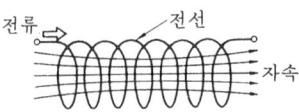

코일(coil) ① 전선(電線)을 나선형으로 감아 원통 모양으로 만든 것으로 솔레노이드(solenoid)라고 말한다.

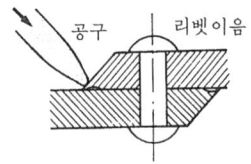

[성질] 코일에 전류를 흘리면 코일 속에 자속(磁束)이 발생한다. 코일 속에 철심을 넣으면, 코일의 움직임이 강하게 된다.
② =코일 스프링

코일 스프링(coiled spring) 단면이 원형이나 각형의 선재(線材)를 코일 상태로 감아 만든 스프링.
[종류] 하중을 가하는 방향에 의해서 인장 코일 스프링과 압축 코일 스프링이 있다.

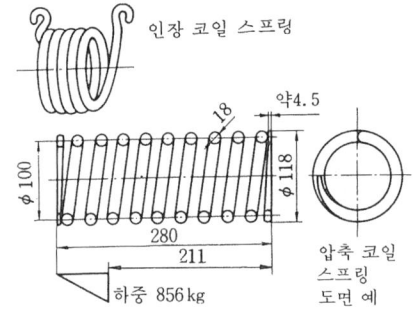

[코일 스프링에 생기는 비틀림 응력 τ 와 힘 Δ]

$$\tau = \frac{8DW}{\pi d^3} \qquad \Delta = \frac{8N_a D^3 W}{Gd^4}$$

D : 코일의 평균지름
d : 선재의 지름
G : 재료의 횡탄성 계수
W : 스프링에 가해지는 하중
N_a : 코일의 유효감김 수

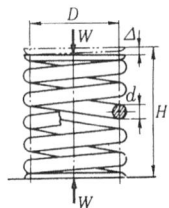

코치 나사(coach screw) 머리를 스패너로 돌리는 큰 나무 나사.

코킹(caulking) 압력 용기의 리벳 체결에 있어서 체결 부분의 수밀성·기밀성을 유지하기 위하며 코킹용의 공구로 판의 이음부, 가장자리를 쪼아서 틈새를 없애는 작업.

코터(cotter) 축 방향의 인장력 또는 압축력을 받는 2개의 봉(棒)의 연결에 이용한다. 한쪽 또는 양쪽에 구배를 붙인 판상(板狀)의 쐐기.

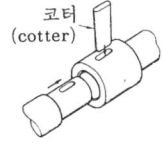

콕(coke) 원뿔체의 마개를 회전시켜 유체 통로를 개폐하는 간단한 밸브.
[특징] 개폐는 뚜껑을 1/4회전시키는 것만으로 좋기 때문에, 단시간에 개폐할 수 있고 취급도 간단하다. 저압에서 작은 지름의 관로(管路)에 사용된다.

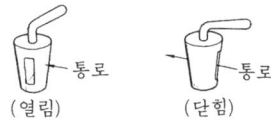

콘덴서(condenser) 정전용량(靜電容量)을 이용할 목적으로 만들어진 장치.
[종류] 종이 콘덴서, 운모 콘덴서, 전해 콘덴서, 가변 콘덴서 등.

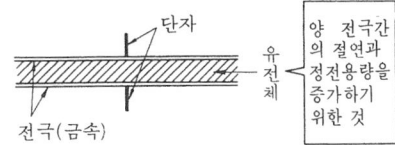

※ 복수기(復水器), 집광(集光)렌즈를 말하기도 한다.

콘덴서 모터(condenser motor) 보조 코일의 콘덴서를 운전 중에도 접속시켜 두는 단상 유도 전동기(單相誘導電動機).
[성질] 효율과 역률(力率) 모두 좋다.

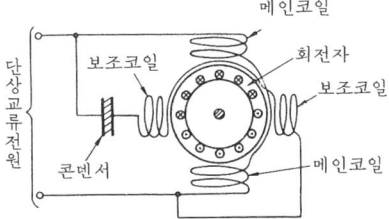

콘덴싱 유닛(condensing unit) 냉동 장치에 있어서 왕복 압축기와 응축기 및 전동기를 하나의 테이블에 설치한 장치.

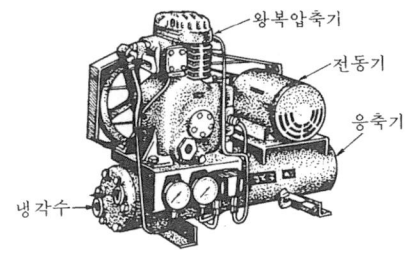

콘센트(plug socket) 배선 접속기의 일종. 배선과 코드를 접속할 때 플러그와 한 조를 이룬다.

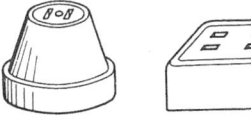 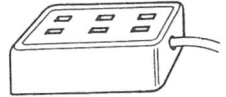

콘스탄탄(constantan) 구리(Cu) 60%, 니켈(Ni) 40%의 합금. 이것을 철사로 해서 동선과 연결하여 열전대(熱電對)를 만들면, 비교적 큰 열기전력을 얻을 수 있다.

콘체른(Konzern) 가맹 기업의 주식 유지나 금융적 방법으로 하나의 기업처럼 결합하는 형태. 여러 개의 기업이 서로 주식을 교환하기도 하고, 모회사가 자회사에 자본금의 반 이상을 출자하여 그 지배하에 두는 등의 방법에 의하여 결합한다. 콘체른은 카르텔이나 트러스트와는 달리 계통이 다른 몇 개의 기업을 결합하는 기업 집단이다. ☞카르텔(p.389), ☞트러스트(p.413)

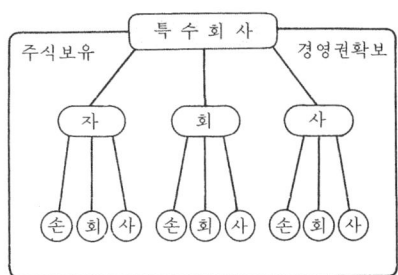

콘투어 머신(contour machine) 폭 13mm 이하의 띠톱으로, 강판을 곡선에 따라 절단할 때 사용하는 띠톱 기계.

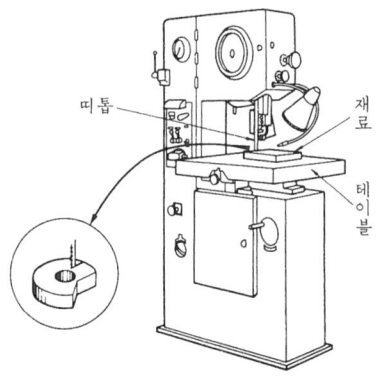

콘크리트(concrete) 시멘트와 모래·자갈의 혼합물에 물을 첨가하여 갠 것.

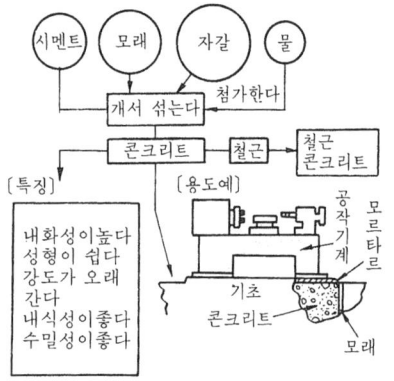

콜릿 척(collet chuck) ① 자동선반·터릿(turret) 선반 등에 있어서 주축을 통하여 봉재(棒材)를 물릴 때에 사용하는 죔공구. ② 밀링에 있어서, 주축에 엔드 밀 등을 설치하는 공구.

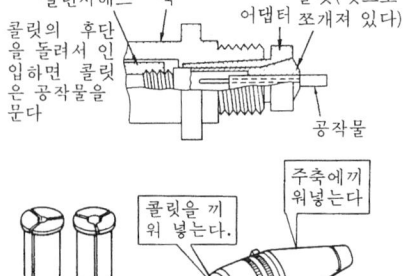

콤비나트(combinat) 많은 자본과 기업이 결속하여 지역적으로 인접하고 총합적인 다각 경영을 행하는 기업 집단.

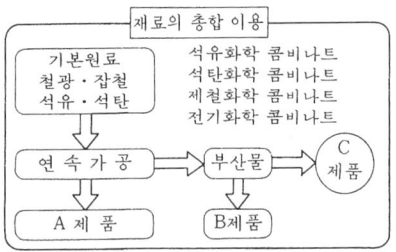

쾌삭강(快削鋼 : free cutting steel) 탄소강에 S, Pb, Mn, P 등을 첨가하여 피삭성(被削性)을 좋게한 강.

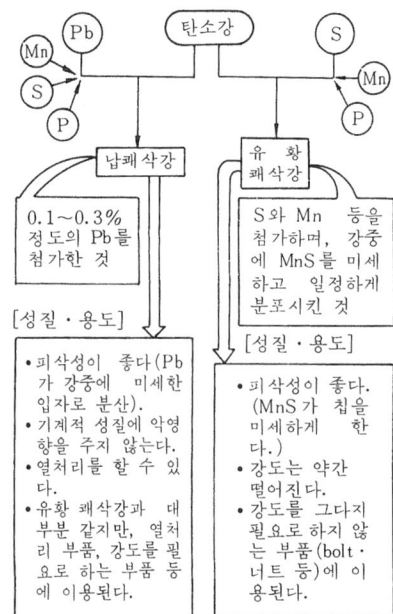

쿨롱(coulomb) 전하량(電荷量)을 나타내는 단위. 기호 E.

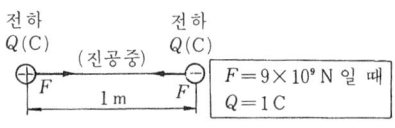

쿨롱의 법칙(Coulomb's law) ☞정전력(p. 348)

퀵 체인지 홀더(quick change holder) 밀링에서 자주 공구를 갈아 끼울 때 사용하는 급속 공구 교환용 홀더.

정면 커터아버   밀링척

큐비클(cubicle) 변전 설비를 철제 용기에 빽빽하게 넣는 것. 자가용 변전 설비에 많이 이용한다.
[내장 주요 기기] 변압기·차단기·단조기·계기용 변성기·보호 계전기·계기·제어 장치 등.

크라운(crown) 벨트 풀리의 림 표면의 중앙부를 벨트가 이탈하지 않도록 가장자리보다 볼록하게 만든 부분.

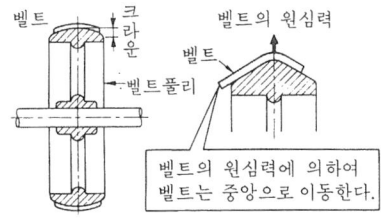
벨트   크라운   벨트의 원심력
벨트풀리
벨트의 원심력에 의하여 벨트는 중앙으로 이동한다.

크라운 기어(crown gear) 피치 원뿔각이 90°이고 피치면이 평면으로 되어 있는 베벨 기어.
☞ 직선 베벨 기어(p.365)

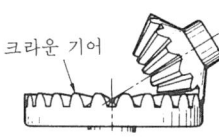
크라운 기어

크랙(crack) 판금 등을 프레스한 때에 냉각 속도, 수축을 방해하는 가스 등의 원인으로 나타나는 균열.

크랭크(crank) 4절 회전 기구로 회전 운동을 행하는 링크(link).

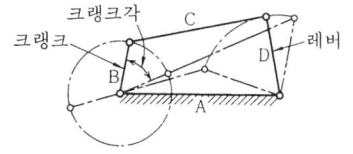
크랭크각   C
크랭크   레버
      B   D
         A

그림은 링크 A를 고정한 경우이나 A 대신에 링크 C를 고정해도 같은 기구가 되고, 링크 D가 크랭크가 된다. 링크 B를 고정하면 링크 A와 C가 동시에 크랭크가 되고 회전하는 기구가 된다.

크랭크각(crank angle) 사점(死點) 위치로부터 측정한 크랭크의 회전 각도. ☞ 크랭크

크랭크실(crank case) 왕복 기관(往復機關)에 있어서 크랭크 축을 내장하는 공간.

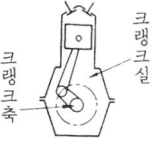
크랭크실
크랭크축

크랭크실 소기[掃氣](crank case scavenging) 2사이클 기관에 있어서. 크랭크실 속에 예압(豫壓)되어 있던 혼합기가 실린더로 밀고 들어가, 연소가스를 실린더로부터 소기하는 방법.

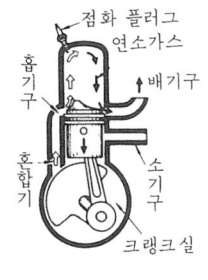
점화 플러그
연소가스
흡기구   배기구
혼합기   소기구
크랭크실

크랭크 암(crank arm) ☞ 크랭크 축.

크랭크 축(crank shaft) 레버 크랭크 기구를 사용하는 기계로, 크랭크로서 이용할 수 있는 축(軸). ☞ 레버 크랭크 기구 (p.111)

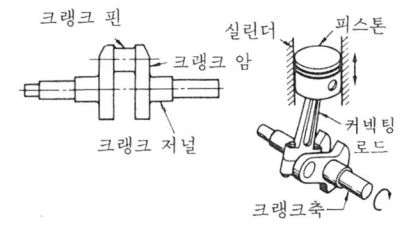
크랭크 핀   실린더   피스톤
크랭크 암
크랭크 저널   커넥팅 로드
크랭크축

피스톤의 왕복운동 ⇨ 크랭크축의 회전운동
크랭크축의 회전운동 ⇨ 피스톤의 왕복운동

크랭크 프레스(crank press) 크랭크 기구를 사용하여 프레스 작업을 하는 기계.

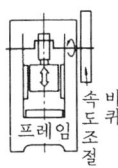
프레임   속도조절   바퀴

회전 운동을 크랭크와 커넥팅 로드에 의하여 슬라이드 직선 운동으로 변화시킨다.

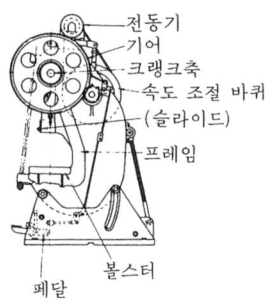

크레이터(crater)
① 용접 때, 비드(bead) 종단(終端)에 오목하게 홈이 생기는 용접 결함 상태 ② 크레이터 마모.

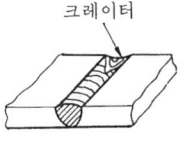

크레이터 마모(crater wear) 바이트의 경사면이 칩에 의한 마찰 때문에, 인선(刃先) 부분에 크레이터(홈)를 생기게 하는 마모. 경사면 마모라고도 말한다. 고속 절삭을 하는 경우에 생기기 쉽다.

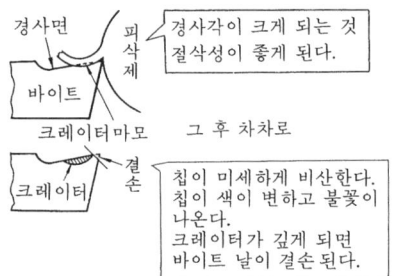

크레인(crane) 중량물을 상하 또는 수평 방향으로 운반하는 장치. 기중기(起重機).

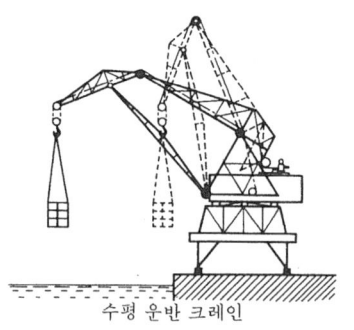

수평 운반 크레인

[종류] 탑 형 크레인. 천정 크레인. 지브(jib) 크레인 등.

크로스 레일(cross rail) 직립 선반·플레이너·플레이노밀러 등의 컬럼에 장착된 수평 이송대로 정면공구대의 수평 운동 안내가 되는 것으로, 테이블과 평행도가 중요하다.

크로스 벨트(crossed belting) 2개의 벨트 풀리의 회전 방향이 반대로 되는 벨트걸이 방법.

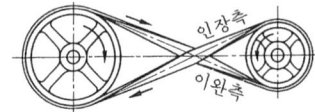

[특징] 벨트가 쉽게 닳아 파손되기 쉽지만, 오픈 벨트보다 미끄러짐이 없다.

크롬강(chrome steel) 철(Fe)에 약 1%의 크롬과 약 0.8%의 망간(Mn)과의 합금강.

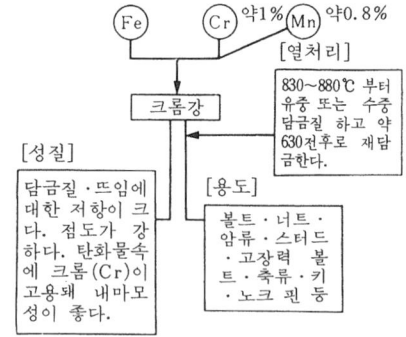

크롬-몰리브덴강(chrome-molybdenum steel) 크롬강과 0.25% 전후의 몰리브덴과의 합금강.

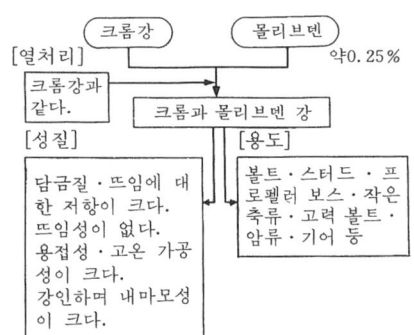

크리프(creep) 일정 온도 밑에서 금속 재료에 일정한 하중을 작용시킬 때, 시간의 흐름에 따라 그 변형이 증가하는 현상.

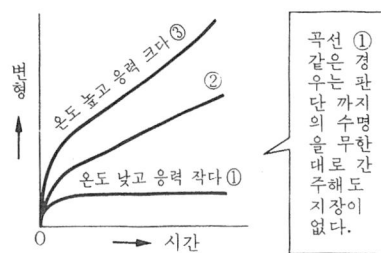

크리프 한도(creep limit) 고온에서 일정 시간 중에 일정한 크리프 변형을 생기게 하는 응력.
▽크리프 한도의 예

재료명	482°C	538°C	649°C	704°C
9Cr-1.5Mo 동	23.40	8.19	1.62	—
18Cr-8 Ni 동	16.90	12.9	3.87	—
13Cr-0.2Al 동			5.80	1.05	0.69

주) 1만 시간에 1%의 변형을 생기게 하는 응력

크립톤 86 램프(⁸⁶Kr lamp) 길이의 기준이 되는 파장(波長)의 단색광(대체 색의 스펙트럼선)을 나타내는 방전관.

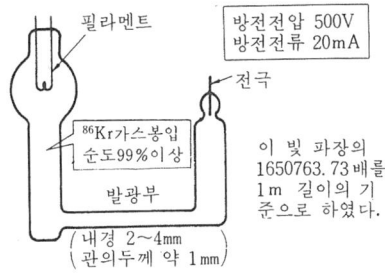

클래퍼 블록(clapper block) 셰이퍼 공구대의 일부분.

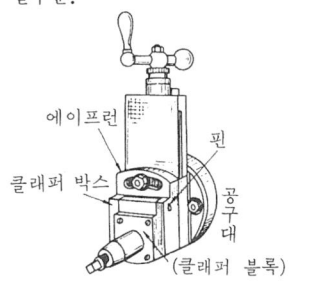

귀환 행정 때 바이트에 의하여 절삭면에 홈이 생기지 않도록, 핀을 축으로 하고 바깥을 향하게 치켜올릴 수 있도록 되어 있다.

클램프 나사(clamp screw) 지그(jig)나 체결 기구로 공작물을 단단히 죄어 고정시키는 나사. 결합용 나사.

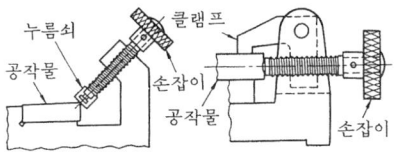

클램핑 바이트(clamping tool) 팁(tip)을 섕크에 기계적으로 죄어 붙인 바이트의 총칭. 스로 어웨이 바이트(throw away bite)는 그 일종이다.
스로 어웨이 바이트는 절삭날이 마모하여 공구 수명에 달한 바이트를 재연삭하지 않고 폐기하는 스로 어웨이 팁을 섕크에 기계적으로 장착하는 바이트

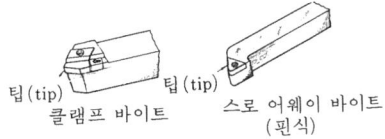

클러치(clutch) 원동축과 종동축의 결합을 단속하기 위하여 사용하는 축 이음매.
[종류]
　맞물림 클러치 : 원동축이 정지 또는 저속 회전상태에서 종동축에 접속
　마찰 클러치(원추 클러치·원판 클러치) : 원동축이 종동축에 접속

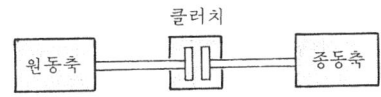

클릭 보러(click-borer) 래칫 휠(ratchet wheel)로 송곳을 회전시키는 목공용(木工用) 구멍 뚫기 공구.

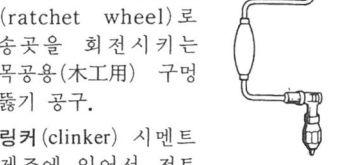

클링커(clinker) 시멘트 제조에 있어서, 점토·석탄 등을 소성시킬 수 있는 덩어리

상태의 중간 생성물.

키(key) 기어·벨트 풀리 등의 회전체를 축에 끼우는 것. 강 또는 합금강으로 만든다.

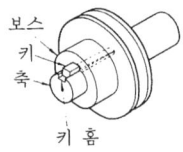

키 홈(key way) 키(key)를 설치하기 위하여 축과 보스에 설치하는 홈.

▽ 보스부의 키 홈

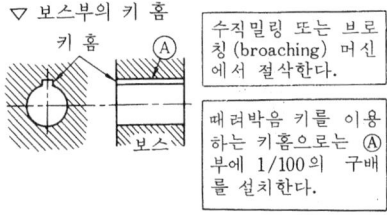

수직밀링 또는 브로칭(broaching) 머신에서 절삭한다.

때려박음 키를 이용하는 키홈으로는 Ⓐ부에 1/100의 구배를 설치한다.

▽ 축의 키 홈

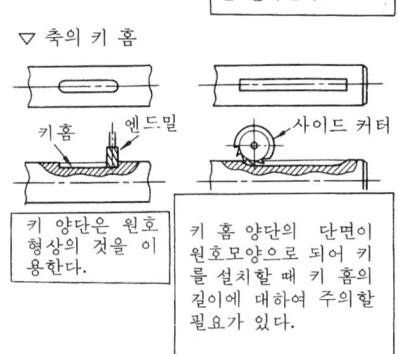

키 양단은 원호 형상의 것을 이용한다.

키 홈 양단의 단면이 원호모양으로 되어 키를 설치할 때 키 홈의 깊이에 대하여 주의할 필요가 있다.

킬드 강괴(killed ingot) 용강(溶鋼)을 규소철·망간철 등으로 충분히 탈산한 강괴(鋼塊).
재질은 거의 균일한 고급강으로, 전기로·평로 등으로 만들 수 있다.

▽ 킬드 강괴의 단면

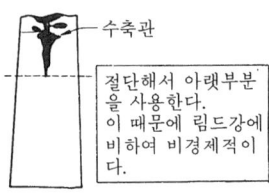

수축관

절단해서 아랫부분을 사용한다.
이 때문에 림드강에 비하여 비경제적이다.

E

타원(楕圓) 컴퍼스(elliptic trammels) 더블 슬라이더 크랭크(double-slider crank) 기구로 타원을 그릴 때 사용하는 제도용(製圖用) 컴퍼스.

직교하는 홈에 꼭 맞는 슬라이더 A, B가 운동할 때 링크 L 상의 점 P의 궤적이 타원이 된다. 링크 L과 슬라이더 A, B와는 a, b에서 회전짝이 되어 있다.

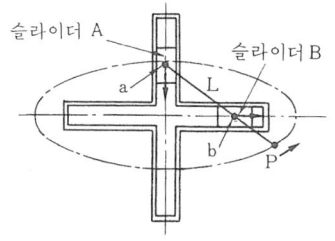

타원형 유량계(楕圓形流量計 : oval flow meter) 오벌 유량계. 각종 점도(粘度)의 액체나 기체의 유량을 측정하는 용적(容積) 유량계.

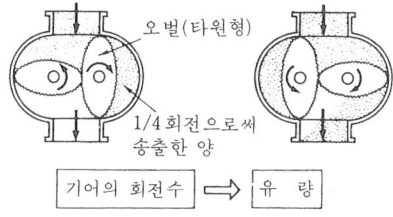

타이밍 기어(timing gear) 내연 기관에 있어서 크랭크축의 회전 운동을 이용하여, 밸브를 작동하는 캠축을 구동하기 위하여 사용하는 기어. ☞밸브 장치(p.150)
캠축 기어와 크랭크축 기어로 이루어진다.

타이밍 벨트(timing belt) 기어처럼 등간격의 홈을 가진 벨트 풀리의 홈에 정확히 맞물리도록 내측에 같은 간격의 홈을 가진 벨트.
회전을 정확하게 전달할 수가 있다.

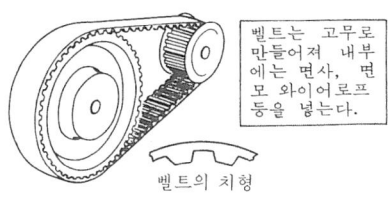

벨트는 고무로 만들어져 내부에는 면사, 면모 와이어로프 등을 넣는다.

탁상 드릴링 머신 (bench drilling machine, bench drill) 작업대에 고정 설치하여 공작물에 구멍을 뚫고 나사내기 등을 행하는 기계.

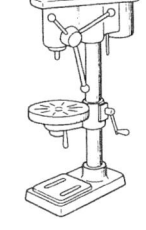

탁상 선반(卓上旋盤 : bench lathe) 작업대에 고정 설치하여 시계와 계기 등 소형 부품을 만드는 데 이용되는 선반.

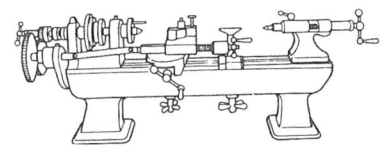

탄산가스 아크 용접(CO_2 gas shielded arc welding) 탄산가스의 분위기 속에서 행하는 아크 용접. ☞아크 용접(p.233)

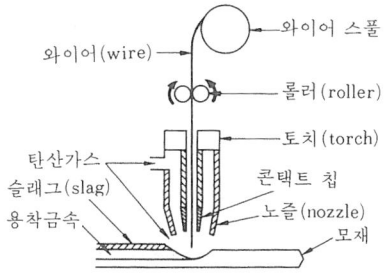

탄성(彈性 : elasticity) 물체에 힘을 가하여 변형시킨 때. 물체가 원래의 상태로 돌아가려고 하는 성질. ☞ 탄성 변형

탄성 계수(彈性係數 : modulus of elastic-

ity) 비례 한도(탄성 한도) 안에서는 응력과 변형은 정비례하고 [훅(hook) 법칙], 그 때의 비례 정수를 말한다.
[세로 탄성 계수] 수직 응력에 대한 탄성계수

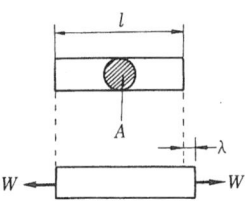

수직응력 : $\sigma = \dfrac{W}{A}$

세로 변형률 : $\varepsilon = \dfrac{\lambda}{l}$

세로 탄성 계수 : E

$\sigma = E \cdot \varepsilon \rightarrow E = \dfrac{\sigma}{\varepsilon}$

[가로 탄성 계수] 전단응력에 대한 탄성계수

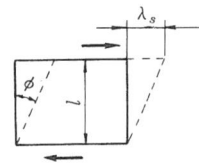

전단응력 : τ

가로변형률 : $\gamma = \dfrac{\lambda_s}{l}$

$\fallingdotseq \phi$

가로탄성계수 : G

$\tau = G \cdot \gamma \rightarrow G = \dfrac{\tau}{\gamma}$

[양탄성 계수와 푸아송(poisson)의 비 ($\dfrac{1}{m}$)와의 관계]

$E = 2G(1 + \dfrac{1}{m})$

탄성 곡선(彈性曲線 : elastic curve) 재료가 탄성에 의하여 변형할 때, 그 축선(軸線)이 이루는 곡선.
[예] 보(beam)의 굽힘 모멘트를 받을 때, 그 중심선이 이루는 휨 곡선.

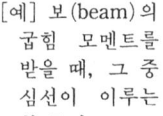 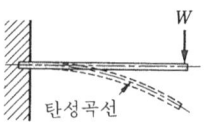

탄성 변형(彈性變形 : elastic deformation) 재료에 하중이 가해지면 변형되지만, 하중을 제거하면 변형 전의 상태로 되돌아가는 변형. 보통 탄성 한도 내의 변형을 말한다.

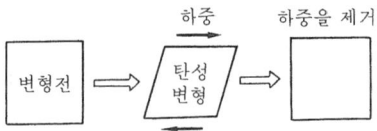

연강에 하중을 가한 때. 점 K의 하중으로는 OB 만 변형하고 있다. 하중을 제거하면, OA 의 영구변형이 남지만 소멸한 변형 AB 은 탄성 변형이다.

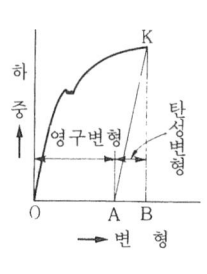

탄성 숫돌차(elastic grinding wheel) 유기질의 결합재로 만든 숫돌차.
[종류] 세라믹 숫돌차 (☞ p. 193)
     연마석 (☞ p. 255)
     레지노이드 숫돌차 (☞ p. 113)

탄성(彈性) 에너지(elastic strain energy) 물체에 하중이 가해져 탄성 한도 내에서 변형했을 때, 물체 내부에서 얻을 수 있는 외부로부터의 일에 동등한 에너지.
하중-변형 선도에 있어서 탄성 에너지 V 는 삼각형의 면적과 같다.

$V = \dfrac{1}{2} W \delta$

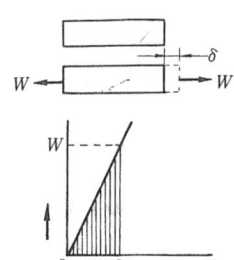

탄성 하중 검정기(彈性荷重檢定器 : proving ring) 재료시험기 등의 하중 눈금을 검정하는 계기. 탄성체가 일정한 하중-탄성 변형 관계를 유지하는 성질을 이용한 것.

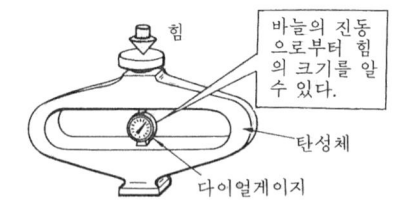

탄성 한도(彈性限度 : elastic limits) 물체에 발생하고 있는 응력이 작을 때에는 응력이 제거되면 변형도 완전하게 없어지지만 응력이 일정 한도 이상이 되면 응력을 제거하여도 변형은 소멸하지 않고 영구 변형으로서 남는다. 이 영구 변형이 생기지 않는 한도 내의 응력.

점 A에서는 응력을 제거하면 변형 Oa 는 O로 된다. 점 C에서는 응력을 제거하면 변형 Oc 는 감소하지만 Od 의 영구 변형이 남는다. 점 B는 영구 변형이 남지 않은 한도의 응력을 표시하는 점이고 이것을 탄성 한도라고 한다.

탄소강(炭素鋼 : carbon steel) 철에 0.02~2.06%의 탄소(C)가 함유된 강. 보통 강이라고도 한다. 탄소강은 담금질·뜨임·풀림 등의 열처리에 의하여 기계적 성질이 변하고 그 용도도 넓다.

[종류] 구조용 탄소강·탄소 공구강.

▽ 구조용 탄소강의 종류와 용도

종별	탄소 함유량 (%)	기계적 성질			용도
		인장강도(kg/mm²)	연신율 (%)	경도 H_B	
특별 극연강	<0.18	32~36	30~40	95~100	박판·전선선
극연강	0.08~0.12	36~42	30~40	80~120	새시·용접관
연강	0.12~0.20	38~48	24~36	100~130	철골·철근·배·차량용판
반연강	0.20~0.30	44~55	22~32	120~145	교량·보일러용판
반경강	0.30~0.40	50~60	17~30	140~170	볼트·축
경강	0.40~0.50	58~70	14~26	160~200	실린더·레일
최경강	0.50~0.60	65~100	11~20	180~235	나사·레일·축

탄소공구강(炭素工具鋼 : carbon tool steel) 불순물이 적은 0.60~1.50%의 탄소를 함유한 공구용으로 사용되는 고탄소강. 담금질로써 강도와 경도를 개선하고, 뜨임(tempering)에 의해 적당한 점성 강도를 부여한다.

[특징] 날끝 온도가 300°C 정도가 되면 연화하여 절삭 불능이 되므로 고속 절삭에는 견딜 수 없다. 그러나, 값이 싸고 날끝 형상의 가공이 쉽기 때문에 경합금·연강 등의 저속 절삭에는 적당하다.

▽ 탄소공구강이 사용되고 있는 공구강의 예

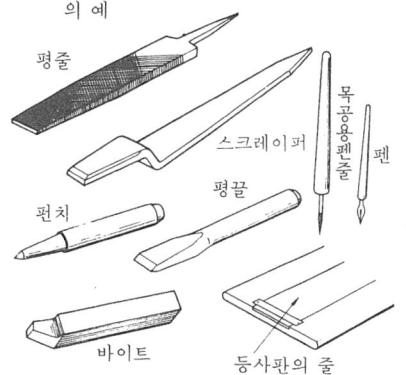

탈산(脫酸 : deoxidation) 금속의 정련에 있어서 금속 중에 남아 있는 산소를 산화하기 쉽게, 재료의 해가 되지 않는 규소(Si)나 망간(Mn) 등의 탈산제를 가하여 산소를 제거하는 것.

탈아연 부식(脫亞鉛腐蝕) 20% 이상의 아연을 포함한 황동이 바닷물에 침식될 경우 아연만이 용해되고 동은 남아 있어 재료에 구멍이 나기도 하고, 얇게 되기도 하는 현상. 부식 예방에는 주석이나 안티몬 등을 첨가한다.

탈자기(脫磁器 : demagnetizer) 전자 척(電磁 chuck)에 설치하여 가공한 공작물의 잔류 자기(殘留磁器)를 제거하는 기구. 공작물을 양극 위에 놓아 여러 번 닿게 하기도 하고 띄우기도 하면, 강한 교번 자계(交潘磁界)가 작용해 그 진폭은 점점 감해져서 잔류 자기가 "0"에 가깝게 된다.

탈진기(脫進機 : escapement) 진자(振子; 흔들이)의 1주기마다 1피치(pitch)씩 지침을 회전시키는 장치. 탈진기는 특히 시계의 정도(精度)에 영향을 주는 중요한 요소이다.

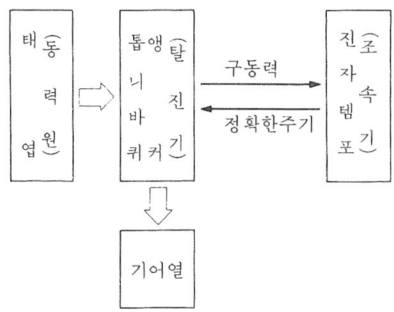

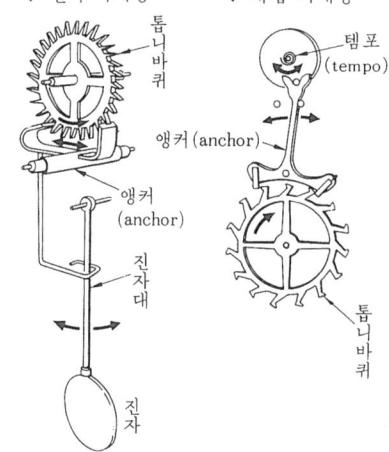

탈탄(脫炭 : decarburization) 강(鋼)이 고온으로 가열된 때 강 속의 탄소가 산화해 제거되어 탄소량이 감소하는 현상.

탕구(湯口 : gate) 용융 금속을 주형에 흘려 넣는 입구.

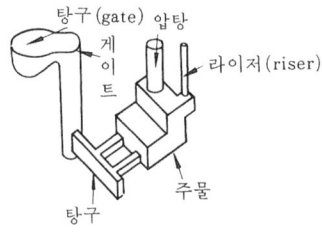

탕도(湯道 : runner) 탕구(게이트)로부터 쇳물을 주형의 공동(空洞)부까지 유도하는 길. ☞게이트(gate) (p.404)

태양 전지(太陽電池 : solar battery) 반도체의 pn 접합부에 빛이 닿도록 하면 기전력이 생기는 현상을 이용하여 빛에너지를 전기에너지로 직접 교환하는 장치.
[용도] 인공 위성·무인 등대·무인 중계소 등의 전원

태코미터(tachometer) =회전 속도계(p.456)

태핑 나사(tapping screw) 나사내기를 하지 않고 사용하는 작은 나사. 나사산은 보통 경화되어 있다.

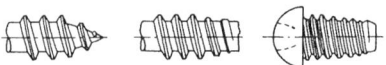

태핑 척(tapping chuck) 탭(tap) 내기를 위하여 편리하도록 만들어진 척.
[특징] 자동 역전(逆轉) 장치·회전력 조정 장치에 따른 탭의 절손을 막는 기구를 갖추고 있어 주로 역전 회전 장치가 없는 드릴링 머신에 의하여 나사 세우기를 하는 데 적당하다.

택트 시스템(tact system) 전공정을 몇 부분의 같은 시간 작업대의 공정으로 나누어, 일정 시간마다 물품 또는 작업원이 일제히 다음 공정으로 이동하는 흐름의 작업방식. 대량 생산하는 공작 기계의 조립 작업 등에 이용된다.

탭(tap) 드릴로 뚫은 탭 드릴 직경에 암나사를 내는 공구. 비교적 지름이 가는 나사내기에 이용한다.
[핸드 탭] 손작업용으로 1번, 2번, 3번 탭이 1조가 되어 있고, 등경(等徑) 탭과 증경(增徑) 탭이 있다.

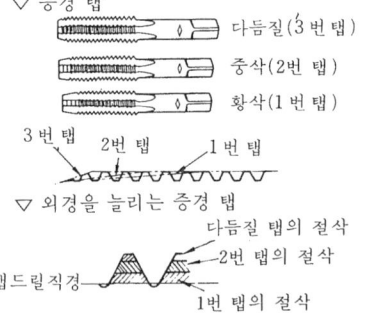

▽ 유효지름을 늘리는 증경 탭

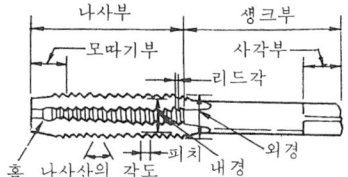

[기계 탭] 기계 작업에 사용된다.

[홈이 없는 탭] 전조한 탭. 알루미늄·구리 등의 부드러운 재료의 나사 내기에 사용한다.

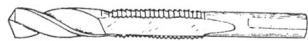

[드릴붙이 탭] 탭 드릴 직경을 뚫고 탭을 낸다.

탭 드릴(tap drill) 암나사의 탭 드릴 구멍을 뚫을 때에 사용하는 드릴. 탭 드릴 구멍의 지름은 일반적으로 탭의 골지름보다 조금 크게 하는 것으로 탭 드릴의 지름은 탭의 외경에 대략 75~80%로 한다.

탭 드릴 구멍(tap drill hole) 나사 내기(탭 내기)를 하기 위하여 미리 뚫는 구멍.

탭 볼트(tap bolt) 볼트 구멍을 부득이 관통할 수 없는 경우 볼트를 나사구멍에 틀어박는 것만으로 체결하는 볼트. 세트 볼트(set bolt)라고도 한다.

탭 핸들(tap handle) 핸드 탭을 사용할 때 탭 자루의 4각부를 핸들의 구멍에 끼워넣어

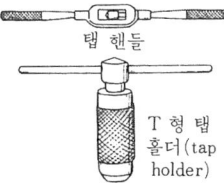

탭을 돌리는 공구.

터릿 선반(turret lathe) 주축 중심선에 평행하게 미끄러지듯 움직이는 회전 절삭 공구대가 있어 이것에 여러 종류의 바이트를 방사상(放射狀)으로 설치하여 절삭하는 선반.
[특징] 공구대를 회전시킴으로써 차례차례 다른 바이트로 가공할 수 있다. 보통 선반에 비하여 가공 효율이 좋다.
[종류] 봉재용[콜릿 척(collet chuck)과 봉재 이송 장치를 사용]

▽ 터릿 선반

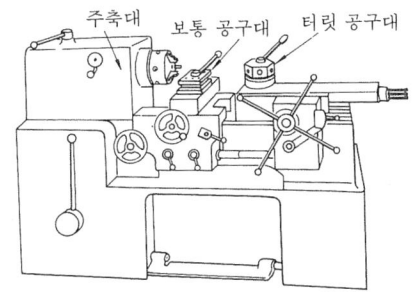

터보 송풍기(turbo blower) 임펠러의 외주에 안내날개(guide vane)를 갖추고 날개차의 회전에 의해 생기는 기체의 원심력을 이용하여 기체를 압송하는 송풍기
[특징] 고속회전, 고풍압(高風壓), 저소음.
[용도] 배기·환기용, 각종 압송용, 보일러의 강제 통풍용 등

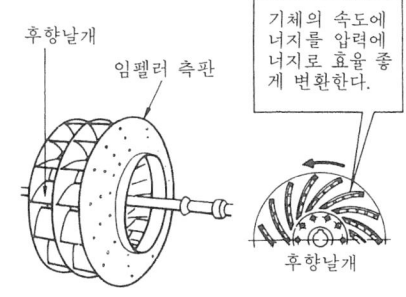

터보제트 엔진(turbo jet engine) 가스터빈을 이용해서 분출가스를 만들어 그 반동력(反動力)에 의하여 기체(機體)를 추진시키는 제트 기관.

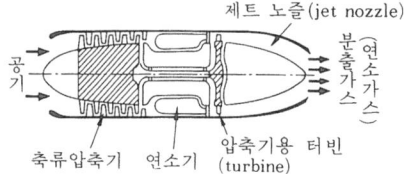

터보 프롭 엔진(turbo prop engine) 터보제트의 터빈의 단수(段數)를 증가하여, 에너지의 대부분을 연소가스의 회전력으로 바꾸어 프로펠러를 돌려서 추진력을 얻는 원동기.

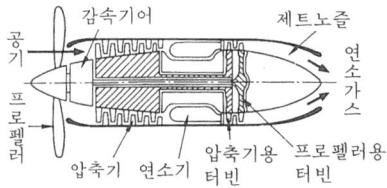

[용도] 중간형태의 항공기용으로, 비교적 저속인 경우에 효율이 좋다.

터빈(turbine) 유체 에너지에 의하여 임펠러를 회전시켜 동력을 얻는 원동기. ☞수차(p.209), ☞증기 터빈(p.362), ☞가스터빈(p.11)

터빈 케이싱(turbine casing) 터빈의 임펠러를 넣는 케이싱(casing). 터빈 실린더라고도 불리고, 칸막이판(板)이나 노즐 또는 고정날개가 설치되어 있다. 일반적으로는 조립·분해를 쉽게 하기 위해, 상부 케이싱과 하부 케이싱으로 나뉘어 있다. 사진은 터빈 케이싱과 그 내부에 임펠러가 담겨진 모습을 나타낸 것이다.

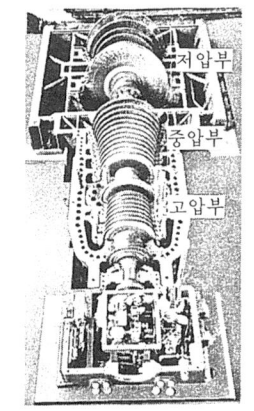

터빈 펌프(turbine pump) 임펠러의 외주에 안내 날개(guide vane)를 가진 원심 펌프의 일종.

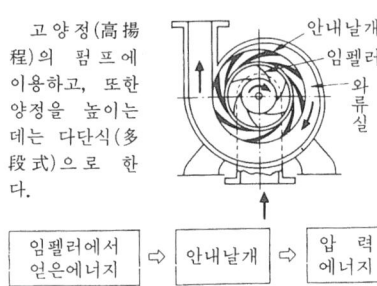

고양정(高揚程)의 펌프에 이용하고, 또한 양정을 높이는 데는 다단식(多段式)으로 한다.

터빈 효율(turbine efficiency) 터빈 축단(軸端)에서 얻을 수 있는 정미 일(유효 일 l_e)과 유체가 갖는 에너지(h_{ad})와의 비.

[증기 터빈의 경우]

터빈 효율 $\eta = \dfrac{Al_e}{h_{ad}}$

A : 일의 열당량

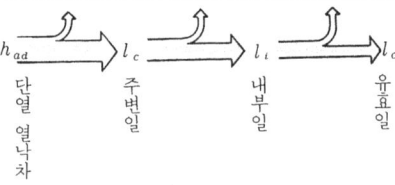

[수차의 경우]

터빈 효율 $\eta = \dfrac{L}{L_t}$

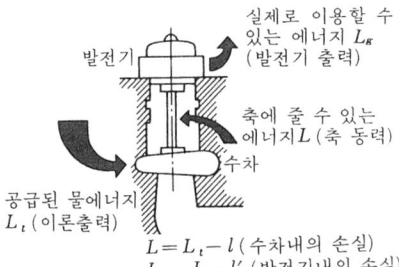

$L = L_t - l$ (수차내의 손실)
$L_g = L - l'$ (발전기내의 손실)
$L_t > L > L_g$

턴버클(turnbuckle) 지지봉과 지지용 강삭(鋼索) 등 길이를 조절하기 위한 기구.

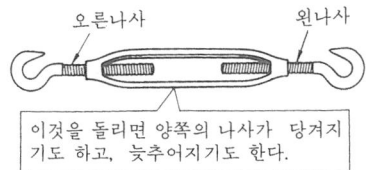

이것을 돌리면 양쪽의 나사가 당겨지기도 하고, 늦추어지기도 한다.

텀블러(tumbler) 주물의 모래떨기 기계의 일종. 회전 배럴 속에 스타(star ; 돌기가 달린 것)와 함께 주물을 넣어 상호 마찰에 의해 모래를 떨어내고 주물 표면을 깨끗하게 다듬는다.

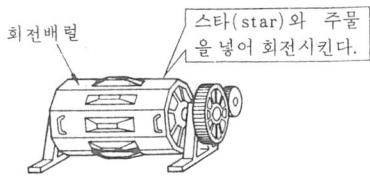

텅스텐(wolfram) 원소 기호 W, 금속 중에서 융점이 제일 높고(3410°C) 상온에서는 안정되어 있지만 고온에서는 산화된다. 고온에서 강도나 경도가 크기 때문에 고온 발열체·초내열(超耐熱) 재료·내마모 재료 등으로 이용되고 내식성이 우수하므로 내식 재료·화학 장치 부품용 재료 등에도 이용된다.

테르밋 용접(thermit welding) 알루미늄과 산화철 분말을 동일한 양으로 혼합한 혼합물인 테르밋에 점화하면, 강한 환원 작용으로 3000°C 정도의 고열을 발생하고, 산화 알루미늄과 철이 융해된다. 이 융해 철을 이용하여 접합하거나 살올림하기도 하는 용접.

테르밋에 점화했을 때 반응은,

$$8Al + 3Fe_3O_4 = 9Fe + 4Al_2O_3$$

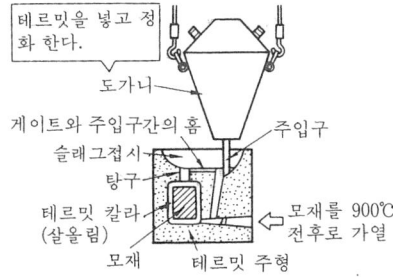

테이블 탭(table tap) ☞ 접속기(p. 343).

테이퍼(taper) 원뿔체에 있어서 중심선에 관하여 대칭한 양측면의 경사.

▽ 테이퍼의 도시법

테이퍼는 그림처럼 $\frac{a-b}{l}$ 로 나타내지만, 보통 $a-b$ 를 1이 되게 환산하여 표시한다.

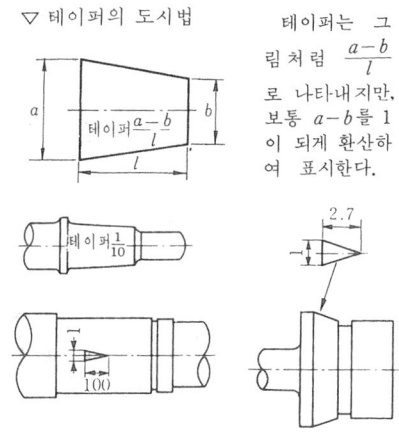

테이퍼 게이지(taper gauge) 제품의 테이퍼를 검사할 목적으로 사용되는 게이지. 테이퍼의 종류, 지름의 크기에 따라 제작되어 있다.

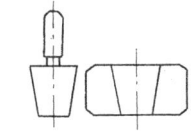

테이퍼 생크(taper shank) 드릴이나 리머 등의 자루 부분이 테이퍼로 되어 있는 것.

[예] 드릴(drill)

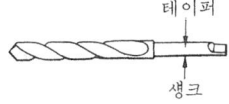

테이퍼 절삭(taper turning) 선반 작업에 있어서, 공작물의 테이퍼를 깎는 방법.
[복식 공구대를 선회시키는 방법] 테이퍼가 크고 길이가 짧은 공작물의 경우.

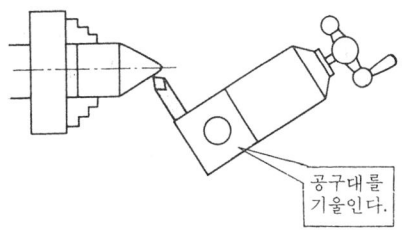

[데드센터(dead center)를 편위시키는 방법] 공작물의 길이에 비해 테이터가 완만한 경우.

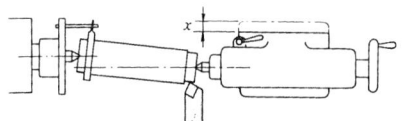

테이퍼 핀(taper pin) $\frac{1}{50}$의 테이퍼를 붙인 핀. 보스를 축에 고정할 때에 이용한다.

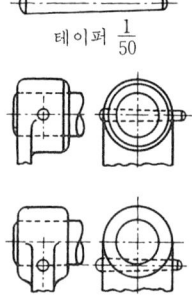

테이퍼 $\frac{1}{50}$

테이프 코드(tape code) 전자계산기나 NC 기계에 정보를 입력할 때 종이 테이프에 천공하는 부호를 말한다.

▽ 종이테이프(코드규격(EIA))의 예

테 이 프	문자·수 치·기호	용 도
○ ○	0	수치 0
○ ○	1	수치 1
○ ○	2	수치 2
○ ○ ○○	3	수치 3
○○	4	수치 4
○ ○○ ○	5	수치 5
○ ○○	6	수치 6
○ ○○○	7	수치 7
○ ○	8	수치 8
○ ○ ○	9	수치 9
○○ ○	a	X축을 중심으로 하는 회전각
○○ ○	b	Y축을 중심으로 하는 회전각
○○○ ○○	c	Z축을 중심으로 하는 회전각
○○ ○○	d	특별축을 중심으로 하는 회전각
○○○, ○○ ○	e	특별축을 중심으로 하는 회전각
○○○ ○○	f	이송속도
○○ ○○○	g	G 기능
○○ ○ ○	h	여비

EIA (Electronic Industries Association)와 ISO가 있다.

테이프 판독 장치(taper reader) 테이프 구멍에 광선이 비추어지면, 구멍을 통과한 빛이 트랜지스터에 작용하여 부호를 판독하는 장치.

▽ 광학적 테이프 판독 장치

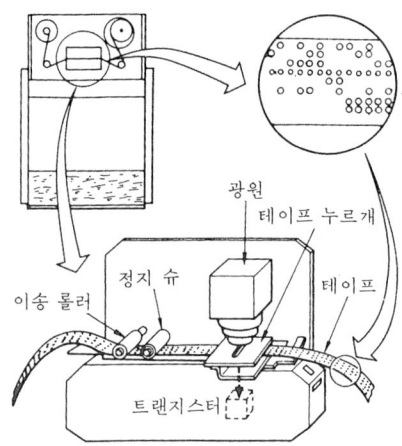

테크니컬 일러스트레이션(technical illustration) 제작 도면에 표시된 데이터나 또는 실물 스케치에 의해 그 구조의 기능을 확실하게 표현한 입체도, 계통도 및 배치도 등의 입체적인 해설도(解說圖)의 총칭.

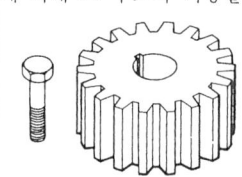

텔레비전(television) 텔레비전 카메라(television camera) 등 영상과 음성을 전기 신호(영상 신호와 음성 신호)로 바꾼 것을 함께 전파로 보내, 수신측에서는 영상

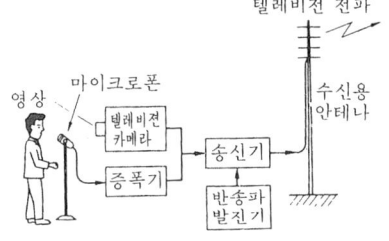

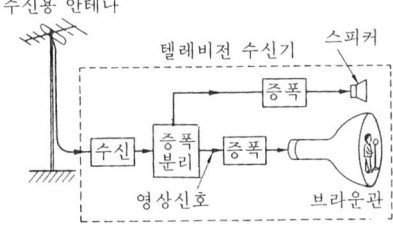

신호와 음성 신호를 다시 분리하여 영상과 음성을 재현한다.
[텔레비전 전파] VHF파 또는 UHF파를 이용한다.
[변조방식] 영상 신호에는 진폭 변조 방식, 음성 신호에는 주파수 변조 방식을 이용한다.

텔레비전 수신기(television receiver) 튜너 회로·영상 증폭 회로·음성 회로·편향 회로·브라운관·전원부 등으로 구성되어 있다. 영상과 음성의 수신 장치.

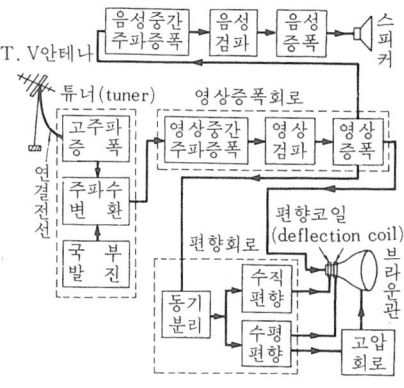

텔레센트릭 조명(telecentric lighting) 투영 렌즈의 촛점에 조리개를 맞추고, 상(像)

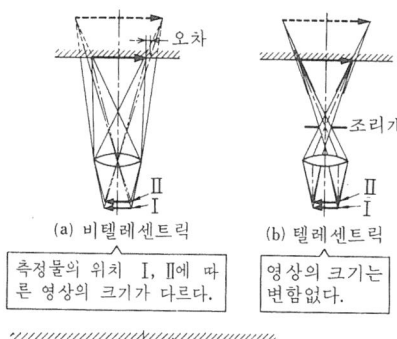

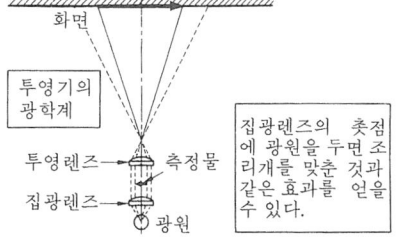

의 배율 변화에 의한 치수 오차를 방지하는 조명법(照明法).

템퍼 경화법[硬化法](temper hardening) 뜨임 경화법. 합금강의 뜨임에 있어서, 뜨임에 의하여 한번 경화한 상태에서 뜨임 온도가 올라감에 따라 재차 재질을 경화시키는 처리를 말한다.

▽ 바나듐 강과 탄소강의 뜨임 경도 곡선

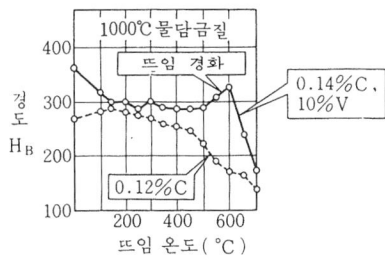

바나듐강의 뜨임 경도 곡선은 탄소강의 경우와 그 경향이 다르다. 200°C를 넘으면 연화가 일어나지 않고, 500°C를 넘으면 차차로 경화되어 600°C에서 최대 경도를 나타내고, 그후는 점점 연화하고 있다.

템퍼링(tempering) 뜨임. 담금질하여 경화한 강재를 재가열함으로써 점성(粘性)을 높여 주기 위한 열처리.

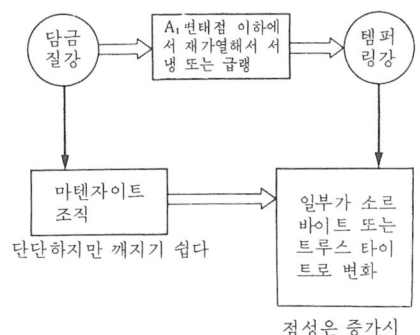

점성은 증가시키지만, 인장 강도와 경도는 조금 감소한다.

템퍼 색(temper color) 뜨임색(色). 담금질한 강의 표면에 뜨임에 의하여 생기는 색. 이 색에 의하여 뜨임 온도를 추정한다.

▽ 탄소강의 뜨임색과 온도

뜨임색	온도(℃)	뜨임색	온도(℃)
담황색	200	진한 청색	290
짙은 황색	220	녹 색	300
갈 색	240	담 청 색	320
자 색	260	청 회 색	350
짙은 보라	280	회 색	400

▽ 정의 담금질·뜨임

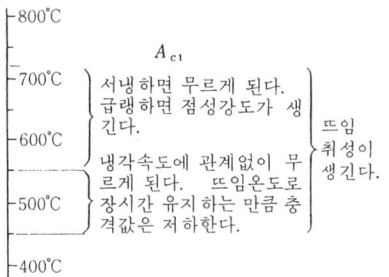

템퍼 취성(temper brittleness) 뜨임 취성. 구조용 합금강을 담금질하여 경화시킨 후, 뜨임을 하여 점성을 준 때에 반대로 취성(脆性)이 생기는 현상.

▽ 합금강의 뜨임

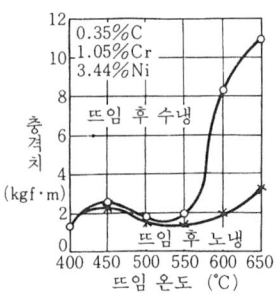

[뜨임 취성에 영향을 주는 원소]
Cr, Mn : 가장 민감
Si, P, Ni : 민감
Mo, W, V : 현저하게 둔감

템플레이트(template) =형판(p.451) ① 선반에서 가공할 때 회전 단면에 대응하는 형판(型板). ② 모방 절삭 기구를 가진 공작 기계로 절삭 공구의 운동을 안내하는 형판(오른쪽 그림).

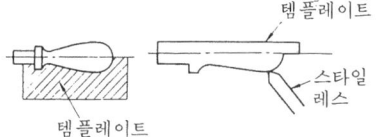

토글 장치(toggle joint) 작은 힘을 작용시켜 큰 힘을 내는 장치의 하나. 링크 A, B의 접점 O_2를 힘 F로 끌면, A와 B의 링크가 일직선으로 가까와짐에 따라 힘 P가 크게 된다.

$$P = \frac{F}{2\tan\theta}$$

다만, A, B의 길이가 같고 마찰은 일어나지 않는 것으로 한다.

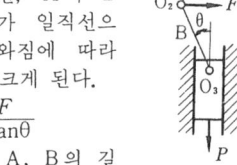

토글 프레스(toggle press) =너클 프레스 (knuckle press) (p.75)

토리첼리의 정리(Torricelli's theorem) 수조(水槽)의 측면 또는 저면의 구멍으로부터, 유출하는 물의 유속과 수면까지의 높이와의 관계를 나타내는 정리(定理).
베르누이의 정리에서,

$$\frac{p_1}{\gamma} + \frac{v_1^2}{2g} + z_1 = \frac{p_2}{\gamma} + \frac{v_2^2}{2g} + z_2$$

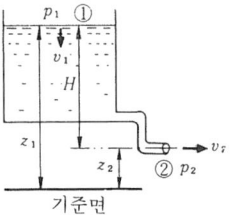

그림에서,
$p_1 = p_2 =$ 대기압, $v_1 = 0$(수조가 충분

히 크다.)
$z_1 - z_2 = H$ ∴ $v_2 = \sqrt{2gH}$
g : 중력가속도

토션 바(torsion bar spring) 곧바른 봉의 한 끝을 고정하고 다른쪽 끝을 비틀어, 그때의 비틀림 변위를 이용하는 스프링.
[특징] 다른 스프링에 비하여 단위 체적당 얻을 수 있는 탄성에너지가 크고, 모양이 간단해서 좁은 장소에도 설치할 수 있다.

비틀림 모멘트
$T = WR$

토인(toe-in) 「발끝을 안으로」의 뜻. 자동차의 앞바퀴를 평면도로 보아 양 바퀴가 평행이 아니고, 8자형으로 앞쪽이 조금 좁아져 안으로 향하고 있는 것.

토출관(吐出管 : discharge pipe) 펌프에 있어서 물을 토출하기 위한 관.

토출 양정(吐出揚程 : delivery head) 펌프 중심으로부터 토출 수면까지의 거리.

토치(torch) ① 가스의 혼합비 및 유양을 제어하는 기구.
② 가스 용접시 가스(아세틸렌과 산소)를 혼합·조절하여 불꽃을 만드는 부분. 취관(吹管).
▽ 인젝터형 저압 토치의 예

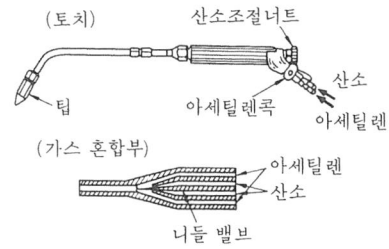

토치 노즐(torch nozzle) 가스 용접에 사용하는 토치의 선단부.

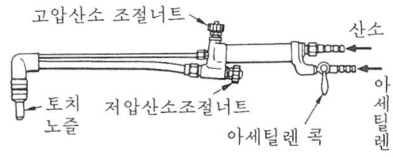

토크(torque) ☞ 비틀림 모멘트(p.177)

토크 렌치(torque wrench) 기계의 조립 등에서 너트 또는 볼트를 단단히 죄는 힘을 한정하고 싶을 때 사용하는 공구.

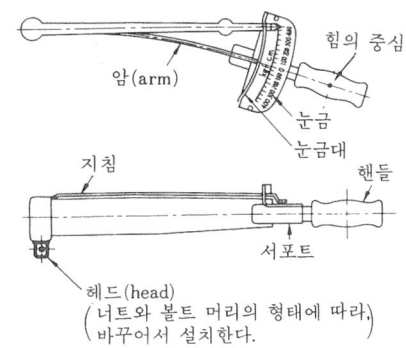

(헤드(head) 너트와 볼트 머리의 형태에 따라 바꾸어서 설치한다.)

톱날(saw blade) 핵소잉 머신(활톱 기계) 이나 밴드 소잉 머신(띠톱 기계)에서 금속 재료의 절단에 사용하는 기구.
[종류] 활톱(hack saw) : 왕복 직선 운동의 핵소잉 머신에 이용하는 것.

띠톱(bandsaw) : 연속 직선 운동의 밴드 소잉 머신에 이용하는 것(톱날이 끝부가 없음.)

톱니 나사(buttless thread) 나사산이 톱니 모양인 비대칭 단면의 나사.
[용도] 축 방향의 힘이 한쪽 방향으로만 작용하는 경우에 사용한다.
[예] 잭(jack)·바이스 등

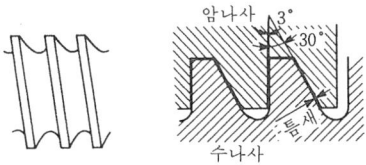

통계적 품질 관리(統計的品質管理 : statistical quality control) 대량 생산의 경우, 통계적인 수법을 이용하여 수요에 적합한 품질의 제품을 경제적으로 제작하기 위한 관리 방법.

통과측(通過側 : go-end) 한계 게이지에 있어서 합격된 공작물이 통과할 수 있는 치수를 갖는 측정면의 측. 측정면의 폭은 정지측보다 길다. ☞ 한계 게이지(p. 445)

[통과 게이지(go-gauge)] 통과측 만의 치수를 가진 한계 게이지.

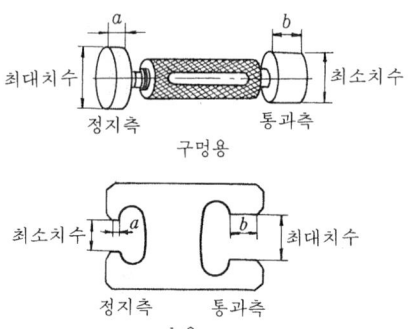

통기도(通氣度 : mold permeability) 주물사(鑄物砂)가 기체를 통과시키는 정도를 말하며 통기성이라고도 한다. 사형(砂型)은 주형 내의 공기나 가스를 충분히 배출시키지 않으면 블로 홀(blow hole)이 생기기 쉽다. 그 때문에 사형에서는 주물사의 입도를 눌러서 다진 정도에 따라 통기도가 변화한다.

▽ 통기도 시험기

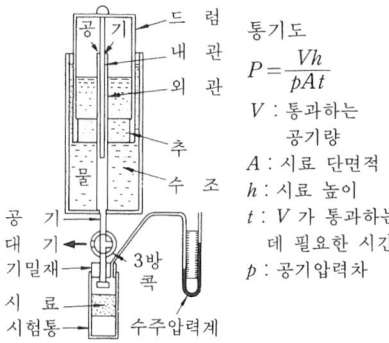

통기도
$$P = \frac{Vh}{pAt}$$
V : 통과하는 공기량
A : 시료 단면적
h : 시료 높이
t : V 가 통과하는 데 필요한 시간
p : 공기압력차

통전 시간(通電時間) ① 전기 기기에 있어서 전류를 통과시키고 있는 시간.
② 웰드 타임(weld time) : 저항 용접에 있어서 용접 전류를 통과하는 시간.

통풍(通風 : draft) 연료의 연소에 필요한 공기의 흐름.
 [종류] ① 자연 통풍 ② 송풍기에 의한 강제 통풍.

통형 연소기(筒形燃燒器 : tube type combustor) 가스 터빈에 있어서 압축 공기의 기류 속에 연료를 분사하여 연속적으로 정압(定壓) 연소시키는 튜브(tube)형의 장치.

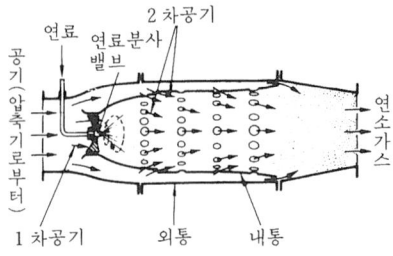

퇴거호(退去弧 : arc of recess) ☞맞물림률 (p.134)

투시도(透視圖 : perspective drawing) 사물 등을 눈으로 보는 경우와 같은 형태로 원근감이 나타나지도록 그린 투영도.

▽ 1점 소실점 (a)와 2점 소실점 (b)

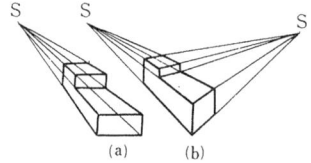

투영기(投影機 : projector) 물체를 스크린 상에 확대 투영하고 그 물체의 형상이나 치수를 측정 검사하는 광학 기기.

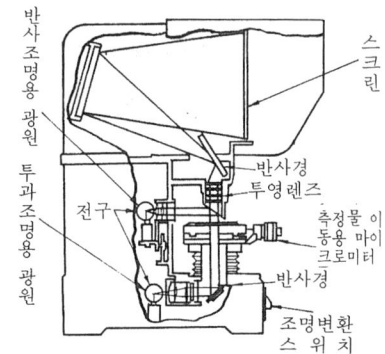

튜뷸러 터빈(tubular turbine) 수차 및 발전기를 내장한 원통형상 케이싱이 함께 수중에 있어, 물이 축 방향으로 들어가 축 방향으로 흐르는 형식의 프로펠러 수차.

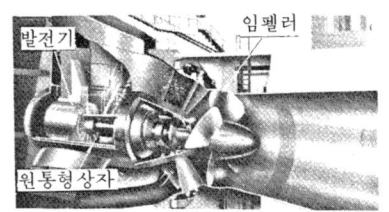

트랜스퍼 머신(transfer machine) 공작물의 가공 공정에 따라 여러 가지 기능을 가진 전용 기계를 배치하여 반송(搬送) 장치나 다른 부속 장치를 조합하고 이것들을 통일된 제어 장치에 의하여 운전할 수 있도록 한 가공 설비.

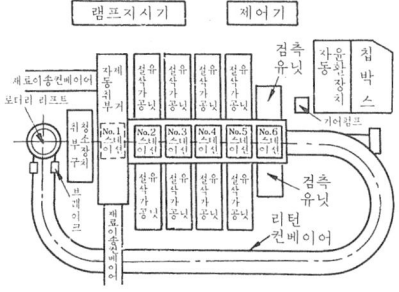

트랜지스터(transistor) N형(또는 P형) 반도체 사이에 P형(또는 N형) 반도체의 얇은 층을 갖도록 만들어진 단결정(單結晶)의 반도체 소자. NPN형과 PNP형이 있다.

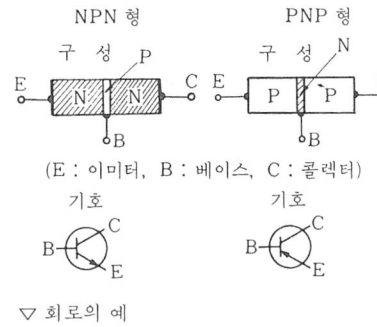

[용도] 증폭·발진 등의 전자 회로에 널리 이용되고 있다.
($I_E = I_B + I_C$, I_B는 I_C의 수% 정도)

트랜지스터 점화 장치(transister ignition device) 트랜지스터 회로에 의해 무접점(無接點)의 브레이커를 가진 점화 장치(點火裝置). ☞ 배전기(p.149)

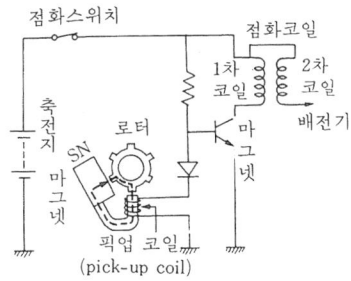

배전기 회전축의 로터(rotor)의 돌기가 픽업 코일과 마주 볼 때 코일에 유도 기전력이 생긴다. 이 기전력의 방향에 따라 트랜지스터에 흐르고 있던 전류가 차단되고 2차코일에 고전압이 유도된다.

트러스(truss) 부재(部材)가 힌지 이음(滑節 : hinged joint)으로 접합되어 하중은 부재의 절점(節點)에 작용하고, 그것을 지점(支點)의 반력으로 지지하는 골조 구조물.

▽ 워린 트러스(warren truss)의 예

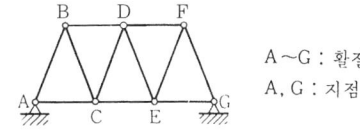

트러스트(trust) 기업이 보다 강력한 집중 지배를 하는 일. 기업 합동. ☞ 카르텔(p.389)

완전하게 시장경쟁을 이루기 위하여, 트러스트에 참가한 기업은 각각의 독립성을 잃고 합동 기업으로써 시장을 독점한다.

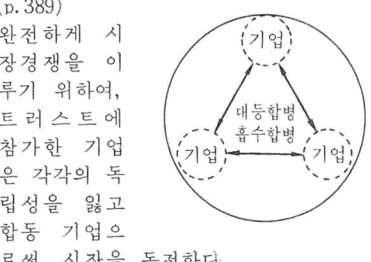

트럭 스케일(truck scale) 트럭 등에 화물

을 적재한 채, 그대로 중량을 재는 대형의 저울.

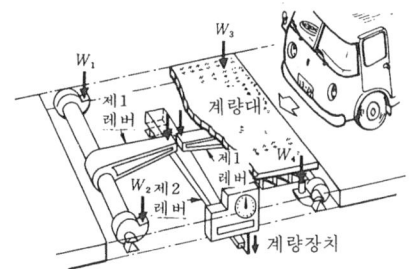

트레이스도(traced drawing) ☞ 원 도(p. 280)

트로코이드 펌프(trochoid gear pump) 치형에 트로코이드 곡선을 사용한 기어 펌프. ☞ 기어 펌프(p.59)

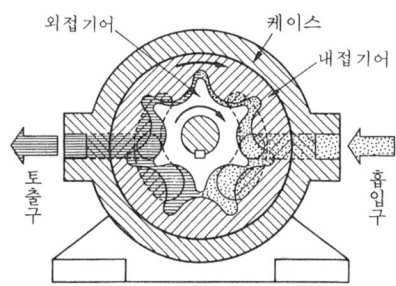

트루스타이트(troostite) 강을 담금질하여 마텐자이트(martensite)로 할 때, 냉각 속도가 조금 늦은 경우에 생기는 조직. 마텐자이트보다 조금 부드럽고, 점성이 강하다. 마텐자이트는 150~400℃에서 재담금질한 경우에도 얻을 수 있다.

트루잉(truing) 숫돌차의 형상을 수정하는 모양고치기 작업. 연삭 중에 숫돌차의 입자(粒子)가 떨어지고 절삭면의 형태

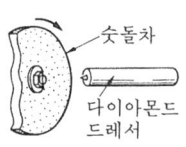

가 처음의 것과 다르게 되었을 때, 드레서(dresser)를 이용하여 원래의 형태로 고친다.

트리밍 다이(trimming die) 프레스에서 판금 전단(剪斷) 가공에 사용하는 형(型).
[트리밍] 프레스 가공이나 주조 가공으로

생산된 제품의 불필요한 테두리나 핀(fin) 등을 잘라내거나 따내어 정형(整形)하는 작업.

▽ 트리밍 다이

트위어(tuyere) 용광로, 큐폴라, 단조로(鍛造爐) 등의 송풍구(送風口). 이곳에서 고압의 열풍을 노 안으로 불어넣어 코크스를 연소시킨다.
바람구멍의 수, 배치, 크기에 따라 용해 작업 효율의 정도가 결정되는 것으로 중요한 요소이다.

특성 요인도(特性要因圖 : characteristics diagram) 품질 특성치가 어떤 요인에 의해 영향을 받고 있는가를 조사하여 이것을 하나의 도형으로 묶어 특성과 원인과의 관계를 나타낸 것.

▽ 절삭 치수의 분산 특성 요인도

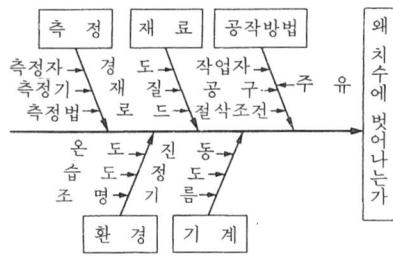

특수강(特殊鋼 : special steel) 합금강(合金鋼)(p.446)

특허법(特許法 : patent law) 발명을 장려하고 보호할 목적으로 제정된 법률.
[목적] ① 발명의 독점적 사용, 발명자의 권리를 보호한다. ② 채용하는 업자의 독점적 이익을 보호한다.
[유효기한] 출원 공고일로부터 12년
[출원 제한] 식료품, 의약품, 화학물질, 원자핵 변환에 의한 제조물질 및 공중 위생을 해하는 것은 출원할 수 없다.

틈새(clearance) 끼워맞춤에 있어서 구멍의 치수가 축의 치수보다 클 때의 차.

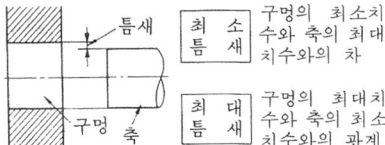

틈새 용적(clearance volume) 왕복식 내연기관 및 압축기에 있어서 피스톤이 상사점(上死點)에 왔을 때의 헤드부에 남겨진 용적(容積).
실린더 전용적−행정 용적=틈새 용적

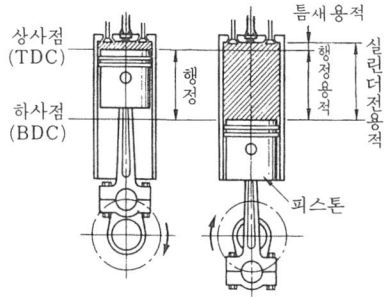

티그 용접(inert gas shielded tungsten arc welding) 불활성 가스 아크 용접에 있어서 전극에 텅스텐 봉을 사용한 용접. 두께 t가 6mm 이상일 때 적합하다. ☞ 불활성 가스 아크 용접(p.168) TIG 용접이라고 한다.

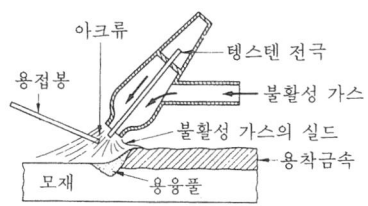

T 이음(T joint) 1매의 판을 다른 판의 표면에 직각으로 세워 T형으로 접합하는 이음. ☞용접 이음(p.276)

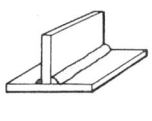

티타늄(titanium) 기호 Ti, 비중 4.5, 융점 1675°C로 내열성·내식성이 뛰어나고, 비교적 가벼운 금속.

T형 렌치(T handle socket wrench) T형을 한 볼트·너트의 체결용 죔 공구.

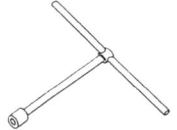

T 홈 커터(T-slot cutter) 기계나 공구의 T홈을 절삭 가공하는 데 사용되는 밀링 커터.

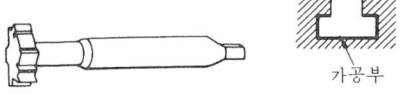

팁(tip) 날부를 만들기 위하여 여러가지 방법으로 섕크에 설치하는 절삭 공구 재료의 조각.
[팁의 재료] 고속도 공구강, 초경 합금 등
[팁의 장착법] 납땜, 클램프(clamp).

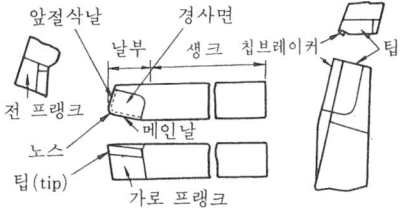

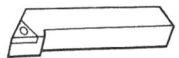

초경합금의 팁으로, 마모한 팁을 연삭하는 것보다 새로운 것으로 바꾸는 것이 경제적이므로 스로 어웨이(throw away : 폐기하다)란 이름이 붙었다.

ㅍ

파괴 강도(破壞强度 : breaking strength)
① =인장 강도(p.302)
② 인장 시험에 있어서, 시험편이 파단될 때의 하중을 파단면의 면적으로 나눈 값. 이것을 파단 응력(破斷應力)이라고도 한다.

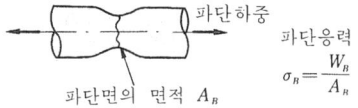

$$\sigma_B = \frac{W_B}{A_B}$$

파괴 시험(破壞試驗 : breaking test) 특정 하중을 시험편에 가하여 파괴시키는 과정에서 파괴에 견디는 최대 하중이나 파괴 상태 등을 조사하는 시험.

파괴 하중(破壞荷重 : breaking load)
① 인장 시험・압축 시험 등에서 시험편이 파괴되었을 때의 최대 하중.
② 물체에 어떤 한도 이상의 하중을 가하면, 그 물체가 사용 목적을 달성할 수 없었을 때의 하중

파레토 다이어그램(Pareto's diagram) 파레토 분석한 것을 그래프에 나타낸 것.

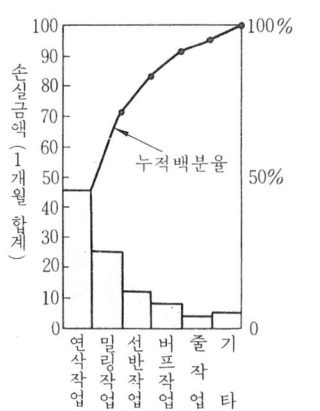

그림은 월간불량률을 각 작업별로 조사하여 공장에 주는 손해액의 순으로 막대 그래프로 표시한 것. 이것에 의하여, 불량에 따른 손해액의 주체나 어느 작업에 의한 손해가 최대인가 등을 알아 불량 대책에 유효하게 쓴다.

파레토 분석(Pareto's analysis) 어떤 자료를 원인별, 또는 현상별로 구별하여 건수와 금액을 크기 순서대로 늘어놓는 분석 수법. ☞ 파레토 다이어그램

파스칼의 원리(Pascal's principle) 「밀폐한 용기 속의 액체 일부에 가한 압력은, 액체를 점성이나 압축성을 무시한 완전 액체라고 가정하면, 동시에 액체 각부에 같은 강도(强度)로 전달된다.」라는 원리.

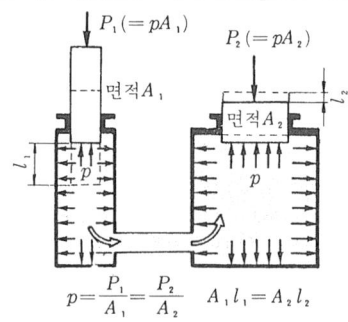

$$p = \frac{P_1}{A_1} = \frac{P_2}{A_2} \quad A_1 l_1 = A_2 l_2$$

파슨즈 터빈(Parson's turbine) 축류 터빈의 대표적인 것. ☞ 축류 터빈(p.381)

파워 유닛(power unit) 바이트가 설치된 주축에 회전과 이송을 주는 기구를 갖춘 장치.
전용 공작 기계는 파워 유닛의 조합에 의하여 구성된다.
▽ 킬(quill)형

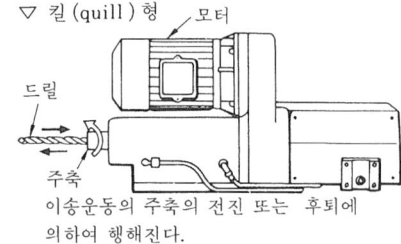

이송운동의 주축의 전진 또는 후퇴에 의하여 행해진다.

[종류] 드릴 유닛 : 구멍 가공, 탭 유닛 : 탭 가공 밀링 유닛 : 밀링 가공, 보링 유닛 : 보링 가공

파이어 브리지(fire bridge) 보일러에서 화격자(火格子)의 후단(後端)을 차폐하는 내화벽돌의 돌기물. ☞화격자 연소 장치(p.453) 공기와 연소가스와의 혼합을 좋게 하므로 연소하기 쉽도록 한다.

파이프 렌치(pipe wrench) 관 등의 이음을 설치 또는 제거할 때 사용하는 작업용 공구.

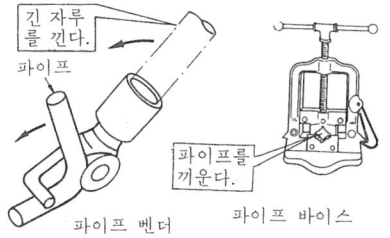

파이프 바이스(pipe vice) 배관 공사의 관을 가공할 때, 관을 물려 고정시키는 데 사용하는 공구.

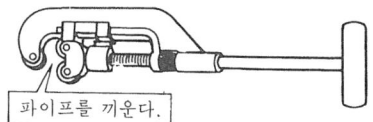

파이프 벤더   파이프 바이스

파이프 벤더(pipe bender) 관을 U자형 등으로 구부리는 공구.

파이프 커터(pipe cutter) 관을 절단할 때 사용하는 공구. 관을 3매의 롤러 날로 물고 파이프 커터를 회전하면서, 손잡이로 관을 단단히 죄어 절단한다.

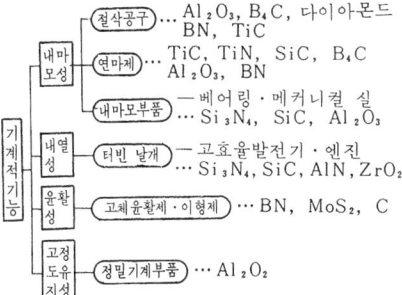

파인 세라믹스(fine ceramics) 화학적 제법
▽ 성질·용도·원료

기계적기능	내마모성	절삭공구	... Al_2O_3, B_4C, 다이아몬드 BN, TiC
		연마제	TiC, TiN, SiC, B_4C Al_2O_3, BN
		내마모부품	―베어링·메커니컬 실 ... Si_3N_4, SiC, Al_2O_3
	내열성	터빈 날개	―고효율발전기·엔진 ... Si_3N_4, SiC, AlN, ZrO_2
	윤활성	고체윤활제·이형제	... BN, MoS_2, C
	고정도유지성	정밀기계부품	... Al_2O_2

에 의하여 만들어진 고순도의 산화물·탄화물 등의 무기 화합물의 미분말을 원료로 하여 성형하고 소성한 것.

파일럿 플레임(pilot flame) 중유로와 가스로로 연료를 연소시킬 때, 주 버너의 점화를 확실하고 쉽게 하기 위한 별도의 보조버너의 불꽃.

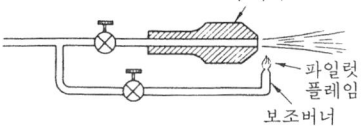

파커라이징(parkerizing) 철·동 제품을 Mn 및 Fe의 인산염을 함유한 약산성 인산 수용액의 끓는 수용액 속에 담가, 표면에 Mn과 Fe의 인산염의 피막을 입히는 방청법(防錆法).
[용도] 녹 방지나 도장(塗裝)의 지하 매설 등.

파형판(波形板 : corrugated sheet) 파형으로 된 강판. 탄소강 박판에 파형을 만들어 아연 도금을 입힌 것.
[용도] 지붕판 등.

판금 가공(板金加工 : sheet metal working) 판금을 소재로 하여 전단·굽힘·조임 등에 의한 여러 가지 형상의 것을 만드는 가공법.

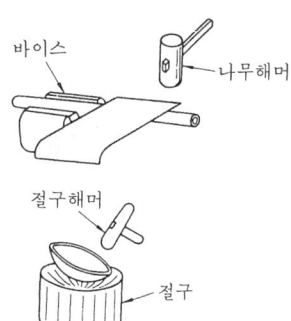

판금 작업(板金作業 : plate work) 판금을 소재로 한 전단·구부림·조임 등의 소성 가공(塑性加工)을 각종 수공구를 사용하여 행하는 작업

판매 가격(販賣價格 : selling price) 총원가에 적당한 이익을 가한 것.

▽ 판매 가격의 구성

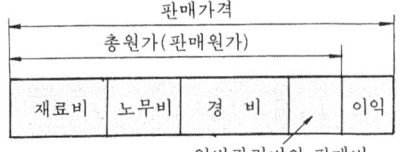

판(板)스프링(leaf spring) 보(beam)의 형으로 해서 굽힘을 받는 판상(板狀)의 스프링 판을 몇장 겹쳐서 세로폭을 같게 한 것을 판 스프링이라 한다.

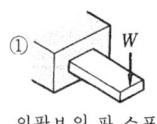

① 외팔보의 판 스프링

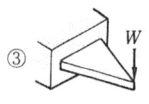

② 단순보의 판 스프링으로 균일강도로 했을 때

③ ①의 판 스프링을 균일 강도로 했을 때의 판 스프링

④ ②의 판 스프링을 겹쳐 판 스프링으로 했을 때의 모양

판(板)캠(plate cam) 특수한 형상의 윤곽을 가진 판상(板狀)의 캠.
캠(원동절)을 회전시키면 접촉자(종동절)는 주기적인 운동을 한다.

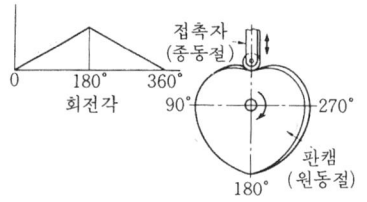

판형(板形)드롭 해머(board type drop hammer) 판에 직접연결된 해머를 판과

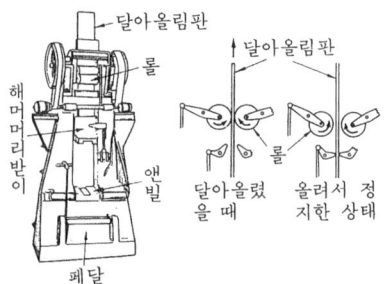

롤러와의 마찰에 의하여 어떤 높이까지 올려서 낙하시켜 그 낙하 에너지를 이용한 단조 기계.

패드 윤활(pad lubrication) 패드의 모세관 작용을 이용하여 기름통의 기름을 축에 도포하는 윤활법(潤滑法).
[특징·용도] 베어링 면을 끊임없이 청정하게 유지하는 이점이 있고, 차량축의 베어링 등에 이용된다.

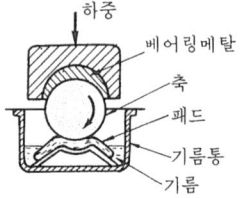

패딩(padding) 용접을 할 때 비드(bead)를 몇 층이나 겹쳐 쌓아올린 용착 금속의 덩어리. ☞ 비드(p.174)

패킹(packing) 고압 유체가 축 등의 운동 부분으로부터 누출되는 것을 방지하기 위하여 사용하는 충전물.
패킹 박스 속의 패킹 누르개로서 축 방향으로 압축해서 축에 밀착시킨다. 가죽·고무·마(yarn)·석면 등을 사용한다.

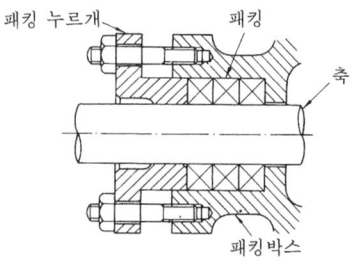

패킹 박스(stuffing box) 일반적으로 고압 유체가 축의 회전 부분으로부터 누유되지 않도록 하기 위해 축과 케이싱의 접합면에 사용하는 장치. ☞ 패킹(p.418)

패턴(pattern) 주조에서 코어를 사용하는 경우 본체가 되는 곳을 만드는 원형(原

형).

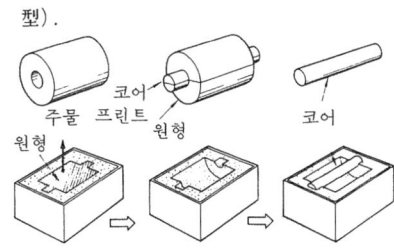

패턴 계측(pattern instrumentation) 각종 양을 공간적인 분포 형상에 중점을 두고 행하는 계측(計測). 해당되는 대표적인 양으로서는 열방사·압력·흐름·응력·표면 형상·변형 등이 있다.
[온도 패턴에 의한 비교 검사의 예] 물체로부터 방사된 적외선을 적외선 카메라로 찍고 온도 패턴으로서 TV수신기에 표시하는 방법(서모그래피 ; thermography)에 의한 프린트 배선 기판(配線基板)의 비교 검사.

패턴 플레이트(pattern plate) 분할형의 상형과 하형을 별개의 정반에 설치한 정반형의 일종. 조형기계에서 능률적으로 주형을 만드는 데 이용되고 하형과 상형을 별도로 제작·조합해서 주형으로 한다.

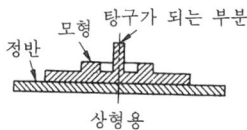

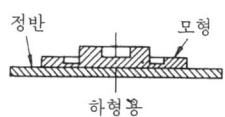

팩시밀리(facsimile) 문자·그림·사진 등을 텔레비전 원리처럼 전송하는 장치. FAX 라고도 한다.

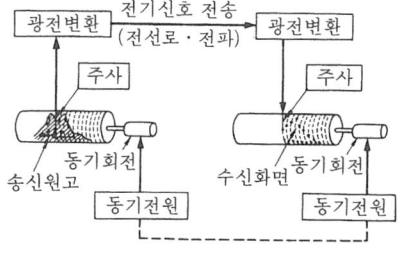

[원리] 보내는 문자·그림·사진 등을 세분화된 점으로 분해하여, 이것을 전기신호로 변환시켜 전송하고, 수신부에는 전기 신호가 원래의 문자·그림·사진으로 재현된다.
[종류] 사진전송·모사 전송(模寫電送)이 있다. 최근에는 전화 회선(전화망)이 널리 이용되고 있다.

팬터그래프(pantagraph) 운동을 확대시키기도 하고, 또는 축소시키기도 하는 사절(四節) 회전 기구.
[조작방법] 링크 A, B, C, D를 평행사변형으로 한다. 마디점 a, b, c, d는 회전 대우로 결합한다. 점 O, Q, P는 일직선으로 한다. 점 O의 주위에 점 P를 운동시키면 점 Q는 Oa : Od의 닮은비에 축소된 운동을 한다. 반대로 점 Q를 운동시키면, 점 P는 확대된 운동을 한다. 닮은비를 바꾸기 위해서는, ad와 bc의 길이를 같도록 바꾸면 좋다.

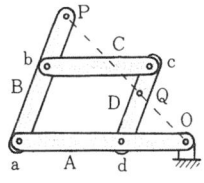

팽창 행정(膨脹行程 : expansion stroke) 내연 기관이나 증기 기관에 있어서 실린더 내의 연소 가스나 증기가 팽창하여 피스톤을 강하게 눌러 일을 하는 행정. ☞ 4사이클 기관 (p.181)
활동 행정이라고도 한다.

펀치(punch) 공작물에 표시를 하기 위한 금긋기 공구의 하나.

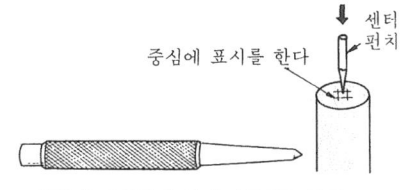

구멍을 펀칭하기 위해 사용하는 공구

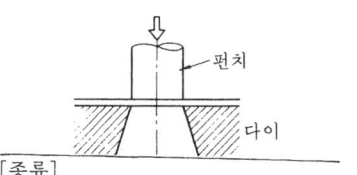

[종류]
○도팅 펀치(dotting punch) ; 부표선을

남기기 위하여 선 위에 표적의 점을 마크하는데 사용한다.
○ 센터 펀치(center punch) ; 공작물의 중심이나 드릴로 구멍을 뚫을 때에 중심에 목표점을 마킹하는데 사용한다.

펄라이트(pearlite) 공석강(共析鋼)의 결정 조직명으로 페라이트와 시멘타이트가 층상(層狀)으로 혼합되어 있는 조직.

현미경으로 관찰하면 층상의 조직이 진주 조개 표면의 모습을 닮고 있는 데서 이 이름이 불려졌다.

펄라이트 주철(pearlitic cast iron) 규소(Si)의 양을 적게 하고 조직을 펄라이트의 형으로 하여 흑연을 되도록 감소시킨 주철.
[특징] 보통 주철보다 기계적 성질이 훨씬 뛰어난 고급 주철의 일종.

펄스(pulse) 비교적 짧은 시간에 발생·소멸하는 디지털 신호.

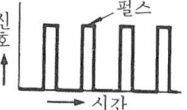

펄스 인코더(pulse encorder) 원주를 등분할(等分割)한 것 같은 피치(pitch)로, 방사상(放射狀)의 격자를 각인한 유리 원판(레이디얼 격자) 2매를 약간 편심시켜서 겹치면 므아레(moire ; 網版)무늬가 생긴다. 이 원판의 회전량에 따라서 발생하는 펄스 신호를 읽어서 디지털 각도를 측정하는 장치.

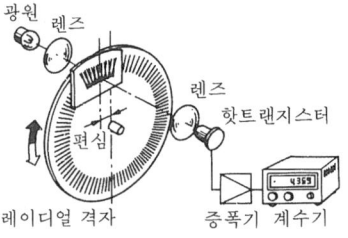

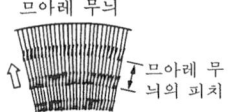

이송 나사의 회전축에 펄스 인코더를 설치, 펄스량(회전량)으로부터 나사의 이송량(길이) 측정이 가능하고 공작 기계 등의 위치 제어에 이용한다.

펄스 제트 기관(pulse jet engine) 기관의 공기 취입구에 저항이 작은 역류 방지 밸브를 설치해 간헐적으로 개폐하도록 연구한 제트 기관.

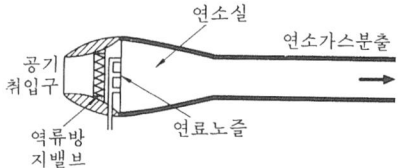

펌프(pump) 다른 것으로부터 에너지를 받아, 유체를 높은 곳으로 올리기도 하고, 유체에 압력을 주어 송출하기도 하는 기계.
[종류] 원심펌프 (☞ p.282), 벌류트 펌프 (☞ p.152)
축류 펌프(☞ p.382), 기어 펌프(☞ p.59), 베인 펌프(☞ p.155), 플런저 펌프(☞ p.438)

펌프 손실(pumping loss) 내연 기관에 있어서 동작 유체를 흡기 또는 배기할 때의 저항에 의한 동력 손실(動力損失).

펌프 수차(pump turbine) 양수식 발전소에서 수차를 역전시킴으로써 펌프의 작용을 행하게 할 수 있는 반동 수차(反動水車). 펌프로도 수차로도 사용할 수 있다.
▽ 프란시스형

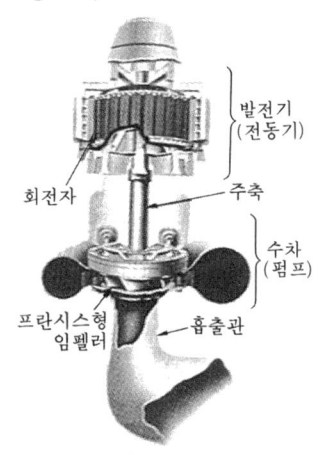

펌프 일(pumping work) 내연 기관의 펌

프 손실에 상당하는 일. ☞펌프 손실

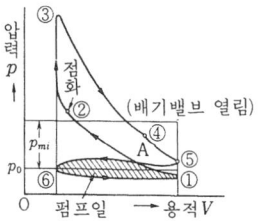

면적 A②③④⑤A=사이클 중의 발생일
면적 A⑥①A=펌프일
발생일-펌프일=유효일(도시일)
P_{mi} : 도시평균 유효압력

펌프 주유[注油](pump lubrication) 플런저 펌프나 기어 펌프를 사용하여 윤활유를 압송 순환시키는 방식.
1대의 기계에 베어링이 많이 있을 때 이용된다.

페놀 수지(phenol resin) 열경화성(熱硬化性) 수지의 일종. 합성수지로서 최초의 실용품으로 일반적으로 베이클라이트라고 불리어진다.
[성질] 기계적 성질·전기 절연성·내산성에 뛰어나다.

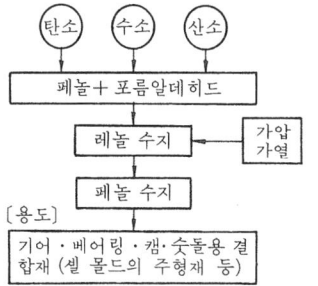

페라이트(ferrite) α철이 탄소 등의 다른 원소를 고용한 상태의 조직. α 고용체, 지철(地鐵) 등이라고도 한다.
▽ Fe-C계 상태도의 일부

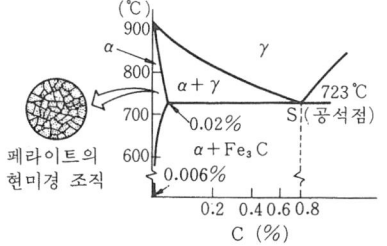

[특징] 일반적으로 고용하는 양은 극히 적고 부드럽다.

페로얼로이(ferroalloy) 탄소 이외의 원소를 다량으로 함유한 철합금의 총칭.
[종류] 페로망간·페로크롬 등
[용도] 합금강이나 합금 주철의 원료. 제강 작업의 탈산제.

페이딩(fading) 수신 전파(受信電波)가 강하게 되기도 하고 약하게 되기도 하는 현상. 수신 지점에 도달한 지표파의 위상과 상공파의 위상(位相)이 일치하고 있을 때는

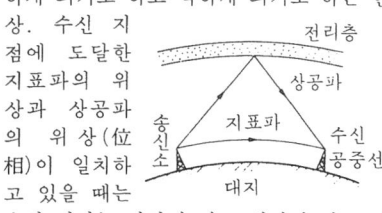

수신 전파는 강하게 되고 위상이 서로 반대인 때는 약하게 된다.

페인트(paint) 미분말의 안료(顔料)를 액체로 갠 도료.
[종류] 유성·수성·에나멜 등이 있다.

pH 미터(pH-meter) 용액(溶液)이 산성인지 알칼리성인지의 강도를 조사하는 측정수치로, pH(페하라고 읽는다)는 수소 이온 농도의 역수(逆數)의 상용 대수로 나타낸다.

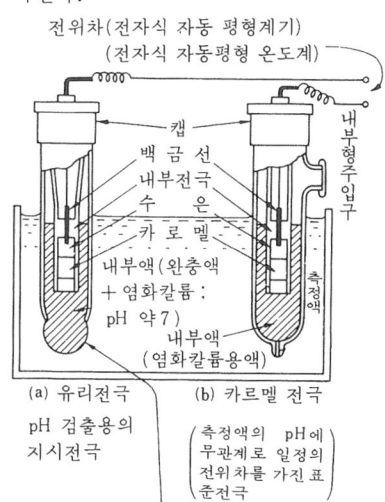

(a) 유리전극   (b) 카르멜 전극
pH 검출용의
지시전극
(측정액의 pH에 무관계로 일정의 전위차를 가진 표준전극.
유리박막
(막을 통하여 pH가 다른 2종의 용액이 접한다. 양액간의 전위차는 측정액의 pH로 결정된다.)

$$pH = -\log_{10}[H^+], \text{ 또는 } [H^+] = 10^{-pH}$$

pH<7 ……산성
pH=7 ……중성
pH>7 ……알칼리성
[pH 측정법]
① 전위차 측정법 ; 양 전극에 생기는 전위 차로부터 pH를 구한다.
② 지시약에 의한 비색(比色) 측정법 ; 표준색을 만들어 이것과 측정액 속의 지시약(리트머스, 페놀프탈렌, 메틸오렌지 등)의 색을 비교하여 pH를 구한다.

펜 오실러그래프(pen-oscillograph) 전류나 전압의 순간값의 변화량 또는 파형(波形)을 펜으로 그리게 하는 장치. ☞ 전자오실러그래프 (p.332)
[원리] 펜을 움직이는 원리는 직동형 기록계와 거의 같지만, 가동 부분은 관성을 작게 하여 순간값으로 동작한다.
[사용 가능 주파수] 100Hz 정도까지.

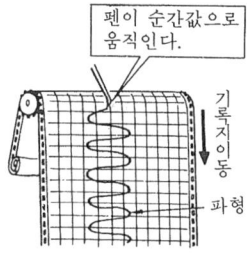

펠로즈 기어 셰이퍼(Fellows gear shaper) 피니언 커터를 사용하여 기어를 절삭하는 기어 가공기.
기어 모양의 밀링 커터(피니언 커터)를 상하 왕복 운동을 시켜 기어 절삭 가공을 하는 기계를 말한다.
가공은 자동적이고 기어의 대량 생산에 적당하다. 기어를 가공하는 것은 평 기어가 주이지만 단이 있는 기어, 내접 기어의 제작에도 적당하다. 또 안내 장치를 사용하면 헬리컬 기어도 가공할 수 있다.

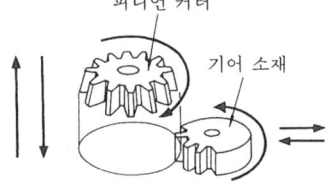

펠턴 수차(Pelton wheel) 충동 수차(衝動水車)의 일종. 200~1800m의 고낙차(高落差)로, 수량이 비교적 적은 곳에 사용

된다.
노즐로부터 분출하는 물의 유량을 니들 밸브로 조절하여 수차의 압력을 바꾼다.

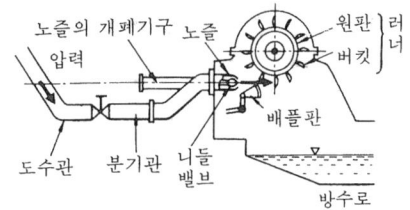

펠트 링(felt ring) 베어링의 밀봉 장치에 사용하는 펠트제의 고리. 베어링 박스나 케이싱에 홈을 설치하고 이것에 끼워 사용한다.

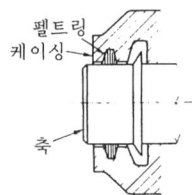

편각 커터(single angle cutter) 축과 직각한 면의 한쪽에만 각도가 있는 커터.
경사면이나 좁은 틈의 홈을 가공하고 리머나 커터를 가공하는 데에 이용한다.

편구(片口) **스패너**(single head spanner) 볼트·너트의 조임이나 분해하는 데 사용하는 공구. 한쪽에만 입이 있어, 입의 열림 치수로 크기를 나타낸다.

편면 그루브 용접(single groove welding) 접합하는 두 모재(母材) 사이의 편면에 홈(groove)을 만드는 이음. ☞ 그루브 (p.48)

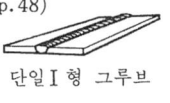 
단일 I 형 그루브   단일 J 형 그루브

단일 V 형 그루브   단일 U 형 그루브

편상 흑연(片狀黑鉛 : graphite flake) 주철 중 회주철의 현미경 조직 속에 나타나는 유리된 흑연.
  초정(初晶) 오스테나이트로부터 석출한 편상 흑연 및 공정 흑연에 펄라이트의 시멘타이트가 분해하여 생긴 흑연이 응집 성장해서 큰 편상 흑연이 된다.

회주철의 조직

편석(偏析 : segregation) 용융 금속을 응고시킬 때, 먼저 굳어지는 부분과, 뒤에 굳어지는 부분과는 조성이 다르고, 불순물이 뒤의 부분에 모이기 쉬운 현상.
  같은 결정립 내에서의 편석을 결정 편석이라고 한다.

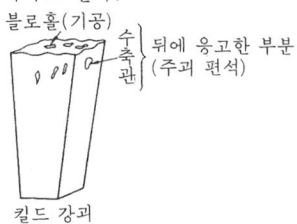

편심(偏心 : eccentricity) 편심륜(偏心輪)에 있어서 주축의 중심과 편심륜의 중심과의 거리.

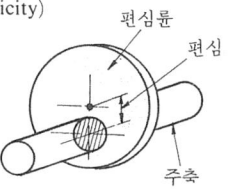

편심(偏心)**프레스**(eccentric power press) 구동축의 편심 기구에 의하여 힘을 가하는 프레스.
  슬라이드의 행정은 편심거리의 2배이다.

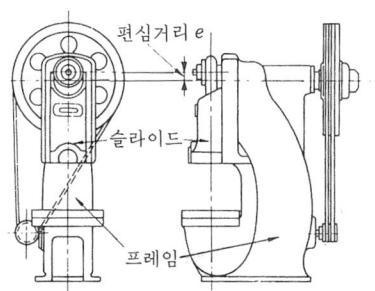

편위법(偏位法 : deflection method) 측정량을 그것과 비례한 지시의 변화량으로 바꾸어 그 변화량으로 측정량을 아는 측정법.
  [접시 용수철 저울] 취급, 측정법이 간단.
  [그 밖의 측정기] 다이얼 게이지(☞ p. 82), 부르동관 압력계(☞ p.164), 전압계(☞ p. 327), 전류계(☞ p. 325) 등
  ▽ 접시 용수철 저울

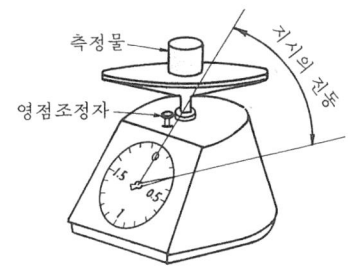

편(片)**컴퍼스**(oneside compass) 한쪽 레그는 구부러져 있고, 다른 한 쪽 레그는 침상으로 만들어져 있는 가공상 필요한 금긋기를 할 때 쓰는 공구.
  주로, 중심의 금긋기에 사용된다.

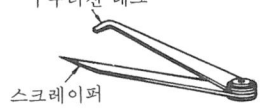

평균값(平均値 : mean value) $x_1, x_2 \cdots x_n$을 측정값, n을 측정 횟수라고 하면 평균값 $\bar{x}$는,

$$\bar{x} = \frac{x_1 + x_2 + \cdots + x_n}{n} = \frac{1}{n}\sum_{t=1}^{n} x_t$$

평균값에서 벗어나 있는 측정값으로부터, 그 집단의 가장 확실한 값을 구할 때에 평균값을 계산한다.

평균 속도(平均速度 : average speed) 어떤 시간 안에 있어서 변위의 길이와 시간과의 비율.

평균 속도 $= \dfrac{s}{t}$

  t : A에서 B까지의 변위에 필요한 시간

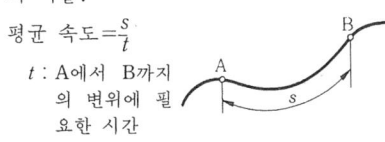

평균 압력(平均壓力 : mean pressure) 단위 면적이 받는 압력의 강도. ☞ 압력(p. 236)

$p = \dfrac{p}{A}$ (kg/m²)

p : 평균 압력 또는 압력

평균 유속(平均流速 : mean current volocity) 관 속의 유속은 관벽과의 마찰이나 점성(粘性)에 의한 내부 마찰에 의하여 포물선식 분포를 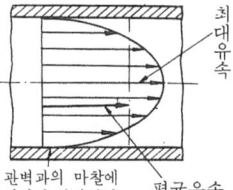 하는 것으로, 그것을 평균한 유속을 말한다.

평균 유효압력(平均有效壓力 : mean effective pressure) 피스톤 기관에 있어서 피스톤에 가해지는 압력은 피스톤의 위치에 따라 다른 것으로, 팽창의 전 행정에 걸쳐 평균한 값을 고려하여 그 중 유효하게 작용하는 압력. 보통 도시 평균 유효 압력(圖示平均有效壓力)을 사용한다.

[도시 평균 유효압력] 인디케이터 선도에 있어서 면적 A②③④⑤A로부터, 펌프일의 면적 A⑥①A를 뺀 면적을 한 변이 행정에 대응하는 길이의 사각형 면적에 도시했을 때의 높이.

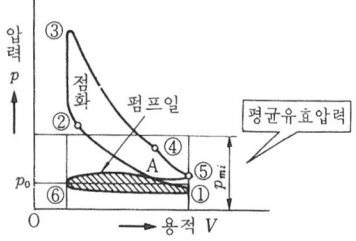

평기어(平齒車 : spur gear) 기어의 이(齒)줄이 축에 평행한 직선인 원통 기어. 가장 일반적인 기어이며, 치형의 기준으로서 표준 평 기어가 있다.

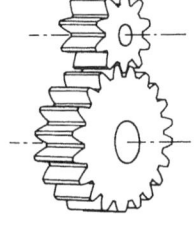

☞ 표준 스퍼기어 (p.432)

평로(平爐 : open-hearth furnace) 제강에 사용하는 일종의 반사로(反射爐). 선철·고철 그밖의 소재를 넣어 가열 용해하여 강을 만든다.

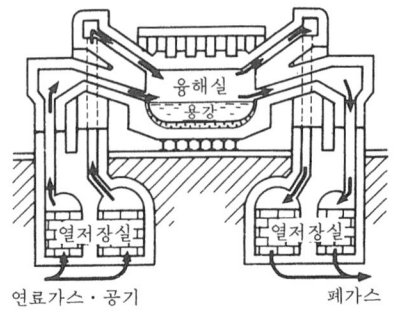

평면 연삭(平面硏削 : surface grinding) 공작물의 표면을 숫돌차로 연삭하는 일. ☞ 평면 연삭기 (p.424)

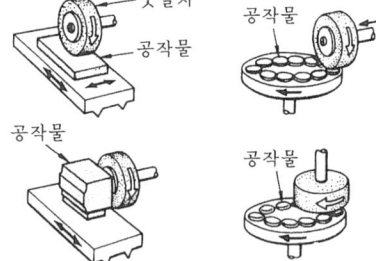

평면 연삭기(平面硏削機 : surface grinder) 공작물의 평면을 연삭하는 기계. 크기는 테이블의 크기와 숫돌차의 크기 등으로 나타낸다.
▽ 주축 수평형

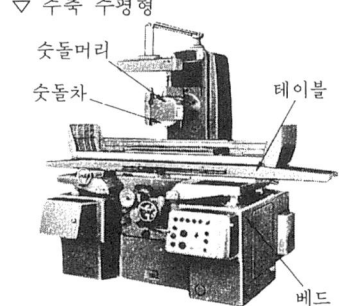

[종류]
① 주축 수평형…숫돌차의 주변을 사용하는 것.

②주축 수직형…숫돌차의 측면을 사용하는 것 (원형 테이블, 왕복형 테이블).

평면 운동(平面運動 : plane motion) 물체 상의 각 점이 각각 하나의 평면 위에서 변위하는 운동. 병진 운동과 회전 운동으로 나눌 수 있다. 물체 AB가 A″B″ 위치로 평면 운동할 때를 생각하면, 우선 B를 중심으로 BA가 BA′로 회전 운동을 한 후에 BA′가 B″A″로 병진 운동한 것이 된다.

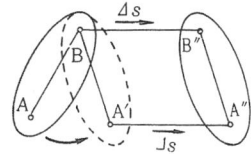

평면(平面) **캠**(plane cam) 원동절과 종동절의 접촉점의 궤적이 평면 곡선을 이루는 캠. ☞ 판 캠(p.418) ☞ 직동 캠(p.364)

평 벨트(flat belt) V벨트에 대하여 접촉면이 편평한 벨트.

평(平)**스크레이퍼**(flat scraper) 평면의 다듬질 맞춤 작업에 사용하는 스크레이퍼. 공구강으로 만들고, 날은 단단하게 담금질하고 보통은 뜨임을 하지 않는다.

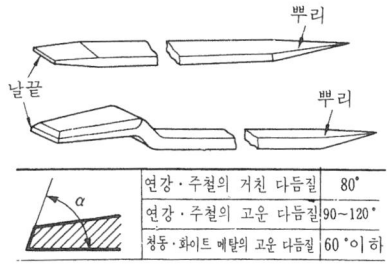

평(平) **정**(flat chisel) 평면의 깎아내기 작업에 사용하는 치즐.

	평면도		정면도

▽ α의 표준값

경강	60~70°	주철·황동·청동	40~60°
연강	50°	동·납·화이트메탈	25~30°

평(平)**키**(flat key) 축에 키 폭만큼 편평하게 깎은 자리를 만들고 보스에 홈을 만들어 사용하는 키.
[특징] 회전 방향이 때때로 바뀌는 축에 사용하면 헐거워질 우려가 있다.

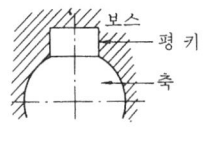

평행대(平行臺 : parallel block) 공작물의 밑에 까는 블록. 보통 주철제로, 2개 1조로 되어 있다. 그 외에 가감(加減) 평행대도 있다.

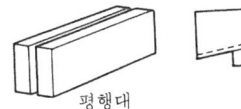   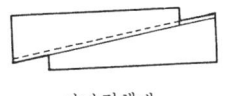
평행대   가감평행대

평행력(平行力)**의 평형**(equilibrium of parallel forces) 평행한 몇 개의 힘이 동시에 작용하여 전체로써 평형(平衡)을 이루고 있는 상태.
[평행력의 평형 조건]
① 모든 힘의 대수합이 0
② 임의의 점에 대해서 힘의 모멘트의 합이 0

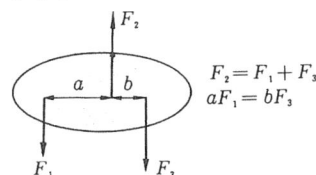

$F_2 = F_1 + F_3$
$aF_1 = bF_3$

평행력(平行力)**의 합성**(composition of parallel forces) 몇 개의 평행한 힘과 같은 효과를 갖는 하나의 힘을 구하는 것.

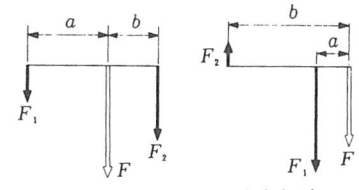

F : 힘 F_1과 F_2를 합성한 힘

[2힘이 같은 방향인 경우]
크기 $F = F_1 + F_2$
위치 $F_1 : F_2 = b : a$

[2힘이 서로 다른 방향인 경우]
크기 $F = F_1 - F_2$
위치 $F_1 : F_2 = b : a$

평행 바이스 (parallel vise) 작업대에 설

치하여 공작물을 무는 데 사용하는 공구. 크기는 조(jaw ; 턱)의 폭으로 말하며, 몸체는 주철 또는 주강제이고, 턱 부분은 담금질한 경강이다.

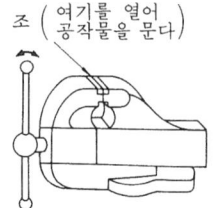

평행 블록(parallel block) 공작물의 가공상 필요한 금긋기나 중심내기에 이용하는 공구. ☞ 평행대(p.425)

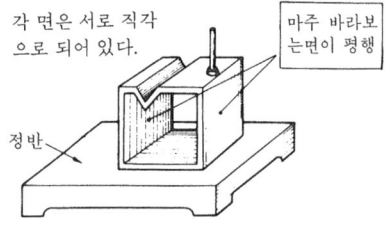

평행 운동 기구(平行運動機構 : parallel motion mechanism) 4개의 링크가 평행사변형을 형성하는 기구. ☞ 펜터그래프(p.419)

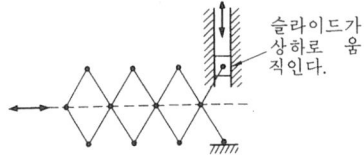

평행(平行) 크랭크 기구(parallel crank mechanism) 평행사변형을 이루는 4개의 링크로 되어 상대하는 2변의 링크가 크랭크 운동을 하는 기구. 마주보는 변은 항상 평행 운동을 한다.

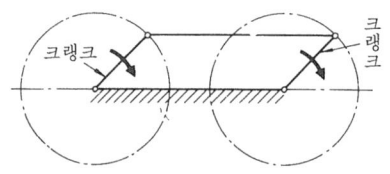

평행(平行) 키(parallel key) 상하의 면이 평행인 묻힘 키. ☞ 묻힘 키(p.134)

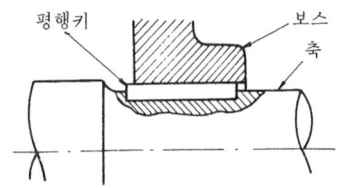

평형 상태도(平衡狀態圖 : equilibrium diagram) 물질이 각종 조건(성분·온도·압력 등)의 기초로 안정되어 있을 때의 상태를 표시하는 그림.
　합금의 상태에서는, 압력을 일정하다고 생각하고, 성분 금속의 비율과 온도에 의한 상태 변화를 표시한다.
[종류] 2개의 성분으로 된 합금의 상태도에서는 대표적인 형식으로 전율 고용체형, 공정형, 금속간 화합물형 등이 있다.
▽ A,B 2성분의 상태도

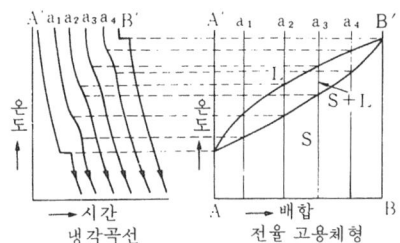

A, B 2성분의 배합 비율을 바꿔 각각의 냉각 곡선을 그려, 각 배합 비율에 대한 변태점을 프로터하여 선도를 그린다.

왼쪽의 냉각 곡선으로부터 그린 상태도.
L : 융액(A, B 가 모두 배합 비율로 융합한다.)
S : 고용체 (고체에서도 A, B 가 융합한다.)

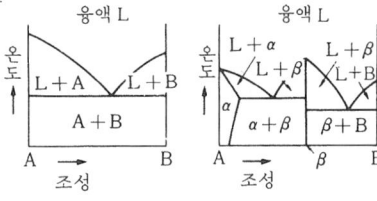

β : A, B 금속간화합물
α : A에 B가 고용한 α 고용체

폐기물(廢棄物 : waste substance) 가정 생활이나 사업 활동에 동반하여 생기는 오물이나 불필요한 것으로 고형체 또는 액체인 것이 있다.

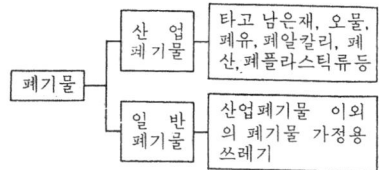

폐회로(閉回路 : closed circuit) 신호의 전달 경로가 원래로 되돌아 가는 회로. ☞ 개회로(open circuit) (p.317)

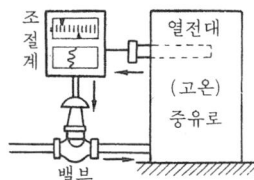

온도변화→열전대→조절계
↳ 중유량의 변화 ←┘

폐회로 제어(閉回路制御 : closed loop control) 제어량과 목표치를 비교하여 수정 동작을 행하는 제어. ☞ 피드백 제어(p.440)

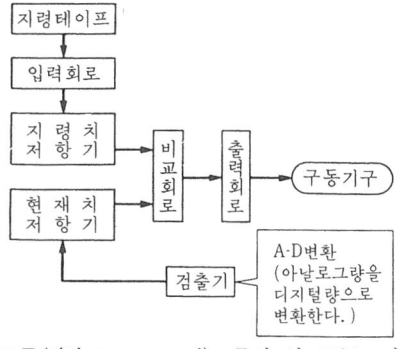

포금(砲金 : gun metal) 주석 약 10%, 아연 약 2%를 함유하는 청동.

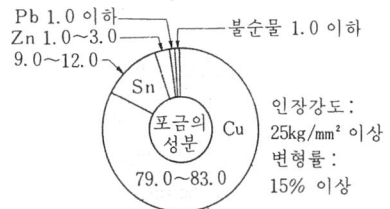

[용도] 밸브, 기어, 베어링 등

포토트랜지스터(photo transistor) 반도체의 PN접합 또는, 반도체와 금속 박막(金屬薄膜)과의 접촉면에 빛이 닿았을 때 광전자 방출에 의해 생기는 기전력을 이용하는 전지.
[용도] 사진의 노출계, 광전지 조도계 등

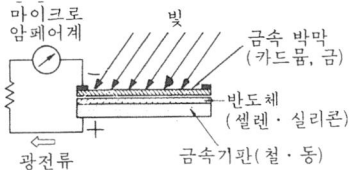

포트란(FORTRAN) formula translater 의 약어. 과학 기술 계산용으로서 가장 널리 이용되고 있는 프로그램 언어.
IBM 704계산기용으로 개발되어 1957년부터 일반에 사용된 것으로 수식을 그대로 써서 프로그램을 작성하도록 연구된 언어이다.

포틀랜드 시멘트(Portland cement) 점토·석회암을 주원료로 하여 소성한 것에 응결시간을 적당하게 하기 위하여 석고 3% 이하를 첨가하여 고운가루로 분쇄하여 만든 것.
[용도] 콘크리트·모르타르에 사용된다.

포핏 밸브(poppet valve) 밸브 갓과 밸브 봉을 가진 버섯 모양의 밸브.
[용도] 내연 기관의 흡·배기 밸브로 사용된다.

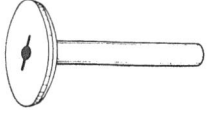

포화수(飽和水 : saturated water) 어떤 압력에 있어서, 포화 온도에 달한 물. ☞ 포화 온도(p.427)

포화 압력(飽和壓力 : saturation pressure) 어떤 온도일 때의 포화수의 압력. ☞ 포화 온도

포화 온도는 그때의 압력에 의하여 결정되고, 그 포화 온도에 대한 압력을 말한다.

포화 온도(飽和溫度 : saturation temperature) 액체를 가열하면 온도는 차차 상승하고 액체의 종류와 액체에 가해지는 압력에 의해 결정되는 어떤 온도에 달하면, 증기를 발생시키고 비등이 시작되는 데 그 때의 온도를 말한다.

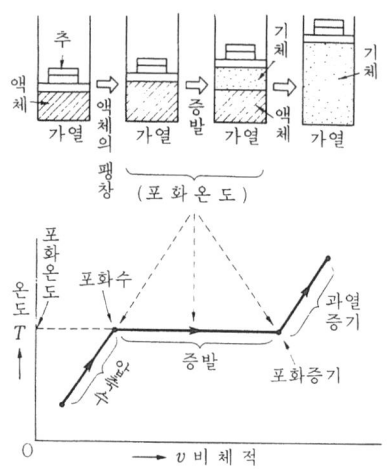

예: 물은 표준기압(760mmHg)에서 100℃ 17.5mmHg에서 20℃

포화 증기(飽和蒸氣: saturated steam) 포화 온도에서 발생하는 증기.
☞ 건조도(p.18)
☞ 습도(p.223)

[종류] 습포화 증기와 건포화 증기가 있다.

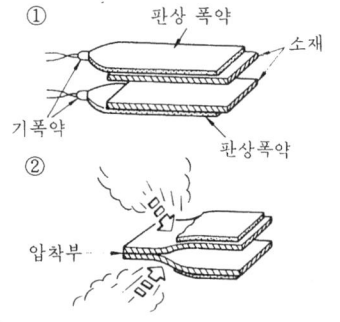

폭발 압접(爆發壓接: explosive welding) 화약의 폭발에 따른 충격 압력을 이용하여 행하는 용접 방법.

폰(phon) 정상적인 청력을 가진 사람이 어떤 음(音)을 들은 경우에, 그 음과 같은 크기라고 판단하는 1000Hz의 순음(정현파)의 음압 레벨값. ☞ 데시벨(p.93)

음 크기의 레벨 단위와 소음 레벨 단위는 다르다. ☞ 소음계(p.198)

[음의 크기] 음의 강도(음압)와는 다르고 음의 크기는 인간의 감각상의 크기이기 때문에 음압의 크기와 일치하지 않는다. 예를들면 같은 데시벨 값의 순음이라도 진동수가 다르면 음의 크기는 다르게 느껴진다. 그것은 사람의 귀는 2000~3000Hz의 음파를 가장 잘 느끼기 때문이다.

폴리스티렌 수지(polystyrene resin) 무색 투명하여 선명한 착색을 자유롭게 할 수 있고, 성형 가공이 쉬우며 대량 생산에 적합한 열가소성 수지(熱可塑性樹脂)의 일종.

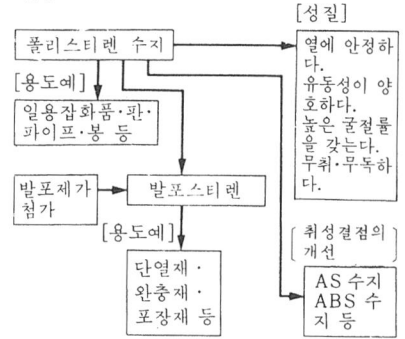

폴리싱(polishing) 광내기. 연마 작업. 버프(buff) 연삭에서, 공작물 표면에 윤을 내는 작업. ☞ 버프(p.152)

폴리아미드 수지(polyamide resin) 강인하고 내마모성이 양호하며 마찰계수가 작은 열가소성 수지의 일종. 일반적으로 나일론이라고 불리워지고 있다.

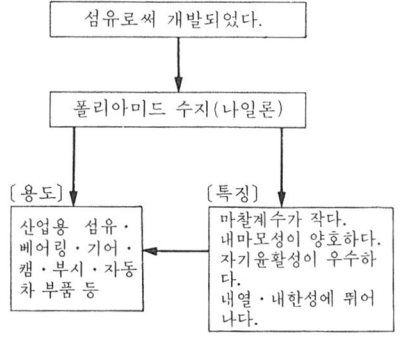

폴리아세탈 수지(polyacetal resin) 기계적

성질, 내흡습성이 좋고 성형성(成形性)이 좋은 열가소성 수지의 일종. (POM)

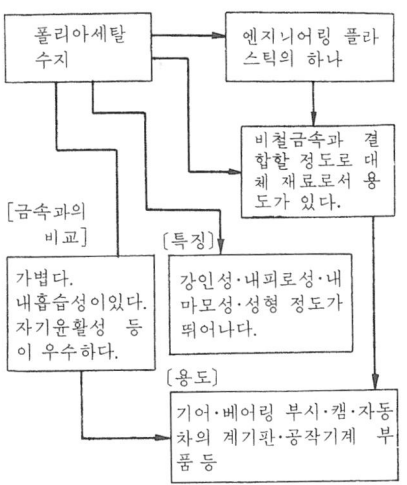

폴리에틸렌 수지(polyethylene resin) 에틸렌의 중합체(重合體)로 열가소성 수지의 일종.
[성질] 가압법에 따라 성질이 다른 것을 얻을 수 있다. 비중이 1보다 작고 저온에서 유연성이 양호하다.

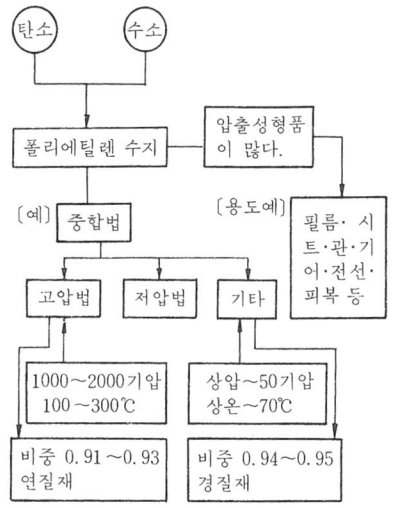

폴리 염화 비닐수지(polyvinyl chloride resin) 내수·내산·내절연성이 양호하고, 난연성(難燃性)의 열가소성 수지의 일종.

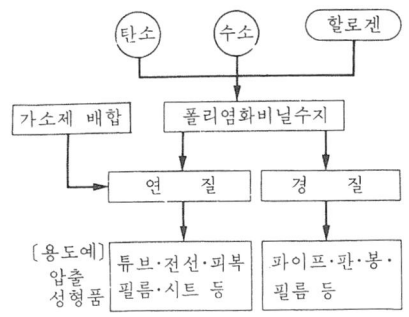

폴리카보네이트 수지(polycarbonate resin) 기계적 성질이 지극히 뛰어난 열가소성 수지의 일종.

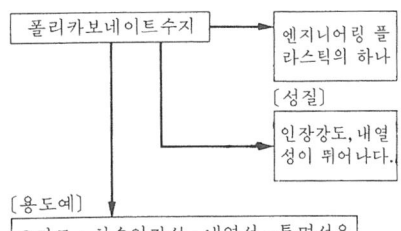

폴리트로프 변화(polytropic change) 기체의 압력을 p. 체적을 v. n을 임의의 정수로 할 때 $pv^n = (일정)$의 관계식으로 나타내는 변화(變化)

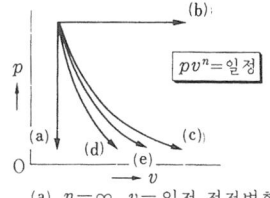

(a) $n = \infty$ $v = $ 일정 정적변화
(b) $n = 0$ $p = $ 일정 정압변화
(c) $n = 1$ $T(온도) = $ 일정 등온변화
(d) $n = \chi$ (비열비) 단열변화
(e) $n > 0$ 폴리트로프 변화

폴리트로프 지수(polytropic index) 기체가 팽창하기도 하고, 압축하기도 할 때의 상태 변화가, $pv^n = (일정)$이라고 하는 관계식으로 표시될 때의 지수 n. ☞ 폴리트로프 변화 (p.429)

$n>0$일 때 폴리트로프 변화. n이 특정 값일 때는 정적 변화·정압 변화·등온 변화·단열 변화가 된다.

표면 거칠기(表面粗度 : surface roughness) 가공된 금속 표면에 생기는 주기가 짧고, 진폭이 비교적 작은 불규칙한 요철(凹凸)의 크기. 촉침식의 측정기로, 측정면에 수직인 단면에 나타나지는 윤곽을 세로방향 및 가로방향으로 확대 기록한 단면 곡선으로부터 표면 거칠기를 구한다.

▽ 단면 곡선의 예

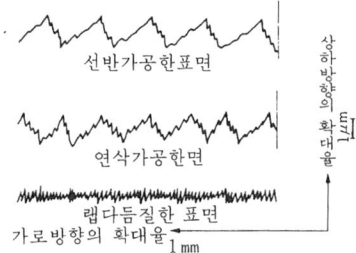

KS B 0161에서는 표면 거칠기를 다음 세 가지 방법으로 규정하고 있다.
① 최대 높이(R_{max})(☞ p.327)
② 십점 평균 거칠기(R_z)(☞ p.229)
③ 중심선 평균 거칠기(Ra)(☞ p.361)

표면 건조형(表面乾燥型 : skin drying mold) 토치 램프 등으로 생형(生型)의 표면만을 건조시킨 주형. 생형과 건조형의 중간의 주형.

표면 경화(表面硬化 : case hardening) ☞ 침탄법(p.388)

표면 경화강(表面硬化鋼 : case hardening steel) 침탄하여 표면 경화하는데 적합한 강. 저탄소강으로 인(P)·황(S)이 적은 양질의 것. 니켈(Ni), 크롬(Cr)을 포함한 것도 있다.

표면 경화법(表面硬化法 : case hardening method) 기계 부품 중 미끄럼 부분등 표면 내마모성을 높이는 경화법.

표면 경화법(강) ─┬ 화염 담금질(☞ p.453)
　　　　　　　　├ 고주파 담금질(☞ p.27)
　　　　　　　　├ 침탄법(☞ p.388)
　　　　　　　　├ 질화법(☞ p.369)
　　　　　　　　└ 기타─숏 피닝(☞ p.203)
　　　　　　　　　　　경질 크롬 도금법

표면 경화용 강(表面硬化用鋼 : case hardening steel) 침탄용 합금강 강재 및 질화용 합금강 강재의 총칭.
[종류]

표면경화용 강 ─┬ 침탄용 Cr강재
　　　　　　　├ 합 금 Cr-Mo강재
　　　　　　　├ 강 재 Ni-Cr-Mo강재
　　　　　　　│　　　　Ni-Cr-Mo강재
　　　　　　　└ 질화용합금강강재
　　　　　　　　　　(Al-Cr-Mo강재)

표면 기호(表面記號 : surface symbol) 부품도에 표면 거칠기(粗度)를 표시하는 기호. 표면 기호는 그림처럼 나타내지만 특별히 필요 없는 것은 생략할 수 있다. 즉, 표면조도를 표시하는 기호에는 다듬질 기호도 사용된다. ☞ 표면 거칠기(p.430), ☞ 다듬질 기호(p.80)

▽ 표면 기호의 표시예

a : 표면조도의 구분치(상한)
a' : 표면조도의 구분치(하한)
c : a에 대한 기준길이 또는 컷 오프 값
c' : a'에 대한 기준길이 또는 컷 오프 값
X : 가공방법
Y : 가공모양

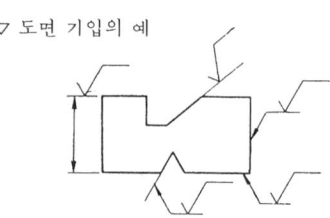

▽ 도면 기입의 예

표면사(表面沙 : facing sand) 주조 때 쇳물에 접하는 주형면에 사용하는 모래. 조형(造型)에 대고 목형에는 표면사를 일정 두께로 덮고, 그 외측에 형사(型沙)를 넣어 고정시킨다. 표면사는 형사보다 가는 것을 사용한다.

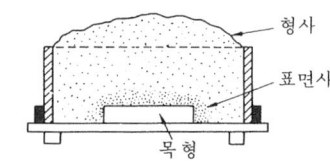

표면 응력(表面應力 : extreme fiber stress) 일반적으로 재료 외표면에 생기는 응력. 재료의 구부림 또는 비틀림에 따른 단면의 표면 응력은 그 단면에서의 최대치가 된다.

▽ 구부림의 경우

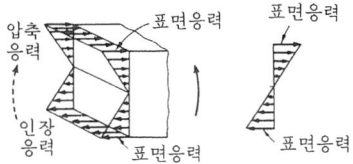

표면파형(表面波形 : waviness) 가공된 금속 표면에 생기는 표면 거칠기보다 주기가 길고 진폭이 큰 기복(起伏).
파형 곡선에는 측정 방법에 따라 표면 거칠기 때와 같은 최대 파형・중심선 파형 등이 있다.

표제란(表題欄 : title panel) 도면의 일부에 위치하여 도면 번호, 도명 등을 기록하는 난.
[기입되는 내용] 도명・도면 번호・제도 회사・척도・투상법・도면작성년월일・책임자의 서명
[위치] 도면의 오른쪽 아래에 설정
[크기] 일정하지 않음

제도회사		척도	1/2 투상법	3각투상법
도명	성명	홍 길 동		
	링크체인	날짜	1989. 5. 1	
	휠	도면 번호	123	

표준(標準)**게이지**(standard gauge) 길이의 표준용으로서 이용되는 게이지
[종류(공장용)] 블록 게이지(☞ p.173)가 대표적으로 가장 정도(精度)가 높고 봉(棒) 게이지(☞ p.163), 링 게이지, 플러그 게이지, 축용 게이지, 구멍용 게이지 등이 있다.

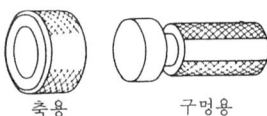

표준 기압(標準氣壓 : standard pressure) 지구상의 대기압의 표준을 결정하는 값.

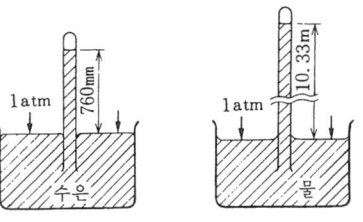

1 표준기압 = 1 atm
  = 760 mmHg
  = 10.33 mAq
  = 1.033 kg/cm²

표준수(標準數 : preferred numbers) 공업 표준화 설계 등에 있어서 수치를 결정하는 경우 선정 기준으로서 이용되는 수.
경험에 의하면, 공업상 사용되고 있는 여러가지 크기의 수열은 일반적으로 등비수열적으로 되어 있는 것이 많다. 공업표준화나 설계 등에 있어서, 단계적으로 수치를 결정하는 경우에는 표준수를 사용하고 단일 수치를 결정하는 경우에도 표준수에서 선택하도록 한다.
R5, R10, R20, R40은 각각 공비가 $\sqrt[5]{10}$, $\sqrt[10]{10}$, $\sqrt[20]{10}$, $\sqrt[40]{10}$ 의 수열이고 계산치를 실용상 편리한 값으로 정리한것이다.

▽ 기본수열의 표준수

R 5	R 10	R 20	R 40
1.00	1.00	1.00	1.00
			1.06
		1.12	1.12
			1.18
	1.25	1.25	1.25
			1.32
		1.40	1.40
			1.50
1.60	1.60	1.60	1.60
			1.70
		1.80	1.80
			1.90
	2.00	2.00	2.00
			2.12
		2.24	2.24
			2.36
2.50	2.50	2.50	2.50
			2.65
		2.80	2.80
			3.00

		3.15	3.15
			3.35
		3.55	3.55
			3.75
4.00	4.00	4.00	4.00
			4.25
		4.50	4.50
			4.75
	5.00	5.00	5.00
			5.30
		5.60	5.60
			6.00
6.30	6.30	6.30	6.30
			6.70
		7.10	7.10
			7.50
	8.00	8.00	8.00
			8.50
		9.00	9.00
			9.50

표준 스퍼 기어(standard spur gear) 기준 래크의 피치선에 접하는 기준 피치원을 갖는 기어. 즉 전위(轉位)하지 않은 기어.

치형(齒形)이 대칭꼴인 보통의 인벌류트 기어로서 그 기준 피치원의 원호 이두께가 기준피치의 1/2이 되는 기어를 말한다. 모듈 기준으로서 각 부의 치수가 결정된다.

(단위 : mm)

피치원지름	$D_A = z_A m,\ D_B = z_B m$
중 심 거 리	$C = \dfrac{D_A + D_B}{2} = \dfrac{z_A + z_B}{2} m$
어 덴 덤	$h_k = m$
디 덴 덤	$h_f = k_k + c_k \geqq 1.25 m$
이 간 극	$c_k \geqq 0.25 m$
총 이 높 이	$h \geqq 2.25 m$
이끝원지름 (외경)	$D_{kA} = D_A + 2h_k = (z_A + 2)m$ $D_{kB} = (z_B + 2)m$
원 주 피 치	$t = \pi m$
원호이두께	$\pi m / 2$

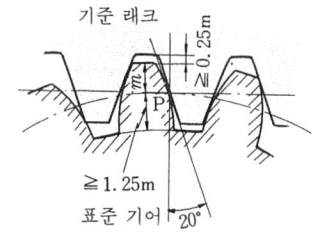

표준 온도(標準溫度 : standard temperature) 온도차에 의한 측정 오차를 막기 위하여 제정한 표준 온도.

공업상으로는 각국 모두 20℃

표준 편차(標準偏差 : standard deviation) 측정값의 평균값에서 벗어난 정도를 나타내는 값.

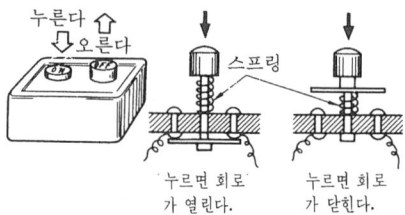

$x_1,\ x_2 \cdots x_n$을 측정값, n을 측정 횟수, $\overline{x}$를 평균값, 표준 편차를 σ라 하면

$$\sigma = \sqrt{\dfrac{(x_1 - \overline{x})^2 + (x_2 - \overline{x})^2 + \cdots + (x_n - \overline{x})^2}{n}}$$

$$= \sqrt{\dfrac{1}{n} \sum_{i=1}^{n} (x_i - \overline{x})^2}$$

표준화(標準化 : standardization) 표준이나 기준(규격) 등을 만들어 사용함으로써 합리적인 활동을 조직적으로 행하는 것.

표준화의 대상이 되는 것은 품질·형상·치수·성분·시험 방법 등으로 이들에 일정한 표준을 정하여 호환성(互換性)을 높이도록 한다.

[예] 한국 공업 규격(KS) 등

푸시 버튼 스위치(push button switch) 눌렀을 때만 회로가 닫혀지거나 또는 회로가 열리는 스위치.

푸아송비(Poisson's ratio) 재료 내부에 생기는 수직 응력에 의한 가로 변형과 세로 변형과의 비.

탄성 한도 내에서는 동일 재료에 대하여 일정하다.

푸아송비 $\nu = \dfrac{e_2}{e_1} = \dfrac{1}{m}$

e_1 : 세로변형 e_2 : 가로변형
m : 푸아송수 또는 푸아송 역비

푸아송수(Poisson's number) ☞ 푸아송비(比).

풀리(pulley) 활차(滑車). 도르래. 물건을 올리는 데 이용되는 것으로 로프를 걸쳐 회전할 수 있도록 떠 받치는 바퀴.

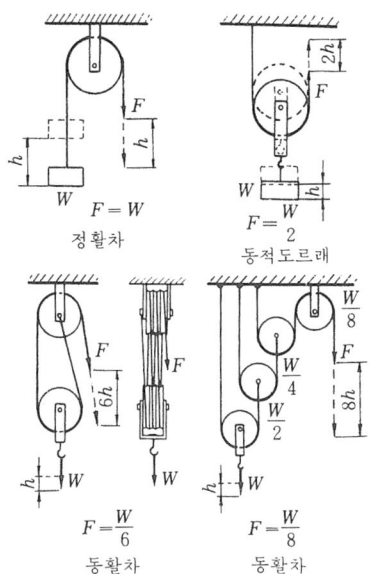

(마찰이나 풀리, 로프의 중량 등은 무시하고 있다.)

풀림(annealing) 경화(硬化)한 재료의 연화(軟化), 내부 변형의 제거, 절삭성의 개선, 조직의 개량 등을 목적으로 행하는 열처리(熱處理).

▽ 탄소강 경우의 예

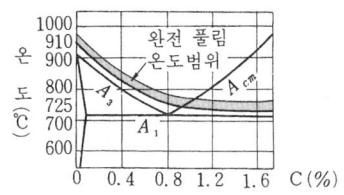

풀 사이즈(full size) 제도(製圖)에 있어서 도면의 도형 크기가 실물과 같은 크기로 그려져 있는 것. 현척(現尺), ㉕ 축척

품질관리(品質管理 : quality control) 기업 경영상 제일 유리하다고 생각되는 품질을 보장하고 이것을 가장 경제적 제품으로서 생산하는 방법. 약칭 QC
 [품질 관리의 활동] 이 활동을 그림과 같이 원으로 표시하면
 ①소비자 수요에 적합한 품질의 제품을 경제성 있는 수준으로 설계(plan)
 ②이것에 준해 작업 표준을 정해서 제조를 실시(do)
 ③이 제품이 정해진 수준인가 아닌가를 검사하고 판매하는 단계(check)
 ④제품이 시장에서 소비자를 만족시키고 있는가 새로운 요구가 있는가 등을 조사하여 소비자에 서비스를 행하는 단계(action)
 이 원은 품질 의식을 개선하기 위한 일련의 활동을 표시한다.

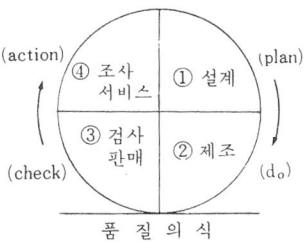

품질 특성(品質特性 : quality characteristics) 일반적으로 품질이 균일하고 사용 목적에 적합한 기능을 갖고 사용하나 보수가 쉽고, 외관이 좋은 등, 제품의 양·부에 관계하는 여러 가지 성질을 묶어 품질 특성이라 한다.

풋 밸브(foot valve) 원심(遠心) 펌프의 흡입관 하단에 설치되어 물의 역류(逆流)를 방지하는 밸브.
시동할 때 흡입관 속으로 물이 끊어지지 않도록 해 주는 목적의 밸브.

풋브레이크(footbrake) 브레이크 블록이나 브레이크 밴드를, 발의 밟는 힘으로 작동시키는 마찰 브레이크.

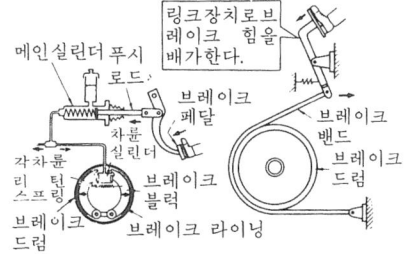

자동차의 주행용 브레이크는 풋브레이크(footbrake)이고, 그 배가 장치는 차의 크기에 따라 유압·압축공기·진공(기

관의 흡기압) 등이 이용된다.
원통형의 축단(軸端)으로 스러스트를 지지한다.

풋스텝 베어링(footstep bearing) 수직 축에 사용하는 스러스트 베어링. ☞ 스러스트 베어링(p.213)

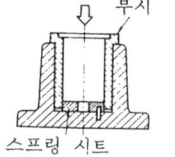

퓨즈(fuse) 규정 이상의 전류가 흐르면 가열되며 녹아 단절됨으로써, 전기 회로의 일부를 자동적으로 오프(off)시키는 금속편.

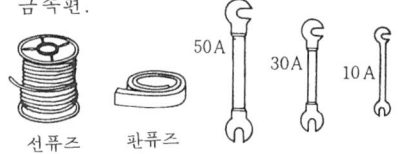

[재료]
소전류용 : 납·주석·카드늄의 합금
대전류용 : 아연·동·알루미늄

▽ 배선용 퓨즈의 한계 특성

정격전류의 구분	최대용단시간		정격의 1.1배
	정격의 1.6배	정격의 2배	
30A이하	60분	2분	단락하지 않을 것
30A초과 60A이하	60분	4분	
60A초과 100A이하	120분	6분	
100A초과 200A이하	120분	8분	
200A초과 400A이하	120분	10분	
400A초과 600A이하	120분	12분	
600A초과하는 것	180분	20분	

프란시스 수차(Francis water turbine) 반

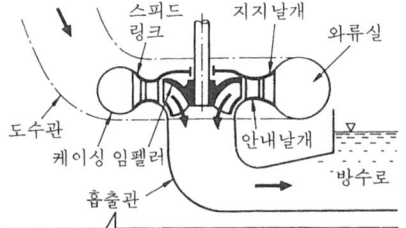

대기압과 절연되어 있기 때문에, 관 속의 압력이 대기압 이하가 되어 유효 수두가 증가한다.

동 수차(反動水車)의 일종. 40～600m 정도의 광범위한 낙차에 의한 수력 발전에 사용된다. ☞ 반동 수차(p.143)

프레스(press) 기계의 일부분으로 큰 힘을 발생시켜 재료의 소성 가공이나 절단을 행하는 기계의 총칭.
[힘의 발생기구에 의한 분류] 수압 프레스(☞p.206), 유압 프레스, 기계 프레스.
[가공 종류에 의한 분류] 단조 프레스, 굽힘 프레스

프레스 브레이크(press brake) 판금 절곡용(板金折曲用)의 프레스로 긴 판을 구부리기도 하고, 복잡한 작업을 1행정으로 행하는 기계.

프레임(frame) 기계의 운동하는 부분을 적당한 관계 위치로 유지하는 구조틀.
[예]

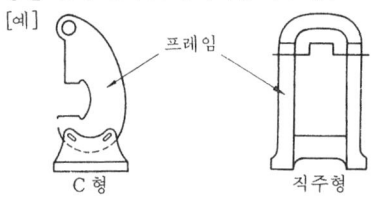

프로그래머블 ROM(P-ROM) 사용시에 프로그램을 적어 넣거나 바꾸어 적을 수 있는 ROM.

프로그래밍(programming) 전자계산기나 NC 기계에 지령하는 계산 방법이나 작업 순서를 기계가 알 수 있도록 순서가 잘 나열된 프로그램을 작성하는 것.

프로그래밍 언어(Programming Language) 전자계산기의 프로그램(program)을 표현하기 위하여 사용하는 언어.
FORTRAN, ALGOL⋯⋯과학기술계산용 용어
COBOL ⋯⋯⋯⋯⋯⋯⋯⋯사무계산용 언어
PL/I ⋯⋯⋯⋯⋯⋯⋯⋯범용(총합) 언어

프로그램 제어(program control) 미리 정해진 프로그램에 따라 변화시키는 제어.

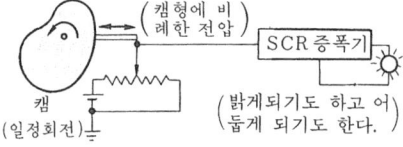

프로니동력계[動力計](Prony dynamometer) 마찰 동력계의 대표적인 것. 원동기의 측

단에 브레이크 드럼을 설치하고, 이것을 나무 브레이크 블록으로 조여, 그것에 가하여지는 회전력 T를 측정한다.
$T = WL$
W : 대저울에 작용하는 힘(kg)
L : 암(arm)의 길이(m)
유효 출력 N_e는
$N_e = 0.00140 nT (PS) = 0.00103 nT (kW)$
n : 축의 회전속도
[사용 방법] 100rpm이하 수냉이 아닐 때
30PS 이하 수냉일 때

프로덕션 밀링 머신(Production milling machine) 동일 제품의 대량 생산 등에 사용되는 자동화된 밀링 머신.
강력 절삭을 할 수 있고, 조작도 간단하다. 테이블을, 바닥에 고정한 베드 위를 미끄러지게 하는 것이 많고, 베드형 밀링 머신이라고도 한다.

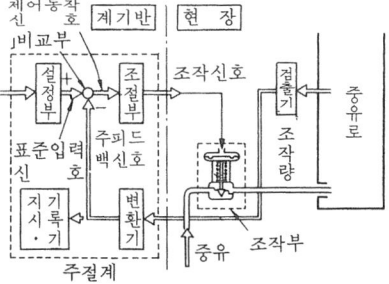

프로세스 제어(process control) 제철·석유 정제 등의 생산 과정에 있어서, 압력·온도·유량·pH 등의 상태량을 조정하는 피드백(feed back) 제어.

프로젝션 용접(projection welding) 겹치기 저항 용접의 일종. 접합 개소에 형을 만든 돌기부를 접촉시켜 가압 및 통전(通電)하여 1회로 여러 개소의 점용접을 행한다. ☞ 겹치기 저항 용접(p.20)

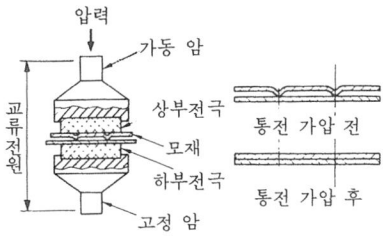

프로펠러 수차(propeller water turbine) 반동 수차(反動水車)의 일종으로 임펠러가 프로펠러형인 수차. ☞ Kaplan 수차 (p.389)
저낙차 (80m 이하)로 대유량의 경우에 적당하다. 날개에는 고정 날개와 가동 날개가 있다.

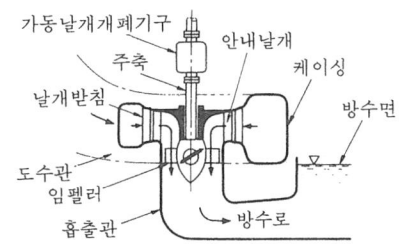

프린터(printer) 컴퓨터 출력 장치의 하나로서 종이에 문자나 도형을 인쇄한다.
1행씩 일괄하여 인쇄하는 라인 프린터(대형 컴퓨터용)와 1자씩 인쇄하는 시리얼 프린터(퍼스컴용)가 있다.

플라스마 가공(plasma machining) 전자(電子)와 이온이 같은 수로 안정 공존하고 있는 상태를 플라스마(plasma)라 하는데, 대기압 근처의 극히 고온의 플라스마를 이용한 가공법. 플라스마 제트 가공과 플라스마 아크 가공이 있다.
작동 가스는 주로 아르곤에 수소 또는 헬륨을 혼입한 것으로 W전극과 노즐 내면과의 사이에 아크를 방전시켜 작동가스를 고온 플라스마화 해서 플라스마 제트로써 공작물에 방사한다. 비금속 재료에

도 적용되고 용단(溶斷)이나 용사(溶射)에 이용된다.

금속 재료(양도체)의 공작물을 양극으로 하고 음극과의 사이에 아크 방전시켜 작동 가스는 노즐 속을 흘러서 플라스마 아크로서 분출한다. 이 방법은 용접·용단·용해 등에 이용된다.

▽ 플라스마 제트 가공

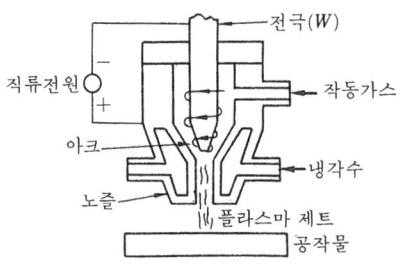

▽ 플라스마 아크 가공

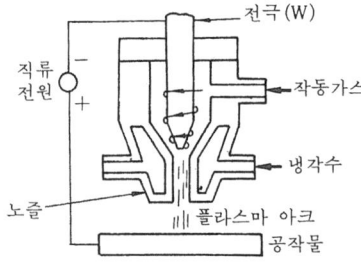

플라스마 용접(plasma welding) 아크 플라스마를 작은 틈새로부터 고속도로 분출(噴出)시킴으로써 얻을 수 있는 고온(약 10,000℃ 이상)의 화염(플라스마 제트)을 이용하는 용접.

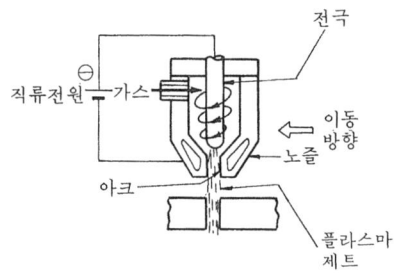

플라스틱(plastics) 가소성(可塑性)을 갖는 고분자 물질.

▽ 화학 구조식

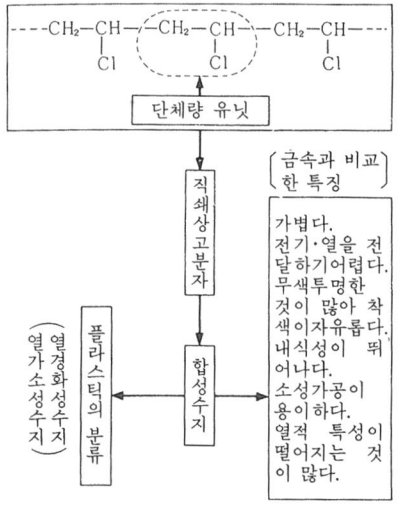

플라이어(pliers) ① 가스·수도 등의 배관 작업이나 펌프의 글랜드 너트 등을 체결할 때 사용하는 공구.
조(jaw)부가 본체에 대하여 구부러져 있고 핀의 위치를 바꿈으로써 조 폭을 조정할 수 있다.

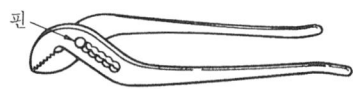

② 물건을 물거나 돌리거나 와이어를 자를 수도 있는 공구. 무는 것의 대소에 따라 조(jaw)의 열림이 변한다.

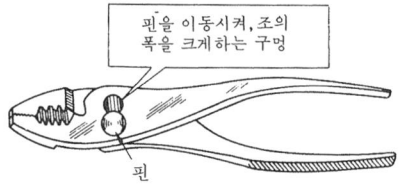

③ 수공 판금에 있어서, 작은 부분의 구부림이나 작은 공작물을 물어 가열할 때 등에 사용하는 공구.

플라이휠(flywheel) 회전축에 설치된 관성 모멘트가 큰 바퀴.
[특징·용도] 림(rim)의 두께를 두껍

게 하고 있는 것으로, 관성모멘트가 크고 그 관성을 이용하여 회전속도를 일정하게 하기도 하고 피스톤 기관의 토크를 평균화하게 하기도 한다.

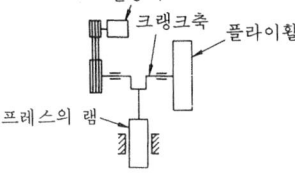

플래노밀러(Planomiller) 플레이너처럼 테이블 위에 공작물을 설치하고, 이송 운동을 행하게 하여, 크로스 레일 또는 컬럼 위를 이동할 수 있도록 밀링 커터를 여러 개 가진 밀링 머신.

플래니미터(Planimeter) 기계적으로 평면 곡선 내의 면적을 측정하는 기구. 면적계 (面積計)

플래시 맞대기 용접(flash butt welding) =플래시 용접(p.437)

플래시 용접(flash welding) 맞대기 저항 용접의 일종. 통전시에는 강하게 가압하지 않고, 접촉부를 불꽃으로서 용융 비산시키도록 하고, 그 사이에 접촉부를 충분히 가열한 후 서서히 강하게 가압하여 전 접합면을 용접한다. 업세트 용접에 비하여 접합부에 버르(burr)를 생기게 하지만 크게 부풀어 오르는 것은 아니다.

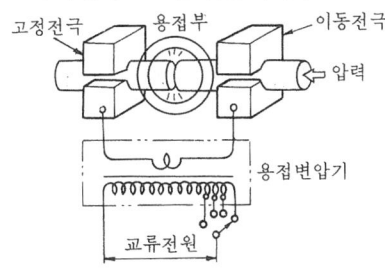

플랜지(flange) 부품의 전 주위에 길게 달아낸 판 형상의 돌출부.

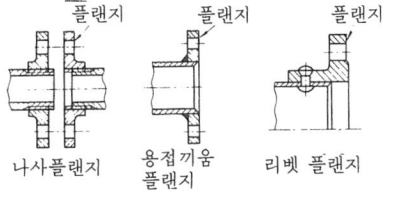

플랜지형 고정 축이음(rigid flanged shaft coupling) 주철 또는 주강제의 플랜지를 양 측단에 끼워넣어 키로 고정하고 리머 볼트로 플랜지를 연결하는 축이음.
동력의 전달은 리머 볼트의 전단력과 플랜지 접촉면의 마찰저항에 의하여 행하여진다.

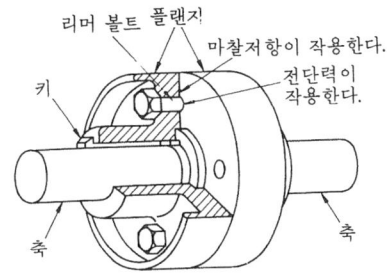

플랜지형 관이음(flange pipe joint) 관의 체결부에 플랜지를 만들어 볼트로 조이는 관 이음. 관 지름이 클 경우나 관 속의 압력이 높은 경우에 사용한다.

▽ 철강제관 플랜지의 예

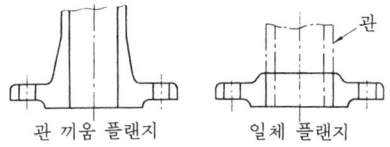

플랜지형 플렉시블 커플링(flexible flanged shaft coupling) 두 축의 축선을 정확히 일치시키기 어려울 때나 진동·충격을 완화할 경우에 사용하는 축이음. 고무·가죽·스프링 등의 탄성이 풍부한 재료를 중간에 넣어 사용한다.
동력 전달은 체결 볼트(coupling bolt)의 전단력에 의하여 행해진다.

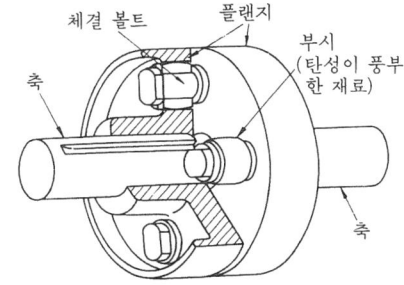

플랭크 마모(flank wear) 바이트의 여유면이 공작물과의 접촉에 의하여 생기는 마

모(磨耗).

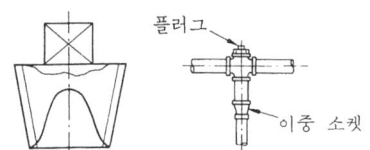

플러그(plug) 관 끝 또는 구멍을 막는데 사용하는 나사가 절삭된 마개.

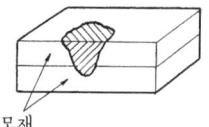

플러그 게이지(plug gauge) 둥근 구멍의 내경 측정 검사에 사용하는 게이지.
 보통 링 게이지(외경 측정)와 1조로 되어 있다. 선 게이지라고도 한다.

플러그 용접(plug welding) 겹친 판의 한 쪽에 구멍을 뚫어 그 구멍이 나 있는 저부(底部)의 판을 용접 불꽃으로 용해하여 구멍을 메꿈과 동시에 다른 한쪽의 모재와 접합시키는 용접 방법. 선 용접이라고도 한다.

플러스 나사 나사 머리에 십자형의 홈이 나 있는 작은 나사. 십자형의 나사 드라이버로 나사를 끼우는 십자 홈이 있다.

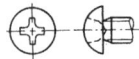 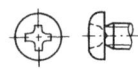
둥근머리   납작머리

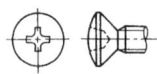 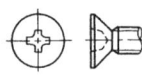
둥근접시머리   접시머리

플럭스(flux) 용접중에 생기는 산화물이나 불순물을 슬래그로서 부상시키기도 하고, 용접 열에 분해되어 발생하는 가스에 의하여 산화하기 쉬운 용융 풀을 주위의 공기로부터 보호하는 용제(溶劑)
 ☞ 아크 용접(p.233) ☞ 서브머지드 아크

용접(p.190)
[주성분] 붕사·붕산·규산소다

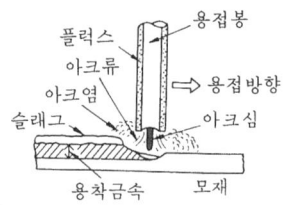

플럭스들이 와이어(flux cord wire electrode) 관 형상으로 내부에 플럭스가 들어 있는 와이어 형상으로 된 용가재(溶加材).

플럭스   와이어 단면

플런저(plunger) 피스톤과 같이 실린더의 조합에 의하여 유체의 압축이나 압력의 전달에 사용하는, 전체 길이에 걸쳐 단면이 일정하게 만들어진 기계 부품.
 일반적으로 지름이 작고, 긴 것을 말하고, 지름이 크고 짧은 것을 램이라 부른다. 펌프·압축기·액압(液壓) 프레스 등에 사용한다.

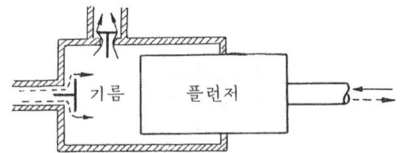

플런저 펌프(plunger pump) 실린더 속에서 환봉 형상의 플런저를 왕복 운동시켜, 실린더 내의 용적을 바꿈으로써 유체를 흡입·송출하는 펌프.
▽ 사축식

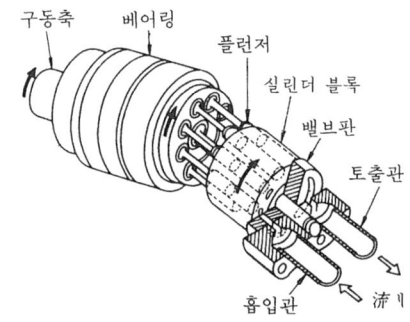

플레이너(planer) 큰 공작물의 평면을 절삭 가공하는 공작 기계. ☞ 쌍주식 플레이너(p.229), ☞ 단주식 플레이너(p.89)
　테이블 위에 설치한 공작물은 수평 왕복 운동을 하고, 바이트는 크로스 레일 위의 공구대에 설치하여 공작물의 운동 방향과 직각 방향으로 간헐적으로 이송시켜 가공한다.

플레인 밀링 커터(plain milling cutter) 공작물의 평면 절삭에 사용되는 수평 밀링 머신의 커터.
　절삭날은 길이 20mm 이하의 것은 곧은 날, 그 이상의 것은 비틀림날로 만들고 있다.

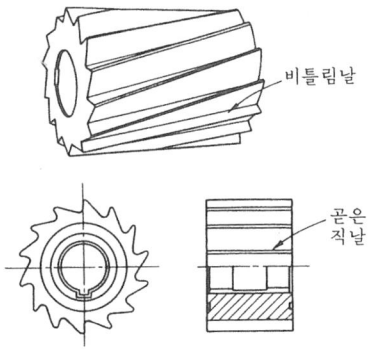

플렉시블 생산 시스템(flexible manufactering system) 수치제어 공작기계나 산업용 로봇을 중심으로 한 생산 공장의 전자동화에 가까운 생산 방식. 재료의 반송(搬送)·자동 가공, 공작물의 착탈(着脫) 장치 등을 구비하고 컴퓨터로 제어하는 시스템.
　이 방식에 의하면 제품을 변경하는 경우에도, 정보를 바꿈으로써 용이하게 변경할 수 있어 다품종(多品種) 소량 생산에도 자동화할 수 있는 시스템이다.

플렉시블 축(flexible shaft) 축 방향을 변화할 수 있도록 가요성(可撓性)을 갖게 만든 축. 보통 가느다란 철사를 코일 모

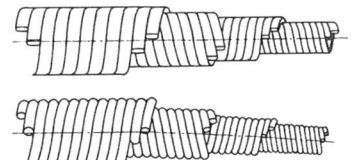

양으로 여러 겹 감아 굴곡성(屈曲性)을 갖게 한다.
[용도] 동력 전달용.

플렉시블 축이음(flexible shaft coupling)
　☞ 플랜지형 고정 축이음(p.437)

플로 차트(flow chart) 순서도(順序圖). 컴퓨터에서 실행하는 일의 처리 순서를 일정한 기호를 이용하여 표시한 것.
　스타트(start)에서부터 엔드(end)까지 전체의 계열을 기호로 나타내고 이것에 의하여 프로그램(program)을 작성한다.

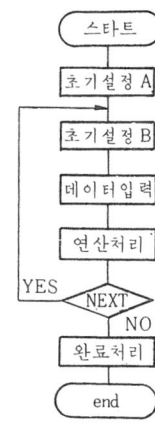

플로피 디스크(floppy disc) 컴퓨터의 프로그램이나 데이터를 보호 유지하기 위한 원판형의 외부 기억 장치.
　레코드 음판의 폴리에틸렌 베이스에 자성체(磁性體)가 도포되어 있어 사각의 보호 재킷에 넣어져 있다. 기억 용량이 크고 랜덤 액세스(random access)가 가능하기 때문에 기입이나 읽음이 빠르다. 8인치의 표준형과 5인치의 미니 플로피 디스크가 있다.

P관리도(P管理圖 : P chart) 제품의 품질을 불량률(不良率)에 따라 관리하는 경우에 이용하는 관리도.
　계수치 관리도의 하나로, 불량률 관리도라고도 한다.
[예]

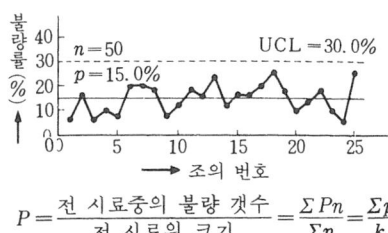

$$P = \frac{\text{전 시료중의 불량 갯수}}{\text{전 시료의 크기}} = \frac{\Sigma Pn}{\Sigma n} = \frac{\Sigma p}{k}$$

$$UCL = \overline{P} + 3\sqrt{\frac{\overline{P}(1-\overline{P})}{n}}$$

$$LCL = \overline{P} - 3\sqrt{\frac{\overline{P}(1-\overline{P})}{n}}$$

 n : 각조(組) 시료 크기
 k : 조수(組數) P : 각 조의 불량률

피니언(pinion) 서로 맞물리는 두 개의 기어 중 잇수가 적은 쪽의 기어. 특히 래크와 맞물리는 기어를 가리킨다.

피니언 커터(pinion type cutters) 기어의 이폭 방향에 여유각을 주어 절삭날을 붙인 커터. 창성 기어 절삭기에 사용된다.

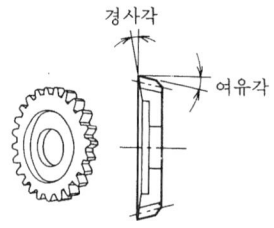

피닝 효과(peening effect) 쇼트 피닝을 공작물에 실시하면, 표면이 경화됨과 함께 재료의 피로한도가 증가하는 현상. ☞ 숏 피닝 (p.203)

P동작(Proportional control action) ☞ 비례 동작 (p.175)

피드백 제어(feedback control) 제어량의 값을 입력측으로 돌려, 이것을 목표치와 비교하여 제어량을 목표치에 일치시키도록 정정 동작을 하는 제어.
▽ 탱크의 액면을 제어하는 예

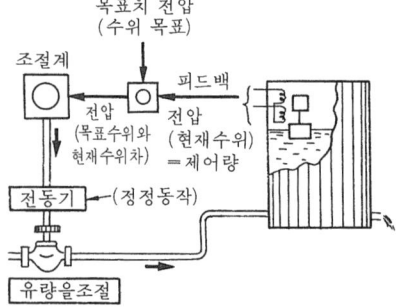

피로(疲勞 : fatigue) 재료에 반복하여 하중을 가하면 반복하는 횟수가 커감에 따라 재료의 강도가 저하하는 현상. 하중의 종류·온도·반복 횟수 등에 따라 피로 현상은 현저하게 다르다.

피로 변형(疲勞變形 : fatigue deformation) 재료에 반복 응력을 주면, 피로 현상이 생겨 그것에 동반하여 일어나는 변형. 변형이 어떤 양에 달하면, 재료에 균열이 생겨 파괴된다.

피로 시험(疲勞試驗 : fatigue test) 피로 시험기를 이용하여 재료에 반복하중(인장, 압축, 회전, 굽힘, 비틀림, 충격 등)을 가하고 파괴될 때까지의 반복 횟수를 구하는 시험.
 이 시험으로부터 재료의 피로 한도를 조사하기도 하고, 소정의 반복 횟수에 견디는 응력을 구하기도 한다.

피로 한도(疲勞限度 : fatigue limit, endurance limit) 피로 시험 결과, 무한히 반복 견딜 수 있다고 생각되어지는 응력의 최대치. 응력(S)과 그 반복에 견딘 횟수(N)와의 관계를 나타내는 $S-N$ 선도에 있어서, 곡선 수평부의 응력이 피로 한도이다.

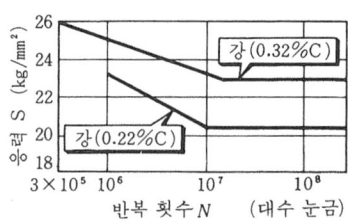

피벗 베어링(pivot bearing) 원뿔형의 축단(軸端)을, 원뿔형의 오목면을 가진 베어링으로 지지하고 축이 가볍게 회전하도록 한 스러스트 베어링.
 [용도] 계장용·시계용

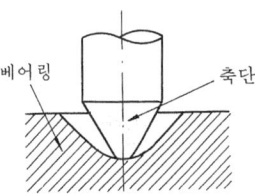

피복(被覆) **아크 용접봉**(coated electrode) 금속 아크 용접의 용가재로써 이용하는

플럭스(flux) 등으로 피복한 금속봉(金屬棒). ☞ 금속 아크 용접(p.51)

PV 선도(PV 線圖 : PV diagram) 기체의 상태 변화를 압력 p(kgf/m²)와 비용적 v (m³/kgf)로 나타낸 선도(線圖).

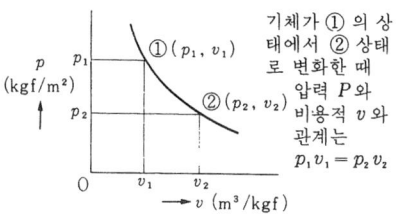

기체가 ① 의 상태에서 ② 상태로 변화할 때 압력 P와 비용적 v와 관계는 $p_1 v_1 = p_2 v_2$

피삭성(被削性 : machinability) 금속 재료를 절삭 가공하는 경우의 깎이는 정도. 재료의 종류에 따라 다르며, 절삭성(切削性)이라고도 한다.

피스톤(piston) 유체의 압력을 직접 받아 실린더 속을 왕복 운동하여 크랭크 축이나 다른 기구에 운동을 전달하는 부품.
[재질] 주철이나 알루미늄(Al) 합금으로 열팽창이 적고 열전도성이 좋아, 가볍고 내마모성이 큰 재료가 이용되고 있다.

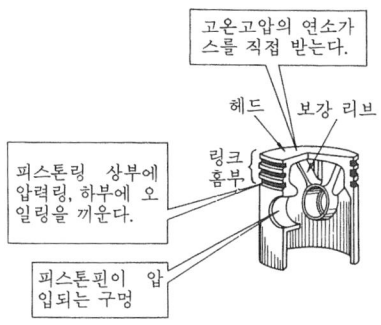

피스톤 기관(piston engine) 내연 기관에 있어서 피스톤이 실린더 속을 왕복 운동하는 기관.
[종류]
피스톤 기관 ─ 불꽃점화기관 ─ 가스 기관 (☞ p.10)
　　　　　　　　　　　　 ─ 가솔린기관 (☞ p.10)
　　　　　　　　　　　　 ─ 석유기관등
　　　　　　 ─ 압축점화기관(디젤기관)
　　　　　　 ─ 열구기관

피스톤 링(piston ring) 피스톤 상부의 홈에 끼워 넣는 링.
[종류] 링의 작용으로부터 압력 링과 오일 링으로 나눌 수 있다.

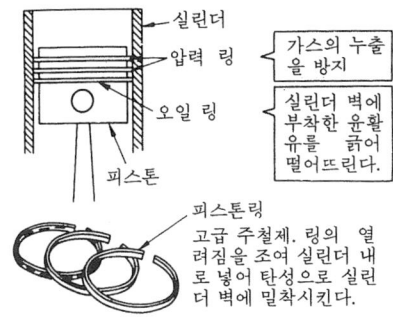

실린더, 압력 링, 오일 링, 피스톤
가스의 누출을 방지
실린더 벽에 부착한 윤활유를 긁어 떨어뜨린다.
피스톤링 고급 주철재. 링의 열려짐을 조여 실린더 내로 넣어 탄성으로 실린더 벽에 밀착시킨다.

피스톤 크랭크 기구(piston crank mechanism) ☞ 왕복 슬라이드 크랭크 기구 (p.274)

PI동작(proportional and integral action) =비례-적분 동작 (p.175)

PID동작(proportional integral and derivative action) =비례-적분-미분 동작 (p.175)

피어싱(piercing) 구멍 뚫기 천공(穿孔) 프레스 금형에 의해서 소재(박판)에 목적하는 형상의 구멍을 내는 작업.

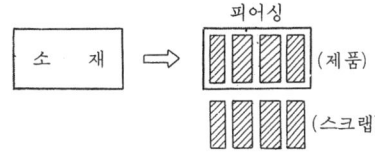

소재 ⇒ 피어싱 (제품) (스크랩)

Pn관리도(Pn chart) 제품의 품질을 불량갯수에 따라 관리하는 경우에 사용되는 관리도(管理圖)

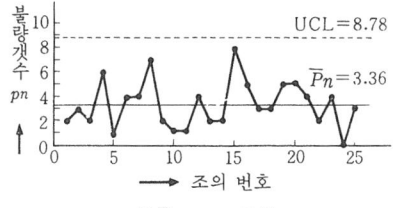

UCL=8.78
$\overline{Pn}$=3.36

관리중심 $\overline{Pn} = \dfrac{\Sigma Pn}{k}$, $p = \dfrac{\Sigma P}{k}$
관리한계 $Pn \pm 3\sqrt{Pn(1-P)}$
　P : 각 조(組)의 불량률
　n : 각 조의 시료의 크기
　k : 조수(組數)

피치(pitch) 일반적으로 같은 형의 것이 같은 간격으로 늘어서 있을 때 그 간격을 나타낸 치수.
[나사] 서로 근접하여 만나는 나사산의 상대에 따른 2점을 축선에 평행하게 잰 거리.
[기어] 기어의 이와 이의 간격을 나타내는 데에 원주 피치와 법선 피치가 있어 이(tooth)의 크기를 나타내는 기준이 된다.
[스프링] 코일 스프링의 중심선을 포함하는 단면으로 서로 근접하여 만나는 코일의 중심선에 평행한 중심거리.

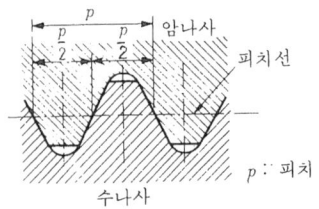

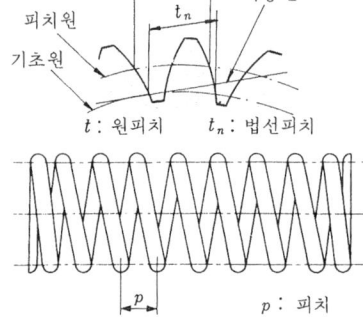

피치 게이지(pitch gauge) 강판 가장자리에 규정된 피치 나사산의 형상을 한 홈을 만든 게이지. 각종 피치의 것을 겹쳐 1세트(set)로 한다.
[용도] 나사 부품의 비틀림에 피치 게이지를 대고 적합한 것으로부터 나사의 피치를 알기 위하여 사용한다.

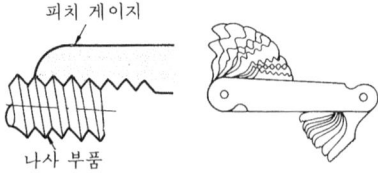

피치면(pitch surface) 기어의 맞물림 운동을 하기 위하여 가상되는 각 기어의 고정된 회전 접촉을 하는 가상 곡면.
기어 축이 평행인 때는 피치 원통이, 베벨 기어에서는 피치 원뿔이 된다.

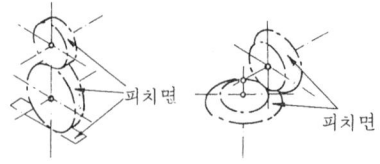

피치원(pitch circle) 서로 맞물리는 기어에 있어서 회전 접촉하는 가상의 원.
기어의 전동과 이 원의 회전 접촉에 의한 전동이 같다.

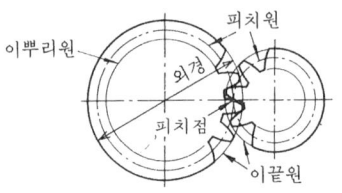

피치 원뿔(pitch cone) 베벨 기어의 피치면을 이루는 원뿔. ☞ 베벨기어 각부의 명칭(p.153). 베벨 기어의 회전 접촉을 하는 기본 원뿔이다.

피콕(peacock) 유류 탱크의 바닥 등에 있는 작은 콕으로 기름 빼기 등에 사용되며 보통 포금제(砲金製)로 되어 있다.

피토관(Pitot tube) 운동하고 있는 기체 및 액체의 유속과 그 방향을 측정하기 위한 계기.
[측정] 전압(全壓)-정압(靜壓)으로 유속을 안다.

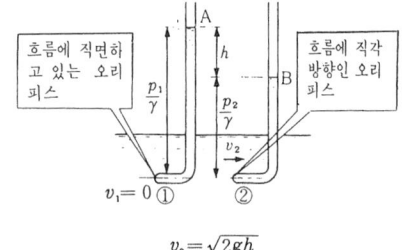

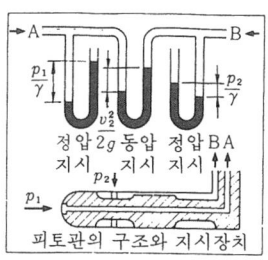

p : 압력 γ : 비중량 v : 유속
g : 중력가속도

피트(pit) 용접부 불량의 일종. 기공(blowhole) 발생 결과. 용접부 표면에 생기는 오목한 자국.

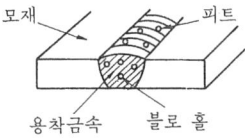

PTS 법(predetermined time standard method) 작업의 기본 동작에 필요한 표준인 시간을 실적 또는 실험으로 구하여 이 값을 기입한 표를 사용하여 표준시간을 구하는 방법.
[종류]
PTS법 { WF법 (☞ p.98)
         MTM법 (☞ p.252)

피팅(pitting) 모재 표면에 생긴 부식에 의한 점 형태의 자국. 또, 기어의 치면(齒面) 등이 높은 접촉 압력의 반복에 의하여 국부적 피로 때문에 침식되는 현상.
점식(點蝕)

ppm(parts per million) 100만분의 1을 나타내는 기호로 농도의 단위로써 사용된다.

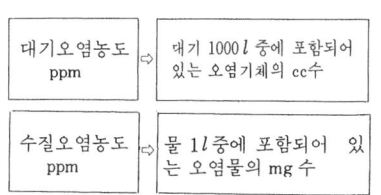

P형 반도체(P形 半導體 : P-type semiconductor) 4가(四價)의 진성 반도체 중에 원자가가 3가인 붕소, 인듐, 갈륨을 불순물로써 미량 혼입한 정공(hole)을 가진 반도체.
[성질] 결정(結晶) 중의 정공(hole) 때문에 전도도를 증가시킨다.(저항률이 감소한다.)
[억셉터] (accepter) 진성 반도체 중에 미량 혼입되어 P형 반도체로 하는 불순물을 억셉터(accepter)라 한다.

핀(pin) 기계부품의 간단한 체결이나 위치 결정을 위하여 사용하는 작은 지름의 환봉(丸棒).
[종류] 평행 핀·테이퍼 핀.

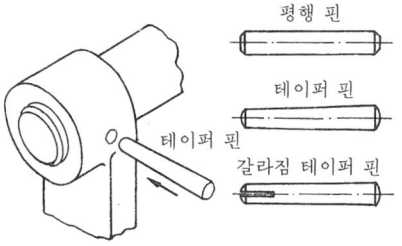

필릿 용접(fillet welding) 2장의 판을 T자형으로 맞붙이기도 하고, 겹쳐 붙이기도 할 때 생기는 코너 부분을 용접하는 것.

필터 렌즈(filter lens) 용접 중에 발생하는 유해한 광선(자외선 등)을 차폐하는 유리.

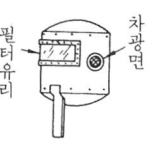

ㅎ

하드웨어(hardware) 전자계산기에 관계하는 사항 중 기계장치의 구성·기능·취급 등에 관계하는 분야. 소프트웨어의 대칭어로서 이용된다.

▽ 전자 계산기의 구성

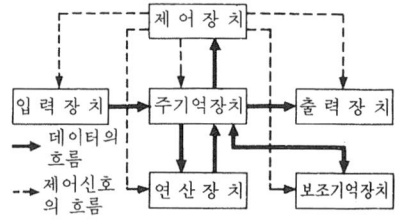

하사점(下死點: bottom dead center) 왕복 피스톤(piston) 기관에 있어서, 피스톤이 최하단(最下端)에 있을 때의 위치.

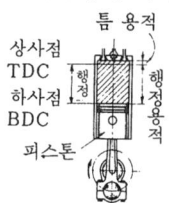

하이드로 체커(hydraulic check unit) 공기압 실린더·유압 실린더에서 정확한 속도 제어를 하는 경우, 항상 기름을 충만시키는 장치.

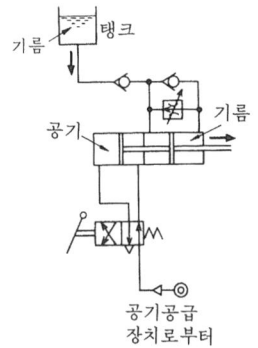

폐회로(閉回路)를 구성하는 관로(管路) 및 스로틀 밸브 등을 포함한다.

하이드로포밍법(hydroforming) 하이드로폼 법(法). 판금 가공에 있어서, 다이에 고무막(膜)과 액압(液壓)을 이용하여 행하는 드로잉 가공의 일종.

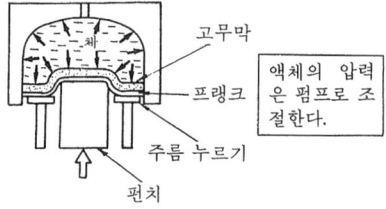

하이트 게이지(height gauge) 높은 게이지. 공작물의 높이 측정과 스크라이빙 블록(scribing block)과 함께 정밀한 금긋기에 사용하는 공구.

버니어캘리퍼스를 수직으로 사용할 수 있도록 하여 높이를 측정한다.

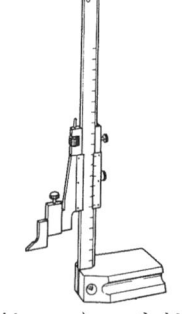

하이포이드 기어(hypoid gears) 교차되는 두 축의 각도가 90°인 엇갈림 기어.
[특징] 스파이럴 베벨 기어(spiral bevel gear)와 비슷하며, 피니언의 지름을 크게 할 수 있고 맞물림률도 크고, 매끄러운 회전으로 큰 속도비를 얻을 수 있다.
[용도] 승용차의 감속기

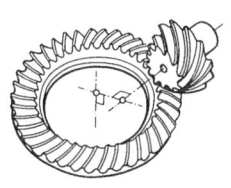

하중(荷重: load) 물체에 작용하는 외력(外力).

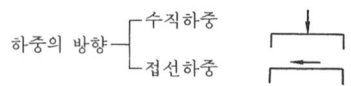

작용하는 속도 ─┬─ 정하중
　　　　　　└─ 동하중 ─┬─ 이동하중
　　　　　　　　　　　├─ 반복하중 …… 교번하중
　　　　　　　　　　　└─ 충격하중

하중의 종류 ─┬─ 인장하중
　　　　　├─ 압축하중
　　　　　├─ 전단하중
　　　　　├─ 굽힘하중
　　　　　└─ 비틀림하중

하중의 걸리는 방향 ─┬─ 집중하중
　　　　　　　　　└─ 분포하중

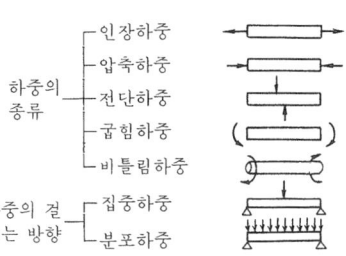

하중 변형도(荷重變形圖 : load deformation diagram) 금속 재료의 시험편에 인장 하중을 가해서 이것에 대응하는 늘어남을 연속적으로 기록한 선도(線圖).
▽ 연강의 하중 변형률 선도

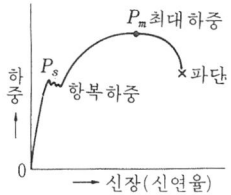

하트 캠(heart cam) 원동절이 등속 회전을 하면 종동절이 등속 왕복 운동을 하는 평면 캠.

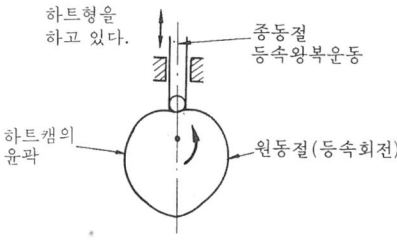

하프 너트(half nut) 분할(分割)너트. 너트 2개를 분할한 반원형의 너트.
[목적] 수나사와 암나사 접촉 부분의 헐거워짐을 조절하기도 하고, 수나사와의 끼워 맞춤을 단속하기도 하는 데 사용한다.

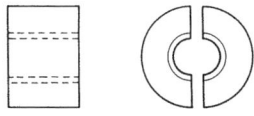

[용도] 정밀 측정기의 축, 선반의 어미나사 등.

하프 센터(half center) 센터의 선단(先端)을 그림처럼 가공한 고정 센터. 단면 다듬질 등에 사용한다.

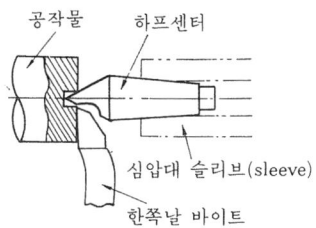

한계(限界) **게이지**(limit gauge) 구멍 또는 축의 최대 허용 치수의 측정 단면과 최소 허용 치수의 측정 단면을 가진 게이지. 즉, 2개의 게이지를 짝지어 한쪽은 허용 최대 치수로, 다른 한쪽은 허용 최소 치수로 만들어 제품 치수가 이 두 한도내에 들도록 만들어졌는가를 검사하는 게이지.
▽ 플러그 게이지(구멍용)

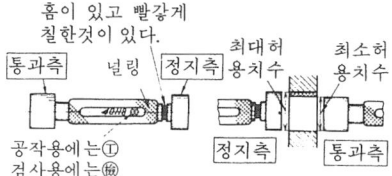

▽ 스냅 게이지(축용)

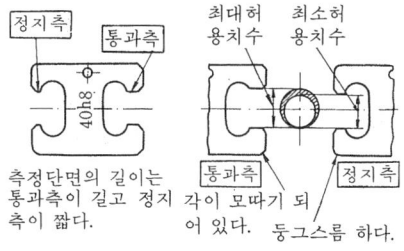

측정단면의 길이는 통과측이 길고 정지측이 짧다.
각이 모따기 되어 있다. 둥그스름 하다.

[종류] 구멍용 한계 게이지와 축용 한계 게이지가 있고, 또 용도에 따라서 공작용 한계 게이지와 검사용 한계 게이지가 있다.

한계 속도(限界速度 ; critcal speed) 감아걸기 전동 장치 등에 있어서 최대의 전달 동력에 달할 때의 속도. 위험 속도.

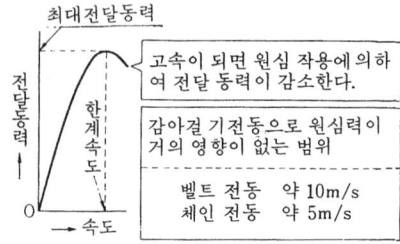

벨트 전동 약 10m/s
체인 전동 약 5m/s

함석 가위(finner's scissors) 함석판 등을 자르는 가위

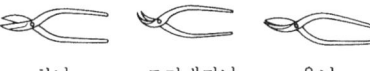

칙날   도려내기날   유날

합금(合金 : alloy) 순금속의 잇점을 살리고 결점을 개선하기 위하여, 모체가 되는 금속 원소에 다른 여러 종류의 금속 또는 비금속을 녹여 합친 것의 총칭. 2가지 성분의 합금을 이원합금, 3가지 성분의 합금을 삼원 합금이라고 한다.
[성질] 모체 금속과의 비교
① 강하고 단단하게 된다.
② 전연성(展延性)이 저하한다.
③ 전기·열의 전도가 나쁘게 된다.
④ 융점(融點)은 낮게 되는 것이 많다.
[합금의 상태]
① 고용체 (☞ p.20)
② 공 정 (☞ p.33)
③ 금속간 화합물 (☞ p.51)

합금강(合金鋼 : alloy steel) 탄소강에서는 얻을 수 없는 훌륭한 성질의 강을 얻기 위해서, 탄소 이외의 합금 원소를 첨가한 강. 특수강이라고도 한다.
▽ 합금강의 종류와 주된 용도

분 류	종 류	주된 용도
기계구조용 합금강	강인강 고장력저합금강 표면경화용강	크랭크축·기어·축 선박·건설용 기어·축류
공구용합금강	연소공구강 합금공구강 고속도공구강	절삭공구·다이
내식·내열용강	스테인리스강 내열강	바이트, 식기, 화학 공업장치, 내연기관 밸브, 터빈 날개, 고온고압 용기

특수용도용강	쾌삭강 용수철강 내마모용강 축수강 영구자석	볼트, 너트, 기어, 축 각종 스프링류 크로스레일, 파쇄기 구름 베어링의 궤도륜·전동체, 전력기기, 자석

합금 공구강(合金工具鋼 : alloy tool steel) 탄소공구강의 담금질성을 좋게 하며, 균열과 비틀림을 방지하기 위하여 Cr, W, V, Ni 등을 첨가하고, 고온 경도를 갖게 한 강.

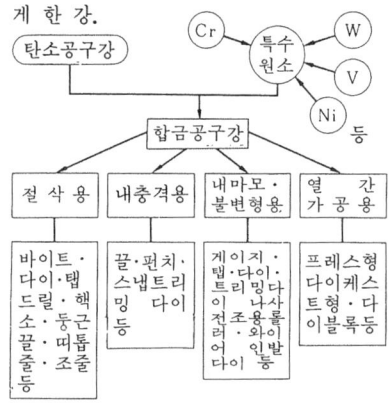

합금 주철(合金鑄鐵 : alloyed cast iron)

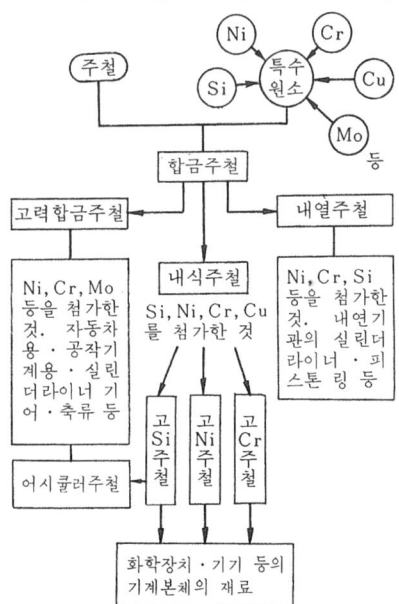

기계적 성질·내열성·내식성이나 내마찰성 등의 향상을 목적으로 Si, Ni, Cr, Cu, Mo 등의 합금원소를 첨가한 주철.

합성수지(合成樹脂 : synthetic resin) 분자량이 약 10000 이상의 고분자 화합물.
[성질] 가볍다. 열이나 전기를 전하기 어렵다. 투명체의 것이 많다. 방습성·내식성이 좋다. 소성 가공이 쉽다. 내열성은 금속보다 떨어지는 것이 많다.
[종류] 열가소성 수지·열경화성 수지.
▽ 열가소성 수지의 예 (폴리염화 비닐 수지)

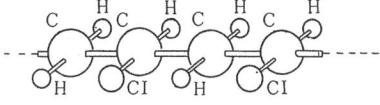

항복점(降伏點 : yield point) 연강의 인장시험에 있어서, 어떤 응력에서부터는 응력이 증가하지 않는 것으로, 왜곡만이 증가하는 현상이 나타날 때까지의 응력. 재료의 기준강도에 널리 이용된다.
항복점에는 응력의 크기에 따라, 상항복점과 하항복점이 있지만, KS에서는 상항복점을 항복점으로 하고 있다.

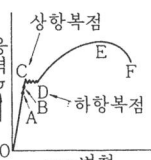

항온 변태(恒溫變態 : isothermal transformation) 등온 변태. 오스테나이트 상태로 가열한 강을 냉각할 때, 도중의 어떤 온도에서 냉각을 멈추고 그 온도에서 이루어지는 변태. 이 변태에 의하여 생기는 조직을 베이나이트(bainite) 라고 한다.

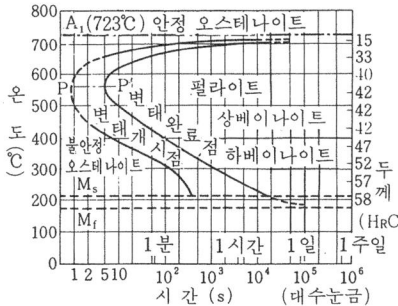

[공석강의 항온 변태 곡선] 그림은, A_1 점(723℃) 이하의 여러 가지 온도에서 항온 변태시키고, 변태가 일어나기 시작하는 시간과 끝나는 시간을 온도-시간 곡선으로 표시한 것.
M_s : γ고용체(오스테나이트)가 마텐자이트로 변태하기 시작하는 온도.
M_f : γ고용체(오스테나이트)로부터 마텐자이트로의 변태가 끝나는 온도.

항온실(恒溫室 : constant temperature room) 표준 상태에 준하여 온도·습도가 자동적으로 조정되는 방.
▽ 표준상태(1급)

구분	표준치	허용차	범위
온도	20℃	±1℃	19~21℃
습도	65%	±2%	63~67%
표준기압	760mmHg(1013mbar)		

항장력(抗張力 : tensile strength) =인장강도 (p. 302)

해머(hammer) 손다듬질 공정에서 사용하는 쇠망치. 차량검사에 사용하는 테스트 쇠망치도 있다.

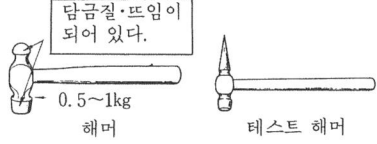

해슬러 회전 속도계(Hasler tachometer) 기어에 의한 계수 기구(計數機構)와 템포(tempo)식 시계 기구를 조합시켜 회전속도를 재는 계기.

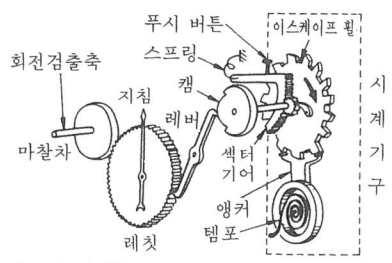

[측정 방법]
① 푸시 버튼을 눌렀다 떼면, 용수철의 복원력으로 시계 기구에 의하여 캠축이 일정 속도로 회전한다.
② 캠의 철(凸)부가 지렛대를 통하여 레칫을 3초간 개방한다.
③ 이 사이에 마찰차에 의한 레칫이 회전
④ 레칫에 고정된 지침이 회천축의 회전 속도를 rpm으로 환산하여 지시한

다.

해칭(hatching) 도면에 있어서, 단면인 것을 표시할 필요가 있는 경우에 이용되는 단면 표시 방법의 일종.

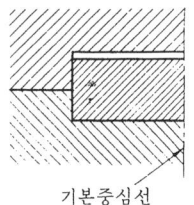
・가는 실선으로 기본 중심선에 대하여 45°로 등간격
・떨어진 단면에서도 동일 단면의 부품이 있으면 해칭의 방향 간격은 같다.
기본중심선
・접촉하는 다른 부품에서는 해칭의 방향을 바꾸든가 간격을 바꾼다. 혼동하기 쉬운 경우는 해칭의 각도를 바꿔도 좋다.

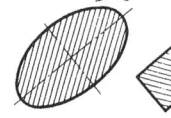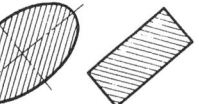

핵 연료(核燃料 : nuclear fuel) 원자로 내에서 핵분열 연쇄 반응을 행할 목적으로 사용하는 핵분열 물질. 우라늄 235(^{235}U), 플루토늄 239(^{239}PU) 등. ☞ 원자로(p.282), ☞ 연쇄 반응(p.257)

핸드 드릴(hand drill) 손작업으로 구멍을 뚫는 공구. 10mm 이하의 구멍을 뚫을 때에 사용한다. 유사한 것으로 브레스트 드릴(breast drill)이 있다.

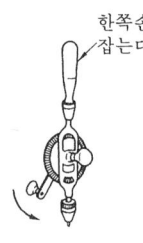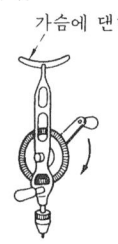
한쪽손으로 잡는다. 가슴에 댄다.

핸드 드릴   브레스트 드릴

핸드 래핑(hand lapping) 손작업으로 행하는 랩 다듬질. ☞ 랩 다듬질(p.109)
선반이나 드릴링 머신 등에 랩 공구를 이용하여 행하는 일도 있다. 생산 수량이 적을 때나, 정도(精度)가 높을 때 등에 행해진다.

핸드 바이스(hand vice) 손다듬질을 할 때 공작물을 고정시키는 데 사용하는 소형 바이스.
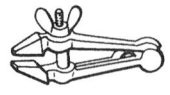

핸드 브레이크(hand brake) 손으로 조작하고 손의 힘을 링크 장치로 확대하여, 브레이크를 작용시키는 장치. 자동차의 주차용 브레이크 등이 있다. 수동(手動) 브레이크.

핸드 주유(hand lubrication) 기름을 치는 도구를 손으로 잡고 주유하는 방법.
[특징] 베어링이나 슬라이딩면의 주유가 간단하다.
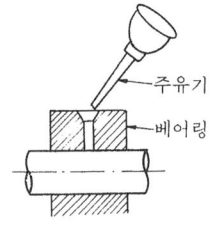
주유기
베어링

행정(行程 : stroke) 왕복 운동 기구에 있어서 왕복 운동을 행하는 부분의 이동 거리. 실린더 속의 피스톤이 한쪽 끝에서 다른쪽 끝까지 움직이는 거리이다.

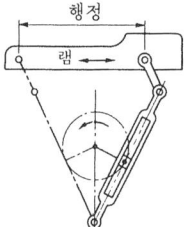
상사점
행정
하사점

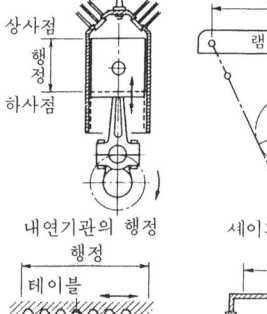
내연기관의 행정   세이퍼 램의 행정
행정   행정
테이블
래크
작은기어
플레이너 테이블   유압 공기압
의 행정   실린더의 행정

허용 굽힘 응력(allowable bending stress) 사용된 재료에 허용되어지는 최대의 굽힘 응력. ☞ 응력(p.295)

허용 오차(許容誤差 : allowable error) 제품의 다듬질 치수 및 계기류의 지시치에 있어서 사용상 지장이 없는 범위에서 허용되어진 오차.

허용 응력(許容應力 : allowable stress) 기계나 구조물이 실제로 사용되는 경우에 그의 부재에 작용하는 응력을 사용 재료의 성질, 하중의 종류, 사용 상황 등에 따라서 어떤 값 이하로 제한한 한도의 응력. 허용 응력은 안전률을 고려해서 기준 강도로부터 구한다.

☞ 기준 강도(p.60), ☞ 안전율(p.235)

$$허용응력 = \frac{기준\ 강도}{안\ 전\ 율}$$

허용 전류(許容電流 : allowable current) 전선에 전류가 연속해서 흘러도 안전한 전류 크기의 한도. 안전 전류라고도 한다.
[예]

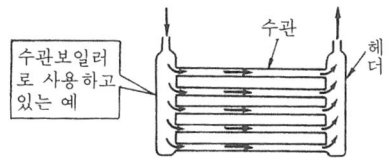

전류17A 이하 절연물은 사용가능

전류17A 이상 절연물이 못쓰게 될 우려가 있다.
연속통전

허용 한계 치수(allowable limits size) ☞ 치수 공차(p.385)

헐거운 끼워 맞춤(clearance fits) ☞ 끼워 맞춤(p.63)

헤더(header) 다수의 가는 관의 끝을 연결 고정시킨 1개의 공통된 관. ☞ 수관 보일러(p.203)

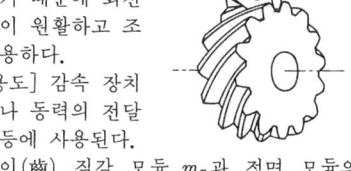

수관보일러로 사용하고 있는 예
수관
헤더

헤르츠(hertz ; Hz) 주파수(周波數)의 단위. ☞ 주파수(p.358)

헤링본 기어(herringbone gear) =더블 헬리컬 기어(p.92). 더블 헬리컬 기어의 치열이 청어뼈 모양을 하고 있기 때문에 붙여진 이름이다.

헨리(henry) ☞ 자기 유도(p.308)

헬리컬 기어(helical gear) 바퀴 주위에 비틀린 이가 절삭되어 있는 원통 기어.
[특징] 평기어 보
다 물림률이 좋
기 때문에 회전
이 원활하고 조
용하다.
[용도] 감속 장치
나 동력의 전달
등에 사용된다.
이(齒) 직각 모듈 m_n과 정면 모듈의 관계

$$m_n = m_s \cos\beta$$

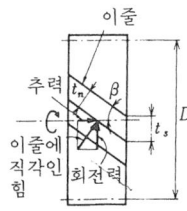

이줄
추력
이줄에 직각인 힘
회전력

$t_s = \dfrac{\pi D}{z} = \pi m_s$

$t_n = t_s \cos\beta$

t_s : 정면 피치
t_n : 이 직각 피치
m_s : 정면모듈
β : 이줄의 비틀림각
z : 잇수

나선형 기어인 치형(齒形)은, 이 직각 모듈과 정면 모듈의 어느 한쪽으로 나타난다. 나선형 기어에 그림처럼 회전력이 작용할 때 축 방향에 추력이 생기는 것으로 축에는 스러스트 베어링을 사용한다.

헬리컬 스프링(helical spring) =코일 스프링(p.394)

헬리컬 피니언 커터 (helical pinion cutter) 기어 절삭기 등에서 헬리컬 기어의 절삭을 행할 때에 사용하는 커터.

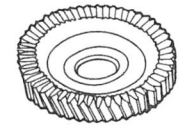

헬멧(helmet) 얼굴이나 눈을 보호하기 위하여 사용하는, 밖을 내다 볼 수 있는 창이 붙은 머리에 쓰는 보호구. ☞ 아크 용접 용구(p.233)

현미경 조직 시험(顯微鏡組織試驗 : microstructure test) 금속 조직 시험편의 표면을 매끄럽게 다듬질하고 부식시켜 현미경으로 결정립의 크기나 결정의 분포를 관찰하는 시험 방법.

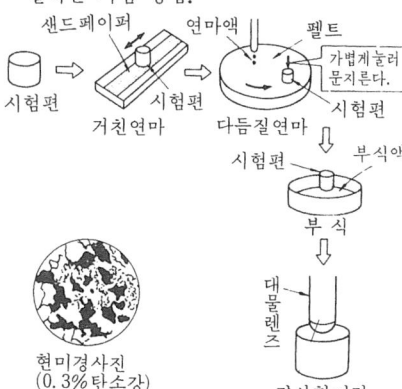

현미경사진
(0.3%탄소강)
검사현미경

현열(顯熱 : sensible heat) 물체의 온도를 올리기 위해서 가해지는 열량. 잠열(潛熱)의 반대어. ☞ 잠열(p.313)

현(弦) **이두께**(chordal thickness) ☞ 원호

이 두께(p.284)

현품 관리(現品管理 : goods control) 생산품의 소재(所在)와 수량의 관리.
[현품 관리의 포인트]
① 보관 방법 ② 수수 방법 ③ 기록·보고
현품 관리에는 전진전표를 사용하면 좋다.
▽ 전진전표 예

품명	도번	생산수	전공정	담당	후공정	작성
pin	AK76	2,000	절단	시반-3	열처리	월일

수령			송부			비고
월일	수량	누계	월일	수량	누계	수령인
4.6	200	200	4.8	199	199	1개 불량
4.7	200	400	4.10	200	399	
4.9	150	550	4.11	150	549	
4.20		550	4.20		549	재고 조사인

형강(形鋼 : shape steel) 여러 가지 모양의 단면을 가진 강재(鋼材)의 총칭. 재질은 SS재이다. 목적·용도에 따라 여러 가지의 것이 있고, 주로 구조재(構造材)로써 사용된다.
▽ 주된 형강의 종류와 표시법

종류	형상	표시법(L : 길이)
등변 산형강		L A×B×t−L
I형강		I H×B×t₁×t₂−L
홈형강		⊏ H×B×t₁×t₂−L
H형강		H H×B×t₁×t₂−L

형광등(螢光燈 : fluorescent lamp) 수은 증기 속의 아크 방전에 의하여 생긴 자외선을 형광물질에 대어, 빛을 내는 램프.
[발광 원리] 수은증기중의 아크방전⇨자외선⇨형광 도료⇨형광등

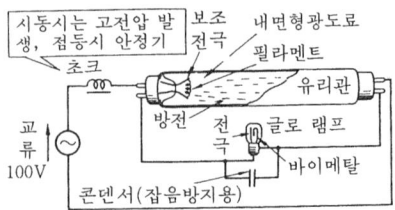

형광 탐상법(螢光探傷法 : fluorescent defect inspection) 재료 표면에 있는 홈이나 결함 부분에 형광액을 침투시켜, 그 침투 상황을 조사하여 홈이나 결함의 정도를 아는 방법.

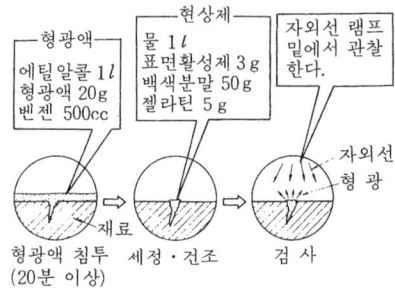

형 단조(型鍛造 : die forging) 형틀(die)을 사용하여 기계 해머(hammer)로 두드리는 단조법. 동일 제품을 정확하게 다량을 단조하는 데 적당하다.

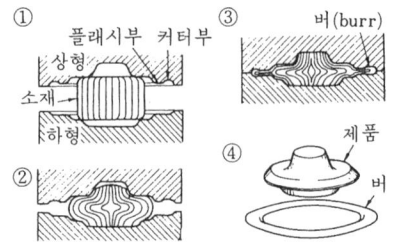

형상 기억 합금(形狀記憶合金 : shape memory alloy) 형상 기억 효과(소성 변형

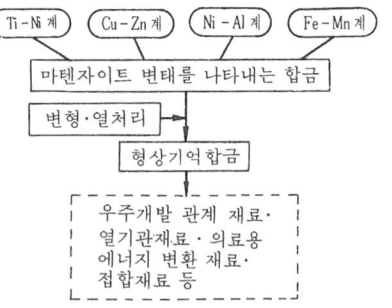

을 시킨 재료를 그 재료의 고유한 임계점 이상으로 가열하였을 때 원래의 형상으로 되돌아가는 형상)를 내는 합금.

형 조각용(型彫刻用) **엔드 밀**(die sinking cutter) 밀링으로 공작물에 형 조각을 할 때에 사용하는 엔드 밀(end mill).

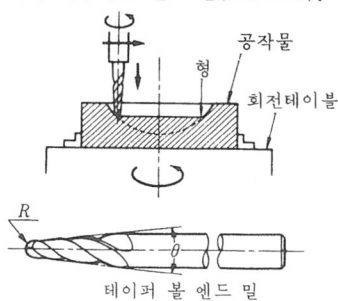

형판(型板 : template) ① 주형 제작에 있어서, 완전한 모형(模型)을 사용하지 않고, 주물 단면에 상당하는 형을 사용할 때의 판.

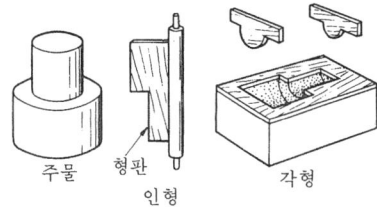

② 주형 제작의 경우 공작물을 소정의 윤곽으로 깎기 위하여 트레이서(tracer)를 안내하는 데 이용하는 판.

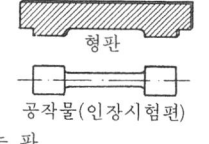

호닝 가공(honing) 선반 등에 있어서, 전 가공(前加工)이 된 원통 내면을 주변에 몇 개의 숫돌을 장착한 혼(hone)이라고 하는 공구로 회전과 왕복 운동을 주어 정밀하게 연삭하는 다듬질 방법. 혼은 숫돌을 외벽 방향으로 가압하면서 회전한다.

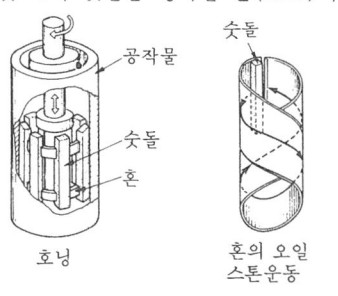

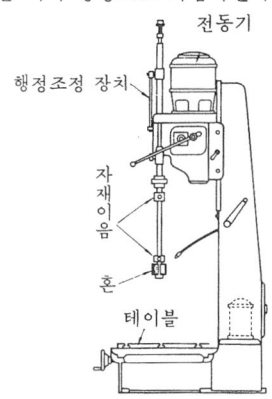

[특징] 숫돌 입자에 가해지는 힘의 방향이 바뀌기 때문에 입자의 자생 작용(自生作用)이 촉진되어, 연삭 효율이 좋다. 연삭액을 대량으로 준다.

호닝 머신(honing machine) 내연 기관의 실린더 내면 등에 혼을 사용해 호닝 다듬질을 하는 공작 기계. ☞ 호닝 가공(p.451)

호브(hob) 여러 가지 기어와 스플라인 축(軸) 등을 창성법에 의하여 절삭할 때 사용하는 커터. 원통 외주에 나선(螺線)을 따라 절삭날을 붙인 회전 절삭 공구. ☞ 기어 호브(p.60).

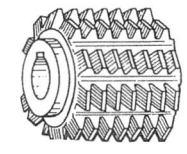

호빙 머신(gear hobbing machine) 기어 호브(래크 커터를 원통형으로 한 나사 형

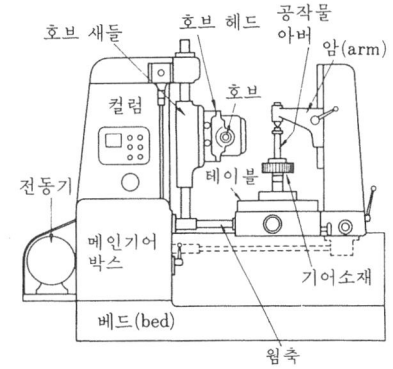

상의 커터)와 기어 소재와의 상대 회전 운동으로 이(齒)를 가공하는 창성 기어 절삭기. 평 기어, 헬리컬 기어, 웜 기어 등의 이를 절삭할 수 있다.
[종류]
　수직형(소재를 설치한 축이 수직)
　수평형(소재를 설치한 축이 수평)

호스트 컴퓨터(host computer) 여러 대의 컴퓨터를 단말기로서 접속하고 중앙 처리 장치와 같은 동작을 하는 컴퓨터. 호스트 컴퓨터 독자적으로도 프로그램을 실행하지만 다른 컴퓨터에서도 사용할 수 있도록 복수(複數)의 프로그램을 번역·실행한다.

호퍼 스케일(hopper scale) 괴상(塊狀)·입상(粒狀)·분상(粉狀)·액상(液狀)의 것을 호퍼에 투입하여 그 양을 측정하는 저울 장치.

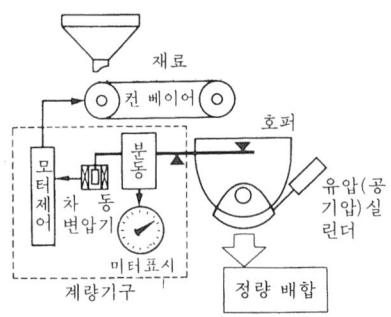

혼(hone) 기름 숫돌을 방사상(放射狀)으로 설치하여 직경을 조정할 수 있는 호닝용 공구. ☞ 호닝(p.451)

혼사기(混砂機 : sand mixer) 샌드 믹서. 모래를 혼합하는 기계. 주물 공장에서 사용하는 것은 묵은 모래와 새모래 또는 모래에 점토수(粘土水)를 혼합하는데 사용한다.

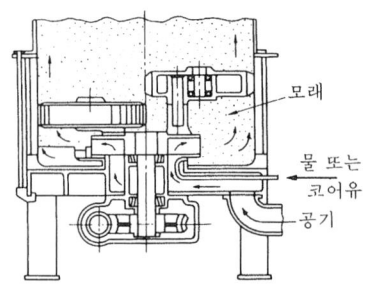

혼성유(混成油 : combined oil) 절삭유의 일종.

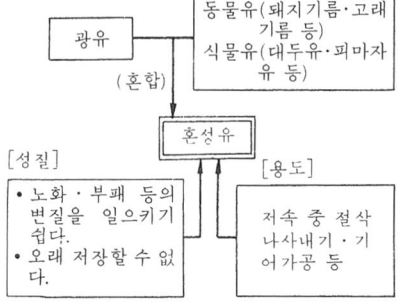

혼식(混式)**터빈**(combined turbine) 동일 증기 터빈에 충동식과 반동식을 조합한 터빈.
[종류] 커티스 터빈, 파슨즈 터빈, 커티스 파슨즈 터빈 등이 있다. 현재의 대용량 터빈은 거의 혼식 터빈이다.
　▽ 커티스 터빈　　▽ 파슨즈 터빈

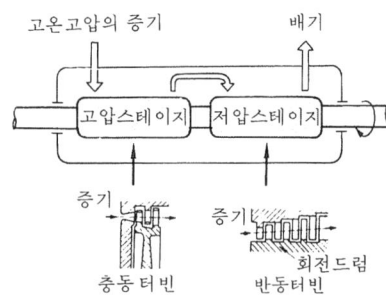

홀 효과(Hall effect) 자계(磁界) 가운데에 반도체를 놓고 그것에 전류를 흘릴 때, 반도체 단면에 전하(電荷)가 발생하여 기전력이 생기는 현상.

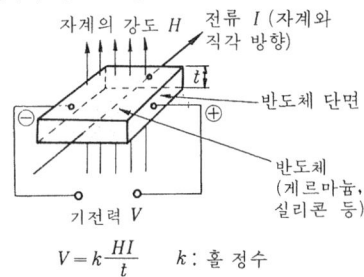

$$V = k\frac{HI}{t} \quad k : 홀\ 정수$$

홈 바이트(recessing tool) 선반 작업에 있어서, 여유홈을 깎는 데 사용하는 바이트. 절단 바이트의 일종.

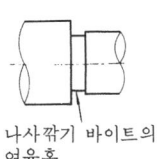 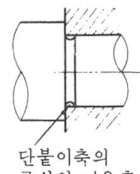

나사깎기 바이트의 여유홈 / 단붙이축의 구석의 여유홈

홈붙이 너트(fluted nut) 보통의 너트보다 높고, 상부에 60° 간격의 반경 방향으로 홈을 갖고 있는 너트.
[용도] 너트를 조인 후 볼트의 나사부에 구멍을 뚫어 핀을 넣고 나사의 헐거움을 방지할 때 사용한다.

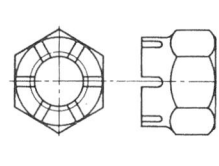

홈붙이 캠(grooved cam) 캠의 윤곽 곡선에 상당하는 홈을 가진 판 캠. 종동절의 롤러가 이 홈에 따라 운동을 한다. 정면 캠이라고도 한다.

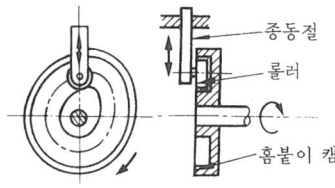

홈 용접(slot welding) 겹쳐 맞춘 2개의 모재 한쪽에 뚫는 가늘고 긴 홈의 부분을 메꾸는 용접 방법. 슬롯 용접이라고도 한다.

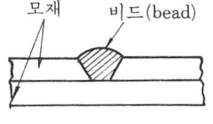

홈통형(形) **컨베이어**(gutter conveyor) V형 또는 H형 홈통 속을 날개가 장착된 체인을 일정한 속도로 구동시켜 석탄 등을 연속적으로 운반하는 컨베이어로서, 컨베이어의 길이 조정이 용이하다.

홈 형강[形鋼](channel steel) 홈형의 단면을 한 구조용 강재(鋼材).

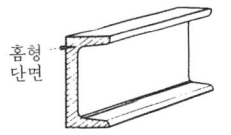

홈형 단면 / 굽힘에 대한 단면 계수가 크므로 보에 사용된다.

화격자 연소율(火格子燃燒率 : grate combustion rate) 보일러의 화격자 연소 장치에 있어서, 연료의 연소 효율을 나타내는 값.

$$\gamma = \frac{G_f}{F} (kg/m^2 h)$$

F : 화격자 면적(m^2)
G_f : 연료 1시간당의 연소량(kg/h)
[γ의 값]
수평 화격자 60~120kg/m^2h
스토커(stocker) 80~140 kg/m^2h
(자연 통풍)
120~220 kg/m^2h
(강제 통풍)

화격자 연소 장치(火格子燃燒裝置 : grate combustion equipment) 보일러의 노 안에 화격자를 설치하고 이 위에 석탄을 공급하여 연소하는 장치. 화격자 밑으로부터 틈을 통하여 공기를 보내 연소한다.
[종류] 화격자가 고정된 것과 이동하는 것이 있다.
▽ 수평 화격자(고정)

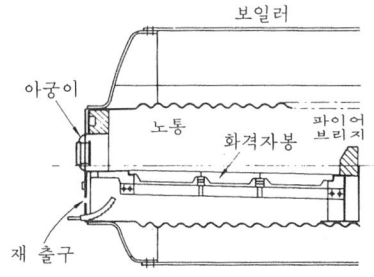

화력 발전소(火力發電所 : thermoelectric power plant) 석탄이나 석유에 의한 화력으로 증기를 발생시켜, 증기 터빈을 운전하고, 이것에 의하여 발전기를 운전하는 발전소.

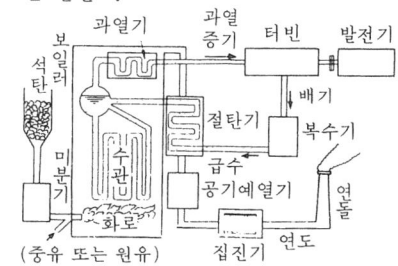

화염 담금질(flame hardening) 금속 표면을 산소 아세틸렌 화염 등 고온으로 가열

하여 담금질하는 표면 경화법(表面硬化法).

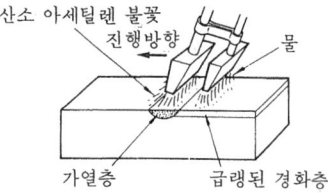

화염을 불어넣어 고온으로 가열한 후 노즐을 진행시킨다. 그 뒤를 물로 급랭한다.
[응용] C 0.4% 탄소강 또는 합금강 등으로 만들어진 기계의 미끄럼면, 기어의 치면(齒面) 등에 적용된다.
▽ 원리

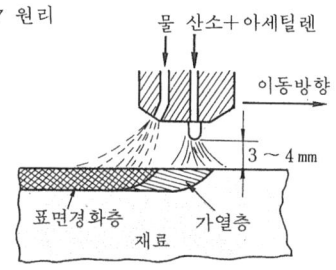

화이트 메탈(white metal) Sn-Sb계(系), PbKSn-Sb계 합금의 총칭.
[특징] 융점이 낮고, 유연한 백색 합금으로 주로 베어링 합금에 사용된다.

확대(擴大) **노즐**(divergent nozzle) 증기 터빈 등에 이용되는 노즐의 형식: 노즐의 출구 압력이 임계 압력보다 작을 때 사용한다. ☞수렴 노즐(p.205), ☞임계 압력(p.305)

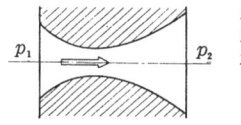

$p_2 < p_c$
p_2 : 출구압력
p_c : 임계압력

확동(確動) **캠**(positive motion cam) 캠

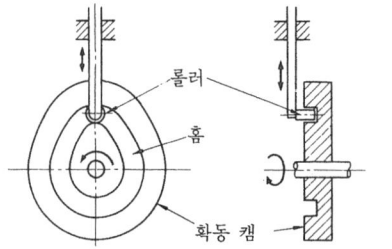

(cam)의 회전이 빠른 경우 등에, 종동절이 들뜨지 않도록 홈과 용수철에 의하여 종동절의 움직임을 확실하게 한 캠.

확실 전동(確實傳動 : positive driving) 원동축의 운동이 확실하게 종동축에 전달되는 전동.
[특징] 마찰 전동 같은 미끄러짐이 생기지 않는다.
[종류] ① 기어와 기어 ② 체인휠과 체인 ③ 확동 캠(cam)

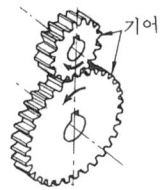

환산 증발량(換算蒸發量 : equivalent evaporation) 보일러에 있어서, 실제의 증발량을 기준 상태의 증발량으로 환산한 것. 보일러의 용량을 증발 능력으로 나타내는 경우에 이용한다.

환산 증발량 $G_e = \dfrac{G(h_2 - h_1)}{539.06}$ (kg/h)

G : 실제 증발량(kg/h)
h_1 : 급수 엔탈피
h_2 : 발생 증기 엔탈피
[기준 상태에 있어서의 증발량의 소요 열량] 표준 기압에서 100°C의 포화수를 건포화 증기로 하는 데 필요한 증발 열량은 539.06kcal/kg

환상 저항기(環狀抵抗器 : ring tube resister) 각도 변화를 전기 저항으로 변환하는 변환기(變換器).

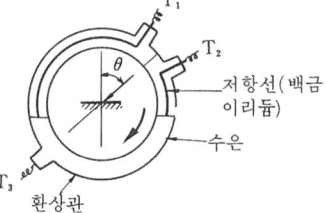

θ의 각도 변위에 의하여 수은 중 저항선의 부분 전류가 단속해서 T_1, T_3, T_2, T_3의 저항치가 변화한다.

황동(黃銅 : brass) 구리-아연(Cu-Zn)계의 동합금. 아연(Zn)량에 따라서 기계적 성질·가공성 등이 다르다.

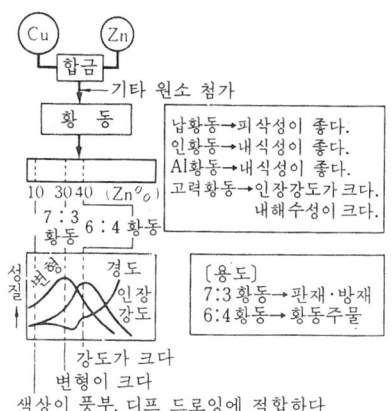

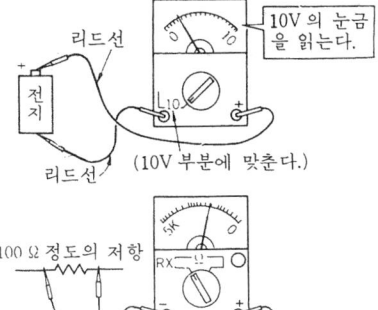

[측정법] 전압·전류·저항 변환 다이얼 (dial)을 맞춰, 리드(lead)선으로 접속한다.

황동납(黃銅鑞 : brass solder) Cu 32~36%. 나머지 Zn의 황동의 땜납. 경납의 일종. 납땜 온도는 820~870°C

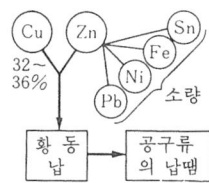

회전계(回轉計) = 회전 속도계(p.456)

회전(回轉)**날개**(moving vane) 터빈의 고정 날개에 대해 노즐(nozzle)로부터 분출하는 고속·고압의 유체를 받아 회전하는 날개.

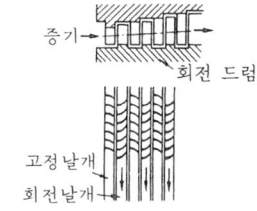

황삭(荒削 : rough machining) 거친 절삭(切削). 절삭 가공에 있어 공작물의 흑피(黑皮)를 없앨 때 또는 가공 여유가 클 때 행해지는 절삭 방법.
　공작물을 대량으로 절삭해야 되기 때문에 절삭폭이나 이송을 크게 하여 절삭 속도를 약간 늦춘다.

회전단(回轉端 : rounded end) 보(beam)나 기둥 끝이 회전하여 대우(對偶)로 되어 있는 지지점.

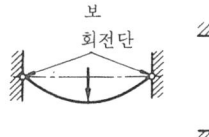 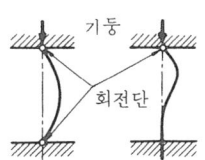

회로계(回路計 : circuit tester) 전압·전류·저항 등을 직접 눈으로 볼 수 있는 다중 측정 범위의 계기. 테스터(전류 전압계)라고도 말한다.

회전 대우(回轉對偶 : turing pair) 회전짝. 두 가지 기계 요소의 접촉면이 상대 회전 운동만을 행하는 대우.
[예] 축과 베어링

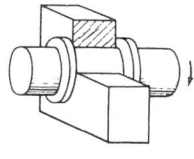

회전 반경(回轉半徑 : radius of gyration) 회전하는 물체의 관성 모멘트와 그 물체

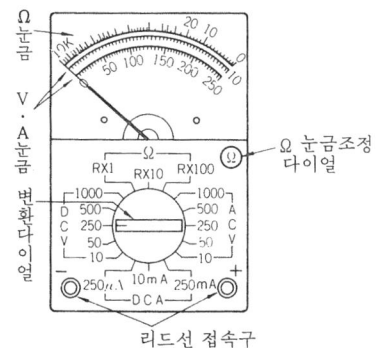

의 전 질량이 어떤 점에 모였다고 가정하고 관성 모멘트가 일정할 때, 회전 축심과 그 점과의 거리. ☞ 관성 모멘트(p. 38)

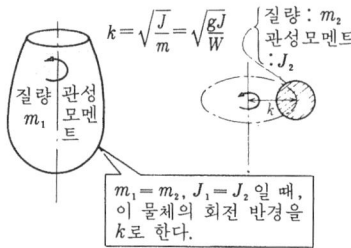

$$k=\sqrt{\frac{J}{m}}=\sqrt{\frac{gJ}{W}}$$

질량 : m_2
관성모멘트 : J_2

$m_1 = m_2,\ J_1 = J_2$ 일 때, 이 물체의 회전 반경을 k로 한다.

회전 센터(rotating center) ☞ 센터(center)(p. 195)

회전 속도(回轉速度 : rotary speed) 단위 시간당의 회전수. 일반적으로는 매분의 회전수로 나타낸다. 단위 기호는 rpm.
*(r. p. m. : revolutions per minute)

회전 속도계(回轉速度計 : tachometer) 회전하는 물체의 단위 시간당의 회전수를 재는 기기(器機).
[종류]

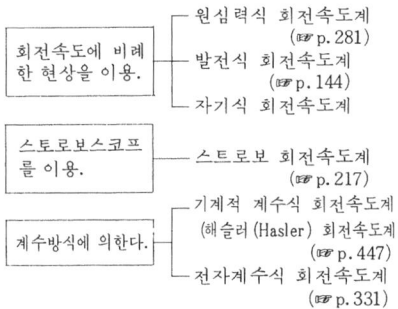

- 회전속도에 비례한 현상을 이용.
  - 원심력식 회전속도계 (☞ p. 281)
  - 발전식 회전속도계 (☞ p. 144)
  - 자기식 회전속도계
- 스트로보스코프를 이용.
  - 스트로보 회전속도계 (☞ p. 217)
- 계수방식에 의한다.
  - 기계적 계수식 회전속도계 (해슬러(Hasler) 회전속도계) (☞ p. 447)
  - 전자계수식 회전속도계 (☞ p. 331)

회전 송풍기(回轉送風機 : rotary blower) 케이싱 속에 한개 또는 두개의 회전자를 설치하고 이것을 회전시켜서 기체의 속도 에너지·압력 에너지를 높여 기체를 압송하는 기계.

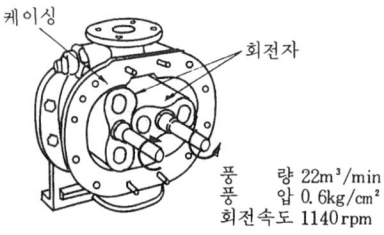

케이싱
회전자
풍량 22m³/min
풍압 0.6kg/cm²
회전속도 1140rpm

회전 슬라이더 크랭크 기구(revolving slider crank mechanism) 더블 크랭크 기구에 있어서 고정 링크와 마주보는 링크를 슬라이더로 한 것. ☞ 더블 크랭크 기구 (p. 92)

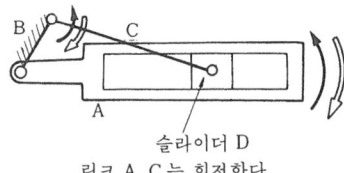

슬라이더 D
링크 A, C 는 회전한다.

회전 압축기(回轉壓縮機 : rotary compressor) 일정한 용적 내에 흡입한 기체를, 한 개 또는 두 개의 회전자의 회전에 의해 압축하고 토출하는 기계.
[종류] 나사 압축기(☞ p. 65), 가동 익형 회전 압축기(☞ p. 8)

회전자(回轉子 : rotor) 전동기·발전기 및 압축기 등에서 회전하는 부분.

회전 자계(回轉磁界 : rotating (magnetic) field) 방향이 항상 회전하고 있는 자계.
[동기 속도(회전 자계의 회전 속도) n_s]

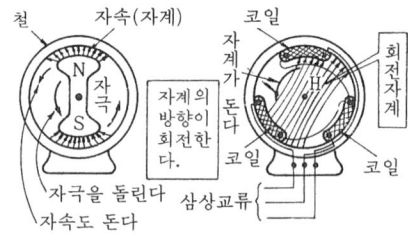

$$n_s = \frac{120f}{p}\text{(rpm)}$$

f : 주파수 p : 자극의 수

회전체의 조화(balancing of rotation) 회전체의 중심과 축심이 일치하도록 하는 일. 회전체의 중심과 축심이 일치하지 않고 회전할 때는 원심 작용에 의하여 강제 진동이 생길 위험이 있다.

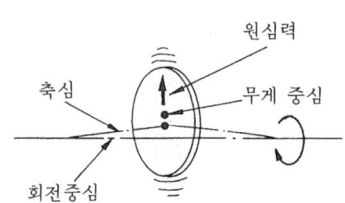

원심력
축심
무게 중심
회전중심

회전(回轉)테이블(rotary table) 밀링 머신의 테이블 위에 장치하여 회전 이송을 필요로 하는 공작물의 절삭에 이용하는 고정구.

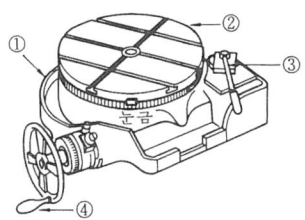

① 프레임(frame) ② 테이블(table)
③ 클러치 핸들(clutch handle)
④ 웜 핸들(worm handle)

회전판(回轉板 : driving plate) 공작물에 고정되어 있는 돌리개를 통해서 주축의 회전을 공작물에 전달하기 위한 주축에 설치된 공구. ☞ 돌리개(p.96)

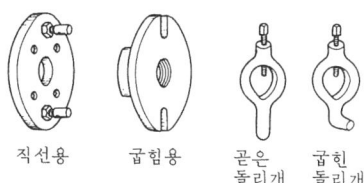

직선용　굽힘용　곧은 돌리개　굽힌 돌리개

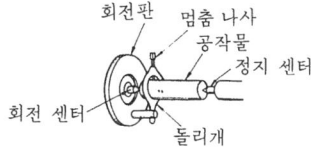

회전(回轉)펌프(rotary pump) 케이싱(casing) 속에 하나 또는 두개의 회전자(rotor)를 설치, 이것을 외부로부터 등속 회전시켜 유체의 속도 에너지·압력 에너지를 높이고 연속적으로 회전 방향으로 밀어내는 형식의 펌프.
[종류] 베인(vane)펌프(☞ p.155)
　　　 기어 펌프(☞ p.59)
　　　 나사 펌프(☞ p.68)

회전 피스톤 기관(rotary piston engine) 내연 기관의 일종으로, 왕복 피스톤 기관과는 원리나 구조가 완전히 다르게 되어 있고, 회전자의 회전 운동만을 통하여 주축에 회전력을 전해 주는 기관.

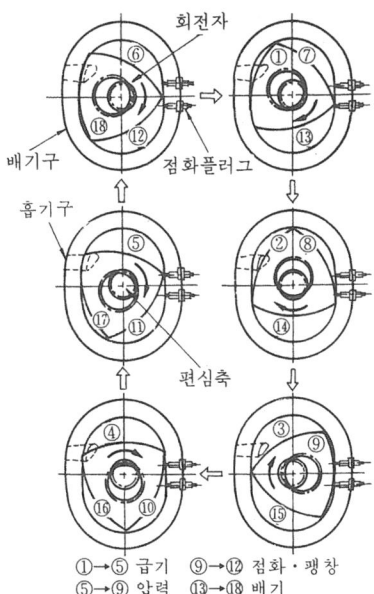

①→⑤ 급기　⑨→⑫ 점화·팽창
⑤→⑨ 압력　⑬→⑱ 배기

회주철(灰鑄鐵 : gray cast iron) 주철을 주형에 주입할 때, 벽두께의 차이에 의해 냉각 속도가 지극히 느린 경우에, 탄소가 흑연의 형태로 많이 석출하기 때문에 파단면이 회색을 띠는 주철.
　보통 사용하는 주철은 대부분 여기에 속하고 흑연의 형상, 크기, 분포 상태 등에 따라서 기계적 성질이 다르다.
▽ 주철 냉각속도의 영향과 단면조직

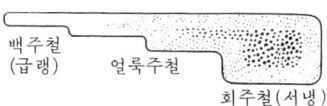

횡탄성 계수(橫彈性係數 : modulus of rigidity) 가로 탄성 계수. 전단 탄성 계수·강성 계수라고도 한다. ☞ 탄성 계수(p.401)

효율(效率 : efficiency) 기계 장치 등에 있어서 실제로 행한 유효한 일 A와, 그 때문에 공급한 일 A_0와의 비율. 보통 백분율로 나타낸다.

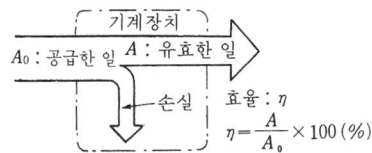

A_0 : 공급한 일　A : 유효한 일
효율 : η
$$\eta = \frac{A}{A_0} \times 100\,(\%)$$

후드(hood) 연소가스나 오염된 공기 등을 외부로 내보내기 위한 환기 장치.

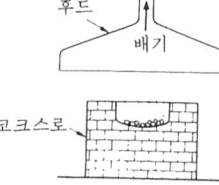

후진 용접(後進 熔接 : back-hand welding) 용접봉이 용접 토치 뒤에서 나아가는 용접 방법. ☞ 전진 용접(p. 335)

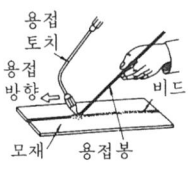

후프 응력(hoop tension) 내압(內壓)에 의하여 생기는 원통의 원주 방향 벽면의 인장 응력(引張應力). ☞ 얇은 원통(p. 244). ☞ 두꺼운 원통(p. 99)

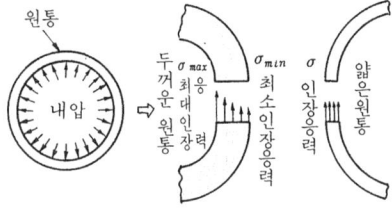

일반적으로 응력은 내벽에서부터 외벽으로 향하여 점차로 작아진다.

후향(後向) 날개(backward(curved) vane) 터보 송풍기에 사용되며, 회전방향을 향하여 뒤쪽으로 휘어서 굽힌 날개.

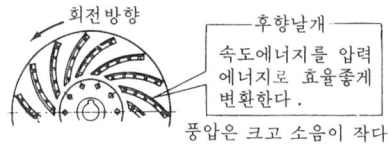

훅 스패너(hook spanner) 둥근 너트에 사

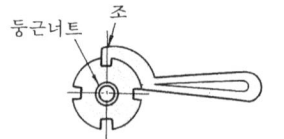

용하는 스패너. 너트면의 홈이나 구멍에 스패너의 조(jaw)를 걸어 돌린다.

훅의 법칙(Hooke's law) ☞ 탄성 계수 (p. 401)

훅의 자재(自在) 이음(Hooke's universal joint) 2축이 어떤 각도(보통 30° 이하)를 이루고 회전하는 경우에 사용하는 축 이음. ☞ 자재 이음(p. 311)

양 축단에 설치되어 있는 요크(yoke)가 십자형의 핀(십자축)으로 연결되어 있다.

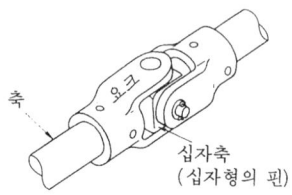

휘트스톤 브리지(wheatstone bridge) 전기 저항을 정밀하게 측정하는 장치.
[원리]
(a) $\dfrac{R_1}{R_2} = \dfrac{R_3}{R_4}$ 일 때 I_g 가 0이 된다.
(b) R을 가감하여 S_1, S_2를 닫아도 G가 진동하지 않을 때
[X의 측정법] R을 조정하면서, S_1, S_2를 닫아도 G가 진동하지 않는 점을 찾아낸다.

$$X = R\dfrac{P}{Q}$$

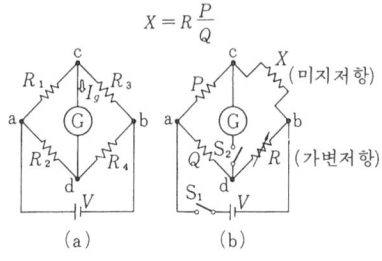

흄관(Hume pipe) 고압용 콘크리트 관을 말한다.

흑심 가단 주철(黑心可鍛鑄鐵 : black heart malleable cast iron) 백주철에 2단의 풀림처리를 실시, 시멘타이트 속의 탄소를 완전히 분해하여 흑연화시킨 주철. 파단면은 검게 보이고, 끈기가 강하기 때문에 자동차 부품 등에 이용된다.

▽ Fe-C계 평형도

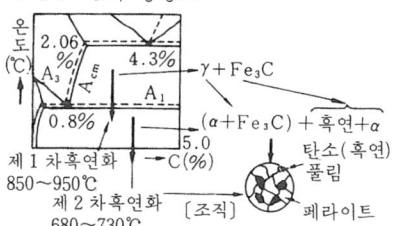

흑연(黑鉛 : graphite) 탄소의 동소체(同素體).
[성질] ① 금속과 비금속과의 중간적인 성질.
② 브리넬 경도 약 1로 유연하고 강도는 거의 없다.
③ 비중 2.2
④ 금속 광택을 가지고, 흑색 내지는 강회색
⑤ 용융하기 어렵다.
⑥ 내소성이 있다.
⑦ 반자성체(反磁性體)
[용도] 전극봉, 흑연 도가니, 감마제, 연필심 등
[주철 속의 흑연] 흑연의 형상·분포 상태는 주철의 기계적 성질에 큰 영향을 준다.
[흑연의 결정] 편상(片狀)이나 구상(球狀)의 경우도 항상 육방 결정 격자로, 탄소 원자의 정육각형이 무수히 연결된 분자.

 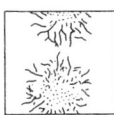
△ 페라이트와 펄라이트로부터 이루어지는 흑연 편상 조직   △ 구상 흑연이 나타나는 것

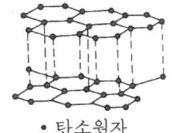
· 탄소원자

흑연 감속(黑鉛減速) **가스 냉각로**(冷却爐) (graphite gas cooling furnance) 영국과 프랑스에서 실용화된 발전용 동력로(動力爐). 흑연을 감속재로 하고, 천연 우라늄 또는 저농축 우라늄(약 2.5% ^{235}U)을 연료로 해서 냉각재로 탄소 가스를 이용하는 것이다.
▽ 감속재로 흑연을 사용한 원자로

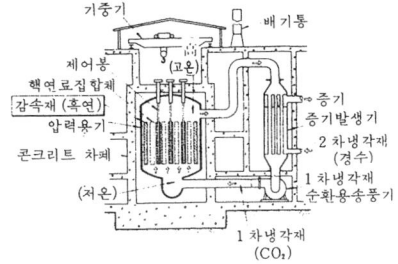

흑연(黑鉛) **도가니**(graphite crucible) 금속을 용해하기 위한 흑연으로 만든 도가니. 양질 흑연 약 50%, 목절 점토 30~40% 등으로 된다. ☞ 도가니로 (p.94)
도가니의 크기는 동(銅)의 용해량(kg)을 번호로 부른다. 예를 들면, 80번의 도가니는 동을 80kg 용해할 수 있다.

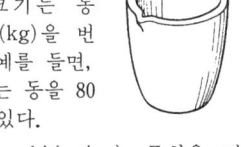

흑연화(黑鉛化 : graphitization) 주철을 장시간 적당한 온도로 가열하여 조직 중의 시멘타이트(Fe_3C)를 페라이트와 유리 탄소(遊離炭素)로 분해시키고, 그 탄소를 흑연의 모양으로 한 것.

흑체(黑體 : black body) 입사하는 모든 파장의 방사 에너지를 완전히 흡수하는 이상적인 물체. 완전 방사체(完全放射體)
[흑체에 가까운 물체] ① 태양 ② 상온에서 흑색으로 보이는 물체.

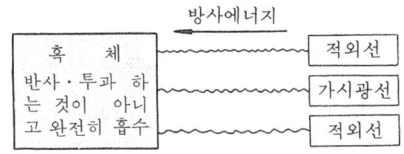

흑체면(黑體面 : black body surface) 물체에 방사(放射)가 닿으면 일부는 흡수되고

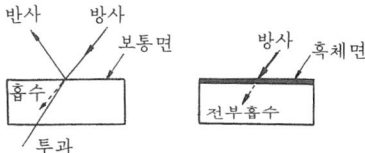

일부는 반사되며, 나머지는 투과한다. 이 중에서 흡수율이 1, 즉 방사 전부를 흡수하는 면을 말한다. ☞ 방사 (p.145)

흙손(trowel) 주조에서 주형을 만들 때, 주형의 편평하고 넓은 면을 다듬질하는 데 사용하는 손공구.

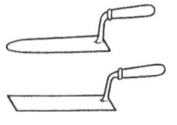

흡기 행정(吸氣行程 : intake strock) ☞ 4사이클 기관 (p.181)

흡수 냉동기(吸收冷凍機 : absorption refrigerating machine) 냉동 사이클 속에 압축기가 없고, 증발기·흡수기·재생기·압축기·열교환기 및 펌프 등으로 구성되어 있는 냉동기.
[특징] 필요한 전원 용량이 소규모이다.

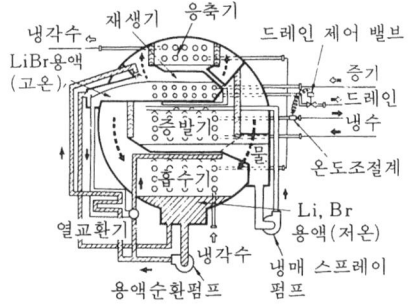

흡입관(吸入管 : suction pipe) 펌프의 위치까지 물을 끌어올리기 위한 관. ☞ 원심 펌프 (p.282)

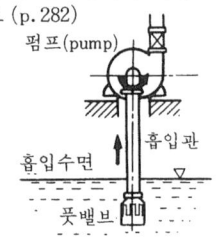

흡입 양정(吸入揚程 : suction head) 흡입

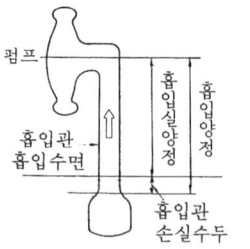

실양정(實揚程)과 흡입관 손실 수두(損失水頭)의 합.

흡입 행정(吸入行程 : suction stroke) 왕복 펌프에 있어서, 실린더(cylinder) 안으로 유체(流體)를 흡입할 때의 행정.

흡출관(吸出管 : draft tube) 반동 수차에 있어서, 임펠러 출구에서 방수로까지를 대기에 접촉하는 일 없이 연결하고 있는 관. ☞ 프란시스 수차(Francis water turbine) (p.434)
이 관내의 압력은 대기압 이하가 되어 유효 수두를 증가시킨다.

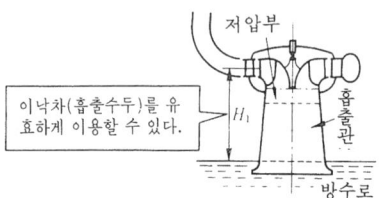

히스테리시스 루프(hysteresis loop) 철심(강자성체)을 자화(磁化)하도록 자계를 변화했을 때 철심 중의 자속 밀도(자화의 강도에 비례한다.)의 변화를 나타내는 곡선.
[히스테리시스] 철심에 히스테리시스 현상이 생긴 때에 동반되는 에너지 손실.

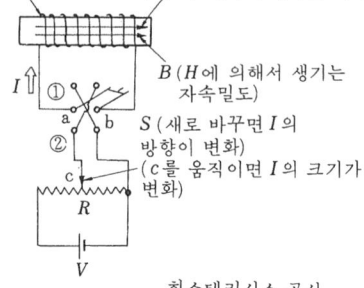

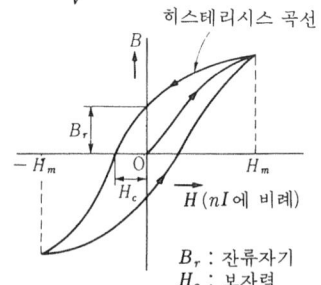

히스테리시스 곡선

B_r : 잔류자기
H_c : 보자력

히스테리시스 오차(hysteresis error) 같은 측정량에 대하여 측정의 전력(前歷)에 의해서 생기는 계측기의 지시의 차(差).

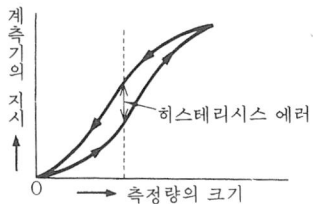

[예] 다이얼 게이지의 되풀이 오차

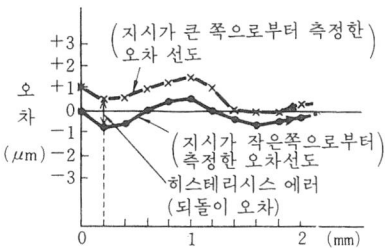

히스토그램(histogram) 측정값이 존재하는 범위를 몇 개의 구간으로 나누어 각 구간을 밑변으로 하고, 그 구간에 속하는 측정값의 출현 도수에 비례하는 면적을 가진 기둥(사각형)을 늘어 세운 그림. 주상도(柱狀圖)라고도 한다.

구간의 폭이 일정하면 기둥 높이는 각 구간에 속하는 측정값의 출현 도수에 비례하기 때문에 높이에 대하여 도수의 눈금을 붙일 수 있다.

히스토그램에 의해 품질 특성치에서 평균값의 벗어남이나 분포 상태를 쉽게 알 수 있다.

힘의 균형(equilibrium of forces) 몇개의 힘이 물체에 동시에 작용하고 있을 때, 힘의 효과가 없어져 외부로부터는 힘이 작용하고 있지 않은 것처럼 되어 있는 상태.

힘의 다각형은 닫힌 도형으로 합력(合力)이 "0"이 된다. 즉 임의의 한점에 대해서 힘의 모멘트 합이 "0"이 된다. ☞. 힘의 합성(p.461), ☞힘의 모멘트(p.461)

힘의 다각형[多角形](force polygon) 한 점에 작용하는 많은 힘의 합력을 구할 때의 작용도법(作用圖法)에 있어서 힘의 3각형 방법을 연속하여 다수의 힘에 대해 그려 나가면 힘의 다각형이 얻어진다.

그림에서 O점에 F_1, F_2, F_3, F_4, F_5 를 나타내는 힘의 벡터를 그리고, O와 F_5 벡터를 연결하면 합력 R이 얻어진다. 이 다각형을 힘의 다각형이라고 한다.

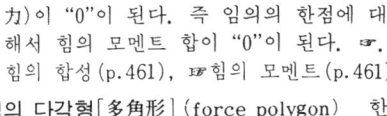

힘의 모멘트(moment of force) 어떤 점으로부터 힘까지의 거리(암의 모멘트라고 말한다)와 힘의 크기와의 곱. 힘에 의하여 물체를 회전시키려고 하는 작용의 크기를 표시한다.

점 P에 대해서의 힘 F의 모멘트
$$M = Fl$$
(평면상에서는 회전방향에 따라 정(+)·부(-)의 부호를 붙인다)

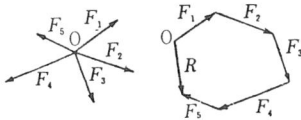

힘의 분해[分解](decomposition of force) 하나의 힘을 같은 효과를 갖는 2개 이상의 힘으로 분해하는 것. 분해된 힘을 각각 분력(分力)이라고 한다.

[힘의 분해 방법]
① 특정의 직각 2방향으로 분해.
F를 F_x와 F_y의 직각 분력으로 나누면
$F_x = F \cos \theta$
$F_y = F \sin \theta$

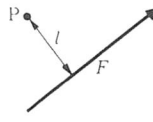

② 주어진 두 방향으로 분해.
두 방향을 OA, OB로 한다. 벡터 F의 선단 P로부터 2 방향으로 평행선을 긋고 OA, OB와의 교점을 각각 Q, R이라고 한다. 벡터 $OQ = F_1$, $OR = $

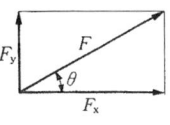

F_2가 구하는 분력이 된다.

힘의 합성[合成] (composition of forces) 하나의 물체에 두 개 이상의 힘이 작용하고 있을 때, 작용하는 두개의 힘과 같은 효과를 갖는 하나의 힘을 구하는 것. 구하여진 힘을 합력(合力)이라 한다.
[합성 방법] ① 힘의 평행사변형 OA∥BC, OB∥AC가 되도록 BC, AC를 긋고, 점 C를 구하면 OC가 합력이 된다. OACB를 힘의 평행사변형이라 한다.

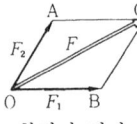

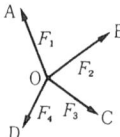

② 힘의 삼각형 OB∥AC, OB=AC가 되도록 점 C를 구하면, OC가 합력이 된다. △OAC를 힘의 삼각형이라 한다.

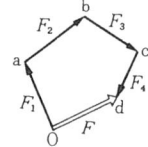

OA∥Oa, OA=Oa ; OB∥ab, OB=ab ;
OC∥bc, OC=bc ; OD∥cd, OD=cd
점 d와 점 O를 연결하면, Od가 합력이 된다. Oabcd를 힘의 다각형이라 한다.

INDEX

- 영어 색인
- 일본어 색인

영 어 색 인

A-a

Abbe's principle 아베의 원리	231
abbreviate symbols for machine working 가공 모양의 기호	7
abbreviate symbols for metal working process 가공 방법의 기호	7
abrasive grain 숫돌 입자	221
abrasives 연마제	255
absolute humidity 절대 습도	337
absolute pressure 절대 압력	338
absolute system 절대치 방식	338
absolute unit 절대 단위	337
absorption refrigerating machine 흡수 냉동기	460
acceleration 가속도	9
acceleration of gravity 중력 가속도	360
acceleration pump 가속 펌프	9
accelerator pedal 가속 페달	9
accidental error 우연오차	277
accoustic coupler 음향 커플러	295
accumulator 어큐뮬레이터	245
accuracy 정도, 정확도	345
acetone 아세톤	231
acetylene 아세틸렌	231
acetylene gas generator 아세틸렌 가스 발생기	231
acid pickling 산 세척법	183
acme thread 애크미 나사	241
a connective point a 점점	248
acrylic·fiber 아크릴 섬유	233
action ratio 물림률	134
actual throat 실제 목두께	228
actuator 액추에이터	242
Adamson joint 아담슨 조인트	230
adapter 어댑터	244
adaptive control 적응 제어	318
A-D conversion A-D 변환	247
addendum 이끝	296
addendum circle 이끝원	296
addendum modification coefficient 전위 계수	329
adhesive material 접착제	343
adiabatic change 단열 변화	88
adiabatic compresson 단열압축	88
adiabatic exponent 단열 지수	88
adiabatic heat drop 단열 열낙차	88
adjusting shim 조정심	354
administration of enterprise 기업 경영	60
advanced ignition 조기 점화	352
afterburning 애프터 버닝	241
age hardening 시효 경과	226
air 에어	247
air bearing 공기 베어링	29
air brake 공기 브레이크	30
air chuck 에어 척	247
air cleaner 공기 청정기	31
air compressor 공기 압축기	31
air conditioner 공기 조화 장치	31
air cooling 공랭	31
air cooling fin 공랭 핀	31
air foil fan 익형 팬	301
air hammer 에어 해머	247
air micrometer 공기 마이크로미터	29
air pollution 대기 오염	90
air pollution prevention 대기 오염 방지	90
air preheater 공기 예열기	31
air quenching 공기 담금질	31
air-call type combustion chamber 공기실식 연소실	30
airless injection 무기 분사	133
airy point 에어리 포인트	247
alclad 알클래드	236
alkaline battery 알칼리 축전지	236
allowable bending stress 허용 굽힘 응력	448
allowable current 허용 전류	449
allowable error 허용 오차	448
allowable limits size 허용 한계 치수	449
allowable stress 허용 응력	448
alloy 합금	446
alloy steel 합금강	446

alloy tool steel 합금 공구강	446	approach distance 접근량	342
alloyed cast iron 합금 주철	446	arbor 아버	231
alloys for bearing 베어링용 합금	154	arc 아크	233
alternate load 교번 하중	43	arc cutting 아크 절단	234
alternating current 교류	42	arc discharge 아크 방전	233
alternating current arc welding 교류 아크 용접	43	arc furnace 아크 로	233
		arc length 아크 길이	233
alternation current power 교류 전력	43	arc of approach 접근호	342
alumel-chromel 알루멜 크로멜	235	arc of contact 접촉호	344
aluminium 알루미늄	235	arc of recess 퇴거호	412
aluminium alloys for casting 주물용 알루미늄 합금	355	arc voltage 아크 전압	234
		arc welding 아크 용접	233
alumite 알루마이트	235	arc welding tool 아크 용접 용구	233
alundum 얼런덤	245	area flow meter 면적 유량계	130
ammeter 전류계	325	arm 암	236
Ampere 암페어	236	arrangement number 수배 번호	205
amplification 증폭	363	as cast 생주물	189
amplifier circuit 증폭 회로	363	asbestos 석면	191
amplitude 진폭	369	assembler 어셈블러	244
amplitude modulation broadcasting AM 방송	247	assembly drawing 조립도	353
		assembly language 어셈블리 언어	245
analog-digital converter A-D 변환기	247	assembly parts 조립품	353
analogue computer 아날로그 전자계산기	230	atomic hydrogen welding 원자수소 용접	282
analogue control 아날로그 제어	230	ausforming 오스포밍	266
analogue signal 아날로그 신호	230	austemper 오스템퍼	265
analogue system 아날로그식	230	austenite 오스테나이트	265
anchor bolt 앵커 볼트	243	autocollimeter 오토콜리미터	268
anchor escapement 앵커 에스케이프 먼트	242	automatic arc welding 자동 아크 용접	309
AND circuit AND회로	250	automatic gas cutting 자동가스절단	307
aneroid barometer 아네로이드 기압계	230	automatic control 자동 제어	309
		automatic drafting machine 자동 제도기계	309
angle cutter 앵글 커터	243		
angle gauge 각도 게이지	13	automatic lathe 자동 선반	309
angle of relief 여유각	252	automatic sizing mechanism 자동 치수 장치	310
angle of contact 벨트 접촉각	156		
angle plate 앵글 플레이트	243	automatic tool changer 자동 공구 교환 장치	309
angle steel 앵글 강	243		
angle valve 앵글 밸브	243	automation 오토메이션	267
angular acceleration 각가속도	13	automization 무화	134
angular bevel gears 둔각 베벨 기어	99	auxiliary projection drawing 보조 투영도	161
angular cutter 앵귤러 커터	243		
angular velocity 각 속도	13	available head 유효낙차	293
anisotropy 이방성	298	average pressure 평균 압력	423
annealing 풀림	433	axial blower 축류 송풍기	381
antenna 공중선	35	axial compressor 축류 압축기	381
anthracite 무연탄	134	axial-flow pump 축류 펌프	381
anticorrosion steel 내식강	71	axial-flow turbine 축류 터빈	381
antifreezing solution 부동액	163	axial-flow water turbin 축류 수차	381
antiknock dope 안티노크제	235	axial measuring machine 3차원 측정기	185
antiknock quality 안티노크성	235		
anvil 앤빌	242		

axle 차축		372
A_0 transformation A_0 변태		248
A_1 transformation A_1 변태		248
A_2 transformation A_2 변태		248
A_3 transformation A_3 변태		248
A_4 transformation A_4 변태		248
A_{cm} transformation A_{cm} 변태		248
A-D conversion A-D 변화		247

B-b

BASIC 베이식	154
babbitt metal 배빗 메탈	148
back cone 배원뿔	148
back lash 백래시	149
back pressure 배압	148
back pressure turbine 배압 터빈	148
backward vane 후향 날개	458
bainite 베이나이트	154
bakelite 베이클라이트	155
balancing machine 균형 시험기	48
balancing of rotation 회전체의 조화	456
ball bearing 볼 베어링	162
ball finishing 볼 피니싱	163
ball thread 볼나사	162
band brake 밴드브레이크	150
band sawing machine 띠톱 기계	105
band steel 띠강	105
bar gauge 봉 게이지	163
bar steel 봉강	163
bare electrode 비피복 아크용접봉	178
base circle 기초원	62
base metal 모재	132
base plate 베이스 플레이트	154
basic block 기준 블록	61
basic evaporation 기준 증발량	61
basic rack 기준 레크	61
basic strength 기준 강도	60
bauxite 보크사이트	161
b connective point b접점	176
beacon 비콘	177
bead 비드	174
beading 비딩	174
beam 빔	179
bearing 베어링	153
bearing metal 베어링 메탈	154
bearing pressure 베어링 압력	154
bearing steel 베어링강	154
bellows 벨로스	155
bellows manometer 벨로스 압력계	156
belt conveyor 벨트 컨베이어	156
belt conveyor scale 벨트 컨베이어 저울	157
belt joint 벨트 이음	156
belt pulley 벨트 풀리	157
belt sander 벨트 샌더	156
belt transmission drive 벨트 전동	156
bench lathe 탁상 선반	401
bending 굽힘	46
bending moment 굽힘 모멘트	47
bending moment diagram 굽힘 모멘트도	47
bending resistant moment 굽힘 저항 모멘트	48
bending roll 굽힘 롤	46
bending stress 굽힘 응력	47
bending test 굽힘 시험	47
bending work 굽힘 가공	46
Benson boiler 벤슨 보일러	155
Bernoulli's theorem 베르누이의 정리	153
beryllium bronze 베릴륨 청동	153
Bessel point 베셀점	153
bevel gear 베벨 기어	152
bevel gear cutting machine 베벨 기어 절삭기	153
bevel gear name 베벨 기어 각부의 명칭	153
billet 빌릿	179
bimetal 바이메탈	140
bimetal thermometer 바이메탈온도계	140
binary alloy 이원 합금	300
binary number 2진수	300
binary signal 2가 신호	295
binary system 2진법	300
biochemical oxygen demand BOD	176
Bismuth 비스무트	176
bit 비트	177
black body 흑체	459
black body surface 흑체면	459
black bolt 블랙 볼트	173
black heart malleable cast iron 흑심 가단 주철	458
blade, vane wing 날개	69
blance 천칭	374
blancing of rotation 회전체의 조화	456
blank 블랭크	173
blanking 블랭킹	173
blast furnace 고로	24
blast furnace 용광로	275
blead-off circuit 블리드 오프 회로	173
block brake 블록 브레이크	173
block diagram 블록 선도	173
block gauge 블록 게이지	173

blower 송풍기	202
blow hole 결함 구멍	20
blow hole 기공	54
blowhole 블로홀	173
blue print 청사진	374
blue shortness 청열 취성	374
bluing 블루잉	173
board type drop hammer 판형드롭 해머	418
body centered cubic lattice 체심 입방 격자	374
boiler 보일러	160
boiler drum 보일러통	161
boiler proper 보일러 본체	161
bolt 볼트	163
bolt hole 볼트 구멍	163
bombe 봄베	163
bond 결합제	20
boring 보링	160
boring and turning mill, vertical lathe 수직 (보링) 선반	208
boring machine 보링 머신	160
born off 본 오프	162
boss 보스	160
bottom land 치저면	138
bottom dead center 하사점	444
bottoming tap 다듬질 탭	80
boundary lubrication 경계윤활	20
Bourdon tube pressure gauge 부르동 관압력계	164
Bourdon tube 부르동 관	163
bow pen 오구	264
box spanner 박스 스패너	141
Boyle-Charl's law 보일샤를의 법칙	161
bracket 브래킷	169
brain storming 브레인 스토밍	171
brake 브레이크	169
brake band 브레이크 밴드	170
brake block 브레이크 블록	170
brake drum 브레이크 드럼	169
brake efficiency 브레이크 효율	170
brake leverage 브레이크 배율	170
brake lining 브레이크 라이닝	169
brake mean effective pressure 정미 평균 유효 압력	346
brake percentage 브레이크율	170
braking torque 브레이크 회전력	170
branch pipe 분기관	165
brass 황동	254
brass solder 황동랍	255
braun tube 브라운 관	168
Brayton cycle 브레이턴 사이클	170
brazed alloy 브레이징 합금	169
brazing 브레이징	169
breaker 전류제한기	326
breaker 차단기	371
breaking load 파괴 하중	416
breaking strength 파괴 강도	416
breaking test 파괴 시험	416
brine 브라인	168
Brinell hardness 브리넬 경도	171
Brinell hardness testing machine 브리넬 경도 시험기	171
broach 브로치	171
broadcasting satellite 방송위성	146
bronze 청동	374
brush 브러시	169
bucket 버킷	152
buckling 좌굴	354
buckling load 좌굴 하중	354
budgetary control 예산 통제	264
buff 버프	152
buffing 버핑	152
buffing machine 버핑 머신	152
built-up edge 빌트업 에지	179
burrless thread 톱니 나사	411
butt joint 맞대기 이음	127
butt resistance welding 맞대기 저항 용접	127
butt seam welding 맞대기 심용접	127
butt strap 덮개판	93
butterfly valve 나비형 밸브	64

cabinet projection drawing 캐비닛도	390
cable 케이블	392
CAD computer aided design 캐드	390
CAI computer asisted instruction	224
calipers 캘리퍼스	390
calorimeter 열량계	259
cam 캠	390
cam diagram 캠 선도	391
cam mechanism 캠 기구	391
cantilever 외팔보	274
cap chisel 캡 치즐	391
capacity of scale 칭량	388
capillarity 모세관 현상	132
capsular manometer 캡슐식 압력계	391
CAPTAINS character and pattern telephone access information nework system(캡틴 시스템)	391
carbide 카바이드	389

carbon fiber	카본 섬유	389	centerless grinding	센터레스 연삭기	196
carbon steel	탄소강	403	central processing unit	CPU	225
carbon steel for machine structure use			centralized control system	집중 관리	
기계구조용탄소강		52	방식		370
carbon steel for structural use			centrifugal blower	원심송풍기	281
구조용 탄소강		45	centrifugal casting	원심 주조법	282
carbon tool steel	탄소공구강	403	centrifugal casting machine	원심	
carbureter	기화기	62	주조기		282
carburization	침탄법	388	centrifugal force	원심력	281
careless mistake	과실 오차	36	centrifugal compressor	원심압축기	281
carnot's cycle	카르노 사이클	389	centrifugal force tachometer	원심력식	
carriage	왕복대	274	회전 속도계		281
carrier	캐리어	390	centrifugal pump	원심 펌프	282
carrier-current telephony	반송 전화	144	centripetal acceleration	구심 가속도	45
cartel	카르텔	389	centripetal force	구심력	45
cascade pump	캐스케이드 펌프	390	ceramic	세라믹	193
case hardening	표면 경화	430	ceramic grinding wheel	세라믹 숫돌차	
case hardening method	표면 경화법	430			193
case hardening steel	표면 경화강	430	cetane number	세탄가	194
case hardening steel	표면 경화용 강	430	chain	연쇄	257
casting	주조	357	chain block	체인 블록	375
casting fin	주조 핀	357	chain drive	체인 전동	375
castings	주물	355	chain reaction	연쇄 반응	257
casting spoon	주조 국자	357	chain sprocket	체인 스프로킷	375
casting temperature	주입 온도	357	chamber manometer	체임버 압력계	375
cast iron	주철	357	change gear	변환 기어	159
cast iron pipe	주철관	358	change point	사안점	180
cast steel	주강	355	channel steel	홈 형강	453
catalytic converter	촉매 컨버터	378	Chaplet	코어 받침쇠	393
CATV	cable television	224	charge	전하	336
caulking	코킹	394	chaser	체이서	375
cavitation	캐비테이션	390	check of drawing	검도	19
c clamp	c 클램프	226	check valve	체크 밸브	375
C control chart	C관리도	223	chill	칠드	387
cement	시멘트	224	chilled castings	칠드 주물	387
cementation	시멘테이션	224	chilles	냉각쇠	73
cemented carbide alloy	초경 합금	376	chip	칩	388
center	센터	195	chip breaker	칩 브레이커	388
cementite	시멘타이트	224	chipping	치핑	387
centerline average height	중심선		chipping hammer	치핑해머	387
평균 거칠기		361	chisel	끌	63
center rest	고정 진동 방지구	26	chisel point	치즐 포인트	387
center distance	중심 거리	360	choke	초크	378
center drill	센터 드릴	196	chordal thickness	현 이두께	449
center gauge	센터 게이지	195	Chrome-molybdenum steel	크롬-	
center hole	센터 구멍	195	몰리브덴강		398
center of figure	도심	96	Chrome steel	크롬강	398
center of gravity	중심	360	chronometer	시계식 회전계	223
center punch	센터 펀치	196	chucking work	척 작업	373
center rest	진동 방지구	26	circuit tester	회로계	455
center square	센터 스퀘어	196	circular arc cam	원호 캠	284
centering	센터링	196	circular motion	원운동	282
centering machine	센터링 머신	196	circular pitch	원주	283

circular saw 둥근 톱	100
circular sawing machine 둥근 톱 기계	100
circular thickness of teeth 원호 이두께	284
circumferential efficiency 주변효율	356
circumferential velocity 주속도	283
circumferential work 주변일	335
clamped tool 클램프 공구	399
clamp screw 클램프 나사	399
clamping tool 클램핑 바이트	399
clapper block 클래퍼 블록	399
class of screw 나사의 부품 등급	66
claw clutch 물림 클러치	134
clearance 틈새	415
clearance fits 헐거운 끼워 맞춤	449
clearance of bearing 베어링 간극	153
clearance volume 틈새 용적	415
click borer 클릭 보러	399
clinker 클링커	399
clinometer 경사계	21
closed chain 구속 체인	45
closed circuit 폐회로	427
closed cycle 밀폐 사이클	138
closed cycle gas turbine 밀폐 사이클 가스 터빈	138
closed loop control 폐회로 제어	427
clutch 클러치	399
coach screw 코치 나사	394
coarse screw thread 보통 나사	161
coating material 도료	94
coefficient of discharge 유량 계수	288
coefficient of friction 마찰 계수	123
coefficient of overall heat transmission 열관류율	259
coefficient of restitution 반발 계수	161
coefficient of velocity 속도 계수	200
coefficient of viscosity 점성·계수	341
CO_2 gas shielded arc welding 탄산 가스 아크 용접	401
cogging 분괴 압연	165
coil 코일	394
coiled spring 코일 스프링	394
coke 콕	395
cold chamber type diecasting machine 냉가압실식 다이캐스팅 머신	72
cold forging 냉간 단조	73
colding fin 냉각핀	73
cold junction 냉접점	74
cold machining 저온 절삭	316
cold rolling 냉간 압연	73
cold shortness 저온 취성	316
cold storage 냉장	74
cold working 냉간 가공	73
collar bearing 칼라 베어링	390
collar journal 칼라 저널	390
collet chuck 콜릿 척	396
colour conditioning 색채 관리	188
colour conditioning 색채 조절	188
colour television 컬러 텔레비전	392
column 기둥	55
combinat 콤비나트	396
combined oil 혼성유	452
combined turbine 혼식 터빈	452
combustion efficiency 연소 효율	257
combustion temperature 연소 온도	257
combustor 연소기	256
COBOL common business oriented language 코볼	393
commutator motor 정류자 전동기	345
company limited by shares 주식회사	356
comparative measurement 비교 측정	174
compasses 컴퍼스	392
compensating load wire 보상 도선	160
compiler 컴파일러	392
complete annealing 완전 어닐링	273
complete combustion 완전 연소	273
complete lubrication 완충기	273
complete thread 완전 나사부	273
component of a force 분력	165
composite materials 복합 재료	162
composition capital 자본 구성	310
composition of forces 힘의 합성	461
composition of parallel forces 평행력의 합성	425
compound 연성계	256
compound die 컴파운드 다이	392
compress test 압축 시험	239
compression ignition engine 압축 점화 기관	240
compression ratio 압축비	239
compression stroke 압축 행정	240
compressive load 압축하중	240
compressive strain 압축변형	239
compressive strength 압축 강도	239
compressive stress 압축 응력	240
compressor 압축기	239
computer control 계산기 제어	22
computerized numerically controlled machine tool CNC 공작기계	224
concave cutter 오목형	265
concentrated grinding of tools 공구의 집중 연삭	29
concentrated load 집중 하중	370
concrete 콘크리트	396
condenser 콘덴서	395

condenser 복수기	161	
condenser motor 콘덴서 모터	395	
condensing turbine 복수터빈	161	
condensing unit 콘덴싱 유닛	395	
conduction 전도	323	
conductor 도체	96	
cone friction clutch 원뿔 클러치	281	
cone sections 원뿔 곡선	280	
conical cam 원뿔 캠	281	
connecting rod 커넥팅 로드	391	
constant pressure change 정압 변화	347	
constant pressure cycle 정압 사이클	347	
constant temperature room 항온실	447	
constant volume combustion cycle 정적 사이클	347	
constantan 콘스탄탄	395	
consultant engineer 기술사	56	
consumers plan 구매 계획	44	
contact braker 단속기	87	
contact error 접촉오차	344	
continuous beam 연속 보	257	
continuous production 연속 생산	257	
contour machine 콘투어 머신	395	
contouring control 윤활법	294	
contraction of area 단면 수축	85	
contraction percentage 수축률	209	
control 관리	37	
control action 제어 동작	351	
control chart 관리도	37	
control limit 관리 한계	37	
control rod 제어봉	351	
control valve 조절 밸브	354	
controlling circuit of nonpoint contact 무접점 제어회로	134	
convection 대류	90	
convergent nozzle 수렴 노즐	205	
conversion 변환	159	
convertor 전로	325	
convex cutter 볼록 커터	162	
conveyor 컨베이어	391	
conveyor system 컨베이어 시스템	392	
coolant 냉각재	73	
Cooling curve 냉각 곡선	72	
cooling dew point hygrometer 냉각식 노점계	73	
copper 동	97	
CO_2 process 가스형 주조법	11	
copy drawing 복사 도면	161	
copy milling machine 모방 밀링 머신	131	
copying control 모방 제어	131	
copying lathe 모방 선반	131	
cord 코드	393	

core 코어	393	
core box 코어 상자	394	
core diameter of thread 나사 골지름	64	
core print 코어 프린트	394	
cork 코르크	393	
corner joint 모서리 이음	132	
Cornish boiler 코니시 보일러	393	
corona discharge 코로나 방전	393	
corrosion preventive paint 녹방지 도료	77	
corrugated sheet 파형판	417	
cost accounting 원가 계산	280	
cost control 원가 관리	280	
cotter 코터	395	
Coulom's law 쿨롱의 법칙	396	
counter boring 카운터 보링	389	
counter scale 계수 눈금	23	
counter sinking tool 접시형 구멍내기 공구	343	
couple 우력	277	
crack 크랙	397	
crane 크레인	398	
crank 크랭크	397	
crank angle 크랭크각	397	
crank arm 크랭크 암	397	
crankcase 크랭크실	397	
crank case scavenging 크랭크실 소기	397	
crank press 크랭크 프레스	397	
crank shaft 크랭크 축	397	
crater 크레이터	398	
crater wear 크레이터 마모	398	
creep 크리프	399	
creep limit 크리프 한도	399	
critical frequency 위험 진동수	287	
critical load 위험 하중	287	
critical point 임계점	305	
critical speed 한계 속도	445	
critical speed 위험 속도	287	
critical speed of shaft 축의 위험속도	382	
critical temperature 임계 온도	305	
cross feed 가로 이송	9	
cross rail 크로스 레일	398	
crossed belting 크로스 벨트	398	
crown 크라운	397	
crown gear 크라운 기어	397	
crucible 도가니	94	
crucible furnace 도가니로	94	
crystal clock 수정 시계	207	
crystal grain 결정립	20	
crystal lattice 결정격자	19	
crystalline structure 결정조직	20	
crystal oscillator 수정 발진기	207	
cubicle 큐비클	397	

cupola 용선로	275
cupronickel 백동	149
curling 컬링	392
curtis turbine 커티스 터빈	391
cut-out switch 컷 아웃 스위치	392
cutting area 절삭 면적	338
cutting edge 절삭 날	338
cutting efficiency 절삭 효율	340
cutting fluid 절삭 유제	339
cutting mechanism 절삭 기구	338
cutting motion 절삭 운동	339
cutting-off 절단 작업	337
cutting-off tool 절단용 바이트	337
cutting power 절삭 소요 동력	338
cutting resistance 절삭 저항	339
cutting speed 절삭 속도	339
cutting tool 바이트	141
cutting torch 절단 토치	337
cycle 사이클	181
cycloid tooth 사이클로이드 치형	182
cylinder 실린더	227
cylinder block 실린더 블록	228
cylinder gauge 실린더 게이지	227
cylinder head 실린더 헤드	228
cylinder liner 실린더 라이너	227
cylindrical boiler 원통 보일러	283
cylindrical cam 원통 캠	284
cylindrical grinder 원통 연삭기	283

D-d

damped oscillation 감쇠진동	15
damper 댐퍼	92
dam type power plant 댐식 수력 발전소	92
dangerous section 위험 단면	287
dash board 대시보드	91
data communication 데이터 통신	94
data logger 데이터 로거	93
data processing system 데이터 처리 장치	93
DC generator 직류발전기	364
DC motor 직류전동기	365
De Laval's turbine 드라발 터빈	100
dead center 데드 센터	93
dead head, feeder head 압탕	240
dead point 데드 포인트	93
decarburization 탈탄	404
decibel 데시벨	93
decomposition of force 힘의 분해	461

dedendum 디덴덤	103
defining fixed points 정의 정점	347
deflection method 편위법	423
deflection of beam 처짐	373
deflector 디플렉터	105
degree of dryness 건조도	18
degree of reaction 반동도	142
deree of superheat 과열도	36
delivery head 토출 양정	411
demagnetizer 탈자기	403
dendrite 덴드라이트	94
density 밀도	137
Deoxidation 탈산	403
deposited metal 용착 금속	227
deposited metal test specimen 용착 금속 시험편	227
depreciation 감가 상각비	14
depth gauge 깊이 게이지	62
depth of cut 절삭 깊이	338
design 설계	192
design aet 의장법	295
design of experiments 실험 계획법	228
designation of rolling bearing 구름 베어링 호칭 번호	44
detection 검파	19
dew point 노점	76
diagonal flow pump 사류 펌프	180
diagonal flow water-turbine 사류 수차	180
diagram efficiency 선도 효율	192
diagram of interior wiring 옥내 배선도	270
diagram work 선도 일	192
dial gauge 다이얼 게이지	82
dial machine 다이얼 머신	82
diametral pitch 지름 피치	363
diamond 다이아몬드	81
diaphragm 다이어프램	81
diaphragm pump 다이어프램 펌프	82
diaphragm valve 다이어프램 밸브	81
die 다이스	81
die 다이형	83
die casting 다이캐스트	82
die casting 다이캐스트 주조법	83
die casting machine 다이캐스팅 머신	83
die casting mold 다이캐스트 금형	82
die forging 형 단조	450
die head 다이 헤드	83
dielectic 유전체	292
die set 다이 세트	81
die stock 다이 스톡	81
dielectric breakdown 절연 파괴	340
diesel cycle 디젤 사이클	104

diesel engine 디젤 기관	104
diesel knock 디젤 노크	104
die sinking cutter 형조각용 엔드밀	451
differential gear 차동 기어 장치	371
differential indexing 차동 분할법	371
differential pressure type flowemeter 차압 유량계	372
differential pressure type liquid level gauge 차압 액면계	371
differential transformer 차동 변압기	371
differentiation circuit 미분회로	136
diffuser 디퓨저	105
digital analog converter D-A 변환기	104
digital control 디지털 제어	104
digital computer 디지털 전자 계산기	104
digital indication 디지털 방식	104
digital meter 계수형 계기	23
digital meter 디지털 계기	104
digital signal 디지털 신호	104
dimension line 치수선	386
dimensioning 치수 기입	386
diode 다이오드	82
diode tube 2극관	295
direct cost 직접비	367
direct current 직류	364
direct electric arc furnace 직접 아크로	367
direct expansive refrigeration 직접 팽창식 냉동	367
direct extrusion 직접 압출법	367
direct illumination 직접 조명	367
direct indexing 직접 분할법	367
direct injection type 직접 분사식	366
direct transmission 직접 전동	367
directional control valve 방향 제어 밸브	147
direct-reading balance 직시 천칭	366
disc brake 원판 브레이크	284
disc brake 디스크 브레이크	103
disc cam 원판 캠	284
disc clutch 원판클러치	284
disc sander 디스크 샌더	103
discharge pipe 토출관	411
discharge tube 방전관	146
dislocation 전위	329
displacement diagram 변위선도	158
displacement over a given number of teeth 걸치기 이두께	18
displacement 배기량	148
displacement 변위	158
distemper 수성 도료	206
distributed load 분포 하중	166
distribution 배전	149
distributor 배전기	149
divergent nozzle 확대 노즐	454
dog 돌리개	96
Donor 도너	94
double block brake 복식 블록 브레이크	161
double crank mechanism 더블 크랭크 기구	92
double cornor rounding cutter 양면 모따기 밀링커터	244
double-cut file 엇갈림 날줄	246
double groove 양면 그루브	244
double helical gear 더블 헬리컬 기어	92
double lever mechanism 더블 레버 기구	92
double locating 2면 위치 결정	298
double slider crank mechanism 더블 슬라이더 크랭크 기구	92
doublended spanner 양구 스패너	244
dovetail cutter 더브테일 커터	92
dovetail groove 더브테일 홈	92
dowel 맞춤못	128
draft 통풍	412
draft taper 빼기 구배	179
draft tube 흡출관	460
drafting machine 제도 기계	350
drain 드레인	101
drawing 드로잉	101
drawing 인발가공	301
drawing bench 드로잉 벤치	101
drawing coefficient 드로잉률	101
drawing die 드로잉 다이	101
drawing down 드로잉 다운	101
drawing instrument 제도기	350
drawing line 제도용 선	350
drawing list 도면 목록	95
drawing number 도면 번호	95
dresser 드레서	100
dressing 드레싱	101
drill bushing 드릴 안내 부시	103
drill chuck 드릴 척	103
drill sleeve 드릴 슬리브	103
drill socket 드릴 소켓	102
driver 드라이버	100
driver 원동절	280
driving key 때려박음 키	105
driving plate 회전판	457
drop 드롭	102
drop hammer 드롭 해머	102
drop lubrication 적하 주유	318
dry cell 건전지	18
dry gas meter 건식 가스미터	18
dry lapping 건식 래핑	18

dryness 건조도	18	electric field 전계	318
dry sand mold 건조[사]형	18	electric furnace 전기로	320
dry saturated steam 건조포화 증기	18	electric grinder 전기 그라인더	319
ductility 연성	256	electric heating 전열	329
duct 덕트	93	electric lamp 전구	319
ductility 연성	255	electric micrometer 전기 마이크로미터	320
Dummy 더미	92	electric potential 전위	329
Duralumin 두랄루민	99	electric power 전력	324
dynamic balancing machine 동적균형 시험기	99	electric pulse motor 전기 펄스 모터	322
dynamic damper 다이나믹 댐퍼	81	electric resistance vibrometer 가변 저항형 진동계	9
dynamic load 동하중	99	electric servo mechanism 전기식 서보기구	321
dynamic pressure 동압	98	electric welded tube 전봉관	326
dynamic unbalance 동적 불균형	99	electric wire 전선	326
dynamical friction 동마찰	98	electrified body 대전체	91
		electro magnetic vibrometer 전자형 진동계	335
		electrode 전극	319
earth 접지	343	electrode holder 전극 홀더	319
earth tester 접지 저항계	343	electrode tip 전극 팁	319
easement curve 완화곡선	273	electrodynamometer type instrument 전류력계형 계기	325
eccentric power press 편심 프레스	423	electrohydraulic pulse motor 전기-유압 펄스 모터	321
eccentricity 편심	423	electrolysis 전해	336
economizer 절탄기	340	electrolyte 전해질	336
eddy current 와전류	273	electrolytic grinding 전해 연마	336
edge joint 모서리 이음	132	electrolytic machining 전해 가공	336
effective power 유효 동력	293	electromagnetic chuck 전자 척	334
effective value 실효치	228	electromagnetic clutch 전자 클러치	334
efficiency 효율	457	electromagnetic deflection 전자 편향	334
efficiency of boiler 보일러 효율	161	electromagnetic force 전자력	331
efficiency of rivet joint 리벳 이음의 효율	119	electromagnetic induction 전자 유도	333
efficiency of screw 나사의 효율	67	electromagnetic oscillo-graph 전자 오실로 그래프	332
efficiency of water turbine 수력 터빈의 효율	205	electromagnetic wave 전자파	334
elastic curve 탄성 곡선	402	electromotive force 기전력	60
elastic deformation 탄성 변형	402	electron 전자	330
elastic grinding wheel 탄성 숫돌차	402	electron beam welding 전자 빔 용접	332
elastic limits 탄성 한도	403	electron lens 전자 렌즈	331
elastic strain energy 탄성 에너지	402	electron micro-scope 전자 현미경	334
elasticity 탄성	401	electron tube 전자관	331
elbow 엘보	251	electronic automatic balancing thermo-meter 전자식 자동 평형 온도계	332
electric brake 전기 브레이크	320	electronic voltmeter 전자 전압계	333
electric circuit 전기 회로	322	electro-slag welding 일렉트로 슬래그 용접	303
electric current 전류	325	electrostatic capacity 정전 용량	348
electric drill 전기 드릴	320	electrostatic capacity conversion 정전 용량 변환	348
electric dust collect system 전기 집진 장치	322		
electric dynamometer 전기 동력계	319		
electric energy 전력량	324		

electrostatic coating	정전 도장	348	etching	에칭	248
electrostatic deflection	정전 편향	349	Euler's formula	오일러의 식	266
electrostatic force	정전력	348	eutectic	공정	33
electrostatic induction	정전 유도	349	eutectic alloy	공정 합금	34
electrostatic shielding	정전 차폐	349	eutectoid	공석	31
electrostatic type instrument	정전형 계기	349	eutectiod steel	공석강	31
electroytic iron	전해철	336	excess air	과잉 공기	36
electroytic polishing	전해 폴리싱	336	excess air ratio	과잉 공기비	36
element	기소	56	excess control	부하 관리	165
elimination of labor	성력화	193	excess rate	여유율	252
elongation	연신율	258	exhaust gas cleaning device	배기가스 정화 장치	147
embossing	엠보싱	251	exhaust gas, exhaust air	배기	147
emery	금강사	56	exhaust manifold	배기 매니폴드	148
emery buff	에머리 버프	246	exhaust pipe	배기관	148
emery cloth	사포	183	exhaust stroke	배기 행정	148
emissive power	방사도	145	expanding connecting	광체결	41
emissivity	방사율	146	expansion joint	신축 이음	226
emitter	이미터	298	expansion stroke	팽창 행정	419
emulsified oil	유화유	293	expense	경비	21
emultion cutting oil	유제 절삭유	292	explosive welding	폭발 압접	428
enameled wire	에나멜선	246	expression of safety color	안전색채	235
encoder	부호 변환기	246	extension line	치수 보조선	386
end cam	엔드 캠	251	external diameter of thread	나사의 외경	66
end cutting	단면 깎기	85	external thread	수나사	203
end mill	엔드 밀	251	extreme fiber stress	표면 응력	431
end standard	단도기	84	extreme pressure oil	극압유	49
endurance limit	내구 한도	70	extrusion	압출가공	240
energy	에너지	246	eye bolt	아이볼트	232
engine room	기관실	54	eye measure	눈대중	78
English spanner	영구 스패너	263			
engraving machine	조각기	352			
enriched uranium	농축 우라늄	78			
enterprise	기업	60			
enthalpy	엔탈피	251			
entropy	엔트로피	251			

epicycloid	에피사이클로이드	249			
epoxide resin	에폭시 수지	249	face centered cubic lattice	면심 입방 격자	130
equation of motion	운동방정식	278	face cutter	정면 커터	346
equation of state	상태식	188	face lathe	정면선반	345
equilibrium diagram	평행 상태도	426	face of tooth	이끝면	296
equilibrium of foreces	힘의 균형	461	face plate	면판	130
equivalent bending moment	상당 굽힘 모멘트	186	face width	이폭	301
equivalent evaporation	상당 증발량	186	facing	도형	96
equivalent evaporation	환산 증발량	454	facings	도형재	96
equivalent spurgear	상당 평기어	186	facing sand	표면사	430
equivalent twisting moment	상당 비틀림 모멘트	186	facsimile	팩시밀리	419
error	오차	268	factory automation FA		248
escape valve	에스케이프 밸브	247	factory management	공장관리	32
escapement	탈진기	298	fading	페이딩	421
			fast neutron	고속 중성자	25

fatigue 피로	440	
fatigue deformation 피로 변형	440	
fatigue limit, endurance limit 피로 한도	440	
fatigue test 피로 시험	440	
feather key 미끄럼 키	136	
feed 이송	299	
feed gear 이송 장치	299	
feed motion 이송 운동	299	
feed unit 이송 유닛	299	
feed water heater 급수 가열기	51	
fellows gear shaper 펠로스 기어 셰이퍼	422	
felt ring 펠트 링	422	
ferrite 페라이트	421	
ferroalloy 페로얼로이	421	
fiber glass reinforeced plastics 강화 플라스틱	16	
fiber grease 섬유 그리스	193	
field effect transistor 전계 효과 트랜지스터	319	
file 줄	358	
filing 줄 다듬질	359	
fillet welding 필릿 용접	443	
filter 여과기	252	
filter lens 필터 렌즈	443	
filtration 여과	252	
fine ceramics 파인 세라믹스	417	
finish marks 다듬질기호	80	
finishing allowance 다듬질 여유	80	
finishing tool 다듬질 바이트	80	
finner's scissors 함석 가위	446	
fire bridge 파이어 브리지	417	
fire tube 연관	253	
fire tube boiler 연관 보일러	253	
first hand tap 일번 탭	304	
first law of motion 운동의 제1법칙	278	
fits 끼워맞춤	63	
fitting 끼워맞춤 작업	63	
fix tool 장착용 공구	314	
fixed beam 고정보	26	
fixed bush 고정 부시	26	
fixed command control 정치 제어	349	
fixed end 고정단	26	
fixed pulley 고정 풀리	27	
fixed vane 고정날개	26	
fixture 고정장치	26	
flame hardning 화염 담금질	453	
flange 플랜지	437	
flange pipe joint 플랜지형 관이음	437	
flank of tooth 이뿌리면	298	
flank wear 플랭크 마모	437	
flash butt welding 플래시 맞대기		
용접	437	
flash welding 플래시 용접	437	
flask molding 주조상자 주형법	357	
flat belt 평 벨트	425	
flat chisel 평 정	425	
flat key 평 키	425	
flat scraper 평 스크레이퍼	425	
fleu tube smoke tube boiler 노통 연관 보일러	77	
flexible shaft 플렉시블 축	439	
flexible shaft coupling 플렉시블 축이음	439	
flexural rigidity 굽힘 강도	46	
float type area flow meter 부자형 면적 유량계	165	
float type liquid level gauge 부자식 액면계	164	
floor mold 바닥 주형	140	
floppy disc 플로피 디스크	439	
flow chart 공정 흐름도	34	
flow chart 플로 차트	439	
flow control valve 유량 제어 밸브	289	
flow type chip 유동형 칩	288	
flue 노통	77	
flue 연도	253	
flue tube boiler 노통 보일러	77	
flug 플러그	438	
fluid coupling 유체 이음	293	
fluid friction 유체 마찰	292	
fluorescent defectionspection 형광 탐상법	450	
fluorescent lamp 형광등	450	
fluorine resin 불소 수지	168	
fluted nut 홈붙이 너트	453	
flywheel 플라이휠	436	
follower 종동절	355	
follower 이동 방진구	296	
footbrake 풋브레이크	433	
foot press 발판 프레스	144	
foot valve 풋 밸브	433	
footstep bearing 풋스텝 베어링	434	
force fit 압력 끼워맞춤	238	
forced circulation boiler 강제 순환식 수관	16	
forced draft 강제 통풍	16	
forced head 압입 양정	238	
forced lubrication 강제 윤활	16	
forced vibration 강제 진동	16	
forge welding 단접	88	
forging 단조	88	
formed cutter 총형 밀링 커터	379	
formed tool system 성형 기어 절삭법	193	
forming tool 총형 바이트	379	

FORTRAN 포트란	427
forward welding 전진 용접	335
foundation block 기초 블록	61
foundation bolt 기초 볼트	61
foundation drawing 기초도	61
four(stroke) cycle engine 사이클 기관	181
frame 프레임	434
framework, skeleton 골조	28
Francis water turbine 프란시스 수차	434
free carbon 유리 탄소	289
free cutting steel 쾌삭강	396
free electron 자유 전자	311
free vibration 자유 진동	311
freezing rack 동결 선반	97
frequency 주파수	358
frequency 진동수	368
frequency distribution table 돗수 분포표	96
frequency meter 주파수계	358
frequency modulation broadcasting FM 방송	249
friction 마찰	123
friction angle 마찰각	123
friction brake 마찰 브레이크	124
friction clutch 마찰 클러치	124
friction damper 마찰 댐퍼	123
friction dynamometer 마찰동력계	123
friction loss of head 마찰 손실 수두	124
friction press 마찰 프레스	125
friction pump 마찰 펌프	125
friction welding 마찰 압접	124
friction wheel 마찰차	124
frictional force 마찰력	123
front clearance 앞면 여유각	241
front drive 전륜 구동	326
front view 정면도	345
fuel 연료	253
fuel cell 연료 전지	255
fuel consumption 연료소비량	255
fuel feed pump 연료 공급 펌프	253
fuel gas 연료 가스	253
fuel pump 연료 펌프	255
fuel tank 연료탱크	255
full automatic machine 전자동 기계	331
full depth(gear) tooth 고치	27
full depth gear tooth 병치	160
full radiation 완전 방사체	273
full size 풀 사이즈	433
functional design 기능 설계	54
functional organization 기능조직	55
fundamental tolerance IT기본공차	232
furnace cooling 노냉	54
fuse 퓨즈	434
fused alumina 용융 알루미나	275
fusible alloy 가용 합금	12
fusing 용접	294
fusion welding 융접	294

gain 이득	297
galvanized sheet iron 아연도금 강판	232
galvanometer 검류계	19
gang slitter 갱 슬리터	17
Gantt's chart 간트식 도표	14
gas analysis 가스 분석	10
gas carburizing 가스 침탄법	11
gas constant 가스 정수	11
gas cutting 가스 절단	10
gas engine 가스 기관	10
gas thermometer 기체 온도계	61
gas turbine 가스 터빈	11
gas welding 가스 용접	10
gaseous fuel 기체 연료	61
gasket 개스킷	17
gasoline engine 가솔린 기관	10
gasoline injector 가솔린 분사 장치	10
gate 탕구	404
gauge pressure 게이지 압력	19
GC grindstone GC 숫돌	363
gear box 기어 박스	57
gear cutting 기어 가공	59
gear cutting machine 기어 커팅 머신	56
gear drawing 기어 제도	58
gear form rolling 기어 전조	58
gear generating machine 창성 기어 절삭기	372
gear generating method 창성 기어 절삭법	372
gear grease 기어 그리스	56
gear grinder 기어 연삭기	57
gear hob 기어호브	60
gear hobbing machine 호빙 머신	451
gear puller 기어 풀러	59
gear pump 기어 펌프	59
gear ratio 기어비	57
gear shaving 셰이빙	197
gear tester 기어 시험기	57
gear testing 기어 측정	58
gear tooth measurement 이두께 측정	297
gear tooth micrometer 이두께 마이크로미터	296

gear tooth shaving machine 기어 세이빙 머신		57
gear tooth vernier calipers 이두께 버니어 캘리퍼스		296
gear train 기어열		57
geared type shaft coupling 기어형 축이음		59
geiger counter tube 가이거 계수관		12
general dimension tolerance 치수의 보통 허용차		386
general planning chart 총합 계획표		378
general purpose machine 범용 공작 기계		152
generator tachometer 발전식 회전 속도계		144
geneva drive 제네바 기어		350
geometrical tolerance 기하학적 형상 공차		62
ghost line 고스트 라인		25
gland packing 글랜드 패킹		50
glass tube liqued level gauge 유리관 액면계		289
glazing 글레이징		50
globe valve 글로브 밸브		50
glow lamp 글로 램프		50
goggles 보호안경		161
gold 금		50
goods control 현품 관리		450
goose necked tool 스프링 바이트		219
go-end 통과측		411
governor 조속기		353
grade 결합도		45
grade of meter 계기 등급		22
grade, gradient, slope 구배		45
grain boundary 결정립계		20
grain size 입도		306
granite plate 석정반		191
graphical analysis 도식 해법		96
graphical symbol for fluid power diagrams 유압·공기압용 도면기호		290
graphical symbols for piping 배관 도시 기호		147
graphite 흑연		459
graphite crucible 흑연 도가니		459
graphite flake 편상 흑연		423
graphite gas cooling furance 흑연 감속 가스 냉각로		459
graphitization 흑연화		459
grate combustion equipment 화격자 연소장치		453
grate combustion rate 화격자 연소율		453
gravimetric unit 중력 단위		360
gray cast iron 회주철		457
grease 그리스		49
grease cup 그리스 컵		49
greensand 생사		189
greensand mold 생사 주형		189
grinding 연삭가공		255
grinding allowance 연삭 여유		255
grinding crack 연삭 균열		255
grinding cutter 숫돌 절단기		212
grinding force 연삭 저항		256
grinding machine 연삭기		255
grinding segment wheel 세그먼트 숫돌		193
grinding stone 숫돌		211
grinding tempering 연삭 템퍼링		256
grinding wheel indication 숫돌바퀴 표시		211
grinding wheel 숫돌 바퀴		211
groove 그루브		48
groove angle 그루브 각도		48
groove depth 그루브 깊이		48
grooved cam 홈붙이 캠		453
gross pump head 실양정		228
group control system 그룹 관리 시스템		48
group system drawing 그룹 시스템 도면		49
guide 안내		234
guide bush 가이드 부시		12
guide post 가이드 포스트		12
guide vane 안내 날개		234
gun drill 건 드릴		18
gun metal 포금		427

H-h

hack saw 쇠톱		202
hacksawing machine 기계 활톱		54
hairspring balance clock 유사 시계		289
half center 하프 센터		445
half nut 하프 너트		445
hall effect 홀 효과		452
hammer 해머		447
hand brake 핸드 브레이크		448
hand drill 핸드 드릴		448
hand electric tool 수동 전동 공구		204
hardenability band H 밴드		248
hand finishing 손다듬질		201
hand lapping 핸드 래핑		448
hand lubrication 핸드 주유		448
hand lubricator 주유기		356

hand pneumatic tool 수동 공기 공구	203	
hand power tool 수동 동력 공구	204	
hand vibrometer 수동식 진동계	204	
hand vice 핸드 바이스	448	
hand winch 수동 윈치	204	
hard rubber 경질고무	22	
hard solder 경랍	21	
hard steel 경강	20	
hardware 하드웨어	444	
hasler tachometer 해슬러 회전 속도계	447	
hatching 해칭	448	
head 낙차	69	
header 헤더	449	
head stock 주축대	358	
heart cam 하트 캠	445	
heat absorption rate of heating surface 전열면 열부하	329	
heat balance 열정산	262	
heat capacity 열용량	260	
heat conduction 열전도	261	
heat conductivity 열전도율	261	
heat energy 열 에너지	260	
heat engine 열기관	259	
heat generating rate of combustion chamber 연소실 열발생률	256	
heat pump 열펌프	263	
heat resisting steel 내열강	71	
heat transfer rate 열 전달률	261	
heat transfer 열전달	261	
heat treatment 열처리	262	
heating and cooling devices 냉난방 장치	73	
heating cut 가열 절삭	11	
heating furnace 가열로	11	
heating surface 전열면	329	
heavy oil 중유	361	
height gauge 하이트 게이지	444	
helical gear 헬리컬 기어	449	
helical pinion cutter 헬리컬 피니언 커터	449	
helical spring 헬리컬 스프링	449	
helix 나선	69	
helix angle 나선각	69	
helmet 헬멧	449	
Henry 헨리	449	
herringbone gear 헤링본 기어	449	
Hertz 헤르츠	449	
hexadecmal number 16진수	99	
hexagon headed bolt 육각 볼트	294	
hidden outline 은선	349	
high carbon steel 고탄소강	28	
high frequency induction furnace 고주파유도 전기로	27	
high grade cast iron 고급 주철	24	
high speed cutting 고속 절삭	25	
high speed steel 고속도 공구강	25	
high strength cast iron 강인 주철	16	
high strength steel 고강력강	25	
high strength steel 강인강	15	
high tensile aluminum alloy 고력 알루미늄 합금	24	
high tensile steel 고장력 저합금강	25	
higher calorific power 고발열량	24	
higher calorific value 총발열량	378	
higher pair 고차 대우	27	
histogram 히스토그램	461	
hob 호브	451	
holding down bolt 설치볼트	193	
hole basis system of fit 구멍 기준 끼워맞춤	44	
hollow chisel 각끌	12	
hollow shaft 중공축	359	
home automation HA	248	
homogeneity 균질	48	
hone 혼	452	
honing 호닝 가공	451	
honing machine 호닝 머신	451	
hood 후드	458	
hook spanner 훅 스패너	458	
Hooke's law 훅의 법칙	458	
Hooke's universal joint 훅의 자재 이음	458	
hoop tension 후프응력	458	
hopper scale 호퍼 스케일	452	
horizontal broaching machine 수평 브로칭 머신	210	
horizontal milling machine 수평 밀링 머신	210	
host computer 호스트 컴퓨터	452	
hot bulb engine 열구 기관	259	
hot chamber type diecasting machine 열가압실식 다이캐스팅 머신	258	
hot hardness 고온 경도	25	
hot rolled steel 열간 압연재	258	
hot working 열간 가공	258	
h-s diagram h-s 선도	248	
hue 색상	188	
hume pipe 흄관	458	
hydraulic chuck 유압 척	291	
hydraulic damper 유압 댐퍼	290	
hydraulic jack 유압 잭	291	
hydraulic machinery 수력 기계	205	
hydraulic mechanism 유압 기구	290	
hydraulic power station 수력발전소	205	
hydraulic power 수동력	204	

hydraulic power 수력	204		indicator 지압계	363
hydraulic press 수압 프레스	206		indirect cost 간접비	13
hydranlic pressure 수압	206		indirect illumination 간접 조명	13
hydraulic servo mechanism 유압 서보 기구	291		indirect measurement 간접 측정	13
hydraulic test 수압 시험	206		indirect transmission 간접 전동	13
hydraulic torque converter 유체 토크 컨버터	293		individual drawing system 일품 일엽 방식	305
hydraulic valve 유압 밸브	290		individual production 개별생산	17
hydroforming 하이드로포밍법	444		induction hardening 고주파 담금질	27
hydro-power 수력	204		induction motor 유도 전동기	288
hyper-eutectoid steel 과공석강	35		industrial design 공업 도안	31
hypo-eutectoid steel 아공석강	230		industrial robot 공업용 로봇	32
hypoid gears 하이포이드 기어	444		industrial robot 산업용 로봇	183
hystersis error 히스테리시스 오차	461		industrial waste 산업 폐기물	184
hystersis loop 히스테리시스 루프	460		inert gas shielded arc welding 불활성 가스 아크 용접	168
			inert gas shielded tungsten arc welding 티그 용접	415
			inertia 관성	37
			inertia force 관성력	37
			infrared ray drying 적외선 건조	318
			ingnition advancer 점화 진각 장치	342
IC integrated circuit	232		ingnition device 점화 장치	341
ideal gas, perfect gas 이상 기체	298		ingnition lag 착화 지연 기간	372
idle gear 유성 기어	289		ingnition plug 점화 플러그	342
ignition coil 점화 코일	342		injection molding 사출 성형법	182
illuminating system 조명 방식	352		inner race 내륜	71
illumination 조도	353		inner scraper 내측 스크레이퍼	72
imaginary line 가상선	9		input-output port I/O포트	232
impact extrusion 충격 압출법	383		insert bite 인서트 바이트	302
impact load 충격 하중	383		inserted chaser die 심은날 다이스	229
impact test 충격 시험	383		inserted tooth cutter 심은날 밀링 커터	229
impact wrench 임팩트 렌치	305		insert type packing 분할 삽입식 패킹	167
impedance 임피던스	306		inside calipers 내경 캘리퍼스	70
imperfect lubrication 불완전 윤활	168		inspection 검사	19
impulse 역적	252		inspection of machine 기계의 검사	53
impulse stage 충동단	383		instantaneous center 순간 중심	210
impulse turbine 충동 터빈	383		instrument 기구	54
impulse water turbine 충동 수차	383		instrumental error 계기 오차	22
impulsive force 충격력	382		instrumentation 계장	23
inclined plane 경사면	21		instrumentation 계측	54
inclined-tube manometer 경사관식 입력계	21		instrumentation drawing 계장도	23
inclinometer 경사계	21		instrumentation symbol 계장용 기호	23
incomplete thread 불완전 나사부	168		insulated wire 절연 전선	340
incremental system 증분 방식	363		insulation of vibration 진동 방지	368
independent chuck 단독척	85		insulation resistance tester 절연 저항계	340
index head 분할대	166		insulator 애자	241
indexing 분할법	167		insulator 절연물	340
indexing operation 분할 작업	167		intake strock 흡기 행정	460
indicated mean effective pressure 도시 평균 유효압	96		integrating circuit 적분회로	232
indicated work 도시 출력	95		intelligent building 인텔리전트 빌딩	303

intercrystalline 입자간 부식	306
interface 인터페이스	303
interference fit 억지끼워 맞춤	245
interference of tooth 이의 간섭	300
interference of light wave 광파 간섭	42
interior wiring 옥내 배선 공사	269
intermediate connector 매개절	128
intermetallic compound 금속간 화합물	51
intermittent gear 간헐 기어	14
internal brake 내측 브레이크	72
internal combustion engine 내연 기관	71
internal energy 내부 에너지	71
internal force 내력	70
internal friction 내부 마찰기	71
internal gear 내치기어	72
internal grinder 내면 연삭기	71
internal grinding 내면 연삭	71
internal pressure 내압	71
internal thread 암나사	236
internal work 내부일	71
international prototype kilogram 국제 킬로그램 표준기	46
international standard meter 국제 미터 표준기	46
international standard thread 국제 표준 나사	46
interpolator 보간기	160
interpreter 인터프리터	303
intersecting bodies 상관체	379
interstitial solid solution 침입형 고용체	387
intrinsic semiconductor 진성 반도체	386
invar 인바	301
invariable steel 불변강	168
inverse cam 인버스 캠	301
investment casting 인베스트먼트 주조법	302
involute 인벌류트	301
involute tooth 인벌류트 치형	301
ionization 전리	326
ionosphere 전리층	326
iron 철	374
ISO international standardization organization 국제 표준화 기구	232
isometric drawing 등각 투영법	103
ISO screw threads ISO 나사	232
isothermal change 등온 변화	103
isothermal transformation 항온 변태	447
isovolumetric change 정적 변화	347
IT fundamental tolerance IT 기본 공차	232
I.T.V. industrial television	233

J-j

jack 잭	315
jet engine 제트기관	352
jet pipe type servo mechanism 분사 관식 서보 기구	166
jet pump 제트 펌프	352
jig 지그	363
jig boring machine 지그 보링 머신	363
job progress table 작업 진척표	313
joggled lap joint 맞물림 겹치기 이음	127
joint 조인트	354
jominy curve 조미니 커브	353
jominy test 조미니 테스트	353
joule heat 줄 열	359
Joule's law 줄의 법칙	359
journal 저널	315
journal ratio 축 지름비	381

K-k

Kaplan turbine 카플란 수차	389
kelmet 켈밋	393
Kelvin and degree Celsius 켈빈과 섭씨도	393
kerosene engine 석유 기관	191
key 키	400
key way 키 홈	400
killed ingot 킬드 강괴	400
kind of drawing 도면의 종류	95
kinds of gear 기어의 종류	57
kinetic energy 운동 에너지	278
knife edge 나이프 에지	69
knife switch 나이프 스위치	67
knock 노크	77
knock pin 노크 핀	77
know how 노하우	77
knuckle press 너클 프레스	75
knurling 널링	75
knurling toll 널링 툴	75
konzern 콘체른	395
[86]Kr lamp 크립톤 86 램프	399

L-l

LPG : liquefied petroleum gas 액화석유가스	242
La Mont boiler 라몽 보일러	106
labour laws 노동 3법	76
labster adjustable wrench 몽키 렌치	133
labyrinth packing 래비린스 패킹	107
ladle 레이들	111
Lami's theory 라미의 정리	106
laminar flow 층류	384
Lancashire boiler 랭커셔 보일러	110
lancet 주조용 흙손	357
land boiler 육용 보일러	294
lap 랩	109
lap hardening 랩 경화	109
lap joint 겹치기 이음	20
lap welding 겹치기 저항 용접	20
lapping 랩 다듬질	109
lapping machine 래핑 머신	108
large integration circuit 대규모 집적회로	90
laser 레이저 광선	112
laser beam machining 레이저 가공	112
latent heat 잠열	313
lateral strain 가로 변형	9
lathe 선반	192
lattice constant 격자 정수	19
lautal 라우탈	106
law of conservation of energy 에너지 보존의 법칙	246
law of conservation of momentum 운동량 보존의 법칙	278
law of inertia 관성의 법칙	38
layout 레이아웃	112
lead 납	70
lead 리드	117
lead angle 리드각	117
lead bath 연욕	258
lead screw 리드 스크루	117
lead storage battery 납 축전지	70
leaf spring 판 스프링	418
leakage transformer 자기 누설 변압기	307
leather belt 가죽 벨트	12
ledeburite 레데부라이트	110
left-hand screw 왼나사	274
leg length 다리 길이	80
leg vise 레그 바이스	110
length of action 맞물림 길이	127
length of thread engagement 나사의 끼워맞춤 길이	66
level 레벨	111
level 수준기	207
lever 레버	110
lever relation 레버 관계	111
Lewis' formula 루이스 계산식	115
life of cutting tool 공구 수명	28
light alloy 경합금	22
light distribution curve 배광 곡선	147
light water 경수	22
light water reactor 경수 로	22
limit gauge 한계 게이지	455
limit switch 리밋 스위치	118
limited company 유한 회사	293
line and staff organization 라인 스태프 조직	107
line current 선전류	192
line of action 작용선	313
line of electric force 전기력선	320
line organization 라인 조직	107
line standard 선도기	192
line voltage 선간 전압	192
lining 라이닝	106
link jig 링크 지그	121
link work 링크 장치	120
liquid carburizing 액체 침탄법	242
liquid crystal 액정	241
liquid fuel 액체 연료	242
liquid honing 액체 호닝	242
liquid in-steel thermometer 액체충만 압력식 온도계	242
liquid propellant 액체 추진제	241
liquid sealing 액체 실링	241
liquidus curve 액상선	241
liqufied petroleum gas 액화석유가스	242
lithium chloride dew point hygrometer 염화 리튬 노점계	263
live center 라이브 센터	106
load 정격 하중	344
load 하중	444
load cell 로드셀	113
load deformation diagram 하중 변형도	445
loading 로딩	113
loading system 로딩 시스템	113
local illumination 국부 조명	45
local view 국부 투영도	45
locating 위치 결정	286
locating V block 위치 결정 V블록	286
locating cone 위치결정 원뿔	286

locating pin 위치 결정 핀	286		Magnesium alloy 마그네슘 합금	122
locking of nut 나사의 헐거움 방지	67		magnet 자석	310
logical circuit 논리 회로	77		magnetic blow 마그네틱 블로	122
long scheduling 대일정 계획	91		magnetic defect inspection 자기 탐상법	308
longitudinal strain 세로 변형	194		magnetic field 자계	307
loss of head 손실 수두	202		magnetic flux 자속	310
lost wax casting process 로스트 왁스 주조법	113		magnetic flux density 자속 밀도	311
lot production 로트 생산	115		magnetic induction 자기 유도	308
low calorific power 저발열량	315		magnetic line of force 자력선	310
low frequency induction furnace 저주파 유도전기로	316		magnetic pole 자극	307
low of conservation of energy 에너지 보존의 법칙	246		magnetic separator 자기 분리기	308
low pressure casting 저압 주조법	315		magnetic shielding 자기 차폐	308
low speed nozzle 저속 노즐	315		magnetic substance 자성체	310
low temperature welding 저온 용접	316		magnetic transformation 자기 변태	307
lower pair 면 대우	130		magneto-electric ignition 마그네토 점화	122
low-carbon steel 저탄소강	316		magnetomotive force 기자력	60
LPG liquefied petroleum gas	251		malachite green 말라카이트 그린	126
lubricant 윤활제	294		malleability 전성	327
lubricator 주유기	357		malleability and ductility 전연성	328
luminous flux 광속	40		malleable cast iron 가단 주철	7
luminous intensity 광도	39		MA mechanical automation	252
			man power a day 인공	301
			management organization 관리 조직	37
			management training program MTP법	252
M-m			mandrel 맨드릴	129
			manganese steel 망간강	126
			manganese bronze 망간 청동	127
maag gear cutter 마그 기어 커터	122		mannesman pluy mill process 매니스먼 플러그 밀 방식	128
machinability 피삭성	441		manometer 액주 압력계	241
machine 기계	52		manufacturing cost 제조원가	351
machine element 기계 요소	53		manufacturing graph 제조 삼각도	351
machine excess chart 기계 부하표	53		marine boiler 선박용 보일러	192
machine language 기계어	53		marking off plate 금긋기 정반	51
machine lapping 기계 래핑	52		marking-off 금긋기	51
machine layout drawing 기계 배치도	52		marquenching 마퀜칭	125
machine screw counter bores tool 카운터보링 바이트	389		martempering 마템퍼	126
machine screw 작은 나사	313		martens extensometer 마텐스 인장계	125
machine tap 기계 탭	54		martensite 마텐사이트	125
machine tools symbol 공작 기계의 기호	32		martensite transformation 마텐자이트 변태	125
machine vice 기계바이스	52		mass 질량	369
machinery control 기계 관리	52		mass effect 질량 효과	369
machining of materials 절삭 가공	338		mass production 대량 생산	90
mach number 마하 수	126		match plate 매치 플레이트	128
macro structure 매크로 조직	128		material chart 재료표	314
macroscopic examination 매크로 시험	128		materials control 자재 관리	311
madian 메디안	129		material expense 재료비	314
magger 메가	129		materials handling 운반 관리	279
			material planning 재료 계획	314

material symbol 재료 기호	314	metric thread 미터 나사	136
maximum height 최대	379	mica powder 운모분	278
maximum material principle 최대		micrometer 마이크로미터	122
실체공차 방식	379	micrometer head 마이크로미터 헤드	123
maximum permissible dose 방사선의		micrometer microscope 측미 현미경	383
피폭 허용량	146	microphotograph 마이크로 사진	123
McLeod gauge 맥라우드 진공계	129	microprocessor 마이크로 프로세서	123
MC machining center 머시닝 센터	129	microwave 마이크로웨이브	123
mean current velocity 평균 유속	424	mikrokator 미크로케이터	136
mean effective pressure 평균 유효압	424	mild steel 연강	253
mean value 평균값	423	milling 밀링 절삭	137
measured value 측정값	384	milling cutter 밀링 커터	138
measurement 측정	384	milling machine 밀링 머신	137
measuring efficiency 오차율	268	mineral oil 광유	40
measuring force 측정력	384	minicupola 소형 큐폴라	200
measuring instruments & apparatus		minimeter 미니미터	136
계측기	24	minimum radius of gyration 추기	
measuring machine 측장기	384	터빈	380
measurment of screw 나사의 측정	66	minimum second moment of area	
mechanical automation 기계 자동화	53	최소 단면 2차 모멘트	379
mechanical efficiency 기계 효율	54	minium, red lead 광명단	39
mechanical energy 역학적 에너지	53	minus screw 마이너스 나사	122
mechanical equivalent of heat 열의		mittent gear 간헐 기어	14
일당량	260	MK steel MK 강	152
mechanical loss 기계 손실	53	MKS absolute unit MKS 절대단위	152
mechanical vibrometer 기계적 진동계	53	Mn-Cr steel 망간 크롬강	127
mechanism 기구	54	model test 모형 시험	132
meehanite cast iron 미하나이트 주철	137	modem 모뎀	131
melamine resin 멜라민 수지	130	moderator 감속재	14
melting furnace 용해로	294	modulation 변조	158
melting rate 용융 속도	275	module 모듈	131
member 부재	165	modulus of elasticity 탄성 계수	401
memorial circuit 기억 회로	60	modulus of fixity 단말 계수	85
meniscus 메니스커스	129	modulus of longitudinal elasticity	
mercury 수은	206	종탄성 계수	355
mercury arc lamp 수은등	206	modulus of rigidity 횡탄성 계수	457
mercury manometer 수은 압력계	206	modulus of section 단면 계수	85
mesh 메시	129	Moire fringe 므아레 간섭	133
metacenter 메터센터	130	mold 주형	51
metal mold 금형	51	mold permeability 통기도	412
metal slitting saw 메탈 슬리팅 소	130	molding box 주형	358
metal spraying 금속 용사	51	molding sand 주물사	355
metallic conduit work 금속관 공사	51	molding tool 조형용 공구	354
metallicon 메탈리콘	130	Mollier chart 몰리에르 선도	133
metallographical microscope 금속		molten metal 쇳물	202
현미경	51	molton pool 용융지	276
meter-in circuit 미터인 회로	137	moment of force 힘의 모멘트	461
meter gear 미터기어	136	moment of inertia 관성 모멘트	38
meter-out circuit 미터아웃 회로	137	momentum 운동량	278
methacryl resin 메타크릴 수지	129	monel metal 모넬 메탈	130
method of double weighting 이중		monoblock casting 일체 주조	305
칭량법	300	mortar 모르타르	131
methods time measurement MTM법	252	motion analysis 동작 분석	98

motion checking method 동작시간 측정법		98
motion of falling body 낙체의 운동		98
motion study 동작 연구		98
motor generator 전동 발전기		324
mottled cast iron 얼룩 주철		245
movable vane 가동 날개		8
moving load 이동 하중		296
moving vane 회전날개		455
moving-coil type instrument 가동 코일형 계기		9
moving-iron type instrument 가동 철편형 계기		9
mud 머드		129
muffle furnace 머플로		129
muffler 소음기		199
multiblade fan 다익 팬		83
multihead drilling machine 다축 드릴링 머신		84
multiple cycle automatic machine tool 다 사이클 자동화 공작 기계		80
multiple disc clutch 다판 클러치		84
multiple spindle drilling machine 다축드릴링 머신		84
multiple stationary machine 다 스테이션 머신		80
multiple stationary multiple cycle machine 다 스테이션 다 사이클 머신		80
multiple thread screw 다줄 나사		83
multiplex system communication 다중 통신		83
multiplier 배율기		148
mutual inductance 상호 유도계수		188

N-n

name plate 명판		130
NAND circuit NAND 회로		69
natural draft 자연 통풍		311
natural frequency 고유 진동수		25
natural gas 천연 가스		373
natural head 자연 낙차		311
natural vibration 고유 진동		25
needle valve 니들 밸브		78
neon tube lamp 네온 관 램프		75
net horsepower 정미 출력		346
net thermal efficiency 정미 열효율		346
neutral axis 중립축		360
neutral surface 중립면		360
neutron 중성자		360
newcomen's engine 뉴코멘 기관		78
nichrome 니크롬		79
nickel 니켈		78
nickel alloy 니켈 합금		79
nickel chrome alloy 니켈 크롬계 합금		79
nickel chrome steel 니켈 크롬강		78
nipper 니퍼		79
nipple 니플		79
nitriding 질화법		369
nitriding steel 질화용 강		370
nodular graphite cast iron 구상 흑연 주철		45
noise 소음		198
noise control law's 소음 규제법		199
noise level meter 소음계		198
nominal size of pipe 관의 호칭 지수		38
nominal stress 공칭 응력		35
nominal stress strain diagram 공칭 응력 변형도		35
nonferrous metal 비철금속		176
nongas arc welding 비가스 아크 용접		174
non-metallic pipe 비금속관		174
NOR circuit NOR 회로		250
normal designation of screw 나사의 호칭		67
normal distribution 정규 분포		344
normal load 수직 하중		208
normal pitch 법선 피치		152
normal stress 수직 응력		208
normalizing 노멀라이징		76
normally closed connective point NC 접점		250
normally opened connective point NO 접점		250
NOT circuit NOR 회로		250
notch 노치		76
nozzle 노즐		76
no-load running 무부하 운동		133
NPN type transistor NPN형 트랜지스터		251
N-type semeconductor N형 반도체		251
nuclear fuel 핵 연료		448
nuclear reactor 원자로		282
nuclear power plant 원자력발전소		282
number of active coils 유효 권선수		293
numerical control machine tool NC 공작기계		250
numerical control 수치 제어		250
nut 너트		75
nylon 나일론		69

O-o

영문	한글	쪽
oblique projection	사투영	183
octane number	옥탄가	270
office automation	OA	266
offset link	오프셋 링크	269
offset wrench	오프셋 렌치	269
Ohm's law	옴의 법칙	269
oil bath	유욕	292
oil brake	오일 브레이크	267
oil brake	유압 브레이크	267
oil burner	오일 버너	267
oil cup	오일 컵	267
oil film	유막	289
oil filter	오일 필터	267
oil hole	기름 구멍	55
oil hydraulic cylinder	유압 실린더	291
oil hydraulic motor	유압 모터	290
oil hydraulic pump	유압 펌프	291
oil pan	오일 팬	267
oil pressure circuit diagram	유압 회로도	291
oil pump	오일 펌프	267
oil quenching	기름 담금질	55
oil ring	오일 링	267
oil ring bearing	오일링 베어링	267
oil scraping ring	오일 스크레이핑 링	267
oil seal	오일 실	267
oil shale	오일 셰일	267
oil stone	오일 스톤	267
oilless bearing	오일리스베어링	226
once-through boiler	관류 보일러	37
one heat forging die	일소 단조형	304
oneside compass	편 컴퍼스	423
online	온라인	270
on-off control	온오프 제어	270
open belting	오픈 벨트	269
open circuit	개회로	17
open cycle	개방사이클	17
open loop control	개회로 제어	17
open sand molding	개방주형	17
open sided planer	단주형 평삭기	90
opening ratio	개구비	16
open-hearth furnace	평로	424
operating characteristic curve	검사 특성 곡선	19
operating system	오퍼레이팅 시스템	269
operation analysis	작업 요소 분석	312
operations research	오퍼레이션 리서치	269
optical communication	광통신	41
optical fiber	광파이버	42
optical flat	옵티컬 플랫	271
optical lever	광레버	39
optical pulse scale	광학적 펄스 스케일	42
optical pyrometer	광고온계	39
optical-electric switch	광전 스위치	40
optimeter	옵티미터	270
OR circuit	OR 회로	267
order production	수주 생산	207
order production	외주 생산	274
orifice	오리피스	264
O-ring	O링	264
orthographic projection	정투상	349
orthotest	오소테스트	265
oscillation circuit	발진 회로	144
oscillograph	오실로그래프	266
oscilloscope	오실로스코프	266
Otto cycle	오토사이클	268
outside calipers	외측 캘리퍼스	274
oval flow meter	타원형 유량계	401
overall heat transmission	열관류	258
overhead position welding	위보기 용접	285
overhead traveling crane	천정 크레인	373
overhead valve combustion chamber	오버헤드 밸브 연소실	265
overlap	오버랩	265
overlap of valve	밸브의 오버랩	150
overload	과부하	36
oxidants	산화체	184
oxyacetylene welding	산소 아세틸렌 용접	183
oxygen sensor	O_2 센서	268
oxyhydrogen welding	산소 수소 용접	183

P-p

영문	한글	쪽
P chart	P 관리도	439
PH-meter	PH미터	421
packing	패킹	418
padding	패딩	418
pad lubrication	패드 윤활	418
paint	페인트	421
pair	대우	91
pantagraph	팬터그래프	225

parallax	시차	225	phon	폰	428
parallel block	평행 블록	426	phosphor bronze	인청동	303
parallel block	평행대	426	photo transistor	포토트랜지스터	427
parallel crank mechanism	평행 크랭크 기구	426	photoelastic experiment	광탄성 실험	41
			photoelectric conversion	광전 변환	40
parallel key	평행 키	426	photoelectric cell	광전지	41
parallel motion mechanism	평행 운동 기구	426	photoelectric dew point hygrometer 광전관 노점계		40
parallel resonance	병렬 공진	159	photoelectric effect	광전 효과	41
parallel vise	평행 바이스	425	photoelectric pyrometer	광전고온계	40
Pareto's analysis	파레토 분석	416	photoelectric tube	광전관	40
Pareto's diagram	파레토 다이어그램	416	photoelectrion	광전자	41
parkerizing	파커라이징	417	phototelegraphy	사진 전송	182
Parson's turbine	파슨즈 터빈	416	piercing	피어싱	441
partial projection drawing 국부투영도		45	piezo electricity	압전기	239
			piezo electric vibrometer	압전형 진동계	239
partial view	부분 투상도	164			
parting sand	분리사	165	pig iron	선철	192
parts panel	부품란	165	pilot flame	파일럿 플레임	417
parts per million PPM		443	pin	핀	443
Pascal's principle	파스칼의 원리	416	pinion	피니어	440
patent law	특허법	414	pinion type cutters	피니언 커터	440
pattern	원형	284	pipe	관	36
pattern instrumentation	패턴 계측	419	pipe bender	파이프 벤더	417
pattern plate	패턴 플레이트	419	pipe cutter	파이프 커터	417
payment by result	능률급 지급	78	pipe joint	관 이음	38
Pb₃O₄ fitting	광명단 맞춤 작업	39	pipe orifice	관내 오리피스	36
peacock	피콕	442	pipe parallel thread	관용 평행 나사	38
pearlite	펄라이트	420	pipe taper thread	관용 테이퍼 나사	38
pearlite cast iron	펄라이트 주철	420	pipe thread	관용 나사	38
peening effect	피닝 효과	440	pipe vice	파이프 바이스	417
peiezo electricity	압전기	239	pipe wrench	파이프 렌치	417
pelton wheel	펠턴 수차	422	piping diagram	배관도	147
pendulum clock	진자 시계	369	piston	피스톤	441
penetration	용입	276	piston crank mechanism	피스톤 크랭크 기구	441
penetrator	압자	238			
penstock	도수관	95	piston engine	피스톤 기관	441
penstock	수압관	206	piston ring	피스톤 링	441
pentrate inspection	침투 탐상법	388	pit	피트	443
penumatic control system 공기압 제어 장치		30	pitch	피치	442
			pitch circle	피치원	442
pen-oscillograph	펜 오실러그래프	422	pitch cone	피치 원뿔	442
period	주기	355	pitch diameter of thread	나사의 유효지름	66
permanent set	영구 변형	263			
personal error	개인 오차	17	pitch gauge	피치 게이지	442
perspective drawing	투시도	412	pitch surface	피치면	442
phase	상	186	pitot tube	피토관	442
phase	위상	285	pitting	피팅	443
phase current	상전류	187	pivot bearing	피벗 베어링	440
phase difference	위상차	285	plain milling cutter	플레인 밀링 커터	439
phase modulation	위상 변조	285			
phase voltage	상전압	187	plane	대패	91
phenol resin	페놀 수지	421	plane cam	평면 캠	425

plane motion 평면 운동	425
planer 플레이너	439
planing and molding machine 대패 기계	91
planomiller 플래노밀러	437
plant location 공장 입지	32
planting 도금	94
plasma machining 플라스마 가공	435
plasma welding 플라스마 용접	436
plastic working 소성 가공	198
plasticity 소성	198
plastics 플라스틱	436
platform scale 대저울	91
plate cam 판 캠	418
plate work 판금 작업	417
platinum 백금	149
play, clearance 유극	415
pliers 플라이어	436
plug gauge 플러그 게이지	438
plug limit guage 구멍용 한계 게이지	44
plug socket 콘센트	395
plug welding 플러그 용접	438
plunger pump 플런저 펌프	438
plus driver 십자 드라이버	229
Pn chart Pn 관리도	441
pneumatic cylinder 공기압 실린더	30
pneumatic motor 공기압 모터	30
pneumatic spring 공기 스프링	30
Poisson's number 푸아송수	432
Poisson's ratio 푸아송비	432
polar modulus of section 극단면 계수	49
polarity of transformer 변압기의 극성	158
polishing 폴리싱	428
polyacetal resin 폴리아세탈 수지	428
polyamide resin 폴리아미드 수지	428
polycarbonate resin 폴리카보네이트 수지	429
polyethylene resin 폴리에틸렌 수지	429
polystyrene resin 폴리스티렌 수지	428
polytropic change 폴리트로프 변화	429
polyvinyl chloride 폴리 염화 비닐 수지	429
poppet valve 포핏 밸브	427
population 모집단	132
portland cement 포틀랜드 시멘트	427
positioning control 위치 결정 제어	286
positive driving 확실 전동	454
positive in finitery variable speed chain 무단 변속 장치	133
positive motion cam 확동 캠	454
positive print 백사진	149
potential difference 전위차	330

potential energy 위치 에너지	287
potential head 위치 수두	286
powder metallurgy 분말 야금	166
power 동력	97
power chuck 동력척	98
power reactor 동력로	97
power rolling 분말 압연법	166
power transmission 송전	202
power unit 파워 유닛	416
power-factor 역률	252
products of combustion 연소 생성물	256
precipitation hardening 석출 경화	191
precision casting 정밀 주조법	346
precombustion chamber type 예연소 실식	264
predetermined time standard method PTS법	443
preferred numbers 표준수	431
preignition 조기 점화	352
press 프레스	434
press brake 프레스 브레이크	434
pressure 압력	236
pressure angle 압력각	236
pressure compound turbine 압력 복식 터빈	237
pressure control valve 압력제어 밸브	238
pressure energy 압력 에너지	237
pressure expression 압력의 표시 방법	237
pressure gauge 압력계	236
pressure head 압력 수두	237
pressure ratio 압력비	237
pressure ring 압력 링	237
pressure thermometer 압력식 온도계	237
pressure turbine 압력 터빈	238
pressure type liquid level gauge 압력식 액면계	237
pressure welding 압접	239
pressurized water reactor 가압수형 원자로	11
preventive maintenance 예방 보전	264
prime cost 원가	279
prime mover 원동기	280
principal projection drawing 주투상도	358
principle of enterprise 기업 조직의 원리	60
principle of work 일의 원리	304
printer 프린터	435
private transformer substation 자가용 변전소	307
process analysis 공정 분석	33

process chart symbols 공정 도시 기호	33
process control 공정 통제	34
process control 프로세스 제어	435
process costing 종합 원가 계산	379
process management 공정관리	33
process planning 공정계획	33
process sheet 공정표	34
process study 공정 연구	34
production design 생산 설계	189
production maintenance 생산 보전	189
production method 생산 방식	189
production milling machine 프로덕션 밀링 머신	435
production planning 생산 계획	189
production process, process 공정	33
productivity 생산성	189
products design 제품 설계	352
profile shift 전위	329
profile shifted gears 전위 기어	330
program control 프로그램 제어	434
programming 프로그래밍	434
programming language 프로그래밍 언어	434
projector 투영기	412
P-ROM 프로그래머블 ROM	434
prony dynamometer 프로니동력계	434
proof stress, yield strength 내력	70
propellant 추진제	380
propeller water turbine 프로펠러 수차	435
proportional action 비례동작	175
proportional and integral action 비례적분동작	175
proportional control action P 동작	440
proportional control mechanism 비례제어 기구	175
proportional integral and derivative action 비례-적분-미분동작	175
proportional integral and derivative action PID 동작	441
proportional limit 비례 한도	175
proposal system 제안 제도	351
proving ring 탄성 하중 검정기	402
proximity switch 근접 스위치	49
psychrometer 건습구 습도계	18
P-type semiconductor P형 반도체	443
public nuisance 공해	35
pulley 풀리	433
pulse 펄스	420
pulse encorder 펄스 인코더	420
pulse jet engine 펄스 제트 기관	420
pulverized coal firing equipment 미분탄 연소장치	136

pumping loss 펌프 손실	420
pumping up power plant 양수 발전소	244
pumping work 펌프 일	420
pump lubrication 펌프 주유	421
pump turbine 펌프 수차	420
punch 펀치	419
pure iron 순철	210
push button switch 푸시 버튼 스위치	432
PV-diagram PV 선도	441
pyrometer 고온계	25

Q-q

quadric crank mechanism 사절 회전 기구	182
quality characteristics 품질특성	433
quality control 품질관리	433
quartz vibrator 수정 진동자	207
quasi-linear motion mechanism 근사 직선 운동 기구	49
quenching 담금질	89
quenching crack 담금질 균열	90
quenching liquid 담금질액	90
quick change holder 퀵 체인지 홀더	397
quick exhaust valve 급속 배기 밸브	51
quick return motion mechanism 급속 귀환 운동 기구	51

R-r

ROM : Read only memory 롬	115
rabbet 사개	180
rack 래크	108
radar 레이더	111
radial bearing 레이디얼 베어링	112
radial drilling machine 레이디얼 드릴링 머신	111
radial fan 레이디얼 팬	112
radial-flow turbine 반경류 터빈	142
radial inward flaw turbine 내향 반경류 터빈	72
radiant energy 방사 에너지	146
radiation 방사	145
radiation boiler 방사 보일러	145
radiation inspection 방사선 탐상법	146
radiation pyrometer 방사 고온계	145
radiation thickness gauge 방사선	

두께 게이지	145	reduction gear 기어 감속 장치	56
radio pliers 라디오 플라이어	106	reduction ratio 압하율	240
radio wave 전파	335	redwood viscometer 레드우드 점도계	110
radio wave propagation 전파 전달	335	reference junction 기준 접점	61
radius gauge R게이지	235	reference standard 기준 게이지	60
radius of curvature 곡률 반경	28	refractoriness 내화도	72
radius of gyration 회전 반경	455	refractory body 내화물	72
radius of gyration of area 단면 2차 반경	86	refrigerant 냉매	74
ram 램	109	refrigerating cycle 냉동 사이클	74
ram jet engine 램 제트 기관	109	refrigerating machine 냉동기	74
ram pressure 램압	109	refrigerating ton 냉동톤	74
rammer 다지기봉	83	refrigeration 냉동	74
random access memory RAM	109	regenerative cycle 재생 사이클	315
random number die 랜덤 주사위	109	regenerative turbine 재생 터빈	315
random sampling 랜덤 샘플링	108	register 레지스터	113
Rankine cycle 랭킨 사이클	110	regulating valve 조정 밸브	354
Rankine's formula 랭킨의 공식	110	reheater 재열기	315
rasp-cut file 라스프컷 줄	106	reheating regenerative cycle 재열 재생 사이클	315
ratchet 래칫	107	reheating regenerative turbine 재열 재생 터빈	315
ratchet gearing 래칫 장치	108	relation of population and sample 모집단과 시료의 관계	132
ratchet stop 래칫 스톱	107		
ratchet wheel 래칫 휠	108		
rate of evaporation of heating surface 전열면 환산 증발률	329	relative humidity 상대습도	187
Rateau turbine 라토 터빈	107	relative motion 상대 운동	187
rating 레이팅	112	relative velocity 상대 속도	187
rating 정격	344	reliability 신뢰성	226
rating life 정격 수명	344	rem 렘	113
ratio control 비율 제어	174	remained austenite 잔류 오스테나이트	313
reactance 리액턴스	119	repeated load 반복 하중	143
reaction force 반력	143	resinoid bond grinding wheel 레지노이드 숫돌차	113
reaction stage 반동단	142		
reaction turbine 반동 터빈	143	resistance 저항	317
reaction water turbine 반동수차	143	resistance conversion 전기 저항 변환	321
reactor 리액터	119	resistance of line 관로 저항	37
reamer 리머	117	resistance thermometer bulb 측온 저항체	384
reamer bolt 리머 볼트	117		
reamer tap 리머 탭	117	resistance welding 저항 용접	317
reaming 리밍	118	resisting moment 저항 모멘트	317
recessing tool 홈 바이트	452	resonance phenomena 공진 현상	35
reciprocating block slider crank mechanism 왕복 슬라이더 크랭크 기구	274	revolution per minute RPM	236
reciprocating compressor 왕복 압축기	274	revolving slider crank mechanism 회전 슬라이더 크랭크 기구	456
reciprocationg engine 왕복 기관	274	reflection factor 반사율	143
recording instrument 기록 계기	55	Reynolds number 레이놀즈수	111
recrystallization 재결정	314	rib 리브	119
rectification 정류	345	right-hand thread 오른나사	264
red shortness 적열 취성	318	rigid flanged shaft coupling 플랜지형 고정 축이음	437
reducing joint 리듀싱 조인트	117		
reducing mill 리듀싱 밀	116	rigidify of shaft 축의 강성	382
reducing valve 감압 밸브	15	rigidity 강성	15

rim 림	119
rimmed ingot 림드 강괴	120
ring gear 링 기어	120
ring manometer 링식 균형 차압계	120
ring spring 링 스프링	120
ring tube resister 환상 저항기	454
riser 라이저	106
rivet 리벳	118
rivet joint 리벳 이음	118
Roberval's mechanism 로버벌의 기구	113
rocket engine 로켓 엔진	114
Rockwell hardness test 로크웰 경도 시험	114
roll forging 롤 단조	115
roll over 반전	144
rolled steel for general structure 일반 구조용 압연 강재	303
roller bearing 롤러 베어링	115
roller chain 롤러 체인	115
roller conveyor 롤러 컨베이어	115
roller leveler 교정기	43
rolling 압연 가공	238
rolling 전조	335
rolling bearing 구름베어링	43
rolling contact 구름 접촉	44
rolling friction 구름 마찰	43
rolling machine 전조기	335
rolling mill 압연기	238
rolling reduction 압하량	240
rolling roll 압연 롤	238
root 루트	116
root face 루트 면	116
root opening 루트 간격	116
root radius 루트 반경	116
roots blower 루츠 송풍기	116
rotameter 로터미터	115
rotary blower 회전 송풍기	456
rotary compressor of movable vane 가동 날개형 회전 압축기	8
rotary compressor 회전 압축기	456
rotary cutter 로터리 커터	114
rotary encorder 로터리 인코더	114
rotary encorder 로터리 전단기	114
rotary piston engine 회전 피스톤 기관	457
rotary pump 회전 펌프	457
rotary speed 회전 속도	456
rotary spool valve 로터리 스풀 밸브	114
rotary table 회전 테이블	457
rotating 회전 자계	456
rotating center 회전 센터	456
rotor 회전자	456
rough machining 황삭	455
roughing tool 거친 절삭용 바이트	18
round dies handle 둥근 다이스 핸들	100
round split die 둥근 분할 다이	100
round steel 원형강	284
round thread 둥근 나사	100
rounded end 회전단	455
rounding 라운딩	106
route sheet 순서표	210
α-iron α철	236
rubber belt 고무 벨트	24
rubber bond grinding wheel 연마석	255
rubber buffer 고무 완충기	24
rubble 잡석	313
runner 러너	110
runner 탕도	404
rust 녹	77

S-s

Sabathe cycle 사바테 사이클	180
saddle 새들	188
safety control 안전관리	234
safety control organization 안전관리 조직	234
safety education 안전교육	235
safety factor 안전계수	234
safety factor 안전율	235
safety sign plate 안전표지	235
safety valve 안전 밸브	235
salt bath 염욕	263
sampling 샘플링	188
sampling inspection by attributes 계수 샘플링 검사	23
sampling inspection by variables 계량 샘플링 검사	22
sampling inspection 샘플링 검사	189
sand blast 샌드 블라스트	188
sand mixer 혼사기	452
sand mold 사형	183
sand mold casting 사형 주조법	183
sand shifter 샌드 시프터	188
sand slinger 샌드 슬링거	188
saturated steam 포화 증기	428
saturated water 포화수	427
saturation prssure 포화 압력	427
saturation temperature 포화 온도	427
saw blade 톱날	411
scalar 스칼라	213
scale 스케일	214

scale 척도	373	self-aligning bearing 자동 중심 조정 베어링	310
scale stand 스케일 스탠드	214	self-hardening 자경성	307
scanner 스캐너	214	self induction 자기 유도	308
scanning 주사	356	Seller's cone coupling 셀러 커플링	196
scavenging 소기	197	selling price 판매 가격	417
scavenging pump 소기 펌프	198	semiautomatic machine 반자동 공작 기계	144
schedule chart 일정표	304	semi-conductor 반도체	142
scheduling 일정 계획	304	semi-hard steel 반경강	141
scintillation counter 신틸레이션 계수기	227	sensible heat 현열	449
scotch yoke 스코치 요크	214	sensitivity 감도	14
scraper 스크레이퍼	215	sensor 센서	195
scraping 스크레이핑	215	sequential control 시퀀스	226
screw 나사	64	series connection 직렬 접속	364
screw brake 나사 브레이크	65	series parallel connection 직병렬 접속	365
screw compressor 나사 압축기	65	series resonance 직렬 공진	364
screw cutting principle 나사내기의 원리	65	serration 세레이션	193
screw drawing 나사 제도	68	servo-mechanism 서보 기구	190
screw driver 관통 드라이버	39	servo-motor 서보 모터	190
screw gear 나사 기어	64	set hammer 세트 해머	194
screw pair 나사 대우	65	set screw 고정나사	26
screw press 나사 프레스	68	setting down 세팅 다운	194
screw pump 나사 펌프	65	setting drawing 설치도	193
screw thread 나사산	65	shaft 축	381
screwed type pipe fitting 관용 나사 이음	38	shaft coupling 축 이음	381
scriber 스크라이버	214	shaft horsepower 축 동력	381
scroll chuck 스크롤 척	215	shaft horsepower 축 출력	381
scroll chuck 연동 척	251	shank 섕크	190
seal 밀봉 장치	138	sharp edged orifice 샤프 에지 오리피스	190
sealed gas 밀봉 가스	138	sharpe memory alloy 형상기억 합금	456
seam welding 심 용접	229	shape steel 형강	450
season crack 시즌 크랙	225	shaper 셰이퍼	197
seasoning 시즈닝	225	shear 시어	224
second 초	376	shear 전단	322
secondary battery 2차 전지	301	shear 전단기	323
secondary electron 2차 전자	300	shear angle 전단각	322
second hand tap 이번 탭	298	shear type chip 전단형	323
second law of motion 운동의 제2법칙	278	shearing 전단 가공	322
second moment of area 단면 2차 모멘트	86	shearing force diagram 전단력 선도	323
section costing 부문별 원가 계산	164	shearing load 전단 하중	323
section system organization 사업부 조직	180	shearing modulus 전단 탄성 계수	323
sectional boiler 섹셔널 보일러	195	shearing strain 전단 변형	323
sectional delineation 단면 도시	85	shearing stress 전단 응력	323
sector gear 섹터 기어	195	sheet metal working 판금 가공	417
secular change 경년 변화	21	sheet steel 박강판	141
Seger cone 제게르 콘	350	shell end mill 셸 엔드 밀	197
segregation 편석	423	shell mold process 셸 몰드법	197
seizure 시저	225	shim 심	228
		shock absorber, bumper 완충기	273

shore hardness test 쇼어 경도 시험	202
short scheduling 소일정 계획	199
short wave 단파	89
shot blast 숏 블라스트	202
shot peening 숏 피닝	203
shrinkage allowance 수축 여유	209
shrinkage cavity 수축기공	209
shrinkage fit 수축 끼워맞춤	209
shrinkage rule 주물자	355
shunt 분류기	165
side cutting pliers 절단 플라이어	337
side milling cutter 사이드 밀링 커터	181
side tool 측면 바이트	383
side valve type compustion chamber L헤드형 연소실	251
significant figures 유효 숫자	294
silica sand 은사	295
silicate wheel 실리케이트 숫돌바퀴	227
silicon steel 규소강	48
silumin 실루민	227
silver 은	294
silver solder 은랍	294
silzin bronze 실진 청동	228
simple harmonic motion 단진동	89
simple indexing 단식 분할	87
simple turbine 단식 터빈	87
sine bar 사인 바	182
sine wave 정현파	350
single angle cutter 편각 커터	422
single block brake 단식블록 브레이크	87
single crystal 단결정	84
single groove welding 편면 그루브 용접	422
single head spanner 편구 스패너	422
single locating 일면 위치 결정	303
single phase induction motor 단상 유도 전동기	86
single stationary machine 단스테이션	87
single-cycle automatic machine tool 단사이클 자동화 공작기계	86
sintered alloy 소결 합금	197
sirocco fan 시로코 팬	224
size of drawing 도면의 크기	95
skeleton pattern 골조 목형	28
sketch 스케치	214
sketch drawing 스케치도	214
skew gear 스큐기어	214
skin drying mold 표면 건조형	430
slag 슬래그	222
slag hammer 슬래그 해머	222
sledge hammer 대해머	92
sleeve 슬리브	222
sleeve coupling 슬리브 커플링	222
slenderness ratio 세장비	194
slide rheostat 슬라이더 저항기	221
slide rule 계산자	22
slide valve 슬라이더 밸브	222
slider 슬라이더	222
slider crank mechanism 슬라이더 크랭크 기구	222
sliding bearing 미끄럼 베어링	135
sliding contact 미끄럼 접촉	135
sliding fit 중간 끼워맞춤	359
sliding friction 미끄럼 마찰	135
sliding pair 미끄럼 대우	135
slip 미끄럼	135
slip line 미끄럼 선	135
slip ring 미끄럼 링	135
slotting machine 슬로팅 머신	222
slot welding 홈 용접	453
sluice valve 슬루스 밸브	222
small end 소단부	198
small screw jack 소형 나사 잭	200
smith 대장장이	91
smith heart 단조로	89
smudging 스머징	213
snap 스냅	212
snap gauge 스냅 게이지	212
snap ring 스냅 링	213
S-N diagram S-N 선도	247
socket 소켓	199
socket and spigot joint 소켓 이음	199
socket wrench 소켓 렌치	199
sodium vaper lamp 나트륨 램프	69
softening 연화	258
soft solder 연납	253
soft water 연수	257
software 소프트웨어	199
solar battery 태양 전지	404
solder 땜납	105
soldering 납땜	70
soldering paste 납땜 페이스트	70
solenoid controlled valve 전자 밸브	332
solid caburizing 고체 침탄법	27
solid cam 입체 캠	306
solid die 단체 다이	89
solid fuel 고체 연료	27
solid solution 고용체	25
solidus line 고상선	25
soluble cutting fluid 수용석 절삭유제	206
soluble water fluids 솔류블형 수용성 절삭유제	202
sorbite 소르바이트	198
spanner 스패너	218
spark ignition engine 불꽃 점화 기관	167
spark test 불꽃 시험	167

spatter 스패터	218	
spatter loss 스패터 손실	218	
special purpose machine tool 전용 기기	329	
special steel 특수강	414	
specification 사양서	180	
specification limit 규격한계	48	
specific fuel consumption 연료 소비율	255	
specific heat 비열	176	
specific heat at constant pressure 정압 비열	347	
specific heat at constant volume 정적 비열	347	
specific resistance 저항률	317	
specific sliding 미끄럼률	135	
specific speed 비속도	175	
specific volume 비체적	176	
specific weight 비중량	176	
speed change friction gear 변속 마찰차 장치	157	
speed change gear 변속기	157	
speed controller 속도 조절 밸브	201	
speed governor 조속 장치	354	
speed ring 스피드 링	221	
speed train 속도열	201	
spherical cam 구면 캠	44	
spherical pair 구면 대우	44	
spheric mechanism 구면 운동 기구	44	
spigot bush 삽입 부시	186	
spindle 주축	358	
spindle oil 스핀들유	221	
spinning 스피닝 가공	220	
spinning 스피닝 선반	221	
spiral bevel gear 스파이럴 베벨 기어	218	
spiral casing 스파이럴 케이싱	218	
spiral spring 나선형 스프링	69	
spiral spring 스파이럴 스프링	218	
splash lubrication 비산 윤활	175	
spline 스플라인	220	
spline hob 스플라인 호브	220	
split pattern 분할 목형	167	
split pin 분할 핀	167	
spoke 스포크	218	
spot facing 스폿 페이싱	218	
spot welding 점 용접	341	
sppindle 스핀들	221	
spraying work 분무가공	166	
spring 스프링	219	
spring back 스프링 백	219	
spring balancer 스프링 저울	220	
spring constant 스프링 정수	220	
spring drawing 스프링 제도	220	
spring index 스프링 지수	220	
spring steel 스프링강	219	
sprocket wheel 스프로킷 휠	218	
sprocket wheel cutter 스프로킷 휠 커터	218	
spur gear 평기어	424	
square 직각자	363	
square thread 각나사	12	
SS suspended solid	247	
stage 스테이지	215	
stainless steel 스테인리스강	215	
stamping 스탬핑	215	
standard deviation 표준 편차	432	
standard gauge 표준 게이지	431	
standard of flow velocity in line 관내 유속의 기준	36	
standard of length 길이의 기준	62	
standard pitch circle 기준 피치원	61	
standard pressure 표준 기압	431	
standard spur gear 표준 스퍼 기어	432	
standard temperature 표준 온도	432	
standardization 표준화	432	
standardization of tools 공구의 표준화	29	
star connection 성형 결선	193	
statical friction 정마찰	345	
static load 정하중	349	
static pressure 정압	346	
static unbalance 정적 불균형	347	
statisical quality control 통계적 품질 관리	411	
stator 고정자	26	
steady flow 정상류	346	
steam chart 증기 선도	361	
steam compression refrigerating machine 증기 압축식 냉동기	362	
steam consumption 증기 소비율	362	
steam engine 증기 기관	361	
steam hammer 증기 해머	362	
steam power plant 증기 원동소	362	
steam tables 증기표	362	
steam turbine 증기 터빈	362	
steel 강	15	
steel belt 강철 벨트	16	
steel ingot 강괴	15	
steel pipe 강관	15	
steel plate 강판	16	
stellite 스텔라이트	216	
step ladder 각 사다리	13	
stepping moter 스테핑 모터	216	
stepped gear 스탭 기어	216	
stock control 창고 관리	372	
stock layout 스톡 레이아웃	216	

stock production	예측생산	264
stocktaking	재고 조사	314
stoker	스토커	216
stop valve	스톱 밸브	217
stopper	스토퍼	216
storage battery	축전지	382
straight bevel gear	직선 베벨 기어	365
straight edge	직선 자	366
straight line motion mechanism	직선 운동 기구	366
straight shaft	직축	367
straight shank	스트레이트 섕크	217
strain	변형	159
strain energy	변형 에너지	159
strain gauge	변형 게이지	159
strain meter	변형계	159
strapped joint	덮개판 이음	93
stratification	층별	385
stratified charge	층상 급기	385
stratified sampling	층별 샘플링	385
streamline	유선	289
strength of revet joint	리벳 이음의 강도	118
strength of tooth surface	치면 강도	385
stress	응력	295
stress concentration	응력집중	295
stress strain diagram	응력변형신도	295
striker's hammer	앞메군 해머	240
striking pattern	스트라이킹 패턴	217
stroboscope	스트로보스코프	217
stroboscope tacometer	스트로보스코프 회전 속도계	217
stroke	행정	448
structure	구조물	45
structure	조직	354
stub tooth	저치	316
stud bolt	스터드 볼트	215
stud welding	스터드 용접	215
stuffing box	패킹 박스	418
stylus	스타일러스	215
stylus method	촉침법	378
submerged arc welding	서브머지드 아크 용접	190
submergible moter pump	수중 모터 펌프	207
substation	변전소	158
subzero treatment	서브 제로 처리	191
suction head	흡입 양정	460
suction pipe	흡입관	460
suction stroke	흡입 행정	460
sulfur	유황	293
Sulzer boiler	슐저 보일러	212
sunk key	묻힘 키	134
supended solid SS		247
supercharger	과급기	36
supercharging	과급	35
super duralumin	초 두랄루민	376
super finishing	슈퍼 피니싱	212
super finishing unit	슈퍼 피니싱 유닛	212
super heat	과열기	36
superheated steam	과열 증기	36
superheater	과열기	36
superhetero-dyne receiver	슈퍼 헤테로다인 수신기	212
super high speed cutting	초고속 절삭	376
supersaturation	과포화	36
supersonic speed	초음속	376
supersonic wave	초음파	376
surface gauge	서피스 게이지	191
surface grinder	평면 연삭기	424
surface grinding	평면 연삭	424
surface plate	정반	346
surface rolling	롤러 다듬질	115
surface roughness	표면 거칠기	430
surface symbol	표면 기호	430
surging	서징	191
swash plate cam	경사판 캠	21
sweeping mold	긁기형	50
swing	스윙	213
swinging block slider crank mechanism	요동 슬라이더 크랭크 기구	213
switch	스위치	213
symbol of dimensional tolerance	치수 공차 기호	385
symbol of radioisotope	방사능 표지	145
synchronous generator	동기 발전기	97
synchronous speed	동기 속도	97
synchroscope	싱크로스코프	229
synthetic resin	합성수지	447
systematic error	계통적 오차	24
systematic sampling	계통 샘플링	24

T-t

table tap	테이블 탭	407
tachometer	태코미터	456
tact system	택트 시스템	404
tail stock	심압대	229
tangent cam	접선 캠	343
tangent key	접선 키	343
tangential load	접선 하중	343
tangential stress	접선 응력	343

tap 탭	405	
tap bolt 탭 볼트	405	
tap drill 탭 드릴	405	
tap drill hole 탭 드릴 구멍	405	
tap handle 탭 핸들	405	
tape code 테이프 코드	408	
taper 테이퍼	407	
taper key 구배 키	45	
taper gauge 테이퍼 게이지	407	
taper pin 테이퍼 핀	408	
taper reader 테이프 판독 장치	408	
taper shank 테이퍼 섕크	407	
taper turing 테이퍼 절삭	407	
tapping 나사내기	64	
tapping chuck 태핑 척	404	
tapping screw 태핑 나사	404	
tear type chip 열단형 칩	259	
technical illustration 테크니컬 일러스트레이션	408	
technical work 공업 일	32	
telecentric lighting 텔레센트릭 조명	409	
telegraph 전신	327	
telephone 전화	336	
telephone exchange 전화교환기	337	
television 텔레비전	408	
television receiver 텔레비전 수신기	409	
temper brittleness 템퍼 취성	410	
temper color 템퍼 색	409	
temper hardening 템퍼 경화법	409	
temperature gradient 온도 구배	270	
tempering 템퍼링	409	
template 템플레이트	410	
tensile load 인장 하중	303	
tensile strain 인장 변형	302	
tensile strength 인장 강도	447	
tensile stress 인장 응력	302	
tension pulley 인장차	302	
tension test 인장 시험	302	
ternary alloy 삼원 합금	185	
textile belt 섬유 벨트	193	
T handle socket wrench T형 렌치	415	
the first law of thermodynamics 열역학의 제1법칙	260	
the second law of thermodynamics 열역학의 제2법칙	260	
theoretical air 이론 공기량	297	
theoretical error 이론 오차	298	
theoretical head 이론 양정	297	
theoretical mixture ratio 이론 혼합비	298	
theoretical output 이론 출력	298	
therblig 요소 동작	275	
therblig analysis 요소 동작 분석	275	
thermal analysis 열분석	259	
thermal conductivity gas analyzer 열전도율식	261	
thermal equivalent 열당량	259	
thermal stress 열응력	260	
thermion 열전자	262	
thermistor 서미스터	190	
thermit welding 테르밋 용접	407	
thermocouple 열전대	261	
thermoelectric type instrument 열전형 계기	262	
thermoelectric current 열전류	261	
thermoelectric thermometer 열 온도계	261	
thermoelectromotive force 열 기전력	259	
thermosetting resin 열 경화성 수지	258	
thermostat 서모스탯	190	
thick cylinder 두꺼운 원통	99	
thickness gauge 간극 게이지	13	
thin cylinder 얇은 원통	244	
thinning 시닝	224	
third angle projection 제3각법	351	
third law of motion 운동의 제3법칙	278	
thread grinder 나사 연삭기	66	
thread micrometer 나사 마이크로미터	65	
thread milling cutter 나사 밀링 커터	65	
three elements of cost 원가의 3요소	280	
three sigma limits 3시그마 한계	185	
three-phase AC 삼상 교류	185	
three-phase watt meter 삼상 전력계	185	
three wire system 삼침법	185	
through bolt 관통 볼트	39	
through feed grinding 관통이송연삭	39	
thrust 추력	380	
thyristor 사이리스터	181	
time allowance 여유 시간	252	
time and motion study 작업 연구	312	
time constant 시정수	225	
time sharing system 시분할 시스템	224	
timing belt 타이밍 벨트	401	
timing gear 타이밍 기어	401	
tin 주석	356	
tip 팁	415	
tip clearance 이끝 틈새	296	
titanium 티타늄	415	
title panel 표제란	431	
T joint T이음	415	
toe-in 토인	411	
toggle joint 토글 장치	410	
toggle press 토글 프레스	410	
tolerance 공차	35	

tolerance of dimension 치수 공차	385
tool angle 날끝각	70
tool grinding machine 공구 연삭기	28
tool maker's microscope 공구 현미경	29
tool post 절삭 공구대	338
tool steel 공구강	28
tools control 공구 관리	28
tooth crest 이 봉우리면	298
tooth profile curve 치형 곡선	387
tooth thickness 이두께	296
toothed wheel, gears 기어	56
top dead center 상사점	187
torch nozzle 토치 노즐	411
torque 토크	411
torque wrench 토크 렌치	411
Torricelli's theorem 토리첼리의 정리	410
torsion bar spring 토션 바	411
torsion 비틀림	177
torsional rigidity 비틀림 강도	177
torsional resisting moment 비틀림 저항 모멘트	178
torsional stress 비틀림 응력	177
total cost 총원가	378
total head 전수두	327
total head 전양정	328
total pressure 전압	327
total pressure 전압력	328
total volume of cyclinder 실린더 전용적	228
touch 접촉	344
toughness 인성	302
traced drawing 원도	280
traced drawing 트레이스도	414
transfer machine 트랜스퍼 머신	413
transformation 변태	159
transformation point 변태점	159
transformer 변압기	158
transister ignition 트랜지스터 점화장치	413
transistor 트랜지스터	413
translation cam 직동 캠	364
transmission gear 전동 장치	324
transmission 변속 기어장치	157
transporting analysis table 운반 분석표	279
transporting course 운반 경로	279
transporting equipment 운반 설비	279
transporting passage 운반 통로	279
trapazoidal thread 사다리꼴 나사	180
triangular thread 삼각나사	184
trimming die 트리밍 다이	414
triode 삼극관	184
triple point 삼중점	185

troostite 트루스타이트	414
trowel 흙손	460
truck scale 트럭 스케일	413
truing 트루잉	414
truss 트러스	413
trust 트러스트	413
T-slot cutter T홈 커터	412
tube type combustor 통형 연소기	412
Tubular turbine 튜뷸러 터빈	412
tumbler 텀블러	407
tuning 동조	99
turbine 터빈	406
turbine casing 터빈 케이싱	406
turbine efficiency 터빈 효율	406
turbine pump 터빈 펌프	406
turboblower 터보 송풍기	405
turbojet engine 터보제트 엔진	405
turboprop engine 터보프롭 엔진	406
turbulent flow 난류	69
turnbuckle 턴버클	406
turret lathe 터릿 선반	405
tuyere 송풍구	202
tuyere 트위어	414
twist cutting 비틀림 절삭	178
twist drill 드릴	102
twisting moment 비틀림 모멘트	177
two cycle engine 2사이클 기관	298
two dimension cutting 2차원 절삭	300
TWL : training within industry for supervisor 감독자 교육	14

U-u

U chart U관리도	287
ultimate strength 극한 강도	49
ultra wave 초단파	376
ultrasonic inspection 초음파 탐상법	377
ultrasonic machining 초음파 가공	377
ultrasonic type liquid level gauge 초음파 액면계	377
unbalance 불균형	167
unconstrained chain 비한정 연쇄	178
under cut 언더컷	245
unepual double angle milling cutter 부등각 밀링 커터	163
unified screw thread 유니파이 나사	228
uniform circular motion 등속원 운동	103
uniform motion 등속도 운동	103
union joint 유니언 이음	288
union melt 유니언 멜트	287
units of working time 공수	31

universal coupling 자재 이음	311
universal milling machine 만능 밀링머신	126
universal socket 유니버설 소켓	287
universal tool and cutter grinder 만능 공구연삭기	126
unloader 언로더	245
unsteady flow 비정상류	176
up setting 업세팅	245
upright drilling machine 직립 드릴링 머신	365
upset butt welding 업셋 맞대기 용접	246
utility model 실용 신안법	228
U tube manometer U자관 압력계	292

V-v

V belt V벨트	172
V belt drive V벨트 전동	172
V belt pulley V벨트 풀리	172
V block V블록	172
V connection V결선	172
V packing V패킹	172
vacuum gauge 진공계	367
vacuum tube 진공관	368
valve 밸브	150
valve gear 밸브 장치	150
valve positioner 밸브 포지셔너	151
vanadium 바나듐	140
vane pump 베인 펌프	155
vane-wheel flow meter 임펠러 유량계	306
vapour pressure thermometer 증기 압력식 온도계	362
variable speed gear 변속 장치	157
variable value 계량치	22
variance 분산	166
vector 벡터	155
vegetable oil 식물유	226
velocity 속도	200
velocity compound turbine 속도 복식 터빈	200
velocity diagram 속도 선도	200
velocity drop ratio 속도 강하율	200
velocity head 속도 수두	201
velocity ratio 속도비	200
vent hole 가스빼기 구멍	10
venturi meter 벤투리 계	155
venturi tube 벤투리관	155
vernier 아들자	231

vernier calipers 버니어 캘리퍼스	151
vertical boiler 수직 보일러	208
vertical broaching machine 수직형 브로칭 머신	208
vertical milling machine 수직 밀링 머신	208
vibration 진동	368
vibro-isolating materials 방진재	146
vibrometer 진동계	368
vice 바이스	141
Vickers hardness test 비커스 경도 시험	176
Vickers hardness tester 비커스 경도 시험기	176
video tape recorder 비디오 테이프 리코더	174
videotex 비디오텍스	174
viscosity 점도	341
viscosity 점성	341
visible outline 외형선	274
viscosimiter 점도계	341
vitrified grinding wheel 비트리 파이드 숫돌차	177
volt 볼트	163
voltage drop 전압 강하	327
voltage reducing device 전격 방지 장치	318
voltage regulation 전압 변동률	328
voltage section 전압 구분	328
voltage 전압	327
voltmeter 전압계	327
volt-ampere 볼트 암페어	163
volume flux 체적 유량	375
volume of combustion chamber 연소실 용적	257
volute pump 벌류트 펌프	152
volute spring 벌류트 스프링	152
vortex chamber 와류실	271

W-w

wages constitution 임금 체계	305
wages form 임금 형태	305
washer 와셔	271
washer based nut 와셔붙이 너트	271
waste substance 폐기물	427
water cooled engine 수냉 기관	203
water gauge 수면계	205
water hammering 수격 작용	203
water head 수두	204

water pollution 수질 오염	208	wood milling machine 목공용 밀링 머신	132
water quenching 물담금질	134	wood thread 나무 나사	64
water tight 수밀	205	wood working gimlet 목공용 송곳	133
water tube 수관	203	wooden pattern 목형	133
water tube boiler 수관 보일러	203	woodruff key seat cutter 반달 키홈 밀링 커터	142
water tube wall 수냉 노벽	203	woodruff key 반달 키	142
water turbine 수차	209	word processor 워드 프로세서	279
Watt-meter 전력계	324	work excess chart 작업 여력표	312
Watt-hour meter 전력량계	324	work factor method 동작 분석법	98
wave-length standard 광파 기준	42	work hardening 가공 경화	7
waviness 표면파형	431	work 일	303
wax pattern 납형	70	working fluid 동작 유체	99
weaving 위빙	285	working stress 사용 응력	181
web thinning 시닝	224	working time planning 공수 계획	31
Web 웨브	285	worm 웜	284
Weber 웨버	285	worm gear 웜 기어	284
weight 분동	165	worm wheel 웜 휠	285
weight calculation 중량 계산	359	wrapping connector driving gear 감아 걸기 전동 장치	15
weighting flow 중량 유량	360	wringing 링잉	120
weir 위어	285	wrought aluminumalloy 가공용 알루미늄 합금	7
welded joint 용접 이음	276		
welded pipe 단접관	88		
welded speed 용접 속도	276	**X-x**	
welding current 용접 전류	277		
welding flame 용접불꽃	276		
welding position 용접 자세	277	x-R control chart $\bar{x}$-R 관리도	249
welding rod 용접봉	276	X-ray defect inspection X선 탐상법	249
welding symbol 용접 기호	276	XY recoder XY 기록계	250
welding torch 용접 토치	277	X-Y plotter X-Y 플로터	250
wet gas meter 습식 가스 미터	223	X-Y-Z axial measuring machine 삼차원 측정기	185
wet steam 습증기	223		
wetness 습도	223		
Wheatstone bridge 휘트스톤 브리지	458	**Y-y**	
wheel and axle 도르래	95		
wheel base 축거리	381		
white cast iron 백주철	150	Y type wrench Y형 렌치	273
white heart malleablecast iron 백심 가단 주철	149	years of endurance 내용년수	71
white metal 화이트 메탈	454	yield 수율	206
white pig iron 백선철	149	yield point 항복점	447
whole depth 총 이 높이	378	yoke cam 요크 캠	275
winding drum 감기 드럼	14	Young's modulus 영 계수	263
wire cut electrical discharge machining 와이어 방전가공	272		
wire drawing 와이어 드로잉	272	**Z-z**	
wire gauge 와이어 게이지	271		
wire resistance strain meter 저항선 변형계	317	zero method 영위법	263
wire rope 와이어 로프	272	Zinc 아연	232
wire strain gauge 와이어 스트레인 게이지	272	zinc alloy for die casting 다이캐스트용 아연 합금	83
wolfram 텅스텐	407		
wood lathe 목공 선반	132		

일본어 색인

ア

IC integrated circuit	232
IT基本公差 IT fundamental tolerance	232
ITV industrial television	233
亜鉛 zinc	232
亜鉛メツキ鋼板 galvanized sheet iron	232
青竹 malachite green	126
青写真 blue print	374
上がり riser	106
アキユームレータ accumulator	245
亜共析鋼 hypo-eutectoid steel	230
アーク arc	233
アーク切断 arc cutting	234
アクセルペダル accelerator pedal	9
アクチュエータ actuator	242
アーク電圧 arc voltage	234
アークの長さ arc length	233
アーク放電 arc discharge	233
アクメねじ Acme thread	241
アーク溶接 arc welding	233
アーク溶接用具 arc welding tool	233
アーク炉 arc furnace	233
アクリル繊維 acrylic fiber	233
上げタップ bottoming tap	80
足踏プレス foot press	144
足ブレーキ footbrake	433
アズキヤスト as cast	189
アセチレン acetylene	231
アセチレン発生器 acetylene gas generator	231
アセトン acetone	231
アセンブラ assembler	244
アセンブリ言語 assembly language	245
遊び play, clearance	415
遊び歯車 idle gear	289
アダプタ adapter	244
アダムソン継手 Adamson joint	230
圧延加工 rolling	238
圧延機 rolling mill	238
圧延ロール rolling roll	238
圧下率 reduction ratio	240
圧下量 rolling reduction	240
圧子 penetrator	238
圧縮応力 compressive stress	240
圧縮荷重 compressive load	240
圧縮機 compressor	239
圧縮行程 compression stroke	240
圧縮試験 compression test	239
圧縮強さ compressive strength	239
圧縮比 compression ratio	239
圧縮ひずみ compressive strain	239
圧接 pressure welding	239
アッセンブリ部品 assembly parts	353
圧電形振動計 piezoelectric vibrometer	239
圧電気 piezo electricity	239
厚肉円筒 thick cylinder	99
アッベの原理 Abbe's principle	231
圧力 pressure	236
圧力液面計 pressure type liquid level gauge	237
圧力エネルギ pressure energy	237
圧力角 pressure angle	236
圧力計 pressure gauge	236
圧力式温度計 pressure thermometer	237
圧力制御弁 pressure control valve	238
圧力タービン pressure turbine	238
圧力ばめ force fit	238
圧力比 pressure ratio	237
圧力複式タービン pressure compound turbine	237
圧力リング pressure ring	237
当て金継手 strapped joint	93
あと燃え afterburning	241
穴基準はめあい hole-basis system of fits	44
穴抜き piercing	441
穴用限界ゲージ plug limit guage	44
アナログ式 analogue system	230
アナログ信号 analogue signal	230
アナログ制御 analogue control	230
アナログ電子計算機 analogue computer	230
アネロイド気圧計 aneroid barometer	230
アーバ arbor	231
アプセット突合セ溶接 upset butt welding	246
油穴 oil hole	55
油受 oil pan	267
油かきリング oil scraping ring	267
油こし oil filter	267
油差し lubricator	357

油といし	oilstone	267	意匠法　design act	295
油中子	oil core	267	石綿　asbestos	191
油バーナ	oil burner	267	ＩＳＯ（イソ）　International Organization for	
油ブレーキ	oil brake	267	Standardization	232
油ポンプ	oil pump	268	位相　phase	285
油みぞ	oil groove	55	位相差　phase difference	285
油焼入れ	oil-quenching	430	ＩＳＯねじ　International Organization for	
あぶり型	skin drying mold	236	Standardization screw threads	232
アーム	arm	246	位相変調　phase modulation	285
あや目やすり	double-cut file	455	板カム　plate cam	418
荒削り	rough machining	18	板取り　stock layout	216
荒刃フライス	coarse tooth cutter	245	板ドロップハンマ　board type drop	
アランダム	alundum	92	hammer	418
ありみぞ	dovetail groove	92	板はね　leaf spring	418
ありみぞフライス	dovetail cutter	236	位置エネルギ　potential energy	287
アルカリ蓄電池	alkaline battery	236	位置決め　locating	286
アルクラッド	alclad	235	移動荷重　moving load	296
Rゲージ	radius gauge	236	移動振れ止め　follower rest	296
rpm	revolution per minute	236	糸面取り　slight-chamfering	131
α鉄	α-iron	236	イナートガスアーク溶接　inert gas shielded	
アルマイト	alumite	235	arc welding	168
アルミニウム	aluminum	235	鋳ばり　casting fin	357
アルメールクロメル	alumel-chromel	235	異方性　anisotropy	298
アンカーボルト	anchor bolt	243	鋳物　castings	355
アンクルエスケープ	anchor escapement	243	鋳物尺　shrinkage rule	355
アングルプレート	angle plate	243	鋳物砂　molding sand	355
アングル弁	angle valve	243	鋳物用アルミニウム合金　aluminum alloys for	
安全管理組織	safety control organization	234	casting	355
安全教育	safety education	235	位置決め円すい　locating cone	286
安全係数	safety factor	234	位置決め制御　positioning control	286
安全色彩の標示	expression of safety color	235	位置決めピン　locating pin	286
安全標識	safety signplate	235	位置決めＶブロック　locating V block	286
安全弁	safety valve	235	1サイクル自動化工作機械　single-cycle	
安全率	safety factor	235	automatic machine tool	86
アンダカット	under cut	245	一次電池　primary battery	304
アンチノック剤	antiknock dope	235	位置水頭　potential head	286
アンチノック性	antiknock quality	235	1ステーション機械　single stationary	
アンテナ	antenna	35	machine	87
ＡＮＤ回路	and circuit	250	一番タップ　first hand tap	304
案内	guide	234	一面位置決め　single locating	303
案内羽根	guide vane	234	一体鋳造　monoblock casting	305
案内ブシュ	guide bush	12	一般構造用圧延鋼材　rolled steel for general	
アンバ	invar	301	structure	303
アンビル	anvil	242	一品一葉式　individual drawing system	305
アンペア	ampere	236	インタフエース　interface	303
			インタプリタ　interpreter	303
			インテリジエントビル　intelligent building	303
イ			Ｉ／Ｏポート　Input-Output port	232
			インパクトレンチ　impact wrench	305
			インピーダンス　impedance	306
			インベストメント鋳造法　investment	
硫黄（いおう）	sulfur	293	casting	302
鋳型	mold	358	インボリュート　involute	301
イギリススパナ	English spanner	263	インボリュート歯形　involute tooth	301
鋳込温度	casting temperature	357	インボリュートフライス　involute cutter	301
石目やすり	rasp-cut file	106	いんろう継手　socket and spigot joint	199

일본어 색인

ウイービング	weaving	285
植込ボルト	stud bolt	215
ウエーバ	weber	285
植刃フライス	inserted tooth cutter	229
ウエブ	web	285
ウオータポンププライヤ	water pump pliers	436
ウオーム	worm	284
ウオームギヤ	worm gear	284
ウオームホイール	worm wheel	285
後向き羽根	backward (curved) vane	458
うず形室	spiral casing	218
薄鋼板	sheet steel	141
うず軸受	footstep bearing	434
うず室	vortex chamber	271
うず電流	eddy current	273
薄肉円筒	thin cylinder	244
薄刃オリフィス	sharp-edged orifice	190
うず巻ばね	spiral spring	218
うず巻ポンプ	centrifugal pump	282
内側ブレーキ	internal brake	72
打込キー	driving key	105
打抜き	blanking	173
内歯車	internal gear	72
内パス	inside calipers	70
内丸フライス	concave cutter	265
内向き半径流タービン	radial inward flow turbine	72
内レース	inner race	71
ウッドメタル	Wood's metal	277
上ざらばねばかり	spring balancer (with stabilized pan)	220
上向き溶接	overhead position welding	285
運動エネルギ	kinetic energy	278
運動の第一法則	first law of motion	278
運動の第三法則	third law of motion	278
運動の第二法則	second law of motion	278
運動方程式	equation of motion	278
運動量	momentum	278
運動量保存の法則	law of conservation of momentum	278
運搬管理	materials handling	279
運搬経路	transporting course	279
運搬設備	transporting equipment	279
運搬通路	transporting passage	279
運搬分析表	transporting analysis table	279

エ

エアクリーナ	air cleaner	31
エアリー点	Airy point	247
A_1変態	A_1 transformation	248
AM放送	amplitude modulation broadcasting	247
永久ひずみ	permanent set	263
永久変形	permanent deformation	263
A_3変態	A_3 transformation	248
Acm変態	Acm transformation	248
a 接点	a connective point	248
HA	home automation	248
A_0変態	A_0 transformation	248
A−D変換	A−D conversion	247
A−D変換器	analog-digital converter	247
A_2変態	A_2 transformation	248
A_4変態	A_4 transformation	248
液化石油ガス(LPG)	liquefied petroleum gas	242
液晶	liquid crystal	241
液相線	liquidus curve	241
液体充満圧力式温度計	liquid in-steel thermometer	242
液体シーリング	liquid sealing	241
液体浸炭法	liquid carburizing	242
液体推進剤	liquid propellant	242
液体燃料	liquid fuel	241
液体パッキン	liquid packing	242
液体ホーニング	liquid honing	242
液柱圧力計	manometer	241
SI	international system of unit	246
SS	suspended solid	247
S−N線図	S−N diagram	247
エスケープ	escapement	299
技管	branch pipe	165
$\bar{x}$−R管理図	$\bar{x}$−R control chart	249
X線探傷法	X−ray defect inspection	249
XY記録計	XY recorder	250
X−Yプロッタ	X−Y plotter	250
h−s線図	h−s diagram	248
Hバンド	hardenability band	248
エッチング	etching	248
エナメル線	enameled wire	246
NO接点	normally opened connective point	250
N形半導体	N−type semiconductor	251
NC	numerical control	250
NC工作機械	numerical control machine tool	250
NC接点	normally closed connective point	250
エネルギ	energy	246

エネルギ保存の法則	law of conservation of energy	246
えび万力	C clamp	225
ＦＡ	factory automation	248
ＦＭ放送	frequency modulation broadcasting	249
エポキシド樹脂	epoxide resin	249
えぼしたがね	cap chisel	391
エマルジョン形水溶性切削油剤	emulsion cutting oil	292
エミッタ	emitter	298
ＭＫ鋼	MK steel	252
ＭＴＭ法	methods time measurement	252
ＭＴＰ法	management training program	252
エメリ	emery buff	246
ＬＰＧ	liquefied petroleum gas	251
エルボ	elbow	251
エレクトロスラグ溶接	electroslag welding	303
円運動	circular motion	282
塩化りチウム露点計	lithium chloride dew point hygrometer	263
煙管	fire tube	253
煙管ボイラ	fire tube boiler	253
円弧カム	circular-arc cam	284
円弧歯厚	circular thickness of teeth	284
遠心圧縮機	centrifugal compressor	281
遠心送風機	centrifugal blower	281
遠心鋳造機	centrifugal casting machine	282
遠心鋳造法	centrifugal casting	282
円振動数	circular frequency	283
遠心ポンプ	centrifugal pump	282
遠心力	centrifugal force	281
遠心力式回転速度計	centrifugal force tachometer	281
円すいカム	conical cam	281
円すい曲線	cone sections	280
円すいクラッチ	cone friction clutch	281
延性	ductility	256
エンタルピ	enthalpy	251
煙道	flue	253
円筒カム	cylindrical cam	284
円筒研削盤	cylindrical grinder	283
エンドカム	end cam	251
エンドミル	end mill	251
エントロピ	entropy	251
円板カム	disc cam	284
円板クラッチ	disc clutch	284
円板ブレーキ	disc brake	284
円ピッチ	circular pitch	283
エンボシング	embossing	251
塩浴	salt bath	263

ＯＲ	operations research	269
ＯＲ回路	OR circuit	266
オイラーの式	Euler's formula	266
オイルカップ	oil cup	267
オイルシエール	oil shale	267
オイルシール	oil seal	267
オイルリング	oil ring	267
オイルリング軸受	oil ring bearing	267
黄銅	brass	454
黄銅ろう	brass solder	455
往復圧縮機	reciprocating compressor	274
往復機関	reciprocating engine	274
往復スライダクランク機構	reciprocating block slider crank mechanism	274
往復台	carriage	274
応力	stress	295
応力集中	stress concentration	295
応力ひずみ図	stress strain diagram	295
ＯＡ	office automation	266
大ハンマ	sledge hammer	92
オキシダント	oxydants	184
置割れ	season crack	226
オクタン価	octane number	270
屋内配線工事	interior wiring	269
屋内配線図	diagram of interior wiring	270
送り	feed	299
送り運動	feed motion	299
送り装置	feed gear	299
送りユニット	feed unit	299
押えボルト	tap bolt	405
ＯＣ曲線	operating characteristic curve	19
押込通風	forced draft	16
押込揚程	forced head	238
押出し加工	extrusion	240
押しボタンスイッチ	push button switch	432
押湯	dead head, feeder head	240
オシログラフ	oscillograph	266
オシロスコープ	oscilloscope	266
オーステナイト	austenite	265
オーステンパー	austemper	265
オースフオーミング	aus-forming	266
オットサイクル	Otto cycle	268
オートコリメータ	autocollimeter	268
ＯＯ₂センサ	oxygen sensor	268
オートメーション	automation	268
鬼目やすり	rasp-cut file	106
おねじ	external thread	203
オーバラップ	overlap	265
オーバル流量計	oval flow meter	401

帯鋼　band steel	105	
帯のこ盤　band sawing machine	105	
帯ブレーキ　band brake	150	
オフセットリンク　offset link	269	
オプチカルフラット　optical flat	271	
オプチメータ　optimeter	270	
オープンベルト　open belting	269	
オペレーテイングシステム　operating system	269	
オペレーションズリサーチ　operations research	269	
オーム　ohm	317	
オームの法則　Ohm's law	270	
親ねじ　lead screw	117	
オリフイス　orifice	264	
Oリング　O-ring	264	
オルソテスト　orthotest	265	
オンオフ制御　on-off control	270	
音響カプラ　accoustic coupler	295	
温度こう配　temperature gradient	270	

力

加圧水形原子炉　pressurized water reactor	11
開回路　open-circuit	17
開回路制御　open loop control	17
ガイガー計数管　Geiger counter tube	12
外形線　visible outline	274
開口比　opening ratio	16
開先　groove	48
開先角度　groove angle	48
開先の深さ　groove depth	48
快削鋼　free cutting steel	396
がいし　insulator	241
外注生産　order production	274
回転圧縮機　rotary compressor	456
外転サイクロイド　epicycloid	249
回転子　rotor	456
回転磁界　rotating (magnetic) field	456
回転センタ　rotating center	456
回転送風機　rotary blower	456
回転速度　rotary speed	456
回転速度計　tachometer	456
回転体のつりあわせ　balancing of rotation	456
回転端　rounded end	455
回転テーブル　rotary table	457
回転羽根　moving vane	455
回転半径　radius of gyration	455
回転ピストン機関　rotary piston engine	457
回転ポンプ　rotary pump	457
ガイドポスト　guide post	12
開閉器　switch	213
開放鋳型　open sand molding	17
開放サイクル　open cycle	17
回計計　(circuit) tester	455
カウンタスケール　counter scale	23
換え歯車　change gear	159
換え刃ダイス　inserted chaser die	229
返り(俗)　burr	151
かき型　sweeping mold	50
過給　supercharging	36
過給機　supercharger	36
過共析鋼　hyper-eutectoid steel	35
角加速度　angular acceleration	12
確実伝動　positive driving	454
角速度　angular velocity	13
確動カム　positive motion cam	454
角度ゲージ　angle gauge	13
角度定規　bevel protractor	13
角ねじ　square thread	12
核燃料　nuclear fuel	448
角のみ　hollow chisel	12
角フライス　angle cutter	243
かくれ線　hidden outline	350
加工硬化　work hardening	7
加工方法の記号　abbreviate symbols for metal working process	7
重ね継手　lap joint	20
重ね抵抗溶接　lap welding	20
かさ歯車　bevel gear	152
かさ歯車歯切盤　bevel gear cutting machine	153
過失誤差　careless mistake	36
下死点　bottom dead center	444
荷重　load	444
荷重変形図　load-deformation diagram	445
過剰空気　excess air	36
ガス型鋳造法　CO_2 process	11
ガス機関　gas engine	10
ガスケット　gasket	17
カスケードポンプ　cascade pump	390
ガス定数　gas constant	11
ガス浸炭法　gas carburizing	11
ガス切断　gas cutting	10
ガスタービン　gas turbine	11
ガス抜き穴　vent hole	10
ガス分析　gas analysis	10
ガス溶接　gas welding	10
過早点火(かそうてんか)　preignition	352
加速度　acceleration	9
加速ポンプ　acceleration pump	9
ガソリン機関　gasoline engine	10
ガソリン噴射装置　gasoline injector	10
型板(かたいた)　template	451
型打ち加工　stamping	215
片角フライス　single angle cutter	422
片口スパナ　single head spanner	422
形削り盤　shaper	197
形鋼　shape steel	450
型鍛造　die forging	450

形直し　truing	414
型抜棒　rapping bar	108
片刃バイト　side tool	383
型ほり用エンドミル　die sinking cutter	451
片面グルーブ　single groove welding	422
片持ばり　cantilever	274
片持平削り盤　open side planer	89
型わく　molding box	358
可鍛鋳鉄　malleable cast iron	7
カーチスタービン　Curtis turbine	391
滑車　pulley	433
カットアウトスイッチ　cut-out switch	392
可動コイル形計器　moving-coil type instrument	9
可動鉄片形計器　moving-iron type instrument	9
可動羽根　movable vane	8
か働分析　analysis of operation	8
可動翼形回転圧縮機　rotary compressor of movable vane	8
かど継手　corner joint	132
金型(かながた)　〔metal〕mold	51
金切り帯のこ盤　band sawing machine	105
金敷(かなしき)　anvil	242
金ます(かなます)　parallel block	426
過熱器　superheater	36
過熱蒸気　superheated steam	36
過熱度　degree of superheat	36
加熱炉　heating furnace	11
カーバイド　carbide	389
過負荷　overload	36
株式会社　company limited by-shares	356
カプラン水車　Kaplan turbine	389
可変抵抗形振動計　electric resistance vibrometer	9
過飽和　supersaturation	36
カーボン繊維　carbon fiber	389
かみあいクラッチ　claw clutch	134
かみあい長さ　length of action	127
かみあい率　action ratio	134
かみそり　adjusting shim	354
カム　cam	390
カム機構　cam mechanism	391
カム線図　cam diagram	391
可融合金　fusible alloy	12
カラーコンデイシヨニング　colour conditioning	188
枯し　seasoning	225
ガラス温度計　glass thermometer	289
ガラス管液面計　glass tuble liquid level gauge	289
からす口　bow pen	264
カラーテレビジヨン　color television	392
火力発電所　thermoelectric power plant	453
カーリング　curling	392
カルテル　cartel	389

カルノサイクル　Carnot's cycle	389
かわき度　dryness	18
かわき飽和蒸気　dry saturated steam	18
側フライス　side milling cutter	181
皮ベルト　leather belt	12
ガングスリッタ　gang slitter	17
間欠歯車　intermittent gear	14
換算蒸発量　equivalent evaporation	454
乾式ガスメータ　dry gas meter	18
乾式ラップ仕上　dry lapping	18
乾湿球湿度計　psychrometer	18
緩衝器　shock absorber, bumper	273
環状抵抗器　ring tube resister	454
慣性　inertia	37
慣性の法則　law of inertia	38
慣性モーメント　moment of inertia	38
慣性力　inertia force	37
間接照明　indirect illumination	13
間接測定　indirect measurement	13
間接伝動　indirect transmission	13
間接費　indirect cost	13
完全潤滑　complete lubrication	273
完全ねじ部　complete thread	273
完全燃焼　complete combustion	273
完全放射体　full radiator	273
完全焼なまし　complete annealing	273
ガンドリル　gun drill	18
乾燥型　dry sand mold	18
貫通ドライバ　screw driver	39
乾電池　dry cell	18
感度　sensitivity	14
ガント式図表　Gantt's chart	14
かんな　plane	91
管内オリフイス　pipe orifice	36
管内流速の基準　standard of flow velocity in line	36
かんな盤　planing and molding machine	91
γ鉄　γ-iron	14
冠歯車(かんむりはぐるま)　crown gear	397
含油軸受　oilless bearing	266
管理　control	37
管理限界　control limit	37
管理図　control chart	37
管理組織　management organization	37
貫流ボイラ　once-through boiler	37
管路抵抗　resistance of line	37
緩和曲線　easement curve	273

キ

キー　key	400
記憶回路　memorial circuit	60
記憶器　register	113

機械　machine	52
器械　instrument	54
機械エネルギ　mechanical energy	53
機械管理　machinery control	52
機械語　machine language	53
機械構造用炭素鋼　carbon steel for machine structure use	52
機械効率　mechanical efficiency	54
機械損失仕事　mechanical loss	53
機械タップ　machine tap	54
機械的振動計　mechanical vibrometer	53
機械の検査　inspection of machine	53
機械配置図　machine layout drawing	52
機械要素　machine element	53
機械余力表　machine excess chart	53
気化器　carbureter	62
規格限界　specification limit	48
木型　wooden pattern	133
機関室　engine room	54
企業　enterprise	60
企業経営　administration of enterprise	60
企業組織の原理　principle of enterprise	60
器具　instrument	54
危険荷重　critical load	287
危険振動数　critical frequency	287
危険速度　critical speed	287
危険断面　dangerous section	287
機構　mechanism	54
器差　instrumental error	22
きさげ　soraper	215
きさげ仕上　scraping	215
刻み　pitch	442
技術士　consultant engineer	56
基準ゲージ　reference standard	60
基準接点　reference junction	61
基準強さ　basic strength	60
基準ピッチ円　standard pitch circle	61
基準ブロック　basic block	61
基準ラック　basic rack	61
起磁力　magnetomotive force	60
機素　element	56
基礎円　base circle	62
基礎図　foundation drawing	61
基礎ブロック　foundation block	61
基礎ボルト　foundation bolt	61
気体温度計　gas thermometer	61
気体燃料　gaseous fuel	61
起電力　electromotive force	60
機能設計　functional design	54
機能組織　functional organization	55
基範　standard gauge	431
キーみぞ　key way	400
逆カム　inverse cam	301
脚長　leg length	80
逆止め弁　check valve	375
ギヤグリース　gear grease	56
脚立（きゃたつ）　step ladder	13
キヤド（CAD）　computer aided design	390
キヤビテーション　cavitation	390
キヤビネット図　cabinet projection drawing	390
キヤプテンシステム（CAPTAINS）character and pattern telephone access Information network system	391
ギヤプラー　gear puller	59
ギヤホブ　gear hob	60
吸気行程　intake stroke	460
吸収冷凍機　absorption refrigerating machine	460
球状黒鉛鋳鉄　nodular graphite cast iron	45
給水加熱器　feed water heater	51
急速排気弁　quick exhaust valve	51
球面運動機構　spheric mechanism	44
球面カム　spherical cam	44
球面対偶　spherical pair	44
キュービクル　cubicle	397
キュポラ　cupola	275
境界潤滑　boundary lubrication	20
強化プラスチック　fiberglass reinforced plastics	16
共晶　eutectic	33
共晶合金　eutectic alloy	34
共振現象　resonance phenomena	35
強じん鋼　high strength steel	15
強じん鋳鉄　high strength cast iron	16
きょう正機　roller leveller	43
強制潤滑　forced lubrication	16
強制循環式水管ボイラ　forced circulation boiler	16
強制振動　forced vibration	16
強制通風　forced draft	16
共析　eutectoid	31
共析鋼　eutectoid steel	31
狭範（きょうはん）　limit gauge	445
極圧油　extreme pressure oil	49
極限強さ　ultimate strength	49
極断面係数　polar modulus of section	49
局部照明　local illumination	45
局部投影図　partial projection drawing	45
曲率半径　radius of curvature	28
許容応力　allowable stress	448
許容限界寸法　allowable limits size	449
許容誤差　allowable error	448
許容電流　allowable current	449
許容曲げ応力　allowable bending stress	448
きり　drill	102
切欠き　notch	76
切欠きセンタ　half center	445
切紛（きりこ）　chip	388
切込み　depth of cut	338
きりスリーブ　drill sleeve	103
きりソケット　drill socket	102
きりチャック　drill chuck	103

切りばし　finner's scissors	446
きりブシュ　drill bushing	103
キルク　cork	393
キルド鋼塊　killed ingot	400
亀裂形切紛　tear type chip	259
切刃(きれは)　cutting edge	338
記録計器　recording instrument	55
金　gold	50
銀　silver	294
銀砂　silica sand	295
近似直線運動機構　quasi-l near motion mechanism	49
均質　homogeneity	48
近接スイッチ　proximity switch	49
金属アーク溶接　metal arc welding	51
金属間化合物　intermetallic compound	51
金属管工事　metallic conduit work	51
金属顕微鏡　metallographical microscope	51
金属溶射　metal spraying	51
銀ろう　silver solder	294

ク

食違い軸歯車　skew gear	214
クイックチエンジホルダ　quick change holder	397
空気圧縮機　air compressor	31
空気圧シリンダ　pneumatic cylinder	30
空気圧モータ　pneumatic motor	30
空気軸受　air bearing	29
空気室式燃焼室　air-cell type combustion chamber	30
空気清浄器　air cleaner	31
空気チャック　air chuck	247
空気調和　air conditioning	31
空気調和装置　air conditioner	31
空気ばね　pneumatic spring	30
空気ハンマ　air hammer	247
空気比　excess air ratio	36
空気ブレーキ　air brake	30
空気マイクロメータ　air micrometer	29
空気焼入れ　air quenching	29
空気予熱器　air preheater	31
空気冷却　air cooling	31
空ごう式圧力計　capsular manometer	391
偶然誤差　accidental error	277
空中線　antenna	35
偶力　couple	277
鎖伝動　chain drive	375
鎖歯車　chain sprocket	375
管(くだ)　pipe	36
管継手　pipe joint	38
管の呼び　nominal size of pipe	38

管用ねじ　pipe thread	38
管寄せ　header	449
口火　pilot flame	417
組合せボイラ　sectional boiler	195
組子　member	165
組立図　assembly drawing	353
クラウン歯車　crown gear	397
クラッカ〔俗〕　crack	397
クラッチ　clutch	399
クラッパブロック　clapper block	399
グラブプレート〔俗〕　granite plate	191
クランク　crank	397
クランク腕　crank arm	397
クランク角　crank angle	397
クランク軸(曲軸)　crankshaft	397
クランク室　crankcase	397
クランク室掃気　crankcase scavenging	397
クランクプレス　crank press	397
グランドパッキン　gland packing	50
クランプバイト　clamped tool	399
繰返し荷重　repeated load	143
グリース　grease	49
グリースカップ　grease cup	49
クリックボール　click borer	399
クリノメータ　clinometer	21
クリープ　creep	399
クリープ限度　creep limit	399
クリプトン86ランプ　^{86}Kr lamp	399
クリンカ　clinker	399
グルーフ　groove	48
クレータ　crater	398
クレータ摩耗　crater wear	398
クレーン　crane	398
クロスベルト　crossed belting	398
黒ボルト　black bolt	173
クロム鋼　chrome steel	398
クローモリブデン鋼　chrome molybdenum steel	398
グローランプ　glow lamp	50
クーロン　coulomb	396
クーロンの法則　Coulomb's law	396
群管理システム　group control system	48

ケ

計器誤差　instrumental error	22
計器の階級　grade of meter	22
計器用変成器　instrument transformer	22
軽合金　light alloy	22
けい光探傷法　fluorescent defect inspection	450
けい光燈　fluorescent lamp	450
計算機制御　computer control	22
計算尺　slide rule	22

傾斜管式圧力計	inclined-tube manometer	21
傾斜計	inclinometer	21
形状記憶合金	shape memory alloy	450
軽水	light water	22
軽水炉	light water reactor	22
計数形計器	digital meter	23
計装	instrumentation	23
計装図	instrumentation drawing	23
計装用記号	instrumentation symbol	23
計測	instrumentation	24
計測器	measuring instruments and apparatus	24
けい素鋼	silicon steel	48
径違い継手	reducing joint	117
系統サンプリング	systematic sampling	24
系統的誤差	systematic error	24
経年変化	secular change	21
経費	expense	21
径向き羽根	radial fan	112
計量値	variable value	22
計量抜取検査	sampling inspection by variables	22
けがき	marking-off	51
けがき定盤	marking-off plate	51
けがきばり	scriber	214
ゲージ圧	gauge pressure	19
削り速度	cutting speed	339
結合剤	bond	20
結合度	grade	20
結晶格子	crystal lattice	19
結晶組織	crystalline structure	20
結晶粒	crystal grain	20
結晶粒界	grain boundary	20
ケーブル	cable	392
ケルビンとセ氏度	Kelvin and degree Celsius	393
ケルメット	kelmet	393
減圧弁	pressure reducing valve	15
原価	prime cost	279
限界ゲージ	limit gauge	445
限界速度	critical speed	445
原価管理	cost control	280
原価計算	cost accounting	280
減価償却費	depreciation	14
原価の3要素	three elements of cost	280
原型(げんけい)	pattern	284
検査	inspection	19
研削加工	grinding	255
研削しろ	grinding allowance	255
研削抵抗	grinding force	256
研削盤	grinding machine	255
研削焼き	grinding temper	256
研削割れ	grinding crack	255
検査特性曲線	operating characteristic curve	19
原子水素溶接	atomic hydrogen welding	282
現尺	full size	433
原子力発電所	nuclear power plant	282
原子炉	nuclear reactor	282
検図	check of drawing	19
原図	traced drawing	280
減衰振動	damped oscillation	15
原節	driver	280
減速材	moderator	14
原動機	prime mover	280
顕熱	sensible heat	449
検波	detection	19
弦歯厚	chordal thickness	449
現品管理	goods control	450
研摩材	abrasives	255
検流計	galvanometer	19

コ

コイル	coil	394
コイルばね	coiled spring	394
鋼	steel	97
高温かたさ	hot hardness	25
高温計	pyrometer	25
恒温室	constant temperature room	447
恒温変態	isothermal transformation	447
鋼塊	steel ingot	15
公害	public nuisance	35
光学的パルススケール	optical puls scale	42
鋼管	steel pipe	15
高級鋳鉄	high grade cast iron	24
工業仕事	technical work	32
工業デザイン	industrial design	31
工業用ロボット	industrial robot	32
合金	alloy	446
合金鋼	alloy steel	446
合金工具鋼	alloy tool steel	446
合金鋳鉄	alloyed cast iron	446
工具管理	tools control	28
工具研削盤	tool grinding machine	28
工具顕微鏡	tool maker's microscope	29
工具鋼	tool steel	28
工具寿命	life of cutting tool	28
工具の集中研削	concentrated grinding of tools	29
工具の標準化	standardization of tools	29
硬鋼	hard steel	20
公差	tolerance	35
工作機械の記号	machine tools symbol	32
格子定数	lattice constant	19
硬質ゴム	hard rubber	22
高周波焼入れ	induction hardening	27
高周波誘導電気炉	high frequency induction furnace	27

公称応力　nominal stress	35
公称応力ひずみ図　nominal stress-strain diagram	35
工場管理　factory management	32
工場立地　plant location	32
向心加速度　centripetal acceleration	45
後進溶接　back hand welding	458
向心力　centripetal force	45
工数　units of working time	31
工数計画　working time planning	31
合成樹脂　synthetic resin	447
構成刃先　built-up edge	179
構造物　structure	45
構造用炭素鋼　carbon steel for structural use	45
光束　luminous flux	40
高速切削　high speed cutting	25
高速中性子　fast neutron	25
高速度工具鋼　high speed steel	25
拘束連鎖　closed chain	45
光弾性実験　photo-elastic experiment	41
高炭素鋼　high carbon steel	28
抗張力　tensile strength	447
高張力低合金鋼　high tensile steel	25
行程　stroke	448
工程　production process, process	33
工程管理　process management	33
工程計画　process planning	33
工程研究　process study	34
工程図示記号　process chart symbols	33
工程統制　process control	34
工程表　process sheet	34
工程分析　process analysis	33
光電管　photoelectric tube	40
光電管露点計　photoelectric dew point hygrometer	40
光電高温計　photoelectric pyrometer	40
光電効果　photoelectric effect	41
光電子　photoelectrion	41
光電スイッチ　optical-electric switch	40
光電変換　photoelectric conversion	40
光度　luminous intensity	39
こう配　grade, gradient, slope	45
こう配キー　taper key	45
購買計画　consumers plan	44
光波干渉　interference of light wave	42
光波基準　wavelength standard	42
高発熱量　higher calorific power	24
鋼板　steel plate	16
交番荷重　alternate load	43
降伏点　yield point	447
光明丹（こうみょうたん）　minium, red lead	39
鉱油　mineral oil	40
効率　efficiency	457
交流　alternating current	42
交流アーク溶接　alternating current arc welding	43
交流電力　alternating current power	43
高力アルミニウム合金　high tensile aluminum alloy	24
高炉　blast furnace	24
硬ろう　hard solder	21
コーキン　caulking	394
黒鉛　graphite	459
黒鉛化　graphitization	459
黒鉛るつぼ　graphite crucible	459
国際キログラム原器　international prototype kilogram	46
国際実用温度目盛　International Practical Temperature Scale	46
国際標準ねじ　ISO thread	46
国際メートル原器　international standard-meter	46
黒心可鍛鋳鉄　black heart malleable cast iron	458
黒体　black body	459
黒体面　black body surface	459
誤差　error	268
誤差率　measuring efficiency	268
腰折れバイト　goose necked tool	219
個人誤差　personal error	17
ゴーストライン　ghost line	25
固相線　solidus line	25
固体浸炭法　solid carburizing	27
固体燃料　solid fuel	27
コーチスクリュー　coach screw	394
コック　coke	395
コッタ　cotter	395
こて　trowel	460
固定子　stator	26
固定端　fixed end	26
固定羽根　fixed vane	26
固定ばり　fixed beam	26
固定ブシ　fixed bush	26
固定振れ止め　center rest	26
コード　cord	393
小ねじ　machine screw	313
個別生産　individual production	17
コボル (COBOL)　common business oriented language	393
ゴム緩衝器　rubber buffer	24
ゴムベルト　rubber belt	24
固有振動　natural vibration	25
固有振動数　natural frequency	25
固溶体　solid solution	25
コルニシュボイラ　Cornish boiler	393
コレットチャック　collet chuck	396
ころがり軸受　rolling bearing	43
ころがり軸受の呼び番号　designation of rolling bearing	44
ころがり接触　rolling contact	44
ころがり摩擦　rolling friction	43

日本語		色引
ころ軸受　roller bearing	115	
コロナ放電　corona discharge	393	
こわさ　rigidity	15	
コンクリート　concrete	396	
コンサルタントエンジニア　consultant engineer	56	
混式タービン　combined turbine	452	
コンスタンタン　constantan	395	
混成油　combined oil	452	
コンセント　plug socket	395	
コンターマシン　contour machine	395	
コンデンサ　condenser	395	
コンデンサモータ　condenser motor	395	
コンデンシングユニット　condensing unit	395	
コンパイラ　compiler	392	
コンパス　compasses	392	
コンプレッサ　compressor	239	
コンベヤスケール　belt conveyor scale	157	

サ

差圧液面計　differential pressure type liquid level gauge	371	
差圧流量計　differential pressure type flowmeter	372	
サイクル　cycle	181	
サイクロイド歯形　cycloid tooth	182	
再結晶　recrystallization	314	
最小断面二次半径　minimum radius of gyration	380	
最小断面二次モーメント　minimum second moment of area	379	
再生サイクル　regenerative cycle	315	
再生タービン　regenerative turbine	315	
最大高さ(R_{max})　maximum height	379	
最大実体公差方式　maximum material principle	379	
再熱器　reheater	315	
再熱再生サイクル　reheating-regenerative cycle	315	
再熱再生タービン　reheating-regenerative turbine	315	
サイリスタ　thyristor	181	
材料記号　material symbol	314	
材料計画　material planning	314	
材料費　material expense	314	
材料表　material chart	314	
サイン棒　sine bar	182	
座金　washer	271	
さき手ハンマ　striker's hammer	240	
先細ノズル　convergent nozzle	205	
作業研究　time and motion study	312	
作業進ちょく表　job progress table	313	

作業余力表　work excess chart	312
座屈　buckling	354
座屈荷重　buckling load	354
座ぐり　spot facing	218
差込みブシュ　spigot bush	186
サージング　surging	191
座付ナット　washer based nut	271
差動歯車装置　differential gear	371
差動変圧器　differential transformer	371
差動割出し法　differential indexing	371
サドル　saddle	188
さねはぎ　rabbet	180
サバテサイクル　Sabathe cycle	180
さび　rust	77
さび止め塗料　corrosion preventive paint	77
サブマージドアーク溶接　submerged arc welding	190
サーブリッグ分析　therblig analysis	275
サーボ機構　servomechanism	190
サーボモータ　servomotor	190
サーミスタ　thermistor	190
サーメット　thermet	190
サーモスタット　thermostat	190
作用線　line of action	313
酸洗い　acid pickling	183
三角結線　delta connection	94
三角ねじ　triangular thread	184
産業用ロボット　industrial robot	183
産業廃棄物　industrial waste	184
三極管　triode	184
三元合金　ternary alloy	185
3σ(シグマ)限界　three sigma limits	185
三次元測定機　X-Y-Z axial measuring machine	185
三重点　triple point	185
三針法　three wire system	185
酸素アセチレン溶接　oxyacetylene welding	183
三相交流　three-phase AC	185
三相電力計　three-phase wattmeter	185
酸素水素溶接　oxyhydrogen welding	183
サンドスリンガ　sand slinger	188
サンドブラスト　sand blast	188
サンプリング　sampling	188
残留オーステナイト　remained austenite	313

シ

仕上記号　finish mark	80
仕上しろ　finishing allowance	80
仕上バイト　finishing tool	80
指圧計　indicator	363
CAI　computer asisted instruction	224
CATV　cable television	224

思案点　change point	180
ジェット機関　jet engine	352
ジェットポンプ　jet pump	352
シェービング　gear shaving	197
CNC工作機械　computerized numerically controlled machine tool	224
シエルエンドミル　shell end mill	197
シエルモールド法　shell mold process	197
磁界　magnetic field	307
時間観測　time observation	223
時間研究　time study	223
C管理図　C control chart	223
色彩調節　colour conditioning	188
磁気しゃへい　magnetic shielding	308
色相　hue	188
磁気探傷法　magnetic defect inspection	308
磁気吹き　magnetic blow	122
磁気変態　magnetic transformation	307
磁気漏れ変圧器　leakage transformer	307
磁気誘導　magnetic induction	308
事業部組織　section system organization	180
磁極　magnetic pole	307
仕切板　dashboard	91
仕切弁　sluice valve	222
軸　shaft	381
ジグ　jig	363
軸受　bearing	153
軸受圧力　bearing pressure	154
軸受鋼　bearing steel	154
軸受すきま　clearance of bearing	153
軸受メタル　bearing metal	154
軸受用合金　alloys for bearing	154
ジグ基盤　base plate	154
軸出力　shaft horsepower	381
軸継手　shaft coupling	382
軸動力　shaft horsepower	381
ジグ中ぐり盤　jig boring machine	363
軸の危険速度　critical speed of shaft	382
軸のこわさ　rigidity of shaft	382
軸流圧縮機　axial compressor	381
軸流水車　axial-flow water turbine	381
軸流送風機　axial blower	381
軸流タービン　axial-flow turbine	381
軸流ポンプ　axial-flow pump	382
シーケンス制御　sequential control	226
試験片　test piece	226
時効硬化　age hardening	226
自硬性　self-hardening	307
仕事　work	303
仕事の原理　principle of work	304
仕事の熱当量　thermal equivalent of work	304
自己誘導　self induction	308
視差　parallax	225
資材管理　materials control	311
自在継手　universal coupling	311
GCといし　GC grindstone	363

磁石　magnet	310
沈みキー　sunk key	134
磁性体　magnetic substance	310
磁選機　magnetic separator	308
自然通風　natural draft	311
自然落差　natural head	311
磁束　magnetic flux	310
磁束密度　magnetic flux density	311
実験計画法　design of experiments	228
実効値　effective value	228
実際のど厚　actual throat	228
湿式ガスメータ　wet gas meter	223
実用新案法　utility model	228
実揚程　gross pump head	228
質量　mass	369
質量効果　mass effect	369
死点　dead point	93
自動アーク溶接　automatic arc welding	309
自動ガス切断　automatic gas cutting	307
自動工具交換装置　automatic tool changer	309
自動制御　automatic control	309
自動製図機械　automatic drafting machine	309
自動旋盤　automatic lathe	309
自動調心軸受　self-aligning bearing	310
自動定寸装置　automatic sizing mechanism	310
シニング　thinning	224
CPU　central processing unit	225
絞り　① contraction of area　② contraction ③ throttling　④ drawing	85
絞り型　drawing die	101
絞り機　reducing mill	116
絞り率　drawing coefficient	101
時分割システム　time sharing system	224
資本構成　composition of capital	310
しまりばめ　interference fit	245
シム　shim	228
シーム溶接　seam welding	229
締付ねじ　clamp screw	399
湿り蒸気　wet steam	223
湿り度　wetness	223
シヤー角　shear angle	322
尺度　scale	373
斜剣バイト　roughing tool	18
斜交かさ歯車　angular bevel gears	99
しゃこ万力　C clamp	226
車軸　axle	372
写真電送　phototelegraphy	182
しゃ断器　breaker	371
ジャック　jack	315
斜投影　oblique projection	183
射出成形法　injection molding	182
ジャーナル　journal	315
斜板カム　swash plate cam	21
斜面　inclined plane	21
斜流水車　diagonal flow water-turbine	180
斜流ポンプ　diagonal flow pump	180

일본어 색인 **513**

シヤー	shear	224
シャンク	shank	190
周期	period	355
十字ねじ回し	plus driver	229
重心	center of gravity	360
自由振動	free vibration	311
集積回路	integrated circuit	232
従節	follower	355
周速度	circumferential velocity	283
集中荷重	concentrated load	370
集中管理方式	centralized control system	370
自由電子	free electron	311
周波数	frequency	358
周波数計	frequency meter	358
周辺効率	circumferential efficiency	356
周辺仕事	circumferential work	355
重油	heavy oil	361
重量計算	weight calculation	359
重量流量	weighting flow	360
重力加速度	acceleration of gravity	360
重力単位	gravimetric unit	360
主軸	spindle	358
受注生産	order production	207
樹状結晶	dendrite	94
十点平均あらさ	ten point average roughness	229
16進数	hexadecimal number	229
主投影図	principal projection drawing	358
ジュラルミン	duralumin	99
ジュール熱	Joule heat	359
ジュールの法則	Joule's law	359
潤滑剤	lubricant	294
潤滑法	lubricating method	294
瞬間中心	instantaneous center	210
純鉄	pure iron	210
シヨアかたさ試験	Shore hardness test	202
使用応力	working stress	181
消音器	muffler	199
蒸気圧式温度計	vapour pressure thermometer	362
蒸気圧縮式冷凍機	steam compression refrigerating machine	362
蒸気機関	steam engine	361
蒸気消費率	steam consumption ratio	362
蒸気線図	steam chart	361
蒸気タービン	steam turbine	362
蒸気動力プラント	steam power plant	362
蒸気ハンマ	steam hammer	362
蒸気表	steam tables	362
衝撃押出し	impact extrusion	383
衝撃荷重	impact load	383
衝撃試験	impact test	383
衝撃力	impulsive force	382
焼結合油軸受	sintered oil retaining bearing	266
焼結合金	sinted alloy	197
上死点	top dead center	187
仕様書	specification	180
状態式	equation of state	188
状態図	constitutional diagram	187
照度	illumination	353
衝動水車	impulse water turbine	383
衝動タービン	impulse turbine	383
衝動段	impulse stage	383
小日程計画	short scheduling	199
定盤	surface plate	346
小ハンマ	hammer	447
正味出力	net horsepower	346
正味熱効率	net thermal efficiency	346
正味平均有効圧	brake mean effective pressure	346
正面図	front view	345
正面旋盤	face lathe	345
正面フライス	face mill	346
省力化	elimination of labor	193
触媒コンバータ	catalytic converter	378
植物油	vegetable oil	226
ショックアブソーバ	shock absorber	202
ショットピーニング	shot peening	203
ショットブラスト	shot blast	202
ジョミニ曲線	Jominy curve	353
ジョミニ試験	Jominy test	353
シリケートといし車	silicate wheel	227
磁力線	magnetic line of force	310
シリンダ	cylinder	227
シリンダゲージ	cylinder gauge	227
シリンダ全容積	total volume of cylinder	228
シリンダブロック	cylinder block	228
シリンダヘッド	cylinder head	228
シリンダライナ	cylinder liner	227
シルジン青銅	silzin bronze	228
シールドガス	sealed gas	138
シルミン	silumin	227
白写真	positive print	149
シロッコフアン	sirocco fan	224
真空管	vacuum tube	331
真空計	vacuum gauge	367
シンクロスコープ	synchroscope	229
伸縮継手	expansion joint	226
真性半導体	intrinsic semiconductor	368
心出し	centering	196
心出し定規	center square	196
心立て盤	centering machine	196
浸炭法	carburization	388
シンチレーション計数器	scintillation counter	227
振動	vibration	368
振動計	vibrometer	368
振動数	frequency	368
浸透探傷法	penetrate inspection	388
振動防止	insulation of vibration	368
心なし研削盤	centerless grinder	196

侵入形固溶体 interstitial solid solution	387	
真発熱量 lower calorific value	315	
振幅 amplitude	369	
心棒 mandrel	129	
深冷処理 subzero cooling	191	

ス

巣 blow hole	54
水圧 hydraulic pressure	206
水圧管 penstock	206
水圧試験 hydraulic test	206
水圧プレス hydraulic press	206
吹管 torch	411
水管 water tube	203
水管ボイラ water tube boiler	203
水銀 mercury	206
水銀温度計 mercury thermometer	207
水銀燈 mercury arc lamp	206
水銀マノメータ mercury manometer	206
水撃作用 water hammering	203
吸込管 suction pipe	460
吸込行程 suction stroke	460
吸込揚程 suction head	460
水質汚濁 water pollution	208
水車 water turbine	209
水車の効率 efficiency of water turbine	205
水準器 level	207
水晶振動子 quartz vibrator	207
水晶時計 crystal clock	207
水晶発振器 crystal oscillator	207
推進剤 propellant	380
水性塗料 distemper	206
吸出し管 draft tube	460
水中モータポンプ submergible motor pump	207
垂直応力 normal stress	208
垂直荷重 normal load	208
水頭 head	204
水密 water tight	205
水面計 water gauge	205
水溶性切削油剤 soluble cutting fluid	206
推力 thrust	380
水力 hydro-power	204
水力機械 hydraulic machinery	205
水力発電所 hydraulic power station	205
水冷機関 water cooled engine	203
水冷炉壁 water tube wall	203
数値制御(工作機械用) numerical control	210
すえ込み up setting	245
すえ付図 setting drawing	193
すえ付ボルト holding-down bolt	193
末広ノズル divergent nozzle	454
スカラ scalar	213
すきま clearance	415
すきまゲージ thickness gauge	13
すきまはめ clearance fits	449
すきま容積 clearance volume	415
スキャナ scanner	214
すぐばかさ歯車 straight bevel gear	365
スクロールチャック scroll chuck	215
スケッチ sketch	214
スケール scale	214
スケール立て scale stand	214
スコッチヨーク scotch yoke	214
図式解法 graphical analysis	96
図示仕事 indicated work	95
図示平均有効圧 indicated mean effective pressure	96
図心 center of figure	96
すず tin	356
進み角 lead angle	117
スタイラス stylus	215
スタッド溶接 stud welding	215
ステッピングモータ stepping motor	216
ステライト stellite	216
ステンレス鋼 stainless steel	215
ストーカ stoker	216
ストレートシャンク straight shank	217
ストレンゲージ strain gauge	317
ストロボ stroboscope	217
ストロボ回転速度計 stroboscope tachometer	217
砂型 sand mold	183
砂型鋳造法 sand mold casting	183
スナップ snap	212
砂ふるい機 sand shifter	188
砂混せ機 sand mixer	452
スパッタ spatter	218
スパッタ損失 spatter loss	218
スパナ spanner	218
スーパヘテロダイン受信機 superheterodyne receiver	212
スパン span	218
スピードリング speed ring	221
スピニング加工 spinning	220
スピンドル spindle	<u>221</u>
スピンドル油 spindle oil	221
スプライン spline	220
スプラインホブ spline hob	220
スプリングバック spring back	219
スプロケット sprocket wheel	218
スプロケットカッタ sprocket wheel cutter	218
すべり slip	135
すべりキー feather key	136
すべり子 slider	221
すべり軸受 sliding bearing	135
すべり接触 sliding contact	135
すべり線 slip line	135
すべり対偶 sliding pair	135

すべり抵抗器　slide rheostat	221
すべりばめ　sliding fit	359
すべり弁　slide valve	222
すべり摩擦　sliding friction	135
すべり率　specific sliding	135
スポーク　spoke	218
スマッジング　smudging	213
すみ肉溶接　fillet welding	443
図面の種類　kind of drawing	95
図面番号　drawing number	95
図面目録　drawing list	95
スモールエンド　small end	198
スライダ　slider	221
スライダクランク機構　slider crank mechanism	221
スライドスプール弁　slide spool valve	221
スラグ　slag	222
スラグハンマ　slag hammer	222
スラスト　thrust	380
スラスト軸受　thrust bearing	213
スラスト玉軸受　thrust ball bearing	213
スラストつば軸受　thrust collar bearing	213
すり合せ作業　fitting	63
スリップリング　slip ring	135
スリーブ　sleeve	222
ズルツアボイラ　Sulzer boiler	212
寸法記入　dimensioning	386
寸法許容差　allowance of dimension	386
寸法公差　tolerance of dimension	385
寸法線　dimension line	386
寸法補助線　extension line	386

セ

静圧　static pressure	346
正確さ　accuracy	350
静荷重　static load	349
正規分布　normal distribution	344
制御動作　control action	351
制御棒　control rod	351
正弦波　sine wave	350
生産計画　production planning	189
生産性　productivity	189
生産設計　production design	189
生産フライス盤　production milling machine	435
生産保全　production maintenance	189
生産方式　production method	189
製図器　drawing instrument	350
製図機械　drafting machine	350
製図用線　drawing lines	350
製造原価　manufacturing cost	351
製造三角図	351
静つりあい試験機　static balancing machine	348
静的不つりあい　static unbalance	347
静電形計器　electrostatic- type instrument	349
静電しゃへい　electrostatic shielding	349
静電塗装　electrostatic coating	348
静電偏向　electrostatic deflection	349
静電誘導　electrostatic induction	349
静電容量　electrostatic capacity	348
静電容量変換　electrostatic capacity conversion	348
静電力　electrostatic force	348
精度　accuracy	345
青銅　bronze	374
正投影　orthographic projection	349
青熱もろさ　blue shortness	374
製品設計　products design	352
静摩擦　statical friction	345
精密鋳造法　precision casting	346
整流　rectification	345
整流子電動機　commutator motor	345
せき　weir	285
赤外線乾燥　infrared ray drying	318
析出硬化　precipitation hardening	191
赤熱もろさ　red shortness	318
積分回路　integrating circuit	317
石油機関　kerosene engine	191
せぎり　setting down	194
せぎり継手　joggled lap joint	127
セクタ歯車　sector wheel	195
セグメントといし　grinding segment wheel	193
ゼーゲルコーン　Seger cone	350
セタン価　cetane number	194
絶縁耐力　dielectric strength	340
絶縁抵抗　insulation resistance	340
絶縁抵抗計　insulation resistance tester	340
絶縁電線　insulated wire	340
絶縁破壊　dielectric breakdown	340
絶縁物　insulator	340
設計　design	192
切削運動　cutting motion	339
切削加工　machining of materials	338
切削機構　cutting mechanism	338
切削効率　cutting efficiency	340
切削所要動力　cutting power	338
切削速度　cutting speed	339
切削抵抗　cutting resistance	339
切削抵抗測定装置　cutting resistance measuring apparatus	339
切削面積　cutting area	338
切削油剤　cutting fluid	339
接触弧　arc of contact	344
接触誤差　contact error	344
接線応力　tangential stress	343
接線荷重　tangential load	343
接線カム　tangent cam	343
接線キー　tangent key	343

接続器　connecter	343
絶対圧　absolute pressure	338
絶対湿度　absolute humidity	337
絶対単位　absolute unit	337
絶対値方式　absolute system	338
節炭器　economizer	340
切断トーチ　cutting torch	337
接地　earth	343
接地抵抗計　earth tester	343
接着剤　adhesive material	343
節点　joint	354
ゼネバ歯車　Geneva drive	350
セミグラフイックパネル方式　semigraphic panel system	194
セメンタイト　cementite	224
セメンテーション　cementation	224
セメント　cement	224
セラース軸継手　Sellers' coupling	196
セラミック　ceramic	193
セラミックといし車　ceramic grinding wheel	193
セレーション　serration	193
全圧　total pressure	327
全圧力　total pressure	328
線間電圧　line voltage	192
せん(栓)ゲージ　plug gauge	438
センサ　sensor	195
全自動機械　full automatic machine	331
前進溶接　forward welding	335
全水頭　total head	327
線図効率　diagram efficiency	356
線図仕事　diagram work	192
センタ　center	195
センタ穴　center hole	195
センタきり　center drill	196
センタゲージ　center gauge	195
センタポンチ　center punch	196
せん断　shear	224
せん断応力　shearing stress	323
せん断角　shear angle	322
せん断加工　shearing	322
せん断荷重　shearing load	323
せん断形切粉　shear type chip	323
せん断機　shear	323
せん断弾性係数　shearing modulus	323
せん断ひずみ　shearing strain	323
せん断力図　shearing force diagram	323
銑鉄　pig iron	192
線電流　line current	192
線度器　line standard	192
潜熱　latent heat	313
全歯たけ　whole depth	378
旋盤　lathe	192
線引き　wire drawing	272
ぜんまい　spiral spring	69
専用工作機械　special purpose machine tool	329

全揚程　total head	328

相　phase	186
騒音　noise	198
騒音計　sound level meter	198
総形バイト　forming tool	379
総形フライス　formed cutter	379
相貫体　intersecting bodies	186
掃気　scavenging	197
掃気ポンプ　scavenging pump	198
操業度　rate of operation	354
造型用工具　molding tool	354
総原価　total cost	378
相互インダクタンス　mutual inductance	188
総合計画表　general planning chart	378
総合原価計算　process costing	379
倉庫管理　stock control	372
相互誘導　mutual induction	188
走査　scanning	356
創成歯切盤　gear generating machine	372
創成歯切法　gear generating methed	372
想像線　imaginary line	9
相対運動　relative motion	185
相対湿度　relative humidity	185
相対速度　relative velocity	185
送電　power transmission	202
相電圧　phase voltage	187
相電流　phase current	187
相当蒸発量　equivalent evaporation	186
相当ねじりモーメント　equivalent twisting moment	186
相当平歯車　equivalent spur gear	186
相当曲げモーメント　equivalent bending moment	186
総抜型　compound die	392
総発熱量　higher calorific value	378
送風機　blower	202
増幅　amplification	363
増幅回路　amplifier circuit	363
層状給気　stratified charge	385
層別　stratification	385
層別サンプリング　stratified sampling	385
層流　laminar flow	384
測温抵抗体　resistance thermometer bulb	384
測長機　measuring machine	384
測定　measurement	384
測定圧　measuring pressure	384
測定値　measured value	384
速度　velocity	200
速度係数　coefficient of velocity	200
速度降下率　velocity drop ratio	200

速度水頭　velocity head	201	
速度線図　velocity diagram	200	
速度調節弁　speed controller	201	
速度比　velocity ratio	200	
速度複式タービン　velocity compound turbine	200	
速度列　speed train	201	
測微顕微鏡　micrometer microscope	383	
側弁式燃焼室　side valve type combustion chamber	251	
ソケット　socket	199	
ソケットレンチ　socket wrench	199	
組織　structure	354	
塑性　plasticity	198	
塑性加工　plastic working	198	
外パス　outside calipers	274	
外丸フライス　convex cutter	162	
ソフトウエア　software	199	
そらせ板　deflector	105	
ソルバイト　sorbite	198	
損失水頭　loss of head	202	

タ

ダイアフラム　diaphragm	81
ダイアフラム圧力計　diaphragm manometer	81
ダイアフラム弁　diaphragm valve	81
ダイアメトラルピッチ　diametral pitch	363
ダイアルマシン　dial machine	82
第一角法　first angle projection	351
ダイオード　diode	82
ダイカスト　die casting	83
ダイカスト金型　die casting mold	82
ダイカスト機　die casting machine	83
ダイカスト鋳造法　die casting	83
ダイカスト用亜鉛合金　zinc alloy for die casting	83
耐火度　refractoriness	72
耐火物　refractory body	72
大気汚染　air pollution	90
大規模集積回路　large integration circuit	90
耐久限度　endurance limit	70
対偶　pair	91
台形ねじ　trapezoidal thread	180
第三角法　third angle projection	351
耐食鋼　anticorrosion steel	71
体心立方格子　body-centered cubic lattice	374
ダイス　die	81
ダイス型　die	83
ダイス回し　die stock	81
体積流量　volume flux	375
ダイセット　die set	81
帯電体　electrified body	91
ダイナミックダンパ　dynamic damper	81
大日程計画　long scheduling	91
耐熱鋼　heat resisting steel	71
台ばかり　platform scale	91
ダイヘッド　die head	83
タイミングベルト　timing belt	401
タイムシエアリングシステム　time sharing system	224
ダイヤモンド　diamond	81
ダイヤルゲージ　dial gauge	82
太陽電池　solar battery	404
耐用年数　years of endurance	71
対流　convection	90
大量生産　mass production	90
耐力　proof stress, yield strength	70
だ円コンパス　elliptic trammels	401
高さゲージ　height gauge	444
たがね　chisel	63
高歯（たかば）　full depth〔gear〕tooth	27
卓上旋盤　bench lathe	401
卓上ボール盤　bench drilling machine, bench drill	401
ダクト　duct	93
タクトシステム　taet system	404
竹の子ばね　volute spring	152
タコメータ　tachometer	404
多サイクル自動化工作機械　multiple-cycle automatic machine tool	80
多軸ボール盤　multiple spindle drilling machine	84
多重通信　multiplex system communication	83
多条ねじ　multiple thread screw	83
多ステーション機械　multiple stationary machine	80
多ステーション多サイクル機械　multiple stationary multiple cycle machine	80
多層溶接　multi-layer welding	84
脱酸　deoxidation	403
脱磁器　demagnetizer	403
脱進機　escapement	403
脱炭　decarburization	404
タッピングチャック　tapping chuck	404
タッピンねじ　tapping screw	404
タップ　tap	404
タップ回し　tap handle	405
立削り盤　slotting machine	222
立旋盤　boring and turning mill, vertical lathe	208
縦弾性係数　modulus of longitudinal elasticity	355
縦ひずみ　longitudinal strain	194
立フライス盤　vertical milling machine	208
立てボイラ　vertical boiler	208
立て万力　leg vise	110
多頭ボール盤　multi-head drilling machine	84
たな卸し　stocktaking	314

多板クラッチ multiple disc clutch	84	
タービン turbine	406	
多品一葉式図面 group system drawing	49	
タービン効率 turbine efficiency	406	
タービン車室 turbine casing	406	
タービンポンプ turbine pump	406	
WF法 work factor method	98	
ダブルスライダクランク機構 double slider crank mechanism	92	
だぼ dowel	128	
ターボジェット機関 turbojet engine	405	
ターボ送風機 turboblower	405	
ターボプロップ機関 turboprop engine	406	
玉形弁 globe valve	50	
玉軸受 ball bearing	162	
ダミー dummy	92	
ダム式水力発電所 damtype power plant	92	
多翼ファン multiblade fan	83	
タレット旋盤 turret lathe	405	
たわみ deflection of beam	373	
たわみ形弾性荷重検定器 proving ring	402	
たわみ軸 flexible shaft	439	
たわみ軸継手 flexible shaft coupling	439	
段 stage	215	
単管式圧力計 mono-tube manometer	84	
タングステン wolfram	407	
単結晶 single crystal	84	
炭酸ガスアーク溶接 CO_2 gas shielded arc welding	401	
単式タービン simple turbine	87	
単式割出し simple indexing	87	
単振動 simple harmonic motion	89	
弾性 elasticity	401	
弾性エネルギ elastic strain energy	402	
弾性曲線 elastic curve	402	
弾性係数 modulus of elasticity	401	
弾性限度 elastic limits	403	
弾性変形 elastic deformation	402	
鍛接 forge welding	88	
鍛接管 welded pipe	88	
鍛造 forging	88	
単相誘導電動機 single-phase induction motor	86	
断続器 contact braker	87	
炭素鋼 carbon steel	403	
炭素工具鋼 carbon tool steel	403	
単体ダイス solid die	89	
段付歯車 stepped gear	216	
単動チャック independent chuck	85	
端度器 end standard	84	
断熱圧縮 adiabatic compression	88	
断熱指数 adiabatic exponent	88	
断熱熱落差 adiabatic heat drop	88	
断熱変化 adiabatic change	88	
短波 short wave	89	
ダンパ damper	92	
ターンバックル turnbuckle	406	
タンブラ tumbler	407	
単ブロックブレーキ single block brake	87	
端末係数 modulus of end	85	
断面係数 modulus of section	85	
断面図示 sectional delineation	85	
断面二次極モーメント polar moment of inertia of area	86	
断面二次半径 radius of gyration of area	86	
断面二次モーメント second moment of area	86	
暖冷房装置 heating and cooling devices	73	

チ

チエーザ chaser	375	
チエーンブロック chain block	375	
近寄り弧 arc of approach	342	
近寄り量 approach distance	342	
力の合成 composition of forces	461	
力のつりあい equilibrium of forces	461	
力の分解 decomposition of force	461	
力のモーメント moment of force	461	
蓄電池 storage battery	382	
チゼルポイント chisel point	387	
チタン titanium	415	
縮みしろ shrinkage allowance	209	
縮み率 contraction percentage	209	
窒化法 nitriding	369	
窒化用鋼 nitriding steel	370	
チッピング chipping	387	
チップ tip	388	
チップブレーカ chip breaker	388	
チャック chuck	373	
チャック作業 chucking work	373	
チャンバ圧力計 chamber manometer	375	
抽気タービン extraction turbine	380	
中空軸 hollow shaft	359	
鋳鋼 cast steel	355	
柱状図 histogram	461	
中心距離 center distance	360	
中心線平均あらさ center-line-average-height	361	
中性子 neutron	360	
鋳造 casting	357	
鋳鉄 cast iron	357	
鋳鉄管 cast iron pipe	358	
中日程計画 middle scheduling	361	
中波 medium wave	361	
ちゅう密六方格子 close packed hexagonal lattice	353	
中立軸 neutral axis	360	
中立面 neutral surface	360	

チューブラ水車	tubular turbine	412
超音速	supersonic speed	376
超音波	ultrasonic wave	376
超音波液面計	ultrasonic type liquid level gauge	377
超音波加工	ultrasonic machining	377
超音波探傷法	ultrasonic inspection	377
超音波スイッチ	ultrasonic switch	377
ちょう形弁	butterfly valve	64
頂げき	tip clearancce	296
超硬合金	cemented carbide alloy	376
超高速切削	super high speed cutting	376
彫刻盤	engraving machine	352
超仕上	superfinishing	212
超仕上ユニット	superfinishing unit	212
超ジュラルミン	super duralumin	376
調整弁	regulating valve	354
調整丸ダイス	round split die	100
調速機	governor	353
調速装置	speed governer	354
超短波	ultra wave	376
長柱	column	55
チョーク	choke	378
直示てんびん	direct-reading balance	366
直接アーク炉	direct electric arc furnace	367
直接押出し法	direct extrusion	367
直接測定	direct measurement	367
直接伝動	direct transmission	367
直接費	direct cost	367
直接噴射式	direct injection	366
直接膨張式冷凍	direct expansive refrigeration	367
直接割出し	direct indexing	367
直線運動機構	straight line motion mechanism	366
直動カム	translation cam	364
直並列接続	series parallel connection	365
直立ボール盤	upright drilling machine	365
直流	direct current	364
直流アーク溶接	direct current arc welding	365
直流電動機	DC motor	365
直流発電機	DC generator	364
直列共振	series resonance	364
直列接続	series connection	364
直角定規	square	363
直径ピッチ	diametral pitch	363
チル	chill	387
チル鋳物	chilled castings	387
賃金形態	wages form	305
賃金体系	wages constitution	305

ツ

追値制御	variable value control	380

通気度	mold permeability	412
通風	draft	412
疲れ	fatigue	440
疲れ限度	fatigue limit, endurance limit	440
疲れ試験	fatigue test	440
疲れ変形	fatigue deformation	440
突合せ継手	butt joint	127
突合せ抵抗溶接	butt resistance welding	127
突き棒	rammer	83
筒形軸継手	sleeve coupling	222
筒形燃焼器	tube type combustor	412
突切り	cutting-off	337
突切りバイト	cutting-off tool	337
つば軸受	collar bearing	390
つばジャーナル	collar journal	390
つめ車	ratchet, ratchet wheel	108
つめ車装置	ratchet gearing	108
つや出し	polishing	428
つりあい試験機	balancing machine	48
つりボルト	lifting eye bolt	232
つる巻線	helix	69
つる巻ばね	helical spring	449
図面の大きさ	sizes of drawing	95

テ

定圧サイクル	constant pressure cycle	347
低圧鋳造法	low pressure casting	315
D-A変換器	digital-analog converter	104
定圧比熱	specific heat at constant pressure	347
定圧変化	constant pressure change	347
提案制度	proposal system	351
低温切削	cold machining	316
低温もろさ	cold shortness	316
低温溶接	low temperature welding	316
定格	rating	344
定格荷重	load〔rated〕	344
定格寿命	rating life	344
T形レンチ	T handle socket wrench	415
定滑車	fixed pulley	27
定義定点	defining fixed points	347
テイグ溶接	inert gas shielded tungsten arc welding	415
抵抗	resistance	317
抵抗線ひずみ計	wire resistance strain-meter	317
抵抗線ひずみ計用ゲージ	wire strain gauge	272
抵抗モーメント	resisting moment	317
抵抗溶接	resistance welding	317
抵抗率	specific resistanse	317
デイジタル計器	digital meter	104
デイジタル式	digital indication	104

デイジタル信号　digital signal	104	
デイジタル制御　digital control	104	
デイジタル電子計算機　digital computer	104	
低周波誘導電気炉　low frequency induction furnace	316	
定常流　steady flow	346	
デイスクサンダ　disc sander	103	
デイスクブレーキ　disc brake	103	
デイーゼル機関　Diesel engine	104	
デイーゼルサイクル　Diesel cycle	104	
デイーゼルノック　Diesel knock	104	
低速ノズル　low speed nozzle	315	
TWI　training within industry for supervisor	14	
低炭素鋼　low-carbon steel	316	
定値制御　fixed command control	349	
T継手　T joint	415	
低発熱量　low calorific power	315	
デイフューザ　diffuser	105	
Tみぞフライス　T-slot cutter	415	
定容サイクル　constant-volume combustion cycle	347	
定容比熱　specific heat at constant volume	347	
定容変化　isovolumetric change	347	
適応制御　adaptive control	318	
適下注油　drop lubrication	318	
出来高払い　payment by result	78	
テクニカルイラスイレーション　technical illustration	408	
てこ　lever	110	
てこクランク機構　lever crank mechanism	111	
てこの関係　lever relation	111	
手仕上　hand finishing	201	
デシベル　decibel	93	
手順表　route sheet	210	
データ処理装置　data processing system	93	
データ通信　data communication	94	
データロガー　data logger	93	
手注油　hand lubrication	448	
鉄　iron	374	
デデンダム　deddendum	103	
テーパ　taper	407	
手配番号　arrangement number	205	
テーパゲージ　taper gauge	407	
テーパ削り　taper cutting	407	
テーパシャンク　taper shank	407	
テーパピン　taper pin	408	
テープコード　tape code	408	
テープ読取り装置　tape reader	408	
テーブルタップ　table tap	407	
手ブレーキ　hand brake	448	
手巻ウインチ　hand winch	204	
手回しボール　hand drill	448	
手万力　hand vice	448	
手持ち空気工具　hand pneumatic tool	203	
手持ち式振動計　hand vibrometer	204	
手持ち電動工具　hand electric tool	204	
手持ち動力工具　hand power tool	204	
Δ（デルタ）結線　delta connection	94	
テルミット溶接　thermit welding	407	
テレセントリック照明　telecentric lighting	409	
テレビジョン　television	408	
テレビジョン受信機　television receiver	409	
電圧　voltage	327	
電圧計　voltmeter	327	
電圧降下　voltage drop	327	
電圧変動率　voltage regulation	328	
転位　dislocation	329	
転位　profile shift	329	
電位　electric potential	329	
転位係数　addendum modification coefficient	329	
電位差　potential difference	330	
転位歯車　profile shifted gears	330	
展延性　malleability and ductility	328	
電荷　charge	336	
電界　electric field	318	
電解　electrolysis	336	
電解加工　electrolytic machining	336	
電解研削　electrolytic grinding	336	
電解研摩　electrolytic polishing	336	
電界効果トランジスタ　field effect transistor	319	
電解質　electrolyte	336	
展開図　development drawing	318	
電解鉄　electrolytic iron	336	
点火コイル　ignition coil	342	
点火装置　ignition device	341	
点火プラグ　ignition plug	342	
電気回路　〔electric〕circuit	322	
電気グラインダ　electric grinder	319	
電気サーボ機構　electric servomechanism	321	
電気抵抗変換　resistance conversion	321	
電気動力計　electric dynamometer	319	
電気ドリル　electric drill	320	
電気パルスモータ　electric pulse motor	322	
電気ブレーキ　electric brake	320	
電気マイクロメータ　electric micrometer	320	
電気―油圧パルスモータ　electrohydraulic pulse motor	321	
電球　〔electric〕lamp	319	
電気用図記号　graphical symbol for electrical apparatus	321	
電極　electrode	319	
電極チップ　electrode tip	319	
電極ホルダ　electrode holder	319	
電気力線　line of electric force	320	
電気炉　electric furnace	320	
電撃防止装置　voltage reducing device	318	
電子　electron	330	
電磁オシログラフ　electromagnetic oscillograph	332	
電子管　electron tube	331	

電磁クラッチ	electromagnetic clutch	334
電磁流量計	electromagnetic flow meter	333
電子計算機	electronic computer	330
電子計数式回転速度計	electronic counter tachometer	331
電磁継電器	electromagnetic relay	331
電子顕微鏡	electron microscope	334
電子式自動平衡温度計	electronic automatic-balancing thermometer	332
電磁チャック	electromagnetic chuck	334
電子電圧計	electronic voltmeter	333
電磁波	electromagnetic wave	334
電子ビーム溶接	electron beam welding	332
電磁ブレーキ	electromagnetic brake	332
電磁弁	solenoid controlled valve	332
電磁偏向	electromagnetic deflection	334
電磁誘導	electromagnetic induction	333
天井クレーン	overhead travelling crane	373
電磁力	electromagnetic force	331
電子レンズ	electron lens	331
電信	telegraph	327
展伸用アルミニウム合金	wrought aluminum alloy	7
展性	malleability	327
電線	electric wire	326
転造	rolling	335
転造盤	rolling machine	335
伝導	conduction	323
伝動軸	transmission shaft	324
伝動装置	transmission gear	324
電動発電機	motor generator	324
電熱	electric heating	329
伝熱面	heating surface	329
伝熱面換算蒸発率	rate of evaporation of heating surface	329
伝熱面熱負荷	heat absorption rate of heating surface	329
天然ガス	natural gas	373
電波	radio wave	335
電波伝搬	radio wave propagation	335
てんびん	balance	374
てんぷ時計	hairspring balance clock	289
テンプレート	template	410
電縫管	electric welded tube	326
点溶接	spot welding	341
電離	ionization	326
電離層	ionosphere	326
電流	[electric]current	325
電流計	ammeter	325
電流制限器	breaker	326
電流計形計器	electrodynamometer type instrument	325
電力	electric power	324
電力計	wattmeter	324
電力量	electric energy	324
電力量計	watt-hour meter	324
転炉	convertor	325
電話	telephone	336
電話交換機	telephone exchange	337

ト

といし車	grinding wheel	211
といし切断機	grinding cutter	211
トーイン	toe-in	411
銅	copper	97
動圧	dynamic pressure	98
投影機	projector	412
等温変化	isothermal change	103
等角投影図	isometric drawing	103
動荷重	dynamic load	99
動滑車	movable pulley	433
同期速度	synchronous speed	97
同期電動機	synchronous motor	97
同期発電機	synchronous generator	97
統計的品質管理	statistical quality control	411
動作研究	motion study	98
動作分析	motion analysis	98
動作流体	working fluid	99
透視図	perspective projection, perspective drawing	412
導水管	penstock	95
等速円運動	uniform circular motion	103
等速度運動	uniform motion	103
導体	conductor	96
同調	tuning	99
動つりあい試験機	dynamic balancing machine	99
動的不つりあい	dynamic unbalance	99
動電形振動計	electromagnetic vibrometer	335
動粘性係数	coefficient of kinematic viscosity	99
頭弁式燃焼室	overhead valve combustion chamber	265
動摩擦	dynamical friction	98
動力	power	97
動力チャック	power chuck	98
動力炉	power reactor	97
通し送り研削	through feed grinding	39
通しボルト	through bolt	39
遠のき弧	arc of recess	412
通り側	go-end[of gauge]	411
塗型(とがた)	facing	96
塗型材	facings	96
時定数	time constant	225
特殊鋼	special steel	414
特性要因図	characteristics diagram	414
トグル装置	toggle joint	410
トグルプレス	toggle press	410

溶け込み　penetration	276
トーションバー　torsion bar spring	411
度数分布表　frequency distribution table	96
トースカン　surface gauge	191
トーチ　torch	411
突起溶接　projection weld	435
特許法　patent law	414
ドッグ　dog	96
ドナ　donor	94
止りセンタ　dead center	93
止めねじ　set screw	26
止め弁　stop valve	217
止め輪　snap ring	213
ドライバ　driver	100
トラス　truss	413
トラスト　trust	413
トラックスケール　truck scale	413
ドラバルタービン　de Laval's turbine	100
トランジスタ　transistor	413
トランジスタ点火装置　transistor ignition device	413
トランスフアマシン　transfer machine	413
トリチエリの定理　Torricelli's theorem	410
取付具　fixture	26
とりべ　ladle	111
と粒　abrasive grain	211
塗料　coating material	94
ドリル　twist drill	102
トルク　torque	411
トルクレンチ　torque wrench	411
トルースタイト　troostite	414
トレース図　traced drawing	414
ドレッサ　dresser	100
ドレン　drain	101
トロコイドポンプ　trochoid gear pump	414
ドロップハンマ　drop hammer	102

ナ

内圧　internal pressure	71
内燃機関　internal combustion engine	71
ナイフエッジ　knife edge	69
内部エネルギ　internal energy	71
内部仕事　internal work	71
ナイフスイッチ　knife switch	69
内部摩擦　internal friction	71
内面研削　internal grinding	71
内面研削盤　internal grinder	71
内力　internal force	71
ナイロン　nylon	69
中ぐり　boring	160
中ぐり盤　boring machine	160
中子(なかご)　core	393

中子押え　chaplet	393
中子取り　core box	394
長さの基準　standard of length	62
中高(なかだか)　crown	397
流れ形切粉　flow type chip	288
流れ作業　assembly-line operation	288
流れ線図　flow chart	34
ナックルプレス　knuckle press	75
ナット　nut	75
ナトリウムランプ　sodium vapor lamp	69
生型(なまがた)　greensand mold	189
生砂　greensand	189
鉛　lead	70
鉛蓄電池　[lead storage]battery	70
鉛浴(なまりよく)　lead bath	258
波形板　corrugated sheet	417
並歯　full depth tooth	160
並目ねじ　coarse screw thread	161
ならい制御　copying control	131
ならい旋盤　copying lathe	131
軟化焼なまし　softening	258
軟鋼　mild steel	253
軟水　soft water	257
NAND回路　NAND circuit	69
軟ろう　soft solder	253

ニ

逃し弁　escape valve	247
二極管　diode tube	295
肉盛　padding	418
ニクロム　nichrome	79
逃げ角　angle of relief	252
二元合金　binary alloy	300
2サイクル機関　two-cycle engine	298
二次電子　secondary electron	300
二次電池　secondary battery	301
二重ひょう量法　method of double weighting	300
2進数　binary number	300
2進法　binary system	300
2値信号　binary signal	295
ニッケル　nickel	78
ニッケルクロム鋼　nickel-chrome steel	78
ニッケル合金　nickel alloy	79
日程計画　scheduling	304
日程表　schedule chart	304
ニッパ　nipper	79
ニップル　nipple	79
ニードル弁　needle valve	78
二番タップ　second handtap	298
二面位置決め　double locating	298
乳化油　emulsified oil	293
ニューコメン機関　Newcomen's engine	78

尿素樹脂	urea resin	277
人工(にんく)	man power a day	301

ヌ

縫合せ溶接	seam welding	229
抜き型	trimming die	414
抜きこう配	draft taper	179
抜取検査	sampling inspection	189
抜きわく	snap flask	213
布ベルト	textile belt	193
布やすり	emery cloth	183

ネ

ネオン管燈	neon tube lamp	75
ねじ	screw	64
ねじ圧縮機	screw compressor	65
ねじ研削盤	thread grinder	66
ねじ込み形管継手	screwed type pipe fitting	38
ねじ下穴	tap drill hole	405
ねじ下きり	tap drill	405
ねじ製図	screw drawing	68
ねじ対偶	screw pair	65
ねじ立て	tapping	64
ねじのあらわし方	designation of screw	67
ねじの外径	external diameter of thread	66
ねじの効率	efficiency of screw	67
ねじの測定	measurment of screw	66
ねじの谷の径	core diameter of thread	64
ねじの等級	class of screw	66
ねじのはめあい長さ	length of thread engagement	66
ねじの有効径	pitch diameter of thread	66
ねじのゆるみ止め	locking of nut	67
ねじの呼び	normal designation of screw	67
ねじ歯車	screw gear	64
ねじフライス	thread milling cutter	65
ねじブレーキ	screw brake	65
ねじプレス	screw press	68
ねじポンプ	screw pump	68
ねじマイクロメータ	thread micrometer	65
ねじ山	screw thread	65
ねじり	torsion	177
ねじり応力	torsional stress	177
ねじりこわさ	torsional rigidity	177
ねじり抵抗モーメント	torsional resisting moment	178
ねじりモーメント	twisting moment	177
ねじれ角	helix angle	69
ねじれ削り	twist cutting	178
ねずみ鋳鉄	gray cast iron	457
熱エネルギ	heat energy	260
熱応力	thermal stress	260
熱加圧室式ダイカスト機	hot chamber type diecast machine	258
熱間圧延材	hot rolled steel	258
熱間加工	hot working	258
熱勘定	heat balance	262
熱貫流	overall heat transmission	258
熱貫流率	coefficient of overall heat transmission	259
熱機関	heat engine	259
熱起電力	thermoelectromotive force	259
熱硬化性樹脂	thermo setting resin	258
熱交換器	heat exchanger	259
熱処理	heat treatment	262
熱精算	heat balance	262
熱中性子	thermal neutron	262
熱電温度計	thermoelectric thermometer	261
熱電形計器	thermoelectric-type instrument	262
熱電子	thermion	262
熱伝達	heat transfer	261
熱伝達率	heat transfer rate	261
熱電対(れつてんつい)	thermocouple	261
熱伝導	heat conduction	261
熱伝導率	heat conductivity	261
熱伝導率式ガス分析計	thermal conductivity gas analyzer	261
熱電流	thermoelectric current	261
熱当量	thermal equivalent	259
熱の仕事当量	mechanical equivalent of heat	260
熱分析	thermal analysis	259
熱ポンプ	heat pump	263
熱容量	heat capacity	260
熱力学の第一法則	the first law of thermodynamics	260
熱力学の第二法則	the second law of thermodynamics	260
熱量計	calorimeter	259
粘り強さ	toughness	302
燃焼温度	combustion temperature	257
燃焼器	combustor	256
燃焼効率	combustion efficiency	257
燃焼室	combustion chamber	256
燃焼室熱発生率	heat generating rate of combustion chamber	256
燃焼室容積	volume of combustion chamber	257
燃焼生成物	products of combustion	256
粘性	viscosity	341
粘性係数	coefficient of viscosity	341
粘度	viscosity	341
粘度計	viscosimeter	341
燃料	fuel	253
燃料ガス	fuel gas	253
燃料供給ポンプ	fuel feed pump	253

燃料消費量　fuel consumption	255
燃料タンク　fuel tank	255
燃料電池　fuel cell	255
燃料噴射装置　fuel injection device	254
燃料噴射弁　fuel injection valve	254
燃料噴射ポンプ　fuel injection pump	254
燃料ポンプ　fuel pump	255

ノ

濃縮ウラン　enriched uranium	78
ノギス　vernier calipers	151
のこ刃　saw blade	411
のこ歯ねじ　buttless thread	411
ノズル　nozzle	76
ノック　knock	77
ノックピン　knock pin	77
ノッチ　notch	76
NOT回路　NOT circuit	250
のど部　throat	133
ノーハウ　know-how	77
伸し　drawing down	101
伸び　elongation	258

ハ

歯厚　tooth thickness	296
歯厚ノギス　gear tooth vernier calipers	296
歯厚マイクロメータ　gear tooth micrometer	296
背圧　backpressure	148
背圧タービン　backpressure turbine	148
背円すい　back cone	148
媒介節　intermediate connector	128
配管図　piping diagram	147
配管図示記号　graphical symbols for piping	147
排気　exhaust gas, exhaust air	147
排気ガス浄化装置　exhaust gas cleaning device	147
排気管　exhaust pipe	148
排気行程　exhaust stroke	148
廃棄物　waste substance	427
排気弁　exhaust valve	148
排気マニホルド　exhaust-manifold	148
排気量　displacement	148
配光曲線　light distribution curve	147
配電　distribution	149
配電器　distributor	149
バイト　cutting tool	141
バイト　byte	141
ハイドロチエッカ　hydrochecker	444

ハイドロホーム法　hydroforming	444
パイプカッタ　pipe cutter	417
パイプベンダ　pipe bender	417
パイプ万力　pipe vice	417
パイプレンチ　pipe wrench	444
ハイポイドギヤ　hypoid gears	140
バイメタル　bimetal	140
バイメタル温度計　bimetal thermometer	140
倍率器　multiplier	148
バウの記号法　Bow's notation	140
破壊荷重　breaking load	416
破壊試験　breaking test	416
破壊強さ　breaking strength	416
歯数比　gear ratio	57
歯形曲線　tooth profile curve	387
歯形係数　tooth profile factor	387
鋼ベルト（はがねベルト）　steel belt	16
パーカライジング　parkerizing	417
吐出し管　discharge pipe	411
吐出し揚程　delivery head	411
歯切り　gear cutting	56
歯切盤　gear cutting machine	59
白心可鍛鋳鉄　white heart malleable cast iron	149
白銑　white pig iron	149
ハクソー　hack saw	202
羽口　tuyere	202
白鋳鉄　white cast iron	150
白銅　cupro nickel	149
爆発圧接　explosive welding	428
歯車　toothed wheels, gears	56
歯車形軸継手　geared type shaft coupling	59
歯車研削盤　gear grinder	57
歯車減速装置　reduction gear	56
歯車シェービング盤　gear shaving machine	57
歯車試験機　gear tester	57
歯車箱　gear box	57
歯車ポンプ　gear pump	59
歯車列　gear train	57
バケット　bucket	152
箱スパナ　box spanner	141
箱万力　parallel vice	425
歯先円　addendum	296
歯先面　tooth crest	296
はさみゲージ　snap gauge	212
はじろ　mud	129
パス　calipers	390
歯末のたけ　addendum	296
歯末の面　face of tooth	296
パスカルの原理　Pascal's principle	416
はすばかさ歯車　spiral bevel gear	218
はすば歯車　helical gear	449
はずみ車　flywheel	436
ハスラ回転速度計　Hasler tachometer	447
バス　bus	151
歯底面　bottom land	387

パーソンスタービン	Parson's turbine	416
はだ砂	facing sand	430
はだ焼き	case hardening	430
はだ焼鋼	case hardening steel	430
パターン計測	pattern instrumentation	419
パターンプレート	pattern plate	419
発火温度	ignition temperature	145
白金	platinum	149
パッキン	packing	418
パッキン箱	stuffing box	418
バックラッシ	back lash	149
発光ダイオード	light emitting diode	144
発振回路	oscillation circuit	144
ハッチング	hatching	448
発電式回転速度計	generator tachometer	144
バットシーム溶接	butt seam welding	127
パッド潤滑	pad lubrication	418
はつり	chipping	387
ハードウエア	hardware	444
ハートカム	heart cam	445
バーナ	burner	151
バナジウム	vanadium	140
バーナ燃焼装置	burner combustor	151
バニシ仕上	burnishing	151
バーニヤ	vernier	231
羽根	blade, vane, wing	69
ばね	spring	219
はねかけ潤滑	splash lubrication	175
羽根車流量計	vane-wheel flow meter	306
ばね鋼	spring steel	219
ばね指数	spring index	220
ばね定数	spring constant	220
ばね製図	spring drawing	220
歯の干渉	interference of tooth	300
歯面強さ	strength of tooth surface	385
はばき	core print	394
歯幅	face width	301
バビットメタル	Babbitt metal	148
バフ	buff	152
バフ仕上	buffing	152
バフ盤	buffing machine	152
バフみがき	buffing	152
はめあい	fits	63
歯元のたけ	deddendum	103
歯元の面	flank of tooth	298
刃物角	tool angle	70
刃物台	tool post	338
速さ	speed	200
早め点火	advanced ignition	352
早もどり機構	quick return motion mechanism	51
パーライト	pearlite	420
パーライト鋳鉄	pearlitic cast iron	420
はり	beam	179
針金ゲージ	wire gauge	271
張り車	tension pulley	302
バーリングリーマ	burring reamer	151
バルジ加工	bulging	152
パルス	pulse	420
パルスエンコーダ	pulse encorder	420
パルスジェット機関	pulse jet engine	420
バルブ	valve	150
バルブポジショナ	valve positioner	151
パレート図	Pareto's diagram	416
パレート分析	Pareto's analysis	416
パワーユニット	power unit	416
板金加工	sheet metal working	417
板金仕事	plate work	417
半径流タービン	radial-flow turbine	142
半月キー	Woodruff key	142
半月キーみぞフライス	Woodruff key seat cutter	142
半硬鋼	semi-hard steel	141
半自動工作機械	semi automatic machine	144
反射率	reflection factor	143
搬送電話	carrier-current telephony	144
はんだ	solder	105
パンタグラフ	pantagraph	419
はんだ付け	soldering	70
反転	roll over	144
反動水車	reaction water-turbine	143
半導体	semiconductor	142
反動タービン	reaction turbine	143
反動段	reaction stage	142
反動度	degree of reaction	142
ハンドラップ仕上	hand lapping	448
万能研削盤	universal grinder	126
万能工具研削盤	universal tool and cutter grinder	126
万能材料試験機	universal testing machine	126
万能フライス盤	universal milling machine	126
販売価格	selling price	417
販売原価	selling cost	279
反発係数	coefficient of restitution	143
反力	reaction force	143
半割りナット	half nut	445

ヒ

PID動作	proportional integral and derivative action	441
PI動作	proportional and integral action	441
pn管理図	pn chart	441
BOD	biochemical oxygen demand	176
比較測定	comparative measurement	174
P形半導体	P-type semiconductor	443
光高温計	optical pyrometer	39
光切断法	optical-cut method	41
光てこ	optical lever	39

光通信　optical communication	41
光電池　photoelectric cell	41
光ファイバ　optical fiber	42
p管理図　p chart	439
引型(ひきがた)　striking pattern	217
引抜き加工　drawing	301
引抜き機械　drawing bench	101
非金属管　non-metallic pipe	176
火口　nozzle	76
低歯　stub tooth	316
ひけ　shrinkage cavity	209
火格子燃焼装置　grate combustion equipment	453
火格子燃焼率　grate combustion rate	453
ピーコック　peacock	442
ビーコン　beacon	177
被削性　machinability	441
比重量　specific weight	176
ヒステリシス差　hysteresis error	461
ヒステリシスループ　hysteresis loop	460
ヒストグラム　histogram	461
ピストン　piston	441
ピストン機関　piston engine	441
ピストンクランク機構　piston crank mechanism	441
ピストンリング　piston ring	441
ビスマス　bismuth	176
ひずみ　strain	159
ひずみエネルギ　strain energy	159
ひずみ計　strain meter	159
火ぜき　fire bridge	417
b接点　b connective point	176
比速度　specific speed	175
左ねじ　left-hand thread	274
引掛けスパナ　hook spanner	458
ビッカースかたさ試験　Vickers hardness test	176
ビッカースかたさ試験機　Vickers hardness tester	176
ピッチ　pitch	442
ピッチ円　pitch circle	442
ピッチ円すい　pitch cone	442
ピッチゲージ　pitch gauge	442
ピッチ面　pitch surface	442
ビット　pit	443
ビット(bit)　binary digit	177
引張応力　tensile stress	302
引張荷重　tensile load	303
引張試験　tension test	302
引張強さ　tensile strength	302
引張ひずみ　tensile strain	302
PTS法　predetermined time standard method	443
ビデオテックス　videotex	174
ビヂオテープレコーダ　video tape recorder	174
非定常流　unsteady flow	176
非鉄金属　nonferrous metal	176
ビード　bead	174
P動作　proportional control action	440
ビトー管　Pitot tube	442
ビート付け　beading	174
ヒートポンプ　heat pump	263
ビトリファイドといし車　vitrified grinding wheel	177
ピニオン　pinion	440
ピニオンカッタ　pinion type cutters	440
ピーニング効果　peening effect	440
比熱　specific heat	176
非破壊検査　non-destructive inspection	178
火花試験　spark test	167
火花突合せ溶接　flash butt welding	437
火花点火機関　spark ignition engine	167
ppm　parts per million	443
pv線図　pv diagram	441
被覆アーク溶接棒　coated electrode	440
微分回路　differentiation circuit	136
微粉炭燃焼装置　pulverized coal firing equipment	136
ピボット軸受　pivot bearing	440
冷し金　chilles	73
ヒューズ　fuse	434
ヒューム管　Hume pipe	458
秒　second	376
標準温度　standard temperature	432
標準化　standardization	432
標準気圧　standard pressure	431
標準ゲージ　standard gauge	431
標準数　preferred numbers	431
標準平歯車　standard spur gear	432
標準偏差　standard deviation	432
比容積　specific volume	176
表題欄　title panel	431
平等強さのはり　beam of uniform strength	48
表面あらさ　surface roughness	430
表面うねり　waviness	431
表面記号　surface symbol	430
ひょう量　capacity of scale	388
平キー　flat key	425
平きさげ　flat scraper	425
平削り盤　planer	439
平小ねじ沈め穴ぐり　machine screw counterbores tool	389
平軸受　plain bearing	135
平たがね　flat chisel	425
平歯車　spur gear	424
平フライス　plain milling cutter	439
平ベルト　flat belt	425
比率制御　ratio control	176
比例限度　proportional limit	175
比例制御機構　proportional control mechanism	175
比例－積分動作　proportional and integral	

action		175
比例－積分－微分動作 proportional integral and derivative action		175
比例動作 proportional action		175
ビレット billet		179
ピン pin		443
品質特性 quality characteristics		433

フ

ファイバグリース fiber grease		193
ファインセラミック fine ceramic		417
ファクシミリ facsimile		419
負圧 negative pressure		164
V結線 V connection		172
フィードバック制御 feedback control		440
Vパッキン V-packing		172
Vブロック V-block		172
Vベルト V-belt		172
Vベルト車 V-belt pulley		172
Vベルト伝動 V-belt drive		172
フィルタガラス filter lens		443
フエージング fading		421
フェノール樹脂 phenol resin		421
フェライト ferrite		421
フェルトリング felt ring		422
フェロアロイ ferroalloy		421
フェローズ式歯車形削り盤 Fellows gear shaper		422
フォートラン (FORTRAN)		427
深座ぐり counterboring		389
深さゲージ depth gauge		62
不完全潤滑 imperfect lubrication		168
不完全ねじ部 incomplete thread		168
吹付加工 spraying work		166
複合材料 composite materials		162
複写図 copy drawing		161
復水器 condenser		161
復水タービン condensing turbine		161
複動チャック combination chuck		161
複ブロックブレーキ double block brake		161
不拘束連鎖 unconstrained chain		178
符号変換器 encoder		165
ブシ bush		164
ブシ取付板 bush fitting plate		164
腐食 corrosion		164
縁応力 extreme fiber stress		431
フックの自在継手 Hooke's universal joint		458
フックの法則 Hooke's law		458
ふっ素樹脂 fluorine resin		168
沸騰水形原子炉 boiling water reactor		174
不つりあい unbalance		167
フード hood		458

不凍液 antifreezing solution		163
不等角フライス unequal double angle milling cutter		163
フート弁 foot valve		433
歩留まり yield		206
船用ボイラ marine boiler		192
部品欄 parts panel		165
フープ応力 hoop tension		458
部分投影図 partial view		164
不変鋼 invariable steel		168
部門別原価計算 section costing		164
フライス milling cutter		138
フライス削り milling		137
フライス盤 milling machine		137
プライヤ plier		436
ブライン brine		168
ブラウン管 Braun tube		168
プラグ plug		438
プラグゲージ plug gauge		438
プラグ溶接 plug welding		438
ブラケット bracket		169
ブラシ brush		169
プラスチック plastics		436
プラズマ加工 plasma machining		435
プラズマ溶接 plasma welding		436
フラックス flux		438
フラックス入りワイヤ flux cord wire electrode		438
フラッシュ溶接 flash welding		437
プラニメータ planimeter		437
プラノミラー planomiller		437
ブランク blank		173
フランク摩耗 flank wear		437
フランジ flange		437
フランジ形管継手 flange pipe joint		437
フランジ形固定軸継手 rigid flanged shaft coupling		437
フランジ形たわみ軸継手 flexible flanged shaft coupling		437
フランシス水車 Francis water turbine		434
プランジャ plunger		438
プランジャポンプ plunger pump		438
振り swing		213
振り子時計 pendulum clock		369
ブリードオフ回路 bleed-off circuit		173
ブリネルかたさ Brinell hardness		171
ブリネルかたさ試験機 Brinell hardness testing machine		171
浮力 buoyancy		163
プリンタ printer		435
ブルーイング bluing		173
ブルドン管 Bourdon tube		163
ブルドン管圧力計 Bourdon pressure gauge		164
ブレイトンサイクル Brayton cycle		170
ブレーキ brake		169
ブレーキ帯（ブレーキおび） brake band		170

ブレーキ効率	brake efficiency	170	平行キー　parallel key	426
ブレーキ胴	brake drum	169	平行クランク機構　parallel crank mechanism	426
ブレーキトルク	braking torque	170	平衡状態図　equilibrium diagram	426
ブレーキ倍率	brake leverage	170	平行台　parallel block	425
ブレーキ片	brake block, brake shoe	170	平行力の合成　composition of parallel forces	425
ブレーキライニング	brake lining	169	平行力のつりあい　equilibrium of parallel	
ブレーキ率	brake percentage	170	forces	425
フレキシブル生産システム	flexible manufactering	439	ベイナイト　bainite	154
			平面運動　plane motion	425
プレス	press	434	平面カム　plane cam	425
プレスブレーキ	press brake	434	平面研削　surface grinding	424
振れ止め(ぶれどめ)	center rest	368	平面研削盤　surface grinder	424
フレーム	frame	434	並列共振　parallel resonance	159
ブレーンストーミング	brain storming	171	平炉　open-hearth furnace	424
プログラミング	programming	434	ペイント　paint	421
プログラミング用語	programming language	434	ベクトル　vector	155
プログラム制御	program control	434	ベークライト　bakelite	155
プロジェクション溶接	projection welding	435	へし　set hanmmer	194
プロセス制御	process control	435	ベーシック　BASIC Beginner's Allpurpose Symbolic Instruction Code	154
ブローチ	broach	171	ペースト　soldering paste	70
ブローチ盤	broaching machine	171	ベッセル点　Bessel point	153
フローチャート	flow chart	439	ベベルギヤ　bevel gear	152
ブロックゲージ	block gauge	173	へら　lancet	357
ブロック線図	block diagram	173	ヘリカルピニオンカッタ　helical pinion cutter	449
ブロックブレーキ	block brake	173	へり継手　edge joint	132
フロッピディスク	floppy disc	439	ベリリウム青銅　beryllium bronze	153
フロート液面計	float type liquid level gauge	164	ヘリングボーン歯車　herring bone gear	449
フロート形面積流量計	float type area flow meter	165	ヘルツ　hertz	449
プロニー動力計	Prony dynamometer	434	ベルト車　belt pulley	157
プロペラ水車	propeller water turbine	435	ベルトコンベヤ　belt conveyer	156
ブローホール	blow hole	173	ベルトサンダ　belt sander	156
分塊圧延	cogging	165	ベルト継手　belt joint	156
分散	variance	166	ベルト伝動　belt transmission(drive)	156
噴射管式サーボ機構	jet pipe type servo-mechanism	166	ペルトン水車　Pelton wheel	422
分銅	weight	165	ベルヌーイの定理　Bernoulli's theorem	153
分布荷重	distributed load	166	ヘルメット　helmet	449
粉末や金	powder metallurgy	166	ベローズ　bellows	155
分流器	shunt	165	ベローズ圧力計　bellows manometer	156
分力	component of a force	165	弁　valve	150
			変圧器　transformer	158
			変圧器の極性　polarity(of transformer)	158
			変位　displacement	158
			変位線図　displacement diagram	158
			偏位法　deflection method	423
			ペン書きオシログラフ　pen-oscillograph	422
ベアリング(俗)	bearing	153	弁重なり　overlap of valves	150
閉回路	closed circuit	427	変換　conversion	159
閉回路制御	closed loop control	427	弁軸調時歯車　timing gear	401
平均圧力	mean pressure	423	偏心　eccentricity	423
平均値	mean value	423	偏心プレス　eccentric power press	423
平均速さ	average speed	423	弁すきま　valve clearance	151
平均有効圧	mean effective pressure	424	偏析　segregation	423
平均流速	mean current velocity	424	弁装置　valve gear	150
平行運動機構	parallel motion mechanism	426	変速機　speed change gear	157

変速装置　variable speed gear	157	
変速歯車装置　transmission	157	
変速ベルト車装置　variable speed belting	157	
変速摩擦車装置　speed change friction gear	157	
ベンソンボイラ　Benson boiler	155	
変態　transformation	159	
変態点　transformation point	159	
ペンチ　side cutting pliers	337	
ベンチュリ管　Venturi tube	155	
ベンチュリ計　Venturi meter	155	
変調　modulation	158	
変電所　substation	158	
ベーンポンプ　vane pump	155	
ヘンリー　henry	449	

ホ

ポアソン数　Poisson's number	432
ポアソン比　Poisson's ratio	432
ホイートストンブリッジ　Wheatstone bridge	458
ボイラ　boiler	160
ボイラ効率　efficiency of boiler	161
ボイラ胴　boiler drum	161
ボイラ本体　boiler proper	161
ボイル－シャルルの法則　Boyle-Charl's law	161
ホイールベース　wheel base	381
砲金　gun metal	427
棒ゲージ　bar gauge	163
棒鋼　bar steel	163
方向制御弁　directional control valve	147
放射　radiation	145
放射エネルギ　radiant energy	146
放射高温計　radiation pyrometer	145
放射線厚さ計　radiation thickness gauge	145
放射線探傷法　radiation inspection	146
放射線の被ばく許容量　maximum permissible dose	146
放射度　emissive power	145
放射能標識　symbol of radioisotope	145
放射ボイラ　radiation boiler	145
放射率　emissivity	146
放送衛星　broadcasting satellite	146
防振材　vibroisolating materials	146
法線ピッチ　normal pitch	152
膨張行程　expansion stroke	419
放電加工　electrospark machining	146
放電管　discharge tube	146
飽和圧力　saturation pressure	427
飽和温度　saturation temperature	427
飽和蒸気　saturated steam	428
飽和水　saturated water	427
補間器　interpolator	160

ボーキサイト　bauxite	161
保護めがね　goggles	161
母材　base metal	132
星形結線　star connection	193
母集団　population	132
母集団と試料の関係　relation of population and sample	132
補償導線　compensating lead wire	160
補助投影図　auxiliary projection drawing	161
ホストコンピュータ　host computer	452
ボス　boss	160
細長比（ほそながひ）　slenderness ratio	194
細目ねじ　fine screw thread	7
ホッパスケール　hopper scale	452
ほど　smith hearth	89
ホトトランジスタ　photo transistor	427
ホーニング　honing	451
ホーニング盤　honing machine	451
骨組型　skeleton pattern	28
骨組構造　frame work, skeleton	28
炎焼入れ法　flame hardening	453
ホブ　hob	451
ホブ盤　gear hobbing machine	451
ポペット弁　poppet valve	427
ポリアセタール樹脂　poly-acetal resin	428
ポリアミド樹脂　polyamide resin	428
ポリエチレン樹脂　polyethylene resin	429
ポリ塩化ビニル樹脂　polyvinyl chloride resin	429
ポリカーボネート樹脂　polycarbonate resin	429
ポリスチレン樹脂　polystyrene resin	428
ポリトロープ指数　polytrope index	429
ポリトロープ変化　polytropic change	429
ボリュートポンプ　volute pump	152
ホール効果　Hall effect	452
ボルト　bolt	162
ボルト　volt	163
ボルト穴　bolt hole	163
ボルトアンペア　voltampere	163
ボール通し仕上　ball finishing	163
ポルトランドセメント　Portland cement	427
ボールねじ　ball thread	162
ボール盤　drilling machine	102
ホワイトメタル　white metal	454
ホン　phon	428
ホーン　hone	452
ポンチ　punch	419
ポンプ　pump	420
ポンプ仕事　pumping work	420
ポンプ水車　pump turbine	420
ポンプ損失　pumping loss	420
ポンプ注油　pump lubrication	421
ボンベ　bomb	163

マイクロ写真　microphotograph	123
マイクロ波　microwave	123
マイクロプロセッサ　micro processor	123
マイクロメータ　micrometer	122
マイクロメータヘッド　micrometer head	123
前逃げ角　front clearance	241
まがりばかさ歯車　spiral bevel gear	218
巻掛け中心角　angle of contact	156
巻掛け伝動装置　wrapping connector riving gear	15
巻胴　winding drum	14
マーグ式歯切盤　Maag gear shaper	122
マグネシウム合金　magnesium alloy	122
マグネット点火　magneto-electric ignition	122
膜ポンプ　diaphram pump	82
マクラウド真空計　Mcleod gauge	129
マクロ試験　macroscopic examination	128
マクロ組織　macrostructure	128
曲げ　bending	46
曲げ応力　bending stress	47
曲げ加工　bending work	46
曲げこわさ　flexural rigidity	46
曲げ試験　bending test	47
曲げ抵抗モーメント　bending resistant moment	48
曲げモーメント　bending moment	47
曲げモーメント図　bending moment diagram	47
曲げロール　bending roll	46
摩擦　friction	123
摩擦圧接　friction welding	124
摩擦角　friction angle	123
摩擦緩衝器　friction buffer	124
摩擦クラッチ　friction clutch	124
摩擦車　friction wheel	124
摩擦係数　coefficient of friction	123
摩擦損失水頭　friction loss of head	124
摩擦ダンパ　friction damper	123
摩擦動力計　friction dynamometer	123
摩擦ブレーキ　friction brake	124
摩擦プレス　friction press	125
摩擦ポンプ　friction pump	125
摩擦力　frictional force	123
マシニングセンタ　machining center	129
マシンバイス　machine vice	52
マシンラップ仕上　machine lapping	52
またぎ歯厚　displacement over a given number of teeth	18
まだら鋳鉄　mottled cast iron	245
マッチプレート　match plate	128
マッハ数　Mach number	126
マッフル炉　muffle furnace	129
マノメータ　manometer	241
豆ジャッキ　small jack	200
マルクエンチ　marquenching	125
丸鋼　round steel	284
丸駒ハンドル　round dies handle	100
丸ダイス　round die	100
マルテンサイト　martensite	125
マルテンサイト変態　martensite transformation	125
マルテンス伸び計　Martens' extensometer	125
マルテンパー　martempering	126
丸ねじ　round thread	100
丸のこ　circular saw	100
丸のこ盤　circular sawing machine	100
丸ボイラ　cylindrical boiler	283
丸みつけ　rounding	106
回し板　driving plate	457
回し金　dog	96
回りスライダクランク機構　revolving slider crank mechanism	456
回りセンタ　live center	106
回り対偶　turning pair	455
マンガンクロム鋼　Mn-Cr steel	127
マンガン鋼　manganese steel	126
マンガン青銅　manganese bronze	127
マンネスマンプラグミル方式　Mannesmann plug mill process	128
万力　vice	141

右ねじ　right-hand thread	264
右ねじの法則　right handed screw rule	264
ミグ溶接　metallic inert-gas arc welding	134
ミクロケータ　mikrokator	136
見込み生産　stock production	264
水動力　hydraulic power	204
水焼入れ　water quenching	134
みぞ形鋼　channel steel	453
みぞカム　grooved cam	453
みぞ付ナット　fluted nut	453
みぞバイト　recessing tool	452
みぞ溶接　slot welding	453
密度　density	137
密封装置　seal	138
密閉サイクル　closed cycle	138
密閉サイクルガスタービン　closed cycle gas turbine	138
見取図　sketch drawing	214
ミニメータ　minimeter	136
ミーハナイト鋳鉄　Meehanite cast iron	137
脈動電流　pulsating current	128

ム

無煙炭 anthracite	134
霧化 atomization	134
無気噴射 airless injection	133
無給油軸受 oilless bearing	266
無作為抽出 random sampling	108
無接点制御回路 controlling circuit of non-point contact	134
無段変速装置 positive infinitely variable speed chain	133
無負荷運転 no-load running	133

メ

目板 butt strap	93
銘板 name plate	130
メガ megger	129
メカニカルオートメーション mechanical automation	53
めがねレンチ offset wrench	269
目こぼれ born off	162
メジアン median	129
メータアウト回路 meter-out circuit	137
メータイン回路 meter-in circuit	137
メタクリル樹脂 methacryl resin	129
メタセンタ metacenter	130
メタリコン metallikon	130
メタルソー metal slitting saw	130
めっき plating	94
メッシュ mesh	129
目つぶれ glazing	50
目づまり loading	113
メートルねじ metric thread	136
目直し dressing	101
メニスカス meniscus	129
めねじ internal thread	236
メラミン樹脂 meramine resin	130
面板 face plate	130
面心立方格子 face-centered cubic lattice	130
面積流量計 area-flow meter	130
面対偶 lower pair	130
面取り chamfering	131
面取りツール counter sinking tool	343
面なし対偶 higher pair	27

モ

モアレじま Moire fringe	133
毛管現象 capillarity	132
木ねじ wood screw	64
模型試験 model test	132
モジュール module	131
木工旋盤 wood lathe	132
モデム modem	131
木エフライス盤 wood milling machine	132
元図 original drawing	280
モネルメタル Monel metal	130
モリエ線図 Mollier chart	133
モルタル mortar	131
門形平削り盤 double housing planer	229
モンキーレンチ Lobster adjustable wrench	133

ヤ

焼入れ quenching	89
焼入れ液 quenching liquid	90
焼玉機関 hot bulb engine	259
焼付き seizure	225
焼なまし annealing	433
焼ならし normalizing	76
焼ばめ shrinkage fit	209
焼もどし tempering	409
焼もどし色 temper colour	409
焼もどし硬化 temper hardening	409
焼もどしもろさ temper brittleness	410
焼割れ quenching crack	90
やすり file	358
やすり仕上 filing	359
やっとこ pliers	436
山形鋼 angle steel	243
山形フライス angular cutter	243
やまば歯車 double-helical gear	92
ヤング係数 Young's modulus	263

ユ

湯あか scale	214
油圧回路図 oil pressure circuit diagram	291
油圧機構 hydraulic mechanism	290

油圧・空気圧用図記号 graphical symbol for fluid power diagrams		290
油圧サーボ機構 hydraulic servo mechanism		291
油圧ジャッキ hydraulic jack		291
油圧シリンダ oil-hydraulic cylinder		291
油圧ダンパ hydraulic damper		290
油圧チャック hydraulic chuck		291
油圧ブレーキ oil brake		290
油圧弁 hydraulic valve		290
油圧ポンプ oil hydraulic pump		291
油圧モータ oil hydraulic motor		290
融解炉 melting furnace		294
有限会社 limited company		293
有効数字 significant figures		294
有効動力 effective power		293
有効巻数 number of active coils		293
有効落差 available head		293
遊星歯車装置 planetary gears		289
融接 fusion welding		294
融点 fusing point		294
誘電体 dielectric		292
誘導電動機 induction motor		288
遊離炭素 free carbon		289
床込め鋳型 floor mold		140
U管理図 U chart		287
湯口(ゆぐち) gate		404
湯くみ ladle		111
U字管圧力計 U-tube manometer		292
ユニオン継手 union joint		288
ユニオンメルト union melt		287
ユニバーサルソケット universal socket		287
ユニファイねじ unified screw thread		288
油膜 oil film		289
湯道(ゆみち) runner		404
弓のこ hacksaw		202
油浴 oil bath		292
揺りスライダクランク機構 swinging-block slider crank mechanism		274

ヨ

溶解アセチレン dissolved acetylene		277
洋銀 nickel silver		244
溶鉱炉 blast furnace		275
揚水式水力発電所 pumping-up power plant		244
溶接記号 welding symbol		276
溶接姿勢 welding position		277
溶接速度 welding speed		276
溶接継手 welded joint		276
溶接電流 welding current		277
溶接トーチ welding torch		277
溶接棒 welding rod		276
溶接炎 welding flame		276
要素作業分析 operation analysis		312
要素動作(サーブリッグ) therblig		375
溶体化処理 solution treatment		277
溶着金属 deposited metal		277
溶着金属試験片 deposited metal test specimen		277
洋白 nickel silver		244
溶融アルミナ fused alumina		275
溶融速度 melting rate		275
溶融池 molten pool		276
翼形ファン air foil fan		301
ヨークカム yoke cam		275
横送り cross feed		9
横座 smith		91
横弾性係数 modulus of rigidity		457
横中ぐり盤 horizontal boring machine		210
横ひずみ lateral strain		9
横フライス盤 horizontal milling machine		210
横万力 parallel vise		425
予算統制 budgetary control		264
四つづめチャック independent chuck		85
予燃焼室式 precombustion chamber type		264
予防保全 preventive maintenance		264
余盛(よもり) reinforcement of weld		93
余裕時間 time allowance		252
余裕率 excess rate		252
余力管理 excess control		165
4サイクル機関 four cycle engine		181
四節回転機構 quadric crank mechanism		182

ラ

ライニング lining		106
ラインスタッフ組織 line and staff organization		107
ライン組織 line organization		107
ラウタル lautal		106
落差 head		69
落体の運動 motion of falling body		69
ラジアル軸受 radial bearing		112
ラジアルボール盤 radial drilling machine		111
ラジオペンチ radio pliers		106
ラチェット ratchet		107
ラチェットストップ ratchet stop		107
ラチェットハンドル ratchet handle		108
ラック rack		108
ラックカッタ rack type cutters		108
ラップ lap		109
ラップ仕上 lapping		109
ラップ盤 lapping machine		108
ラトータービン Rateau turbine		107
ラバーといし車 rubber bond grinding wheel		255
ラビリンスパッキン labyrinth packing		107

ラミーの定理　Lami's theory	106	
ラム　ram	109	
RAM　random access memory	109	
ラム圧　ram pressure	109	
ラムジェット機関　ram-jet engine	109	
ラモントボイラ　La Mont boiler	106	
ランカシボイラ　Lancashire boiler	110	
ランキンサイクル　Rankine cycle	110	
ランキンの式　Rankine's formula	110	
乱数さい　random number die	109	
ランダムサンプリング　random sampling	108	
ランナ　runner	110	
乱流　turbulent flow	69	

リ

リアクタンス　reactance	119
リアクトル　reactor	119
力学的エネルギ　mechanical energy	253
力積　impulse	252
力率　power-factor	252
陸用ボイラ　land boiler	294
理想気体　ideal gas, perfect gas	298
立体カム　solid cam	306
リード　lead	117
リード角　lead angle	117
利得　gain	297
リニアエンコーダ　linear encorder	116
リブ　rib	119
リベット　rivet	118
リベット継手　rivet joint	118
リベット継手の効率　efficiency of rivet joint	119
リベット継手の強さ　strength of rivet joint	118
リベットの記号	118
リーマ　reamer	117
リーマ通し　reaming	118
リーマボルト　reamer bolt	117
リミットスイッチ　limit switch	118
リム　rim	119
リムド鋼塊　rimmed ingot	120
粒間腐食　intergranular corrosion	306
流線　streamline	289
流体潤滑　fluid lubrication	292
流体継手　fluid coupling	293
流体トルクコンバータ　hydraulic torque converter	293
流体摩擦　fluid friction	292
粒度　grain size	306
流量係数　coefficient of discharge	288
流量制御弁　flow control valve	289
両口スパナ　double-ended wrench	244
両クランク機構　double-crank mechanism	92
両てこ機構　double-lever mechanism	92
両面グルーブ　double groove	244
両面取りフライス　double corner rounding cutter	244
理論空気量　theoretical air	297
理論誤差　theoretical error	298
理論混合比　theoretical mixture ratio	298
理論出力　theoretical output	298
理論揚程　theoretical head	297
臨界圧　critical pressure	305
臨界温度　critical temperature	305
臨界速度　critical speed, critical velocity	305
臨界点　critical point	305
輪郭制御　contouring control	294
リンギング　wringing	120
リングギヤ　ring gear	120
リンク装置　link work	121
リングバランス形差圧計　ring manometer	120
輪軸　wheel and axle	95
輪周　rim	119
りん青銅　phosphor bronze	303

ル

ルイスの式　Lewis' formula	115
ルーツ送風機　Roots blower	116
るつぼ　crucible	94
るつぼ炉　crucible furnace	94
ルート　root	116
ルート間隔　root opening	116
ルート半径　root radius	116
ルート面　root face	116
ルブリケータ　lubricator	356

レ

レイアウト　layout	112
零位法　zero method	263
冷加圧室式ダイカスト機　cold chamber type diecast machine	72
冷間圧延　cold rolling	73
冷間加工　cold working	73
冷間鍛造　cold forging	73
冷却曲線　cooling curve	72
冷却式露点計　cooling dew point hygrometer	73
冷却材　coolant	73
冷却ひれ　cooling fin	73
冷蔵　cold storage	74
冷凍　refrigeration	74
冷凍機　refrigerating machine	74

冷凍サイクル refrigerating cycle	74
冷凍トン refrigerating-ton	74
レイノルズ数 Reynolds number	111
冷媒 refrigerant	74
レーザ加工 laser beam machining	112
レーザ光線 laser	112
レジスタ register	113
レジノイドといし車 resinoid bond grinding wheel	113
レーダ radar	111
レッドウッド粘度計 Redwood viscometer	110
レーテイング rating	112
レデブライト ledeburite	110
レバー lever	110
レベル level	111
レム rem	113
連鎖 chain	257
連鎖反応 chain reaction	257
連成計 compound (pressure) gauge	256
連接棒 connecting rod	391
連続生産 continuous production	257
連続の法則 principle of continuity	257
連続ばり continuous beam	257
連動チャック scroll chuck	253

ロ

ろう ① solder, ② wax	105
ろう型 wax pattern	70
ろう付け brazing	169
ろう付合金 brazed alloy	169
労働三法 labour laws	76
ろ過 filtration	252
ろ過器 filter	252
ろくろ spinning lathe	221
ロケット rocket	114
ロストワックス鋳造法 lost wax casting process	113
ロータメータ rotameter	115
ロータリエンコーダ rotary encorder	114
ロータリカッタ rotary cutter	114
ロータリシヤー rotary shear	114
ロータリスプール弁 rotary spool valve	114
六角ボルト hexagen headed bolt	294
ロックウエルかたさ試験 Rockwell hardness test	114
ロット生産 lot production	115
ローデイング装置 loading system	113
露点 dew point	76
炉筒 flue	77
炉筒煙管ボイラ flue tube-smoke tube boiler	77
炉筒ボイラ flue tube boiler	77
ロードセル load cell	113

ロバーバルの機構 Roberval's (paralled motion) mechanism	113
ROM read only memory	115
ローラコンベヤ roller conveyor	115
ローラ仕上 surface rolling	115
ローラチエーン roller chain	115
ロール鍛造 roll forging	115
炉冷 furnace cooling	76
ローレット knurling tool	75
ローレット切り knurling	75
論理回路 logical circuit	77

ワ

Y形レンチ Y type wrench	273
ワイヤロープ wire rope	272
別れ砂 parting sand	165
わく込め法 flask molding	357
ワット watt	324
ワードプロセッサ word processor	279
ワニス varnish	78
輪ばね ring spring	120
割り型 split pattern	167
割出し作業 indexing operation	167
割出し台 index head	166
割出し法 indexing	167
割ピン split pin	167

부 록

- 차원과 단위
- 기계공학 주요 공식
- CAD 및 FA용어

차원과 단위

차원 : 차원이란 길이, 시간, 면적, 속도 등과 같이 측정할 수 있는 양을 말하며, 일차 차원(primary dimension)과 이차 차원(secondary dimension)으로 구분된다. 일차 차원을 기본 차원(basic dimension)이라 하고, 이차 차원을 유도 차원(derived dimension)이라고도 한다.

단위계 : 단위계에는 절대단위계(absolute unit system)와 공학단위계(technical unit system)가 있으며, 절대단위계에서는 길이(L), 시간(T), 질량(M)을 일차 차원으로 정하고 힘(F)의 차원으로 다음의 식에서 $g=1$(무차원수)이 되도록 정해진다. 따라서 $F=MLT^{-2}$이 된다. 즉 단위질량에 단위가속도를 주는 힘의 크기를 힘의 표준단위로 정한다.

$$F \propto ma \quad m : 질량$$

$$F = \frac{ma}{g} \quad a : 가속도, \ g : 비례상수$$

한편 공학단위계는 중력단위계라고도 하며, 길이(L), 시간(T), 힘(F)을 일차 차원으로 하고 질량(M)은 이차 차원이 되며, 역시 $g=1$이 되도록 정해진다. 따라서 $M=FT^2L^{-1}$이 된다.

국제단위계 : 국제단위계(The International System of Units)는 국제도량형총회에서 채택된 단위제도이며, 국제표준화기구(International Organization for Standardization : ISO)에서 추진하고 있으며, 간단히 SI 단위라 부른다. 한국공업규격은 이 단위를 대부분 채택한 것으로 SI 단위는 미터제를 기준으로 하고 있다. 앞에서 말한 단위계의 차원비교는 다음 표와 같다.

▽ 절대단위계와 중력단위계

양	절대단위계	중력단위계	SI 단위
기본차원	질량(M)		kg
		힘(F)	N
	길이(L)	길이(L)	m
	시간(T)	시간(T)	s
	온도(θ)	온도(θ)	K
	전류(C)	전류(C)	A
	광도(I)	광도(I)	cd

	물질의 양 (mol)	물질의 양 (mol)	mol
길이	L	L	m
시간	T	T	s
질량	M	FT^2L^{-1}	kg
열역학적 온도	θ	θ	K
광도	I	I	cd
평면각	무차원	무차원	rad
주파수	T^{-1}	T^{-1}	Hz
힘, 역량	MLT^{-2}	F	N
에너지, 일, 열량	ML^2T^{-2}	FL	J
동력, 공률	ML^2T^{-2}	FLT^{-1}	W
각속도	T^{-1}	T^{-1}	rad/s
넓이	L^2	L^2	m²
부피	L^3	L^3	m³
면적의 2차모멘트	L^4	L^4	m⁴
속도, 속력	LT^{-1}	LT^{-1}	m/s
가속도	LT^{-2}	LT^{-2}	m/s²
질량유량	MT^{-1}	FT^{-1}	kg/s
(체적)유량	L^3T^{-1}	L^3T^{-1}	m³/s
밀도	ML^{-3}	FT^2L^{-4}	kg/m³
비중량	$MT^{-2}L^{-2}$	FL^{-3}	N/m³
압력	$MT^{-2}L^{-1}$	FL^{-2}	Pa
표면장력	MT^{-2}	FL^{-1}	N/m
충격강도	MT^{-2}	FL^{-1}	J/m²
점도(점성계수)	$ML^{-1}T^{-1}$	FTL^{-2}	Pa·s
동점도 (동점성계수)	L^2T^{-1}	L^2T^{-1}	m²/s
열용량	$ML^2T^{-2}\theta^{-1}$	$FL\theta^{-1}$	J/K
비열	$L^2T^{-2}\theta^{-1}$	$L\theta^{-1}$	J(kg·K)
비에너지, 비체열(숨은열), 비엔탈피	L^2T^{-2}	L	J/kg
열류밀도	MT^{-3}	$FL^{-1}T^{-1}$	W/m²
열전도계수 (열전도율)	$MLT^{-3}\theta^{-1}$	$FT^{-1}\theta^{-1}$	W/(m·K)
열전달계수	$MT^{-3}\theta^{-1}$	$FT^{-1}L^{-1}\theta^{-1}$	W(m²·K)
물질의 양	mol	mol	mol
몰질량	$M\text{mol}^{-1}$	$F\text{mol}^{-1}$	kg/mol
몰체적	$L^3\text{mol}^{-1}$	$L^3\text{mol}^{-1}$	m³/mol
몰에너지	$ML^2T^{-2}\text{mol}^{-1}$	$FL\text{mol}^{-1}$	J/mol
몰비열, 몰엔트로피	$ML^2T^{-2}\theta^{-1}\text{mol}^{-1}$	$FL\theta^{-1}\text{mol}^{-1}$	J/(mol·K)

복사강도	ML^2T^{-3}	FLT^{-1}	W/sr
에너지 푸로엔스	MT^{-2}	FL^{-1}	J/m^2
운동량	MLT^{-1}	FT	$N \cdot s$
각 운동량	ML^2T^{-1}	FLT	$N \cdot m \cdot s$
(질량)관성모멘트	ML^2	FLT^2	$kg \cdot m^2$

※ 환산치수와 중요수치

$1l = 4.45N$
$1kg = 9.81 (\fallingdotseq 10) N$
$1cm = 10^{-2}m$
$1kg/cm^2 = 98.1 (\fallingdotseq 100) kN/m^2$
$1kcal = 4.1868J (증기표)$
$\qquad = 4.18605 (KS)$
$1kg \cdot m/S = 6,806.65W (동력)$
$1P.S = 75kg \cdot m/S$
$1N = 1kg \cdot m/S^2$
$1J = 1kg \cdot m^2/S^2 = 1Nm$
$1Hz = 1S^{-1}$
$N/m^2 = 1kg/m \cdot S^2$
$\pi = 3.14159\ 26535\ 89793$
$\pi^2 = 9.86960\ 44010$
$\dfrac{1}{\pi} = 0.31830\ 98861\ 83791$
$\dfrac{1}{\pi^2} = 0.10132\ 11836$
$\sqrt{\pi} = 1.77245\ 38509$
$\dfrac{1}{\sqrt{\pi}} = 0.56418\ 95835$
$e = 2.71828\ 18284\ 59045$
$\dfrac{1}{e} = 0.36787\ 94411\ 71442$
$\log_{10}e = 0.4343,\ \log_e 10 = 2.3026$
$\log_{10}N = 0.4343\ \log_e N$
$\log_e N = 2.3026\ \log_{10}N$
$g = 980.665 cm/sec^2$
$1rad(radian) = \dfrac{180}{\pi}$
$\qquad = 57.29577\ 95130°$
$\qquad = 57°17'44.806''$
$1°(degree) = \dfrac{\pi}{180} rad$
$\qquad = 0.00174532925 rad$
대기압 $= 1atm = 1.0332 kg/cm^2$
$\qquad = 760mm\ Hg$
물의 비중량$(\gamma) = 1g/cm^3 = 0.001kg/cm^3$

$\qquad = 1000kg/m^3 (4℃,\ 1atm)$
$°F = \dfrac{9}{5}℃ + 32,\ ℃ = \dfrac{5}{9}(°F + 32)$
절대온도 $°K = 273.16 + t℃$

▽ 10의 멱을 나타내는 기호(10^3단위의 배수)

양	단위 명칭	기 호
10^{12}	tera	T
10^9	giga	G
10^6	mega	M
10^3	kilo	K
10^2	hecto	h
10	deca	da
10^{-1}	deci	d
10^{-2}	centi	c
10^{-3}	milli	m
10^{-6}	micro	μ
10^{-9}	nano	n
10^{-12}	pico	p
10^{-15}	femto	f
10^{-18}	atto	a

▽ 중요 물리 상수

양	기호	상 수 값
만유 인력의 상수	G	6.67259×10^{-11} $N \cdot m^2 \cdot kg^{-2}$
중력 가속도	g	$9.80665\ m \cdot s^{-2}$
열의 일(해) 당량	J	$4.1855\ J/cal_{15}$
보편 기체 상수	R	$8.314510\ J \cdot mol^{-1} \cdot K^{-1}$
아보가드로수	N_A	$6.0221367 \times 10^{23}\ mol^{-1}$
볼츠만 상수	k	$1.380658 \times 10^{-23}\ J \cdot K^{-1}$
광속(진공에서)	c	$2.99792458 \times 10^8\ m \cdot s^{-1}$
진공 유전율	ε_0	$8.854187817 \times 10^{-12}\ Fm^{-1}$
진공 투자율	μ_0	$4\pi \times 10^{-7} =$ $1.25663706 \times 10^{-6}\ Hm^{-1}$
기본전하량/전기소량	e	$1.60217733 \times 10^{-19}\ C$
전자의 정지질량	m_e	$9.1093897 \times 10^{-31}\ kg$
전자의 비전하	e/m_e	$1.75881962 \times 10^{11}\ C \cdot kg^{-1}$
패러데이 상수	F	$9.6485309 \times 10^4\ C \cdot mol^{-1}$
플랑크 상수	h	$6.6260755 \times 10^{-34}\ J \cdot s$
슈테판-볼츠만 상수	σ	5.67051×10^{-8} $W \cdot m^{-2} \cdot K^{-4}$
리드베리 상수	R_∞	$1.0973731534 \times 10^7\ m^{-1}$
보어 반지름	a_0, r_B	$5.29177249 \times 10^{-11}\ m$
원자 질량단위	u	$1.6605402 \times 10^{-27}\ kg$
양성자의 정지질량	m_P	$1.6726231 \times 10^{-27}\ kg$
중성자의 정지질량	m_n	$1.6749286 \times 10^{-27}\ kg$

기계공학 주요 공식

물리

직선상의 운동

속력 : $v = \dfrac{s}{t}$ (m/s)

속도 : $\vec{v} = \dfrac{\vec{s}}{t}$ (m/s)

평균속도 : $\vec{v} = \dfrac{s_2 - s_1}{t_2 - t_1} = \dfrac{\Delta s}{\Delta t}$

순간속도 : $\vec{v} = \lim\limits_{\Delta t \to 0} \dfrac{\Delta \vec{s}}{\Delta t} = \dfrac{d\vec{s}}{dt}$

속도합성 : $\vec{v} = \sqrt{\vec{v_1}^2 + \vec{v_2}^2 + 2\vec{v_1}\vec{v_2}\cos\theta}$

상대속도 : $\vec{v}_{상대} = \vec{v}_{물체} - \vec{v}_{관측자}$

가속도 : $\vec{a} = \dfrac{\vec{v} - \vec{v_0}}{t}$

순간 가속도 : $\vec{a} = \lim\limits_{\Delta t \to 0} \dfrac{\Delta \vec{v}}{\Delta t} = \dfrac{d\vec{v}}{dt}$

등가속도 운동 : $\vec{a} = \dfrac{\vec{v} - \vec{v_0}}{t}$
$\vec{v} = \vec{v_0} + \vec{a}t$
$s = \vec{v_0}t + \dfrac{1}{2}\vec{a}t^2 \quad (2\vec{a}s = \vec{v}^2 - \vec{v_0}^2)$

운동법칙

운동법칙
제1법칙 : $F = 0$이면, $v = $ 일정 (관성의 법칙)
제2법칙 : $F = ma$ (가속도의 법칙)
제3법칙 : $\vec{F} = -\vec{F'}$ (작용·반작용의 법칙)

힘의 합성
합 $\begin{pmatrix} \vec{F} = \vec{F_1} + \vec{F_2} \text{ (동일직선상)} \\ \vec{F} = \sqrt{\vec{F_1}^2 + \vec{F_2}^2 + 2\vec{F_1}\vec{F_2}\cos\theta} \end{pmatrix}$
(서로 다른 방향의 힘)
차 $\begin{pmatrix} \vec{F} = \vec{F_1} - \vec{F_2} \text{ (동일직선상)} \\ \vec{F} = \vec{F_1} - \vec{F_2} = \vec{F_1} + (-\vec{F_2}) \end{pmatrix}$
(서로 다른 방향의 힘)

힘의 분해
x 방향의 분력 : $F_x = F \cdot \cos\theta$
y 방향의 분력 : $F_y = F \cdot \sin\theta$

힘의 평형조건
두 힘 : $F_1 = -F_2, \ F_1 + F_2 = 0$
세 힘 : $F_1 + F_2 = -F_3, \ F_1 + F_2 + F_3 = 0$

여러힘 : $\Sigma F_i = 0$

힘의 모멘트
$M = $ 힘$(F) \times$ 힘의 작용선과 회전축의 수직거리(l)
짝힘 : $M = Fl_1 + Fl_2 = Fl$
힘 모멘트의 평형 : $\Sigma M_i = 0$
중력 : $W = mg \qquad g$: 중력가속도
마찰력 : $F = \mu N \qquad \mu$: 마찰계수
탄성력 : $F = -kx \qquad k$: 스프링상수

여러가지 운동

연직방향운동
자유낙하운동 : $v = gt$
$$h = \dfrac{1}{2}gt^2$$
$$v = \sqrt{2gh}$$

연직 아래로 던진 운동 ($v_0 > 0, \ g > 0$)
$v = v_0 + gt$
$h = v_0 t + \dfrac{1}{2}gt^2$
$2gh = v^2 - v_0^2$
$t = \dfrac{v - v_0}{g}$

연직 위로 던진 운동 ($v_0 > 0, \ g < 0$)
$v = v_0 - gt$
$h = v_0 t - \dfrac{1}{2}gt^2$
$2gh = v_0^2 - v^2$
$H = $ 최고 도달높이 $= \dfrac{v_0^2}{2g}$

포물선운동
수평운동 : $t = \sqrt{\dfrac{2h}{g}}$
$S = v_0 t$
$ = v_0 \sqrt{\dfrac{2h}{g}}$

비스듬히 던져올린 물체의 운동
최고점 도달시간 : $t = \dfrac{v_0 \cdot \sin\theta}{g}$

최고점까지 높이 : $H = \dfrac{v_0^2 \sin^2\theta}{2g}$

수평도달거리 : $R = \dfrac{v_0^2 \cdot \sin 2\theta}{g}$

등속원운동 : $v = \omega r$

주기 : $T = \dfrac{2\pi}{\omega} = \dfrac{2\pi r}{v}$

진동수 : $n = \dfrac{1}{T}$

가속도 : $a = \omega^2 r = \dfrac{v^2}{r}$

구심력 : $F = mr\omega^2 + m\dfrac{v^2}{r}$

단진동운동

변위 : $x = r \cdot \sin\omega t$

속도 : $v_x = \omega r \cdot \cos\omega t$

가속도 : $a_x = -\omega^2 r \cdot \sin\omega t = -\omega^2 x$

단진자 주기 : $T = 2\pi\sqrt{l/g}$

용수철 진자의 주기 : $T = 2\pi\sqrt{m/k}$

용수철 진자의 복원력 : $F = -kx$

일과 일률

일 : $W = F \cdot S$ (평면)

$W = (mg \cdot \sin\theta + \mu mg \cdot \cos\theta) \cdot s$
(비탈에서 끌어올릴 때)

$W = mg \cdot h$ (들어올리는 일)

$W = F\mu s = \mu mg \cdot s$ (경사평면)

$W = \dfrac{1}{2}kx^2$ (용수철에 변형을 줄 때)

$W = \dfrac{1}{2}mv^2 = \dfrac{1}{2}mg^2 t^2$ (자유낙하)

속도와 일률 : $P = \dfrac{W}{t} = \dfrac{F \cdot S}{t} = F \cdot v$

역학적 에너지

$\begin{cases} 운동에너지 : E_k = \dfrac{1}{2}mv^2 (\mathrm{J}) \\ 운동에너지와 일 \end{cases}$

$W = F \cdot S = \dfrac{1}{2}mv_0^2 - \dfrac{1}{2}mv^2$

$\begin{cases} 위치에너지 : E_p = mgh (\mathrm{J}) \\ 중력장의 위치에너지와 일의 관계 \end{cases}$

$W = mg(h_1 - h_2)$ $(h_1 > h_2)$

탄성에 의한 위치에너지

$E_e = \dfrac{1}{2}kx^2 (\mathrm{J})$

$W = Fx = \dfrac{1}{2}kx$

역학적 에너지 보존

$E = E_k + E_p = \dfrac{1}{2}mv^2 + mgh =$ 일정

$E = E_k + E_e = \dfrac{1}{2}mv^2 + \dfrac{1}{2}kx^2 =$ 일정

$E = mgh + \dfrac{1}{2}kx^2 =$ 일정

보존법칙
$E = E_k + E_p + E_e$
$= \dfrac{1}{2}mv^2 + mgh + \dfrac{1}{2}kx^2 =$ 일정

전기장

Coulomb 의 법칙 : $F = k\dfrac{q_1 \times q_2}{r^2} (\mathrm{N})$

비례상수 $k = 9 \times 10^9 \, \mathrm{N \cdot m^2/c^2}$

전기장의 세기 : $E = \dfrac{F}{q} (\mathrm{N/C})$

(전기장내의 한점에 $+q(\mathrm{C})$의 전하를 놓았을 때)

$E = \dfrac{V}{d} (\mathrm{V/m} = \mathrm{N/C})$

(두 극판사이의 거리가 d이고 V 의 전압을 걸었을 때)

두 점간의 전위차 : $V(\mathrm{volt}) = \dfrac{W}{q} (\mathrm{J/C})$

$\therefore W = Vl (\mathrm{J})$

축전기

용량 : $C = \dfrac{Q}{V} (\mathrm{F})$, $Q = CV$, $V = \dfrac{Q}{C}$

평행판 축전기의 전기용량 : $C = \dfrac{\varepsilon S}{d}$

ε : 유전율

축전기의 연결 : $\dfrac{1}{C} = \dfrac{1}{C_1} + \dfrac{1}{C_2} + \dfrac{1}{C_3}$ (직렬)

$C = C_1 + C_2 + C_3$ (병렬)

전기적 에너지 : $E = \dfrac{1}{2}QV (\mathrm{J})$

$= \dfrac{1}{2}CV^2 (\mathrm{J})$

$= \dfrac{1}{2}\dfrac{Q^2}{C} (\mathrm{J})$

전류와 전기저항

옴(Ohm)의 법칙 : $V = iR$, $i = \dfrac{V}{R}$

비저항 : $R = \rho\dfrac{l}{S}$ S : 단면적

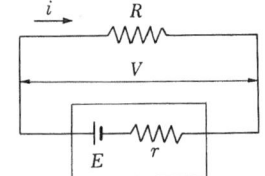

저항 연결 : $R = R_1 + R_2 + R_3 + \cdots$ (직렬)

$\dfrac{1}{R} = \dfrac{1}{R_1} + \dfrac{1}{R_2} + \dfrac{1}{R_3} + \cdots$ (병렬)

줄(J)열 : $Q = Vit = i^2 Rt = \dfrac{V^2}{R} t$

전력 : $P = \dfrac{W}{t} = \dfrac{V^2}{R^2} = iV$

단자전압 : $V = E - i \cdot r$

전지연결 $i = \dfrac{nE}{R + nr}$ (직렬)

$i = \dfrac{E}{R + \dfrac{r}{n}}$ (병렬)

전류와 자기장

자기력에 관한 쿨롱의 법칙

$F = k \dfrac{m_1 m_2}{r^2}$ (N) $\left(k = \dfrac{10^7}{(4\pi)^2} \right)$

자속밀도 : $Wb/m^2 = N/A \cdot n = T$ (테슬라)

전류가 만든 자기장

$B = k_1 \dfrac{i}{r} (k_1 = 2 \times 10^{-7} N/A^2)$ (직선전류)

$B = \pi k_1 \dfrac{i}{r}$ (원형전류)

$B = ni$ (솔레노이드)

n : 단위길이당 감은 횟수

전자력의 크기 : $F = B_i l$ (N)

평행전류사이의 힘

$F = k_2 \dfrac{i_1 i_2}{r_1} l$ (N) $(k_2 = 2\pi \times 10^{-7})$

로렌쯔의 힘의 크기

$F = Bqv$ 또는 $F = Bqv \cdot \sin\theta$

파동의 전파

파동기본식

진동수 : $v = \dfrac{1}{T}$ (Hz)

주기 : $T = \dfrac{1}{\nu}$ (s)

파장 : $\lambda = \dfrac{v}{\nu} = T \cdot v$

파동방정식

$y = A \cdot \sin 2\pi \cdot \left(\dfrac{t}{T} - \dfrac{x}{\lambda} \right)$ ($+x$방향으로 전파)

$y = A \cdot \sin 2\pi \left(\dfrac{t}{T} + \dfrac{x}{\lambda} \right)$ ($-x$방향으로 전파)

y : 변위, A : 진폭, x : 파동위치

파동에너지 : $E \propto A^2 \nu^2$

파동의 세기 : $I \propto A^2 \nu^2$, $I \propto \dfrac{1}{r^2}$

r : 파원으로부터의 거리

진폭 : $A \propto \dfrac{1}{r}$

반사와 굴절

매질 1에 대한 매질 2의 굴절률

$$n_{12} = \dfrac{\sin\theta_1}{\sin\theta_2} = \dfrac{v_1}{v_2} = \dfrac{\lambda_1}{\lambda_2}$$

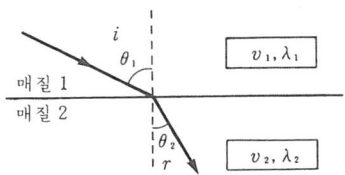

간섭과 회절

Young 실험:

보강간섭 $r_1 \sim r_2 = \dfrac{\lambda}{2} \cdot 2m$ $(m = 0, 1, 2 \cdots)$

즉, 경로차 = 0, $\dfrac{\lambda}{2} \times 2$, $\dfrac{\lambda}{2} \times 4$, $\dfrac{\lambda}{2} \times 6 \cdots$

상쇄간섭 $r_1 \sim r_2 = \dfrac{\lambda}{2}(2m + 1)$

$(m = 0, 1, 2, 3 \cdots)$

즉, 경로차 = $\dfrac{\lambda}{2} \times 1$, $\dfrac{\lambda}{2} \times 3$, $\dfrac{\lambda}{2} \times 5 \cdots$

맥놀이 수 : $N = v_1 \sim v_2$

도플러 효과 : $v = v_0 \dfrac{v \pm U}{v \mp V}$

v : 관측자가 듣는 진동수
v_0 : 발음체의 진동수
v : 음속
$+U$: 관측자 접근
$-U$: 관측자 멀어짐
$+V$: 발음체 멀어짐
$-V$: 발음체 접근

빛의 파동성

파장 : $\lambda = \dfrac{d \cdot \Delta x}{l}$

얇은 막에 의한 간섭

광로차 $= \dfrac{\lambda}{2}(2m)$: 보강 간섭

광로차 $= \dfrac{\lambda}{2}(2m + 1)$: 상쇄 간섭

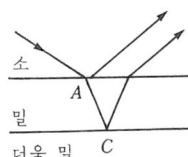

광로차 $= \dfrac{\lambda}{2}(2m)$: 상쇄 간섭

광로차 $= \dfrac{\lambda}{2}(2m+1)$: 보강 간섭

d : 막의 두께, n : 굴절률, r : 굴절각

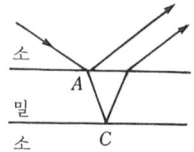

거울과 렌즈

구면 거울과 렌즈의 공식

$$\dfrac{1}{a}+\dfrac{1}{b}=\dfrac{1}{f}$$

$$m=\dfrac{l}{L}=\dfrac{b}{a}=\dfrac{f}{a-f}=\dfrac{b-f}{f}$$

$f \begin{cases} + : \text{실초점(오목 거울, 볼록 렌즈)} \\ - : \text{허초점(볼록 렌즈, 오목 렌즈)} \end{cases}$

$b \begin{cases} + : \text{실상(거울 앞, 렌즈 뒤에 생김)} \\ - : \text{허상(거울 뒤, 렌즈 앞에 생김)} \end{cases}$

$m \begin{cases} + : \text{실상} \\ - : \text{허상} \end{cases}$

굴절의 법칙

절대 굴절률 : 진공에 대한 어느 물질의
굴절률 → $n_{진공 \cdot 물질} = n_{물질}$

상대 굴절률 : 물질 1에 대한 물질 2의
굴절률 → n_{12}

굴절률(n)

$$n_{12}=\dfrac{\sin\theta_1}{\sin\theta_2}=\dfrac{c_1}{c_2}=\dfrac{\lambda_1}{\lambda_2}=\dfrac{n_2}{n_1}=\dfrac{1}{n_{21}}$$

굴절률이 n인 매질에서의 광속도(c')

$$c' = c \cdot \dfrac{1}{n} \quad \therefore n = \dfrac{c}{c'}$$

굴절률 n인 매질에서의 빛의 파장(λ')

$$\lambda' = \lambda \cdot \dfrac{1}{n} \quad \therefore n = \dfrac{\lambda}{\lambda'}$$

임계각(θ_c)

① 빛이 굴절률 n인 매질에서 진공(근사적으로 공기)으로 진행할 때의 임계각

$$\theta_c = \dfrac{1}{n}$$

② 빛이 굴절률 n_2인 매질에서 n_1인 매질로 진행할 때의 임계각

$$\sin\theta_c = \dfrac{n_1}{n_2}$$

원자(原子)

[비전하 측정]

전기장내에서의 전자의 속도

$$qV = \dfrac{1}{2}mv^2 \quad \therefore v = \sqrt{\dfrac{2qV}{m}}$$

자기장내에서 전자가 받는 힘

$$Bqv = \dfrac{mv^2}{R} \quad \therefore Bq = \dfrac{mv}{R}$$

비전하 $\cdots e/m = 1.76 \times 10^{11}$ C/kg

[기본 전하 측정]

전자의 전하 $\cdots e = 1.6 \times 10^{-19}$ C

전자의 질량 $\cdots m = 9.1 \times 10^{-31}$ kg

X선의 최소 파장 : $\lambda_{최소} = hc/eV$

(h는 플랑크 상수 $= 6.6 \times 10^{-34}$ J·s)

보어의 모형(양자 조건)

진동수 조건 : $v = \dfrac{E_n - E_m}{h}$

물질과 에너지

광전자 운동에너지 : $E = hv - W_0$

h : 플랑크 상수

W_0 : 광전자를 튀어나오게 하는 데 필요한 에너지 또는 일함수

일함수 : $W_0 = hv_0$

v_0 : 한계 진동수

$$W_0 = h\dfrac{c}{\lambda_0}$$

λ_0 : 한계 파장

c : 광속도

콤프턴 효과(X선의 입자성 입증)

$$hv = \dfrac{hc}{\lambda} = \dfrac{1}{2}mv^2 + \dfrac{hc}{\lambda'}$$

물질의 파장(드브로이 파장)

$$\lambda = \dfrac{h}{p} = \dfrac{h}{mv}$$

p : 물질입자의 운동량

물질입자의 질량 : $m = \dfrac{m_0}{\sqrt{1-\dfrac{v^2}{c^2}}}$

m_0 : 물질입자의 정지질량

질량과 에너지 등가관계

질량이 m인 물질의 총에너지 E는

$$E = mc^2$$

$$E = m_0c^2 + \dfrac{1}{2}m_0v^2$$

m_0c^2 : 정지 에너지

재료역학

인장응력(tensile stress)
$$\sigma_t = \frac{P_t}{A} \text{ (kg/cm}^2\text{)}$$
중실원축 : $A = \frac{\pi d^2}{4}$
중공원축 : $A = \frac{\pi}{4}(d_2^2 - d_1^2)$

압축응력(compressive stress)
$$\sigma_c = \frac{P_c}{A} \text{ (kg/cm}^2\text{)}$$

전단응력(shear stress)
$$\tau = \frac{P_s}{A} \text{ (kg/cm}^2\text{)}$$

변형량
$$\delta = \frac{Pl}{AE} \text{ (mm)} \qquad E : \text{종탄성계수}$$

안전계수(factor of safety)
$$S = \frac{\sigma_u(\text{극한강도})}{\sigma_w(\text{사용응력})}$$

가로 변형률(lateral strain)
$$\varepsilon' = \frac{d' - d}{d} = \frac{\delta'}{d} \left(\delta' = \frac{d\sigma}{mE}\right)$$

세로 변형률(longitudinal strain)
$$\varepsilon = \frac{l' - l}{l} = \frac{\delta}{l}$$

푸아송의 비(poisson's ratio)
$$\mu = \frac{\text{횡수축도}(\varepsilon')}{\text{종신장도}(\varepsilon)} = \frac{1}{m}$$
(연강의 경우 $\mu = 0.3 \sim 0.4$)
m : 푸아송의 수

체적변형률
$$\varepsilon_v = \frac{\Delta V}{V} = \frac{Al\varepsilon(1-2\mu)}{Al} = \varepsilon(1-2\mu)$$
(정육면체의 $\varepsilon_v \fallingdotseq 3\varepsilon$)

환봉인장시험의 단면 수축률
$$\varphi = \frac{A - A'}{A} \times 100\%$$

환봉인장시험의 길이 신장률
$$\phi = \frac{l' - l}{l} \times 100\%$$

탄성계수(modulus of elastisity)
세로 탄성계수 : $E = \frac{\sigma}{\varepsilon}$

σ : 수직응력, ε : 변형률
가로 탄성계수 : $G = \frac{\tau}{\gamma}$
τ : 전단응력, γ : 전단변형률
체적 탄성계수 : $K = \frac{\sigma}{\varepsilon_v}$
$(\sigma = -p(\text{압력}) = K \cdot \varepsilon_v)$
$$G = \frac{E}{2(1+\mu)}, \quad K = \frac{E}{3(1-2\mu)},$$
$$E = \frac{2G(m+1)}{m}, \quad m = \frac{2G}{E - 2G}$$

변형량
가로변형량 : $l = l(1+\varepsilon)$
세로변형량 : $l' = l(1-\mu\varepsilon)$
단면적변형량 : $A' = A(1-2\mu\varepsilon)$
체적변형량 : $V' = V\varepsilon(1-2\mu)$

봉의 변형량
봉의 변형도
$$\varepsilon_x = \frac{d\delta}{dx} = \frac{\sigma_x}{E} = \frac{\gamma \cdot x}{E}$$
봉의 변형량
$$\delta = \int_0^l \frac{\gamma}{E} x \cdot dx$$
$$= \frac{\gamma l^2}{2E} = \frac{Wl}{2AE} \; (W = \gamma Al)$$

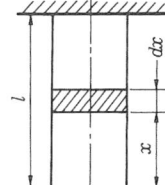

하단에 P의 하중이 작용할 때
$$\sigma_x = \frac{P + \gamma Ax}{A}$$
$$= \sigma + \gamma \cdot x$$
$(\delta_{max})_{x=l} = \sigma + \gamma l$
$$\delta = \int_0^l \frac{\sigma_x}{E} dx$$
$$= \frac{1}{E} \int_0^l (\sigma + \gamma x) \, dx$$
$$= \frac{Pl}{AE} + \frac{Wl}{2AE} \; (W = \gamma Al)$$

직원추봉의 응력과 변형

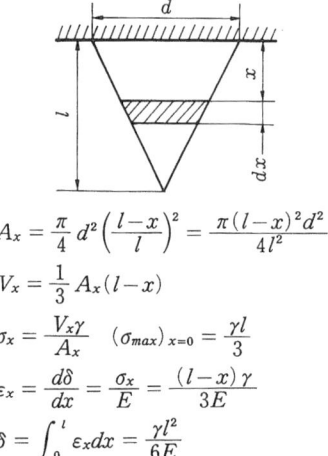

$$A_x = \frac{\pi}{4}d^2\left(\frac{l-x}{l}\right)^2 = \frac{\pi(l-x)^2 d^2}{4l^2}$$

$$V_x = \frac{1}{3}A_x(l-x)$$

$$\sigma_x = \frac{V_x \gamma}{A_x} \quad (\sigma_{max})_{x=0} = \frac{\gamma l}{3}$$

$$\varepsilon_x = \frac{d\delta}{dx} = \frac{\sigma_x}{E} = \frac{(l-x)\gamma}{3E}$$

$$\delta = \int_0^l \varepsilon_x dx = \frac{\gamma l^2}{6E}$$

회전강봉(鋼棒)의 응력과 변형

원심력 : $F = A\sigma (F = ma = \frac{\gamma}{g} W\omega^2)$

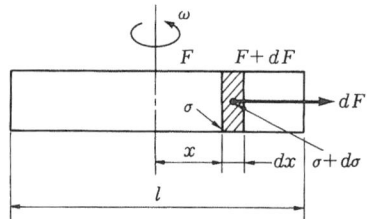

$$dF = \frac{A \cdot dx \cdot \gamma}{g} \times \frac{(x\omega)^2}{x} = \frac{\gamma A \omega^2 x}{g} dx$$

$$d\sigma = \frac{dF}{A} \text{에서} \quad \sigma = \frac{\gamma \omega^2}{2g} \times \frac{l^2}{4}$$

$$\delta = \frac{\sigma l}{E} = \frac{\gamma \omega^2 l^3}{8gE} \quad \left(\omega = \frac{2\pi n}{60}\right)$$

인장과 압축의 부정정

$$P = X + 2Y\cos\alpha$$

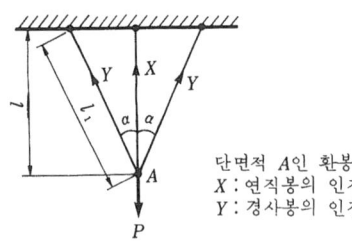

단면적 A인 환봉
X : 연직봉의 인장력
Y : 경사봉의 인장력

연직봉의 신장량

$$\sigma = \frac{Xl}{AE}$$

경사봉의 신장량

$$\delta_1 = \frac{Yl_1}{AE}$$

$$= \frac{Yl}{AE \cdot \cos\alpha}$$

$$X = \frac{P}{1+2\cos^3\alpha}$$

$$Y = \frac{P\cos^2\alpha}{1+2\cos^3\alpha}$$

$$\delta = \frac{Pl}{AE}\left(\frac{1}{1+2\cos^3\alpha}\right)$$

양단 고정봉의 반력

$$R = \frac{P_1}{1+\frac{b+c}{a}} + \frac{P_2}{1+\frac{c}{a+b}}$$

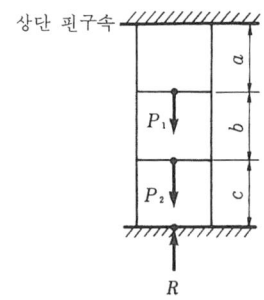

구조물의 힘의 세기

$$\begin{cases} T_1 = \frac{P \cdot \cos\theta'}{\sin(\theta+\theta')} & \text{(인장력)} \\ T_2 = \frac{P \cdot \cos\theta}{\sin(\theta+\theta')} & \text{(인장력)} \end{cases}$$

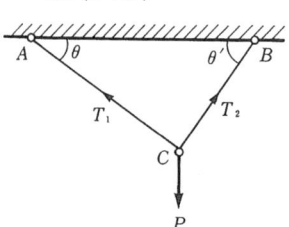

$$\begin{cases} T_1 = \frac{P \cdot \sin\theta'}{\sin\theta} & \text{(인장력)} \\ T_2 = \frac{P \cdot \sin(\theta+\theta')}{\sin\theta} & \text{(압축력)} \end{cases}$$

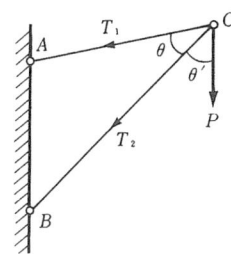

열응력(thermal stress)

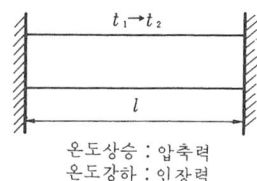

온도상승 : 압축력
온도강하 : 인장력

변형량 $\delta = l' - l = l \cdot \alpha \cdot (t_2 - t_1)$
변형률 $\varepsilon = \alpha \cdot (t_2 - t_1)$
열응력 $\sigma = E \cdot \alpha \cdot (t_2 - t_1)$
인장(압축)력 $P = AE \cdot \alpha \cdot (t_2 - t_1)$
α : 선팽창계수, 연강의 경우 $\alpha = 11.45 \times 10^{-6}$

조합봉의 열응력

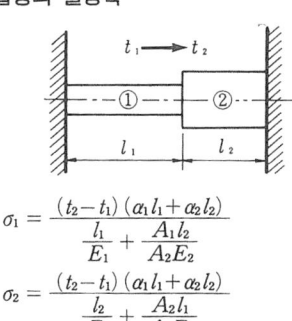

$$\sigma_1 = \frac{(t_2 - t_1)(\alpha_1 l_1 + \alpha_2 l_2)}{\frac{l_1}{E_1} + \frac{A_1 l_2}{A_2 E_2}}$$

$$\sigma_2 = \frac{(t_2 - t_1)(\alpha_1 l_1 + \alpha_2 l_2)}{\frac{l_2}{E_2} + \frac{A_2 l_1}{A_1 E_1}}$$

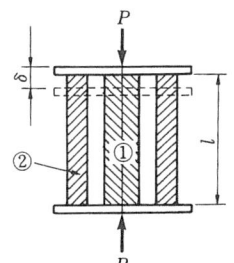

$$\sigma_1 = \frac{E_1 P}{E_1 A_1 + E_2 A_2}$$

$$\sigma_2 = \frac{E_2 P}{E_1 A_1 + E_2 A_2}$$

$$\delta = \varepsilon l = \frac{\sigma_1 l}{E_1} = \frac{Pl}{E_1 A_1 + E_2 A_2}$$

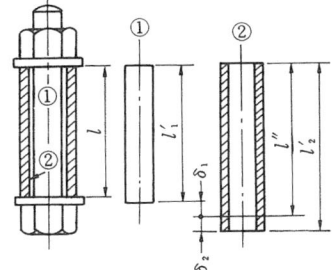

$$\sigma_1 = \frac{E_1 E_2 A_2}{E_1 A_1 + E_2 A_2}(\alpha_2 - \alpha_1)(t_2 - t_1)$$
·················· 인장응력

$$\sigma_2 = \frac{E_1 E_2 A_1}{E_1 A_1 + E_2 A_2}(\alpha_2 - \alpha_1)(t_2 - t_1)$$
·················· 압축응력

원환응력(stress of circular ring)

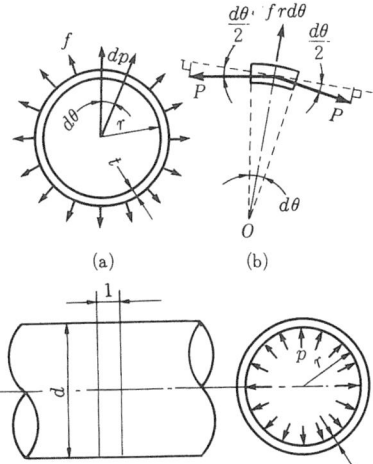

단위길이당 작용하는 하중
$$f = ma = \frac{w}{g} r\omega^2$$
w : 단위길이당 중량

원주방향의 인장력
$$P = fr = \frac{w}{g} r^2 \omega^2 = \frac{w}{g} v^2$$

원주방향의 응력

$$\sigma = \frac{P}{A} = \frac{\gamma}{g}r^2\omega^2 = \frac{\gamma}{g}v^2$$

단축응력(경사평면)

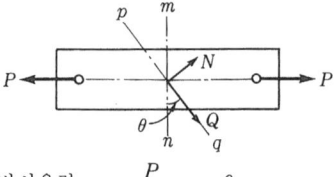

법선응력 $\sigma_n = \dfrac{P}{A} \cdot \cos\theta = \sigma_x \cdot \cos^2\theta$

전단응력 $\tau = \dfrac{P}{A} \cdot \cos\theta \cdot \sin\theta$

$\qquad = \dfrac{1}{2}\sigma_x \cdot \sin 2\theta$

$(\sigma_n)_{max}|_{\theta=0} = \dfrac{P}{A} = \sigma_x \quad (\sigma_n)_{min}|_{\theta=90} = 0$

$(\tau)_{max}|_{\theta=\frac{\pi}{4}} = \dfrac{1}{2} \qquad (\tau)_{min}|_{\theta=0} = 0$

공액응력 $\sigma_n' = \dfrac{P}{A} \cdot \cos^2(90+\theta)$

$\qquad = \sigma_x \cdot \sin^2\theta$

$\tau' = \dfrac{1}{2} \times \dfrac{P}{A} \times \sin 2(90+\theta)$

$\qquad = -\dfrac{1}{2} \cdot \sigma_x \cdot \sin 2\theta$

$\sigma_n + \sigma_n' = \sigma_x$

$\tau + \tau' = 0$

단축응력의 Mohr circle

$\sigma_n = \overline{OF} = \overline{OC} + \overline{CF}$

$\qquad = \dfrac{1}{2}\sigma_x + \dfrac{1}{2}\sigma_x \cdot \cos 2\theta$

$\qquad = \dfrac{1}{2}\sigma_x \cdot \cos^2\theta$

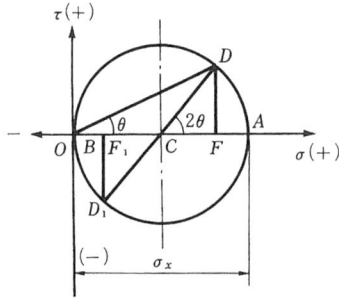

$\tau = \overline{DF} = \overline{CD}\sin 2\theta = \dfrac{1}{2}\sigma_x \cdot \sin 2\theta$

$\sigma_n' = \overline{OF_1} = \overline{OC} - \overline{F_1C}$
$\tau' = -\overline{F_1D_1} = -\overline{CD_1}\cdot\sin 2\theta$

2축응력(biaxial stress)

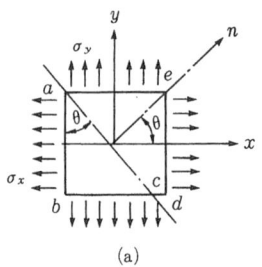
(a)

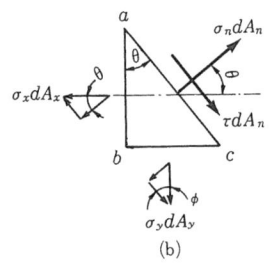
(b)

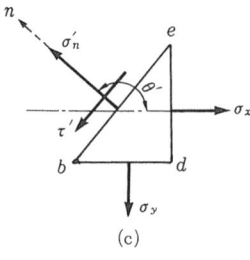
(c)

$\sigma_n = \sigma_x\cos^2\theta + \sigma_y\sin^2\theta$

$\qquad = \dfrac{1}{2}(\sigma_x+\sigma_y) + \dfrac{1}{2}(\sigma_x-\sigma_y)\cdot\cos 2\theta$

$\tau = (\sigma_x-\sigma_y)\sin\theta \cdot \cos\theta$

$\qquad = \dfrac{1}{2}(\sigma_x-\sigma_y)\cdot\sin 2\theta$

$\sigma_n' = \sigma_x\cdot\sin^2\theta + \sigma_y\cdot\cos^2\theta$

$\qquad = \dfrac{1}{2}(\sigma_x+\sigma_y) - \dfrac{1}{2}(\sigma_x-\sigma_y)\cos 2\theta$

$\tau' = -(\sigma_x-\sigma_y)\cdot\cos\theta\cdot\sin\theta$

$\qquad = -\dfrac{1}{2}(\sigma_x-\sigma_y)\cdot\sin 2\theta$

$(\sigma_n)_{max}|_{\theta=0°} = \sigma_x, \quad (\sigma_n')_{min}|_{\theta=\frac{\pi}{2}} = \sigma_y$

$(\tau)_{max}|_{\theta=\frac{\pi}{4}} = \dfrac{1}{2}(\sigma_x-\sigma_y)$

$(\tau')_{min}|_{\theta=\frac{3}{4}\pi} = -\frac{1}{2}(\sigma_x - \sigma_y)$

2축 응력의 Mohr Circle

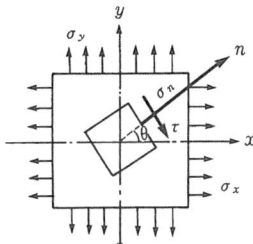

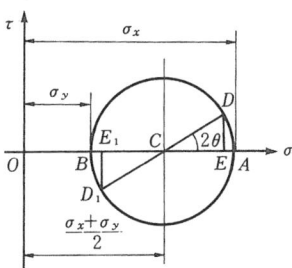

$\sigma_n = \overline{OE} = \overline{OC} + \overline{CD} \cdot \cos 2\theta$
$\quad = \frac{1}{2}(\sigma_x + \sigma_y) + \frac{1}{2}(\sigma_x - \sigma_y) \cdot \cos 2\theta$
$\quad = \sigma_{av} + \tau_{max} \cdot \cos 2\theta$

$\tau = \overline{DE} = \overline{CD} \cdot \cos 2\theta$
$\quad = \frac{1}{2}(\sigma_x - \sigma_y) \cdot \sin 2\theta$
$\quad = \tau_{max} \cdot \sin 2\theta$

$\sigma_{av} = \overline{OC} = \frac{1}{2}(\sigma_x + \sigma_y)$

$\tau_{max} = \frac{1}{2}(\sigma_x - \sigma_y)$

$\cos 2\theta = \sqrt{1 - \sin^2 2\theta} = \sqrt{1 - \left(\frac{\tau}{\tau_{max}}\right)^2}$

2축응력의 특별한 예로서 $\theta = 45°$인 경우 $\sigma_x = -\sigma_y = \tau_{max}$인 상태를 순수전단(pure shear)이라 한다.

2축 응력에서의 주변형도(主變形度)

$\begin{cases} \varepsilon_x = \dfrac{\sigma_x}{E} - \dfrac{\mu\sigma_y}{E} \\ \varepsilon_y = \dfrac{\sigma_y}{E} - \dfrac{\mu\sigma_x}{E} \\ \varepsilon_z = -\dfrac{\mu}{E}(\sigma_x + \sigma_y) \end{cases}$

$\sigma_x = \dfrac{(\varepsilon_x + \mu\varepsilon_y)E}{1-\mu^2}, \quad \sigma_y = \dfrac{(\varepsilon_y + \mu\varepsilon_x)E}{1-\mu^2}$

$\sigma_x = \sigma_y$일 때

$\varepsilon_x = \varepsilon_y = \dfrac{\sigma}{E}(1-\mu)$

$\varepsilon_z = -2\mu\varepsilon$

내압을 받는 원통의 응력

$\sigma_x = \dfrac{Pd}{4t} = \dfrac{\sigma_y}{2}$

$\sigma_y = \dfrac{Pd}{2t}$ (Hoop 의 응력)

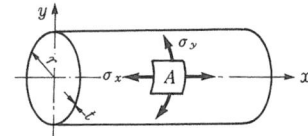

내압용기(pressure vessel)가 받는 막응력 (membrane stress)

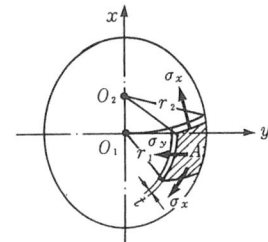

$\dfrac{P}{t} = \dfrac{\sigma_x}{r_1} + \dfrac{\sigma_y}{r_2}$ (타원체인 경우)

2축응력에서 G와 E와 μ의 관계

$G = \dfrac{E}{2(1+\mu)}$

평면응력(plane stress)

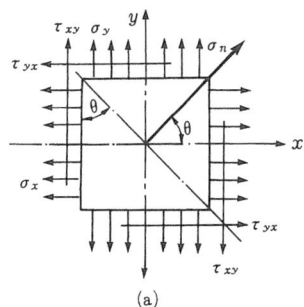

(a)

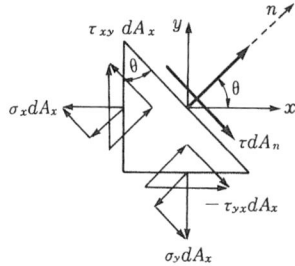

$$\sigma_n = \frac{1}{2}(\sigma_x+\sigma_y) + \frac{1}{2}(\sigma_x-\sigma_y)\cos 2\theta - \tau_{xy}\cdot\sin 2\theta$$

$$\tau = \frac{1}{2}(\sigma_x-\sigma_y)\cdot\sin 2\theta + \tau_{xy}\cdot\cos 2\theta$$

$$\sigma_n' = \frac{1}{2}(\sigma_x+\sigma_y) - \frac{1}{2}(\sigma_x-\sigma_y)\cos 2\theta + \tau_{xy}\cdot\sin 2\theta$$

$$\tau' = -\frac{1}{2}(\sigma_x-\sigma_y)\cdot\sin 2\theta - \tau_{xy}\cdot\cos 2\theta$$

$$\tan 2\theta = \frac{-2\tau_{xy}}{\sigma_x-\sigma_y}$$

평면응력의 Mohr circle

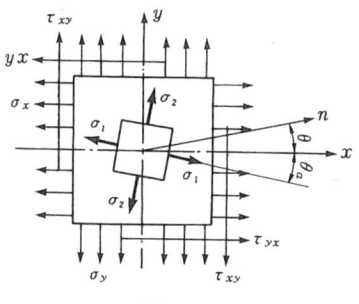

(a)

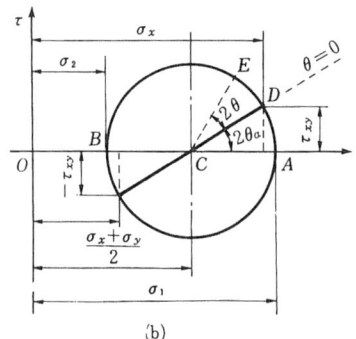

(b)

$$\sigma_{av} = \overline{OC} = \frac{1}{2}(\sigma_x+\sigma_y)$$

$$\sigma_1 = (\sigma_n)_{max} = \overline{OA} = \overline{OC}+\overline{CD}$$
$$= \frac{1}{2}(\sigma_x+\sigma_y) + \sqrt{\left(\frac{\sigma_x-\sigma_y}{2}\right)^2 + \tau_{xy}^2}$$

$$\sigma_2 = (\sigma_n)_{min} = \overline{OB} = \overline{OC}-\overline{CD}$$
$$= \frac{1}{2}(\sigma_x+\sigma_y) - \sqrt{\left(\frac{\sigma_x-\sigma_y}{2}\right)^2 + \tau_{xy}^2}$$

3축 응력상태에서의 변형도와 응력

$$\varepsilon_x = \frac{\sigma_x}{E} - \frac{\mu}{E}(\sigma_y+\sigma_z)$$

$$\varepsilon_y = \frac{\sigma_y}{E} - \frac{\mu}{E}(\sigma_z+\sigma_x)$$

$$\varepsilon_z = \frac{\sigma_z}{E} - \frac{\mu}{E}(\sigma_x+\sigma_y)$$

$$\sigma_x = \frac{\mu E(\varepsilon_x+\varepsilon_y+\varepsilon_z)}{(1+\mu)(1-2\mu)} + \frac{E\cdot\varepsilon_x}{1+\mu}$$

$$\sigma_y = \frac{\mu E(\varepsilon_x+\varepsilon_y+\varepsilon_z)}{(1+\mu)(1-2\mu)} + \frac{E\cdot\varepsilon_y}{1+\mu}$$

$$\sigma_z = \frac{\mu E(\varepsilon_x+\varepsilon_y+\varepsilon_z)}{(1+\mu)(1-2\mu)} + \frac{E\cdot\varepsilon_z}{1+\mu}$$

인장과 압축에 의한 탄성에너지 (elastic strain energy)

탄성 변형에너지 : $U = \frac{1}{2}P\delta$

P : 하중
δ : 변형량

$$U = \frac{P^2 l}{2AE} = \frac{AE\delta^2}{2l}(\text{kg}\cdot\text{cm})$$

단위체적당 탄성에너지

$$u = \frac{U}{V} = \frac{\sigma^2}{2E} = \frac{E\varepsilon^2}{2}(\text{kg}\cdot\text{cm}/\text{cm}^3)$$

충격하중에 의한 충격응력 (impact stress)

응력 : $\sigma = \frac{W}{A}\left(1+\sqrt{1+\frac{2AEh}{Wl}}\right)$

변형량 : $\lambda = \frac{Wl}{AE}\left(1+\sqrt{1+\frac{2AEh}{Wl}}\right)$

$h=0$ (즉, $v=0$인 낙하속도가 없음)일 때

$\sigma = 2\cdot\frac{W}{A} = 2\cdot\sigma_0$ (σ_0=정하중시 응력)

$\lambda = 2\cdot\frac{Wl}{AE} = 2\cdot\lambda_0$ (λ_0=정하중시 변형)

단면 1차 모멘트(G)와 도심(圖心)

$$G_x = \int_A y\,dA = A\overline{y}\,(\text{cm}^3)$$

$$G_y = \int_A x\,dA = A\overline{x}\,(\text{cm}^3)$$

$$\overline{x} = \frac{\int_A x dA}{\int_A dA} \text{ (cm)}, \quad \overline{y} = \frac{\int_A y dA}{\int_A dA} \text{ (cm)}$$

단면 2차 모멘트(I)와 단면계수(Z)

$I_x = \int_A y^2 dA \text{ (cm}^4\text{)},$

$I_y = \int_A x^2 dA$

$Z_1 = \dfrac{I_x}{e_1}$ (cm^3)

$Z_2 = \dfrac{I_x}{e_2}$ (cm^3)

e : 도심 G를 지나는 축에서 끝단까지의 거리

$I = k^2 A, \quad k_x = \sqrt{I_x/A}, \quad k_y = \sqrt{I_y/A}$

k : 회전반경

사각형 : $I_x = \dfrac{bh^3}{12}, \quad I_y = \dfrac{hb^3}{12}, \quad I_{AB} = \dfrac{bh^3}{3}$

I_x, I_y : 최소 관성모멘트

I_{AB} : 저변에 관한 관성모멘트

$Z_x = \dfrac{bh^2}{6}, \quad Z_y = \dfrac{hb^2}{6}$

$k_x = \dfrac{h}{2\sqrt{3}}, \quad k_y = \dfrac{b}{2\sqrt{3}}$

삼각형 : $I_x = \dfrac{bh^3}{36}, \quad Z_{x1} = \dfrac{bh^2}{24}, \quad Z_{x2} = \dfrac{bh^2}{12}$

원형 : $I_x = \dfrac{\pi d^4}{64}, \quad Z = \dfrac{I_x}{e} = \dfrac{\pi d^3}{32}$

평행축 정리(Parallel axis theorem)

$I_x' = I_x + d^2 A$

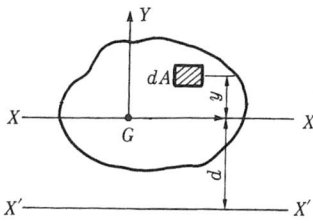

극관성 모멘트(Polar moment of inertia)

$I_p = \int_A r^2 dA = I_x + I_y$ (비대칭도형)

$\quad = 2I_x = 2I_y$ (원형, 정방형, 대칭직교축)

$Z_p = I_p / e$

원형단면 : $I_p = \dfrac{\pi d^4}{32} \left(I_p = \dfrac{I}{2} \right)$

$Z_p = \dfrac{\pi d^3}{16}$

직사각형단면 : $I_p = \dfrac{bh^3}{12} + \dfrac{hb^3}{12} = \dfrac{bh}{12}(b^2 + h^2)$

상승 모멘트와 주축

상승 모멘트 : $I_{xy} = \int_A xy dA = I_{xy} + abA$

주축 : 도형의 도심을 지나고 $I_{xy} = 0$인 직교축

주관성 모멘트(주축의 결정)

$I_1 = I_{max}$

$\quad = \dfrac{1}{2}(I_x + I_y) + \dfrac{1}{2}\sqrt{(I_x - I_y)^2 + 4I_{xy}^2}$

$I_2 = I_{min}$

$\quad = \dfrac{1}{2}(I_x + I_y) - \dfrac{1}{2}\sqrt{(I_x - I_y)^2 + 4I_{xy}^2}$

주축의 결정 : $\tan 2\theta = \dfrac{2I_{xy}}{I_y - I_x}$

원형축의 비틀림

$\tau = G \cdot \gamma = G \cdot \dfrac{r\phi}{l}$

$\tau_{max} = \dfrac{16T}{\pi d^3}$

$T = \tau \cdot \dfrac{I_p}{r} = \tau \cdot Z_p = \tau \cdot \dfrac{\pi d^3}{16}$

$\phi = \dfrac{Tl}{GI_p}$ (rad)

$\quad = \dfrac{584\, Tl}{G d^4}$ (°)

단위길이당 비틀림각

$\theta = \dfrac{\phi}{l} = \dfrac{T}{GI_p}$ (rad/m)

중공원축의 경우

$T = \tau \dfrac{\pi d^3}{16} \cdot \dfrac{(d_2^4 - d_1^4)}{d_2}$

$\quad = \tau \dfrac{\pi d_2^3}{16}(1 - x^4)$

$x = \dfrac{d_1}{d_2}$

$\phi = \dfrac{32}{\pi (d_2^4 - d_1^4)} \cdot \dfrac{Tl}{G}$

$\tau_{max} = \dfrac{16T}{\pi d_2^3 (1 - x^4)}$

동력축(Power shaft)

$H = 1\text{PS}$

$\quad = 75\,\text{kg} \cdot \text{m/sec}$

$H' = 1\text{kW}$

$\quad = 102\,\text{kg} \cdot \text{m/sec}$

$H = \dfrac{p \cdot v}{75} = \dfrac{p \cdot \omega r}{75}$

$\quad = \dfrac{T \cdot \omega}{75 \times 100}$

$\quad = \dfrac{2\pi NT}{450,000}$

$$T = 71620 \frac{H_{PS}}{N} \text{ (kg·m)}$$

$$T = 97400 \frac{H'_{kW}}{N} \text{ (kg·m)}$$

$$d = 71.5 \sqrt[3]{\frac{H}{\tau N}} \text{ (cm)}$$

$$d = 79.2 \sqrt[3]{\frac{H'}{\tau N}} \text{ (cm)}$$

연강의 경우
$\tau = 120 \text{ kg/cm}^2$
$G = 8 \times 10^5 \text{ kg/cm}^2$

$$d = 12 \sqrt[4]{\frac{H}{N}} \text{ (cm)}$$

$$d = 13 \sqrt[4]{\frac{H'}{N}} \text{ (cm)}$$

비틀림 탄성에너지

$$U_t = \frac{1}{2} T\phi = \frac{\tau^2}{4G} \cdot \frac{\pi d^2}{4} \cdot l$$

$$u_t(\text{최대 탄성에너지}) = \frac{\tau^2}{4G}$$

보의 굽힘

균일분포하중 : $W = \dfrac{dV}{dx} = \dfrac{d^2V}{dx^2} = EI \dfrac{d^4y}{dx^4}$

곡률(curvature) : $\dfrac{1}{\rho} = \left| \dfrac{d\theta}{dS} \right| = \dfrac{d^2y}{dx^2} = \dfrac{M}{EI}$

전단력 : $V = \dfrac{dM}{dx} = \dfrac{d^3y}{dx^3}$

코일 스프링

선재(線材)의 표면상에 우력으로 인한 최대 전단응력 : $\tau_1 = \dfrac{16PR}{\pi d^3}$

전단력 P로 인한 전단응력 : $\tau_2 = \dfrac{4P}{\pi d^2}$

$$\tau_{max} = \tau_1 + \tau_2 = \frac{16PR}{\pi d^3} \left(1 + \frac{d}{4R}\right)$$

$$= \frac{16PR}{\pi d^3} \left(\frac{4m-1}{4m-4} + \frac{0.615}{m}\right)$$

$$\left(\text{단, } m = \frac{2R}{d}\right)$$

스프링의 처짐 : $\delta = \displaystyle\int_0^{2\pi n} \dfrac{PR^3}{GI_p} d\sigma$

$$= \frac{8nPD^3}{Gd^4}$$

스프링상수 : $k = \dfrac{P}{\delta} = \dfrac{Gd^4}{64R^3 n}$

탄성에너지 : $U = \dfrac{32nP^2R^3}{Gd^4}$

$$= \frac{\tau^2}{4G} \cdot V$$

① (외팔보, 끝에 하중 W, 거리 l_1)	$M = Wl_1$ (우처짐)	$\delta = \dfrac{Wl_1^2 l}{3EI}$	(우단)
② (고정단, 끝에 W)	$M = Wl$ (고정단)	$\delta = \dfrac{Wl^3}{3EI}$	(자유단)
③ (고정단, 균일분포하중 w)	$M = \dfrac{Wl}{2}$ (고정단)	$\delta = \dfrac{Wl^3}{8EI}$	(자유단)
④ (단순보, 중앙 근처 W, l_1, l_2)	$M = \dfrac{Wl_1 l_2}{l}$ (하중점)	$l_1 > l_2$일 때 $\delta = \dfrac{Wl_2(l^2 - l_2^2)^{3/2}}{9\sqrt{3}EIl}$ (좌에서 $\{(l^2 - l_2^2)/3\}^{1/2}$)	

⑤	$M = Wl_1$ (하중점간)	$\sigma = \dfrac{Wl_1(3l^2-4l_1^2)}{24EI}$ (중앙)
⑥	$M = \dfrac{Wl}{8}$ (중앙)	$\delta = \dfrac{5Wl^3}{384EI}$ (중앙)
⑦	$l_1 \geqq l_2$일 때 $M = \dfrac{Wl_1^2 l_2}{l^2}$ (우고정단)	$l_1 \geqq l_2$일 때 $\delta = \dfrac{2Wl_1^3 l_2^2}{3EI(3l_1+l_2)^2}$ $\left(\text{좌에서 } \dfrac{2l_1 l}{3l_1+l_2}\right)$
⑧	$M = \dfrac{Wl}{12}$ (양고정단)	$\delta = \dfrac{Wl^3}{384EI}$ (중앙)
⑨	$l_1 \geqq \sqrt{2}l_2$일 때 $M = \dfrac{Wl_1^2 l_2}{2l^3}(2l_1+3l_2)$ (하중점) $l_1 \leqq \sqrt{2}l_2$일 때 $M = \dfrac{Wl_1 l_2}{2l^2}(l_1+2l_2)$ (고정단)	하중점에 있어서의 처짐 $\delta = \dfrac{Wl_1^3 l_2^2(3l+l_2)}{12EIl^3}$
⑩	$M = \dfrac{Wl}{8}$ (고정단)	$\delta = \dfrac{Wl^3}{184.6EI}$ (우에서 $0.4215l$)

보속의 응력

$$\sigma = E\varepsilon = \dfrac{Ey}{\rho} = \dfrac{My}{I}$$

$$M = \dfrac{E}{\rho} \int_A y^2 dA$$

$$= \sigma \dfrac{I}{y}\left(\dfrac{1}{\rho} = \dfrac{M}{EI}\right)$$

$$(\sigma_b)_{max} = \dfrac{Me}{I} = \dfrac{M}{Z}$$

$$\tau = \dfrac{dM}{dx} \cdot \dfrac{1}{bI} \int_{y_1}^{\frac{h}{2}} y dA$$

$$= \dfrac{VQ}{I}\left(V = \dfrac{dM}{dx}\right)$$

4각단면 ; $Q = \dfrac{b}{2}\left(\dfrac{h^2}{4} - y_1^2\right)$

$$\tau_{max} = \dfrac{3}{2}\dfrac{V}{A}$$

원형단면 ; $Q = \dfrac{2}{3}(r^2 - y_1^2)^{\frac{3}{2}}$

$$\tau_{max} = \dfrac{4}{3}\dfrac{V}{A}$$

보속의 주응력

주응력 : $\sigma_1 = \dfrac{\sigma_x}{2} + \sqrt{\left(\dfrac{\sigma_x}{2}\right)^2 + \tau_{xy}^2}$

$\sigma_2 = \dfrac{\sigma_x}{2} - \sqrt{\left(\dfrac{\sigma_x}{2}\right)^2 + \tau_{xy}^2}$

전단응력 : $\tau_{max} = \sqrt{\left(\dfrac{\sigma_x}{2}\right)^2 + \tau_{xy}^2}$

$\tau_{min} = -\sqrt{\left(\dfrac{\sigma_x}{2}\right)^2 + \tau_{xy}^2}$

굽힘 M와 비틀림 M의 조합응력

$$\sigma_{max} = \dfrac{1}{2Z}(M + \sqrt{M^2 + T^2}),$$

$$\sigma_{min} = \dfrac{1}{2Z}(M - \sqrt{M^2 + T^2})$$

상당 굽힘모멘트

$$M_e = \frac{1}{2}(M + \sqrt{M^2 + T^2})$$

$$\tau_{max} = \frac{1}{Z_p}\sqrt{M^2 + T^2}$$

상당 비틀림모멘트 : $T_e = \sqrt{M^2 + T^2}$

축의 안전직경 계산 : $d = \sqrt[3]{\frac{32M_e}{\pi\sigma_a}}$,

$$d = \sqrt[3]{\frac{16T_e}{\pi\tau_a}}$$

보의 굽힘 탄성에너지

$$\theta = \frac{Ml}{EI}$$

$$U = \frac{M\theta}{2} = \frac{M^2 l}{2EI} = \frac{\theta^2 EI}{2l} = \int_0^l \frac{M^2 dx}{2EI}$$

$$= \int_0^l \frac{EI}{2}\left(\frac{d^2y}{dx^2}\right)^2 dx$$

카스틸리아노(Castigliano)의 정리

$$y_n = \frac{\partial U}{\partial P_n} = \int \frac{M}{EI} \cdot \frac{\partial M}{\partial P_n} dx$$

$$\theta_n = \frac{\partial U}{\partial M_n} = \int \frac{M}{EI} \cdot \frac{\partial M}{\partial M_n} dx$$

단주(短柱)의 편심압축

$$\sigma_{max} = -\left(\frac{P}{A} + \frac{M}{Z}\right) = -\left(\frac{P}{A} + \frac{P_a y}{I}\right)$$

$$= -\frac{P}{A}\left(1 + \frac{ae_1}{k^2}\right)$$

$$\sigma_{min} = -\frac{P}{A}\left(1 - \frac{ae_2}{k^2}\right)$$

편심거리 : $a = \frac{k^2}{y}$ k : 회전반경

직사각단면 : $a = \pm\frac{h}{6}$, $a = \pm\frac{b}{6}$

원형단면 : $a = \pm\frac{d}{8}$

장주(長柱)의 Euler공식

$$M = P(\delta - y)$$

$$P_{cr} = n \cdot \frac{\pi^2}{l^2} EI = \frac{\pi^2 EI}{\left(\frac{1}{\sqrt{n}}\right)^2}$$

안전하중 $P_s = \frac{P_{cr}}{S}$

$$\sigma_{cr} = n \cdot \frac{\pi^2 E}{\left(\frac{l^2}{k^2}\right)} = n \cdot \frac{\pi^2 E}{\lambda^2}$$

$$\left(단, 세장비\ \lambda = \frac{l}{k} = \sqrt{n} \cdot \pi \cdot \sqrt{\frac{E}{\sigma_{cr}}}\right)$$

$$\begin{pmatrix} 1단고정\ 타단자유\ n = \frac{1}{4} \\ 양단회전단\ n = 1 \\ 1단고정\ 타단회전\ n = 2 \\ 양단고정단\ n = 4 \end{pmatrix}$$

Gordon-Rankin 식

$$\sigma = \frac{P}{A}\left\{1 + \frac{a}{n}\left(\frac{l}{k}\right)^2\right\}$$

$$\sigma_{cr} = \frac{P_{cr}}{A}$$

$$= \frac{\sigma_c}{1 + \frac{a\lambda^2}{n}}$$

Tetmajer 식

$$\sigma_{cr} = \sigma_b\left\{1 - a\left(\frac{l}{k}\right) + b\left(\frac{l}{k}\right)^2\right\}$$

기계요소

나사의 마찰

[사각나사]

죄는 힘 : $F = W \cdot \tan(\theta + \phi)$

$$= W \cdot \frac{\tan\theta + \tan\phi}{1 - \tan\theta \cdot \tan\phi}$$

$$= W\frac{p + \mu\pi d_e}{\pi d_e - \mu p}$$

(d_e : 유효지름)

푸는 힘 : $F' = W \cdot \tan(\theta - \phi)$

$$= W \cdot \frac{p - \mu\pi d_e}{\pi d_e + \mu p}$$

효율 : $\eta = \frac{Wp}{\pi d_e F}$

$$= \frac{\tan\theta}{\tan(\theta + \phi)}$$

[삼각나사]

나사면을 누르는 힘 : $W' = \frac{W}{\cos\alpha}$

마찰저항 : $\mu\frac{W}{\cos\alpha} = \frac{\mu}{\cos\alpha}W = \mu'W$

상당(등가)마찰계수 : $\mu' = \frac{\mu}{\cos\alpha} = \tan\phi'$

나사를 죄는 힘 : $F = W \cdot \tan(\theta + \phi)$

$$= \mu\frac{p + \mu'\pi d_e}{\pi d_e - \mu' p}$$

효율 : $\eta = \frac{\tan\theta}{\tan(\theta + \phi')}$

$$= \frac{p(\pi d_e - \mu' p)}{\pi d_e(p + \mu'\pi d_e)}$$

Bolt Nut

축하중 $W = \dfrac{\pi}{4} d_1^2 \cdot \sigma_t$

$d = \sqrt{\dfrac{2W}{\sigma_t}} ((d_1/d)^2 = 0.63)$

축하중(W)+비틀림 모멘트(T)

$\tau = \dfrac{T}{\dfrac{\pi}{16}d_1^3} = \dfrac{W\dfrac{d_e}{2}\cdot \tan(\theta+\phi)}{\dfrac{\pi}{16}d_1^3}$ (사각나사)

$= \dfrac{W \cdot \dfrac{d_e}{2} \cdot \tan(\theta+\phi')}{\dfrac{\pi}{16} \cdot d_1^3}$ (삼각나사)

너트의 높이 : $H = np = \left(\dfrac{4W}{\pi d_e t q}\right) \cdot p$

$= \dfrac{4Wp}{\pi(d^2-d_1^2)q}$

리벳 이음(rivet joint)

리벳 길이 : $l = t_t + (1.3 \sim 1.8)d$

t_t : 강판두께의 합

▽ 리벳강도

파괴의 상태	리벳이음의 강도	효 율
강판이 피치에 따라 전단하는 경우	$W = (i-d)t\sigma_t$	$\eta_1 = \dfrac{i-d}{i}$
리벳이 전단하는 경우	$W = \dfrac{\pi}{4}d^2\tau$	$\eta_2 = \dfrac{\dfrac{\pi}{4}d^2\tau}{it\sigma_t}$
2면 전단 리벳 이음의 경우 리벳의 전단 강도	$W = n\dfrac{\pi}{4}d^2\tau$ $n=2$	보일러용이음의 효율계산에서는 $n=$ 1.8로잡는다.
리벳 구멍의 압축 강도	$W = td\sigma_c n$	

[보일러용 리벳이음]

보일러 강판두께 : $t = \dfrac{pDS}{200\sigma_t \eta} + 1$

$= \dfrac{pD}{200\sigma_w \eta} + 1$

용접 이음(welding joint)

맞대기용접 이음 : $W = tl\sigma$

$M = \dfrac{1}{6}tl^2\sigma$

필릿용접 이음

$W = tl\tau$

$\begin{cases} t = 0.707f \text{ (볼록, 납작형)} \\ t = 0.4f \text{ (오목형)} \end{cases}$

$\tau' = \dfrac{W}{0.707fl}$,

$\tau = \dfrac{WLr_B}{0.707fI_0}$

$\tau_{max} = \sqrt{\tau'^2 + \tau^2 + 2\tau'\tau \cdot \cos\theta}$

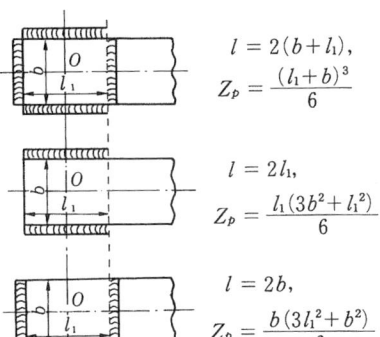

$l = 2(b+l_1),$ $Z_p = \dfrac{(l_1+b)^3}{6}$

$l = 2l_1,$ $Z_p = \dfrac{l_1(3b^2+l_1^2)}{6}$

$l = 2b,$ $Z_p = \dfrac{b(3l_1^2+b^2)}{6}$

키의 압축에 의한 토크

$T = \dfrac{\pi d^3}{16} \cdot \tau = \dfrac{d}{2}tlP$

키의 전단에 의한 토크

$T = \dfrac{\pi d^3}{16} \cdot \tau = bl\tau' \dfrac{d}{2}$

τ : 축에 생기는 비틀림응력
τ' : 키의 허용 전단응력

핀 이음(pin joint)

$W = P \cdot bd$
$= md^2P (b = md, \ m = 1 \sim 1.5)$

전단강도 : $W = 2 \times \dfrac{\pi d^2}{4} \cdot \tau$

굽힘강도 : $\dfrac{Wl}{8} = \dfrac{\pi}{32}d^3 \cdot \sigma_b (l = 1.5md)$

축의 위험속도

회전체가 1개인 경우

$N_c = \dfrac{30}{\pi}\sqrt{\dfrac{1000g}{\delta}}$ (rpm)

g : 중력가속도(9.8m/sec)
δ : 축의 처짐

회전체가 여러개인 경우(Dunkerley 식)

$\dfrac{1}{N_c^2} = \dfrac{1}{N_{c_0}^2} + \dfrac{1}{N_{c_1}^2} + \cdots + \dfrac{1}{N_{c_n}^2}$

원통 고정 커플링

전달 토크 : $T = \dfrac{\pi}{2}\mu Pd$

플랜지 커플링

볼트에 생기는 전단응력 : $P = \dfrac{\pi}{4}\delta^2 \cdot \tau \cdot Z,$

$$T = \frac{D}{2}P, \quad \tau = \frac{8T}{\pi\delta^2 DZ}$$

볼트에 생기는 죄는 힘에 의한 인장응력

$$\sigma = \frac{8T}{\mu\pi\delta^2 DZ}$$

플랜지의 보스부에 생기는 전단응력

$$\tau = \frac{2T}{\pi g^2 b}$$

물림 클러치(claw clutch)

물림면 압력 : $p = \frac{8T}{(D_2^2 - D_1^2)hz} \leq 3 \text{ kg/cm}^2$

이 뿌리에 생기는 전단응력

$$\tau = \frac{4T}{(D_1+D_2)AZ}$$

치형이 4각인 경우

$$\tau = \frac{32T}{\pi(D_1+D_2)(D_2^2-D_1^2)}$$

원통 클러치(disc clutch)

축방향으로 누르는 힘 : $P = \frac{2T}{\mu D_m Z}$

접촉면의 압력 : $p = \frac{P}{\pi D_m b}$

$$= \frac{2T}{\mu\pi D_m^2 bz}$$

원추 클러치(cone clutch)

축방향으로 누르는 힘

$$P = \frac{2T}{\mu D_m}(\sin\alpha + \mu\cos\alpha)$$

접촉면 압력

$$p = \frac{2T}{\mu\pi D_m^2 b}(D_m = \frac{1}{2}(D_1+D_2))$$

압력속도계수

$$pv = p \times \frac{\pi D_m N}{60 \times 1000} \leq 0.2 \text{kg/mm}^2 \cdot \text{m/s}$$

미끄럼 베어링(sliding bearing)

저널강도(end journal)

$$\sigma_b = \frac{16}{\pi d^2} \cdot Pl = \frac{5.1Pl}{d^3}$$

베어링 압력(journal bearing) : $p = \frac{p}{dl}$

(thrust bearing) : $p = \frac{P}{\pi(d_2^2-d_1^2)Z}$

폭경비(end journal) $\frac{l}{d} = \sqrt{\frac{\sigma_b}{5.1p}}$

(중간 저널) : $\frac{l}{d} = \sqrt{\frac{\sigma_b}{1.9p}}$

발열계수(pv)

(journal bearing) $pv = \frac{\pi PN}{60000 l}$

(thrust bearing)

$$pv = \frac{PN}{30000(d_2-d_1)^2}$$

베어링계수 $\frac{\eta N}{p}(c p \cdot \text{rpm/kg/mm}^2)$

$$\frac{\eta N}{p} = \eta N \frac{dl}{p}$$

단위 투영면적당 발생열량(마찰일량)

$a_f = \mu pv (\text{kg} \cdot \text{m/s} \cdot \text{mm}^2)$

단위 투영면적당 방산열량

$$q_d = \frac{(t_b - t_a + 18.3)^2}{K} (\text{kg} \cdot \text{m/s} \cdot \text{mm}^2)$$

손실동력 : $H_f = \frac{\mu Pv}{75}$ (PS) $= \frac{\mu Pv}{102}$ (kW)

구름 베어링(rolling bearing)

계산수명 : $L_n = \left(\frac{C}{P}\right)^p$ (10^6 회전단위)

(볼베어링 $P=3$, 롤러 베어링 $P = \frac{10}{3}$)

베어링하중 : $P = \frac{C}{\sqrt[p]{L_n}}$ (kg), $P = \frac{f_n}{f_h}C$

시간수명 : $L_h = \frac{L_n \times 10^6}{60N}$ (hr)

$$= 500 \times \left(\frac{C}{P}\right)^p \times \frac{33.3}{N}$$

수명계수 : $f_h = \sqrt[p]{\frac{L_h}{500}}$

속도계수 : $f_n = \sqrt[p]{\frac{33.3}{N}}$

등가 레이디얼 : $P = XP_r + YP_a$

벨트 전동(Belt Drive)

벨트길이

$$L = 2C + \frac{\pi}{2}(d_A + d_B) + \frac{(d_A - d_B)^2}{4C}$$

(평행걸기)

$$= 2C + \frac{\pi}{2}(d_A + d_B) + \frac{(d_A + d_B)^2}{4C}$$

(십자걸기)

벨트속도 : $v = \frac{\pi d_A n_A}{60 \times 1000} = \frac{\pi d_B n_B}{60 \times 1000}$ (m/s)

회전비 : $i = \frac{n_B}{n_A} = \frac{d_A}{d_B}$

접촉각

$$\theta = 180 - 2\varphi = 180 - 2 \cdot \sin^{-1}\frac{d_B - d_A}{2C}$$

(평행걸기)

$$= 180 + 2\varphi = 180 + 2 \cdot \sin^{-1} \frac{d_B - d_A}{2C}$$

(평행걸기)

유효장력 : $F_1 = F_e \times \dfrac{e^{\mu\theta}}{e^{\mu\theta}-1} + \dfrac{wv^2}{g}$ (kg)

$F_2 = F_e \times \dfrac{1}{e^{\mu\theta}-1} + \dfrac{wv^2}{g}$ (kg)

(원심력 고려시만 $\dfrac{wv^2}{g}$ 더함)

전달동력 : $H = \dfrac{F_e v}{75}$ (PS)

벨트강도 : $\sigma = \dfrac{F_1}{bt\eta}$

V벨트 1개마다 전달마력

$$H_0 = \frac{\left(F_1 - \dfrac{wv^2}{g}\right)}{75} \cdot \frac{e^{\mu'\theta}-1}{e^{\mu'\theta}} \text{ (PS)}$$

$\mu' = \dfrac{\mu}{\sin\dfrac{\alpha}{2} + \mu\cos\dfrac{\alpha}{2}}$

V벨트 가락수 : $Z = \dfrac{H}{H_0 k_1 k_2}$

체인 전동(Chain Drive)

롤러체인의 링크수 : $L = \dfrac{2C}{P} + \dfrac{1}{2}(Z_1 + Z_2) + \dfrac{0.0257}{C} \cdot (Z_1 - Z_2)^2 \cdot p$

체인길이 : $L_e = pL$

체인 스프로킷의 높이 : $h = 0.3p$

피치원지름 : $D = \dfrac{p}{\sin\dfrac{180}{Z}}$

외경 : $D_0 = P\left(0.6 + \cot\dfrac{180}{Z}\right) = D + R$

체인의 속도비 : $i = \dfrac{n_2}{n_1} = \dfrac{Z_1}{Z_2} = \dfrac{D_1}{D_2}$

체인의 평균속도

$v_m = \dfrac{n_1 P_1 z_1}{60 \times 1000} = \dfrac{n_2 P_2 z_2}{60 \times 1000}$

전달마력 : $H_m = \dfrac{Fv_m}{75}$

블록 브레이크

[조작력]

내작용선형 : $F = \dfrac{P}{a}(b + \mu c)$

$= \dfrac{Q}{\mu a}(b + \mu c)$ (우회전)

$F = \dfrac{P}{a}(b - \mu c)$

$= \dfrac{Q}{\mu a}(b - \mu c)$ (좌회전)

중작용선형 : $F = P\dfrac{b}{a}$

외작용선형 : $F = \dfrac{P}{a}(b - \mu c)$

$= \dfrac{Q}{\mu a}(b - \mu c)$ (우회전)

$F = \dfrac{P}{a}(b + \mu c)$

$= \dfrac{Q}{\mu a}(b + \mu c)$ (좌회전)

회전모멘트 : $T = \dfrac{D}{2} \times Q$

$= \dfrac{\mu PD}{2}$

브레이크 용량 : $H_{PS} = \dfrac{Qv}{75} = \dfrac{\mu q Av}{75} = \dfrac{\mu Pv}{75}$

$H_{KW} = \dfrac{Qv}{102} = \dfrac{\mu q Av}{75} = \dfrac{\mu Pv}{75}$

단위면적당 일량(브레이크 용량)

$\mu qv = \dfrac{75 H_{PS}}{A}$

$= \dfrac{102 H_{KW}}{A} = \dfrac{\mu Pv}{A}$

$qv =$ 압력속도계수

제동압력 : $q = \dfrac{p}{A} = \dfrac{P}{eb}$

밴드 브레이크

[조작력]

단동식 : $F = Q\dfrac{a}{l}\dfrac{1}{e^{\mu\theta}-1}$ (우회전)

$F = Q\dfrac{a}{l}\dfrac{e^{\mu\theta}}{e^{\mu\theta}-1}$ (좌회전)

차동식 : $F = Q\dfrac{b - ae^{\mu\theta}}{e^{\mu\theta}-1}$ (우회전)

$F = Q\dfrac{be^{\mu\theta} - a}{e^{\mu\theta}-1}$ (좌회전)

합동식 : $F = Q\dfrac{a}{l} \times \dfrac{e^{\mu\theta}+1}{e^{\mu\theta}-1}$

밴드 두께 : $h = \dfrac{T_1}{\sigma_a W}$

원판 브레이크

단판 원판 브레이크

$Q = \mu P$

$T = QR$

$= \mu PR = \dfrac{\mu PD}{2}$

다판 원판 브레이크
$$Q = z\mu P$$
$$T = QR$$
$$= \mu z PR = \frac{\mu PD}{2} \times z$$

원추 브레이크
$$P = 2\pi Rbq \cdot \sin \alpha$$
$$Q = 2\pi Rb\mu q = \frac{\mu}{\sin \alpha} P$$

래칫휠(Ratchet wheel)
폴에 작용하는 힘
$$W = T \Big/ \frac{D}{2} = \frac{2T}{D} = \frac{2\pi T}{Z \cdot P}$$

래칫의 이의 피치
$$p = \frac{\pi D}{Z} = 3.75 \sqrt[3]{\frac{T}{\phi Z \sigma_b}}$$
$$= 4.74 \sqrt[3]{\frac{T}{Z\sigma_b}} (\phi = 0.5)$$

이의 면압 : $q = \dfrac{D}{bh}$

이 뿌리의 굽힘 모멘트 : $M = wh = \dfrac{be^2}{6} \cdot \sigma_b$

코일 스프링
처 짐 : $\delta = \dfrac{n\pi D^3 W}{4GI_p}$
$$= \frac{8nD^3 W}{Gd^4}$$
$$= \frac{8nC^4}{GD} \times W$$

최대 전단응력(소선) : $\tau = \dfrac{8WD}{\pi d^3}$

스프링지수 : $C = \dfrac{2R}{d} = \dfrac{D}{d}$
$$\tau = \frac{8C^3}{8D^2} \times W$$

와알의 수정계수 : $K = \dfrac{4C-1}{4C-4} + \dfrac{0.615}{C}$
$$\tau = K \frac{8C^3}{8D^2} \cdot W$$

스프링 탄성에너지 : $U = \dfrac{V\tau^2}{4K^2 G}$

(스프링의 대강의 부피 : $V = \dfrac{\pi d^2}{4} \cdot 2\pi rn$)

서징(surging)
1차 고유진동수 : $f_1 = \dfrac{d}{2\pi nD^2} \times \sqrt{\dfrac{gG}{2\gamma}}$(CPS)

스프링강의 경우 : $f_1 = 3.56 \times 10^5 \dfrac{d}{nD^2}$

토션바(torsion bar)
$$\tau = \frac{16T}{\pi d^3} \quad \phi = \frac{32Tl}{\pi d^4 G}$$
$$T = WR \cdot \cos \alpha \quad \delta = R(\sin \beta + \sin \alpha)$$

평 마찰차
속비 : $\varepsilon = \dfrac{r_A}{r_B} = \dfrac{\omega_B}{\omega_A} = \dfrac{n_B}{n_A} = \dfrac{D_A}{D_B}$
 A : 원동차 B : 종동차

축간거리 : (외접) $C = \dfrac{D_A + D_B}{2}$
 (내접) $C = \dfrac{D_B - D_A}{2}$

마찰차의 지름
 (외접) $D_A = \dfrac{2C}{1 + \dfrac{1}{i}}$ $D_B = \dfrac{2C}{1 + \varepsilon}$

 (내접) $D_A = \dfrac{2C}{1 - \dfrac{1}{\varepsilon}}$ $D_B = \dfrac{2C}{\varepsilon - 1}$

회전모멘트 : $T = \dfrac{\mu PD_B}{2}$

전달마력 : $H_{PS} = \dfrac{\mu Pv}{75}$ (PS)
$$H_{KW} = \frac{\mu Pv}{102} \text{(kW)}$$
$$v = \frac{\pi D_A n_A}{60 \times 1000} = \frac{\pi D_B n_B}{60 \times 1000}$$

마찰차의 너비 : $P = f \cdot b$에서 $b = \dfrac{P}{f}$
 f : 선접촉 허용압력

홈 마찰차
홈에 수직하게 작용하는 힘
$$F = \frac{P}{\sin \alpha + \mu \cos \alpha}$$
바퀴 접선방향의 마찰력
$$P' = \mu F = \frac{\mu P}{\sin \alpha + \mu \cos \alpha} = \mu' P$$
(상당 마찰계수 : $\mu' = \dfrac{\mu}{\sin \alpha + \mu \cos \alpha}$)

홈의 깊이 : $h = 0.94\sqrt{\mu' P}$

접촉부분 길이 : $l = \dfrac{F}{q_a} = \dfrac{2hz}{\cos \alpha} \fallingdotseq 2hz$

원추 마찰차
[외접]
속비 : $\varepsilon = \dfrac{n_B}{n_A} = \dfrac{\sin \alpha}{\sin \beta}$
$$= \frac{\tan \alpha}{\sin \theta - \cos \theta \cdot \tan \alpha}$$

접촉각 : $\tan \alpha = \dfrac{\sin \theta}{\cos \theta + \dfrac{1}{\varepsilon}}$

(단, $\theta = \alpha + \beta$)

$\tan \beta = \dfrac{\sin \theta}{\cos \theta + \varepsilon}$

[내접]

속비 : $\varepsilon = \dfrac{n_B}{n_A} = \dfrac{\sin \alpha}{\sin \beta}$

접촉각 : $\tan \alpha = \dfrac{\sin \theta}{\cos \theta - \dfrac{1}{\varepsilon}}$

(단, $\theta = \alpha - \beta$)

$\tan \beta = \dfrac{\sin \theta}{\varepsilon - \cos \theta}$

전달동력 : $H_{PS} = \dfrac{\mu P v}{75} = \dfrac{\mu Q_A v}{75 \cdot \sin \alpha}$

$= \dfrac{\mu Q_B v}{75 \cdot \sin \beta}$

$P = \dfrac{Q_A}{\sin \alpha} = \dfrac{Q_B}{\sin \beta}$

$v = 0.000524 \times \dfrac{D_B + D_B{}'}{2} \times n_B$

바퀴의 너비 : $b = \dfrac{P}{f} = \dfrac{Q_A}{f \cdot \sin \alpha}$

$= \dfrac{Q_B}{f \cdot \sin \beta}$

베어링에 걸리는 하중의 분력

$R_A = \dfrac{Q_A}{\tan \alpha} \quad R_B = \dfrac{Q_B}{\tan \beta}$

$R = \sqrt{R_A{}^2 + (\mu P)^2} = \sqrt{R_B{}^2 + (\mu P)^2}$

피치원지름(D)	$D = mZ = \dfrac{pZ}{\pi}$ $= \dfrac{D_0 Z}{Z+2}$	$D = \dfrac{Z}{p_d} = \dfrac{pZ}{\pi}$
이뿌리원지름 (D_r)	$D_r = (Z - 2.31416)m$ $= D - 2.31416m$	$D_r = (Z - 2.31416)p_d$ $= D - (2.31416)p_d$
잇수(Z)	$Z = \dfrac{D}{m} = \left(\dfrac{D_0}{m}\right) - 2$	$Z = p_d D'$ $= D_0 p_d - 2$
이두께(t)	$t = \dfrac{\pi m}{2} = \dfrac{p}{2}$ $= 1.5708$	$t = \dfrac{\pi}{2p_d} = \dfrac{p}{2}$ $= \dfrac{1.5708}{p_d}$
이끝높이(a)	$a = m$ $= 0.3183p$	$a = \dfrac{1}{p_d}$ $= 0.3183p$
이뿌리높이(d)	$d = a + c$ $= 1.15708m$	$d = a + c$ $= \dfrac{1.15708}{p_d}$ $= 0.3983p$
총이높이(h)	$h = a + d$ $= 2.15708m$	$h = a + d$ $= \dfrac{2.15708}{p_d}$ $= 0.6866p$
이끝틈새(c)	$c = 0.15708m$ $= \dfrac{t}{10}$	$c = \dfrac{0.15708}{p_d}$ $= \dfrac{t}{10}$

표준 기어(Spur Gear)

▽ 스퍼 기어의 비례 치수

각 부의 명칭	미터식(㎜)	영식(in)
모듈(m)	$m = \dfrac{p}{\pi} = \dfrac{D}{Z}$ $= \dfrac{D_0}{Z+2} = \dfrac{25.4}{p_d}$	―
지름피치(p_d)	―	$p_d = \dfrac{\pi}{p} = \dfrac{Z}{D}$ $= \dfrac{Z+2}{D_0} = \dfrac{1}{m}$
원주피치(p)	$p = m\pi = \dfrac{\pi D}{Z}$ $= \dfrac{\pi D_0}{Z+2}$	$p = \dfrac{\pi}{p_d} = \dfrac{\pi D}{Z}$
바깥지름(D_0)	$D_0 = (Z+2)m$ $= D + 2m$	$D_0 = (Z+2)p_d$ $= D + \dfrac{p_d}{2}$

▽ 스퍼 기어의 계산식

각 부의 명칭	모듈(m)	지름피치(p_d) 기준	비 고
기준피치원 지름(D)	Zm	$\dfrac{Z}{p_d}$	
이끝높이(a)	m	$\dfrac{1}{p_d}$	KS 규격에 서는 어덴덤
이뿌리 높이(d)	$1.25m$ 이상	$\dfrac{1.25}{p_d}$ 이상	KS 규격에 서는 어덴덤
총이높이(h)	$2.25m$ 이상	$\dfrac{2.25}{p_d}$ 이상	
이끝틈새(c)	km(k는 0.25 이상)	$\dfrac{k}{p_d}$(k는 0.25 이상)	
바깥지름(D_0)	$m(Z+2)$	$\dfrac{2+Z}{p_d}$	

중심거리(A)	$\dfrac{m(Z_1+Z_2)}{2}$	$\dfrac{Z_1+Z_2}{2p_d}$
피치(p)	πm	$\dfrac{\pi}{p_d}$
이두께 (t)	$\dfrac{\pi m}{2}$	$\left(\dfrac{\pi}{2p_d}\right)$
(t')	$Zm \times \sin\dfrac{90°}{Z}$	$\dfrac{Z}{p_d} \times \sin\dfrac{90°}{Z}$

전위기어의 물림방정식

$$\text{inv } \alpha_b = 2\tan\alpha \cdot \dfrac{x_1+x_2}{Z_1+Z_2} + \text{inv }\alpha$$
$$+ \dfrac{C_n}{m \cdot \cos\alpha \cdot (Z_1+Z_2)}$$

전위기어 중심거리
$$Af = A + ym$$
$$= \left(\dfrac{Z_1+Z_2}{2}\right)m + \dfrac{Z_1+Z_2}{2}\left(\dfrac{\cos\alpha}{\cos\alpha_b}-1\right)m$$

[전위기어]
기초원지름 : $D_g = mZ \cdot \cos\alpha$
외경 : $D_0 = Zm + 2m(x+1)$
총 이높이 : $H = (2+k)m$, $km = C$
이뿌리원의 지름
$$Dr_2 = Z_2m - 2\{(m+km) - x_2m\}$$
이끝원의 지름
$$D_{k1} = (Z_1+2)m + 2(y-x_2)m$$
$$D_{k2} = (Z_2+2)m + 2(y-x_1)m$$
전위계수 : $x_1 = \dfrac{x_1+x_2}{Z_1+Z_2} \times Z_2 = \dfrac{Z_2}{2} \times B(\alpha_b)$
$$x_2 = \dfrac{x_1+x_2}{Z_1+Z_2} \times Z_1 = \dfrac{Z_1}{2} \times B(\alpha_b)$$

언더컷(under cut) 방지의 전위계수
$$x = 1 - \dfrac{Z_g \cdot \sin^2\alpha}{2} = 1 - \dfrac{Z}{Z_g}$$
$\alpha = 20°$; $x = \dfrac{17-Z}{17}$
$\alpha = 27°$; $x = \dfrac{10-Z}{10}$
$\alpha = 30°$; $x = \dfrac{8-Z}{8}$
$\alpha = 32°$; $x = \dfrac{7-Z}{7}$
$\alpha = 14.5°$; $x = \dfrac{32-Z}{32}$

중심거리를 표준기어와 같게 하려면
$x_2 = -x_1$, $\alpha_b = \alpha$, $y = 0$으로 하면
$$Af = \dfrac{(Z_1+Z_2)m}{2} = A$$

스퍼기어의 강도
[굽힘강도]
루이스식 : $Wn = P\sigma_b by = \pi m \sigma_b by$
$\quad (\sigma_b = \sigma_a \cdot f_v \cdot f_w \cdot f_\epsilon)$
실용공식 : $W = K f_v \cdot bm \cdot \dfrac{2Z_1 \cdot Z_2}{Z_1+Z_2}$
$\qquad\qquad = KD_1 f_v \cdot b \dfrac{2Z_2}{Z_1+Z_2}$

헬리컬 기어(Helical Gear)
▽ 헬리컬 기어의 축직각과 치직각의 비교

구 분	축직각	치직각
공구압력각	$\tan\alpha_0 = \dfrac{\tan\alpha}{\cos\beta}$ $\cos\alpha_0$	$= \dfrac{\tan\alpha}{\sqrt{1-\left(\dfrac{\sin^2\beta_b}{\cos^2\alpha}\right)}}$ $= \dfrac{\cos\alpha}{\sqrt{1-\tan^2\beta_b+\tan^2\alpha}}$
모듈	M_0	$= \dfrac{m}{\cos\beta}$
피치원의지름	$D = Zm_0$	$= \dfrac{Zm}{\cos\beta}$
기초원 지름	$D_b = Zm_0\cos\theta_{a.0}$	$= \dfrac{Zm\cos\alpha}{\cos\beta}$
표준 헬리컬 기어의 중심거리	$A = \dfrac{D_1+D_2}{2}$ $= \dfrac{(Z_1+Z_2)m_0}{2}$	$= \dfrac{(Z_1+Z_2)m}{2\cos\beta}$
표준 헬리컬 기어의 바깥지름	$D_0 = d + 2m$ $= Zm_0 + 2m$	$= \left(\dfrac{Z}{\cos\beta}+2\right)m$
피치	p_0	$= \dfrac{p}{\cos\beta}$
법선피치	$p_n = \dfrac{p\cos\alpha}{\cos\beta}$ $= \dfrac{\pi m\cos\alpha}{\cos\beta}$	$= p\cos\alpha$ $= \pi m\cos\alpha$
피치원통 비틀림각 (공구설치 각) β	$\sin\beta = \dfrac{\sin\beta_b}{\cos\alpha}$	$\cos\alpha_0$ $= \dfrac{\cos\beta}{\cos\beta_b}\cos\alpha$ $\sin\alpha_0 = \dfrac{\sin\alpha}{\cos\beta_b}$
기초원통 비틀림각 β_b	$\tan\beta_b = \tan\beta\cos\alpha_0$	$= \dfrac{\tan\beta}{\sqrt{1+\left(\dfrac{\tan\alpha}{\cos\beta}\right)^2}}$

그림에서 p는 t, p_0는 t_0, p_n은 t_n으로

도시되어 있다.

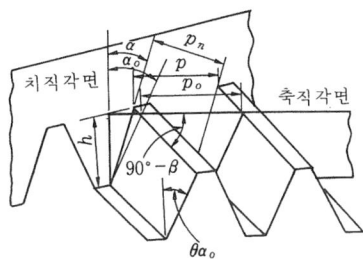

▽ 헬리컬 기어의 치수 계산식

명칭	기호	계산식(이직각 모듈 기준 mm)	
		표준기어	전위기어
모듈	m	$m = \dfrac{p}{\pi} = \dfrac{D\cos\beta}{Z}$	$m = \dfrac{p}{\pi} = \dfrac{D\cos\beta}{Z}$
피치	p	$p = p_0 \cos\beta$ $= \pi m \cos\beta$ $= \dfrac{\pi D \cos\beta}{Z}$ $= \pi m$ $= \dfrac{D_0 \pi \cos\beta}{Z + 2\cos\beta}$	$p = p_0 \cos\beta$ $= \pi m \cos\beta$ $= \dfrac{\pi D \cos\beta}{Z}$ $= \pi m$
피치원 의 지름	D	$D = m_0 Z = \dfrac{mZ}{\cos\beta}$	$D = m_0 Z = \dfrac{mZ}{\cos\beta}$
공구 압력각	α	$\cos\alpha = \dfrac{D_b \cos\beta}{D}$ (14.5°) (20°)	$\cos\alpha = \dfrac{D_b \cos\beta}{D}$ (14.5°, 20°)
기초 원지름	D_b	$D_b = m_0 Z \cos\alpha$ $= \dfrac{mZ\cos\alpha}{\cos\beta}$	$D_b = m_0 Z \cos\alpha$ $= \dfrac{mZ\cos\alpha}{\cos\beta}$
잇수	Z	$Z = \dfrac{D}{M_0} = \dfrac{D\cos\beta}{M}$ $= \dfrac{\pi D}{p_0} =$ $= \dfrac{(D_0 - 2M_0)\cos\beta}{M_0}$	$Z = \dfrac{D}{m_0} = \dfrac{D\cos\beta}{m}$
이끝원 (齒先圓) 지름	D_0, D_0'	$D_0 = (Z \pm 2)m_0$ $= \left(\dfrac{Z}{\cos\beta} \pm 2\right)M$ $= \dfrac{Zm}{\cos\beta} \pm 2a$	$D'_{0.1} = \left\{\dfrac{Z_1}{\cos\beta} + 2 + 2(y - x_2)\right\}m$

			$D'_{0.2} = \left\{\dfrac{Z_2}{\cos\beta} + 2 + 2(y - x_1)\right\}m$
이뿌리원 (齒根圓) 의 지름	D_d, D_d'	$D_d = (Z \mp 2)m_0$ $\mp C$ $= \left(\dfrac{Z}{\cos\beta} \mp 2\right)m$ $-2C$ $\left.\right)m \mp 2C$ $= \dfrac{Zm}{\cos\beta} \mp 2d$	$D'_{d.1} = \left\{\dfrac{Z_1}{\cos\beta} - (2 + 2x_1)\right\}m$ $-2C$ $D'_{d.2} = \left\{\dfrac{Z_2}{\cos\beta} - (2 + 2x_2)\right\}m$ $-2C$
중심거리	A, A'	$A = (Z_1 \pm Z_2)$ $= \dfrac{Z_1 \pm Z_2}{2\cos\beta}m$	$A' = \dfrac{Z_1 + Z_2}{2\cos\beta}m +$ $ym + A_c$
틈새(backlash)에 의한 증가량	A_c		$A_c' = \dfrac{c_n'}{2\sin\alpha}$ (c_n' : 법선 방향의 틈새)
중심거리 증가량			$y = \dfrac{Z_1 + Z_2}{2\cos\beta}$ $\left(\dfrac{\cos\alpha}{\cos\alpha_b} - 1\right)$ $= \dfrac{Z_1 + Z_2}{2\cos\beta} \times \phi_v(\alpha)$

헬리컬 기어의 상당평기어 잇수

$$Z_e = \dfrac{Z}{\cos^3\beta}, \quad D_e = \dfrac{D}{\cos^2\beta}$$

헬리컬 기어의 강도

굽힘강도 : $W_a = f_v \sigma_0 b p y_e = f_v \sigma_0 b \pi m y_e$

면압강도 : $W = \dfrac{C_w}{\cos^2\beta} KD_1 b \dfrac{2Z_1}{Z_1 + Z_2}$

$W = \dfrac{C_w}{\cos^2\beta} K \cdot m_0 \cdot b$

$\dfrac{2Z_1 Z_2}{Z_1 + Z_2}$ (모듈기준)

$W = \dfrac{50.8 C_w}{\cos^2\beta} K \cdot \dfrac{b}{S_0} \cdot$

$\dfrac{2Z_1 Z_2}{Z_1 + Z_2}$ (지름피치기준)

(보통 $C_w = 0.75$)

열역학

섭씨온도와 화씨온도
$0°C = 32°F$, $100°C = 212°F$
$$t_c = \frac{5}{9}(t_F - 32) \quad t_F = \frac{9}{5}t_c + 32$$

비열
열량 : $Q = G \cdot C \cdot (t_2 - t_1)$
$$= G\int_{t_1}^{t_2} Cdt = G\int_{t_1}^{t_2} f(t)dt$$
(비열은 온도만의 함수)

평균비열 : $C_m = \dfrac{1}{t_2 - t_1}\int_{t_1}^{t_2} Cdt$

평형온도 : $t_m = \dfrac{G_1C_1t_1 + G_2C_2t_2}{G_1C_1 + G_2C_2}$
$$= \dfrac{\Sigma G_n C_n t_n}{\Sigma G_n C_n}$$

비열비 : $k = \dfrac{C_p(\text{정압비열})}{C_v(\text{정적비열})} > 1$

압력
$1\text{N/m}^2 = 10\text{dyne/cm}^2 = 10^{-5}\text{bar}$
1표준기압 = $1\text{atm} = 101325\text{N/m}^2$
$= 760\text{mm Hg} = 10332\text{kg/m}^2$
$= 1.0332\text{kg/cm}^2 = 10,332\text{mAq}$
$= 14.7\text{psi}$
1공학기압 = $1\text{ata} = 10000\text{kg/m}^2 = 1\text{kg/cm}^2$
$= 735.6\text{mm Hg}$
$= 10\text{mAq} = 14.2\text{psi}$
대기압(P_a) = 계기압(P_g) + 절대압력(P_0)
진공 : 완전진공 = 진공도 100%
$700\text{mm Hg} \Rightarrow \dfrac{700}{760} = 0.9120$일 때
진공도 92.1%

비체적(v), 비중량(γ), 밀도(ρ)
$v = \dfrac{V}{W}(\text{m}^3/\text{kg})$, $\gamma = \dfrac{1}{v} = \dfrac{W}{V}(\text{kg/m}^3)$,
$\rho = \dfrac{\gamma}{g}(\text{kg} \cdot \text{s}^2/\text{m}^4)$

일(W), 일에너지
$W = F \cdot S$(평면) (kg·m)
$= F \cdot S \cdot \cos\theta$(경사면)
$1\text{kg} \cdot \text{m} = \dfrac{1}{427}\text{kcal} = 9.8\text{J}$
위치에너지 : $E_P = W \cdot Z$(kg·m)
운동에너지 : $E_v = \dfrac{W}{2g}v^2$

동력(= 工率) : 단위시간당 행하는 일률
$1\text{HP} = 76\text{kg} \cdot \text{m/s} = 0.746\text{kW}$
$= 550\text{ft} \cdot \text{lb/s}$
$1\text{PS} = 75\text{kg} \cdot \text{m/s} = 0.7355\text{kW}$
$= 542.5\text{ft} \cdot \text{lb/s}$
$1\text{W} = 1\text{J/S} = 10^7\text{erg/s}$
$1\text{kW} = 102\text{kg} \cdot \text{m/s} = 1.34\text{HP}$
$= 1.36\text{PS} = 1000\text{J/S}$

열역학 제1법칙
상태식(특성식): $pv = RT \quad PV = GRT$
열역학 제1법칙 : $Q = AW$
$$\left(A = \dfrac{1}{427}\text{kcal/kg} \cdot \text{m} = \dfrac{1}{\text{J}}\right)$$
$$W = \dfrac{Q}{A} = JQ$$
내부에너지 : $U = Q - AW$
엔탈피(enthalpy)
$h = u + Apv$(kcal/kg)
$H = U + APV$(kcal)
비유동과정 에너지식
$dq = du + AdW$(kcal/kg)
$= du + Apdv$(열역학 제1법칙식)
$= dh - Avdp$
정상 유동과정 에너지식
$Q = AW + G(h_2 - h_1) + \dfrac{AG}{2g}(w_2^2 - w_1^2)$
절대일: $W = \int pdv$ 공업일: $W_t = -\int vdp$

완전가스(perfect gas)
보일의 법칙 : $pv = \text{const.}$
샤를의 법칙 : $\dfrac{v}{T} = \text{const.}$
보일-샤를의 법칙 : $\dfrac{pv}{T} = \text{const.} = R$
$pv = RT$ (완전가스의 상태식)
일반가스의 정수(R)
$Pv = RT \to R = 848\text{kg} \cdot \text{m/kmol} \cdot °\text{K}$
$= 29.27\text{kg} \cdot \text{m/kg} \cdot °\text{K}$
임의 가스의 가스정수
$R = \dfrac{848}{M}\text{kg} \cdot \text{m/kg} \cdot °\text{K} \quad (M: \text{분자량})$

C_v와 C_p의 관계식
$C_P = \left(\dfrac{\partial Q}{\partial T}\right)_P = \dfrac{dh}{dT} \quad C_v = \left(\dfrac{\partial Q}{\partial T}\right)_v = \dfrac{du}{dT}$
$dh = C_P dT \quad \Delta h = C_P \cdot \Delta T$
$= C_P(T_2 - T_1)$
$du = C_v dT \quad \Delta u$
$= C_v dT = C_v(T_2 - T_1)$

$$AR = C_P - C_v$$
비열비 $k = \dfrac{C_P}{C_v}$ 에서 $C_P = \dfrac{k}{k-1} AR,$
$$C_v = \dfrac{1}{k-1} AR$$

1원자 분자의 완전가스 : $k = 1.66$
2원자 분자의 완전가스 : $k = 1.40$
3원자 분자의 완전가스 : $k = 1.33$

돌턴(Dalton)의 법칙 (혼합가스)

$$P_n = P \dfrac{V_n}{V} \qquad \gamma = \Sigma \gamma_i \dfrac{V_i}{V} = \Sigma \gamma_i \dfrac{P_i}{P}$$

$$C = \Sigma C_i \dfrac{G_i}{G} \qquad M = \Sigma M_i \dfrac{P_i}{P}$$

$$R = \Sigma R_i \dfrac{G_i}{G} \qquad T = \dfrac{\Sigma C_i G_i T_i}{\Sigma G_i T_i}$$

반완전가스

Van der Waals 식
$$\left(p + \dfrac{a}{v^2}\right)(v-b) = RT$$

Clausius 식 : $\left\{p + \dfrac{a}{T(v+c)^2}\right\}(v-b) = RT$

Berthelot 식 : $\left\{p + \dfrac{a}{Tv^2}\right\}(v-b) = RT$

습공기

습공기압(p) = 건조공기 분압(p_a) + 수증기 분압(p_w)

절대습도(x) = $\dfrac{\text{증기의 중량}(G_w)}{\text{건공기 중량}(G_a)}$

상대습도(ϕ) = $\dfrac{\text{증기의 비중량}(\gamma_w)}{\text{포화증기 비중량}(\gamma_s)} = \dfrac{p_w}{p_s}$

$$x = 0.622 \times \dfrac{\phi p_s}{p - \phi p_s}, \quad \phi = \dfrac{x \cdot p}{p_s(0.622 + x)}$$

등압 변화

pvT관계 : $pv = RT$에서 $p = C,\ \dfrac{v}{T} = C$

일량 : $W = \int_1^2 pdv = p(v_2 - v_1) = R(T_2 - T_1)$

열량 : $q = \int_1^2 du + A\int_1^2 pdv = h_2 - h_1$
$\qquad = \Delta h = C_p(T_2 - T_1)$

등적 변화

pvT관계 : $v = C,\ \dfrac{p}{T} = C$

일량 : $W = \int_1^2 pdv = 0$

열량 : $q = \int_1^2 du = u_2 - u_1 = \Delta u = C_v(T_2 - T_1)$

등온 변화

pvT관계 : $T = C,\ pv = C$

일량 : $W = \int_1^2 pdv = RT_1 \int_1^2 \dfrac{dv}{v}$
$\qquad = RT_1 ln \dfrac{v_2}{v_1} = RT_1 ln \dfrac{p_1}{p_2}$
$\qquad (RT_1 = p_1 v_1)$

열량 : $q = A\int_1^2 pdv = -A\int_1^2 vdp$
$\qquad = AW = AW_t$
$\qquad = ART_1 ln \dfrac{v_2}{v_1} = ART_1 ln \dfrac{p_1}{p_2}$

단열 변화

pvT관계 : $pdv + vdp = R \cdot dT$
$\qquad pv^k = C,\ Tv^{k-1} = C,\ T^k p^{1-k} = C$

일량 : $W = \dfrac{RT_1}{k-1}\left(1 - \dfrac{T_2}{T_1}\right)$
$\qquad = \dfrac{RT_1}{k-1}\left\{1 - \left(\dfrac{v_1}{v_2}\right)^{k-1}\right\}$
$\qquad = \dfrac{RT_1}{k-1}\left\{1 - \left(\dfrac{p_2}{p_1}\right)^{\frac{k-1}{k}}\right\}$
$\qquad = \dfrac{1}{k-1}(p_1v_1 - p_2v_2)$
$W_t = k \cdot W$

폴리트로픽(polytropic) 변화

pvT관계 : $\dfrac{T_2}{T_1} = \left(\dfrac{v_1}{v_2}\right)^{n-1} = \left(\dfrac{p_2}{p_1}\right)^{\frac{n-1}{n}}$

n : 폴리트로픽지수

일량 : $W = \dfrac{R}{n-1}(T_1 - T_2)$
$\qquad = \dfrac{RT_1}{n-1}\left\{1 - \left(\dfrac{v_1}{v_2}\right)^{n-1}\right\}$
$\qquad = \dfrac{RT_1}{n-1}\left\{1 - \left(\dfrac{p_2}{p_1}\right)^{\frac{n-1}{n}}\right\}$
$\qquad = \dfrac{1}{n-1}(p_1v_1 - p_2v_2)$
$W_t = n \cdot W$

열량 : $q = C_n(T_2 - T_1) \qquad C_n = C_v \dfrac{n-k}{n-1}$

C_v, C_p, C_n 관계 (폴리트로픽 지수)
$n = 0$일 때 $C_n = C_p$(등압변화)
$n = 1$일 때 $C_n = \infty$(등온변화)
$n = k$일 때 $C_n = 0$(단열변화)
$n = \infty$일 때 $C_n = C_v$(등적변화)
$0 < n < 1$일 때 등압과 등온의 중간과정
$1 < n < k$일 때 단열 폴리트로프 팽창
$n > k$일 때 단열 폴리트로프 압축

폴리트로픽 지수(n)

$$n = \dfrac{ln\left(\dfrac{p_2}{p_1}\right)}{ln\left(\dfrac{v_1}{v_2}\right)} = \dfrac{ln\left(\dfrac{p_1}{p_2}\right)}{ln\left(\dfrac{v_2}{v_1}\right)}$$

▽ 완전가스 상태변화의 각 상태값

과정	등압과정 $p=C(dp=0)$	등적과정 $v=C(dv=0)$	등온과정 $T=C(dT)=0$	등엔트로피 과정 $pv^k=C$	폴리트로픽과정 $pv^n=C$
$p \cdot v \cdot T$ 관계	$\dfrac{T_2}{T_1}=\dfrac{v_2}{v_1}$	$\dfrac{T_2}{T_1}=\dfrac{p_2}{p_1}$	$\dfrac{p_2}{p_1}=\dfrac{v_1}{v_2}$	$\dfrac{T_2}{T_1}=\left(\dfrac{v_1}{v_2}\right)^{k-1}=\left(\dfrac{p_2}{p_1}\right)^{\frac{k-1}{k}}$	$\dfrac{T_2}{T_1}=\left(\dfrac{v_1}{v_2}\right)^{n-1}=\left(\dfrac{p_2}{p_1}\right)^{\frac{n-1}{n}}$
폴리트로픽 지수(n)	0	∞	1	k	$-\infty < n < \infty$
비열(C_n)	C_p	C_v	∞	0	$C_v\left(\dfrac{n-k}{n-1}\right)$
내부에너지의 변화량 (Δu)	$C_v(T_2-T_1)$	$C_v(T_2-T_1)$	$C_v(T_2-T_1)=0$	$C_v(T_2-T_1)$	$C_v(T_2-T_1)$
엔탈피 변화량 Δh	$C_p(T_2-T_1)$	$C_p(T_2-T_1)$	$C_p(T_2-T_1)=0$	$C_p(T_2-T_1)$	$C_p(T_2-T_1)$
엔트로피변화량 Δs	$C_p \ln \dfrac{T_2}{T_1}$	$C_p \ln \dfrac{T_2}{T_1}$	$AR \ln \dfrac{p_1}{p_2}$	0	$C_n \ln \dfrac{T_2}{T_1}$
절대일 $W=\int pdv$	$p_1(v_2-v_1)$	0	$p_1 v_1 \ln \dfrac{v_2}{v_1}$	$\dfrac{p_1 v_1 - p_2 v_2}{k-1}$	$\dfrac{p_1 v_1 - p_2 v_2}{n-1}$
공업일 $W_t=-\int vdp$	0	$v_1(p_1-p_2)$	$p_1 v_1 \ln \dfrac{p_1}{p_2}$	$\dfrac{k(p_1 v_1 - p_2 v_2)}{k-1}$	$\dfrac{n(p_1 v_1 - p_2 v_2)}{n-1}$
가열량 $q=C_n \Delta T$	Δh	Δu	$ART_1 \ln \dfrac{v_2}{v_1}$	0	$C_n(T_2-T_1)$

성능계수(성적계수)

냉동기 $\varepsilon_R = \dfrac{Q_L}{AW} = \dfrac{Q_L}{Q_H-Q_L}$

H : 고열원,   L : 저열원

열펌프 : $\varepsilon_H = \dfrac{Q_H}{A_W} = \dfrac{Q_H}{Q_H-Q_L}$

Carnot cycle

열효율 $\eta_c = \dfrac{AW}{Q_1} = 1 - \dfrac{Q_2}{Q_1} = 1 - \dfrac{T_2}{T_1}$

$= 1 - \left(\dfrac{v_2}{v_1}\right)^{k-1}$

$= 1 - \left(\dfrac{p_1}{p_2}\right)^{\frac{k-1}{k}}$

가열량 : $Q_1 = ART_1 \ln \dfrac{v_2}{v_1} = ART_1 \ln \dfrac{p_1}{p_2}$

방열량 : $Q_2 = ART_2 \ln \dfrac{v_3}{v_4} = ART_2 \ln \dfrac{p_4}{p_3}$

일반가역 사이클

$\sum \dfrac{dQ_1}{T_1} - \sum \dfrac{dQ_2}{T_2} = 0, \ \sum \dfrac{dQ}{T} = 0$

Clausius의 폐적분 : $\oint \dfrac{dQ}{T} = 0$ (가역)

$\oint \dfrac{dQ}{T} \leq 0$ (비가역)

Entropy

$ds = \dfrac{dQ}{T}, \ dQ = T \cdot ds$

가역 사이클

$\oint \dfrac{dQ}{T} = S_2 - S_1 = 0$ (엔트로피 항상 일정)

비가역 사이클

$\oint \dfrac{dQ}{T} < 0$ (엔트로피 $\Delta S > 0$)

$\Delta S = GC \cdot \ln \dfrac{T_2}{T_1}$

완전가스

$\begin{cases} ds = C_v \dfrac{dT}{T} + \dfrac{Apdv}{T} = C_v \dfrac{dT}{T} + AR \dfrac{dv}{v} \\ \Delta s = \int_1^2 ds = C_v \ln \dfrac{T_2}{T_1} + AR \ln \dfrac{v_2}{v_1} \end{cases}$

$\begin{cases} ds = C_p \dfrac{dT}{T} - \dfrac{A_v dp}{T} = C_p \dfrac{dT}{T} - AR \dfrac{dp}{p} \\ \Delta s = \int_1^2 ds = C_p \ln \dfrac{T_2}{T_1} - AR \ln \dfrac{p_2}{p_1} \end{cases}$

$\begin{cases} ds = C_v \dfrac{dp}{p} + C_p \dfrac{dv}{v} \\ \Delta s = \int_1^2 ds = C_v \ln \dfrac{p_2}{p_1} + C_p \ln \dfrac{v_2}{v_1} \end{cases}$

비가역 변화

열이동시 : $\Delta s = \Delta s_2 - \Delta s_1 > 0$
교축시 : $\Delta s = -AR \cdot \ln\dfrac{p_2}{p_1}$
$p_1 > p_2$이면 $\Delta s > 0$

【상태 변화】
등온 변화
$\Delta s = s_2 - s_1 = AR \cdot \ln\dfrac{v_2}{v_1}$
$\quad = AR \cdot \ln\dfrac{p_1}{p_2}$
$Q = T \cdot \Delta s$
단열변화
$\quad \Delta s = 0, \quad Q = 0$
등압변화
$\Delta s = C_p \cdot \ln\dfrac{v_2}{v_1} = C_p \cdot \ln\dfrac{T_2}{T_1}$
$q = \int_1^2 Tds = \int_1^2 dh = C_p(T_2 - T_1)$
등적변화
$\Delta S = C_v \ln\dfrac{p_2}{p_1} = C_v \ln\dfrac{T_2}{T_1}$
$q = \int_1^2 Tds = \int_1^2 du = C_v(T_2 - T_1)$
폴리트로프변화
$\Delta s = C_v \dfrac{n-k}{n-1} \cdot \ln\dfrac{T_2}{T_1} = C_n \ln\dfrac{T_2}{T_1}$

유효에너지(Q_a), 무효에너지(Q_o)
$Q_a = Q_1 - Q_0 = \eta_c \cdot Q_1 = Q_1 - T_o \cdot \dfrac{Q_1}{T_1}$
$\quad = Q_1 - T_o \cdot \Delta s$
$Q_o = Q_1 - Q_a = (1-\eta_c) \cdot Q_1 = T_o \cdot \dfrac{Q_1}{T_1}$
$\quad = T_o \cdot \Delta s$

Helm holtz 의 함수(자유에너지)
$\quad f = u - T \cdot s \quad (H = U - T \cdot S)$

Gibbs 의 함수(자유 엔탈피)
$\quad g = h - T \cdot s \quad (G = H - T \cdot S)$

포화액의 상태량 (h', u', v', s')
  0℃에서 $h_0' = 0$, $s_0' = 0$, $u_0' = 0$
  액체열
  $q = \int_0^{ts} C \cdot dt = u' - u_0 + A_p(v' - v_0)$
  엔탈피 : $h' = u' + Apv'$
  엔트로피 $S' = \int_{273}^{ts} \dfrac{CdT}{T} = C \cdot l_n\dfrac{T_s}{273}$

포화증기의 상태량 (h'', u'', v'', s'')
  $d_q = du + Apdv = dh - Avdp$
  증발열 :
  $r = \rho + \phi$(내부증발열+외부증발열)

$\quad = \underbrace{u'' - u'}_{\rho} + \underbrace{Ap(v'' - v')}_{\varphi}$
$\quad = h' - h'(u'' + ApV'') - (u' - Apv')$
증발과정의 엔트로피 증가
$\Delta s = s'' - s' = \dfrac{r}{T_s}$
전열량 : $q_T = r + q$
습증기구역의 건도 x인 상태에서 상태량
$v = xv'' + (1-x)v'$
$\quad = v' + x(v'' - v') \fallingdotseq xv''$
$u = xu'' + (1-x)u'$
$\quad = u' + x(u'' - u')$
$\quad = u' + x\rho$
$h = xh'' + (1-x)h'$
$\quad = h' + x(h'' - h') = h' + x \cdot r$
$s = xs'' + (1-x)s'$
$\quad = s' + x(s'' - s') = s' + x \cdot \dfrac{r}{T_s}$

과열증기의 상태량
과열의 열 : $q_s = \int_{T_s}^T C_p dT$
$h = h'' + q_s = h'' + \int_{T_s}^T C_p dT$
$\quad = h'' + C_p \cdot \ln\dfrac{T}{T_s}$
$s = s'' + \int_{T_s}^T C_p dT$
$u = h - Apv = u'' + \int_{T_s}^T C_v dT$

증기의 상태변화
  등압변화
  $q = h_2 - h_1 = (x_2 - x_1)r$
  $\Delta u = u_2 - u_1 = (x_2 - x_1)\rho$
  $w = p(x_2 - x_1)(v'' - v') = (x_2 - x_1)\phi/A$
  $q : \Delta u : AW = r : \rho : \phi$
  등적변화
  $v_1 = v_1' + x_1(v_1'' - v_1')$
  $v_2 = v_2' + x_2(v_2'' - v_1')$
  변화 후 건도
  $x_2 = x_1\dfrac{v_1'' - v_1'}{v_2'' - v_2'} + \dfrac{v_1' - v_2'}{v_2'' - v_2'} \cong x_1\dfrac{v_1'' - v_1'}{v_2'' - v_2'}$
  가열량
  $q = u_2 - u_1 = u_2' - u_1' + x_2\rho_2 - x_1\rho_1$
  등온변화
  $q = u_2 - u_1 + A\int_1^2 pdv$
  $\quad = h_2 - h_1 = (x_2 - x_1)r$
  $q = \int_1^2 Tds = T(s_2 - s_1)$
  $AW = A\int_1^2 pdv = T(s_2 - s_1)$

$$-\{(h_2-Ap_2v_2)-(h_1-Ap_1v_1)\}$$
$$=Ap(v_2-v_1)$$
$$=Ap(x_2-x_1)(v''-v')$$

단열변화

$$s_1=s_1'+x_1\frac{r_1}{T_1} \qquad s_2=s_2'+x_2\frac{r_2}{T_2}$$

$$x_2=\frac{x_1\frac{r_1}{T_1}+(s_1'-s_2')}{r_2/T_2}$$

$$dq=0$$

$$AW=A\int_1^2 pdv=u_2-u_1$$
$$=(u_1'-u_2')+(x_1\rho_1-x_2\rho_2)$$

$$AW_t=-A\int_1^2 vdp=h_1-h_2$$

교축변화
습증기 : $h_1=h_1'+x_1r_1=h_2'+x_2r_2$
포화증기의 건도가 1에 근접할 때
$$h_2=h_1=x_1r_1+h_1'$$
과열증기 : $h=\frac{k}{k-1}Apv+k$

단열분류(噴流)
엔탈피 차
$$H_d=h_1-h_2=A\cdot\frac{(W_2{}^2-W_1{}^2)}{2g}$$

Hd : 단열 열낙차 또는 단열 열강하
분출속도 : $W_2=91.5\sqrt{h_1-h_2}$
속도계수 : $\phi=\sqrt{\frac{h_1-h_2'}{h_1-h_2}}$

노즐(nozzle)의 유동
분출속도
$$W_2=\sqrt{2g\frac{k}{k-1}p_1v_1\left\{1-\left(\frac{p_2}{p_1}\right)^{\frac{k-1}{k}}\right\}}$$

유량
$$G=a_2\sqrt{2g\cdot\frac{k}{k-1}\cdot\frac{p_1}{v_1}\left\{\left(\frac{p_2}{p_1}\right)^{\frac{2}{k}}-\left(\frac{p_2}{p_1}\right)^{\frac{k+1}{k}}\right\}}$$

임계압력
$$p_c=p_1\left(\frac{2}{k+1}\right)^{\frac{k}{k-1}}$$

임계속도
$$w_c=\sqrt{2g\frac{k}{k-1}p_1v_1\left(1-\frac{2}{k+1}\right)}$$

임계비체적
$$v_c=v_1\left(\frac{p_1}{p_c}\right)^{\frac{k-1}{k}}=v_1\left(\frac{k+1}{2}\right)^{\frac{1}{k-1}}$$

최대유량
$$G_c=a_c\sqrt{gk\frac{p_c}{v_c}}$$

마찰유동

노즐효율 : $\eta=\frac{h_1-h_2'}{h_1-h_2}$

노즐 손실계수 : $s=\frac{h_2'-h_2}{h_1-h_2}=1-\eta$

유출속도 : $w=\sqrt{\frac{2g}{A}(h_1-h_2)}$

속도계수 : $\phi=\sqrt{\eta}=\sqrt{1-s}$
$$\phi^2=\eta=1-s$$
$$=\left\{1-\left(\frac{p_2}{p_1}\right)^{\frac{n-1}{n}}\right\}\Big/\left\{1-\left(\frac{p_2}{p_1}\right)^{\frac{k-1}{k}}\right\}$$

Otto 사이클(정적 사이클)
가열량 : $q_1=C_v(T_3-T_2)$
방열량 : $q_2=C_v(T_4-T_1)$
열효율 : $\eta_0=\frac{AW}{q_1}=1-\frac{T_4-T_1}{T_3-T_2}$
$$=1-\left(\frac{v_2}{v_1}\right)^{k-1}=1-\left(\frac{1}{\varepsilon}\right)^{k-1}$$
$$\left(\varepsilon=\text{압축비}=\frac{v_1}{v_2}\right)$$

평균 유효압력 : $P_{me}=\frac{W}{v_1-v_2}$
$$=P_1\frac{(\alpha-1)(\varepsilon^k-\varepsilon)}{(k-1)(\varepsilon-1)}$$
$$\left(\alpha=\text{압력비}=\frac{P_3}{P_2}\right)$$

Diesel 사이클(정압 사이클)
가열량 : $q_1=C_p(T_3-T_2)$
방열량 : $q_2=C_v(T_4-T_1)$
열효율 : $\eta_d=1-\frac{(T_4-T_1)}{k(T_3-T_2)}$
$$=1-\frac{1}{\varepsilon^{k-1}}\times\frac{\sigma^{k-1}}{k(\sigma-1)}$$
$$\left(\sigma=\text{단절비}=\frac{v_3}{v_2}\right)$$

평균 유효압력 : $P_{me}=\frac{W}{v_2-v_1}$
$$=\frac{P_1\cdot q_1}{ART_1}=P_1\frac{k\varepsilon^k(\sigma-1)-\varepsilon(\sigma^k-1)}{(k-1)(\varepsilon-1)}$$

Sabathe 사이클(정적-정압 사이클)
가열량 : $q_1=q_v+q_p$
$$=C_v(T_2'-T_2)+C_p(T_3-T_2')$$
방열량 : $q_2=C_v(T_4-T_1)$
열효율
$$\eta_s=1-\frac{C_v(T_4-T_1)}{C_v(T_2'-T_2)+C_p(T_3-T_2')}$$
$$=1-\frac{1}{\varepsilon^{k-1}}\cdot\frac{\alpha\sigma^{-k}-1}{(\alpha-1)+k\alpha(\sigma-1)}$$

$\left(a = \dfrac{P_3{'}}{P_2} = 압력비\right)$

평균 유효압력

$$P_{me} = \dfrac{W}{v_1 - v_2} = \dfrac{\eta_s \, q_1}{A(v_1 - v_2)}$$

$$= P_1 \dfrac{\varepsilon^k\{(a-1) + ka(\sigma-1)\} - \varepsilon(a\sigma^{-k}-1)}{(k-1)(\varepsilon-1)}$$

$\eta_0, \ \eta_d, \ \eta_s$ 관계

최저온도, 압력, 공급열량 및 압력비가 같을 때

$\eta_0 > \eta_s > \eta_d$

최저온도, 압력, 공급열량 및 최고압력이 같을 때

$\eta_d > \eta_s > \eta_0$

내연기관의 실제 열효율 및 출력

도시효율 : $\eta_i = AW_i/q_1$
기관효율 : $\eta_g = W_i/W_{th} = \eta_i/\eta_{th}$
정미효율 : $\eta_e = AW_e/q_1$
기계효율 : $\eta_m = W_e/W_i = N_e/N_i$
$\qquad\qquad\quad = \eta_e/\eta_i$
$\eta_e = \eta_i \cdot \eta_m = \eta_{th} \cdot \eta_g \cdot \eta_m$
$\left(\eta_{th} = 1 - \dfrac{1}{\varepsilon^{k-1}}\right)$

도시마력 : $N_i = \dfrac{P_{mi} \cdot V_s \cdot \frac{n}{z}}{60 \times 75}$

정미마력 : $N_e = \dfrac{P_{me} \times V_s \times \frac{n}{z}}{60 \times 75}$

$\qquad\qquad = \dfrac{H_l \cdot B \cdot \eta_e}{632}$

Brayton 사이클
 turbine 일 : $AW_T = h_3 - h_4$
 압축기일 : $AW_c = h_2 - h_1$
 정미일 : $AW = AW_T - AW_c$
 $\qquad\qquad = h_3 - h_4 - h_2 + h_1$
 공급열량 : $q_1 = h_3 - h_2$
 열효율 : $\eta_B = \dfrac{AW}{q_1} = 1 - \dfrac{h_4 - h_1}{h_3 - h_2}$
 역동력비(back work ratio) $= \dfrac{W_c}{W_T}$

Rankine(증기원소)사이클
 펌프일 : $W_p = \dfrac{1}{A}(h_2 - h_1)$
 $\qquad\qquad = v_1{'}(P_2 - P_1)$
 가열량 : $q_1 = h_4 - h_2$
 터빈 발생일 : $AW_T = h_4 - h_5$
 방열량 : $q_2 = h_5 - h_1$
 1kg당의 일 : $AW = q_1 - q_2$

$\qquad\qquad = (h_4 - h_2) - (h_5 - h_1)$

이론열효율 : $\eta_R = 1 - \dfrac{q_2}{q_1} = 1 - \dfrac{h_5 - h_1}{h_4 - h_2}$

$\qquad\qquad = \dfrac{AW_T - AW_P}{(h_4 - h_1) - AW_P}$

AW_P무시 : $\eta_R = \dfrac{AW_T}{h_4 - h_1} = \dfrac{h_4 - h_5}{h_4 - h_1}$

재생 사이클

추기량 : $m_1 = \dfrac{h_5{'} - h_6{'}}{h_5 - h_6{'}}$

$\qquad\quad m_2 = \dfrac{(1 - m_1)(h_6{'} - h_1)}{h_6 - h_1}$

$\qquad\qquad = \dfrac{(h_5 - h_5{'}) \cdot (h_6{'} - h_1)}{(h_5 - h_6{'}) \cdot (h_6 - h_1)}$

$\eta_{thR} = \dfrac{(h_4 - h_7) - \{m_1(h_5 - h_7) + m_2(h_6 - h_7)\}}{h_4 - h_5{'}}$

재열 사이클

보일러와 과열기에서의 가열량

$q_1 = h_4 - h_1$

재열기에서의 공급열량 : $q_2 = h_6 - h_5$

이론열효율 : $\eta_{the} = \dfrac{AW}{q}$

$\qquad\qquad = \dfrac{(h_4 - h_5) + (h_6 - h_7)}{(h_4 - h_1) + (h_6 - h_5)}$

재생·재열 사이클

터빈일 : $AW_T = (h_4 - h_a) + (h_b - h_7)$
$\qquad\qquad\qquad - m(h_5 - h_7)$

공급열 $q = (h_4 - h_5{'}) + (h_b - h_a)$

$\eta_{th} = \dfrac{AW}{q}$

$\qquad = \dfrac{(h_4 - h_a) + (h_b - h_7) - m(h_5 - h_7)}{(h_4 - h_5{'}) + (h_b - h_a)}$

증기소비율(S_{th})과 열소비율(H_{th})

$S_{th} = \dfrac{860}{AW} = \dfrac{860}{h}$ kg/kWh

$\qquad = \dfrac{632}{AW} = \dfrac{632}{h}$ kg/psh

$h = $ 단열 열낙차

$H_{th} = \dfrac{860}{\eta_{th}}$ kcal/kWh $= \dfrac{632}{\eta_{th}}$ kcal/psh

냉동능력, 냉동률

1냉동톤 $= 76.68 \times 1000/24$
$\qquad\qquad = 3320$kcal/h $= 3024$Btu/h

냉동률 : $K = \dfrac{Q_o}{632/AW}$

$\qquad\qquad = 632 \times \varepsilon$ kcal/HP·h

공기압축 냉동 사이클

냉각기 방출열량 : $q_1 = C_p(T_2 - T_3)$
냉동기 흡수열량 : $q_2 = C_p(T_1 - T_4)$

냉동기 압축일량 : $AW = q_1 - q_2$

$$\varepsilon_R = \frac{q_2}{AW} = \frac{1}{\frac{T_2 - T_3}{T_1 - T_4} - 1}$$

$$= \frac{1}{\left(\frac{P_2}{P_1}\right)^{\frac{k-1}{k}} - 1}$$

다단 압축냉동 사이클

$$\varepsilon_R = \frac{h_1 - h_3}{(h_a - h_1) + (h_2 - h_b)}$$

다효압축 냉동 사이클

$$\varepsilon_R' = \frac{q_2}{AW} = \frac{(1 - x_i)(h_1 - h_6)}{(h_2 - h_1') + A v_1'(P_i - P_1)}$$

연료의 발열량

$$H_l = H_h - 600(9h + w)$$
$$= 8100C + 28800\left(h - \frac{O}{8}\right) + 2500S$$
$$- 600\left(w + \frac{9}{8}O\right)$$

H_l : 저위발열량(kcal/kg),
H_h : 고위발열량(kcal/kg)
O, h, w : 연료 1kg중의 산소, 수소, 수분의 양

연소가스량

$V_g = 1.867C + 11.2h + 0.21(4.76 - 1) \cdot L_t$
공기과잉계수 = L_a/L_t
$= 0.21 + \frac{\text{가스중의 산소량 및 질소량}}{\text{이론공기량}}$
$= \frac{\text{실제공기량}}{\text{이론공기량}}$
$L_t = (11.5C + 345h + 4.3(S - O)) \text{kg/kg}$
$= (8.89C + 26.7h + 3.3(S - O)) \text{Nm}^3/\text{kg}$

전도열전달(conduction heat transfer)

열전달률 : $Q = -kA\frac{d\theta}{dx}$

A : 전열면적

$\frac{d\theta}{dx}$: 온도구배

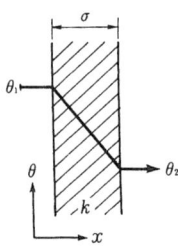

단일벽 : $Q = \frac{k}{\sigma}A(\theta_1 - \theta_2) = \frac{A}{R_c}(\theta_1 - \theta_2)$

열전도저항 : $R_c = \frac{\delta}{k}(\text{mh℃/kcal})$

다층벽 : $Q = \frac{A(\theta_1 - \theta_2)}{\sum_{k=1}^{n} R_{ck}}$

원통관의 열전도

단일관 : $Q = -kA\frac{d\theta}{dr} = -k2\pi rL \cdot \frac{2\theta}{dr}$

$$= \frac{2\pi L(\theta_1 - \theta_2)}{\frac{1}{k}\ln\frac{r_2}{r_1}}$$

다층관 : $\theta = \frac{2\pi L(\theta_1 - \theta_2)}{\sum_{k=1}^{n}\frac{1}{k_t}\ln\frac{r_{k+1}}{r_k}}$

대류열전달(convection heat transfer)

[강제 대류열전달]

평판 : $N_u = \text{Nusselt 수}$
$\quad = 0.0296(R_e)^{0.8} \cdot (P_r)^{\frac{1}{3}}$

관내유동 : $N_u = 0.232R_e^{0.8} \cdot P_r^{0.4}$
$(0.7 < P_r < 120,$
$10,000 < R_e < 120,000, \ L/d < 60)$

관군(管群) $N_u = C \cdot R_e^m$

[자연대류 열전달]

평판

$\begin{cases} N_u = 0.56(G_r \cdot P_r)^{\frac{1}{4}}, \\ \quad 10^4 < G_r \cdot P_r < 10^9 \\ N_u = 0.13(G_r \cdot P_r)^{\frac{1}{3}}, \\ \quad 10^9 < G_r \cdot P_r < 10^{12} \end{cases}$

수평관

$\begin{cases} N_u = 0.53(G_r \cdot P_r)^{\frac{1}{4}}, \\ \quad 10^4 < G_r \cdot P_r < 10^9 \\ N_u = 0.13(G_r \cdot P_r)^{\frac{1}{3}}, \\ \quad 10^9 < G_r \cdot P_r < 10^{12} \end{cases}$

R_e : 레이놀즈 수 P_r : 프란틀 수
G_r : 그라스호프 수

복사 열전달(radiation heat transfer)

$r + a + t = 1 \qquad r + a = 1(\text{고체물질})$
r : 복사율, a : 흡수율, t = 투과율

복사력(emissive power)

$$E_b = \int_0^\infty E_{b\lambda}d\lambda (\text{kcal/m}^2 \cdot \text{h})$$

복사율 : $\varepsilon = \frac{E}{E_b}$

E : 회색체로부터의 복사력
$E = \varepsilon \cdot E_b = a \cdot E_b$

키르히호프의 법칙(Kirchhoff)

$\frac{E}{E_b} = \varepsilon = a$

슈테판 볼츠만(Stefan-Boltzmann)의 법칙

$$E_b = \sigma T^4 = C_b \left(\frac{T}{100}\right)^4 \text{kcal/m}^2 \cdot h$$

열관류율(K)

$$K = \frac{1}{R_t} = \frac{1}{\frac{1}{\alpha_1} + \frac{\delta}{k} + \frac{1}{\alpha_2}}$$

α_1 : 벽면과의 열전달률
α_2 : 벽면과 유체와의 열전달률

대수평균 온도차(LMTD)

$$\Delta\theta_m = \frac{\Delta\theta' - \Delta\theta''}{l_n \frac{\Delta\theta'}{\Delta\theta''}}$$

$Q = KA \cdot \Delta\theta_m$ (kcal/m² · h)

병행류 : $\Delta\theta' = T_{h1} - T_{c1}$
$\Delta\theta'' = T_{h2} - T_{c2}$
대항류 : $\Delta\theta' = T_{h1} - T_{c2}$
$\Delta\theta'' = T_{h2} - T_{c1}$

열 사이클

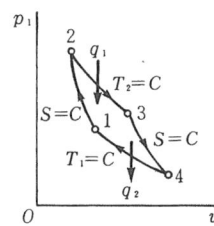
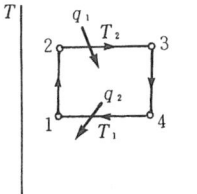

(카르노사이클)

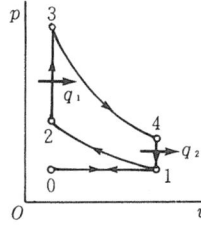
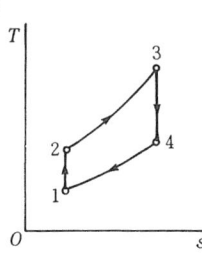

(Otto 사이클)

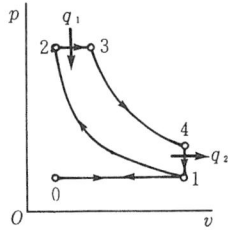
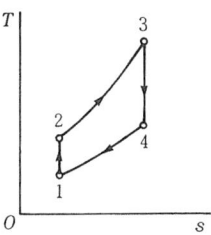

(Diesel 사이클)

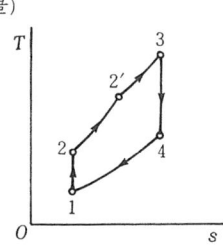

(Sabathe 사이클)

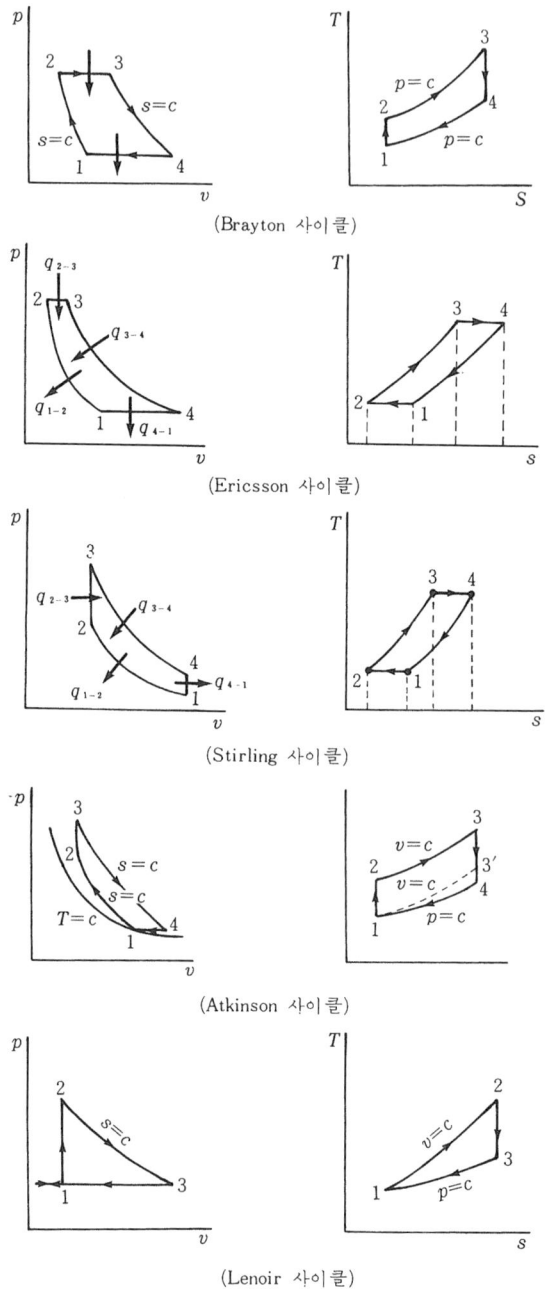

(Brayton 사이클)

(Ericsson 사이클)

(Stirling 사이클)

(Atkinson 사이클)

(Lenoir 사이클)

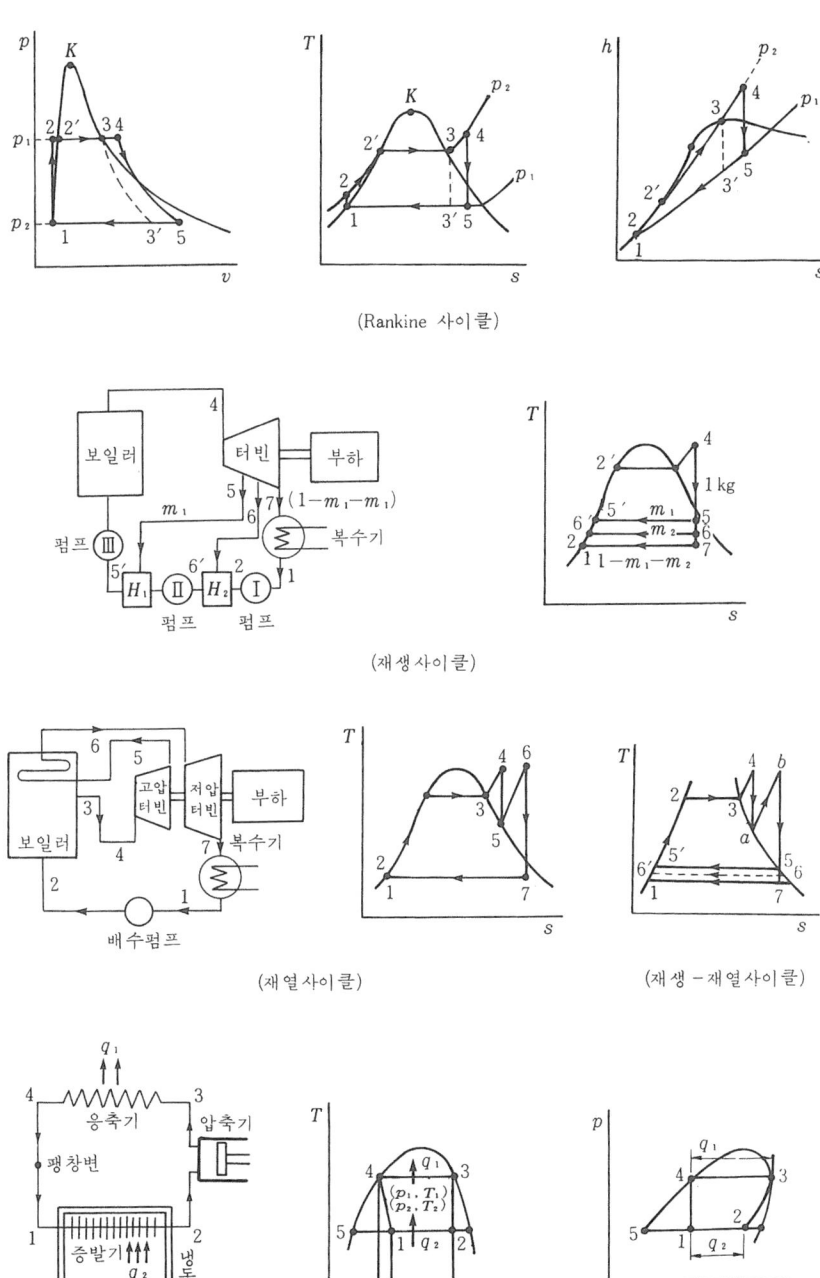

(Rankine 사이클)

(재생사이클)

(재열사이클)

(재생-재열사이클)

(습압측 냉동사이클)

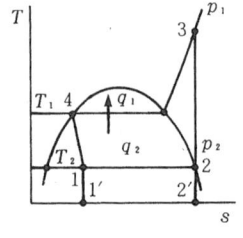
(건압축냉동사이클)

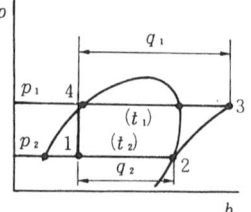
$p-h$선도
(다단압축냉동사이클)

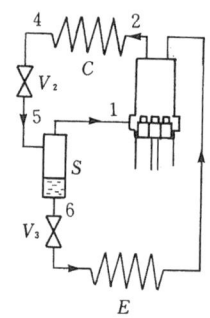
(다효압축사이클)

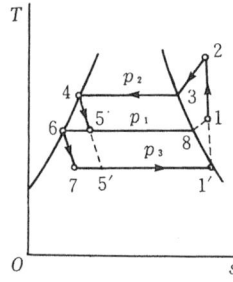

내연기관

압축비 : $\varepsilon = \dfrac{V_c + V_s}{V_c} = 1 + \dfrac{V_s}{V_c}$

V_c : 연소실체적
V_s : 행정체적
V = 실린더체적 = $V_c + V_s$

행정체적 : $V_s = \dfrac{\pi d^2 \times S}{4 \times 1000} = V_c(\varepsilon - 1)$

실린더체적 : $V = V_s \cdot Z = \dfrac{\pi d^2 \cdot S}{4 \times 1000} \times Z$

이론 평균 유효압력

$P_{mth} = \dfrac{W_{th}}{V_B - V_A} = \dfrac{\text{이론적 일량(kg f·m)}}{\text{행정체적 (cm}^3)}$

도시 평균 유효압력 : $P_{mi} = \dfrac{W_i}{V_B - V_A}$

W_i : 도시 일량

제동 평균 유효압력 : $P_{me} = \dfrac{W_e}{V_A - V_B}$

W_e : 제동일량

마찰평균 유효압력

$P_{mf} = \dfrac{W_i - W_e}{V_B - V_A} = P_{mi} - P_{me}$

도시마력 : $N_i = \dfrac{P_{mi} \cdot A \cdot L \cdot n \cdot Z \cdot a}{75 \times 60}$ (PS)

$\left(a : \text{4cycle} = \dfrac{1}{2},\ \text{2cycle} = 1 \right)$

제동마력 : $N_e = \dfrac{P_{me} \cdot A \cdot L \cdot n \cdot Z \cdot a}{75 \times 60}$ (PS)

A : 실린더 단면적, L : 행정
Z : 실린더수, n : 크랭크 회전수

흡수동력계 동력 : $N_e = \dfrac{2\pi nT}{75 \times 60}$

$\quad = \dfrac{nT}{716.2}$ (PS)

마찰동력계 동력 : $N_e = \dfrac{2\pi lnW}{75 \times 60}$

$T = Wl$
l : 제동암의 길이

전달동력계 비틀림각 : $\theta = \dfrac{3200 Tl}{\pi(d_2^4 - d_1^4)G}$ (rad)

[내연기관의 효율]

제동열효율 : $\eta_e = \dfrac{632.3 \times 10^3}{f_b \times H_l}$

f_b : 제동연료소비율(g/bps·h)
H_l : 연료의 저위 발열량(kcal/kg)

기계효율 : $\eta_m = \dfrac{N_e}{N_i} = \dfrac{P_{me}}{P_{mi}} = \dfrac{\eta_e}{\eta_i} = \dfrac{f_i}{f_b}$

제동효율 $\eta_e = \eta_m \cdot \eta_i = \eta_m \cdot f \cdot \eta_{th}$

$$= \frac{\frac{P \cdot S}{A} \times 1000}{f_b \times H_l}$$

$$= \frac{632.3 \times 1000}{f_b \times H_l}$$

f : 선도계수

체적효율 : $\eta_v = \dfrac{1000G}{\gamma \cdot A \cdot L \cdot n \cdot Z \cdot a}$

γ : 흡기관 공기의 비중량

충전효율 : $\eta_c = \dfrac{\eta_v \times \gamma_s}{\gamma_0} = \dfrac{T_o}{T_s} \times \dfrac{P_s}{P_o} \times \eta_v$

P_s, T_s : 절대압력, 온도
P_o, T_0 : 표준상태의 압력, 온도
공기용량 : $G = AL \cdot n \cdot Z \cdot \gamma \cdot \eta_v$
$\quad\quad\quad = V_s \cdot n \cdot Z \cdot \gamma \cdot \eta_v$

$G = C \cdot \dfrac{P_s}{\sqrt{T_s}}$ (등엔트로피의 변화시)

SAE 마력 $= \dfrac{d_1^2 \cdot Z}{1613}$(PS)

연소 및 연료
옥탄가(%)

$$ON = \frac{\text{이소옥탄}(C_8H_{18})}{\text{이소옥탄}(C_8H_{18}) + \text{정헵탄}(C_7H_{16})} \times 100$$

퍼포먼스(performance)수 : $PN = \dfrac{2800}{128 - ON}$

세탄가 $CN = \dfrac{\text{세탄}(C_{16}H_{34})}{\text{세탄}(C_{16}H_{34}) + a\text{메틸} \cdot \text{나프탈린}(C_{11}H_{10})}$

윤활
푸아죄유(poiseuille)의 법칙 : $F = \mu \dfrac{Au}{h}$

F : 마찰력, μ : 비례상수
A : 전단 단면적, u : 속도
h : 유막두께
[원통베어링의 경우]

$$F = \mu \frac{Au}{h} = \frac{2\pi^2 \mu D^2 L n}{C}$$

C : 베어링과 축사이의 지름방향의 간극

마찰계수 : $f = \dfrac{F}{W} = \dfrac{2\pi^2 \mu D^2 L n}{pLDC}$

$\quad\quad\quad\quad = 2\pi^2 \times \dfrac{D}{C} \times \dfrac{\mu n}{p}$

베어링 단위면적당 하중 : $p = \dfrac{W}{DL}$

윤활유 펌프
① 기어펌프의 송유량

$$Q = \frac{\eta_v V_n}{1000} (l/\min)$$

η_v : 대형(η_v) = 60~80%
$\quad\quad$ 소형(η_v) = 50~60%
기어의 이 사이의 틈새 체적 합계
$\quad\quad V = \pi b d h (\text{cm}^3)$

b : 기어폭, d : 피치원 지름
h : 피치원에서 이끝, 이뿌리까지 높이
② 플런저 펌프의 송유량

$$Q = \frac{\eta_v \pi d^2 h n}{4000} (l/\min)$$

(η_v = 80~98%)

흡기·배기밸브 장치
밸브 직경 : $d_m = D\sqrt{\dfrac{V_p}{V_g}}$

g : 기어, p : 흡기밸브

밸브 양정 : $h = \dfrac{d_m}{4}$

밸브를 통과하는 가스속도

$$V_g = \frac{1}{120} \times \frac{D^2 \cdot l \cdot n}{\mu \cdot dm \cdot h \cdot \cos \alpha} (\text{m/s})$$

밸브 서징의 고유진동수

$$f = \frac{(21 \times 10^7) d}{D^2 \cdot n} (\text{Vib/min})$$

$f \geq 11 \times$ (매분의 외력 진동수)

엔진 냉각장치
내각유량 : $Q = a \cdot A(t_c - t_m)$

a : 표면 전열률(kcal/m² · h · ℃)
(공랭 : 100~140, 수냉 : 3000~4000)
$t_c - t_m$: 금속면과 유체와의 온도차

핀의 총면적 : $A_t = A = C \cdot l \cdot d \cdot \dfrac{N_e^2}{V}$(cm²)

C : 정수(항공기 : 0.045~0.055,
$\quad\quad\quad$ 차량기관 : 0.065~0.10
$\quad\quad\quad$ 소형 강제통풍 : 2.7~3.3,
$\quad\quad\quad$ 소형 자연통풍 : 3.4~3.8)

실린더 체적 1l당 핀의 면적

$$A_v = \frac{A_t}{V} = C \cdot l \cdot d \cdot \left(\frac{N_e}{V}\right)^2 (\text{cm}^2/l)$$

1마력당 핀의 면적 : $A_p = \dfrac{A_t}{N_e}$

$\quad\quad = C \cdot l \cdot d \dfrac{N_e}{V} (\text{cm}^2/\text{PS})$

소요 공기량

중량유량 : $G_a = \dfrac{Q}{(t_2 - t_1) C_p}$(kg f/h)

체적유량 : $V_a = \dfrac{Q}{(t_2 - t_1) \gamma_a C_p}$(m³/h)

냉각수량 : $G_w = \dfrac{Q}{t_2 - t_1} = \dfrac{a \cdot f_b \cdot H_l}{(t_2 - t_1) c}$(kg f/hr)

냉각핀의 효율 : η_f = 냉각핀의 실제방열량÷핀의 표면온도가 바탕온도와 같다고 가정했을 때의 방열량
공기냉각 실린더의 냉각에 요하는 동력
$\quad\quad N = C \cdot \Delta p \cdot V$ (kg f · m/s)
실린더 내면의 열전달률

$$a_g = 2 \cdot 1 \cdot \sqrt[3]{C_m} \cdot \sqrt{T_g \cdot P_g}$$

실린더 벽에서의 방열량
$$Q = K \cdot A_s (T_g - T_c)$$
   c : 냉각수
   g : 가스

가솔린 기관
벤투리를 통과하는 공기속도
$$v_2 = \sqrt{\frac{2g(p_0 - p_1)}{p_a}}$$
공기유량
$$G_a = C_a A_a \cdot \sqrt{2g \cdot \gamma_a(p_1 - p_2)} \,(\text{kg f/s})$$
공급연료의 중량유량
$$G_f = C_f A_f \cdot \sqrt{2g\gamma_f \{(p_1 - p_2) - \gamma_f h\}}$$
   f : 연료
기화기의 혼합비율
$$R = \frac{G_a}{G_f} = \frac{C_a A_a}{C_f A_f} \times \sqrt{\frac{\gamma_a}{\gamma_f}} \cdot \sqrt{\frac{H}{H-h}}$$
   H : 벤투리부의 부압을 가솔린의 수주로 표시한 것

디젤 기관
급기비 = (급기된 공기의 체적)/(실린더 행정체적)

연료분사 펌프에서 분사노즐의 관내 압력파주기
$$T = \frac{2l}{a}$$
노즐로부터 1초간 분사되는 연료량
$$Q_f = A \cdot \gamma_f \cdot v_n$$
   v_n : 분유속도, γ_f : 연료의 비중량
노즐로부터 크랭크각 1도마다 분사되는 연료량
$$Q_f = A \cdot \gamma_f \cdot v_n / \sigma n$$
속도 : $v = C_v \sqrt{2g \cdot \frac{k}{k-1} \cdot RT_2 \left[1 - \left(\frac{p_1}{p_2}\right)^{\frac{k-1}{k}}\right]}$

   p_1, p_2 : 예연소실, 주연소실의 압력

2 사이클 기관
소기효율(scavenging efficiency)
$$\eta_s = \frac{\text{소기 후 실린더내에 충전된 신기 중량}}{\text{소기 후의 전가스 중량}}$$
$$= \frac{G_r}{G_r + G_x}$$
급기 효율(給氣效率 ; trapping efficiency)
$$\eta_{tr} = \frac{\text{실린더내에 충전된 신기 중량}}{\text{소기에 사용된 전 급기 중량}}$$
급기비(delivery ratio)
$$\gamma_d = \frac{\text{소기에 사용된 전 급기 중량}}{\text{외기상태에서 } V_s \text{를 차지하는 급기중량}}$$
여기서, V_s는 행정 체적이다.
충전효율
$$\eta_c = \frac{\text{흡입한 신기의 중량 } G}{\text{행정체적을 점유한 신기중량 } G_l}$$

토크 : $T = \dfrac{716}{450a} \times P_{me} \times V \times z$

기관의 구조

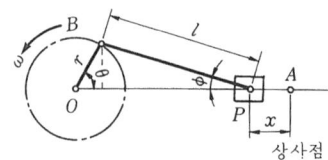

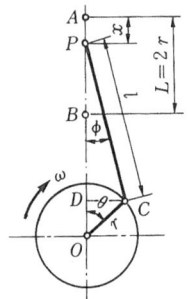

r : 크랭크 반경(crank radius)
l : 커넥팅 로드의 길이(length of connecting rod)
θ : 크랭크 각(crank angle)
x : 상사점으로부터 측정한 피스톤 변위
$x = OA - OP$
$x = (r+l) - (r\cos\theta + l\cos\phi)$
$\fallingdotseq r\left\{(1-\cos\theta) + \dfrac{1}{4\lambda}(1-\cos 2\theta)\right\}$

피스톤 속도 : $v \fallingdotseq r\omega\left(\sin\theta + \dfrac{1}{2\lambda}\sin 2\theta\right)$ m/s

피스톤 가속도 : $a \fallingdotseq r\omega^2\left(\cos\theta + \dfrac{\cos 2\theta}{\lambda}\right)$ m/s^2

피스톤에 작용하는 힘
$$F_g = \frac{\pi D^2}{400} p\,(\text{kg f}), \quad F_r = m_r a\,(\text{kg f})$$
$$F = F_g + F_r = \frac{\pi D^2}{400} p + m_r a$$
   D : 실린더 지름(mm)
   p : 실린더내의 가스 압력(kg f/cm^2)
   m_r : 왕복부분의 질량(kg f · s^2/mm)
   a : 피스톤의 가속도(mm/s^2)
   F_g : 실린더 축 방향에 작용하는 가스의 폭발력(kg f)
   F_r : 피스톤이나 커넥팅 로드 작은 끝의 왕복 질량에 의한 관성력(kg f)

플라이 휠의 속도 변동률
$$\delta = \frac{\omega_{max} - \omega_{min}}{\omega_0}$$

유체역학

Newton의 제2법칙
$$F = ma = m\frac{dv}{dt} = \frac{d}{dt}(mv)$$

힘의 단위
 CGS : $1\text{dyne} = 1\text{gr} \times 1\text{cm/sec}^2$
 MKS : $1\text{N} = 1\text{kg} \times 1\text{m/sec}^2$
  $= 10^5 \text{gr} \cdot \text{cm/sec}^2 = 10^5 \text{dyne}$
  $1\text{kg} = 1\text{N} \cdot \text{sec}^2/\text{m}$
 중력단위 : $1\text{kgf} = 1\text{kg} \times 9.8\text{m/sec}^2 = 9.8\text{N}$

밀도(ρ), 비중량(γ)
$$\rho = \frac{m}{v}$$
$\rho_{water} = 1000 \text{kg/m}^3 = 1000 \text{N} \cdot \text{sec}^2/\text{m}^2$
 $= 102 \text{kgf} \cdot \text{sec}^2/\text{m}^4$
$$\gamma = \frac{W}{v}$$
$\gamma_{water} = 9800\text{N/m}^3 = 1000\text{kgf/m}^3$
비중 $S = \dfrac{\gamma}{\gamma_w} = \dfrac{\rho}{\rho_w}$

Newton의 점성법칙
$$F \propto A\frac{u}{h} \text{ 또는 } \tau = \frac{F}{A} = \mu\frac{u}{h} = \mu\frac{du}{dy}$$
$\left(\dfrac{du}{dy} = \text{속도구배, 각 변형률}\right)$

동점성계수 : $\nu = \dfrac{\mu}{\rho}(\text{m}^2/\text{sec, cm}^2/\text{sec}$
  $= \text{stokes})$

점성계수 : $\mu = \dfrac{\tau}{du/dy}(\text{dyne} \cdot \text{sec/cm}^2,$
  $\text{gr/cm} \cdot \text{sec} = \text{poise})$

체적 탄성계수(K)
$$K = \frac{-\Delta p}{\Delta v/v} = \frac{1}{\text{압축률}(\beta)}(\text{kgf/cm}^2)$$
등온변화 : $K = p$ 단열변화 : $K = kp$
압력파의 전파속도
 유체내 : $a = \sqrt{dp/d\rho} = \sqrt{K/\rho}$
 대기중 : $a = \sqrt{kp/\rho} = \sqrt{kRT} = \sqrt{kgRT}$

표면장력(σ)
$$\sigma = \frac{Pd}{4}(\text{kg/cm})$$

유체의 압력
$$P = \frac{F}{A}$$
단위 $\begin{cases} 1\text{N/m}^2 = 1\text{Pa} \\ 1\text{bar} = 10^5 \text{N/m}^2 = 1000\text{mm bar} \\ 1\text{kgf/cm}^2 = 10\text{mAq} \end{cases}$

모세관 현상
 액면상승 : 응집력 < 부착력
 액면하강 : 응집력 > 부착력
 모세관의 높이 : $h = \dfrac{4\sigma \cdot \cos\beta}{\gamma d}$

파스칼(Pascal)의 원리
$$\frac{W_1}{A_1} = \frac{W_2}{A_2}$$

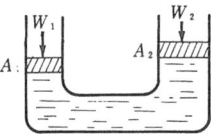

정지유체속의 압력
$$p = \frac{F}{A} = \gamma h \text{ (미분형 } dp = \gamma dh : -\gamma dy)$$
$$p = p_0 + \gamma h \left(h = \frac{p}{\gamma}\text{를 수두}(\text{水頭 : head})\text{라 함}\right)$$

절대 압력
 절대압(P_a)
  = 국소대기압(p_o) - 진공압력(p_g')
  + 계기압(p_g)

수은기압계의 상승
$$p_o = p_v + \gamma h$$

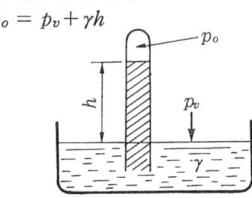

평면에 작용하는 힘
 수평면 : $p = \gamma h$ $F = pA = \gamma h A$
 경사면 : $F = \gamma \cdot \overline{y} \sin\theta \cdot A = \gamma \overline{h} A$
 압력중심 : $y_P = \dfrac{I_c}{\overline{y}A} + \overline{y}$
 압력 프리즘 : $F = \gamma \overline{h} A = \gamma \left(\dfrac{1}{2}H\right)(Hb)$
  $y_P = \dfrac{2}{3}h$

부력(buoyant force)

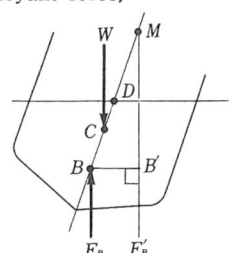

부력 : $F_B = \int \gamma dV = \gamma V$

V : 유체에 잠긴 체적

[부양체]

경심의 높이 $\overline{MC} = \dfrac{I}{V} - \overline{CB}$

$\overline{MC} > 0$: 안정, $\overline{MC} = 0$: 중립,
$\overline{MC} < 0$: 불안정

상대평형

연직방향 : $p = \gamma h$

수평방향 : $\gamma h_1 A - \gamma h_2 A = \dfrac{\gamma A l}{g} \cdot a_x$

$\dfrac{h_1 - h_2}{l} = \tan\theta = a_x/g$

등회전운동 : $p = p_o + \gamma \dfrac{r^2 \omega^2}{2g}$ $\left(\omega = \dfrac{2\pi r n}{60}\right)$

$h = \dfrac{p}{\gamma} = \dfrac{r^2 \omega^2}{2g}$

원통벽에서의 상승높이 : $h_o = \dfrac{r_o^2 \omega^2}{2g}$

유동 특성

정상류 : $\dfrac{\partial \vec{q}}{\partial t} = 0$, $\dfrac{\partial \rho}{\partial t} = 0$

$\dfrac{\partial P}{\partial t} = 0$, $\dfrac{\partial T}{\partial t} = 0$

비정상류 : $\dfrac{\partial \vec{q}}{\partial t} \neq 0$, $\dfrac{\partial \rho}{\partial t} \neq 0$

$\dfrac{\partial P}{\partial t} \neq 0$, $\dfrac{\partial T}{\partial t} \neq 0$

균속도 유동 : $\dfrac{\partial \vec{q}}{\partial s} = 0$

비균속도 유동 : $\dfrac{\partial \vec{q}}{\partial s} \neq 0$

유선 방정식

$\left.\begin{array}{l}\vec{dr} = dx\vec{i} + dy\vec{j} + dz\vec{k} \\ \vec{q} = u\vec{i} + v\vec{j} + w\vec{k}\end{array}\right\}$ 에서

유선방정식 : $\vec{q} \times \vec{dr} = 0$

또는 $\dfrac{dx}{u} = \dfrac{dy}{v} = \dfrac{dz}{w}$

연속 방정식

질량유동률

$\dot{m} = \rho_1 A_1 V_1 = \rho_2 A_2 V_2 (\text{kg f} \cdot \text{s}^2/\text{m} \cdot \text{s kg/s})$

중량유동률

$\dot{G} = \gamma_1 A_1 V_1 = \gamma_2 A_2 V_2 (\text{kg f/sec})$

유량 : $Q = A_1 V_1 = A_2 V_2 (\text{m}^3/\text{s})$

연속방정식 : $\nabla \cdot (\rho \vec{q}) = -\dfrac{\partial \rho}{\partial t}$

$\dfrac{\partial u}{\partial x} + \dfrac{\partial v}{\partial y} + \dfrac{\partial w}{\partial z} = 0$

또는 $\nabla \cdot \vec{q} = 0$ (비압축성유동)

$\dfrac{d\rho}{\rho} + \dfrac{dA}{A} + \dfrac{dV}{V} = 0$

Euler 식과 Bernoulli 방정식

오일러의 운동방정식

$\dfrac{1}{\rho} \cdot \dfrac{\partial P}{\partial s} + g \cdot \dfrac{dZ}{ds} + V \dfrac{\partial V}{\partial s} = 0$

$\dfrac{dP}{\rho} + gdZ + vdV = 0$

베르누이 방정식 : $\dfrac{P}{\rho} + \dfrac{V^2}{2} + gZ = C$

$\dfrac{P}{\gamma} + \dfrac{V^2}{2g} + Z = H =$ 일정

$\dfrac{P_1}{\gamma} + \dfrac{V_1^2}{2g} + Z_1 = \dfrac{P_2}{\gamma} + \dfrac{V_2^2}{2g} + Z_2 = H$

$\dfrac{P}{\gamma}$: 압력수두, $\dfrac{V^2}{2g}$: 속도수두

Z : 위치수두, H : 전수두

실제관로에서 유체마찰을 고려하면

$\dfrac{P_1}{\gamma} + \dfrac{V_1^2}{2g} + Z_1 = \dfrac{P_2}{\gamma} + \dfrac{V_2^2}{2g} + Z_2 + h_2$

수정계수

운동량 수정계수 : $\beta = \dfrac{1}{A} \int_A \left(\dfrac{v}{V}\right)^2 dA$

운동에너지 수정계수 : $\alpha = \dfrac{1}{A} \int_A \left(\dfrac{v}{V}\right)^3 dA$

운동량과 역적(力積)

$F = ma = m\dfrac{dV}{dt} = \dfrac{d}{dt}(mv)$

$F \cdot dt = d(mv)$

mv : 운동량, $F \cdot dt$: 역적

운동량 방정식 : $Ft = m(V_2 - V_1) (\text{kg} \cdot \text{m/s})$

유체의 운동량 방정식

$\begin{cases} \sum F_x = \rho Q(Vx_2 - Vx_1) \\ \sum F_y = \rho Q(Vy_2 - Vy_1) \end{cases}$

프로펠러(propeller)

프로펠러에 의해 유체에 가한 힘

$F = (p_3 - p_2) \cdot A = \rho Q(V_4 - V_1)$

$= \dfrac{1}{2}\rho(V_4^2 - V_1^2)$

프로펠러에서 얻어지는 동력

$P_o = FV_1 = \rho Q(V_4 - V_1) V_1$

프로펠러 압력

$P_i = \dfrac{\rho Q}{2}(V_4^2 - V_1^2)$

$= \rho Q(V_4 - V_1) \cdot V$

$\left(V = \dfrac{V_1 + V_4}{2}\right)$

이론효율 : $\eta_{th} = \dfrac{P_o}{P_i} = \dfrac{V_1}{V}$

각 운동량

$$T = \frac{d}{dt}(mvr)$$
$$= \rho Q(r_2 v_2 \cos\alpha_2 - r_1 v_1 \cos\alpha_1)$$
$$= \rho Q(r_2 u_2 - r_1 u_1)$$

분류 추진

[탱크차]
  노즐 유속 : $V = \sqrt{2gh}$
  탱크 추진력 $F = \rho QV = \rho AV^2 = 2\gamma Ah$
[비행기]
  추진력 : $F = \rho_2 Q_2 V_2 - \rho_1 Q_1 V_1$
[로켓]
  추진력 : $F = \rho QV$
  ρQ : 분사되는 질량($=m$)
  V : 분사속도

수력 도약

수력도약 후 깊이 : $y_2 = \frac{y_1}{2}\left(-1 + \sqrt{1 + \frac{8V_1^2}{gy_1}}\right)$

수력도약에 대한 손실 : $h_{L1-2} = \frac{(y_2 - y_1)^3}{4y_1 y_2}$

$\frac{V_1^2}{gy_1} = 1$ 이면, $y_1 = y_2$,

$\frac{V_1^2}{gy_1} > 1$ 이면, $y_2 > y_1$,

$\frac{V_1^2}{gy_1} < 1$ 이면, $y_2 < y_1$

돌연 확대관에서 손실

$$h_{L1-2} = \frac{(V_1 - V_2)^2}{2g}$$

점성유동

층류 : $\tau = \mu \frac{du}{dy}$
  μ : 점성계수
난류 : $\tau = \eta \frac{du}{dy}$
  η : 와점성계수
레이놀드 수 : $Re = \frac{\rho Vd}{\mu} = \frac{Vd}{\nu}$

($Re < 2100$: 층류, $2100 < Re < 4000$: 천이구역, $Re > 4000$: 난류)

수평관속에서 유동

전단응력 : $\tau = -\frac{dP}{dl} \cdot \frac{r}{2}$

속도 : $u = -\frac{1}{4\mu} \cdot \frac{dP}{dl}(r_o^2 - r^2)$

$u_{max} = -\frac{r_o^2}{4\mu} \cdot \frac{dP}{dl}$

속도분포 : $\frac{u}{u_{max}} = 1 - \frac{r^2}{r_o^2}$

유량 : $Q = \frac{\Delta P \pi r_o^4}{8\mu L} = \frac{\Delta P \pi d^4}{128 \mu L}$
  (Hagen-Poiseuilli 방정식)

손실수두 : $h_L = \frac{\Delta P}{\gamma} = \frac{128 \mu L Q}{\gamma \pi d^4}$

최대속도와 평균속도 : $\frac{V}{u_{max}} = \frac{1}{2}$

난류

순간속도 $(u) =$ 평균속도 $(\overline{u}) +$ 난동속도 (u')

난동에 의한 전단응력

$$\tau = \rho \overline{u'v'} = \rho l^2 \cdot \left(\frac{d\overline{u}}{dy}\right)^2$$

  l : 프란틀의 혼합거리

와점성계수 : $\eta = \rho l^2 \left(\frac{d\overline{u}}{dy}\right)$

폰칼만(Von Karman)의 혼합거리

$l = k \dfrac{du/dy}{d^2u/dy^2}$

  k : 난류상수

난류의 속도 분포

$\dfrac{u}{u_{max}} = \left(\dfrac{y}{r_o}\right)^{\frac{1}{7}}$: $\frac{1}{7}$ 승근의 법칙

유체의 경계층(boundary layer)

평판에서 Re 수 : $Re_x = \dfrac{\rho u_\infty x}{\mu} = \dfrac{u_\infty x}{\nu}$

(임계 Re 수 $= 5 \times 10^5$)

경계층 두께(δ)와 선단으로부터 거리 x와의 관계

$\dfrac{\delta}{x} = \dfrac{5}{\sqrt{Re_x}}$ (층류) $\dfrac{\delta}{x} = \dfrac{0.376}{\sqrt[5]{Re_x}}$ (난류)

항력과 양력

항력 : $D = C_D \cdot A \cdot \dfrac{\rho V^2}{2}$
  C_D : 항력계수(Re > 1)

양력 : $L = C_L \cdot A \cdot \dfrac{\rho V^2}{2}$
  C_L : 양력계수

구(球) 주위의 항력 : $D = 3\pi\mu d \cdot V$ (Re < 1)

관속에서의 손실수두

손실수두 : $h_L = f \dfrac{L}{d} \dfrac{V^2}{2g}$ (Darcy 방정식)

관마찰계수 : $f = F\left(Re \cdot \dfrac{e}{d}\right)$

  e : 조도, $\dfrac{e}{d}$: 상대조도(相對粗度)

층류 : $f = \dfrac{64}{Re}$ (Re < 2100)

천이구역 : $f = F\left(Re, \dfrac{e}{d}\right)$

(2100 < Re < 4000)

난류
매끈한 관 : $f = 0.3164 \, \text{Re}^{-\frac{1}{4}}$
(Re > 4000)
거친관 : $\dfrac{1}{\sqrt{f}} + 0.86 \cdot \ln \dfrac{e}{d} = 1.14$

부차적 손실 $\left(h_L = K \dfrac{V^2}{2g}\right)$

돌연확대관
$$h_{L1-2} = \dfrac{(V_1 - V_2)^2}{2g} = K \dfrac{V_1^2}{2g},$$
$$K = \left[1 - \left(\dfrac{d_1}{d_2}\right)^2\right]^2$$

돌연축소관
$$h_L = \dfrac{(V_0 - V_2)^2}{2g} = K \dfrac{V_2^2}{2g},$$
$$K = \dfrac{1}{C_c} = \dfrac{1}{(A_0/A_2)}$$

관의 상당길이 (Le)
$$f \cdot \dfrac{Le}{d} \cdot \dfrac{V^2}{2g} = K \cdot \dfrac{V^2}{2g} \text{에서 } Le = K \dfrac{d}{f}$$

기하학적 상사(相似)
길이 : $L_m/L_p = L_r$
넓이 : $A_m/A_p = L_m^2/L_p^2 = L_r^2$

운동학적 상사
속도 : $V_m/V_p = \dfrac{L_m/T_m}{L_p/T_p} = \dfrac{L_m}{L_p} \div \dfrac{T_m}{T_p}$
$= L_r/T_r$

가속도 : $a_m/a_p = \dfrac{L_m/T_m^2}{L_p/T_p^2}$
$= \dfrac{L_m}{L_p} \div \dfrac{T_m^2}{T_p^2} = L_r/T_r^2$

유량 : $\dfrac{Q_m}{Q_p} = \dfrac{L_m^3/T_m}{L_p^3/T_p} = \dfrac{L_m^3}{L_p^3} \div \dfrac{T_m}{T_p}$
$= L_r^3/T_p$

역학적 상사

레이놀즈(Reynolds)수 $= \dfrac{\text{관성력}}{\text{점성력}}$
$\left(\text{Re} = \dfrac{\rho VL}{\mu}\right)$

프루우드(Froude)수 $= \dfrac{\text{관성력}}{\text{중력}}$
$\left(F = \dfrac{V}{\sqrt{Lg}}\right)$

오일러(Euler)수 $= \dfrac{\text{관성력}}{\text{압력}}$
$\left(E = \dfrac{\rho V^2}{P}\right)$

코시(Cauchy)수 $= \dfrac{\text{관성력}}{\text{탄성력}}$
$\left(C = \dfrac{\rho V^2}{K}\right)$

웨버(Weber)수 $= \dfrac{\text{관성력}}{\text{표면장력}}$
$\left(W = \dfrac{\rho V^2 L}{\sigma}\right)$

마하(Mach)수 $= \dfrac{\text{속도}}{\text{음속}}$
$\left(M = \dfrac{V}{C}\right)$

압력계수 $= \dfrac{\text{압력}}{\text{동압}}$ $\left(P = \dfrac{\Delta P}{\rho V^2/2}\right)$

개수로 유동
벽면의 전단응력 : $\tau_0 = \gamma \cdot R_h \cdot S$
수력반경 : $R_h = \dfrac{\text{유동단면적}(A)}{\text{접수길이}(P)}$
유속 : $V = \sqrt{2g/\lambda} \cdot \sqrt{R_h S}$
$= C\sqrt{R_h \cdot S}$(Chezy 방정식)
C : 체지상수
유량 : $Q = CA\sqrt{R_h S}$ (체지 - 만닝식)
체지상수 : $C = \dfrac{R_h^{\frac{1}{6}}}{n}$
$Q = \dfrac{1}{n} AR_h^{\frac{2}{3}} \cdot S^{\frac{1}{2}} (\text{m}^3/\text{s})$
n : 조도계수

최량 수력단면 $\left(A = C \cdot P^{\frac{2}{5}}\right)$
구형단면의 접수길이
$P = 4y$, 폭 $b = 2y$
사다리꼴 단면의 접수길이 $P = 2\sqrt{3}y$
폭 $b = \dfrac{2\sqrt{3}}{3}y$, 유동단면적 $A = \sqrt{3}y^2$
삼각단면의 접수길이 $P = 2\sqrt{h^2 + \left(\dfrac{b}{2}\right)^2}$
폭 $b = 2h$, 유동단면적 $A = \dfrac{1}{2}bh$

임계깊이, 비에너지
비에너지 : $E = y + \dfrac{V^2}{2g}$
단위폭당 유량 : $q = y\sqrt{2g(E-y)}$
임계깊이 : $y_c = \dfrac{2}{3} E_{min}$ 또는 $y_c = \left(\dfrac{q^2}{g}\right)^{\frac{1}{3}}$
임계속도 : $V_c = \sqrt{gy_c}$

마하각(μ) : $\mu = \sin^{-1}\dfrac{C}{V}$

비중량 계측
비중병 : $\gamma_t = \rho_t g = \dfrac{W_2 - W_1}{V}$

□ 기계공학 주요 공식 **577**

아르키메데스원리 이용 : $W_t = W_a - \gamma_t V$
U자관 : $\gamma_1 l_1 = \gamma_2 l_2$

점성계수 계측
낙구식 점도계 : $\mu = \dfrac{d^2(\gamma_s - \gamma_l)}{18V}$

Saybolt 점도계 : $\nu = 0.0022t - \dfrac{1.8}{t}$

유속
피토관 : $V_0 = \sqrt{2g \cdot \Delta h}$

시차액주계 : $V_1 = \sqrt{2gR'\left(\dfrac{S_0}{S} - 1\right)}$

피토 정압관 : $V_1 = C_v\sqrt{2gR'\left(\dfrac{S_0}{S} - 1\right)}$

유량 측정
벤투리미터
$$Q = \dfrac{C_v A_2}{\sqrt{r - \left(\dfrac{A_2}{A_0}\right)^2}} \cdot \sqrt{\dfrac{2g}{r}(p_1 - p_2)}$$

유동노즐 : $Q = CA_2\sqrt{2gR'\left(\dfrac{S_0}{S} - 1\right)}$

$C = C_v\sqrt{1 - \left(\dfrac{d_1}{d_2}\right)^4}$

오리피스 : $Q = CA_0\sqrt{2g\left(\dfrac{p_1 - p_2}{\gamma}\right)}$
$= CA_0\sqrt{2gR'\left(\dfrac{S_0}{S} - 1\right)}$

위어 : $Q = K \cdot H^{\frac{3}{2}} \cdot L$
V-노치위어 : $Q = KH^{\frac{5}{2}}$

유압펌프
실제동력 : $L_P = \dfrac{pQ}{7500}$(PS)
 Q : 실제 송출량

이론동력 : $L_{th} = \dfrac{pQ_0}{7500}$(PS)
 Q_0 : 이론 송출량

펌프 축동력 : $L_s = \dfrac{pQ}{7500\eta}$(PS)

펌프효율 : $\eta = \dfrac{L_P}{L_s}$

펌프내부에서 누설량 : $q_l = k_1\dfrac{p}{\mu}\delta^3 + k_2 n\delta$

실 제 유 량 : $q = D_n - q_e = D_n - k_1\dfrac{P}{\mu}\delta^3 - k_2 n\delta$

토크손실 : $T_l = k_3\dfrac{\mu n}{\delta} + k_4 p\delta + k_5$

토크효율 : $\eta_T = \dfrac{T_{th}}{T} = \dfrac{T_{th}}{T_{th} + T_l}$

$= \dfrac{1}{1 + k_3\dfrac{\mu_n}{p} + k_4\dfrac{k_5}{pD}}$

전효율 : $\eta = \eta_v + \eta_T = \dfrac{1 - k_1\dfrac{p\delta^3}{\mu_n D} - k_2\dfrac{\delta}{D}}{1 + k_3\dfrac{\mu_n}{p} + k_4\dfrac{k_5}{pD}}$

기어 펌프
이론 송출량 : $D = 2\pi m^2 bz$
실제 송출량 : $Q = nD - q$
유동력 : $L = Q \times p$

베인 펌프
불평형식 이론 송출량 : $D = 2\pi d_2 eb$
압력평형식 이론 송출량
$$D = \dfrac{1}{2}\pi b(d_2^2 - d_1^2)\left[1 - \dfrac{2tz}{\pi(d_1 + d_2)}\right]$$
실제 송출량 : $Q = \eta_v \times n \times D$

플런저 펌프
행정 길이 : $l = d \cdot \sin\alpha \cdot \sin^2\dfrac{\theta}{2}$
플런저 속도
$v = d \cdot \sin\alpha \cdot \sin\dfrac{\theta}{2} \times \dfrac{1}{2}\cos\dfrac{\theta}{2} \cdot \omega$
$= d \times \dfrac{1}{2} \times \omega \cdot \sin\theta$

순간 송출량 :
$q = Av = A\dfrac{1}{2}d\omega \cdot \sin\theta$

순간유량 합계
$$Q = \dfrac{1}{2}d \cdot A \cdot \omega \cdot \sin\alpha \cdot \dfrac{\sin\left(\theta_1 + \dfrac{i-1}{z}\right) \cdot \sin\dfrac{i\pi}{z}}{\sin\dfrac{\pi}{z}}$$

플런저수가 짝수일 때
$Q_{max} = AW\dfrac{d}{2} \cdot \sin\alpha \cdot \dfrac{1}{\sin\dfrac{\pi}{z}}$

송출량 변동률
$\delta = \dfrac{Q_{max}}{Q_{mean}} = \dfrac{A\omega\dfrac{d}{2} \cdot \sin\alpha \cdot \dfrac{1}{\sin\dfrac{\pi}{z}}}{\dfrac{zAd\omega}{2\pi} \cdot \sin\alpha}$

$= \dfrac{\pi}{z \cdot \sin\dfrac{\pi}{z}}$

플런저수가 홀수일 때
$Q_{max} = A\omega\dfrac{d}{2}\sin\alpha\dfrac{\cos\dfrac{\pi}{2z}}{\sin\dfrac{\pi}{z}}$

$$\delta = \frac{Q_{max}}{Q_{mean}} = \frac{\pi \cdot \cos\frac{\pi}{2z}}{z \cdot \sin\frac{\pi}{z}}$$

액추에이터

유압실린더의 부하 : $W = A_1 p_1 - A_2 p_2$
p_1, p_2 : 입구, 출구의 수압
실제출력 : $F = F_{th} - (R+U)$
$$= A_1 p_1 - A_2 p_2 - \left(R + m\frac{du}{dt}\right)$$

하중압력계수 : $\lambda = \dfrac{SF}{V \times p} = \dfrac{F}{A \times p}$

피스톤 속도 : $u = \dfrac{Q}{\dfrac{\pi}{4}D^2}$

유압 모터

이론 토크 : $T_{th} = \dfrac{pD}{2\pi} = \dfrac{pQ_0}{2\pi n_0}$

모터의 유동력 : $L_m = \dfrac{pQ}{102}(\text{kW}) = \dfrac{pQ}{75}(\text{PS})$

모터 효율
$$\eta = \frac{L_s}{L_m} = \frac{2\pi n T_s}{pQ} = \eta_m \cdot \eta_v$$

모터에 발생하는 축동력
$$L_s = \frac{2\pi n T_s}{102}(\text{kW}) = \frac{2\pi n T_s}{75}(\text{PS})$$

체적 효율 : $\eta_v = 1 - \dfrac{q}{Q} = 1 - \dfrac{\text{누출유량}}{\text{공급유량}}$

기계 효율 : $\eta_m = \dfrac{L_s}{pQ_e}$
Q_e : 유효유량

토크 효율 : $\eta_T = \eta_m = \dfrac{T_s}{T_{th}} = \dfrac{L_s}{pQ_e}$

기 계 공 작

주물금속의 중량
$$W_m = \frac{W_p}{S_p}(1 - 3\phi)S_m \fallingdotseq \frac{W_p}{S_p} \cdot S_m$$
W : 중량, S : 비중, m : 주물
p : 목형, ϕ : 수축률

수축률 : $\phi = \dfrac{L - l}{L}$
L : 목형의 길이, l : 주물의 길이

주물사의 시험법
수분함유량 = $\dfrac{\text{건조 전(g)} - \text{건조 후(g)}}{\text{시료(g)}} \times 100$

입도(%) = $\dfrac{\text{체위에 남아있는 모래 무게}}{\text{시료}} \times 100$

입도지수 = $\dfrac{\Sigma W_n \cdot S_m}{\Sigma W_n}$
W_n : 체위에 남아있는 모래의 중량(%)
S_n : 입도계수

통기도 $(k) = \dfrac{Vh}{PAt}(\text{cm/min})$
V : 시험편을 통과한 공기량(cc)
h : 시험편의 높이(cm)
P : 공기압력(kg/cm²)
A : 시험편의 단면적(cm²)
t : 통과시간(min)

탕구계(湯口計 ; pour system)
탕구비 $(g) = \dfrac{\text{탕구봉 단면적}}{\text{탕도 단면적}}$
탕구의 높이와 유속 : $v = c\sqrt{2gh}$
c : 유량계수
주입시간 $t = S\sqrt{W}$

S : 주물의 두께에 따른 계수

쇳물의 압상력
$P = AHS$
A : 주물을 위에서 본 면적
H : 주물의 윗면에서 주입구 표면까지의 높이
S : 주입금속의 비중

주물내에 코어가 있는 경우
$$P_c = AHS + \frac{3}{4}V$$
V : 코어의 체적
$P = SHA - G$
G : 윗 주형상자의 중량

쇳물 아궁이 비 = $\dfrac{\text{쇳물 아궁이봉 단면적}}{\text{쇳물 통로직경}}$

에어 해머(air hammer)
낙하중량 : $w = w_r + w_h + w_c + w_d$
w : 중량, r : 램, h : 피스톤 헤드
c : 피스톤 로드, d : 상부단조형
해머의 타격속도 : $v = \sqrt{2gh}$
해머의 순간 운동에너지 : $E = \dfrac{w}{2g}v^2 = wh$

유압 프레스
용량 : $Q = \dfrac{P_h \cdot A}{1000}$ A : 램의 유효단면적
$$Q = \frac{A \cdot \sigma_e}{\eta}$$
A : 단조물의 유효단면적
σ_e : 변형저항
η : 프레스효율(70~80%)

압연
압하량 $= H_0 - H$
H_0, H_1 : 롤러통과 전후의 두께
압하율(draft percent) $= \dfrac{H_0 - H_1}{H_0}$
폭증가 $= B_1 - B_0$
B_0, B_1 : 압연 전후의 판재의 폭

인발
단면 감소율 $= \dfrac{A_0 - A_1}{A_0} \times 100(\%)$
A_0, A_1 : 인발 전후의 단면적
인발력 : $P = p\pi = (d^2 - d_1^2)/4$
인발력에 의하여 재료가 끊어지지 않을 조건
$P \leq \dfrac{\pi}{4} d_1^2 \cdot \sigma_t$
σ_t : 재료의 인장강도
가공도 $= \dfrac{A_1}{A_0} \times 100(\%)$

전단 가공
전단에 요하는 힘 : $P = tl\tau$(kg)
$P = \pi dt\tau$(원판 블래킹의 경우)
소요동력 : $N = \dfrac{P \cdot v_m}{75 \times 60 \times \eta}$
η : 기계효율(0.5~0.7)
일량 : $W = \dfrac{mPt}{1000}$
재료계수 : $m = 0.63$

굽힘 가공
굽힘력 : $P = 1.33 \times \dfrac{bt^2}{L} \cdot \sigma_b$(V 형 굽힘다이)
$P = 0.67 \times \dfrac{bt^2}{L} \cdot \sigma_b$(U 형 굽힘다이)

디프 드로잉(deep drawing)
드로잉률 : $m = \dfrac{d_p}{D_0} \times 100(\%)$
전체 드로잉률
$m_T = \underbrace{m_1}_{\text{초기드로잉률}} \times \underbrace{m_2 \times m_3 \times \cdots \times m_n}_{\text{재드로잉률}}$
드로잉비 : $Z = \dfrac{D_0}{d_p}$
D_0 : 소재의 지름, d_p : 펀치의 지름
필요한 힘 : $P = \pi D_2 \cdot t_0 \cdot \sigma_b \cdot C_1$
C : 단면감소율에 대한 비
필요한 일량 : $W = PhC_2$ ($C_2 = 0.6~0.8$)

마름질 판의 길이
$L = (외경 - 판두께) \times \pi$
 (원통치수가 외경으로 표시될 때)
$L = (내경 + 판두께) \times \pi$
 (원통치수가 내경으로 표시될 때)

측정기구
버니어 캘리퍼스 : 최소치수
$= \dfrac{A(본척의 한눈금)}{n(부척등급)}$
사인바의 각도 : $\sin\alpha = \dfrac{H}{L}$
H : 블록게이지 높이
마이크로미터 평면도 : $F = \dfrac{\lambda}{2} \times \dfrac{b}{a}(\mu)$
a : 간섭무늬의 중심간격
λ : 간섭무늬의 빛의 파장

용접
가스용접
용접봉과 모재의 두께관계 : $D = \dfrac{t}{2} + 1$
교류 아크용접
역률 $= \dfrac{소비전력(kW)}{전원입력(kVA)} \times 100$
효율 $= \dfrac{아크 출력(kW)}{소비전력(kVA)} \times 100$

절삭저항
분력비
주분력(P_1) : 이송분력(P_2) : 배분력(P_3) =
10 : (1~2) : (2~4)

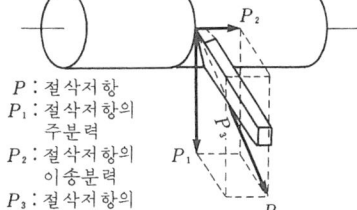

P : 절삭저항
P_1 : 절삭저항의 주분력
P_2 : 절삭저항의 이송분력
P_3 : 절삭저항의 배분력

절삭동력 : $N_c = \dfrac{P_1 \cdot v}{60 \times 75}$(PS)
이송동력 : $N_f = \dfrac{P_2 \cdot S}{75 \times 60 \times 1000}$
절삭속도 : $V = \dfrac{\pi dN}{1000}$
Taylor의 공구 수명식 : $VT^n = C$
V : 절삭속도, T : 공구수명,
n : 정수$\left(\dfrac{1}{5} \sim \dfrac{1}{10}\right)$

공작기계의 속도역비
$R_{max} = \dfrac{N_{max}}{N_{min}}$

선반
복식공구대 회전각도

$$\tan\theta = \frac{x}{l} = \frac{D-d}{2l}$$
$$x = \frac{D-d}{2}$$

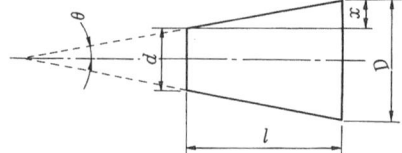

심압대 편위량 : $x = \dfrac{D-d}{2}$ (그림 a)

$x = \dfrac{(D-d)l}{2l}$ (그림 b)

나사절삭

$\dfrac{p}{P} = \dfrac{A}{C}$
$\dfrac{p}{P} = \dfrac{A}{B_1} \times \dfrac{B_2}{C}$ } 리드 스크루가 미터식인 경우

$\dfrac{N_i}{N_w} = \dfrac{A}{C}$
$\dfrac{N_i}{N_w} = \dfrac{A}{B_1} \times \dfrac{B_2}{C}$ } 리드 스크루가 인치식인 경우

p : 공작물 피치
P : 리드 스크루 피치
A : 주축 기어 잇수
C : 리드 스크루 기어 잇수
B_1, B_2 : 중간축 기어 잇수
N_i, N_w : 리드 스크루, 공작물의 산수

주축의 회전수 = 단차의 회전수 $\times \dfrac{Z_a}{Z_b} \times \dfrac{Z_c}{Z_d}$

분할너트를 넣는 시기 = $\dfrac{\text{어미나사의 산/인치}}{\text{공작물의 산/인치}}$

드릴의 절삭 저항과 동력

회전마력 : $N_m = \dfrac{M_T \times \dfrac{2\pi n}{60}}{75 \times 100}$

$= \dfrac{2 M_T \pi n}{75 \times 60 \times 100}$

M_T : 비틀림 모멘트

이송마력 : $N_f = \dfrac{P \cdot S \cdot n}{75 \times 60 \times 100}$

S : 이송량, P : thrust

전동력 : $N = N_m + N_f$

소요시간 : $T = \dfrac{h+t}{n \cdot s}$

h : 드릴끝 원뿔 높이　S : 이송량
t : 공작물의 구멍깊이　n : 회전수

세이퍼의 절삭속도

$v = \dfrac{(m_t+1) l_n}{m_t}$

m_t : $\dfrac{\text{절삭 행정시간}}{\text{귀환 행정시간}}$

플레이너

가공시간 : $T = \dfrac{b}{n \cdot s}$

절시간 효율 = $\dfrac{1회 \text{ 절삭 행정시간}}{1회 \text{ 왕복 및 정체시간}} \times 100$

밀링머신
[단식분할법]
크랭크 회전수

$n = \dfrac{R}{N} = \dfrac{40}{N}$ (브라운샤프형과 밀워키형)

$n = \dfrac{R}{N} = \dfrac{5}{N}$ (밀워키형)

각도분할 : $t = \dfrac{D°}{9}$

$D°$: 분할각도

테이블 회전각도(θ) : $\tan\theta = \dfrac{\pi D}{L}$

기어비 : $r = \dfrac{Z_w}{Z_f} = \dfrac{L}{S \times 40}$

[절삭]
1분간 테이블 이송량 : $f = n \times f_r = f_r \cdot Z_n$

절삭동력 : $Q = \dfrac{b \cdot t \cdot f}{1000}$

정미 절삭동력 : $N_c = \dfrac{P_1 \cdot V}{75 \times 60}$

피드 동력 : $N_f = \dfrac{P_2 \cdot f'}{75 \times 60}$

평형숫돌의 편심거리 ($C = 0.0088 \cdot D \cdot r$)
테이퍼 컵형 숫돌의 편심거리

$C = \dfrac{d}{2} \cdot \sin r = 0.0088 d \cdot r'$

r' : 여유각

AutoCAD 및 FA 용어

가공 스테이션(workstation) 가공기계 및 기계에 부대되는 기기를 포함하여 일체로 한 가공 시스템을 구성하는 장치 또는 장소.

가변 견본 견본 행렬 크기의 경계 내에서 앨리어싱 방지 과정을 가속시키는 방법이다.

가상 화면 표시 AutoCAD가 도면을 재생성하지 않고도 초점이동 및 줌 할 수 있는 영역이다.

각도 단위 각도를 위한 측정 단위. 각도 단위는 십진 각도, 도/분/초, 그래드 및 라디안으로 측정될 수 있다.

각도 치수 문자, 치수보조선 및 지시선으로 구성되어 있으며, 각도나 호 세그먼트를 측정하는 치수. 명령어는 DIMANGULAR이다.

감쇠 거리에 따라 광원의 조도가 감소하는 현상이다.

감시, 모니터링(monitoring) 시스템 또는 기기가 소정의 기능을 정상적으로 수행하고 있는지의 여부를 판단하여 이상 상태를 발견하는 행위.

개인화 사용자 이름, 회사 및 다른 정보를 입력하여 설치하는 동안 AutoCAD 실행파일인 acad.exe 를 사용자화하는 것이다.

객체 작성, 조작 및 수정을 위하여 단일 요소로 취급되는 문자, 치수, 선, 원 또는 폴리선과 같은 하나 이상의 AutoCAD 그래픽 요소. 도면 요소라고도 한다.

객체 스냅 모드 AutoCAD 도면을 작성하거나 편집하는 동안 객체상의 공통적으로 필요한 점을 선택하기 위한 방법이다.

객체 스냅 실행 이후에 계속 선택하기 위해 객체 스냅 모드를 설정하는 것. 명령어는 OSNAP이다.

객체 스냅 재지정 단일점을 입력하기 위하여 객체 스냅 실행 모드를 끄거나 변경하는 것이다.

거리값 직접 입력 방향을 지시하기 위해 커서를 먼저 이동한 다음, 거리를 입력하여 두 번째 점을 지정하는 방법이다.

걸침 다각형 경계 내에서 객체의 전부 또는 일부를 선택하기 위해 지정된 여러 개의 면으로 이루어진 영역이다.

걸침 윈도 경계 내에서 객체의 전부 또는 일부를 선택하기 위해 그려진 직사각형 영역이다.

검사 스테이션(inspection station) 부품 또는 제품의 검사를 하는 시스템을 구성하는 장치 및 그 장소.

경계 표현(boundary representation) 꼭지점, 변, 면분의 접속 정보에 따라 3차원 모양을 컴퓨터 내부에 표현하는 솔리드 모델을 작성하기 위한 수법.

고도 현재 사용자 좌표계의 XY 평면의 위 또는 아래의 기본 Z 값으로, 좌표를 입력하거나 위치를 디지타이즈하는 데 사용된다. 명령어는 ELEVATION이다.

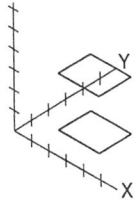

고 도

고립 영역 해치된 영역 내의 둘러싸인 영역.

고장 진단 (failure diagnosis) 대상으로 하는 부품, 기기, 시스템 등이 주어진 기능을 상실한 상태 (고장이라 한다) 에 이르렀을 때, 증상이나 징후를 토대로 하여 기능이 좋지 않은 위치를 찾아내고 그 정도를 판단하여 가능하면 고장의 원인을 발견하는 것.

관측점 모형을 관측하는 3D 모형 공간상의 위치. 명령어는 DVIEW, VPOINT이다.

구성 평면 평면 형상이 구성되는 평면. 현재 UCS1의 XY 평면은 구성 평면에 해당한다.

국소 연산 (local operation) 모양 모델을 국소적으로 변경하는 조작.

그래픽 디스플레이 (graphic display) 도형 또는 화상을 표시하는 장치. 주사선의 제어 방식 차이에 의해 라스터형, 벡터형이 있다.

그래픽 영역 도면을 작성하고 편집하기 위한 AutoCAD 화면 영역.

그래픽 윈도 메뉴 및 명령행을 둘러싸고 있는 그래픽 영역.

그리드 (grid) 그래픽 디스플레이 위에 표시된 일정 간격의 격자. 표시점의 좌표값을 끝맺음하기 위하여 이용한다.

그림자 붙이기 처리 (shadowing) 3차원 물체의 화상에 그림자를 붙이는 조작.

근사점 B-스플라인이 맞춤 공차 내에서 근방을 지나야 하는 점 위치.

글꼴 글자, 숫자, 구두점 및 기호로 이루어진 각기 다른 비율과 모양을 가진 문자 집합.

기본값 프로그램 입력 또는 매개변수를 위해 미리 정의해 둔 값. AutoCAD 명령 기본값과 옵션은 각괄호 < >로 표시된다.

기준선 원문 문자가 놓여지기 위해 나타나는 가상선. 각각의 문자는 기준선 아래로 떨어뜨릴 하행자를 가질 수 있다.

기준선 치수 동일한 기준선으로부터 측정되는 다중 치수. 평행 치수라고도 한다.

기준점 (1) 맞물림을 편집하는 데 있어서 이후의 편집 작업의 초점을 지정하기 위해 선택되었을 때 솔리드 색상으로 변경되는 맞물림. (2) 객체를 복사하고, 이동하고 회전할 때 상대적인 거리와 각도를 위한 점. (3) 현재 도면의 삽입 기준점. 명령어는 BASE이다. (4) 블록 정의에 대한 삽입 기준점. 명령어는 BLOCK이다.

기호 테이블 명명된 객체라고도 하는 도면에 저장되는 비그래픽 AutoCAD 객체 정의. 기호는 블록, 치수기입 유형, 도면층, 선종류 및 문자 유형의 정의를 포함한다.

네스팅 (nesting) 2차원의 폐쇄도형에 의하여 표현되는 부품 또는 부재를 직사각형 등의 모재 안에 최적으로 배치하는 것.

다각형 윈도 객체를 그룹으로 선택하도록 지정된 여러 개의 면으로 이루어진 영역.

다시 그리기 도면 데이터베이스를 갱신하지 않고 현재 뷰포트를 신속하게 갱신하고 정비하는 것. 명령어는 REDRAW이다.

대칭 규정된 선 또는 평면에 관하여 대칭적으로 반영함으로써 기존 객체의 새로운 버전을 작성하는 것. 명령어는 MIRROR이다.

도구 막대 명령을 표현하는 아이콘을 포함한 AutoCAD 인터페이스의 부분.

도면 공간 AutoCAD 객체가 놓이는 두 개의 주 공간 중 하나. 도면 공간은 제도나 설계 작업을 하는 것과는 반대로 인쇄 또는 플로팅을 위해 완성된 배치를 작성하는 데 사용된다. 모형 공간은 도면을 작성하기 위해 사용된다. 명령어는 PSPACE이다.

도면 범위 모든 객체의 가능한 최대 뷰를 화면 표시하기 위해 화면상에 위치된 도면의 모든 객체를 포함하는 가장 작은 직사각형. 명령어는 ZOOM이다.

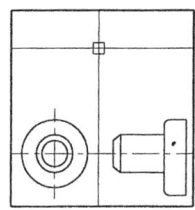

도면 범위

도면층 투명한 아세테이트가 도면에 중첩되는 것과 같은 데이터의 논리적 그룹화. 도면층을 개별적으로 또는 조합하여 관측할 수도 있다. 명령어는 LAYER이다.

도면 한계 모눈이 켜져 있을 때 점으로 표시되는 도면 영역의 사용자 정의 직사각형 경계. 모눈 한계라고도 한다. 명령어는 LIMITS이다.

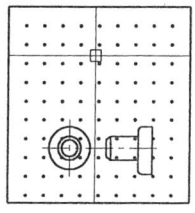

도면 한계

돌출 선형 경로를 따라 영역을 둘러싼 객체를 스윕하여 작성된 3D 솔리드.

동결 선택된 도면층상의 객체의 표시를 억제하는 설정. 동결된 도면층상의 객체는 표시되거나 재생성되거나 플롯되지 않는다. 도면층을 동결하면 재생성 시간이 단축된다. 명령어는 LAYER이다.

두께 특정 객체가 3D 모양을 갖도록 돌출되는 거리. 명령어는 CHPROP, DDCHPROP, ELEV, THICKNESS이다.

뒷면 앞면의 반대쪽. 렌더된 이미지에서 뒷면은 보이지 않는다.

등각 스냅 유형 세 개의 등각 축 중 두 개로 커서를 정렬하고 모눈점을 화면 표시하여 등각 도면을 더 쉽게 작성할 수 있도록 하는 AutoCAD 제도 옵션.

디더링 실제로 사용가능한 것보다 더 많은 색상을 표시할 수 있게 색상점들을 조합하는 것.

디지타이저, 좌표 판독기(digitizer) 좌표를 디지털화 하여 입력하는 장치.

라인 밸런스(line balancing) 생산 라인을 지체없이 가동시키기 위하여 가공, 조립 등 각 작업공정의 부하를 되도록 평등하게 할 당하는 편성 계획.

러버밴드 선 커서의 움직임에 따라 화면에서 동적으로 움직이고 있는 커서에 부착된다.

레이어(layer) 여러 개의 화상을 중첩시켜 표시하기 위하여 사용되는 층.

로트 크기(lot size) 경제적이고 효율적으로 생산 활동을 수행하기 위하여 그룹화된 제품, 부품, 원재료 등이 하나로 통합된 것을 로트라고 하며, 그 수량을 뜻한다.

리턴 버튼(return button) 항목을 받아들이는 데 사용되는 좌표입력 장치의 버튼. 예를 들어, 2버튼 마우스에서는 오른쪽 버튼이 여기에 해당된다.

맞물림 사용자가 선택한 객체에 표시되는 작은 정사각형. 이 맞물림을 선택한 후에, 명령을 입력하지 말고 마우스로 객체를 끌어 편집한다.

맞물림 모드 맞물림이 객체상에 표시될 때 작동되는 편집 기능. 편집 기능으로는 신축하기, 이동하기, 회전하기, 축척하기 및 대칭시키기가 있다.

맞춤 공차 B - 스플라인을 정의하는 각 맞춤점에 대하여 B - 스플라인이 통과할 수 있는 최대 거리에 대한 설정.

맞춤점 B - 스플라인이 정확하게 또는 맞춤 공차 내에서 통과해야 하는 위치.

매스 프로퍼티(mass property) 물체가 가지는 의존하는 면적, 체적, 1차 모멘트, 2차 모멘트, 무게중심 등의 특성치.

맨 - 머신 인터페이스, 휴먼 - 머신 인터페이스 (man - machine interface, human - machine interface) 기계의 조작에서 인간과 기계의 접점.

머시닝 센터(machining center) 공구의 자동교환장치 또는 자동 선택기능을 구비하고, 밀링 커터, 드릴링, 태핑 등 여러 종류의 가공이나 다면 가공이 공작물의 설치를 바꾸지 않고 가능한 수치제어 공작기계.

메뉴(menu) 그래픽 디스플레이 위 등에 배치된 조작, 속성의 목록으로서, 목록 중의 항목이 지시 장치나 손가락에 의하여 선택 가능한 것.

면 곡면 객체의 삼각형 또는 사각형 부분.

명령행 키보드 입력. 프롬프트 및 메시지를 위해서만 사용되는 문자 영역.

명명된 뷰 나중에 복원하기 위하여 저장해 둔 뷰. 명령어는 VIEW이다.

명사 / 동사 선택 먼저 명령을 입력한 후 객체를 선택하는 것이 아니라 객체를 먼저 선택한 후 작업을 수행하는 것.

모눈 도면작성을 보조하는 일정한 간격의 점으로 덮혀 있는 그래픽 화면표시 영역. 모눈점 간의 간격은 조정할 수 있다. 모눈점은 플롯되지 않는다. 명령어는 GRID이다.

모델(model) 어떤 대상으로부터 당면한 문제에 필요한 데이터를 추출하여 그 대상을 표현한 것.

모델링(modeling) 컴퓨터 내에 모델을 만들거나 변경하기 위한 방법 및 기술.

모드 소프트웨어의 설정 또는 작업 상태.

모서리 면의 경계.

모양 모델, 기하 모델 (geometric model) 평면 위 또는 3차원 공간 내의 모양을 컴퓨터 내부에 표현한 모델.

모형 객체의 2차원 또는 3차원 표현.

모형 공간 AutoCAD 객체가 있는 두 개의 주 공간 중 하나. 일반적으로 기하학적 모형은 모형 공간이라고 하는 3차원 좌표 공간에 있다. 이 모형의 특정 뷰와 주석의 최종 배치는 도면 공간에 있다. 명령어는 MSPACE이다.

무인 반송차(automated (automatic) guided vehicle) 생산에 관련되는 물품 (공작물, 부품, 반제품 등)을 적재하고, 공장 내의 소정의 장소로 무인 반송하는 무궤도 대차 (AGV 라고도 한다).

문자 유형 문자의 외양을 결정하는 명명되고 저장된 설정값의 집합. 예를 들면, 신축된 문자, 압축된 문자, 기울어진 문자, 대칭된 문자 또는 수직열로 된 세트 등이 있다.

반사 매핑 광택이 있는 객체의 표면에 반사되는 장면의 효과를 작성한다.

반사 색상 광택이 있는 재질의 강조 색상. 완전 색상이라고도 한다.

배열 (1) 직사각형 또는 원형 (반지름) 패턴의 선택된 AutoCAD 객체의 다중 사본. 명령어는 ARRAY이다. (2) 데이터 항목의 집합으로 각각은 첨자 또는 키로 식별되고 정렬되어 컴퓨터가 집합을 검사하고 키로 데이터를 검색할 수 있다.

버튼 메뉴(button menu) 다중 버튼을 사용하는 좌표입력 장치를 위한 메뉴. 좌표입력 장치의 각 버튼 (선택 버튼은 제외)은 BUTTONSn 및 AUXn 섹션의 AutoCAD 메뉴 파일 acad.mnu에서 정의할 수 있다.

버퍼 스테이션(buffer station) 각종 반송장치 또는 시스템에서 장치 또는 시스템의 가동 효율을 높이기 위하여 그들을 구성하는 스테이션 사이에 설치된 반송물의 일시적인 체재 장소.

법선 면에 수직인 벡터.

베지어 곡선 조정점의 세트에 의해 정의되는 다항 곡선으로, 생각한 점의 수보다 1이 작은 차수의 등식을 표현한다. 베지어 곡선은 B - 스플라인 곡선의 특별한 경우이다.

벡터(vector) 정확한 방향과 길이는 가지고 있지만 특정한 위치는 지정되지 않은 수학적 객체.

보간점 B - 스플라인이 통과하는 점을 정의한 점.

부동 뷰포트 도면 공간에서 작성되어 뷰를 표시하는 직사각형 객체.

부드러운 음영처리 다각형 면 사이의 모서리를 부드럽게 한다.

부등각 교정 2차원 공간에서 임의의 선형 변환을 하는 태블릿(tablet) 교정방법. 부등각 교정에는 변환, 독립 X와 Y 축척, 회전 및 일부 비틀림을 조합하는 태블릿(tablet) 변환을 위해 세 개의 교정점이 필요하다. 명령어는 TABLET이다.

분산 색상 AutoCAD에서 객체의 주 색상.

분해 블록, 솔리드 또는 폴리선과 같이 복잡한 객체를 더 단순한 객체로 분해하는 것. 블록의 경우 블록 정의는 변경되지 않는다. 블록 참조는 블록의 구성요소로 대치된다. 명령어는 EXPLODE이다.

불투명 맵 구멍과 간격을 가진 솔리드 표면 효과를 작성하는, 객체로의 불투명 및 투명 영역의 투영.

뷰(view) 공간의 특정한 위치(관측점)에서 모형을 그림으로 표현한 것으로 명령어는 VPOINT, DVIEW, VIEW이다.

뷰포트(viewport) 도면의 모형 공간의 일부분을 화면표시하는 경계가 있는 영역. TILEMODE 시스템 변수는 작성된 뷰포트의 형태를 결정한다. (1) TILEMODE가 꺼져 있으면(0) 뷰포트는 이동되고 크기가 재조정될 수 있는 객체이다. 명령어는 MVIEW. (2) TILEMODE가 켜져 있으면 (1) 뷰포트는 편집불가능하고 중첩되지 않는 화면표시이다. 명령어는 VPORTS이다.

뷰포트 구성 저장과 복원이 가능한 타일식 뷰포트의 명명된 집합. 명령어는 VPORTS이다.

블록(block) 단일 객체를 작성하도록 결합된 하나 이상의 AutoCAD 객체를 일반적으로 부르는 용어. 블록 정의나 블록 참조에 공통적으로 사용된다. 명령어는 BLOCK이다.

블록 정의 도면의 기호 테이블에 결합되어 저장된 이름. 기준점 및 객체 세트.

블록 참조 도면에 삽입되어 블록 정의에 저장된 데이터를 표시하는 복합 객체. 복제라고도 한다. 명령어는 INSERT이다.

블록 테이블(block table) 블록 정의가 저장된 도면 파일의 비그래픽 영역.

비트맵(bit map) 비트가 화소에 참조된 이미지의 디지털 표현. 컬러 그래픽에서는 다른 값이 한 화소의 구성요소인 빨간색, 초록색, 파란색을 각각 표현한다.

사용자 좌표계(UCS) 3차원 공간에서 X, Y 및 Z축의 방향을 정의하는 사용자 정의 좌표계. UCS는 도면에 있는 형상의 기본 위치를 결정한다.

산업용 로봇(industrial robot) 자동제어에 의한 머니퓰레이션 기능 또는 이동 기능을 가지며, 각종 작업을 프로그램에 의하여 실행할 수 있고, 산업에 사용되는 기계.

상대 좌표 이전 좌표에 대해 상대적으로 지정된 좌표.

색상 맵 화면에 표시된 각 색상에 대해 빨간색, 초록색, 파란색(RGB)의 조도를 정의한 표.

서피스 모델(surface model) 3차원 모양을 선분에 의하여 표현한 모양 모델.

선종류 선 또는 곡선이 표시되는 방법. 예를 들면, 연속선은 대시선과는 다른 선종류를 가지고 있다. 선 글꼴이라고도 한다. 명령어는 LINETYPE이다.

선직면, 룰드 서피스(ruled surface) 선분의 양끝이 3차원 공간 내의 2줄의 곡선 위를 각각 연속적으로 이동할 때, 그 선분의 궤적으로서 정의되는 곡면.

선택 버튼 객체를 선택하거나 화면상에 점을 지정하는 데 사용하는 좌표입력 장치의 버튼. 예를 들어, 2버튼 마우스에서는 왼쪽 버튼이 여기에 해당된다.

선택 세트 하나의 단위로 처리되도록 지정한 하나 이상의 AutoCAD 객체.

선택 윈도 객체를 그룹으로 선택하기 위하여 AutoCAD 그래픽 영역에 그려진 직사각형 영역.

선택점 표식 점을 지정하거나 객체를 선택할 때 AutoCAD 그래픽 영역에 표시되는 일시적인 화면 표식기. 명령어는 BLIPMODE이다.

센서, 검출기(sensor) 대상물의 물리량을 검출하고, 신호로 변환하는 소자 또는 장치.

셰이딩(shading) 3차원 물체의 화상을 사실적으로 표현하기 위하여 면의 기울기나 광원의 위치 등을 고려하여 면의 겉보기 색이나 밝기를 결정하는 것.

속성값 속성 꼬리표와 연관된 영숫자 정보.

속성 꼬리표 도면 데이터베이스에서 추출하는 동안 특정 속성을 구별해 주는 속성과 연관된 문자열.

속성 정의 영숫자 데이터를 저장하기 위해 블록 정의에 포함되는 AutoCAD 객체. 속성값은 미리 정의되거나 블록이 삽입될 때 지정될 수 있다. 속성 데이터는 도면에서 추출되어 외부 파일에 삽입될 수 있다. 명령어는 DDATTDEF, ATTDEF이다.

속성 추출 템플릿 파일 추출될 속성과 추출된 속성이 속성 추출 파일에 기록될 때의 형식을 결정하는 ASCII 문서 파일.

속성 추출 파일 추출된 속성 데이터가 쓰여질 ASCII 문서 파일. 내용과 형식은 속성 추출 템플릿 파일에 의해 결정된다.

속성 프롬프트 속성값이 정의되지 않은 블록을 삽입할 때 표시되는 문자열.

솔리드 모델(solid model) 3차원 모양을 그 모양이 점유하는 공간이 애매하지 않게 규정되도록 표현한 모양 모델.

수치 제어 공작기계, NC 공작기계(numerically controlled machine tool) 공작물에 대한 공구 경로, 가공에 필요한 작업의 공정 등을 그것에 대응하는 수치 정보로 지령하는 제어기능을 가진 공작기계.

순환 외부 참조 자기 자신을 직접 또는 간접적으로 참조하는 외부참조된 도면(xref). AutoCAD는 순환 조건을 작성한 외부참조를 무시한다.

스냅 각도 스냅 모눈이 회전되는 각도.

스냅 모눈 SNAP 명령에 의해 설정된 간격에 따라 그래픽 커서를 모눈점으로 정렬되도록 잠근 숨겨진 모눈. 스냅 모눈은 GRID 명령에 의해 따로 조정되는 가시적인 모눈과 반드시 일치하지는 않는다. 명령어는 SNAP이다.

스냅 모드(snap mode) 좌표입력 장치를 표시되지 않은 직사각형 모눈 안에 정렬되도록 잠그기 위한 모드. 스냅 모드가 켜져 있으면 화면 십자선과 모든 입력 좌표가 모눈에 가장 가까운 점으로 스냅된다. 스냅 해상도는 모눈 간격을 정의한다. 명령어는 SNAP이다.

스냅 해상도 스냅 모눈점 사이의 간격.

스루풋, 처리능력(throughput (thru - put)) 주어진 시간 내에 생산 시스템에 의하여 수행되는 일의 양을 나타내는 척도.

스위프 (sweep) 평면 위에서 정의한 도형을 공간 내에서 이동하고, 그 궤적에 의하여 3차원 모양을 만드는 조작. 모양 모델을 만들기 위한 수법이며, 주로 이동 스위프와 회전 스위프가 사용된다.

스크립트 파일 (script file) 단일 SCRIPT 명령을 사용하여 순차적으로 실행되는 AutoCAD 명령 세트 스크립트 파일은 문서 편집기를 사용하여 AutoCAD 외부에서 작성되고, 문자 형식으로 저장되며 확장자 .scr을 사용하여 외부 파일에 저장된다.

스플라인 곡면(spline surface) 특정의 연속성 조건을 만족하도록 접속한 곡면분의 모임으로서 정의되는 곡선.

스플라인 곡선(spline curve) 특정의 연속성 조건을 만족하도록 접속한 곡선분의 모임으로서 정의되는 곡선.

슬라이드 라이브러리(slide library) 검색과 화면표시를 편리하게 하기 위하여 구성된 슬라이드 파일 집합. 슬라이드 라이브러리 이름에는 확장자 .sld 가 포함되어 있으며 slidelib.exe 유틸리티를 사용하여 작성된다.

슬라이드 파일(slide file) 그래픽 화면상의 래스터 이미지 또는 화면표시의 스냅샷을 포함하고 있는 파일. 슬라이드 파일은 Autodesk Animator 및 Animator Pro에서 작동하며 파일 확장자 .sld 가 붙는다. 명령어는 MSLIDE, VSLIDE이다.

시뮬레이터 (simulator) 평가하는 대상에 대하여 수학 모델에 의한 실험을 하기 위한 전용 시스템 또는 소프트웨어.

시스템 변수 모드, 크기 또는 한계로 AuotCAD가 인식하는 이름. DWGNAME 과 같은 읽기 전용 시스템 변수는 사용자가 직접 수정할 수 없다.

십자선 교차하는 두 개의 선으로 구성된 커서의 형태. 그래픽 커서라고도 한다.

십자선

아이콘 (icon) 조작, 속성의 상형 표현. 표시 화면에 표시되어 직접 조작이 가능하며, 주로 메뉴의 항목으로서 사용된다.

앞면 법선이 바깥을 향하는 면.

앨리어스(alias) AutoCAD 명령의 단축키. 예를 들어, CP는 COPY의 앨리어스이고, Z는 ZOOM의 앨리어스이다.

앨리어싱 (aliasing) 고정된 모눈상에 나타나는 직선이나 곡선 모서리가 톱니 모양이나 계단 모양처럼 표시되는 분리된 그림 요소 또는 픽셀 효과.

앨리어싱 방지 선 또는 경계를 정의하는 주 픽셀에 인접한 픽셀들을 음영처리하여 앨리어싱을 줄이는 방법.

어셈블리 센터, 조립 센터 (assembly center) 여러 개의 조립공정을 자동적으로 하는 장치 또는 시스템.

엔지니어링 워크스테이션, EWS (engineering workstation) 다른 계산기 시스템이 데이터를 공유할 수 있는 자립형 계산기 시스템이며, 고성능 처리장치, 표시장치, 외부 기억장치, 네트워크용 인터페이스 등의 기능을 가지는 것으로 워크스테이션이라고도 한다.

연결 다른 파일의 데이터를 참조하기 위해 객체 연결 및 포함 (OLE) 을 사용하는 것. 데이터가 연결되면, 원본 문서를 변경하는 경우, 모든 변경 사항이 목적 문서에서 자동으로 갱신된다.

연관 치수 연관된 형상이 수정될 때 적용되는 치수.

연관 해칭 경계 객체를 수정하면 자동으로 해치가 조정되도록 하는 해칭. 명령어는 BHATCH 이다.

연속 치수 선택된 치수의 두 번째 치수보조선 원점을 첫 번째 치수보조선 원점으로 사용하는 선형 치수의 한 형태로, 하나의 긴 치수를 측정값 합계에 이르기까지 더하는 짧은 세그먼트로 끊는다. 연쇄 치수라고도 한다. 명령어는 DIMCONTINUE 이다.

오브젝트 모델(object model) 대상에 관하여 모양 이외에 응용에 의존하는 각종 데이터를 포함하는 모델.

오프셋(offset) 주어진 선에 대하여 일정한 간격을 갖는 선, 또는 주어진 면에 대하여 일정한 간격을 갖는 면.

온라인 계측(on-line measurement) 측정기와 계산기를 직결하여 계측하는 것.

와이어 프레임 모델(wire frame model) 3차원 모양을 선분에 의하여 표현한 모양 모델.

와이어 프레임 모형 객체의 경계를 표현하기 위하여 선과 곡선을 사용한 객체 표현.

완전 반사 입사광의 각도와 반사광의 각도가 같은 좁은 원추 내에 있는 빛.

외부참조 다른 도면에 링크된(또는 부착된) 도면 파일. 명령어는 XREF이다.

울타리 통과하는 객체를 선택하기 위해 지정된 다중 세그먼트로 된 선.

워크스테이션(workstation) 다른 계산기 시스템과 데이터를 공유할 수 있는 자립형 계산기 시스템으로서, 고성능 처리장치, 표시장치, 외부 기억장치 등을 구비하고, 멀티윈도·네트워크 등의 기능을 가지는 것.

원점 좌표축이 교차하는 점. 예를 들면, 직교 좌표계의 원점은 X, Y 및 Z 축이 만나는 (0,0,0) 이다.

원형 배열 지정된 횟수만큼 한 중심점 주위로 복사된 객체. 명령어는 ARRAY이다.

월드 좌표(world coordinate) 대상의 도형, 모양 모델을 정의하는 좌표.

윈도 다각형 경계에 완전히 포함된 객체를 선택하도록 지정된 여러 개의 면으로 이루어진 다각형 영역.

융기 맵 광도 값이 객체 표면의 높이 차이로 변환되는 맵.

익명 블록 연관 치수기입을 지원하는 명명되지 않은 블록.

인터랙티브 컴퓨터 그래픽스(interactive computer graphics) 대화 형식으로 컴퓨터 내부에 모델을 작성하고, 이것을 그래픽 디스플레이 등에 표시하는 기법.

인프로세스 계측(in-process measurement) 가공, 조립 등의 작업중에 각종 물리량을 계측하는 것.

임시 파일 AutoCAD 세션 동안 작성된 데이터 파일. 세션을 종료할 때 파일이 삭제된다. 전기가 갑자기 나가버리는 경우와 같이 세션이 비정상적으로 종료되면 임시 파일은 디스크에 남아 있을 것이다.

자동반송 시스템(automatic (automated) material handling system) 소재·부품으로부터 제품이 되는 공정 사이를 생산에 관련된 물품(공작물, 부품, 반제품 등)을 적재하여 소정의 장소로 자동으로 반송하는 시스템.

자동 설계(automated design) 제품의 설계에 관한 규칙, 계산 방법을 프로그램화 하여, 설계의 일부 또는 전부를 자동적으로 하는 것.

자동 제도(automated drafti1ng) 컴퓨터 내부에 표현된 모델에 근거하여 대상물의 도면을 자동화 장치에 의하여 그리는 것.

자동 창고(automated storage and retrieval system) 생산에 관련되는 물품(공작물, 부품, 반제품 등)을 일시적으로 보관, 관리하는 목적으로 입출고를 자동적으로 하는 창고.

자동 프로그래밍(automatic programming) computer part programming. 작업 정보를 기술한 프로그램을 제어장치에 입력하기 위한 NC 프로그램에 컴퓨터 처리에 의하여 기계적으로 변환하는 것.

자르기 평면 뷰 필드를 정의하거나 자르는 경계. 명령어는 DVIEW이다.

자유 곡면 (free-form surface) 간단한 수식으로 표현하기가 곤란하고, 일정한 연속성의 조건을 만족하도록 접속한 곡면분의 모임으로서 표현되는 곡면.

자유 곡선 (free-form curve) 간단한 수식으로 표현하기가 곤란하고, 일정한 연속성의 조건을 만족하도록 접속한 곡선분의 모임으로서 표현되는 곡선.

작업 도면 목표한 내용을 만들거나 제조하기 위한 도면.

장치 좌표, 디바이스 좌표 (device coordinate) 장치에 의존하여 정의되는 좌표.

재생성 데이터베이스로부터 화면 좌표를 다시 계산하여 도면의 화면표시를 갱신하는 것. 명령어는 REGEN이다.

절대 좌표 좌표계의 원점으로부터 측정된 좌표값.

절점 점, 치수 정의점 및 치수 문자 원점을 찾기 위한 객체 스냅 지정.

절차적 재질 두 개 또는 그 이상의 색상으로 3D 패턴을 작성하고, 객체에 적용하는 재질. 대리석, 화강암 및 나무 등이 있다. 또한 템플릿 재질이라고도 한다.

점 (1) X, Y 및 Z 좌표값으로 지정되는 3D 공간의 위치. (2) 단일 좌표 위치를 구성하는 AutoCAD 객체. 명령어는 POINT이다.

정렬된 치수 임의의 각도에서 두 점 사이의 거리를 측정하는 치수. 치수선은 치수 정의점을 연결하는 선과 평행하다. 명령어는 DIMALIGNED이다.

정의점 연관 치수를 작성하기 위한 점. 연관된 객체가 수정되면 연관 치수의 외양과 값을 수정할 점이 참조된다. defpoints 라고도 하며 특수 도면층인 DEFPOINTS에 저장된다.

정점 모서리 또는 폴리선 세그먼트가 만나는 위치.

제조 관리 (shop floor control) 생산에 관계되는 품질, 비용, 납기 등을 관리하기 위한 설비의 운전감시 · 제어를 포함한 제반 관리 활동.

조정 프레임 B-스플라인의 쉐이프를 조정하기 위한 메커니즘으로 사용되는 일련의 점 위치. 이 점들은 명확하게 표시되고 맞춤점과 조정 프레임을 구별하기 위하여 일련의 선 세그먼트로 연결된다. 조정 프레임을 표시하려면 시스템 변수 SPLFRAME이 켜져 있어야 한다.

종속 기호 외부참조에 의하여 도면으로 불러오는 기호 테이블 정의.

종횡비 폭 대 높이의 화면비.

좌표 필터 여러 가지 점에서 각각의 X, Y 및 Z 좌표값을 추출하여 새로운 복합점을 만드는 기능. X, Y, Z점 필터라고도 한다.

주변 광원 모형의 모든 표면을 같은 조도로 비추는 광원. 주변 광원의 출처는 한 방향만이 아니며, 거리에 따라 조도가 감소하지 않는다.

주변 색상 주변 광원에 의해서만 나타나는 색상.

주석 문자, 치수, 공차, 기호 또는 주.

준비 스테이션 (set-up station) 가공, 조립 등의 공정에서 공작물, 공구, 지그 등을 필요한 상태로 준비하는 장소.

줌 (ZOOM) 그래픽 화면의 외관상의 배율을 줄이거나 늘이는 것. 명령어는 ZOOM이다.

직교 교차점에서 수직인 기울기 또는 접선을 가진다.

직교 모드 좌표입력 장치의 입력을 수직 또는 수평 (현재 스냅 각도 및 사용자 좌표계에 상대적인)으로 제한하는 AutoCAD 설정값.

집합 연산 (set operation) 모양을 점집합으로 취하고, 그 집합의 합·곱·차에 의하여 새로운 모양을 만드는 조작.

쪽맞춤선 곡면을 가시화하는 데 도움을 주는 선.

쪽맞춤선

채우기 선 또는 곡선에 의해 경계 지어진 영역을 솔리드 색상으로 덮는 것. 명령어는 FILL이다.

체적 그림자 한 객체의 그림자에 의하여 형성된 공간의 포토리얼리스틱하게 렌더된 체적.

초기 환경 acad.dwg 또는 acltiso.dwg와 같은 기본 템플릿 도면에 의해 정의된 새로운 도면을 위한 변수와 설정값.

초점 이동 배율을 변경하지 않고 도면의 뷰를 옮기는 것. 명령어는 PAN이다.

추적 점을 다른 점에 상대적으로 도면상에 배치하는 방법. 명령어는 TRACKING이다.

축 삼각대 도면을 표시하지 않고 도면의 관측점(관측 방향)을 가시화하기 위해 사용되는 X, Y 및 Z 좌표를 가진 아이콘. 명령어는 VPOINT이다.

치수 문자 치수기입된 객체의 측정값.

치수 변수 AutoCAD 치수기입 특징을 조정하기 위한 일련의 수치값, 문자열 및 설정값. 명령어는 DDIM이다.

치수선 호 측정될 각도의 치수보조선에 의해 형성된 각도를 가로지르는 호 (보통 각 끝에 화살표가 있음). 때때로 이 호 근처의 치수 문자는 치수선 호를 두 개의 호로 나눈다.

치수 유형 치수의 외양을 결정하고 치수 시스템 변수 설정을 간략화하는 치수 설정값의 명명된 그룹. 명령어는 DDIM이다.

커서 (cursor) (1) 문자 또는 그래픽 정보를 위치시키기 위해 주위로 이동 가능한 비디오 디스플레이 화면상의 포인터. 그래픽 커서라고도 한다. (2) 평면 위를 섭동하는 지표, 디지타이저, 그래픽 디스플레이 등에서의 판독위치를 표시하기 위하여 사용된다.

커서 메뉴 (cursor menu) SHIFT 키를 누른 채로 좌표입력 장치의 리턴 버튼을 누르면 그래픽 영역의 커서 위치에 표시되는 메뉴. 커서 메뉴는 acad.mnu의 POP0 섹션에서 정의된다.

컴퓨터 그래픽스, 도형처리 (computer graphics) 컴퓨터 내부에 표현된 모델을 그래픽 디스플레이 등에 표시하는 기법.

컴퓨터 애니메이션 (computer animation) 컴퓨터 그래픽스 등의 기술을 이용하여 만든 동화 또는 이것을 만드는 것.

타일식 뷰포트 AutoCAD 그래픽 영역을 하나 이상의 인접 직사각형 뷰 영역으로 나누는 화면 표시의 일종.

택트 타임 (tact time) 각 작업 공정에 걸리는 시간(공정시간)의 최대 시간.

텍스처 맵 (texture map) 객체(의자와 같은)에 대한 이미지(타일 패턴과 같은)의 투영.

템플릿 도면 acad.dwg와 acadiso.dwg 와 같이 새로운 도면을 위하여 미리 설정된 설정값을 가지고 있는 도면 파일. 어떠한 도면도 템플릿으로 사용될 수 있다.

투명 명령 다른 명령이 진행중인 동안 시작되는 명령. 어포스트로피가 투명 명령 앞에 사용된다.

툴링 시스템 (tooling system) 사용 목적에 적

합하도록 소요 공구와 공구 유지구를 선택·조합할 수 있도록 한 시스템.

파라메트릭 디자인(parametric design) 제품 또는 그 부분에 대하여 모양을 유형화하고, 치수 등을 파라미터로 부여함으로써, 컴퓨터 내부의 모델을 간단히 만드는 설계 방법.

파트 피더(parts feeder) 가공, 조립 등에 제공하는 부품을 정렬하여 소정의 장소까지 자동적으로 보내는 장치.

평면 뷰 양의 Z축상에 있는 한 점으로부터 원점(0,0,0)을 향한 뷰 방향. 명령어는 PLAN 이다.

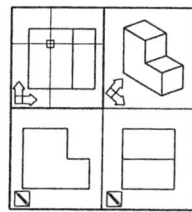

평면 뷰

평면 투영 평면 상에서 객체 또는 이미지의 매핑.

포토리얼리스틱 렌더링(photorealistic rendering) 사진과 비슷한 렌더링.

포함 원본 문서에서 목적 문서로 객체 연결과 포함(OLE) 정보를 사용하는 것. 포함된 객체는 원본 문서에서 목적 문서에 배치된 정보의 사본이며, 원본 문서와의 링크가 없다.

폴리선 단일 객체로 취급되는 하나 이상의 연결된 선 세그먼트 또는 원형 호로 구성된 AutoCAD 객체. pline이라고도 한다. 명령어는 PLINE, PEDIT이다.

표준 좌표 표준 좌표계와 연관되어 표현된 좌표.

표준 좌표계(WCS) 모든 객체와 다른 좌표계를 정의하기 위한 기준으로 사용되는 좌표계.

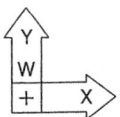

WCS 아이콘

프로그래머블 컨트롤러, PC(programmable controller) 시퀀스 컨트롤러의 일종이며, 제어 내용이 소프트웨어적으로 변경이 가능한 스토어드 프로그램 방식의 컨트롤러.

프로덕트 모델(product model) 제품을 생산하기 위하여 필요한 모양, 기능, 그 밖의 데이터에 의하여 그 제품을 컴퓨터 내부에 표현한 모델.

프로토콜, 통신 규약(protocol) 통신 회선에 의하여 접속된 장치 사이에서 정보의 송수신을 하기 위한 순서, 제어 정보의 내용, 형식을 정한 규약.

프롬프트(prompt) 점을 지정하라고 하는 것과 같이, 정보를 요구하거나 작업을 요청하는 명령행의 메시지.

피처 조정 프레임 특정 피처나 피처의 패턴에 적용되는 공차를 지정한다. 피처 조정 프레임은 항상 조정 형태를 나타내는 기하학적 특성 기호와 수용가능한 편차량을 나타내는 공차값을 최소한 하나씩 포함하고 있다.

해동 이전에 동결된 도면층을 화면표시하도록 설정하는 것. 명령어는 LAYER이다.

핸들 AutoCAD 데이터베이스에 있는 객체의 유일한 영숫자 꼬리표.

홈 페이지 웹 사이트의 주 탐색화면.

화살촉 화살촉, 슬래시 또는 점과 같이 치수의 시작과 끝을 나타내는 치수선 끝에 있는 종료자를 말한다.

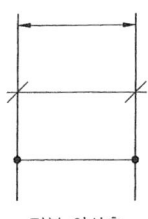

견본 화살촉

환경 변수 프로그램의 작업을 조정하는 운영체제에 저장된 설정값. AutoCAD에서는 라이센스 관리자에 대하여 환경 변수 ACADSERVER가 설정되어 있어야 한다. 일반적으로 ACADSERVER는 시스템(사용자가 아닌) 환경. 변수로서 설정된다.

$2\frac{1}{2}$차원 모델 ($2\frac{1}{2}$ - dimensional (geometric) model, 2.5 - dimensional (geometric) model) 스위프에 의하여 3차원 모양을 표현한 모양 모델.

2차원 모델 (two - dimensional (geometric) model) 2차원 모양을 표현한 모양 모델. 면정보에 의한 모델과 선정보에 의한 모델로 분류할 수 있다.

3차원 모델 (three - dimensional (geometric) model) 3차원 모양을 표현한 모양 모델, 체적 정보에 의한 솔리드 모델, 면정보에 의한 서피스 모델, 선정보에 의한 와이어프레임 모델로 분류할 수 있다.

ADI Autodesk 장치 인터페이스. 주변장치가 AutoCAD 및 기타 오토데스크의 제품과 작동하는 데 필요한 장치 드라이버를 개발하기 위한 인터페이스 요구 사항.

ANSI (american national standards institute) 미국의 사설 및 공공 부문을 위한 표준을 개발하는 자율적인 조정 기관. 프로그래밍 언어, EDI (electronic data interchange), 전자 통신, 그리고 디스크, 카트리지 및 자기 테이프의 물리적 특성에 대한 표준.

APT (automatically programmed tool) 수치 제어 공작기계를 제어하는 NC 프로그램을 만들기 위한 프로그래밍용 언어.

ASCII (american standard code for informations interchange) 컴퓨터 데이터 통신에 사용되는 공통 수치 코드. 코드에는 128까지 의미가 지정되는데, 패리티를 점검하기 위해 사용되는 8번째 비트와 함께 문자당 7비트를 사용한다. ASCII의 비표준 버전은 255까지 의미를 지정한다.

AutoCAD 라이브러리 검색 경로 AutoCAD가 지원 파일을 찾는 순서. 현재 디렉토리, 도면 디렉토리, 지원 경로에 지정된 디렉토리, 그리고 AutoCAD 실행 파일인 acad.exe를 포함하는 디렉토리.

B-스플라인 곡선 주어진 조정점 세트 근방을 통과하는 혼합된 구분적 다항 곡선. 명령어는 SPLINE이다.

BYBLOCK 객체가 자신이 속한 블록의 색상 또는 선종류를 계승하도록 지정하는데 사용되는 특수 객체 특성.

BYLAYER 객체가 도면층과 연관된 색상 선종류를 계승하도록 지정하는 데 사용되는 특수 객체 특성.

CAD (commputer aided design) 제품의 모양 그 밖의 속성 데이터로 되어 있는 모델을 컴퓨터의 지원에 의하여 그 내부에 작성하고, 처리함으로써 진행하는 설계의 형식.

CAD / CAM (computer aided design / computer aided manufacturing) CAD에 의하여 컴퓨터 내부에 표현되는 모델을 작성하고, 이것을 CAM에서 이용함으로써 진행하는 설계·생산의 형식.

CAE (computer aided engineering) (1) CAD 과정에서 컴퓨터 내부에 작성된 모델을 이용하여 각종 시뮬레이션, 기술해석 등 공학적인 검토를 하는 것. (2) 시스템 기술 용어로서는 제품을 제조하기 위하여 필요한 정보를 컴퓨터를 사용하여 통합적으로 처리하여 제품성능, 제조공정 등을 사전 평가하는 일.

CAM (computer aided manufacturing) 컴퓨터의 내부에 표현된 모델에 근거하여 생산에 필요한 각종 정보를 만드는 것 및 그것에 근거하여 진행하는 생산의 형식.

CIM (computer integrated manufacturing system) 생산에 관계되는 모든 정보를 컴퓨터 네트

☐ AutoCAD 및 FA 용어 **593**

워크 및 데이터 베이스를 사용하여 통괄적으로 제어·관리함으로써 생산활동의 최적화를 도모하는 시스템.

CMYK 하늘색, 선홍색, 노란색 및 키 색상. 하늘색, 선홍색, 노란색 및 대개 검은색인 키 색상의 백분율을 지정하여 색상을 정의하는 시스템.

CNC (computerized numerical control) 컴퓨터를 삽입 설치하여 기본적인 기능의 일부 또는 전부를 실행하는 수치 제어.

CSG (constructive solid geometry) 프리미티브라고 불리는 기본 모양 요소의 집합 연산에 근거하여 모양을 컴퓨터 내부에 표현하는, 솔리드 모델을 작성하기 위한 수법.

DIESEL (direct interpretively evaluated string expression language) MODEMACRO 시스템 변수를 사용하여 AutoCAD 상태 행을 변경하고 메뉴 항목을 사용자화하기 위한 매크로 언어.

DNC (direct numerical control) 1대 이상의 수치제어 기계의 NC 프로그램을 공통의 기억장치에 격납하여 수치 제어기계의 요구에 따라 필요한 프로그램을 그 기계에 분배하는 기능을 가진 수치제어 방식.

DWF 도면 웹 형식. DWG 파일에서 작성된 고도로 압축된 파일 형식. DWF 파일은 웹에 게시하거나 웹에서 보기에 쉽다.

DWG AutoCAD에서 벡터 그래픽을 저장하기 위한 표준 파일 형식.

DXF 도면 교환 형식. AutoCAD 도면을 다른 응용프로그램으로 내보내거나 다른 응용프로그램으로부터 도면으로 가져오기 위한 AutoCAD 도면 파일의 ASCII 또는 이진 파일 형식.

FA (factory automation) 공장의 생산 기능을 구성하는 요소 (생산기기, 반송기기, 보관기기 등) 및 생산행위 (생산계획, 생산관리 등)를 통합화하여 종합적으로 자동화를 하는 것.

FAIS, 공장 자동화 상호 접속 시스템 (factory automation interconnection system) 공장의 생산 현장에서의 다른 기종간의 상호 접속을 실현하기 위한, MAP에 준거한 셀 레벨의 통신 규약.

FMC (flexible manufacturing cell) 1개의 수치 제어 기계에 스토커, 자동공급 장치, 착탈장치 등을 구비하고, 장시간 무인에 가까운 상태로 복수 종류의 생산을 할 수 있는 기계.

FMS (flexible manufacturing system) 생산설비 전체를 컴퓨터로서 총괄적으로 제어·관리함으로써, 유사 제품의 혼합생산, 생산내용의 변경 등이 가능한 생산 시스템.

HLS 색조, 명도, 채도. 색조, 명도 및 채도의 양을 지정하여 색상을 정의하는 시스템.

ID 시스템 (ID system) 생산활동에 이용하기 위하여 물체의 속성 정보를 기록하고 인식하는 장치 또는 시스템.

IGES (initial graphics exchange specification) 디지털 표현과 CAD / CAM 시스템간의 정보 교환을 위한 ANSI 표준 형식.

IMS (intelligent manufacturing system) 제조업에서 모든 지적활동을 살리고, 또한 지능화된 기계와 인간의 융합을 도모하면서 수주로부터 설계·생산·판매까지의 기업 활동 전체를 유연하게 통합·운용하여 생산성의 향상을 도모하는 시스템.

ISO (international standards organization) 전기와 전자를 제외한 모든 분야의 국제 표준을 설정하는 기구. 본부는 스위스 제네바에 있다.

LAN (local area network) 기업 내 등에 분산 배치된 여러 개의 통신 기능 (계산기, 단말기, FA 기기 등)을 상호 연결하여 정보 통신을 고속으로, 또한 시스템적으로 하는 것.

MAP (manufsacturing automation protocol) 공장 내의 각종 자동화 기기의 상호 접속을 통일적으로 실현하기 위한 공장 자동화용 LAN (로컬 에어리어 네트워크) 의 OSI 에 준거한 통신 규약.

MRP (manufacturing resources planning) 생산 관리의 기본 제반 기능을 통합화하는 시스템.

NC 프로그램, NC 데이터(NC program, NC data) 수치 제어 기계를 움직이기 위하여 제어 장치에 입력하는 데이터.

NURBS 비균일 유리 B - 스플라인 곡면. 일련의 가중 조정점과 하나 이상의 노트 벡터에 의하여 정의된 B - 스플라인 곡선 또는 곡면.

OLE 객체 연결과 포함. 원본 문서의 데이터가 목적 문서로 연결되거나 포함될 수 있도록 하는 정보 공유 방법. 목적 문서에서 데이터를 선택하면 원본 응용프로그램이 열려 데이터를 편집할 수 있다.

RGB 빨간색, 초록색, 파란색. 빨간색, 초록색, 파란색의 백분율을 지정하여 색상을 정의하는 시스템.

TILEMODE 뷰포트가 이동 가능하고 크기 조정 가능한 객체(부동)로 또는 나란히 나타나는 (타일식) 중첩되지 않는 화면표시 요소로 작성될 수 있는지를 조정하는 시스템 변수.

UCS 아이콘 UCS 축의 방향을 나타내는 아이콘. 명령어는 UCSICON이다.

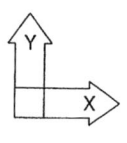

UCS 아이콘

영문 색인

【 A 】

ADI autodesk interface 596
ANSI american national standards
　institute 596
APT automatically programmed tools ‥ 596
ASCII american standard code for
　information interchange 569
assembly center 어셈블리 센터, 조립
　센터 591
automated design 자동 설계 592
automated drafting 자동 제도 592
automated (automatic) guided vehicle
　무인 반송차 588
automated storage and retrieval system
　자동 창고 592
automatic programming (computer part
　programming) 자동 프로그래밍 592
automatic (automated) material handling
　system 자동반송 시스템 592

【 B 】

boundary representation 경계 표현 585
buffer station 버퍼 스테이션 588

【 C 】

CAD computer aided design 596
CAD / CAM computer aided design /
　computer aided manufacturing 596
CAE computer aided engineering 596
CAM computer aided manufacturing 596
CIM computer integrated manufacturing
　(system) 596

CMYK 하늘색, 선홍색, 노란색 및 키
　색상 597
CNC computerized numerical control ‥ 597
computer animation 컴퓨터 애니메이션
　... 594
CSG constructive solid geometry 597
cursor 커서 594

【 D 】

device coordinate 장치 좌표, 디바이스
　좌표 593
DIESEL direct interpretively evaluated
　string expression language 597
digitizer 디지타이저, 좌표 판독기 587
$2\frac{1}{2}$ dimensional (geometric) model,
　2.5 - dimensional (geometric) model
　$2\frac{1}{2}$ 차원 모델 596
DNC direct numerical control 597
DWF 도면 웹 형식 597
DXF 도면 교환 형식 597

【 E 】

engineering workstation 엔지니어링
　워크스테이션 591

【 F 】

FA factory automation 597
failure diagnosis 고장 진단 586
FAIS factory automation interconnection
　system 597
FMC flexible manufacturing cell 597
FMS flexible manufacturing system ‥‥ 597

free - form curve 자유 곡선 593
free - form surface 자유 곡면 593

【 G 】

geometric model 모양 모델, 기하 모델 ... 588
graphic display 그래픽 디스플레이 586
grid 그리드 586

【 H 】

HLS 색조, 명도, 채도 597

【 I 】

icon 아이콘 591
ID system ID 시스템 597
IGES initial graphics exchange
  specification 597
IMS intelligent manufacturing system ·· 597
industrial robot 산업용 로봇 589
in-process measurement 인프로세스
  계측 592
inspection station 검사 스테이션 585
interactive computer graphics 인터랙티브
  컴퓨터 그래픽스 592
ISO international standards organization
  597

【 L 】

LAN local area network 597
layer 레이어 587
line balance 국소 연산 586
lot size 로트 크기 587

【 M 】

machining center 머시닝 센터 588
man-machine interface, human- machine
  interface 맨 - 머신 인터페이스, 휴먼 - 머
  신 인터페이스 588
MAP manufacturing automation protocol 598
mass property 매스 프로퍼티 587

menu 메뉴 588
model 모델 588
modeling 모델링 588
monitoring 감시, 모니터링 585
MRP manufacturing resources planning
  598

【 N 】

NC program, NC data NC 프로그램,
  NC 데이터 598
nesting 네스팅 586
numerically controlled machine tool 수치
  제어 공작기계, NC 공작기계 590
NURBS 비균일 유리 B - 스플라인 598

【 O 】

object model 오브젝트 모델 592
offset 오프셋 592
OLE 객체 연결과 포함 598
on-line measurement 온라인 계측 592

【 P 】

parametric design 파라메트릭 디자인 ... 595
parts feeder 파트 피더 595
product model 프로덕트 모델 595
programmable controller 프로그래머블
  컨트롤러 595
protocol 프로토콜, 통신 규약 595

【 R 】

RGB 빨간색, 초록색, 파란색 598
ruled surface 선직면, 룰드 서피스 590

【 S 】

sensor 센서, 검출기 590
set operation 집합 연산 594
set-up station 준비 스테이션 593
shading 셰이딩 590
shadowing 그림자 붙이기 처리 586

shop floor control 제조 관리 593
simulator 시뮬레이터 591
solid model 솔리드 모델 590
spline curve 스플라인 곡선 591
spline surface 스플라인 곡면 591
surface model 서피스 모델 589
sweep 스위프 591

【 T 】

tact time 택트 타임 594

three - dimensional (geometric) model
　3차원 모델 596
throughput (thru-put) 스루풋, 처리능력 ‥ 590
tooling system 툴링 시스템 594
two - dimensional (geometric) model
　2차원 모델 596

【 W 】

wire frame model 와이어 프레임 모델 ... 592
workstation 워크 스테이션 592
world coordinate 월드 좌표 592

기계용어사전

1990년 5월 1일 1판 1쇄
2023년 1월 10일 4판 6쇄

엮은이 : 기계용어편찬회

펴낸이 : 이정일

펴낸곳 : 도서출판 **일진사**
www.iljinsa.com

(우) 04317 서울시 용산구 효창원로 64길 6
전화 : 704-1616/팩스 : 715-3536
등록 : 제1979-000009호 (1979.4.2)

값 30,000원

ISBN : 978-89-429-0875-2

◉ 불법복사는 지적재산을 훔치는 범죄행위입니다.
저작권법 제97조의 5(권리의 침해죄)에 따라 위반자는 5년 이하의 징역 또는 5천만원 이하의 벌금에 처하거나 이를 병과할 수 있습니다.